BAENSCH PAFFRATH SEEGERS

Gartenteich Atlas

Dieses Buch widme ich
meiner Tochter Jenny.

Hans A. Baensch

Umschlagfotos:

Titel: *Nymphaea* sp. und Tannenwedel (*Hippuris vulgaris*)
W. und B. Kahl

Rückseite: Elritze (*Phoxinus phoxinus*)
A. Hartl

Furchenschwimmer (*Acilius sulcatus*)
O. Böhm

Teichrose (*Nuphar lutea*)
W. Stehling

Alte Pferdetränke als Miniteich
H. Baensch

Vorsatz: Großer Schwimmteich
R. Weixler

Nachsatz: Biotopgerechter Schwimmteich
R. Weixler

Gartenteich Atlas / Hans A. Baensch; Kurt Paffrath; Lothar Seegers
3. erweiterte Auflage - 2005 (2. Auflage nur als Taschenbuch)
ISBN 3-88244-069-4

Typografie: Lothar Seegers
Umschlag: Braun-Design, Werther
Satz: Mergus Verlag, Melle
Lothar Seegers, Dinslaken
Druck: Mergus Press, Singapore
Redaktion: Lothar Seegers
Herausgeber: Hans A. Baensch

Printed in Singapore

Hans A. Baensch Kurt Paffrath
Lothar Seegers

GARTENTEICH ATLAS

Rund um den Gartenteich
und das Kaltwasseraquarium

unter Mitarbeit von
Harro Hieronimus und Jürgen Schmidt

MERGUS
Verlag für Natur- und Heimtierkunde GmbH
Hans A. Baensch • Melle • Germany

Vorwort

Ein Teich ist wie eine Insel - nicht eine Insel für Land-, sondern für Wasserbewohner.

Die Insel im Garten: Genau umgekehrt wie man sich eigentlich eine Insel vorstellt, aber dennoch ein mehr oder weniger abgeschlossener Lebensraum für die Bewohner, und für den Teichfreund ein anziehender, ruhender Pol in der Hektik des heutigen Alltags und eine Möglichkeit, dem eigenen Ich Ausdruck zu verleihen.

Mit einem Gartenteich möchte man sich bestätigen, eigene Träume und Wünsche verwirklichen - so wie man es mit einem Haus oder Garten auch möchte. Ein Gartenteich ist ein Freiraum, den man sich selbst gestaltet. Eigene Vorstellungen werden dabei verwirklicht, vielleicht auch Jugenderinnerungen an einen Dorfteich, einen Wiesenbach oder einen Urlaub mit der Angel am Wasser lebendig erhalten. Wasser ist jedenfalls das Element, welches man sich in den Garten holen möchte - mit allem dazugehörenden Getier und den Gewächsen.

Man sollte es kaum glauben, aber die Anlage eines Gartenteiches gehört heute mit zu den am weitesten verbreiteten Liebhabereien - auch Hobbies genannt - neben Briefmarkensammeln, Fotografieren und der Pflege von Fischen im Aquarium. Über eine Millionen Teichbesitzer soll es nach neueren Statistiken geben. Man könnte sagen, ein Gartenteichliebhaber ist ein Aquarianer im Freien - aber das ist wohl nicht ganz richtig, es sei denn, er züchtet Teichfische. Nur wenige Naturfreunde beschäftigen sich so intensiv mit dem Teich wie es ein Aquarianer mit seinen Fischen täglich tut. Wir glauben vielmehr, der Gartenteichliebhaber ist in erster Linie Gärtner, der Tierfreund in ihm kommt dann hinzu. Mit dem Teich will er sich einen Blick- und Ruhepunkt im Garten schaffen. Auch spielen heute Naturverbundenheit und der damit verbundene Naturschutzgedanke eine immer größere Rolle bei der Planung und dem Bau eines Teiches.

Womit wir beim Thema sind: Sie wollen sich einen Teich anlegen, und wir wollen Sie dabei unterstützen.

Wir, das sind der Gärtner KURT PAFFRATH und HANS A. BAENSCH, der Wasser- und Tierfreund. Beide hatten und haben seit vielen Jahren mit Teichen zu tun. Hinzu kommen die beiden Biologen JÜRGEN SCHMIDT und LOTHAR SEEGERS, von denen letzterer seine Gartenteich-Erfahrungen schon mehrfach zu Papier brachte. Ferner danken wir Herrn Fischwirtschaftsmeister ROBERT HILBLE, Firma SAKANAYA, Sittenbach, der die Abschnitte über Bau und Filtertechnik von Koi-Teichen beitrug.

Wir bieten Ihnen hier unsere Erfahrungen an, erwarten jedoch nicht, daß Sie alle Punkte getreulich übernehmen. Vielmehr liegt die Stärke dieses Buches gerade darin, daß Sie eine große Bandbreite finden. Wenn auch die beteiligten Autoren schwerpunktmäßig den Naturteich mit einheimischen Tieren und Pflanzen befürworten, so finden Sie dennoch in diesem Buch auch für einen Gartenteich geeignete oder dort bzw. in seiner Umgebung anzusiedelnde ausländische Tiere und Gewächse, oder solche, die immer wieder angeboten werden und fremdländischer Herkunft sind. Auf die dadurch möglicherweise auftauchende Problematik des Artenschutzes und der Floren- und Faunenverfälschung weisen wir in einem eigenen Abschnitt dieses Buches hin. Vielleicht ist der eine oder andere Leser auch der Meinung, diese oder jene Pflanze, dieses oder jenes Tier sei zum Beispiel gar kein richtiger Teich- oder Feuchtgebietsbewohner: Wie gesagt, wir haben den Bogen bewußt sehr weit gespannt, um eine sachgerechte Übersicht und Auswahlmöglichkeit zu bieten. Um aber deutlich zu machen, daß unser persönlicher Schwerpunkt sehr wohl bei der heimischen Lebewelt liegt, haben wir die natürlichen oder naturnahen Feuchtbiotope unserer Heimat am Anfang dieses Buches ausführlich vorgestellt, so daß Sie die Möglichkeit haben, sich sachkundig zu machen und dann entsprechend zu entscheiden, was Sie in Ihren Garten holen wollen. Dies könnte dann eben auf der einen Seite eine naturnahe Anlage sein, die einheimische Biotope zum Vorbild hat, vielleicht entscheiden Sie sich andererseits aber auch ganz bewußt für einen reinen Fischteich, möglicherweise für eine Anlage mit Kois oder Goldfischen.

An dieser neuen Auflage wurde ein großer Teil von Neuerungen, die in den letzten fünf Jahren in und um den Gartenteich eingeführt wurden als Anhang aufgenommen. Im Grunde genommen hat sich der Gartenteich nicht verändert. Schwimmteiche, die es vereinzelt auch früher schon gab, sind "in Mode" gekommen. Sie wurden durch verständnisvolle Gartenarchitekten aber zunehmend so gestaltet, daß sie auch Pflanzen und Tieren einen hohen Naturschutznutzen bringen. Neue Filtertechniken, neue Pflanzenarten und -sorten sind hinzugekommen.

Nicht unerwähnt soll auch die neue Gartenteich-Zeitschrift "Gartenteich" bleiben, deren Redakteur Harro Hieronimus ist, der als Vrfasser unseres Anhangs "Neue Trends im Gartenteichbereich" diesem Buch aktuellen Auftrieb gibt.

Wir hoffen in jedem Fall, daß Sie aus dem hier dargestellten reichen Erfahrungsschatz brauchbare Anregungen und Anleitungen entnehmen können. Schaffen Sie sich mit Ihrem Gartenteich eine Insel zur Erholung und zum Rückzug - für sich und gegebenenfalls auch für die bedrohte Tierwelt!

Melle, im März 2002 Die Autoren

Inhaltsverzeichnis

Warum ein Feuchtbiotop im Garten?

Das Wasser ist die Heimstatt vieler Pflanzen und Tiere. Im und am Wasser ist Leben. Deshalb zählen Teiche und Tümpel zu unseren an Arten vielfältigsten Lebensräumen. Das Quaken der Frösche, das Gezwitscher der Vögel, das Schwirren der Libellen und das Wachstum der Seerosen und des mannshohen Rohrkolbens sind für viele Menschen der Inbegriff intakter Natur und sprichwörtlich blühenden Lebens.

Einen solchen Lebensraum möchte man sich gerne in seinen eigenen Garten holen. Vielleicht spielen aber auch Kindheitserinnerungen eine Rolle, als es noch viele kleine Gewässer gab, in denen Kinder Molche und Kaulquappen fangen und beobachten konnten und die Frösche und Kröten noch nicht alle plattgefahren waren. Möglicherweise erinnert sich mancher auch daran, wie er als Kind einen Bach aufzustauen versucht hat, der heute möglicherweise in einer Betonröhre verschwunden oder im Kanal begradigt worden und zum toten Abwasserlauf verkommen ist. Ob am Bach oder am Teich gematscht wurde: die Mutter war hinterher von ihrem unter der Schlammschicht nur mühsam wiederzuerkennenden Sprößling selten begeistert. Und auch wenn es gelegentlich Ärger gab: Spaß gemacht hat es dennoch. Auf jeden Fall gab es auf diese Weise mehr Möglichkeiten als heute, die Tiere und Pflanzen kennenzulernen, die Zahl der Kleingewässer hat ganz drastisch abgenommen.

Vor diesem Hintergrund betrachtet, kann man ein Feuchtbiotop mit etwas Geschick vielleicht auch ein wenig kindgerecht gestalten, eventuell so, daß am Rand oder in einigem Abstand eine ,,Matsch-Ecke" für die Kinder mit entsprechender Drainage und feuchtigkeitsliebenden Pflanzen drumherum eingerichtet wird, mit einer Dusche für den Sommer und dergleichen. Ferner ließe sich pädagogisch sinnvoll auch das natürliche Interesse von Kindern an Lebewesen fördern, zum einen, indem überhaupt ein naturnah gestalteter Teich vorhanden ist, zum anderen auch dadurch, daß ihnen Anleitungen zum Umgang mit der Natur am Beispiel des eigenen Teiches gegeben werden. Diese ,,Anleitungen" können zum einen Bücher und Broschüren oder eine Lupe, dem Alter entsprechend gar ein Mikroskop sein, zum anderen aber auch der entsprechende direkte Umgang mit den Tieren und Pflanzen am Beispiel der Eltern. Es soll hier nicht der pädagogische Zeigefinger erhoben werden, aber eine Libellenlarve ist am eigenen Gartenteich ungleich eindrucksvoller und interessanter als im Fernsehbild, und schöner ist es auch, wenn der eigene Vater die Umwandlung zur Libelle zeigt und erläutert. Und dann kommt hoffentlich von alleine die Erkenntnis, daß so etwas nicht igittigitt und sofort umzubringen ist, sondern daß es erhalten und geschützt werden muß. Was man aber nicht kennt, das kann man auch nicht schützen.

Der Naturschutz ist daher ein weiterer Grund für die Anlage eines Feuchtbiotopes im Garten. Tatsächlich bilden Teiche und Tümpel für viele heimische Pflanzen und Tiere einen für ihre Existenz notwendigen Lebensraum, eine Grundlage zur Nahrungssuche und Entwicklung. Vor allem Insekten und Amphibien sind ganz oder zeitweise auf diese kleinen

Gewässer angewiesen, denn in den stillen Teichen und Tümpeln müssen sie ihre Eier ablegen, und dort entwickeln sich die Larven. Dies gilt nicht nur für die wohl jedermann bekannten Amphibien und Libellen, das gleiche trifft auch für die wesentlich unauffälligeren Schnecken, Kleinkrebse, die vielen anderen Insekten oder die gar nur mit der Lupe oder dem Mikroskop erkennbaren Kleinstlebewesen zu, ebenso sind eine große Zahl Sumpf- und Wasserpflanzen auf den Lebensraum Teich angewiesen. Unter diesen Tieren und Pflanzen finden sich viele vom Aussterben bedrohte Arten, zählen doch gerade die an und in den Gewässern lebenden Pflanzen und Tiere zu den bei uns am meisten gefährdeten Lebewesen.

Neben den natürlichen und durch Verschmutzung und Überdüngung beschleunigten Verlandungsvorgängen in solchen Kleingewässern haben Entwässerungen, Grundwasserabsenkungen und Zuschütten zum Verschwinden geführt. Viele der übriggebliebenen Kleingewässer sind von Angelvereinen gepachtet und so für die Nutzung durch Kleintiere und Pflanzen ausgefallen, obgleich sich auch in Anglerkreisen heute ein Umdenken bemerkbar macht und nicht mehr nur der reine fischwirtschaftliche Nutzen gesehen wird. So ist es nicht erstaunlich, daß bereits manche Art verschwand, die auf Feuchtgebiete angewiesen ist, und viele weitere sind dem Aussterben nahe. Die restlichen Feuchtgebiete werden mitunter sorgsam von Naturschützern gesichert und gepflegt. Doch was nutzt es einer Art, wenn sie in Restexemplaren ein mit viel Mühe erhaltenes Biotop bewohnt, wenn aber die nächsten Geschlechtspartner unerreichbar weit entfernt vorkommen, mit denen ein Austausch genetischen Materials möglich wäre.

Eine Art kann also in ihrem Bestand nicht nur durch unmittelbare Vernichtung in einem für sie geeigneten Lebensraum bedroht sein, sondern auch durch fehlenden Austausch von Erbanlagen, wenn nämlich geeignete Partner durch zu große Entfernungen zwischen den Restbiotopen nicht zueinander gelangen können. Hier vermag die Neuanlage von Teichen und Tümpeln durch Naturschutzverbände und auch von privater Seite wirksame Hilfe leisten. Die Schaffung vieler kleinerer Gartenteiche und geeigneter Lebensräume kann nämlich eine sogenannte Vernetzung der Biotope erzeugen und so den Fortbestand von Arten sichern helfen.

Aber nicht nur edle Naturschutzmotive - so verdienstvoll sie auch sind - können einen Gartenbesitzer dazu verleiten, sich einen künstlichen Lebensraum wie einen Gartenteich oder ein anderes Feuchtbiotop anzulegen. Der optische Gesichtspunkt ist vielmehr ein besonders wichtiger Faktor. Der eine findet - vom Naturschutzgedanken ganz abgesehen - einen Gartenteich mit wild-üppigem Bewuchs einfach urig und schön, dem anderen fehlt in seinem gartenarchitektonisch durchgeplanten Garten just noch ein optischer Blickfang, der sich dem Gesamtplan dann unterzuordnen hat und möglicherweise ein formstrenger Betonteich sein kann. Dabei ist weder das eine noch das andere in den Kategorien ,,gut" oder ,,schlecht" zu bewerten, an seinem Platz und in dem entsprechenden Rahmen hat alles seine Berechtigung und wir werden sowohl für das eine wie für das andere auch optische Beispiele in diesem Buch vorstellen.

Weiterhin kann der Grund für die Anlage zum Beispiel eines Gartenteiches auch darin liegen, daß bestimmte Tiere gezüchtet werden sollen, so findet die gezielte Zucht von Goldfischen und Farbkarpfen oder Kois heute (wieder) zunehmend mehr Liebhaber. Für manche seltene Farbform oder manches Zuchttier wurden da schon viele tausend Mark gezahlt. Dieser Grund für die Anlage eines Gartenteiches hat mit dem Naturschutzgedanken selbstverständlich höchstens am Rande zu tun, aber auch eine solche Form der Beschäftigung mit den Lebewesen hat ihre Daseinsberechtigung.

Letztlich ist auch an die ruhelosen Bastler zu denken, was hier nicht abwertend zu verstehen sein soll. Vielleicht ist das Eigenheim gerade fertiggestellt, vom Bauen hat man sich erholt, sowohl körperlich als auch finanziell, da erwacht die Baulust wieder, und am Gartenteich läßt sich trefflich wurschteln und basteln. Ist der Teich selbst fertig, so kommt eventuell ein Bachlauf mit pumpengetriebener Quelle hinzu, eine automatische Überlauf- und Zulaufeinrichtung für Regenwasser vom Dach, ständig ist da etwas zu tun und zu verbessern.

Vor allem wenn man ein naturnahes Feuchtbiotop anlegen möchte, muß die Natur auch entsprechender Orientierungsmaßstab sein. Nachfolgend wollen wir uns deshalb einmal die verschiedenen heimischen Biotope anschauen, die im besonderen Maße an das Wasser gebunden sind, wie sie aussehen und ,,funktionieren".

Zuvor sei jedoch noch eine kurze Erläuterung des hier benutzten Begriffes ,,naturnah" gegeben. Natürliche, also im ursprünglichen Naturzustand gebliebene, Gewässer gibt es in Deutschland wohl kaum noch, wenn überhaupt. Der Mensch ist für das Entstehen selbst solcher Landschaften verantwortlich, die heute weithin als natürlich angesehen werden, beispielhaft sei hier die Heide genannt. Dennoch hat jeder eine gewisse Vorstellung von einem natürlichen Gewässer. Ein naturnahes Gewässer versucht nun diesen Vorstellungen möglichst zu entsprechen und einen zwar von Menschenhand erstellten, dennoch aber der Natur nachempfundenen Lebensraum darzustellen.

Lebensgemeinschaften in Quellen, Bächen und Flüssen

Aus Quellen verläßt Grundwasser das Erdinnere und fließt oberirdisch ab. Dabei spült das Wasser ein geradliniges oder geschwungenes Bett frei, abhängig vom Gefälle und der zutage tretenden Wassermenge. Diese Wassermenge wird von der möglicherweise jahreszeitlich schwankenden Quellschüttung und der Anzahl der Zuflüsse bestimmt. Das Bachbett wird nach dem Zusammenfluß verschiedener Bäche nach Erreichen einer gewissen Größe zum Flußbett, später zum Strombett. Die Fließgewässer haben heute einen im wesentlichen festgelegten Verlauf und prägen die Landschaft, ja sie gestalten die Landschaft selbst mit, durch fortlaufende Abtragungstätigkeit, die Erosion. Die Fließgewässer gliedern die Bergzüge durch Talbildungen. Andererseits schütten sie die in die Ebenen mitgetragenen Ablagerungen auf und schieben durch diese Sedimente in den Mündungsgebieten von Seen und Meeren die Landgrenze zunehmend weiter hinaus.

Die Lebensräume der Fließgewässer sind für Tier und Pflanze durch zwei entscheidende Wirkkräfte beeinflußt.

Der erste wesentliche Einfluß ist die Temperatur. Aus den Quellen tritt das Wasser mit im Jahresverlauf kaum veränderter Temperatur aus dem Grundwasser ans Tageslicht. Sie entspricht meist der Jahresdurchschnittstemperatur der jeweiligen Landschaft. Aber schon nach kurzer Entfernung von der Quelle wirkt sich die sommerliche Erwärmung oder die winterliche Abkühlung aus. Mit steigender Entfernung von der Quelle wächst die Jahresspannweite der Temperatur, die Amplitude, stark an. So ist die Jahresamplitude des Wassers an der Quelle nahe Null, weil sich dort die Temperatur im Jahresverlauf kaum ändert. Schon nach wenigen Kilometern kann der Temperaturunterschied 15° C im Jahr betragen. Mit fortschreitender Entfernung von der Quelle werden die Schwankungen größer und gleichen sich den Oberflächentemperaturen von Seen an. Diese Schwankungen liegen zwischen 0 und 20° C. Viele weitere Eigenschaften des Wassers hängen von der Temperatur ab, so der Sauerstoffgehalt, die Geschwindigkeit chemischer Prozesse, die Dichte und die Viskosität (Zähflüssigkeit). Diese Faktoren beeinflussen im Gewässerverlauf mit zunehmender Entfernung von der Quelle durch steigende Amplitude der Temperaturen auch immer mehr die Lebensgemeinschaften im Wasser und seiner Umwelt.

Die zweite entscheidende Wirkkraft ist die Strömungsgeschwindigkeit des Fließgewässers. Einerseits bringt die Wasserströmung Stoffe

Der Teich ist wie eine Insel

und Wärme zu den Pflanzen und Tieren und reguliert ihre Versorgung, andererseits werden auch die Lebewesen selbst durch die Strömung verfrachtet, wobei insbesondere Tiere gefährdet sind, abgetrieben zu werden, vor allem wenn sie sich aktiv fortbewegen.

Auch die Strömungsgeschwindigkeit ändert sich mit der Entfernung von der Quelle. Die Geschwindigkeit des Wassers hat vor allem für frei schwimmende Tiere eine wesentliche Bedeutung. Am Grund lebende Pflanzen und an Steinen haftende Tierarten, das Zoobenthos, werden nur von der dort herrschenden Strömung beeinflußt. Am Grund ist die Strömung wesentlich geringer als im freien Raum. Sie nimmt gewässerabwärts weiter ab. Dies ist auch an der nachlassenden Transportkraft und der davon verursachten Sedimentation zu erkennen. So werden im Gebirge noch große Steine und Geröll vom Wasser transportiert, während in den deutlich langsamer fließenden Mittelgebirgsflüssen auch feinere Körner zu Boden sinken. Durch diese Sedimentation entstehen ihre kiesigen oder sandigen Untergründe. In großen Flüssen und Strömen bleiben dann auch feine Schlammanteile am Gewässerboden liegen und lagern sich besonders in Ruhigwasserzonen und Buchten ab. Auf diese Weise bilden sich Schlammbänke, die reich bewachsen sind und einer eigenen Tierwelt Raum bieten. Beide Wirkkräfte verändern sich also gleichmäßig mit dem Verlauf des Gewässers: Die zunehmende Amplitude der Temperaturwerte und die sinkende Schubkraft der Strömung beeinflussen das Fließgewässer ab einiger Entfernung von der Quelle und schaffen so die jeweils typischen Besonderheiten, die sich auf die dort siedelnden Lebensgemeinschaften auswirken.

In diesem Wirkungsgefälle siedeln sich die Tier- und Pflanzenarten in ihren jeweiligen Vorzugsbereichen an. So ist es nicht erstaunlich, daß in Lebensräumen mit beständiger Strömung auch nur in hohem Maße an diese Strömung angepaßte Arten vertreten sind. Weil die Strömung an der Oberfläche kräftiger als am Grund oder am Ufer ist, oder gar hinter Steinen, wo sie durch Widerstände und Reibung gebremst wird, können bewegliche Tiere in sehr kurzer Zeit aus strömungsarmen Bereichen in kräftige Strömung geraten.

Auch festsitzende, sessile, Tiere sind durch Wasserstandsschwankungen solchen Strömungsveränderungen ausgesetzt. Deshalb sind für das Leben im Fließgewässer besondere Anpassungen auch an wechselnde Strömungsstärken notwendig. Das Fließwasser transportiert alle für die Lebewesen notwendigen Faktoren wie Wärme, Sauerstoff, Kohlendioxid, Stickstoff, Salze, lehmige Trübstoffe und organische Stoffe abwärts. In stehenden Gewässern lagern sich diese Stoffe in Schichten mehr oder weniger einheitlicher Stärke ab.

Die Quellbereiche

In den Quellen haben sich Lebensgemeinschaften entwickelt, die den Besonderheiten des austretenden Grundwassers angepaßt sind. Einfluß haben chemische Faktoren wie Säuregehalt (pH-Wert), Salzgehalt (Wasserhärte) und gelöste Gase wie Sauerstoff oder Kohlendioxid. Die Quellwassertemperatur liegt in den gemäßigten Breiten zwischen 4°C und 10°C und bleibt jeweils weitgehend konstant. Aus diesem Grunde sind die Quellen letzte Rückzugsorte für in wärmeren Zwischeneiszeiten verbreitete Arten. Die Schnecken *Lauria cylindracea* und *Azeca menkaena* sind solche Überlebenden aus den Wärmezeiten, die in den kühlen Quellen die einzige Stelle in der Natur gefunden haben, die im Winter nicht zufriert. Ebenso steigt die Quellwassertemperatur auch an heißen Sommertagen kaum an und bietet so kältezeitlichen Rückzugsarten einen Lebensraum, die während der Eiszeiten verbreitet waren. Diese Reliktarten können sich außerhalb der Gebirge und polaren Regionen nur noch in den Quellen halten. Der Alpenstrudelwurm *Planaria alpina* ist ein typisches Beispiel dafür. Er ist auch in Mittelgebirgsquellen anzutreffen.

Quellen sind Orte, an denen wasserführende Bodenschichten an die Erdoberfläche treten. Das Grundwasser quillt aus Spalten und Höhlungen des Gesteins hervor. Die Lage der Quelle beeinflußt auch ihren Charakter. Waldquellen sind meist ständig beschattet und mit Fallaub und Ästen gefüllt. Tümpelquellen bilden kleine Gewässer, Sturzquellen treten aus blankem Gestein aus und Sumpfquellen sind vielfach nur extrem feuchte Wiesen. Die Wassermenge der Quellen ist meist gering, erst durch Vereinigung mehrerer Quellrinnsale beginnt der Bachlauf. Quellen sind häufig die oberirdische Fortführung des Grundwassers. Deshalb sind in den Quellen oft echte Grundwasserbewohner zu finden, wie augenlose Strudelwürmer oder der blasse und blinde Höhlenkrebs *Niphargus puteanus*. Die meisten Quellen sind an pflanzlicher Nahrung arm, so daß Pflanzenfresser auf die Reste hineingefallener und vermodernder Pflanzenteile angewiesen sind. Andere leben von kleinen organischen Partikeln, dem Detritus, der gelegentlich vom Grundwasser mitgebracht wird. Nur wenige der Quellbewohner sind Räuber.

Quellbewohner sind an ihren Lebensraum mit seinen entsprechenden Bedingungen gut angepaßt. In der Regel sind es relativ kleine Arten. Neben den Strudelwürmern *Crenobia alpina* und *Polycelis felina* treten kleine Quellschnecken, *Bythinella*, Wassermilben, Köcherfliegenlarven, Käfer und deren Larven, und auch Fliegen- und Mückenlarven auf. Die in Quellen manchmal vorkommenden Flohkrebse *Gammarus pulex* sind hier deutlich kleiner als in den Bachläufen.

Zu den echten Quellebewesen gesellen sich viele Arten aus anderen Gewässern und aus sehr feuchten Landbereichen als manchmal gar nicht seltene Gäste. Besonders im Winter werden die eisfreien Bereiche von verschiedenen Gastarten besiedelt.

An der Artenzahl im Quellbereich läßt sich die Qualität des Wassers beurteilen. Je besser die Wasserqualität ist, umso größer ist die Artenvielfalt. Dies gilt so im Prinzip für alle Fließgewässer und wird zur Gewässergütebeurteilung genutzt.

Bach und Fluß

In fließenden Gewässern bilden sich aufgrund der Strömung auf recht lange Strecken relativ gleichmäßige Lebensbedingungen aus. So treten Veränderungen in diesen Lebensbedingungen nur langsam auf, und abgedriftete Tiere werden nicht sofort in ihnen gar nicht zusagende Gebiete getrieben. Erst nach längerer Drift geraten sie in Bereiche stark veränderter Umweltbedingungen, unter denen sie nicht mehr leben können. Deshalb werden die Fließgewässer in zwei große Lebensbereiche unterteilt:

- den Bachbereich, das Rhithral, und
- den Flußbereich, das Potamal.

Die Grenze zwischen beiden Bereichen ist durch die Jahresamplitude von 20° C gekennzeichnet. Die Verteilung der Tiere richtet sich nach diesen Bedingungen. Das wird am Beispiel einiger Krebstiere deutlich. Im oberen Gewässerteil, dem Epirhithral, findet sich meist nur der strömungsangepaßte Bachflohkrebs *Gammarus fossarum*. Im mittleren Teilabschnitt kommt der Gemeine Flohkrebs *Gammarus pulex* hinzu, der zwar auch starken Strömungen zu widerstehen vermag, aber nicht sehr kalte Temperaturen verkraftet, so daß er besonders im Winter im Gewässer weiter abwärts gedrängt wird. Im unteren Teilabschnitt des Bachverlaufs kommt die dritte Flohkrebsart, der Flußflohkrebs *Gammarus roeseli* hinzu. Schließlich ist in der oberen Flußregion, dem Epipotamal, die Wasserassel *Asellus aquaticus* nachzuweisen. Im weiteren Flußverlauf verschwinden dann die Flohkrebsarten, abhängig von ihrem jeweiligen Sauerstoffbedarf. Diese Verbreitung einiger Krebstiere läßt sich auf die Einteilung der Bachabschnitte in Regionen, benannt nach den dort vertretenen typischen Fischarten, übertragen.

Bodenbewohnende Tiere sind im rasch fließenden Gewässer begünstigt, denn sie leben durch ihre direkte Verbindung mit dem Untergrund in der dünnen Schicht mit schwacher Strömung, die durch die Reibungswiderstände verursacht wird. Deshalb sind viele Bachtiere stark abgeplattet und können so den Auswirkungen der Strömung weitgehend entgehen. Im Bachverlauf ist Plankton, also freischwimmende Lebewesen, nicht nachzuweisen, denn dieses würde durch das Wasser fortgespült werden. Deshalb ist erst im unteren Flußbereich Plankton in größeren Mengen vorhanden.

Nun geraten auch die kleinen Bodentiere trotz ihrer Abflachung und geringen Schulterhöhe manchmal in die Strömung und werden fortgetragen. Abtreibende Tiere müssen versuchen, so schnell wie möglich am Untergrund oder in Wasserpflanzen Halt zu finden. Die verdrifteten Bodentiere werden oft um große Strecken fortgetragen, besonders wenn sie mehrfach abgespült werden. Dieser gewässerabwärts gerichteten Verfrachtung wirken die Tiere über ihre Fortpflanzung und durch aufwärts gerichtete Wanderungen entgegen. Die Fortpflanzung und Aufwärtswanderung machen die Auswirkungen der Abdrift wett, da die Lebensgemeinschaften in den Fließgewässern beständig sind.

An den Aufwärtswanderungen wird deutlich, daß die Tiere die Richtung der Strömung feststellen können. Das erfolgt bei Fischen durch das Seitenlinienorgan, bei Insekten mit Hilfe strömungsempfindlicher Borsten. Dank dieser Befähigung vermögen die Bachbewohner die ihnen am meisten zusagenden Gewässerbereiche aufzusuchen. Viele Arten bevorzugen ganz bestimmte Strömungsverhältnisse, da jede Strömungsweise im Gewässer bestimmte Eigenheiten aufweist, der die dort lebenden Tiere auf ihre Art angepaßt sind. Versuche haben beispielsweise gezeigt, daß die Köcherfliegenlarven *Rhyacophila nubila* in stärker strömendem Wasser mehr Sauerstoff aufnehmen können als im langsamen. Das strömende Wasser schafft also Vorteile bei der Atmung, was die Besiedler anderer Gewässer anderweitig ausgleichen müssen. Die Köcherfliegenlarve *Hydropsyche angustipennis* gleicht den Sauerstoffmangel bei langsamer Strömung durch verstärkte Atembewegungen aus. Den Vorteil des hohen Sauerstoffangebotes im fließenden Wasser müssen Besiedler stehender Gewässer auf andere Weise ausgleichen. Teichbewohner müssen durch Eigenbewegungen, die wiederum Energie verbrauchen, dafür sorgen, daß sie genügend Sauerstoff erhalten. Diese Notwendigkeit entfällt natürlich im Fließgewässer, wo die Strömung Sauerstoff und Nahrung direkt heranträgt.

Die Entwicklung vieler Tiere ist von der Wassertemperatur abhängig. Sinkt diese im Herbst unter einen bestimmten Wert, der für die verschiedenen Arten unterschiedlich ist, so stellen sie ihr Wachstum ein. Erst im Frühjahr, mit beginnender Erwärmung, setzt das Wachstum wieder ein. So beeinflußt der Lebensraum mit seiner jeweiligen Temperatur den Entwicklungszeitraum der dort lebenden Tiere. So ist die Entwicklungsdauer der Köcher- und Eintagsfliegen nicht alleine von der Art, sondern auch von ihrem Lebensraum abhängig. *Ecdyonurus venosus* hat im Mittellauf eines Baches eine einjährige und im Oberlauf eine zweijährige Entwicklung. Auch die Zahl der Larvengenerationen hängt in bestimmten Populationen von der Umwelt ab.

Die typischen Bewohner des Rhitrals, des Bachbereiches also, haben Strömungsanpassungen in vielfältiger Form entwickelt. Häufig finden sich Saugnäpfe, mit denen der Körper an Steinen festgeheftet wird. So tragen die Larven der Lidmücken (Blepharoceridae) sechs solche runde Saugnäpfe an der Körperunterseite. Die Kriebelmücke hat einen Saugnapf am Körperende. Einige Eintagsfliegenlarven aus der Gattung *Rithrogena* formen mit Hilfe ihrer Kiemen am Hinterleib eine Haftplatte, indem sie diese Kiemen fächerartig übereinanderlegen. Die wie Asseln wirkenden Käferlarven der Wasserpfennige aus der Familie Psephenidae bilden mit ihrem gesamten Körper einen Saugnapf, wodurch sie sich an Steinen festhalten. Genauso saugte sich auch die ausgestorbene Rhein-Eintagsfliege *Prosopistoma foliaceum* an Felsen im Fluß fest und konnte von dort auch nicht mit Gewalt unverletzt abgenommen werden. Selbst die Quappen mancher tropischer Frösche besitzen Saugnäpfe an ihren Unterlippen, um sich an Steinen festheften zu können. Eine weitere Anpassung sind Haken und Borsten am Körper, mit deren Hilfe eine Verankerung in Gesteinsritzen oder am Quellmoos erfolgt. So haben die Larven einiger Steinfliegen aus Gebirgsbächen solche Dornen am Hinterkörper, obwohl sie unterschiedlichen Verwandtschaftskreisen entstammen. Die Hakenkäfer Dryopidae tragen an ihren Fußspitzen sehr lange Klauen, mit denen sie sich an Gesteinsritzen festklammern. Auch die Beine vieler Larven der Köcherfliegen, zum Beispiel aus der Gattung *Rhyacophila* besitzen solche Haken. Spezielle Bildungen sind die Absonderungen von klebenden Exkreten oder Spinnfäden. Damit heften sich die Tiere an den Steinen fest und vermeiden ein Fortgespültwerden. So besitzen die Kriebelmücken *Simulium* neben ihrem Saugnapf auch einen Spinnfaden, mit dem sie sich, falls sie doch einmal fortgespült wurden, langsam gegen die Strömung zu ihrem Wohnort zurückhangeln.

Viele Bachbewohner schützen auch ihre unbeweglichen Entwicklungsstufen, ihre Puppengehäuse und Gelege, mit gallertigen oder gesponnenen Klebemassen, um ein Wegspülen zu vermeiden. Es gibt sogar Wasserinsekten, bei denen selbst einzelne Eier mit Borsten, Ankern, Klebeeinrichtungen und ähnlichem versehen sind. So werden auch kleinste Unebenheiten am Boden zur Befestigung genutzt.

Und letztlich sind die meisten Lebewesen im Bach durch ihre Körperform wirksam gegen die Strömung gewappnet. Viele Tiere sind flach gebaut, um der Strömung nur geringen Widerstand zu bieten. Solch flache Tiere sind die Strudelwürmer, wobei *Crenobia alpina* im Oberlauf der Bergbäche, *Polycelis felina* im mittleren Bereich und *Dugesia gonocephala* im unteren Abschnitt anzutreffen sind. Stark abgeflacht sind auch die Larven der Hakenkäfer, der Stein- und Eintagsfliegen, *Epeorus, Heptagonia* und *Rhithrogena*, viele Puppengehäuse, wie das der Kriebelmücke *Simulium*, die Lidmückenpuppe *Liponeura* und die Mützenschnecke *Ancylus fluviatilis*. Die Abflachung erstreckt sich auf alle Organe. Manche Eintagsfliegenlarven sind am Kopf derartig flach, daß die Augen dort keinen Platz finden und auf dem Scheitelrücken sitzen. Die meisten Extremitäten sind in dafür vorgesehenen Aussparungen am Körper einlenkbar.

Die Fortbewegung der Fließwassertiere gleicht eher einem Rutschen als einem Laufen, denn der Körper wird dicht an den Untergrund gepreßt. Viele Tiere reagieren auf die Strömung, indem sie sich am Untergrund andrücken, wodurch sie quasi festgeheftet werden. Spült sie das Wasser bei ihrer Fortbewegung doch einmal mit, so ist es ihr erstes Ziel, sich wieder festzuheften. Mitgespülte Tiere sind eine leichte Beute für andere räuberisch lebende Arten.

Doch hat die Strömung ja auch Vorteile für die Bachbewohner. Neben dem hohen Sauerstoffgehalt ist ein stetiger, wenn auch dünner, Nahrungsstrom in dem vorbeifließenden Wasser enthalten. So finden sich oft nahrhafte größere Partikel im Wasser, die mitgerissen wurden. Hierzu gehören vom Regen eingeschwemmte oder hineingefallene Insekten, zersetzte Pflanzenteile vom oberhalb gelegenen Gewässerabschnitt, und die von der Strömung losgerissenen Pflanzen, vornehmlich Algen und kleinere Tiere.

Von diesem Material leben die Bachbewohner, denen es gelingt, sich festzuhalten und gleichzeitig die Nahrung aus dem Wasser herauszufangen oder zu filtern. Zu den Filtrierern gehört der Süßwasserschwamm, der winzigste Nahrungsteilchen verwertet. Die Kriebelmükkenlarven strecken ihre Fangwerkzeuge in die Strömung und fangen alle geeigneten Nahrungspartikel heraus. In strömungsarmem Wasser müßten so angepaßte Tiere verhungern. Die Köcherfliegenlarve *Hydropsyche* spinnt ein Netz, das in die Strömung gestellt wird. Tiere, die sich darin verfangen, werden dann wie bei den Spinnen gepackt und gefressen.

Neben der Nahrung bringt die Strömung auch den zur Atmung nötigen Sauerstoff, der für die hier lebenden Tiere im Überfluß vorhanden ist. Dadurch sind nur kleine Kiemen nötig, was die abdriftgefährdende Körperoberfläche verringert, und viele Tiere kommen mit ihrer Hautatmung aus. Der hohe Sauerstoffgehalt rührt von der niedrigen Wassertemperatur und der Verwirbelung an Felsen und ähnlichem her. Kaltes Wasser vermag größere Mengen gelösten Sauerstoffs zu enthalten als warmes Wasser. Die Bachtiere sind deshalb diesem hohen Sauerstoffgehalt angepaßt und müssen in anderer Umgebung ersticken. Werden solche spezialisierte Tiere in Aquarien ohne Filter oder Durchlüftung gegeben, so sterben viele extrem angepaßten Arten bereits nach wenigen Minuten. Manche Arten können durch Bewegen ihrer Kiemenplättchen einige Zeit eine Notatmung durchführen.

Im Bachbereich finden sich also Lebensgemeinschaften, die durch ihre hochgradige Anpassung auffallen, mit denen diese Lebewesen an die extremen Lebensbedingungen angepaßt sind. Die Anpassungen bewirken die Ausbildung bestimmter Typen in Körperbau und Verhalten, die sich in allen Gebirgsbächen der Erde ähneln. Diese Lebensgemeinschaft ist geprägt von Tieren mit schlanker Körperform, starrer borstiger Gestalt mit großen Klauen und Haftorganen. Sie besitzen nur kleine Kiemen, die auch völlig fehlen können. Die Köcherfliegenlarven tragen meist schwere Steingehäuse.

Bei einem Vergleich der Bachbewohner mit den typischen Tieren des Flußbereiches lassen sich leicht Unterschiede in der Anpassung erkennen. Da in den Flüssen die Temperaturen höher liegen, wird die Sauerstoffversorgung schwieriger. Deshalb werden größere Kiemen ausgebildet und an manchen Körperstellen sind sogar weitere Hilfskiemen angeordnet. In der Körperform sind die Tiere deutlich abgeplattet. Sie tragen meist Haarsäume an den Hinterkanten der Extremitäten, wodurch die Abflachung verstärkt wird. Im Fluß ist zwar die Strömungsgeschwindigkeit am Grund geringer, doch besitzt der Bach bessere Schlupfwinkel, während die Tiere im Fluß etwa bei Hochwasser kaum Verstecke finden und sich nur durch enges Andrücken an den Untergrund vor dem Fortgeschwemmtwerden schützen können. Ihre Form bietet nur geringen Widerstand gegen den Druck der Strömung.

So sind nicht nur viele Bodentiere der Fließgewässer an das Leben im strömenden Bach oder Fluß angepaßt, sondern auch die Fische. Die freischwimmenden Tiere in schnell strömenden Gewässern haben meist einen annähernd kreisrunden Körperquerschnitt, der eine stark entwickelte Körpermuskulatur ermöglicht. Um im Fließwasser nur an einer Stelle bleiben zu können, muß eine Forelle manchmal Geschwindigkeiten von über einem Meter pro Sekunde bewältigen. Dies vermögen Forellen tatsächlich stundenlang durchzuhalten, wobei sie am günstigen Standort vorbeitreibende Nahrung aufschnappen. Ihre Ruhezeiten verbringen sie an geschützten Orten. In ruhiger fließendem oder stehendem Wasser brauchen die Fische weniger Muskelkraft und wirken deshalb im Körperquerschnitt seitlich flacher.

In weniger rasch fließenden Bach- oder Flußabschnitten bremst ein oft dichter Pflanzenbewuchs die Strömung zusätzlich. Flutender Hahnenfuß, Wasserpest und viele Sumpfpflanzen siedeln im langsamer fließenden Bach und ermöglichen die Ablagerung von Trübstoffen. Große Steinbrocken sind häufig von Zweigalgen (*Cladophora*) überwachsen. Dort, wo die Wasseroberfläche ruhiger ist, ermöglicht dies Stoßwasserläufern (*Velia*) und Taumelkäfern (*Orectochilus villosus*) die Existenz. Die Stengel und Blätter der Wasserpflanzen sind reichlich von Tieren und Pflanzen besiedelt. Köcherfliegenlarven, Wasserjungfern und Wasserschnecken sind hier häufige Tiere. Unter Steinen am Grund verstecken sich Strudelwürmer, Flohkrebse, Wasserasseln, Stein- und Eintagsfliegenlarven. Auch im Bodenschlamm leben Eintagsfliegen- und reichlich Zuckmückenlarven. Dank der schwächeren Strömung können auch viele wirbellose Tiere frei schwimmen. Egel schlängeln sich schwimmend zwischen den Wasserpflanzen hindurch, Wasserkäfer und -wanzen sowie Milben und Eintagsfliegenlarven sind weitere Arten.

Die Edelkrebse sind Bewohner der Bodenzonen von Bächen und Flüssen.

Die Lebensräume der Fische

Man könnte annehmen, daß die Fische aufgrund ihrer besonderen Schwimmleistung in der Lage wären, alle Bereiche im Fluß aufzusuchen und je nach Lust und Laune von der Mündung stromaufwärts bis zur Quelle zu schwimmen. Dies können jedoch nur die wenigsten. Vielmehr sind die weitaus meisten Arten eng an für sie charakteristische Lebensbereiche mit bestimmten Temperatur- und Strömungswerten angepaßt. Deshalb können die Fließgewässerregionen nach der Verbreitung für sie typischer Fische unterteilt werden. Von der Quelle bis zur Mündung lassen sich in Europa folgende fünf Regionen unterscheiden:

- die Forellenregion
- die Äschenregion
- die Barbenregion
- die Brachsenregion
- die Kaulbarsch-Flunder-Region.

Einige dieser Bereiche werden oft zusammengefaßt, da die Tierarten sich in ihrer Verbreitung überschneiden und die betreffenden Fischarten der gleichen Verwandtschaft angehören. So findet man auch

Die charakteristischen Fischregionen eines Fließgewässers (nach SCHINDLER).

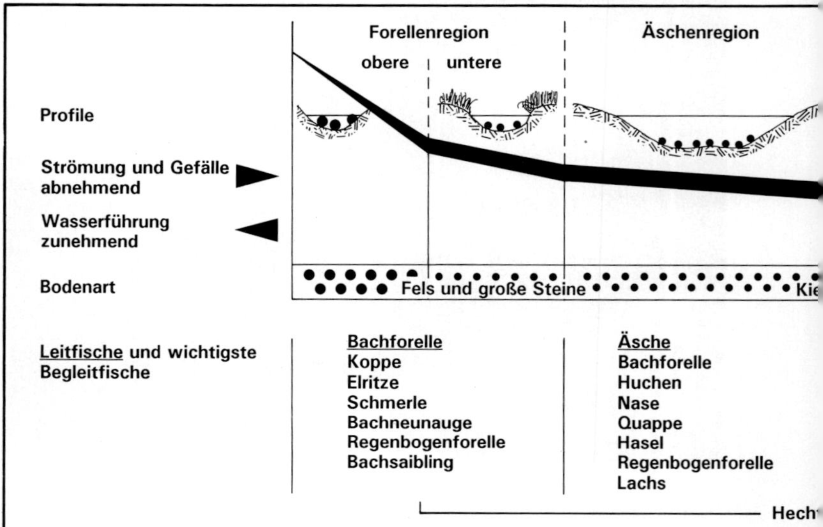

die Zusammenfassung der Lebensräume von Forelle und Äsche, die beide zu den Forellenartigen oder Salmonidae gehören, zur Salmonidenregion, und die von Barbe und Brachse, die zu den Karpfenartigen oder Cyprinidae zählen, zur Cyprinidenregion.

Diese Regionen sind naturgemäß äußerst unterschiedlich. In den eigentlichen Quellregionen leben zumeist noch keine Fische, Ausnahmen sind natürlich die Grundquellen in Teichen und Seen. Die ersten Fische finden sich hingegen dort, wo mehrere Quellen zum Quellbach vereint ein etwas größeres Gewässer bilden. Es ist dies die obere Forellenregion. Hier spielt sich das Fischleben in schnellfließenden und reißenden Bächen mit reichlich Steinblöcken und Schotter ab. Aber tiefe Wasserlöcher, ruhige Buchten und ausgespülte Unterstände bieten auch ruhigere Wasserzonen. Das Wasser ist klar, sauerstoffreich und oft mineralarm. Die Temperatur bleibt auch im Sommer unter 10° C. So sind höhere Pflanzen nur an manchen Stellen durch das Quellmoos *Fontinalis antipyretica* und andere Moose vertreten. Der Leitfisch dieser Region ist die leider vielerorts schon selten gewordene Bachforelle (*Salmo trutta* forma *fario*). Sie wird von der in Europa ausgesetzten Regenbogenforelle (*Oncorhynchus mykiss*), dem Bachsaibling (*Salvelinus fontinalis*), der Groppe (*Cottus gobio*), Elritze (*Phoxinus*

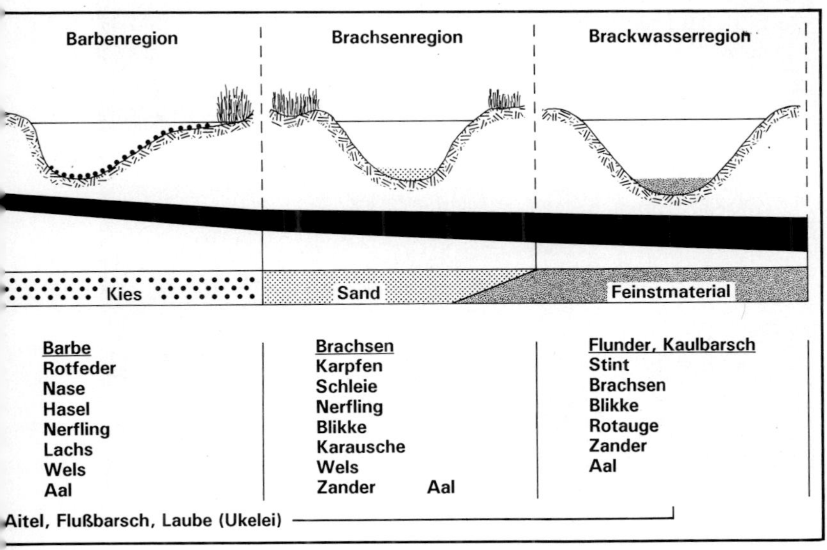

In der Forellenregion ist die Strömung sehr rasch.

Ein Eindruck aus der Äschenregion.

Die Barbenregion umfaßt die Mittelläufe der Flüsse.

phoxinus), Schmerle (*Barbatula barbatula*), und einem Rundmaul, das eigentlich kein echter Fisch ist, dem Bachneunauge (*Lampetra planeri*) begleitet. Wo die Quellbäche sich vereinigen und zum großen Bach anschwellen, steigen im Sommer die Temperaturen etwas höher. Das ist die untere Forellenregion, die manchmal auch von Arten der Barben- und Äschenregionen aufgesucht wird. In Niederungsbächen kann hier schon reichlich Wasserpflanzenwuchs zu finden sein.

Wenn der Bach ruhiger und tiefer sowie breiter wird, und langsam als Fluß bezeichnet werden kann, haben wir die Äschenregion vor uns. Hier ist das Wasser ebenfalls noch recht sauerstoffreich, es erwärmt sich im Sommer auf 12°-16°C. Ganz leichte Wassertrübungen treten hier manchmal auf. An geschützten Stellen bilden sich Sandbänke und kräftiger Wasserpflanzenwuchs, sofern der Fluß noch unreguliert ist. Hier ist die Äsche (*Thymallus thymallus*) der Leitfisch, die allerdings nicht überall vertreten ist. Neben den Arten der Forellenregion sind auch Karpfenfische, wie Döbel (*Leuciscus cephalus*), Hasel (*Leuciscus leuciscus*), Streber (*Zingel streber*), Nase (*Chondrostoma nasus*), Gründling (*Gobio gobio*) und andere anzutreffen. Die Bedeutung der forellenartigen Lachsfische nimmt flußabwärts immer mehr ab.

In der Barbenregion ist das noch schnell fließende Wasser bereits meist leicht getrübt und erwärmt sich im Sommer an der Oberfläche bis auf 19°C. In Buchten und anderen geschützten Uferbereichen lagert sich schon Schlamm ab und bewirkt starken Wasser- und Sumpfpflanzenwuchs. Von den Lachsartigen ist nur noch die Regenbogenforelle und im Donausystem der Huchen oder Rotfisch (*Hucho hucho*) zu finden. Neben den Karpfenartigen der Äschenregion sind hier die

Den Unterlauf der Flüsse nimmt die Brachsenregion ein.

Barben sowie die Räuber Flußbarsch (*Perca fluviatilis*) und Hecht (*Esox lucius*) vertreten.

In der folgenden Brachsen- oder Bleiregion fließt das Wasser nur noch langsam, und in pflanzendurchwucherten Stillzonen wie Buchten und Seitenarmen lagert sich viel Schlamm ab. Mancherorts ist das im Sommer über 20°C erwärmte Wasser recht sauerstoffarm. Diese Zone bietet vielen Karpfenfischen ideale Lebensbedingungen. Hier lebt die Brachse oder der Blei (*Abramis brama*) und verwandte Arten. Auch Karpfen (*Cyprinus carpio*), Schleie (*Tinca tinca*), Rotauge oder Plötze (*Rutilus rutilus*), Rotfeder (*Scardinius erythrophthalmus*) und Ukelei (*Alburnus alburnus*) sind hier beheimatete Karpfenfische. Als Räuber kommen in diesem Flußabschnitt zum Barsch und Hecht noch Zander (*Stizostedion lucioperca*) und Wels oder Waller (*Silurus glanis*) hinzu.

An der Mündung ins Meer mischt sich das Flußwasser in Abhängigkeit von den Gezeiten und der Witterung unterschiedlich stark mit dem Salzwasser. In diesem letzten Abschnitt des Flusses, es ist die Kaulbarsch-Flunder-Region, leben noch viele Süßwasserarten neben den typischen Brackwasser- und eingewanderten Meeresfischen. Es sind Flunder (*Platichthys flesus*), Meeräschen (*Liza aurata* und *Liza ramada*), Ährenfische, Grundeln, Kaulbarsche (*Gymnocephalus cernua*), sowie Drei- und Neunstachlige Stichlinge (*Gasterosteus aculeatus* und *Pungitius pungitius*). Auch der Aal (*Anguilla anguilla*) ist ein häufiges Mitglied der Fauna der Kaulbarsch-Flunder-Region.

Die genannten fünf Flußabschnitte sind unterschiedlich lang. Eine genaue Zuordnung ist in den Übergangsbereichen problematisch, die Abgrenzung schwierig. In flachen südlichen Gebieten der Mittelgebirge ist der Oberlauf mit Forellen- und Äschenregion oft nur kurz, während im hohen Norden die Flüsse meist nur aus der Forellenregion bestehen. Leider sind viele Flußläufe durch Kanalisierung und Regulierung meistens bis zur Unkenntlichkeit umgestaltet, so daß Pflanzen und Tiere sehr darunter leiden und viele Arten verschwinden. Ihnen fehlen die Lebensgrundlagen und manchmal sind ihnen auch die Laichmöglichkeiten entzogen.

Einen eigenen Lebensraum bilden die sauerstoffarmen Gräben, die von besonders anspruchslosen Arten bewohnt werden. In Gräben und selbst in Wasserlöchern leben Moderlieschen (*Leucaspius delineatus*), Karauschen (*Carassius carassius*) und Schlammpeitzger (*Misgurnus fossilis*). In den Tümpeln in der Nähe des Donausystems lebt auch der Hundsfisch (*Umbra krameri*). Diese Arten vermögen dort zu überleben, da sie durch Darmatmung oder auf andere Weise aus der Luft zusätzlich Sauerstoff aufnehmen können.

Es sei auch noch auf die Brackwasser- und Meeresbewohner hingewiesen, die zeitweise das Süßwasser aufsuchen. So besuchen Lachsfische und Störe (*Acipenser sturio*) das Süßwasser zum Ablaichen. Manche Süßwasserbewohner wie Aal, Gründling, Quappe und Stichling sind sehr widerstandsfähig und leben auch über längere Zeit oder gar dauernd in Brackwasser. Dagegen sind andere Arten wie Äsche oder Barbe derartig spezialisiert, daß sie nur in ihrer spezifischen Region vorkommen und bei Verschlechterung der Lebensbedingungen zum Aussterben verurteilt sind.

Diese Benennung der Fischregionen besitzt auch für die Verbreitung der Bodentiere die keine Fische sind, das Benthos, Gültigkeit. Auch Insekten, Krebstiere, Mollusken und Wassermilben sind wie die Fische im Fließgewässer entsprechend ihren artspezifischen Bedürfnissen in den oben charakterisierten Lebensräumen zu finden. Sie schließen sich dort zu den jeweils typischen Lebensgemeinschaften zusammen, und die Benennung erfolgt zwar nach den leichter erfaßbaren Fischen als den größten Lebewesen dieser Biocönosen, doch sind es in erster Linie die Kleintiere, die den Charakter einer solchen Lebensgemeinschaft und damit auch das Vorkommen der Fische bestimmen und nicht etwa umgekehrt. Diese Großregionen lassen sich entsprechend der Kleinlebewelt in weitere kleinere Lebensräume (= Merocönosen) untergliedern. So leben schon im Moosbewuchs und in den Sand- und Schlammablagerungen eines Baches verschiedene Lebensgemeinschaften, und im Flußbereich leben eine Vielzahl von Gesellschaften nebeneinander, die oft eng miteinander verknüpft sind. Sie lassen sich nach den Strömungsverhältnissen und der Untergrundbeschaffenheit mosaikartig kartieren. Beispielsweise läßt sich nachweisen, daß im Uferbereich völlig andere Pflanzen und Tiere als auf der Stromsohle oder im Freiwasser anzutreffen sind.

Im Unterlauf der Ströme, dort wo sie ins Meer münden, macht sich die Wirkung der Gezeiten mit der damit zusammenhängenden Versalzung bemerkbar. Hier, in der Brackwasserzone, sind Tiere aus den Lebensräumen Süß- und Salzwasser anzutreffen, die beide nebeneinander existieren können. Deshalb gibt es eigentlich keine eigene Tierwelt der brackigen Fließgewässer. Kaulbarsche und Stichlinge sind als eigentliche Süßwasserbewohner robust genug, um auch brackiges Wasser zu vertragen, ja sogar in die relativ salzarme Ostsee einzuwandern. Auch einige Salzwasserfische, wie Flundern, dringen ins Brackwasser vor und man hat sie in mit salzhaltigen Abwässern verschmutzten Flüssen schon weit flußaufwärts gefunden, wie zum Beispiel in der Weser. Meist sind solche Funde dann in nachrichtenarmen Zeiten ein beliebtes Objekt für Presseberichte.

Teiche, Seen und Tümpel weisen eine vielfältige Lebensgemeinschaft auf.

Lebensgemeinschaften in Teichen und Seen

Teiche und Seen sind naturgemäß relativ abgeschlossene Lebensräume. Daher eignen sie sich recht gut zu ökologischen Untersuchungen. Gerade wegen ihrer Abgeschlossenheit stellen die Teiche und Seen Lebensräume (= Biotope) dar, in denen die Lebenskreisläufe weitgehend unbeeinflußt von der Umgebung ablaufen, zumindest weniger stark als etwa in einer Wiese oder einem Wald. So ist es gut möglich, Lebensausschnitte aus solchen Gewässern oder doch zumindest ähnliche Systeme zu Hause oder in einem Forschungslabor im Aquarium künstlich aufrecht zu erhalten. Auf diese Weise können durch Beobachtungen und Experimente konkrete Untersuchungen über die Zusammenhänge im Gewässer erarbeitet werden, wobei allerdings im Miniaturausschnitt Aquarium die Technik helfend zur Seite stehen muß, um ein länger funktionierendes Gleichgewicht aufrecht erhalten zu können. Auf diese Weise, also unter Zuhilfenahme von Aquarienuntersuchungen, wurden viele allgemeine ökologische Gesetzmäßigkeiten durch Forschung an stehenden Binnengewässern erarbeitet.

Unter anderem anhand solcher Untersuchungen hat sich gezeigt, daß ein Gewässer keineswegs nur eine einheitliche Wassermasse darstellt, in der verschiedenste Lebewesen mehr oder weniger zufällig unregelmäßig verteilt sind, sondern daß eine ganze Anzahl charakteristischer Lebensräume vorhanden sind, die von bestimmten Lebensgemeinschaften (= Biozönosen) aus Pflanzen und Tieren besiedelt werden. Diese Lebensräume sind aber nicht absolut gegeneinander abgegrenzt, vielmehr gibt es einen ständigen Stoffaustausch und auch Lebewesen wechseln zwischen den unterschiedlichen Lebensräumen. In gleicher Weise steht natürlich der ganze Teich durch das Wetter und durch Hin- und Herwandern von Tieren, Verbreiten von Pflanzensamen und dergleichen ständig mit der weiteren Umwelt in Beziehung.

Insgesamt läßt sich ein See in drei große Lebensbereiche gliedern, nicht ganz so deutlich ausgeprägt gilt dies auch für einen Teich:

- Die lichtdurchflutete pflanzenreiche Uferzone: das Litoral.
- Die ebenso durchlichtete freie obere Wasserschicht: das obere Pelagial.
- Die lichtarme bis lichtfreie Tiefenzone: das Profundal.

Als weiteren eigenen Lebensraum kann man die Oberflächenhaut der Gewässer ansehen. Diese stellt den Kontakt zur Umwelt dar und wird wechselseitig von Lebewesen aus dem Wasser und aus der Luft aufgesucht, ja sogar dauernd bewohnt oder zumindest für einen gewissen Zeitraum genutzt.

Im Zusammenspiel der verschiedenen physikalischen und chemischen Einflüsse wie Licht, Temperatur, Wind, Wasserströmung, Säuregehalt (pH-Wert), Salz- bzw. Mineralienkonzentration (Wasserhärte) und Nährstoffgehalt, ergeben sich viele immer noch schwer durchschaubare Zusammenhänge. Doch wird häufig eine bestimmte Konstellation dieser Faktoren sehr viel feiner noch als es vermittels Meßgeräten möglich wäre, durch bestimmte Pflanzengesellschaften angezeigt, die heute Gegenstand intensiver Forschungen sind. Etwas gröber, aber auch für den interessierten Laien oft deutlich nachvollziehbar, zeigt sich eine charakteristische Gliederung der Pflanzenwelt in Verlandungszonen von Gewässern oder auch in Uferbereichen. Dabei lassen sich drei Wuchs- oder Lebensformen der Pflanzen unterscheiden, die jedoch keinerlei systematische Bedeutung haben:

- Die Uferpflanzen, mit
  - nur über Wasser photosynthesefähigen Arten (z.B. Röhricht),
  - noch unter Wasser photosynthesefähigen Arten.
- Die im Gewässerboden wurzelnden Pflanzen, mit
  - schwimmblattbildenden Arten und
  - Unterwasserpflanzen.
- Die freischwimmenden Wasserpflanzen, mit
  - an der Oberfläche schwimmenden oder
  - unter Wasser treibenden Arten.

Hinzu kommen Sumpfpflanzen im zeitweilig überfluteten Uferbereich als Übergangszone zum trockenen Land. Der Wurzelbereich der Sumpfpflanzen verträgt es, einmal von Wasser bedeckt zu sein, ein andermal trocken zu liegen.

Diese Zonen stellen quasi eine „Augenblicksaufnahme" der Verlandungsvorgänge dar. Vom freien Wasser aus gesehen folgt dem Wasserpflanzenbereich zum Land hin der Laichkraut- oder Schwimmblattpflanzengürtel. Unter diesen Pflanzen lagern sich - ebenfalls in Gürteln - die Sinkstoffe oder Sedimente ab. Zum See hin besteht das Sediment aus nährstoffreichem Schlamm (Mudde), der landeinwärts in gröbere Bestandteile übergeht: Schilf- und Seggentorf. Mit fortgesetztem Wachstum der Ablagerungen verringert sich ständig die Wassertiefe und die Gürtel der Lebensgemeinschaften rücken zur Mitte vor. Das Gewässer verlandet. Im Endstadium (= Klimax) siedeln sich die ersten Bäume an, zunächst meist Weiden und Faulbäume, später folgen Erlen. Dieser Erlen-Bruchwald stellt das Ende des Verlandungsprozesses des Gewässers und wiederum einen eigenen und wertvollen Lebensraum dar. Bei Überdüngung findet dieser gesamte Verlandungsprozeß viel zu schnell statt, so daß sich viele Lebewesen dem nicht rasch genug anpassen oder anderweitig ansiedeln können, so daß die Arten im Bestand gefährdet werden.

Der Uferbereich (Das Litoral)

Im Uferbereich oder dem Litoral der Teiche und Seen ist die artenreichste Lebensgemeinschaft zu finden. Dort leben Bodenbewohner, zum Beispiel solche, die ganz unterschiedliche Unterlagen bevorzugen, wie Schlamm, Steine, Holz und dergleichen mehr. Vor allem aber kommen hier die vielen teilweise oder ganz untergetauchten Sumpf- und Wasserpflanzen vor. Viele Tiere der Uferzone leben von diesen Pflanzen oder von Bodenablagerungen (Detritus), nicht unbedingt nur als Nahrungsgrundlage, sondern auch auf andere Weise. Die Mehrzahl der Wasserinsekten kann gut schwimmen, doch müssen auch sie sich ab und zu auf fester Unterlage aufhalten. Auch die räuberischen Arten finden im Uferbereich ihr Auskommen und lauern möglicherweise zwischen den Pflanzen auf Beute. Sehr viele Arten legen überdies ihre Eier an den

Im Uferbereich der Teiche und Seen laichen auch die Amphibien, hier der Grasfrosch. Die ♂♂ haben eine weiße Kehle.

Pflanzen, oder mit Hilfe von Legestacheln in ihrem Gewebe ab. Die Tiere können noch in vielfältig anderer Weise an die Pflanzen der Uferregion gebunden sein.

Die bekanntesten und auffälligsten Tiere des Litorals sind die Insekten mit ihren oft völlig anders gestalteten Larven. Aber darüber hinaus findet sich eine bunte Vielfalt weiterer Tiere, wobei es sich durchaus lohnt, einmal mit der Lupe auf Suche zu gehen oder eine Probe unter das Mikroskop zu legen (siehe Seite 216).

Die freien Wasserbereiche zwischen den Pflanzen werden meist von vielen Kleinkrebsen bewohnt. Auch die Rädertiere und eine Vielzahl von Einzellern sind hier anzutreffen. An verschiedenartigsten Unterlagen angeheftet finden sich die Plankton filtrierenden Schwämme (Spongillidae) und Moostierchen (Bryozoa) sowie die räuberischen, mit nesselnden Tentakeln bewehrten Süßwasserpolypen oder Hydren (Hydrozoa).

Kleine, aber doch interessante Tiere des Uferbereichs sind die häufig bunten oder zumindest auffällig gezeichneten Wassermilben (Hydrachnidae). Sie haben sich neben der Wasserspinne als einzige Spinnentiere völlig dem Wasserleben angepaßt und besitzen einen oft verwirrenden Fortpflanzungsmodus. Die Wasserspinne (*Argyroneta aquatica*) ist die einzige echte Spinne, die ständig im Wasser lebt. Sie ist an der Uferzone vor allem mooriger Seen anzutreffen und fällt auf, da sie Luft zum Atmen benötigt und diese von der Oberfläche holt und in eine aus feinen Spinnfäden gewebte Luftglocke bringt. Eine große Zahl Würmer lebt auf den Pflanzen sowie in und am Boden des Uferbereiches. Sie sind, mit Ausnahme mancher Egel, meist klein und unauffällig.

Weiter zählen zur Ufergemeinschaft viele Insekten. Es sind dies die Wasserwanzen (Hydrocorisae), die Schwimm- (Dytiscidae), Wasser- (Hydrophilidae) und Taumelkäfer (Gyrinidae), aber auch die Larven vieler landlebender Insekten, der Eintags- (Ephemeroptera), Stein- (Plecoptera) und Köcherfliegen (Trichoptera), der Libellen (Odonata) und Mücken (Nematocera). Alle diese Larven und Vollinsekten weisen spezielle Anpassungen an ihre Lebensweise auf. Die Larven der meisten Arten vermögen dank Kiemen oder anderer Atemsysteme ständig unter Wasser zu bleiben, während die im Wasser lebenden fertig entwickelten Vollinsekten (Imagines) öfter zur Oberfläche müssen, um Luft zu schöpfen. So ähneln sie doch sehr ihren verwandten Landformen. Weil sie atmosphärische Luft benötigen, sind diese Tiere an die flachen Uferzonen gebunden. Manche Arten wie die Skorpionswanzen (*Nepa cinerea* und *Ranatra linearis*) stehen mit einem Atemrohr am Hinterleibsende die meiste Zeit mit der Oberfläche in Verbindung. Sie meiden tieferes Wasser und lauern gerne halb vergraben am Ufer auf Beute.

Aus dem Reich der Weichtiere sind als Algen- und Pflanzenfresser vor allem die mit spitz gedrehtem Gehäuse versehenen Schlammschnecken (Lymnaeidae), sowie die flach gedrehten gehäusetragenden Tellerschnecken (Planorbidae) anzutreffen. Weitere Weichtiere oder Mollusken sind am Gewässergrund die selten gewordenen Süßwassermuscheln: Die großen Teichmuscheln (*Anodonta* und *Unio*), die eingeschleppte Wander- oder Dreikantmuschel (*Dreissena polymorpha*), die kleinen Kugelmuscheln (Sphaeriidae) und die sehr kleinen Erbsenmuscheln (*Pisidium*).

An den Ufern der Seen und Teiche finden sich die meisten Fischarten: Bitterling, Stichling, Rotfeder, Plötze, auch Schleie und Karpfen sind hier zu finden. In größeren Seen lauern in der Ufervegetation Raubfische: Barsch, Hecht und Zander. Dagegen sind die Amphibien wie Molche, Frösche und Kröten eher in kleineren Gewässern oder in sehr flachen und verkrauteten Uferregionen zu finden. Am Ufer geht auch die Ringelnatter auf Beutefang. Nicht zu vergessen ist, daß viele Vögel im Schutz der Uferpflanzen brüten oder nach Nahrung suchen.

Der Übergangsbereich vom Land zum Wasser stellt, wie wir bereits erfuhren, den Verlandungsbereich dar. Am weitesten ins freie Wasser wagen sich die Teichbinse (*Schoenoplectus lacustris*) und das Schilfrohr (*Phragmites australis*) vor. Sie geben dieser Pflanzengesellschaft der Ufervegetation, dem Röhricht, den Namen, da sie immer wiederkehrend für alle stehenden Gewässer charakteristisch sind. Die Gestalt ihrer Blätter findet sich auch bei anderen Pflanzen dieses Lebensraumes besonders häufig. So ähneln Teich-Schachtelhalm (*Equisetum fluviatile*) und Schwanenblume (*Butomus umbellatus*) der Teichbinse. Schilfähnlichen Charakter zeigen die Rohrkolben-Arten (*Typha angustifolia* und *T. latifolia*), der Igelkolben (*Sparganium erectum*), der Kalmus (*Acorus calamus*), der Wasserschwaden (*Glyceria maxima*) und die Sumpfschwertlilie (*Iris pseudacorus*). Viele wundervoll blühende Arten sind im Röhrichtgürtel der Teiche und Seen zu finden. So der großblütige gelbe Zungenblättrige Hahnenfuß (*Ranunculus lingua*) oder das Pfeilkraut (*Sagittaria sagittifolia*) und der Froschlöffel (*Alisma plantago-aquatica*). Daneben gibt es Pflanzen, die über und unter Wasser völlig unterschiedlich geformte Blätter aufweisen (Heterophyllie), so daß man sie zunächst nicht der gleichen Pflanze zuordnen möchte. Hierzu zählen außer dem Pfeilkraut und dem Froschlöffel sowie verschiedenen Hahnenfuß-Arten beispielsweise auch der Wasserfenchel (*Oenanthe aquatica*) und der Tannenwedel (*Hippuris vulgaris*).

Die beschriebene Pflanzengesellschaft ist typisch für nährstoffreiche (eutrophe) Teiche und Seen. In den Uferzonen nährstoffarmer (oligotro-

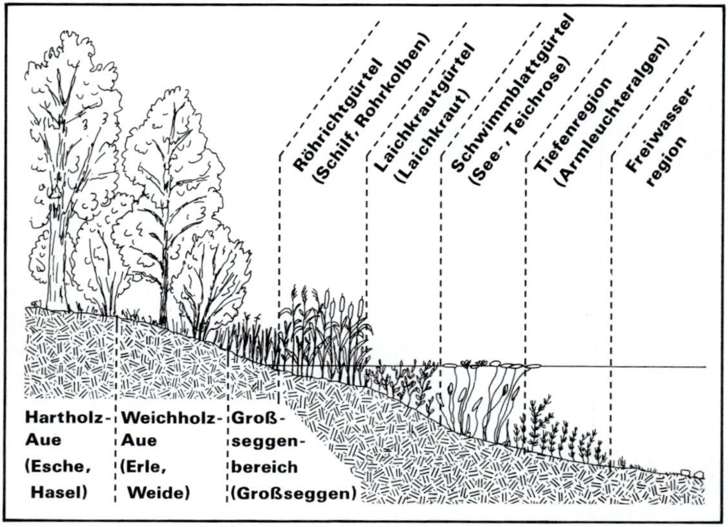

Skizze der typischen Abfolge des Uferbewuchses eines stehenden Gewässers.

Uferbewuchs eines Naturteiches ohne Folie. Dieses Wasserloch wurde saniert (ausgebaggert auf 1 m Tiefe und mit einem Abfluß versehen). Jetzt ist das Wasserloch wieder Laichplatz für Amphibien und Wasserinsekten.

pher) stehender Gewässer sind diese selten und meist nur in wenigen Arten zu finden.

In weiterer Fortsetzung zum Land schließen sich an die Röhrichtzone meist Pflanzengesellschaften mit Seggenarten (*Carex*) als Haupt- oder Leitpflanzen an. Häufig findet sich die Steife Segge (*Carex elata*), die oft dichte Bestände bildet und so eine eigene Gesellschaft darstellt, das Steifseggenried.

An Uferstellen größerer Gewässer, die durch starken und häufigen Wellenschlag frei von Pflanzenbewuchs bleiben, finden sich weitere eigene Lebensgemeinschaften. Diese Tiere müssen sich dem strömenden Wasser ebenso angepaßt zeigen wie die Fließwasser bewohnenden Arten. Ihre Anpassung an dieses Element ist sogar noch weitgehender, da die Bedingungen aufgrund der beständig wechselnden Strömungsrichtungen und -verhältnisse noch wesentlich schwieriger sind. Deshalb graben sich die meisten Bewohner dieses Uferbereichs ein, wie etwa die Zuckmückenlarven, oder sie heften sich am Untergrund fest, wie es die Mützenschnecken und einige Köcherfliegenlarven tun.

Zum offenen Wasserbereich schafft die Schwimmblattzone einen Übergang. Die höheren Pflanzen, die von der Uferzone her je nach Lebensweise unterschiedlich weit in die Gewässer hineinwachsen, haben neben der Stoffproduktion weitere vielfältige und wichtige Rollen im Zusammenwirken der Lebensgemeinschaften wahrzunehmen.

Die Ufer- und Wasserpflanzen bieten Jungfischen, Insektenlarven und anderen Wassertieren einen wirksamen Schutz vor Feinden. Andererseits nutzen Frösche, Fische und Gelbrandkäfer die Verstecke zwischen den Pflanzen, um auf Beute zu lauern. Wegen der Photosynthese der Pflanzen finden die Tiere hier außer einem reinen Nahrungsangebot zumindest am Tage auch einen hohen Sauerstoffgehalt im Wasser, und dieser begünstigt wiederum die Entwicklung der Brut. Würmer, Insekten, Schnecken, Molche und Fische verstecken in oder zwischen den Wasserpflanzen ihren Laich. Viele Tiere setzen sich an den Pflanzen fest oder ruhen sich auf diesen aus. Vielfach sind die Unterwasserblätter der Pflanzen mit einer dichten Schicht aus Kiesel- oder Grünalgen besiedelt. Glockentierchen, Trompetentierchen und zahlreiche andere Einzeller leben hier, oft in dichten Kolonien. Dazwischen sitzen Rädertiere, auch kletternde Bärtierchen sind zu beobachten. Zwischen den Blättern der Schwimmblattpflanzen finden sich an der Wasseroberfläche die kleinen grünen Blättchen der Wasserlinse, auch Entengrütze genannt. Auch diese winzige Wasserlinse ist eine Blütenpflanze, die Zwergwasserlinse ist überhaupt die kleinste Blütenpflanze der Erde, selbst wenn man es ihr nicht sogleich ansieht.

Bei der vielfältigen Tiergesellschaft dieses Lebensraumes ergeben sich keine Bestäubungsprobleme, die Befruchtung wird von den zahlreichen Lebewesen durchgeführt, die den Pollen auf die Narben bringen. Besonders eine kleine Hornmilbe, die einerseits Löcher in die Blättchen frißt, bringt andererseits die stacheligen Pollenkörner zwischen den Borsten ihrer Beine zu den Blüten. Hornblatt (*Ceratophyllum*) und Nixkraut (*Najas marina*) sind Unterwasserblüher, die mit komplizierten Mechanismen ihre Bestäubung gewährleisten. Dagegen vermehrt sich die Wasserpest (*Elodea*) durch Sproßteilung vor allem vegetativ. Ihre weiblichen Blüten werden zur Oberfläche gehoben, während sich die männlichen Blüten unter Wasser vom Sproß ablösen, aufsteigen, und dann an der Oberfläche treibend zu den weiblichen Blüten gelangen.

Teichrose (*Nuphar lutea*) und Seerose (*Nymphaea alba*) besiedeln unterschiedliche Bereiche. Die gelbe Teichrose wächst in tieferen Wasserzonen, manchmal ganz untergetaucht, während die weißblütige Seerose in etwas flacherem Wasser bleibt. Die Schwimmblätter von Teich- und Seerose sind leicht gebaut. Große Lufträume reichen von den Blättern durch die Blattstiele bis zu den Rhizomen im Schlamm und versorgen so die Pflanze mit Sauerstoff. Auch die Schwimmblattpflanzen stehen in einer Fülle von Wechselbeziehungen mit anderen Organismen. So beißen die Larven des Schilfkäfers unter Wasser Löcher in die Blattstiele und versorgen sich mit Luft, ohne an die Oberfläche zu müssen, wo oft Gefahren lauern. Die fertigen Käfer bestäuben später die Seerosen.

Das Weibchen des Seerosenzünslers (*Nymphula*), eines Schmetterlings, setzt sich an den Rand eines Laichkraut- oder Seerosenblattes und legt dann seine Eier in gebogener Linie ab. Die Larven leben vom Blatt- und Stielgewebe und bauen sich aus Blattstücken zunächst einen Schutzschild und später eine Schutzhülle. Sie verpuppen sich unter Wasser in einer Puppenwiege, die sie ebenfalls aus Blattstückchen herstellen. Ebenso bauen viele Köcherfliegenlarven ihre Köcher aus unterschiedlichem Pflanzenmaterial, jede Art bevorzugt dabei meist einen ganz speziellen Baustoff.

Häufig hängen an den untergetauchten Wasserpflanzenteilen Süßwasserpolypen (*Hydra*). Sie leben vom Fang kleiner Krebstiere und werden selbst von Strudelwürmern und Wasserschnecken verzehrt. Sogar Einzeller, die Polypenläuse, leben auf den Hydren und ernähren sich von ihren Abfällen.

Eine fleischfressende Pflanze, der Wasserschlauch (*Utricularia*), sorgt in nährstoffarmen Gewässern für zusätzliche Nährstoffe, indem sie kleine Wassertiere in zu Fallen umgestalteten Blättchen fängt.

Der Bodenbereich (Das Profundal)

In der tiefen Bodenzone der Gewässer, dem Profundal, sind alle diese Tiere des Uferbereiches kaum noch anzutreffen. Wenn sie dennoch vorkommen, handelt es sich meist um auf irgendeine Art zufällig verdriftete Tiere oder doch nur um vereinzelt auftretende Individuen. Auch höhere Wasserpflanzen und selbst Algen nehmen in ihrer Anzahl mit zunehmender Wassertiefe stark ab.

Die Hauptursache dafür ist das bei zunehmender Wassertiefe schwindende Licht, wobei auch die sinkende Wassertemperatur und der meist sinkende Sauerstoffgehalt neben anderen Faktoren eine Rolle spielen. Mit fortschreitender Wassertiefe wird das einfallende Licht immer schwächer, wobei vom roten Spektralbereich her immer größere Farbanteile durch das Wasser ausgefiltert werden. Ab einer bestimmten Tiefe verschwindet der letzte Lichtschimmer in blauviolettem Farbton. Vom Licht hängt aber alles Leben, zumindest indirekt, ab. So sind auch die lichtmeidenden Arten aufgrund ihrer Nahrung letztlich an das Licht gebunden. Denn die Lichtenergie liefert die Voraussetzung dafür, daß die Pflanzen mit den im Wasser gelösten Stoffen ihren Körper aufbauen und Speichersubstanzen bilden. Von diesen Pflanzen sind wiederum alle

Verlandet ein Gewässer, so entsteht als Zwischenstadium ein solches Niedermoor, hier im Naturschutzgebiet Kranenmeer, südlich Heiden, Westfalen.

Tiere abhängig, denn auch die Räuber leben letztendlich von pflanzenfressenden Arten.

Im Profundal, in dem das Licht nicht mehr zur Erzeugung von Pflanzenmasse ausreicht, ändern sich auch die Lebensbedingungen für die Tiere. Die hier lebenden Formen sind auf die von oben herabsinkenden Pflanzen und Tiere sowie deren Reste angewiesen, oder sie finden als Räuber ihr Auskommen. Räuberisch lebende Arten müssen aber notgedrungen in der Minderheit bleiben, die Mehrzahl ist Allesfresser.

Eine ganz besondere Rolle für die Rückführung der toten Lebewesen in mineralische Bestandteile spielen die Bakterien und manche Einzeller, die sogenannten Destruenten. Wichtig dabei ist das Phytoplankton im Zusammenhang mit den Bakterien des Gewässers. Große Mengen organischer Verbindungen, die während der Photosynthese (Assimilation) in den pflanzlichen Organismen entstehen, werden von ihnen ständig ins Wasser abgegeben. Sie werden zusammen mit den aus der Umgebung des Sees stammenden lebensraumfremden Stoffen von den Bakterien aufgenommen und umgesetzt. So werden diese Substanzen mineralisiert und damit für andere Organismen wieder nutzbar gemacht. Viele Einzeller, Würmer, Mückenlarven, Kleinkrebse, Schwämme und Muscheln ernähren sich ausschließlich oder doch zum großen Teil von Bakterien. Aber auch die planktischen Algen und höheren Pflanzen sind auf die mineralischen Abbauprodukte der Bakterien zum Aufbau neuer Zellmasse angewiesen. Auf diesem Wege werden auch die Reste der lebensraumeigenen Abfallstoffe, wie Fäkalien, Larvenhäute und tote Organismen wieder in die Nahrungskette eingeschleust.

Einen großen Einfluß auf die Lebensgemeinschaft am Gewässergrund hat die Versorgung mit Sauerstoff. Der Sauerstoffgehalt des Wassers am Teichgrund hängt von einer Vielzahl von Faktoren ab, der Austausch mit der Oberfläche, die Wassertemperatur und der Verbrauch durch die Lebewesen sind dabei die herausragenden Punkte. In tieferen Gewässern unserer gemäßigten Breiten hat das Wasser immer eine Temperatur von +4° Celsius. Dies ist die Temperatur, bei der das Wasser aus physikalischen Gründen seine größte Dichte hat. Kälteres oder wärmeres Wasser würde also automatisch in höhere Wasserschichten aufsteigen. Daß dies tatsächlich so ist, vermag man leicht am schwimmenden Eis bestätigt finden.

Die oberen Wasserschichten des Pelagials sind in viel stärkerem Maße von der Umwelt abhängig als das Profundal. So erwärmen sie sich im Sommer und kühlen im Winter ab und gefrieren, was besonders für die etwa 1 m dicke obere Schicht gilt. Darunter nimmt die Temperatur in der sogenannten Sprungschicht rasch ab und erreicht bald die Schicht des 4° kühlen Wassers. Im sommerlich geschichteten See folgt also auf die warme Oberflächenschicht eine kühle Grundschicht, im winterlich geschichteten See folgt auf eine kalte Oberflächenschicht wiederum die kühle Grundschicht. Der Wasseraustausch ist in beiden Fällen sehr gering oder findet gar nicht statt, wofür die großen Temperaturunterschiede ursächlich sind. Auch kräftige Winde können darauf kaum Einfluß nehmen. Die sommerliche Temperaturschichtung kann mehrere Monate ununterbrochen andauern, die Winterstagnation ist in unseren Breiten, vor allem auch hinsichtlich der steigenden Umwelttemperaturen, kaum noch ausgeprägt zu beobachten. Der während einer solchen Schichtung fehlende Wasseraustausch verhindert gleichfalls den Transport von lebensnotwendigem Sauerstoff von der Oberfläche in die tiefere Bodenzone. Das bedeutet für die Tierwelt des Profundals, daß sie oft lange mit geringen Sauerstoffvorräten auskommen muß. Dieser Sauerstoffvorrat reicht zumeist aus, doch zehren auch die zersetzenden Kleinlebewesen, die Destruenten, von dem wenigen Sauerstoff. Ein hoher Anteil des herabsinkenden organischen Materials wird bereits unterwegs zersetzt. Deshalb ist es für den Sauerstoffgehalt eines Gewässers entscheidend, wie groß die Menge des absinkenden Materials ist. Dabei spielt auch die Tiefe des Gewässers eine große Rolle, da sie die Zeit bis zum Erreichen des Gewässergrundes beeinflußt. Je tiefer also ein See ist, desto geringer ist der Anteil der organischen Stoffe, die bis zum Grund gelangen, und desto gesicherter ist damit für die auf dem Grund lebenden Tiere die Sauerstoffversorgung in der wasseraustauschlosen Zeit. Ganz anders verhält sich dies natürlich in extrem flachen Gewässern, in denen allein der Wind für einen beständigen Wasser- und Stoffaustausch sorgen kann.

Die Seen bleiben nicht während des gesamten Jahres geschichtet. Kühlt sich zu Beginn des Herbstes die Oberfläche ab, so setzt der geringer werdende Auftrieb des Wassers dem angreifenden Wind nicht mehr so großen Widerstand entgegen, und so kann zunehmend eine Vollzirkulation stattfinden. Der gesamte Wasserkörper wird dabei umgewälzt und auf diese Weise Sauerstoff auch in die Tiefe gebracht. Der bei uns nur selten ausgeprägt auftretenden Winterschichtung folgt dann mit dem Auftauen der Gewässer im Frühling eine Frühjahrszirkulation, die erneut in die Sommerschichtung übergeht. Diese Wechsel von Schichtung und Zirkulation sind für die Lebensgemeinschaft des Profundals lebenswichtig. In den Sommermonaten wird der Hauptanteil der Nahrung erzeugt und gelangt durch Absinken in die Tiefe. Durch die Zirkulation ergänzt sich zum einen der Sauerstoffvorrat, ohne den das Leben in der Tiefe oder eine Winterruhe der Tiere am Gewässergrund nicht möglich wäre, zum anderen werden die durch die Destruenten abgebauten und verfügbar gemachten Nährstoffe wieder bis an die Oberfläche verfrachtet und ermöglichen auf diese Weise neues Wachstum, der Kreislauf wird geschlossen. So beeinflussen und regulieren Temperatur, Wind und Wasserstand die Nährstoff- und Sauerstoffverteilung im stehenden Gewässer und bestimmen damit die Stoffproduktion ihres jeweiligen Phytoplanktons als Hauptproduzenten.

Die Wassertiefe ist oft ein entscheidender Grund für die manchmal verblüffende Unterschiedlichkeit vieler Teiche und Tümpel. Aufgrund verschiedener Zeiten der Wasserzirkulation, durch unterschiedlichen Lichteinfall und Nährstoffeintrag unterscheiden sich die Lebensgemeinschaften in ihren Arten und deren Zusammensetzung oft erheblich, obwohl sie sich bei oberflächlicher Betrachtung sehr ähneln können.

Das Profundal der tiefen, am Grunde nicht so sauerstoffarmen, Seen ist wegen des spärlichen Nahrungsangebotes nur dünn besiedelt, dafür gibt es dort jedoch verschiedenste Tierarten. In erster Linie sind dies Zuckmückenlarven (*Chironomus*). Weiter sind Kleinkrebse und Wassermilben sowie Erbsenmuscheln und die Kiemendeckelschnecke (*Bithynia tentaculata*) anzutreffen. In besonders sauerstoffreichen Regionen der Tiefenzone finden sich auch Bodenfische wie die Trüsche oder Quappe (*Lota lota*), die sich von den Bodentieren ernähren.

Auch in einem solchen Waldsee finden sich unterschiedliche ökologische Zonen.

Im Profundal der sauerstoffarmen Seen, oft ist die Sauerstoffarmut durch Einleitungen aus Industrie und Landwirtschaft verursacht oder verschlimmert, sehen die Tiergemeinschaften ganz anders aus. Hier leben nur wenige Tierarten, diese bilden aber oft eine sehr dichte Besiedlung. Auch hier sind dies vor allem die Zuckmückenlarven (*Chironomus*), außerdem verschiedene Arten der Schlammwürmer (*Tubifex* und *Limnodrilus*). Der wichtigste Räuber dieses Raumes ist die Larve der Schlammfliege (*Sialis lutaria*), die oft in riesigen Mengen auftreten kann. Das Auftreten bestimmter Tiere im Profundal ermöglicht also eine Aussage über den Zustand eines Gewässers.

Der Freiwasserbereich (Das Pelagial)

In der Freiwasserzone oder dem Pelagial können sich die Lebewesen nicht festheften, sie müssen sich in irgendeiner Weise gegen das Absinken in die Tiefe schützen. Für die Pflanzen würde die Tiefe den Verlust des Lichtes und somit das Absterben bedeuten. So setzt sich die wichtigste und auch artenreichste Gruppe von Lebewesen des Pelagials aus kleinen zarthäutigen Tieren und Pflanzen zusammen, die meist nur wenig schwerer als das Wasser sind. Diese frei schwebenden und schwimmenden Formen stellen das Plankton dar. Es wird von Bakterien, ein- oder wenigzelligen Algen, dem Phytoplankton, und unterschiedlichsten Kleintieren, dem Zooplankton, gebildet.

Gerade für die Algen ist es besonders wichtig, daß sie der Oberfläche nahe bleiben, denn sie benötigen das Sonnenlicht für ihre Energiegewinnung und sind zudem größtenteils nicht aktiv beweglich. Ein eventuelles Übergewicht gleichen die Algen durch Gasblasen und Ölkügelchen im Körper aus, dieser ist oft flach abgeplattet oder mit Fortsätzen ausgestattet, so daß das Absinken gebremst wird. Manche Algen sind auch durch Geißeln oder Wimpern (Cilien) zur aktiven Fortbewegung befähigt. Aufgrund der Algen findet die Stoffproduktion im See insbesondere an der Oberfläche statt, während der stufenweise Abbau der gebildeten Stoffe tiefer im See abläuft und dort zur Anreicherung von Nitraten, Phosphaten, Kohlendioxid und anderen Endprodukten führt, die dann, wie wir gehört haben, während der Frühjahrs- und Herbstzirkulation erneut an die Oberfläche gelangen und so wieder von den Pflanzen genutzt werden können.

Die Tiere des Zooplanktons, wie Einzeller, Rädertiere und Kleinkrebse, aber auch die Larven vieler Arten, leben in der Mehrzahl vom Phytoplankton. Das Zooplankton strudelt sich die schwebenden Algen und Bakterien herbei und durchfiltert das Wasser. Nur wenige Zooplankter sind Räuber. Die Tiere des Planktons sind meist in der Lage, sich aktiv und gerichtet zu bewegen. Auch sie verhindern durch Körperfortsätze oder leichte Körperinhaltsstoffe ein zu rasches Absinken. Viele Arten wandern je nach Lichteinfall und Wasserbewegung in den Schichten auf und ab. Dies erfolgt zum Beispiel in Abhängigkeit vom Licht und der Temperatur, aber nicht in allen Fällen ist der genaue Sinn solcher Wanderbewegungen bisher geklärt worden.

Der Lebensgemeinschaft des Zooplanktons gehören vor allem Rädertierchen (Rotatoria), Wasserflöhe (Cladocera), Ruderfußkrebse (Copepoda) und Hüpferlinge (Cyclopidae) an. Die meisten leben als Filtrierer von Bakterien, Algen und Einzellern, manche räubern andere Planktontiere. Zu den Räubern zählen beispielsweise die großen Rädertiere *Asplanchna*, der durchsichtige Glaskrebs *Leptodora kindtii* und der dank eines langen Stachels auffällige Wasserfloh *Bothytrephes longimanus*. Auch einige Ruderfußkrebse und wenige Hüpferlinge sind Räuber. Die weißen Larven der Büschelmücke *Chaoborus* sind die einzigen Insekten des Planktons. Durchsichtig schweben sie vermittels Gasblasen an den Körperenden waagerecht im Wasser, kaum sichtbar für Beutetiere und Freßfeinde.

Neben dem Plankton gehören zur Lebensgemeinschaft des freien Wassers auch alle schwimmenden Tiere, das Nekton. Im Süßwasser zählen hierzu nur einige Fische, vielleicht auch noch die seltene Süßwasserqualle. Die wichtigsten Freiwasserfische sind die Renkenartigen (Coregonidae), Felchen, Maränen, sowie Schweb- und Bodenrenken. Sie leben vom Zooplankton. Ein weiterer Fisch ist die räuberische Seeforelle *Salmo trutta* forma *lacustris*, die sich in erster Linie von Fischen ernährt.

Alle Fische des Nektons sind auf das Plankton angewiesen, denn auch die Räuber einschließlich der räuberischen Arten der Uferbereiche leben zumindest indirekt davon. Als Jungfische ernähren sich alle Arten vom Plankton, als Larven zählen sie teilweise sogar selbst dazu, später sind sie dann dem Nekton zuzurechnen.

Ausgesprochene Planktonspezialisten sind die kleine Maräne (*Coregonus albula*) und das Blaufelchen (*Coregonus wartmanni*). Sie leben auch als geschlechtsreife ausgewachsene Tiere noch ausschließlich vom Plankton, und ihre Anzahl ist direkt von der Planktonmenge abhängig. Aus dem Ei schlüpfende Blaufelchen tragen im Dottersack zwar noch genügend Nährstoffe mit sich, um einige Tage davon zehren zu können. In den folgenden Tagen machen sie dann jedoch erstmals Jagd auf Kleinkrebschen. In dieser Zeit ist das Überleben für die Jungfische ausgesprochen schwierig. Von etlichen Dutzend Jagdversuchen sind sie oft nur einmal erfolgreich. So müssen sie ständig aktiv sein, um die notwendige Nahrungsmenge zu erbeuten. Alle zur erfolgreichen Jagd notwendigen Verhaltensweisen sind ihnen angeboren. Sie werden nicht erlernt, aber es wird das angeborene Verhaltensrepertoir durch Erfahrung ergänzt und nach einigen Tagen ist bereits jede fünfte Jagd des Fischleins erfolgreich. Zugleich müssen sie sich sehr in acht nehmen, nicht ihrerseits das Opfer anderer zu werden. So sind räuberische Arten auch kannibalisch, und die vielen Wasserinsekten machen selbst vor kleinen Wirbeltieren nicht halt, die in den ersten Lebenstagen eine leichte Beute sind

Die Wasseroberfläche (Das Pleustal)

Die Grenzschicht eines Gewässers als Scheide zwischen Wasser und Luft stellt einen weiteren besonderen Lebensraum dar. Hier findet sich eine Lebensgemeinschaft, für die die durch die Oberflächenspannung hervorgerufene Festigkeit der Oberflächenhaut einen wichtigen oder notwendigen Teil ihres Lebensraumes darstellt.

Eigentlich ist es erstaunlich, daß nur vergleichsweise wenige Pflanzen sich an dieses Leben zwischen den Elementen haben anpassen können. In kleineren, meist überdüngten Teichen bilden Wasserlinsen (*Lemna*) häufig dichte Teppiche auf der Wasseroberfläche. Sie stellen für viele Tierarten einen idealen Lebensraum dar. Sogar manche feuchtigkeitsliebenden Tiere der Uferzone dringen hier ins Gewässer vor. Würmer, Schnecken, Springschwänze, Milben, Spinnen, Fliegenlarven und Käfer leben hier über oder unter Wasser. Andererseits kann die mit Wasserlinsen zugewachsene Teichoberfläche optisch einer grünen Wiese gleichen und so für viele Tiere, vor allem Kleinvögel und Insekten, zur tödlichen Falle werden, wenn sie dort, etwa zur Nahrungssuche, landen wollen.

Hier, an der Grenze zwischen Wasser und Luft, werden Tiere des einen Lebensbereiches oft Beute von Tieren aus dem anderen. Dem haben sich manche Arten in besonderer Weise angepaßt. So fallen besonders die Tiere auf, die sich den größten Teil ihres Lebens auf dem Wasserspiegel aufhalten. Es sind die Wasserläufer (Gerridae), Hüftwasserläufer (Mesoveliidae) und andere Wasserwanzen, sowie kurzflügelige Käfer (*Stenus*), Spinnen (*Dolomedes*) und Taumel- oder Tummelkäfer (Gyrinidae). Ihnen allen ist gemeinsam, daß sie sich vornehmlich von Tieren ernähren, die auf die Oberfläche fallen. Sie sind Räuber, die ihre Beute - ähnlich wie Spinnen im Netz - durch die an der Oberflächenhaut ausgelösten Erschütterungen wahrnehmen.

Bulte nennt man die grasbestandenen Erhöhungen, Schlenken die Vertiefungen.

erhebt sich über den Grundwasserbereich. Als Zwischenstadium sind Sauergraswiesen vorhanden, zwischen denen sich noch größere Wasserflächen befinden können. Die Seggen und andere Sauergräser sind die charakteristischen Pflanzen dieser Lebensräume. Die Verlandung schreitet fort, und schließlich kann das Niedermoor zu einer Wiese werden, oder es siedeln sich zuerst Erlen und Birken, dann andere Bäume an, die zur Verwaldung führen. Ein Niedermoor hat einen

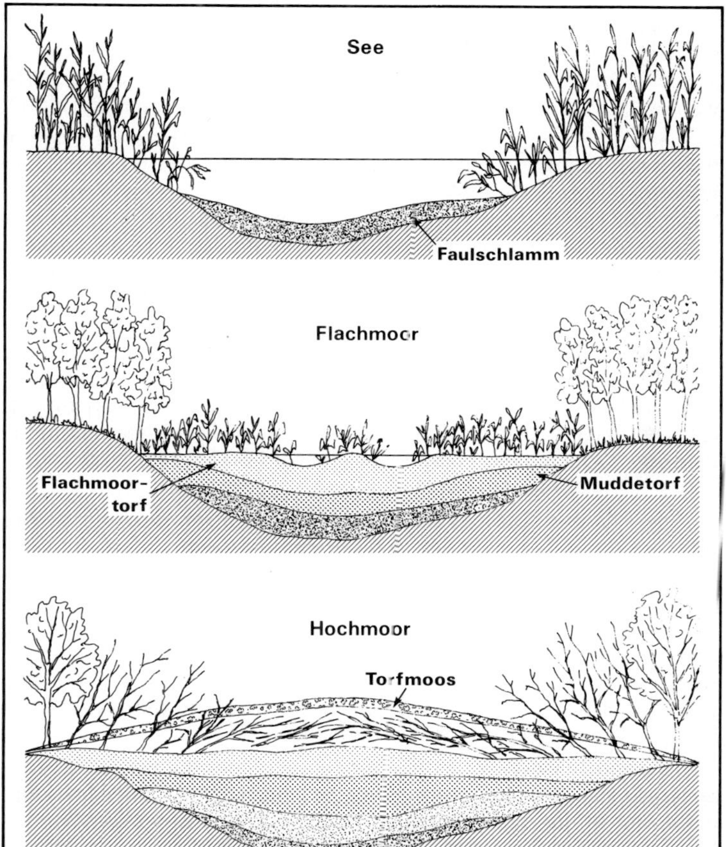

Die Entwicklungsstadien vom See zum Moor.

neutralen bis leicht sauren pH-Wert (pH 5-7), die Säure rührt aus den genannten Huminsäuren, Abbauprodukten der Pflanzen, her.

Ein Niedermoor kann sich auch zu einem Hochmoor entwickeln sobald die Grundwasserlinie überschritten ist, doch ist das Niedermoor nicht die Voraussetzung für die Hochmoorbildung. Ein Hochmoor entsteht vielmehr dann, wenn die Niederschläge sehr hoch sind und keine nährstoffreichen Einträge, zum Beispiel durch Grundwasser, erfolgen. Dann siedelt sich Torfmoos an, während die meisten anderen Pflanzen dort nicht existieren können. Das Torfmoos wiederum saugt die nährstoffarmen Niederschläge wie ein Schwamm auf und hält sie fest. Die Pflanze wächst jedes Jahr ein Stück und verzweigt sich, während sie unten abstirbt. So wächst das Moor langsam in die Höhe.

Dies geschieht nun nicht gleichmäßig. Um Grasstauden herum bilden sich Erhöhungen, die Bulte, während die daneben befindlichen wassergefüllten Senken als Schlenken bezeichnet werden (siehe Foto Seite 44). Die unteren Bereiche der Pflanzenschichten können sich aufgrund der Sauerstoffarmut und des sauren Wassers (pH-Wert des auf der Seite 45 abgebildeten Hochmoores: 3,6) nur sehr langsam und unvollständig zersetzen, was zur Bildung von Torf führt. Weil ein typisches Moor in der Mitte schneller wächst als außen, wo vielleicht noch nährstoffreicheres Grundwasser Einfluß ausübt, ist es häufig uhrglasförmig gewölbt, doch ist das nicht immer zu beobachten. In jedem Falle aber ist ein Moor baumarm, so daß die Sonne ungehindert einstrahlen kann. Daraus ergibt sich eine sehr große Temperaturamplitude, am Tag kann die Temperatur auch am Boden sehr hoch liegen, in der Nacht kühlt sie dann stark ab.

Die Pflanzen, die das Moor besiedeln, müssen also mit großer Nährstoffarmut fertig werden, mit saurem und sauerstoffarmem Wasser, sowie enormen Temperaturunterschieden. Dies ist nur wenigen möglich, außer dem erwähnten Torfmoos (*Sphagnum*) finden sich das Wollgras (*Eriophorum*) und Ericaceen wie die Glockenheide (*Erica tetralix*), die Heidelbeere (*Vaccinium vitis-idaea*), die Rauschebeere (*V. uliginosum*) und andere Beeren im Moor. Einige Pflanzen besorgen sich zusätzlichen Stickstoff, indem sie Insekten fangen, wie das Fettkraut (*Pinguicula*) und der Sonnentau (*Drosera*).

Aber auch Tiere gibt es, die an den extremen Lebensraum Moor angepaßt sind, zum Beispiel einige Libellenarten und andere Insekten. Insgesamt ist das Moor artenarm, doch sind die dort vorkommenden Lebewesen zumeist an den Lebensraum Moor eng angepaßt. Mit der fortschreitenden Entwässerung und Abtorfung der Moore müssen diese Tiere und Pflanzen notgedrungen aussterben.

Leider wird immer noch ein viel zu hoher Anteil Torf für den Garten verwendet, obwohl die Düngewirkung nur sehr schlecht ist, denn wie wir oben festgestellt haben, ist ja gerade die Nährstoffarmut ein Charakteristikum der Moore. Besser ist heute die Verwendung von Rindenmulch für den Garten. Zudem wächst auch ein intaktes Moor nur sehr langsam, so daß eine Renaturierung von abgetorften Hochmooren praktisch unmöglich oder doch sehr langwierig ist.

Aus diesen Gründen sind die einst weit verbreiteten Moore heute sehr in ihrem Bestand gefährdet, nicht nur durch die erwähnte Abtorfung, sondern auch zum Beispiel durch Tourismus. So ist das Wallonische Venn im Grenzbereich Deutschland-Belgien im Winter gelegentlich ein einziger Rummelplatz für Skiläufer, obgleich es sich um ein Naturschutzgebiet handelt und Bohlenwege angelegt sind. Ob dieses Moor die Belastung durch den Tourismus einschließlich immer wieder querfeldein laufender Besucher auf Dauer vertragen wird, sei bezweifelt. Dies ist jedoch nur ein Beispiel, andere Moore werden dadurch vernichtet, daß Uneinsichtige Abfälle aus Industrie und Landwirtschaft auf diese ,,nutzlosen" Flächen bringen und sie schon durch den Nährstoffeintrag unreparierbar schädigen. Insgesamt ist es um die verbliebenen Moorflächen nicht sehr gut bestellt.

Schicksal vieler mitteleuropäischer Moore ist die Austorfung.

Bei Hochwasser verwischt der Übergang zwischen Sumpf und offenem Gewässer.

Sümpfe und Feuchtwiesen

Wie bei den Mooren, so nimmt auch der Bestand an Sümpfen und Feuchtwiesen immer mehr ab, entsprechend stehen die darauf angewiesenen Lebewesen vielfach vor dem Aussterben. Früher überschwemmten die Flüsse in den Flußauen regelmäßig weite Bereiche und schufen so umfangreiche Sumpfgebiete. Heute sind Dämme angelegt, welche die Flüsse von ihren Überschwemmungsbereichen abtrennen, letztere wurden zudem fast überall zu landwirtschaftlichen Nutzflächen umgewandelt und trockengelegt.

Charakteristisch für einen Sumpf ist im Gegensatz zum Moor der Nährstoffgehalt. Sümpfe finden sich, wie oben dargestellt, vorzugsweise in der Überschwemmungszone von Bächen und Flüssen, dort, wo diese mehr oder weniger regelmäßig nährstoffreichen Schlamm ablagern. An anderen Orten tritt Grundwasser ans Tageslicht, so daß ein Sumpfbereich entsteht. Entsprechend dem Nährstoffreichtum ist die Flora und Fauna eines Sumpfes wesentlich vielfältiger als die des Moores. Häufig finden sich in einer Sumpfzone auch Tümpel, also zeitweilige stehende Gewässer, oder auch Gräben, die den Sumpfbereich entwässern.

Andererseits sind die in Sümpfen, vor allem der Flußauen vorkommenden Lebewesen ständig von Hochwasser bedroht, das vor allem nach der Schneeschmelze zu erwarten ist, im Sommer droht das Austrocknen. Fast alle diese Bereiche bevorzugenden Lebewesen sind daran recht gut angepaßt. Die Pflanzen vertragen längeren Stand im vernäßten Boden, die Sumpfvögel errichten zum Beispiel schwimmfähige Nester, der Biber schafft sich gar durch Dämme seinen eigenen Wasserstand. Die Übergänge zwischen freiem Wasser, Sumpf und Festland sind variabel, so kann im weiteren Sinne auch ein ständig unter Wasser stehender Auwald als Sumpf bezeichnet werden, wenn er zunehmend verlandet, auf der anderen Seite der Bandbreite steht die Feuchtwiese, die möglicherweise im Sommer sogar relativ trocken fallen kann.

Pflanzen, die für Feuchtwiesen typisch sind und einerseits im Wasser stehen können, andererseits auch trockenere Zeiten schadlos überdauern, sind außer zahlreichen Gräsern, vor allem Sauergräsern, zum Beispiel die Sumpfdotterblume (*Caltha palustris*) oder das Wiesenschaumkraut (*Cardamine pratense*). Auch die Schachblume (*Fritillaria meleagris*), die *Iris*-Arten und die seltene Sumpf-Siegwurz (*Gladiolus palustris*) sowie viele andere Pflanzen bevorzugen diesen Lebensraum.

Mit Binsen bestandene Entwässerungsgräben in einer Feuchtwiese.

Ranunculus lingua, der Große Hahnenfuß, bevorzugt Sumpfbereiche. Hier wurde er am Rand eines offenen Gewässers in der nährstoffreichen Sumpfzone aufgenommen. Die Eutrophierung wird anhand der Fadenalgenschicht deutlich.

Noch mehr als große offene Gewässer dienen gerade die Feuchtwiesen mit kleineren Wiesengräben und dergleichen den Amphibien als Lebensraum. Ihre Beseitigung durch Entwässerungsmaßnahmen ist es vor allem, welche die Amphibien an den Rand ihrer Existenz gebracht hat und damit im Gefolge einer ganzen Zahl von Lebewesen die Daseinsmöglichkeit nahm. Dies reicht vom Storch, dem die Nahrungsgrundlage entzogen wurde, bis zum Kibitz, den Schnepfenvögeln und weiteren, die keine idealen Nistmöglichkeiten mehr finden. Andererseits ist aber auch darauf hinzuweisen, daß die meisten Feuchtwiesen ursprünglich wohl erst durch den Menschen entstanden sein dürften, ohne dessen Zutun dort eher Sumpfwald oder Erlenbruch wären.

Die Sumpfdotterblume ist ein typischer Bewohner von Sumpf und Feuchtwiese.

Das Wollgras findet sich in der Natur vorzugsweise in Sumpfbereichen, hier handelt es sich um ein Folien-Sumpfbeet.

Aufgelassene Kiesgruben

Fraglos sind Kiesgruben keine natürlichen Lebensräume, sie sind erst durch den Menschen entstanden. Wer jedoch das unten abgebildete Foto anschaut, der wird diese Szene in einem Auwald vermuten. Tatsächlich jedoch handelt es sich um eine vor vielen Jahren aufgelassene alte Tongrube in der Flußaue des Rheins. Hier hat sich die Natur zurückgeholt, was ihr wenige Kilometer weiter an natürlichem Auenwald genommen wurde. Dies konnte allerdings nur so intensiv geschehen, weil sich der Mensch aus mangelndem Interesse nicht weiter darum gekümmert hat. Erst in allerjüngster Zeit wurden diese alten Tongruben Teil eines Naturschutzgebietes.

Warum aber fällt es niemandem ein - Ausnahmen mögen die Regel bestätigen -, eine ganz frisch aufgelassene Kiesgrube zum Naturschutzgebiet zu erklären? Heute wird ein solches Gelände in der Regel entweder als Müllkippe genutzt, oder man wandelt es in ein Erholungsgebiet mit Campingplätzen um, in dem in erster Linie Surfer und Badegäste ein Hausrecht haben, Frösche und Molche müssen hingegen sehen wo sie bleiben. Dabei sind es gerade die erst kurz aufgelassenen Kiesgruben und Steinbrüche, die diesen Tieren besonders geeignete

Sumpf-Wolfsmilch in einer aufgelassenen Tongrube.

Lebensräume bieten. Nach einigen Jahren nimmt der Wald von dem Gelände Besitz, und dann ändert sich bereits die Floren- und Faunenzusammensetzung und die besonders wichtigen Brachflächen stehen nicht mehr zur Verfügung.

Früher bemühte sich jede Gemeinde darum, solche ,,Schandflekken" möglichst rasch verschwinden zu lassen, und so existiert auch die unten abgebildete Kiesgrube mit ihrer vielfältigen Lebewelt nicht mehr. Sand- und Kiesgruben wurden verfüllt und rekultiviert, das heißt wieder in landwirtschaftliche Nutzflächen zurückverwandelt. Demgegenüber hat man heute erkannt, daß solche Bereiche wertvolle Ersatzbiotope mit vielfältigem Leben darstellen, und statt der Rekultivierungsmaßnahmen wird heute eine Renaturierung durchgeführt, vielfach in Zusammenarbeit mit oder auf Initiative von Naturschutzvereinigungen. Häufig wird allerdings dabei des Guten zuviel getan. Das Anpflanzen von Bäumen führt nur noch rascher zur Verwaldung. Besser ist es, möglichst wenig in das Naturgeschehen einzugreifen und solche Biotope weitgehend sich selbst zu überlassen. Dann bleiben die einzelnen Übergangsstadien länger erhalten und die Tier- und Pflanzenpopulationen haben eher eine Chance sich zu regenerieren und möglicherweise neue Räume zu finden, bevor sie von Folgegesellschaften verdrängt werden.

Eine alte Kiesgrube als Lebensraum für Vögel, Amphibien und Sumpfpflanzen.

Gewässerökologie und Wasserverschmutzung

Jedes Gewässer steht in vielfältiger Beziehung mit den Verhältnissen der Landschaft, in der es liegt. Das Gelände mit seiner Oberflächengestalt bestimmt die Form eines Sees, Sumpfes oder Moores oder den Verlauf eines Baches. Die Wassertemperatur wird durch die Höhe über dem Meeresspiegel oder die Lage in bezug zur Sonne beeinflußt, der Wasserhaushalt wird vom Klima bestimmt. Die Ufergestaltung richtet sich nach dem Untergrund: gewachsener Fels, lockerer Sand, Lehm oder Torf, der Untergrund bestimmt auch die Chemie des Wassers und in Wechselwirkung damit die Menge und Zusammensetzung der Lebewesen, die sich in diesem Gewässer entwickeln können. Ein Gewässer bleibt auch im Lauf der Zeit nicht gleich, es ist insgesamt oder in einzelnen Bereichen laufend Veränderungen unterworfen.

Aus diesen Gründen ist es höchst problematisch, wenn der Mensch in dieses Beziehungsgefüge eingreift. Meist betreffen diese Eingriffe im biologisch-chemischen Bereich den Sauerstoffhaushalt und die damit verknüpften Wirkungen. Verschmutzungen verursachen Fäulnis, die auftretenden Stoffwechselprodukte gefährden andere Lebewesen. Auch das Grundwasser ist vielen Einflüssen durch den Menschen ausgeliefert, der Grundwasservorrat kann durch zu starke Entnahme sogar erschöpft werden. Die Absenkung oberflächennahen Grundwassers führt oft zur Beeinträchtigung des Pflanzenwuchses mit allen weiteren Folgen. Auch ist das Grundwasser durch vielerlei Verschmutzung bedroht. Insgesamt übersteigt die Gefährdung der Gewässer durch den Menschen heute bei weitem die Ausmaße aller natürlichen Katastrophen.

In den Industriestaaten fallen täglich viele Millionen Kubikmeter Abwasser an. Nur ein geringer Teil wird gereinigt oder in anderer Weise behandelt, der größte Teil wird immer noch ungereinigt in die Gewässer geleitet. Ein Teil dieser Einleitungen umfaßt Industrieabwässer. Dabei nimmt das Kühlwasser einen hohen Anteil ein. Es ist eigentlich zwar nicht verschmutzt, trägt aber durch seine Wärme zur Umweltbelastung bei. Im kommunalen Abwasser sind Abfallstoffe aus Haushalten, Schulen, Krankenhäusern und kleineren Industriebetrieben enthalten. Auch lebensmittelverarbeitende Betriebe wie Brauereien, Molkereien oder Schlachthöfe leiten ihre Abwässer meist in die kommunalen Abwasserleitungen ein. In derartigen Abwässern sind vor allem organische Stoffe und anorganische Salze enthalten.

Der Abbau der organischen Abfallstoffe durch Bakterien führt zu einer Freisetzung von Phosphor- und Stickstoffverbindungen. Dies sind die wichtigsten Nährstoffe für die Algen als Produzenten. Sie sind in natürlichen Gewässern meist im Mangel und begrenzen das Pflanzenwachstum. Die unnatürlich hohen Phosphatkonzentrationen in belasteten Gewässern führen daher zur starken Vermehrung der Pflanzen. Besonders die Algen, das Phytoplankton, vermehren sich massenhaft und führen zur Wasser„blüte".

Von Algen lebende Wassertiere, die Konsumenten, profitieren vom Algenüberschuß und der erhöhten Bakterienzahl, die durch den höheren Nährstoffanteil ebenfalls stark zunimmt. So wächst anfangs die Menge des Zooplanktons und anschließend der Fische als nächstem Glied im Nahrungsgefüge. Die oberen Schichten des Phytoplanktons nehmen aber den darunter Lebenden aufgrund der großen Zahl bald das Licht, diese können keine Photosynthese mehr betreiben und die ersten Lebewesen sterben ab, noch sind es die Pflanzen. Dadurch entsteht Sauerstoffmangel. Können die anfallenden toten organischen Bestandteile von den abbauenden Bakterien und Pilzen, den Destruenten, nicht rasch genug abgebaut werden, so sterben schon bald auch die höheren Organismen, das Gewässer „kippt um". Es ist also paradox: Gerade der Nährstoffüberschuß führt letztlich zum Absterben der Lebewesen.

In einem Fischteich läßt sich dieses komplizierte System noch im Gleichgewicht halten, indem nur soviele Nährstoffe zugefügt werden, daß die Fische optimal wachsen, daß aber die Produzenten, Konsumenten und Destruenten in Einklang miteinander bleiben. Werden jedoch unkontrolliert Abwässer in unsere Flüsse und Seen eingeleitet, so reicht die Selbstreinigungskraft meist nicht mehr aus, und es bilden sich schließlich Faulgase, die sauerstoffabhängigen Lebewesen sterben ab und es stinkt buchstäblich zum Himmel.

Eine vollständige Reinigung aller anfallenden Abwässer ist deshalb eine dringende Maßnahme. Die Behandlung der kommunalen Abwässer erfolgt meist in normalen Kläranlagen, während die Industrieabwässer in speziell auf die anfallenden Stoffe abgestimmten Verfahren gereinigt werden müssen. Die vollständige Reinigung der Abwässer in Kläranlagen erfolgt in drei Stufen: Zur mechanischen Klärung werden Rechen und Siebe sowie Absetzbecken zur Entfernung der groben Bestandteile und von Sand verwendet. Bei der biologischen Klärung werden im Prinzip die gleichen Vorgänge wie in der Natur eingesetzt, jedoch werden sie durch Sauerstoffzufuhr besonders gefördert. Zur chemischen Klärung schließlich wird das biologisch vorgereinigte Wasser mit Chemikalien versetzt, wodurch vor allem das Phosphor ausfällt und beseitigt werden kann. Leider wird die dreistufige Klärung erst von einer Minderheit der Abwassereinleiter durchgeführt, so daß die natürlichen Gewässer immer noch zu stark verunreinigt und belastet werden.

Bezaubernder Gartenteich (Folie), der sich gut in die Gartengestaltung einpaßt.

Inhaltsübersicht

Der naturnahe Gartenteich

Wir haben bereits im Vorwort ausgedrückt, daß uns als Autoren eigentlich ein naturnah gestalteter Gartenteich mehr am Herzen liegt als ein steriles Betonbehältnis, das nur der Repräsentation dient. Ein Naturteich oder doch ein naturnaher Teich, bei dem hin und wieder auch einmal eine fremdländische Pflanze mitwachsen darf, ohne daß gleich die ganze Gartenwelt einstürzt, ist eigentlich das, was wir empfehlen möchten. Dabei wird dem Naturschutzgedanken am ehesten Rechnung getragen, denn die heimische Tier- und Pflanzenwelt erhält so ein Refugium, dessen sie so dringend bedarf. Am naturnahen Teich lassen sich auch die meisten Beobachtungen zur Lebewelt des Wassers machen, denn dort gibt es mehr Tiere als in einem streng geometrisch ausgerichteten Betonteich mit fremdländischer Bepflanzung.

Der Anteil fremdländischer Gewächse sollte bei der Anlage eines naturnahen Teiches also möglichst gering gehalten werden. Der Grund ist darin zu sehen, daß unsere heimischen Tiere an die Pflanzen ihrer Umgebung natürlich in ganz besonderer Weise angepaßt sind, an solche ferner Länder selbstverstandlich nicht. So haben sich ganze Nahrungsnetze auf die Brennessel gegründet, von ihr leben zum Beispiel Schmetterlingsraupen und Käfer, von denen sich dann wiederum andere Tiere, etwa Vögel usw. ernähren. Werden nun die Brennesseln beseitigt, fehlt damit die Grundlage dieser Beziehungen und das ganze Nahrungsnetz bricht zusammen. Statt für die Brennesssel kann man auch für das Schilf solche ökologischen Beziehungen nachweisen, für andere Pflanzen ebenfalls. Fremdländische Pflanzen können eine solche einheimische Basispflanze gar nicht oder nur zum Teil ersetzen.

1. Die Planung

Gleichgültig ob wir einen naturnah gestalteten oder einen strenger geformten und konstruierten Teich bauen wollen: Am Anfang steht immer die Planung. Was dabei zu bedenken ist, soll hier dargestellt werden.

1.1 Die Kosten

Nun ist es natürlich eine Preisfrage im wahrsten Sinne des Wortes, ob man seine Anlage selbst plant und baut, oder ob man dies etwa von einem Gartenbauarchitekten durchführen läßt. Je nach Umfang und Ausgestaltung der Anlage kann man ab 5.000,-- bis 10.000,-- DM dabei sein. Allerdings sollte man sich nicht jeden beliebigen Gartenarchitekten nehmen. Wie auch im Häuserbau selbst heute noch mancher Architekt Betonklötze in die Gegend stellt, selbst wenn etwas anderes möglich wäre, gibt es vergleichbare Unterschiede bei den Gartenarchitekten. Es gibt Architekten, die ganz zauberhafte Anlagen man muß schon sagen „komponiert" haben und deren Auftragsbücher auch ohne viel Werbung ständig gefüllt sind. Am besten ist es immer noch, wenn man an einen Gartenarchitekten gerät, von dem man bereits Anlagen gesehen hat, einen unbekannten Gartenarchitekten sollte man bitten, von ihm gestaltete Anlagen zu zeigen. Es mag ja auch sein, daß ein Gartenarchitekt hervorragende Fachkenntnisse hat, sich aber Geschmack von Kunde und Architekt einfach nicht treffen können, und es wäre schade, wenn der Gartenbesitzer sich bei jedem Blick aus dem Fenster trotz horrender finanzieller Investitionen ärgern würde.

In den meisten Fällen aber wird man, von finanziellen Gründen einmal ganz abgesehen, den eigenen Gartenteich schon alleine deshalb gerne selber planen und bauen wollen, weil das einfach Spaß macht. Für manchen „Schreibtischtäter" von heute ist der Muskelkater am Abend vielleicht einmal eine ganz neue Erfahrung.

Am Anfang der Planung steht vorsichtshalber eine Finanzübersicht, in die jedoch schon einige andere Überlegungen mit eingehen müssen. Im Grunde aber umfaßt sie folgende Punkte:

Die Teichgrube:
- den Bodenaushub
- das Abfahren des Bodenaushubs
- Geräte zum Bauen

Die Teichabdichtung:
- Beton
- Folie
- Fertigteich
- Lehm oder Ton

Die Wasserfüllung
Die Bepflanzung
Sonstiges Zubehör

Die Teichgrube:

Meistens wird man den Bodenaushub selber vornehmen, so daß keine Kosten auftreten. Bei größeren Anlagen empfiehlt sich vielleicht ein Bagger, dessen Kosten in Anrechnung zu stellen sind. Sollen Baumaschinen Verwendung finden, ist zu berücksichtigen, ob diese das Grundstück an der entsprechenden Stelle auch erreichen können. In diesen

In die Planungen mit eingehen muß die Überlegung, ob einem naturnah gestalteten Teich der Vorzug gegeben werden soll, wie er oben angelegt wurde, wobei allerdings die Goldfische problematisch sind, oder ob der Gartenteich als reiner

Fällen muß natürlich die Miete der Baumaschinen in die Rechnung mit eingehen.

Der Bodenaushub kann im günstigen Fall im Garten untergebracht werden, zum Beispiel ist die Erde vielleicht gleichmäßig auf den Beeten zu verteilen. Weitere Unterbringungsmöglichkeiten wären ein Spiralbeet für Kräuter oder ein als Steingarten angelegter Hügel, von dem ein Bachlauf dem Teich entgegeneilt, dann läßt sich dort auch vielleicht eine

Zierteich angelegt wird, bei dem es, wie in diesem Fall, auf eine möglichst blühende und gärtnerisch gestaltete Umgebung ankommt, denn der Möglichkeiten gibt es viele, wie anhand der folgenden Beispiele sicherlich deutlich wird.

Pumpenkammer unterbringen, falls dies nicht im Hause möglich ist. Derartige Verwendungsmöglichkeiten sind jedoch nur möglich, wenn der Bodenaushub auch gartenverträglich ist, also wenn es sich zum Beispiel um Mutterboden handelt. Schutt, etwa Bauschutt vom Hausbau oder dergleichen, wird wahrscheinlich abgefahren werden müssen. Dann schlagen gegebenenfalls die Kosten für Containermiete und Schuttabfuhr zu Buche.

Hier zwei Gartenteiche, die in erster Linie Zierteich sind und sich der Gesamtarchitektur unterzuordnen haben, wie besonders bei dem linken Beispiel deutlich wird. Die strenge Form des Hauses kehrt in der Gartenteichgestaltung wieder.

Möglicherweise ist mit Spaten oder Bagger zum Ausschachten des Teiches der Maschinenpark noch nicht erschöpft. Wenn ein streng architektonischer Betonteich oder ein Teich für Kois angelegt werden soll, dann ist zu überlegen, ob eine Betonmischmaschine zum Einsatz kommen soll oder ob ein LKW mit Fertigbeton den Teich erreichen muß. Vielleicht ist es im letzteren Fall sogar notwendig, daß eine Betonpumpe den Fertigbeton über ein Hindernis befördert. Auch hier

Vom tierschützerischen Standpunkt aus problematisch ist die Randgestaltung, denn hineingefallene Tiere kommen wohl kaum wieder an Land. Naturnäher wirkt die Randgestaltung der rechts abgebildeten Anlage.

wiederum sind also die Kosten für Baumaschinen wie Mischer, Rüttler und was es da sonst noch an Geräten gibt, zu berücksichtigen.

Die Teichabdichtung:

Den größten Kostenfaktor stellt wohl die Teichabdichtung dar. Es bedarf keiner Frage, daß die Größe des zu planenden Teiches hier mit eingehen muß. Grundsätzlich kann diese Teichabdichtung aus Beton, Folie, Lehm oder Ton bestehen, oder es kann sich um einen Fertigteich handeln.

Ein Betonteich kann im Prinzip beliebig groß sein, er muß dann nur entsprechende Dehnungsfugen aufweisen. Bei größeren Teichen lohnt sich der Einsatz von Fertigbeton, bei kleineren schon aus Transportkostengründen wohl kaum, ein Lieferfahrzeug faßt rund 5 m^3 und wird nicht wegen eines einzigen m^3 in Marsch gesetzt werden. Die Betonmischung sollte etwa 1 : 4 betragen, also 1 Teil Zement auf 4 Teile Kies. Nach Berechnung des entsprechenden benötigten Betonvolumens lassen sich die Betonkosten somit ermitteln. Hinzu kommen allerdings noch Dichtungsmittel als Zementzusatz und Baustahlmatten für die notwendige Armierung, denn ohne eine solche würde der Betonteich den ersten Winter wohl kaum überleben, auch ein abdichtender Anstrich ist mit einzukalkulieren. Ferner muß ein steilwandiger Teich eingeschalt werden, auch hierfür sind die Kosten zu berücksichtigen.

Im weiteren Sinne sollen hier auch gemauerte Teiche als Betonteiche angesprochen werden. Wie ein solcher Teich gestaltet werden kann, wird am Beispiel eines Teiches für Kois und Goldfische auf Seite 135 erläutert werden. Dort ist nur die Bodenplatte betoniert, die Seitenwände sind hingegen aus Formsteinen hochgezogen. Dann entfällt eine Verschalung. In diesem Fall ist natürlich entsprechend weniger Beton zu berechnen, dafür kommen die Steine hinzu.

Bei einem Folienteich ist der Kostenfaktor recht einfach zu berechnen. Es bleibt lediglich zu überlegen, welche Folie eingebaut werden soll und wie stark diese zu wählen ist. Als günstigste Folienstärke hat sich eine solche von 1 mm erwiesen. Darunter sollte man nicht gehen, die Billigangebote von 0,6 oder 0,8 mm Stärke sind für einen Bachlauf geeignet, auch für eine Vogeltränke oder ähnliches, jedoch nicht für einen richtigen Teich, das Risiko ist zu groß. Größere Stärken bis zu 2,0 mm empfehlen sich vielleicht für Riesenteiche, doch ist zu bedenken, daß sie nur an Ort und Stelle zu verkleben oder zu verschweißen sind, als Fertigfolie sind sie aus Transportgründen zu schwer. Aber auch bei 1 mm Folienstärke muß bei größeren Teichen das Material am Ort verschweißt werden. Geliefert werden dann in der Regel Bahnen von 2 oder 4 m Breite, die miteinander durch Verkleben oder Verschweißen verbunden werden müssen. In diesen Fällen kommen außer der reinen Folie, die als Rollenware wiederum billiger ist, noch die Miete für ein Folienschweißgerät oder die Kosten für Quellschweißmittel und Flüssigfolie für den Kantenschutz der Verklebungen hinzu. Ist der Bodengrund zu steinig oder aus anderen Gründen problematisch, so muß eine Sandschicht oder ein Folienvlies unter der Folie eingebracht werden.

Bei Lehm- oder Tonteichen denkt der unerfahrene Hobby-Teichbauer möglicherweise an die geringsten Kosten. Lehm oder Ton gibt es möglicherweise in der Umgebung. Die Frage ist nur, ob das dortige Material auch wirklich den Anforderungen entspricht. Wer Ton bei einer Ziegelei bestellen muß, der wird vielleicht enttäuscht sein, daß sich durch die Transportkosten auch ein Tonteich nicht als die preisgünstigste Alternative herausstellt. Und wenn dann der Teich schließlich doch nachgebessert werden muß, weil das Material das Wasser einfach nicht genügend hält, dann hat sich die zunächst so preisgünstig erscheinende Alternative schließlich als Flop erwiesen, zumindest was das Preis-Leistungsverhältnis betrifft. Vielfach hat es sich als vorteilhaft gezeigt, eine dünnere Folie unter eine Tonschicht einzubringen. Das mag in der Tat auch preislich dann von Vorteil sein, wenn das Tonmaterial günstig zu bekommen ist oder wirklich in der Umgebung ansteht, so daß Transportkosten entfallen.

Der Fertigteich ist preislich am besten zu überschauen, sorgfältige Vergleiche der Angebote müssen im Einzelfall zeigen, ob er auch generell am günstigsten ist. Die Anlieferung ist meist im Preis enthalten. Aber auch beim Fertigteich kommen noch Nebenkosten hinzu, zum Beispiel wenn der Fertigteich in ein Sand- oder Kiesbett eingelassen werden soll. Ferner ist zwar in der Regel der Fertigteich in der Größe beschränkt, doch gibt es neuere Systeme, bei denen Fertigelemente je nach Erfordernissen kombiniert werden können und so diese Beschränkung zu überwinden trachten. In diesen Fällen setzt sich der Gesamtpreis entsprechend aus den erforderlichen Einzelkomponenten wie Grundelementen, Verbindungsteilen usw. zusammen.

Die Wasserfüllung:

Auf den ersten Blick scheint eine Überlegung bezüglich der Wasserfüllung belanglos zu sein, Wasser kommt eben zumeist ausreichend aus der Leitung und das hat man halt beliebig zur Verfügung. Ganz so einfach ist dieses Kapitel aus mehreren Gründen allerdings nicht abzutun. Zum einen sollte man in der Tat mit unserem Trinkwasser nicht sorglos umgehen, es dürfte sich allgemein herumgesprochen haben, daß so gänzlich unbeschränkt gutes Wasser auch wiederum nicht zur Verfügung steht. Aber davon abgesehen ist es auch hier wieder eine Frage der Finanzen, die erheblich zu Buche schlagen können.

Gehen wir einmal davon aus, daß das zur Verfügung stehende Wasser für die Verwendung im Teich geeignet ist, daß es also nicht aufbereitet zu werden braucht, denn im anderen Falle treten möglicherweise erhebliche Kosten für Filter oder ähnliches auf. Wer sich nun einen

1 2

3 4

1. Ein Teich in einem Stadt-Garten.

2. Auch dieser Teich befindet sich auf einem Grundstück in der Stadt.

3. Der gleiche Teich wie im Bild darüber von einer anderen Seite.

4. Dieser ebenfalls in der Stadt liegende Garten hat eine naturnähere Ufergestaltung mit verschiedenen Wildstauden und *Iris*-Hybriden. Die Bank bietet ein beschauliches Plätzchen der Ruhe.

5. Auch wenn dieser Wasserlauf sehr natürlich aussieht: Er wird von einer Umwälzpumpe betrieben. Die Ufer sind mit *Primula denticulata* bepflanzt.

6. Hier wurde ein Folienteich gebaut. Im folgenden Frühling haben die Pflanzen gut gewurzelt und beginnen zu blühen.

7. und **8.** Verschiedene Ansichten eines in der Stadt gelegenen Teiches.

5

6

7

8

großen Teich zulegen möchte, dessen Inhalt ausrechnet, und dann die Kosten allein für die Erstfüllung überschlägt, der wird schon möglicherweise erstmals etwas beeindruckt sein. Es ist aber auch noch ins Kalkül zu ziehen, daß im Sommer eine Menge Wasser verdunstet und von den Pflanzen aufgenommen wird. Ein munter sprudelnder Bachlauf kann auch noch einiges beitragen, und nach erneutem Überdenken des zu ergänzenden Wasserverlustes und der entstehenden Kosten, wird sich die Nachdenklichkeit vielleicht noch etwas vergrößern. Es ist ein Fall bekannt, in dem ein Teich eine vollautomatische Wasserauffüllanlage besaß und in dem vor dem Urlaub der Teich undicht wurde. Als man dies schließlich bei Überprüfen der Wasserrechnung bemerkte, waren für über 1.000,- DM Wasser im Boden verschwunden. Wer nun seinen Gartenteich naturnah so gestaltet hat, daß Wasserstandsschwankungen das Teichgefüge nicht durcheinanderbringen können, der braucht auch ohne Wasserzulauf keine Überraschungen zu fürchten, wer aber eine technisierte Koi-Anlage oder einen architektonisch angelegten Zierteich mit Springbrunnen plant, der muß auch die Wasserkosten mit bedenken. Dann lohnt es sich eventuell, einen Brunnen zu bohren (Genehmigung einholen!), sofern das wegen des Grundwasserstandes überhaupt möglich ist, oder besondere Regenauffangeinrichtungen anzulegen. Damit läßt sich dann gleichzeitig auch der Garten versorgen, so daß die Zusatzkosten sich gut amortisieren. Siehe dazu auch Seite 73.

Die Bepflanzung:

Die Pflanzen stellen zwar auch einen deutlichen Kostenfaktor dar, doch ist dies ein Punkt, der sicherlich nicht auf einmal ein großes Loch in die Kasse reißen muß. Denn die Pflanzen kann man auch nach und nach anschaffen und einsetzen, manche Pflanze erhält man vielleicht von einem befreundeten Teichbesitzer, und so läßt sich die Anlage gegebenenfalls über einen gewissen Zeitraum hinweg komplettieren. Rohrkolben und dergleichen siedeln sich im Laufe der Zeit durch Samen möglicherweise sogar von alleine an, obgleich das nicht unbedingt immer erwünscht ist. Wer allerdings seinen Gartenteich sofort bei Erstellen weitgehend vollständig bepflanzen möchte, für den fallen schon erhebliche Kosten an, wobei hier auch die Gestaltung der Teichumgebung mit zu berücksichtigen ist, denn der eigentliche Teich und sein Umfeld stellen ja nicht nur biologisch, sondern auch optisch gesehen eine Einheit dar. Aufgrund der ganz speziellen Bedingungen im Einzelfall lassen sich für die Teichbepflanzung keine festen Kosten angeben. Möglicherweise besorgt sich der zukünftige Teichbesitzer einen Pflanzenkatalog, dann hat er nicht nur die Preise zur Hand, sondern kann auch anhand dieses Buches einmal schauen, was so alles an verschiedenen Pflanzenarten und Züchtungen angeboten wird und wie sie aussehen.

Um besondere Pflanzen kultivieren zu können, muß der Teichfreund auch hier einigen zusätzlichen Aufwand treiben. Seerosen zum Beispiel benötigen eventuell Spezialerde und werden in eigene Körbe gesetzt.

Ganz selbstverständlich ist natürlich für jeden Naturfreund, daß er sich nicht zum Nulltarif, mit Sack und Spaten bewaffnet, aus dem nächsten Naturschutzgebiet mit Pflanzen eindeckt!

Ein größerer Folienteich.

Auch hier dient Folie als Abdichtung.

Aus dem Hintergrund schlängelt sich ein Wasserlauf in den Teich.

Ein Wasserbecken mit anschließender Pergola in einem Reihenhausgarten.

1.2 Die rechtlichen Seiten

Sind Gartenteiche genehmigungspflichtig? Wie nahe darf man mit dem Gartenteich an Grundstücksgrenzen? Was ist mit den Äpfeln von Nachbars Baum, mit dem Laub, die über den Teich ragen oder hineinfallen? Was ist zu tun, falls sich ein Nachbar über das Quaken der Frösche beschwert? - Wie man sieht, selbst der harmloseste Gartenteich steckt voller rechtlicher Probleme.

Alle Teiche mit Zu- und Abfluß sind grundsätzlich genehmigungspflichtig, dies bezieht sich auf Wasserentnahme und Wiedereinleitung zum Beispiel für den Durchfluß des Teiches aus natürlichen Gewässern wie einem Bach, dem Grundwasser oder ähnlichem. Alle Teiche mit direktem Zugang (Anschnitt) zum Grundwasser sind ebenfalls genehmigungspflichtig, also Teiche ohne Abdichtung. Folienteiche im Siedlungsbereich eines Bebauungsplanes sind nicht genehmigungspflichtig. Im Außenbereich, also außerhalb geschlossener Siedlungsgebiete, sollten Sie mit dem städtischen Tiefbauamt oder Bauordnungsamt sprechen, da der Teich hier einer Genehmigung bedarf. Teiche ab einer Wassertiefe von 300 cm bedürfen einer Sondergenehmigung, die wohl in den seltensten Fällen (z.B. Schwimmbad) erteilt wird. In Nordrhein-Westfalen sind Gartenteiche bis 100 m² Fläche genehmigungsfrei, in Niedersachsen ist diese Fläche nicht begrenzt, sofern der Teich nicht tiefer als 199 cm ist, und kein Grundwasser angeschnitten wird.

Von Bundesland zu Bundesland und natürlich auch im Ausland mögen die Vorschriften mehr oder weniger abweichen, die vorstehenden Angaben sollen lediglich Anhaltspunkte liefern. Da hier begreiflicherweise nicht alle Bestimmungen aufgeführt werden können, sollten Sie in Zweifelsfällen mit dem Tiefbauamt und/oder der zuständigen Naturschutzbehörde sprechen. In Nordrhein-Westfalen ist zum Beispiel das Wasserwirtschaftsamt zuständig.

Ein Beispiel: Ich (H.B.) habe für die Genehmigung meines 600 m² großen Teiches, 100 cm tief, im Außenbereich, mit Zu- und Abfluß aus einem nahen Bach, DM 68,-- Gebühren bezahlt. Das ist sicher für jeden zu verkraften.

In Naturschutz-, Landschaftsschutz- und Wasserschutzgebieten wird je nach Lage der Dinge eine Genehmigung zum Bau eines Teiches erforderlich sein. Jedoch dürfte auch hier ein wasserdichter Teich von ein paar Quadratmetern Größe kein Problem darstellen.

Es konnte nicht geklärt werden, ob Teiche, deren Abdichtung (Boden, Wände) aus ungebrannten Tonziegeln bestehen, zu den dichten, also nicht mit dem Grundwasser verbundenen, Teichen gehören.

Jedenfalls bedarf diese Bauweise besonderer Sorgfalt, möglicherweise läßt sich das Problem dadurch lösen, daß unter die Tonschicht eine Folie eingebracht wird, die dann nur dünn zu sein braucht, wie dies auch schon zuvor von uns empfohlen wurde.

Betonteiche sind meist genehmigungspflichtig, da sie als bauliche Maßnahmen gelten. Bauanträge sind an das Bauamt zu richten.

Teich- und Hausbesitzer, die zur Speisung des Teiches das Wasser aus der Hausbedachung benutzen wollen, also das über die Dachrinne abfließende Regenwasser, und dieses Wasser nach Durchfluß des Teiches im Garten verrieseln und somit nicht der Kanalisation zuführen, bedürfen dazu einer Genehmigung. Das hat jedoch den Vorteil der teilweisen Einsparung von Abwassergebühren bzw. Grundsteuer/Niederschlagsgebühren. Etwa DM 0,80 pro m^2 Dachfläche können so an Steuern gespart werden. Die Genehmigung zur Verrieselung erhalten Sie auf Antrag, zum Beispiel durch Ihren Architekten, beim Amt für Öffentliche Ordnung der Stadtverwaltungen.

Rechtliche Probleme wirft möglicherweise auch das Verhältnis zum Nachbarn auf. Grundsätzlich sollte jeder Grundstücksbesitzer, der den Bau eines Teiches plant, vor allem wenn dieser in Nähe der Grundstücksgrenze mit dem Nachbarn angelegt werden soll, mit diesem freundschaftlich über die Pläne sprechen. Meist wird man sich dann auch problemlos einigen. Sollte das Vorhaben jedoch seitens des Nachbarn auf strikte Ablehnung stoßen, dann muß man sich ganz besonders genau nach den Gemeindesatzungen richten, ob diese beispielsweise einen Mindestabstand zum Nachbargrundstück fordern. Dies kann bei Betonteichen der Fall sein. Mehr als drei Meter Abstand dürften jedoch kaum erforderlich sein. Darüber hinaus kann der Nachbar Ihr Vorhaben wohl nicht behindern.

Dafür müssen Sie wiederum hinnehmen, wenn vom nachbarlichen Apfelbaum das Laub in Ihren Teich weht, das Fällen des Baumes können Sie nicht verlangen. Steht der Apfelbaum auf des Nachbars Grundstück und reichen seine Äpfel über Ihren Teich, so müssen Sie das Ernten durch den Nachbarn gestatten, soweit das ohne Beeinträchtigung Ihres Teiches möglich ist, herabgefallene Äpfel gehören Ihnen.

Haben sich im Gartenteich Frösche angesiedelt, so findet in der Regel zur Laichzeit das berühmte Froschkonzert statt. Wenn der Nachbar wegen der nächtlichen Ruhestörungen das Entfernen der Frösche verlangt - damit kommt er auch vor Gericht nicht durch, wohl aber kann er verlangen, daß Haustiere keinen unerträglichen Lärm veranstalten, aber glücklicherweise sind ja Kois und Goldfische meistens recht leise.

1 2

3 4

1. Ein Folienteich. Besondere Aufmerksamkeit erfordert die Einbringung der Wegsteine, damit die Folie dort nicht durchgedrückt wird.

2. Dieser Folienteich ist mit *Nymphaea, Hemerocallis* und *Typha* bepflanzt.

3. Ein Ausschnitt des im nächsten Bild in der Übersicht zu sehenden Folienteiches.

4. Der gleiche Teich ist hier noch etwas jünger, die Pflanzenpolster sind noch nicht ineinander verwachsen, dafür ist die Randgestaltung aus verschiedenen Steinen deutlicher zu sehen.

5. Auch hier handelt es sich um einen Folienteich, zum Rasen hin ist die Folie am Rand mit Beton abgedeckt. Die Bepflanzung erfolgte mit *Typha* und *Iris sibirica*.

5

6

7

8

6. Hier wurde ein Folienteich wundervoll naturnah in eine urig bewachsene Landschaft so eingepaßt, daß man den Eingriff kaum erkennt. Die Bepflanzung erfolgte überwiegend mit einheimischen Stauden und Gehölzen. Man vergleiche diesen Teich etwa mit der auf Seite 64 vorgestellten Anlage: Zwei grundsätzlich verschiedene Gestaltungsauffassungen.

7. Selbst wenn man diesem kaskadenartigen Bachlauf sofort ansieht, daß er mit Basaltsteinen und Kleinpflaster künstlich angelegt wurde, so paßt er sich doch optisch ganz hervorragend in die Landschaft ein.

8. Mit Folie wurde der hier gezeigte und mit *Alchemilla mollis*, *Primula japonica* und Astilben bepflanzte, sehr natürlich wirkende Bachlauf gestaltet. Eine so schöne Bachanlage erfordert viel Einfühlungsvermögen.

1.3 Der Standort

Die Standortwahl des Gartenteiches hängt in erster Linie von seiner Größe ab. Dabei ist vor allem die Größe und Lage des Gartens mit zu berücksichtigen. Einen Vorgarten wird man nicht mit einem flächenfüllenden Wasserbecken bedecken. Ein Hanggrundstück wird anders zu behandeln sein als ein flaches Stück Gartenland. Ein Garten mit älterem und hohem Baumbestand erhält sicher einen Teich, der sich dem Stand der Bäume anpaßt.

Der Teich sollte nicht kleiner als 5 bis 8 m^2 sein, der Idealfall wäre unserer Ansicht nach bis zu 1/10 der Gartenfläche, sofern dies möglich ist. Gartenflächen mit 1.000 m^2 können also gut und gern einen Teich mit 100 m^2 Wasserfläche vertragen, das wären etwa 10 x 10 m. Sicher wird das manchem zu groß sein. Wahrscheinlich ist Ihr Garten in mehrere Bereiche gegliedert, wie Gemüsebeete, Rasenfläche, Bäume und Sträucher, Spielplatz usw. Wählen Sie die Größe des Teiches so, daß er gut vor Bäumen und Sträuchern auf die Rasenfläche paßt. Hier ist genügend Sonne und dem Garten wird ökologisch kaum etwas fortgenommen, denn eine Rasenfläche bietet nur wenig Platz für Tiere und Pflanzen, besonders wenn der Rasen peinlich gepflegt wird. Unmittelbar unter einen großen Baum sollte der Teich jedoch nach Möglichkeit nicht plaziert werden, denn zum einen ist es dort zu schattig und die Teichpflanzen erhalten zu wenig Licht, zum anderen ist der Laubfall zu berücksichtigen. Fällt zu viel Laub ins Wasser, dann muß der Teich regelmäßig geleert und entschlammt werden. Überdies werden mit den Blättern Nährstoffe eingetragen, und das ist nicht sonderlich günstig. Ferner sollte der Gartenteich nicht sehr weit vom Haus entfernt liegen, denn man möchte ihn und die Lebewelt darin ja auch häufiger beobachten können. Wenn Anschlüsse wie Strom oder Wasser zum Teich führen, dann ist auch von dieser Seite her eine nahe Lage am Haus vorteilhaft, erst recht gilt dies, falls etwa gar der Filter oder die Pumpe im Keller des Hauses untergebracht werden sollen.

Die Ausrichtung nach der Himmelsrichtung ergibt sich meistens von alleine, denn so groß wird ein Grundstück kaum sein, daß man auch noch diesbezüglich wählen kann. Falls aber doch, so würden wir einen rechteckigen oder ovalen langgestreckten Teich immer in West-Ost-Richtung ausrichten, damit die Sonnenstrahlen abends das Wasser länger erreichen. Die Flachwasserzone im Teich sollte an der Nordseite liegen, damit die warmen Strahlen der Sonne aus dem Süden diesen Teichbereich besonders schnell erwärmen. Flache Stellen an der Südseite des Teiches können durch Sträucher zumindest im Spätfrühling bei noch niedrig stehender Sonne beschattet werden.

1.4 Fragen zur Gestaltung

Welche Aufgaben soll der Teich haben? Wie groß soll er sein, wie tief, welche Form soll er haben, wie soll die Randgestaltung erfolgen? Alle diese Fragen müssen bei der Planung berücksichtigt und geklärt werden, bevor es an die praktische Durchführung geht, denn davon hängt auch die Beschaffung des Materials ab, wie zum Beispiel die Ausmaße der Teichfolie oder ähnliche Dinge.

Die Aufgaben des Teiches: An erster Stelle sollte die Überlegung stehen, welche Aufgabe der geplante Teich überhaupt haben sollte. Ist zum Beispiel ein reiner Zierteich geplant, der möglicherweise mehr architektonische oder gärtnerische Funktion haben soll, indem er etwa bestimmte Akzente im Garten setzt und das Grundstück vielleicht in Funktionsbereiche aufteilt, oder soll er der Amphibiennachzucht dienen. Dazwischen wären alle Übergänge vorstellbar. Im ersteren Falle ließen sich möglicherweise Fische einsetzen, sofern die entsprechenden Grundbedingungen erfüllt sind, im letzteren Fall sollten sie, vielleicht mit Ausnahme des Moderlieschens, besser draußen bleiben. Möglicherweise sind Fische aber auch Hauptzweck des Teiches, zum Beispiel bei einer Koi-Anlage. Alle diese Überlegungen sind für die praktische Ausführung wichtig, denn wenn der Teich eine strenge architektonische Form haben und als Gestaltungsmittel dienen soll, müssen eventuell Beton oder Mauersteine als Baumaterial dienen, ein naturnaher Teich ohne regelmäßige Form läßt sich einfacher mit einer Folie anlegen.

Insbesondere wenn der Teich naturnah gestaltet werden soll, müssen der praktischen Durchführung einige Grundüberlegungen vorausgehen, denn Amphibien können sich natürlich nur dort ansiedeln, wo der Teich für sie überhaupt erreichbar ist. Selbstverständlich ist auch bei einem in der Stadt gelegenen Gartenteich eine naturnahe Gestaltung möglich, dann kann der Teich vor allem für seltenere Pflanzen einen Lebensraum bieten, oder es werden Kleinfische gezüchtet und vielleicht hinterher in Zusammenarbeit mit den Naturschutzbehörden in renaturierten Gewässern ausgesetzt. Naturschutzarbeit ist nicht nur an das Wohnen auf dem Lande oder gar im Wald gebunden.

Wenn man mehr am Stadtrand wohnt, ist eine Besiedlung des Teiches durch Amphibien selbstverständlich eher möglich. Andererseits sind diese Tiere gerade dort besonders gefährdet. So darf ein Teich natürlich nicht zur Todesfalle werden, indem ihn die Tiere nur über eine stark befahrene Straße aufsuchen oder verlassen können. In diesem Zusammenhang ist auch auf Katzen hinzuweisen. Wenn Sie ein naturnah gestaltetes Grundstück mit einem Teich besitzen, werden sich alle

1

2

3

4

1. Ein künstlicher Wasserlauf, der mit einer Folie angelegt wurde. Die Bepflanzung besteht aus gefüllten Sumpfdotterblumen, *Caltha palustris*, und *Primula rosea*.

2. Das Ufer dieses Folienteiches wurde mit *Alisma plantago-aquatica, Pontederia cordata* und Sumpfvergißmeinnicht gestaltet.

3. Ein naturnah gestalteter großer Folienteich.

4. Wasserspiel in einem mit Ortbeton errichteten Hochbecken. Schwierigkeiten kann es hier im Winter durch den Frost geben, dann sollte das Becken geleert werden.

5. Ein architektonisch streng angelegter Folienteich. Problematisch ist die Randgestaltung, hineingefallene Tiere können den Teich kaum wieder verlassen.

5 6

7 8

6. Eine großzügig angelegte Teichlandschaft aus Folienteichen. So etwas ist natürlich nur in Parks und dergleichen möglich. Hier wird deutlich, daß Folie als Baumaterial bezüglich der Größe der Anlage keine Beschränkungen notwendig macht.

7. Auch aus einer Kanalröhre, deren Boden abgedichtet wurde, läßt sich ein sehr schönes Wasserbecken machen, das hier mit Fieberklee bepflanzt wurde. Eventuell eingesetzte Fische müssen im Winter ins Haus geholt werden.

8. Ein weiteres Beispiel für einen Folienteich mit naturnah gestalteter Bepflanzung aus vorwiegend einheimischen Pflanzen. Hier werden sich Amphibien wohlfühlen, sofern keine Fische eingesetzt wurden. Puristen hätten statt der Seerosenhybriden vielleicht lieber *Nymphaea alba* eingesetzt.

Katzen der Nachbarschaft dort einfinden um am Teich Vögel und Frösche zu jagen, sich zu sonnen oder alle die Dinge zu tun, die ein Katzenleben so richtig schön machen, und die man auf dem kurzgeschorenen leblosen Rasen des eigenen Besitzers nicht tun kann. Also muß hier ganz besondere Obacht gegeben werden. Wer also Amphibien in seinem Gartenteich ansiedeln möchte, der sollte vielleicht die folgende Checkliste durchgehen:

- Wie weit ist es bis zum nächsten Waldstück? Kröten wandern beispielsweise bis zu 8 km von „ihrem" Wald bis zu einem Laichplatz! Molche immerhin ein paar hundert Meter.
- Gibt es stark befahrene Straßen zwischen den natürlichen Standorten dieser Tiere und Ihrem Garten?
- Haben Sie schon einmal Frösche, Kröten oder Molche in Ihrem Keller oder einem Fensterschacht gefunden? Wenn ja, gilt es die Kellerfensterschächte besser zu sichern. Außerdem sollte man dann immer einen feuchten Wischlappen im Keller haben. Da hinein verkriechen sich die Tiere gern und können so notfalls wochenlang überleben ohne auszutrocknen. Im Frühjahr, wenn die Amphibien wandern, müssen die Kellerfensterschächte mehrfach kontrolliert und etwa hineingefallene Tiere befreit werden. Wenn Sie solche Tiere bei sich am Haus finden, ist ein Gartenteich schon fast ein Muß.
- Hat ein naher Nachbar einen Gartenteich? Welche Erfahrungen hat er mit Amphibien gemacht?
- Mögen Sie überhaupt Frösche, Kröten oder Molche?

Drei Viertel der Leser werden diese Fragen vermutlich so beantworten, daß ein Amphibienteich für diese ohne Bedeutung ist, da sie im dicht besiedelten Gebiet wohnen und Lurche nicht zu ihnen kommen können. Dann sollte das Hauptaugenmerk auf die Fische und eventuell auf Wasserinsekten gelegt werden, die auch in dicht bebauten Bereichen einen Gartenteich als geeignete Oase finden können. Insekten besuchen Sie ohne Zutun schon bald nach der Fertigstellung des Teiches, und diese sollten ja Bedingungen vorfinden, die ihnen zusagen. Es ist allerdings meistens nicht möglich, in einem Teich Fische und Amphibien gemeinsam heranzuzüchten. Auch in der Natur bevorzugen die Amphibien ganz andere Laichgewässer, zum Beispiel Waldtümpel, Überschwemmungsbereiche und ähnliches, in denen keine oder nur selten Fische vorkommen. Es ist also nicht zu erwarten, daß in einem Teich mit Goldfischen und Kois oder Stichlingen auch Amphibien heranwachsen können. Ein Kompromiß wäre die Anlage von zwei benachbarten Teichen oder die Abgliederung eines größeren Teiches

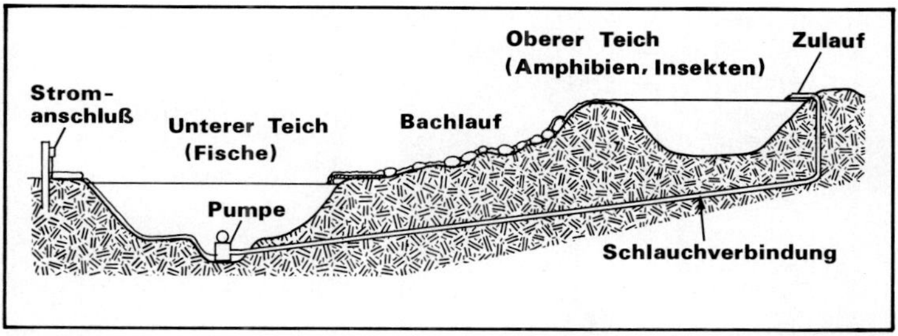

durch eine Sumpfzone in ein größeres und tieferes Fischgewässer und einen kleineren Bereich, der den Amphibien ausschließlich als Ablaichplatz zur Verfügung steht. Ob die Amphibien diese Planung aber auch verstehen und sich danach richten, muß offenbleiben.

Als Gärtner gestalten Sie den Teich allein nach den Bedürfnissen der zu pflegenden Pflanzen, zum Beispiel indem die entsprechenden Pflanztiefen vorgesehen werden und ähnliches. Hier können dann auch Fische schwimmen, damit es neben den Pflanzen etwas Bewegliches zu sehen gibt.

Die Tiefe: Vor allem wenn Fische gepflegt werden sollen, muß die tiefste Stelle im Teich je nach Höhenlage und Klima mindestens 80 cm bis 100 cm betragen, nach Möglichkeit noch etwas mehr. Bei einem strengen Winter mit wochenlangen nächtlichen Frosttemperaturen von -15 bis -20°C kann die Eisdecke bis zu 60 cm und dicker werden, auch wenn das bei uns nur selten der Fall ist. Bei zu geringer Teichtiefe verbleibt dann nur noch ein geringer Raum an Restwasser, dessen Temperatur unter +4°C liegt, in dem außerdem der Sauerstoffgehalt zu gering werden kann. Ich habe schon erlebt, daß Grasfrösche nach dem Durchfrieren eines Teiches und anschließendem Tauwetter im Frühjahr als aufgetriebene Leichen an der Wasseroberfläche schwammen, Moderlieschen jedoch in einer Stückzahl von einigen Dutzend in der Restwassermenge überlebten (siehe Seite 128).

Die tiefste Stelle des Teiches sollte wenigstens einen Quadratmeter aufweisen, besser mehr. Wenn nun, vor allem bei Lagen von 400 m über NN oder höher, die Tiefe mindestens 1 m beträgt, sowie aus praktischen Gründen die Uferabschrägung bei Folienteichen unter 45° liegt, dann ergibt sich daraus als geringste mögliche Größe für den Teich ein Oberflächenmaß von 4 x 4 m, wobei in diesem Fall das Ufer sehr steil ist und noch keine Möglichkeiten vorhanden sind, Uferbepflanzungen unterzubringen. Wenn eben möglich, sollte wenigstens an einer Seite

1

2

3

4

1. Sumpfbecken aus Plastik auf der Terrasse, bepflanzt mit Brunnenkresse, Wasserminze, *Scirpus* (Simse), *Carex* (Segge) und *Cyperus* (Zyperngras).

2. Ein großer Folienteich, an dieser Stelle mit dem Wollgras *Eriophorum angustifolium* bepflanzt.

3. Auch dieser Teich mit seinem lauschigen Plätzchen ist mit Folie gebaut.

4. Eine besonders gelungene Gestaltung: Der Rand des Folienteiches ist zum Haus hin mit Platten gestaltet und nimmt so die strenge Architektur des Gebäudes auf, während mit einem naturnäheren Kiesufer zum offenen Garten übergeleitet wird.

5. Selbst kleine Wasserbecken können im Garten Akzente setzen, so wie dieses Gefäß aus Terracotta, das mit *Nymphaea* ‚Gloriosa' bepflanzt wurde.

5 6

7 8

6. Die hier gezeigte Uferbepflanzung eines größeren Teiches besteht aus *Iris laevigata*, dahinter steht ein *Cedrus atlantica* ,Glauca Pendula'.

7. Wenn nicht sehr viel Raum für den Teich zur Verfügung steht, kann eine Seite auch als Steilufer angelegt werden wie hier das vordere Ufer. Dann muß die Erde jedoch auch bei Verwendung von Folie senkrecht durch eine Mauer abgestützt werden, an der die Folie anliegt. Eine Folie alleine kann niemals ein senkrechtes Ufer abstützen.

8. In einem großen Garten kann man auch entsprechende Wasserflächen gestalten, wie diese großzügige Teichanlage. Der Aushub wurde im Vordergrund zu einem Steingarten gestaltet.

noch ein weiterer Meter für die Randgestaltung eines Niedrigwasserbereiches eingeplant werden, dies würde die Ausmaße auf 5 m Durchmesser erhöhen. Jeder weitere Meter Raumes an der Oberfläche mehr bringt erheblichen zusätzlichen Gewinn für das Volumen des Teiches und auch den für die Fische am Teichgrund verfügbaren Raum. Überdies ergibt sich ein besseres Kosten-Nutzen-Verhältnis bezogen auf die Teichfolie. Bei Fertigteichen sieht die Sachlage anders aus, dort ist die Form vorgegeben und auch das Ufer ist meist schon aus Fertigungsgründen steiler. Selbstverständlich gilt das bezüglich der Teichtiefe Festgestellte grundsätzlich auch hier.

Natürlich kann auch ein flacherer Teich angelegt werden, der eventuell als Laichgewässer für Amphibien dienen soll. Derartige Tümpel finden sich in der Natur in Auwäldern, Erlenbrüchen, Flußniederungen oder Überschwemmungsgebieten. Im Garten sind sie als Zierteich sehr geeignet. Allerdings kann man darin keine Fische überwintern. Es lassen sich jedoch eine große Anzahl von Sumpfpflanzen wie Rohrkolben, Chinaschilf, Bambus oder Sumpfzypressen darin halten. Nach der Eisschmelze finden sich auch in diesen Gewässern allerlei Käfer und andere Insekten, Molche, Frösche und weitere Klein- und Kleinstlebewesen ein. Während einer Eis- oder im Sommer auch Dürreperiode entwickeln die Mikroorganismen Dauersporen, die nach dem Auftauen des Wassers wieder neues Leben hervorbringen.

Besonders dann, wenn kleine Kinder im Hause sind, ist ein Flachwasserteich sehr zu empfehlen, die Unfallgefahr darf nicht aus dem Auge verloren werden. Das gilt auch für den Fall, daß zwar nicht unbedingt eigene Kinder vorhanden sind, daß der Teich jedoch offen zugänglich ist, etwa in einem Vorgarten.

Bezüglich der Wassertiefe von Gartenteichen läßt sich also folgende Einteilung treffen:

Flachwasserteiche: 20 bis 40 cm Tiefe

Für kleinere Pflanzen, Insekten, Laichgewässer für Molche, Frösche und andere Amphibien. Fische dürfen nur im Sommer dort gehalten werden.

Normaler Folienteich: 40 bis 100 cm Tiefe

Für fast alle hier aufgeführten Teichpflanzen und Tiere, auch für Gold- und andere Fische, die dort ab 80 cm Mindesttiefe überwintern können, dies ist auch die Mindesttiefe für im Wasser überwinternde Amphibien.

Betonteiche für Fische: 120 bis 199 cm Tiefe

Besonders für Kois ist diese Tiefe notwendig, siehe auch Seite 133.

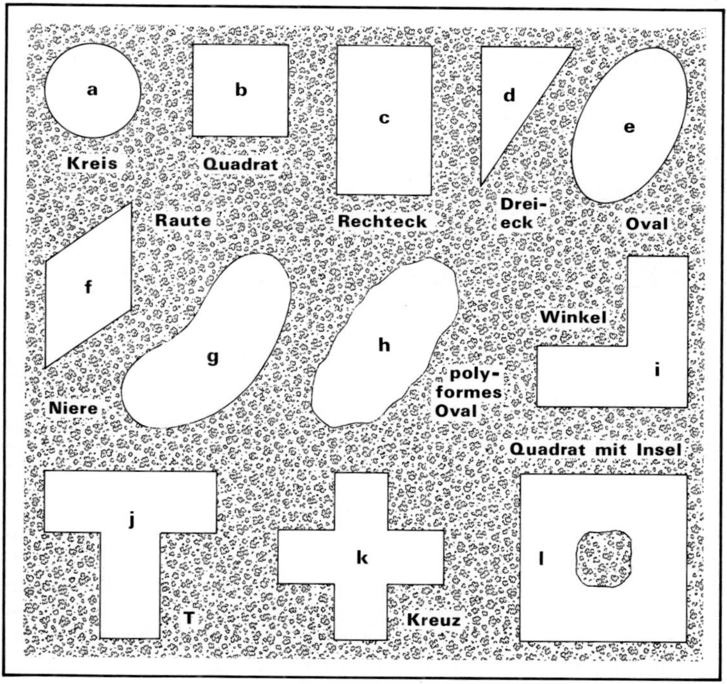

Die Form des Teiches: Grundsätzlich sind für die biologische Lebewelt Teiche mit einer möglichst großen Wasseroberfläche am günstigsten (gilt nicht für Koi-Teiche, siehe Seite 133), sowie mit einem langen Ufer. Das bedeutet, daß die streng geometrischen Formen (Abbildung, a-f) hier weniger günstig sind und polyforme (vielformige) Teiche mit eingebuchteten Uferrändern bevorzugt werden sollten. Wie auch die Beispiele der Abbildungen auf den Seiten 69, 79 und 83 zeigen, gibt es jedoch auch hier Kompromißlösungen. Sehr gelungen ist beispielsweise eine Gestaltung, bei der zum Hause hin die strenge Form des Gebäudes aufgenommen wird, zum Garten hin dann jedoch ein naturnahes Ufer den Übergang ,,in die Natur" deutlich macht (Seite 82, Abb. 4). Ein Kompromiß zwischen einem Koi-Teich und den Belangen der Natur wäre auch die Anlage von zwei Teichen, wobei dann der Koi-Teich möglicherweise eine funktionellere strenge Form aufweist. Der andere Teich bleibt als Amphibiengewässer ohne Fischbesatz, wie auf Seite 81 angeregt.

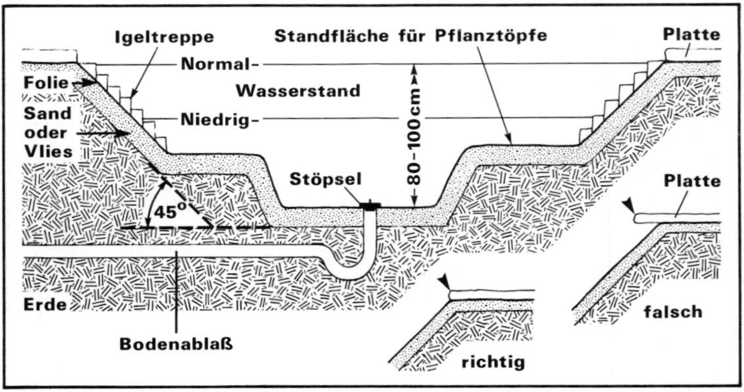

Betonteich mit Igeltreppe an wenigstens zwei Seiten. Auch Plattenabdeckungen, die über den Teichrand ragen, sind Fallen für Igel aber auch für Frösche und Molche.

Der Böschungswinkel: Der Böschungswinkel hängt vom verwendeten Material ab. Bei Fertigteichen ist er strikt vorgegeben, bei gemauerten Teichen weitgehend. Der größte Spielraum ist bei Folienteichen vorhanden. Für Folienteiche gilt: Ohne besondere Stützungsmaßnahmen sollte das Ufer 40-45° Hangneigung nicht überschreiten. Zum einen rutscht sonst eine Ufergestaltung möglicherweise ab, zum anderen kann, je nach Lage, auch das Erdreich außerhalb der Folie bei einem Gewitterguß oder ähnlichem in den Teich drücken und dort Vorwölbungen verursachen. Solche Fehler sind nachträglich nur sehr schwierig wieder zu beseitigen, der Teich muß eventuell geleert werden.

Mindestens eine Seite des Teiches sollte „flach wie eine Pfanne" mit etwa 5 bis 10 cm Wasserstand auslaufen. In dieser Flachzone paaren

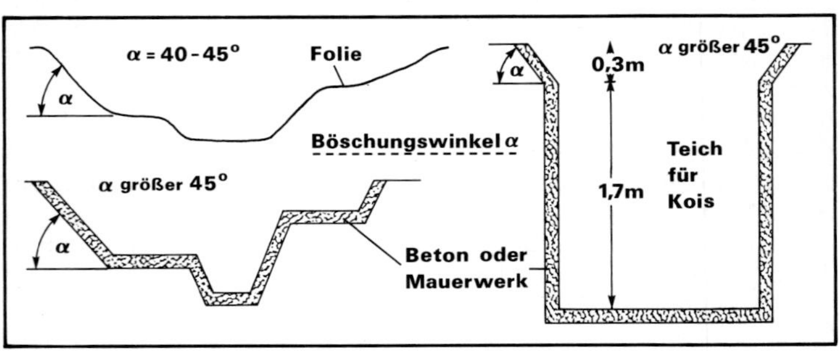

sich bevorzugt Froschlurche. Außerdem erleichtert solch eine Flachstelle in den Teich gefallenen Tieren, etwa Igeln, das Herausklettern. Teiche mit zu steilen Wänden - vornehmlich Fertig- und Betonteiche - sind geradezu eine Igelfalle.

Koi-Teiche müssen tief sein (180 bis 200 cm). Die Wände sind dabei am einfachsten senkrecht zu mauern und bei Verwendung von Beton zu verschalen. Dennoch sollten die oberen 30-50 cm mit einem Winkel von 80 Grad verlaufen, um eine Ausdehnung der Eisfläche zu ermöglichen, sonst zerfriert die Mauer durch den Eisdruck im Laufe eines strengen Winters, es sei denn, der Teich wird beheizt.

2. Der Teichbau

Die Vorüberlegungen sind getätigt, möglicherweise hat man sich eine Planskizze des Gartenteiches angefertigt und einen Stichwortkatalog notiert, mit dessen Hilfe Preise ermittelt und festgehalten wurden, ein Arbeitsplan ist vielleicht auch erstellt, damit nichts vergessen wird. Sorglosere Naturen halten so etwas für überflüssig und beginnen sofort mit dem Bau der Teichgrube, bei den ganz bequemen ist der Bagger vielleicht schon bestellt. Auf jeden Fall hat man vermutlich ganz feste

Vorstellungen von seinem zukünftigen Gartenteich, und so kann nun der praktische Teil der Angelegenheit beginnen.

Wird der Teich auf einem Rasen angelegt, dann sollte zunächst die Grasnarbe abgetragen werden, denn sie wird meistens noch gebraucht. Nach Möglichkeit sollte man lange und schmale Soden oder Plaggen ausstechen. Warum diese Form, das wird später noch deutlich werden. Die Rasenstücke müssen während des Teichbaus so untergebracht werden, daß das Gras nicht abstirbt oder fault, auch dürfen die Soden nicht austrocknen. Man sollte also mit einem Rasensprenger wässern.

Das Wohin mit dem Teichaushub ist auch geklärt. Selbst wenn man zuvor eine Probegrabung unternommen hatte, um festzustellen, ob an der geplanten Stelle Mutterboden oder Schutt im Untergrund liegen, kann man hin und wieder seine Überraschungen erleben. So fanden wir einmal am geplanten Standort eine Telefonleitung in 60 cm Tiefe, nach oben abgesichert durch Tonhalbrohre, von der niemand zuvor etwas wußte. Ähnliche Überraschungen werden während des Teichbaus möglicherweise noch häufiger auftreten. Dann muß man eben improvisieren, vielleicht den Teich auch verlegen.

Die Form des Teiches wird am besten mit Pfählen bzw. Dachlattenstücken abgesteckt, der Umriß mit Sand oder Sägespänen markiert. Nimmt man keine Pfähle, dann verwischen sich die Sägemehlmarkierungen beim Arbeiten leicht. Den Erdaushub beginnt man am besten in der Mitte des Loches oder an einer Seite. Auf keinen Fall ziehe man zuerst einen Graben außen herum, um das Teichloch zu markieren, sonst ist dieser der Schubkarre im Weg, die man sicher brauchen dürfte.

Beim Aushub sollte man auch gleich an etwa notwendige Kabelschächte zum Haus für Elektro- und Wasserinstallationen denken, sofern solche verlegt werden sollen. Vielleicht sind ja die Entfernungen nicht so groß und die Umwälz- oder Filterpumpe kann im Keller des Hauses untergebracht werden. Auch das Einbringen eines Pumpen- oder Kabelschachtes am Teich will bedacht sein. Komfortabel und relativ preiswert ist ein Betonbrunnenring von 100 cm Durchmesser und 50 oder 100 cm Höhe. Hier können später vom Elektriker ein Pumpenanschluß oder eine etwaige Beleuchtung nebst Zeitschaltuhr und vom Klempner möglicherweise ein automatischer Wasserzulauf untergebracht werden. Was letzteren betrifft, so sei noch einmal auf das Fallbeispiel auf Seite 70 verwiesen, denn eine solche Einrichtung sollte unter ständiger Kontrolle sein.

Während die bis hierher geschilderten Arbeiten unabhängig vom gewählten Baumaterial sind, muß nun doch differenziert vorgegangen werden.

2.1 Das Baumaterial

Die Festlegung, welches Baumaterial für die Gestaltung unseres Gartenteiches verwendet werden soll, ob er in Beton gegossen, gemauert, mit Folie oder Ton abgedichtet, oder als Fertigteich eingegraben werden soll, ist gefallen. Entsprechend dieser Wahl muß auch das Bauloch ausgehoben werden.

Bei einem gemauerten Teich ist das Teichloch deutlich größer auszuheben als der Teich schließlich wird, da man für das Erstellen der Wand von beiden Seiten genügend Raum braucht. Ähnliches gilt für einen Fertigteich. Er kommt in ein Sand- oder Kiesbett, und dafür muß der notwendige Raum vorhanden sein. Ein Betonteich braucht eventuell ebenfalls ein größeres Loch wenn er zu verschalen ist. Man kann aber auch den Erdboden als Rohform nehmen, in die der Beton gegossen wird. Dann ist die Grube um die Dicke der geplanten Betonschicht tiefer auszuheben und das Loch sorgfältig anzumodellieren. Für die Betonschicht muß man eine Stärke von 15 bis 20 cm ansetzen, ist der Boden uneben, wird zuerst eine dünne und ausgleichende Betonschicht von etwa 5 cm Dicke zusätzlich eingebracht. Eine senkrechte und in Schalbauweise erstellte Wand sollte eine entsprechende Stärke aufweisen. In die Grube kommt zuerst die Armierung, wie das in den Abbildungen auf Seite 137 für den Koi-Teich gezeigt wird. Gegebenenfalls wird ein Abfluß mit eingeplant. Ob der verwendete Beton als Fertigbeton bestellt oder als Ortsbeton an Ort und Stelle zusammengemischt wird, ist entsprechend den Vorplanungen auch bereits entschieden. Wird keine Verschalung verwendet, dann muß der Beton zähflüssiger sein und auch die Hangneigung darf nicht zu steil gewählt werden, damit das Material liegenbleibt und nicht zur Teichmitte fließt. Der entsprechende Beton wird in die vorbereitete Form, also entweder die Verschalung oder die Bodenform, gegossen und nach Möglichkeit gerüttelt. Notfalls kann man auch mit einer Latte ordentlich im Material herumstochern, bei einer Erdform mit einem Handstampfer zu Werke gehen, damit es verdichtet wird und keine Hohlräume entstehen. Das Abbinden des Betons ist ein chemischer Prozeß, der genügend Zeit und Ruhe benötigt. Verschalungen darf man auf keinen Fall zu früh entfernen, am besten erst nach etwa 4-5 Tagen.

Einfacher ist es, einen Teich zu mauern. Als Beispiel für einen gemauerten Teich soll der Bau eines Koi-Teiches dienen, der auf Seite 135 erläutert wird.

Die meisten Gartenteiche werden heute als Folienteich erstellt oder es werden Fertigteiche verwendet. Deshalb soll auf diese Bauweisen nachfolgend näher eingegangen werden.

2.2 Bau eines Folienteiches

In den Privatgärten wurden bis heute sicherlich viele Quadratkilometer Teichfolie verlegt, weitere enorme Flächen werden im Naturschutz, in Parkanlagen und im Straßenbau für Rückhaltebecken und dergleichen verwendet, ernsthafte Probleme entstehen bei richtiger Handhabung des Materials kaum. Allerdings gibt es unterschiedliche Folien, und die Wahl der richtigen Folie ist entscheidend dafür, daß man an seinem Teich lange Freude hat.

Folien, die zum Beispiel für die Landwirtschaft als Abdeckplanen eingesetzt werden, sogenannte Polyethylen-Folien, eignen sich für den Teichbau nur sehr eingeschränkt. Man sollte sie lieber nicht verwenden. So sind sie gegen UV-Licht empfindlich und müssen daher unbedingt vor allem im Randbereich des Teiches abgedeckt werden, aber auch im Boden wird das Material brüchig. Die für kleine Teiche vielleicht noch gerade verwendbare größte Stärke beträgt 0,5 mm. Solche PE-Folien lassen sich überdies nicht kleben, allerdings werden sie in recht breiten Bahnen hergestellt, so ist von mehreren Firmen angebotenes Material 6 m breit.

Eine weitere Folie ist die sogenannte ECB-Folie (Ethylencopolymerisat-Bitumen). Diese Folie ist zwar als Teichfolie sehr gut geeignet, weil ausgesprochen haltbar, doch ist sie recht schwer und alleine kaum zu verlegen. Überdies ist dieses Material vergleichsweise teuer. Als gängige Teichfolie hat sie sich aus diesen Gründen nicht durchsetzen können.

Die für den Teichbau am besten geeignete Folie ist die PVC-Folie (Polyvinylchlorid-Folie). Sie ist heute in unterschiedlichen Stärken erhältlich, die je nach Hersteller in den Abstufungen differieren. Üblich sind Stärken von 0,7; 1,0; 1,4 und 2,0 mm, aber auch 0,5 mm und 0,8 mm werden angeboten. Eine gute PVC-Teichfolie sollte regeneratfrei sein, eine hohe Belastbarkeit vertragen, wurzelfest sein, giftfrei sein und eine hohe UV-Stabilität aufweisen.

PVC läßt sich im Prinzip wiederverwenden. Viele Dinge lassen sich aus recycletem PVC herstellen, nur besser keine Teichfolien. Da in der Regel unbekannt ist, was in dem Ausgangsmaterial vorhanden war, soll derartig hergestellte Folie nicht für den Teichbau Verwendung finden, sonst besteht einmal die Gefahr, daß die Folie nicht sehr lange hält, zum anderen sind möglicherweise belastende Materialien enthalten, die an das Wasser Stoffe abgeben, die für die Tiere schädlich sein können. Aus diesem Grunde sollte man beim Kauf einer Teichfolie darauf achten, daß man ein Markenfabrikat mit wenigstens 10 Jahren Garantie erhält. Die Belastungsfähigkeit ist ein weiterer wichtiger Punkt. Um diese zu er-

1

2

3

4

1. Zuerst wird der Bodenaushub vorgenommen und die Oberfläche des Loches geglättet. Im Vordergrund blüht gelb eine *Caltha palustris* (Sumpfdotterblume).

2. Die Folie wird nach den individuellen Maßen des Wasserbeckens von Hand zugeschnitten und verschweißt.

3. Um sicherzugehen, daß die Folie auch paßt, kann sie probeweise über die Grube gelegt werden.

4. Die Klebefolie wird mit PVC-Flüssigfolie versiegelt.

5

6

7

8

5. Wenn die Folie vorbereitet ist, wird sie in die Grube gelegt und ausgerichtet.

6. Um die ausgebreitete Folie in ihrer Lage zu halten, kann sie im Bereich der Uferzone mit großen Natursteinen beschwert werden. Diese Kiesel dienen gleichzeitig als Zierrat und verbleiben an dem vorbestimmten Ort.

7. Nach der Gestaltung der Uferzonen schneidet man alle überschüssigen Folienteile mit dem Messer ab.

8. Die Folie ist ausgebreitet und an den Randzonen mit Rundlingen beschwert. Anschließend wird das Becken mit Kieselsteinen ausgelegt.

1

2

3

4

1. Als Halteelement, um das Erdreich der Uferzone zu befestigen, dienen schwere Kiesel. Dieses Erdreich ist lehmig und humos.

2. Um einen naturnahen Eindruck zu erzielen, wird das Becken mit Rundlingen ausgelegt.

3. Hier ein Detailausschnitt.

4. Etwas Schlamm aus einem gesunden Teich gibt dem neu eingerichteten Teich eine wertvolle biologische Starthilfe.

5 6

7 8

5. Die Uferzonen werden endgültig mit Kieseln ausgestaltet.

6. Das Wasser ist eingelassen, nun werden die Pflanzen an den vorgesehenen Stellen ausgelegt und gepflanzt.

7. Die trockenen Uferbereiche hinter der Folie werden vor dem Bepflanzen mit Gartenerde aufgefüllt.

8. Die Seerose setzt man in einen Korb und überdeckt das Erdreich mit Sand um ein Hochspülen des Pflanzsubstrats zu verhindern.

höhen, sind gute Teichfolien zwei- oder dreilagig im Sandwich-Verfahren verschweißt, sie bestehen also im Prinzip aus zwei oder drei dünneren Folien, die in Spezialklebung miteinander verbunden sind. Sollte tatsächlich in einer dieser Lagen ein Fehler enthalten sein, so geht dieser nicht durchgängig durch die ganze Folie.

Ferner dürfen keine Wurzeln die Folie durchdringen. Daß diese Forderung ihre Berechtigung hat, läßt sich leicht an Straßenrändern demonstrieren. Pflanzen sind durchaus in der Lage, eine dicke Teerschicht zu durchstoßen. Andererseits wachsen möglicherweise auch Wurzeln zwischen Folie und Bodengrund. An solchen Stellen besteht die Gefahr, daß die Folie dünner wird und reißt, dies wird bei einer Qualitätsfolie nicht geschehen. Wurzeln müssen dennoch schon beim Anlegen der Grube bis ins Erdreich hinein sorgfältig entfernt werden.

Ein wichtiger Punkt ist das Verhalten bei niedrigen Temperaturen. Sollte es im Winter einmal 20°C minus werden, so darf die Folie nicht spröde werden und reißen, auch dann nicht, wenn sich eine dicke Eisschicht ausdehnt und gegen das Ufer drückt. Gleichzeitig muß sie aber auch möglichst beständig gegen Sonnenbestrahlung sein. Die Beständigkeit gegen niedrige Temperaturen ist bei den heute angebotenen Folien durchweg gegeben, jedoch ist keine Folie gegen UV-Licht der Sonneneinstrahlung völlig resistent. Aus diesem Grund soll in einem sachgerecht angelegten Teich die Folie auch im Uferbereich abgedeckt werden, entweder durch Bodengrund oder durch Kies (siehe S. 111).

Nach den genannten Kriterien ist nun die Folie ausgesucht, da stellt sich die Frage, wie groß diese zu sein hat. Daß die Folie größer gewählt werden muß als der Durchmesser des Teiches, ist leicht einsichtig, denn

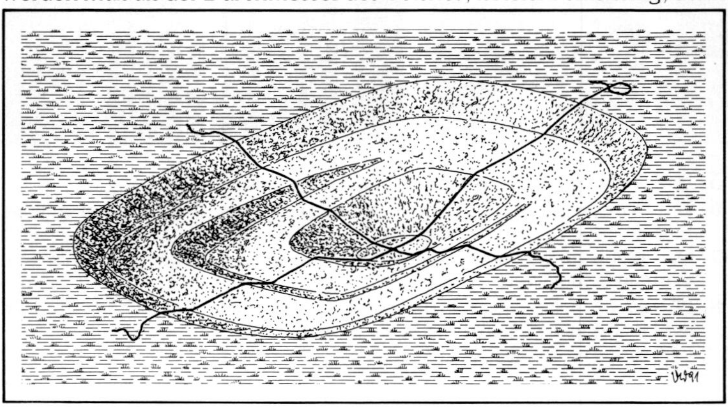

Mit einer Schnur läßt sich die genaue Folienabmessung ermitteln.

Hier ist der Rand des Teiches sachgerecht gestaltet, die Folie ist abgedeckt.

Eine falsche Randgestaltung: Die unschöne Folie ist sichtbar und UV-gefährdet.

1 2

3 4

1. Wenn Folienbahnen haltbar verklebt werden sollen, müssen die Klebeflächen zuvor sorgfältig gesäubert werden.

2. Mit einem Flachpinsel wird das Quellschweißmittel satt aufgetragen und die überlappenden Folienabschnitte werden rasch zusammengedrückt.

3. Ein Sandsack beschwert die frisch geklebte Naht.

4. Die Klebekanten der Folie werden von beiden Seiten mit Flüssigfolie versiegelt.

5

6

7

8

5. Zum besseren Halt befestigt man die Steine der Uferzone mit Ton oder tonhaltiger Erde.

6. Um den Wasserpflanzen die nötigen unterschiedlichen Wasserstände zu ermöglichen, terrassieren wir mit Natursteinen.

7. Die Gestaltung der Uferzone mit Kieseln.

8. Schließlich wird der kleine Tümpel bepflanzt. Das Absenken einer Wasserpflanze in einem Container (hier ist es *Caltha palustris*) verhindert das Wuchern raschwüchsiger Pflanzen und ermöglicht das problemlose Ausquartieren frostempfindlicher Pflanzen im Herbst.

die Tiefe muß ja mit berücksichtigt werden, andererseits möchte man auch nicht zu großzügig sein, denn jeder Zentimeter Folie kostet schließlich einiges Geld. Als Faustregel kann gelten, daß an allen Seiten der Teichgrube 50 cm überstehen sollten, daraus ergibt sich für einen Teich von 5 m Länge und 1 m Tiefe eine Zugabe von 3 m zur Oberflächenlänge, für einen 10 m langen Teich sind 3,50 m Zugabe ratsam, da aufgrund der Hohlform, der Bodenunebenheiten und der Falten etwas mehr Spielraum benötigt wird. Wer jedoch ganz sicher gehen möchte, der kann die zentimetergenauen Maße nach Ausheben des Loches mittels einer Schnur ermitteln, die er in Längs- und Querrichtung durch die Grube führt und dann ausmißt. So lassen sich auch unregelmäßig gestaltete Teiche problemlos ausmessen (siehe S. 96).

Entsprechend den aufgenommenen Maßen wird nun die Folie angefertigt. Grundsätzlich kann man das Material in den entsprechenden Stärken als Rollenware erhalten, wobei die Bahnen in der Regel 2 Meter breit sind, und selbst verkleben, oder man bestellt eine fix und fertig verklebte Folie. Rollenware ist zwar billiger, doch muß man dann noch die Kosten für die Verklebung nach der Heißluftmethode oder mittels Quellschweißmittel hinzurechnen, und unter dem Strich kommt es meistens nicht teurer, wenn man eine fertige Folie bestellt, es ist dafür aber entschieden bequemer. Gute Unternehmen haben besondere Maschinen für die Folienverschweißung und geben für die Dichtigkeit der Nähte auch Garantie, so daß eigentlich zu empfehlen ist, die Folie dort fertig zu kaufen. Nur bei sehr großen Teichen ist eine einzige Folienfläche schon alleine für den Transport zu schwer, von der Verarbeitung in der Teichgrube ganz abgesehen. 1 m^2 Folie von 1,0 mm Stärke wiegt immerhin 1,4 kg, eine Teichfolie von 10 x 10 m also 140 kg. Bei 2,0 mm starken Folien fällt entsprechend das doppelte Gewicht an. In diesen Fällen müssen Folien an Ort und Stelle verklebt werden.

Wie oben angedeutet, gibt es zwei unterschiedliche Methoden, die Folienbahnen miteinander zu verbinden. Die eine Methode ist das Heißluft- oder Thermoverschweißen. Manche Baumärkte vermieten die hierzu notwendigen Industrieföhne, andere Firmen leihen sie kostenlos aus, sofern die Folie dort gekauft wurde.

Beim Thermoverschweißen werden die Folienbahnen auf eine ebene Fläche, etwa ein Brett, so ausgelegt, daß die zu verschweißenden Kanten 5 bis 10 cm überlappen. Selbstverständlich sind die Verklebungsbereiche gut zu säubern. Mit dem Industrieföhn werden die beiden übereinanderlappenden Folien nun so erhitzt, daß die Schmelztemperatur erreicht wird. Dann drückt man sie aufeinander und preßt mit einer Andruckrolle zusätzlich über diese Stelle.

Das Verkleben zweier Folienbahnen mittels Quellschweißmittel wird auf Seite 98 gezeigt. Auch hier werden die Bahnen wieder überlappend aufeinandergelegt und die zu klebenden Bereiche gut gesäubert. Das Verkleben unmittelbar auf dem Rasen durchzuführen, ist nicht zu empfehlen, besser legt man auch hier ein Brett oder dergleichen unter, damit kein Schmutz auf die mit Kleber eingestrichene Bahn gelangt. Das Quellschweißmittel wird nun mit einem Flachpinsel satt auf die untere Bahn aufgetragen und die obere wiederum angedrückt und mit einer Andruckrolle festgepreßt. Mit einem Sandsack, den man mit fortschreitender Verarbeitung hinter sich herzieht, werden die Bahnen noch kurze Zeit beschwert, denn die Verklebung findet sehr rasch statt. Im Anschluß versiegelt man die Klebenähte von beiden Seiten der Folie mit sogenannter Flüssigfolie. Diese Versiegelung dient weniger dem Zusammenhalt der Folien als mehr dem Verschließen der Klebenaht, damit nicht Wurzeln sich von unten oder oben dazwischenschieben und die Klebung lösen können.

Zu beachten ist, daß der Kleber aus der Blechdose oder -flasche, in der er in der Regel geliefert wird, zur Verarbeitung nicht in ein Plastikgefäß geschüttet werden darf, insbesondere nicht wenn es aus PVC besteht, sonst löst es dieses auf. Noch wichtiger ist, daß die Dämpfe des Klebers nicht ungefährlich sind. Es darf also nur im Freien gearbeitet werden. Schließlich hängt es von der Temperatur ab, wie beweglich die Folie ist. Das Verkleben kann daher nur bei Temperaturen von über 15°C vorgenommen werden. Auch das Verlegen einer Fertigfolie sollte an einem warmen Tag erfolgen, denn dann ist die Folie biegsam und schmiegt sich dem Untergrund besser an, insbesondere dort, wo sich die unvermeidlichen Falten ergeben.

Ein gelegentlich zu beobachtender Fehler ist der, daß Teichfreunde sich bemühen, beim Anfertigen der Folie die Hohlform des Teiches einzuarbeiten. Das ist erstens technisch schwierig, zweitens ist es unnötig. Jede Klebestelle ist eine mögliche Stelle für Undichtigkeiten, die man tunlichst vermeiden sollte.

Die Folie ist nun angefertigt und kann verlegt werden. Auch die Teichgrube hatten wir ja bereits erstellt. Gelegentlich wird empfohlen, einen Abfluß an der tiefsten Stelle des Teiches anzubringen. Im Grunde ist es nicht empfehlenswert, die Folie überhaupt zu durchstoßen, denn dort ergeben sich sehr häufig Dichtigkeitsprobleme, vor allem dann, wenn unterschiedliche Materialien miteinander verbunden werden müssen. Der Aufwand und das Risiko sind oft größer als der Nutzen. Abflüsse gibt es im Installationsfachhandel, doch ist es ja nicht damit getan, nur den Abfluß in die Folie einzukleben oder einzuschweißen. Der

1

5

2

6

3

7

4

8

9

11

10

12

Bildfolge von oben nach unten:

1. Der Platz für den Teich wird im Garten festgelegt.
2. Die Rasensoden sind sorgfältig abzutragen, sie werden später für die Randgestaltung benötigt.
3. Die Teichumrisse kann man mit hellem Sand oder Sägespänen markieren.
4. Von der Mitte her wird die Teichgrube ausgeschachtet.
5. Pflanzterrassen lassen sich gleich mit einarbeiten.
6. Die Teichgrube ist fertig.
7. und **8.** Die Teichfolie kann nun über der Grube ausgebreitet und herabgelassen werden.
9. und **10.** Eventuelle Falten streicht man glatt oder ordnet sie an geeigneten Stellen an.
11. Nachdem zunächst nur wenig Wasser an der tiefsten Stelle eingelassen wurde, kann man die Falten noch einmal überprüfen.
12. Nun kann der Teich weiter gefüllt werden, jedoch nicht vollständig, denn der Rand muß noch gestaltet werden.

Abfluß muß ja auch geöffnet oder geschlossen werden können, schließlich muß das abzulassende Wasser irgendwo bleiben. Also muß zumindest eine Sickergrube angelegt oder eine Verbindung zum Abwasserkanal geschaffen werden. Das bedeutet: Gruben müssen ausgeschachtet, Gräben gezogen werden. Wenn es außerdem notwendig sein sollte, den Teich zu leeren, dann allenfalls deshalb, weil sich darin zuviel Laub und organisches Material befindet, das ausgeräumt werden muß. Dieses pflegt sich jedoch an der tiefsten Stelle im Teich anzusammeln. Damit ist unser Abfluß gerade dann sinnlos, wenn er benötigt wird, denn nach dem Öffnen würde er rasch verstopfen. Das ist in einem naturnahen Folienteich gänzlich anders als in einem regelmäßig gefilterten Koi-Teich. Wer dennoch einen Abfluß einbauen möchte, der sollte diesen so gestalten, daß ein Rohr aufgesteckt werden kann und so nicht der Bodenschlamm als erstes abgesaugt wird. Außerdem muß ein Abfluß in Beton eingegossen werden, denn die Folie allein ist nicht in der Lage, ihn zu halten, sie kann nur abdichten.

Um die Folie vor allem bei schwierigem Untergrund zu schützen, sollte man eine Sandschicht in die Grube einbringen. Diese muß sich in ihrer Stärke nach den Gegebenheiten vor Ort richten. Besteht der Untergrund aus gut glattzumodellierendem Lehm, so braucht möglicherweise überhaupt keine Sandschicht oder doch nur eine sehr dünne Schicht eingebracht zu werden, steht Geröll an oder fand sich Schutt im Untergrund, so sind entsprechend 10 und mehr cm Sand einzubringen. In ganz schwierigen Fällen und dort, wo Steinsplitter zu erwarten sind, kann man ein sogenanntes Geovlies einbringen, ein Polyester-Gewebe, das die Folie von unten schützt. Das immer wieder empfohlene Einbringen einer dicken Sandschicht ist in vielen Fällen wohl eher aus der Theorie geboren und in der Praxis undurchführbar. An Stellen wo die Hangschräge der Uferböschung erheblich ist, hält der Sand überhaupt nicht. Bei großen und schweren Folien, die auch nicht mit Familienhilfe senkrecht von oben in die Grube zu senken sind, befördert die in die Grube gezogene Folie Sandabdeckungen in die Tiefe des Loches. Bei schwierigem Untergrund sollte man am besten also eine Kombination eingehen: Unten in die Grube und an unproblematischen Stellen kommt Sand, an den Böschungen, insbesondere wenn sie steil sind, wird Vlies angebracht. Das Einbringen der Sandschicht und das Verlegen der Folie sollten möglichst an einem Tag erfolgen. Ein Regentag dazwischen befördert ebenfalls den Sand an die tiefste Stelle der Grube und schafft erhebliche Mehrarbeit, die man sich sparen kann.

Nun wird die Folie eingelegt. Aufgrund der Hohlform wird das nicht ohne Falten gehen, Falten im Teich sind jedoch überhaupt kein

Ein gewisses Problem stellt die Randgestaltung des Teichufers dar. Es soll natürlich wirken und die Folie muß ebenfalls geschützt werden.

Problem. Größere Falten legen sich zur Seite und liegen auf dem Untergrund auf. Dennoch sollte man die Folie natürlich möglichst glatt in die Teichgrube einbringen und überflüssige Falten glattziehen. An den Teichrändern stehen allseits die schon erwähnten etwa 50 cm Folie über, wir brauchen sie für die Randgestaltung. Wenn bereits ein Teil des Wassers eingelassen wird, drückt dies die Folie in den tiefsten Bereichen fest, und sie kann sich nicht mehr verschieben, das kann die weitere Arbeit möglicherweise erleichtern. Ganz gefüllt werden darf der Teich

jedoch noch nicht, denn die Bepflanzung und vor allem die Randgestaltung fehlen ja noch.

Bei der Randgestaltung zeigt sich erst der wahre Teichbaumeister. Auf keinen Fall darf die Folie offen zutage liegen. Nicht nur, daß dies unschön aussieht, die Folie leidet auch unter der UV-Bestrahlung durch das Sonnenspektrum und verliert an Haltbarkeit. Gelegentlich heißt es, die Folie würde schon bald von Algen und dergleichen überzogen werden und paßte sich dadurch der Umgebung an. Dies trifft jedoch nicht zu. Auf einer guten Teichfolie können sich Organismen nur sehr beschränkt halten, sonst wäre auch die Gefahr zu groß, daß die Folie sich zersetzen würde.

Zwei Beispiele für eine richtige und gelungene (links) und eine fehlerhafte Randgestaltung (oben). Bei dem Folienbecken im Bild links erkennt man nichts von dem verwendeten Material, während die Folie des oben angelegten Teiches im Randbereich offen zu sehen ist. Das ist nicht nur optisch unschön, die Folie kann so auch leicht vom UV-Licht angegriffen und brüchig werden. Solche offenliegenden Folienpartien kann man leicht mit etwas Betonbrei bestreichen und dann Kies in diesen Brei drücken. Das funktioniert ausgezeichnet (vergleiche hierzu die Fotos auf Seite 110).

Auf keinen Fall darf deshalb eine Randgestaltung so vorgenommen werden, wie es auf Seite 97 unten dargestellt ist. Dort ist die Folie am Rand einfach umgebogen worden und Rasensoden wurden auf die Plane gelegt. Nicht nur, daß die Folie unschön aussieht und wiederum dem Sonnenlicht offen zugänglich ist, man erkennt auch bereits, daß die Rasensoden braun zu werden beginnen. Sie vertrocknen schon bei dem ersten Sommerwetter, denn von unten sperrt ihnen die Folie ja die

Der Rand dieses naturnahen Gewässers ist so perfekt gestaltet, daß nicht zu erkennen ist, ob es sich um einen künstlichen oder einen Naturteich handelt.

Wasserzufuhr ab. Außerdem fragt sich, was der Rasenstreifen soll, denn außerhalb befinden sich Beetrabatten. Der Teich ist also schon optisch überhaupt nicht in die Umgebung integriert.

Im Grunde gibt es drei Haupttypen der Randgestaltung eines Gartenteiches: 1. Die Anlage eines Plattenrandes oder begehbaren Randes aus Hölzern, 2. die Gestaltung mit Steinen, vor allem Kieselsteinen und Findlingen, 3. die Anlage eines Rasenufers.

Die Anlage eines Plattenrandes oder begehbaren Randes aus Hölzern: Bei naturnaher Teichgestaltung erfolgt die Abdeckung der Folie am besten mit unregelmäßigen Sandsteinplatten. Bei geometrisch rechteckigen, dreieckigen oder quadratischen Wasserbecken sind auch Waschbetonplatten, Klinker oder Holz denkbar.

Bei Verwendung von Holz benutzt man vorwiegend amerikanische Rotfichte. Dieses stark harzhaltige Holz verträgt am ehesten die sonst für Holz ungesunde Mischung von Luft und Wasser. Tropische Hölzer wie Bongossi sollten zum Schutz der tropischen Regenwälder keine Verwendung finden. Eichenhölzer, auch Eisenbahnschwellen, verwittern im Laufe der Jahre trotz der Imprägnierung. Bahnschwellen

Hier besteht der Teichrand aus Bruchsteinen, die innerhalb der Teichfolie aufgestapelt sind. Die Folie dient als Kapillarsperre und wird oben abgeschnitten.

können gut im trockenen Bereich eingesetzt werden, etwa zur Hangabstützung.

Für den Bau eines Plattenufers wird die Randzone unterhalb der vorgesehenen Plattenhöhe etwa 20 bis 25 cm tief abgetragen. Als untere Packlage verwendet man Schotter oder grobe Schlacke, doch sollte diese keine Schwermetalle enthalten. Darüber kommt eine festgestampfte 8 bis 10 cm dicke Sandschicht. Die Folie wird dann unterhalb der Platten verlegt und hinter diesen als Kapillarsperre hochgezogen und abgeschnitten. Die Zeichnungen auf der Seite 111 machen dies im Bild deutlich. Die geschilderte Randgestaltung durch Platten hat den Nachteil, daß die Folie offenliegt. Vor allem wenn der Wasserstand nicht bis zu den Steinplatten reicht, ist dies unschön. Um die Folie abzudecken, gibt es mehrere Möglichkeiten.

1.) Abdeckung der Folie mit grobem Sand. Die sichtbaren Folienpartien werden mit Epoxidharz bestrichen und mit trockenem Sand bestreut. Dann hat man oberhalb des Wasserspiegels bis zu den Platten eine hellgelbe oder weiße Kante. Hier können sich schon eher Algen oder Moose ansiedeln und den Rand natürlicher wirken lassen.

Das linke Foto zeigt, daß selbst nach 10 Jahren eine gute Folie immer noch nicht bewachsen ist. Rechts wird deutlich, wie eine Folie teichwärts mit Beton abgedeckt werden kann, in den sich Sand und Kies eindrücken lassen.

2.) Die Abdeckung der Folie mit feinem Kies. Die sichtbaren Folienbereiche werden mit einer Mischung aus scharfem Zement (1 : 1 mit Sand vermischt) gespachtelt und mit Quarzkies, der in die ca. 0,5 cm starke Schicht eingedrückt wurde, versehen. Allerdings kann diese Schicht im Winter bei Frost leicht abplatzen.

3.) Die hangseitigen sichtbaren Folienpartien werden mit Kieselsteinen abgedeckt. Hier hilft zum Festhalten aber kaum noch ein Klebemittel. Es braucht schon eine 2 bis 3 cm starke Betonschicht, um die Kiesel festzuhalten. In diesem Fall erfolgt der Aufbau von der Teichsohle her gleich nach dem Einbau der Folie und nach der Dichtigkeitsprobe.

4.) Ist die Teichböschung nur flach, so kann man vor den Platten im Teich eine Kieselschicht einbringen.

Wenn ein Plattenrand angelegt wird, bei dem die Platten einige Zentimeter über den Teichrand in Richtung Wasser hinausragen, sollten diese nicht allzu eng aneinandergelegt werden, sondern wenigstens alle Meter sollte ein Durchlaß von etwa 5-10 cm sein. Diese Lücken ermöglichen hineingefallenen Tieren ein Entkommen. Einen ähnlichen lebensrettenden Effekt für Kleintiere können auch Natursteinhaufen haben, die am Teichrand das Überklettern der Platten vom Teich aus gestatten.

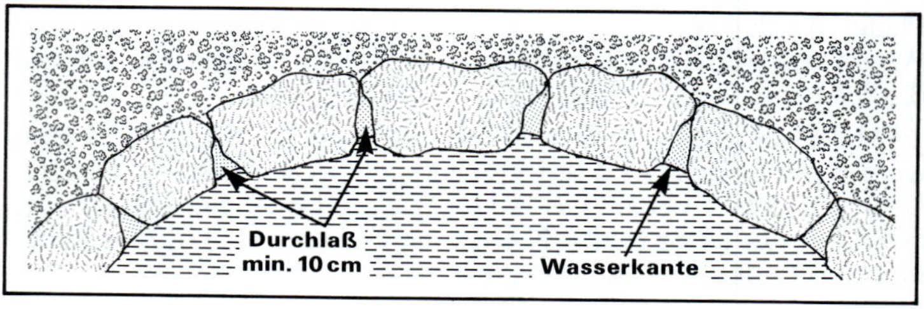

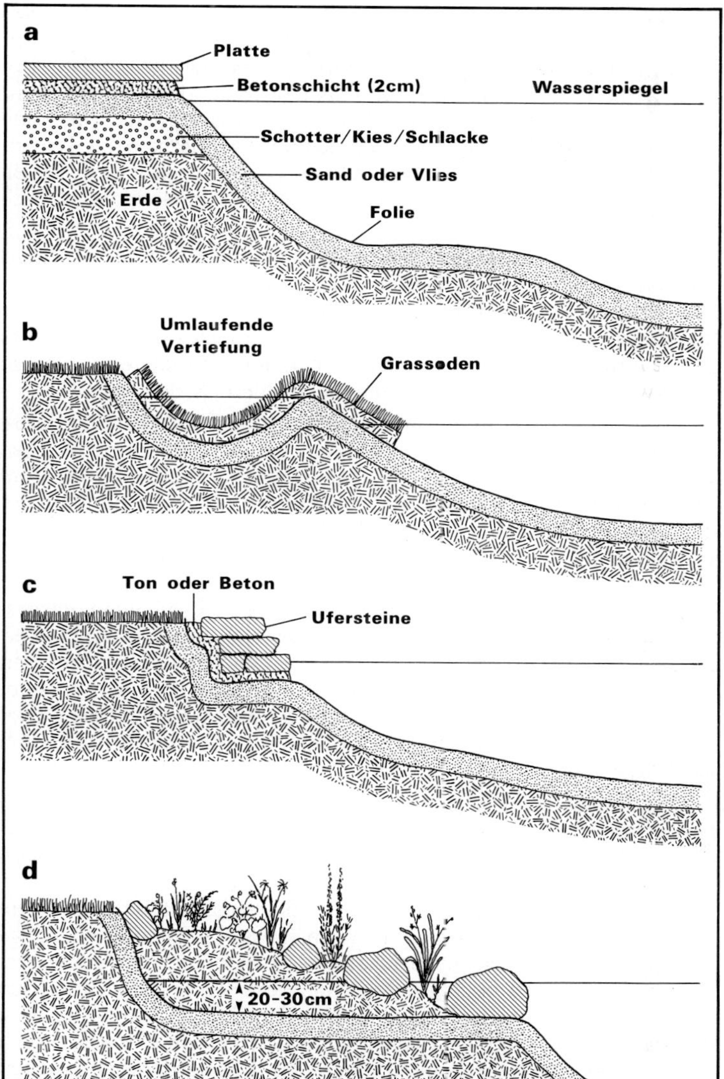
a
Platte
Betonschicht (2cm)
Wasserspiegel
Schotter/Kies/Schlacke
Sand oder Vlies
Erde
Folie
b
Umlaufende
Vertiefung
Grassoden
c
Ton oder Beton
Ufersteine
d
20-30cm

Die Gestaltung mit Steinen, wie Kieselsteinen und Findlingen: Hierzu sind auf den Seiten 94, 106 und 109 Beispiele abgebildet. Wird mit Kieseln gearbeitet, dann sollten diese nebeneinandergelegt oder aufgeschüttet und so angeordnet werden, daß ein möglichst natürliches Gesamtbild entsteht. Mit eher plattenförmigen Natursteinen, zum Beispiel mit Bruchsteinen, kann man innerhalb des Teiches eine Mauer aufbauen, die am besten in ein Tonbett gestellt wird. So hält sie einerseits recht gut, andererseits wird die Teichfolie nicht so rasch beschädigt.

Die Anlage eines Rasenufers: In der Natur verlaufen in der Regel an Gewässerufern keine Plattenränder, auch die Kieseleinfassungen sind dort recht selten zu finden. Meistens reicht eine Weide bis unmittelbar zum Ufer eines Weihers oder Baches. Das Rasenufer ist also das natürlichste, wobei hier eigentlich unter „Rasenufer" eher ein unregelmäßig gemähtes Wiesenufer verstanden werden soll.

Besonders bei dieser Form der Ufergestaltung tritt allerdings leicht das Problem auf, daß aufgrund der Kapillarwirkung enorme Mengen Wasser aus dem Teich in die Umgebung herausgesogen werden. Vom Spätherbst bis zum Frühjahr ist das kein Problem, denn aufgrund der geringen Verdunstungsrate und der häufigeren Niederschläge steht vermutlich das Wasser im Teich ohnehin recht hoch. Probleme kann es allerdings im Sommer bzw. allgemein bei Trockenheit geben, und wer dann noch seine automatische Wassereinfüllanlage auf einen entsprechenden Wasserstand eingestellt hat, der wird bei der nächsten Wasserrechnung ein wenig erstaunt sein. Selbstverständlich muß auch bei allen anderen Möglichkeiten der Randgestaltung dieses Problem entsprechend berücksichtigt werden, bei einer Ufergestaltung mit Rasen oder auch mit Erde aber ganz besonders, denn Gras nimmt außerordentlich viel Wasser auf.

Zur Anlage eines Rasen- oder Grasufers zieht man um den Teich herum zunächst einen ringartigen Graben von gut Spatentiefe und ebensolcher Breite. In diesen wird die überstehende Folie allseits eingelegt. Vom Ausheben der Teichgrube haben wir ja noch wahrscheinlich die Rasensoden. Diese werden nun radial mit der Schmalseite in den Teich gelegt, so daß sie gut 10 cm in das Wasser eintauchen. Die andere Schmalseite zeigt nach außen, zwischen ihr und der Teichumgebung wird die Folie hochgezogen. Auf diese Weise wird Grassoden neben Grassoden um den Teich herum in den Graben gelegt. Zwischen den Soden kann man feuchtigkeitsliebende Pflanzen einsetzen, auch eine Teichufer-Samenmischung einstreuen. Die Rasensoden erhalten nun ihr Wasser vom Teich her und vertrocknen nicht, nach außen wirkt die hochgezogene und dann abgeschnittene Folie als Kapillarsperre.

Nicht ganz so einfach ist die Randgestaltung, wenn ein Teich an einem Hanggrundstück angelegt werden soll. Vor allem ist dann der hangseitige Rand so abzusichern, daß von oben kein Erdreich nachrutschen kann. Es muß in solchen Fällen je nach Hangneigung eine gut verankerte Beton- oder Trockenmauer angelegt werden, die zum einen das Erdreich abstützt, zum anderen aber auch eine Drainage aufweist, um das anfallende Regenwasser abzuleiten und nicht in den Teich fließen zu lassen.

Aber auch die talseitige Gestaltung erfordert einige Maßnahmen. So darf grundsätzlich nie ein Teich in Bodenaushub oder sonstigem lockerem Material angelegt werden, sondern immer nur in festem und im Idealfall gewachsenem Boden. Sonst kann sich das lockere Erdreich senken, und der Teich läuft aus. Die Zeichnungen sollen dies erläutern.

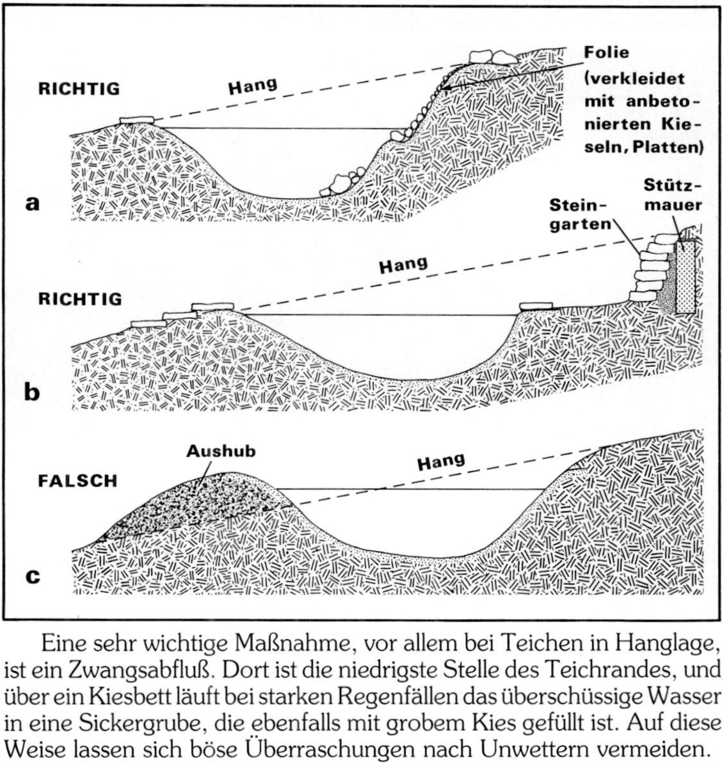

Eine sehr wichtige Maßnahme, vor allem bei Teichen in Hanglage, ist ein Zwangsabfluß. Dort ist die niedrigste Stelle des Teichrandes, und über ein Kiesbett läuft bei starken Regenfällen das überschüssige Wasser in eine Sickergrube, die ebenfalls mit grobem Kies gefüllt ist. Auf diese Weise lassen sich böse Überraschungen nach Unwettern vermeiden.

2.3 Fertigteiche

Bei der Verwendung von Fertigteichen sind die Gestaltungsmöglichkeiten wesentlich eingeschränkter als beim Folienteich, denn dort liegt die Form ja bereits fest. Dies ist zugleich ein Vorteil, denn so entfallen eine ganze Anzahl von Problemen.

Ganz kleine Gewässer lassen sich gut mit Plastikwannen anlegen, die man preiswert in Baumärkten für den Maurerbedarf erhalten kann. Hier hinein pflanzt man Zwergseerosen und kleinere Sumpfgewächse. Demgegenüber gibt es heute Fertigteiche in allen Größen und Formen, neuerdings auch Teichelemente, die beliebig miteinander kombinierbar und verschraubbar sind. Auf diese Weise ist der Nachteil der fest vorgegebenen Form ein wenig überwunden worden. Allgemein aber sind Fertigteiche meist teurer als Folienteiche in vergleichbarer Größe. Die Haltbarkeit beider Systeme dürfte in etwa gleich sein.

Vor dem Erdaushub kann man das Fertigbecken umgekehrt auf den Boden legen und die Umriße entsprechend markieren. Dann wird es wieder zur Seite gestellt und der Erdboden entfernt. Dabei ist zu berücksichtigen, daß das Becken hinterher in ein Sand- oder Kiesbett kommt, das Loch muß also etwas größer gestaltet werden als das reine Becken. Manche Fertigteiche haben Vertiefungen für die Pflanzen. So gut solche Einrichtungen im fertig eingegrabenen Teich sind, so ungünstig sind sie für das Ausheben des Loches, denn gegebenenfalls muß man immer wieder ausprobieren ob das Becken mit seinen unterschiedlichen Bodenhöhen schon hineinpaßt. Das kann recht lästig sein. Bei kleineren Teichen wird in das ausgehobene Loch etwas Sand gefüllt und der Boden eingeebnet. Dann kommt der Fertigteich hinein und wird mit der Wasserwaage ausgerichtet. Schließlich soll der Wasserstand hinterher gleichmäßig sein und das Becken nicht an einer Seite überlaufen, während an der anderen Seite der Teichrand herausschaut.

Große Fertigteiche sind in gefülltem Zustand außerordentlich schwer. In diesen Fällen ist es günstiger, in das ausgehobene Loch unten eine Schicht Magerbeton einzufüllen. Wenn diese dann genau ausnivelliert wird, ist es später erheblich leichter, den Fertigteich einzubauen.

Nachdem der Teichkörper waagerecht in seinem Loch ausgerichtet ist, wird von allen Seiten gleichmäßig Sand oder Kies zwischen anstehendem Boden und Fertigteich eingefüllt und dieser eventuell eingeschlämmt. Dabei stampft man jeweils nach einer Lage eingefülltem Sand gut fest. Dies muß vorsichtig geschehen, damit der Teich keine Beule nach innen erhält und bei quadratischen Teichen die Wände parallel bleiben. Am besten füllt man vor jeder Lage Sand, die von außen hinzukommt, in den Teich bis auf entsprechende Höhe Wasser auf. Dann kann es nicht so leicht zu eingebogenen Rändern kommen, außerdem vermindert man beim Einschlämmen die Gefahr, daß der Teich bei Verwendung von zuviel Wasser hochgedrückt wird, was leicht geschehen kann, wenn er außerdem unten rund ist. Die Abbildungen auf den nächsten Seiten sollen einen Eindruck über die Arbeitsabläufe vermitteln.

Die Randgestaltung beim Fertigteich erlaubt nicht sehr viele Varianten, meistens wird der Plastikrand mit Steinplatten abgedeckt oder es wird eine entsprechende Bepflanzung vorgenommen.

1

2

3

4

1. Das Loch für den Fertigteich wird ausgehoben.
2. Die Tiefe muß genau nachgemessen werden, damit die Teichoberkante auch mit dem Erdboden richtig abschließt.
3. Wenn die Grube die richtige Tiefe erreicht hat, kann die Teichform eingesetzt werden.
4. Mit der Wasserwaage wird die Oberkante ausgerichtet, damit nicht hinterher an einer Stelle das Wasser überläuft. Gegebenenfalls muß die Teichform aus dem Loch wieder herausgenommen und dieses nachgebessert werden.

5 6

7 8

5. Hat die Teichform ihren endgültigen Stand, so wird sie mit Sand und Wasser eingeschlämmt. Vor allem bei kleinen Fertigteichen ist es besser, dabei auch innen Wasser einzufüllen, denn sonst kann die Hohlform hochkommen.

6. Der Fertigteich ist eingebaut und die Bodenoberfläche angeglichen.

7. Nun kann es ans Bepflanzen gehen. Am besten setzt man die Pflanzen in Töpfen ein.

8. Der Teich im vollständig bepflanzten Zustand. Der Behälter selbst ist kaum noch zu erkennen.

2.4 Bauen mit Lehm, Ton und anderen Materialien

Bei der Planung hatten wir uns im Zusammenhang mit der Ermittlung der Kosten schon einige Gedanken bezüglich des Bauens mit Lehm und Ton gemacht und festgestellt, daß diese Bauweise nicht unbedingt die billigste ist, sondern daß es auf die jeweiligen näheren Umstände ankommt. Während Lehm und Ton ganz natürliche Materialien sind, kann man Kleingewässer aber auch noch anderweitig abdichten, zum Beispiel mit Polyester, wie es abschließend beschrieben werden soll.

Lehm und Ton

Als es noch keine Wasserleitungssysteme gab, hatte fast jedes Dorf neben der Kirche und der gegenüberliegenden Kneipe als dritte lebensnotwendige Gemeinschaftseinrichtung einen Feuerlöschteich. Dort wo das Grundwasser oder eine wasserundurchlässige Bodenschicht das Problem nicht von alleine lösten, wurde der Dorfteich dadurch angelegt, daß man in eine entsprechende Grube mehrere Wagenladungen Lehm oder Ton einbrachte.

Lehm und Ton sind grundsätzlich verwandte Materialien, Lehm ist im Prinzip eine Mischung zwischen Ton und Sand. Die Verarbeitung entspricht sich grundsätzlich, doch ist reinem Ton der Vorzug zu geben. Die Materialbeschaffung wurde schon kurz im Zusammenhang mit den Kosten gestreift. Es lohnt sich nur dann einen Teich mit Ton abzudichten, wenn sich das Material in guter Qualität aus der Umgebung beschaffen läßt, ansonsten sind die Transportkosten ein wesentlicher Faktor. Wenn man in einer Ziegelei das Material kaufen muß, kommen diese Kosten hinzu, und die Gesamtsumme kann die entsprechenden Kosten einer Folie übersteigen.

Überdies ist das Verarbeiten des Tones eine arge Plackerei, es sei denn, man hat Maschinen zur Verfügung, zum Beispiel einen Rüttler. Aus Erfahrung stehen wir einem reinen Tonteich recht skeptisch gegenüber. Wenn in Anleitungen zum Teichbau eine 10 cm starke Tonschicht empfohlen wird, so erscheint uns das als absolute Mindeststärke, auch die darin vielfach als so einfach geschilderte Verwendung von ungebrannten Ziegelrohlingen hat ihre Tücken.

Wenn man mit Ton einen Teich erstellen will, dann muß die Grube um die entsprechende Tonschicht tiefer ausgehoben werden. Günstig ist, wenn man das Material an einem Regentag erhält, ansonsten muß der Ton bis zur Verarbeitung gut abgedeckt und ständig befeuchtet werden. Wenn man dies unterläßt, wird er hart wie Zement, vor allem zunächst an den Kanten der Ziegel, sofern man das Material als Ziegelrohlinge erhält. Diese harten Kanten - Vergleichbares tritt auch bei ungeformter Tonmasse auf - schneiden nicht nur bei der Verarbeitung in die Hände, sie verhindern auch eine gute Verbindung der Tonziegel. Die Tonziegel werden mit der Schmalseite nach oben in die Teichgrube eingebracht, und wenn man einen Rüttler hat, gestampft. Mit einem Handstampfer ist dies natürlich mühsamer, der Muskelkater für die ganze Woche ist damit schon vorprogrammiert. Dennoch ist es fraglich, ob sich die Tonelemente wirklich wasserdicht miteinander verbinden.

Vom Teichgrund zum oberen Rand hin kann man sich weiter vorarbeiten. Ständig sind sowohl das unverarbeitete Tonmaterial als auch die ausgelegte Grube mit Wasser zu besprengen, vor allem bei Sonnenschein. Ton arbeitet. Er nimmt Wasser auf und gibt dieses bei Trockenheit auch wieder ab. Die Folge ist, daß die einzelnen Ziegel schrumpfen und Risse auftreten können. Um die Tonziegelschicht möglichst homogen zu bekommen, kann man zerbrochene Ziegel unten in die bereits ausgekleidete und etwas mit Wasser gefüllte Teichgrube geben und mit den Füßen oder mit Handstampfern zu einem Brei verarbeiten. Das kann zu einem Riesenspaß für die Kinder werden. Mit diesem Brei wird die Tonschicht dick überkleistert. Wenn der verfügbare Ton ungeformt ist, wird der ganze Teich mit einem solchen Tonmatsch ausgekleidet. Bei der Verarbeitung muß jedoch unbedingt darauf geachtet werden, ob in dem Tonmaterial möglicherweise Beigaben wie kleine Scherben gebrannten Tones enthalten sind, z.B. Ziegelreste und dergleichen. Dies kann zur Verletzungsgefahr durch Schnitte führen.

Der fertig ausgekleidete Teich ist anschließend innen dick mit einer Sand- oder Kiesschicht abzudecken, denn sonst werden die Tonpartikel ständig im Wasser schweben und das Wasser eine milchig-trübe Farbe aufweisen. Überhaupt dürfte es Probleme bei wühlenden Fischen geben, für Goldfische ist ein Tonteich also nicht zu empfehlen.

Weitere Probleme können auftreten, wenn Pflanzen das Tonmaterial vor allem im Randbereich durchwurzeln, hier sind Stellen möglicher Undichtigkeiten vorprogrammiert. Aber ein Tonteich wird auch aufgrund der Kapillarwirkung sehr viel Wasser an die Umgebung abgeben, so daß der Wasserspiegel letztlich tiefer liegen kann als bei der Planung erwartet, in warmen Jahreszeiten sinkt er erheblich.

Ein Teil der genannten Nachteile läßt sich beheben, wenn man den Ton in Kombination mit einer Folie verarbeitet. Zum Beispiel kann man eine dünne Folie als Sperrschicht unter die Tonlage einbauen, hier ließe sich gegebenenfalls auch eine Polyethylen-Folie verwenden.

Polyester

Aus Polyester gefertigte Teiche und Bachläufe sind sicherlich unverwüstlich, außerdem kann man sie frei gestalten und modellieren, zumindest das fertige Produkt ist auch gewässerneutral. Der einzige Nachteil besteht in den enormen Kosten des Polyestermaterials.

Polyester ist ein harzähnliches Zweikomponenten-Kunststoffmaterial. Es gibt recht verschiedene Polyesterharze, die nicht alle verrottungsbeständig sind. Wenn man sich für die Verwendung dieses Materials entschieden hat, erkundige man sich deshalb nach einem solchen Kunstharz, das den Dauereinsatz unter Wasser verträgt.

Zu beachten ist, daß man Polyesterharze nur auf trockenem und sauberem Untergrund und bei warmem Wetter verarbeiten kann. Die Abbindezeit des Materials ist temperaturabhängig. Zuerst wird die Hohlform ausgegraben. Um einen geeigneten Untergrund zu erhalten, kann man mit Gips eine erste Auskleidung schaffen, auf der sich gut arbeiten läßt. Je nach Situation genügt bei kleineren Formen eventuell auch Zeitungspapier. Entsprechend der Anleitung werden die beiden Komponenten des Kunstharzes vermischt und mit einem Pinsel oder einer Lammfellrolle satt auf die Unterlage aufgetragen. Um die notwendige Stabilität zu erreichen, gibt man eine Glasfasermatte darauf. Nun wird nach dem Aushärten der ersten Schicht eine zweite aufgetragen und wiederum eine Glasfasermatte aufgelegt. Die Glasfasermatten müssen jeweils vom Polyester satt durchtränkt sein. Die dritte und meistens letzte Polyesterschicht kann man einfärben oder auch erst nach Aushärten der Teichschale mit einem Polyesterlack überstreichen.

Das Aushärten der einzelnen Schichten erfolgt bei warmem Wetter relativ rasch, durch Zugabe von mehr oder weniger Härter beim Anmischen des Harzes läßt sich - in Grenzen - die Aushärtezeit beeinflussen. Nach Fertigstellen des Teiches sollte man diesen vor der Weiterverarbeitung einige Tage vollends aushärten lassen.

Das Material läßt sich schleifen und bohren, kleben und auf sonstige Weise bearbeiten und einfärben. Somit lassen sich leicht Abflüsse einbauen, zum Beispiel für Pumpen und dergleichen. Eine naturnahe Gestaltung ist dadurch zu erzielen, daß in die letzte Polyesterschicht trockener Sand eingedrückt wird. Aufgrund der Kosten einerseits und der guten Bearbeitungsmöglichkeit andererseits läßt sich Polyester in unserem Anwendungsbereich vor allem für kleinere und kompliziertere Formen verwenden, zum Beispiel für das Erstellen von Wasserspielen, Quellbereichen von Bachläufen und dergleichen. Weniger zu empfehlen ist Polyester für die Gestaltung von großen Teichen und ähnlichem.

Pflanzen haben häufig ihre ganz besonderen Ansprüche an Wasser und Bodengrund, es lassen sich nicht alle gleichermaßen gut halten. Diese *Hottonia palustris*, die Wasserfeder, bevorzugt weiches und nährstoffarmes Wasser.

3. Bodengrund und Bepflanzung

Bezüglich des für einen Teich geeigneten Bodengrundes wurden früher (und gelegentlich auch heute noch) sehr unterschiedliche und manchmal abenteuerliche Empfehlungen gegeben. Diese reichen vom Kaninchendung bis zur Maulwurfshügelerde als besondere Geheimtips. Heute ist diese Frage jedoch kaum noch umstritten. Zumindest der kleine Gartenteich sollte überhaupt keinen Bodengrund erhalten. Wer aus ästhetischen Gründen dennoch nicht auf einen Bodengrund verzichten möchte, der sollte nur nährstoffarmen Kies verwenden. Eigentlich enthält jeder neu eingebrachte Bodengrund schon zuviel unkontrollierte Nährstoffe, die bald zu einer Eintrübung des Wassers führen und damit einhergehend zu ständiger Algenplage. Außerdem gründeln Goldfische und andere Karpfenfische ständig im Boden und untersuchen ihn nach Freßbarem. Auch dies kann ein Grund dafür sein, daß das Wasser ständig trübe ist.

Bodengrund sollte aus den genannten Gründen nur in dafür vorgesehenen reinen Pflanzenteichen Verwendung finden, in denen dieser unbedingt erforderlich ist. Wenn man dort Fische einsetzt, sieht man selbst Goldfische kaum. Für den normalen Gartenteich werden die Pflanzen ausschließlich in Töpfe oder mit Folie ausgelegte Plastikkörbe gesetzt. Die Pflanzerde für diese Gefäße mischt man sich selbst oder verwendet Spezialerde, die in Gartencentern erhältlich ist. Auch Bodengrund für Aquarienpflanzen kann man verwenden. Die selbstgemischte Erde sollte als wesentlichen Bestandteil Lehm enthalten, etwa 3/4 der Gesamtmenge, hinzu kommt Sand. Gelegentlich eignet sich auch der Gartenboden, der entsprechend mit Sand gestreckt wird. Für die stark zehrenden Seerosen oder andere wuchernde Teichpflanzen wie Scheinkalla oder Hechtkraut kann ein organischer Langzeitdünger in Form von Knochenmehl oder Hornspänen beigefügt werden. Als Grundregel nimmt man ca. 10 g Dünger auf 10 l Erde. Diese Mischung wird in die Pflanzgefäße eingefüllt und nach Einsetzen der Pflanzen mit Sand, bei gründelnden Fischen besser mit Kies, abgedeckt. Weiterer Bodengrund ist nur dann notwendig, wenn Muscheln gepflegt werden sollen. In diesem Fall verwendet man sauberen Sand.

Außerhalb des Wasserbereiches, im sogenannten Sumpfteil oder Feuchtbodengebiet, ist die Frage des Bodengrundes weniger kritisch. Hier kann überwiegend mit Sand versetzter Gartenboden eingebracht werden. Für die Moorbeetpflanzen, die ja in einem sauer reagierenden Bodenmaterial wurzeln wollen, eignet sich der handelsübliche Gartentorf, den man gegebenenfalls mit bis zu 1/4 Sand vermischt.

Die Pflanzen sind entsprechend ihrer Wuchsform einzusetzen. Unterwasserpflanzen werden gegen den Auftrieb an Steine gebunden und dann versenkt. Körbe für Seerosen sollten 40 cm Durchmesser und eine Höhe von 25 cm haben. Dorthinein wird das Rhizom über der Erde festgebunden, die eigentlichen Wurzeln sitzen erst darunter. Kräftig wachsende Pflanzen, auf jeden Fall Schilf, aber auch Rohrkolben, kommen in Pflanzgefäße und sollten nie frei ausgepflanzt werden, sonst

Seerosen werden in Behälter mit nährstoffhaltiger Erde gepflanzt.

besetzen sie in kurzer Zeit den gesamten Teich. Alle anderen Pflanzen werden in üblicher Weise in Töpfe oder Pflanzgefäße gesetzt.

Durch in das Wasser gefallenes Laub, Pflanzenreste der Teichbepflanzung und ähnliche Dinge bildet sich schon bald eine Mulmschicht, die bei zu großer Anhäufung im Winter unter der Eisdecke zu Sauerstoffzehrung führt. Andererseits dient sie aber auch für die im Teich überwinternden Tiere, zum Beispiel Grasfrösche, als Versteck. Die Teichablagerungen dürfen keine Faulgase bilden, werden sie zu mächtig, dann muß der Teich im Herbst, notfalls auch im Frühjahr, gereinigt werden. Allerdings ist dies ein großer Eingriff für alle Wasserlebewesen.

Das zeitige Frühjahr ist die beste Zeit zum Setzen der Teichpflanzen, weil sie dann gut durchtreiben. Im Herbst eingepflanzte Exemplare können wegen der winterlichen Vegetationsruhe leichter wegfaulen. Pflanzen, die in Containern angeboten werden, haben den Vorteil, daß sie gute Wurzelballen besitzen und somit auch noch im Laufe des Sommers gesetzt werden können. Die Pflanzen an den Randzonen im Sumpfbereich können ebenso wie alle Stauden im bodenfeuchten Bereich auch im Herbst gesetzt werden. Lediglich die Kriechsproß-Stauden haben ihre Pflanzzeit grundsätzlich im Frühjahr.

4. Filterung im Gartenteich?

Normalerweise wird ein kleinerer Gartenteich nicht gefiltert. Er sollte dann auch nur mit wenigen Fischen besetzt sein. Pro Kubikmeter Wasser rechne ich je nach Größe der Tiere 2 bis 5 Goldfische oder 10 bis 15 kleinere Fische wie Moderlieschen, Bitterlinge, Elritzen oder ähnliche. Sauerstoffbedürftige Fische (siehe bei den einzelnen Fischbeschreibungen) brauchen mehr Raum als etwa Karpfenfische, oder sie brauchen zusätzliche Bewegung der Wasseroberfläche, damit das Wasser mit Sauerstoff angereichert wird. Dazu bedarf es einer Pumpe, die gleich an einen fertigen Filter angeschlossen wird.

Das Filtermaterial muß natürlich regelmäßig alle 4 bis 6 Wochen gereinigt werden, sonst nutzt das ganze Filtern nichts. Wenn mit einem Schaumstoffilter gearbeitet wird, setzen sich die Poren einfach zu und es wird kein Wasser mehr gefördert. In einem Topffilter erhalten die Bakterien keinen Sauerstoff mehr und sterben ab. Möglicherweise kann dann Nitrit in das Wasser abgegeben werden. Dann wäre gar keine Filterung eher noch besser. Die Beratung eines Fachhändlers beim Kauf eines Filters ist unerläßlich. Preis und Größe des Filters richten sich ganz nach der Größe, bzw. bei Topffiltern dem Wasserinhalt, und der Anzahl der Fische im Teich. Wenn Sie einen Filter benötigen, denken Sie bei der Planung gleich an den notwendigen Stromanschluß!

5. Pflegearbeiten, der Teich im Jahresablauf

Im Lauf des Jahres fallen verschiedene Pflegearbeiten an, manche müssen ständig erfolgen, andere nur ein oder zweimal im Jahr. Vor allem die Fütterung sollte regelmäßig durchgeführt werden.

Die Fütterung

Gefüttert werden die Fische nur sparsam von etwa Mai bis September. Dabei ist es wichtig, die Wassertemperatur zu beachten. Unter 12°C Wassertemperatur wird gar kein Futter gereicht. Bei 12 bis 15°C wird nur sehr sparsam gefüttert und nur soviel, wie die Fische in etwa 5 bis 10 Minuten auffressen. Erst ab etwa 15°C bis 18°C entwickeln die Tiere richtig Appetit und bei 20°C brauchen sie täglich wenigstens einmal eine Futtergabe. Wenn der Teich mit Pflanzen und Algen bewachsen ist, finden die Fische meist ausreichend Nahrung in Form von Wasserinsekten, Wasserflöhen (Daphnien), *Cyclops* und den verschiedenen Mükkenlarven.

Welches Futter ist geeignet? Goldfische benötigen ein Spezialfutter, das ballastreich und protein(eiweiß-)arm ist. Haferflocken eignen sich nicht, sie trüben vielmehr nur das Wasser. Die Futterpalette reicht von Flockenfutter über Pellets bis zu japanischen Marken, die meist kugelförmige, schwimmfähige ,,Dragees" sind. Der Goldfisch ist genügsam. Bekommt er wenig Futter, so wächst er langsam, füttern Sie reichlich, dann wird das Wasser stark durch die Stoffwechselprodukte belastet. Schwimmfähige Pellets sind heute das am meisten gefütterte Futtermittel, denn man will seine Fische ja sehen. Flockenfutter geht demgegenüber schnell unter und dann gründeln die Fische am Boden und wühlen den Mulm auf. Aber da sie das ohnehin tun, ist es eigentlich gleich, welche Futterart Sie wählen. Pellets sind jedoch für die Fische wegen der größeren Masse nachhaltiger sättigend.

Elritzen, Stichlinge und andere Fische kommen mit Goldfischfutter alleine nicht aus. Stichlinge zum Beispiel benötigen Lebendfutter und sollten nur in Teichen gehalten werden, die das bieten und keine Goldfische als Nahrungskonkurrenten aufweisen.

Die Futtermenge: Für einen großen Goldfisch von ca. 20 cm Länge rechnet man einen gestrichenen Teelöffel Futter pro Tag - am besten auf zwei Fütterungen verteilt. Kois brauchen mehr (etwa 1 Eßlöffel). Kleine Fische füttert man nach Gefühl mit Flockenfutter (AniMin, Tetra Phyll etc.). Schütten Sie das Futter niemals aus der Dose direkt in den Teich! Die Futterportion gerät sonst leicht zu groß und verdirbt das Wasser. Flockenfutter entnimmt man mit Daumen und Zeigefinger aus der Dose und verstreut die Menge auf einer Wasserfläche von etwa einem Quadratmeter, dann bekommen alle Fische etwas ab.

Der Teich im Jahresablauf

Der Teich im Frühling: Sobald die Sonne im März höher steht, das Eis geschmolzen ist und die ersten Pflanzen neue Blätter treiben, kommen die Frösche, Kröten und Molche zum Ablaichen. Dann hört man einige Tage und Nächte das zarte Rufen der Kröten und das Gequake der braunen Grasfrösche. In einem größeren Teich finden sich auch wohl die grünen Wasserfrösche ein. Ein lustiges Konzert! Es soll aber auch Nachbarn geben, die das Gequake stört. Schenken Sie solch Umweltmuffeln eine Packung Oropax! Oder laden Sie den Nachbarn bei einem Gläschen Wein zum Froschkonzert ein. Er wird fortan kaum noch einmal meckern. Ich hatte an meinem Teich einmal einen Laubfrosch, der mit seinem ,,Geläute" vier Wochen lang die Nachbarn in noch 300 m Entfernung erfreute. Dieser Laubfrosch lebte unter einer

Laubfrösche sind in der Regel grün, sie können jedoch auch gelb oder sogar blau sein und verstehen es, ihre Farbe zu verändern.

roten Buntsandsteinplatte und war genauso gefärbt! Haben Sie schon einmal einen Laubfrosch in rosa/lila Färbung gesehen? Ein Gartenteich machts möglich.

Die Frühlingsarbeit beschränkt sich hauptsächlich auf die Pflanzen. Die Pflanzkörbe werden auf etwa faulende Wurzelteile (Rhizome) der Seerosen kontrolliert. Diese entfernt man mit einem scharfen Messer. Die Pflanzerde wird, wo nötig, erneuert oder aufgefüllt. Auch für Pflanzarbeiten am Teichrand ist jetzt die richtige Zeit. Etwa lockere Platten am Teichrand werden mit Speis (3 Teile Sand, 1 Teil Zement) wieder trittsicher eingebettet.

Der Teich im Sommer: Im Sommer braucht man nicht sehr viele Arbeiten am Teich durchzuführen, diese beschränken sich weitgehend auf Kontrollen, etwa ob die Wasserwerte in Ordnung bleiben, ob eine Pumpe regelmäßig ihren Dienst tut und der Ansaugstutzen nicht verstopft ist. Der Filter wird eventuell gereinigt. Sich zu stark entwickelnde Schwimmpflanzen im Teich nimmt man heraus. Statt der Pflegemaßnahmen kann man nun die Tiere und Pflanzen beobachten und sich an ihnen erfreuen.

Der Teich im Herbst: Im Herbst, nach dem Laubfall, erfolgt die wichtigste Reinigung des Teiches. Er wird mit einer Saugpumpe oder dem Gartenschlauch - sofern Gefälle vorhanden ist - entleert. Das Laub am Teichboden wird nur dann ganz entfernt, wenn keine Grasfrösche im Teich überwintern. Größere Laubmengen vermodern und wirken sauerstoffzehrend, deshalb beseitigt man die Hauptmenge des Laubes und beläßt für die Frösche nur wenig, etwa ½ bis 1 Eimer.

Sofern sich Jungmolche bei der Reinigung finden, läßt man die Reinigung! Die Molchlarven - sie tragen noch Kiemen - können nur im Wasser überwintern. Molche ohne Kiemen atmen den Sauerstoff über die Lungen und überwintern an Land.

Die reinen Kaltwasserfische überwintern im Teich. Schleierschwänze und andere nicht winterharte Fischarten werden abgefischt und im Kaltwasserbecken im Wintergarten oder Keller überwintert. Dazu benötigt man ein ausreichend großes Aquarium oder notfalls einen anderen passenden Behälter, zum Beispiel einen halbierten Öltank, der natürlich zuvor peinlich gereinigt werden muß. Diesen deckt man mit Nylongaze oder einer Scheibe ab. Eine Kreiselpumpe, ein Filter mit Membranpumpe, oder zumindest ein Ausströmerstein werden installiert. Fütterung der Fische nur bei Temperaturen von über 13-15°C.

Junge Goldfische und Schleierschwänze, die im Teich geboren wurden und im Herbst erst eine Länge von 2 bis 5 cm erreicht haben, sollten nicht im Teich überwintert werden. Sie verhungern häufig, da sie nicht soviel Fettansatz haben wie die älteren Tiere. Diese Jungfische hält man bei etwa 20°C im Aquarium und füttert sie natürlich. Der Teichbesitzer wird so leicht zum Aquarianer und kann sich dann mit seinen Pfleglingen ganz anders beschäftigen als am Teich. Siehe auch das Kapitel „Das Kaltwasseraquarium".

Bei der Herbstreinigung des Teiches trifft man natürlich auch auf Insekten und ihre Larven. Vor allem die Kleintiere sind ein Grund dafür, weshalb man diese Arbeit nur dann durchführen sollte, wenn sie auch wirklich notwendig ist, denn diese Lebewesen werden von einem solchen Eingriff stark betroffen. Insekten wie der Gelbrandkäfer und seine Larven, aber auch Libellenlarven, Schnecken und andere sollten in einem Eimer aufbewahrt und nach getaner Arbeit zurückgesetzt werden. Vorsicht bei Rückenschwimmern, sie können heftig stechen.

Im Spätherbst müssen auch die Pumpen für den Winter gewartet und entfernt werden, falls sie einfrieren könnten. Wasserleitungen sollte man leeren. Beton- und Fertigteiche sind je nach Tiefe abzulassen, um ein Durchfrieren oder Platzen zu vermeiden. Wenn sie keinen Abfluß haben, müssen sie gegen Regenwasser abgedeckt werden.

Der Teich im Winter: Sobald im November die ersten Frostnächte einsetzen und sich eine Eisdecke auf dem Teich bildet, sollte man daran denken, ob die Fische genügend Sauerstoff haben. Der Stoffwechsel und damit die Atmung sind zwar deutlich vermindert, aber dennoch geht es auch unter der Eisdecke nicht ganz ohne Sauerstoff.

Früher wurde zur Sauerstoffversorgung vielfach ein Strohbund senkrecht in das Wasser gestellt, oder zumindest wurde dies empfohlen. Ich habe das auch schon selbst gemacht und weder Vor- noch Nachteile entdeckt. Man muß dabei bedenken, daß das faulende Stroh die winzigen Mengen Sauerstoff, die vielleicht durch die Halme ins Wasser gelangen, wieder aufzehrt. Ich kann mir jedoch vorstellen, daß Fäulnisgase durch die Strohhalme eher nach oben entweichen können als atmosphärischer Sauerstoff unter die Eisdecke gelangt. Ob jemand darüber genaue Laboruntersuchungen angestellt hat?

Das Betreten der Eisfläche sollte im Winter, sofern sich Fische im Teich befinden, unterbleiben - auch wenn es die Kinder noch so lockt. Fische reagieren auf Schall sehr empfindlich, und wir wollen sie ja in ihrer Winterruhe nicht stören.

Wenn alles Laub bei der Herbstreinigung entfernt wurden, ist die Chance gut, daß Ihre Fische heil über den Winter kommen. Gefahr besteht bei zu flachen Teichen von nur weniger als 80 cm Tiefe, aber darin sollten ja eigentlich auch keine Fische in der kalten Jahreszeit belassen werden. Dort sollte man gegebenenfalls Sauerstoff zuführen. Das geschieht mit einer Membran-Luftpumpe, zum Beispiel von WISA, oder aber, sofern kein Stromanschluß vorhanden ist, mit einem „Oxydator" (Dr. Söchting), beide sind im Zoofachgeschäft erhältlich. Der „Oxydator", ein Keramikgefäß, wird mit Wasserstoffsuperoxid (H_2O_2) - aus der Apotheke - gefüllt. Katalysatorsteinchen bringen die Flüssigkeit zum Perlen und geben somit langsam Sauerstoff frei. Eine geniale Sache, wobei hier davon ausgegangen wird, daß sie auch so funktioniert, wie das laut Angaben der Fall sein soll. Eine Füllung hält einige Wochen und überbrückt somit die strengste Winterperiode.

Froschsterben

Noch einige Anmerkungen zu anderen Sauerstoff-Verbrauchern im Teich: Auch Frösche benötigen diesen. In meinem eigenen Teich überwinterten zwei bis drei Dutzend großer Grasfrösche (*Rana temporaria*), die nach dem Auftauen des Eises aufgedunsen an der Wasseroberfläche trieben. Die Moderlieschen hatten jedoch überlebt, also kann nicht totaler Sauerstoffmangel die Ursache des Froschsterbens gewesen sein. Es wird vermutet, daß sich eine Infektionskrankheit ausbreitet, sofern die Wasserverhältnisse zu schlecht sind (siehe auch Seite 81).

Wasserwechsel

Einmal im Jahr sollten bis zu 2/3 des Teichwassers ausgewechselt werden, bevor die Fische wieder aus dem Winterquartier in den Teich entlassen werden. Nach dem Austausch warte man aber eine Woche bevor die Fische in den Teich kommen. Ein Wasserwechsel muß vermieden werden, wenn sich im Teich eine biologisch wertvolle Mikrofauna aus *Cyclops*, Daphnien, Mückenlarven, Steinfliegen- und Libellenlarven entwickelt hat. Dies zeigt an, daß die Wasserqualität in Ordnung ist.

Überprüfung der Wasserqualität

Biologische Prüfung: Entnehmen Sie mit einem feinen Netz, notfalls einem Nylonstrumpf, der über einen Drahtbügel gespannt (genäht) wurde, eine Probe des Mikroplanktons und geben Sie diese in ein Weckglas oder ähnliches. Sie sehen dann einen Teil der sonst meist unbemerkt bleibenden Lebewesen. Diese stellen die hauptsächliche Futtergrundlage für die Fische dar. Besonders zwischen höheren Pflanzen und Algen finden sich diese Kleinlebewesen.

Chemische Prüfung: Die Werte von Nitrit, Nitrat, pH und eventuell Karbonathärte sollten überprüft werden, wenn sich keine Mikrofauna im Teich befindet. Die entsprechenden Testsätze gibt es im Zoofachgeschäft. Eine frische Wasserprobe können Sie in vielen Zoofachgeschäften auch gegen eine geringe Gebühr untersuchen lassen. Siehe dazu auch das Kapitel zur Wasserchemie, Seite 208.

Das Einsetzen der Fische

Ab Mitte April können Goldfische aus dem Winterquartier zurück in den Teich, ab Mitte Mai Schleierschwänze. Bald wird es an einem warmen Tag zum Ablaichen der Fische kommen. Moderlieschen wickeln ihren Laich um Schilfstengel, Goldfische laichen im freien Wasser ab, Bitterlinge brauchen dazu eine Malermuschel. Ende Mai können auch andere Aquarienfische, wie etwa Makropoden, Sonnenbarsche, verschiedene Hochlandkärpflinge usw. in kleinere Gartenteiche. Sie wachsen bei guter Lebendfutter- und Algennahrung im Sommer und werden zu prächtigen Exemplaren. Eine Faunenverfälschung ist hier ausgeschlossen, denn sie haben keine Chance den Winter zu überleben, selbst wenn „kleine Jungs“ solche Tiere einmal im nahen Bach aussetzen würden.

Ein Teich für Kois und Goldfische

Ein funktioneller Koi- oder Goldfischteich wird gänzlich anders angelegt als ein naturnaher Gartenteich, beide unterscheiden sich bezüglich Aufgabe und Funktion erheblich. Ein Koi-Teich soll nicht Amphibien oder Insekten eine Heimstatt bieten, er dient alleine der Haltung dieser Karpfenfische. Beide Aufgaben sind nicht miteinander vereinbar. Ferner wird der Fischteich ständig mit organischem Material belastet, zum Beispiel durch das Futter und die Ausscheidungen der Fische. Dies bedeutet, daß das Teichwasser ohne Maßnahmen seitens des Pflegers schneller „altert" und kaum in der Lage ist, ein biologisches Gleichgewicht aufzubauen, da es mit der ständigen Belastung nicht fertig wird.

Darin liegt auch der Grund, warum die meisten Gartenteichbesitzer so viele Probleme mit der Haltung ihrer Fische haben, insbesondere, wenn die Anlage sehr stark besetzt ist.

Es genügt eben nicht, nur schnell ein 80 cm tiefes Loch zu graben, dieses mit Folie auszulegen, Wasserpflanzen einzusetzen und Wasser einlaufen zu lassen. Das mag vielleicht für eine Anlage ausreichen, in der sich Amphibien und Kleinstlebewesen ansiedeln, die ja in der Regel freiwillig kommen und bei Nichtzusagen das Gewässer verlassen können, Fische, und vor allem größere Exemplare, benötigen jedoch eine regelmäßige Pflege, vor allem des Wassers. Daher muß ein Fischteich besonders sorgfältig geplant werden und es müssen einige grundlegende Dinge berücksichtigt werden.

Die Planung

Dies beginnt bereits mit der Lage des Teiches. Während ein naturnaher Gartenteich im Interesse der Tiere möglichst weit vom Haus entfernt in einer ruhigen und am besten verwilderten Ecke des Gartens liegen kann, denn viele Tiere schätzen die Nähe des Menschen nicht, muß der Koi-Teich so dicht wie möglich am Haus sein. Das Schöne an Kois oder Goldfischen ist, daß sie sich schnell an den Menschen gewöhnen und sehr zutraulich werden. Sie nehmen das Futter direkt aus der Hand ihres Pflegers und lassen sich sogar streicheln und anfassen, sie können praktisch zu richtigen Haustieren werden. Dies ist allerdings nur der Fall, wenn man sich regelmäßig um die Pfleglinge kümmert, zum Beispiel auch bei Regenwetter. Und wenn man erst einmal durch einen nassen Garten platschen muß um die Fische zu sehen, hört es mit der Regelmäßigkeit bald auf. Deshalb sollte man den Teich so dicht wie möglich am Haus oder an der Terrasse anlegen. Die idealste Möglichkeit wäre die, den Teich in den Wohnbereich oder einen Wintergarten zu integrieren, dann hat man das ganze Jahr über Freude an den Fischen.

Ein weiterer, sehr wichtiger Punkt ist die Sonneneinstrahlung. Im Gegensatz zum naturnahen Pflanzenteich, der möglichst viel Sonne erhalten solle, muß der Koi-Teich eher schattig angelegt werden, denn die starke Sonneneinstrahlung verstärkt bei hohem Nährstoffangebot die Bildung von Schwebealgen. Das bedeutet, das Teichwasser ist den größten Teil des Jahres undurchsichtig grün, und man braucht sich schließlich keine wunderschönen Fische zu leisten, wenn man diese nicht sehen kann. Die Trübung des Wassers ist dabei noch das kleinere Übel. Viel schlimmer ist, daß Teiche mit starker Sonneneinstrahlung meist sehr hohe und für Fische gefährliche pH-Werte aufweisen. Die

Algen verbrauchen das im Wasser gelöste Kohlendioxid (CO_2) zur Photosynthese. CO_2 und Wasser (H_2O) ergeben Kohlensäure. Diese Säure senkt den pH-Wert. Wird sie verbraucht, steigt der pH-Wert.

Viele Teichbesitzer haben sicher schon die folgende Erfahrung gemacht: Es ist Frühsommer, die Sonne scheint, das Teichwasser erwärmt sich zusehends. Dadurch angeregt wird der Stoffwechsel der Fische intensiver, die Fische bekommen Appetit und fressen zunehmend mehr. Zunächst scheint alles in Ordnung, dann, von einem Tag auf den anderen, stehen plötzlich vereinzelte Fische apathisch irgendwo am Teichrand und verenden mehrere Stunden oder Tage später ohne irgendwelche äußeren Krankheitszeichen. Es fiel lediglich auf, daß die betroffenen Fische stark atmeten. Was war geschehen?

Aufgrund der starken Sonneneinstrahlung hat sich der pH-Wert des Teiches erhöht, gleichzeitig stiegen durch den verstärkten Appetit der Fische die Stickstoffausscheidungen enorm an. Einen großen Teil des Stickstoffes scheidet der Fisch über die Kiemen aus. Bei einem niedrigen und für Gartenteichfische idealen pH-Wert von um oder geringfügig über pH 7 (7,0-7,5) scheidet der Fisch Stickstoff als ungiftiges Ammonium aus. Steigt der pH-Wert des Teiches aber an, dann wandelt sich das ungiftige Ammonium zu giftigem Ammoniak um (siehe auch das Kapitel über Wasserchemie auf Seite 208). Das heißt letztlich, daß sich der Fisch selbst vergiftet und gleichzeitig die Kiemen zerstört werden, dies äußert sich in Kiemenschwellungen oder Kiemennekrosen. Er ist dann nicht mehr in der Lage, dem Wasser den lebenswichtigen Sauerstoff zu entnehmen und verendet.

In einem schattigen Teich passiert so etwas nicht. Am besten ist es, wenn der Teich die noch schwache Morgensonne erhält und ab Mittag beschattet ist. Dies läßt sich am besten dadurch erreichen, indem man an die Süd- und Westseite des Teiches hohe Stauden wie Bambus, *Ligularia* oder japanischen Zwergahorn pflanzt.

Ein weiterer wichtiger Aspekt beim Bau eines Fischteiches ist die Wassertiefe. Um ein sicheres Überwintern der Fische zu garantieren, reichen die obligatorischen 80 cm nämlich vielfach nicht aus. Sicherlich wird es in den meisten kalten Jahreszeiten keine Probleme geben, aber ein außergewöhnlich strenger Winter kann den Tod der Fische bedeuten, die vielleicht schon mehrere Jahre gepflegt wurden und ganz besonders groß und schön waren, und das wäre doch außerordentlich bedauerlich. Deshalb sollte man dem Teich eine Tiefe von mindestens 1,80 m geben. Bei dieser Tiefe hält sich auch in sehr langen und strengen Wintern in einem genügend großen Raum eine Wassertemperatur von +4°C, welche den Fischen zum Überleben ausreicht.

Wer seinen Fischen etwas besonders Gutes tun möchte, der installiert eine feste Heizung in seinem Teich. Man erleichtert den Fischen damit nicht nur das Überwintern, sondern fördert auch das Wachstum. Der Koi zeigt seine wahre Wachstumsleistung eigentlich erst bei 22 bis 24°C. Wer also möchte, daß seine Kois möglichst schnell 70 bis 80 cm lang und 10 bis 20 Pfund schwer werden, der muß in seinem Teich jährlich für mindestens fünf Monate eine Wassertemperatur von wenigstens 20°C halten und diese darf auch in den Wintermonaten nicht unter +4°C absinken. Am einfachsten und günstigsten ist eine Elektroheizung, die in die Rohrleitung des Filtersystems integriert wird. Auch Gasdurchlauferhitzer oder Sonnenkollektoranlagen wie sie für Schwimmbäder genutzt werden, können eingesetzt werden. Schließlich ist weiterhin eine Abzweigung direkt von der Zentralheizung des Hauses mit einer separaten Heizungspumpe möglich.

Welches ist nun die Idealform eines Koi-Teiches? Grundsätzlich ist es aus mehreren Gründen besser, einen schmalen, länglichen Teich mit möglichst senkrechten Wänden anzulegen, als einen Teich mit großem Durchmesser der Oberfläche und Trichterform. Der schmalere, längliche Teich kann leichter beschattet werden als ein Teich mit großem Oberflächendurchmesser. Außerdem kann er aufgrund seiner kleinen Oberfläche mit viel weniger Wärmeverlust geheizt werden. Um die Sicherheit im Winter noch zu erhöhen, kann ein solcher Teich auch viel einfacher abgedeckt und isoliert werden, zum Beispiel mit Schilfmatten, Brettern, Styropor, Luftpolsterfolie oder Kunststoff-Doppel- oder Dreifachplatten, wie sie häufig bei der Verglasung von Terrassen oder Wintergärten sowie Gewächshäusern Verwendung finden. Müssen Fische einmal gefangen werden, etwa zur Gesundheitskontrolle, so ist dies in einem schmalen Teich wesentlich einfacher als in einem Teich mit ca. 5 m Durchmesser. Wer seinem Teich senkrechte Wände gibt, der erhält auch bei relativ kleiner Oberfläche ein enormes Wasservolumen. Der Inhalt eines Koi-Teiches sollte nicht unter 8.000 l liegen, wenn einmal ein Schwarm von 10 bis 15 ausgewachsener Kois gehalten werden sollen.

Das folgende Beispiel soll verdeutlichen, wie sich Wasservolumen und Oberfläche eines idealen Koi-Teiches im Verhältnis zu denen eines idealen naturnahen Gartenteiches verhalten:

a) Herkömmlicher Teich:

4 x 3 m Ausmaße = 12 m^2 Oberfläche,
trichterförmig, tiefste Stelle 0,8 m,
bei einer durchschnittlichen Wassertiefe von 0,4 m entspricht dies
12 m^2 x 0,4 m = 4,3 m^3 = 4.800 l.

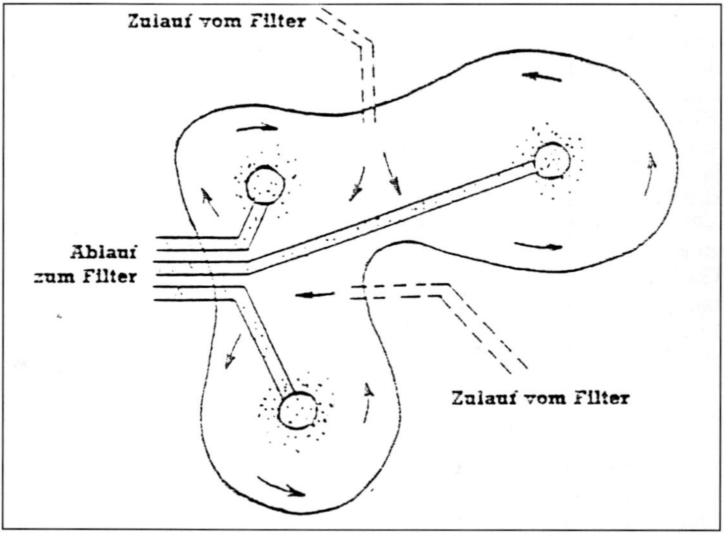

1. Skizze des geplanten Koi-Teiches.

b) Idealer Koi-Teich:

4 x 2 m Ausmaße = 8 m^2 Oberfläche,
senkrechte Wände, gleichmäßige Tiefe von 2 m, dies entspricht
8 m^2 x 2 m = 16 m^3 = 16.000 l.

Wie anhand dieses Beispiels deutlich wird, nimmt das Volumen gegenüber der Oberfläche bei senkrechten Teichwänden erheblich zu.

1. Am Anfang des Teichbaus steht die Planung. Damit beim Bau nichts vergessen wird, skizziert man sich am besten die Anlage mit ihren Zu- und Abflüssen. Hier der von uns gebaute Koi-Teich in einer ersten Skizze.

2. Im Gelände wird die gewünschte Form ausgemessen und mit Sägemehl, Sand oder ähnlichem die Umrisse fixiert. In 1m Abstand werden die Pflöcke (z.B. Dachlatten) zur Nivellierung eingeschlagen. Dann wird mit einer Schlauchwaage eine bestimmte Höhe ausgemessen und auf die Pflöcke übertragen.

2. Die Umrisse des Teiches werden im Gelände festgelegt.

Der Bau eines Koi-Teiches

Die stabilste und dauerhafteste Lösung, die auch den größten Gestaltungsspielraum läßt, ist sicherlich der betonierte und gemauerte Teich. Bei uns wird diese Art des Teichbaus wenig praktiziert. In Ländern mit langjähriger Teichbautradition, wie zum Beispiel Japan, hat sich diese Art des Teichbaus durchgesetzt und bewährt. Wichtig bei der Erstellung eines gemauerten Koi-Teiches ist, daß man sich rechtzeitig im Zuge der Planung bei den örtlichen Baubehörden nach den entsprechenden Bestimmungen erkundigt.

In dem hier dargestellten Beispiel soll gezeigt werden, wie ein solcher Teich gebaut wird. In unserem Fall wurde dies ein Koi-Teich mit japanischem Charakter, der uns als Schauganlage und Modell für Interessierte und Kunden dient, er ist also aus der praktischen Anforderung heraus erwachsen. Geplant und angelegt wurde die Anlage von dem Gartendesigner KURT WIELAND, aus 8046 Garching bei München, Heidenheimer Straße 9. Herr WIELAND hat sich auf die Planung und Anlage von japanischen Gärten und Koi-Teichen spezialisiert.

3. Nun wird die Grube ca. 20 cm tiefer ausgehoben als der geplante Teich. Die ideale Teichtiefe liegt bei 1,80 bis 2,00 m. Die Grube für den Filter sollte gleich mit ausgehoben werden, die Größe richtet sich nach dem ausgewählten Filtertyp. Bei einem Teich dieser Größe (35 m^3 Inhalt) setzt man am besten einen Bagger ein. Auf der Linie, welche den Verlauf der Teichwand bezeichnet, werden im Abstand von ca. 1 m Baustahlstäbe eingeschlagen, welche in die Bodenplatte mit einbetoniert werden. Durch diese Stäbe wird der endgültige Verlauf der Teichwand festgelegt und die Mauer erhält gleichzeitig eine stabile Verbindung zur Bodenplatte.

4. Jetzt werden die Bodenabläufe verlegt. Da der Teich drei Rundungen aufweist, muß er drei Bodenabläufe erhalten. Allerdings sollten die Bodenabläufe mit separaten Rohrleitungen zum Filter geführt werden, so wie es die Grundrißzeichnung auf Seite 134 zeigt, da nur dann gewährleistet ist, daß an jedem Bodenablauf genügend Sog entsteht. Das zulaufende Wasser wird so eingeleitet, daß sich über jedem Bodenablauf eine leichte Kreisströmung bildet. So wird verhindert, daß sich tote Winkel bilden, in denen sich Kot- und Schmutzpartikel ansammeln können. Über und unter die PVC-Rohrleitungen kommt jeweils eine Q 131 Baustahlmatte, damit der Beton genügend Stabilität erhält. Danach wird die Bodenplatte mit wasserdichtem Fertigbeton gegossen. Geschieht dies an einem sonnigen Tag, muß die Bodenplatte ständig befeuchtet werden, damit keine Risse entstehen.

5. Nach drei bis vier Tagen können dann die ersten Lagen Betonsteine gesetzt werden. 17er Betonsteine sind ausreichend. Um der Mauer zusätzlich Festigkeit zu geben, wird zwischen jede Steinlage ein Baustahlstab mit 5-8 mm Durchmesser dazwischen gelegt. Diese Arbeit macht man am besten zu zweit. Einer mischt den Beton an und ein anderer, am besten mit Erfahrung im Mauern, setzt die Steine. Man kann heute aber auch Styropor-Wandelemente verwenden, welche nur zusammengesetzt und danach mit Fertigbeton ausgegossen werden. Wesentliche Vorteile dieser Methode sind eine erhebliche Arbeitseinsparung und eine hervorragende Teichisolierung, was sich vor allem in beheizten Teichen schnell auszahlt.

6. Wenn entsprechend hoch aufgemauert und der Zement genügend ausgehärtet ist, wird der verbleibende Raum zwischen Mauer und Erdreich mit Rollkies (Stärke 16-32 mm) aufgefüllt . Bei Erdreich als Füllmaterial besteht die Gefahr, daß es sich mit der Zeit setzt und nachgibt. Bei Rollkies kann man diesbezüglich unbesorgt sein. Wenn die Mauer dann komplett aufgemauert ist, wird der Putz vorgespritzt. Jetzt wird von allen Seiten zu den Bodenabläufen hin noch ein Estrich aufgetragen, so daß sich die Bodenabläufe an den tiefsten Stellen im Teich befinden.

3. Die Grube wird ausgehoben.

4. Die Abläufe sind verlegt.

5. Das Aufmauern der Seitenwand.

6. Mit Rollkies wird verfüllt.

7. Die Filterkammern wurden hier noch gemauert.

7. Im vorliegenden Fall haben wir die Filter- und Pumpenkammer selbst gemauert. Inzwischen sind bereits fertige Systeme lieferbar, die nur noch im Boden versenkt werden müssen. Jetzt werden die Rohrleitungen von den Pumpenkammern zurück zum Teich, eventuell zu einem geplanten Bachlauf, verlegt. Auch hierbei eignet sich am besten das PVC-Rohr. Wichtig ist, daß mindestens ein Rohr über dem Wasserspiegel in den Teich mündet (zum Beispiel über den Bachlauf), damit das Wasser durch den Luftkontakt genügend mit Sauerstoff angereichert wird. Besonders im Sommer ist dies sehr wichtig. Da der Filter auch im Winter laufen muß, und das über den Bachlauf zurückströmende Wasser bei niedrigen Temperaturen zu sehr abkühlen würde, muß mindestens ein Rohr unter dem Wasserspiegel in den Teich einmünden.

8. Nachdem die Rohrleitungen in ein Sandbett verlegt und danach mit Rollkies abgedeckt sind, kann man mit der Gestaltung um den Teich herum beginnen. Dabei werden Findlinge in ein Mörtelbett direkt auf die Mauer aufgesetzt. Wer keine Steine verwenden möchte, kann ebensogut eine Sumpfzone mit angrenzen lassen. Hinter den Steinen wird dann Erdreich aufgefüllt, damit man den Eindruck hat, der Teich liege, wie in der Natur, in einer Senke. Nachdem die Steine aufgesetzt sind, wird der Teich verputzt.

9. Gleichzeitig wurde damit begonnen, den japanischen Pavillon zu errichten, unter welchem sich die Filteranlage verbirgt.

8. Findlinge markieren das Ufer.

9. Der Japanpavillon wird auf den Filterkammern errichtet.

10. Mit Bitumen-Latex-Emulsion wird der Teich gestrichen.

10. Wenn der Putz trocken ist, kann der Teich angestrichen werden. Am besten eignet sich dafür eine Bitumen-Latex-Emulsion. Diese Farbe ist für die Fische garantiert unbedenklich, da mit ihr auch Trinkwasser-Vorratsbehälter gestrichen werden. Sie bleibt auch im trockenen Zustand elastisch und dichtet selbst bei eventuell auftretenden Haarrissen das Becken sicher ab. Ein dreifacher Anstrich ist ratsam. Nach Abtrocknen der Farbe kann der Teich mit Wasser gefüllt werden.

Die Anlage ist fertig und läd zum Verweilen und Betrachten ein.

Koi-Teichanlage der Firma Sakanaya.

Möglichkeiten der Teichfilterung

Das wichtigste bei der Haltung von Fischen ist die Filterung des Wassers, dies trifft auch für den Koi-Teich zu. Ebenso wie in einem Aquarium wird das Teichwasser ständig von Fischausscheidungen und Futterresten belastet, diese Schadstoffe müssen entfernt werden.

Wie in der Aquaristik, so gibt es auch für die Teichhaltung von Kois verschiedene Filtersysteme, die im Prinzip entweder als mechanische Filter arbeiten, oder als biologische Filter. Im ersteren Fall werden gröbere und feste Partikel wie Fischkot, Futterreste, Schlamm und Laub aus dem Teich entfernt. Für die Intensivhaltung in einem Koi-Teich sind die in der Aquaristik auch für Gartenteiche angebotenen Geräte in der Regel zu schwach dimensioniert. Überdies können mechanisch arbeitende Filter, die zum Beispiel mit einer Schaumstoffpatrone, mit Sand oder Filterwatte arbeiten, nicht organisches Material entfernen, das im Wasser gelöst ist. So kommt es, daß das Wasser zwar optisch völlig klar aussieht, daß aber dennoch Stoffwechselprodukte insbesondere aus

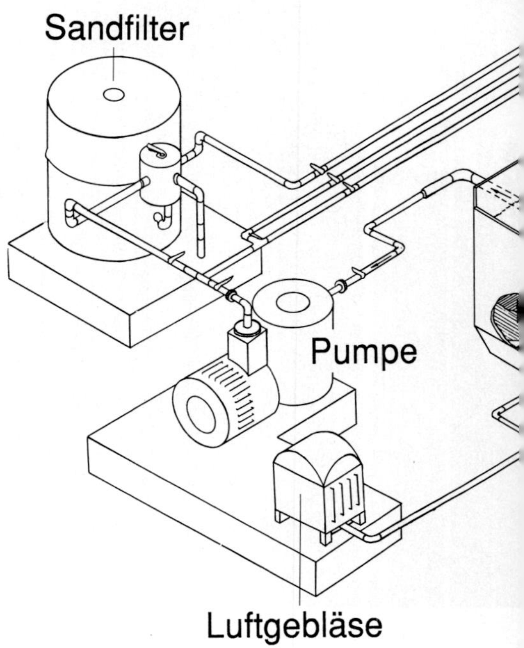

dem Stickstoffstoffwechsel sogar den Tod der Fische verursachen können, darauf wurde bereits eingangs hingewiesen. Diese in Lösung befindlichen Stoffwechselprodukte lassen sich nur über einen biologischen Filter entfernen. Die Wirkungsweise eines solchen Filters besteht darin, daß auf einer möglichst großen Oberfläche Bakterien sitzen, welche die Stickstoffverbindungen abbauen. Um hierzu in der Lage zu sein, muß das Filtersubstrat, auf dem die Bakterien angesiedelt sind, ständig von sauerstoffreichem Wasser durchströmt werden. Ein solcher Filter darf auch nicht vollständig ausgewaschen oder zeitweise stillgelegt werden. Schließlich kann auch eine Medikamentenbehandlung die Bakterienkulturen abtöten.

In der Praxis des Betriebes von Koi-Teichen hat sich eine Kombination eines mechanisch arbeitenden Filters mit einem biologisch arbeitenden Filter bestens bewährt. Allerdings müssen diese die entsprechen-

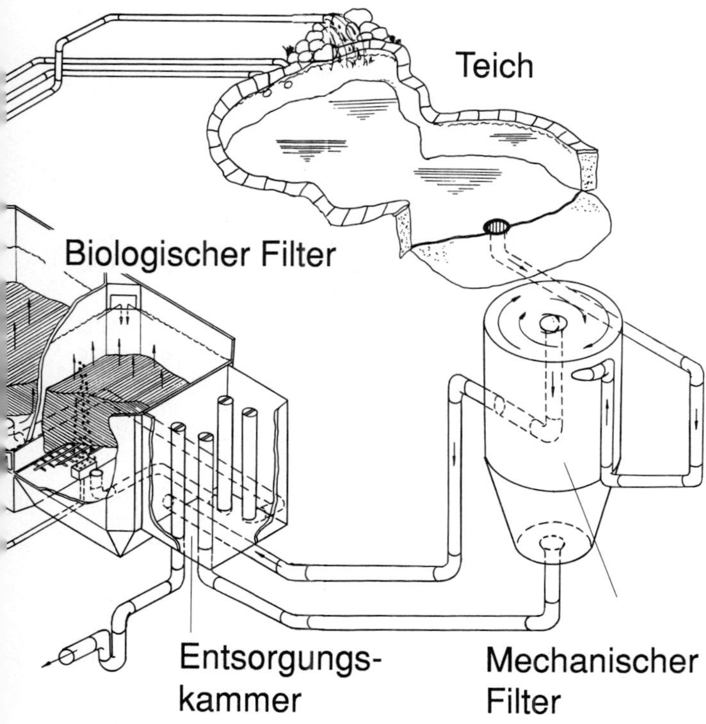

den Dimensionen aufweisen und sind dadurch bedingt auch nicht immer ganz billig.

Die Firma SAKANAYA vertreibt verschiedene Filtersysteme, die der jeweiligen Größe des Teiches angepaßt und selbst montiert werden können. Das Wasser verläßt den Teich dabei über den Bodenablauf, passiert den mechanischen Filter, erreicht dann das Herzstück der Anlage, den biologischen Filter, und wird von dort mittels einer Pumpe in den Teich zurückbefördert, wobei dies im Sommer über einen Bachlauf erfolgen kann, der das Wasser eventuell zusätzlich mit Sauerstoff anreichert.

Das Prinzip der Anlage wird in dem abgebildeten Filterplan deutlich. Der mechanische Filter arbeitet nach dem Fliehkraft-System. Das Wasser drückt dabei seitlich vom Teich her in einen Zylinder und bildet einen Strudel. Dadurch zirkulieren die Schmutzpartikel zum Bodentrichter. Von dort können sie von Zeit zu Zeit mittels eines Schiebers abgelassen werden. Über ein Überlaufrohr in der Mitte des Zylinders läuft das Wasser weiter zum biologischen Filter.

Der biologische Filter wird mit Filtermatten aus grobporigem Schaumstoff gefüllt, die, je nach Filtersystem, waagerecht oder senkrecht angebracht sein können. Bei größeren Filtern mit senkrechten Schaumstoffplatten dient eine Belüftung dazu, die Bakterien zusätzlich mit notwendigem Sauerstoff zu versorgen, bei kleineren Anlagen ist dies nicht notwendig.

Eine sogenannte Entsorgungskammer nimmt von allen Systemen die Schmutzstoffe auf und leitet sie gegebenenfalls in den Gully. In diese Kammer führt auch die Überlaufleitung vom Teich.

Für besondere Erfordernisse kann auch ein Sandfilter eingesetzt werden, der mittels feinem Quarzsand als mechanischer Filter feinste Schmutzpartikel zu entfernen vermag. Damit er sich nicht so rasch zusetzt, sollte er erst im Anschluß an den biologischen Filter zum Einsatz kommen. Dieser Sandfilter kann rückgespült und auf diese Weise gereinigt werden.

Es sei an dieser Stelle ausdrücklich darauf hingewiesen, daß sowohl die Trinkwasseranschlüsse als auch die Abwasseranschlüsse nur in Übereinstimmung mit den örtlichen Vorschriften für die Be- und Entwässerung und auch nur entsprechend den gültigen DIN-Vorschriften ausgeführt werden dürfen. Am besten setzt man sich mit einem Installations-Fachmann in Verbindung.

Ausführliche Informationen über den Koi-Teichbau und Filtertechnik siehe Hersteller-Nachweis.

1	2
3	4

Beispiele für Folienteiche mit Randabdeckungen aus Pflastersteinen oder Kieselingen (kleinen Findlingen)

1. Bei diesem Folienteich in einem Stadt-Garten wurde das Ufer gepflastert. Reizvoll ist auch der Holzsteg.
2. Ein Teich in einem Stadt-Garten. Die Trittsteine sind Natursteine, die Terrasse wurde aus Granit-Pflaster angelegt.
3. Folienteich mit einer Randbepflanzung aus Rhododendron-Hybriden.
4. Bei diesem Innenhof-Garten wurde die Folie mit Granitpflastersteinen abgedeckt.

Bachlauf und Wasserspiel

Beschaulich und besinnlich ist es, einer sprudelnden Quelle oder einem kleinen Bächlein zuzusehen und zuzuhören. Die Bewegung des Wassers und das plätschernde Geräusch faszinieren die vom Alltag gestreßten Sinne. Es tut sich was im Garten, wenn Sie zum eigenen Teich auch noch einen kleinen Wasserumlauf installieren. Eine biologische Bedeutung hat ein solcher künstlicher Bachlauf kaum, es ist mehr ein Wasserspiel, und die Übergänge zwischen naturnah angelegtem Bach und Wasserspiel sind fließend. Deshalb sollen hier auch beide gemeinsam behandelt werden, denn das Prinzip ist im Grunde gleich.

Zur Gestaltung eines kleinen Bachlaufes bieten sich verschiedenste Möglichkeiten an: Man kann den Teichaushub zu einem Hügel formen und von der Hügelspitze in kleinen Kaskaden das Wasser in den Teich fließen lassen. Dazu bedarf es einer Druckpumpe, Kunststoffschlauches und natürlich eines Stromanschlusses. Man kann aber auch zwei Teiche durch einen kleinen „Bachlauf" miteinander verbinden. Dabei muß ein Teich höher gelegen sein als der andere, um das nötige Gefälle zu erzeugen. Ein Hanggelände ist hier natürlich der Idealfall, um das erforderliche Gefälle braucht man sich dann wenig Gedanken machen.

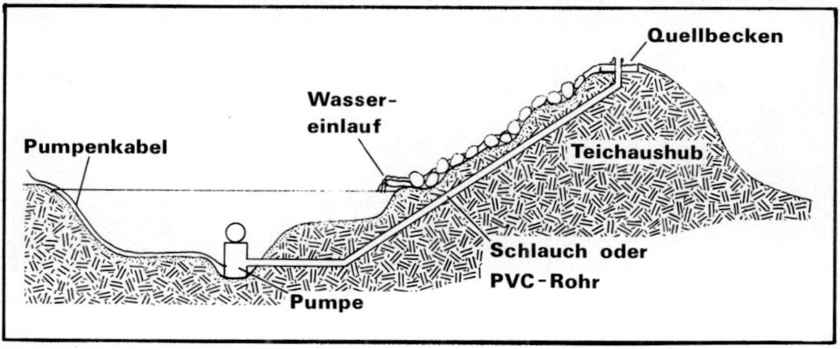

Der Untergrund des Bachlaufes ist wiederum Teichfolie, die genauso verlegt wird wie beim Teichbau. Da die Wassertiefe kaum mehr als 10 cm betragen wird, braucht der Untergrund nur aus festgestampfter Erde zu bestehen. Wo der Boden ganz besonders steinig ist, kann man mit einer 2 bis 3 cm starken Sandschicht unterfüttern. Darüber kommt dann die Folie, die ebenfalls nur 0,7 mm stark zu sein braucht. Auf die Folie

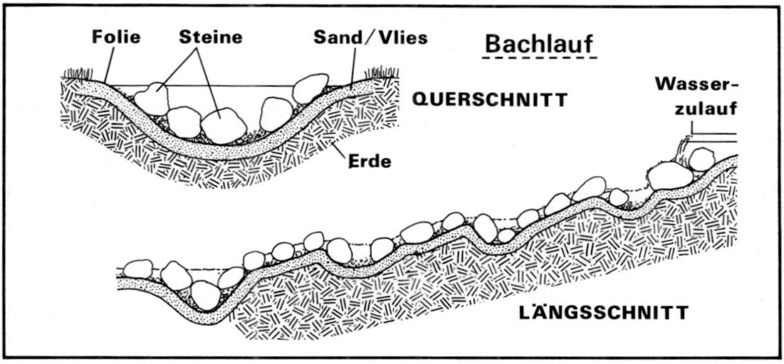

Bachlauf mit Pumpe (oben); das Bachbett (unten).

Ein Bachlauf aus Fertigelementen, mit Kieselsteinen ausgekleidet.

bringen wir eine 1 bis 2 cm starke Mörtelschicht (3 Teile Sand und 1 Teil Zement) erdfeucht auf. In diese Schicht drücken wir Kies von 5 bis 8 mm Durchmesser und kleine, am Rand größere Kieselsteine. Beim Modellieren des Bachlaufes und Verlegen der Folie sollte darauf geachtet werden, daß das Wasser nicht ungehemmt „zu Tal" fließt, sondern daß es durch einige Mulden oder über kleine und große Kieselinge (kleine Findlinge) rinnen muß. Die Mulden sind deshalb wichtig, weil sonst bei Ausfall oder Abstellen der Pumpe unser Bach leerliefe. Insgesamt sollte man wenigstens ½ bis 1 Meter Gefälle einplanen, damit das Wasser auch so richtig zum Plätschern kommt.

Pumpen um einen Bachlauf anzutreiben, gibt es ab etwa 200,-- DM bis über 1.000,-- DM. Schmutzwasserpumpen, wie sie der Klempner zum Wasserabsaugen eines Kellers benutzt, eignen sich nur bedingt dafür. Den Wassereinsaugstutzen muß man natürlich so sichern, daß keine Tiere hineingeraten können. Dazu bieten der Zoofachhandel und die Gartencenter passende Vorsätze an.

Alte Steintröge, Brunnenringe usw. eignen sich hervorragend zur Gestaltung eines Wasserspiels, das bei richtiger Anlage auch einem kleinen Wasserlauf gleichkommt. Solch ein Wasserspiel, vor einer Bruchsteinmauer oder am Haus aufgebaut, begeistert jeden Betrachter.

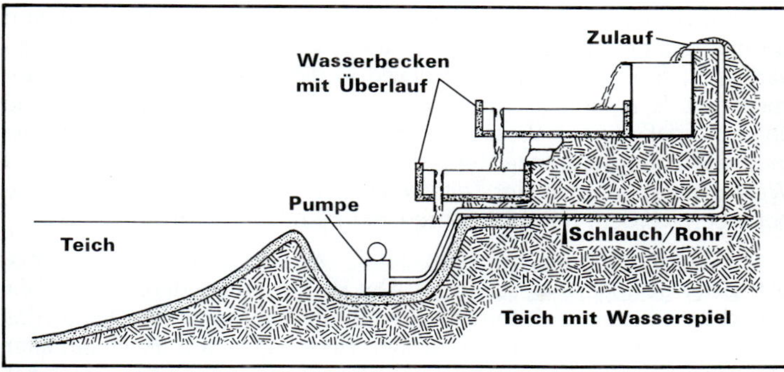

In der Umgebung des Wasserspiels gedeihen Moose und Farne durch das Spritzwasser besonders prächtig. Am Fuß des letzten Steinbeckens beginnt dann entweder der Teich oder aber es ist ein Behälter (Plastikwanne, Maurerkübel) eingebaut, in dem die Tauchpumpe für die Wasserförderung installiert wird. Dieser Behälter, Pumpensumpf genannt, sollte einen Zulauf zum nächsten Wasserhahn haben. Über einen Schwimmerschalter wird etwa fehlendes Wasser wieder ergänzt.

Wasserspiele lassen sich mit den verschiedensten Mitteln konstruieren.

Von Bachlauf, Quelle und Wasserspiel ist es nicht mehr weit zum Springbrunnen. Hier wird dann natürlich der Bereich des Naturbiotops verlassen, Springbrunnen sind einzig in die Kategorie ,,Zierrat" einzuordnen. Eine biologische Bedeutung haben sie allenfalls am Rande dadurch, daß sie das Wasser mit Sauerstoff anreichern können. Die Industrie bietet eine ganze Menge unterschiedlicher Springbrunnen und Wasserspeier an, in letzter Zeit auch solche, die durch Sonnenenergie betrieben werden, mit ihnen vergeudet man keinen Strom.

Ein Springbrunnen, von dem ständig Wasserspritzer auf die Seerosenblätter gelangen, ist schädlich. Die Blätter faulen dann leicht. Wir verzichten in einem solchen Fall auf den Springbrunnen und lassen das Wasser besser über einen kopfgroßen Kieseling laufen. Auch ein alter Mühlstein oder Schleifstein ist hervorragend dafür geeignet. Neue Steine gibt es in vielen Gartencentern und Wasserpflanzengärtnereien. Auch neue Steine sehen bald vermoost und alt aus, sogar solche aus Beton - wenn sie richtig hergestellt wurden. Man kann sie dann kaum von alten unterscheiden. Neue Mühlsteine kosten je nach Größe (Durchmesser) 200,- bis 500,- DM, alte etwa genausoviel. Wo man noch alte Mühlsteine bekommen kann, finden Sie unter Bezugsquellen am Schluß des Buches. Nachfolgend Gestaltungsvorschläge für das Anlegen einer ,,Quelle" bzw. eines Wasserspeiers unter Verwendung von Mühlsteinen oder Findlingen.

Man kann dabei sogar verschiedene Aspekte der Gestaltung eines kleinen Gartenteichs kombinieren, vor allem wenn ein Höhenunterschied zu überwältigen ist, oder wenn der Teich höher als die Umgebung angelegt wird. Vor allem Architekten planen diesen Typ des Gartenteiches gerne in den meist kleinen Gärten von Reihenhäusern ein. Dabei wird entweder - böschungsabwärts am Hang - an einer Seite eine stabil gegründete Stützmauer hochgezogen, oder das Gewässer kommt wie ein Hochbeet zwischen Stützmauern. Diese Mauern müssen zwar mit Mörtel oder als verblendete Betonmauer errichtet werden, den Teich selber kann man aber in Folien- oder Fertigteich-Ausführung einpassen. Hier können wir nun am Rand oder im Flachwasserteil sehr gut einen solchen Mühlstein oder durchbohrten Findling als sprudelnde Quelle anbringen. Vor der Mauer oder als integrierten Bestandteil kann man eine Sitzbank fest mit einmauern, oder der obere Rand wird sehr breit als Sitzgelegenheit gestaltet. Eine solche hochbeetartige Gestaltung ist vor allem zu empfehlen, wenn kleine Kinder vorhanden sind.

Ein in dieser Weise angelegtes Wasserbecken mit hohem Mauerrand kann natürlich nicht von Kröten und Fröschen aufgesucht werden. An einer Stelle wäre dafür gegebenenfalls eine Böschung zu gestalten.

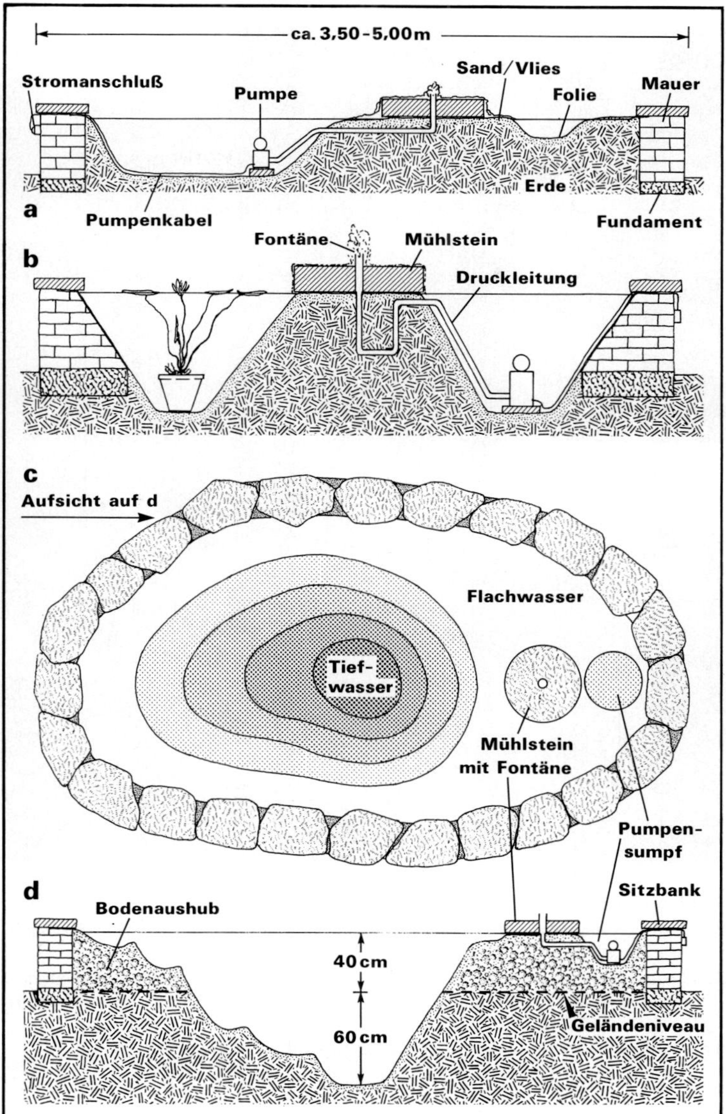

Teiche mit Sitzbank.

1. Ein aufwendig angelegter Wasserfall aus Bruchsteinen.
2. Hier wurde ein breiter Bachlauf naturnah gestaltet, der Übergang vom Bach zum Teich ist fließend.
3. Dieses streng geometrisch angelegte Gewässer läßt sich nicht in die Kategorien Bach oder Teich einordnen. Eine solche Anlage kann einen Garten optisch gliedern.
4. Bachlauf und Teich lassen sich hervorragend kombinieren.

1	2
3	4

6
8

5. Wasserspiele müssen nicht unbedingt naturnah gestaltet sein, sie wirken, wie hier, oft gerade dadurch, daß man ihnen den künstlichen Aspekt deutlich ansieht.

6. Hier läuft das Wasser über ein mühlradähnliches gemauertes Wasserspiel.

7. Zumindest teilweise naturnah gestalteter Teich und streng geometrisches Wasserspiel lassen sich durchaus hervorragend miteinander kombinieren.

8. An diesem Eingangsbereich wurden viehtränkenartige Steintröge zu einem Wasserspiel kombiniert. Das Wasser läuft als freier Überlauf (unterer Trog) oder mittels Wasserspeier (Mitte) von einem Trog zum nächsten.

Auch ein Steintrog im Garten ist ein Feuchtbiotop, ein Ort also, in dem sich eine Lebensgemeinschaft befindet, selbst wenn sie klein ist.

Weitere Feuchtbiotope im Garten

Gartenteiche oder ein künstlicher Bachlauf sind keineswegs die einzigen Möglichkeiten Wasser im Garten einzusetzen um sich daran zu erfreuen oder um für Pflanzen oder Tiere einen geeigneten Lebensraum zu schaffen. Selbst bei Leuten, die es eigentlich besser wissen sollten, wird der Begriff „Biotop" immer mit „Gartenteich" gleichgesetzt, dabei ist dies völlig falsch. Ein Biotop ist ein Lebensraum für eine Pflanzen- und Tiergesellschaft, ein Gartenteich ist nur eine von unzählig vielen Möglichkeiten. Im biologischen Sinne ist also auch ein kleiner Steintrog mit ein paar Pflanzen ein Biotop, eine Lebensgemeinschaft. Und hier haben wir wohl auch den kleinsten geeigneten Feuchtbiotop vor uns, der in einem Garten sinnvoll ist. Ihn können wir möglicherweise auch mit einem kleinen Wasserspiel, einer Quelle oder dergleichen kombinieren, wie das auf den vorigen Seiten vorgeschlagen wurde.

Sumpfbeet und Feuchtwiese

Im Zusammenhang mit den rechtlichen Problemen, die bei der Gestaltung eines Gartenteiches auftreten können, wurde bereits angeschnitten, daß Regenwasser, aber auch andere Abwässer, im Garten unter Umständen und mit Genehmigung der Behörden verrieselt werden können. Dafür ist ein Sumpfbeet oder die größere Ausführung, die Sumpfbeetklärstufe, die geeignete Möglichkeit. Biologische Untersuchungen haben nämlich gezeigt, daß Schilf, Rohrkolben, Binsen und andere Sumpfpflanzen in der Lage sind, Abwasser zu klären. Entweder diese Pflanzen selbst oder aber mit ihnen in Wurzelgemeinschaft lebende Bakterien sind fähig, dem Wasser die verschiedensten Stoffe zu entnehmen, bzw. diese abzubauen. Versuche haben ergeben, daß die Klärwirkung ganz erstaunlich ist. In der praktischen Umsetzung dieser Erkenntnisse hat man biologisch arbeitende Sumpfklärbeete entwickelt. Zur Zeit werden diese - durchaus vielversprechend - erprobt. So lohnt es sich nicht, zu kleineren Rastplätzen an den Autobahnen Abwasserleitungen hinzuführen. Andererseits müssen die Abwässer der dort befindlichen Toilettenanlagen entsorgt werden. Man hat nun im Versuch dort solche Sumpfbeetklärstufen in der Nähe angelegt, und sie arbeiten wohl recht gut.

Nun kann man nicht einfach hingehen und seine Toilettenabwässer in den Garten leiten, so simpel ist die Sache nicht, es muß vielmehr eine entsprechend sachgerecht erstellte Anlage vorhanden sein, die auch regelmäßig gewartet wird.

Im Prinzip besteht eine solche Anlage aus einer einfachen mechanischen Vorklärung, wo sich in einer Grube Sand absetzt und grobe Fremdstoffe zurückgehalten werden. Anschließend wird das Wasser in ein Drainagesystem geleitet, das in ein Sumpfklärbeet führt. Hier wachsen die oben erwähnten Sumpfpflanzen wie Schilf, Binsen und dergleichen. Das Wasser durchsickert das Wurzelsystem dieser Pflanzen und kommt am Ende der Einrichtung in einem Sammelgraben gereinigt wieder heraus, so daß es anschließend in einer Sickeranlage versickern kann ohne die Umwelt zu belasten.

Es kann nicht die Aufgabe dieses Buches sein, auch hierzu eine genaue Bauanleitung zu geben, denn eine derartige Anlage muß

Die Echte Brunnenkresse (*Nasturtium officinale*) braucht im Sumpfbereich eine freie Stelle. Für die Küche kann man sie auch in einem feuchtgehaltenen Balkonkasten heranziehen. Im Ziergefäß lassen sich Ästhetik und Nutzen vereinbaren.

selbstverständlich nach den jeweiligen örtlichen Gegebenheiten ausgerichtet sein. So muß sich die Größe nach der Anzahl der Personen richten, deren Abwässer zu klären sind, und entsprechende Dinge mehr. Interessenten werden sich mit einem entsprechenden Abwasser-Ingenieurbüro in Verbindung setzen, das die Berechnungen durchführt und die Genehmigungsanträge einreicht. Derartige Anlagen kommen zum Beispiel dann in Frage, wenn das öffentliche Abwasserkanalnetz sehr weit entfernt und ein Anschluß nur mit hohen Kosten zu erreichen ist.

Ranunculus lingua, der Große Hahnenfuß, ist ausgesprochen gut für Sumpfbeete und besonders sumpfige Stellen in einer Feuchtwiese geeignet.

Für den normalen Naturliebhaber ist die einfachere Ausführung einer Sumpfbeetklärstufe realisierbar, nämlich die Anlage eines Sumpfbeetes. In diesem Teil des Wassergartens, der am besten vom Teich getrennt angelegt wird, fühlen sich Sumpfschwertlilien, Blutweiderich und viele andere mehr erst so richtig wohl. Ein bestimmter Biotop sollte stets möglichst groß sein um den Lebewesen geeignete Lebensmöglichkeiten zu garantieren. Unter diesem Gesichtspunkt ist ein Sumpfbeet besser als der schmale Uferrand eines Teiches.

Der Bau eines solchen Sumpfbeetes entspricht in vielen Punkten dem eines Teiches. Es wird also zunächst eine Grube in der vorgesehenen Größe ausgehoben. Weil in das Beet Erde kommt, können die Ränder ruhig steiler sein und man braucht nicht so sehr auf irgendwelche Sonderheiten wie Pflanzstufen und dergleichen zu achten. Allerdings wird auch hier einfachheitshalber die Grube mit Folie ausgelegt, so daß der Boden des Loches eben ausmodelliert und mit einer Sandschicht ausgekleidet werden sollte um eine Beschädigung des Materials zu verhindern. Ist die Folie wie beim Gartenteich eingebracht, so kann Erde eingefüllt werden. Meistens läßt sich der Aushub wieder verwenden, gegebenenfalls mit etwas Sand gestreckt. Empfehlenswert ist es, im Sumpfbeet die Bodenoberfläche so zu gestalten, daß an einer Stelle ein kleiner Tümpel bleibt, wenn das Wasser eingefüllt ist. An diesem Tümpel sollte man auch nicht den gesamten Uferbereich mit Sumpfpflanzen besetzen. Wir haben ein solches Sumpfbeet mit Tümpel in der Nähe eines größeren Schulteiches angelegt, und auf einer solchen nicht von Pflanzen bestandenen Fläche am Rand des Tümpels versammelten sich hunderte kleiner Miniausgaben von Teichfröschen nach der Metamorphose, die aus dem großen Teich dorthin kamen. Sie sonnten sich auf der Freifläche von zwei bis drei Quadratmetern und sprangen in den kleinen Tümpel, sobald sie Gefahr wahrzunehmen glaubten. Überhaupt weist dieser Tümpel von rund 4 m^2 wesentlich mehr verschiedenartiges Leben auf als der große Teich mit seinen fast 100 m^2.

Damit das Sumpfbeet einen harmonischen Übergang in die Umgebung findet, sollte dort der Rand mit Rasensoden gestaltet werden, nur an einer Stelle wäre ein fester Standort mit Trittplatten günstig, damit man den Kleinbiotop auch beobachten kann. Wenig günstig ist es, sehr viele verschiedene Pflanzen auf kleiner Fläche zusammenzubringen, nach Art eines komprimierten botanischen Gartens. Schon bald werden einige starkwüchsige Pflanzen dann die restlichen überwuchern und man wird eine verfilzte Angelegenheit erhalten. Besser sind weniger, aber sorgsam zusammengestellte Gewächse. Die Pflanzen verdunsten besonders im Sommer sehr viel Wasser. Die Folge ist, daß der oben empfohlene Tümpel seine typische Charakteristik deutlich werden läßt, er wird nämlich in Trockenperioden weitgehend verschwinden und erst mit dem nächsten Regen wieder Wasser führen. Nur dann sollte man eingreifen, wenn Amphibienlaich gefährdet ist, ansonsten kann der Boden sehr viel Wasser aufnehmen und dient für die Pflanzen als Wasserspeicher. Aus diesem Grund muß ein Sumpfbeet auch groß genug sein und eine genügende Tiefe von mindestens 50 cm aufweisen, ansonsten besteht die Gefahr, daß nicht genügend Wasserspeicherkapazität für Trockenperioden vorhanden ist.

Für eine Feuchtwiese mit Schachbrettblumen, *Ranunculus lingua*, Horsten von *Iris* und Binsen, sowie anderen feuchtigkeitsliebenden Pflanzen gilt dies in ähnlicher Weise. Hier wird großflächig der Boden etwa 50 cm tief, besser noch 10 cm mehr, abgeräumt. Dafür ist nun wirklich ein Räumer am arbeitssparendsten. Die Folie wird wie für den Folienteich ausgelegt und die abgeräumte Bodenschicht wieder eingebracht. Ein gewisses Problem stellt die Wasserzufuhr dar. Diese ist ohne erhebliche Kosten nur mittels Regenwasser möglich, das über die Dachfläche gesammelt wird. Wenn die Fläche der Feuchtwiese plus die Dachfläche zur Verfügung stehen, dürfte genügend Wasser anfallen. Die Einleitung dieses Wassers muß über einen zur Feuchtwiese quer angelegten Sickergegraben gleichmäßig erfolgen, sonst ergibt sich eine trichterförmige Wasserzufuhr, die sich in der Vegetation wiederspiegelt. Eine Feuchtwiese sollte eine Mindestfläche von 10 x 10 m aufweisen, sonst ist es eher ein Sumpfbeet. Bei einer solchen Mindestgröße spielen sich auch die natürlichen Prozesse gerade schon ein, die Anlage wird dann nicht zur Monokultur einer einzigen Pflanzenart, die alle anderen verdrängt, vielmehr erhält sich eine gewisse Pflanzenvielfalt, der Boden hält genügend Feuchtigkeit und so weiter. Auch für charakteristische Tiere ist diese Größe schon interessant. Amphibien wird man dort mit einiger Sicherheit finden, sofern sie einmal zuwandern konnten.

Eine Feuchtwiese muß allerdings regelmäßig gepflegt werden, sonst wird es sie bald nicht mehr geben. So muß man unbedingt einmal, besser noch zweimal im Jahr mit einer Sense mähen. Es dürfen sich keine Birken-, Weiden- oder Ahornschößlinge und dergleichen ansiedeln.

Das Moorbeet

Für ein Moorbeet im Garten wird Torf benötigt. Schon auf Seite 49 haben wir festgestellt, daß heute die Moore in ihrem Bestand sehr gefährdet sind, hauptsächlich deshalb, weil sie zur Torfgewinnung abgetorft werden. Ein wesentlicher Teil dieses Torfes wird für den Garten verwendet. Der Nutzen für die Düngung ist jedoch keineswegs so groß wie es auch heute noch gelegentlich dargestellt wird, denn der Torf selbst ist ein totes Material. Um den Boden aufzulockern, kann man auch Sand verwenden, um Humus einzubringen sind Rindenmulch oder Kompost wesentlich geeigneter. Der einzige Verwendungszweck im Garten, wo Torf wirklich sinnvoll wäre, ist die Anlage eines Moorbeetes. Andererseits muß man sich heute im Sinne des Naturschutzes überlegen, ob selbst dafür der Einsatz von Torf gerechtfertigt ist. Ein Torfbeet kann selbstverständlich nicht die gefährdete Moorflora oder -fauna vor dem Aussterben bewahren, das geht erheblich besser vor Ort, indem

Anlage eines Moorbeetes. Der Bau erfolgt im Grund wie der eines Sumpfbeetes, nur wird als Füllung Torf genommen und darauf geachtet, daß kein nährstoffreiches Wasser hineinfließen kann.

man also nicht als Torfkäufer in Erscheinung tritt und auf diese Weise dafür sorgt, daß der Torf dort bleibt wo er hingehört. Ob man diesem Gedanken nun folgen möchte oder nicht, muß dem Einzelnen überlassen bleiben. Einer von uns hat zu Lehrzwecken einmal ein Torfbeet angelegt, dessen Herstellung hier dargestellt werden soll.

Wie anhand der oben wiedergegebenen Abbildungen deutlich wird, gestaltet sich auch der Bau eines Moorbeetes grundsätzlich wie der des Sumpfbeetes. In eine etwa 50 cm tief ausgeschachtete Grube wird die abdichtende Folie eingebracht. Der käufliche Ballentorf ist zu trocken und schwimmt, deshalb füllt man die ausgekleidete Grube zunächst mit Wasser und gibt soviel Torf wie möglich hinein. Es dauert nun geraume Zeit, mitunter Wochen, bis sich der Torf mit Wasser vollgesogen hat und untergegangen ist. Entsprechend gibt man von Zeit zu Zeit Ballentorf nach, bis das Moorbeet gefüllt ist. Sobald der Torf sich genügend gesetzt hat und kein weiteres Material mehr zugegeben werden braucht, kann gepflanzt werden. Die Bulte und Schlenken werden zunächst künstlich modelliert. Der Wasserstand sollte anfänglich so hoch sein (Anpflanzung deshalb am besten im zeitigen Frühjahr), daß die Schlenken wassergefüllt sind. An ihren Randbereich setzen wir *Sphagnum* oder

Torfmoos ein, ferner stehen die im Pflanzenteil auf Seite 248 aufgelisteten Arten zur Verfügung. Bei der regelmäßigen Pflege muß dafür gesorgt werden, daß kein nährstoffreiches Oberflächenwasser in das Torfbeet fließen kann, außerdem darf auf keinen Fall gedüngt werden. Fremdpflanzen, wie Baumsämlinge oder ähnliches, sind stets zu entfernen. Der Wasserstand kann bei genügender Beettiefe sich selbst überlassen bleiben, die Pflanzen vertragen Trockenperioden meist recht gut. Hier zeigt sich das Problem der Stabilität von Ökosystemen ganz besonders: je größer ein solches Beet ist, umso stabiler ist es auch.

Die Sanierung von alten Wasserlöchern

Eine alte Reutekuhle, das sind Grundwassertümpel, in denen früher Flachs für die Leinenweberei aufbereitet wurde, ist auf der unten dargestellten Abbildung wieder hergerichtet worden. Alte, zugeschüttete Wasserlöcher wieder instand zu setzen, ist völlig unbürokratisch möglich. Zu solcher Wiederherstellung des ursprünglichen Zustandes bedarf es keiner Genehmigung. Man sollte also ruhig alte zugeschüttete oder verlandete Wasserlöcher wieder intakt setzen. Sprechen Sie zu diesem Zweck mit der örtlichen Naturschutzbehörde. Oft werden von dort aus solche Arbeiten entweder vorgenommen oder aber bezuschußt.

Reutekuhle, saniert, gleich nach den Aushubarbeiten. Wie sie heute aussieht, sehen Sie auf Seite 670.

Inhaltsübersicht

Kaltwasseraquarium mit Nordamerikanischen Zwergbarschen.

Warum ein Kaltwasseraquarium?

Naturfreunde, welche die Lebewesen am und im Teich über das Jahr hinweg beobachten, verspüren sicher bald den Wunsch, ihr Verhalten und ihre Lebensabläufe besser kennenzulernen. Auch am Teich sind natürlich sehr interessante Beobachtungen möglich, der Pfleger eines mit Sachverstand eingerichteten Aquariums erhält aber ganz andere und intensivere Einblicke in die Welt der Wassertiere. Während die Beobachtungsperspektive im Gartenteich naturgemäß auf die Sicht von oben beschränkt bleiben muß, ist der Beobachter an der Scheibe des Aquariums am Geschehen „dichter dran". Die Stichlingsbalz zum Beispiel ist im Aquarium eindeutig besser zu beobachten als im Gartenteich, dies ist rasch einsichtig.

Nun soll aber keineswegs dafür plädiert werden, statt eines Gartenteiches ein Kaltwasseraquarium anzuschaffen, beide sollten sich vielmehr im Idealfall ergänzen. Ein noch so großes Kaltwasseraquarium bleibt zweifelsohne im Volumen immer kleiner als ein nicht einmal sehr großer Gartenteich. Dagegen sollte man hin und wieder die Gelegenheit nutzen, einzelne Lebewesen oder kleinere Lebensgemeinschaften für einen gewissen Zeitraum aus dem Gartenteich in ein Kaltwasseraquarium zu holen, um sie dort intensiv zu beobachten, und anschließend wieder zurückzusetzen. Dieses Vorgehen empfielt sich zum Beispiel, wenn man einmal die Entwicklung einer Insektenlarve beobachten möchte oder ähnliches. Die Naturschutzbestimmungen sind selbstverständlich auch dabei zu berücksichtigen.

Aus diesem Grund ist auch die Einrichtung eines Aquariums für Kinder sehr anzuraten. Im Lernprozeß um die Pflege und Erhaltung von Pflanzen und Tieren erwerben Kinder daran wichtige Kenntnisse über die Rolle des Wohlergehens anderer Lebewesen und auch im Miteinander des Menschen. Deshalb ist die Tierpflege ein guter Weg um Kinder an den Umgang mit Lebewesen heranzuführen. Nun neigen allerdings Kinder immer mehr dazu, nach einiger Zeit das Interesse zu wechseln. Es kann aber nicht der Sinn darin liegen, Tiere, zum Beispiel Molche, nachdem sie langweilig geworden sind, etwa in die Toilette zu kippen oder sonstwie zu beseitigen. Wer glaubt, derartige Dinge kämen nicht vor, so grausam könne ein „Tierfreund" nicht sein, der erkundige sich einmal beim Tierschutzverein seines Wohnortes, unter welchen Umständen Tiere zu Beginn der Urlaubszeit immer wieder gefunden werden, oder der frage sich einmal, wie die vielen Goldfische, Schildkröten und sonstigen Kleintiere in die Wassergräben der Botanischen Gärten oder Zoos gelangen. Der Zoodirektor oder seine Mitarbeiter haben sie dort in den seltensten Fällen ausgesetzt. Da ist es dann doch besser, die Lebewesen werden aus einem Gartenteich vorübergehend zu Beobachtungszwecken entnommen und das Kind setzt sie zurück, sobald das Beobachtungsziel erreicht oder das Interesse erlahmt ist. Auf diese Weise dürfte das Verantwortungsgefühl für die Kreatur wohl am besten geweckt und gefördert werden.

Ein weiterer Punkt, der für das rechtzeitige Einplanen eines Kaltwasseraquariums in Verbindung mit dem Gartenteich spricht, ist der, daß vielfach Fische oder andere Tiere (etwa Rotwangen-Schildkröten) gepflegt werden, die nicht winterhart sind, auch für Pflanzen trifft das teilweise zu. So sind heute viele als Kaltwasserfische angebotene Arten Züchtungen, die aus wärmeren Ländern kommen, wie zum Beispiel Schleierschwänze aus Singapur, weil sie dort billiger gezüchtet werden können als bei uns. Ein an unsere Temperaturen gewöhnter Fisch aus heimischer Zucht ist auch aus diesen Gründen vorzuziehen, selbst wenn er ein paar Pfennig mehr kosten sollte. Manche an sich winterharte Arten sind überdies aufgrund von Hochzuchten empfindlicher geworden und vertragen tiefe Temperaturen nicht mehr so problemlos. Alle diese frostgefährdeten Tiere müssen im Winter ins Haus geholt werden, und dafür ist rechtzeitig die entsprechende Vorsorge zu treffen.

Ein Kaltwasseraquarium, wie man es um 1870 sah.

Außerdem gibt es eine ganze Anzahl von Fischarten, zum Beispiel aus dem Süden der USA, die zwar nicht als winterhart anzusehen sind, die sich aber hervorragend für die Pflege im ungeheizten Zimmeraquarium eignen. Merkwürdigerweise hängt sehr häufig die richtige Pflege eines Fisches weniger von seinen biologischen Erfordernissen als mehr von Einschätzungen und Gefühlen ab. So werden manche Fische Floridas als Tropenfische betrachtet und in Pflegeanleitungen hohe Temperaturen von über 20 °C empfohlen, anderen Fischen aus dem gleichen Klima werden niedrige Temperaturen zugemutet. Ein Beispiel für den ersteren Fall stellen der Lebendgebärende *Heterandria formosa* dar, auch der Edelsteinkärpfling *Cyprinodon variegatus* sowie andere mehr. Teilweise kommen diese Fische viel weiter nördlich vor als zum Beispiel der Schwarzbarsch *Elassoma evergladei*, für den gelegentlich 4°C als unterer Temperaturbereich angegeben werden, was viel zu kalt ist. Eigentlich sollten alle diese Arten zwar nicht im „Kalt"wasseraquarium, wohl aber im ungeheizten Zimmeraquarium gepflegt werden, am besten um 16-20°C, im Sommer sogar ab Ende Mai im Freilandbecken. Diese Fische sind im Grunde recht temperaturtolerant, weshalb sie auch die angegebenen ungünstigen Temperaturen gegebenenfalls überstehen.

Ein Aquarium mit Nordamerikanischen Sonnenbarschen.

Die Planung eines Kaltwasseraquariums

Teiche, die eine geringere Tiefe als 60 cm haben, in sehr kalten Zonen liegt diese Mindesttiefe sogar bei 1 m, müssen im Winter leergefischt werden, weil sonst die Gefahr besteht, daß die Fische erfrieren. Und da sollten die Fische eben nicht nur in Eimern oder einer alten Waschbütte im dunklen Kartoffelkeller in qualvoller Enge ,,aufbewahrt" werden. Schon aus diesem Grunde ist ein Kaltwasseraquarium zumindest im Winter zwingend notwendig, sonst muß man auf einige hübsche Fischarten im Gartenteich verzichten.

Andererseits benötigen die meisten Kaltwasserfische eine Winterruhe, die Hälterung in einem großen Wohnzimmeraquarium wäre also auch nicht das richtige, dort wäre es viel zu warm. Manche Arten kühlerer Regionen brauchen diese Winterruhe, um Laich anzusetzen. Große Fische, wie ausgewachsene Goldfische, Goldorfen oder gar Kois, benötigen darüber hinaus natürlich sehr große Behälter. Für sie können wir im Keller bei kühler Temperatur improvisieren, indem wir große Wannen aufstellen oder aus Holz Behälter bauen, die mit Teichfolie ausgelegt werden. Diese größeren Behälter können gegebenenfalls mit den gleichen Filtern wie der Gartenteich gefiltert werden. Die günstigste Hälterungstemperatur beträgt etwa 4° - 8° C, diese sollte für etwa einen Monat beibehalten werden. Dann fressen die Tiere nicht, und deshalb darf bei diesen Temperaturen auch nicht gefüttert werden. Das hat überdies den vorteilhaften Nebeneffekt, daß das Wasser nicht so stark verunreinigt wird. Bei etwas höheren Graden, ab etwa 10-12°C beginnen die Fische wieder mit der Nahrungsaufnahme, und dann sollten wir sehr sparsam mit der Fütterung beginnen. Den Fischen droht eher Gefahr durch Wasser, das aufgrund überreichlicher Fütterung verunreinigt wurde, als durch Verhungern. Größere Fische ab 15 cm vermögen, zumal bei niedrigen Temperaturen, durchaus einen Monat und länger zu hungern ohne Schaden zu nehmen, dies entspricht ja auch ihrem natürlichen Lebensablauf.

Anders sieht es natürlich aus, wenn der Überwinterungsbehälter, in diesem Falle in der Regel ein Aquarium, an einem vom Pfleger häufiger aufgesuchten Ort steht, oder wenn das Aquarium ein Schmuckstück darstellen soll. Zwar ändern sich heute die Lebensgewohnheiten und die durchschnittliche Raumtemperatur steigt, aber dennoch gibt es viele Leute, die gerne in einem kühlen und ungeheizten Schlafzimmer nächtigen, wobei dann nur die Nasenspitze unter einem dicken Federbett hervorragt. Da bietet es sich an, das Aquarium in einem solchen Raum aufzustellen. Für kleinere Fischarten, wie zum Beispiel Elritzen,

Stichlinge oder Jungfische der groß werdenden Arten sind durchaus schon Becken ab 80 bis 100 cm Länge geeignet. Für große Kois oder Gold-fische und Schleierschwänze müssen Becken ab 1,5 m, besser 2 m Länge aufgestellt werden. Auch solche Aquarien lassen sich geschmackvoll einrichten, selbst wenn zu bedenken ist, daß nicht nur die Tiere sondern auch die Pflanzen eine Winterruhe einlegen, und daß sich bei großen Fischen Pflanzen vielfach nicht halten, weil sie abgerissen oder gar gefressen werden. In dieser Situation muß man dann ausweichen und Wurzeln oder Steine als wesentliche Dekorationselemente im Aquarium verwenden.

Allgemein haben sich als Aquarienbehälter die in allen Größen erhältlichen Ganzglasaquarien bestens bewährt, die heute in jeder Zoofachhandlung zu bekommen sind. Sie sind mit Silikonkautschuk verklebt und eignen sich natürlich auch für Kaltwasseraquarien. Sie lassen sich bei entsprechender Sorgfalt in der Verarbeitung auch selbst herstellen, nur stellt sich die Frage, ob sich der Aufwand lohnt, weil die käuflich angebotenen fertigen Aquarien oft kaum teurer sind als die Glasscheiben plus Kleber. Höchstens wenn man besondere Maßanfertigungen für einen speziellen Standort benötigt, lohnt sich der Selbstbau, man kann aber auch so etwas über beinahe jede Zoofachhandlung auf Bestellung angefertigt erhalten. Ob die Aquarien zum Schutz der Glaskanten oder zur Dekoration mit einem Kunststoffrahmen versehen werden sollen, oder ob vielleicht gleich ein Rahmenaquarium aus Edelstahl verwendet werden soll, ist mehr eine Frage des Geldbeutels und des Geschmackes als der biologischen Notwendigkeit.

Vor der Anschaffung und Einrichtung eines Aquariums muß genau bekannt sein, für welchen speziellen Zweck es verwendet werden soll, was man gerne pflegen möchte. Tiere und Pflanzen stellen oft sehr unterschiedliche Ansprüche.

So muß ein Aquarium, in dem zum Beispiel Goldfische oder Koi überwintern sollen, groß und mit einer wirksamen Filterung versehen sein. Sollen, etwa in einem Restaurant, Forellen ausgestellt werden, dann sind eine gute Kühlung und eine starke Sauerstoffanreicherung notwendig. Wenn in einem Aquarium Beobachtungen zum Beispiel des Brutpflegeverhaltens von Bitterlingen oder Stichlingen angestellt werden sollen, dann sind wieder andere Voraussetzungen notwendig, zum Beispiel sind in diesem Fall Teichmuscheln als Wirte für die Bitterlingsbrut oder geeignetes Pflanzenmaterial für den Nestbau des Stichlingsmännchens notwendig. Dagegen ist für die Pflege und Beobachtung vieler Niederer Tiere aus dem Teich, wie zum Beispiel Schnecken oder Insekten, oftmals jede Technik überflüssig.

Interessant ist es, ein Kaltwasseraquarium auch als solches über einen längeren Zeitraum hinweg zu erhalten und nicht nur als geplant vorübergehende Einrichtung. Dann zeigt sich nämlich, daß der richtige Erhalt eines solchen Lebensraumes zum biologisch Anspruchsvollsten gehört, was die Aquaristik zu bieten hat. Ein richtig und auf Dauer gepflegtes Kaltwasseraquarium ist keineswegs ein Aquarium für arme Leute, die sich die Stromkosten für ein Warmwasseraquarium nicht leisten können. Im Gegenteil ist es wesentlich einfacher, ein Aquarium auf eine gleichmäßige höhere Temperatur zu bringen, als es zum Beispiel im Sommer zu kühlen. Und was den finanziellen Aspekt betrifft, so vergleiche man einmal die Preise eines Regelheizers (gute Systeme für deutlich unter 50,-- DM) mit denen eines Kühlaggregates (billige Systeme kosten mit rund 500,-- DM deutlich darüber). Ein gut gepflegtes Kaltwasseraquarium, und darin sollte nicht nur die Hälterung, sondern auch die Nachzucht der Pfleglinge eingeschlossen sein, ist die Hohe Schule der Aquaristik und keineswegs einfach. Dies ist ein wesentlicher Grund dafür, daß man richtig schöne Kaltwasseraquarien leider nur außerordentlich selten sieht.

Auch die Zahl der für das Heimataquarium angebotenen geeigneten Arten ist im Zoofachhandel leider nur sehr gering. Erst in letzter Zeit haben sich aufgrund des zunehmenden Naturschutzgedankens Teichwirte darauf spezialisiert, auch heimische Kleinfische zu züchten und sie für den Gartenteich anzubieten.

Mit sehr gemischten Gefühlen hingegen ist der Verkauf von nicht heimischen Kaltwasserfischen zu sehen. So werden zum Beispiel Bitterlinge aus Japan bei uns angeboten, jedoch ohne daß dabei angegeben wird, daß es sich nicht um unsere mitteleuropäische Art, sondern um eine ganz andere handelt. Auf diese Weise kann es zu Faunenverfälschungen und zusätzliche Bedrohung der Existenz einheimischer Arten kommen, obgleich ein Naturfreund eigentlich gerade das Gegenteil erreichen und den einheimischen Arten einen neuen Lebensraum bieten wollte. Aus diesem Grund sind auch unbedingt die Naturschutzgesetze einzuhalten, hierzu sei auf die Seiten 220 und folgende verwiesen. Wenn man jedoch über den Zoofachhandel keine heimischen Arten erwerben kann, dann bleibt auch noch die Möglichkeit, sich an örtliche Naturschutz- oder Angelvereine zu wenden. Zumal Aquaristik und sachgerechtes Angeln sicher sehr eng benachbarte Hobbys sind, wird man im Angelverein vermutlich verständnisvolle Ansprechpartner finden, die entweder bestimmte Arten selbst zur Verfügung stellen, oder doch Bezugsquellen nennen können. Im Zoofachhandel wird man dann vielleicht auch eine der viel zu selten erhältlichen nordamerikanischen Arten bekommen, die zumindest zur Laichzeit wunderschön sind.

Die Einrichtung

Der Aquarienbehälter ist entsprechend den Vorüberlegungen angeschafft und es kann ans Einrichten gehen. Eine gewisse Schwierigkeit liegt darin, daß in den gemäßigten Breiten auch die Pflanzen eine Winterruhe haben. Wenn also zum Beispiel Fische im Winter ins Haus geholt werden müssen und ein auch optisch ansprechend gestaltetes Aquarium aufgestellt werden soll, gerade dann stehen die wenigsten attraktiven Kaltwasserpflanzen zur Verfügung. Wir werden später noch sehen, wie dieses Problem zu lösen ist. Vor allem aber weil die Fische im Winter meist beengter leben müssen als im Sommer im Teich, muß das Aquarium möglichst zweckmäßig eingerichtet sein.

Der Bodengrund

Nachdem wir das Aquarium auf einer ebenen Unterlage aufgestellt haben, am besten auf eine dünne Styropor-Platte, die ihrerseits auf einem festen und stabilen Untergrund steht, wie einem Schrank oder dergleichen, kann es ans Einbringen des Bodengrundes gehen. Er dient der Verankerung der Wasserpflanzen, aus ihm entnehmen die Pflanzen überdies einen gewissen Teil an Nährstoffen. Den größten Anteil der benötigten Nährstoffe vermögen die untergetaucht lebenden Pflanzen über die Blatt- und sogar über die Stengeloberfläche aufzunehmen. Dennoch spielt der Bodengrund für den Haushalt des Aquariums eine wesentliche Rolle. Hier siedeln sich, ebenso wie im Filter, verschiedene Bakterien, Einzeller und andere Kleinstlebewesen an. Sie leben von den Exkrementen der größeren Bewohner, von abgestorbenem Tier- und Pflanzenmaterial, das sie auf diese Weise abbauen. Durch ihre Tätigkeit entsteht der Mulm oder Detritus. Gleichzeitig bauen sie giftige Stoffwechselprodukte ab und zerlegen diese, wodurch sie für die höheren Aquarienbewohner ungiftig werden. Wir werden im Kapitel über die Wasserchemie hierzu nähere Einzelheiten erfahren.

Der Bodengrund selbst muß vor dem Einbringen vorbereitet werden. Zunächst ist geeignetes Material bereitzustellen. Zu feiner Sand verdichtet mit der Zeit stark. Wie oben geschildert, ist in jedem Bodengrund eine intensive Bodenflora und -fauna aktiv, die Stoffwechselprodukte abbaut und so das Wasser in Ordnung hält. Diese Mikroorganismen arbeiten vorwiegend aerob, das bedeutet unter Sauerstoffzufuhr. Wenn nun der Bodengrund zu fein ist, verschlammt er und ist nicht mehr genügend durchlüftet. Die Folge ist, daß nun die unter Sauerstoffzufuhr tätigen Bakterien absterben und statt ihrer anaerob tätige Bakterien aktiv werden, die aber meist den Nachteil haben, daß sie

Bodengrund (Aqualit).

Stoffwechselprodukte, etwa solche des Stickstoffkreislaufes, nicht mehr abbauen, sondern im Gegenteil zum Beispiel aus dem wenig gefährlichen Nitrat wieder giftiges Nitrit produzieren. Auch können Faulgase entstehen und das Aquarium riecht dann nicht gerade gut. Äußeres Anzeichen solcher ungünstiger Bodengrundverhältnisse ist ein Schwarzwerden des Bodens, dann bilden sich möglicherweise Schimmelpilze, schließlich sterben die höheren Lebewesen. Aus diesem Grund also darf der Bodengrund nicht zu fein sein, am besten ist normaler sogenannter Flußkies geeignet, mit einer Körnung von 3 bis 6 mm Durchmesser. Quarzkies ist für das Aquarium wenig gut geeignet. Er bindet Eisen, das die Wasserpflanzen als Dünger brauchen. Dunkler Bodengrund ist hellem vorzuziehen, die Fische fühlen sich darüber wohler, denn in der Natur können sie von Feinden von oben so schlechter ausgemacht werden. Über weißem Sand oder dergleichen bleiben auch Kaltwasserfische meistens blaß und farblos. In letzter Zeit wird im Zoofachhandel häufiger dunkler Aquarienkies in verschiedenen Körnungen angeboten, der alle Anforderungen bestens erfüllt, z.B. Aqualit und Natalit (Hobby), RioGran (Preis), aber auch Naturkies.

Sehr viele Kaltwasserfische, die wir im Winter ins Haus holen, zum Beispiel Goldfische, gründeln gerne. Damit unser Aquarium nicht

Diese Elritzen laichen über einem recht groben und dunklen Bodengrund, der für die Verwendung im Kaltwasseraquarium ideal ist, weil er sehr natürlich wirkt.

ständig trübe ist, ist sehr dazu zu raten, den Bodengrund ausgiebig durchzuwaschen, auch Dekorationsmaterial sollte vor dem Einbringen gründlich gesäubert werden, schon damit keine Schadstoffe eingebracht werden.

Sollte man Flußsand oder dergleichen verwenden wollen und sich sicher sein, daß die zu pflegenden Fische nicht gründeln, so kann es genügen, den Boden nicht völlig durchzuwaschen, sondern nur grob gewaschenen Sand etwa 4 bis 6 cm hoch einzubringen und dann darüber eine rund 4 cm starke Schicht gut durchgewaschenes Material zur Abdeckung zu verwenden. Dadurch hat man einmal Arbeit gespart, was in einem sehr großen Becken auch nicht zu unterschätzen ist, zum anderen bleiben im unteren Teil natürliche Lehmbeimischungen erhalten, die dann den Pflanzen zugute kommen können. Um den Pflanzen noch zusätzliche Nährstoffe zukommen zu lassen, kann man der nur grob vorgewaschenen unteren Sandschicht zusätzlich Lehm beigeben oder auch einen der käuflich erhältlichen Zusätze untermischen, die über längere Zeit hinweg Nährstoffe freisetzen sollen. Vermutlich aber wird die Nährstoffaufnahme über die Wurzeln, vor allem im Kaltwasseraquarium, erheblich überschätzt.

Die Bepflanzung

Wenn der Bodengrund, je nach Größe des Beckens, 6-8 cm hoch eingebracht ist, kann man das Aquarium vorsichtig und ohne den Boden aufzuwirbeln etwa zu einem Drittel bis zur Hälfte auffüllen. Damit durch das Einfließen des Wassers nicht eine Schlammwüste entsteht, sollte man den Aquarienboden mit einer Plastikfolie, etwa einer aufgeschnittenen Plastiktüte oder dergleichen, abdecken und den Wasserstrahl auf eine Untertasse oder ähnliches leiten. Grundsätzlich kann man auch zunächst die Pflanzen einsetzen und dann erst das Wasser eingeben, doch muß man dann rasch arbeiten, weil sonst die Blätter der Pflanzen schon bald anzutrocknen beginnen.

Die Pflanzen werden, wenn es sich um Stengelpflanzen handelt, nach Entfernen der unteren Blätter mit einer Pinzette in den Bodengrund gesenkt, es gibt dafür Pflanzpinzetten mit sehr langen Schenkeln. Gerade Stengelpflanzen kann man auf diese Weise besser als mit den Fingern gruppenweise einen Stengel neben den anderen einsetzen. Ungünstig ist es, solche Pflanzen zu einem ganzen Bündel in ein Pflanzloch zu stecken, denn darin kann es durch die absterbenden unteren Blätter leicht zu Fäulnis kommen. Solche Pflanzen, die ausgeprägte Wurzelstöcke haben, müssen hingegen in ein zuvor mit den

Vorschlag für ein bepflanztes Kaltwasseraquarium.

Fingern ausgehobenes größeres Pflanzloch gesenkt werden. Dieses Loch muß möglichst so tief reichen, daß die Wurzeln ungeknickt darin Raum finden. Gegebenenfalls kann man die Wurzeln etwas mit einer Schere einkürzen. Pflanzenwurzeln, die einfach so in ein Pflanzloch gestopft wurden, das dann mit Boden abgedeckt wird, knicken meist und faulen rasch. Wurzelpflanzen werden bis zum Wurzelhals mit Bodengrund abgedeckt. Am besten setzt man sie zunächst ein wenig tiefer in den Sand oder dergleichen und zieht sie anschließend ein Stückchen bis auf die gewünschte Höhe wieder hoch, dann ist die Wahrscheinlichkeit geknickter Wurzeln geringer.

Stengelpflanzen sollten in Gruppen nebeneinander eingesetzt werden, so ist der optische Eindruck am günstigsten, größere Wurzelpflanzen kann man auch als Einzelpflanzen an hervorzuhebenden Stellen im Aquarium einpflanzen. Die höheren Pflanzen sollten ganz allgemein eher nach hinten und an die Seiten kommen, schon damit sie nicht den niedrigeren das Licht nehmen. Auch hier ist eine Gruppenpflanzung einzelnen, unregelmäßig durcheinander eingesetzten Pflanzen vorzuziehen. Vor allem in Aquarien mit gründelnden Fischen ist es ratsam, die Wurzeln der Pflanzen gegebenenfalls durch Steine zu schützen. Vielfach wird empfohlen, eine Solitärpflanze in den mittleren Vordergrund zu setzen, etwa dergestalt, daß sie nach dem Goldenen Schnitt einen Abstand von den Seitenscheiben von einem zu zwei Dritteln hat, den gleichen Abstand von einem Drittel von der vorderen Scheibe ins Becken hinein. In der Tat verstärkt eine solche Anordnung den Eindruck optischer Tiefe. Schlecht ist es, eine solche Pflanze genau in die Mitte des Aquariums zu plazieren, denn das wirkt künstlich und unnatürlich. Grundsätzlich aber gilt, daß entscheidend immer der persönliche Geschmack sein sollte. Dieser hat nur dort seine Grenzen, wo der Lebensraum der Aquarienbewohner beschnitten wird, so sollte der Vordergrund bis auf die erwähnte Solitärpflanze nur wenig mit hohen Pflanzen bestanden sein bzw. gar nicht, denn sonst wird der freie Schwimmraum für die Fische zu sehr eingeengt. Um beurteilen zu können, wie hoch die Pflanzen zu werden vermögen, ist im Pflanzenteil die jeweilige Höhe angegeben. Wer möchte, kann sich unter Berücksichtigung dieser Daten zunächst einen Pflanzplan auf einen Bogen Packpapier von der Größe des Aquariums erstellen, dann weiß er auch, wieviele Pflanzen von welcher Art er benötigt und einkaufen muß.

Nun wurde bereits angeführt, daß für die Einrichtung eines Kaltwasseraquariums wesentlich weniger Pflanzen zur Verfügung stehen als für ein Tropenaquarium, außerdem haben die heimischen Pflanzen ebenso wie die Tiere im Winter eine Ruhepause. Dennoch gibt es auch Pflanzen, die im Winter wachsen, vor allem sind dies die Stengelpflanzen. Aber man kann auch mit weniger Pflanzen und dafür mehr Wurzeln und Steinen ein optisch ansprechendes Kaltwasseraquarium einrichten.

Bei der Zusammenstellung der Pflanzen empfiehlt es sich, in kleineren Aquarien mit entsprechend kleineren Fischen auch nicht zu große Pflanzen zu verwenden und dort Stengelpflanzen wie *Egeria* und *Elodea*, die Wasserpest, das Hornkraut (*Ceratophyllum*) oder Tausendblatt (*Myriophyllum*) zu bevorzugen, ferner Quellmoos (*Fontinalis*) und als Schwimmpflanze das Teichlebermoos (*Riccia*).

Große Aquarien mit großen Fischen verlangen hingegen geradezu auch nach der Verwendung entsprechend dimensionierter Pflanzen. Dort läßt sich im Sommer die Gelbe Teichrose (*Nuphar*) einsetzen, die lange Zeit Unterwasserblätter trägt, auch Zwergseerosenzüchtungen kann man vielleicht versuchsweise einmal einbringen, doch ist dies eine Frage der Aquarienbeleuchtung und ob sie nicht möglicherweise mit ihren Schwimmblättern zuviel Licht fortnehmen. An derart robuste Pflanzen gehen aber solche Fische nicht so leicht heran, die durchaus auch einmal an Pflanzen naschen. Um ihnen Ersatz zu bieten, kann man zum einen weichblättrigere Pflanzen bieten, wie etwa abgebrühten Salat, oder aber Flockenfutter auf vorwiegend pflanzlicher Basis. Eine weitere Möglichkeit besteht auch darin, Pflanzen außerhalb des Kaltwasseraquariums heranzuziehen und diese dann regelmäßig nachzupflanzen bzw. gegen unschöne Pflanzen auszutauschen. Für das Pfennigkraut (*Lysimachia*) kann man dazu im Garten auch ein Sumpfbeet oder den Teichrand nutzen, denn diese Pflanze läßt sich ohne Probleme sowohl über als auch unter Wasser verwenden. Bei wühlenden Fischen setzt man die Pflanzen in Töpfe und deckt die Pflanzerde mit Kieselsteinen ab.

Es gibt Aquarianer, die unbedingt auf das Biotopaquarium schwören, also ein Aquarium, in dem nur Pflanzen und Tiere aus dem gleichen Lebensraum oder zumindest Erdteil vorhanden sind. Wer dieses möchte, der kann natürlich auch etwa für ein Nordamerika-Becken mit den entsprechenden Fischen ein Angebot nordamerikanischer Pflanzen finden, darunter sind durchaus auch solche, die wir als eingeführte Aquarienpflanzen bereits lange kennen. So sei daran erinnert, daß die Wasserpest nicht etwa eine heimische Art ist, sondern früher einmal aus Nordamerika eingeschleppt wurde. Auch die Kardinalslobelie ist eine solche nordamerikanische Pflanze, weitere finden sich im Pflanzenteil. Wer die Pflanzenauswahl nicht so eng sieht, dem steht auch manche Art zur Verfügung, die einen weiten Toleranzbereich hat und sowohl warme als auch kühlere Temperaturen verträgt, wie etwa Ludwigien, Sagittarien und Vallisnerien. Entscheidend ist allgemein nur, daß die Pflanzen gut wachsen und so für optimales Wasser sorgen.

Die Pflanzendüngung

Eine Düngung der Pflanzen kann in den meisten Fällen auch im Kaltwasseraquarium nicht unterbleiben. Allerdings sind dort aufgrund der niedrigeren Temperaturen, die ein langsameres Wachstum mit sich bringen, nur etwa 1/4 bis 1/2 der für Warmwasseraquarien notwendigen Düngerkonzentration angebracht und optimal. Der Zoofachhandel führt ein ganzes Sortiment von Pflanzendüngern unterschiedlicher Fabrikate und Hersteller, man orientiere sich dort. Allerdings gibt es bezüglich des Kaltwasseraquariums wenig veröffentlichte Erfahrungen mit Pflanzendüngung oder gar Dosierungen, so daß es dem Pfleger nicht erspart werden kann, zu experimentieren und die für seine Verhältnisse günstigsten Bedingungen zu ermitteln. Die Gefahr liegt hier allerdings eher in einer Überdüngung als in Nährstoffmangel. Bei zu hohen Düngergaben kann es leicht zu Algen-Massenentwicklungen kommen. Es mag vor allem im Frühjahr und Sommer und bei der Pflege anspruchsvoller Pflanzen notwendig sein, auch eine CO_2-Düngung einzusetzen. Hier liegen aus der Warmwasseraquaristik sehr reichhaltige Erfahrungen vor, die sich durchaus entsprechend übertragen lassen, doch auch hier ist bei niedrigeren Temperaturen die CO_2-Zufuhr zu drosseln, sonst sinkt der pH-Wert unter 6,5; und das mögen viele Fische nicht.

Algen

Ein Problem können auch im Kaltwasseraquarium die Algen darstellen. Dem Algenwachstum läßt sich dadurch vorbeugen, daß nach Möglichkeit nur wenige Fische, dafür aber schnellwüchsige Pflanzen gepflegt werden. Hier empfehlen sich wiederum die Stengelpflanzen, wie etwa Hornkraut, die den Algen die Nährstoffe streitig machen. Auch höhere Algen, wie *Chara* und *Nitella*, konkurrieren stark mit den einfacheren Algenvertretern und lassen ihnen weniger Lebensmöglichkeiten. Außerdem sehen sie sehr gut aus und lassen sich, sollten sie zu dicht werden, durch einfaches Herausnehmen reduzieren. Viele Fische laichen an diesen Pflanzen sehr gerne ab.

Auch Tiere können als Algenvernichter fungieren, so helfen viele Schnecken, zum Beispiel Posthornschnecken, die Algen durch Abweiden im wahrsten Sinne des Wortes kurz zu halten.

Ein sicheres Zeichen, daß im Aquarium etwas nicht stimmt, ist das Massenauftreten von Blaualgen. Bei starkem Befall überziehen sie als schmierige Schicht Pflanzen und Dekoration und lösen sich später plaggenweise vom Untergrund, um von den Stoffwechselgasen an die Oberfläche getrieben zu werden. Blaualgen sollten sofort durch Absaugen und Wasserwechsel bekämpft werden, bevor sie sich weiter ausbreiten und die höheren Pflanzen schädigen. Außerdem besitzen Blaualgen die im Aquarium unerwünschte Fähigkeit, Luftstickstoff fixieren zu können. Dadurch vermögen die giftigen Stickstoffverbindungen im Aquarium in den Bereich gefährlicher Werte anzusteigen.

Die Dekoration

Außer den Pflanzen sind verschiedenste Dekorationsmittel zur optischen Gestaltung des Kaltwasseraquariums geeignet, an erster Stelle stehen Steine und Holz. Diese Materialien dürfen jedoch nicht einfach irgendwo aufgesammelt und ins Aquarium eingebaut werden. Vor allem normales Holz würde wohl bald in Fäulnis übergehen und das Wasser belasten oder gar verseuchen. Das sich im Wasser meist nicht so leicht zersetzende Moorkienholz ist bei uns außerhalb von Naturschutzgebieten kaum zu finden, doch bietet der Zoofachhandel meist geeignete Stücke aus dem Torfabbau an. Auch aus Schottland und den Tropen gibt es seit geraumer Zeit Wurzeln, die lange im Wasser halten.

Steine sind leichter zu finden, doch auch hier ist auf Eignung zu achten. So dürfen sie nicht scharfkantig sein und keine giftigen Einschlüsse enthalten, zum Beispiel (Schwer-) Metalle oder ähnliches. Manche Fische sind typische Weichwasserfische, vor allem für sie dürfen keine Kalksteine verwendet werden. Ob ein wesentlicher Kalkanteil vorhanden ist, läßt sich durch eine Salzsäureprobe ermitteln. Ein paar Tropfen auf einen Stein gebracht, sprudeln bei Anwesenheit von Kalk auf (Brille tragen!) und zeigen, daß dieses Gestein ungeeignet ist.

Holz oder Steine sollten so zur Dekoration eingesetzt werden, daß ein natürliches Aussehen entsteht, etwa ein Uferbereich nachgeahmt wird oder ähnliches. Natursteine sollten nicht zu einer „Mauer" aufeinandergestapelt werden, jedoch kann im Kaltwasserbecken eine Hafenmauer oder als solche angelegte Mole, der man das Künstliche sofort ansieht, wiederum ganz selbstverständlich wirken. Sogar ein mit Müll sparsam dekoriertes öffentliches Schauaquarium wirkte einmal überhaupt nicht kitschig, sondern machte den Betrachter eher nachdenklich, was sicher auch in der pädagogischen Absicht lag. Nur sollte man hier nicht übertreiben, und - so paradox es klingt - auch der Müll muß vor dem Einbringen ins Aquarium gesäubert werden.

Mit der Dekoration lassen sich recht gut Gliederungen schaffen, vor allem in größeren Aquarien. Je nach vorgesehener Fischart kann es einmal notwendig werden, das Becken möglichst unübersichtlich für die Bewohner zu gestalten, damit sie sich aus den Augen gehen können, auch kann es wichtig sein, gewisse Reviere abzugrenzen, und auch dies kann mittels der Dekoration erfolgen. Im letzteren Fall ist aber immer die Frage zu klären, ob die Fische die vom Pfleger vorgesehenen Reviergrenzen auch als solche erkennen und akzeptieren. Gegebenenfalls muß dann nachträglich nach entsprechender Beobachtung der Tiere eine Korrektur erfolgen und Holz, Steine oder Pflanzen müssen anders angeordnet und versetzt werden.

Ein weiteres Dekorationsmittel gerade für das Kaltwasseraquarium sind Bambusstäbe, die man oben und unten mit Silikonkleber versiegeln sollte um Faulen zu vermeiden. Damit läßt sich eine Schilfzone nachahmen. Die entsprechenden Bambusabschnitte kann man auch auf eine Plexiglasplatte aufschrauben, die dann auf den Bodengrund des Aquariums gestellt und mit Sand oder Kies abgedeckt wird.

Um die genannten Dekorationselemente natürlicher erscheinen zu lassen, kann man sie sich bewachsen lassen. Hierzu bietet sich das Quellmoos (*Fontinalis*) an, für das erst ab 18°C gut gedeihende Javamoos (*Vesicularia*) dürfte es hingegen meist zu kalt sein. Sehr natürlich wirken auch Grünalgenrasen, doch ist deren Kultur eher eine Glücksache.

Dekoration und Pflanzen sollten auch dazu genutzt werden um technische Einrichtungen zu verbergen, zum Beispiel Filterrohre, Thermometer und ähnliche notwendige Gerätschaften. Welche Geräte für ein Kaltwasseraquarium mit eingeplant werden müssen, soll im folgenden Kapitel beschrieben werden.

Ein frisch eingerichtetes und dekoriertes Aquarium darf auf keinen Fall sogleich mit Fischen besetzt werden. Den Pflanzen muß erst eine gewisse Zeit für gutes Anwurzeln eingeräumt werden und die Bakterien müssen sich überall ansiedeln und den Wasserchemismus in ein gewisses Gleichgewicht bringen können.

Dekostein, mit Javamoos bewachsen.

Das Wasser

Im Kapitel über die Wasserchemie auf Seite 208 werden wir dieses Thema noch ausführlicher darstellen. Deshalb sei an dieser Stelle nur darauf hingewiesen, daß das meistenorts vorhandene mittelharte Leitungswasser für fast alle Kaltwassertiere recht gut geeignet ist. Nur einige wenige Spezialisten benötigen extrem weiches oder besonders hartes Wasser. Bei den einzelnen Beschreibungen im Tier- und Pflanzenteil ist darauf im Einzelfall eingegangen.

Allgemein gilt, daß plötzliche starke Änderungen der Wasserbeschaffenheit jedes Lebewesen zu schädigen vermögen. Ein Wasserwechsel, alle zwei Wochen 1/2 bis 1/3 des Wassers, oder besser noch wöchentlich etwas weniger, schafft größere Sicherheit und bessert das Wohlbefinden. Auch vergißt die Diskussion über den besten Filter und seine Wirksamkeit häufig, daß damit Stoffe, die ins Wasser eingebracht wurden, nicht wieder herausgeholt werden, sie werden nur umgewandelt. Daher ersetzt selbst der wirksamste Filter nicht den regelmäßigen Wasserwechsel. Wenn Tiere aus einem doch meist größeren Teich im Winter auf den kleineren Raum des Aquariums zusammengebracht werden, ist regelmäßiger Wasserwechsel besonders notwendig. Frisches Wasser darf nur dort verwendet werden, wo es keinen Chlorzusatz enthält. Sonst sollte es erst einige Tage abstehen und dabei im Idealfall auch belüftet werden. Eine weitere Möglichkeit ist die Zugabe eines Wasseraufbereitungsmittels (Aqua Safe). Das macht frisches Leitungswasser sofort brauchbar - auch für Kaltwasserfische.

Ein ganz wichtiger Punkt ist die regelmäßige Kontrolle des Aquarienwassers und auch, vor allem vor dem geplanten Wasserwechsel, des Leitungswassers. Dies ist heute mit den käuflichen Testreagenzien oder gar Testgeräten, wobei letztere allerdings verhältnismäßig teuer sind, leicht möglich. Untersucht werden sollten vor allem pH-Wert, Wasserhärte (dGH und dKH)*, sowie Nitrit- und Nitratgehalt, die angebotenen O_2-Testsätze sind in der Anwendung dagegen meist zu ungenau, ein kleiner Fehler führt zu falschen Ergebnissen. Die im Zoofachhandel von verschiedenen Herstellern käuflichen Testreagenzien kosten in der Regel so um die 10,- DM pro Testsatz und reichen wohl meistens mindestens über den Winter. Verfalldaten sind dabei zu beachten.

An Testgeräten stehen heute pH-Meter, Leitfähigkeitsmeßgeräte und O_2-Meßgeräte zur Verfügung. Schließlich sei auch darauf hingewiesen, daß es Analysegeräte gibt, die im Zusammenhang mit der CO_2-Düngung auch den pH-Wert selbständig regeln, ob man sich diese anschafft, ist nicht zuletzt eine Frage des Geldeinsatzes.

* siehe Seite 208 pp.

Technik und Zubehör

Viele Naturfreunde verbinden den Begriff des heimischen Biotopaquariums nicht gerade mit Technik. Und dennoch läßt sich ein naturnahes Kaltwasseraquarium nur unter dem richtigen Einsatz der Technik optimal pflegen. Ansonsten würden die Stoffwechselkreisläufe sehr rasch nicht mehr beherrschbar und der Tod der Pfleglinge wäre das Ende des Naturaquariums.

Die Filterung und Belüftung

Entsprechend der Beckengröße und dem Tierbesatz des Kaltwasseraquariums ist eine Filterung vorzusehen. Für kleinere Aquarien mit geringem Tierbesatz, wobei der Schwerpunkt auf dem geringen Tierbesatz liegt, ist vielleicht noch nicht einmal ein Filter notwendig, möglicherweise wird ein entsprechendes Pflanzenwachstum mit den Stoffwechselprodukten der Tiere insoweit fertig, daß alles ohne Filter bestens funktioniert. Aber diese Verhältnisse sind selten, und meist ist die Kunst der Beschränkung den wenigsten Aquarianern zu eigen. Vor allem aber wenn Tiere, die im Sommer im Freilandteich waren, überwintert werden sollen, ist ein guter Filter unabdingbar.

Ein solcher Filter muß zwei Aufgaben erfüllen: Vor allem bei stark gründelnden Fischen soll er das Wasser rein optisch klar halten. So ist ein Becken mit Goldfischen oder Karpfen wohl nur mit einem rasch strömenden Motorfilter entsprechender Dimensionierung zu filtern, wobei der Filtertopf in relativ kurzen Abständen gereinigt wird. Die wesentlichere Aufgabe eines Filters liegt jedoch in seiner biologischen Wirksamkeit, er soll die Stoffwechselprodukte unter Einsatz einer entsprechenden Bakterienmasse in unschädliche Endbestandteile zerlegen, vor allem Stickstoffverbindungen abbauen. Die Bakterien bilden sich im Filter von selbst, bei neu eingerichteten Aquarien kann man ein wenig nachhelfen, indem in den Filter etwas gebrauchte Watte aus einem anderen Filter eingesetzt wird, dann kann der Filter rascher biologisch arbeiten. Ein solcher, biologisch aktiver, Filter sollte größer dimensioniert sein, das Wasser sollte nicht allzu schnell durch ihn hindurchlaufen. In neuerer Zeit haben auch sogenannte Rieselfilter eine aquaristische Renaissance erlebt, bei denen das Wasser über sogenannte Tropfkörper läuft, die für die Bakterien eine große Oberfläche und viel Sauerstoff bieten, denn ohne Sauerstoffzufuhr können die ,,richtigen" Bakterien nicht tätig werden. Auch hier bietet die Aquaristikindustrie für jeden Geschmack und Geldbeutel eine Auswahl. Man sollte sich jedoch davor hüten, die Art des Filterns zur Glaubensfrage zu machen und vielmehr sein Aquarium ständig beobachten, dann wird man auch die richtige Filtermethode für seine speziellen Bedürfnisse einsetzen und gegebenenfalls abwandeln können.

Ein weiterer Punkt ist die Sauerstoffzufuhr. Filter, die nach dem Mammutpumpenprinzip arbeiten, reichern das Wasser automatisch mit Sauerstoff an. Dies sind solche Filter, bei denen unten in ein Steigrohr über eine Luftpumpe atmosphärische Luft eingeblasen wird, die dann aufsteigt und das von unten nachströmende Wasser ständig mit nach oben reißt. Mit einem solchen Steigrohr kann man einen vorgesetzten Schwammfilter oder in einem Filterkasten befindliches Filtergut zum Einsatz bringen, auch hier gibt es eine große Vielfalt von Möglichkeiten, die die Industrie anbietet. Als preiswertes Beispiel für einen „biologischen" Filter mag der Gartenteichfilter von Tetra gelten. Die große Schaumstoffpatrone wird monatlich ein- bis zweimal ausgewaschen. Die Filteraustrittsöffnung soll so eingestellt sein, daß der Wasser/Luftstrom die ganze Wasseroberfläche im Becken bewegt. Das bringt Sauerstoff ins Becken.

Ein Filter muß auch regelmäßig gewartet werden, dies bezieht sich neben seiner technischen Funktion in erster Linie auf seine Wirksamkeit beim chemischen oder biologischen Abbau. So erschöpfen sich manche Filtermaterialien wie Kohle oder Torf, die chemisch wirken sollen, nach einiger Zeit und müssen dann ersetzt werden. Bei großem Anfall von Schmutzstoffen ist auch bei Motorfiltern regelmäßig die oberste Schicht, die in der Regel aus einfacher Filterwatte besteht, zu entfernen und gut auszuspülen, damit die Filterleistung erhalten bleibt. Zum gleichen Zweck müssen die Zuführungsschläuche regelmäßig gereinigt werden, sonst setzen sie sich mit Algen und dergleichen zu, bzw. verringern die Filterleistung. Dabei ist auch sehr darauf zu achten, daß alle Schlauchanschlüsse fest sitzen und nicht abrutschen können, sonst gibt es den See im Wohnzimmer, für den eine Hausratsversicherung in der Regel nicht aufkommt.

Wenn kein Filter nach dem Steigrohrprinzip zum Einsatz kommt, sondern eine Motorpumpe, dann kann man in den Auslaß einen sogenannten Diffusor einbauen, den ebenfalls die Aquaristikindustrie anbietet, und der durch den Wasserstrom atmosphärische Luft mitreißt und so Sauerstoff ins Aquarienwasser einträgt. Dabei ist allerdings zu berücksichtigen, daß ein Diffusor die Durchströmleistung eines Motorfilters erheblich herabzusetzen vermag. Andererseits wird so ohne zusätzliche Technik das besonders sauerstoffarme Filterauslaufwasser sofort wieder mit Luft angereichert.

Letztlich kann man auch den guten alten von einer Lüfterpumpe betriebenen Ausströmerstein verwenden, der wie eine mit einem Diffusor versehene Motorpumpe zugleich auch sehr gut für Wasserumwälzung im Aquarium sorgt. Dabei ist jedoch nachteilig, daß gleichzeitig das für die Photosynthesetätigkeit der Pflanzen notwendige CO_2 verstärkt mit ausgetrieben wird. Bei dichtem Aquarienbesatz ist daher ein Kompromiß empfehlenswert. Vor allem bei Haltung von sehr sauerstoffbedürftigen Fischen wie Forellen und ähnlichen ist - gegebenenfalls über eine Schaltuhr gesteuert - eine nächtliche Belüftung angebracht, die bei weniger dichtem Fischbesatz oder weniger sauerstoffbedürftigen Fischen tagsüber abgeschaltet werden kann. Denn nachts atmen auch die Pflanzen, sie verbrauchen dann ebenso wie die Tiere Sauerstoff. Nur am Tage sind sie photosynthetisch aktiv und produzieren Sauerstoff, wobei sie das durch die Atmung aller Lebewesen erzeugte Kohlendioxid (CO_2) verbrauchen.

Bei der Haltung besonders auf Wasserbewegung angewiesener Tiere ist die Installation eines Sprudelsteins empfehlenswert. Zu bedenken ist dabei allerdings, daß sauerstoffliebende Tiere, zum Beispiel Bachforellen, aus Fließgewässern stammen, also auf eine Horizontalbewegung des Wassers eingerichtet sind, während ein Sprudelstein eine Vertikalbewegung verursacht. Dem kann sich der Fisch aufgrund seiner Körperform nicht so gut anpassen. In solchen Fällen ist der Einbau einer Kreiselpumpe zur Strömungserzeugung, bei gleichzeitiger Sauerstoffanreicherung durch einen Diffusor, wesentlich besser.

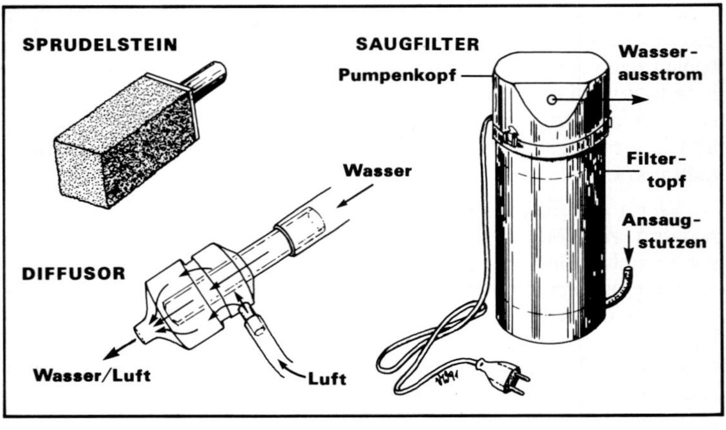

Die Kühlung

Ein ganz besonderes Problem stellt die Pflege von Kaltwasserfischen aus der stark bewegten Bachregion des Oberlaufes dar. Diese Tiere, bei den Fischen beispielsweise Bachsaibling und Forelle, brauchen sehr kühles Wasser, das mit einem besonderen Standort des Aquariums meist nicht erreicht werden kann. Dieses kühle Wasser ist nicht nur alleine wegen der Temperatur notwendig, vielmehr bleibt mit steigender Wassertemperatur ja auch immer weniger Sauerstoff im Wasser gelöst, so daß bei der entsprechenden hohen Temperatur die Fische auch Sauerstoffmangel erleiden könnten. Die notwendige tiefe Temperatur kann heute mit speziellen im Zoofachhandel angebotenen Kühlgeräten erzielt werden. Diese Geräte sind allerdings relativ teuer. Sie haben aber gegenüber Eigenbaulösungen den Vorteil einer hohen Betriebs- und Funktionssicherheit und sind unbedingt zu bevorzugen (Aqua Media).

Es kann allerdings geschehen, daß im Laufe des Sommers einige Hitzetage zu überbrücken sind, in denen aufgrund hoher Temperaturen die Aquarienbewohner an der Wasseroberfläche nach Luft schnappen. Um solche kurzfristigen Spitzentemperaturen zu überbrücken, kann man einen Schlauch an die Wasserleitung anschließen und durch das Aquarium bis wieder zurück zum Ausguß leiten. Der Wasserhahn wird dann gerade soweit aufgedreht, daß ein dünner Strom durch den Schlauch fließt, der das Aquarienwasser um ein paar Grad herabkühlt. Dieses Vorgehen hat in der Praxis schon manchen vor dem Wärmetod stehenden Aquarienbewohner gerettet. Natürlich darf das Wasser nicht in heftigem Strom durch den Schlauch rauschen, denn das wäre sinnlose Wasserverschwendung. Notfalls kann man auch einen solchen Schlauch zusätzlich durch den Kühlschrank leiten, man muß das ausprobieren.

Im Bereich der extrem kälteangepaßten Arten können Aquarianer noch viele neue Beobachtungen machen, denn bisher wurden erst wenige Versuche in diese Richtung unternommen. Selbst wenn es eigentlich nur am Rande zum Thema gehört: Auch Tiere des kalten Meerwassers sind aquaristisch nahezu unbekannt.

Die Heizung

In den allermeisten Fällen wird eine Heizung des Kaltwasseraquariums entfallen können. Bei der Aufstellung des Beckens an kalter Stelle, zum Beispiel in einem Glashaus oder im Wintergarten, muß möglicherweise im Winter eine Aquarienheizung eingesetzt werden wenn dort Frostgefahr besteht, denn sonst könnte eine stärkere Eisschicht möglicherweise die Scheiben sprengen. Die Heizung wird günstigerweise auf etwa 4°C energiesparend einreguliert, sofern eine Regelheizung aus technischen Anwendungsbereichen zur Verfügung steht, etwa ein Kontaktthermometer. Die handelsüblichen Regelheizer aus der Aquaristik lassen sich nicht auf so niedrige Temperaturen einstellen. Notfalls kann man auch einfach einen Stabheizer mit niedriger Wattstärke als Dauerheizung für kalte Nächte einsetzen, muß dann aber regelmäßig die Temperaturen kontrollieren bis man die entsprechenden Erfahrungen gewonnen hat. Bei Heizern mit niedrigen Wattzahlen sind auch die Temperaturschwankungen nicht so rasch, so daß für die Tiere bei etwas Achtsamkeit seitens des Pflegers keine Gefahr besteht. Rechnen Sie für ein 50-Liter-Becken etwa 10 Watt Heizleistung. Auch eine preisgünstige Aquarienabdekkung der alten Bauweise mit ein bis zwei 25-W-Glühlampen heizt das Becken genügend auf, damit es nicht zu Frostschäden kommt.

Viele Fische der gemäßigten Temperaturzonen, wie etwa solche aus den südlichen USA, zum Beispiel manche Sonnenbarsche und Killifische, oder solche aus Ostasien, wie der Kardinalfisch *Tanichthys albonubes* oder die Makropoden *Macropodus opercularis* und *M. ocellatus*, lassen sich im Sommer hervorragend im kleinen Gartenteich halten, sie vertragen jedoch keine Temperaturen, die längere Zeit unter 10°C hinabreichen. Auch wenn man manche dieser Fische, wie zum Beispiel *Macropodus ocellatus* (früher als *M. chinensis* bekannt), an ihren natürlichen Fundorten schon unter einer respektablen Eisdecke hat nachweisen können, so sind unsere Stämme doch nicht mehr an diese niedrigen Temperaturen gewöhnt, und man sollte es hier lieber nicht auf einen Versuch ankommen lassen.

Gerade Arten aus den gemäßigten Subtropen sind am schwierigsten zu überwintern, denn einerseits sind die heutigen Wohnräume mit einer durchschnittlichen Zimmertemperatur von über 18-20°C und selbst die meisten Kellerräume auch ohne Aquarienheizung meist zu warm, andererseits stehen frostfreie kühle und auch noch helle Räume kaum mehr zur Verfügung. Diese ungünstige Situation ist vermutlich mit ein Grund dafür, daß Fische aus solchen gemäßigten Klimabereichen so selten gepflegt werden und nur Fische wie die oben genannten Eingang in die Aquaristik gefunden haben, die ständig wärmere Temperaturen vertragen. Versuche, Fische auf dem Balkon in einem gut isolierten und mit einer Heizung versehenen Aquarium zu überwintern, haben sich als sehr risikoreich erwiesen. Falls einmal der Strom ausfällt, kann leicht in einer Frostnacht das gesamte Aquarium durchfrieren und so nicht nur der Behälter platzen, sondern auch die Pfleglinge können vernichtet werden.

Die Beleuchtung

Vor allem gut bepflanzte Kaltwasseraquarien benötigen sehr viel Licht. Ein Richtwert von 0,5 Watt pro Liter ist für Leuchtstoffröhren als Minimum anzusehen, bei über 40 cm hohen Becken muß auf 0,7 Watt pro Liter als Minimalwert aufgestockt werden. Leuchten mit größeren Lichtausbeuten, wie zum Beispiel Quecksilberdampf- oder Halogenleuchten, müssen nicht ganz so hohe Wattleistungen aufweisen, doch kann man diese Leuchten nicht so fein abstufen, hier gibt es in der Regel meist Wattsprünge von 80 - 125 - 150 - 250 Watt. Außerdem ist dort das Problem der Hitzeableitung zu beachten, denn solche lichtstarken Lampentypen können das Wasser erheblich aufheizen.

Aber selbst bei der Verwendung von Leuchtstoffröhren kann die Wärme zum Problem werden, denn dort sind es die Drosseln, die erhebliche Wärme abgeben können. Bei Warmwasseraquarien lassen sich diese - unter dem Aquarium angebracht - hervorragend dazu nutzen, damit die Pflanzen die berühmten ,,warmen Füße" erhalten, was zu besserem Wachstum führen kann. Für das Kaltwasseraquarium dürfen die Drosseln hingegen möglichst nicht unter dem Aquarium angebracht sein, am besten stellt man sie einige Meter vom Aquarium entfernt auf. Bei der Verwendung von Quecksilberdampflampen kann möglicherweise ein Ventilator die warme Luft der Transformatoren abführen.

Bezüglich der Lichtfarbe und anderen Punkten entsprechen die Erfordernisse im Kaltwasseraquarium denen tropischer Aquarien. Wir empfehlen die Lichtfarbe ,,Tageslicht weiß", z.B. Osram TL 11 - und für den, der es bunt liebt, eventuell eine ,,Grolux"-Röhre dazu. Zu beachten ist, daß die häufige Änderung der Lichtfarbe sehr negative Auswirkungen haben kann, da die Pflanzen dann zur optimalen Ausnutzung des neuen Lichtspektrums jedesmal erst mit der Ausbildung neuer Blätter fähig sind, denn eine Veränderung der Zusammenstellung der Blattfarbstoffe in älteren Blättern ist nur eingeschränkt möglich. Einen ähnlichen Effekt hat auch das verspätete Austauschen überalterter Leuchtstoffröhren. Diese Röhren verlieren mit zunehmendem Alter erheblich ihre Lichtausbeute, so daß sie entgegen dem äußeren Anschein spätestens nach einem Jahr gegen neue gewechselt werden müssen. Alte Leuchtstoffröhren sollte man nicht in den Hausmüll werfen, sondern mit dem Sondermüll entsorgen, also bei Sammelstellen abgeben, das Spezialgas kann wiederbenutzt werden. Wenn ein Aquarianer wirklich Naturfreund und nicht nur Verbraucher ist, wird er diese kleine Mühe auch auf sich nehmen.

Die Beleuchtungsdauer sollte, besonders im Winter, 10 Stunden nicht überschreiten, um den Biorhythmus der Tiere und Pflanzen nicht unnötig durcheinander zu bringen, denn bei vielen Lebewesen, besonders bei Pflanzen, aber auch Tieren, konnte nachgewiesen werden, daß es die Tageslänge ist, die ihren Lebensrhythmus steuert, und weniger die Temperatur. Hier liegt das Problem darin, daß einerseits der Aquarianer im Winter seine Pfleglinge ja auch sehen will und die Pflanzen schon aus ästhetischen Gründen wachsen sollen, andererseits entspricht winterliches Pflanzenwachstum und ein längerer Tag im Winter gerade nicht den Erfordernissen der Lebewesen und widerspricht sogar den Bedingungen der notwendigen niedrigeren Wintertemperaturen. Hier muß man ein wenig experimentieren. Im Winter kann ein Kaltwasserbecken auch in der Nähe eines Fensters aufgestellt werden. Dann erübrigt sich die künstliche Beleuchtung.

Sehr sinnvoll ist es, schon zur eigenen Bequemlichkeit, die Beleuchtungsdauer über Zeitschaltuhren zu steuern, wobei man möglicherweise die Tageslängen vierzehntägig um eine Viertelstunde kürzen kann. So wird auch ein regelmäßiger Zeitablauf für die Pflanzen und Tiere erzielt, sie gewöhnen sich sehr schnell daran.

Ein Hinweis sei noch zur technischen Sicherheit gestattet. Mancher Aquarianer und Teichbesitzer sieht die Überwinterung seiner Pfleglinge nur als Notsituation an, in der es gilt, die Tiere möglichst einfach und billig und ohne größeren Aufwand über den Winter zu bringen. Entsprechend schaut gelegentlich die technische Einrichtung aus. Alle Geräte, und auch die Beleuchtung, sollten technisch unbedingt sicher sein. Wasser und Strom sind eine bei Unfällen häufig tödlich wirkende Kombination. Es sollten also zumindest nur solche Geräte und eventuell wasserdichten Lampen zur Verwendung kommen, die das VDE-Zeichen besitzen. Wer über einen Bottich im Keller, in dem seine Goldfische im Winter ,,aufbewahrt" werden, eine nackte Glühbirne hängt, und in diesen Bottich in frostgefährdeten Nächten einen Tauchsieder versenkt (alles schon geschehen), der spielt nicht nur mit dem Leben seiner Tiere, sondern auch mit seinem eigenen. Wer ganz sicher gehen will, der kann in die Stromversorgung für sein Aquarium einen sogenannten FI-Schalter einsetzen, der die Stromversorgung im Ernstfall unterbricht. Diese Schalter sind in allen Haushalten heute vorgeschrieben und üblicherweise im Sicherungskasten enthalten. In diesem Zusammenhang ist vor selbstgebastelten Lampenkästen zu warnen. Auf jeden Fall sollte man auch beim Kauf von Leuchten darauf achten, daß sie spritzwassergeschützt sind und es notfalls auch einmal vertragen daß Wasser darüberläuft. Sie müssen daher auch von unten durch eine Scheibe abgesichert sein, was bei modernen Lampen die Regel ist.

Die Abdeckung

Eine gut passende Aquarienabdeckung erfüllt mehrere wichtige Aufgaben. Zum einen verhindert sie das Herausspringen der Fische. Tiere, die aus dem Teich ins Haus geholt werden, versuchen vor allem in den ersten Tagen der neuen und ungewohnten Enge zu entkommen und springen häufig. Dem wirken gut eingepaßte Deckscheiben entgegen. Zugleich setzen sie die Verdunstungsrate des Wassers herab. Für Zuleitungen wie Filterschläuche und dergleichen müssen an den Ecken Aussparungen vorhanden sein, ohne daß größere Lücken freibleiben.

Meist übernimmt die fix und fertige Abdeckleuchte die Aufgabe der Abdeckung. Wenn Sie im Kaltwasseraquarium Pflanzen pflegen wollen, so sparen Sie nicht an der Abdeckleuchte! Eine Abdeckung für 2-3 Leuchtstoffröhren ist besser als eine solche mit nur einer Röhre. Am besten ist es, wenn man mehrere Röhren verfügbar hat, die getrennt geschaltet werden können. Diese lassen sich dann entsprechend den natürlichen Lichtverhältnisse mit Zeitschaltuhren zu- oder abschalten.

Fütterung und Futterautomaten

Die Erfordernisse einer sachgerechten Fütterung sind nur schwer pauschal darzustellen, hier kommt es immer auf die konkreten Umstände im Einzelfall an. Die Nahrungsansprüche der einzelnen Arten sind den entsprechenden Artbeschreibungen zu entnehmen. Neben allesfressenden oder omnivoren Arten (O) gibt es auch ausgesprochene Nahrungsspezialisten, zum Beispiel reine Pflanzenfresser, die herbivoren Arten (H), oder Fleischfresser, die karnivoren Arten (K), die im Extremfall besonders spezialisiert sind. Die meisten Fische sind jedoch mit einem gemischten Futterangebot gut zu ernähren, das außer Lebendfutter wie Wasserflöhen, Mückenlarven und (nicht zuviel) *Tubifex* auch Frostfutter, Flockenfutter, Futtertabletten und Pellets enthält. Die Gabe von Lebendfutter zumindest in gewissen Zeitabständen ist sehr zu empfehlen, denn es erhöht durch Anregung des Jagdtriebes und auch durch seine Inhaltsstoffe die Vitalität der Pfleglinge.

Futterautomaten können eine Erleichterung darstellen, aber da man Kaltwasserfische im Winter nur sehr wenig füttert, kommt solch ein Futterautomat kaum in Betracht. Besser ist es, selbst zu füttern - wenn erforderlich - und dabei notfalls Fehlerquellen zu beseitigen. Diese kann man aber nur erkennen, wenn man Kontakt zu seinen Tieren hat. Lassen Sie nicht die Kinder im Keller füttern - sie meinen es meist zu gut und das Wasser verdirbt durch ungefressenes Futter.

Die Einrichtung des Aquariums im Überblick

Die in den vorhergehenden Kapiteln ausführlich dargestellten Schritte zur Einrichtung eines Kaltwasseraquariums sind hier zum besseren Überblick noch einmal zusammenfassend aufgezählt:

1. Den richtigen Standort auswählen (am besten Ost- oder Nordfenster).
2. Die Tier- und Pflanzengesellschaft aussuchen und danach Beckentyp und -größe sowie Zubehör festlegen und anschaffen.
3. Das Aquarium säubern und auf Dichtigkeit überprüfen.
4. Zum Ausgleich von Unebenheiten wird eine Styroporplatte von mindestens 1 cm Stärke oder eine dicke Filzplatte unter das Aquarium gelegt. Bei Aquarien, die von hinten mit einer bedruckten Rückwand beklebt werden sollen und an eine Wand zu stehen kommen, muß die entsprechende Rückwand nun angebracht werden.
5. Wesentliche Teile der Dekoration, z.B. Steine und dergleichen, auf den Aquarienboden stellen, wer Gefahren für die Glasscheiben sieht, lege eine Kork- oder Kunststoffplatte unter.
6. Bei Verwendung eines Bodengrundfilters wird dieser vor dem Einbringen des Bodengrundes eingebaut. Für Pflanzenbecken oder gründelnde Fische ist ein Bodenfilter allerdings nicht ratsam.
7. Der Bodengrund wird gewaschen. Das ist bei den industriell hergestellten Bodengrundmaterialien nicht erforderlich. Quarzkies braucht nur leicht durchgespült zu werden, er enthält aber keinerlei Nährstoffe, bindet außerdem Eisen, so daß Pflanzen im Quarzkies meist nicht sehr gut wachsen. Als Bodengrund Aqualit oder Natalit o.ä. verwenden. Das sind Naturprodukte mit Nährstoffen für die Wasserpflanzen.
8. Eine untere, 2-4 cm starke, nur grob gewaschene Bodengrundschicht aus Sand wird gegebenenfalls mit Bodengrunddünger vermengt.
9. Sauberen Bodengrund (Kies) mindestens 4 cm darüber schichten.
10. Das Aquarium bis zur Hälfte mit Wasser füllen. Um ein Aufwirbeln des Bodengrundes zu vermeiden, lege man eine Plastikfolie oder einen Bogen Packpapier ein und stelle einen Teller auf den Bodengrund. Den Wasserstrahl aus dem Schlauch oder Eimer kann man auch mit der hohlen Hand auffangen und abbremsen.
11. Falls erforderlich Kühlaggregat anschließen oder Heizer einbringen.
12. Den Filter einbauen, sofern dieser nicht fest in einer eigenen Kammer installiert wird.
13. Gegebenenfalls weitere Aquariendekoration einbringen, die nicht fest auf dem Boden stehen muß. Sie sollte die technischen Geräte verbergen.
14. Pflanzen einsetzen, längere Aquarienpflanzen in den Hintergrund, niedriger wachsende nach vorne. Für das neueinzurichtende Aquarium finden zu-

nächst am besten raschwüchsige Pflanzen Verwendung, wie *Ceratophyllum, Elodea, Sagittaria* oder *Vallisneria*, ferner sollten gleich möglichst viele Pflanzen eingebracht werden, damit sich schon bald ein biologisches Gleichgewicht im Becken einstellen kann und Algen gar nicht erst aufkommen. Langfaserige grüne Fadenalgen, die frei als großes Knäul im Becken treiben, sind dagegen als Pflanzenersatz gut zu verwenden. Stichlinge bauen sich daraus ihr Nest und allerlei Kleingetier wie Asseln, Bachflohkrebse, Schnecken, Eintagsfliegen und Libellenlarven besiedeln diese Algen.

16. Die Wassermenge bis zum Gesamtvolumen auffüllen. Dabei muß erneut ein Aufwühlen des Bodengrundes und Wiederauftreiben der Pflanzen vermieden werden. Aquasafe zugeben, um das Wasser „altern" zu lassen.

17. Thermometer anbringen und das Wasser mit Kühlaggregat oder Heizer auf die gewünschte Temperatur einstellen.

18. Sofern das Aquarium kein Durchsichtbecken sein soll oder die Aquarienrückwand von innen dekoriert wurde, kann nun die Rückwand nach Geschmack von außen beklebt werden, falls nicht schon unter Punkt 4 geschehen. Fertige Aquarienrückwände sind im Zoofachhandel erhältlich, zum Beispiel Fotokartons, können aber auch gut selbst gestaltet werden.

19. Die Beleuchtung einschalten und möglichst über Schaltuhr steuern. 8-10 Std. pro Tag sind ausreichend.

20. Nach einigen Tagen die Kühlung oder Heizung auf die gewünschte Temperatur nachregulieren falls erforderlich.

21. Die Wasserwerte überprüfen: pH-Wert, Wasserhärte und Nitritgehalt. PH-Wert 6,5 - 7,8; KH 10 - 25; Nitrit maximal 0,1 mg/l.

22. Wenn nach einigen Tagen alles in Ordnung ist, können erst einige Schnecken, später weniger empfindliche Fische eingesetzt werden. Damit das Becken erst einmal biologisch „eingefahren" wird, dürfen nur sehr wenige Fische hinzugegeben werden. Die nützlichen Bodenbakterien, die sich auch im Filter ansiedeln, benötigen einige Wochen um in der Lage zu sein, die Ausscheidungsprodukte der Tiere weitgehend abzubauen.

23. Der Plastikbeutel, in dem die Fische transportiert wurden, wird zunächst für 15-30 Minuten auf die Wasseroberfläche gelegt um eine Temperaturangleichung zu erzielen. Danach wird das Beutelwasser mit dem Aquarienwasser langsam vermischt und dann können die Fische aus dem Beutel ins Becken entlassen werden. Besser ist es, das Beutelwasser zunächst mit Schlauch und Durchlüfterpumpe vom überschüssigen CO_2 (Kohlendioxid) zu befreien (15 Min.) und dann die Fische aus dem Beutel mit der Hand in das Becken zu setzen. Fischbesatz s. Seite 193.

24. Letztlich wird das Becken mit der vorgesehenen Abdeckung, einer Glasscheibe oder einer Abdeckung, in der die Beleuchtung integriert ist, abgedeckt. Es darf kein Spalt bleiben, damit die Fische nicht aus dem Aquarium herausspringen können. Zudem wird durch die Abdeckung eine zu hohe Wasserverdunstung vermieden.

25. Ab hier setzen die regelmäßig vorzunehmenden Pflegemaßnahmen ein, die wöchentlich oder monatlich durchzuführen sind, je nach Beckenbesatz.

Die Pflege

Verschiedenste Pflegearbeiten müssen am Kaltwasseraquarium regelmäßig durchgeführt werden, sei es täglich, wöchentlich oder monatlich, auf etliche wurde schon im Zusammenhang mit den Geräten und ihrer Wartung hingewiesen. Selbstverständlich gehören hierzu der schon erwähnte regelmäßige Wasserwechsel, ebenso die Kontrolle der Wasserwerte.

Raschwüchsige Pflanzen sind regelmäßig auszulichten oder einzukürzen. Dazu werden die Stengel abgeschnitten und die Spitzen neu eingesetzt. Die alten Triebe, sofern noch beblättert, bilden bald neue Triebspitzen. Sie dürfen jedoch nicht ständig stehenbleiben, da sonst die Bepflanzung zu dicht wird und der Bodengrund zu sehr verfilzt. Die Entfernung der älteren Stengelpflanzenteile kann etwa jedes halbe Jahr erfolgen. Die Pflanzendüngung findet am günstigsten jeweils nach dem Wasserwechsel statt. Auch die Kontrolle des Wassers erfolgt parallel dazu. Ferner müssen die Leuchtstoffröhren gegebenenenfalls ersetzt werden, länger als ein Jahr sollten sie nicht brennen, sonst nimmt das Licht zu sehr ab.

Die Temperatur überprüfen wir häufiger, vor allem in kritischen Zeiten wie im Hochsommer. Dann kann es notwendig werden, sowohl am Morgen als auch am Mittag die Wassertemperatur zu kontrollieren, vor allem wenn die Sonne auf das Aquarium scheinen kann. Für die meisten Kaltwasserbewohner sollte die Temperatur 20°C zumindest längerfristig nicht überschreiten. Für Goldfische und andere Zuchtformen sind höhere Werte kurzfristig erträglich. Als Richttemperatur sind im Sommer 16-18°C und im Winter 4-10°C anzusehen, jedoch müssen sich auch diese Werte nach der Art des Fischbesatzes richten, siehe hierzu auch die Beschreibungen der einzelnen Arten.

Die Häufigkeit der Reinigung des Filters richtet sich nach der Filterkonstruktion und dem Fabrikat. Auch wenn das Wasser optisch noch klar ist, sollte eine Filterreinigung nicht zu lange hinausgezögert werden. Beim Wasserwechsel wird auch der angesammelte Mulm mit abgesaugt. Die Algen werden vor allem von der Frontscheibe entfernt und absterbende Pflanzenblätter herausgenommen.

Die Fütterung der Aquarienbewohner erfolgt möglichst häufig in kleinen Portionen. Es darf nie mehr gereicht werden als die Fische sofort auffressen können. Eine „Vorratsfütterung“ ist nicht möglich und kann katastrophal enden. Hingegen wird ein Hungertag in der Woche gegen Verfettung allgemein empfohlen, doch gilt dies selbstverständlich nicht für Jungfische. In einem gut eingefahrenen Aquarium finden die Fische bei nicht zu starkem Besatz häufig etwas zusätzlich zum Fressen. Eine Hungerperiode, zum Beispiel zwei Wochen während des Urlaubs des Pflegers, wird meistens erheblich besser überstanden als eine wohlmeinende aber oft zu reichliche Fütterung durch eine Urlaubsvertretung, die sich dann in der Regel auch nicht zu helfen weiß wenn das Wasser verdirbt. Ausgewachsene und wohlgenährte Fische werden im Winter bei niedrigen Temperaturen zwischen 3-4 und 8°C überhaupt nicht gefüttert, denn sie nehmen dann auch keine Nahrung auf. Diese Ruheperiode von etwa einem Monat schadet den Tieren überhaupt nicht, sondern entspricht nur dem natürlichen Jahresablauf.

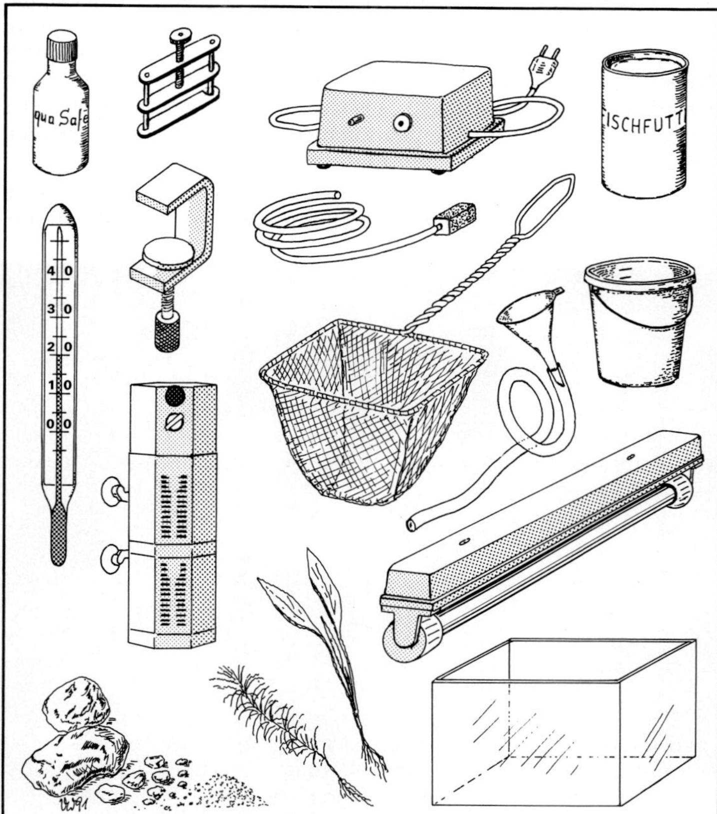

Nützliche oder erforderliche Gegenstände für die Aquarieneinrichtung und -pflege.

Verschiedene Typen von Kaltwasseraquarien

Anhand einiger Beispiele soll nachfolgend gezeigt werden, wie Kaltwasserfische im Aquarium gepflegt werden können. Die artgerechte Unterbringung, das Verhalten der Fische und die mögliche Vergesellschaftung stehen dabei im Vordergrund. Natürlich können hier nicht alle Arten und möglichen Vergesellschaftungen aufgeführt werden, die ausgewählten Beispiele stellen jedoch einige für die Aquarienhaltung besonders geeignete und erprobte oder aber interessante Tiere vor.

Die meisten heimischen Arten fallen nicht durch besondere Farbenpracht auf, obgleich manche Arten diesbezüglich durchaus einiges zu bieten haben, wenn auch meist nur während der Laichzeit. Mancher Aquarianer ist dann möglicherweise erstaunt, was in ihnen steckt, wenn er sie dann zum ersten Mal sieht. Ausgesprochen interessant ist auch das Verhalten vieler Tiere in ihrem Zusammenleben und besonders bei den unterschiedlichen Formen ihrer Fortpflanzung.

Bevor nun der Pfleger Tiere erwirbt und sie ins Aquarium setzt, muß er sich zunächst über ihre Ansprüche an Wasser und Lebensraum

Goldfische sind die ältesten Zierfische, hier einige Exemplare des Blasenauges.

informieren. Auch ihre Verträglichkeit gegenüber Mitbewohnern ist zu berücksichtigen, manche Lebewesen sind ausgesprochene Einzelgänger. Auch ist es wohl nur in Ausnahmefällen möglich, Räuber und Beute gemeinsam zu halten. Ebenso wird es schwerlich gelingen, Fließwasserbewohner, wie etwa die Forellen, und stehendes Wasser bevorzugende Fische, wie etwa Karauschen, auf Dauer erfolgreich gemeinsam zu pflegen. Schließlich sind ferner spezielle nachtaktive oder bodengebundene Lebensweisen zu berücksichtigen.

Ein wesentlicher Punkt bei der Besetzung des Aquariums ist die Gesundheit der Bewohner. Die neuen Pfleglinge sollten keine Hautbeläge, trüben Augen oder gar Verletzungen haben und schon im Verkäuferbecken munter umherschwimmen. Bezüglich der Krankheiten siehe auch das entsprechende Kapitel ab Seite 908. Bei vielen Weißfischen ist es besser, sie im Winter zu fangen und im Aquarium einzusetzen, da sie im Sommer sehr leicht Schuppen verlieren und dann verpilzen. In jedem Fall wird eine mit Umsicht zusammengestellte Aquarienbesetzung dem Pfleger viel und lange Freude bereiten.

Das Goldfischaquarium

Goldfische sind wohl die Zierfische, die sich bereits am längsten in der Obhut des Menschen befinden, und die Übersicht auf den Seiten 792 bis 801 zeigt, welch vielfältige Formen im Lauf der Zeit herausgezüchtet wurden. Allgemein gelten Goldfische als sehr einfach zu pflegen, und weil sie recht robust sind, sind sie einerseits zwar gut als Anfängerfische geeignet, andererseits gibt es aber wohl kaum eine Fischart, die unter dem Unverstand ihrer Besitzer in solchem Maße zu leiden hat. So werden aus purem Geschäftssinn auch heute noch die berüchtigten Goldfischglocken angeboten, mit Burgruine, Taucher und Schatztruhe.

Wer seine Goldfische jedoch sachgerecht pflegen will, der benötigt ein genügend großes Aquarium, da die Fische selbst auch recht groß werden. Für einige wenige Goldfische ist ein Becken von 1 m Länge gerade noch geeignet. Man vergleiche hier in Gedanken die oben erwähnte Goldfischglocke. Pro cm Fischlänge sollten mindestens 5 Liter Wasser gerechnet werden.

Ferner gründeln Goldfische und ihre Zuchtformen sehr gerne. Dieser Eigentümlichkeit auch vieler anderer Karpfenfische muß das Aquarium angepaßt sein, damit das Wasser nicht schon bald zur trüben Brühe wird. Ein kräftiger Filter ist also unerläßlich, der Bodengrund sollte aus gröberem Kies bestehen und vor dem Einbringen gut durchgewaschen werden.

Da Goldfische ebenso wie ihre Verwandten im Boden nach Würmern, Insekten und anderer verwertbarer Nahrung wühlen, können sich Pflanzen im Bodengrund nur sehr schwer verankern. Eine erste Maßnahme besteht darin, die Pflanzen an der Basis durch größere Steine zu schützen. Am besten allerdings unterteilt man das Aquarium in zwei Bereiche. Ein hinterer oder auch seitlicher Teil wird mit Hilfe einer 10 cm hohen Glasscheibe (die obere Kante brechen lassen, damit sich niemand schneidet) abgetrennt. Etwas schräg eingesetzt, keilt sie sich später von selbst fest. Zur besseren Stabilität können an den Seiten und in der Mitte dicke Steine als Stützen davorgesetzt werden. Die Scheibe selbst kann mit Schieferplatten, Steinen oder Moorkienwurzeln vor den Augen des Betrachters verborgen werden. Der hintere und in der Regel schmalere Teil wird mit Bodengrund für eine Bepflanzung aufgefüllt. Diese erfolgt am besten mit harten Pflanzen, die nicht so leicht von den Fischen angefressen werden, oder die Pflanzen werden öfter ausgetauscht. Einige Schwimmpflanzen an der Wasseroberfläche runden das Bild ab. Der Boden im Pflanzenteil wird anschließend dicht mit dicken Kieselsteinen belegt, um den Fischen hier ein Graben unmöglich zu machen.

Selbstverständlich können die Pflanzen auch einfach in Blumentöpfen, die ebenfalls hinter Steinen und Holz versteckt werden, untergebracht werden. So können wir sie auch leichter austauschen. In jedem Fall lohnt sich aber die Einrichtung eines zweiten Beckens, das nur mit wenigen kleineren Fischen besetzt wird, und in dem sich die Pflanzen regenerieren können. Eine schöne Einrichtung ist mit getopften Pflanzen allerdings nicht so leicht zu erreichen und erfordert viel Geschick.

Der vordere Bereich des Goldfischaquariums wird etwa 5 cm hoch mit grobem und gut ausgewaschenem Sand aufgefüllt. Hier können die Fische nach Herzenslust gründeln und nehmen dies auch meist wahr.

Das Bitterlingsaquarium

Bitterlinge sind kleine friedfertige Karpfenfische. Ein 80 cm langes Aquarium ist für sie bereits groß genug. In der Fortpflanzungsperiode legen die Männchen sehr ansprechende pastellfarbene Balzkleider an. Die Fortpflanzung der Bitterlinge ist aufgrund ihrer Brutfürsorge besonders interessant. Sie legen ihre Eier in Teichmuscheln ab und lassen sie sich dort entwickeln.

Die Einrichtung des Aquariums erfolgt am besten wie beim Goldfischaquarium beschrieben, da die Muscheln, mit denen wir die Bitterlinge gemeinsam pflegen wollen, sehr viel graben und den Sand umpflü-

Bitterlinge im Aquarium stellen interessante Beobachtungsobjekte dar.

gen. Der für den vorderen Aquarienteil gewählte Bodengrund darf daher nicht zu grob sein. Wegen der anfallenden Stoffwechselprodukte ist ein häufiger Wasserwechsel nötig. Jede Woche sind ein Drittel oder besser die Hälfte des Wassers auszutauschen. Die Muscheln ernähren sich als Filtrierer, sie entnehmen organische Partikel aus dem Wasser. Daher reichen wir ihnen feines Teichplankton oder ersatzweise Jungfischfutter, zum Beispiel auch pulverisierte TetraTips, die Fische erhalten das übliche Fischfutter. Wird ein Filter benutzt, so muß er zur Fütterung abgestellt werden. Es ist günstig, den Filter mit einer Schaltuhr zu versehen, die ihn nach einiger Zeit automatisch wieder einschaltet.

Zur Vergesellschaftung mit Bitterlingen sind außer den erwähnten Teich- auch Malermuscheln geeignet. Ihre Anwesenheit wirkt anregend auf die Laichbereitschaft der Bitterlinge. Nach kühler Überwinterung bei

4 bis 10° C und anschließender Erwärmung, sowie bei gleichzeitiger guter Fütterung, geraten die Bitterlinge bald in Laichstimmung. Bei den Weibchen tritt eine etwa 4 cm lange Legeröhre aus. Die Legeröhre wird in die Atemöffnung einer Muschel eingeführt und schnell werden ein bis zwei Eier abgelegt. Das Männchen gibt die Spermien einfach in den Strom des angesaugten Atemwassers der Muschel. Nach und nach gelangen so etwa 40 Eier in die Muschel und werden dort befruchtet. In der Kiemenhöhle des Schalentieres entwickeln sich die Eier dann. Die ausgeschlüpften Jungfische bleiben anfangs in ihrem Wirtstier und verlassen es nach etwa 4 Wochen.

Die Pflege von Muscheln im Aquarium ist allerdings problematisch. Selten überdauern diese Tiere länger als ein halbes Jahr im Aquarium. Auf keinen Fall darf man zu viele Bitterlinge und zu wenig Muscheln gemeinsam pflegen, sonst ist die Belastung einzelner Muscheln zu groß. Werden die Schalentiere nach dem Ausschwärmen der jungen Bitterlinge nicht mehr benötigt, dann sollten sie in einen größeren Gartenteich gesetzt werden und dort bis zum nächsten Frühjahr bleiben. Wenn doch einmal eine Muschel im Aquarium absterben sollte, erkennbar ist dies an den aufklaffenden Schalen, so ist sie sofort zu entfernen. Sich zersetzende tote Muscheln können das Wasser arg verpesten. Trotzdem ist die gemeinsame Pflege von Muscheln und Bitterlingen interessant und die erfolgreiche Zucht der Bitterlinge ist ein unvergeßliches Erlebnis.

Das Stichlingsaquarium

Ein Kaltwasseraquarium nur für Stichlinge ist ein besonderer Leckerbissen für speziell verhaltenskundlich interessierte Aquarianer. Das Stichlingsaquarium erfordert keine besonderen technischen Einrichtungen, nur muß für eine gute Wasserqualität und eine Temperatur gesorgt werden, die nicht für längere Zeit über 18°C liegt. Bei guter Belüftung und Sauerstoffversorgung können Stichlinge aber auch 20°C und sogar 22°C für einige Zeit gut verkraften. Ein Dauerzustand dürfen solche Temperaturen aber niemals sein.

Um das vollständige Verhaltensrepertoire der Stichlinge beobachten zu können, sollten mindestens drei Männchen und fünf oder mehr Weibchen gepflegt werden. Da die Männchen zur Laichzeit Reviere bilden und die Weibchen Verstecke benötigen, ist ein Aquarium ab 1 m Länge einzuplanen. Die Höhe des Beckens ist weniger wichtig, entscheidend ist eine große, gut gegliederte Grundfläche. Die Rückwand und die Seiten des Stichlingsaquariums werden gut bepflanzt. Die Hauptfläche bleibt frei und wird durch einige Pflanzengruppen oder

An Stichlingen hat man wichtige Forschungen zum Wesen des Schlüsselreizes durchgeführt, im Aquarium läßt sich davon vieles beobachten.

Dekorationen untergliedert, damit die Männchen Markierungspunkte für ihre künftigen Reviergrenzen vorfinden. Zudem benötigen die Männchen feines Pflanzenmaterial, Moos und ähnliches, aus dem sie ihre Nester für die Fischbrut fertigen.

Ist das Aquarium eingerichtet und das Wasser gut abgestanden, können die kühl überwinterten Stichlinge ihren Einzug halten. Schon bald geraten die Fische in Laichstimmung, sie müssen dann gut gefüttert werden. Stichlinge nehmen allerdings nur Lebendfutter, erhalten sie das nicht, verhungern sie häufig. Manche Tiere gewöhnen sich auch schnell an gefrorene Mückenlarven. Oder man zieht aus *Artemia*-Eiern lebende Krebschen heran. Der Laichansatz wird bei den Weibchen durch einen dicken Bauch deutlich. Die Männchen beginnen bald mit ihren Gefechten um die Reviergrenzen. Durch Umgruppieren von Steinen und ähnliches können interessante Experimente zum Revierverhalten unternommen werden. Der Nestbau der Männchen, die heftige Balz mit Zick-Zack-Tanz, die aufopferungsvolle Brutpflege und nicht zuletzt die prachtvolle rot-goldene Balzfärbung mit leuchtend blauen Augen lassen den Stichling durchaus als Konkurrenz zu Warmwasserfischen auftreten, wenn die Aquarianer den Stichling nur richtig kennen würden.

Das Raubfischaquarium

Raubfische zu pflegen hat seinen eigenen Reiz. Kleinere Kaulbarsche oder Jungfische von Flußbarsch, Hecht oder Zander wachsen bei ausreichender Fütterung auch im Aquarium schnell heran. Kaul- und Flußbarsche können in großen Aquarien ab 1,20 m miteinander oder mit anderen größeren Fischen vergesellschaftet werden. Hechte und Zander fallen auch über Artgenossen her und müssen einzeln gehalten werden. Die Ernährung der Jungfische erfolgt mit dem üblichen Aquarienfischfutter, das durch gute Strömung einen Bewegungsreiz auslöst und gern gefressen wird. Große Raubfische benötigen lebende Fische als Nahrung, beim Hecht ist dies schon ab etwa 10 cm der Fall, und diese Länge kann schon nach wenigen Monaten erreicht sein. Futterfische sind günstig von Fischzüchtereien zu erwerben. Auch die jungen Raubfische bekommen wir von dort oder auch von Angelvereinen.

Im Raubfischaquarium sollte die Temperatur nicht über 18°C steigen. Gute Filterung und häufiger Wasserwechsel sind unbedingt notwendig. Die Einrichtung sollte pflanzenreich sein, um den Raubfischen ihre naturgemäßen Unterstände für die Lauerjagd anzubieten. Eine große Wurzel und einige Steine vervollständigen die Einrichtung und bieten weitere Verstecke. Eine Anzahl eingesteckter Schilfhalme oder, wie im Kapitel „Dekorationen“ geschildert, angebrachter Bambusstäbe vermitteln den Eindruck eines Schilfufers. Schilfhalme zersetzen sich nach einiger Zeit und müssen dann ausgetauscht werden.

Besonders Hecht und Zander werden für die meisten Liebhaber wahrscheinlich bald zu groß, schon im ersten Jahr können Junghechte auf 20 cm Länge und mehr heranwachsen. Bereits vor der Anschaffung solcher Tiere sollte ihr späterer Verbleib geklärt werden. Deshalb ist die Verbindung mit einem Angelverein besonders empfehlenswert, vielleicht kann man dort einen zu groß gewordenen Hecht gegen einen kleineren austauschen. Auf keinen Fall werfe man die Tiere in den nächsten Bach oder setze sie einfach irgendwo aus. Davor, sie zu verspeisen, kann nur gewarnt werden, falls Medikamente im Aquarium angewendet wurden. Chemische Stoffe reichern sich im Aquarium in den Tieren noch in vielfach höheren Konzentrationen an als in der Natur. Allerdings: Wer ißt schon seinen eigenen Pflegling? Pfui Deibel!

Die hier dargestellten Punkte gelten auch für die Haltung von Katzenwelsen oder von Jungtieren des heimischen Welses oder Wallers. Auch diese Tiere sind interessant und werden in den Aquarien selten gepflegt, obgleich sie gut haltbar sind.

Das Bachaquarium

Dieser Aquarientyp ist ganz besonders schwierig einzurichten und zu unterhalten und erfordert vom Pfleger viel Fingerspitzengefühl. Noch recht einfach zu pflegende Bachfische sind die Elritzen. Sie sollten immer im Schwarm ab 6 bis 8 Exemplaren gehalten werden, Einzeltiere kümmern. Neben einer kräftigen Filterung sollte das Aquarium auch mit einem starken Ausströmer versehen sein.

Die Rückwand wird aus flachen Steinen gestaltet, auch auf den kiesigen Bodengrund werden einige große Steine gelegt. Mit Quellmoos bewachsene Steine oder Holz vervollständigen den Ausschnitt aus einem Bachlauf. Die Elritzen lassen sich gut mit Flußkrebsen vergesellschaften. Sie sind wendig genug, deren Scheren zu entgehen. Jeder Krebs benötigt einen eigenen Unterschlupf in einem Rohr, zum Beispiel einem Ton-Drainagerohr, oder unter Steinen.

Dieser Typ des Kaltwasseraquariums ist auch gut zur Pflege von Insektenlarven aus Bächen geeignet, zum Beispiel von Bachflohkrebsen, Stein- und Eintagsfliegenlarven, sowie anderen mehr. Fische und Flußkrebse müssen dann allerdings fehlen.

Weit schwieriger als Elritzen sind Forellen und Bachsaiblinge zu pflegen. Zudem lassen sich diese Tiere nur als Jungfische in Gruppen halten. Später werden sie unverträglich, da jeder sein eigenes Revier gründen möchte. Alle Salmoniden sind sehr ortstreu und verteidigen ihren Unterstand. Auch als Einzeltier gehalten kann eine Forelle oder ein Bachsaibling sehr interessant sein, doch ist es besser, immer einige andere Fische als ,,Feindfaktor" mitzupflegen. Versuche mit der Pflege dieser Tiere werden viel zu wenig unternommen. Von einem Forellenzüchter sind leicht einige Eier oder Jungfische zu erhalten. Werden die Streitereien unter den Heranwachsenden zu groß, bringen wir dem Züchter die überzähligen Tiere zurück.

Die Temperatur im Bachaquarium darf 12°C nach Möglichkeit nicht überschreiten. Eine Kühlung des Aquariums ist also einzuplanen. Je höher die Temperatur ansteigt, umso krankheitsanfälliger werden die Tiere. Die notwendige Strömung kann mit Sprudelsteinen erzeugt werden. Viel besser sind aber kräftige Tauchkreiselpumpen oder eine Kombination von beiden, um eine waagerechte, dem Bachlauf entsprechende sauerstoffreiche Strömung zu erzeugen. Elritzen sind mit dem üblichen Fischfutter zu ernähren. Forellenartige brauchen neben dem Mastfutter, das aus Forellen-Pellets bestehen kann, möglichst oft kräftige Brocken, wie Regenwürmer, Mehlkäferlarven und andere Insekten, auch gelegentlich kleine Fische, da sie Raubfische sind.

Wirbellose Tiere im Kaltwasseraquarium

Die Vielfalt der Einzeller, Würmer, Insekten, Spinnentiere, Krebse, Muscheln, Schnecken und vielen anderen wirbellosen Tiere ist außerordentlich groß, einen Eindruck sollen die Artbeschreibungen vermitteln. Da kann es nicht verwundern, daß auch die Ansprüche entsprechend unterschiedlich sind, so daß hier nur einige Anhaltspunkte gegeben sein sollen. Außerdem wurden aus diesen Tiergruppen bisher nur wenige so häufig gehalten, daß bestimmte Erfahrungswerte vorliegen, und diese wurden bisher auch kaum je veröffentlicht. Hier ist ganz sicher noch eine sehr große Lücke zu füllen und ein breites Betätigungsfeld vorhanden.

Insbesondere bei der Haltung räuberischer Arten ist meist eine Einzelhaltung erforderlich. Dagegen sind sehr viele Tiere aus dem Teich für ein Kleinaquarium mit gemischter Besetzung empfehlenswert. Große Probleme sind bei der Haltung von Tieren aus der oberen Bachregion zu erwarten. Diese sind an niedrige Temperaturen und eine starke Wasserströmung angepaßt und benötigen diese zur Existenz. Es sind zudem oft seltene Arten. So kommt es, daß sich mit ihnen nur der Spezialist beschäftigen sollte, der diese besonderen Bedingungen bieten kann.

Zur Haltung kleiner Tiere aus dem Teich genügt manchmal schon das berühmte größere Gurkenglas als Behälter, doch ist selbstverständlich ein richtiges kleines Aquarium schöner, in erster Linie für den Pfleger und Beobachter. Die kleinsten käuflichen Ganzglasaquarien sind meistens 30 cm lang. Mit 5 Glasscheiben und einer Tube Silikonkleber kann man sich gegebenenfalls rasch ein kleineres Aquarium von 10 cm Länge oder entsprechend der Größe der Pfleglinge anfertigen. Ein kühler - teils sonniger, teils beschatteter - Ort, etwa auf der Fensterbank eines Ostfensters, ist der richtige Platz für die Aufstellung eines solchen Behälters.

Geben wir Teichwasser und etwas Bodenschlamm in unser Kleinstaquarium, dann wird schon bald ein kräftiges Algenwachstum sichtbar werden. Zwischen den Algen entwickelt sich ein reiches Einzellerleben. Doch das ist für diesen Typ des Kleinstaquariums erwünscht, denn die Algen sorgen durch ihren Nährstoffverbrauch auch im kleinen Behälter für einigermaßen stabile Wasserverhältnisse. Deshalb halten wir für Beobachtungen nur eine Beckenseite frei und lassen sonst dem Algenwuchs freien Lauf.

Ein anderer Typ des Kleinstaquariums wird statt mit Schlamm mit einer Schicht feinen Kieses oder Sandes in 3 bis 5 cm Höhe gefüllt. Einige Kiesel und Holzstückchen schaffen gute Versteckmöglichkeiten für die Tiere. Hier werden sich Algen möglicherweise nicht so rasch ansiedeln, die gesamte sich von alleine entfaltende Mikrolebewelt wird eine andere sein. Solche Kleinstaquarien liefern dem Mikroskopiker unerschöpfliches Material, Einzeller wie Amöben und Wimpertierchen sowie vieles andere mehr.

Im Kleinaquarium können auch einmal die im Teich oder Aquarium sonst nicht sehr geschätzten Wasserlinsen (*Lemna*) gehalten werden. Wer etwas Glück hat, der findet vielleicht sogar die seltene Zwergwasserlinse. Mit einer Lupe kann der Pfleger nach den seltenen winzigen Blüten der Wasserlinse suchen. An und zwischen den Blättern der Wasserlinsen wird sich bald eine reichhaltige Kleintierfauna ansiedeln, zum Beispiel Springschwänze und Milben. Unter einer dichten Schicht Wasserlinsen wird jedoch nicht viel Leben zu finden sein, da dort das notwendige Licht fehlt. Aber einige Wasserflöhe, Mückenlarven, Wasserasseln und Schnecken können auch dort überleben.

Ein etwas geräumigeres Kleinaquarium kann mit kleinen raschwüchsigen Pflanzen besetzt werden, wie *Ceratophyllum*, *Elodea* und *Myriophyllum*. Sie schränken das übermäßige Algenwachstum ein und sorgen mit ihrem Blattwerk für zahlreiche Verstecke, die von Klein- und Jungtieren genutzt werden. Viele Tiere bringen auch ihre Gelege an oder in den Wasserpflanzen unter. Zur weiteren Dekoration können Schilfhalme und eine kleine Schwimmpflanze hinzugegeben werden, etwa ein einzelner Froschbiß (*Hydrocharis*). Diese Pflanzen ermöglichen auch den aus den Puppen schlüpfenden Insektenimagines (Imago = Vollinsekt, das fertig entwickelte Insekt) ein Verlassen des Wassers. Für schlüpfende Fluginsekten, etwa Libellen, muß immer ein Verlassen des Behälters möglich sein, damit sie nicht ertrinken. Solchen Fluginsekten geben wir nach dem Schlupf die Freiheit. Am besten stellt man ein derartiges Aquarium für Insektenlarven auf dem Balkon oder im Garten auf. Hier können Fluginsekten problemlos das Becken verlassen und Mückenlarven und anderes gelangen als zusätzliches Futter hinein.

An sonnigen Tagen muß für eine gute Abschattung Sorge getragen werden, denn gerade kleine Wassermengen erwärmen sich sehr schnell auf für die Tiere nicht mehr erträgliche Wärmegrade. Steigt die Temperatur über 18°C, so sollte unbedingt etwas unternommen werden. Das Becken wird abgeschattet und eventuell ein Wasserwechsel mit kühlem Wasser vorgenommen. Auch Eiswürfel kann man hinzugegeben. Im Winter muß hingegen ein Durchfrieren des Aquariums verhindert werden, da sonst die Scheiben gesprengt werden könnten und auch die winterruhenden Tiere den Tod finden würden. Dann ist also immer eine Aufstellung im Haus anzuraten.

Einzeller, Plattwürmer, *Tubifex*, Wasserflöhe, Hüpferlinge, Schnekken, Eintagsfliegenlarven, Milben, Wasserasseln und andere benötigen keine besondere Technik im Aquarium. Sie sind Filtrierer oder verwerten Detritus und mögen keine starke Strömung. Auch die filtrierenden Schwämme und Moostierchen erzeugen die notwendige Strömung selbst. Höhere Krebse sowie Insekten und deren Larven sind allerdings für eine leichte Wasserbewegung und Filterung recht dankbar. Für solche etwas anspruchsvolleren Arten installieren wir einen kleinen luftbetriebenen Innenfilter. Die Tiere werden es möglicherweise mit gesteigerter Vitalität danken. Bei der Pflege von Flußkrebsen hingegen empfielt sich der Einbau eines Motorfilters. Eintags-, Stein- und Köcherfliegenlarven aus Bächen benötigen eine kräftige Strömung und kühles Wasser, für sie gilt das Bachaquarium als idealer Aufenthaltsort.

Nicht einfach ist die Haltung von Muscheln. Sie leben von Plankton und filtrieren dazu ständig das Wasser, es sind also gleichsam lebende Filter. Ihre erfolgreiche Pflege hängt daher von der Beschaffung ausreichender Mengen Plankton ab, damit sie nicht verhungern. Die im Handel erhältlichen Erstfutter für Fischbrut stellen in Mangelzeiten einen gewissen Planktonersatz dar. Die Pflege von Teichmuscheln zusammen mit Bitterlingen ist besonders empfehlenswert (siehe dort, Seite 194). Aufmerksamkeit ist beim Wasserwechsel angebracht. Viele der genannten Kaltwassertiere vertragen kein frisches Leitungswasser.

Sehr interessant sind Egel. Sie betreiben regelrecht Brutpflege. Die Eier werden in einigen Kokons an der Scheibe abgelegt und vom Muttertier „bemuttert". Die jungen Egel kann man mit Roten Mückenlarven (auch tiefgefrorene) füttern.

Ein gesunder Pflanzenwuchs verbessert für alle Tiere die Wasserqualität und schafft besonders in größeren Aquarien einen optisch schöneren Eindruck. Bei der Verwendung von Wasserpflanzen ist eine gute Aquarienbeleuchtung nötig. Auf den Platz am Fenster sollte verzichtet werden, denn dort würde nur der Algenwuchs gefördert werden, nicht aber das Gedeihen der höheren Pflanzen. Mit einer Aquarienbeleuchtung kann man das Licht wesentlich besser steuern, sowohl was die Beleuchtungsdauer betrifft, als auch die Lichtstärke.

Ein gewisses Problem stellt die artgerechte Fütterung nicht nur bei Muscheln dar. Viele Krebse, Insekten und deren Larven sind arge Räuber. Bei ihrer Pflege, wie auch bei der Haltung der gefräßigen *Hydra*, muß der weitere Aquarienbesatz ständig aufgefrischt oder bei Einzelhaltung für geeignete Nahrung gesorgt werden. Einige der genannten Tiere fressen auch Futtertabletten, gefriergetrocknetes Fischfutter oder gefrostete Mückenlarven und Wasserflöhe.

Einfühlsamen Pflegern wirbelloser Kaltwassertiere wird vielleicht auch die Zucht mancher Art gelingen, zum Beispiel von Krebsen und anderen. Es wäre schön, wenn die dabei gewonnenen Erfahrungen dann in der aquaristischen Fachliteratur veröffentlicht würden.

Das unbeheizte Zimmeraquarium

Viele bekannte Aquarienfische lassen sich bei kühleren Temperaturen von etwa 18 bis 22°C besser pflegen als bei den im Tropenaquarium üblichen Temperaturen von 24°C und darüber. Manche Arten benötigen diese niedrigeren Temperaturen sogar eigentlich und werden ansonsten recht hinfällig. Für ein Zimmeraquarium ohne Heizung sind folgende Fische vorzuschlagen: Kardinalfisch, amerikanischer Diamantbarsch, Scheiben- und Sonnenbarsche, Paradiesfische oder Makropoden, viele Wildformen lebendgebärender Zahnkarpfen und Hochlandkärpflinge, Fächerkärpflinge des südlichen Südamerika wie *Cynolebias bellottii* und *C. nigripinnis*, aber sogar auch *Aphyosemion*-Arten aus höhergelegenen Bergländern Westafrikas, die diese niedrigen Temperaturen sogar benötigen und sonst nicht ablaichen. Diese Aufzählung muß natürlich unvollständig bleiben, sie gibt aber einen ersten Eindruck der Vielzahl von Möglichkeiten. Dabei sind die Übergänge fließend. Selbst Fische aus tropischen Ländern brauchen dann niedrigere Temperaturen, wenn sie aus höhergelegenen Gewässern stammen. Viel zu häufig werden die Erfordernisse einzelner Fischarten zu wenig beachtet und die Angehörigen einer ganzen Fischgruppe über einen Kamm geschoren. So können zum Beispiel die Hochlandkärpflinge aus Mexiko durchaus bei 15°C gepflegt werden, wenn sie aus hochgelegenen Gebieten stammen. Auch Schwertträger und Papageienplaties lassen sich gut im unbeheizten Aquarium pflegen. Sie können dort farbenprächtiger als in einem beheizten Becken werden.

Im unbeheizten Zimmeraquarium kann man auch sogar einen bestimmten Biotop gestalten. So läßt sich zum Beispiel für die amerikanischen Zwergarten *Elassoma evergladei*, *Heterandria formosa* und *Lucania goodei* ein hübsches eigenes Aquarium einrichten, das noch nicht einmal groß zu sein braucht. Alle diese Arten stammen aus Florida. Selbst nordamerikanische Pflanzen könnten Fans eines solchen reinen Biotopaquariums einsetzen, zum Beispiel die Kardinalslobelie, Wasserpest, Sagittarien und andere.

Wer lieber größere Fische pflegen möchte, der könnte ein entsprechend geräumigeres Becken mit Sonnenbarschen, *Fundulus*-Arten, verschiedenen nordamerikanischen Orfen - den Shinern der Amerikaner - oder den Darters oder Grundelbarschen besetzen. Die Einrichtung sollte wie für das Stichlingsaquarium beschrieben gestaltet sein. Viel zu selten sieht man derartige Aquarien mit nordamerikanischen Fischen. Früher dagegen waren sie recht häufig zu finden.

Vielleicht wird ein Aquarianer auch einmal einen entsprechenden Versuch mit ostasiatischen Fischen aus China oder gar der Sowjetunion wagen, das Problem liegt gegenwärtig allerdings darin, daß nur wenige Fische von dort erhältlich sind. Allerdings wurden in letzter Zeit mehrere Fischarten zum Teil mit horrenden Preisen aus China nach Europa importiert, die wohl für ein unbeheiztes Zimmeraquarium geeigneter als für ein Tropenaquarium sind.

Alle diese genannten Beispiele können nur Anregungen liefern, in der Hoffnung, daß mehr Aquarianer als bisher entweder neue Nischen der Aquaristik ausfindig machen, oder altbekannte und ins Vergessen geratene Arten für sich wiederentdecken.

Das Kaltwasser-Aquaterrarium

Das Aquaterrarium oder Paludarium ist für Amphibien die zu bevorzugende Unterbringung. Fast alle Amphibien sind mehr oder weniger an das Wasser gebunden, zum Beispiel, indem sie es zur Laichzeit aufsuchen. Aus kühleren Bereichen kommen Molche wie der Marmormolch und der Japanische Feuerbauchmolch, sowie Unken, vornehmlich die Chinesische Rotbauchunke (Fotos Seite 929 und 940). Für andere Tiere, zum Beispiel aus Nordamerika, sind die Bedingungen entsprechend den Ansprüchen der Pfleglinge etwas abzuwandeln.

Für Molche und Unken kann ein flaches und kleineres Aquarium in ein größeres und hohes gestellt werden. Die Technik wird in das kleinere Aquarium wie beim normalen Aquarium installiert. Der Wasserstand sollte dort 15 bis 20 cm betragen. Das größere Aquarium nimmt um den kleineren Einsatz herum den Landteil auf. Ins Wasser setzen wir reichlich Pflanzen, auch kleinere Sumpfpflanzen in Töpfen oder im hinteren Sumpfteil machen sich gut. Die Rückwand des Sumpfaquariums oder Aquaterrariums kann mit aufgeklebten Torf- oder Korkplatten etwas natürlicher gestaltet werden. Darauf wachsen auch manche Moose gut. Das Aufkleben von Torfplatten ist mitunter nicht so einfach. Stattdessen kann man auch eine stabile Kunststoff- oder Plexiglasplatte mit den Innenmaßen der Rückwand nehmen und im Abstand der Torfplatten Löcher hineinbohren. Mit Angelschnur werden die Torfplatten dann festgebunden und die Platte in das Aquaterrarium gestellt. Mit Torffasern kaschiert, sieht man die Befestigung kaum mehr.

Molche brauchen Verstecke unter Wasser, zum Beispiel unter Steinen. Sie verlassen ebenso wie Unken ganz gerne zeitweilig das Wasser. Die Landfläche sollte etwa 20 bis 25% der Gesamtfläche ausmachen, sie kann teilweise bepflanzt werden. Steine oder Holz erleichtern den Tieren den Ausstieg aus dem Wasser. Kühl überwinterte und danach gut gefütterte Tiere pflanzen sich auch im Aquaterrarium fort. Die Fütterung der Quappen kann mit Fischfutter erfolgen. Von den Eltern sollten sie getrennt untergebracht werden. Molche fressen normales Fischfutter, bevorzugen aber Lebendfutter, wie zum Beispiel Regenwürmer. Unken benötigen lebende Insekten (Wiesenplankton) und dergleichen als Nahrung. Für den Winter müssen entsprechende Insektenzuchten angelegt werden.

Auch junge Schmuckschildkröten lassen sich im Aquaterrarium pflegen. Sie wachsen allerdings schnell, werden recht groß und machen viel Schmutz, so daß sie nicht vergesellschaftet werden können. Auf dem Landteil beschädigen sie die Pflanzen, so daß man besser darauf verzichtet. Wegen des starken Stoffwechsels muß das Wasser häufig gewechselt werden. Aus diesem Grund ist für sie ein Spezialaquarium zu empfehlen, bei dem nicht ein Innenaquarium den Wasserteil liefert, sondern hier nimmt man besser ein größeres Becken, in das am Boden ein Wasserablaß eingeklebt wird. Als Landteil kann man als Einfachlösung eine Steinplatte auf umgekehrte Blumentöpfe stellen oder, komfortabler, an einer Querseite eine Scheibe waagerecht einkleben, auf die dann wiederum Schieferplatten oder Zierkork geklebt wird, denn sonst ist die Unterlage zu glatt. Im letzteren Fall läßt sich der Wasserteil problemlos säubern.

Eine Vergesellschaftung mit Fischen ist in allen Fällen nicht zu empfehlen. Fische werden als Nahrung betrachtet. Wenn die Temperatur bei 18-20°C liegt, also Zimmertemperatur vorliegt, kann man *Ancistrus*-Saugwelse einsetzen, sofern gernügend Algenwuchs vorhanden ist. Erfahrungen haben gezeigt, daß diese Harnischwelse aufgrund ihres Knochenpanzers ausreichend vor Nachstellungen geschützt sind, sie vermehren sich im Aquaterrarium sogar. Allerdings dürfen sie nicht ins Schildkrötenterrarium gesetzt werden.

Auch an dieser Stelle sei jedoch wiederum darauf hingewiesen, daß alle einheimischen Amphibien zu den geschützten Arten zählen, ebenso manche fremdländischen Arten wie etwa Axolotl und andere. Man achte also darauf, daß bei letzteren der Erwerb legal ist und ihre Anmeldung bei der zuständigen Behörde ordnungsgemäß erfolgt. Siehe hierzu auch Seite 220. Und noch einmal: Fremdländische Tiere gehören nicht in unsere Natur, heimische sollten wir dort in Ruhe lassen!

Die Zucht von Kaltwasserfischen

Ein Teil der Kaltwasserfische kann nur im Jugendstadium im Aquarium gepflegt werden. Diese Fische erreichen bis zur Geschlechtsreife eine Größe, die Zuchtversuche im Zimmeraquarium illusorisch erscheinen lassen. Manche groß werdenden Arten erreichen ihre Geschlechtsreife allerdings bereits als relativ kleine Tiere, hier können Versuche mit jungen, geschlechtsreifen Fischen unternommen werden. Auch und gerade die klein bleibenden Arten sind für die Zucht im Aquarium oder im Gartenteich hervorragend geeignet. Die besonderen Voraussetzungen hierfür und die Ansprüche der einzelnen Arten sind bei den jeweiligen Artbeschreibungen angegeben, soweit sie bekannt sind.

Eine wesentliche Voraussetzung zur Zucht der meisten Kaltwasserfische ist eine kühle Überwinterung bei Temperaturen zwischen 6 und 12°C, gegebenenfalls auch etwas niedriger oder geringfügig höher. Nur Arten aus etwas wärmeren Heimatgebieten und die Zuchtformen der Goldfische, die über viele Generationen im wärmeren Wasser gehalten und gezüchtet wurden, kommen ohne diese Voraussetzung aus.

Im Gartenteich erfolgt die Vermehrung oft ohne großes Zutun des Pflegers. Einzelne Jungfische kommen dort meist auch ohne besondere Fütterung und ohne weiteren Aufwand auf. Um jedoch eine größere Anzahl Jungfische aufziehen zu können ist es meistens sinnvoll, die Fischlarven oder bereits die Eier abzuschöpfen, sofern dies möglich ist, und getrennt aufzuziehen.

Bei der Zucht im Aquarium muß sich die Einrichtung eines Zuchtbekkens ganz nach den speziellen Erfordernissen der Art richten und sollte nichts Überflüssiges enthalten. Einige Verstecke für die meist stark von den Männchen getriebenen Weibchen müssen immer eingebracht werden. Meistens sind diese besonders am Anfang des Zuchtansatzes notwendig, wenn die Weibchen noch nicht laichbereit sind. Für Pflanzenlaicher und Freilaicher werden am besten einige an Steinen befestigte Wasserpflanzenbüschel eingebracht, der Aquarienboden bleibt dagegen frei, um ihn besser sauberhalten zu können. Eine solche Einrichtung ist bei den Bodenlaichern und bei den Nistgruben bauenden Arten natürlich nicht möglich. Dort ist darauf zu achten, daß der Kies möglichst sauber ist. Er sollte auch nicht zu grob sein, damit die Larven nicht zwischen die Lücken geraten und dort verenden. Einige Arten fordern allerdings groben Kies als Laichunterlage, dies ist bei den wenigen Arten mit solchen Erfordernissen in den Artbeschreibungen erwähnt und entsprechend im Zuchtbecken zu berücksichtigen. Bei brutpflegenden Arten wird der pflegende Elternteil möglichst lange bei den Jungfischen belassen, bis der Brutpflegetrieb erlischt. Die Elterntiere pflegen ihre Jungen meist besser als es dem Pfleger bei einer künstlichen Aufzucht möglich wäre.

Etwas problematisch ist bei vielen Arten die Erstfütterung der Larven. Sie muß sich an deren Größe orientieren. Sehr kleine Larven müssen nach dem Freischwimmen, sobald der Dottervorrat aufgezehrt ist, zuerst mit Infusorien und Rädertierchen angefüttert werden.

Die Zucht der Infusorien kann im Heuaufguß oder auf ähnliche Weise erfolgen. Rädertierchen müssen mit äußerst feinen Netzen, sogenannten Planktonnetzen, in Tümpeln gefangen werden. In manchen Jahreszeiten sind sie aber nur in ausgesprochen geringen Mengen in der Natur zu finden. Die Aufzucht von Rädertierchen ist auch aus Dauereiern möglich, die gelegentlich angeboten werden. Gefüttert wird möglichst oft, drei- bis fünfmal am Tag jeweils nur sehr wenig. Die Jungfische müssen ständig Nahrung vorfinden, sie sollten „im Futter stehen", wie der Züchter sagt. Dennoch dürfen keine Nahrungstierchen absterben, die dann das Wasser verderben. Abgestorbene Nahrung und die Ausscheidungen der Jungfische sind je nach Menge der Jungtiere und Größe des Aufzuchtbeckens täglich oder spätestens nach drei Tagen mit einem dünnen Schlauch, zum Beispiel einem Luftschlauch, abzusaugen.

Je nach Wachstum der Jungfische können nach drei Tagen bis zwei Wochen frisch geschlüpfte *Artemia*-Nauplien und fein ausgesiebtes Tümpelfutter, zumeist *Cyclops*-Nauplien, zugefüttert werden. Die Fütterung mit Infusorien und Rädertierchen muß noch einige Tage weiter erfolgen, bis auch Nachzügler im Wachstum mitgekommen sind. *Artemia*-Nauplien lassen sich leicht aus den im Handel erhältlichen Dauereiern heranziehen. Sie werden möglichst bald nach dem Schlupf, je nach Temperatur nach 24 bis 40 Stunden, an die kleinen Fische verfüttert. Zur *Artemia*-Kultur siehe auch Aquarien-Atlas I, S. 879.

Das Tümpelfutter wird mit einem Netz aus einem Teich oder Tümpel gefangen. Man sortiert es mit im Handel gekauften oder selbst gefertigten Siebsätzen nach Größen aus. Die Jungfische erhalten zunächst nur das feinste Futter, später entsprechend ihrer Größe auch gröberes, das vorerst nur den großen Fischen vorbehalten ist. Das Wachstum der Fischbrut ist nicht nur von der Art abhängig und auch nicht nur von der Temperatur, obgleich letztere deutlichen Einfluß hat. Häufige Wasserwechsel und gute Fütterung können das Wachstum vielmehr stark beschleunigen. Bei zügigem Wachstum sind die Jungfische nach zwei bis drei Wochen meistens „über den Berg", und bei genügender Sorgfalt kann die Zucht dann bereits als gelungen gelten.

Was man über Wasserchemie wissen sollte

Mehrfach haben wir bisher bereits auf verschiedene wasserchemische Daten wie Härte, pH-Wert und dergleichen hingewiesen und ihre Bedeutung auch für die Teichlebewesen hervorgehoben. Dem einen oder anderen Leser mögen diese Angaben aber möglicherweise wenig sagen. Aus diesem Grund sollen hier die wichtigsten wasserchemischen Zusammenhänge kurz erläutert werden.

Die Wasserhärte: Das Regenwasser fällt herab und versickert im Boden oder sammelt sich oberirdisch in den Gewässern. Dabei nimmt es Mineralien und Salze auf. Dies wird im Wasserkessel oder im Kaffeeautomaten deutlich, dort setzt sich nämlich ein Teil der aufgenommenen Bestandteile als Kesselstein ab. Bei diesem Kesselstein handelt es sich um Kalzium- oder Magnesiumkarbonat.

Kalzium- und Magnesiumsalze, aber auch noch andere sogenannte Erdalkalien, gehen im Wasser in Lösung. Salze bestehen aus zwei Partnern (Ionen), den positiv geladenen sogenannten Kationen und den negativ geladenen Anionen. Beim allgemein bekannten Natriumchlorid oder Kochsalz (NaCl) wird dies deutlich: Na^+ ist das Kation, Cl^- das zugehörige Anion. Kalzium- und Magnesium-Kationen sind die wichtigsten Härtebildner, erst danach kommen Natrium und Kalium. Die Messung dieser Härtebildner erfolgt in sogenannten deutschen Härtegraden, man spricht von der **deutschen Gesamthärte** (dGH), ein Härtegrad entspricht 10 mg Kalzium- oder Magnesiumoxid in 1 Liter Wasser. Für die aquaristische Praxis läßt sich in etwa die folgende Zuordnung treffen:

0 bis 4° dH	=	sehr weiches Wasser
4 bis 8° dH	=	weiches Wasser
8 bis 12° dH	=	mittelhartes Wasser
12 bis 30° dH	=	hartes Wasser
über 30° dH	=	sehr hartes Wasser

Nach dem Kochen ist das Wasser weicher geworden, ein Teil der Härte ist also verschwunden. Bei dieser temporären oder vorübergehenden Härte handelt es sich um die **Karbonathärte** (KH). Diese wird durch die Verbindung von Kalzium und Magnesium mit Kohlendioxid bzw. Kohlensäure hervorgerufen. Diese Verbindungen bezeichnet man als Bikarbonate und Karbonate. Die Karbonathärte gibt den Gehalt an Kalziumhydrogenkarbonat [$Ca(HCO_3)_2$] an. Beim Kochen des Wassers wird CO_2 ausgetrieben, die Folge ist, daß das Kalziumkarbonat größtenteils ausfällt und sich als Kalk absetzt. Auch durch die Photosynthese der

Wasserpflanzen können Bikarbonate in Karbonat und CO_2 zerfallen, dies bezeichnet man als biogene Entkalkung. Die Blätter sind dann im ungünstigsten Fall von einer Kalkschicht überzogen. Durch Zugabe von CO_2 kann das Karbonat wieder in Lösung gehen. Weil umso mehr Kohlendioxid gebunden werden kann je höher die Härte ist, spricht man statt von Karbonathärte besser vom Säurebindungsvermögen oder der Säurebindungskapazität. CO_2 ist im Aquarium bis auf einige Huminsäuren die wichtigste Säure, und so beeinflußt die Karbonathärte über den Gehalt an freiem Kohlendioxid den pH-Wert. Ist die Karbonathärte hoch, so kann verhältnismäßig viel CO_2 gebunden werden bevor sich der pH-Wert wesentlich ändert, das System ist dann besser gepuffert. Andererseits kann die Kohlensäure den Kalk im Wasser in Lösung halten, so daß er nicht ausfällt.

Für die Aquaristik und auch die Gartenteichpflege hat die Karbonathärte einen wichtigeren Einfluß als die Gesamthärte. Weil die Säurebindungskapazität bei niedriger Karbonathärte nur sehr gering ist, kann in diesem Fall der pH-Wert leicht abrutschen. Um dies zu verhindern, sollte die Karbonathärte nicht unter 3-4 liegen. Wie das zu bewerkstelligen ist, wird im Zusammenhang mit dem pH-Wert erörtert werden.

Der Gesamtsalzgehalt: Je mehr Salze im Wasser gelöst sind, umso stärker leitet Wasser in Abhängigkeit von der Temperatur den elektrischen Strom. Dies ist das Prinzip der Leitfähigkeitsmessung. Gemessen wird in Mikrosiemens pro Zentimeter (1 µS/cm). Im Grunde wird allerdings lediglich die Gesamtsumme aller leitenden Mineralstoffe gemessen, entscheidend ist jedoch oft ein bestimmter, der als Einzelwert so nicht zu erfassen ist. Dennoch aber lassen sich anhand der Leitfähigkeitsmessung bestimmte Rückschlüsse ziehen. Wenn wir das Aquarium betrachten, so werden hauptsächlich durch das Futter Mineralstoffe eingetragen. Wasser verdunstet und wird in der Regel durch Leitungswasser ersetzt, das auch wiederum mehr oder weniger Mineralstoffe enthält. So nimmt der Gesamtsalzgehalt zu. Dies können wir mit der Leitfähigkeitsmessung kontrollieren. Nach einem nennenswerten Anstieg muß unbedingt ein Wasserwechsel durchgeführt werden.

Der pH-Wert: Im Wasser geht ein Teil des CO_2 in Kohlensäure (H_2CO_3) über. Diese Säure beeinflußt den sogenannten pH-Wert des Wassers ebenso wie jede andere Säure. Säuren können allerdings unterschiedlich stark sein.

In chemisch neutralem Wasser besteht ein Säure-Base-Gleichgewicht. Das Wasser (H_2O) enthält dann die gleiche Menge an „sauren" Wasserstoff- (H^+-) Ionen und „alkalischen" Hydroxid- (OH^--) Ionen. Bei neutralem Wasser liegt ein pH-Wert von 7 vor, wird das Wasser saurer, so sinkt der pH-Wert, wird es alkalischer, so steigt er. Die pH-Wert-Skala reicht insgesamt von 1-14. Von einem zum nächsten runden pH-Wert steigt der Säuregehalt jeweils um eine Zehnerpotenz, in Wasser von pH 6 sind also 10mal weniger H^+-Ionen enthalten als in Wasser mit dem pH-Wert 5. Für die Aquaristik bedeutet dies, daß die Fische und sonstigen Aquarienbewohner es in pH 5 messendem Wasser 10mal saurer haben als bei pH 6, bei pH 4 ist es 100mal saurer als bei pH 6. Der Anstieg oder Abfall des pH-Wertes ist also nicht linear sondern logarithmisch. Dieses Beispiel zeigt aber auch die Bedeutung des pH-Wertes für die Lebewesen auf. Für die Forelle wird ein tödlicher pH-Wert von unter pH 5,5 und über pH 9,4 angegeben (BAUR, 1980). Nachstehend einige Beispiele:

Hochmoortümpel: pH-Wert: 3,6
Durchschnittlicher pH-Wert des Regens in Westdeutschland 1976: pH 4
Untere Grenze für die Aquaristik: pH 5,5
Theoretisch „reiner“ Regen: pH 5,6
Kiesgrube am Niederrhein: pH 6,5
Amazonas: pH 6,2-7,2; Rio Negro: pH 4 - 5
Mittelgebirgsbach des Bergischen Landes: pH 7,3
Altrheinarm am Niederrhein: pH 7,7
Meerwasser: pH 8 - 8,5
Obere Grenze für die Aquaristik: pH 9.

Aus diesen Angaben ist zu entnehmen, daß im Aquarium der pH-Wert nicht tiefer als 5,5 bis 6 und nicht höher als 8,5 bis 9 liegen sollte, für einheimische Kaltwasserfische läßt sich das noch weiter einschränken, dort sollte der Wert zwischen 7 und 8 liegen. Diese letzteren Werte gelten auch für Gartenteichgewässer. Dabei ist aus Gründen, die mit dem Stickstoffabbau zusammenhängen, ein Wert eher um 7 bis 7,2 als um pH 8 anzustreben.

Die Beeinflussung des pH-Wertes ist nicht so ganz einfach, besonders nicht in Gartenteich-Dimensionen. Im Süßwasseraquarium kann sie über den CO_2-Gehalt erfolgen. Durch eine entsprechende Kohlensäuredüngung, Geräte dazu werden im Zoofachhandel angeboten, kann der pH-Wert gesenkt werden. Nun steht aber der pH-Wert nicht nur in Abhängigkeit mit dem Kohlensäuregehalt des Wassers, sondern hängt auch, wie wir auf Seite 209 erfahren haben, von der sogenannten Karbonathärte (KH) ab. Eine Senkung des pH-Wertes durch CO_2-Zufuhr ist nur dann sinnvoll, wenn die Karbonathärte nicht zu hoch ist, denn sonst wird zuviel CO_2 benötigt. Die Karbonathärte sollte nicht unter 3-4° KH liegen, sonst kann der pH-Wert plötzlich in zu saure Bereiche abgleiten.

Ein Anheben der Karbonathärte des Leitungswassers in den idealen Bereich ist heute kein Problem, dafür gibt es im Zoofachhandel Härtebildner, die dem Wasser nach Anleitung zugefügt werden können. Das Senken der Karbonathärte kann für Aquarienverhältnisse durch Einsatz eines Ionenaustauschers oder einer Umkehr-Osmoseanlage erfolgen, für den Gartenteich wäre das zu teuer, dort verwendet man besser Regenwasser und mischt dieses eventuell mit Leitungswasser. Wenn die Karbonathärte zwischen 4 und rund 10° KH liegt, kann auch im Gartenteich der pH-Wert leichter herabgesetzt werden, zum Beispiel durch Filterung des Wassers über Torf. Meistens ist dieses aber überhaupt nicht notwendig, denn das Leitungswasser entspricht in unseren Breiten glücklicherweise weitgehend den dargestellten Ansprüchen. So muß der pH-Wert laut Trinkwasserverordnung zwischen 6,5 und 9,5 liegen, jedes Wasserwerk wird ihn aber zum Schutz des Rohrleitungsnetzes möglichst leicht über 7 halten wollen. Messen Sie einmal den pH-Wert Ihres Leitungswassers und den pH-Wert in Ihrem Teich!

Die Rolle des Sauerstoffs im Wasser: Der Sauerstoff (O_2) übernimmt bei den Stoffwechselvorgängen der meisten Lebewesen entscheidende Funktionen. An erster Stelle steht hier natürlich die Atmung. Bei der Atmung werden hochmolekulare Verbindungen wie Fette und vor allem Zucker unter Sauerstoffverbrauch in niedermolekulare energiearme Verbindungen umgewandelt, letztlich in Kohlendioxid und Wasser. Dabei wird für das Lebewesen Energie verfügbar. Der Sauerstoff muß allerdings in der notwendigen Menge den Zellen zu- und das Kohlendioxid muß abgeführt werden. Um dies zu gewährleisten, haben sich die verschiedensten Anpassungen entwickelt, zum Beispiel die Tracheen der Insekten, die Kiemen der Fische und Amphibienlarven, oder die Lungen der höheren Wirbeltiere.

Der Sauerstoff steht allerdings nur deshalb zur Verfügung, weil ihn die photosynthetisch aktiven Pflanzen zuvor erzeugt haben. Sie nehmen Wasser und CO_2 auf und verarbeiten es mit Hilfe des Chlorophylls, des Blattgrüns, unter Einsatz der Lichtenergie zu Traubenzucker, wobei sie Sauerstoff abgeben. Auf diese Weise wird die Lichtenergie den höheren Lebewesen in den Zuckerverbindungen zugänglich und der Kreislauf schließt sich. Alle Lebewesen atmen also ständig, auch die Pflanzen, doch kommt bei letzteren die Photosynthese hinzu.

Nun ist der von den Pflanzen abgegebene und für die übrigen Lebewesen ebenfalls so wichtige Sauerstoff auf unserer Erde nicht gleichmäßig verteilt. Zum Beispiel löst er sich in Wasser nicht so sonderlich gut. Der dort vorhandene Sauerstoffgehalt ist vom Luftdruck, von der Wassertemperatur und von anderen Einflüssen abhängig. Vor

Sauerstoff-Sättigungswerte von Süßwasser

Temperatur in °C	O_2-Gehalt in mg/Liter
5	12,4
6	12,1
7	11,8
8	11,5
9	11,2
10	10,9
11	10,7
12	10,4
13	10,2
14	10,0
15	9,8
16	9,6
17	9,4
18	9,2
19	9,0
20	9,0
21	8,7
22	8,5
23	8,4
24	8,3
25	8,1

allem durch Einwirkung höherer Temperaturen kann sich der Sauerstoffgehalt stark verringern. Dies kann sich besonders auf kleine Gewässer wie Tümpel oder auch Aquarien massiv auswirken, ein Umstand, dem oft viel zu wenig Beachtung geschenkt wird.

Der Verlauf der O_2-Kurve in einem See ist abhängig von der Temperatur und der Tiefe. Eine gewisse zeitliche Verschiebung zwischen Gehalt des Sauerstoffs und Temperatureinwirkung wird durch von den Lebewesen bewirkte Einflüsse verursacht. Im Frühjahr fördert die sprunghafte Entwicklung des Phytoplanktons eine starke Sauerstoffanreicherung. Diese Vorräte werden von Bakterien und Tieren im Verlauf des Sommers wieder aufgezehrt. Über die Zeit der sommerlich hohen Temperaturen hinaus bis in den Herbst kann sich ein starker O_2-Mangel einstellen. Im Winter nimmt das Wasser bei tiefen Temperaturen und verringerter Stoffwechselaktivität der Lebewesen wieder Sauerstoff aus der Atmosphäre auf, im Frühjahr kommt weiterer von Wasserpflanzen produzierter Sauerstoff hinzu. Auf diese Weise ist der O_2-Gehalt des Wassers typischen jahreszeitlichen Schwankungen unterworfen.

Viele Lebewesen stehender Gewässer versuchen Sauerstoffmangel durch Wanderbewegungen zwischen den Wasserschichten zu entgehen. In dichtbesiedelten Tümpeln, in denen bei hohen Temperaturen Sauerstoffmangel auftritt, steigen die Wasserflöhe zur Oberfläche auf und können das Wasser dann braunrot färben. Die Wanderungen durch die Schichten werden durch die Orientierung nach dem Licht beeinflußt, wobei sie bei den Wasserflöhen erst bei Atemnot eintritt. Durch die Orientierung zum Licht wird das Bestreben der Wasserflöhe, in sauerstoffhaltige Schichten zu gelangen, indirekt erreicht.

Das Kohlendioxid: Im Zusammenhang mit der Erläuterung der Bedeutung des Sauerstoffes wurde bereits deutlich, daß aufgrund der Atmungs- und Photosynthese-Prozesse der Kohlendioxid-(CO_2-) Haushalt in enger

Wechselwirkung mit dem Sauerstoff gesehen werden muß. Kohlendioxid ist allerdings wesentlich leichter in Wasser löslich, es reagiert mit Wasser zu Kohlensäure (H_2CO_3) und kann auf diese Weise in sehr großen Mengen aufgenommen werden.

Kohlendioxid ist einerseits ein wichtiger Ausgangsstoff für die Photosynthese der Pflanzen, andererseits wird es von den Zellen abgegeben und muß dann abtransportiert werden. Im Fließgewässer geschieht dies besonders einfach durch die Wasserbewegung. Wenn man dies im Aquarium nachahmen möchte, zum Beispiel durch einen Sprudelstein, so ergibt sich andererseits das Problem, daß das ausgetriebene CO_2 dann den Pflanzen fehlt. Nun können diese ja nur am Tage im Licht Photosynthese betreiben, dann wird es benötigt, erst in der Nacht steigt der Kohlendioxid-Gehalt zunehmend an und kann den Fischen gefährlich werden. Ein Kompromiß besteht also darin, den Sprudelstein nur in der Nacht laufen zu lassen um damit überschüssiges CO_2 auszutreiben, am Tage wird er abgestellt.

Es darf an dieser Stelle jedoch auch nochmals darauf hingewiesen werden, daß das Kohlendioxid nicht nur für die Lebewesen direkt von Bedeutung ist, es beeinflußt auch in starkem Maße die abiotischen Vorgänge in den Gewässern, erinnert sei an das Kalk-Kohlensäure-Gleichgewicht (Seite 209).

Der Stickstoff-Stoffwechsel: Ein wesentlicher Bestandteil der Proteine oder Eiweiße sind Stickstoffverbindungen. Diese werden mit der Nahrung aufgenommen und in den Körper eingebaut. Jedes organische Material vom Fischfutter über den Fischkot bis zu den toten Tieren und abgestorbenen Pflanzenblättern weist einen wesentlichen Anteil an Stickstoff auf. Die Stickstoffverbindungen werden unter Sauerstoffzehrung von den Bakterien zersetzt und so letztlich wieder für die Pflanzen verfügbar gemacht. Dieser stufenweise Abbau erfolgt teilweise über giftige Zwischenprodukte, deren Gehalt im Aquarium oder Gartenteich regelmäßig überprüft werden muß.

Das erste Abbauprodukt der Eiweiße sind Ammonium (NH_4^+) und Ammoniak (NH_3). Das Ammoniak ist die giftigste Stickstoffverbindung und liegt bei pH-Werten von über 7 vor, unter pH 7 geht Ammoniak in das ungiftige Ammonium über. Diese pH-Abhängigkeit des giftigen Ammoniaks ist es, weshalb der pH-Wert im Aquarium nicht zu hoch sein sollte. Da unsere heimischen Kaltwasserfische bei einem pH-Wert von über 7 gepflegt werden müssen, ist dem Ammoniakgehalt im Wasser besondere Aufmerksamkeit zu schenken und deshalb darf auch der Wasserwechsel nicht vergessen werden.

Der zweite Schritt des Stickstoffabbaus ist die Nitritation. Bakterien der Gattung *Nitrosomonas* bauen unter Sauerstoffzufuhr Ammoniak und Ammonium zu Nitrit (NO_2^-) ab. Auch Nitrit ist giftig und so müssen wir auch den Nitrit-Wert im Aquarium oder Gartenteich regelmäßig im Auge behalten.

Die Endstufe ist die Nitratation. Wiederum unter Sauerstoffzufuhr wird von Bakterien der Gattung *Nitrobacter* das Nitrit in Nitrat (NO_3^-) überführt. Nitrat ist wesentlich weniger giftig. Allerdings kann es sich in hohen Konzentrationen ansammeln. Gerät das System nun ins Sauerstoffdefizit, wird zum Beispiel in der Nacht in einem Aquarium mit hohem Fischbesatz der Belüfter abgeschaltet, so kann durch Denitrifikation bzw. Nitrat-Reduktion das Nitrat wieder zu Nitrit umgewandelt werden und die Fische sterben an Nitrit-Vergiftung. Daher ist auch dem Nitrat Aufmerksamkeit zu schenken. Sowohl Ammonium als auch Nitrat werden von den Pflanzen aufgenommen, sie stellen für diese eine wichtige Stickstoffquelle dar.

Wesentlich für einen geregelten Stickstoffabbau ist also nach dem bisher Festgestellten zum einen die Anwesenheit der Bakterien, insbesondere solchen der Gattungen *Nitrosomonas* und *Nitrobacter*, zum anderen muß genügend Sauerstoff vorhanden sein. Das bedeutet, ein ganz frisch eingerichtetes Aquarium darf nicht sofort mit Fischen besetzt werden, denn die Bakterien haben noch keine genügend großen Stämme aufbauen können um mit den anfallenden Stoffwechselprodukten fertig zu werden. Die Folge ist eine Ammoniak- oder Nitritvergiftung der Fische. Um die Bakterien zu fördern, kann man Filtermaterial aus einem in Gebrauch befindlichen Filter in das Gerät für das neu eingerichtete Aquarium geben. Um die Bakterienflora nicht gänzlich zu zerstören, sollte man einen biologisch arbeitenden Filter (siehe Seite 179) nie mit heißem Wasser auswaschen, es sei denn, eine Krankheit läge vor. Medikamente töten selbstverständlich außer den Krankheitserregern auch die erwünschten Bakterien mit ab, nach einer Krankheitsbehandlung muß also auch den Stickstoff-Stoffwechselprodukten erhöhte Aufmerksamkeit gewidmet werden. Deshalb den Nitritgehalt (NO_2) messen.

Die Messung der Wasserwerte: Außer der Temperatur sollten auch die hier genannten Faktoren stets in regelmäßigen Abständen überprüft werden, und zwar sowohl im Kaltwasseraquarium als auch im Teich. Dabei ist die Gefahr im Aquarium natürlich größer, daß dort ein Wert in ungünstige Bereiche gerät, denn der Raum ist geringer, so daß sich negative Dinge rascher auswirken.

Fast alle der genannten chemophysikalischen Größen kann man mit Testsätzen recht einfach messen, die im Zoofachhandel zu kaufen sind.

Meistens arbeiten diese Tests titrimetrisch: einer zu untersuchenden Menge Wasser wird bis zum Farbumschlag eine Testlösung zugegeben und die notwendigen Tropfen gezählt. Diese lassen sich dann anhand der in der Gebrauchsanweisung gegebenen Hinweise leicht umrechnen. Zu derartig arbeitenden Wassertests zählen solche für die Sauerstoffmessung, bei der übrigens sehr sorgfältig gearbeitet werden muß um brauchbar genaue Werte zu erzielen, ferner die für die Messung der Gesamt- (GH) und Karbonathärte (KH). Bei anderen Testsätzen wird ein Indikator zugegeben und das Ergebnis mit einer Farbtafel verglichen. Auf diese Weise lassen sich zum Beispiel der pH-Wert und der Nitritgehalt (NO_2) ermitteln. Die genaueste Messung von pH-Wert und Sauerstoffgehalt ist mit elektrischen Meßgeräten möglich, die Leitfähigkeit ist nur auf diese Weise festzustellen. Allerdings sind diese Geräte relativ teuer, so daß der normale Aquarianer oder Teichbesitzer Testsätze vorziehen wird. Manche Zoofachhändler leihen aber solche Meßgeräte gegen eine geringe Leihgebühr aus oder führen die Tests selbst durch.

Die KH (Karbonathärte) soll zwischen 4 und 15° dkH liegen. Der pH-Wert zwischen 7 bis 8. NO_2 darf nicht über 0,2 mg/l sein! NO_3 soll für Pflanzen nicht über 50 mg/l sein; für Fische sind kurzfristig bis 200 mg/l zulässig.

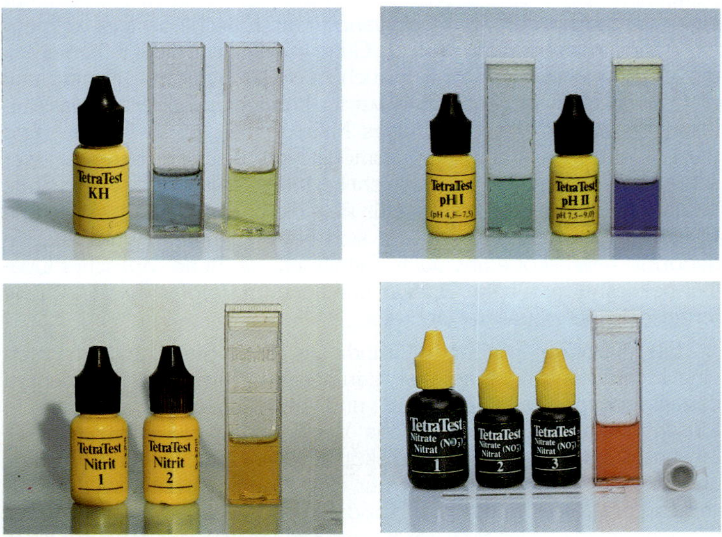

Verschiedene Testsätze zur Ermittlung der Wasserwerte.

Mikroskopie

Ein Kleinstaquarium oder eine Schlammprobe aus dem Teich wimmeln vielfach nur so von Mikroorganismen. Da finden sich einzellige Algen, Amöben und Pantoffeltierchen sowie ihre Verwandten. Einige sollen in den Artenbeschreibungen auch vorgestellt werden. Alle diese Mikroorganismen kann man natürlich nicht mit unbewaffnetem Auge, sondern nur mit Hilfe eines Mikroskopes wahrnehmen. Wer sich daher mit der Mikrowelt näher beschäftigen möchte, übrigens einer ganz faszinierenden Sache, wird sich vielleicht mit dem Gedanken tragen, ein Mikroskop anzuschaffen. Aus diesem Grund sollen hier einige erste Grundzüge der Mikroskopie dargelegt werden.

Von der Anschaffung eines billigen Mikroskops ist dringend abzuraten, denn damit wird man zumeist nur Enttäuschungen erleben. Ernsthafte Interessenten müssen schon einiges Geld investieren. Auf keinen Fall ist solch ein Mikroskop das beste, das eine möglichst starke Vergrößerungsmöglichkeit bietet, auf dessen Verpackung zum Beispiel steht: „Vergrößerung bis 1.200fach", das außerdem möglichst viele kleine Gläschen mit Fliegenbeinen, Kanadabalsam und Färbemittelchen enthält. Was nutzt es, wenn man bei 1.200facher Vergrößerung tränenden Auges sein Fliegenbein zu betrachten versucht und doch nur einen unscharfen dunklen Fleck wahrnimmt. Entscheidend ist vielmehr das Auflösungsvermögen, also die Güte, mit der zwei dicht nebeneinanderliegende Punkte tatsächlich auch noch als getrennte Punkte und nicht als Klecks wahrgenommen werden können. Je höher also das Auflösungsvermögen der Optik eines Mikroskopes, umso besser - und teurer - ist es. Die Vergrößerungsmöglichkeit ist erst zweitrangig, wer sein gutes Grundmikroskop vielleicht bei Interesse in einer zweiten Stufe ausbauen möchte, der findet dafür stets die geeigneten Objektive und Okulare, denn deren Anschlüsse sind bei brauchbaren Mikroskopen genormt. Mikroskope und auch Kleinlupen von hoher optischer Qualität bekommt man beim Optiker und auch im Fotofachhandel. Siehe ferner den Lieferquellen-Nachweis.

Ein Mikroskop besteht im Grunde aus einem Stativ, an dem unten eine Lichtquelle angebracht ist, darüber ein Objekttisch, der den zu betrachtenden Gegenstand hält, und, als wichtigstes Element, ein Linsensystem, das die eigentliche Vergrößerung durchführt. Dieses Linsensystem besteht beim Mikroskop aus zwei Einheiten, dem Objektiv und dem Okular, bei Lupen ist nur eine Einheit vorhanden. Die Entstehung des Bildes funktioniert so, daß das Objektiv im Tubus vom zu betrachtenden Objekt ein vergrößertes Bild erzeugt, das dann mit einer

Lupe - die in diesem speziellen Fall "Okular" heißt - nochmals vergrößert betrachtet wird (zweistufige Vergrößerung). Es bedarf einiger Gewöhnung daran, daß das Bild seitenverkehrt und kopfstehend erscheint (Vergleich: Diaprojektor, bei dem das "Objekt" (= Dia) kopfstehend eingeschoben wird!). Ganz wesentlich universeller verwendbar ist eine Stereolupe (= Stereomikroskop, auch "Binokular" genannt), weil sie im Gegensatz zum Mikroskop keine aufwendige Präparation verlangt. Die geringere Vergrößerung (5 x bis ca. 30 x, ideal ist 12 oder 16 x) und das beidäugige Sehen haben größere Abbildungstiefe und einen räumlichen Bildeindruck zur Folge, was die Benutzung außerordentlich erleichtert. Auch ist das Bild aufrecht und seitenrichtig. Für den Besitzer eines Kleinfeldstechers (6 x 20; 8 x 20 u.ä., egal welches Fabrikat) ist ein "Mikrovorsatz Stereo" im Handel, der aus ihnen ein Stereomikroskop macht, das die zweifache Vergrößerung des Fernglases aufweist. Wer weniger aufwenden kann, wird auch an einer normalen Einschlaglupe von 6- bis 10facher Vergrößerung viel Freude haben. (Wichtig: so dicht wie möglich vor das Auge halten, dann das Objekt in die Schärfenebene bringen und dabei die zweite Hand an der ersten abstützen).

Für mikroskopische Untersuchungen wird das zu betrachtende Objekt, zum Beispiel ein Tropfen aus einer Pantoffeltierchenkultur, auf

Beispiele für verschiedene Lupensysteme.

einen Objektträger gegeben. Das ist eine kleine Glasscheibe von meist 2,5 x 7,5 cm Größe, die gegebenenfalls vor Gebrauch mit einem Papiertaschentuch oder ähnlichem gesäubert wird. Mit einer Pipette wird in die Mitte ein Tropfen aus unserer Kultur gegeben. Nun ist darauf ein Deckglas zu praktizieren, das ist ein noch kleineres und sehr dünnes Glasscheibchen von meist 2 x 2 cm Größe, ohne daß zugleich Luftblasen unter das Deckglas gelangen. Diese würden als runde Objekte mit dickem schwarzem Rand in unserem mikroskopischen Bild erscheinen und erheblich stören. Um sie zu vermeiden, fassen wir ein Deckglas mit Daumen und Zeigefinger seitlich an den gegenüberliegenden Kanten. Niemals auf die Oberfläche fassen, denn sonst hätten wir hinterher möglicherweise den Fingerabdruck im mikroskopischen Bild. Das also dermaßen gefaßte Deckglas wird mit einer Kante neben den Wassertropfen auf den Objektträger gesetzt und dann schräg nach unten gelassen. Auf diese Weise wird eventuelle Luft schräg fortgedrückt. Niemals das Deckglas - platsch - waagerecht auf den Wassertropfen fallen lassen. Zu Beginn muß das blasenfreie Aufsetzen des Deckgläschens sicher einige Male geübt werden, man hat es aber bald heraus. Aus optischen Gründen kommen alle Präparate, auch zum Beispiel Trockenpräparate, immer in einen Wassertropfen, sofern sie nicht zum Beispiel als Fertigpräparate bereits in einem anderen Medium eingeschlossen sind. Also wird man zum Beispiel auch einen Blattquerschnitt in einen Wassertropfen geben, bzw. in diesem Fall, damit das Präparat nicht schwimmt, wird man umgekehrt den Tropfen Wasser - hier natürlich Leitungswasser ohne Pantoffeltierchen - erst nach dem angefertigten Blattquerschnitt auf den Objektträger geben.

Nun kann es leicht geschehen, daß der Tropfen unserer Pantoffeltierchen-Heuaufgußlösung oder der Wassertropfen etwas groß dimensioniert waren und an allen Seiten des Deckglases als Minipfütze herausquellen. Das überschüssige Wasser läßt sich leicht mit der Spitze eines Papiertaschentuchs vorsichtig absaugen. Wenn andererseits der Tropfen zu klein war und nicht den gesamten Raum unter unserem Deckglas ausfüllt, dann kann man seitlich an die Kante des Deckglases - noch vorsichtiger - einen Wassertropfen setzen. Dieser zieht sich dann von alleine unter das Deckglas.

Das derartig angefertigte Lebendpräparat wird nun unter das Objektiv auf den Objekttisch des Mikroskopes gelegt und mit dem kürzesten Objektiv zuerst bei weitgehend geschlossener Irisblende (= die Blende unter dem Objekttisch) betrachtet. Zwei Fehler werden nun immer wieder gemacht: erstens wird diese Blende nicht genügend geschlossen, dann ist das gesamte Bild hell überstrahlt, zweitens wird meist der Objektträger mit den beiden in der Regel auf dem Objekttisch vorhandenen Objekttischklammern schon jetzt fixiert, was nur die Bewegungsfreiheit einengt. Mit dem kürzesten Objektiv wird nun, gegebenenfalls unter Kontrolle von der Seite her, ob das Objektiv nicht gegen das Deckglas stößt, am weitesten nach unten gefahren, bzw. mit dem Objekttisch nach oben. Dann wird durch das Okular geblickt und langsam mit dem Schärfetrieb in die entgegengesetzte Richtung gedreht, bis das Objekt scharf im Gesichtsfeld erscheint. Nun sucht man durch Verschieben des Objektträgers auf dem Objekttisch die günstigste Betrachtungsstelle im Objekt aus und bringt sie in die Mitte des Gesichtsfeldes. Bei sich bewegenden Pantoffeltierchen ist das natürlich ein gewisses Problem. Hat man den besten Ausschnitt gewählt, erst dann sollte man die Objekttischklammern befestigen. Man kann nun eventuell das Licht noch einmal korrigieren.

Soll bei einem Mikroskop mit Revolver und mehreren Objektiven die nächstgrößere Vergrößerung eingestellt werden, so wird noch einmal kontrolliert, ob das Objekt scharf im Mittelpunkt des Gesichtsfeldes zu sehen ist. Die Objektive sind umso länger je stärker ihre Vergrößerung ist. Die heutigen Mikroskope sind jedoch so konstruiert, daß in der Regel bei Einstellen der jeweils nächsten Vergrößerung das entsprechende Objektiv über dem Präparat genügend Platz findet, auch wenn das vielleicht zunächst nicht so aussehen mag, und daß außerdem das dann erscheinende Bild bereits scharf ist. Zur Sicherheit kontrolliere man aber beim Einklappen des nächstlängeren Objektivs von der Seite her, denn das Objektiv darf nie auf das Deckglas stoßen. Zwar sind bei kürzerbrennweitigen Objektiven guter Mikroskope diese meist federnd gelagert, doch ist das bei einfacheren Ausführungen nicht generell der Fall, und selbstverständlich soll ja nicht das teure Objektiv beschädigt werden. Bei der Verwendung eines Objektivs mit jeweils stärkerer Vergrößerung muß nun die Irisblende weiter geöffnet werden, damit mehr Licht einfallen kann, sonst ist das Bild zu dunkel.

Reizvoll ist es natürlich, Mikrofotos anzufertigen. Wer sich damit ernsthaft beschäftigen möchte, der wird bald ein interessantes Betätigungsfeld finden. Man kann sich dazu - für reiche Leute - eine vollautomatisch belichtende Mikrofoto-Einrichtung für knappe 10.000,-- DM anschaffen, man kann aber auch für wenige Mark eine bereits vorhandene Spiegelreflexkamera zum Einsatz bringen, Adapter zum Anschluß an ein Mikroskop werden von fast allen Kameraherstellern im Programm mit angeboten. Einzelheiten hierzu können an dieser Stelle natürlich nicht diskutiert werden, dazu ist das Feld zu weit und die Materie zu kompliziert, es sei auch in diesem Falle auf die Fachliteratur verwiesen bzw. auf die Angaben der jeweiligen Kamera- und Mikroskophersteller. Siehe hierzu die Literatur- und Lieferantenhinweise.

Fragen des Naturschutzes

Die Anlage eines naturnahen Gartenteiches kann bei sinnvoller Planung und vernünftigem Tierbesatz durchaus ein Beitrag zur Erhaltung bedrohter heimischer Tier und Pflanzen sein. Dies ist ein gewichtiger Punkt, der für die Einrichtung derartiger Anlagen im eigenen Garten spricht.

Weil jedoch das Aussterben der Tiere auch und gerade in unseren Breiten unverändert fortschreitet, und hieran können selbst Gartenteiche wenig ändern, hat sich der Gesetzgeber entschlossen, hier einzuschreiten, auch wenn hierfür eine Idealform noch nicht gefunden ist. Beispielsweise war der unten abgebildete Biotop eine aufgelassene Kiesgrube in der Gemeinde Hünxe, Kreis Wesel. Dort fanden sich zahlreiche Amphibien und auch Pflanzen, die alle laut Gesetz geschützt sind, es wäre also strafbar, sie dort zu entnehmen um sie etwa in den heimischen Gartenteich zu setzen. Heute existiert dieser reiche Biotop in der Form nicht mehr, er wurde mit Schutt verfüllt und ein Fußballplatz darauf angelegt. Die Amphibien sind dabei natürlich zu Hunderten umgekommen. Dies sei ein Beispiel für die feinen Unterschiede in

Ein amphibienreicher Lebensraum in einer aufgelassenen Kiesgrube.

Theorie und Praxis, die aber letztlich den Rückgang unserer Amphibienfauna verursachen. Dennoch ist die Gesetzgebung trotz aller Mängel nicht generell unsinnig und wir haben uns als Gartenteichbesitzer daran zu halten.

Die Naturschutz-Gesetzgebung

Aus den genannten Gründen wurde vom Gesetzgeber das Bundesnaturschutzgesetz erlassen und in den letzten Jahren aktualisiert. Die zur Zeit gültige Fassung ist die vom 10. Dezember 1986, die zum 1. Januar 1987 in Kraft trat. Gleichzeitig erhielt die aufgrund des Bundesnaturschutzgesetzes erlassene „Verordnung zum Schutz wildlebender Tier- und Pflanzenarten“, kurz Bundesartenschutzverordnung, Rechtskraft. In diesen Gesetzen und Verordnungen wird in drastischer Form jeder Fang, die Nutzung und Weitergabe von geschützten Pflanzen und Tieren oder Teilen von ihnen verboten, sofern nicht Ausnahmegenehmigungen vorliegen, die nur unter den im Gesetz angeführten Gründen erteilt werden. Die Bundesartenschutzverordnung enthält genaue Listen von Arten, die unter diese Verbote und Beschränkungen fallen.

Zu den besonders geschützten und teilweise vom Aussterben bedrohten Tierarten gehören die folgenden, die auf der Liste der Anlage 1 zur Bundesartenschutzverordnung angeführt sind:

Alle europäischen Reptilien, von denen als wasserliebende mögliche Teichbewohner vor allem folgende in Frage kommen:

Europäische Sumpfschildkröte, *Emys orbicularis*
Ringelnatter, *Natrix natrix*

Alle europäischen Amphibien, darunter die für unsere Region wichtigsten:

Geburtshelferkröte, *Alytes obstetricans*
Rotbauchunke, *Bombina bombina*
Gelbbauchunke, *Bombina variegata*
Kreuzkröte, *Bufo calamita*
Wechselkröte, *Bufo viridis*
Laubfrosch, *Hyla arborea*
Knoblauchkröte, *Pelobates fuscus*
Moorfrosch, *Rana arvalis*
Springfrosch, *Rana dalmatina*
Kammolch, *Triturus cristatus*

Bis auf die Frösche werden die übrigen Arten sogar als vom Aussterben bedroht angesehen, geschützt sind aber alle Amphibien.

Echte Fische des heimischen Raumes stehen bisher noch nicht auf der Liste, wohl aber sind alle heimischen Rundmäuler, also die Neunaugen, geschützt.

Von den Insekten sind alle heimischen Libellen geschützt, eine ganze Reihe werden sogar als vom Aussterben bedroht angesehen. Geschützt sind auch viele Käfer, insbesondere Bock-, Lauf- und Kolbenwasserkäfer, ferner alle heimischen Schmetterlinge, ausgenommen sind Kohlweißlinge und wenige weitere Schadinsekten. Auch Bienen, Hummeln, Hornissen und alle Waldameisen sind geschützte Arten!

Über den Sinn oder Unsinn solcher Artenschutzgesetze wurde bereits viel gestritten. Schließlich ist ein Tierbestand nicht durch die Entnahme einzelner Tiere zur Beobachtung zu Hause gefährdet, während durch die erlaubte Trockenlegung von Lebensräumen wie dem oben vorgestellten, durch Umweltverschmutzung und -zerstörung unter Umständen ganze Bestände ausgerottet werden. Solche Ausrottungen gehen dann aber so gut wie nie auf das Konto von Heimtier- und Gartenfreunden. Wohl aber lassen sich Gesetze leichter gegen Tierfreunde durchsetzen als gegen Großindustrie und überproduktive Landwirtschaft. Dafür kann dann von Seiten der Gesetzgeber behauptet werden, es würde etwas unternommen, obwohl an der eigentlichen Bedrohung der Natur nichts verändert wird. Tatsache bleibt andererseits auch, daß es immer wieder geschäftstüchtige Zeitgenossen gibt, die nicht nur zu Beobachtungszwecken einzelne Tiere entnehmen, sondern die daraus ein Geschäft machen, so daß es natürlich für jeden Gesetzgeber schwierig ist, dem Naturfreund gerecht zu werden, aber Mißbrauch zu verhindern und die Lebewesen zu schützen.

Auch wenn sich Gesetzestexte und Verordnungen sowie Auflistungen von Namen trocken anhören und lesen lassen, so haben sie dennoch höchst praktische Bedeutung auch für den Gartenteichbesitzer. In jedem Falle ist die Entnahme geschützter Tiere und Pflanzen aus der Natur verboten, auch zur Ansiedlung an einem Teich. Sehr viele Tiere sind standorttreu, und abgesehen von der Gesetzeslage würde ein gewaltsamer Ansiedlungsversuch sowieso mißlingen, sie würden wieder abwandern. Dagegen finden sich an einem neu angelegten und gesunden Teich selbst in dicht besiedelten Gebieten im Laufe der Zeit viele Tiere von selbst ein, und es macht Freude, die langsame Entwicklung der Besiedlung des Teiches durch die Tiere zu verfolgen. Gegen eine natürliche Zuwanderung von Tieren zu einem künstlichen Teich bestehen auch gesetzlicherseits keine Einwände.

Schon seit längerer Zeit in Gefangenschaft gehaltene geschützte Arten, zum Beispiel Schildkröten und andere, sind den zuständigen

Behörden zu melden. Die Zuständigkeit kann von Gemeinde zu Gemeinde unterschiedlich organisiert sein, man erkundige sich deshalb bei den örtlichen Verwaltungen. Diese Meldung muß Anzahl, Art, Alter, Geschlecht, Herkunft, Verbleib, Standort, Verwendungszweck und Kennzeichnung der Tiere oder Pflanzen beinhalten. Jeder Umzug, jede Weitergabe, Nachzucht und der Tod der Tiere sind ebenfalls mitzuteilen. Diese Anzeige muß schriftlich, aber formlos, erfolgen. Naturschutzvereinigungen geben vielfach Vordrucke für diese Anmeldungen heraus.

Bei der Bepflanzung eines Teiches ist die Lage etwas anders. Wollten wir hier warten bis ein natürlicher Pflanzenbestand aufgebaut wird, so müßten wir meist mehrere Jahre Geduld aufbringen. Dies hätte wohl auch seinen Reiz, entspricht aber sicher nicht unseren Vorstellungen von einem schönen Gartenteich. Viele Sumpf- und Wasserpflanzen sind im Garten- und Zoohandel erhältlich, denn für die meisten geschützten Arten liegen für besonders qualifizierte Wasserpflanzengärtnereien Ausnahmegenehmigungen zur Vermehrung und Verbreitung vor. Einen großen Teil der Erstbepflanzung können wir im Herbst sicher von befreundeten Gartenteichbesitzern erhalten, weil in älteren Teichen der stark gewachsene Pflanzenbestand sowieso regelmäßig gelichtet werden muß. Die Pflanzen müßten sonst auf den Komposthaufen gegeben werden, weil ein Ausbringen in die Natur ohne besondere Genehmigung ebenfalls verboten ist.

Ein solches Verbot hat durchaus seine Berechtigung, auch wenn dies auf den ersten Blick unsinnig erscheint. Durch unsachgemäßes Auswildern würden sonst andere wertvolle natürliche Bestände bedroht, die heimische natürliche Flora geriete insgesamt völlig durcheinander. Was soll zum Beispiel ein Edelweiß im Wald des Niederrheins? Selbst wenn dieser Fall vielleicht etwas krass ist, so wird darin doch das Problem deutlich.

Entsprechendes gilt auch für die im Gartenteich vielleicht vermehrten Tierbestände. Auswilderungen dürfen nur in Ausnahmefällen durchgeführt werden, nur dann, wenn am Ort ehemals natürliche Populationen dieser Art lebten, wenn geeignete Lebensräume auch heute noch vorhanden sind, und wenn das Vorhaben mit den zuständigen Naturschutzbehörden abgesprochen und von diesen genehmigt ist.

Gänzlich verboten ist das Ausbringen fremdländischer Arten, wie beispielsweise von Feuerbauch- oder Marmormolch, von Chinesischer Rotbauchunke, Amerikanischem Ochsenfrosch und Schmuckschildkröte. Vor Erlaß der Bundesartenschutzverordnung war der Handel mit diesen Arten noch genehmigungsfrei erlaubt. Da derjenige mit heimischen Amphibien bereits untersagt war, wurde diese Lücke von den oben erwähnten Geschäftemachern ausgenutzt und diese Arten wurden uninformierten Gartenteichbesitzern angeboten. Im günstigen Fall haben diese Teichbesitzer heute einen unnatürlichen Teichbesatz bis die Tiere gestorben sind, im ungünstigsten Fall verbreiten sich diese Arten vom Ursprungsort und verdrängen die heimischen Arten. Chinesische Rotbauchunken kreuzen sich mit heimischen Unken, und auch fremdländische Molcharten können mit einigen heimischen Arten kreuzen, zum Beispiel kreuzt der Marmormolch mit dem nach der Bundesartenschutzverordnung vom Aussterben bedrohten Kammolch. Das führt dazu, daß die Kreuzungstiere unfruchtbar und weniger vital sind, außerdem sehen sie anders aus als die ursprünglich einheimischen. Also: Hände weg von fremdländischen Arten am Gartenteich! Diese Tiere dürfen nur im Terrarium oder im ausbruchssicheren Freilandterrarium gehalten werden. Verwilderte Bestände des amerikanischen Ochsenfrosches haben in Italien bereits ganze Populationen dort heimischer Amphibien vernichtet und bilden sogar eine Gefahr für Kleinsäuger und Jungvögel. Es heißt zwar, daß Ochsenfrösche und Schmuckschildkröten sich in unseren Breiten nicht fortpflanzen könnten, da die Temperaturen zu niedrig seien. Zumindest bezüglich der Schmuckschildkröte, die auch in Nordamerika recht weit verbreitet ist, erscheint das fraglich, denn in den Walsumer Rheinauen bei Duisburg gibt es eine üppige Rotwangen-Schmuckschildkrötenkolonie, bei der nicht ganz sicher ist, ob alle Tiere nur durch sogenannte ,,Tierfreunde" dorthin gelangt sind, die ihre Tiere als Wegwerfware im wahrsten Sinne des Wortes behandelt haben. Ähnliche Kolonien gibt es auch an mehreren anderen Orten.

Der Schutz der heimischen Tiere kann also nicht darin liegen, daß wir sie in der Natur einsammeln und an unserem Teich aussetzen. Er sollte vielmehr darin bestehen, daß sozusagen ein wenig ,,Wiedergutmachung" betrieben und für die vielen verlorengegangenen Kleingewässer und Lebensräume ein - zugegeben meist spärlicher - Ersatz geboten wird.

Ein Gartenteich kann diesen Ersatz um so eher bieten, je naturnaher er angelegt ist. Ein nur als architektonische Zier erbauter Betonteich kann nicht eine Amphibienheimstatt sein, sein Besitzer sollte auch nicht diesen Anspruch stellen wollen, darin ist auch nichts Negatives zu sehen. Unehrlich ist es allerdings, wenn die Industrie allen möglichen Kram für Gartenteiche unter dem Etikett ,,Naturschutz" oder ,,Bio..." in den Handel bringt, die ganz das Gegenteil dessen erzielen, was mit den Begriffen suggeriert wird. Man kann nicht in einen Gartenteich eine Lichtorgel einbauen und dann als Naturschützer auftreten, nur weil sich im Garten Wasser befindet.

Ein naturnah angelegter Gartenteich hingegen kann sehr wohl dem Naturschutz dienen. Die natürlichen Gewässer liegen oft sehr weit auseinander, die ehedem dazwischenliegenden Kleingewässer wurden meistens in den letzten Jahren trockengelegt oder zugeschüttet. Auf diese Weise haben die Populationen nur noch sehr eingeschränkt miteinander Verbindung. Ein solcher Austausch ist aber aus biologischen Gründen sehr wichtig, sonst können sich Populationen durch Inzucht verändern, einzelne Tiere möglicherweise keinen Fortpflanzungspartner mehr finden. Hier können Gartenteiche, wie Trittsteine in einem Bach, einen Austausch von Tieren und damit Erbmaterial über einige Entfernung hin ermöglichen. Größere naturnah gestaltete Gartenteiche können schließlich auch ohne ein gezieltes Zuchtprogramm der zahlenmäßigen Zunahme einer Art oder Population dienen. So hat einer der Autoren (H.B.) eine natürlich zugewanderte Population des selten gewordenen Fadenmolches (*Triturus helveticus*) in seinem Gartenteich, seit 10 Jahren werden so jährlich einige Hundert (!) Jungmolche der Natur erhalten. Die früher im nahen Wald vorhandenen Wasserlöcher und Kleintümpel wurden hingegen alle zugeschüttet.

Amphibienschutz durch Anlage von Teichen

Von den Möglichkeiten, die ein Gartenteich für den Naturschutz bieten kann ganz abgesehen, bietet die Anlage von Kleingewässern in möglichst naturnaher Umgebung den besten Schutz für die Pflanzen und Tiere. Besonders in solchen Gebieten, wo Teiche weit und breit fehlen, sind der Aushub oder die Renaturierung von Kleingewässern wichtig. Noch wichtiger ist natürlich der Erhalt bestehender Feuchtbiotope.

Bei der Neuanlage eines Teiches ist den Lebensansprüchen der im Gebiet vorkommenden oder zu erwartenden Arten Rechnung zu tragen. Insgesamt muß versucht werden, ein Nahrungsnetz aufzubauen, das alle die Beziehungen eines Ökosystems mit berücksichtigt. So bieten eine Vielzahl von Amphibien einer großen Zahl weiterer Arten Nahrung. Beispielsweise sind die bedrohten Reptilien Ringel-, Schling- und Würfelnatter auf Amphibien als Nahrung angewiesen. Auch für viele gefährdete Vogelarten wie Störche, Reiher, Dommeln, Weihen, Taucher, Enten, Schnepfen, Rallen, Brachvögel und andere dienen Lurche direkt oder indirekt als unersetzliche Nahrungsgrundlage, ebenso wie Wasserspitzmaus, Iltis, Dachs oder gar Fischotter zumindest auch von ihnen leben. Der Rückgang der Amphibien ist also nicht in erster Linie alleine entscheidend, bedeutsamer fast ist noch die Tatsache, daß ihr Rückgang den weiterer Arten mit sich bringt.

Für die Neuanlage eines Teiches sollte die Natur als Vorbild dienen. Vielgestaltige Ufer mit Buchten und Halbinseln, Flach- und Steilufern schaffen die erforderlichen unterschiedlichen Lebensräume. Auf einem breiten Uferstreifen und im Wasser wird die erste Vegetation eingesetzt. Die weitere Besiedlung bleibt dann der natürlichen Entwicklung überlassen. Die freien Wasserflächen sollten nicht beschattet sein, weil die meisten Pflanzen- und Tierarten viel Sonne und Wärme benötigen. Fische dürfen in ausgesprochene Amphibiengewässer auf keinen Fall eingesetzt werden, vielleicht mit Ausnahme von Moderlieschen. Die Fische würden den Amphibienlaich, ihre Larven, aber auch Libellenlarven und andere interessante Kleintiere fressen. Die Form und Größe des Teiches sind nicht entscheidend für seine Qualität als Lebensraum. Viele kleinere benachbarte Gewässer sind immer besser als eine große Wasserfläche. Ein Teichdurchmesser von mindestens 3 Meter und eine Tiefe von mindestens 1 Meter haben sich als besonders günstig erwiesen. Der neue Teich sollte möglichst weit von Straßen, Wegen und Siedlungen entfernt sein. Eine Verbindung mit bereits bestehenden Gewässern ist besonders günstig. Alles dies wird sich für Gartenteiche leider nur in den seltensten Fällen realisieren lassen.

Amphibientod auf den Straßen

Die Anlage von Teichen fern von Straßen und Wegen ist leider nicht immer möglich. Oft war auch erst der Teich da und nachträglich führt eine neue Straße daran vorbei. In großer Zahl treten Grasfrösche und Erdkröten bei ihren Laichwanderungen im Frühjahr auf und versuchen zu ihren Laichgewässern zu gelangen. Aber auch andere Amphibien wie Feuersalamander, Molche, Moor- und Springfrosch, Kreuz- und Wechselkröte zählen zu den bei Laichwanderungen gefährdeten Tieren. Selbst Wanderungen der meist im Wasser lebenden Grünfroscharten sind bekanntgeworden. Ein zweites Mal sind die Amphibien beim Verlassen ihrer Geburtsstätten und beim Aufsuchen ihrer Winterquartiere gefährdet. Was aber tun, wenn gut von Amphibien besiedelte Teiche nahe an Verkehrswegen liegen? Auch in Gullys, Schächten und Abwasserleitungen finden viele tausend Amphibien den Tod. Diese ungewollte Vernichtung vieler Lurche und anderer Tiere ist durch Einbau entsprechender Anlagen häufig vermeidbar. Von der Einzeltat bis hin zu ganzen Kampagnen lassen sich vielerlei Schutzmaßnahmen treffen.

Glücklicherweise sind wirkliche Massenwanderungen nur auf gewisse Zeiträume beschränkt. Dann können Tierfreunde auch schon einmal, vielleicht im Wechsel, regelmäßig Gullys und Kellerschächte kontrollie-

Zur Laichzeit geraten zahlreiche Amphibien während der Wanderungen in Gefahr, sie benötigen dann häufig besondere Schutzmaßnahmen.

ren und die Tiere daraus an den Gewässern freilassen. Wichtig ist es, die Naturschutzbehörden erst einmal von Gefahrenorten in Kenntnis zu setzen. Wenig befahrene Straßen können dann vielleicht kurzzeitig gesperrt und Umleitungen ausgeschildert werden. Bei Straßenneubauten lassen sich Röhren einbauen, die Amphibien unter der Straße her sicher zum Laichgewässer führen, verbunden sind solche Anlagen mit Amphibienzäunen, welche die Tiere zu diesen Rohren geleiten. Allerdings sind dies recht umfangreiche Baumaßnahmen, die nur von den Straßenbaubehörden geplant und eingeleitet werden können. Als Sofortmaßnahme haben sich befristet angebrachte Amphibienzäune bewährt, die zu in den Boden eingegrabenen Eimern führen. Dort fallen an den Zäunen entlang einen Durchschlupf suchende Tiere hinein und können morgens und abends über die Straße getragen und freigesetzt werden.

Wer sich an einem Amphibienschutzprogramm beteiligen möchte, der kann sich mit den örtlichen Naturschutzvereinigungen, Ortsgruppen des BUND (Bund für Umwelt und Naturschutz Deutschland), des VDA-Arbeitskreises Fauna-Flora, des WWF (Worldwide Fund for Nature) oder anderen, in Verbindung setzen. Man wird sich dort über jeden Helfer freuen (Adressen im Anhang).

Orontium aquaticum, Goldkolben

Lythrum salicaria, Blutweiderich

Nymphaea candida, Glänzende Seerose

Menyanthes trifoliata, Fieberklee

Inhaltsübersicht

Zeichenerklärungen zum Pflanzenteil

Als unterste Zeile in den Pflanzenporträts finden wir Abkürzungen mit bestimmten Daten. Ihre Bedeutung wird hier kurz erklärt.

WT: = Wassertiefe
Es wird der mögliche und günstige Bereich der Wassertiefe in Zentimetern angegeben.
Dabei handelt es sich um mittlere Werte, bei denen die betreffende Art gut gedeihen kann. Die Angabe 0 cm bedeutet bei den Sumpfpflanzen, daß der Boden naß sein darf, stauende Nässe vertragen wird, aber Standorte im Wasser nicht günstig sind. Bei den Arten der Gruppe 4 sollte der Boden aber nur feucht sein.

GR: = Größe oder Wuchshöhe
Hier werden die mittleren Werte der Höhe einer Pflanze angegeben. Entsprechend den vorhandenen Bedingungen von Boden, Wärme, Licht, Wasser und Standdichte, können die Wuchshöhen der Pflanzen erheblich schwanken. Außerdem entstand hier mitunter bei der Zuordnung die Frage, ob man den Blütenstand in die Größenzuordnung mit einbeziehen soll. Meist gibt die erste Zahl die Größe der Blattrosette und die zweite die Blütenstandshöhe an.

BR: = Breite
Hier wird vor allem bei den Schwimmpflanzen die Breite der Einzelpflanze angegeben. Meist handelt es sich um Rosettenpflanzen, aber auch um die Ausdehnung der Schwimmblattgewächse. Dies soll Hinweise über den eventuellen Platzbedarf der erwachsenen Pflanze geben.

L: = Länge
Angaben über die Sproßlängen der betreffenden Art. Vorwiegend werden damit untergetauchte Wasserpflanzen bezeichnet.

BZ: = Blütezeit
Hier folgen Angaben über die Blütezeit der Art in Monaten (römische Zahlen). Je nach Witterungsbedingungen können sich diese Zeiten etwas verschieben.

ST: = Standort
○ = Vollsonne
◗ = Halbschatten
● = Schatten

Mit diesen Symbolen wird dargestellt, in welchem Lichtbereich die Art am besten gedeiht. Das ist mitunter schwierig anzugeben, manche

Arten, vor allem solche mit großen Blattspreiten (*Darmera, Petasites*) müssen im nur mäßig feuchten Boden schattig gehalten werden. Stehen sie jedoch in stauender Nässe oder im Flachwasser, können sie ohne weiteres, zumindest einen Teil des Tages, sonnig stehen.

K: = Kaltwasserpflanze für das Aquarium
Alle Arten, bei denen wir dieses Symbol finden, können im ungeheizten Aquarium als submerse Pflanze gehalten werden. Außerdem finden wir in den Pflanzenlisten ein Verzeichnis der dafür geeigneten Arten.

Erklärungen zu den Standortbegriffen

Auch wenn im ersten Teil des Buches bereits ausführlich auf die verschiedenen Feuchtbiotope eingegangen wurde, so sollen dennoch hier Kurzdefinitionen der Standorte gegeben werden, um ein rasches Nachschlagen zu ermöglichen.

Der Sumpf

Steht über einer Erdmischung Wasser, so spricht man allgemein von Sumpf. Damit bezeichnet man im Prinzip einen Naßstandort ohne Torfbildung. Sümpfe finden wir zum Beispiel entlang von Bachläufen, Flüssen und auch in Talsenken.

Das Moor

Als Moor bezeichnet man einen Naßstandort mit Torfbildung. Torf entsteht durch das nicht völlige Verrotten organischer Substanzen (Pflanzenteilen). Moore kommen normal in niederschlagsreichen Gegenden vor. Nach ihrem Alter werden mehrere Typen von Moorlandschaften unterschieden.

Niedermoor

Ein Niedermoor entsteht dadurch, daß ein nährstoffreicher See verlandet, die Pflanzen absterben und sich am Boden ansammeln. So füllt sich das Becken des Gewässers allmählich auf, die Wassertiefe nimmt ab, und die Pflanzen der Randzonen können weiter zur Gewässermitte vorrücken. Sobald die freie Wasserfläche verschwunden ist, ist ein Flach- oder Niedermoor entstanden. Dieses steht noch in einem Austausch mit dem Untergrund, ist deshalb durch gute Nährstoffversorgung gekennzeichnet, und zeigt eine eigenständige artenreiche Pflanzengesellschaft.

Zwischenmoor - Übergangsmoor

Im Laufe der weiteren Entwicklung wird durch die nur teilweise verrotteten Sumpfpflanzen der Boden höher. Es siedeln sich Torfmoose an, wobei sich die Artenzahl der Sumpfpflanzen ständig verringert. Es ist ein Zwischenmoor entstanden, das eine Stufe zum Hochmoor darstellt.

Hochmoor

Bei der weiteren Entwicklung bildet das Torfmoos Schicht um Schicht aus unvollständig zersetztem Pflanzenmaterial. Die Torfmoosdecke wächst nun häufig uhrglasförmig empor. Die lebende Pflanzenschicht hat den Kontakt zum Untergrund verloren, die Feuchtigkeit bezieht sie nur noch aus den Niederschlägen. Ein Hochmoor ist entstanden, wobei die Lebensbedingungen durch Nährstoffarmut gekennzeichnet sind. Im Hochmoor finden wir daher nur noch wenige und sehr markante Pflanzenarten. Das Hochmoor ist dabei meist nicht eben. Es bildet Erhöhungen (Bulte) und Vertiefungen (Schlenken), die oft mit Wasser gefüllt sind und Zwischenmoorcharakter haben. Das gesamte Bodenmilieu im Hochmoor reagiert sehr sauer.

Der Auenwald

Auenwälder finden wir entlang von Flußläufen, die mehrmals im Jahr über die Ufer treten und die Umgebung überschwemmen. Dabei wird vor allem auch der notwendige Boden angeschwemmt und abgelagert, auf den diese Pflanzen angewiesen sind. Die Pflanzengesellschaft des Auenwaldes ist daher gekennzeichnet durch den schwankenden Grundwasserstand und die gelegentlichen Überschwemmungen. Die Pflanzen des Auenwaldes stehen jedoch zumindest zeitweise mit dem Grundwasserhorizont in Verbindung. In der Regel sind die Auenpflanzen, für die wir uns im Zusammenhang mit dem Gartenteich interessieren, Bewohner nasser Böden und finden sich an Standorten mit verminderter Lichteinstrahlung. Darauf ist bei der Standortwahl zu achten, indem sie zumindest zeitweise von hohen Laubbäumen beschattet werden.

Die Feuchtwiese

Kennzeichen der Feuchtwiese ist der ständig feuchte bis nasse Boden ohne Charakter eines Sumpfes. Gründe für die Entstehung von Feuchtwiesen sind verschiedenartig. So kann ein nahegelegener Bachlauf mit höher liegendem Bachbettniveau eine Wiese bewässern. In niederschlagsreichen Gegenden und durch verdichteten Untergrund kann das Wasser nicht völlig abfließen. Meist ist die Feuchtwiese mit Sauergräsern besiedelt, zwischen denen sich bestimmte Pflanzenarten ansiedeln. Solche Gewächse kommen nicht selten auch in Sumpfgebieten vor. Leider sind es gerade die Feuchtwiesen, die durch Trockenlegungen aufgrund der intensivierten Landwirtschaft zunehmend verschwinden, und mit ihnen die charakteristischen Pflanzen. Da von ihnen wiederum entsprechende Tiere abhängen, verändern sich auf diese Weise ganze Ökosysteme.

Häufigkeit des Vorkommens

In den Pflanzenporträts finden wir unter anderem auch Angaben über die Häufigkeit des Vorkommens der betreffenden Art. Diese sind ziemlich grob gefaßt und gelten nur innerhalb von Deutschland. Dabei können regional (vor allem Süd oder Nord) recht große Unterschiede vorhanden sein. Die Begriffe zeigen eine Reihenfolge hinsichtlich der Häufigkeit des Pflanzenvorkommens:

1. sehr selten
2. ziemlich selten
3. selten
4. zerstreut
5. verbreitet.

Gefährdungsgrade geschützter Pflanzen

Der Verlust an geeignetem Lebensraum führt lokal und regional zur Abnahme der Populationen vieler Arten. Eine relativ kleine Artenzahl steht unter gesetzlichem Schutz, das heißt, es ist verboten, diese Arten zu sammeln und zu pflücken. Sie sind im Text nach der Angabe der Standorte durch den Begriff — geschützt — gekennzeichnet.

Hinter dem Kürzel „Gef. Gr.:" (Gefahrengruppe) ist in einer Zahl die Gefährdung für diese Art angegeben, soweit dem Verfasser (K.P.) hierüber verläßliche Unterlagen zugänglich waren. Die Daten entsprechen dem Stand von 1985 und können sich zwischenzeitlich verändert haben.

<u>Gefahrengruppe 0</u> = ausgestorben oder verschollen
Arten, die nachweisbar ausgestorben sind oder seit mindestens 10 Jahren nicht mehr aufgefunden wurden.

<u>Gefahrengruppe 1</u> = vom Aussterben bedroht
Arten, die in immer kleineren und teilweise isolierten Populationen vorkommen, oder deren Bestände laufend derart zurückgehen, daß ein Überleben dieser Arten ohne Schutzmaßnahmen unwahrscheinlich ist.

<u>Gefahrengruppe 2</u> = stark gefährdet
Arten, deren Bestände im nahezu gesamten heimischen Verbreitungsgebiet deutlich zurückgehen, oder die regional verschwunden sind.

<u>Gefahrengruppe 3</u> = gefährdet
Arten, deren Bestände regional sehr klein sind oder vielerorts zurückgehen oder regional verschwunden sind.

<u>Gefahrengruppe 4</u> = potentiell gefährdet
Arten, die im Gebiet am Rande ihrer Verbreitung leben und wegen ihrer Seltenheit bereits durch lokale Eingriffe ausgerottet werden können.

Liste der hier aufgenommenen geschützten einheimischen Pflanzen

Gefahrengruppe 0 = ausgestorben oder verschollen

Marsilea quadrifolia	Kleefarn
Pilularia globulifera	Pillenfarn
Salvinia natans	Büschelfarn
Scirpus holoschoenus	Kugelbinse

Gefahrengruppe 1 = vom Aussterben bedroht

Nuphar lutea	Teichrose
Nuphar pumila	Kleine Teichrose
Typha minima	Kleiner Rohrkolben
Typha shuttleworthii	Rohrkolben

Gefahrengruppe 2 = stark gefährdet

Althaea officinalis	Eibisch
Iris sibirica	Wiesenschwertlilie
Ledum palustre	Sumpfporst
Nymphaea alba	Weiße Seerose
Pulmonaria angustifolia	Lungenkraut
Trapa natans	Wassernuß

Gefahrengruppe 3 = gefährdet

Andromeda polifolia	Lavendelheide
Arnica montana	Arnika, Bergwohlverleih
Calla palustris	Sumpfkalla
Ceratophyllum submersum	Hornkraut
Cochlearia officinalis	Löffelkraut
Dactylorhiza maculata	Geflecktes Knabenkraut
Dactylorhiza majalis	Knabenkraut
Dianthus superbus	Prachtnelke
Drosera rotundifolia	Rundblättriger Sonnentau
Epipactis palustris	Sumpfwurz
Fritillaria meleagris	Schachbrettblume
Gentiana asclepiadea	Schwalbenwurz-Enzian
Gentiana clusii	Stengelloser Enzian
Gentiana lutea	Gelber Enzian
Gentiana verna	Frühlings-Enzian
Gentiana pneumonanthe	Lungen-Enzian
Hottonia palustris	Wasserprimel
Hydrocharis morsus-ranae	Froschbiß

Isoetes lacustris	Brachsenkraut
Leucojum vernum	Märzenbecher
Menyanthes trifoliata	Fieberklee
Nymphoides peltata	Seekanne
Oenanthe fistulosa	Wasserfenchel
Parnassia palustris	Sumpf-Herzblatt
Pinguicula vulgaris	Fettblatt
Platanthera chlorantha	Waldhyazinthe
Primula farinosa	Mehlprimel
Pulmonaria mollis	Lungenkraut
Samolus valerandi	Bunge
Scorzonera humilis	Schwarzwurzel
Stratiotes aloides	Krebsschere
Triglochin palustris	Dreizack
Trollius europaeus	Trollblume
Utricularia minor	Kleiner Wasserschlauch
Utricularia neglecta	Übersehener Wasserschlauch
Utricularia vulgaris	Gewöhnlicher Wasserschlauch
Veronica longifolia	Ehrenpreis

Das Fettblatt (*Pinguicula vulgaris*) gehört zu den geschützten Pflanzen. Es ist verboten, diese Pflanzen im Freiland auszugraben, um sie in den Garten zu setzen.

Neue und alte Namen für bekannte Pflanzen

In den Pflanzenbeschreibungen finden wir unter dem Begriff „Synonyme“ (ungültige Namen) solche Bezeichnungen, unter denen die Art früher bekannt war, und deren Name sich nun geändert hat. Die Nomenklatur wurde hier auf dem neuen Stand von 1985 gehalten. Weil jedoch einige Arten unter ihrem älteren Namen sehr populär und bekannt sind, werden diese hier mit ihren neuen Bezeichnungen gegenübergestellt. Dadurch wird die Suche nach solchen Arten sicher erleichtert.

Frühere Bezeichnung	Neue gültige Bezeichnung
Aruncus sylvestris	*Aruncus dioicus*
Dryopteris borreri	*Dryopteris affinis*
Dryopteris filix-femina	*Athyrium filix-femina*
Equisetum robustum	*Equisetum hyemale* var. *robustum*
Gentiana acaulis	*Gentiana clusii*
Holoschoenus romanus	*Scirpus holoschoenus*
Isolepis setaceus	*Scirpus setaceus*
Ligularia clivorum	*Ligularia dentata*
Orchis maculata	*Dactylorhiza maculata*
Orchis latifolia	*Dactylorhiza majalis*
Oxycoccus quadripetalus	*Vaccinium oxycoccos*
Peltiphyllum peltatum	*Darmera peltata*
Pennisetum japonicum	*Pennisetum alopecuroides*
Sparganium simplex	*Sparganium emersum*
Sparganium ramosum	*Sparganium erectum*
Spartina michauxiana	*Spartina pectinata*
Rorippa nasturtium	*Nasturtium officinale*
Scirpus tabernaemontani	*Scirpus lacustris* ssp. *tabernaemontani*
Sinarundinaria murielae	*Thamnocalamus spathaceus*
Thelypteris thelypteroides	*Thelypteris palustris*

Die Blütezeiten der wichtigsten Teichpflanzen

Nicht selten kann man feststellen, daß die Blüte der Teichflora in die Frühjahrszeiten fällt, weil dann die meisten Arten ihre Blüten entfalten. Der Gartenteichbesitzer möchte jedoch mitunter über das Jahr verteilt Blüten beobachten können. Der nachfolgende Blütenkalender ist nach Monaten angeordnet, in denen die Pflanzen in der Regel mit dem Blühen beginnen. Die ungefähre Zeitdauer wird durch Monatszahlen angegeben. Dazu erscheint die Blütenfarbe als weiteres Auswahlkriterium. Diese Übersicht ermöglicht es, die Blütezeiten der Pflanzen gezielt einzusetzen um somit über längere Zeiträume verteilt in den Genuß von blühenden Teichpflanzen zu kommen. Man kann sich beispielsweise einen Block Frühjahrsblüher auswählen, der mit je einem Block Arten kombiniert wird, die im Sommer und Herbst blühen.
Die angegebenen Blütezeiten können je nach Witterung und Region etwas variieren.

Ab März blühen:	Blühdauer	Blütenfarbe
Chrysosplenium alternifolium	3-5	grünlichgelb
Corydalis cava	3-5	purpurn
Eriophorum scheuchzeri	3-5	braun
Gentiana verna	3-8	dunkelblau
Leucojum vernum	3-4	weiß
Lychnis flos-cuculi	3-5	rosarot
Petasites albus	3-4	weiß
Primula elatior	3-5	gelb
Primula rosea	3-4	karminrot
Pulmonaria officinalis	3-5	rosa-blau
Symplocarpus foetidus	3-4	violett
Ab April blühen:		
Andromeda polifera	4-5	rosa
Arum maculatum	4-6	grüngelb
Caltha palustris	4-5	gelb
Cardamine pratense	4-6	rosa-weiß
Carex pendula	4-6	grün
Chrysosplenium oppositifolium	4-5	grünlichgelb
Darmera peltata	4-5	rosa
Eriophorum angustifolium	4-5	braun
Eriophorum latifolium	4-5	braun
Eriophorum vaginatum	4-5	silbergrau
Fritillaria meleagris	4-5	unterschiedlich
Iris lacustris	4-5	blau
Lysichiton americanus	4-5	gelb

Ab April blühen:	Blühdauer	Blütenfarbe
Lysichiton camtschatcensis	4-5	weiß
Petasites hybridus	4-5	rot
Polygonum bistorta	4-6	rosa
Primula chungensis	4-6	orangegelb
Primula denticulata	4-5	rot/weiß
Ranunculus auricomus	4-6	gelb
Viola canina	4-6	blau
Ab Mai blühen:		
Alchemilla xantochlora	5-8	gelb
Alisma plantago-aquatica	5-8	rosa
Allium schoenoprasum	5-7	rosa
Aruncus dioicus	5-7	weiß/gelb
Calla palustris	5-6	weiß
Carex grayi	5-6	grün
Carex pseudocyperus	5-6	grünlich
Cochlearia officinalis	5-6	weiß
Dactylorhiza majalis	5-6	purpur
Dodecatheon hendersonii	5-6	lilarosa
Dodecatheon meadia	5-6	lilarosa
Euphorbia palustris	5-7	gelbgrün
Filipendula vulgaris	5-7	weiß/rosa
Gentiana clusii	5-8	dunkelblau
Geranium palustre	5-8	rot
Geum rivale	5-8	rotbraun
Glyceria fluitans	5-8	grün
Hippuris vulgaris	5-6	grünlich
Hottonia palustris	5-6	rosa
Iris sibirica	5-6	blau
Ledum palustre	5-6	weiß
Leucojum aestivum	5-6	weiß
Luzula sylvatica	5-6	braun
Lysimachia nummularia	5-6	gelb
Menyanthes trifoliata	5-6	weiß
Myosotis palustris	5-9	blau
Nasturtium officinale	5-9	weiß
Nuphar lutea	5-7	gelb
Orontium aquaticum	5-6	weiß-gelb
Potentilla palustris	5-6	purpur
Primula alpicola	5-6	gelb/weiß/purpur
Primula farinosa	5-6	rosarot
Primula helodoxa	5-6	hellgelb
Primula sikkimensis	5-6	hellgelb

Ab Mai blühen:	Blühdauer	Blütenfarbe
Ranunculus trichophyllus	5-8	weiß
Scirpus lacustris	5-7	hellbraun
Scorzonera humilis	5-6	gelb
Stratiotes aloides	5-7	weiß
Symphytum officinale	5-7	rot
Tradescantia virginiana	5-8	blau/weiß/rosa
Triglochin maritimum	5-6	grünlichrot
Triglochin palustris	5-6	grünlich
Trollius europaeus	5-6	gelb
Trollius pumilus	5-6	gelb
Typha martinii	5-6	grünlich
Vaccinium oxycoccos	5-6	rosa
Vaccinium vitis-idaea	5-8	weißlichrosa
Viola palustris	5-6	lila

Ab Juni blühen:

Aquilegia atrata	6-7	violett
Arnica montana	6-7	gelb
Aster umbellatus	6-8	weiß
Butomus umbellatus	6-8	rötlich
Crepis paludosa	6-8	gelb
Cypripedium reginae	6-7	weißrosa
Dactylorhiza maculata	6-7	rosa
Dianthus superbus	6-9	rosa
Epilobium hirsutum	6-9	rot
Epipactis palustris	6-7	weiß
Erica tetralix	6-9	rot
Gentiana lutea	6-8	gelb
Gratiola officinalis	6-8	rosa
Heracleum sphondylium	6-9	grünlichweiß
Houttuynia cordata	6-8	weiß
Hydrocharis morsus-ranae	6-8	weiß
Iris ensata	6-7	blau/rot/weiß
Iris laevigata	6-7	blau
Iris pseudacorus	6-7	gelb
Iris spuria	6-7	violett
Iris versicolor	6-7	rot/rosa/weiß
Ligularia sachalinensis	6-7	gelb
Luzula nivea	6-7	weiß
Lysimachia clethroides	6-7	weiß
Lysimachia punctata	6-7	gelb
Lythrum salicaria	6-9	purpur
Mentha longifolia	6-9	lila

Ab Juni blühen:	Blühdauer	Blütenfarbe
Mimulus guttatus	6-8	gelb
Mimulus luteus	6-8	gelb
Nuphar advena	6-7	gelborange
Nuphar japonica	6-8	gelb
Nuphar pumila	6-7	gelb
Nymphaea alba	6-9	weiß
Nymphaea Marliac-Hybriden	6-9	rot/rosa/gelb
Nymphoides peltata	6-9	gelb
Polygonum amphibium	6-9	rosa-purpur
Potamogeton crispus	6-8	grünlichgelb
Potamogeton natans	6-8	grünlich
Potentilla erecta	6-8	gelb
Potentilla recta	6-7	gelb
Primula beesiana	6-7	rot
Primula Bullesiana-Hybriden	6-7	orange/gelb/rosa
Primula bulleyana	6-7	orangegelb
Primula vialii	6-7	rosa
Primula waltonii	6-7	purpur
Ranunculus acris	6-9	gelb
Ranunculus aquatilis	6-8	weiß
Ranunculus lingua	6-8	gelb
Sagittaria sagittifolia	6-8	weiß
Saponaria officinalis	6-8	rosaweiß
Saxifraga aizoides	6-8	gelborange
Saxifraga rotundifolia	6-8	weiß
Sparganium emersum	6-7	weißlich
Sparganium erectum	6-7	weißlich
Trollius chinensis	6-8	orangegelb
Typha gracilis	6-7	grün
Typha minima	6-7	grünlich
Typha shuttleworthii	6-7	braun
Valeriana officinalis	6-7	rosa
Veratrum album	6-8	gelblichgrün
Veronica beccabunga	6-9	blau
Veronica longifolia	6-9	blau
Ab Juli blühen:		
Acorus calamus	7-8	braun
Althaea officinalis	7-9	lila
Aponogeton distachyos	7-9	weiß
Cyperus longus	7-8	rotbraun
Eryngium aquaticum	7-8	bläulich
Eupatorium cannabinum	7-8	rot

Ab Juli blühen:	Blühdauer	Blütenfarbe
Filipendula rubra	7-8	rosa
Gentiana asclepiadea	7-8	dunkelblau
Gentiana pneumonanthe	7-9	blau
Inula helenium	7-8	gelb
Ligularia cacaliformis	7-8	gelb
Ligularia dentata	7-8	gelb
Ligularia x *hessei*	7-8	gelb
Lysimachia vulgaris	7-8	gelb
Lythrum virgatum	7-9	purpur
Mentha aquatica	7-9	lila/weiß
Molinia caerulea	7-9	blau
Parnassia palustris	7-9	weiß
Phragmites australis	7-9	rotbraun
Pontederia cordata	7-9	blau
Sanguisorba officinalis	7-9	rot
Saururus cernuus	7-8	gelblichweiß
Scutellaria galericulata	7-9	blau
Succisa pratensis	7-8	blauviolett
Telekia speciosa	7-8	gelb
Trapa natans	7-8	weiß
Typha angustifolia	7-8	braun
Typha latifolia	7-8	hellbraun
Utricularia vulgaris	7-8	gelb
Ab August blühen:		
Calluna vulgaris	8-10	rosa
Dulichium arundinaceum	8-10	grün
Ligularia tangutica	8-9	gelb
Ab September blühen:		
Anemone japonica	9-10	rosa/rot
Anemone vitifolia	9-10	weiß
Cortaderia selloana	9-11	weiß
Ligularia veitchiana	9-10	gelb
Miscanthus sacchariflorus	9-10	weißlich
Miscanthus sinensis	9-11	rötlich
Pennisetum alopecuroides	9-10	weißlich
Saxifraga cortusiifolia	9-11	weiß
Spartina pectinata	9-10	grünlich

Pontederia cordata, siehe S. 434

Typha latifolia, siehe S. 464

Potentilla palustris, das Blutauge, siehe Seite 334

Die Wuchsformen der Teich- und Sumpfpflanzen

1. Wasserpflanzen

Gewächse, deren Lebenszyklus im Wasser beginnt und abschließt, sind Wasserpflanzen. Besondere Eigenschaften ermöglichen ihre Existenz im Wasser. In stark strömenden Gewässern herrschen in der Regel Pflanzen mit schmalen, bandförmigen Blättern vor. Gefiederte und fein aufgeteilte Blätter setzen der Wasserströmung ebenfalls weniger Widerstand entgegen. Typische Blattformen werden überwiegend im weniger bewegten Wasser ausgebildet. Wasserpflanzen sind nicht durch innere Festigungsgewebe gestützt, so daß der Pflanzenkörper schmiegsam und strömungsfest bleibt. Dieses fehlende Stützgewebe verringert dabei das spezifische Gewicht, wodurch die Pflanze den nötigen Auftrieb erhält. Luftgefüllte Hohlräume im Stengel vergrößern den Auftrieb und befähigen die Pflanze zur aufrechten Haltung im Wasser. Bei den echten Wasserpflanzen ist das Wurzelsystem meist schwächer entwickelt, die Blätter haben eine dünne Oberhaut, Nährstoffaufnahme und Gasaustausch erfolgen über die gesamte Blattoberfläche und über spezielle Organe. Am Gesamtaufkommen der Teichflora sind die echten, untergetaucht lebenden Wasserpflanzen nur zu einem geringen Anteil beteiligt. Die im Buch beschriebenen, ausdauernden 24 Arten kommen aus 17 Gattungen und 16 Familien. Nicht alle diese Pflanzen bleiben stetig und vollständig untergetaucht. Bei absinkendem Wasserspiegel können Sumpfformen entstehen, wie etwa beim Dickblatt (*Crassula*) oder Teichlebermoos (*Riccia*). Andere Arten treiben zusätzlich Schwimmblätter, wie der Wasserhahnenfuß (*Ranunculus*), oder schieben besondere Triebe mit Luftblättern und Blüten in die freie Luft, etwa die Tausendblätter (*Myriophyllum*). Allgemein sind die Blüten der echten untergetauchten Wasserpflanzen relativ unauffällig und einfach gebaut.

2. Schwimmpflanzen

Im Sortiment der Teichflora sind die ausdauernden Schwimmpflanzen mit geringem Anteil vertreten. Es sind 17 Spezies beschrieben, die aus 12 Gattungen und 8 Familien stammen. Diese Pflanzen gliedern sich in zwei ökologische Typen.

Die erste Gruppe umfaßt frei treibende Pflanzen mit trockener Blattoberseite über dem Wasser. Die Nährsalze werden mit herabhängenden Wurzeln oder umgewandelten Blättern dem Wasser entzogen, manche Arten können auch im Sumpf wurzeln. Der Gasaustausch erfolgt über die Blätter aus der freien Luft. Hier sind die Gattungen *Hydrocharis*, *Lemna*, *Limnobium*, *Salvinia* und *Wolffia* zu finden.

Die zweite Gruppe enthält die sogenannten Schwimmblattpflanzen. Es handelt sich um im Bodengrund verwurzelte Gewächse, die ihre Blätter mehr oder minder lang gestielt auf die Wasseroberfläche legen. Ihren Bedarf an Nährsalzen decken sie mit den Wurzeln aus dem Bodengrund. Die flach auf dem Wasser liegenden Blattspreite entnehmen Sauerstoff und Kohlendioxid aus der freien Luft. Hier finden wir die Gattungen *Aponogeton, Nuphar, Nymphaea, Nymphoides, Polygonum, Potamogeton* und *Trapa*.

Dabei unterscheiden wir wieder rosettige Rhizompflanzen wie Seerosen und Teichmummel, oder kriechende, bzw. flutende Sprosse mit Blättern wie *Potamogeton* oder *Polygonum*. Hinsichtlich der Entwicklung von Blüten zeigen die Gattungen ziemliche Unterschiede. Die Blüten der freitreibenden *Lemna* und *Wolffia* sind sehr unscheinbar. Etwas auffälliger sind die Blüten von *Hydrocharis* und *Limnobium*, oder die Blütenähren des *Potamogeton* und *Polygonum*. Sie werden rein optisch übertroffen von der Seekanne oder den Teichrosen, während sich die großen und wohlgestalteten Blüten der Seerose in einer fast unerschöpflichen Farbenpalette präsentieren.

3. Sumpfpflanzen

Im nassen oder feuchten Boden wurzelnde Pflanzen, die ihre Blätter oder die Sprosse mit Blättern in der freien Luft bilden, bezeichnet man allgemein als Sumpfpflanzen. Die Eingliederung wird nicht immer einheitlich gehandhabt. Ist eine Pflanze unbedingt auf das Vorhandensein einer bestimmten Wasserhöhe angewiesen, zum Beispiel *Calla palustris*, die Sumpfkalla, wird sie mitunter auch den Wasserpflanzen zugeordnet. Der Pflanzenkörper von Sumpfgewächsen wird durch Stützgewebe gefestigt und aufrecht gehalten. Nährsalze werden ausschließlich über das verzweigte Wurzelwerk aufgenommen. Am genügend feuchten Standort besitzen manche Arten keine Wurzelhaare, sie werden erst bei trockenem Standortboden entwickelt. Viele Sumpfpflanzen besitzen die Fähigkeit, sich unterschiedlichen Standortbedingungen anzupassen. Bestimmte Arten können dabei bis in bodenfeuchte oder relativ trockene Zonen hinein wachsen. Das kommt dem Teichbesitzer zugute, weil dadurch Möglichkeiten bestehen, solche Pflanzen bis in die nur feuchte Randzone um den Teich zu plazieren. Bestimmte Arten von Sumpfpflanzen werden in der freien Natur zur Regeneration von Abwässern eingesetzt, weil sie durch ihr Wachstum dem Wasser viele Unreinigkeiten und Schadstoffe entziehen.

Insgesamt werden im vorliegenden Buch über 200 verschiedene Sumpfpflanzen besprochen und vorgestellt. Hier galt es eine Gliederung zu finden, die den Belangen des Teichbesitzers entgegenkommt. Dabei wurde letztlich eine Lösung gewählt, welche sich an den Größenordnungen der Pflanzen orientiert. Dies wird sicher die Suche nach einer bestimmten Pflanzengruppe erleichtern.

3.1 Niedrige Arten bis etwa 25 cm hoch.
3.2 Mäßig hohe Arten, die etwa bis 50 cm hoch wachsen.
3.3 Mittelhohe Arten mit einer Wuchshöhe bis etwa 100 cm.
3.4 Hochwüchsige Arten, etwa ab 100 cm Höhe.

Dabei handelt es sich im Prinzip um sogenannte mittlere Wuchshöhen, wobei die Zuordnung sowohl in die eine als auch in die andere Höhengruppe möglich wäre. Das hängt immer davon ab, unter welchen Bedingungen die Pflanzen heranwachsen, ob sie hell oder schattig stehen, im nassen oder feuchten, nährstoffreichen oder mageren Boden wachsen und ob sie lockere oder dichte Gruppen bilden.

4. Feuchtbodenpflanzen

Wenn wir eine Probe Sumpfboden in ein Sieb geben, tropft mehr oder weniger Wasser zu Boden. Solange sich noch Tropfen bilden, wird die Erde als naß bezeichnet. Anschließend geht sie in den feuchten Zustand über. Gewächse, welche den ständigen Sumpfboden (nasse Standorte) nicht vertragen, werden in einem mit Feuchtigkeit gesättigten, aber nicht nassen Boden gehalten. Im Prinzip wird ein solches Feuchtgebiet des Gartenteiches durch einfache Folienunterlage am besten separat hergerichtet. Hier können wir die meisten Arten des bodenfeuchten Standortes halten. Dazu gehören auch die Pflanzen der feuchten Wiesen. Mit solchen Gewächsen kann der Gartenteich optisch erweitert und Übergänge zum angrenzenden Gartenteil geschaffen werden. Die hierunter aufgenommenen Arten entstammen fast alle dem Biotop des Auenwaldes und der feuchten bis nassen Wiese. Einige der aufgenommenen Arten wachsen zwar natürlich in relativ trockenen Böden, doch haben sich diese mit der Zeit so für die Umgebung der Gartenteiche eingebürgert, daß man auf sie nicht verzichten sollte. Im Text wird darauf besonders hingewiesen, doch werden diese Gattungen hier nochmals gesondert genannt.

Pflanzen, die kein Stauwasser vertragen, sind: *Anemone, Athyrium, Cortaderia, Dryopteris, Gunnera, Inula, Matteuccia, Miscanthus, Kniphofia, Hemerocallis.*

Viele der aufgenommenen Arten sind zudem als Garten-Zierstauden bekannt, ihre Anpassung ist aber so gut, daß sie sowohl im normal feuchten Gartenboden wie auch in Teichnähe gut zur Entwicklung kommen. Die Auswahl erfolgte so, daß fast alle Arten in einem ständig feuchten Boden gedeihen.

Außerdem wurden bei der Auswahl auch die optischen Belange Pflanze/Teich berücksichtigt. Solche Arten, die absolut nicht in eine Teichumgebung passen, wurden nicht aufgenommen. Ich möchte nochmals feststellen, daß die meisten Arten dieser Gruppe aus Feuchtböden stammen und problemlos am Ufer gedeihen. Aufgrund ihrer Anpassung können sie aber auch weiter entfernt verwendet werden, der Teich wird optisch erweitert und ein Übergang zum angrenzenden Gartenteil geschaffen. Auch für die sogenannte Naß- oder Feuchtwiese entlang eines künstlichen Bachlaufes finden wir eine reichliche Auswahl.

5. Subtropische Pflanzen für den sommerlichen Gartenteich

Neben den zahlreichen einheimischen und aus sonstigen gemäßigten Zonen stammenden Teichpflanzen existiert eine größere Anzahl von Arten aus subtropischen Gebieten, die man den warmen Sommer über am oder im Gartenteich halten kann. Sicher ist die Artenzahl gängiger Teichpflanzen groß genug, so daß man auf Pflanzen mit tropischer Herkunft nicht unbedingt angewiesen ist. Gerade unter den Aquarienfreunden besteht jedoch immer wieder der Anreiz, solche Kulturversuche mit Wasser- und Sumpfpflanzen zu unternehmen, die aus der Aquaristik bekannt sind. Hier werden vor allem bestimmte kleinbleibende Arten für Minibehälter auf dem Balkon oder an anderen geschützten Stellen gesucht und kultiviert. In solchen Behältern und windgeschützten Kleinteichen können eine größere Anzahl subtropischer und tropischer Arten ohne größere Probleme gehalten werden. Wichtig ist nur, daß die Behälter flach und von der Sonne gut zu erwärmen sind. Im Freilandbecken ist es notwendig, daß man möglichst flache Uferpartien an vollsonniger Stelle schafft. Sie sollten etwa 10-15 cm tief sein und somit rasch von der Sonne durchwärmt werden können. Um starke Abkühlung zu vermeiden, ist es notwendig, gegen die Hauptwindrichtung eine möglichst dichte Uferbepflanzung anzulegen. Dabei ist natürlich zu beachten, daß diese Windschutzpflanzung die Uferzone nicht beschattet. Solche flachen und geschützten Uferpartien können für eine Reihe von sogenannten Aquarienpflanzen recht gute Lebensbedingungen bieten. Das ist vor allem dann der Fall, wenn ein sonniger und warmer Sommer das Wachstum dieser Tropengewächse stimuliert. Anders dagegen, wenn sich der Sommer außergewöhnlich wolken- und regenreich zeigt. Dann kann so mancher Blütentraum nicht in Erfüllung gehen.

Was ist bei der Auswahl und Pflanzung der tropischen Arten für den Gartenteich besonders zu beachten:

1. Der Standort sollte sonnig und windgeschützt in der flachen Uferpartie liegen.
2. Auch untergetauchte Wasserpflanzen, die ohne weiteres zu pflegen sind, werden nicht zu tief ins Wasser gesetzt, weil dort die Erwärmung des Bodens schlecht ist.
3. Nur entsprechend abgehärtete Aquarienpflanzen werden mit Erfolg im Freilandteich optimal weitertreiben.
4. Nach Möglichkeit die Pflanzen (außer Schwimmgewächsen) in Töpfen vorkultivieren, damit sie mit ausreichenden Wurzeln eingesetzt werden können.
5. Diese Vorkultur entfällt bei käuflich erworbenen Topfpflanzen. Aber auch diese sind erst nach entsprechender Abhärtung im Freien brauchbar.
6. Pflanzzeit ist grundsätzlich erst etwa Ende Mai, wenn Wasser und Boden schon einigermaßen erwärmt sind.
7. Abhärten erfolgt so, daß man die Pflanzen im Topf an einer sonnenfreien und windgeschützten Stelle (auch Balkon) bis über den Topf-rand in eine Schale oder Wanne mit Wasser stellt. Das kann auch stundenweise verlängert werden, je nach Empfindlichkeitsgrad der Art. Nach entsprechender Freilandgewöhnung werden die Pflanzen dann erst einmal stundenweise an einen mehr sonnigen Platz gestellt und später an Ort und Stelle ausgesetzt.

Pflanzen für das ungeheizte Aquarium

In den einzelnen Pflanzenporträts finden wir in der letzten Zeile neben den schon beschriebenen Abkürzungen das Symbol K = Kaltwasseraquarium. Dies bedeutet, daß die beschriebene Art für das ungeheizte Aquarium mehr oder minder gut geeignet ist, oder aber doch zumindest für eine längere Zeit darin gehalten werden kann. Um dem Leser die Suche bzw. das Auffinden solcher Arten zu erleichtern, werden diese nachfolgend nach ihren Wuchsmerkmalen aufgelistet.

1. Untergetauchte Wasserpflanzen

1.1 heimische Arten

Callitriche palustris
Ceratophyllum demersum
Ceratophyllum submersum
Crassula aquatica
Elodea canadensis
Elodea nuttallii

Fontinalis antipyretica
Hydrilla verticillata
Lemna trisulca
Myriophyllum scabratum
Myriophyllum verticillatum
Najas flexilis
Nitella flexilis
Nuphar pumila
Potamogeton crispus
Potamogeton pusillus
Riccia fluitans
Utricularia minor
Utricularia neglecta
Utricularia vulgaris

1.2 subtropische Arten

Egeria densa
Egeria najas
Lagarosiphon major
Myriophyllum elatinoides
Myriophyllum hippuroides
Vallisneria spiralis
Zosterella dubia

2. Schwimmpflanzen

2.1 heimische Arten

Hydrocharis morsus-ranae
Lemna gibba
Lemna minor
Limnobium spongia
Potamogeton natans
Salvinia natans
Wolffia arrhiza

2.2 subtropische Arten

Azolla caroliniana
Azolla filiculoides
Eichhornia crassipes
Heteranthera reniformis
Nymphoides humboldtiana
Pistia stratiotes
Salvinia auriculata
Salvinia cucculata

3. Im Wasser kultivierbare subtropische Sumpfpflanzen

Acorus gramineus
Acorus gramineus ‚Aureovariegatus
Acorus gramineus var. *pusillus*
Bacopa monnieri
Cardamine lyrata
Hydrocotyle verticillata
Hygrophila polysperma
Ilysanthes parviflora
Ludwigia brevipes
Ludwigia palustris x *repens*
Ludwigia repens
Lysimachia nummularia
Rotala rotundifolia
Selliera radicans
Shinnersia rivularis

Pflanzen im Moorbeet

Unter echten Moorbeetpflanzen versteht man solche Arten, die den sauren Boden lieben und die Nährstoffarmut des Moores bevorzugen. Wir können uns ein separates Moorbeet herstellen, indem wir an einer entsprechenden Stelle den Boden mindestens 40 cm tief ausheben. Die Beetsohle wird mit einer Teichfolie abgedeckt, damit die Feuchtigkeit im Moorbeet erhalten bleibt. Allgemein verwendet man als Kultursubstrat ungedüngten Torf, dieser ist arm an Nährsalzen und hat einen genügend hohen Säuregrad. Dieses Substrat wird ständig naß gehalten, der Boden sollte weder austrocknen, noch vom Wasser überflutet sein. Am besten wird Regenwasser verwendet, denn das ständige Nachfüllen kalkhaltigen Wassers kann auf die Dauer schädlich wirken.

1. Kleine Arten, bis etwa 25 cm hoch

Andromeda polifolia
Drosera rotundifolia
Eleocharis acicularis
Equisetum scirpoides
Hydrocotyle vulgaris
Juncus bufonis
Marsilea quadrifolia
Pilularia globulifera
Pinguicula vulgaris
Potentilla erecta
Potentilla palustris
Samolus valerandi
Sphagnum-Moos
Vaccinium oxycoccos
Viola canina
Viola palustris

2. Mäßig hohe Arten, bis etwa 50 cm hoch

Dactylorhiza maculata
Carex pseudocyperus
Epipactis palustris
Eriophorum angustifolium
Eriophorum latifolium
Eriophorum vaginatum
Gentiana pneumonanthe
Oenanthe fistulosa
Thelypteris palustris
Triglochin palustris

3. Pflanzen für die Randzone des Moores

Als Übergang zum angrenzenden Gartenteil können wir gewissermaßen eine kleine Verlandungszone erstellen. Dort wachsen bestimmte Pflanzen, die weniger im nassen, sondern im mäßig feuchten Boden gedeihen. Vorwiegend sind es Heidekrautgewächse und ähnliche Arten.

Arnica montana	Arnika
Calluna vulgaris	Heidekraut
Ledum palustre	Sumpfporst
Molinia caerulea	Pfeifengras
Vaccinium vitis-idaea	Heidelbeere

Auch sind Kleingehölze möglich wie:

Betula humilis	Strauchbirke
Betula nana	Zwergbirke
Pinus mugo	Bergkiefer

Wintergrüne Teichpflanzen

Wenn sich der Herbst zum Winter hin neigt, wird das Grün am Gartenteich allmählich weniger. Die meisten Pflanzen legen ihre Winterpause ein und zeigen in der Regel kaum noch Grün. Diesem Umstand kann man durch die Auswahl von geeigneten Pflanzen etwas begegnen, die während des Winters mehr oder weniger ihre grünen Blätter bewahren. Es kann allerdings vorkommen, daß bei sehr strengen und lang anhaltenden Frösten einige der nachfolgend genannten Pflanzen starke Blattverluste erleiden.

1. Wasserpflanzen

Callitriche palustris
Elodea canadensis
Elodea nuttallii
Nuphar-Arten

2. Sumpfpflanzen

Acorus gramineus
Calluna vulgaris
Cardamine pratense
Chrysosplenium alternifolium
Equisetum hyemale
Juncus conglomeratus
Juncus effusus
Juncus inflexus
Ledum palustre
Saxifraga aizoides
Saxifraga pennsylvanica
Scirpus holoschoenus
Veronica anagallis-aquatica

3. Feuchtbodenpflanzen

Asarum europaeum
Carex morrowii ‚Variegata'
Luzula sylvatica ‚Marginata'
Luzula sylvatica ‚Tauernpaß'
Sasa palmata
Sinarundinaria nitida
Thamnocalamus spathaceus

4. Pflanzen, die bis in den Winter hinein grün bleiben können

Bergenia cordifolia
Blechnum spicant
Equisetum scirpoides
Equisetum variegatum
Lysimachia nummularia
Nasturtium officinale
Polystichum setiferum
Potentilla recta
Saxifraga rotundifolia
Scirpus inflexus
Veronica beccabunga

Giftige Teichpflanzen

Bestimmte Arten der Teichflora gehören in die Gruppe der giftigen Gewächse. Häufig sind die Zusammenhänge und die Giftigkeit bestimmter Pflanzen unbekannt, daher soll hier einmal besonders darauf hingewiesen werden. Außerdem wird das in den entsprechenden Beschreibungen nochmals dargelegt.

Hinsichtlich ihrer Giftigkeit und der möglichen Übel und Schäden, die solche Pflanzengifte anrichten können, sind gewisse Unterschiede zu beachten. Diese giftigen Inhaltsstoffe sind oft nicht gleichmäßig über die gesamte Pflanze verteilt, sondern nur in bestimmten Pflanzenteilen enthalten oder darin besonders konzentriert. Auch sind dem Verfasser nicht alle Pflanzen in ihrer Giftigkeit bekannt, so daß Regreßansprüche aus der nachfolgenden Auflistung nicht abzuleiten sind. Am sichersten geht man, wenn man die bedenklichen Arten mit dem nötigen Respekt behandelt, und vor allem Kinder vom Verzehr derselben abhält.

1. Pflanzen mit schwacher Giftigkeit

Gefährliche Giftwirkungen oder Dauerschäden sind normalerweise nicht zu erwarten.

Iris pseudacorus	Sumpfschwertlilie: Blätter, Rhizome
Ledum palustre	Sumpfporst: alle Teile, besonders Blätter und Blüten. Ledol = Nervengift

2. Pflanzen mit starker Giftigkeit

Unter entsprechenden Umständen können durchaus schwerere Vergiftungen auftreten.

Andromeda polifolia	Rosmarinheide: Blüten und Blätter
Arnica montana	Arnica: alle Teile, besonders Blüten und Wurzelstock
Arum maculatum	Aronstab: Blüten, Früchte, Wurzeln, besonders Früchte
Asarum europaeum	Haselwurz: alle Teile, vor allem Wurzelstock
Calla palustris	Schlangenwurz: alle Teile, besonders Wurzeln
Equisetum palustre	Schachtelhalm: alle oberirdischen Teile
Fritillaria meleagris	Schachbrettblume: alle Teile, besonders Zwiebel
Gratiola officinalis	Gnadenkraut: alle Teile
Veratrum album	Germer: alle Teile

3. Pflanzen mit gefährlicher Giftigkeit

Beim unachtsamen Umgang mit der betreffenden Pflanze ist mit schweren und gegebenenfalls auch tödlich verlaufenden Vergiftungen zu rechnen.

Cicuta virosa	Wasserschierling: alle Teile, besonders Wurzeln
Mentha pulegium	Poleiminze: alle Teile

Die schönen aber giftigen Beeren von *Arum italicum*

Arzneipflanzen

Die Verwendung von Heilkräutern ist wieder voll in Mode gekommen. Man besinnt sich darauf, die Naturstoffe mit in die Heilung einzubeziehen. Viele dieser Arzneipflanzen finden wir auch im Sortiment der Teichflora und in der Teichumgebung. Diese recht interessanten Gewächse möchte ich hier einmal rein informativ erwähnen, damit der Liebhaber weiß, welche Heilpflanzen eventuell im Bereich seines Gartenteiches wachsen können. Die folgende Aufstellung berücksichtigt dabei die im Buch vorgestellten Arten. Vielleicht möchte der eine oder andere Teichbesitzer sich ein kleines separates Fleckchen einrichten, wo solche Arzneipflanzen wachsen und sie dort beobachten. Ihre Anwendungsbereiche, Inhaltsstoffe und die verwendeten Pflanzenteile werden kurz erwähnt, so daß man sich ein Bild von diesen Gewächsen machen kann. Weitergehende Informationen sind der Fachliteratur zu entnehmen. Anschließend finden sich dann noch solche Arten, die sich als Wildsalate oder Küchenkräuter eignen (S. 256).

Kalmus — *Acorus calamus*
Verwendung finden: Blätter, vor allem auch Rhizome
Inhaltsstoffe: Ätherische Öle, Campher, Camphen
Anwendungsbereiche: Magenstärkend, verdauungsanregend, Likörherstellung.

Frauenmantel — *Alchemilla xantochlora*
Verwendung finden: Blühendes Kraut
Inhaltsstoffe: Gerbstoffe, Bitterstoffe
Anwendungsbereiche: Verschiedene Frauenleiden, ohne genaues Wirkprinzip, Kräuterteemischung.

Eibisch — *Althaea officinalis*
Verwendung finden: Blätter, vor allem Wurzeln
Inhaltsstoffe: Schleimstoffe
Anwendungsbereiche: Erkrankungen der Luftwege (Schleimdroge), reizmindernd, entzündungshemmend, in Hustenteemischungen.

Haselwurz — *Asarum europaeum*
Verwendung finden: Alle Teile der Pflanze, besonders der Wurzelstock
Inhaltsstoffe: Ätherische Öle
Anwendungsbereiche: Rasches Erbrechen bei Pilz- und Nahrungsmittelvergiftungen, Abtreibungsmittel (wurde früher verwendet, sehr lebensbedrohlich), Schleimverflüssigungen.

Heidekraut — *Calluna vulgaris*
Verwendung finden: Blühendes Kraut, obere junge Abschnitte
Inhaltsstoffe: Gerbstoffe, Arbutin
Anwendungsbereiche: Infektionen der Harnwege, in Teemischungen (auch Gicht).

Wurmfarn — *Dryopteris filix-mas*
Verwendung finden: Vor allem der Wurzelstock
Inhaltsstoffe: phenolische Verbindungen, ziemlich bis außerordentlich giftig
Anwendungsbereiche: Früher gegen Bandwurmbefall, jedoch sehr kritisch in den Folgen, heute daher andere Mittel.

Wasserdost — *Eupatorium cannabinum*
Verwendung finden: Blätter und Wurzelstock, frisch oder nach kurzer Lagerung
Inhaltsstoffe: Bitterstoffe, Gerbstoffe
Anwendungsbereiche: Anregung der Leber- und Gallenfunktionen, abführend, Brechmittel.

Mädesüß — *Filipendula ulmaria*
Verwendung finden: Vor allem getrocknete Blätter, auch der Wurzelstock
Inhaltsstoffe: Phenolglykose, ätherisches Öl, Vanillin
Anwendungsbereiche: Fieber- und Rheumamittel

Gelber Enzian — *Gentiana lutea*
Verwendung finden: Die Pfahlwurzel, im Herbst gegraben und schnell getrocknet
Inhaltsstoffe: Bitterstoffe
Anwendungsbereiche: Appetitanregend, fiebersenkend, blutdrucksteigernd (Enzianschnaps).

Bärenklau — *Heracleum sphondylium*
Verwendung finden: Alle Pflanzenteile
Inhaltsstoffe: Ätherische Öle
Anwendungsbereiche: Alte Heilpflanze, blutdrucksenkend, verdauungsfördernd, früher zeitweise auch als Aphrodisiakum in Gebrauch.

Sumpfporst — *Ledum palustre*
Verwendung finden: Alle Teile der Pflanze
Inhaltsstoffe: Gerbstoffe, das Nervengift Ledol
Anwendungsbereiche: Früher zur Abwehr von Schadinsekten und zur Bierbereitung.

Minze — *Mentha spicata* (und andere Arten)
Verwendung finden: Alle oberirdischen Pflanzenteile, getrocknet
Inhaltsstoffe: Ätherische Öle = Menthol, Minzöl
Anwendungsbereiche: Aufgußtee als wirksames Magenmittel, Geschmacksstoffe bei Süßwaren und Likör.

Fieberklee — *Menyanthes trifoliata*
Verwendung finden: Im Frühjahr und Sommer gesammelte Blätter
Inhaltsstoffe: Gerbstoffe, Bitterstoffe, Saponine
Anwendungsbereiche: In der alten Volksmedizin als Fiebermittel, obwohl keine fieberbeeinflussenden Substanzen enthalten sind.

Pestwurz — *Petasites hybridus*
Verwendung finden: Wurzelstock bzw. Rhizom
Inhaltsstoffe: Ätherische Öle, Gerbstoffe
Anwendungsbereiche: Der Wurzelextrakt wirkt wundheilend und krampflösend.

Wiesenknöterich — *Polygonum bistorta*
Verwendung finden: Blätter und Rhizome
Inhaltsstoffe: Gerbstoffe, Kohlenhydrate
Anwendungsbereiche: Günstige Wirkung der Rhizome bei Durchfall. Die Blätter eignen sich als Wildgemüse.

Blutwurz — *Potentilla erecta*
Verwendung finden: Im Frühjahr gegrabene Wurzelstöcke
Inhaltsstoffe: Gerbstoffe, Farbstoffe
Anwendungsbereiche: Vorwiegend entzündliche Erkrankungen und Veränderungen der inneren Schleimhäute im Bereich des Verdauungsapparates.

Seifenkraut — *Saponaria officinalis*
Verwendung finden: Alle Pflanzenteile, vor allem der im Juli bis August gegrabene Wurzelstock
Inhaltsstoffe: Saponine
Anwendungsbereiche: Zur Schleimverflüssigung bei hartnäckigem Husten, auch bei Hautproblemen. Früher eine Seifenpflanze.

Beinwell — *Symphytum officinale*
Verwendung finden: Der im Frühjahr gegrabene Wurzelstock, das zur Blütezeit gesammelte Kraut
Inhaltsstoffe: Schleimstoffe, Gerbstoffe, Alkaloide
Anwendungsbereiche: Bei Knochenleiden und schlecht heilenden Wunden, Beschwerden des Magen-Darm-Traktes. Auch Wildgemüse.

Preiselbeere — *Vaccinium vitis-idaea*
Verwendung finden: Blätter, Beeren
Inhaltsstoffe: Gerbstoffe, Glycoside, das giftige Arbutin
Anwendungsbereiche: Infektiöse Erkrankungen der Harnwege. Die Beeren als vitaminreiche Wildfrüchte sind unbedenklich.

Baldrian — *Valeriana officinalis*
Verwendung finden: Im Herbst gegrabene Wurzeln und Wurzelstöcke
Inhaltsstoffe: Baldrianöl
Anwendungsbereiche: Beruhigend und krampflösend, bei Schlaflosigkeit, Erschöpfung, Migräne.

Germer — *Veratrum album*
Verwendung finden: Alle Teile, besonders der Wurzelstock
Inhaltsstoffe: Organische Säuren, Stereoalkaloide (sehr giftig)
Anwendungsbereiche: Nur gelegentlich, etwa bei Bluthochdruck, Schmerzmittel.

Salat- und Gewürzpflanzen

Schnittlauch — *Allium schoenoprasum*

Verwendung finden: Frische Blätter.
Inhaltsstoffe: Vitamin C, Lauchöle.
Gebrauch: Häufige Gewürzpflanze, frisch und roh.

Bärlauch — *Allium ursinum*

Verwendung finden: Frische Blätter.
Inhaltsstoffe: Lauchartig riechendes Allicin.
Gebrauch: Küchengewürz frisch und entschärft (erhitzt) anstelle von Knoblauch.

Schaumkraut — *Cardamine pratense*

Verwendung finden: Blühende Pflanzen in Frühjahr oder Frühsommer.
Inhaltsstoffe: Vitamin C, Bitterstoffe.
Gebrauch: Wildpflanze, alleine oder gemischt mit anderen.

Brunnenkresse — *Nasturtium officinale*

Verwendung finden: Gesamte Pflanze.
Inhaltsstoffe: Vitamine, Mineralstoffe, Bitterstoffe.
Gebrauch: Frische Pflanze als Brunnenkressensalat, auch als Wildgemüse.

Wiesenknopf — *Sanguisorba officinalis*

Verwendung finden: Wurzelstock und Blätter.
Inhaltsstoffe: Gerbsäuren, ätherisches Öl, Glukosid.
Gebrauch: Gewürzkraut zur Geschmacksverbesserung von Salaten, Eierspeisen, Fischgerichten.

Bachbunge — *Veronica beccabunga*

Verwendung finden: Alle grünen Teile, nicht blühende Sproßabschnitte.
Inhaltsstoffe: Gerbstoffe, Aucubin.
Gebrauch: Wildpflanzensalat, Kräuterwürze. Wegen der diuretischen Wirkung nicht zu häufig verwenden.

Algen im Gartenteich

Ein besonderes Problem der Teichpflege ist das Auftreten von übermäßigem Algenwuchs. Mitunter entwickeln sich die Algenbestände so stark, daß die Sichttiefe im Teich nur noch sehr gering ist. Bei der Pflege von Unterwasserpflanzen wird dabei deren Wachstum sehr eingeschränkt, sie können sogar absterben. Meist sind solche Algeninvasionen im neu angelegten Teich zu finden, doch auch in solchen Anlagen, die schon einige Jahre existieren, treten Algen mitunter in Überzahl auf.

Gründe für Algenwachstum

Die Gründe für starkes Algenwachstum sind sehr verschieden und ziemlich komplex. Häufig kommen dafür mehrere Faktoren als Auslöser infrage.

Grundsätzlich können zu diesem Thema nur Wege aufgezeigt werden, aber keine allgemeinen absoluten Hilfen gegeben werden.

Das Teichwasser leidet selten an Nährstoffarmut, viel häufiger ist ein Überangebot an Nährstoffen vorhanden. Die Gründe dafür sind einmal ein zu fetter und kräftiger Bodengrund mit hohen Humusanteilen, oder die Bodenmasse ist zu groß im Vergleich zum Wasservolumen. Ein besonderer Auslöser ist das Phosphat, ein Problem, das vor allem auch die Wasserwirtschaft der Talsperren betrifft. Absterbende Pflanzen und einfallendes Herbstlaub können das Wasser zusätzlich mit Humus und Nährstoffen anreichern. Ihre Umsetzung verringert zudem den wichtigen Sauerstoffgehalt im Wasser, wodurch weiterhin das Algenwachstum gefördert wird.

Hinzu kommt natürlich eine starke Sonnenbestrahlung, mit der eine wesentliche Erwärmung des Wassers verbunden ist. Sobald die Schwimmblätter der Seerosen das Wasser teilweise beschatten, kommt es dabei meist wieder zu einer Klärung der Wasserverhältnisse.

Vorbeugende Maßnahmen

Die gesamte Problematik von Algen im Gartenteich ist nicht so ohne weiteres in den Griff zu bekommen. Daher wird es notwendig, so gut wie möglich alle Maßnahmen zu ergreifen, welche das Algenwachstum hemmen können. Hier sind insbesondere Nährstoffüberschüsse zu vermeiden.

1. Wir können viele rasch wachsende Unterwasserpflanzen einsetzen, welche den Algen die Nährstoffe entziehen. Zu empfehlen sind hier verschiedene Laichkräuter (*Potamogeton*), die Kanadische Wasser-

pest (*Elodea canadensis*), das Hornblatt (*Ceratophyllum*), Armleuchtergewächse (*Nitella*, *Chara*), Wassersterne (*Callitriche*) und Nadelsimsen (*Eleocharis*).

2. Das Einschwemmen von Rasen- oder Blumendünger ist zu vermeiden.
3. Für den Teichgrund mageres Substrat verwenden, um so Nährstoffüberangebote zu verhindern.
4. Nicht zuviele Fische einsetzen und mit dem Futter sparsam sein, sonst wird das Wasser durch die Ausscheidungsprodukte zu sehr belastet.
5 Eingewehtes Laub und abgestorbene Pflanzenteile bei der Herbst- oder Frühjahrsreinigung restlos entfernen.
6. Nach Möglichkeit Regenwasser einleiten, weil es im Vergleich zum Leitungswasser nährstoffarm ist. Es enthält weniger Sulphate, Phosphate und Nitrate, die das Algenwachstum fördern.

Algenbekämpfung

Wenn Algen einmal im Teich vorhanden sind, ist ihre direkte Bekämpfung, bzw. das Abtöten nicht nur ein Problem, sondern praktisch kaum möglich. Chemische Mittel zur Algenvernichtung erweisen sich gleichzeitig als pflanzenschädlich und sind sehr vorsichtig zu handhaben, vor allem, wenn Unterwasserpflanzen den Teich begrünen.

Manche Mittel können zwar ein Absterben der Algen herbeiführen, doch wird dadurch die Ursache der Veralgung nicht beseitigt. Nachdem die eingebrachten Algizide neutralisiert sind, kann die Algenblüte möglicherweise erneut einsetzen. Eine andere Möglichkeit besteht darin, durch Zugabe von Säuren den pH-Wert des Wassers unter pH 7 zu senken. Ganz sicher ist das eine Methode, die dem Chemiefachmann liegen wird.

Im kleinen Teich erreicht man eine Ansäuerung des Wassers durch das Einlegen von Torfbeuteln, wobei saurer Hochmoortorf (und kein Düngetorf) zu verwenden ist. Die Huminsäuren sollen der Algenentwicklung entgegenwirken. Durchschlagende Erfolge sind auch hierbei nicht immer zu verzeichnen.

Bei den Fadenalgen bleibt ihre mechanische Entfernung meist die einzige Lösung, indem man die Algenwatten mit einer Harke vorsichtig abfischt. Dabei sollte der Teichboden nicht aufgewühlt werden. Bei einer Verfilzung mit untergetauchten Wasserpflanzen ist das wieder schwierig.

Zur Bekämpfung einer vorhandenen Algenblüte wird eine Wasserbewegung mittels Membranpumpe empfohlen.

Verschiedene Algengruppen

Kieselalgen

Sobald sich das Wasser im Frühjahr genügend erwärmt hat, entsteht häufig eine grünliche Trübung, die jedoch vorübergehend und als ein natürlicher Vorgang zu betrachten ist. Häufig handelt es sich dabei um Kieselalgen, die eine geringe Wasserblüte verursachen. Mit steigender Sonne und zunehmender Lichteinstrahlung wird diese Alge bald von alleine verschwinden. Ein Merkmal dieser Algen ist, daß sie sich leicht rauh anfühlen.

Wasserblüte

In ihrer Folge tritt aber meist die eigentliche Wasserblüte auf, diese wird durch Blaualgen verursacht. Hiebei handelt es sich um schwebende, mikroskopisch kleine Algen, die in Kolonien leben und später in dichten Massen an der Oberfläche des Wassers treiben. Manchmal dauert diese Algenblüte nur wenige Tage, bis sich die Nährstoffe im Wasser erschöpft haben, sie kann aber auch wochenlang anhalten, vor allem bei neu eingerichteten Teichanlagen. Ein totaler Wasserwechsel bringt hier keine Hilfe, weil dadurch unter Umständen die lebensnotwendigen Nährstoffe durch das frische Wasser erneut zugeführt werden und weiteres Algenwachstum ermöglichen.

Fädige Blaualgen

Infolge von übermäßiger Nährstoffbelastung treten gerne fädige Blaualgen auf. Sie bilden schmierige, blaugrüne Beläge auf Boden, Steinen und an Pflanzen, die man leicht abstreifen kann. Später treiben die Blaualgenpolster auch an die Wasseroberfläche und bilden zum Teil dicke Blasen. Bei starkem Befall kann das Wasser mitunter faulig-modrig riechen.

Fadenalgen

Nicht selten erscheinen nach der Wasserblüte die sogenannten Fadenalgen, wobei es sich meist um Grünalgen handelt. In der Regel werden sie als ein Zeichen für gesundes Wasser gewertet. Diese Algen bilden lange dünne Fäden, die frei im Wasser treibend zu dichten Knäueln miteinander verfilzen. Ein geringer Bewuchs, vor allem wenn keine untergetauchten Wasserpflanzen gehalten werden, kann dabei noch toleriert werden. Diese Algen binden zudem überschüssige Nährstoffe. Bei der Pflege von Wasserpflanzen im Teich kann es allerdings zu Verfilzungen kommen, die ein Abfischen der Fadenalgen wesentlich erschweren.

Beispiele für die Vielfalt an Algen

Die Algen werden sicherlich von den meisten Menschen völlig verkannt. Nicht nur, daß sie die ältesten Pflanzen unserer Erde darstellen, sie sind für uns außerdem im wahrsten Sinne des Wortes lebenswichtig, denn ihre Photosyntheseaktivität trägt durch die Produktion von Sauerstoff in ganz erheblichem Maße zu unserer Existenz bei. Außerdem stellen sie als sogenannte autotrophe Organismen, also solche Lebewesen, die die Sonnenenergie nutzen und in organisches Material „einbauen" können, den Anfang jeder Nahrungskette dar. Von den Algen als Produzenten leben in unserem Gartenteich alle anderen Lebewesen entweder direkt oder indirekt. Algen nehmen im Teich also eine wichtige Rolle ein, allerdings darf keine Massenentwicklung nur einer Art auftreten.

Weiterhin ist meistens unbekannt, daß die Algen eine sehr vielfältige Pflanzengruppe darstellen. Es ist keineswegs so, daß sich Blau-, Rot- oder Grünalgen nur durch ihre Farbe unterscheiden und ansonsten einheitlich wären. Vielmehr ist eine Blaualge, die zum Beispiel noch gar keinen richtigen Zellkern besitzt, von einer Fadenalge, einer Grünalge also, verwandtschaftlich weiter entfernt, als die Grünalge etwa vom Salat. Da ist es nicht verwunderlich, daß die Algen im Lauf der Evolution eine enorme Vielfalt an unterschiedlichsten Formen und Bauplänen hervorgebracht haben.

Einige sollen hier im Bild dargestellt werden, ohne auf Einzelheiten einzugehen. So finden sich im Teichschlamm einerseits einzellige Algen, daneben aber auch Zellverbände, die in ihrem Aufbau schon langsam zu vielzelligen Organismen überleiten, und schließlich so komplizierte Arten wie die Armleuchteralgen, die man gar nicht als Algen ansprechen möchte. Auch hier wiederum ist dem interessierten Naturfreund sehr anzuraten, einmal eine Probe aus seinem Gartenteich unter dem Mikroskop nach den vorhandenen Algen durchzuschauen, vermutlich wird er überrascht sein, was es da alles zu sehen gibt.

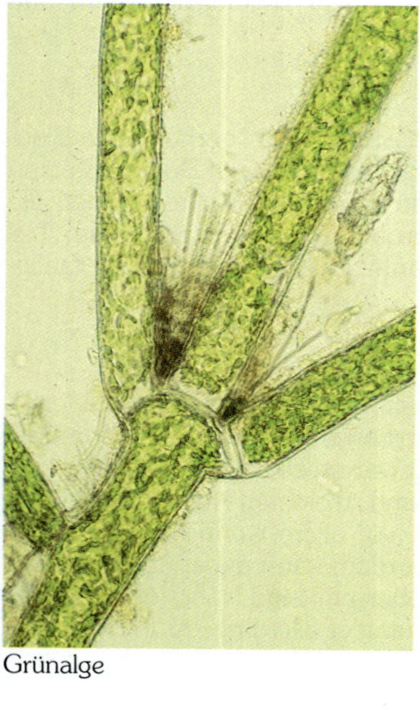
Grünalge

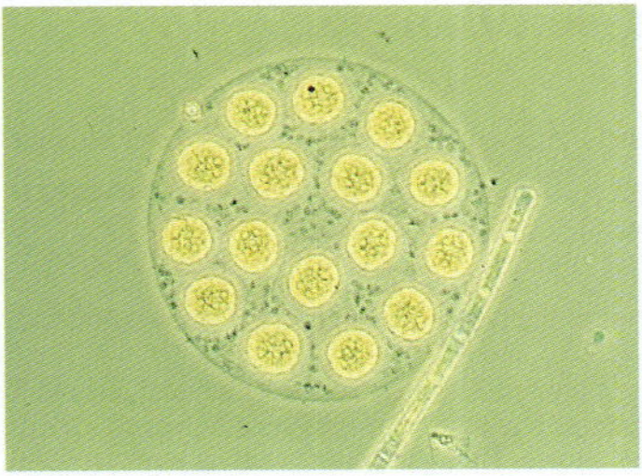

Kugelalge mit Tochterkolonien

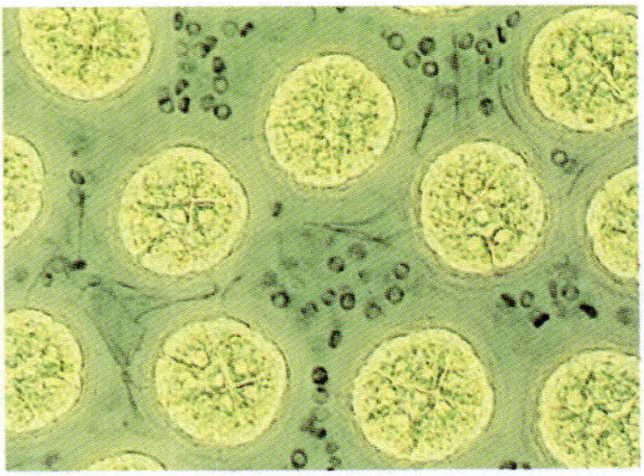

Kugelalge, Ausschnittvergrößerung

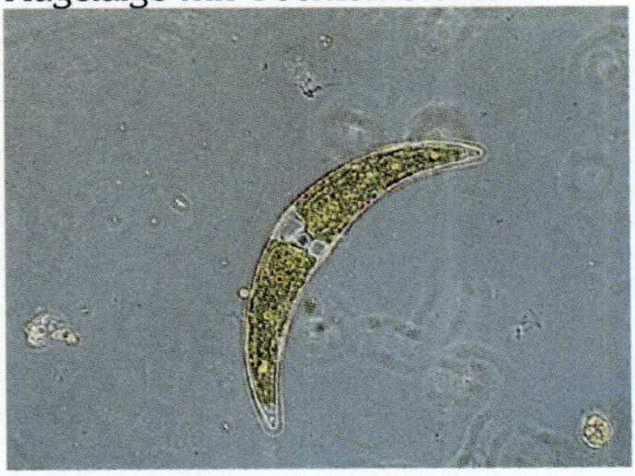

Closterium spec., eine Zieralge

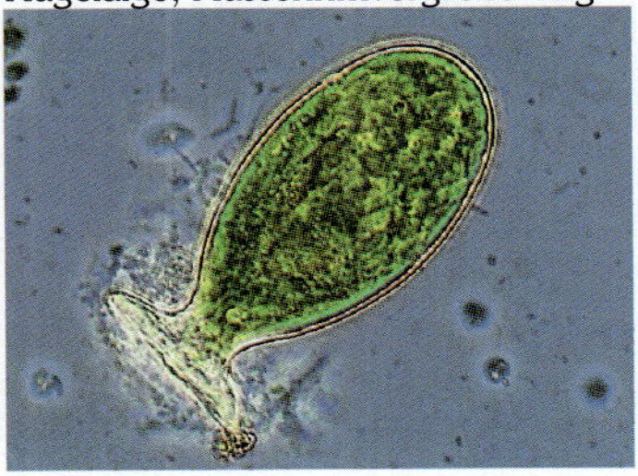

Grünalge

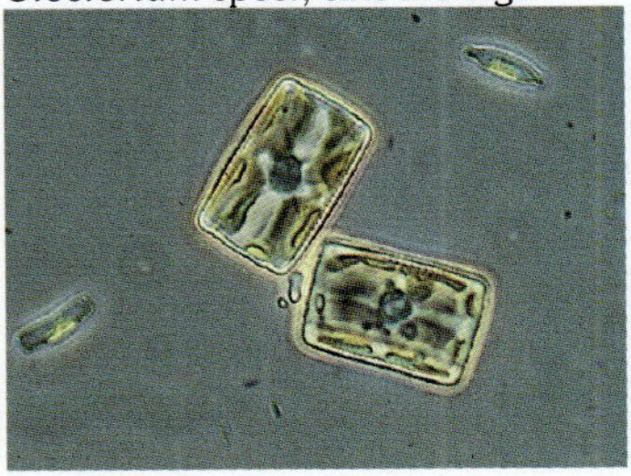

Kieselalge

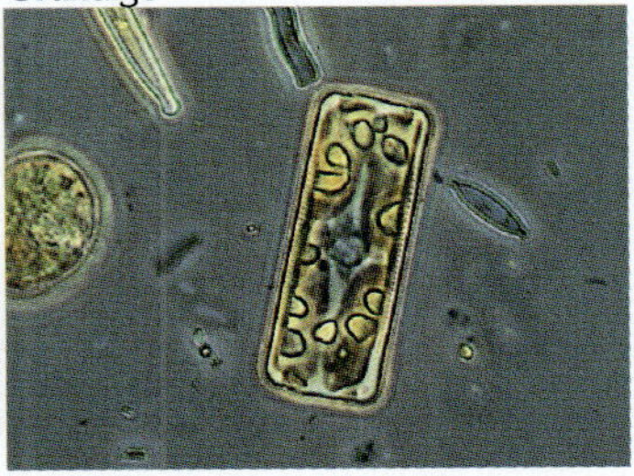

Kieselalge

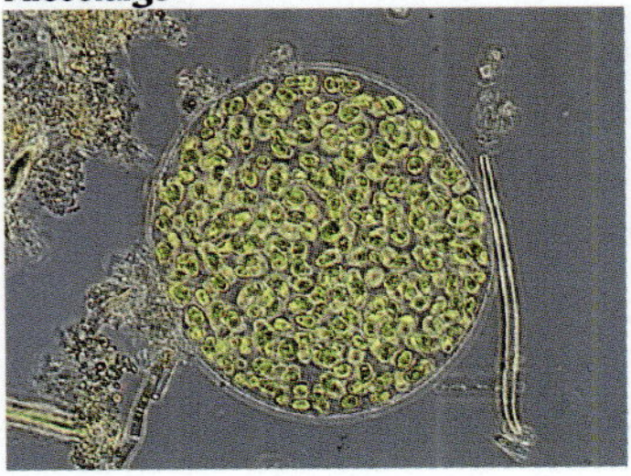

Kugelalge

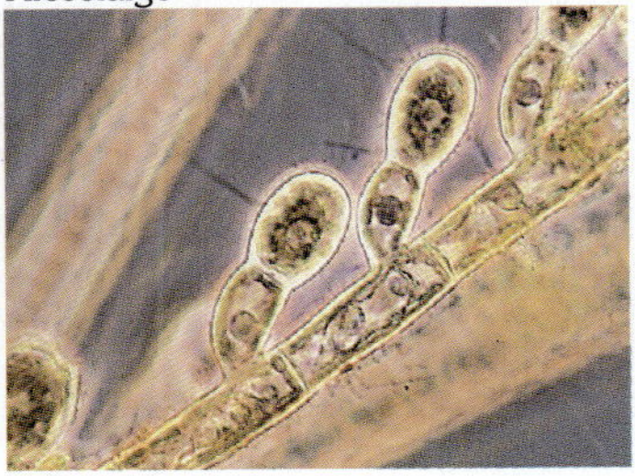

Blaualge

1. Untergetaucht lebende Wasserpflanzen

Callitriche palustris **LINNÉ, 1753 emend. SCHOTSMAN** **Gemeiner Wasserstern**

Fam.: Callitrichaceae - Wassersterngewächse

Verbreitung: Europa, Asien, Südost-Australien, Nordamerika.

Standorte: Stehende und fließende Gewässer; verbreitet.

Der Name *Callitriche* kommt von callos = schön und trichos = Haar, *palustris* = sumpfbewohnend.

Gestreckte Stengel mit gegenständigen Blättern. Wasserblätter ganzrandig lanzettlich bis 2 cm lang, 3 mm breit. Schwimmblätter rosettig gestellt, meist kürzer und rundlicher geformt. In den Achseln unscheinbare einhäusige Blüten, ohne Blütenblätter, mit sichelförmigen Vorblättern. Männliche Blüte aus einem Staubblatt, weibliche aus einem Fruchtknoten bestehend. Die Früchte sind flach, kreisrund und breit geflügelt.

Wassersterne haben einen polsterförmigen Wuchs, wobei sie im Flachwasser bald in die Schwimmblattform übergehen. Allgemein ist *Callitriche* ohne besonderen Zierwert, aber dennoch ein interessanter Teichbewohner. Bleibt auch im Winter grün und selbst vom Eis eingeschlossen wachsen sie weiter. Sonne und Schatten werden gleichermaßen gut vertragen. Die verschiedenen Arten sind sich im Aussehen alle ähnlich und eine genaue Bestimmung ist nur aufgrund der Früchte möglich. Die wichtigsten Arten sind: *C. hamulata*, Haken-Wasserstern, *C. hermaphroditica*, Herbst-Wasserstern, *C. stagnalis*, Großblütiger Wasserstern.

Vermehrung: Seitensprosse.

Nachbarpflanzen: *Polygonum, Potamogeton, Veronica.*

WT: 2 - 40 cm, **L:** 20 - 40 cm, **BZ:** V - IX, **ST:** ○ - ◗ - ●

Ceratophyllum demersum **LINNÉ, 1753** **Gemeines Hornblatt**

Fam.: Ceratophyllaceae - Hornblattgewächse

Verbreitung: Kosmopolit.

Standorte: Verschiedenartige Gewässer, an deren Grunde dichte Bestände entstehen; ziemlich häufig.

Der Name *Ceratophyllum* kommt von ceras = Horn und phyllon = Blatt, wegen der gekrümmten Blattform, *demersum* = hinabgetaucht von demergere = versinken.

Gestreckte, ziemlich spröde, meist rötliche Sproßachse, bis 200 cm lang und reichlich verzweigt. Die Quirle aus 6 bis 10 Blättern erreichen 4 cm Durchmesser. Die meist nach oben gebogene Spreite wird bis 2 cm groß, ist 1 bis 2mal gabelig geteilt und hat meist 4 Segmente. Diese sind rundlich, an der Basis 1,5 mm dick, knorpelig, mit mehreren kurzen Weichstacheln auf dem Rücken. In den Blattachseln sitzen die männlichen Blüten als kleine Knäuel vereint, die einzelnen weiblichen Blüten bestehen aus einem Fruchtknoten mit Griffel und Narbe. Die rundliche Frucht hat seitliche Auswüchse. Mehrere ins Wasser gelegte Triebe entwickeln sich bald zum stattlichen Bestand, der viel zur Selbstreinigung des Wassers mit beiträgt. Meist sinken die Sprosse zu Boden und verankern sich dort durch Rhizoide, mitunter schweben sie auch frei im Wasser. Im Herbst gebildete Kurztriebe mit dichten Quirlen und kleinen Blättern lösen sich von den zerfallenden Mutterpflanzen am Boden und treiben im Frühjahr neue Stengel.

Vermehrung: Zahlreiche Seitensprosse, Winterknospen.

Nachbarpflanzen: *Nymphaea, Nuphar, Nitella.*

WT: 30 - 100 cm, **L:** 50 - 200 cm, **BZ:** VI - VII, **ST:** ○, K

Callitriche palustris, Gemeiner Wasserstern

Ceratophyllum demersum, Gemeines Hornblatt

***Ceratophyllum submersum* Linné, 1753** **Zartes Hornblatt**

Fam.: Ceratophyllaceae - Hornblattgewächse
Verbreitung: Europa, Mittel- und Südostasien.
Standorte: Überwiegend stehende Gewässer; selten, geschützt, Gef. Gr.: 3.
Der Artname *submersum* = untergetaucht.
Lange, spröde, grüne Stengel mit bis zu 7 cm großen Quirlen aus 6 - 12 etwas weichen Blättern. Spreite 2 - 4mal gabelspaltig mit bis zu 12 ungleich langen, feinen, weichen Zipfeln. Auf der Unterseite vereinzelte Weichstacheln. Die einhäusigen unscheinbaren Blüten sitzen in den Blattachseln und werden im Wasser bestäubt. Dabei lösen sich die reifen Staubbeutel, steigen auf und entlassen ihren Pollen. Die seitlich zusammengedrückten, ovalen Früchte bilden keine Auswüchse.
Die raschwüchsige Wasserpflanze wird ähnlich verwendet wie *C. demersum.* Dichte Bestände im kleinen Teich regelmäßig auslichten. Überwintert ebenfalls mit Turionen, kann aber mitunter im Winter grün bleiben.
Vermehrung: Zahlreiche Seitensprosse.
Nachbarpflanzen: *Nymphaea, Nuphar, Nitella, Elodea.*
WT: 30 - 100 cm, **L:** 50 - 130 cm, **BZ:** VI - VII, **ST:** ○, K

***Crassula aquatica* (Linné) Schönland, 1891** **Wasser-Dickblatt**

Fam.: Crassulaceae - Dickblattgewächse
Verbreitung: Europa, Sibirien.
Standorte: Überschwemmte Ufer größerer und kleinerer Gewässer in der Land- oder Wasserform; sehr selten.
Der Name *Crassula* kommt von crassus = dick und bezieht sich auf die dicken, meist wasserspeichernden Blätter der Gattung, *aquatica* = am oder im Wasser lebend.
Dünne Stengel mit gegenständigen Blättern. Spreite emers bis 4 mm lang, submers bis 10 mm , etwa 0,5 mm dick, lanzettlich, etwas fleischig, vorne nadelspitz. In den Blattachsen der Landform sitzen 3 mm kleine Blüten mit 4 weißen Kronblättern. Die Landpflanze wächst am Teichrand im Sumpf und bildet dichte, flache Polster. Als submerse Pflanze bei mäßig tiefem Wasser in den nahrhaften Boden einstecken, entwickelt lockere Bestände. Als Wildform ist das Wasserdickblatt fast immer einjährig. Es stellt insofern eine Kuriosität dar, weil es ein sukkulentes Gewächs ist, das im Wasser leben kann.
Vermehrung: Seitentriebe.
Nachbarpflanzen: *Elodea, Nitella, Egeria.*
WT: 0 - 30 cm, **L:** 20 - 25 cm, **BZ:** VII - VIII, **ST:** ○, K

***Elodea canadensis* Michaux, 1803** **Kanadische Wasserpest**

Fam.: Hydrocharitaceae - Froschbißgewächse
Verbreitung: Ursprünglich in Nordamerika, nunmehr auf allen Kontinenten eingeschleppt
Standorte: Sumpfige, stagnierende Gewässer, auch Fließwasser; verbreitet.
Der Name *Elodea* kommt von helodes = sumpfig, *canadensis* = in Kanada verbreitet. Spröde Stengel mit Quirlen von meist 3 Blättern, lanzettförmig, gekrümmt, bis 1 cm lang, 3 mm breit, vorne stumpflich, stachelspitzig, Ränder fein gesägt. In den Achseln winzige Blüten mit weißen oder schwach rosa Kronblättern. Bei uns kommen nur weibliche Pflanzen vor. Wuchsfreudige Wasserpflanze, die im Schlamm verwurzelt dichte Polster bildet. Weil beim Wachstum dem Wasser viele Unreinigkeiten entzogen werden, tragen die Pflanzen viel zur Selbstreinigung des Wassers bei. Wegen des hohen Nährwertes wurden die früher oft massenhaft vorkommenden Pflanzen zeitweise als Wildfutter empfohlen, als Viehfutter verwendet, oder dienten als Gründünger.
Vermehrung: Sproßverzweigungen.
Nachbarpflanzen: *Egeria, Nitella, Callitriche, Myriophyllum.*
WT: 20 - 80 cm, **L:** 20 - 25 cm, **BZ:** VII - VIII, **ST:** ○ - ◗, K

Ceratophyllum submersum

Ceratophyllum demersum, Früchte

Crassula aquatica

Elodea canadensis

Elodea nuttallii **(PLANCHON) ST. JOHN, 1920** **Nuttalls Wasserpest**

Fam.: Hydrocharitaceae - Froschbißgewächse

Verbreitung: Nordamerika, in Europa eingeschleppt.

Standorte: Stagnierende sumpfige Gewässer, Bäche, langsam fließende größere Flüsse, mäßig verbreitet, in Ausbreitung begriffen.

Die Art ist nach dem nordamerikanischen Botaniker NUTTALL (1786-1859) benannt. Verzweigte spröde Stengel mit dreizähligen Quirlen, Blätter lanzettförmig, bis 6 mm lang, 1 mm breit, spitz, Ränder fein gesägt. In den Achsen sitzen eingeschlechtliche, sehr kleine unscheinbare Blüten. Freitreibende Kultur ist möglich, doch sind die im Sumpfboden verankerten Sprosse wüchsiger. Bildet dicht verwuchernde Polster, deren rasches Wachstum zur Selbstreinigung des Wassers beiträgt.

Vermehrung: Sproßverzweigungen.

Nachbarpflanzen: *Nitella, Myriophyllum, Callitriche, Potamogeton.*

WT: 20 - 80 cm, **L:** 15 - 25 cm, **BZ:** VII - VIII, **ST:** ❍, K

Fontinalis antipyretica **LINNÉ, 1753** **Gewöhnliches Quellmoos**

Fam.: Fontinalaceae - Quellmoosgewächse

Verbreitung: Europa, Asien, Sibirien, Afrika, Nordamerika.

Standorte: Stehende und fließende Gewässer, Gräben, Teiche, an Steinen und Wurzeln verankert.

Der Name *Fontinalis* kommt von fontanus = quellenliebend, wegen des Vorkommens in Fließgewässern, *antipyretica* = gegen Fieber, Feuer; die Pflanzen fanden früher zum Löschen von Bränden Verwendung, sollen aber auch gegen fiebrige Erkrankungen benutzt worden sein.

Flutende, verzweigte Stengel, mit Haarbildungen (Rhizoiden) verankert. Die Blätter sind in drei Reihen am Stengel angeordnet, breit eiförmig bis schmal lanzettlich, ganzrandig, bis 10 mm lang, 7 mm breit. Sehr variabel, mit 25 Formen beschrieben. Die zweihäusigen Moospflanzen fruchten nur selten. Das wintergrüne Quellmoos kann mit Erfolg im mäßig tiefen Wasser kultiviert werden. Durch leicht kalkhaltiges Wasser wird das Wachstum gefördert. Ein guter Sauerstofflieferant, der als Ablaichpflanze geschätzt wird.

Vermehrung: Sproßverzweigungen.

Nachbarpflanzen: *Hottonia, Myriophyllum, Crassula, Isoëtes.*

WT: 30 - 50 cm, **L:** 30 - 70 cm, **ST:** ❍, K

Hottonia palustris **LINNÉ, 1753** **Wasserfeder, Wasserprimel**

Fam.: Primulaceae - Schlüsselblumengewächse

Verbreitung: Europa, Sibirien, Kleinasien.

Standorte: Gräben, Moorseen, Teiche, Torfstiche; selten, geschützt, Gef. Gr.: 3

Die Gattung *Hottonia* ist nach dem holländischen Botaniker Peter HOTTON (1648-1709) benannt, *palustris* = sumpfbewohnend.

Die Wassersprosse werden bis 100 cm lang und treiben wechselständige Blätter, bis 12 cm lang, 9 cm breit, grob kammförmig gefiedert. Die mögliche Landform bleibt kleiner und ist nicht blühfähig. Der bis 40 cm hohe Stengel treibt mehrere Quirle mit 3 - 10 Blüten. Ihre hellrosa bis weißen Kronblätter sind am Grunde gelb. Weiches Wasser fördert das Wachstum.

Die Flachwasserpflanze besitzt keine große Verdrängungskraft, daher separat setzen, damit robuste Pflanzen sie nicht überwuchern.

Vermehrung: Sproßstecklinge, Aussaat.

Nachbarpflanzen: *Alisma, Sagittaria, Scirpus, Typha.*

WT: 10 - 30 cm, **L:** 20 - 100 cm, **BZ:** V - Vi, **ST:** ❍, K

Elodea nuttallii

Fontinalis antipyretica

Hottonia palustris, Wasserfeder

Hydrilla verticillata **(Linné filius) Royle, 1839** **Wirtelförmige Grundnessel**
Fam.: Hydrocharitaceae - Froschbißgewächse
Verbreitung: Nordost-Europa, Asien, Australien, Westafrika.
Standorte: Vorwiegend stehende oder langsam fließende Gewässer.
Der Name *Hydrilla* kommt von hydor = Wasser und illein = sich drehen, die Wasserpflanze hat um den Stengel gedrehte Blätter, *verticillata* = quirlständig.
Dünne, brüchige Stengel mit Quirlen von 3 - 9 Blättern, sitzend lanzettlich, bis 3,5 cm lang, 5 mm breit, glatt oder kraus, Ränder fein gezähnt. In den Achseln unscheinbare Blüten nach männlichen und weiblichen Geschlechtern getrennt. Die Stengel sinken meist zu Boden, wurzeln fest und bilden einen vielästigen Bestand. Mitunter schweben die Sprosse auch frei im Wasser. Sehr raschwüchsig, daher regelmäßig auslichten.
Vermehrung: Seitentriebe.
Nachbarpflanzen: *Potamogeton, Myriophyllum, Nuphar.*
WT: 20 - 100 cm, **L:** 20 - 30 cm, **BZ:** VII - VIII, **ST:** ○ - ◗, K

Isoëtes lacustris **Linné, 1753** **Gewöhnliches Brachsenkraut**
Fam.: Isoëtaceae - Brachsenkrautgewächse
Verbreitung: Europa, Westasien, Nordamerika.
Standorte: Klares, kühles Wasser von Seen und Teichen; selten, geschützt. Gef. Gr.:3
Der Name *Isoëtes* kommt von isos = gleich und etos = Jahr, also das ganze Jahr hindurch im Wuchs gleichbleibend, *lacustris* = Teiche oder Seen bewohnend.
Rhizompflanze mit kleiner Blattrosette, Blätter binsenartig, zylindrisch nach oben verjüngt, bis 25 cm lang, 3 mm dick, im Querschnitt mit 4 Luftkanälen. In den verbreiterten Blattbasen entstehen männliche und weibliche Sporen getrennt, dabei kann ein Teil der Blätter oder die gesamte Pflanze steril bleiben.
Eine besondere Seltenheit, ziemlich brüchig, daher nicht mit rauhen Fischen halten. Das weiche Wasser mit pH-Werten um 5,5 fördert das Wachstum, wobei dem Licht weniger Bedeutung zukommt.
Vermehrung: Sporenaufzucht, aber kaum erfolgreich.
Nachbarpflanzen: *Potamogeton, Myriophyllum, Hottonia.*
WT: 30 - 50 cm, **GR:** 15 - 25 cm, **BZ:** VII - VIII, **ST:** ○ - ◗, K

Lemna trisulca **Linné, 1753** **Dreifurchige Wasserlinse**
Fam.: Lemnaceae - Wasserlinsengewächse
Verbreitung: Europa, Asien, Nordamerika, Australien.
Standorte: Teiche, Seen, Gräben, besonders im Flachland; zerstreut.
Der Name *Lemna* kommt von limne = Sumpf, Teich, früherer Name einer Wasserpflanze, der von Linné auf die Wasserlinsen übertragen wurde, *trisulca* = dreifurchig (Sproßglieder).
Kleine Blättchen, die in Kolonien zusammenhängen. Hellgrün, länglich, spitz, bis 1 cm lang, 0,5 cm breit, mit drei Nerven und Furchen. Die kreuzweise stehenden Blattkörper sind durch kurze Stielchen miteinander verbunden. Im Stadium der Blütenbildung werden meist Schwimmblätter mit mehr rundlicher Gestalt gebildet. Blüten sehr klein, unscheinbar, ohne Blütenhülle.
Wird zwar als Teichpflanze weniger häufig verwendet, stellt aber eine Bereicherung des Sortiments der Wasserflora dar. Als kleine Kolonien im Flachwasserteil unterbringen, wo sie zwischen den hochstengeligen Sumpfpflanzen hängenbleiben.
Vermehrung: Tochtersprosse.
Nachbarpflanze: *Sagittaria, Typha, Scirpus.*
WT: 10 - 20 cm, **WH:** 5 - 10 cm, **BZ:** V - VI, **ST:** ○ - ◗, K

Isoëtes lacustris, Gewöhnliches Brachsenkraut

Hydrilla verticillata

Lemna trisulca

***Myriophyllum scabratum* MICHAUX, 1803** **Zierliches Tausendblatt**

Fam.: Haloragaceae - Seebeerengewächse
Verbreitung: Östliches Nordamerika, Mittelamerika.
Standorte: Teiche, Wasserlachen, Gräben, Rinnsale.

Der Name *Myriophyllum* kommt von myrios = unzählig, und phyllon = Blatt, *scabratum* = scharf, wegen der rauhen Luftblätter.

Stengelpflanze, aufrecht, später flutend, bildet dreizählige, unechte Quirle. Spreiten bis 4 cm lang, an beiden Seiten 12 - 24 fadendünne Segmente. In den Achsen der gefiederten Luftblätter sitzen kleine, weiße oder rötliche, meist zwittrige Blüten. Mit dem buschigen Wuchs wird die Pflanze gerne benutzt, um ein Dickicht im Wasser zu schaffen. Das Wachstum ist sehr rasch, daher im kleinen Teich regelmäßig lichten.

Vermehrung: Seitensprosse.
Nachbarpflanzen: *Nuphar, Nymphaea, Potamogeton.*
WT: 20 - 100 cm, **L:** 50 - 100 cm, **BZ:** VII - IX, **ST:** ○, K

***Myriophyllum verticillatum* LINNÉ, 1753** **Quirliges Tausendblatt**

Fam.: Holaragaceae - Seebeerengewächse
Verbreitung: Europa, Asien, Afrika, Amerika.
Standorte: Stehende und fließende Gewässer, Tümpel, Gräben.

Der Artname *verticillata* bedeutet quirlständig.

Stengel aufrecht, später flutend, bildet in der Regel Quirle aus 5 Blättern, bis 4,5 cm lang, kammartig aufgeteilt. Segmente fadenförmig, bis 3 cm lang. Über dem Wasser trägt die etwa 25 cm hohe Ähre Quirle mit männlichen und zwittrigen Blüten. Im weichen Wasser wachsen schöne, kräftige Girlanden, die später am Wasserspiegel fluten. Überdauert mit Winterknospen.

Vermehrung: Seitensprosse.
Nachbarpflanzen: *Nuphar, Nymphaea, Potamogeton.*
WT: 30 - 100 cm, **L:** 50 - 120 cm, **BZ:** VII - VIII, **ST:** ○ - ◗, K

***Najas flexilis* (WILLDENOW) ROSTKOF et SCHMIDT, 1824** **Biegsames Nixkraut**

Fam.: Najadaceae - Nixkrautgewächse
Verbreitung: Europa, Mittelmeerraum.
Standorte: Seen, Teiche, langsam fließende Gewässer.

Die Gattung *Najas* wurde benannt nach den weiblichen Gottheiten der griechischen Sagen, den Najaden, *flexilis* = biegsam.

Zarte, dünne Stengel mit Blättern in dreizähligen Scheinquirlen. Spreite linear, bis 2 cm lang, kaum 1 mm breit. Blattscheide breit abgerundet, Ränder relativ grob gezähnt. Die eingeschlechtlichen Blüten sind mitunter auf verschiedene Pflanzen verteilt. Die Verwendung erfolgt freitreibend oder verwurzelt, wobei den Sommer über ein ausgedehnter Bestand aus dicht verketteten Stengeln entsteht. In der freien Natur einjährig.

Vermehrung: Seitensprosse.
Nachbarpflanzen: *Myriophyllum, Elodea, Potamogeton.*
WT: 20 - 50 cm, **L:** 20 - 30 cm, **BZ:** VII - IX, **ST**: ○, K

***Nitella flexilis* (LINNÉ) AGARDH, 1824** **Biegsame Nitelle**

Fam.: Characeae - Armleuchtergewächse
Verbreitung: Europa, Asien, Nordamerika.
Standorte: Binnengewässer und Brackwasserzonen.

Der Name *Nitella* kommt von nitor = Glanz, Schönheit, *flexilis* = biegsam, elastisch.
Dünne, schlanke Stengel, wenig verzweigt, mit sechszähligen (scheinbaren) Blattquirlen.

Myriophyllum scabratum

Myriophyllum verticillatum

Najas flexilis

Nitella flexilis

Fortsetzung *Nitella flexilis*, Biegsame Nitelle:

Blätter fadenförmig gegabelt, mit 2 oder 3 Spitzen. In den Achseln 1 - 3 winzige Sporenkapseln. Flutet meist frei im Wasser und bildet ein dichtes Stengelgewirr. Im flachen Wasser ist die Nitelle einjährig und überdauert den Winter mit Früchten. Im tiefen Wasser, das am Grunde frostfrei bleibt, wird der Winter auch grün überstanden.

Vermehrung: Sproßverzweigungen, Sporen.

Nachbarpflanzen: *Potamogeton, Myriophyllum, Hottonia.*

WT: 20 - 80 cm, **L:** 20 - 30 cm, **BZ:** VI - VII, **ST:** ❍, K

Potamogeton crispus LINNÉ, 1753 — Krauses Laichkraut

Fam.: Potamogetonaceae - Laichkrautgewächse

Verbreitung: Fast ein Kosmopolit, fehlt in Südamerika.

Standorte: Teiche, Gräben, stille Buchten, langsam fließende Gewässer; ziemlich häufig.

Der Name *Potamogeton* kommt von potamus = Fluß und geiton = Nachbar, weil die Pflanzen meist in Flüssen vorkommen, *crispus* = kraus (Blattränder).
Stengelpflanze mit vierkantiger Sproßachse. Blätter wechselständig, schmal, bis 9 cm lang, 1,3 cm breit, die Basis den Stengel halb umfassend, Ränder gewellt bis kraus, fein und scharf gesägt. Die bis 5 cm lange Blütenähre wird über das Wasser gehoben und öffnet bis 10 einfache kleine Blüten, ohne Perianth. Ihre Bestäubung erfolgt mit Hilfe des Windes. Die äußerst wuchsfreudige Pflanze kann bald größere Bestände bilden, die man im kleinen Teich regelmäßig lichtet. Im Herbst entstehen Winterknospen (Hibernakeln) mit dicken, kräftig bedornten Blättern. Diese sinken zu Boden und bilden im Frühjahr neue Stengel.

Vermehrung: Rhizomteilung, Winterknospen.

Nachbarpflanzen: *Ranunculus, Callitriche, Nymphaea, Nuphar.*

WT: 30 - 100 cm, **L:** 50 - 150 cm; **BZ:** VI - VIII, **ST:** ❍, K

Potamogeton pusillus LINNÉ, 1753 — Kleines Laichkraut

Fam.: Potamogetonaceae - Laichkrautgewächse

Verbreitung: Europa, Asien, Afrika, Amerika.

Standorte: Gräben, Tümpel, Teiche, stille Buchten der Flußufer; verbreitet.

Der Artname *pusillus* = winzig nimmt Bezug auf die kleine Blütenähre.
Stengelpflanze mit stielrunder Sproßache. Blätter wechselständig, sitzend, schmal, fast fadenförmig dünn, bis 6 cm lang, 2 mm breit, mit 1 - 3 Längsnerven. Es gibt zahlreiche Varietäten. An den flutenden Exemplaren hebt der kurze Blütenstandsstiel eine bis 7 mm lange und wenigblütige Ähre über das Wasser. Eine schöne untergetauchte Pflanze für das flache bis mäßig tiefe Wasser. Wächst zwar auch freitreibend, ist jedoch wüchsiger, wenn die Sprosse im Sumpfboden verankert sind. Bildet schöne lockere Polster und wird für andere Wasserpflanzen kaum nachteilig.

Vermehrung: Seitensprosse.

Nachbarpflanzen: *Ranunculus, Callitriche, Nymphaea.*

WT: 20 - 40 cm, **L:** 40 - 60 cm, **BZ:** VII - VIII, **ST:** ❍, K

Ranunculus aquatilis LINNÉ, 1753 — Wasser-Hahnenfuß

Fam.: Ranunculaceae - Hahnenfußgewächse

Verbreitung: Europa, Asien, Nordamerika, Südafrika.

Standorte: Nährstoffreiche, stehende und fließende Gewässer; zerstreut.

Der Name *Ranunculus* kommt von rana = Frosch, weil viele Arten der Gattung im Wasser leben, dem Lebensraum der Frösche, *aquatilis* = wasserbewohnend.
Stengelpflanze mit kahlen, verzweigten Trieben. Wasserblätter gestielt, bis 12 cm breit, in viele haarfeine Zipfel aufgeteilt. Aus dem Wasser genommen fallen sie pinselartig zusammen.

Potamogeton crispus

Potamogeton pusillus

Ranunculus aquatilis, Wasser-Hahnenfuß

Wasserhahnenfuß mit zahlreichen Blüten

Fortsetzung *Ranunculus aquatilis*, Wasserhahnenfuß:

Die veränderlichen Schwimmblätter werden bis 2 cm breit, sind rundlich-nierenförmig und 3-5lappig. Die gestielten, 2 cm breiten Blüten stehen über dem Wasser und öffnen 5 weiße, am Grunde gelbe, Blütenblätter.

Die anspruchslose Wasserpflanze bleibt auch den Winter über grün. Lehmig-humoser Bodengrund wird bevorzugt. Im kleinen Becken kann das kräftige Wachstum leicht lästig werden. Daher besser im größeren Teich in der Mitte oder am Rand, wo dann größere Flächen überzogen werden.

Vermehrung: Seitensprosse, Aussaat.

Nachbarpflanzen: *Callitriche, Hottonia, Potamogeton.*

WT: 5 - 20 cm, **L:** 50 - 100 cm, **BZ:** VI - VIII, **ST:** ❍ - ◗, K

Ranunculus trichophyllus, Haarblättriger Wasserhahnenfuß

***Ranunculus trichophyllus* Chaix, 1786** **Haarblättriger Wasserhahnenfuß**

Syn.: *Ranunculus flaccidus*

Fam.: Ranunculaceae - Hahnenfußgewächse

Verbreitung: Europa.

Standorte: Nährstoffreiche Gewässer; verbreitet.

Der Artname *trichophyllus* bedeutet mit haarfeinen Blättern.

Flutender Stengel mit sehr fein aufgeteilten Wasserblättern und ohne Schwimmblätter. Die Zipfel der etwa 3 cm großen Spreiten sind ungleich lang (nicht in einer Ebene endigend), am Grund dreiteilig, dann mehrfach gabelig geteilt, in haarfeine Spitzen auslaufend, außerhalb des Wassers zusammenfallend. Die gestielten Blüten treiben einzeln und öffnen kurz über dem Wasser fünf reinweiße Kronblätter, bis 6 mm breit und nicht überlappend. Weil die Triebe etwas brüchig sind, sollte man die Art nicht unbedingt mit rauhen Fischen zusammen halten. Das rasche Wachstum kann im kleinen Teich bald lästig werden. Durch regelmäßiges Einkürzen der Sprosse läßt sich jedoch die Ausbreitung begrenzen. In einem Behälter mit nährstoffarmem, sandhaltigem Substrat bleibt der Trieb gehemmt.

Vermehrung: Seitensprosse.

Nachbarpflanzen: *Potamogeton, Callitriche, Elodea.*

WT: 5 - 20 cm, **L:** 50 - 100 cm; **BZ:** V - VIII, **ST:** ○ - ◗, K

Riccia fluitans Linné, 1753 **Flutendes Teichlebermoos**

Fam.: Ricciaceae - Teichlebermoosgewächse

Verbreitung: Europa, Amerika, Asien.

Standorte: Schlammige, lehmige Böden, die zeitweise unter Wasser stehen, moorige Gräben, Sümpfe, Waldtümpel; verbreitet.

Die Gattung *Riccia* ist benannt nach dem italienischen Senator und Botaniker P.F. Ricci (1690 - 1751), *fluitans* = schwimmend flutend, weil die Pflanzen auch im Wasser treiben.

Das ausdauernde Lebermoos bildet zwei Wuchsformen, die sich in ihrer Gestalt deutlich unterscheiden. Die flutende Wasserform hat stengelähnliche Pflanzenkörper mit schmaler linearer Form, die etwa 1 mm breit und mehrfach spitzwinkelig gegabelt sind. Diese ist auch als gute Aquarienpflanze bekannt. Die am Ufer im Schlamm verankerte Landform hat breitere und kürzere Laubglieder (Thallien), die in der Mitte rinnig vertieft sind. Sie bilden wurzelähnliche Gebilde (Rhizoide), mit denen Nährstoffe aufgenommen werden. Diese Landform ist imstande Sporen zu bilden, mit denen sie sich vermehrt. Die Verwendung des Teichlebermooses ist unterschiedlich möglich. Die Wasserform flutet frei im Teich und bildet zusammenhängende Polster. Die Landform am Teichrand wächst als sehr flacher Bodendecker. Das abgebildete Foto zeigt einen Bestand am Naturteich.

Vermehrung: Sproßverzweigungen, Teilung.

Nachbarpflanzen: *Limnobium, Potamogeton, Salvinia, Scirpus, Juncus.*

WT: 0 - 40 cm, **GR:** 1 - 5 cm, **ST:** ❍ - ◗, K

Stratiotes aloides Linné, 1753 **Wasseraloë, Krebsschere**

Fam.: Hydrocharitaceae - Froschbißgewächse

Verbreitung: Europa, Kaukasus, Westsibirien, Altai.

Standorte: Stehende oder langsam fließende Gewässer, Gräben; ziemlich selten, geschützt, Gef.Gr.: 3

Der Name *Stratiotes* = Soldat, wegen der schwertförmigen Blätter, *aloides* = der Gattung Aloë ähnlich.

Freitreibende, trichterförmige Rosette, deren Spitzen aus dem Wasser ragen. Blätter schwertförmig, bis 40 cm lang, 3 cm breit, dreikantig. Ränder stachelig gesägt. Pflanze entweder männlich oder weiblich, die 4 cm großen Blüten sind sechszählig und weiß. Grundbedingung für gutes Wachstum ist das saure Wasser. Verankert sich im flachen Bereich mit den Wurzeln im Boden, sonst freitreibend.

Vermehrung: Brutknospen.

Nachbarpflanzen: *Nymphaea, Hydrocharis, Sagittaria.*

WT: 30 - 80 cm, **GR:** 15 - 40 cm, **BZ:** V - VII, **ST:** ❍ - ◗

Riccia fluitans, Flutendes Teichlebermoos

Stratiotes aloides, Krebsschere, siehe auch die Blüte auf Seite 279

Utricularia minor Linné, 1753 **Kleiner Wasserschlauch**

Fam.: Lentibulariaceae - Wasserschlauchgewächse

Verbreitung: Europa, Nordafrika.

Standorte: Seichte, kühle Gewässer, auf Torf- und Moorböden; zerstreut, geschützt, Gef. Gr.: 3.

Der Name *Utricularia* kommt von utriculus = kleiner Schlauch (die Fangorgane), *minor* = kleiner.

Dünne Stengel mit wechselständigen Blättern, bis 2 cm groß, gabelig geteilt, bis zu 25 feine Zipfel und jeweils 1 - 7 kleine Fangblasen, mit denen Kleintiere gefangen und verdaut werden. Blütenstengel bis 15 cm hoch, trägt 2 - 6 blaßgelbe, braungestreifte Blüten, Seitenränder der Unterlippe nach unten gebogen. Alle Arten von *Utricularia* wachsen gut im weichen Wasser, das auf saurem, moorigem Boden steht. Halbschattig halten, im Herbst entstehen Winterknospen, die zu Boden sinken und im Frühjahr neue Sprosse bilden.

Vermehrung: Seitensprosse, Winterknospen.

Nachbarpflanzen: *Elodea, Najas, Nitella, Ranunculus.*

WT: 20 - 50 cm, **L:** 20 - 50 cm, **BZ:** VII - VIII, **ST:** ◗, K

Utricularia neglecta Lehmann, 1828 **Übersehener Wasserschlauch**

Fam.: Lentibulariaceae - Wasserschlauchgewächse

Verbreitung: Nord- und Westeuropa, Nordafrika.

Standorte: Kühle, flache Gewässer in Mooren und Sümpfen; selten, geschützt, Gef. Gr.:3.

Der Artname *neglecta* bedeutet übersehen, verkannt.

Stengelpflanze mit wechselständigen, vierlappigen, bis 5 cm großen Blättern, die in viele feine Zipfel auslaufen. Je Blatt bis zu 100 Fangblasen. Der Blütenstengel über dem Wasser öffnet 10 - 15 gelbe Blüten mit flacher Unterlippe, Oberlippe doppelt so lang wie der Gaumen.

Vermehrung: Seitentriebe, Winterknospen.

Nachbarpflanzen: *Ranunculus, Elodea, Najas, Nitella.*

WT: 20 - 40 cm, **L:** 50 - 150 cm, **BZ:** VII - VIII, **ST:** ❍ - ◗, K

Utricularia vulgaris Linné, 1753 **Gewöhnlicher Wasserschlauch**

Fam.: Lentibulariaceae - Wasserschlauchgewächse

Verbreitung: Europa, Nordafrika.

Standorte: Stehende oder langsam fließende, meist nährstoffreiche Gewässer; zerstreut bis selten, geschützt, Gef. Gr.: 3.

Der Artname *vulgaris* bedeutet: gemein, überall vorkommend.

Stengelpflanze mit wechselständigen Blättern, bis 8 cm lang, 6 cm breit, vierlappig, gabelig geteilt, in zahlreiche dünne Zipfel auslaufend. Je Blatt bis zu 200 Fangblasen, bis 4,5 cm groß. Am Blütenschaft öffnen sich 10 - 15 gelbe Blüten mit orange gestreifter Oberlippe, die Unterlippe mit zurückgekrümmten Rändern.

Vermehrung: Seitensprosse, Winterknospen.

Nachbarpflanzen: *Elodea, Najas, Nitella, Ranunculus.*

WT: 30 - 50 cm, **L:** 50 - 200 cm, **BZ:** VII - VIII, **ST:** ❍ - ◗, K

Einzelblüte von *Stratiotes aloides*

Utricularia minor

Utricularia neglecta

Utricularia vulgaris

2. Schwimm- und Schwimmblattpflanzen

Aponogeton distachyos Linné filius, 1781 — Zweireihige Wasserähre

Fam.: Aponogetonaceae - Wasserährengewächse

Verbreitung: Südafrika, verwildert in Peru bei Lima und Südfrankreich.

Standorte: Stehende und langsam fließende Gewässer.

Der Name *Aponogeton* ist in seiner Ableitung unklar, er kommt wahrscheinlich von aponos = leicht und geiton = Nachbar, wegen der leichten Bestäubung durch Nachbarblüten, *distachyos* = zweiährig, in Bezug auf den Blütenstand.

Wurzelknolle bis 3 cm dick, Blätter lang gestielt auf dem Wasser liegend. Spreite ellyptisch, abgestumpft, lederartig fest, bis 25 cm lang, 3 - 7 cm breit, frisch hellgrün mit vereinzelten dunklen Flecken. Die gestielte Ähre bildet zwei Schenkel, die bis 6 cm lang werden und 5 - 10 Blüten tragen. Diese bilden ein weißes Kronblatt (10x5 cm), bis 25 Staubgefäße, sowie sechs Fruchblätter. Die Varietät ‚roseus' hat rosafarbene Blütenblätter. Wächst im flachen Wasser am Teichrand und verträgt bis 40 cm Tiefe. Die Entwicklung von Blüten erfordert vollsonnigen Standort. Bei uns ist die Art nicht vollkommen winterfest. Im milden Winter kann die Knolle ausdauern, wenn sie zumindest 10 cm hoch mit Wasser bedeckt ist und der Boden nicht durchfriert. Kann mit einer Torflage zusätzlich geschützt werden. Es ist besser wenn die Knolle feucht und frostfrei überwintert wird.

Vermehrung: Durch Selbstbestäubung entstehen häufig Samen, deren Aufzucht im Freien jedoch kaum gelingt, die Sämlinge werden den stärkeren Frost nicht überstehen, sie ist aber im Aquarium möglich.

Nachbarpflanzen: *Nymphoides, Trapa, Limnobium, Nymphaea.*

WT: 10 - 40 cm, **BR:** 50 - 60 cm, **BZ:** VII - IX, **ST:** ❍, K

Hydrocharis morsus-ranae Linné, 1753 — Gewöhnlicher Froschbiß

Fam.: Hydrocharitaceae - Froschbißgewächse

Verbreitung: Europa, Westsibirien, Nordafrika.

Standorte: Altwasser, Teiche, Seebuchten, nährstoffreiche, windgeschützte Gewässer; zerstreut bis selten, geschützt, Gef. Gr.: 3

Der Name *Hydrocharis* kommt von hydor = Wasser und charis = Freude, Dank, Zierde, und bezeichnet damit eine das Wasser zierende Pflanze, *morsus* = Biß und *ranae* = des Frosches.

Freitreibende Rosettenpflanze mit Ausläufern, an denen neue Blattrosetten treiben. Die gestielten Blätter sind rundlich-nierenförmig, an der Basis tief herzförmig, bis 6 cm breit. Aus den Achseln treiben bis 5 cm lang gestielte Blüten von etwa 3 cm Breite. Diese sind nach Geschlechtern getrennt. Während männliche Blüten zu dritt aus einer zweiblättrigen Scheide treiben, befinden sich die weiblichen einzeln in einer einblättrigen Scheide. Es werden jeweils drei weiße Kelch- und Kronblätter gebildet.

Das Wachstum im Gartenteich ist problemlos, wenn das Wasser nicht zu kalkhaltig ist. Damit die Pflanzen nicht zu sehr umhertreiben, legt man sie beispielsweise zwischen Binsen und Rohrkolben, um sie so am Standort zu halten. Im Herbst entstehen 10 - 15 mm lange, eiförmige, feste Winterknospen, die abfallen und auf dem Boden überwintern. Im Frühjahr bei ansteigenden Temperaturen entstehen daraus neue Pflanzen, die zur Wasseroberfläche treiben.

Vermehrung: Abtrennen der Ausläuferpflanzen, Winterknospen.

Nachbarpflanzen: *Typha, Scirpus, Stratiotes, Butomus.*

WT: 10 - 50 cm, **BR:** 10 - 15 cm, **Bz:** VI - VIII, **ST:** ❍, K

Aponogeton distachyos, Zweireihige Wasserähre

Hydrocharis morsus-ranae, Gewöhnlicher Froschbiß

***Lemna gibba* Linné, 1753** (o. Abb.) **Bucklige Wasserlinse**

Fam.: Lemnaceae - Wasserlinsengewächse
Verbreitung: Europa, Asien, Australien.
Standorte: Stehende, nährstoffreiche Gewässer; selten.

Der Name *Lemna* kommt von limne = Teich, Sumpf, *gibba* = bucklig, in Bezug auf die geschwollene, gewölbte Unterseite des Pflanzenkörpers.

Freitreibende Blättchen, symmetrisch, bis 5 mm lang. Oberseite glänzend grün, Unterseite bauchig verdickt, schwammig, farblos. Die winzigen Blüten erscheinen äußerst selten, sie treiben aus seitlichen Vertiefungen, wobei jeweils eine männliche und zwei weibliche Blüten ohne Blütenhülle geschoben werden. Typische Pflanzen entstehen nur bei Bodenkontakt und im nährstoffreichen Substrat. Wasserlinsen werden im Gartenteich manchmal sehr lästig. Die Art kann auf feuchtem Boden wachsen.

Vermehrung: Tochtersprosse, die noch eine zeitlang verbunden bleiben.
Nachbarpflanzen: Hochstengelige Sumpfgewächse am Ufer.
WT: 0 - 50 cm, **BR:** 1 cm, **BZ:** IV - V, **ST:** ❍ - ◗, K

***Lemna minor* Linné, 1753** **Kleine Wasserlinse**

Fam.: Lemnaceae - Wasserlinsengewächse
Verbreitung: Kosmopolit.
Standorte: Seichte, stehende Gewässer; verbreitet.

Der Artname *minor* = klein.

Freitreibende oder im Sumpf lebende, rundliche, etwas länglich geformte Pflanzenkörper, bis 4 mm groß mit flacher Unterseite. In seitlichen Vertiefungen werden sehr selten winzige, unscheinbare Blütenstände gebildet, mit jeweils einer männlichen und zwei weiblichen Blüten, ohne Blütenhülle. Die Kleine Wasserlinse kann kaum als eine gute Teichpflanze bezeichnet werden. Der Grund dafür ist die enorme Vermehrungsrate, wodurch im kleinen Teich bald die Wasseroberfläche zuwuchert. Außer dem ständigen Abfischen gibt es kein probates Mittel die Pflanze zu reduzieren. Je nährstoffreicher das Wasser ist, um so üppiger wächst *Lemna*.

Vermehrung: Tochtersprosse.
Nachbarpflanzen: Hochstengelige Sumpfpflanzen im Flachwasser am Ufer.
WT: 0 - 50 cm, **BR:** 1 cm, **BZ:** IV - V, **ST:** ❍ - ◗, K

***Limnobium spongia* (Bosc) Steudel, 1841** **Nordamerikanischer Froschbiß**

Fam.: Hydrocharitaceae - Froschbißgewächse
Verbreitung: Südöstliches Nordamerika.
Standorte: Buchten langsam fließender Gewässer, Teiche, Tümpel, Gräben, Wasserlachen.

Der Name *Limnobium* kommt von limne = Teich, Sumpf und bios = leben, *spongia* = Schwamm, bezieht sich auf die verdickte Blattunterseite.

Freitreibende Rosettenpflanze mit Ausläufern, an denen neue Blattrosetten treiben. Die gestielten, rundlich-ovalen Spreiten werden bis 5 cm lang, 4 cm breit und sind ganzrandig. Die glatte Oberseite ist schmal gewölbt, mitunter dunkel gefleckt, die Unterseite schwammig verdickt und violett angelaufen. Die eingeschlechtlichen Blüten sitzen in zweiblättrigen Scheiden. Männliche Blüten haben drei weißlich-grüne Kronblätter, von den weiblichen Blüten sind mitunter nur die sechs gespaltenen Griffel sichtbar.

Eine problemlose Schwimmpflanze mit guter Anpassung an Wasser- und Lichtverhältnisse. Kann auch im Sumpf verwurzelt wachsen. Wird im kleinvolumigen Becken leicht lästig. Im Herbst ziehen die Pflanzen ein und überdauern mit Winterkospen.

Vermehrung: Ausläufer mit neuen Blattrosetten.
Nachbarpflanzen: *Hippuris, Scirpus, Typa, Nuphar.*
WT: 10 - 30 cm, **BR:** 10 cm, **BZ:** VI - VIII, **ST:** ❍ - ◗, K

Wasserlinsen können sich weit ausbreiten

Lemna minor

Limnobium spongia

Nuphar advena Aiton, 1813 **Nordamerikanische Teichrose**

Fam.: Nymphaeaceae - Wasserrosengewächse

Verbreitung: Atlantische Staaten Nordamerikas.

Standorte: Verschiedenartige Gewässer, im tiefen Wasser mit Schwimmblättern, am Ufer als Sumpfpflanze mit Luftblättern.

Der Name *Nuphar* kommt von nailufar, einer früheren arabischen Bezeichnung für Wasserrosen, *advena* = fremd, wegen der Eigenart Luftblätter zu bilden.

Aus dem gestreckten, walzenförmigen Rhizom treiben langgestielte Schwimmblätter. Die rundliche Spreite wird etwa 30 cm breit und ist an der Basis bis 10 cm weit herzförmig eingeschnitten. Die hochstehenden Luftblätter sind mehr oval geformt und haben abgerundete Basislappen. Die gestielten Einzelblüten treiben auch an der Landform. Sie werden bis 4 cm groß, öffnen gelbe Kronblätter, zahlreiche rote Staubblätter und eine scheibenförmige, im Zentrum gelbe Narbe. Im tieferen Wasser entsteht eine umfangreiche Schwimmblattpflanze, die nur für den größeren Teich zu empfehlen ist. Die dekorative Sumpfpflanze am Ufer im Flachwasser bildet später umfangreiche und dichte Blatthorste. Ein schöner Kontrast zu anders gestalteten Teichpflanzen.

Vermehrung: Seitensprosse am Rhizom.

Nachbarpflanzen: *Typha, Lythrum, Sparganium.*

WT: 5 - 100 cm, **GR:** 40 - 50 c m, **BZ:** VI - VII, **ST:** ❍ - ◗

Nuphar japonica De Candolle, 1821 **Japanische Teichrose**

Fam.: Nymphaeaceae - Wasserrosengewächse

Verbreitung: Japan, Hokkaido.

Standorte: Teiche, Seen, Buchten langsam fließender Gewässer.

Der Artname *japonica* = in Japan vorkommend.

Das gestreckte, walzenförmige Rhizom treibt langgestielte Schwimmblätter mit lederartiger Spreite, länglich eiförmig, bis 20 cm lang und durch die tief gespaltenen Blattlappen fast pfeilförmig. Im Frühjahr erscheinen kurzgestielte, spießförmige, hellgrüne dünne Wasserblätter, die lange erhalten bleiben. Die gestielte gelbe Blüte wird etwa 4 cm breit, ist ähnlich *Nuphar lutea*, im Verblühen jedoch mit rotem Blütenboden. Eine umfangreiche Schwimmblattpflanze für den größeren Teich. Schattige Bereiche und kühles Wasser werden gut ertragen. Von Interesse auch wegen der lange haltbaren untergetauchten Blätter, die im milden Wasser grün bleiben. Kann in dieser Form im Kaltwasserbecken gehalten werden.

Vermehrung: Seitensprosse am Rhizom im zeitigen Frühjahr abtrennen und flach einsetzen.

Nachbarpflanzen: *Nymphaea, Potamogeton, Nymphoides.*

WT: 30 - 150 cm, **BR:** 3 - 5 m, **BZ:** VI - VIII, **ST:** ❍ - ◗, K

Nuphar advena, Nordamerikanische Teichrose

Nuphar japonica, Japanische Teichrose

Nuphar lutea (LINNÉ) J. E. SMITH, 1809 **Gelbe Teichrose**

Fam: Nymphaeaceae - Wasserrosengewächse

Verbreitung: Europa, Nordasien, Nordafrika.

Standorte: Kleine Seen, Teiche, Gräben, langsam fließende Gewässer, ruhige Uferbuchten; ziemlich häufig, geschützt, Gef. Gr.: 1

Der Artname *lutea* = gelb nimmt Bezug auf die Blütenfarbe.

Das gestreckte, walzenförmige Rhizom kann bis 10 cm dick werden. Die lang gestielten Schwimmblätter sind etwas lederartig, herzförmig, bis 30 cm breit, dunkelgrün, an der Unterseite blaßgrün. Vor dem Frühjahrstrieb entstehen kurzgestielte Wasserblätter mit hellgrüner, dünnhäutiger, etwa 20 cm langer Spreite. Diese Form kann im ungeheizten Aquarium gehalten werden. Die etwa 5 cm breit werdende Blüte trägt fünf gelbe Kronblätter, zahlreiche gelbe Staubblätter und eine in der Mitte vertiefte, gelbe Narbe. Die umfangreiche Schwimmblattpflanze kann aufgrund ihrer Ausdehnung nur für den größeren Teich verwendet werden. Der schattige Bereich wird besser ertragen als von den Seerosen, und kühles bewegtes Wasser ist möglich.

Teichrosen sind heute weniger gefragte Objekte, weil die Blüten unscheinbarer sind als die der attraktiven Gattung *Nymphaea*.

Vermehrung: Seitensprosse am Rhizom.

Nachbarpflanzen: *Nymphaea, Potamogeton, Nymphoides.*

WT: 50 - 200 cm, **BR:** 4-5 m, **BZ:** V - VII, **ST:** ❍ - ◗, K

Nuphar pumila (TIMM) DE CANDOLLE, 1821 **Zwergteichrose**

Fam.: Nymphaeaceae - Wasserrosengewächse

Verbreitung: Nordeuropa, Mitteleuropa, gemäßigtes Asien.

Standorte: Teiche, Seen, Gräben, langsam fließende Gewässer, ruhige Uferbuchten; selten, geschützt, Gef. Gr.: 1

Der Artname *pumila* = zwergenhaft, wegen der vergleichsweise kleineren Blätter und Blüten.

Das gestreckte, walzenförmige Rhizom wird bis 5 cm dick. Die langgestielten Schwimmblätter sind oval, herzförmig eingeschnitten, bis 20 cm groß. Im Frühjahr treiben zuerst kurzgestielte Wasserblätter mit hellgrünen, dünnen, gekräuselten Spreiten, die bis 12 cm lang und 8 cm breit werden. Diese Form wird als Aquarienpflanze verwendet. Die Schwimmblattform treibt gestielte, bis 3 cm große Blüten mit 5 gelben Kronblättern und zahlreichen gelben Staubblättern.

Mit ihrem großen Umfang eignet sich die Zwergteichrose recht gut für den kleineren Wassergarten. Mitunter empfiehlt sich die Kulter im Gefäß, um damit den Trieb zu beschränken. Verträgt den schattigen Bereich und das leicht bewegte Wasser. Im sehr flachen Wasser entstehen Luftblätter, die etwa 25 cm hoch werden. Wird wegen der unscheinbaren Blüten seltener verwendet als die attraktiven Seerosen.

Vermehrung: Seitensprosse am Rhizom mit etwa 15 cm Länge abtrennen und flach setzen.

Nachbarpflanzen: *Nymphaea, Potamogeton, Nymphoides.*

WT: 20 - 100 cm, **BR:** 2 - 3 m, **BZ:** VI - VII, **ST:** ❍ - ◗, K

Nuphar lutea, Gelbe Teichrose

Nuphar pumila, Zwergteichrose

Seerosen sind die Königinnen der Teichpflanzen

Nymphaea ‚Marliacea Chromatella'

Nelumbo nucifera, Indische Lotosblume

Nymphaea alba Linné, 1753 **Weiße Seerose**

Fam.: Nymphaeaceae - Wasserrosengewächse

Verbreitung: Europa, Asien, Afrika.

Standorte: Teiche, Seen und andere stehende Gewässer, selten in Fließwasser; zerstreut, geschützt, Gef. Gr.: 2

Der Name *Nymphaea* kommt von nymphe = Wassernixe, oder Nympha, dem Namen einer Göttin, *alba* = weiß.

Das kräftige Rhizom ist spärlich verzweigt und treibt oval-rundliche, ganzrandige Schwimmblätter, bis 30 cm groß, an der Basis eingeschnitten, grün, mitunter rötlich. Die kurz über dem Wasser geöffnete Blüte wird bis 12 cm breit und 7 cm hoch, ist wohlduftend und schon sehr früh am Morgen geöffnet. In der Regel sind 19 - 25 reinweiße Blütenblätter vorhanden, wobei die äußeren größer als die Kelchblätter sind. Gezüchtete Kultursorten bringen rote und gelbe Farbtöne. *N. alb*a var. *mino*r ist in allen Teilen kleiner als die Stammform. *N. alba* var. *rosea* blüht purpurrot.

Für sonnige und windgeschützte Lagen und im nährstoffreichen Boden von etwa 30 cm Dicke. Im wassergefüllten Teich bleibt die Pflanze winterhart. Wird das Wasser abgelassen, sollten die Rhizome mit einer Laubschicht geschützt werden. Die Kultur ist auch in erdgefüllten Drahtkörben möglich, mit denen man die Pflanze überwintern kann.

Vermehrung: Rhizomteilung, Aussaat recht langwierig.

Nachbarpflanzen: *Nuphar, Potamogeton, Nymphoides.*

WT: 30 - 100 cm, **BR:** 2 - 3 m, **BZ:** VI - IX, **ST:** ○

Nymphaea candida K.B. Presl, 1822 **Glänzende Seerose**

Fam.: Nymphaeaceae — Wasserrosengewächse

Verbreitung: Europa, Westsibirien

Standorte: Stehende Gewässer, vor allem Moorseen und Moorgräben, Waldteiche, Heidetümpel, Gef. Gr.: 2

Der Artname bedeutet schneeweiß.

Die Schwimmblätter werden bis 17 cm lang und 23 cm breit und die Blattlappen sind einander meist genähert. Die Hauptnerven schneiden sich nicht in der Verlängerung, wodurch die typische *candida*-Nervatur entsteht. Sehr oft kommen jedoch Abweichungen vor. Die sternförmige Blüte wird bis 8 cm im Durchmesser und bringt ca. 20 reinweiße Blütenblätter, die außen manchmal schwach rötlich gestrichelt sind.

Vermehrung: Rhizomteilung

Nachbarpflanzen: *Potamogeton, Nymphoides, Stratiotes*

WT: 30-60 cm, **BR:** 2-3 m, **BZ:** VI-IX, **ST:** ○

Nymphaea alba, Weiße Seerose

Nymphaea candida, Glänzende Seerose; Naturform, Irland.

Nymphaea ‚Laydekeri Purpurata'

Seerosen-Zuchtformen

Nymphaea Marliac-Hybriden — Marliac-Seerosen

Verbreitung: Zuchtformen

Der Name ‚Marliac' ist auf den französischen Züchter LATOUR MARLIAC zurückzuführen, der die ersten farbigen Hybriden auf den Markt brachte. Ihm haben wir auch die meisten Sorten zu verdanken. Man weiß allerdings nicht, wie er die Hybriden untereinander oder wiederum mit Sorten gekreuzt hat, da sie unfruchtbar bleiben. Nur die Wildarten und Naturhybriden können Samen ausbilden. Die Tatsache, daß viele dieser Sorten sehr ähnlich aussehen, erschwert ihre Bestimmung erheblich. Hinzu kommt, daß aufgrund der jeweiligen Standortbedingungen unterschiedliche Erscheinungsformen auftreten können. Es handelt sich um die am weitesten verbreitete Gruppe von Seerosen, robust und wüchsig, auch an weniger günstigen Standorten. Die Vermehrung erfolgt durch Seitensprosse am Rhizom.

Die bis 18 cm breiten Blüten sind schwach duftend und ihre Färbung ist je nach Sorte sehr verschieden. Nur wenige können hier genannt werden.

‚Atropurpurata'	=	dunkel-karmesinrot	S. 298
cf. ‚Attraktion'	=	weinrot	S. 303
‚Caroliniana Nivea'	=	weiß	S. 295
‚Charles de Meurville'	=	weinrot	S. 303
‚Ellisiana'	=	feuerrot	S. 296
‚Escarboucle'	=	rubinrot	S. 297
cf. ‚Gladstoniana'	=	gelb/rosa	S. 301
‚Gloriosa'	=	karminrot	S. 297
‚Hermine'	=	weiß	S. 294
‚James Brydon'	=	kirschrot	S. 294
‚Laydekeri Purpurata'	=	rot	S. 292
‚Luciana'	=	weißrosa	S. 295
‚Mme. Wilfron Gonnère'	=	rosa	S. 302
‚Marliacea Albida'	=	weiß	S. 304
cf. ‚Marliacea Albida'	=	weiß	S. 294
‚Marliacea Chromatella'	=	leuchtend cremegelb	S. 289, 296
‚Marliacea Rosea'	=	rosa	S. 302
‚Maurice Laydeker'	=	orangefarben bis kirschrot	S. 302
odorata ‚Rosennymphe'	=	rosa	S. 300
odorata ‚Sulphurea'	=	gelb	S. 303
x *pygmaea* ‚Alba'	=	rahmweiß	S. 304
x *pygmaea* ‚Helvola'	=	cremegelb	S. 297
‚René Gérard'	=	innen karminrot, außen panaschiert	S. 295
‚Sioux'	=	zuerst gelb, später rötlich	S. 296
tuberosa ‚Pöstlingsberg'	=	weiß	S. 299

Nymphaea ‚Laydekeri Purpurata'

Diese sehr schöne Sorte ist ebenfalls eine Züchtung des Franzosen MARLIAC, der sie 1895 in den Handel gebracht hat.

Das dunkelgrüne Blatt wird bis 20 cm breit, ist anfangs rötlich, später rötlich gefleckt, wobei das Rot an der Unterseite stärker hervortritt. Die relativ kleine Blüte erreicht bis 10 cm Breite, ist karminrot und außen heller werdend. Die äußersten Blütenblätter sind dabei fast weiß mit roten Flecken.

Die günstigste Wassertiefe beträgt etwa 20-30 cm.

Nymphaea cf. ‚Marliacea Albida'

Diese unbekannte *Nymphaea* sieht *Nymphaea* ‚Marliacea Albida' sehr ähnlich, vergleiche hierzu auch S. 304.

Nymphaea ‚James Brydon'

Die Sorte wurde 1900 durch den amerikanischen Züchter DREER in den Handel gebracht.

Blätter fast kreisrund und bis 20 cm breit, rötlich-grün, anfangs stärker rötlich gefleckt, Lappen wenig auseinanderstehend. Die Blüte mißt bis 14 cm Durchmesser, ist kirschrot, kugelförmig, dicht gefüllt, mit feuerroter Narbe.

Mittelwüchsige Sorte für Wassertiefen von 30-70 cm.

Nymphaea ‚Hermine'

Eine Sorte des bekannten Seerosenzüchters MARLIAC, der sie bis 1910 entwickelt hatte.

Das grasgrüne, unterseits rötliche Blatt wird bis 28 cm breit mit dicht nebeneinanderliegenden Basislappen. Die tulpenförmige weiße Blüte erreicht bis 17 cm Durchmesser.

Günstig sind Wassertiefen von 50-80 cm.

Nymphaea ‚Caroliniana Nivea'

Offensichtlich gehört diese Sorte in den Formenkreis von *Nymphaea odorata*. Das herzförmige Blatt erreicht fast 20 cm Durchmesser. Bis 14 cm breit wird die weiße und wohlduftende Blüte, die sich über das Wasser erhebt.

Die günstige Wassertiefe liegt bei 30-70 cm.

Nymphaea ‚René Gérard'

Eine seit 1914 bekannte Sorte, die der Franzose MARLIAC gezüchtet hat. Das grasgrüne Blatt wird bis 27 cm breit und hat weitstehende Lappen. Die reichblütige Sorte weist bis zu 18 cm große Blüten auf, diese sind innen karminrot und außen hell panaschiert.

Die angemessene Wassertiefe beträgt 40-80 cm.

Nymphaea ‚Luciana'

Diese Sorte gehört zu *Nymphaea odorata*. Es handelt sich um eine Züchtung des Amerikaners DREER.

Die mittelgroßen Blätter sind grün und ohne Flecken. Die bis 14 cm breite Blüte ist wohlduftend und rosa gefärbt mit gelben Staubblättern.

Günstig ist eine Wassertiefe von 30-40 cm.

Nymphaea ‚Ellisiana'

Seit 1896 durch MARLIAC im Handel.

Blätter bis 15 cm breit, rund bis leicht oval, dunkelgrün, unterseits rot. Blüte bis 8 cm, feuerrot, anfangs heller, später nachdunkelnd, mit gelber Narbenscheibe. Sehr reichblütige mittelwüchsige Seerose, die Blüte hat Ähnlichkeit zur Sorte ‚Maurice Laydecker'.

Für Wassertiefen von 20-40 cm.

Nymphaea ‚Marliacea Chromatella'

1887 durch MARLIAC in den Handel gebracht.

Blätter bis 23 cm Durchmesser, braun marmoriert, rötlicher Rand. Blüte 16 cm, cremegelb, Staubblätter auffallend breit und tiefgelb. Wächst bis spät in den Herbst, ist aber am ungünstigen Standort ein schlechter Blüher.

Mittel- bis starkwüchsige Seerose für Wassertiefen von 40-100 cm.

Nymphaea ‚Sioux'

1908 brachte MARLIAC diese Sorte erstmals in den Handel.

Das bis 15 cm messende Blatt ist stark dunkel gefleckt. Bis 15 cm groß wird die Blüte, deren Färbung erst gelb, später kupferrosa und dann rötlich wird.

Die günstige Wassertiefe beträgt 30-60 cm.

Nymphaea ,Escarboucle'

Der französische Seerosenzüchter MARLIAC entwickelte auch diese berühmte Sorte und brachte sie im Jahr 1909 auf den Markt.

Das hellgrüne Blatt wird bis 34 cm breit. Die rund 20 cm messende und duftende Blüte ist rubinrot.

Geeignet für Wassertiefen von 40 bis 100 cm.

Nymphaea x *pygmaea* ,Helvola'

Syn.: *Nymphaea helvola*

Die Sorte wurde 1893 durch den französischen Züchter MARLIAC in den Handel gebracht.

Blätter 5-10 cm breit, dunkelgrün, hellbraun gefleckt. Blüte 4-6 cm im Durchmesser, cremegelb, sternförmig. Schmallanzettliche Blütenblätter, an der Knospenbasis deutlich vierkantig.

Schwachwüchsige Seerose für Wassertiefen von 10-30 cm.

Nymphaea ,Gloriosa'

Eine der zahlreichen Züchtungen des Franzosen MARLIAC, die seit 1896 im Handel ist.

Das bis 38 cm breite Blatt ist fast kreisrund, dunkelgrün bis rötlich, ohne Fleckung. Die karminrote Blüte mißt bis 18 cm, sie ist nach außen hin weißlich panaschiert.

Geeignet für Wassertiefen von 40-100 cm.

Nymphaea ‚Atropurpurata'

Auch *N.* ‚Atropurpurata' ist eine Züchtung des Franzosen MARLIAC, der sie 1901 herausbrachte.

Mit den dunkel-karmesinroten Blüten, die bis zu 18 cm breit werden, haben wir hier eine der am dunkelsten blühenden Seerosen vor uns. Sie entwickelt bronzefarbene Kelchblätter und eine schwefelgelbe Narbe. Die rötlichen Blätter erreichen bis ca. 20 cm Durchmesser, sind an den Rändern etwas gewellt und im jugendlichen Zustand dunkel gefleckt.

Die günstige Wassertiefe liegt bei etwa 30 bis 50 cm.

Nymphaea tuberosa ‚Pöstlingsberg'

Wahrscheinlich gehört diese Sorte in den Formenkreis von *Nymphaea tuberosa*. Der österreichische Züchter BUGGELE brachte die attraktive Seerose auf den Markt.

Das grasgrüne Blatt wird recht groß und vermag bis auf eine Breite von 50 cm heranzuwachsen. Auch der Umfang einer Pflanze kann sehr ausladend werden, so daß man genügend freien Raum anbieten sollte. Die Blüte ist reinweiß und erreicht immerhin einen Durchmesser von 20-25 cm.

Die optimale Wassertiefe beträgt 40-100 cm.

Nymphaea odorata **‚Rosennymphe'**

Diese Sorte brachte der deutsche Züchter Junge 1911 heraus. Das herzförmige, bis 20 cm messende Blatt ist anfangs rot, dann bräunlich-grün. Die bis zu 14 cm groß werdende Blüte ist sternförmig und hellrosa gefärbt.

Wächst am besten im 30-70 cm tiefen Wasser.

Nymphaea cf. ‚Gladstoniana'

Diese hübsche Züchtung ähnelt sehr der Sorte ‚Gladstoniana', ist jedoch nicht weiß wie jene, sondern gelb/rosa. Die fast kreisrunden Blätter haben einen Durchmesser von 20 - 30 cm. Die Blüte ist ca. 20 cm groß.

Die Pflanze braucht einen großen Pflanzkorb und bis 50-100 cm Wassertiefe.

Nymphaea ‚Mme. Wilfron Gonnère'

Von dieser MARLIAC-Züchtung ist der Zeitpunkt ihrer ersten Verbreitung nicht mehr genau bekannt.

Das grasgrüne Blatt ist fast kreisrund und wird bis 22 cm breit. Die bis 16 cm messende Blüte erscheint aufgrund der dichtstehenden reinrosa Blütenblätter fast wie gefüllt.

Die Sorte sollte in bis 40-70 cm Wassertiefe gepflanzt werden.

Nymphaea ‚Maurice Laydeker'

Dies ist ebenfalls eine der zur ‚Laydeker'-Gruppe gehörenden Seerosenzüchtungen des Franzosen MARLIAC. Benannt ist diese Gruppe von Züchtungen nach seinem Schwiegersohn.

Das dunkelrote Blatt erreicht bis 15 cm Breite und hat eine rötliche Unterseite. Etwa 10 cm groß wird die orangefarbene bis kirschrote Blüte mit den hellen Blütenspitzen.

Die günstigste Wassertiefe beträgt 20-30 cm.

Nymphaea ‚Marliacea Rosea'

Ab 1887 hatte der französische Seerosenzüchter MARLIAC diese Form im Angebot.

Das bis 25 cm große grasgrüne Blatt ist rötlich gerandet. Zartrosa, fast weiß, erscheinen die bis 18 cm messenden Blüten, die sich früh öffnen und spät wieder schließen.

Die optimale Wassertiefe beträgt 40-100 cm.

Nymphaea ,Charles de Meurville'

Eine Züchtung des Franzosen MARLIAC aus dem Jahre 1931. Das grasgrüne Blatt mit länglich-runder Form wird bis 35 cm breit. Die rund 20 cm große Blüte ist weinrot und schließt sich ziemlich spät am Abend.

Günstig ist eine Wassertiefe von 40 bis 60 cm.

Nymphaea odorata ,Sulphurea'

Eine MARLIAC-Züchtung aus dem Jahre 1879. Die ca. 20 cm breiten Blätter weisen an ihrer Oberseite bräunliche Flecken auf. Bis zu 14 cm im Durchmesser wird die schwefelgelbe Blüte mit den sternförmig ausgebreiteten Kronblättern.

Diese Form ist für das 20 bis 50 cm tiefe Wasser zu verwenden.

Nymphaea cf. ,Attraktion'

Diese der Züchtung ,Charles de Meurville' sehr ähnliche Seerose ist noch etwas kontrastreicher rot-weiß gefärbt. Von wem die Züchtung stammt, ist uns nicht bekannt. Blatt und Blüte entsprechen in der Größe der oben genannten ,Charles de Meurville', sind jedoch eventuell etwas kleiner.

Zu bevorzugende Wassertiefe 30-60 cm.

Nymphaea ‚Marliacea Albida'

Ebenfalls eine der vielen Züchtungen des französischen Spezialisten MARLIAC. Schon seit 1880 ist diese Sorte im Handel.

Das Blatt wird bis 25 cm im Durchmesser, ist grasgrün gefärbt und ohne Flecken, aber mit einem leuchtend-rötlichen Rand versehen. Wie schon der Name andeutet, ist die Blüte reinweiß, ihre Staubblätter sind hellgelb und der Durchmesser beträgt bis zu 15 cm. Die Blüte steht 1-2 cm über dem Wasser.

Wächst ohne Probleme bei Wassertiefen von 40-100 cm.

Nymphaea x *pygmaea* ‚Alba'

Hierbei handelt es sich um ein Kreuzungsprodukt zwischen *Nymphaea odorata* ‚Minor' und *N. tetragona*.

Das dunkelgrüne Blatt ist hellbraun gefleckt und bis 10 cm breit. Die etwa 6 cm messende Blüte ist rahmweiß gefärbt und sternförmig mit schmalen Blütenblättern.

Vorteilhaft ist eine Wassertiefe von 10-20 cm.

Nymphaea ‚Marliacea Albida'

Nymphaea pygmaea ‚Alba'

Nelumbo nucifera, Indische Lotosblume

Seerosen für geheizte Anlagen

***Nelumbo nucifera* GAERTNER, 1788** **Indische Lotusblume**

Fam.: Nymphaeaceae - Wasserrosengewächse
Verbreitung: Ostasien.

Kaum eine andere Pflanze hat sich in Sage und Religion einen solchen Platz erobert wie die Indische Lotosblume. So gilt sie den Indern als heilig. Weil Rhizome und Samen eßbar sind, wurde die Pflanze oft angepflanzt. Die große rosa Blüte erhebt sich auf langem Stiel über die eigenartig geformten und hochragenden Blätter. Eine besondere Erscheinung der beheizten Freianlagen Botanischer Gärten.

***Nymphaea capensis* THUNBERG, 1794** **Kap-Seerose**

Fam.: Nymphaeaceae - Wasserrosengewächse
Verbreitung: südliches Afrika

In den Warmhäusern der Botanischen Gärten sowie in den geheizten Freilandbecken finden wir meist auch die Kap-Seerose mit ihren mittelgroßen Blüten, die in reicher Zahl erscheinen. Es gibt Sorten mit unterschiedlichen Farben, wobei weiße und rote Töne dominieren. Die Überwinterung erfolgt durch Knollen oder Samen.

Nymphaea capensis-Hybride, Kap-Seerose

Nymphaea capensis-Hybride, Kap-Seerose

Victoria amazonica, Amazonas-Seerose

Victoria amazonica (Poeppig) Sowerby, 1850 **Amazonas-Seerose**

Fam.: Nymphaeaceae - Wasserrosengewächse
Verbreitung: Amazonasstromgebiet
Die Pflanzengattung wurde nach der englischen Königin Victoria benannt, sie umfaßt mit *V. amazonica* wohl die berühmteste und größte aller Seerosen. Ihre bis 2 m breiten Blätter sind unterseits durch Rippen verstärkt und können bei gleichmäßiger Belastung bis zu 50 kg Gewicht tragen. Die schneeweiße Blüte wird bis 30 cm breit und ist ein Nachtblüher, der sich zweimal öffnet und dann zur Samenreife untertaucht. Diese Königin der Seerosen bildet in botanischen Gärten einen besonderen Anziehungspunkt.

Nymphaea stellata Wildenow, 1799 **Stern-Seerose**

Fam.: Nymphaeaceae - Wasserrosengewächse
Verbreitung: Indien
Typisch für die Art ist das tannenzapfenähnliche, bis 10 cm lange Rhizom, aus dem die rundlichen, grünen, bis 20 cm großen Schwimmblätter treiben. Je nach Sorte sind die Blüten weiß, hellrosa oder blaßblau gefärbt und erreichen 7 bis 10 cm Durchmesser. Das Überwintern der empfindlichen Rhizome bereitet erhebliche Schwierigkeiten, daher wird die Art meist jährlich durch Samen neu herangezogen.

Nymphaea stellata, Stern-Seerose

Nymphaea stellata, Stern-Seerose

Nymphoides peltata **(GMELIN) O. KUNTZE, 1891** **Gemeine Seekanne**

Fam.: Menyanthaceae - Fieberkleegewächse

Verbreitung: Europa, Asien, China, Japan.

Standorte: Kleine Seen, Teiche und andere stehende oder langsam fließende Gewässer bei 20 - 150 cm Wassertiefe; ziemlich selten, geschützt, Gef. Gr.: 3.

Der Name *Nymphoides* kommt von *Nymphaea*, dem Namen der Seerose und eidos = Gestalt, wegen der Ähnlichkeit im Wachstum, *peltata* = schildförmig, in Bezug auf die Form der Schwimmblätter.

Das gestreckte Rhizom wächst kriechend und treibt je nach Wasserstand mehr oder minder lang gestielte Schwimmblätter. Die rundliche Spreite wird bis 15 cm lang, 10 cm breit und hat an der Basis einen tiefen schmalen Ausschnitt. Die kräftig grün gefärbte Oberseite ist häufig dunkel gezeichnet. Der gestreckte Blütenstand flutet auf dem Wasser und bildet mehrere Quirle übereinander. Daran öffnen sich jeweils 4 - 8 gelbe Blüten von 3 cm Breite. Ihre fünf trichterförmig gestellten Kronblätter haben gezackte Ränder. Am vollsonnigen Standort ist die Seekanne ein sicherer Blüher. Kann sich den unterschiedlichen Wassertiefen gut anpassen, so daß auch die Haltung in der Teichmitte möglich wird. Mit den zahlreichen Seitensprossen wird eine größere Wasserfläche bald mit Schwimmblättern bedeckt, daher ist ein gelegentlicher Rückschnitt von Nutzen.

Vermehrung: Abgetrennte Zweige oder Kurztriebe mit Wurzeln werden ins Wasser eingesetzt und wachsen zügig voran.

Nachbarpflanzen: *Mentha, Hippuris, Typha, Scirpus.*

WT: 20 - 100 cm, **BR:** 2 - 3 m, **BZ:** VI - IX, **ST:** ❍

Polygonum amphibium **LINNÉ, 1753** **Wasserknöterich**

Fam.: Polygonaceae - Knöterichgewächse

Verbreitung: Europa, Asien, Nordamerika.

Standorte: Teiche, Gräben, Naßwiesen, feuchte Äcker; zerstreut.

Der Name *Polygonum* ist abgeleitet von polys = viel und gone = Nachkommenschaft, wegen der hohen Vermehrungsrate einiger Arten, *amphibium* = auf dem Lande und im Wasser lebend.

Das kriechende, stielrunde Rhizom wird bis 100 cm lang. Je nach Standort entwickelt die Pflanze eine Landform mit Luftblättern oder eine Wasserform mit Schwimmblättern. Der bis 100 cm hohe Landsproß treibt wechselständige, behaarte, länglich geformte Blätter, etwa 20 cm lang, 10 cm breit, mit gerundeter Basis. Die relativ lang gestielten Schwimmblätter sind unbehaart, mit herzförmiger Basis, und etwa 15 x 10 cm groß. Der kräftige Blütenstiel ist glatt oder leicht behaart und trägt die walzenförmige Ähre. Sie ist dicht mit kleinen, rosa bis purpurroten Blüten besetzt.

Wegen der starken Vermehrung durch Ausläufer kann der Wasserknöterich lediglich für entsprechend größere Anlagen empfohlen werden. Im kleinen Becken wird die Pflanze besser im abgegrenzten Gebiet gehalten um so die Ausbreitung unter Kontrolle zu haben.

Vermehrung: Rhizomteilung.

Nachbarpflanzen: *Veronica, Myosotis, Callitriche, Nymphaea.*

WT: 0 - 40 cm, **GR:** 30 - 100 cm, **BZ:** VI - IX, **ST:** ❍

Nymphoides peltata, Gemeine Seekanne

Polygonum amphibium, Wasserknöterich

Potamogeton natans Linné, 1753 **Schwimmendes Laichkraut**

Fam.: Potamogetonaceae - Laichkrautgewächse

Verbreitung: Europa, Asien, Nordamerika, Südostasien.

Standorte: Nährstoffarme, basenreiche, langsam fließende Gewässer, stille Buchten, Gräben; ziemlich häufig.

Der Name *Potamogeton* kommt von potamus = Fluß und geiton = Nachbar, was darauf hindeutet, daß die Pflanzen meist in Flüssen vorkommen, *natans* = schwimmend.

Das kriechende Rhizom ist oft knollig verdickt und bildet bis 150 cm lange Stengel. Im tiefen Wasser entstehen zuerst untergetauchte Blätter, sie sehen binsenartig aus und sind zur Blütezeit verschwunden. Die elliptischen Schwimmblätter sind an der Basis herzförmig, bis 12 cm lang, 5 cm breit, etwas derb, lederartig und bräunlich. Die etwa 8 cm messende Blütenähre steht auf einem bis 10 cm langen Stiel. Bei geeigneten Bedingungen ist das Laichkraut ungewöhnlich wuchsfreudig und bildet bald ausgedehnte Bestände. Für den kleineren Teich ist es nicht so gut zu empfehlen. Es wird vorzugsweise in ausreichend großen und tiefen Teichen verwendet, wo eine Begrünung mit naturnaher Bepflanzung gewünscht wird. Durch Reduzieren kann man die Pflanze zwar kurz halten, doch wird sie immer wieder ausbrechen und sich den Teich erobern.

Vermehrung: Seitentriebe, Rhizomteilung.

Nachbarpflanzen: *Polygonum, Nymphaea, Nuphar, Equisetum.*

WT: 20 - 50 cm, **BR:** 5 - 6 cm, **BZ:** VI - VIII, **ST:** ❍ - ◗

Salvinia natans (Linné) Allioni, 1785 **Schwimmender Büschelfarn**

Fam.: Salviniaceae - Büschelfarngewächse

Verbreitung: Europa, Asien.

Standorte: Ruhige, windgeschützte, nährstoffreiche Altwässer größerer Flüsse; ziemlich zerstreut, unbeständig auftretend, fast ausgestorben, geschützt, Gef. Gr.: 0

Die Gattung *Salvinia* ist benannt nach dem italienischen Professor und Botaniker A.M. Salvini (1633 - 1720), *natans* = schwimmend.

Freitreibende kleine Schwimmpflanze mit flutender und schwach verzweigter Sproßachse. Auf dem Wasser liegen die in zwei Reihen angeordneten Luftblätter. Sie werden bis 1 cm lang, 5 mm breit, mit schwach herzförmiger Basis. Auf der Oberseite sitzen viele Büschel von kleinen, steifen Borsten. Von jedem Blattpaar ist ein feinzerteiltes, fadenförmiges kurzes Wasserblatt in das Wasser eingetaucht. Dieses sieht aus wie eine Wurzel und hat auch die bei den Büschelfarnen im Laufe ihrer Entwicklung verlorengegangenen Wurzeln in ihren Funktionen übernommen.

Die einjährige Pflanze stirbt im Herbst ab und überwintert mit den zu Boden sinkenden Sporenfrüchten. Im Frühjahr treiben diese Behälter nach oben und bilden nach Befruchtung neue Individuen. Ein interessanter aber äußerst seltener Pflegling, den man bei uns in der freien Natur wohl kaum noch finden wird. Eine wahrliche Rarität für den naturnahen Teich. Es empfiehlt sich im Herbst einige Pflanzen hell und kühl zu überwintern.

Vermehrung: Isolierung von Seitensprossen.

Nachbarpflanzen: *Potamogeton, Trapa, Stratiotes.*

WT: 5 - 50 cm, **BR:** 5 - 6 cm, **ST:** ❍, K

Potamogeton natans, Schwimmendes Laichkraut

Salvinia natans, Schwimmender Büschelfarn

Trapa natans **LINNÉ, 1753** **Wassernuß**

Fam.: Trapaceae - Wassernußgewächse

Verbreitung: Europa, Asien, Nordafrika.

Standorte: Stehende oder langsam fließende nährstoffreiche Gewässer, die sich im Sommer gut erwärmen; selten, geschützt, Gef. Gr.: 2.

Der Name *Trapa* kommt vom lateinischen calcitrappa = Fußangel, wahrscheinlich wegen der dornigen Früchte, die sich festhaken können, *natans* = schwimmend.

Schwimmblattrosette mit im Boden verwurzelter bis 3 m langer Hauptachse. An den Knoten treiben paarig sitzende, fiederförmig geteilte, fadenförmige, wurzelähnliche Wasserblätter. Die dem Wasser aufliegende Blattrosette erreicht bis 50 cm Durchmesser. Die Blattstiele sind bis 2 cm dick aufgeblasen, die rautenförmige Spreite wird bis 6 cm lang, 8 cm breit und ist am vorderen Rand gezackt. Es gibt verschiedene Varietäten. In den Blattachseln sitzen kurz gestielte Blüten von etwa 2 cm Breite mit 4 länglichen weißen Kronblättern. Die Steinfrucht bildet eine schwarzbraune Nuß mit Hörnern, die aus den Kelchblättern hervorgehen. Diese Nüsse enthalten viel Stärke und Eiweiß, so daß sie in vielen Gegenden gesammelt und gegessen wurden oder werden. Heute spielen sie vor allem in Asien eine Rolle als Nahrungsmittel, das man anbaut.

Eine attraktive Schwimmblattpflanze für mittlere Wassertiefen. Der Standort ist sonnendurchwärmt, das Wasser nährstoffreich und kalkarm. Die im Herbst absterbenden Pflanzen erneuern sich im folgenden Frühjahr durch die Nußfrüchte.

Wird das Wasser abgelassen, werden die reifen Früchte den Winter über im kalten Wasser aufbewahrt.

Vermehrung: Seitensprosse, Samenaufzucht.

Nachbarpflanzen: *Aponogeton, Potamogeton, Nymphoides.*

WT: 30 - 60 cm, **BR:** 40 - 50 cm, **BZ:** VII - VIII, **ST:** ❍

Wolffia arrhiza **(LINNÉ) WIMMER, 1857** **Wurzellose Wasserlinse**

Fam.: Lemnaceae - Wasserlinsengewächse

Verbreitung: Europa, Asien, Afrika, in fast allen tropischen und subtropischen Gebieten, in den gemäßigten Breiten stellenweise nur vorübergehend.

Standorte: Stehende Gewässer.

Die Gattung *Wolffia* ist benannt nach dem deutschen Arzt und Botaniker Kaspar Friedrich WOLFF (1733 - 1794), *arrhiza* = wurzellos.

Kleine, bis 1 mm messende, rundlich-ovale Pflanzenkörper, die frei auf dem Wasser treiben. Ihre Unterseite ist kugelig vorgewölbt, die Oberseite hell-grasgrün, leicht glänzend, bei starker Sonneneinwirkung schwach rötlich. Es handelt sich hier um die kleinste bekannte Blütenpflanze. In einer Vertiefung des Pflanzenkörpers auf dem Rücken entwickeln sich winzige, einfach gebaute Blüten.

Eine äußerst selten gepflegte Schwimmpflanze für das flache Wasser in Ufernähe. Am besten in abgetrennten und vor Fischen (Fraß) geschützten Gebieten oder im Freiraum zwischen locker gesetzte hochwüchsige Sumpfpflanzen. Bildet dichte Polster, die ziemlich lästig werden können. Bleibt im milden Winter grün. Weil sie aber eingehen, ist es ratsam, einige Körner im Aquarium hell und kühl zu überwintern. In einigen Gebieten Südostasiens werden die reichlichen Pflänzchen von den Weihern abgefischt und als Grüngemüse verzehrt.

Vermehrung: zahlreiche Tochtersprosse.

Nachbarpflanzen: *Lemna, Salvinia, Pistia.*

WT: 1 - 20 cm, **BR:** 1 mm, **BZ:** VII - VIII, **ST:** ❍, K

Trapa natans, Wassernuß

Wolffia arrhiza, Wurzellose Wasserlinse

3.1 Niedrige Sumpfpflanzen

Allium schoenoprasum Linné, 1753 — Schnittlauch

Fam.: Liliaceae - Liliengewächse
Verbreitung: Zirkumpolar
Standorte: Flußfufer, Bachkies, Flachmoore.

Der Name *Allium* kommt von alium, einem römischen Namen für den Knoblauch, *schoenoprasum* = Binsenlauch, bezieht sich auf die Blattform. Kleine Zwiebelpflanze mit grundständigen Blättern, rundlich, röhrig-hohl, bis 20 cm lang, 2 bis 5 mm breit, blau- oder frischgrün. Auf einem hohlen Schaft sitzt eine dichte Dolde, die Blüte bildet sechs rosa oder hellviolette, schmale, ausgebreitete Blütenblätter.

Kommt als Wildstaude hauptsächlich im Gebirge vor. Die Gewürzpflanze wird häufig angepflanzt und ist aus Gartenkulturen verwildert. Aufgrund seiner natürlichen Standorte gedeiht der Schnittlauch gut im ständig feuchten bis nassen Boden nahe des Teichufers. Bildet schöne Polster mit dekorativen Blütenkugeln.

Vermehrung: Seitenzwiebeln.
Nachbarpflanzen: *Nasturtium, Calluna, Cardamine, Primula.*
WT: 0 cm, **GR:** 25 cm, **BZ:** VI - VIII, **ST:** ❍

Andromeda polifolia Linné, 1753 — Rosmarinheide

Fam.: Ericaceae - Heidekrautgewächse
Verbreitung: Europa, Asien.
Standorte: Sumpfmoore, Hochmoore, Verlandungszonen, geschützt, Gef. Gr.: 3.

Andromeda kommt von andros = Mann und medius = Mitte, weil die Staubblätter in der Blüte zentral angeordnet sind, *polifolia* = mit weiß-grauen Blättern (auf der Unterseite). Aufrechter, später verholzender, bis 2 mm dicker Sproß, bis 30 cm hoch, verzweigt, erst grün, später braun. Blätter kurz gestielt, lanzettlich, bis 3 cm lang, 3 mm breit, Ränder nach rückwärts eingerollt. Oberseite dunkelgrün, Unterseite weiß-grau. In den Blattachseln sitzen kleine, 3 mm breite, glockenförmige, leicht rosa gefärbte Einzelblüten. Wächst im Moorbeet oder sumpfig, ohne stauende Nässe, vollsonnig oder im leichten Schatten. Der lockere Bestand überrascht durch eine frühe Blütezeit.

Vermehrung: Im Frühsommer Seitenzweige abnehmen, ins flache Wasser stecken, später mit Ballen umsetzen.
Nachbarpflanzen: *Vaccinium, Marsilea, Pilularia, Triglochin.*
WT: 0 cm, **GR:** 20 - 30 cm, **BZ:** IV - V, **ST:** ❍ - ◗

Calla palustris Linné, 1753 — Sumpfkalla

Fam.: Araceae - Aronstabgewächse
Verbreitung: Europa, Sibirien, Ostasien, Japan, Nordamerika.
Standorte: Moorhaltige Böden, Waldsümpfe, Ufer von Tümpeln und Weihern, Ränder der Hochmoore und Erlenbrüche; selten, geschützt, Gef. Gr.: 3.

Der Name *Calla* kommt von kallos = körperliche Schönheit, bezieht sich auf die Blütenhülle, *palustris* = im oder am Sumpf lebend. Der kriechende Wurzelstock treibt zweizeilig aufrechte gestielte Blätter mit herzförmiger Basis, bis 15 cm lang, fast ebenso breit. An der gestielten Blüte wird der bis 2 cm lange, grünliche Kolben von einer bis 7 cm großen, innen weißen Spatha umhüllt. Alle Pflanzenteile sind giftig, besonders die roten Früchte führen zu Erbrechen und anderen Beschwerden. Ein weicher, mooriger Boden aus torfhaltiger Blumenerde wird bevorzugt. Die Sumpfkalla gehört grundsätzlich in den Seichtwasserteil.

Vermehrung: Seitentriebe.
Nachbarpflanzen: *Caltha, Ranunculus, Juncus, Scirpus.*
WT: 5 - 10 cm, **GR:** 15 - 20 cm, **BZ:** V - VI, **ST**: ❍

Allium schoenoprasum

Andromeda polifolia

Calla palustris, Sumpfkalla

Cardamine pratensis LINNÉ, 1753 **Wiesenschaumkraut**

Fam.: Brassicaceae - Kreuzblütengewächse
Verbreitung: Europa, Mittelasien, Nordamerika.
Standorte: Naßwiesen, Flachmoore, Ufer, Auenwälder; verbreitet.

Der Name *Cardamine* kommt von Kardamon = Kresse, *pratensis* = Wiese.

Grundständige Blattrosette mit unpaarig gefiederten Spreiten und rundlich-eiförmigen Fiederblättchen. Blütenstengel hohl, bis 40 cm hoch, mit schmalen gefiederten Blättern. Bildet eine Rispe aus gestielten Blüten, weiß, rosa oder blaßlila, bis 2 cm breit. Die Samen werden mittels eines Schleudermechanismus verbreitet. In der freien Natur eine ziemlich häufig vorkommende Wildstaude, gilt als Nährstoffanzeiger und bildet häufig einen Frühjahrsaspekt der Wiesen. Junge Blätter ergeben einen besonders delikaten Salat. Gedeiht gut im feuchten bis nassen Boden ohne stauende Nässe. Außerhalb der Blütezeit ein flacher Bodendecker, meist wintergrün.

Vermehrung: Ausläufer, Aussaat.
Nachbarpflanzen: *Chrysosplenium, Saxifraga, Geranium, Caltha.*
WT: 0 cm, **GR:** 10 - 40 cm, **BZ:** IV - VI, **ST:** ○ - ◗

Chrysoplenium alternifolium LINNÉ, 1753 **Wechselblättriges Milzkraut**

Fam.: Saxifragaceae - Steinbrechgewächse
Verbreitung: Europa, Nordasien, China, Nordamerika, Japan, Korea.
Standorte: Auenwälder, Schluchtwälder, Ufer; ziemlich häufig.

Der Name *Chrysosplenium* kommt von chryseus = gold, und plenium = gefüllt, wegen der gelben Hochblätter, *alternifolius* = wechselblättrig (die Stellung der Stengelblätter). Der Name Milzkraut bezieht sich auf die umstrittene Wirksamkeit als Heilpflanze.

Kriechender Sproß, Blätter rundlich-nierenförmig, bis 5 cm breit, Basis tief herzförmig, Ränder gekerbt. Am dreikantigen Stengel sitzen die Blätter einzeln (wechselständig). Der doldige Blütenstand trägt gelbe Hochblätter, Blüten vierzählig, grünlich-gelb, bis 6 mm breit. Ähnlich ist *Chrysosplenium oppositifolium.*

Bevorzugt nährstoffreiche, nasse Böden mit hohem Humusanteil. Wächst gut in der bodenfeuchten Uferzone, sumpfig oder im Flachwasser, und bildet geschlossene, sehr flache Polster.

Vermehrung: Seitensprosse, Aussaat.
Nachbarpflanzen: *Geranium, Primula, Myosotis, Alchemilla.*
WT: 0 - 2 cm, **GR:** 5 - 10 cm, **BZ:** III - V, **ST:** ○ - ◗

Chrysosplenium oppositifolia LINNÉ, 1753 **Gegenblättriges Milzkraut**

Fam.: Saxifragaceae - Steinbrechgewächse
Verbreitung: West- und Mitteleuropa.
Standorte: Quellfluren, Ufer, Schluchtwälder; zerstreut.

Der Artname *oppositifolium* = mit gegenständigen Blättern (Stellung der Stengelblätter).

Der Kriechsproß treibt gestielte, bis 5 cm breite, rundlich-herzförmige Blätter mit Randkerben. Am vierkantigen Blütenstengel sitzen die kleineren Blätter paarweise gegenüber. Der doldige Blütenstand hat gelbe Hochblätter, die einfache, vierzählige Blütenhülle ist grünlich-gelb, bis 6 mm breit. Ebenfalls kriechende Polsterstaude, die sich durch reichliche Verzweigungen ständig weiter ausdehnt. Bevorzugt eher kalk- und nährstoffarmen Untergrund und benötigt zum Gedeihen eine ständig hohe Luftfeuchtigkeit, die auch Fröste mindert. Der Standort ist am Teichufer in der bodenfeuchten Randzone, ohne stauende Nässe.

Vermehrung: Seitentriebe.
Nachbarpflanzen: *Geranium, Caltha, Primula, Myositis.*
WT: 0 cm, **GR:** 5 - 20 cm, **BZ:** IV - V, **ST:** ◗

Chrysosplenium alternifolium, Wechselblättriges Milzkraut

Cardamine pratense

Chrysosplenium oppositifolium

Drosera rotundifolia LINNÉ, 1753
Rundblättriger Sonnentau

Drosera rotundifolia

Fam.: Droseraceae - Sonnentaugewächse

Verbreitung: Europa, Nordasien, Kaukasus, Japan, Nordamerika.

Standorte: Hochmoore, Zwischenmoore, saure Torfböden, in Torfmoospolstern; zerstreut, selten werdend, geschützt, Gef. Gr.: 3.

Der Name *Drosera* kommt von droseros = betaut, tauig, wegen der tropfenförmigen, klebrigen Ausscheidungen der Blätter, an denen Insekten hängen bleiben, *rotundifolia* = rundblättrig.

Kleine Rosettenpflanze, Blätter gestielt, Spreite rund, bis 1 cm breit. An der Oberseite sitzen gestielte, reizbare, klebrige Drüsenhaare (Tentakeln) und kurze Verdauungsdrüsen. Diese dienen dem Fangen und Verdauen von kleinen, anfliegenden Insekten als Zusatznahrung. Der kurze Stengel bringt wenige Blüten, fünf weiße Kronblätter, bis 6 mm lang. Weitere Arten sind: *D. longifolia* und *D. intermedia* mit schmaleren Blättern. Der Sonnentau ist eine echte Rarität für den Sammler ausgefallener Objekte. Die Kultur erweist sich dabei als nicht ganz einfach. Wächst am besten im sandhaltigen Moorbeet, kann auch in einem Beet aus *Sphagnum*-Moos gehalten werden. In der Nähe keine raschwüchsigen Pflanzen unterbringen, die den Winzling überwuchern könnten.

Vermehrung: Seitentriebe werden nur an gut wüchsigen Exemplaren geschoben, Samenaufzucht sehr schwierig.

Nachbarpflanzen: *Gentiana, Epipactis, Andromeda, Pinguicula.*

WT: 0 cm, **GR:** 2 - 3 cm, **BZ:** VII - VIII, **ST:** ❍

Eleocharis acicularis (LINNÉ) ROEMER et SCHULTES, 1817
Scharfe Nadelsimse

Fam.: Cyperaceae - Sauergräser

Verbreitung: Europa, Amerika, Asien, Australien.

Standorte: In und an Gräben, Sümpfe, Teiche, Ufer größerer Gewässer; zerstreut.

Der Name *Eleocharis* kommt von helos = Sumpf und charis = Dank, Freude, *acicularis* = kleine Nadel, bezieht sich auf die dünnen, spitzen Blätter.

Das dünne, kriechende Rhizom treibt an den Knoten entweder einzelne Blätter, oder kleine Blattbüschel. Die Blatthalme sind völlig spreitenlos, fadenförmig, hellgrün, vierseitig abgeflacht, bis 10 cm lang, 0,6 mm dick. Die Wasserform bis 20 cm lang werdend. An den Spitzen von etwas kräftigeren Blatthalmen sitzen kleine braune Ährchen mit mehreren winzigen Blüten.

Die Verwendung am Teich ist entweder als Sumpfpflanze oder Wasserpflanze möglich. Die Landform bildet am Ufer dichte Horste aus hochstehenden Halmen und kann das ganze Jahr über grün bleiben. Meist wird man die zierliche Pflanze im Flachwasser halten. Dort entstehen schöne ausgedehnte Rasen von etwa 20 cm Höhe. Dieser wiesenartige Bestand kann auch im Winter grün bleiben.

Vermehrung: Seitensprosse, kleine Büschel abnehmen und ins flache Wasser setzen.

Nachbarpflanzen: *Ranunculus, Caltha, Calla, Iris.*

WT: 0 - 40 cm, **GR**: 5 - 20 cm, **BZ:** VI - VIII, **ST:** ❍, K

Drosera rotundifolia, Rundblättriger Sonnentau

Eleocharis acicularis, Scharfe Nadelsimse

Eleocharis parvula **(Roemer et Schultes) Link, 1827** **Zwergnadelsimse**

Fam.: Cyperaceae - Sauergräser

Verbreitung: Europa, Nordamerika, Kuba, Afrika.

Standorte: Gräben, Sümpfe,Teiche, Überschwemmungs- und Brackwassergebiete nahe der Meeresküsten; zerstreut.

Der Artname *parvula* = ziemlich klein, nimmt Bezug auf die kurzen Blattstengel und Blütenährchen.

Das kriechende Rhizom bildet entweder einzelne oder büschelig geordnete Blatthalme. Diese sind nadelförmig, spitz, bis 0,6 mm dick, an der Landform bis 4 cm lang, im Wasser bis 7 cm. Die Seichtwasserform treibt etwas kräftigere Halme mit 3 mm langen Ährchen und je 3 - 6 Blüten.

Auch hier ist die Verwendung wiederum möglich als kleine Sumpfpflanze, oder untergetaucht im Wasser. Das dünne Rhizom treibt ständig neue Blätter, wodurch später ein rasenartiger Bestand heranwächst.

Vermehrung: Kleine Tuffs mit Boden ausstechen und ins flache Wasser setzen.

Nachbarpflanzen: *Marsilea, Potentilla, Primula, Veronica.*

WT: 1 - 30 cm, **GR:** 3 - 7 cm, **BZ:** VII - VIII, **ST:** ❍, K

Equisetum scirpoides **Michaux, 1803** **Simsenähnlicher Schachtelhalm**

Fam.: Equisetaceae - Schachtelhalmgewächse

Verbreitung: Zirkumpolar.

Standorte: Naßwiesen, Sümpfe, Gräben, Ufer; zerstreut.

Der Name *Equisetum* kommt von equus = Pferd und seta = Borste, weil die Seitenäste wie Pferdehaare aussehen sollen, *scirpoides* = der Gattung *Scirpus* ähnlich.

Einzelne Triebe, bis 18 cm lang, weniger als 1 mm dick, dunkelgrün, schwach knotig gegliedert, im Querschnitt leicht vierkantig, meist ohne Seitenzweige, der untere Teil mitunter 2mal gabelig verzweigt.

Mit den zierlichen Sprossen wirkt dieser Schachtelhalm nur als volle Gruppe. Das wird gefördert durch die flotte Entwicklung neuer Stengel, welche später ganz dicht beisammen stehen. Kann im Sumpf oder moorig, aber auch im normalen Gartenboden gehalten werden. Wird nicht so leicht lästig wie andere Schachtelhalme.

Vermehrung: Ausläufer, Teilung.

Nachbarpflanzen: *Epipactis, Andromeda, Marsilea, Dianthus.*

WT: 0 cm, **GR:** 10 - 15 cm, **BZ:** VI - VIII, **ST:** ❍ - ◗

Equisetum variegatum **Schleicher ex Weber et Mohr, 1803** **Buntschachtelhalm**

Fam.: Equisetaceae - Schachtelhalmgewächse

Verbreitung: Europa, Nordamerika.

Standorte: Sümpfe, Naßwiesen, Gräben, Ufer.

Der Artname *variegatum* = bunt, verändert, wegen der hellen Knoten am Stengel.

Einzelne hochstehende Triebe, 10 - 30 cm lang, etwa 2 mm dick, und lediglich am Grunde etwas verzweigt. Fruchtbare und unfruchtbare Zweige erscheinen gleichzeitig und sind gleich gestaltet. Das besondere Merkmal sind die schwarzweißen Querbinden der Asthüllen.

Eignet sich gut zum Verwildern in der Uferzone. Am kleinen Teich sollte die Ausdehnung durch Kultur im Gefäß begrenzt werden. Die wintergrüne Pflanze bildet einen lockeren Bestand mit rasenartigem Charakter. Feuchtmooriger Standort ist günstig, wächst auch im normalen Gartenboden.

Vermehrung: Ausläufer, Teilung

Nachbarpflanzen: *Dianthus, Saxifraga, Epipactis, Andromeda.*

WT: 0 - 2 cm, **GR:** 10 - 30 cm, **BZ:** IV - VIII, **ST:** ❍ - ◗

Eleocharis parvula

Equisetum variegatum

Equisetum scirpoides, Simsenähnlicher Schachtelhalm

Gentiana clusii **PERROTTET et SONGEON, 1853** **Großblütiger Enzian**

Syn.: *Gentiana acaulis* Pro parte
Fam.: Gentianaceae - Enziangewächse
Verbreitung: Mittel- und Südeuropa.
Standorte: Wiesenmoore (Gebirge); zerstreut, geschützt, Gef. Gr.: 3.

Die Gattung *Gentiana* ist benannt nach dem illyrischen Fürsten GENTIS (+167 v. Chr.), *clusii* = der Gattung *Clusia* ähnlich.

Kleine Rosette, Blätter eiförmig-lanzettlich, 5 cm lang, 3 cm breit, spitz, um die Mitte am breitesten, glatt, glänzend, dunkelgrün. Stengelblätter kleiner, Einzelblüte mit glockigem Kelch, fünfzählig lanzettlich, spitz, halb so lang wie die Kronröhre, eng anliegend, Krone bis 5 cm lang, glockig, dunkelblau, innen ohne grüne Flecken.

Gedeiht gut im Moorbeet, Kultur im normal feuchten Boden ebenfalls problemlos.

Vermehrung: Seitentriebe, Aussaat.
Nachbarpflanzen: *Saxifraga, Dianthus, Aquilegia, Equisetum.*
WT: 0 cm, **GR:** 5 - 20 cm, **BZ:** VI - VIII, **ST:** ❍

Hydrocotyle rotundifolia **ROXBURGH, 1814** **Rundblättriger Wassernabel**

Fam.: Hydrocotylaceae - Wassernabelgewächse
Verbreitung: Asien, Afrika.
Standorte: Sümpfe, Ufer, Gräben.

Der Name *Hydrocotyle* kommt von hydor = Wasser (die Standorte) und cotylus = Nabel (die vertiefte Blattmitte), *rotundifolia* = rundblättrig.

Die kriechende Sproßachse ist an den Knoten verwurzelt und treibt wechselständige Blätter, der Stiel ist unterseits in der Mitte angesetzt. Blattfläche kreisrund, bis 5 cm breit, Ränder doppelt gekerbt, Mitte nabelartig vertieft, weißlich. Der bis 5 cm breite Blütenstand ist aus etwa 10 Einzeldolden zusammengesetzt.

Flache Dekoration für den Teichrand im Seichtwasser oder sumpfig, wächst ziemlich rasch, bringt viele Seitentriebe und bildet eine umfangreiche dichte Blattgruppe. Am kleinen Teich die Ausdehnung beschränken durch abgeteilte Gebiete. Allgemein ohne besondere Probleme, jedoch nicht immer winterfest.

Vermehrung: Seitensprosse.
Nachbarpflanzen: *Scirpus, Juncus, Iris, Lysimachia.*
WT: 0 - 3 cm, **GR:** 5 - 8 cm, **BZ:** VII - VIII, **ST:** ❍

Hydrocotyle vulgaris **LINNÉ, 1753** **Gewöhnlicher Wassernabel**

Fam.: Hydrocotylaceae - Wassernabelgewächse
Verbreitung: Europa, Mittelmeerraum, Nordafrika.
Standorte: Moor- und Sumpfböden, nasse Wiesen, feuchte Dünentäler; ziemlich selten.

Der Artname *vulgaris* = gewöhnlich, allgemein verbreitet.

Dünne, kriechende Stengel, Blätter schildförmig, fast kreisrund, 1 - 4 cm breit, Ränder gekerbt. Der Stiel ist von unten in der Mitte angesetzt, und dort ist die Oberseite nabelartig vertieft. Der kurze Stengel bildet einen kleinen Quirl aus 3 - 5 rötlichen Blütchen, selten sitzen zwei Quirle übereinander. Als niedriges Polster im flachen Wasser, am Teichrand oder im Moorbeet. Der humose Boden mit Sandzusatz begünstigt das Wachstum.

Vermehrung: Seitensprosse, Selbstaussaat.
Nachbarpflanzen: *Pilularia, Marsilea, Eriophorum, Primula.*
WT: 0 - 1 cm, **GR:** 2 - 5 cm, **BZ:** VII - VIII, **ST:** ❍

Hydrocotyle rotundifolia, Rundblättriger Wassernabel

Gentiana clusii

Hydrocotyle vulgaris

Iris lacustris NUTTALL, 1818 — Sumpf-Iris

Fam.: Iridaceae - Schwertliliengewächse
Verbreitung: Nordamerika.
Standorte: Sümpfe, Gewässerufer.

Die Gattung *Iris* ist nach der gleichnamigen Götting des Regenbogens benannt, wegen der Vielfalt der Blütenfarben, *lacustris* = Teiche und Seen bewohnend.

Das kurze, kriechende Rhizom treibt schmale Blätter, bis 15 cm lang, 1 cm breit. Der etwa 15 cm hohe, beblätterte Stengel ist einblütig. Die rund 3 cm breite Blüte hat waagerechte Hängeblätter, blau, innen gelblich-weiß, dunkelblau gerandet, die schmalen, stehenden Dornblätter sind heller blau. Ausgesprochene Polsterstaude mit niedrigem Wuchs. Kann auch an einer Böschung relativ trocken gehalten werden. Das kompakte Blattwerk ziert auch außerhalb der Blütezeit als dekoratives Grün.

Vermehrung: Seitentriebe, Teilung.
Nachbarpflanzen: *Orontium, Epipactis, Eriophorum, Dodecatheon.*
WT: 0 cm, **GR:** 10 - 15 cm, **BZ:** IV - V, **ST:** ❍ - ◗

Juncus bufonius LINNÉ, 1753 — Krötenbinse

Fam.: Juncaceae - Binsengewächse
Verbreitung: Europa.
Standorte: Ufer, feuchte Äcker, Wege; verbreitet.

Der Name *Juncus* kommt von jungere = zusammenbinden, was auf die frühere Verwendung als Bindematerial hinweist, *bufonis* = krötenartig.

Kleine Rosettenpflanze, Blätter rund, hellgrün, etwa 1 mm dick, bis 15 cm lang, büschelig angeordnet. Die 3 - 7 mm langen Blüten sitzen einzeln an langen, aufrechten Ästen, die Blütenblätter sind lanzettlich, weißhäutig, mit grünem Mittelstreifen.

Interessante Pflanze für das Moorbeet, wo sie im Laufe des Sommers durch ausläuferartige Seitensprosse dichte Rasen bildet. Guter Bodendecker zwischen aufragenden locker wünchsigen Solitärpflanzen, die dadurch in ihrer Einzelwirkung betont werden. Gedeiht auch an relativ trockenen Stellen, ist dort aber weniger wüchsig. In der Regel einjährig.

Vermehrung: Seitentriebe abnehmen.
Nachbarpflanzen: *Eriophorum, Carex, Andromeda, Potentilla.*
WT: 0 cm, GR: 10 - 25 cm, **BZ:** VI - IX, **ST:** ❍ - ◗

Juncus ensifolius WICKSTRÖM, 1823 — Schwertblättrige Binse

Fam.: Juncaceae - Binsengewächse
Verbreitung: Europa
Standorte: Seichtwasserzonen von Teichen, Seen und andere stehende Gewässer; verbreitet.

Der Artname *ensifolius* = schwertförmig (die Blätter).

Kleine Büschel, Blätter schmal lanzettlich, bis 15 cm lang, 6 mm breit, steif, aufrecht, vorne lang, spitz, mittelgrün. Der bis 20 cm hohe Blütenschaft trägt 1 oder 2 kleine, kugelige, dunkle, körbchenähnliche Dolden mit 10 - 30 winzigen Blüten, Deckblätter dunkelbraun.

Der Standort ist vollsonnig im seichten Wasser, aber nicht sumpfig oder trocken. Durch die kurz angesetzten Ausläufer entstehen dichte, wiesenartige Polster. Die Pflanze treibt dadurch nicht so sehr in andere Bereiche der Teichpflanzung hinein.

Vermehrung: Ausläufer mit neuen Blattrosetten.
Nachbarpflanzen: *Mentha, Veronica, Scirpus.*
WT: 2 - 5 cm, **GR:** 15 - 20 cm, **BZ:** VI - VII, **ST:** ❍

Iris lacustris, Sumpf-Iris

Juncus bufonius

Juncus ensifolius

Ludwigia palustris (Linné) Elliot, 1821 **Sumpflöffelchen**

Fam.: Onagraceae - Nachtkerzengewächse

Verbreitung: Europa, Asien, Nordafrika, Nordamerika.

Standorte: Sumpfige Gelände, Tümpelränder; selten.

Die Gattung *Ludwigia* ist benannt nach dem Leipziger Professor für Medizin, Christian Gottlieb Ludwig (1709 - 1773), *palustris* = im Sumpf lebend.

Niederliegende Stengel, an den Knoten verwurzelt, Blätter gegenständig, eiförmig-lanzettlich, kurz gestielt, bis 4 cm lang, 2 cm breit, oberseits glänzend hellgrün-olivgrün, unterseits mattgrün und rötlich angelaufen.

In den Achseln kurz gestielte Einzelblüten, bis 5 mm breit, ohne Kronblätter, 4 ovale, gelbgrüne, spitze Kelchblätter, 4 Staubgefäße, 1 Griffel.

Eine hübsche Polsterstaude, ohne besondere Probleme, aber selten in Kultur. Wächst im nahrhaften Sumpfboden, wobei die Sprosse mitunter ins flache Wasser treiben und fluten. Manchmal ist die Art einjährig, häufiger bleibt sie aber über mehrere Jahre erhalten.

Vermehrung: Seitensprosse.

Nachbarpflanzen: *Juncus, Caltha, Myosotis, Primula.*

WT: 0 - 5 cm, **GR:** 2 - 5 cm, **BZ:** VI - VIII, **ST:** ❍

Lysimachia nummularia Linné, 1753 **Pfennigkraut**

Fam.: Primulaceae - Schlüsselblumengewächse

Verbreitung: Europa, Nordamerika, Japan.

Standorte: Auenwälder, Ufer, Gräben, feuchte Wiesen und Weiden; verbreitet.

Die Gattung *Lysimachia* ist benannt nach dem griechischen Feldherrn Lysimachos (361 - 281 v. Chr.), dem Leibwächter Alexander des Großen, nach dessen Tod König von Thrakien und Makedonien, *nummularia* = kleine Münze, in Bezug auf die Blattform.

Der kriechende Sproß verwurzelt an den Knoten, die Blätter sitzen gegenständig, sind kurz gestielt, rund, bis 2 cm breit, mittelgrün mit unregelmäßig gebogenen Rändern. In den mittleren Blattachseln treiben kurzgestielte Blüten, bis 15 mm breit, fünf gelbe, ovale Kronblätter.

Das Pfennigkraut ist eine wüchsige, bodendeckende Staude, welche mit ihren langen Trieben bald eine größere Bodenfläche begrünt und dicht verwuchert. Gutes Wachstum erfolgt auf humosen, feuchten bis sumpfigen Böden, wächst auch im flachen Wasser. An relativ trockenen Standorten ist auf leichten Schatten zu achten. Kommt auch unter größeren Stauden oder Sträuchern noch gut voran und kann zum Bedecken von Beckenrändern in voller Sonne verwendet werden. In den Blättern sind Saponine und Gerbstoffe enthalten, deshalb wurde das Pfennigkraut früher als Heilpflanze verwendet.

Vermehrung: Bewurzelte Seitensprosse abnehmen.

Nachbarpflanzen: *Pontederia, Primula, Lysimachia, Lythrum.*

WT: 0 - 1 cm, **GR:** 1 - 2 cm, **BZ:** V - VII, **ST:** ❍ - ◗

Ludwigia palustris, Sumpflöffelchen

Lysimachia nummularia, Pfennigkraut

Lysimachia nummularia **LINNÉ, 1753** **Goldgelbes Pfennigkraut**
Sorte: ‚Aurea'
Fam.: Primulaceae - Schlüsselblumengewächse
Verbreitung: Europa, Nordamerika, Japan.
Standorte: Durch Auslese entstandene Kultursorte.

Der Sortenname ‚Aurea' = goldgelb, nimmt Bezug auf die Blattfärbung.

Kriechsproß mit gegenständigen Blättern, kurz gestielt, rund, bis 2 cm breit, fast am Boden liegend. Die Färbung ist mehr oder minder intensiv goldgelb. Zur Blütezeit eine prachtvolle Erscheinung mit den vielen tellerförmig offenen, gelben Blüten.

Die raschwüchsigen Kriechtriebe überziehen den Boden mit einem dichten, flachen Polster. Dabei ist auch das normal feuchte Gartenbeet als guter Standort zu bezeichnen, dann ist jedoch auf leichten Schatten zu achten. Die Blattfärbung erfolgt nicht unbedingt lichtabhängig.

Vermehrung: Seitensprosse.
Nachbarpflanzen: *Pontederia, Primula, Luzula, Carex.*
WT: 0 -2 cm, **GR:** 1 - 2 cm, **BZ:** V - VII, **ST:** ❍ - ◗

Marsilea quadrifolia **K.B. PRESL, 1830** **Gewöhnlicher Kleefarn**
Fam.: Marsileaceae - Kleefarngewächse
Verbreitung: Europa, Asien, Nordamerika.
Standorte: An und in Gräben, Teiche, Wasserlachen, feuchte, lehmhaltige Böden; bei uns fast ausgestorben, geschützt, Gef. Gr.: 0

Die Gattung *Marsilea* ist benannt nach dem italienischen Gelehrten Luigi Fernando Graf von MARSIGLI (1658 - 1730), *quadrifolia* = vierblättrig.

Das dünne, gestreckte Rhizom kriecht am Boden. Die gestielte Spreite wird bis 4 cm breit, ist vierteilig, mit vorne abgerundeten, oberseits behaarten Segmenten. In den Blattstielbasen mehrere gestielte, rundliche Sporenfrüchte.

Dekorative Kleinpflanze für den Teichrand. Ist im flachen Wasser oder Sumpf, auch im Moorbeet zu halten. Im tieferen Wasser werden langgestielte Schwimmblätter geschoben, deren Spreiten größer werden.

Vermehrung: Durch gute Verzweigungen entsteht ein ausgedehnter Bestand.
Nachbarpflanzen: *Pilularia, Andromeda, Eriophorum, Samolus.*
WT: 0 - 25 cm, **GR:** 10 - 25 cm, **BZ:** VI - VIII, **ST:** ❍ - ◗, K

Lysimachia nummularia ,Aurea', Goldgelbes Pfennigkraut

Marsilea quadrifolia, Gewöhnlicher Kleefarn

Nasturtium officinale R. Brown, 1812 **Brunnenkresse**

Fam.: Brassicaceae - Kreuzblütengewächse

Verbreitung: Kosmopolit.

Standorte: Bäche, Gräben, Quellen, rasch fließende, kühle Gewässer, mitunter auch submers bis 1 m tief im Wasser; zerstreut.

Der Name *Nasturtium* kommt von nasus = Nase und torquere = quälen, wegen der Eigenschaft starkes Niesen zu erzeugen, *officinale* = in der Medizin gebräuchlich.

Stengel kriechend oder aufsteigend, hohl, verzweigt, kahl. Blätter gefiedert, mit größerer Endfieder, scharf schmeckend. Endständige, reichblütige Rispe, Blüte mit vier weißen Kronblättern, bis 5 mm breit, Staubbeutel gelb.

Flachwüchsige Dekoration für die Randzone, im Sumpf oder flachen Wasser, wo dichte, ausgedehnte Polster heranwachsen. Auch als Bodendecker unter größeren, locker stehenden Gewächsen. Die ausdauernde, wintergrüne Pflanze ist schon im zeitigen Frühjahr als vitaminreiche Kost zu verwenden. Gedeiht auch im normal feuchten Gartenboden, sowie im Balkonkasten.

Vermehrung: Stecklinge, Aussaat.

Nachbarpflanzen: *Caltha, Primula, Cardamine, Allium.*

WT: 0 - 5 cm, **GR:** 3 - 10 cm, **BZ:** V - IX, **ST:** ○ - ◗

Parnassia palustris Linné, 1753 **Sumpf-Herzblatt**

Fam.: Saxifragaceae - Steinbrechgewächse

Verbreitung: Gemäßigte Gebiete der nördlichen Halbkugel.

Standorte: Flach- und Quellmoore; zerstreut, geschützt, Gef. Gr.: 3.

Die Gattung *Parnassia* ist nach dem griechischen Berg Parnassus bei Delphi benannt, dem Sitz der Musen, *palustris* = sumpfbewohnend.

Grundständige Rosette, Blätter gestielt, herzförmig, ganzrandig, bis 6 cm breit. Ein Stengelblatt ist sitzend und stengelumfassend. Der bis 30 cm hohe Schaft trägt die Blüte, etwa 3 cm groß, fünf weiße Kronblätter sind oval und schalenförmig offen.

Im Vergleich zu anderen Teichpflanzen ein etwas unauffälliges Gewächs und für den Sammler von Raritäten zu empfehlen. Wächst am besten im Moorbeet, verträgt aber auch etwas kalkhaltigen Boden. Wichtig ist, daß man größere Konkurrenten in der Nähe des Herzblattes meidet, welche es überwuchern könnten.

Vermehrung: Teilung, Aussaat in Moorerde.

Nachbarpflanzen: *Vaccinium, Saxifraga, Epipactis, Andromeda.*

WT: 0 cm, **GR:** 10 - 30 cm, **BZ:** VII - IX, **ST:** ○

Pilularia globulifera Linné, 1753 **Europäischer Pillenfarn**

Fam.: Marsileaceae - Kleefarngewächse

Verbreitung: West- und Mitteleuropa.

Standorte: Nasse, lehmige Böden an und in kleinen Wasseransammlungen, die periodisch austrocknen; sehr selten, geschützt, vom Aussterben bedroht, Gef. Gr.: 0

Der Name *Pilularia* kommt von pilula = kleine Pille, wegen der Sporenfrüchte in den Blattachseln, *globuliferus* = Kügelchen tragend (die Sporenbehälter).

Der dünne, kriechende Sproß treibt an den Knoten einzelne pfriemliche Blätter, bis 7 cm lang, etwa 1 mm dick, vorne spitz, ziemlich weich und schlaff. Wächst entweder naß am Ufer oder im sehr flachen Wasser, auch im Moorbeet zu halten. Bevorzugt lehmhaltigen Sandboden und bildet rasenartige Bestände.

Vermehrung: Seitentriebe.

Nachbarpflanzen: *Potentilla, Marsilea, Andromeda, Eriophorum.*

WT: 0 - 2 cm, **GR:** 5 - 7 cm, **BZ:** VII - VIII, **ST:** ○ - ◗

Nasturtium officinale

Parnassia palustris

Pilularia globulifera, Europäischer Pillenfarn

Pinguicula vulgaris LINNÉ, 1753 **Gewöhnliches Fettkraut**

Fam.: Lentibulariaceae - Wasserschlauchgewächse

Verbreitung: Europa, Nordafrika, Mittelasien, Nordamerika.

Standorte: Moore, feuchte Waldungen, in Moospolstern; zerstreut bis selten, geschützt, Gef. Gr.: 3.

Der Name *Pinguicula* kommt von pinguis = Fett, wegen der glänzenden Blätter, *vulgaris* = allgemein vorkommend.

Kleine grundständige Rosette, Blätter nicht gestielt, fleischig, bis 6 cm lang, 3 cm breit, vom Rand her sich einrollend. Auf der Oberseite befinden sich Klebdrüsen und Verdauungsdrüsen zum Fangen und Verdauen von kleinen Insekten, die sich darauf niederlassen. Dadurch wird der Nährstoffhaushalt ergänzt. Am kurzen Stengel treibt eine Blüte, blau-violett, mit schlankem, pfriemlichem Sporn.

Gedeiht am besten im Sumpfbeet, auch in kleinen Moospolstern. Eine seltene Pflanze für den Sammler von Raritäten und nicht ganz einfach in der Kultur.

Vermehrung: Samenaufzucht, schwierig und langwierig.

Nachbarpflanzen: *Drosera, Dactylorhiza, Epipactis.*

WT: 0 cm, **GR:** 3 - 15 cm, **BZ:** VI - VII, **ST:** ❍

Potentilla erecta (LINNÉ) RAEUSCHEL, 1797 **Blutwurz**

Fam.: Rosaceae - Rosengewächse

Verbreitung: Europa, Westsibirien, Vorderasien, Neufundland.

Standorte: Moorwiesen, Magerrasen, Feuchtheiden, lichte Wälder; häufig.

Der Name *Potentilla* kommt von potens = mächtig, kraftvoll, wegen der Pflanze zugesprochener Heilkräfte, *erecta* = gerade, aufrecht. Von arzneilicher Bedeutung ist der Wurzelstock, Anwendungsgebiete sind entzündliche Erkrankungen der inneren Schleimhäute im Bereich des Verdauungsapparates und damit zusammenhängende Folgeerscheinungen, wie Brechdurchfall und Darmkolik, Darmkatarrh, daher auch der Name Ruhrwurz.

Der niederliegende Sproß bringt gegenständige, gefiederte Blätter mit drei keilförmigen, grob gezähnten Fiederblättern, und große gelappte Nebenblätter. Stengelblätter sind sitzend oder kurz gestielt. Die lang gestielten Blüten sind bis 10 mm breit und mit 4 gelben Kronblättern versehen. Eine Wildstaude mit polsterförmigem Wuchs, bodenfeucht bis sumpfig, wobei die Kurztriebe das Bestreben zur Ausbreitung begrenzt halten.

Vermehrung: Seitensprosse, Selbstaussaat.

Nachbarpflanzen: *Potentilla, Myosotis, Trollius, Eriophorum.*

WT: 0 cm, **GR:** 10 - 30 cm, **BZ:** VI - VIII, **ST:** ❍ - ◗

Potentilla palustris (LINNÉ) SCOPOLI, 1771/72 **Sumpf-Blutwurz**
Blutauge

Fam.: Rosaceae - Rosengewächse

Verbreitung: Europa, Grönland, Island.

Standorte: Flach- und Hochmoore, Uferzonen; zerstreut.

Der Artname *palustris* = sumpfbewohnend.

Verholzende, niederliegende, sterile Triebe mit dreizähligen Blättern, Blattlappen 15 x 4 cm groß, gezackt. Die Laubblätter am Blütentrieb sind fünf- bis siebenzählig mit stark genäherten Fiederpaaren. Die lockere Trugdolde mit dreizähligen Hochblättern. Blüte bis 2 cm breit, mit eiförmigen, purpurroten Kelchblättern, die dunkelroten Kronblätter nur wenige Millimeter groß, in der Mitte zahlreiche Staubgefäße. Gedeiht gut in der feuchten Randzone oder sumpfig und im Moorbeet, verträgt nicht gut stauende Nässe. Wegen der Fähigkeit zur Ausbreitung genügend Freiraum geben.

Vermehrung: Seitentriebe abnehmen und flach setzen.

Nachbarpflanzen: *Cyperus, Eriophorum, Epipactis, Marsilea.*

WT: 0 cm, **GR:** 20 - 40 cm, **BZ:** VI - VII, **ST:** ❍

Pinguicula vulgaris, Gewöhnliches Fettkraut

Potentilla erecta, Blutwurz

Potentilla palustris, Sumpf-Blutwurz

Primula farinosa Linné, 1753 **Mehlprimel**

Fam.: Primulaceae - Schlüsselblumengewächse
Verbreitung: Europa, Pyrenäen, Alpen, Karpaten, Asien.
Standorte: Kalkflachmoore, Sumpfwiesen, quellige Stellen; selten, geschützt, Gef. Gr.: 3.

Im Namen *Primula* steckt das Wort primus = der Erste, weil viele Arten als erste Frühlingsblüher erscheinen, *farinosa* = mehlig bestäubt.

Die kompakte Blattrosette wächst polsterbildend. Blätter kurz gestielt, eiförmig-länglich, bis 8 cm lang, 2 cm breit, Ränder unregelmäßig gezähnt, Unterseite mehlig bestäubt. Am 10 - 25 cm hohen Schaft steht eine vielblütige Dolde. Blüten bis 15 mm breit, rosa oder rotviolett, mit gelbem Schlund, Kelchblätter weiß bestäubt. Die leuchtende Farbe und die Form der Blüte zeigen an, daß im wesentlichen Schmetterlinge die Bestäubung besorgen. Die Samen werden durch den Wind verbreitet. Kann gut mit anderen Arten im Moorbeet gehalten werden, wächst auch an relativ trockenen Standorten.

Vermehrung: Seitensprosse, Aussaat.
Nachbarpflanzen: *Epipactis, Andromeda, Eriophorum, Gentiana.*
WT: 0 cm, **GR:** 10 - 25 cm, **BZ:** V - VI, **ST:** ❍

Primula frondosa Janka, 1873 **Laubprimel**

Fam.: Primulaceae - Schlüsselblumengewächse
Verbreitung: Mittel-Bulgarien.
Standorte: Naßwiesen, Moore, Sümpfe, Ufer.

Der Artname *frondosa* = laubreich.

Kleine Rosette, Blätter spatelförmig, gestielt, vorne abgerundet, nach unten keilförmig, bis 3 cm lang, 1,5 cm breit. Unterseite der Blätter, Schaft, Blütenstiele und Kelch sind weiß bemehlt. Der bis 10 cm hohe Schaft trägt eine Dolde aus rund 20 rosa Blüten mit 8 mm Breite. Die Stiele stehen waagerecht ab und die Kronblätter sind zu $^1/_3$ verwachsen. Die Laubprimel darf man ohne weiteres im Moorbeet unterbringen, sie wächst jedoch ganz gut im normal feuchten Boden.

Vermehrung: Aussaat.
Nachbarpflanzen: *Primula, Gentiana, Viola, Eriophorum.*
WT: 0 cm, **GR:** 3 - 15 cm, **BZ:** IV - V, **ST:** ❍

Primula rosea Royle, 1833/40 **Rosenprimel**

Fam.: Primulaceae - Schlüsselblumengewächse
Verbreitung: Nordwest-Himalaya, Kaschmir, Afghanistan.
Standorte: Naßwiesen, Sümpfe, Ufer, Moore.

Der Artname *rosea* = rosenrot, in Bezug auf die Blütenfarbe.

Kompakte Blattrosette, Spreite kurz gestielt, länglich-oval, bis 15 cm lang, 4 cm breit, vorne abgerundet, Basis keilförmig, Ränder gezackt, nicht gewellt. Farbe mittelgrün, Hauptader rötlich. Der bis 30 cm hohe Blütenschaft erscheint vor der Blattbildung. Die Dolde trägt bis 12 gestielte Blüten, leuchtend karminrot, etwa 10 mm breit.

Während der Vegetationsperiode wird der nasse bis sumpfige Boden gut vertragen, ist aber wie manche andere Primel im Winter empfindlich gegen stauende Nässe. Den Wasserstand daher etwas absenken.

Vermehrung: Überwiegend durch Aussaat, seltener durch Teilung.
Nachbarpflanzen: *Carex, Juncus, Myosotis, Primula.*
WT: 0 cm, **GR:**10 - 30 cm, **BZ:** III - IV, **ST:** ❍ - ◗

Primula frondosa, Laubprimel

Primula farinosa, Mehlprimel

Primula rosea, Rosenprimel

Primula rosea Royle, **1833** **Großblütige Rosenprimel**

Sorten: ‚Grandiflora' ‚Gigas'

Verbreitung: (Himalaya, Kaschmir, Afghanistan).

Standorte: Kultursorte.

Der Sortenname kommt von grandis = groß, erhaben, und florere = Blüte.

Kurz gestielte Blattrosette mit länglichen, 15 x 4 cm großen, an den Rändern gezackten Spreiten. Die Blattentwicklung erfolgt nach der Blüte. Der bis 50 cm hohe Stengel trägt eine Dolde mit etwa 20 gestielten, karminrosa Blüten, die bis 20 mm breit werden.

Im Vergleich zur Stammform etwas empfindsamer gegen ständig nassen Boden, daher mehr im Bereich der feuchten Uferzone unterbringen.

Vermehrung: Aussaat.

Nachbarpflanzen: *Myosotis, Geranium, Cyperus, Carex.*

WT: 0 cm, **GR:** 10 - 40 cm, **BZ:** III - IV, **ST:** ○ - ◗

Samolus valerandi **Linné, 1753** **Europäische Bunge**

Fam.: Primulaceae - Schlüsselblumengewächse

Verbreitung: Europa, Nordafrika, Kleinasien.

Standorte: Naßwiesen, sumpfige Gebiete, Brackwasserbereiche; an den Küsten verbreitet, sonst selten, geschützt, Gef. Gr.: 3.

Der Name *Samolus* kommt wahrscheinlich von sanos = gesund und oulos = Gemüse, weil das Kraut früher gegen Skorbut, eine Vitaminmangelerkrankung, als sog. Gesundheitsgemüse benutzt wurde, *valerandi* = benannt nach dem Botaniker Valerand aus dem 16. Jahrhundert.

Kleine Blattrosette, Spreite kurz gestielt, spatelförmig, bis 8 cm lang, 4 cm breit, vorne abgerundet, zur Basis verschmälert. Die bis 10 cm hohe Blütentraube bringt mehrere Etagen von kleinen, weißen Blüten. Eine flachwüchsige Gruppenpflanze für den feuchten Boden, das sehr flache Wasser, oder das Moorbeet. Die Blätter bleiben meist lange grün und überdauern mitunter den Winter, häufiger jedoch nicht ausdauernd.

Vermehrung: Selbstaussaat, Samenaufzucht.

Nachbarpflanzen: *Marsilea, Hydrocotyle, Saxifraga, Andromeda.*

WT: 0 - 1 cm, **GR:** 2 - 4 cm, **BZ:** VII - VIII, **ST:** ○ - ◗

Saxifraga aizoides **Linné, 1753** **Fetthennen-Steinbrech**

Fam.: Saxifragaceae - Steinbrechgewächse

Verbreitung: Europa.

Standorte: Quellfluren, Bachränder, überrieselter Felsen; verbreitet.

Der Name *Saxifraga* kommt von saxorum = Felsen und frangere = brechen, die Wurzeln zersprengen durch Eindringen in Spalten die Steine, *aizoides* = der Gattung *Aizoon* ähnlich.

Der niederliegende dünne Stengel treibt wechselständige Blätter. Spreite sitzend, dicklich, linearisch, bis 2 cm lang, 2 mm breit, stachelspitz, Ränder kurz bewimpert. Am Sproßende eine kurze Ähre mit 12 - 15 Blüten, etwa 1 cm breit, fünf Kronblätter, zitronengelb bis dunkelorange, mit orangeroten Punkten.

Aufgrund seiner natürlichen Standorte kann der Fetthennen-Steinbrecht gut im Sumpf gedeihen, wächst aber auch in jedem normal feuchten Boden. Hinzu kommt, daß wir die Pflanze auch in Felsspalten setzen können, deren Steine vom Wasser überrieselt werden.

Vermehrung: Abnahme von Seitentrieben.

Nachbarpflanzen: *Geum, Potentilla, Parnassia, Veronica.*

WT: 0 cm, **GR:** 3 - 15 cm, **BZ:** VI - VIII, **ST:** ○

Samolus valerandi, Europäische Bunge

Primula rosea ‚Grandiflora'

Saxifraga aizoides

Saxifraga forbesii Vasey, **1870** **Forbesis Steinbrech**

Fam.: Saxifragaceae - Steinbrechgewächse
Verbreitung: Nordamerika.
Standorte: Ufer, Gräben, Auen.

Die Art ist benannt nach dem nordamerikanischen Botaniker Forbes (1839 - 1908).

Flache Rosette, Blätter ohne Stiel, oval-länglich, bis 15 cm lang, 8 cm breit, vorne abgerundet, Ränder gekerbt, Farbe dunkelgrün, partiell rötlich, Adern heller. Schöne rote Herbstfärbung. Der bis 80 cm hohe Blütenstand öffnet viele 8 mm breite fünfzählige weiße Blüten.

Weniger interessant sind die unscheinbaren Blüten, mehr die optisch schöne Blattrosette, die lange erhalten bleibt. Der Standort ist sumpfig bis zum normal feuchten Gartenboden und vollsonnig.

Vermehrung: Seitenpflanzen.
Nachbarpflanzen: *Aster, Eryngium, Iris, Lysichiton.*
WT: 0 cm, **GR:** 10 - 80 cm, **BZ:** V - VI, **ST:** ❍

Saxifraga oregana Howard, **1895** **Sumpf-Steinbrech**

Fam.: Saxifragaceae - Steinbrechgewächse
Verbreitung: Nordwest-USA.
Standorte: Sümpfe, Ufer, Gräben.

Der Artname *oregana* = in Oregon (USA) verbreitet.

Flache Rosette, Blätter nicht gestielt, oval-länglich, bis 10 cm lang, 6 cm breit, vorne abgerundet, etwas behaart, Ränder schwach gekerbt. Oberseite dunkelgrün bis bräunlich, partiell rötlich, Adern heller grün bis rötlich. Der bis 80 cm hohe Blütenstand mit zahlreichen kleinen weißen Blüten. Sehr ähnlich sind: *S. pennsylvanica* und *S. forbesii*. Bildet außerhalb der Blütezeit eine dekorative flache Blattrosette, die am vollsonnigen Platz eine schöne rötliche Herbstfärbung bringt. Gruppenbildung ist ratsam, wobei der Standplatz vom Sumpf bis zum normal feuchten Gartenboden möglich ist.

Vermehrung: Seitentriebe.
Nachbarpflanzen: *Iris, Comarella, Orontium, Eryngium.*
WT: 0 - 2 cm, **GR:** 20 - 80 cm, **BZ:** V - VI, **ST:** ❍

Saxifraga pennsylvanica Linné, **1753** **Pennsylvanischer Steinbrech**

Fam.: Saxifragaceae - Steinbrechgewächse
Verbreitung: Östliches und mittleres Nordamerika.
Standorte: Sümpfe, Moore, Ufer.

Der Artname *pennsylvanica* bedeutet: in Pennsylvania (USA) vorkommend.

Flache Rosette, Blätter kurz gestielt, oval-länglich, vorne kurz spitz, bis 15 cm lang, 8 cm breit, glatt, kahl, dunkelgrün, partiell bräunlich-rötlich, Ränder gekerbt. Der bis 100 cm hohe Blütenstand mit zahlreichen gelblichen unscheinbaren Blüten. Nach dem Abblühen bleibt die Blattrosette als dekorativer Schmuck erhalten, wobei besonders die intensive Herbstfärbung zu erwähnen ist. Bildet einen schönen Kontrast in der Teichlandschaft.

Vermehrung: Seitenpflanzen.
Nachbarpflanzen: *Iris, Orontium, Mentha, Lysichiton.*
WT: 0 cm, **GR:** 10 - 100 cm, **BZ:** V - VI, **ST:** ❍

Saxifraga forbesii

Saxifraga oregana

Saxifraga pennsylvanica, Pennsylvanischer Steinbrech

Scirpus setaceus LINNÉ, 1753 (o. Abb.) **Borstige Moorsimse**

Syn.: *Isolepis setacea*

Fam.: Cyperaceae - Sauergräser

Verbreitung: Europa.

Standorte: Ufer, Moorgräben, nasse Waldwege; zerstreut.

Der Name *Scirpus* war bei den Römern die Bezeichnung einer binsenartigen Pflanze, *setaceus* = borstig, bezieht sich auf die Stengelblätter. Kleine Rosette aus zierlichen, dünnen, runden Stegeln, bis 15 cm lang, 0,5 mm dick, an deren Grunde sitzen borstenförmige Blätter. Weil das Hochblatt am Blütenstengel die 4 mm große Ähre weit überragt, sitzt diese scheinbar seitenständig. Bildet 1 - 4 bräunliche Blüten mit grünem Kelch.

Rarität für den kleinen naturnahen Wassergarten. Die später zahlreichen Stengel bilden einen lockeren Bestand, der am Teichrand oder im flachen Wasser wächst.

Vermehrung: Teilen der Pflanzenbasen im zeitigen Frühjahr.

Nachbarpflanzen: *Vaccinium, Andromeda, Marsilea, Caltha.*

WT: 0 - 2 cm, **GR:** 10 - 15 cm, **BR:** VI - X, **ST:** ❍ - ◗

Scorzonera humilis LINNÉ, 1753 **Niedrige Schwarzwurzel**

Fam.: Asteraceae - Korbblütengewächse

Verbreitung: Europa.

Standorte: Kalkfreie Moorwiesen, Magerrasen, Heiden, Föhrenwälder; ziemlich selten, geschützt, Gef. Gr.: 3.

Der Name *Scorzonera* kommt vom italienischen scorza = Rinde und nera = schwarz, wegen der Wurzelknolle, *humilis* = niedrig.

Grundständige Rosette, Blätter lanzettlich, bis 25 cm lang, 1 cm breit, von der Mitte her leicht rinnig zusammengebogen, spitz auslaufend. Der bis 40 cm hohe Blütenschaft ist unverzweigt und ohne Stengelblätter. Der hellgelbe Blütenkopf wird 2 cm breit, ist zweimal so lang wie die Hülle, und die äußeren Hüllblätter sind zweimal so lang wie die inneren. Für eine naturnahe Begrünung am Gartenteich, am Ufer sumpfig, aber auch im normal feuchten Gartenboden. Eine botanische Rarität, die man im Hausgarten selten ansiedelt.

Vermehrung: Teilen der Pflanzenbasen, Aussaat.

Nachbarpflanzen: *Myosotis, Symphytum, Aquilegia, Dianthus.*

WT: 0 cm, **GR:** 10 - 40 cm, **BZ:** V - VI, **ST:** ❍

Sphagnum spec. LINNÉ, 1753 **Torfmoos**

Fam.: Sphagnaceae - Torfmoosgewächse

Verbreitung: Über den größten Teil der Erde.

Standorte: Moore, Sümpfe, nasse Wald- und Heideböden.

Der Name *Sphagnum* kommt von dem griechischen Wort sphagnos, mit dem die Alten ein schwammiges Moos bezeichneten.

Die etwa 350 Arten kann nur der Spezialist bestimmen. Stengel spärlich verzweigt, mit hängenden oder abstehenden Ästchen. An den Spitzen stehen die Blätter sehr dicht, nach unten zu rücken sie weiter auseinander. Auf sumpfigen Standorten lebend, entstehen große Polster oder Decken, die an ihrer Oberfläche von Jahr zu Jahr wachsen, wobei die tieferen Schichten absterben und zu Torf werden. Es gibt verschiedene Formen, die auf mäßig feuchtem Boden wachsen, andere kommen auf recht trockenen Waldböden vor.

Eine interessante Polsterstaude für das Moorbeet mit saurem Wasser. Eingesetzte Sproßstücke treiben ohne Probleme weiter. In das mit der Zeit dichte Moospolster kann man auch bestimmte empfindsame Moorbeetpflanzen einsetzen.

Vermehrung: Seitensprossung.

Nachbarpflanzen: Verschiedene Arten des Moorbeetes.

WT: 0 - 2 cm, **GR:** 5 - 10 cm, **ST:** ❍ - ◗

Sphagnum spec., Torfmoos

Ein zierliches Sumpfgras

Scorzonera humilis

Vaccinium oxycoccos LINNÉ, 1753 **Gewöhnliche Moosbeere**

Syn.: *Oxycoccus quadripetalus*
Fam.: Ericaceae - Heidekrautgewächse
Verbreitung: Europa, Nordamerika, Ostasien.
Standorte: Hochmoore, Dünenmoore, Zwischenmoore; ziemlich selten.

Der Name *Vaccinium* kommt von baccinus = Beerenstrauch, *oxycoccos* kommt von oxis = scharf, sauer, kokkos = Beere, in Bezug auf den Geschmack der Früchte. In manchen Gegenden wird daraus mit Zucker ein wohlschmeckendes Kompott bereitet. In Finnland benutzt man sie zur Herstellung eines erfrischenden, schwach alkoholischen Getränkes.

Der niederliegende, dünne, verholzende Stengel treibt wechselständige Blätter. Spreite eiförmig, derb, lederig, immergrün, im Herbst rötlich verfärbend. In den Achseln sitzen jeweils 2 - 4 kleine zartrosa Blüten, bis 6 mm breit, mit rückwärts gebogenen Kronzipfeln. Die bis 1 cm große rote und saftige Beere ist eßbar.

Als ausgesprochene Hochmoorpflanze verlangt die Moosbeere einen sauren Moorboden oder Torf. Bei gutem Wachstum decken die rankenden Triebe den Boden bald ab und erzielen zur Blütezeit dekorative Wirkungen. Auch bilden die dunkelroten Beeren einen auffälligen Kontrast zum Laub, das mit einer schönen Herbstfärbung erfreut.

Vermehrung: Ableger oder Stecklinge.
Nachbarpflanzen: *Andromeda, Pilularia, Marsilea, Epipactis.*
WT: 0 cm, **GR:** 1 - 2 cm, **BZ:** V - VII, **ST:** ❍ - ◗

Vaccinium vitis-idaea LINNÉ, 1753 **Preiselbeere**

Fam.: Ericaceae - Heidekrautgewächse
Verbreitung: Europa, Nordasien, Nordamerika.
Standorte: Nadelwälder, Moore, Heiden; verbreitet.

Der Artname *vitis-idaea* bedeutet: Rebe vom Berge Ida auf Kreta.

Zwergstrauch mit wintergrünen, ledrigen Blättern, verkehrt eiförmig, am Rande umgerollt, bis 3 cm lang, glänzend. Die glockigen Blüten sitzen in lockeren Trauben, werden bis 8 mm lang, sind weißlich oder rosa gefärbt. Die kugeligen roten Früchte werden gerne zu Kompott verarbeitet. Entsprechend den natürlichen Standorten, die nicht so sehr an das Moor gebunden sind, kann die Preiselbeere auch im normal feuchten Boden wachsen. Der Platz sollte nicht im Schatten liegen.

Vermehrung: Stecklinge, Aussaat.
Nachbarpflanzen: *Calluna, Saxifraga, Dodecatheon, Fritillaria.*
WT: 0 cm, **GR:** 10 - 20 cm, **BZ:** V - VIII, **ST:** ❍

Veronica anagallis-aquatica LINNÉ, 1753 **Wasser-Ehrenpreis**

Fam.: Scrophulariaceae - Braunwurzgewächse
Verbreitung: Europa.
Standorte: Bachröhricht, Ufer, Gräben; verbreitet.

Die Gattung *Veronica* ist nach der Heiligen VERONICA benannt. Dieser Name geht sprachlich auf lateinisch verus = wahr und unicus = einzig, zurück, *anagallis* = Gattungsname einer Primulaceae, *aquatica* = im oder am Wasser lebend.

Niederliegende Stengel, vierkantig, mit gegenständigen Blättern. Spreite elliptisch-länglich, bis 5 cm lang, 3 cm breit, Basis schwach herzförmig, Ränder sehr schwach gekerbt, fast ganzrandig. In den oberen Achseln stehen kurze Trauben aus blaßlila Blüten mit violett gerandeter Krone. Durch gute Verzweigungen der bis 60 cm langen Stengel entsteht ein umfangreiches und sehr flaches Polster. Wächst besser im flachen Wasser. Ähnlich ist *Veronica beccabunga*.

Vermehrung: Seitensprosse.
Nachbarpflanzen: *Iris, Scirpus, Primula, Myosotis.*
WT: 0 - 2 cm, **GR:** 5 - 10 cm, **BZ:** VI - VII, **ST:** ❍ - ◗

Vaccinium oxycoccos, Gewöhnliche Moosbeere

Vaccinium vitis-idaea

Veronica anagallis-aquatica

Veronica beccabunga Linné, 1753 **Bach-Ehrenpreis, Bachbunge**

Fam.: Scrophulariaceae - Rachenblütengewächse

Verbreitung: Europa, Kleinasien, Nordafrika.

Standorte: Ufer, Gräben, Wasserlachen, Quellen, Bäche, im tiefen Wasser auch als submerse Form verbreitet.

Der Artname *beccabunga* ist die latinisierte deutsche Bezeichnung der Bachbunge.

Der Kriechsproß ist vorne aufsteigend und treibt gegenständige, kurz gestielte, rundlich-eiförmige Spreiten. Diese sind bis 5 cm lang, 3,5 cm breit, dunkelgrün, mit gezackten Rändern. Achselständig treiben bis 10 cm lange Trauben mit etwa 20 himmelblauen Blüten von 5 mm Breite. Die Blumenkrone ist radförmig und der Kelch vierblättrig.

Die Blätter der blühenden Pflanze und junge, nicht blühende Sproßabschnitte, liefern ein sehr originell schmeckendes Wildgemüse. Roh können die Blätter auch als Wildpflanzensalat verwendet werden. Aufgrund des Aucubin-Gehaltes sollte man die Bachbunge aber wegen der diuretischen Wirkung nicht zu häufig und nicht in größeren Mengen verwenden.

Im flachen Wasser der Uferzone wächst ein guter Bodendecker heran, der bald eine größere Fläche dicht begrünt. Der Zellsaft enthält Stoffe, die den Gefrierpunkt herabsetzen, dadurch erfrieren die grünen Teile der Pflanze nur im strengen Winter.

Vermehrung: Bewurzelte Seitentriebe abnehmen und ins flache Wasser setzen.

Nachbarpflanzen: *Myosotis, Caltha, Calla, Primula.*

WT: 0 - 5 cm, **GR:** 5 - 10 cm, **BZ:** VI - VIII, **ST:** ❍ - ◗

Viola palustris Linné, 1753 **Sumpf-Veilchen**

Fam.: Violaceae - Veilchengewächse

Verbreitung: Europa.

Standorte: Flachmoore, Gräben; verbreitet.

Der Name *Viola* ist in seiner Herkunft nicht ganz sicher, es handelt sich um eine alte lateinische Farbbezeichnung (violett), die übernommen wurde, *palustris* = sumpfbewohnend.

Das kurze kriechende Rhizom bildet alle Blätter grundständig aus. Die gestielte Spreite ist herz-nierenförmig, bis 5 cm breit, glänzend, Ränder gekerbt und Basis meist überlappend. Aus den Achseln der Blattstiele treiben einzelne, etwa 3 cm lang gestielte Blüten. Von den fünf lila Kronblättern sind die seitlichen abwärts gerichtet, der Sporn ist gerade und die Kelchblätter sind stumpf. Die Kleinpflanze wird am besten als Trupp gehalten. Am Teichrand oder im Moorbeet wird dafür ein exponiertes Plätzchen eingeräumt, und dabei darauf geachtet, daß die Pflanzen in der Nähe nicht zu stark wuchern und das Sumpf-Veilchen unterdrücken.

Vermehrung: Aussaat, Abnahme von Seitensprossen.

Nachbarpflanzen: *Primula, Geranium, Juncus, Veronica.*

WT: 0 cm, **GR:** 3 - 5 cm, **BZ:** V - VI, **ST:** ❍

Veronica beccabunga, Ehrenpreis, Bachbunge

Viola palustris, Sumpf-Veilchen

3.2 Mäßig hohe Sumpfpflanzen

Acorus gramineus SOLANDER, 1789 — Graskalmus

Fam.: Araceae - Aronstabgewächse
Verbreitung: Ostasien.
Standorte: See- und Teichufer, Gräben, Röhricht, nasse Wiesen, auch trockene Stellen.
Acorus kommt vom verneinenden A und korus = Sättigung, weil die Rhizome von *Acorus calamus* als appetitanregende Arznei verabreicht wurden, *gramineus* = grasartig. Gestrecktes Rhizom, Blätter grundständig, zweizeilig, linear, bis 50 cm lang, 1 cm breit, lang, spitz, dunkelgrün. Auf dem bis 20 cm langen Stengel steht ein 10 cm hoher Kolben mit kleinen weißlichen Zwitterblüten. An seiner Basis sitzt ein grasähnliches spitzes Hochblatt. Eine auffällige Blütenspatha fehlt. Am Teichrand oder im Flachwasser bildet der Graskalmus eine widerstandsfähige Pflanze, wird aber wegen der unscheinbaren Gestalt selten verwendet. Am besten im Trupp halten. Die Art ist zwar winterfest, wird aber bei starken Frösten ziemlich zurückgehen und benötigt im folgenden Frühjahr länger bis sie wieder voll im Trieb erscheint.
Vermehrung: Rhizomverzweigungen.
Nachbarpflanzen: *Primula, Caltha, Ranunculus, Geranium.*
WT: 0 - 5 cm, **GR:** 30 - 50 cm, **BZ:** VII - IX, **ST:** ○ - ◗, K

Acorus gramineus SOLANDER, 1789 — Silberstreifiger Graskalmus

Sorte: ‚Argenteostriatus‘
Fam.: Araceae - Aronstabgewächse
Verbreitung: (Ostasien).
Standorte: Kultursorte.
Der Sortenname kommt von argenteus = silberweiß und striatus = gestreift, bezieht sich auf die Blattzeichnung. Blätter grasartig, bis 25 cm lang, 1 cm breit, dunkelgrün, mit weißen oder silbrigen Längsstreifen. Diese Sorte erweist sich als absolut winterfest und friert auch weniger stark zurück als die Sorte ‚Aureovariegatus‘. Wächst gut im Flachwasser, sollte aber den Winter über durch Absenken des Wasserspiegels trockener gehalten werden.
Vermehrung: Abnahme von Rhizomstücken.
Nachbarpflanzen: *Alchemilla, Geum, Iris, Primula.*
WT: 0 - 5 cm, **GR:** 20 - 25 cm, **BZ:** VI - IX, **ST:** ○ - ◗, K

Acorus gramineus SOLANDER, 1789 — Goldgelber Graskalmus

Sorte: ‚Aureovariegatus‘
Fam.: Araceae - Aronstabgewächse
Verbreitung: (Ostasien).
Standorte: Kultursorte.
Der Sortenname kommt von aureus = goldgelb, und variegatus = verändert, in Bezug auf die Blattzeichnung.
Die hochstehenden schmalen Blätter werden meist bis 40 cm lang und knapp 1 cm breit, sie zeigen hellgelbe oder goldgelbe Längsstreifen. Neigt im Freien kaum zur Blüte. Wächst vom Sumpfteil bis ins flache Wasser und bildet mit der Zeit dichte Bestände. Bei starken Frösten leiden die Pflanzen ziemlich und benötigen im folgenden Frühjahr länger bis sie wieder voll durchtreiben. Eine gute Dekoration entsteht durch locker verteilte Pflanzen, kombiniert mit anders geformten Teichbewohnern.
Vermehrung: Seitentriebe am Rhizom, Teilung.
Nachbarpflanzen: *Primula, Scirpus, Juncus, Chrysosplenium.*
WT: 0 - 5 cm, **GR:** 20 - 40 cm, **BZ:** VII - IX, **ST:** ○ - ◗, K

Acorus gramineus ‚Argenteostriatus', Silberstreifiger Graskalmus

Acorus gramineus

Acorus gramineus ‚Aureovariegatus'

Calluna vulgaris (LINNÉ) HULL, 1802 **Heidekraut**

Fam.: Ericaceae - Heidekrautgewächse

Verbreitung: Europa, Sibirien, Kleinasien, Marokko.

Standorte: Moore, Magerrasen, Kiefer- und Eichenwälder; verbreitet.

Der Name *Calluna* kommt von kalynein = fegen, reinigen, verschönern, weil die Pflanze zur Anfertigung von Kehrbesen dient, *vulgaris* = allgemein vorkommend.

Immergrüne Pflanze, Stengel aufstrebend, verzweigt, Blätter schmal linear, bis 4 mm lang, in vier gleichen Reihen am Stengel angeordnet, dachziegelartig übereinander liegend. Die kleinen Blüten sitzen in einseitswendigen dichten Trauben, je nach Sorte sind sie weiß, rosa oder purpurn. Wichtig für die Imkerei wegen des reichen Ertrages an Heidehonig.

Eine häufig vorkommende Wildpflanze, windhart aber frostempfindlich, und ein Bodenverschlechterer. Für torfhaltige, saure, feuchte Böden und im Moorbeet gut zu verwenden. Praktische Verwendung vor allem bei den nordischen Völkern: als Brennmaterial, Besen, Bürsten, Streu und zur Abdeckung der Häuser.

Vermehrung: Stecklinge.

Nachbarpflanzen: *Erica, Ledum, Vaccinium, Andromeda.*

WT: 0 cm, **GR:** 30 - 50 cm, **BZ:** VIII - X, **ST:** ○

Caltha palustris LINNÉ, 1753 **Sumpfdotterblume**

Fam.: Ranunculaceae - Hahnenfußgewächse

Verbreitung: Europa, Nordasien, Nordamerika.

Standorte: Sumpfwiesen, Moore, Bachränder, Quellsümpfe; verbreitet aber gefährdet.

Der Name *Caltha* war bei den Römern die Bezeichnung für eine gelbe Blume, *palustris* = sumpfbewohnend.

An der Spitze der liegenden Sproßachse treibt eine Blattrosette. Die gestielte Spreite ist rundlich-herzförmig, bis 15 cm groß, sattgrün, mit gekerbten Rändern. Die Pflanze treibt mehrblütige Dolden mit leuchtend gelben, fünfstrahligen Blüten. Dabei besteht die Blütenhülle aus gefärbten Kelchblättern. Die Bestäubung erfolgt durch Insekten, die durch die Färbung, aber auch durch spezielle Saftmale angelockt werden. Diese Wegweiser sind nur für ultraviolett-empfindliche Insektenaugen erkennbar. Für das menschliche Auge erscheint die Blüte einheitlich gelb. Die grünen, noch geschlossenen Blütenknospen werden in Essig eingelegt und finden in der Küche Verwendung als Deutsche Kapern, bzw. Kapernersatz. Die Sumpfdotterblume eignet sich für die Randbepflanzung in mäßig tiefem Wasser.

Vermehrung: Abnahme von Seitensprossen des Rhizomes, Aussaat.

Nachbarpflanzen: *Myosotis, Scirpus, Iris, Primula.*

WT: 5 - 10 cm, **GR:** 20 - 40 cm, **BZ:** IV - V, **ST:** ○

Caltha palustris Subspezies _cornuta_ LINNÉ, 1753 **Gehörnte Sumpfdotterblume**

Fam.: Ranunculaceae - Hahnenfußgewächse

Verbreitung: Europa, Nordasien, Nordamerika.

Standorte: Naßwiesen, Gräben, Bachränder, Sümpfe.

Aufrechte Sprosse, Bodenblätter gestielt, obere Stengelblätter sitzend, rundlich-herzförmig, bis 10 cm breit, mittelgrün, mit rötlichen Adern und rötlichen, doppelt gekerbten Rändern. Blätter im Austrieb bräunlich-grün. An der Spitze treiben mehrere lang gestielte Blüten von 3 cm Durchmesser mit 5 - 6 hellgelben, leicht welligen Blütenblättern. Ein dekorativer Frühblüher, bei voller Blattentwicklung. Wichtig ist der vollsonnige Platz.

Vermehrung: Teilen der Pflanzenbasen.

Nachbarpflanzen: *Veronica, Iris, Ranunculus, Scirpus.*

WT: 5 - 10 cm, **GR:** 40 - 50 cm, **BZ:** IV - V, **ST:** ○

Calluna vulgaris

Caltha palustris ssp. *cornuta*

Caltha palustris, Sumpfdotterblume

Caltha palustris Varietät _alba_ LINNÉ, 1753 **Kaschmir-Dotterblume**
Fam.: Ranunculaceae - Hahnenfußgewächse
Verbreitung: Himalaja.
Standorte: Sümpfe, Sumpfwiesen, Moore.
Der Name der Varietät *alba* = weiß, nimmt Bezug auf die Blütenfarbe.

Kompakte Rosette aus nierenförmigen, gestielten Blättern, bis 15 cm breit und 12 cm hoch, Ränder scharf und eng gezähnt. Der beblätterte Blütenstengel wird bis 40 cm hoch und trägt in den Achseln meist drei Blüten von 3 cm Breite mit 5 weißen Hüllblättern und zahlreichen gelben Staubgefäßen. Wächst sumpfig bis in das flache Wasser, gelangt regelmäßig vor den übrigen Sorten zur Blüte. Am nassen, halbschattigen Platz erscheint im Oktober nicht selten nochmals Blütenflor.

Vermehrung: Ausläufer, Aussaat.
Nachbarpflanzen: *Myosotis, Primula, Veronica, Iris.*
WT: 0 - 2 cm, **GR:** 10 - 20 cm, **BZ:** III - IV, **ST:** ○ - ◗

Caltha palustris LINNÉ, 1753 **Gefüllte Sumpfdotterblume**
Sorte: ‚Multiplex'
Fam.: Ranunculaceae - Hahnenfußgewächse
Verbreitung: (Europa, Nordasien, Nordamerika).
Standorte: Kultursorte.
Der Sortenname ‚multiplex' bedeutet vielfach und nimmt Bezug auf die zahlreich gebildeten Blütenblätter.

Gestielte Bodenblätter, rundlich-nierenförmig, bis 15 cm breit, mit gekerbten Rändern. Die etwa 4 cm breiten Blüten entwickeln sich häufig vor der vollen Blattentfaltung. Sie sind satt goldgelb gefärbt und durch Umwandlung von Staubblättern mit vielen inneren Blütenblättern gefüllt. Wird am gleichen Standort meist etwa 2 Wochen vor der normalen Sumpf-Dotterblume blühen. Der Wuchs ist mehr breit ausladend, die Nebenpflanzen daher etwas entfernt halten.

Vermehrung: Teilen der Pflanzenbasen, Aussaat nicht möglich.
Nachbarpflanzen: *Veronica, Iris, Scirpus, Lysimachia.*
WT: 5 - 10 cm, **GR:** 30 - 40 cm, **BZ:** IV - V, **ST:** ○

Caltha palustris LINNÉ, 1753 **Gefülltblütige Sumpfdotterblume**
Sorte: ‚Plena'
Fam.: Ranunculaceae - Hahnenfußgewächse
Verbreitung: (Europa, Nordasien, Nordamerika).
Standorte: Kultursorte.
Der Sortenname kommt von plenus = gefüllt, weil ein Teil der Staubblätter zu Blütenblättern umgewandelt ist. Es ist nicht sicher, ob man den Sortennamen beibehalten, oder die Pflanze der Sorte ‚Multiplex' zuordnen soll.

Die Blüten bleiben in der Regel kleiner, die Anzahl der Blütenblätter ist geringer und die Farbe tendiert mehr zum hellen Zitronengelb. Die etwa 8 - 20 zählenden Blütenblätter werden alle gleich groß und die meisten Staubblätter bleiben erhalten. Ansprüche und Verwendung entsprechen den übrigen Sorten. Auf einen vollsonnigen Standort ist zu achten.

Vermehrung: Teilen.
Nachbarpflanzen: *Veronica, Iris, Lysimachia, Scirpus.*
WT: 2 - 10 cm, **GR:** 25 - 35 cm, **BZ:** IV - V, **ST:** ○

Caltha palustris var. *alba*, Kaschmir-Dotterblume

Caltha palustris ‚Multiplex'

Caltha palustris ‚Plena'

Carex flava Linné, 1753 **Gelbe Segge**

Fam.: Cyperaceae - Sauergräser
Verbreitung: Europa.
Standorte: Flach- und Quellmoore, Gräben, nasse Wiesen; zerstreut.

Der Name *Carex* kommt von cariacis = Riedgras, *flava* = gelb, bezieht sich auf die Blüten- und Blattfärbung.

Grundständige Rosette aus 20 cm langen Blattscheiden, bis 5 mm breit, gelbbraun gefärbt, rinnig oder flach ausgebreitet. Der bis 50 cm hohe Blütenstiel trägt vorne bis zu sechs walzlich-kugelige weibliche Ähren und an der Spitze eine männliche Ähre. Das schmale Hochblatt überragt den Blütenstand. Die Standorte sind universell zu wählen und vom Normalboden bis ins flache Wasser möglich. Die vom übrigen Grün abweichende gelbe Blattfärbung wird nur am sonnigen Standort optimal ausgebildet.

Vermehrung: Teilen der Pflanzenbasen.
Nachbarpflanzen: *Juncus, Scirpus, Primula, Caltha.*
WT: 0 - 2 cm, **GR:** 20 - 50 cm, **BZ:** VI - VIII, **ST:** ❍

Comarella multifoliata Rydberg, 1896 **Blutäugelchen**

Fam.: Rosaceae - Rosengewächse
Verbreitung: Westliches Nordamerika.
Standorte: Moore, Ufer, Gräben, Teichränder.

Der Name *Comarella* ist eine Verkleinerungsform des Gattungsnamens *Comarum* = Blutauge, *multifolia* = vielblättrig.

Kleine Blattrosette, Spreite kurz gestielt, unten stark scheidig, bis 30 cm lang, seitlich viele kleine 5 mm breite Fiederblättchen in kurzen Abständen, rundlich, schwach dreilappig. Der verzweigte Blütenstand öffnet zahlreich dunkelrote Blüten von etwa 5 mm Breite. Im Aussehen ähnlich *Potentilla* (*Comarum*) *palustre.*

Wächst gut im Moorbeet oder sumpfig, aber auch im normal feuchten Gartenboden. Niedrige Dekoration für den vollsonnigen Standort und als separate Gruppe. Begleitpflanzen niedrig und locker wählen, damit der Lichteinfall gewährleistet bleibt. Eine Rarität für den Sammler seltener Arten.

Vermehrung: Teilen der Pflanzenbasen im zeitigen Frühjahr.
Nachbarpflanzen: *Iris, Eryngium, Saxifraga, Orontium.*
WT: 0 cm, **GR:** 20 - 50 cm, **BZ:** VI - VIII, **ST:** ❍

Crepis paludosa (Linné) Moench, 1794 **Sumpfpippau**

Fam.: Asteraceae - Korbblütengewächse
Verbreitung: Europa.
Standorte: Naßwiesen, Flachmoore, Auenwälder; verbreitet.

Der Name *Crepis* kommt von krepis = Schuh, Grundlage, Boden, weil einige Arten im ersten Jahr am Boden liegende grundständige Blätter haben, *paludosa* = sumpfbewohnend.

Flache Blattrosette, Spreiten schmal lanzettförmig, bis 25 cm lang, 3 cm breit, Ränder unregelmäßig buchtig gezähnt. Stengelblätter herz- oder pfeilförmig, mit der Basis den Stengel umfassend, bräunlich, unterseits bläulich. An der Stengelspitze mehrere geteilte gelbe Blütenköpfchen, bis 3 cm breit, mit drüsenhaariger Hülle.

Wildstaude für die naturnahe Begrünung am Teichrand, im Sumpf oder in der bodenfeuchten Randzone. Im normal feuchten Gartenboden weniger wüchsig. Außerhalb der Blütezeit entsteht eine flache, meist dem Boden anliegende Rosette.

Vermehrung: Bestocken des Rhizomes, Aussaat.
Nachbarpflanzen: *Potentilla, Sanguisorba, Scutellaria, Calluna.*
WT: 0 - 2 cm, **GR:** 20 - 80 cm, **BZ:** VI - VIII, **ST:** ❍

Comarella multifoliata

Crepis paludosa

Carex flava, Gelbe Segge

Dactylorhiza maculata (Linné) Soo, 1970/71 Geflecktes Knabenkraut

Syn.: *Orchis maculata*

Fam.: Orchidaceae - Orchideengewächse

Verbreitung: Europa.

Standorte: Flachmoore, Moorheiden, Waldwiesen, feuchte, saure, nährstoffarme Böden; selten, geschützt, Gef. Gr.: 3.

Der Name *Dactylorhiza* kommt von dactylus = Finger, und rhizo = Wurzel, die Gestalt der Wurzelknolle, *maculata* = gefleckt (die Blätter).

Kleine Rosette, Blätter schmal lanzettförmig, bis 12 cm lang, 2 cm breit, spitz, dunkelgrün, schwarzgrün gefleckt. Der beblätterte Blütenschaft wird je nach Standortboden 30 - 50 cm hoch, die bis 15 cm hohe Traube öffnet blaßrosa Orchideenblüten. Bildet mehrere Unterarten: Subspezies *maculata*, *helodes* und *transsilvanica*.

Das gefleckte Knabenkraut liebt den sumpigen bis bodenfeuchten Platz und ist als Moorbeetpflanze verwendbar. Die nicht ganz einfache Kultur erfordert dabei einige Erfahrung. Bodenbearbeitung in der Nähe und Umsetzen sind zu vermeiden. Auch sollten andere Gewächse den Standort nicht überwuchern.

Vermehrung: Mäßige Bildung von Brutknollen.

Nachbarpflanzen: *Primula, Geranium, Epipactis, Andromeda.*

WT: 0 cm, **GR:** 40 - 60 cm, **BZ:** VI - VII, **ST:** ○ - ◗

Dactylorhiza majalis (Reichenbach) Hunt et Summerhayes, 1970

Syn.: *Orchis latifolia* **Breitblättriges Knabenkraut**

Fam.: Orchidaceae - Orchideengewächse

Verbreitung: Europa.

Standorte: Flachmoore, Quellsümpfe, feuchte Wiesen, Gräben; selten, geschützt, Gef. Gr.: 3.

Der Artname *majalis* bedeutet: im Mai blühend.

Kleine Rosette, Blätter breitlanzettlich, spitz, bis 15 cm lang, 3 cm breit, mehr oder minder stark gefleckt. Der beblätterte Blütenschaft ist hohl und weitlumig, je nach Boden bis 30 cm hoch, die 15 cm lange Traube trägt purpurfarbene, in der Mitte weiß gezeichnete Orchideenblüten. Eine Kostbarkeit des Sumpfbeetes, die einige Erfahrung erfordert. Der Standort kann sumpfig bis bodenfeucht sein, oder relativ trocken. Stauende Nässe ist zu vermeiden, daher weniger für das Moorbeet geeignet. Pflanzen in Ruhe wachsen lassen, nicht unnötig umsetzen, nur dann werden stattliche Exemplare heranwachsen, die regelmäßig blühen.

Vermehrung: Mäßige Entwicklung von Brutknollen.

Nachbarpflanzen: *Primula, Geranium, Epipactis, Vaccinium.*

WT: 0 cm, **GR:** 35 - 45 cm, **BZ:** V - VI, **ST:** ○ - ◗

Dactylorhiza maculata

Dactylorhiza majalis

Dactylorhiza majalis, Breitblättriges Knabenkraut

Dianthus superbus Linné, 1753 **Prachtnelke**

Fam.: Caryophyllaceae - Nelkengewächse

Verbreitung: Europa, gemäßigtes Asien.

Standorte: Moorwiesen, Eichenwälder; zerstreut bis selten, geschützt, Gef. Gr.: 3.

Der Name *Dianthus* kommt von Dios = des oder von Zeus und anthos = Blume, wurde von Linné auf die Gartennelke wegen ihrer Blütenpracht übertragen, *superbus* = prachvoll, stolz, erhaben.

Stengelpflanze, Blätter schmal linear-lanzettlich, bis 5 cm lang, 5 mm breit, als Grundblätter stumpf, die Stengelblätter zugespitzt. Treibt eine lockere, wenigblütige Ähre. Die duftenden Blüten werden bis 6 cm breit, die Kronblätter sind bis über die Mitte unregelmäßig zerschlitzt, rosa, purpurn oder weiß gefärbt.

Für die feuchte Randzone am Wasserbecken im reichlich humosen Boden mit leicht saurer Reaktion. Der halbschattige Standort behagt der Pflanze besser als volle Sonne. Geeignet als naturnahe Begrünung, wobei die grazile Wirkung der Pracht-Nelke durch entsprechende Pflanzen beton wird.

Vermehrung: Vorwiegend durch Aussaat, Steckling.

Nachbarpflanzen: *Equisetum, Potentilla, Pilularia, Gentiana.*

WT: 0 cm, **GR:** 30 - 60 cm, **BZ:** VI - IX, **ST:** ◗

Eleocharis palustris (Linné) Roemer et Schultes, 1810 **Gemeine Sumpfbinse**

Fam.: Cyperaceae - Sauergräser

Verbreitung: Fast ein Kosmopolit.

Standorte: Teiche, Gräben, Ufer, Flachmoore, Riedwiesen, Röhricht und Schilfzonen; ziemlich häufig.

Der Name *Eleocharis* kommt von helos = Sumpf und charis = Dank, Freude, *palustris* = sumpfbewohnend.

Rhizome unterirdisch kriechend, Blatthalme aufrecht, stielrund, steif, bis 50 cm hoch, 4 mm dick, gewöhnlich dunkelgrün. Die Varietäten *glaucescens* = graugrün, *salina* = gelbgrün. An den Stengelspitzen bis 2 cm lange Ährchen mit braunen Trageblättern. An der Uferzone und im Flachwasser, auf sandigem Boden kleiner im Wuchs, sonst kräftiger. Bildet eine schöne, dichte Gruppe, die man besser etwas separat hält.

Vermehrung: Rhizomverzweigung, Teilung.

Nachbarpflanzen: *Menyanthes, Myosotis, Alisma, Caltha.*

WT: 0 - 10 cm, **GR:** 30 - 50 cm, **BZ:** V - VII, **ST:** ❍ - ◗

Dianthus superbus, Pracht-Nelke

Eleocharis palustris, Gemeine Sumpfbinse

Epipactis palustris (Linné) Crantz, 1767 **Echter Sumpfwurz**

Fam.: Orchidaceae - Orchideengewächse

Verbreitung: Europa, Asien, Nordafrika.

Standorte: Flachmoore, Moorwiesen; ziemlich selten, geschützt, Gef. Gr.: 3.

Der Name *Epipactis* kommt von epipactoo = ich schließe zu (die Blütenlippe), *palustris* = sumpfbewohnend.

Kräftige Stengel, etwas kantig, bis 50 cm hoch, am Grunde mit Scheidenblättern. Bis zur halben Höhe einzelne schmale, spitze Laubblätter (7 - 15 cm), weiter nach oben nur noch als Tragblätter, halb so lang wie die Blüten. Eine lockere Traube, 15 - 30 hängende, 2 cm große, grünliche Blüten. Unterlippe weiß mit gekräuseltem Rand. Werden von Bienen bestäubt.

Ideale Pflanze für das Moorbeet, die bodenfeuchte Randzone, aber auch im nicht zu trockenen Gartenboden. Soll in Ruhe wachsen, wenn umgesetzt wird, ist es ratsam, dies mit dem Boden zu tun, in dem die Pflanze steht. Orchideen leben mit bestimmten Pilzen in Symbiose.

Vermehrung: Selbstaussaat.

Nachbarpflanzen: *Andromeda, Pilularia, Marsilea, Dianthus.*

WT: 0 cm, **GR:** 30 - 50 cm, **BZ:** VI - VII, **ST:** ○ - ◗

Equisetum palustre Linné, 1753 **Sumpfschachtelhalm**

Fam.: Equisetaceae - Schachtelhalmgewächse

Verbreitung: Europa, gemäßigtes Asien, Nordamerika.

Standorte: Sümpfe, Gräben, Naßwiesen.

Der Name *Equisetum* kommt von equus = Pferd und seta = Borste, die Seitenästen sollen wie Pferdehaare aussehen, *palustre* = sumpfbewohnend.

Aufrechte Stengel, fruchtbare und unfruchtbare Sprosse erscheinen gleichzeitig und sind gleichgestaltet. Stengel bis 3 mm dick, rippig, die unverzweigten Äste (1mm dick) in Quirlen seitlich abstehend, mit schwarzen Asthüllen. Alle Pflanzenteile sind giftig. An der endständigen „Ähre“ sitzen unterseits schildförmige Sporangienträger. Als Sumpfpflanze zum Verwildern am Ufer des größeren Teiches, dringt dabei gern in das Wasser ein. Wegen der raschen und weiten Ausbreitung muß das Wachstum unter Kontrolle gehalten werden. Besser in abgeteilten Bezirken halten.

Vermehrung: Ausläufer.

Nachbarpflanzen: *Iris, Glyceria, Scirpus, Typha.*

WT: 0-30 cm, **GR:** 30 - 50 cm, **BZ:** VII - VIII, **ST:** ○

Eriophorum vaginatum Linné, 1753
Scheidiges Wollgras

Fam.: Cyperaceae - Sauergräser

Verbreitung: Nördlich, gemäßigte Zonen.

Standorte: Flach-, Hoch- und Dünenmoore, Tümpelränder; zerstreut.

Der Artname *vaginatum* = scheidig (das Stengelblatt).

Bodenblätter borstenförmig, bis 40 cm lang, 1 mm dick, mit Längsrinne. Blütenstengel bis 70 cm hoch, vorne dreikantig, zwei Stengelblätter mit scheidiger Basis, eine silbergraue Blütenähre, die im Reifezustand einen großen weißen Haarschopf bildet. Diese Samenhaare dienten früher zum Kissenstopfen und als Lampendochte.

Vermehrung: Teilen, Aussaat.

Nachbarpflanzen: *Potentilla, Marsilea, Pilularia, Hydrocotyle*

WT: 0 cm, **GR:** 40 - 70 cm, **BZ:** IV - V, **ST:** ○

Epipactis palustris

Equisetum palustre

Eriophorum vaginatum, Scheidiges Wollgras, im Moorbeet

Eriophorum angustifolium Honkeny, 1782 — Schmalblättriges Wollgras

Fam.: Cyperaceae - Sauergräser
Verbreitung: Europa, Asien, Nordamerika.
Standorte: Flach- und Quellmoore, Übergangsmoore; verbreitet.

Der Name *Eriophorum* kommt von erios = Wolle und phorus = tragen, wegen der Fruchstände, *angustifolia* = schmalblättrig.

Bodenblätter borstenförmig, bis 30 cm lang, 1 mm dick, im unteren Teil rundlich, vorne leicht dreikantig. Stengel bis 40 cm hoch, mit mehreren kurzen Trageblättern und 3 - 5 gestielte, etwa 2 cm lange Ähren. Bei der Fruchtreife entstehen silbrig-weiße Haarschöpfe, welche die besondere Wirkung aller Wollgräser ausmachen. Im moorigen, torfhaltigen, nassen Boden entstehen rasenartige Polster.

Vermehrung: Teilen der Pflanzenbasen, Aussaat.
Nachbarpflanzen: *Potentilla, Marsilea, Pilularia, Hydrocotyle.*
WT: 0 cm, **GR:** 30 - 40 cm, **BZ:** IV - V, **ST:** ❍

Eriophorum latifolium Hoppe, 1800 — Breitblättriges Wollgras

Fam.: Cyperaceae - Sauergräser
Verbreitung: Europa, Asien.
Standorte: Flachmoore, Quellsümpfe; selten.

Der Artname *latifolium*= breitblättrig.

Grundständige Laubblätter bis 40 cm lang, 6 mm breit, unten rundlich, zur Spitze schmal, lanzettlich verschmälert. Der bis 60 cm hohe Blütenschaft ist dreikantig, schmale Trageblätter treiben 5 - 12 gestielte braune Ährchen, bis 2 cm lang. Nach der Fuchtreife mit silbrig-weißen Haarschöpfen.

Verwendung im Moorbeet, auch in der sumpfigen Randzone, jedoch ohne stauende Nässe.

Vermehrung: Teilen der Pflanzenbasen.
Nachbarpflanzen: *Potentilla, Marsilea, Pilularia, Hydrocotyle.*
WT: 0 cm, **GR:** 40 - 60 cm, **BZ:** IV - V; **ST:** ❍

Eriophorum scheuchzeri Hoppe, 1800 — Scheuchzers Wollgras

Fam.: Cyperaceae - Sauergräser
Verbreitung: Europa, Asien, Nordamerika.
Standorte: Quellflure, Alpenmoore; zerstreut.

Die Art wurde nach dem Schweizer Physiker Joh. Scheuchzer benannt

Grundständige Laubblätter, bis 50 cm lang, 1 mm dick, stielrund, an der Oberseite leicht abgeflacht, rinnig, lang, scharf, spitz. Der bis 50 cm hohe Blütenstengel bleibt ohne Blätter, an der Spitze eine Ähre, bis 1 cm lang, bräunlich-grau. Bildet als reife Frucht ein dichtes wolliges Knäuel, wodurch dieWollgräser für den Gartenteich interessant werden.

Vermehrung: Durch die sehr kurzen Ausläufer ist das Teilen der Basen etwas schwierig.
Nachbarpflanzen: *Potentilla, Epipactis, Cyperus, Orontium.*
WT: 0 - 1 cm, **GR:** 40 - 50 cm, **BZ:** IV - V, **ST:** ❍

Eriophorum angustifolium

Eriophorum latifolium

Eriophorum scheuchzeri

Eriophorum vaginatum, Pflanze

Eryngium yuccifolium MICHAUX, 1803 **Yuccablättrige Edeldistel**

Fam.: Apiaceae - Doldenblütengewächse

Verbreitung: Atlantisches Nordamerika.

Standorte: Ufer, Sümpfe, Gräben.

Der Name *Eryngium* kommt von eryngion = Ziegenbart, weil die Wurzelfasern so ähnlich aussehen sollen, *yuccifolium* = Blätter ähnlich der Gattung *Yucca*.

Kleine, wenigblättrige Rosette, Blätter schmal lanzettlich, bis 35 cm lang, 15 mm breit, im unteren Teil etwas gedreht, vorne lang, stachelig spitz, Ränder entfernt weich bedornt, Farbe blaugrün. Der beblätterte Stengel trägt in den Achseln je ein kugeliges Blütenköpfchen, bis 2 cm lang, mit kleinen rosa Blüten. Als Solitär oder in lockerer Gruppe verwenden, dabei auf entsprechende Kontrastpflanzen achten. Wächst vollsonnig, sumpfig oder mäßig feucht, jedoch nicht ins Wasser setzen.

Vermehrung: Teilen, Aussaat.

Nachbarpflanzen: *Comarella, Orontium, Saxifraga, Iris.*

WT: 0 cm, **GR:** 30 - 70 cm, **BZ:** VII - IX, **ST:** ❍

Fritillaria meleagris LINNÉ, 1753 **Schachbrettblume**

Fam.: Liliaceae - Liliengewächse

Verbreitung: Europa, Kaukasus.

Standorte: Flachmoorwiesen, nasse, überschwemmte, sumpfige Auenwiesen; selten, geschützt, Gef. Gr.: 2.

Der Name *Fritillaria* kommt von fritillus = Würfelbecher, wegen der Blütenform, *meleagris* ist zu ergänzen durch avis = Vogel; das Perlhuhn, perlhuhnfleckig (Blütenzeichnung).

Am Stengel sitzen meist 4 - 5 wechselständige Blätter, graugrün, schmal, bis 15 cm lang, 3 mm breit. Die ganze Pflanze enthält Giftstoffe, die jedoch besonders in der Zwiebel angereichert sind. Die Blüten erscheinen in der Regel einzeln, selten zu mehreren, sie werden bis 4 cm lang, 2 cm breit, sind bauchig, glockenförmig, überhängend und schachbrettartig gemustert. Verschiedenfarbene Züchtungen wurden entwickelt. Obwohl die Pflanze auch relativ trocken wachsen kann, wird sie sich im feuchten Boden am wohlsten fühlen, zumal auch die natürlichen Standorte ausschließlich in Feuchtgebieten liegen. Die Zwiebelpflanze nicht ohne Grund umsetzen, Störungen im Wachstum werden nicht sonderlich gut vertragen.

Vermehrung: Tochterzwiebeln.

Nachbarpflanzen: *Dodecatheon, Trollius, Epipactis, Gentiana.*

WT: 0 cm, **GR:** 20 - 40 cm, **BZ:** IV - V, **ST:** ❍

Gentiana asclepiadea LINNÉ, 1753 **Schwalbenwurz-Enzian**

Fam.: Gentianaceae - Enziangewächse

Verbreitung: Europa, Vorderasien, Kaukasus.

Standorte: Moorwiesen, Bergwälder, Gebirgspflanze; selten, geschützt, Gef. Gr.: 3.

Die Gattung *Gentiana* wurde benannt nach dem illyrischen Fürsten GENTIS (= 167 v. v. Chr.), *asclepiadea* = der Gattung *Asclepias* ähnlich.

Stengel bis 80 cm hoch, Blätter kreuzweise gegenständig, lanzettlich, spitz, bis 8 cm lang, 3 cm breit, fünfnervig. In den Achseln sitzen jeweils 1 - 3 Blüten mit eng glockenförmiger Krone, bis 5 cm lang, dunkelblau, innen violett.

Der Standort sollte möglichst in der Ranzone des Feuchtteiles liegen, halbschattig. Bei guter Bodenfeuchte wird auch Sonne ertragen. Viele Blütenstengel bilden einen dichten Busch, der zur anhaltenden Blütezeit einen dekorativen Effekt erzielt.

Vermehrung: Seitentriebe.

Nachbarpflanzen: *Primula, Dianthus, Fritillaria, Epipactis.*

WT: 0 cm, **GR:** 50 - 80 cm, **BZ:** VII - IX, **ST:** ◗

Eryngium yuccifolium, Yuccablättrige Edeldistel

Fritillaria meleagris

Gentiana asclepiadea

Gentiana asclepiadea LINNÉ, 1753 **Weißblütiger**
Sorte: ‚Alba' **Schwalbenwurz-Enzian**

Fam.: Gentianaceae - Enziangewächse

Verbreitung: Europa, Vorderasien, Kaukasus.

Der Sortenname ‚Alba' = weiß, wegen der Blütenfarbe.

Stengel bis 80 cm hoch, Blütter kreuzweise gegenständig, lanzettlich, spitz, bis 8 cm lang, 3 cm breit. Achselständig je 1 - 3 Blüten, bis 5 cm lang, eng glockenförmig, reinweiß.

Die Verwendung erfolgt ähnlich der Stammform, doch ist die weißblütige Sorte weniger feucht zu halten, damit die Blühwilligkeit nicht leidet.

Vermehrung: Seitentriebe.

Nachbarpflanzen: *Primula, Fritillaria, Trollius, Cypripedium.*

WT: 0 cm, **GR:** 50 - 80 cm, **BZ:** VII - IX, **ST:** ○ - ◗

Gentiana pneumonanthe LINNÉ, 1753 **Lungen-Enzian**

Fam.: Gentianaceae - Enziangewächse

Verbreitung: Europa, Westasien.

Standorte: Moorwiesen, Flachmoore; ziemlich selten, geschützt, Gef. Gr.: 3.

Der Artname kommt von pneumon = Lunge und anthos = Blüte.

Stengelpflanze, bis 50 cm hoch, Blätter gegenständig, linearisch, bis 5 cm lang, 5 mm breit, meist einnervig. Blüten in den Achseln der oberen Blätter. Krone eng glockenförmig, bis 5 cm lang, fünfteilig, blau, innen mit 5 grün punktierten Streifen. Die kalkmeidende Pflanze benötigt zum guten Gedeihen einen moorigen, sauer reagierenden Boden. Keine starkwüchsigen Nachbarpflanzen verwenden.

Vermehrung: Teilung.

Nachbarpflanzen: *Calluna, Erica, Dactylorhiza, Epipactis.*

WT: 0 cm, **GR:** 15 - 50 cm, **BZ:** VII - X, **ST:** ○ - ◗

Geranium palustre LINNÉ, 1753 **Sumpf-Storchschnabel**

Fam.: Geraniaceae - Storchschnalbelgewächse

Verbreitung: Gemäßigtes Europa, Asien, China.

Standorte: Bäche, Gräben, Moorwiesen, Auengebüsche; zerstreut.

Der Name *Geranium* kommt von geranos = Kranich, bedeutet Storchschnabel und ist auf die Form der Frucht bezogen, *palustris* = sumpfbewohnend.

Bodenblätter rosettig, gestielt, nierenförmig, bis 12 cm groß, 5 - 7teilig, die Abschnitte unregelmäßig eingeschnitten oder gezähnt. Der Blütenstand ist meist zweiblütig, die Krone bis 4 cm breit, die Kronblätter gerundet und rotviolett. Der Sumpf-Storchschnabel ist wegen seiner roten Blütenfarbe von Interesse, die bei Teichpflanzen selten ist.

Vermehrung: Teilen der Pflanzenbasen, Aussaat.

Nachbarpflanzen: *Primula, Myosotis, Lythrum, Veronica.*

WT: 0 - 2 cm, **GR:** 30 - 50 cm, **BZ:** V - VIII, **ST:** ◗

Geum rivale LINNÉ, 1753 **Bach-Nelkenwurz**

Fam.: Rosaceae - Rosenblütengewächse

Verbreitung: Europa, Sibirien, Vorderasien, Nordamerika.

Standorte: Ufer, Quellen, Auenwälder; häufig.

Der Name *Geum* kommt von geuein = schmecken, der Wurzelstock enthält das früher sehr beliebte Nelkenöl, *rivale* = bachbewohnend.

Rosette aus gestielten Blättern, rundlich, bis 15 cm groß, auf zwei Drittel oder bis zum Grunde dreiteilig, Lappen grob gezähnt. Der verzweigte Stengel ist mehrblütig und die 5 - 6 zähligen

Gentiana asclepiadea ,Alba'

Gentiana pneumonanthe

Geranium palustre

Geum rivale

Fortsetzung *Geum rivale*, Bach-Nelkenwurz:

Blüten sind nickend. Kelchblätter rotbraun, die äußeren kürzer, Kronblätter außen rötlich, innen gelb. Gedeiht vom normal feuchten bis zum nassen Boden, eignet sich auch am kleinen Teich als Randgrün.
Vermehrung: Teilen der Pflanzenbasen, Aussaat.
Nachbarpflanzen: *Potentilla, Alchemilla, Filipendula, Saxifraga.*
WT: 0 cm, **GR:** 20 - 80 cm, **BZ:** V - VI, **ST:** ◗

Gratiola officinalis LINNÉ, 1753 — Gottesgnadenkraut

Fam.: Scrophulariaceae - Rachenblütengewächse
Verbreitung: Europa, Asien, Nordamerika.
Standorte: Verlandungszonen, Naßwiesen, feuchte Waldränder, Bachufer.
Der Name *Gratiola* kommt von gratis = Gnade, wegen der Heilwirkung, *officinalis* = medizinal gebräuchlich. Alle Pflanzenteile sind giftig. Stengel aufrecht, bis 40 cm hoch, 3 mm dick, rund, schwach rötlich. Blätter gegenständig, sitzend, lanzettlich, bis 3 cm lang, 8 mm breit, Basis umfassend, Ränder gezackt. In den Achseln gestielte Blüten, bis 1 cm breit, zweilippig, rosa, mit behaartem Schlund. Im Sumpf oder der Seichtwasserzone entstehen dichte Polster, kann auch im normalen Gartenboden gehalten werden.
Vermehrung: Teilen der Sproßbasen, Stecklinge, Aussaat.
Nachbarpflanzen: *Eleocharis, Mentha, Caltha, Ranunculus.*
WT: 0 - 2 cm, **GR:** 20 - 40 cm, **BZ:** VI - VIII, **ST:** ❍ - ◗

Hippuris vulgaris LINNÉ, 1753 — Tannenwedel

Fam.: Hippuridaceae - Tannenwedelgewächse
Verbreitung: Europa, Nordamerika, Nordasien.
Standorte: Stehende und fließende Gewässer, Teiche, kleine Tümpel, kühles, kalkhaltiges Wasser; zerstreut.
Der Name *Hippuris* kommt von hippos = Pferd und oura = Schwanz, wegen der Form der Landzweige, *vulgaris* = allgemein verbreitet.Bildet eine Wasser- und eine Sumpfform. Am Stengel sitzen die Blätter in bis zu 15zähligen Quirlen. Die Wasserblätter sind weich und schlaff, bis 8 cm lang, 3 mm breit. Luftblätter kleiner, derber, etwas dicklich, bis 2 cm lang, 3 mm breit. In den Achseln der Luftblätter sitzen unscheinbare grüne Blüten, einzeln oder in kleinen Gruppen, entweder zwittrig oder eingeschlechtlich. Wächst zwar im tieferen Wasser eine zeitlang untergetaucht, geht aber regelmäßig in die Landform über, indem die Sprosse aus dem Wasser treiben. Wegen der leichten Ausbreitung besser im Behälter oder abgetrennten Bereich halten. Gute Entwicklung im kräftigen Gartenboden.
Verbreitung: Rhizomverzweigungen.
Nachbarpflanzen: *Mentha, Alisma, Sagittaria, Scirpus.*
WT: 10 - 30 cm, **GR:** 30 - 50 cm, **BZ:** V - VI, **ST:** ❍

Houttuynia cordata THUNBERG, 1874 — Eidechsenschwanz

Fam.: Saururaceae - Molchschwanzgewächse
Verbreitung: Ostindien, Siam, China, Korea, Japan.
Standorte: Flußufer, Seen, Teiche.
Die Gattung *Houttuynia* wurde beannt nach dem holländischen Arzt Martin HOUTTUYN, der von 1733 - 1784 ein Werk über Naturgeschichte schrieb, *cordata* = herzförmig (Blattspreite).
Aufrechte Stengel, bis 50 cm hoch, Blätter wechselständig. Spreite herzförmig, vorne spitz, bis 10 cm lang, mitunter etwas breiter, dunkelgrün unterseits, Hauptader und Ränder rötlich. An der

Hippuris vulgaris, Tannenwedel

Gratiola officinalis

Houttuynia cordata

Fortsetzung *Houttuynia cordata*, Eidechsenschwanz:

Triebspitze mehrere aufrechte Ähren, bis 3 m lang, aus kleinen, gelblichen Blüten. An der Basis sitzen vier weiße Hochblätter, welche den Anschein einer großen Einzelblüte erwecken.

Wächst im flachen Wasser, sumpfig, aber auch in der Übergangszone. Im normalen Gartenboden bleibt die Pflanze wesentlich kleiner. Weil die langen Rhizome leicht in die übrige Teichpflanzung eindringen, ist die Kultur im abgegrenzten Terrain oder im Gefäß ratsam.

Vermehrung: Die Rhizome im Boden verzweigen sich, Steckling von Laubsprossen.

Nachbarpflanzen: *Saururus, Eryngium, Lysichiton, Acorus.*

WT: 0 - 20 cm, **GR:** 30 - 50 cm, **BZ:** VI - VIII, **ST:** ❍ - ◗

Juncus articulatus LINNÉ, 1753 — Gliederbinse

Fam.: Juncaceae - Binsengewächse

Verbreitung: Europa, Asien, Afrika, in Australien eingebürgert.

Standorte: Flachmoore, Gräben; häufig.

Der Name *Juncus* kommt von jungere = zusammenbinden, wegen der früheren Verwendung als Bindematerial, *articulatus* = gegliedert (Blütenrispe).

Bodenblätter schmal, pfriemförmig, unten scheidig, bis 10 cm lang, 1 mm breit, stark quergefächert. Blütenstengel bis 35 cm hoch, beblättert, zusammengedrückt, Rispe mit langen, wenig verzweigten Ästen, Ährchen aus 5 - 7 Blüten zusammengesetzt. Alle Blütenblätter grün-braun, gleichlang, innere mit farblosem breitem Rand. Frucht dunkelbraun.

Als Kulturpflanze selten, siedelt sich mitunter durch verschleppte Samen an. Bildet ausgedehnte Bestände, die als Unterholz bei locker wüchsigen höheren Arten gedeihen, entweder sumpfig oder im Flachwasser. Sehr ähnlich ist *Juncus ascutiflorus.*

Vermehrung: Selbstaussaat.

Nachbarpflanzen: *Ranunculus, Gratiola, Alisma, Typha.*

WT: 0 - 5 cm, **GR:** 20 - 50 cm, **BZ:** VII - VIII, **ST:** ❍ - ◗

Lychnis flos-cuculi LINNÉ, 1753 — Kuckucksblume, Kuckucks-Lichtnelke

Fam.: Caryophyllaceae - Nelkengewächse

Verbreitung: Europa, Kaukasus, Sibirien, in Nordamerika eingebürgert.

Standorte: Feucht- und Moorwiesen, Flachmoore, häufig.

Der Name *Lychnis* kommt von lychnos = Leuchte, wegen der lebhaften Blütenfarbe, *flos* = Blume, *cuculi* = des Kuckucks, wegen der zeitigen Blüten im Frühjahr, in der dieser Vogel wieder bei uns erscheint.

Grundblätter spatelförmig, oft gewimpert, gestielt, obere Blätter lanzettlich-linear, bis 5 cm lang, 5 mm breit. Der locker aufgebaute Blütenstand ist gabelig verzweigt. Die rosaroten Blüten haben ihre fünf Kronblätter tief in vier Zipfel geteilt.

Zählt zu den schönsten Frühjahrsblühern und eignet sich besonders für die naturnahe Begrünung am kleinen Gartenteich. Als größerer Trupp auch am Rande der umfangreichen Anlage zu verwenden. Gut für den sumpfigen und moorigen Boden, im normal feuchten Gartenboden wird der Standort etwas schattig gewählt.

Vermehrung: Aussaat, Teilen der Pflanzenbasen.

Nachbarpflanzen: *Dianthus, Leucojum, Ranunculus, Eriophorum.*

WT: 0 cm, **GR:** 30 - 80 cm, **BZ:** III - V, **ST:** ❍ - ◗

Juncus articulatus

Lychnis flos-cuculi

Lysichiton americanus

Lysichiton americanus, Blüten

Lysichiton americanus, Blütenstände

Lysichiton americanus Hulton et St. John, 1932 **Amerikanische Scheinkalla**

Fam.: Araceae - Aronstabgewächse

Verbreitung: Nordamerika.

Standorte: Bodenfeuchte Stellen in Gewässernähe, Teichränder, Gräben, Bachläufe.

Der Name *Lysichiton* kommt von lysis = Lösung und chiton = Kleid und bezieht sich auf die vom Kolben abstehende Spatha, die weit unterhalb des Blütenstandes ansetzt, *americanus* = in Amerika verbreitet.

Kräftige Blattrosette, Spreite nicht gestielt, lanzettförmig, blaugrün, bis 50 cm lang, 30 cm breit, vorne spitz, Basis breit, die Netzaderung häufig dunkler grün. Vor den Blättern erscheinen die fast 40 cm großen gelben Blütenscheiden mit gelbgrünem Kolben. In der Re-

Lysichiton camtschatcensis, Asiatische Scheinkalla; Blüte siehe Seite 374.

gel für die bodenfeuchte Randzone zu verwenden, ohne stauende Nässe. Große Pflanzen gedeihen dennoch gut im flachen Wasser. Die optimale Entfaltung erfordert einen kräftigen Gartenboden, den man 30 - 50 cm tief herrichtet. Mit den Jahren bilden sich umfangreiche Blattpolster. Am vollsonnigen Standort entstehen leicht Blattschäden.

Vermehrung: Kurze Seitensprosse am Rhizom.

Nachbarpflanzen: *Lysimachia, Lythrum, Orontium, Equisetum.*

WT: 0 - 2 cm, **GR:** 40 - 50 cm, **Bz:** IV - V, **ST:** ○ - ◗

Lysichiton camtschatcensis (LINNÉ) SCHOTT, 1857 — Asiatische Scheinkalla

Fam.: Araceae - Aronstabgewächse

Verbreitung: Kamtschatka, Ostsibirien, Japan.

Standorte: Feuchte Böden, Gewässerränder, Teiche, Bachläufe.

Der Artname *camtschatcensis* = von der Halbinsel Kamtschatka stammend.

Kräftige Rosette, Blätter breit lanzettlich, bis 80 cm lang, 30 cm breit, vorne spitz. Die Basis ist in den 10 cm langen und fast 4 cm breiten Stiel verlängert. Vor den Blättern treiben die fast 40 cm hohen weißen Blütenscheiden, der gestielte grüne Kolben wird etwa 20 cm lang. Die kräftige Solitärpflanze wächst am besten bodenfeucht und leicht schattig. Das erwachsene Exemplar kann im seichten Wasser gehalten werden. Im tiefgrundigen, humosen Boden entwickelt die Pflanze eine umfangreiche Rosette aus mehr als 10 großen Blättern.

Vermehrung: Mäßige Bildung von Tochtersprossen.

Nachbarpflanzen: *Scirpus, Iris, Saururus, Lysimachia.*

WT: 0 - 3 cm, **GR:** 50 - 80 cm, **BZ:** IV - V, **ST:** ◗

Lysichiton camtschatcensis, Blüte

Mentha aquatica

Mentha aquatica LINNÉ, 1753 — Bachminze

Fam.: Lamiaceae - Lippenblütengewächse
Verbreitung: Europa, Asien, Amerika, Afrika.
Standorte: Ufer, Gräben, Naßwiesen, Bruchwälder, Röhricht; häufig.

Der Name *Mentha* kommt von Minthe (eine Nymphe) wegen des Vorkommens an wasserreichen Standorten, *aquatica* = am oder im Wasser lebend.

Stengel aufrecht und weich behaart. Blätter paarweise gegenständig, elliptisch-eiförmig, bis 8 cm lang, 4 cm breit, Ränder gezackt. Im hellen Sonnenlicht sind Blätter und Stengel rot überlaufen. Zerreibt man ein Blatt, so wird der Mentholgeruch frei, den die Pflanze ausströmt. Schon lange werden verschiedene *Mentha*-Arten angepflanzt, um Pfefferminzöl oder Tee zu gewinnen. Dieser wirkt beruhigend auf Magen und Darm, ein gutes Hausmittel bei Leibschmerzen und Blähungen. Der kopfige Blütenstand ist aus vielen kleinen lilafarbenen oder weißen Blüten zusammengesetzt.

Wächst am besten im seichten Wasser, wobei sich die Ausläuferenden in das tiefere Wasser hin ausbreiten. Auf diese Weise entsteht ein ausgedehnter Bestand.

Vermehrung: Ausläufer, Seitensprosse.
Nachbarpflanzen: *Myosotis, Caltha, Nymphoides, Hippuris.*
WT: 0 - 10 cm, **GR:** 20 - 50 cm, **BZ:** VII - IX, **ST:** ❍

Menyanthes trifoliata LINNÉ, 1753 — Fieberklee

Fam.: Menyanthaceae - Fieberkleegewächse
Verbreitung: Europa, Japan, gemäßigtes Asien, Nordamerika.
Standorte: Moore, Torfstiche, Gräben; zerstreut bis selten, geschützt, Gef. Gr.: 3.

Menyanthes trifoliata, Fieberklee

Der Name *Menyanthes* (Monatsblume) kommt von men = Monat und anthos = Blume, *trifoliata* = dreiblättrig.

Die Bezeichnung Fieberklee entstand, weil früher getrocknete Blätter als Droge zum Herabsetzen von Fieber angewendet wurden.

Der rhizomartige, kriechende oder flutende Sproß treibt gestielte, dreilappige Blätter. Die ovalen Segmente werden etwa 10 x 5 cm groß. Der bis 40 cm hohe Blütenstand trägt eine Traube mit etwa 3 cm großen Blüten, deren Kronblätter weiß bis zart-rosa und zottig behaart sind. Im Sumpf gedeiht der Fieberklee nicht so recht, er gehört daher ins flache Wasser. Für die nicht sehr gróß werdende Pflanze einen gut einsehbaren Platz wählen.

Vermehrung: Seitentriebe.

Nachbarpflanzen: *Caltha, Sagittaria, Ranunculus, Mentha.*

WT: 5 - 10 cm, **GR:** 20 - 40 cm, **BZ:** V - VI, **ST:** ○

Mimulus guttatus **De Candolle, 1812** **Getüpfelte Gauklerblume**

Fam.: Scrophulariaceae - Braunwurzgewächse

Verbreitung: Nordamerika, in Mittelamerika eingebürgert.

Standorte: Gräben, Sümpfe, Ufer.

Der Name *Mimulus* kommt von mimus = Schauspieler, Gaukler, bezieht sich auf die vielfältige Zeichnung und Färbung der Blüten, *guttatus* = betropft, getüpfelt. Stengel aufrecht, Blätter gegenständig, untere gestielt, obere sitzend, eiförmig-länglich, bis 6 cm lang, 4 cm breit. In den Achseln der oberen Blätter sitzen gelbe Blüten, nach oben zu in einer endständigen Traube vereint. Die bis 4 cm breite Krone hat ihre Unterlippe am Grunde gebartet und rot gefleckt. Durch Ausläufer entstehen dichte Rasen, welche mit ihren auffälligen Blüten sehr dekorativ wirken.

Vermehrung: Aussaat, Ausläufer.

Nachbarpflanzen: *Orontium, Lysichiton, Dodecatheon, Eryngium.*

WT: 0 cm, **GR:** 30 - 60 cm, **BZ:** VI - VIII, **ST:** ❍ - ◗

Mimulus luteus **Linné, 1753** **Gelbe Gauklerblume**

Fam.: Scrophulariaceae - Braunwurzgewächse

Verbreitung: Chile, in Schottland eingebürgert.

Standorte: Sümpfe, Moore, Naßwiesen.

Der Artname *luteus* = gelb (die Blütenfarbe). Stengel aufrecht, Blätter gegenständig, ovallänglich, spitz gezähnt. Die bis 2 cm großen gelben Blüten mit gewölbter Unterlippe stehen traubig in den oberen Blattachseln, oder zu mehreren endständig. Ein dekorativer Langblüher ohne besondere Ansprüche an den Standort. Verträgt nassen bis sumpfigen Boden, auch seichtes Wasser. Nicht unbedingt zu empfehlen, weil die einjährige Pflanze durch Selbstaussaat leicht verwildern und sehr lästig werden kann.

Vermehrung: Aussaat.

Nachbarpflanzen: *Mentha, Symphytum, Myosotis, Geranium.*

WT: 0,2 cm, **GR:** 30 - 40 cm, **BZ:** VI - VIII, **ST:** ❍

Myosotis palustris **Linné, 1753** **Sumpf-Vergißmeinnicht**

Fam.: Boraginaceae - Borretschgewächse

Verbreitung: Europa, Nordasien, Nordamerika, Kanarische Inseln, Madeira, Madagaskar.

Standorte: Naßwiesen, Grabenränder, Flußufer, Bruchwälder; verbreitet.

Der Name *Myosotis* kommt von myos = Maus und otos = Ohr, wegen der behaarten, abgerundeten Blätter, *palustris* = im Sumpf lebend. Der stumpfkantige, behaarte Sproß wächst kriechend, die Blätter sind lanzettlich, bis 8 cm lang, 2 cm breit und behaart. Der traubenförmige blattlose Blütenstand trägt 1 cm breite, himmelblaue Blüten mit hellerem Zentrum. Die reichblütige Pflanze eignet sich auch zum Verwildern, zum Beispiel als größerer Bestand entlang einer Uferzone.

Vermehrung: Abnahme bewurzelter Seitentriebe.

Nachbarpflanzen: *Geranium, Primula, Veronica, Caltha.*

WT: 0 - 5 cm, **GR:** 25 - 35 cm, **BZ:** VI - IX, **ST:** ❍ - ◗

Myosotis palustris **Linné, 1753** **Weißblütiges Sumpf-Vergißmeinnicht**

Sorte: ‚Alba'

Fam.: Boraginaceae - Borretschgewächse

Verbreitung: Europa, Nordasien, Nordamerika.

Standorte: Kultursorte.

Der Sortenname ‚Alba' = weiß nimmt Bezug auf die Blütenfarbe. Stengel kriechend, stumpfkantig, behaart, Blätter sitzend, länglich-lanzettlich, behaart, bis 12 cm lang. Die bis

Mimulus luteus

Mimulus guttatus

Myosotis palustris

Myosotis palustris ‚Alba'

Fortsetzung *Myosotis palustris* ,Alba', Weißblütiges Sumpf-Vergißmeinnicht:

8 mm breiten Blüten haben reinweiße bis schwach rosa gefärbte Kronblätter. Weitere Kultursorten sind: ,Thüringen' = großblütig, blau. ,Graf Waldersee' = frühblühend, dunkelblau. ,Meernixe' = großblütig, blau.

Die lange und reich blühende Sumpfpflanze eignet sich zum Verwildern auf größeren Flächen, in der kleinen Anlage hält man sie kurz.

Vermehrung: Teilung, Stecklinge, Aussaat.

Nachbarpflanzen: *Lysimachia, Lythrum, Carex, Primula.*

WT: 0 - 5 cm, **GR:** 20 - 40 cm, **BZ:** V - IX, **ST:** ○ - ◗

Oenanthe lachenalii LINNÉ, 1753 — Rebendolde

Fam.: Apiaceae - Doldenblütengewächse

Verbreitung: Europa, Südwest-Sibirien.

Standorte: Ufer, Gräben, Sümpfe; zerstreut, geschützt.

Der Name *Oenanthe* kommt von oenos = Wein und anthos = Blüte, wegen des Geruches, *lachenalii* = Eigenname.

Bodenblätter rosettig, bis 10 cm hoch, mehrfach fein gefiedert. Blütenstengel aufrecht, bis 40 cm hoch, stielrund, mit kleinen Fiederblättern besetzt. An der Spitze 3 - 5 Dolden, bis 1 cm breit, etwa 20 kleine weiße Blüten. Allgemein selten in Kultur und mehr für die naturnahe Begrünung, bildet dichte Polster. Der Standort ist sumpfig oder bodenfeucht, nachteilig sind die leicht umknickenden Blütenstengel. Der ähnliche *O. fistulosa*, die Röhrige Rebendolde, hat aufgeblasene Stengel.

Vermehrung: Selbstaussaat.

Nachbarpflanzen: *Cicuta, Scirpus, Scutellaria, Valeriana.*

WT: 0 cm, **GR:** 20 - 40 cm, **BZ:** VI - VII, **ST:** ○ - ◗

Onoclea sensibilis LINNÉ, 1753 — Perlfarn

Fam.: Onocleaceae - Perlfarngewächse

Verbreitung: Ostasien, Atlantisches Nordamerika.

Standorte: Feuchte Laubwälder, Gewässernähe.

Der Name *Onoclea* kommt von dem griechischen Pflanzenamen Onokleia, *sensibilis* = empfindsam.

Die sterilen Wedel sind einfach gefiedert, im Umriß oval-dreieckig, bis 60 cm hoch und 30 cm breit. Mittelspindel heller grün, an den Seiten geflügelt, Fiedern bis 15 cm lang, 3 cm breit und durch die herablaufenden Basen miteinander verbunden. Die fertilen Blätter sind doppelt gefiedert. Mit den überhängenden Wedeln entsteht eine schöne Solitärpflanze, in der Gruppe daher etwa 50 cm Abstand halten. Der Standort ist bodenfeucht, sumpfig, oder im flachen Wasser. Durch das kriechende Rhizom kann sich der Farn leicht ausbreiten und in der kleinen Anlage lästig werden, indem er andere Pflanzen überwuchert. Etwas empfindlich bei Spätfrösten.

Vermehrung: Teilung, Rhizomverzweigungen.

Nachbarpflanzen: *Osmunda, Thelypteris.*

WT: 0 - 2 cm, **GR:** 50 - 60 cm, **ST:** ◗ - ●

Myosotis palustris, Sumpf-Vergißmeinnicht

Oenanthe lachenalii

Onoclea sensibilis

Orontium aquaticum LINNÉ, **1753** **Goldkolben**

Fam.: Araceae - Aronstabgewächse

Verbreitung: Östliches Nordamerika.

Standorte: Sümpfe, flache Gewässerränder.

Die Gattung ist benannt nach dem Fluß Orontes in Syrien, *aquaticum* = im oder am Wasser lebend.

Kriechender Wurzelstock mit Rosetten aus kurz gestielten Blättern. Spreite elliptisch-länglich, bis 25 cm lang, 10 cm breit, samtig blaugrün. Der bis 40 cm lange Blütenstengel ist niederliegend, aufstrebend, oben verdickt und weiß. Der etwa 10 cm lange Blütenkolben ist geldgelb, die Spatha meist vor der Entfaltung der Blüten abfallend. Polsterstaude für bodenfeuchte bis nasse Standorte. Kann auch bis 40 cm im Wasser gehalten werden, bildet dann gestielte Schwimmblätter. Bei Sumpfkultur wird allgemein Winterschutz empfohlen, dies ist jedoch nicht erforderlich. Als Tiefwurzler verlangt der Goldkolben einen entsprechend starken und nahrhaften Boden.

Vermehrung: Seitensprosse am Rhizom.

Nachbarpflanzen: *Lysichiton, Cypripedium, Eriophorum, Eryngium.*

WT: 0 - 40 cm, **GR:** 20 - 30 cm, **BZ:** V - VI, **ST:** ❍

Penthorum sedoides LINNÉ, **1753** **Sumpf-Dickblatt**

Fam.: Crassulaceae - Dickblattgewächse

Verbreitung: Nordamerika.

Standorte: Feuchte, nasse Wiesen, Gräben, Ufer.

Der Name *Penthorum* kommt von pentha = fünf, *sedoides* = der Gattung *Sedum* ähnlich.

Aufrechte Stengel, rund, rötlich, bis 40 cm hoch, Blätter wechselständig, gestielt, Spreite lanzettförmig, bis 8 cm lang, 1 cm breit, spitz, fiedernervig, etwas fleischig. Endständig eine bis 10 cm große Dolde, zahlreiche weiße 5 mm breite Blüten.

Am vollsonnigen, sumpfigen bis nassen Standort entstehen dichte Polster, ohne besondere Neigung zum weiten Ausbreiten.

Vermehrung: Rhizomteilung.

Nachbarpflanzen: *Lysimachia, Scirpus, Juncus, Caltha.*

WT: 0 - 5 cm, **GR:** 40 - 50 cm, **BZ:** VI - VIII, **ST:** ❍

Preslia cervina FRESEN, **1828** **Hirschartige Preslie**

Fam.: Lamiaceae - Lippenblütengewächse

Verbreitung: Südeuropa.

Standorte: Sümpfe, Ufer, Gräben, Teiche.

Die Gattung *Preslia* ist nach dem Botaniker K. B. PRESL (1794 - 1852) benannt, *cervina* = hirschartig.

Aufrechte, dünne Stengel, Blätter gegenständig, sitzend, lanzettförmig, bis 3 cm lang, 4 mm breit, glattrandig, unterseits drüsig punktiert. In den Achseln kleine blaßlila Blüten. Interessant für den Sammler botanischer Raritäten. Bildet lockere Büschel, die sich curch Sprossung weiter ausdehnen, aber nicht lästig werden. Treibt besser im Flachwasser, bei sumpfiger Haltung ist der Wuchs kompakter.

Vermehrung: Teilen der Pflanzenbasen.

Nachbarpflanzen: *Juncus, Ranunculus, Caltha, Calla.*

WT: 2 - 5 cm, **GR:** 30 - 50 cm, **BZ:** VII - VIII, **ST:** ❍

Orontium aquaticum, Goldkolben, siehe auch Seite 228.

Penthorum sedoides

Preslia cervina

Primeln gehören zu den ersten Frühlingsboten am Gartenteich, hier handelt es sich um *Primula* Bullesiana-Hybriden

Primula alpicola STAPF, 1932 **Glockenprimel**

Fam.: Primulaceae - Schlüsselblumengewächse

Verbreitung: Tsangpo in Osttibet, Bhutan.

Standorte: Naßwiesen, Flachmoore, in Gebirgen.

Im Namen *Primula* steckt das Wort primus = der Erste, wegen der sehr frühen Blüte einiger Arten, *alpicola* = in den Alpen wachsend.

Lockere Blattrosette, Spreite gestielt, elliptisch, bis 20 cm lang, 8 cm breit, beide Enden abgerundet, Ränder gezähnt, Adern heller grün, Oberseite matt, nicht glänzend. Blütenschaft bis 60 cm hoch, zur Spitze hin bemehlt, eine vielblütige Dolde (selten 2 Quirle).

Primula alpicola

Primula alpicola var. *alba*

Blütenstiele bemehlt, Krone gelb, 2 cm breit, Röhre bis 2mal so lang wie der Kelch. Sehr ähnlich ist *Primula florindae*, diese später blühend mit glänzenden Blättern.

Vermehrung: Teilen, Aussaat.

Nachbarpflanzen: *Primula, Caltha, Myosotis, Carex.*

WT: 0 cm, **GR:** 40 - 70 cm, **BZ:** V - VI, **ST:** ◌ - ◗

Primula alpicola Stapf, 1932 **Weißblütige Almprimel**

Varietät alba

Fam.: Primulaceae - Schlüsselblumengewächse

Verbreitung: Südwest-Yünnan.

Standorte: Flachmoore, Naßwiesen, in Gebirgen.

Der Name der Varietät alba = weiß.

Kompakte Rosette aus kurz gestielten Blättern, Spreite länglich, 18 x 7 cm groß, Basis keilförmig, vorne abgerundet, Ränder seicht gewellt und eng gezähnt, Mittelader rosa. Der etwa 50 cm hohe Schaft trägt ein oder zwei reichblütige Quirle. Schaft und Kelch sind bemehlt. Die lang gestielten Blüten haben eine 2 cm breite, reinweiße Krone.

Die weißen Blumen wirken zwischen anderen Primeln als guter Farbkontrast. Ansprüche wie bei den übrigen Arten, im Winter nicht zu naß halten.

Vermehrung: Aussaat, weniger durch Teilung.

Nachbarpflanzen: *Primula, Myosotis, Geranium, Juncus.*

Primula alpicola Stapf, 1932 **Mondscheinprimel**

Varietät luna

Fam.: Primulaceae - Schlüsselblumengewächse

Verbreitung: Südwest-Yünnan.

Standorte: Naßwiesen, Flachmoore, in Gebirgen.

Der Name der Varietät luna = halbmondförmig.

Kompakte Rosette aus kurz gestielten Blättern, Spreite oval-länglich, 15 x 8 cm groß, Basis rundlich-herzförmig, vorne stumpf, dunkelgrün, matt. Mittelader heller grün, Ränder schwach wellig, gekerbt.

Der etwa 50 cm hohe Schaft ist an seiner Spitze bemehlt, ebenso der glockige Kelch. Eine reichblütige Dolde (selten 2 Quirle), Blüten 2 cm breit, blaß-zitronengelb.

Die Mondscheinprimel ist ein Objekt für den Sammler von Raritäten. Optische Wirkung und Ansprüche weichen nur wenig von den übrigen Arten ab.

Vermehrung: Aussaat.

Nachbarpflanzen: *Primula, Chrysosplenium, Saxifraga, Acorus.*

WT: 0 cm, **GR:** 20 - 50 cm, **BZ:** V - VI, **ST:** ❍ - ◗

Primula alpicola Stapf, 1932 **Violette Gebirgsprimel**

Varietät violacea

Fam.: Primulaceae - Schlüsselblumengewächse

Verbreitung: Südwest-Yünnan.

Standorte: Naßwiesen, Flachmoore, in Gebirgen.

Der Name der Varietät violacea = violett, bezieht sich auf die Blütenfarbe.

Kompakte Rosette aus kurz gestielten Blättern. Spreite oval, 15 x 6 cm groß, Basis herablaufend, vorne abgerundet, dunkelgrün, Mittelader weißlich. Der etwa 60 cm hohe, zur Spitze hin bemehlte Schaft treibt eine reichblütige Dolde (selten 2 Quirle). Die bis 8 cm langen Blütenstiele sind bemehlt wie auch der Kelch. Krone bis 2 cm breit, purpurn oder violett.

In einem Trupp von gelbblütigen Primeln bildet diese Varietät einen guten Kontrast. Man sollte jedoch beachten, daß sie nicht von stark wachsenden Arten überwuchert wird.

Vermehrung: Aussaat, weniger durch Teilung.

Nachbarpflanzen: *Primula, Myosotis, Luzula, Juncus.*

WT: 0 cm, **GR:** 25 - 60 cm, **BZ:** V - VI, **ST:** ❍ - ◗

Primula beesiana Forrest, 1911 **Etagenprimel**

Fam.: Primulaceae - Schlüsselblumengewächse

Verbreitung: Himalaja.

Standorte: Naßwiesen, feuchte Auen.

Die Art ist nach dem englischen Gärtner Bees benannt.

Kompakte Rosette aus kurz gestielten Blättern. Spreite oval, bis 15 cm lang, 10 cm breit, Ränder gezähnt, Unterseite drüsig, Mittelader lila bis fleischfarben. Der bis 60 cm hohe, kräftige Schaft trägt 5 - 8 Quirle mit 15 - 25 gestielten Blüten. Krone bis 2 cm breit, rosakarmesinrot mit gelbem Auge, Kelch glockenförmig. Gedeiht gut im Halbschatten im sumpfigen Boden, kräftige Pflanzen stehen auch im seichten Wasser. Als lockerer Trupp entlang eines Bachlaufs oder am Teichrand. Bildet einen schönen Übergang vom flachen Wasser zum Sumpfteil bis in die bodenfeuchte Zone.

Vermehrung: Bestocken der Stammpflanze, die man teilen kann.

Nachbarpflanzen: *Myosotis, Orontium, Geranium, Chrysosplenium.*

WT: 0 - 2 cm, **GR:** 25 - 60 cm, **BZ:** VI - VII, **ST:** ❍ - ◗

Primula alpicola var. *luna*

Primula alpicola var. *violacea*

Primula beesiana, Etagenprimel

***Primula* Bullesiana-Hybriden** **Terracotta-Primel**

Fam.: Primulaceae - Schlüsselblumengewächse

Verbreitung: Gartenhybride aus *P. beesiana* x *P. bulleyana*.

Der Name Bullesiana wurde aus den beiden Elternnamen kombiniert.

Kompakte Rosette aus 20 cm lang gestielten Blättern, Spreite länglich, bis 25 cm lang, 10 cm breit, mittelgrün, glänzend, Adern heller grün, Ränder gezackt.

In Habitus und Blütenbau gleichen die verschiedenen Hybriden und die Sorten derselben den beiden Elternarten. Auch die sogenannten Ipswich-Hybriden sowie die Moerheim-Hybriden gehören nunmehr in den Formenkreis der *P.* Bullesiana-Hybriden.

Die Blütenfarben sind: orange, rot, pfirsichrosa, violett oder blau. Die Terracotta-Primel sollte den Winter über nicht zu naß stehen. Daher empfiehlt sich ein durchlässiger Untergrund sowie Absenken des Wasserstandes im Herbst.

Vermehrung: Teilen der Pflanzenbasen ist mitunter möglich.

Nachbarpflanzen: *Chrysosplenium, Lysimachia, Potentilla, Iris.*

WT: 0 cm, **GR:** 30 - 60 cm, **BZ:** VI - VII, **ST:** ◗

***Primula bulleyana* Forrest, 1908** **Nankinggelbe Kandelaberprimel**

Fam.: Primulaceae - Schlüsselblumengewächse

Verbreitung: Nordwest-Yünnan, Szetschuan.

Standorte: Naßwiesen, Gräben.

Die Art *bulleyana* ist nach dem englischen Gärtner Bull benannt.

Kompakte Rosette aus etwa 15 cm lang gestielten Blättern. Spreite eiförmig-lanzettlich, bis 20 cm lang, 6 cm breit, Mittelrippe rot, Ränder gezähnt.

Der etwa 60 cm hohe Schaft trägt 5 - 8 Quirle mit 15 - 25 Blüten. Der Kelch ist pfriemförmig, die Krone etwa 2 cm breit und orangegelb. Ähnlich ist *P. beesiana*.

Die optische Wirkung wird gesteigert, indem man größere Gruppen bildet und darin auch andere Arten mit einbezieht.

Vermehrung: Aussaat, in der Regel ist die Art nur zweijährig.

Nachbarpflanzen: *Primula, Potentilla, Juncus, Myosotis.*

WT: 0 cm, **GR:** 35 - 60 cm, **BZ:** VI - VII, **ST:** ◗

***Primula chungensis* Balfour et Ward, 1916** **Chinaprimel**

Fam.: Primulaceae - Schlüsselblumengewächse

Verbreitung: China, Yünnan, Szetschuan, Buthan, Assam.

Standorte: Naßwiesen, Flachmoore, feuchte Auen.

Der Artname *chungensis* = aus China stammend.

Kompakte Rosette aus kurz gestielten Blättern. Spreite länglich, etwas bullos, bis 20 cm lang, 10 cm breit, vorne stumpf, Basis herablaufend, Mittelader heller. Der etwa 50 cm hohe Schaft trägt 5 Etagen aus je 10 - 15 Blüten mit 1 cm breiter, hellgelber Krone.

Auffällige Blütenpflanze mit lang anhaltendem Flor. Wächst halbschattig, bodenfeucht und ohne stauende Nässe, auch im normal feuchten Boden. Sehr schön entlang eines Bachlaufes oder hinter dem Teichrand als Übergang.

Vermehrung: Bestocken der Stammpflanze, Aussaat.

Nachbarpflanzen: *Trollius, Mimulus, Potentilla, Succisa.*

WT: 0 cm, **GR:** 20 - 50 cm, **BZ:** IV - VI, **ST:** ◗ - ●

Primula Bullesiana-Hybriden

Primula bulleyana

Primula chungensis, Chinaprimel

***Primula chionantha* Balfour filius et Forrest, 1915** **Schneeweiße Schlüsselblume**

Fam.: Primulaceae - Schlüsselblumengewächse
Verbreitung: Nordwest-Yünnan.
Standorte: Moore, Sümpfe.

Der Artname *chionantha* = schneeweiße Blüten, kommt von chion = Schnee und anthos = Blüte.

Lockere Rosette aus kurz gestielten Blättern mit schmaler Form, glatt, bis 15 cm lang, 3 cm breit, Ränder gezackt, die Basis ist lang herablaufend und die Unterseite weißlich-grün. Der bis 40 cm hohe Schaft trägt 1 - 2 Quirle mit je 20 - 30 kurz gestielten Blüten. Ihre reinweiße Krone wird bis 1,5 cm breit. Kelchblätter, Blütenstiele und Schaft sind gelb bemehlt. Eine abweichende Dekoration zwischen den übrigen gelb oder rot blühenden Schlüsselblumen.

Vermehrung: Aussaat.
Nachbarpflanzen: *Primula, Pulmonaria, Caltha, Carex.*
WT: 0 cm, **GR:** 20 - 40 cm, **BZ:** V - VI, **ST:** ◗

***Primula denticulata* Smith, 1806** **Kugelprimel**

Fam.: Primulaceae - Schlüsselblumengewächse
Verbreitung: Himalaja, Nepal, Westchina.
Standorte: Naßwiesen, Feuchtboden, an kleinen Fließgewässern.

Der Artname *denticulata* = gezähnt (die Blattränder).

Lockere Rosette, Blätter etwa 10 cm, lang gestielt, oval, bis 20 cm lang, 10 cm breit, vorne gerundet, der Stiel leicht rötlich, die Ränder scharf gezähnt. Der kräftige Schaft wird bis 30 cm hoch und entwickelt sich vor den Blättern. An seiner Spitze steht eine kugelige Dolde, bis 15 cm breit. Die 2 cm großen Blüten sind schwach lila gefärbt.

Verschiedene Sorten der Art bringen andersfarbene Blüten. Der Standort liegt zwar im Feuchtteil, sollte aber nicht zu naß oder im Stauwasserbereich gewählt werden. Das ist vor allem wegen des leichten Ausfrierens im Winter wichtig. Dann sollte der Wasserstand gesenkt werden.

Vermehrung: Aussaat, Teilung.
Nachbarpflanzen: *Primula, Geranium, Myosotis, Juncus.*
WT: 0 cm, **GR:** 20 - 40 cm, **BZ:** IV - V, **ST:** ◗

***Primula denticulata* Smith, 1806** **Weißblütige Kugelprimel**

Sorte: ‚Alba'
Syn.: *Primula cachemiriana*
Fam.: Primulaceae - Schlüsselblumengewächse
Verbreitung: Himalaja (Nepal, Westchina).
Standorte: Naßwiesen, Ufer.

Der Sortenname ‚Alba' = weiß.

Lockere Rosette aus etwa 20 cm lang gestielten Blättern. Spreite länglich-oval, bis 25 cm lang, 10 cm breit, Ränder leicht wellig, scharf gezackt, vorne abgerundet, Basis keilförmig, Mittelader weißlich. Vor der Blattentwicklung treibt der etwa 30 cm hohe Schaft. Daran steht eine kugelige Dolde mit zahlreichen reinweißen Blüten. Gedeiht besser halbschattig, wobei kräftige Exemplare im flachen Wasser stehen können. Damit sie nicht auswintern im Herbst den Wasserstand senken. Kann auch auf einem kleinen Hügel im Wasserbereich untergebracht werden.

Vermehrung: Teilen der Pflanzenbasen etwas schwierig, Aussaat.
Nachbarpflanzen: *Myosotis, Caltha, Primula, Veronica.*
WT: 0 - 2 cm, **GR:** 20 - 40 cm, **BZ:** IV - V; **ST:** ◗

Primula chionantha

Primula denticulata ‚Alba'

Primula denticulata, Kugelprimel

Primula denticulata Smith, 1806 **Rubinrote Kugelprimel**

Sorte: ‚Rubin'

Fam.: Primulaceae - Schlüsselblumengewächse

Verbreitung: (Himalaja, Nepal, Westchina).

Standorte: Kultursorte.

Der Sortenname ‚Rubin' = rubinrot, nimmt Bezug auf die Blütenfarbe.

Die rosettig gestellten Blätter sind kurz gestielt, oval, bis 15 cm lang, 10 cm breit, gleichmäßig grün, und in der Regel kleiner als bei den übrigen Sorten. Sie sind bei der Blüte schon teilweise entwickelt. Der etwa 25 cm hohe Schaft trägt eine kugelige Dolde, die etwa 10 cm breit ist und zahlreiche 1,5 cm große kräftig rote Blüten öffnet, diese sind intensiver gefärbt als bei der Sorte ‚Rubra'.

Sollte am Teichufer nicht zu naß stehen, das gilt insbesonders für den Winter, weil die Pflanzen dann leicht ausfrieren können.

Vermehrung: Teilung.

Nachbarpflanzen: *Myosotis, Caltha, Geranium, Primula.*

WT: 0 cm, **GR:** 20 - 30 cm, **BZ:** IV - V, **ST:** ◗

Primula denticulata Smith, 1806 **Rotblütige Kugelprimel**

Sorte: ‚Rubra'

Fam.: Primulaceae - Schlüsselblumengewächse

Verbreitung: (Himalaja, Nepal, Westchina).

Standorte: Kultursorte.

Der Sortenname ‚Rubra' ist abgeleitet von rubrum = rot und bezieht sich auf die Blütenfarbe.

Kompakte Rosette aus etwa 5 cm lang gestielten Blättern. Spreite oval, mittelgrün, bis 20 cm lang, 10 cm breit, Basis keilförmig, rötlich, vorne abgerundet, Ränder gezähnt und gewellt. Der etwa 30 cm hohe Schaft treibt vor der Blattentwicklung. Er trägt eine kugelige Dolde, bis 15 cm breit, mit vielen roten Blüten. Der sumpfige Standort liegt günstig im Halbschatten, entlang eines kleinen Wasserlaufes oder in der Nähe des Teichrandes. Auch geeignet für seichtes Wasser, das aber im Winter abzusenken ist. Eine früh blühende Staude mit eigenartiger Wirkung der Blütenkugeln.

Vermehrung: Teilung, Aussaat.

Nachbarpflanzen: *Caltha, Veronica, Myosotis, Juncus, Carex.*

WT: 0 - 1 cm, **GR:** 20 - 40 cm, **BZ:** IV - V; **ST:** ◗

Primula florindae Ward, 1926 **Septemberprimel, Sommerprimel**

Fam.: Primulaceae - Schlüsselblumengewächse

Verbreitung: Südwest-Tibet.

Standorte: Sumpfwiesen.

Der Artname *florindae* = blütenreich.

Lockere Rosette aus etwa 20 cm lang gestielten Blättern. Stiele rot überlaufen, Spreite breit herzförmig, bis 20 cm lang, 15 cm breit, Adern grün, Ränder gezackt, Oberseite glänzend. Der etwa 70 cm hohe Schaft treibt eine bis 80blütige Scheindolde von 15 cm Durchmesser, Blütenstiele bis 8 cm lang, Krone schmal trichterförmig, 2,5 cm breit, leuchtend schwefelgelb, duftend. Kelch und Blütenstiele sind bemehlt. Besonders interessant wegen der späten Blüte. Nicht in stauender Nässe unterbringen. Die optische Wirkung wird gesteigert durch eine größere Gruppe und Kontrastpflanzen in der Nähe. Sehr ähnlich ist *P. alpicola*, Blätter matt, Blüte früher.

Vermehrung: Teilen, Aussaat.

Nachbarpflanzen: *Geranium, Lysimachia, Lythrum, Myosotis.*

WT: 0 cm, **GR:** 50 - 80 cm, **BZ:** VIII - IX, **ST:** ◗

Primula denticulata ‚Rubin'

Primula denticulata ‚Rubra'

Primula florindae

Primula helodoxa Balfour filius, 1913 **Sumpfprimel**

Fam.: Primulaceae - Schlüsselblumengewächse
Verbreitung: Yünnan, Burma.
Standorte: Wiesenmoore, Flachmoore, Quellmoore.

Der Artname *helodoxa* kommt von helos = Sumpf und doxa = Ruhm, Erwartung (Sumpfschönheit).

Kompakte Rosette aus etwa 10 cm lang gestielten Blättern. Spreite länglich, bis 15 cm lang, 10 cm breit, vorne stumpf, Basis verlängert, Mittelader rötlich, Ränder scharf gezähnt. Der bis 70 cm hohe Schaft trägt 5 - 7 Quirle mit jeweils 10 - 15 kurzgestielten Blüten, Krone 1 cm breit, hellgelb. Dekorative Blütenpflanze mit lang anhaltendem Flor, kann im Herbst nochmals Blüten treiben. Der halbschattige Platz ist sumpfig bis feucht, aber ohne stauende Nässe, entlang eines Bachlaufes, am Teichrand oder in der bodenfeuchten Zone.

Vermehrung: Teilung, Aussaat.
Nachbarpflanzen: *Lysimachia, Lythrum, Symplocarpus, Geranium.*
WT: 0 cm, **GR:** 20 - 70 cm, **BZ:** V - VI, **ST:** ◗

Primula Keilor-Hybriden **Keilors Sumpfprimel**

Fam.: Primulaceae - Schlüsselblumengewächse
Verbreitung: Kulturhybriden.
Standorte: Die Ausgangsformen im Sumpf oder Flachwasser.

Der Name Keilor-Hybriden nimmt Bezug auf den Züchter der Sorten.

Lockere Rosette aus etwa 30 cm lang gestielten Blättern. Spreite herzförmig, hellgrün, Ränder scharf gezähnt, bis 30 cm lang, 12 cm breit, je nach Sorte schlanker oder breiter sowie kürzer oder länger. Der bis 70 cm hohe Schaft treibt eine Dolde mit 80 - 100 gestielten Blüten. Die 2 cm breite Krone ist hellgelb, außen orange gerändert. Je nach Hybridsorte ist die Färbung unterschiedlich intensiv.

Eine imposante Blütenpflanze, die in dichten Polstern besonders dekorativ wirkt. Gut auch im flachen Wasser eines Bachbettes. Sollte stets bodenfeucht stehen, daher weniger gut für normale Böden zu verwenden.

Vermehrung: Abnahme von Seitensprossen.
Nachbarpflanzen: *Ranunculus, Caltha, Myosotis, Lythrum.*
WT: 0 - 5 cm, **GR:** 40 - 80 cm, **BZ:** VI - VII, **ST:** ◗

Primula sikkimensis Hooker, 1843 **Hängeglockenprimel**

Fam.: Primulaceae - Schlüsselblumengewächse
Verbreitung: Himalaja, Nepal, Bhutan, Tibet, Szetschuan, Yünnan.
Standorte: Naßwiesen, Sümpfe, Ufer.

Der Artname *sikkimensis* = aus Sikkim (Himalaja) stammend.

Kompakte Rosette, Blätter mit Stiel bis 30 cm lang, 7 cm breit, elliptisch oder länglich, vorne meist gerundet, Basis lang verschmälert, glänzend und nicht bemehlt, Ränder gesägt. Der bis 90 cm hohe und bemehlte Schaft trägt in der Regel eine vielblütige Dolde, selten 2 Quirle übereinander. Blütenstiele bis 10 cm lang, dünn bemehlt, überhängend. Blütenkrone bis 3 cm breit, wohlduftend, schwefelgelb. Blütenröhre doppelt so lang wie der Kelch.

Wächst bodenfeucht bis naß im Halbschatten. Eine größere Gruppe wird die Wirkung steigern. Es ist darauf zu achten, daß die Pflanzen nach der Blüte nicht von größeren Gewächsen überwuchert werden.

Vermehrung: Überwiegend durch Aussaat.
Nachbarpflanzen: *Potentilla, Viola, Geranium, Chrysosplenium.*
WT: 0 cm, **GR:** 30 - 90 cm, **BZ:** VI - VII, **ST:** ◗

Primula Keilor-Hybriden

Primula helodoxa

Primula sikkimensis

***Primula waltonii* G. Watt, 1915** **Waltons Schlüsselblume**

Fam.: Primulaceae - Schlüsselblumengewächse
Verbreitung: Nordwest-Yünnan, Bhutan.
Standorte: Naßwiesen, Waldränder.
Die Art ist benannt nach dem englischen Botaniker Walton (1832 - 1880).
Kleine Rosette aus bis 5 cm lang gestielten Blättern, schmal, bis 15 cm lang, 5 cm breit, vorne abgerundet, mit scharf gezähnten Rändern. Der bis 35 cm hohe Schaft trägt eine Dolde mit 10 - 20 Blüten, bis 3 cm lang gestielt, völlig überhängend, mit sehr kurzem Kelch und glockenförmiger, nach unten geneigter, bis 2 cm langer Krone. Diese ist außen violett und innen weiß mit violettem Rand. Schaft, Stiele und Kelch sind weiß bemehlt. In jedem Fall einen halbschattigen Platz wählen, weil sonst die Blüten zu rasch vergehen.
Vermehrung: Aussaat, selten durch Teilung.
Nachbarpflanzen: *Primula, Caltha, Veronica, Iris.*
WT: 0 cm, **GR:** 20 - 30 cm, **BZ:** VI - VII, **ST:** ◗

***Scutellaria galericulata* Linné, 1753** **Kappen-Helmkraut**

Fam.: Lamiaceae - Lippenblütengewächse
Verbreitung: Europa, Asien.
Standorte: Naßwiesen, Gräben, Ufer; verbreitet.
Der Name *Scutellaria* kommt von scutellum = Schildchen und bezieht sich auf den Blütenkelch, *galericulata* = kleinbehelmt, kleinhaubig, wegen der Oberlippe der Blüte.
Aufrechter Stengel bis 4 mm dick, grün-braun, Blätter gegenständig, spießförmig, sitzend, bis 4 cm lang, 15 mm breit, Basis umfassend, Ränder gekerbt. In den oberen Achseln sitzen jeweils zwei blaue Blüten beisammen. Krone bis 2,5 cm lang, Unterlippe ausgebreitet, heller und dunkler gezeichnet, Oberlippe helmartig darüber. Für die naturnahe Begrünung. Es entstehen dichte Polster aus hochstehenden Trieben. Kann sumpfig, im seichten Wasser wie auch im normalen Gartenboden gehalten werden.
Vermehrung: Stecklinge, Teilung der Sproßbasen.
Nachbarpflanzen: *Scirpus, Cicuta, Caltha, Lysimachia.*
WT: 0 - 2 cm, **GR:** 50 - 60 cm, **BZ:** VII - VIII, **ST:** ○ - ◗

***Symplocarpus foetidus* (Linné) Nuttall, 1818** **Stinkkohl**

Fam.: Araceae - Aronstabgewächse
Verbreitung: Nordamerika, gemäßigtes Nordasien.
Standorte: Sümpfe, Bachränder, Naßwiesen.
Der Name *Symplocarpus* kommt von symplokos = zusammengeflochten, und karpos = Frucht, wegen der Fruchtform, *foetidus* = übelriechend, der Blütenduft. Größere Rosette aus etwa 30 cm lang gestielten Blättern. Spreite herzförmig, dunkelgrün, bis 40 cm lang, 30 cm breit, vorne spitz, Ränder gewellt. Die kurz gestielten Blütenstände erscheinen vor der Blattentwicklung. Den kugeligen Kolben umgibt eine große, bauchige oder muschelförmige Spatha. Sie ist zugespitzt, violett bis kastanienbraun. Weil die Blüte einen unangenehmen Duft verbreitet, entstand der deutsche Name Stinkkohl. In Nordamerika wurde die Art von einigen Indianerstämmen als Nutzpflanze verwendet. Rhizome und Wurzeln dienten als Heilmittel, aus den Wurzeln wurde Brot hergestellt und die Blätter als Gemüse gegessen. Eine auffällige Staude für den Sammler seltener Sumpfpflanzen. Erreicht als Solitär fast 1 m Durchmesser, sollte im Halbschatten stehen, im sumpfigen sauren Boden. Jedoch nicht in stauender Nässe halten.
Vermehrung: Seitensprosse, Aussaat.
Nachbarpflanzen: *Primula, Iris, Myosotis, Lythrum.*
WT: 0 cm, **GR:** 50 - 60 cm, **BZ:** III - IV, **ST:** ◗ - ●

Primula waltonii

Scutellaria galericulata

Symplocarpus foetidus, Stinkkohl

Succisa pratensis MOENCH, 1794 **Teufelsabbiß**

Fam.: Dipsacaceae - Kardengewächse

Verbreitung: Europa, Westsibirien.

Standorte: Moorwiesen, Flachmoore; ziemlich häufig.

Der Name *Succisa* kommt von succidere = unten abschneiden. Das Hinterende des Rhizomes sieht abgebissen aus und nach der Sage hat dies der Teufel getan, aus Wut über die (heute nicht bewiesene) Heilwirkung der Pflanze, *pratensis* = wiesenbewohnend. Der kurze, dicke Wurzelstock wächst vorne weiter, während er hinten abstirbt und verwest. Grundblätter gestielt, oval, meist ganzrandig, bis 20 cm lang, 3 cm breit. Der beblätterte Blütenstengel wird bis 80 cm hoch. Daran treiben halbkugelige, später kugelige, etwa 25 mm breite Blütenköpfe. Die blauviolette Kronröhre wird 7 mm lang. Aufgrund seiner natürlichen Standorte gedeiht der Teufelsabbiß problemlos im Moorbeet. Sehr schön für die Begrünung eines naturnahen Gartenteiches geeignet.

Vermehrung: Rhizomverzweigungen.

Nachbarpflanzen: *Valeriana, Symphytum, Veratrum, Lycopus.*

WT: 0 cm, **GR:** 20 - 80 cm, **BZ:** VII - X, **ST:** ❍ - ◗

Thelypteris palustris SCHOTT, 1836 **Sumpffarn, Buchenfarn**

Syn.: *Thelypteris thelypteroides*

Fam.: Thelypteridaceae - Sumpffarngewächse

Verbreitung: Gemäßigte Zonen aller Erdteile, Afrika, Neuseeland.

Standorte: Torfwiesen, Bruchwälder, Wald- und Schilfsümpfe.

Thelypteris kommt von thelys = weiblich und pteris = Farn, *palustris* = sumpfbewohnend. Kleine Rosette aus kurz gestielten Wedeln, bis 40 cm lang, 15 cm breit, locker doppelt gefiedert, hellgrün, Mittelspindel grün. Fiedern 1. Ordnung versetzt sitzend, bis 8 cm lang, 2 cm breit. Fiedern 2. Ordnung bis 1 cm lang, 7 mm breit, vorne eckig. Durch die locker gestellten Wedel entsteht eine grazile Pflanze. In der Gruppe etwa 20 cm Abstand halten. Kann großflächig zur Bodenbegrünung verwendet werden. Die Standorte liegen bodenfeucht, sumpfig bis in das flache Wasser hineinragend. Selbst bei einer Wassertiefe von 20 cm breitet sich der Farn noch rasch aus. Im Wasser stehend wird auch Vollsonne ertragen. Allgemein aber eine Schattenpflanze.

Vermehrung: Rhizomteilung.

Nachbarpflanzen: *Primula, Osmunda, Onoclea, Darmera.*

WT: 0 - 20 cm, **GR:** 30 - 40 cm, **ST:** ❍ - ◗ - ●

Triglochin maritimum LINNÉ, 1753 **Strand-Dreizack**

Fam.: Juncaginaceae - Dreizackgewächse

Verbreitung: Kältere und gemäßigte Zonen der nördlichen Halbkugel, gemäßigtes Südamerika.

Standorte: Salzhaltige Sumpfwiesen, Verlandungszonen, Brackwasserzonen der Küsten; im Binnenland selten.

Der Name *Triglochin* kommt von tri = drei und glochis = Spitze, wegen der dreizähnigen Früche, *maritimum* = am oder im Meer befindlich. Kleine Blätterhorste, Spreiten hochsteigend, am Grunde scheidig, linear, halbstielrund, bis 30 cm lang, 4 mm dick. An der gestielten, bis 40 cm langen Ähre sitzen zahlreiche kleine, grünliche Zwitterblüten dicht beisammen. Sie haben 6 Staubblätter, 6 Fruchtblätter und eine sechsfächerige Frucht. Sehr ähnlich ist *T. palustris*. Obwohl eine Brackwasserpflanze, gedeiht die Art gut am Gartenteich und bildet lockere, binsenartige Bestände.

Vermehrung: Bildet keine Ausläufer. Samenpflanzen sind nach zwei Jahren blühfähig.

Nachbarpflanzen: *Caltha, Alisma, Mentha, Menyanthes.*

WT: 0 - 5 cm, **GR:** 30 - 60 cm, **BZ:** V - VI, **ST:** ❍

Thelypteris palustris, Sumpffarn

Succisa pratensis

Triglochin maritimum

Triglochin palustris Linné, 1753 **Sumpf-Dreizack**

Fam.: Juncaginaceae - Dreizackgewächse

Verbreitung: Gemäßigte und kalte Zonen der nördlichen Halbkugel, Chile, Argentinien, Feuerland.

Standorte: Sumpfwiesen, Moorgebiete, Ränder von Seen, Teichen und Gräben; ziemlich selten, geschützt, Gef. Gr.: 3.

Der Artname *palustris* = im Sumpf lebend.

Kleine Blatthorste, Spreiten hochsteigend, am Grunde scheidig, halbstielrund, meist bis 20 cm lang, 4 mm dick, etwas fleischig. An der gestielten, bis 40 cm langen Ähre sitzen zahlreiche kleine grünliche Blüten, locker und weiter entfernt als beim ähnlichen *T. maritimum*. Die Frucht ist dreifächerig. Wegen des binsenartigen Aussehens selten in Kultur. Wächst gut im Flachwasser und bildet einen rasenartigen Bestand, der sich weit ausbreiten kann.

Vermehrung: Das Rhizom bildet Ausläufer, die aber nicht immer zur Entwicklung kommen. Sämlingsaufzucht erfordert Geduld.

Nachbarpflanzen: *Alisma, Calla, Mentha, Menyanthes.*

WT: 2 - 5 cm, **GR:** 20 - 60 cm, **BZ:** V - VI, **ST:** ❍

Trollius europaeus Linné, 1753 **Europäische Trollblume**

Fam.: Ranunculaceae - Hahnenfußgewächse

Verbreitung: Europa, Kaukasus, Nordamerika.

Standorte: Sumpfwiesen, Flachmoore, Bachränder; zerstreut, geschützt, Gef. Gr.: 3.

Der Name *Trollius* ist abgeleitet vom althochdeutschen trol = Kugel und wurde latinisiert, *europaeus* = in Europa vorkommend.

Bodenblätter gestielt, handförmig geteilt, die Abschnitte dreiteilig, mit ungleichen Zipfeln, bis 20 cm groß. Stengelblätter sitzend und kleiner. Am aufrechten Stengel öffnen sich 1 bis 3 Blüten, sie sind kugelförmig, goldgelb, bis 3 cm breit und aus 10 - 15 ganzrandigen Hüllblättern zusammengesetzt. Durch Züchtung entstanden viele schöne Sorten. Zur Blütezeit bringen die goldenen Kugeln der Trollblume Farbe an den Gartenteich. Bereitet keine Probleme, wächst am Ufer, sumpfig aber auch noch relativ trocken. Nicht selten werden im Herbst noch einige Blüten geöffnet.

Vermehrung: Aussaat, Teilung.

Nachbarpflanzen: *Iris, Primula, Gentiana, Aquilegia.*

WT: 0 cm, **GR:** 30 - 50 cm, **BZ:** IV - VI, **ST:** ❍ - ◗

Trollius pumilus D. Don, 1825 **Kleine Trollblume**

Fam.: Ranunculaceae - Hahnenfußgewächse

Verbreitung: Himalaja.

Standorte: Sumpfwiesen, Moore, Bachränder.

Der Artname *pumilus* = niedrig bezieht sich auf die Wuchshöhe.

Bodenblätter etwa 20 cm lang gestielt, Spreite bis 6 cm groß, mehrfach fiederspaltig, mit spitzen Abschnitten. Am aufrechten, beblätterten Stengel sitzt jeweils eine gestielte Blüte von 3 cm Breite. Die gelbe Krone ist schalenförmig offen. Bildet schöne lockere Blattpolster, an denen die geldgelben Blüten leuchtend hervorragen. Am entsprechend feuchten Standort wird auch Sonne ertragen, allgemein ist jedoch Halbschatten empfehlenswert. Gedeiht auch gut im Moorbeet.

Vermehrung: Mäßige Entwicklung von Seitenpflanzen, Aussaat.

Nachbarpflanzen: *Primula, Luzula, Carex, Scirpus.*

WT: 0 cm, **GR:** 30 - 40 cm, **BZ:** V - VI, **ST:** ❍ - ◗

Triglochin palustris

Trollius pumilus

Trollius europaeus, Europäische Trollblume

3.3 Mittelhohe Sumpfpflanzen

Acorus calamus **Linné, 1753** **Kalmus**

Fam.: Araceae - Aronstabgewächse
Verbreitung: Europa, Asien, Nordamerika.
Standorte: Ufer stehender Gewässer, Flüsse, Sümpfe,Gräben; zerstreut.

Der Name *Acorus* setzt sich zusammen aus dem verneinenden Buchstaben A und korus = Sättigung. Es handelt sich um einen sehr alten Namen, den man wegen der appetitanregenden Wirkung gewählt hatte. Die Rhizome wurden den (nicht gesättigten) Kranken als Arznei verabreicht, *calamus* = Rohr, Schilf.

Arzneilich verwendet wird der im Herbst gegrabene Wurzelstock. Er enthält ein magenstärkendes und appetitanregendes Mittel. Kalmus-Öl wird in der Likörindustrie zur Herstellung von Magenbitter und Kräuterlikör verwendet. Ursprünglich gehört die Art nicht zur einheimischen Flora. Sie wurde im Jahre 1562 aus Kleinasien als Rhizom zum Anbau nach Prag eingeführt und hat sich bald über ganz Europa verbreitet. Das kräftige Rhizom wird bis 3 cm dick und ist seitlich etwas zusammengedrückt. Die grundständigen Blätter sind zweizeilig angeordnet, linearisch, bis 150 cm lang, 3 cm breit, oft quer gerunzelt, mit mäßig gewellten Rändern. An der Seite eines dreikantigen Stieles sitzt ein 15 cm langer Blütenkolben, dicht besetzt mit zahlreichen Zwitterblüten. Bei den europäischen Pflanzen kommt es nicht zur Samenbildung. Die stattliche Pflanze benötigt einen fetten, tiefgründigen Boden und vollsonnigen Standort. Das Wachstum ist dann sehr rasch, und es werden bald dichte Horste gebildet. Am kleinen Teich daher die Ausbreitung beschränken, oder im abgeteilten Terrain halten.

Vermehrung: Seitentriebe vom Rhizom abnehmen, flach setzen.
Nachbarpflanzen: *Iris, Darmera, Petasites, Lysimachia.*
WT: 0 -. 30 cm, **GR:** 80 - 150 cm, **BZ:** VII - VIII, **ST:** ❍

Acorus calamus **Linné, 1753** (o. Abb.) **Gestreifter Kalmus**

Sorte: ‚Variegatus'

Fam.: Araceae - Aronstabgewächse
Verbreitung: (Europa, Asien, Nordamerika).
Standorte: Kultursorte.

Der Sortenname ‚Variegatus' = verändert, bezieht sich auf die gestreiften Blätter.

Das bis 2 cm dicke Rhizom bildet hochstehende, zweizeilige, schmale Blätter, in der Regel bis 100 cm lang und 3 cm breit. Die Färbung kann verschieden sein. Mitunter zeigen grüne Blätter gelbe Ränder oder einen gelben Mittelstreifen, manchmal entstehen mehrere, schmale gelbe Streifen. An den Kulturpflanzen werden Blüten fast nicht beobachtet. Der Gestreifte Kalmus wächst besser im flachen Wasser. Am Teichrand im Sumpf bleibt die Pflanze kleiner und die Zuwachsrate ist weniger rasch als bei der grünen Stammform. Fetter, tiefgründiger Boden wird den Trieb begünstigen. Die liegenden Rhizome werden flach im Boden untergebracht, wobei am besten mehrere Exemplare sogleich eine Gruppe bilden. Später entstehen dichte Blatthorste mit schöner dekorativer Wirkung. Dabei wird die Gruppe separat gehalten oder durch Kontrastpflanzen betont.

Vermehrung: Seitentriebe vom Rhizom abnehmen, Teilen der Pflanzenbasen.
Nachbarpflanzen: *Iris, Lythrum, Lysimachia, Caltha.*
WT: 0 - 30 cm, **GR:** 80 - 100 cm, **ST:** ❍

Acorus calamus, Kalmus

Buntblättrige Pflanzen bringen Farbkontraste.

Alisma plantago-aquatica Linné, 1753 **Gemeiner Froschlöffel**

Fam.: Alismataceae - Froschlöffelgewächse

Verbreitung: Ursprünglich gemäßigte Breiten der Nordhalbkugel, nunmehr fast ein Kosmopolit.

Standorte: Schlammige Uferzonen langsam fließender oder stehender Gewässer; zerstreut.

Der Name *Alisma* ist eine griechische Bezeichnung für eine Wasserpflanze, *plantago* = die Gattung Wegerich, *aquatica* = im Wasser lebend. Grundständige gestielte Blätter, Spreite oval, bis 25 cm lang, 10 cm breit, Basis gerundet-herzförmig. Die pyramidale, über 1 m hohe Rispe ist reichlich verzweigt, öffnet zahlreiche, knapp 1 cm breite Blüten mit schwach rosa oder weißen Kronblättern. Am besten vor der Fruchtreife entfernen, um zu verhindern, daß die zahlreichen auflaufenden Samen lästig werden. Im tieferen Wasser bilden diese Samenpflanzen zuerst kurze, bandförmige Wasserblätter und im folgenden Jahr Luftblätter. Gilt als ideale Teichpflanze, die im nassen Sumpf oder flachen Wasser gut gedeiht. Am relativ trockenen Ufer bleiben die Pflanzen wesentlich kleiner im Wuchs.

Vermehrung: Seitenpflanzen ablösen, Aussaat.

Nachbarpflanzen: *Scirpus, Typha, Iris, Mentha.*

WT: 0 - 20 cm, **GR:** 30 - 80 cm, **BZ:** V - VIII, **ST:** ○

Aster umbellatus Miller, 1768 **Doldenblütige Aster**

Fam.: Asteraceae - Korbblütengewächse

Verbreitung: Nordamerika.

Standorte: Naßwiesen, Gräben, Ufer.

Der Name *Aster* kommt von asteras = Stern und bezieht sich auf die Form der Blütenkörbchen, umbellatus = doldig.

Aufrechte Stengel, bis 100 cm hoch, Blätter wechselständig, gedrängt sitzend, lanzettförmig mit herablaufender Basis, bis 12 cm lang, 2 cm breit. Die umfangreiche Schirmrispe trägt zahlreiche 2 cm breite Blütenkörbchen, etwa 15 weiße Rand-Zungenblüten, 10 x 2 mm groß, Innenblüten gelb. Wegen der spätsommerlichen Blütezeit eine interessante Pflanze, die aber selten in Kultur ist. Wächst sumpfig oder im Normalboden. Bildet mit der Zeit lockere Trupps, die sich ausdehnen.

Vermehrung: Ausläufer.

Nachbarpflanzen: *Lysichiton, Orontium, Eriophorum, Saxifraga.*

WT: 0 cm, **GR:** 50 - 100 cm, **BZ:** VII - IX, **ST:** ○

Bidens tripartitus Linné, 1753 **Dreiteiliger Zweizahn**

Fam.: Astereaceae - Körbblütengewächse

Verbreitung: Europa, Asien.

Standorte: Teichränder, Gräben, schlammige oder sumpfige Böden; verbreitet.

Der Name *Bidens* kommt von bi = zwei und dens = Zahn, *tripartitus* = dreiteilig in Bezug auf die Blattabschnitte.

Aufrechte rote Stengel mit abstehenden Ästen. Blätter bis 10 cm lang, dunkelgrün, drei- bis siebenteilig. Abschnitte lanzettförmig, Ränder grob gezähnt. Die gestielten Blütenkörbchen sind bis 2 cm breit, entweder mit oder ohne zungenförmige Randblüten. Röhrenblüten bräunlich, 5 bis 8 äußere Hüllblätter bandartig, innere gelbbraun.

Einjährige Wildstaude für den naturnahen Teich, wächst am Rand oder im flachen Wasser. Interessant auch wegen der späten Blütezeit, die bis in den Oktober hinein anhält. Am sonnigen Standort erfolgt eine dunkelrote Herbstfärbung.

Vermehrung: Selbstaussaat.

Nachbarpflanzen: *Eleocharis, Sagittaria, Typha, Acorus.*

WT: 0 - 2 cm, **GR:** 50 - 100 cm, **BZ:** VII - X, **ST:** ○ - ◗

Alisma plantago-aquatica, Gemeiner Froschlöffel

Aster umbellatus

Bidens t-ipartitus

Butomus umbellatus **LINNÉ, 1753** **Schwanenblume**

Fam.: Butomaceae - Wasserlieschgewächse

Verbreitung: Gemäßigtes Europa, Asien, Nordafrika, in Nordamerika vereinzelt eingebürgert.

Standorte: Ufer, Gräben, Röhrichte stehender oder langsam fließender Gewässer; selten.

Der Name *Butomus* kommt von bous = Rind und temnein = schneiden. Dieser griechische Name einer Sumpfpflanze mit schneidenden Blättern, an denen sich die Rinder verletzten, wurde im 16. Jahrhundert auf die Schwanenblume übertragen, umbella = Schirm, bezieht sich auf den doldenförmigen Blütenstand. Grundständige, schmale Blätter, 60 - 130 cm lang, 1 cm breit, oberseits rinnig, unten dreieckig. Der etwa 150 cm hohe Schaft trägt eine vielzählige Dolde aus gestielten Blüten. Diese werden bis 2,5 cm breit und haben drei rötlich-weiße Kronblätter. Der relativ große Blütenstand bildet unter den heimischen Sumpfpflanzen eine auffällige Erscheinung. Wertvolle Uferpflanze für den Gartenteich, deren Standort grundsätzlich im Wasser liegt, jedoch nicht tiefer als 30 cm, sonst bleiben die Blüten aus. Nahrhafter Boden ist ratsam.

Vermehrung: Teilen der Pflanzenbasen im zeitigen Frühjahr.

Nachbarpflanzen: *Iris, Typha, Scirpus, Acorus.*

WT: 5 - 30 cm, **GR:** 80 - 130 cm, **BZ:** VI - VIII, **ST:** ❍

Carex acutiformis **EHRHARD, 1794** **Sumpf-Segge**

Fam.: Cyperaceae - Sauergräser

Verbreitung: Europa.

Standorte: Naßwiesen, Ufer, Gräben; häufig.

Der Name *Carex* ist eine alte römische Bezeichnung für stacheliges Gestrüpp, *acutiformis* = spitz (die Blattähre). Blätter rosettig, bandförmig, graugrün, aufrecht, bis 100 cm lang, 8 mm breit, oberseits rinnig, lang, spitz. Blütenstand scharf dreikantig, rauh, oben beblättert. Ährchen bis 8 mm lang, nicht gestielt, aufrecht. Unten 3 - 6 weibliche, oben 1 - 4 männliche Ährchen, das unterste Trageblatt überragt den Blütenstand. Für den naturnahen Teich, bildet dichte und umfangreiche Büsche, die sich gut zum Verdecken von gemauerten Teichrändern eignen. Auch als kleine Insel im Wasserteil möglich.

Vermehrung: Ausläufer mit Seitentrieben.

Nachbarpflanzen: *Typha, Scirpus, Iris, Lythrum.*

WT: 0 - 20 cm, **GR:** 60 - 100 cm, **BZ:** VI - VII, **ST:** ❍

Carex elata **ALLIONI, 1831** **Steife Segge**

Syn.: *Carex stricta*

Fam.: Cyperaceae - Sauergräser

Verbreitung: Europa, Kaukasus, Tunesien.

Standorte: Ufer, Sümpfe, Erlenbrüche, Verlandungszonen; zerstreut.

Der Artname *elata* = hoch, erhaben, mit Bezug auf die Blütenähren.

Bildet dichte Bulte aus grasartigen Blättern, bis 100 cm lang, 8 mm breit, steif, graugrün. Der dreikantige Blütenstengel wird bis 80 cm hoch und ist unten beblättert. Vorne sitzen kleine Trageblätter mit 2 - 3 Ähren, ungestielt, hochstehend, bis 6 cm lang. Die unterste Ähre rein weiblich, die oberste rein männlich. Gedeiht in der Uferzone bis in das flache Wasser, aber auch noch relativ trocken. Daher gut als Uferbefestigung zu verwenden. Gemauerte Ränder können damit verdeckt werden. Wegen der unscheinbaren Gestalt selten kultiviert.

Vermehrung: Seitentriebe, Teilung.

Nachbarpflanzen: *Iris, Scirpus, Lythrum, Typha.*

WT: 0 - 15 cm, **GR:** 80 - 100 cm, **BZ:** V - VI, **ST:** ❍ - ◗

Butomus umbellatus, Schwanenblume

Carex acutiformis

Carex elcta

Carex grayi Carey, **1821** — **Morgenstern-Segge**

Fam.: Cyperaceae - Sauergräser
Verbreitung: Nordamerika.
Standorte: Flachmoore, Quellen, Gräben.

Die Art wurde nach dem englischen Botaniker S. F. Gray (1766 - 1828) benannt.

Grundständige Blätter, schmal lanzettlich, bis 70 cm lang, 8 mm breit, über die Mitte rinnig. Blütenstengel bis 60 cm hoch, beblättert, dreikantig, mit 1 - 2 Ährchen. Die mehrteilige Frucht ist hellgrün, aus blasigen Teilfrüchten, und sieht aus wie ein Morgenstern = altertümliche Waffe. Der Zierwert dieser vielseitig verwendbaren Sumpfpflanze liegt vor allem in den eigenartigen Früchten.

Vermehrung: Seitentriebe, Aussaat.
Nachbarpflanzen: *Juncus, Myosotis, Primula, Lythrum.*
WT: 0 - 2 cm, **GR:** 50 - 70 cm, **BZ:** V - VI, **ST:** ○ - ◗

Carex paniculata **Linné, 1753** — **Rispen-Segge**

Fam.: Cyperaceae - Sauergräser
Verbreitung: Europa.
Standorte: Gräben, Quellen, Erlenbruchwälder, Großseggensümpfe; zerstreut.

Der Artname *paniculata* = rispig, in Bezug auf den Blütenstand. Kräftige und umfangreiche Horste bildend. Blätter bis 80 cm lang, 1 cm breit, Stengel sehr rauh mit grundständigen braunen Blattscheiden. Bildet eine 10 cm lange, lockere Rispe mit verlängerten Ästen, die ziemlich abstehen, Ährchen hellbraun, glänzend. Für die naturnahe Begrünung größerer Anlagen vom Flachwasser bis zum trockenen Standortboden zu verwenden. Wegen des vergleichsweise geringen Zierwertes allgemein wenig kultiviert.

Vermehrung: Teilen der Pflanzenbasen.
Nachbarpflanzen: *Darmera, Petasites, Ligularia, Lythrum.*
WT: 0 - 5 cm, **GR:** 60 - 100 cm, **BZ:** V - VI, **ST:** ○ - ◗

Carex pendula **Hudson, 1762** — **Riesensegge, Hängende Segge**

Fam.: Cyperaceae - Sauergräser
Verbreitung: Europa, Asien, Südafrika.
Standorte: Feuchte Laubwälder, schattige Quellfluren; verbreitet.

Der Artname *pendula* = hängend, nimmt Bezug auf die Blütenähren.

Horstbildende Pflanze mit schmalen, überhängenden, festen Blättern, bis 80 cm lang, 2,5 cm breit, lang, spitz, Ränder und Nervatur rauh. Der dreikantige, bis 100 cm hohe Blütenstengel ist bis oben beblättert. Daran steht eine endständige männliche Ähre, die 2 - 5 weiblichen Ähren sind gestielt und bogig überhängend, bis 15 cm lang, 5 mm dick, grün. Vom flachen Wasser über die Uferregion bis zum normalen Gartenboden sind alle Standorte möglich.

Vermehrung: Seitentriebe, Teilung.
Nachbarpflanzen: *Typha, Iris, Euphorbia, Rumex.*
WT: 0 - 2 cm, **GR:** 80 - 100 cm, **BZ:** V - VI, **ST:** ○ - ◗

Carex pseudocyperus **Linné, 1753** — **Scheinzypergras-Segge**

Fam.: Cyperaceae - Sauergräser
Verbreitung: Europa, Asien, Nordamerika, Nordafrika.
Standorte: Ufer von Tümpeln, Erlenbrüche, Gräben; selten.

Carex grayi

Carex paniculata

Carex pendula

Carex pseudocyperus, Blütenstand

Fortsetzung *Carex pseudocyperus*, Scheinzypergras-Segge:

Der Artname *pseudocyperus* bedeutet soviel wie: scheinbares Zypergras.

Grundblätter bis 50 cm lang, 15 mm breit, seitlich locker überhängend. Stengel dreikantig, vordere Blätter stark genähert, fast quirlig, die Ähren gestielt, bis 8 cm lang, über dem Laub. Die 3 - 6 weiblichen Ähren hängen über, eine männliche Ähre steht vorne gerade. Bildet lockere Tuffs aus überfallendem, schilfähnlichem, hellgrünem Laub. Wüchsige und wenig empfindliche Teichpflanze, auch für das Moorbeet und bodenfeucht.

Vermehrung: Seitensprosse.

Nachbarpflanzen: *Typha, Scirpus, Eleocharis, Veronica.*

WT: 0 - 2 cm, **GR:** 40 - 80 cm, **BZ:** VI - VII, **ST:** ○ ◗

***Cicuta virosa* LINNÉ, 1753** **Wasserschierling**

Fam.: Apiaceae - Doldenblütengewächse

Verbreitung: Europa, gemäßigtes Asien, Japan.

Standorte: Ufer, Gräben, Altwasser; zerstreut.

Der Name *Cicuta* ist ein römischer Pflanzenname, *virosa* = giftsaftig, wegen der vor allem in den Wurzeln vorhandenen Giftstoffe. Die Pflanze ist stark giftig.

Grundständige Blätter bis 30 cm lang gestielt, mit breiter Stielscheide. Spreite bis 20 cm lang, 15 cm breit, 2 - 3fach gefiedert, die Fiedern schmal, bis 8 cm lang, scharf gezähnt. Blütenschaft bis 100 cm hoch und beblättert. Die etwa 30 cm breite Dolde ist 15 - 25strahlig, mit je 3 cm breiten Einzeldolden aus 50 weißen, 2 mm messenden Blüten zusammengesetzt. Reichblütiger Solitär für die naturnahe Begrünung kleinerer und größerer Anlagen.

Vermehrung: Kann durch reichliche Selbstaussaat lästig werden, daher nicht zur Samenreife kommen lassen.

Nachbarpflanzen: *Veronica, Gratiola, Eriophorum, Epipactis.*

WT: 0 - 2 cm, **GR:** 50 - 100 cm, **BZ:** VII - IX, **ST:** ○ - ◗

***Cyperus longus* LINNÉ, 1753** **Langblättriges Zypergras**

Fam.: Cyperaceae - Sauergräser

Verbreitung: Südeuropa, Asien, Afrika.

Standorte: Flußufer, nasse, sandige, lehmige Stellen.

Der Name *Cyperus* kommt von kypeiros = ein griechischer Name der Venus, Göttin der Liebe, *longus* = lang, wegen der Quirlblätter.

Grundständige Rosette, Blätter grasartig, überhängend, bis 30 cm lang, 1 cm breit, Mittelader eingesenkt, Unterseite scharf dreikantig. Stengel bis 70 cm hoch, dreikantig, an der Spitze ein Quirl aus ungleich langen Blättern, innere bis 20 cm lang, 3 mm breit, äußere bis 80 cm lang und 1 cm breit. Der bis 30 cm lange Blütenstand trägt bis zu 10 Spirrenäste mit 2 cm großen, spitzen, rotbraunen Ährchen. Eine sehr dekorative und auch originelle grasartige Teichpflanze. Als dichte Gruppe in der Seichtwasserzone, für Sumpf und Teichrand.

Vermehrung: Durch Ausläufer entstehen umfangreiche Büsche.

Nachbarpflanzen: *Rumex, Lythrum, Euphorbia, Typha.*

WT: 0 - 20 cm, **GR:** 80 - 100 cm, **BZ:** VII - VIII, **ST:** ○ - ◗

Carex pseudocyperus, Scheinzypergras-Segge

Cicuta virosa

Cyperus longus

Darmera peltata (TORREY ex BENTHAM) VOSS, 1894/96 **Schildblatt**

Syn.: *Peltiphyllum peltatum*

Fam.: Saxifragaceae - Steinbrechgewächse

Verbreitung: Nordamerika.

Standorte: Bachufer, Gewässerränder.

Die Gattung ist nach dem Botaniker DARMER benannt, peltatum = schildartig, bezieht sich auf die Blattgestalt.

Kräftige, schildförmige, rundliche Blätter, deren Stiele unterseits in der Mitte angesetzt sind. Die etwa 60 cm große Spreite ist mehrfach eingekerbt und hat gezähnte Ränder. Der bis 90 cm hohe Stengel ist blattlos, braunrot, rauhhaarig, die überhängende Trugdolde mit den rosaroten Blüten erscheint vor der Blattentwicklung.

Das Schildblatt wächst am besten naß bis sumpfig und erträgt dann auch Sonne. Geeignet zur Begrünung von Ufern größerer Teiche, wobei die Haltung als Solitär zu empfehlen ist, damit sich die Blätter auf kurzen Stielen entfalten. Im normal feuchten Boden bleibt die Pflanze kleiner und erschlafft bei Trockenheit, daher dann schattig halten.

Vermehrung: Rhizomteilung im Frühjahr.

Nachbarpflanzen: *Lythrum, Ligularia, Acorus, Petasites.*

WT: 0 cm, **GR:** 50 - 130 cm, **BZ:** IV - V, **ST:** ○ - ◗ - ●

Dulichium arundinaceum (LINNÉ) BRITTON, 1894 **Schilfartiges Ried**

Fam.: Cyperaceae - Sauergräser

Verbreitung: Östliches Nordamerika.

Standorte: Sümpfe, Teiche, Gewässerränder.

Der Name *Dulichium* war ein lateinischer Name für ein Riedgras, *arundinaceum* = schilfrohrartig.

Aufrechte Stengel, Halme hohl und gegliedert, bis oben wechselständig beblättert. Spreite sitzend, bis 8 cm lang, 8 mm breit, seitlich abgespreizt oder schräg nach oben stehend. Achselständig kleine braune sitzende Ährchen, kürzer als die Blätter. Es handelt sich um stark reduzierte zwittrige Teilblütenstände aus nur zwei Blüten, deren Trageblätter in Borsten umgebildet sind.

Ihre volle Wirkung erzielen die Pflanzen, wenn man sie solitär als kleine Trupps zwischen niedrige Gewächse plaziert. Gedeiht gut im flachen Wasser. Ein Objekt für den Sammler von Raritäten.

Vermehrung: Rhizomteilung.

Nachbarpflanzen: *Myosotis, Mentha, Geranium, Veronica.*

WT: 0 - 5 cm, **GR:** 50 - 90 cm, **BZ:** VIII - X, **ST:** ○

Darmera peltata, Schildblatt

Darmera peltata, Blüte

Dulichium arundinaceum

Glyceria fluitans (Linné) R. Brown, 1810 **Flutender Schwaden**
Fam.: Poaceae - Süßgräser
Verbreitung: Europa, Kaukasus, Westsibirien, Vorderasien.
Standorte: Bäche, Gräben, Bachröhricht, Auenwälder; häufig.

Der Name *Glyceria* kommt von glycos = süß, lieblich, wegen des Geschmackes der Samen einiger Arten, die früher als Viehfutter dienten, der Artname *fluitans* = flutend, nimmt Bezug auf die Möglichkeit, im tiefen Wasser flutende Blätter zu bilden.

Pflanze mit langen Ausläufern, Blätter rosettig, grau-grasgrün, bis 100 cm lang, 1 cm breit, meist leicht rauh, mit kleinen zerschlitzten Blatthäutchen. Der Blütenstand bildet eine einseitswendige Rispe, die oft zusammengezogen ist. Die Rispenäste haben bis 4 Ährchen, bis 25 mm lang, ihre Deckspelzen sind ganzrandig, vorne verschmälert. Im flachen bis seichten Wasser entstehen aufrechte Luftblätter, während sie im tiefen Wasser flutend aufliegen. Für die naturnahe Begrünung größerer Teiche.

Vermehrung: Durch die langen Ausläufer besteht Neigung zum weiten Ausbreiten.
Nachbarpflanzen: *Euphorbia, Butomus, Sparganium, Typha.*
WT: 2 - 40 cm, **GR:** 50 - 100 cm, **BZ:** V - VIII, **ST:** ○ - ◗

Glyceria maxima (Hartmann) Holmberg, 1919 **Wasser-Schwaden**
Syn.: *Glyceria aquatica*
Fam.: Poaceae - Süßgräser
Verbreitung: Europa, Sibirien, Kaukasus, in Neuseeland eingebürgert.
Standorte: Uferröhricht, nährstoffreiche Gewässer; häufig.

Der Artname *maxima* = größter, sehr groß. Blätter rosettig, hellgrün, bis 80 cm lang, 15 mm breit, Blatthäutchen bis 3 mm lang, gestutzt, vorne kurz, spitz, Blattscheiden gekielt und rauh. Der rohrartige Blütenstengel ist beblättert, bis 150 cm hoch, die Rispe wird bis 40 cm lang, weit ausgebreitet, reichblütig, Ährchen bis 8 mm lang, 5 - 8blütig, erst hellgrün, zur Reifezeit bräunlich. Eine wuchskräftige Art für naturnahe Begrünung größerer Anlagen. Durch das rasche Wachstum können bald ausgedehnte Flächen bedeckt werden.
Vermehrung: Ausläuferbildung sehr stark.
Nachbarpflanzen: *Alisma, Sagittaria, Iris, Saururus.*
WT: 0 - 30 cm, **GR:** 80 - 200 cm, **BZ:** VII - VIII, **ST:** ○ - ◗

Glyceria maxima (Hartmann) Holmberg, 1919 **Gebänderter**
Sorte: ‚Variegata' **Wasser-Schwaden**
Fam.: Poaceae - Süßgräser
Verbreitung: (Europa, gemäßigtes Asien).
Standorte: Kultursorte.

Der Artname *maxima* = größter, der Sortenname ‚Variegata' = verändert, bezieht sich auf die farbig gestreiften Blätter.

Aus dem kriechenden Rhizom treiben aufrechte Blätter, bis 70 cm lang, 2 cm breit, mit sehr fein und scharf gesägten Rändern. Die Farbe ist unterschiedlich, überwiegend entstehen grüne Blätter mit weißlich-gelben, schmalen Längsstreifen. Mitunter sind sie auch überwiegend gelb-weiß und zeigen nur schmale grüne Streifen. Die Rispe bildet unscheinbare Grasblüten mit hellgrünen Ährchen, erscheint aber nicht regelmäßig. Schöne, dicht gewachsene Blatthorste wirken sehr auffällig zwischen grünen und anders geformten Teichpflanzen. Wegen der geringen Größe und der Blattzeichnung empfehlenswerter als die grüne Stammform. Hält man die Pflanze im freien Wasser, neigt sie allerdings leicht zum weiten Ausbreiten. Wird daher besser in geschlossener Abteilung untergebracht. Bei der relativ trockenen Kultur am Ufer ist diese Neigung weniger stark ausgeprägt, aber dennoch vorhanden.
Vermehrung: Teilen der Pflanzenbasen, Abnahme von Seitentrieben.
Nachbarpflanzen: *Iris, Alisma, Caltha, Typha.*
WT: 0 - 10 cm, **GR:** 50 - 70 cm, **BZ:** VII - VIII, **ST:** ○

Glyceria fluitans

Glyceria maxima

Glyceria maxima ‚Variegata', Gebänderter Wasserschwaden

Von *Iris ensata* wurden zahlreiche Sorten herausgezüchtet

Eine weitere Zuchtform von *Iris ensata*

Iris ensata THUNBERG, 1858 **Japanische Sumpfschwertlilie**

Fam.: Iridaceae - Schwertliliengewächse

Syn.: *Iris kaempferi*

Verbreitung: Japan, Mandschurei, China, Korea.

Standorte: Ufer von Binnengewässern, feuchte Wiesen, Gräben, Verlandungszonen von Seen und Teichen.

Die Gattung *Iris* wurde nach der gleichnamigen Göttin des Regenbogens benannt, und zwar wegen der Vielfalt der Blütenfarben.

Das kräftige Rhizom treibt aufrechte, schmale Blätter in Reihen, bis 70 cm hoch, 5 cm breit, vorne spitz, mit elastischer Mittelrippe. Der unverzweigte Stengel bildet über dem Laub 2 - 3 große Blüten. Ihre Domblätter sind sehr schmal, dafür die Hängeblätter groß ausgebildet. Die Färbung ist weiß, rosa, blau und violett. Es handelt sich um eine alte japanische Gartenpflanze mit vielen Kultursorten. Neben japanischen Züchtern haben sich auch solche aus Amerika und Deutschland an der Zucht neuer Sorten beteiligt. Etwa 80 Sorten sind bekannt, deren Blütezeit sehr früh (2. Juni-Hälfte) bis sehr spät (Mitte Juli) liegt. Die Sumpfschwertlilie sollte auf keinen Fall ständig in stauender Nässe gehalten werden. Bei der Verwendung im Wasserbecken ist es zweckmäßig, die Pflanze auf einen Bodenhügel zu setzen, dort kann sie auch den Winter über verbleiben. Außerdem ist es möglich, die Pflanze ziemlich trocken zu halten, etwa auf einer Wiese in Teichnähe.

Vermehrung: Teilung der Rhizome, am neuen Standort mit Abstand setzen, damit sie nicht so rasch dicht verwachsen und die Blühwilligkeit leidet.

Nachbarpflanzen: *Euphorbia, Filipendula, Cyperus, Alchemilla.*

WT: 0 cm, **GR:** 50 - 70 cm, **BZ:** VI - VII, **ST:** m

Iris ensata, Japanische Sumpfschwertlilie

Iris laevigata Fischer, 1812 **Glatte Sumpfschwertlilie**

Fam.: Iridaceae - Schwertliliengewächse
Verbreitung: Mandschurei, Korea, China.
Standorte: Uferränder von Binnengewässern, feuchte Wiesen, an Gräben, Seen und Teichen.

Der Artname *laevigata* = geglättet, bezieht sich auf die Laubblätter.

Dichte Horste aus schmalen Blättern, bis 60 cm lang, 4 cm breit, keine deutliche Mittelrippe und nicht gekräuselt. Der bis 50 cm hohe, runde Schaft trägt mehrere blaue Blüten von 12 cm Breite. Die Domblätter sind schmal, die Hängeblätter mit gelbem Mittelstreifen. Einige Sorten sind: ‚Monstrosa' = Domblätter weiß, Hängeblätter marineblau, ‚Rose Queen' = Blüte reinrosa, klein, ‚Alba' = reinweiß, ‚Zambesi' = hellblau.

Verträgt das ganze Jahr über Nässe, kann daher im mäßig tiefen Wasser ohne Probleme gehalten werden. Auch im Kübel in der Teichmitte möglich.

Vermehrung: Seitensprosse am Rhizom.
Nachbarpflanzen: *Typha, Scirpus, Caltha, Calla.*
WT: 0 - 10 cm, **GR:** 50 - 60 cm, **BZ:** VI - VII, **ST:** ❍

Iris longipetala Herbert, 1830/41 **Langblättrige Schwertlilie**

Fam.: Iridaceae - Schwertliliengewächse
Verbreitung: Kalifornien.
Standorte: Ufer, Gräben, Naßwiesen.

Der Artname *longipetala* = mit langen Kronblättern.

Grasartige Laubblätter in dichten Horsten, die schmale Spreite wird bis 35 cm lang und 1 cm breit. Der Blütenschaft bleibt in der Regel kürzer als das Laub und wird bis 30 cm hoch. Daran sitzen mehrere Blüten von etwa 15 cm Breite. Die Hängeblätter stehen waagerecht, sind bis 8 cm lang und 1 cm schmal, vorne löffelartig breiter, gelb-braun-blau gezeichnet und innen geflammt. Die aufrechten Domblätter sind ebenfalls sehr schmal und reinblau gefärbt. Nicht für stauende Nässe geeignet.

Vermehrung: Ausläufer.
Nachbarpflanzen: *Iris, Orontium, Eriophorum, Primula.*
WT: 0 cm, **GR:** 30 - 40 cm, **BZ:** V - VI, **ST:** ❍

Iris pseudacorus Linné, 1753 **Wasser-Schwertlilie**

Fam.: Iridaceae - Schwertliliengewächse
Verbreitung: Europa, Asien, Nordamerika, Nordafrika.
Standorte: Uferränder von Binnengewässern, feuchte Wiesen, an Gräben und in Verlandungszonen; verbreitet, geschützt.

Der Artname kommt von pseudos = unecht, falsch, und acorus = Kalmus, weil die Blätter dem Kalmus ähnlich sind.

Dichte Blätterhorste, schwertförmig, spitz, bis 100 cm lang, 4 cm breit. Der etwa gleichhohe Blütenstengel hat krautige Hochblätter und eine Traube aus großen, sattgelben Blüten. Ihre Domblätter sind schmal, aufrecht, 2 cm lang, Hängeblätter größer und rotbraun geadert. Mehrere Formen und Sorten sind in Kultur. Die Sorte ‚Variegata' hat gelblich längsgestreifte Blätter. Der Standort ist naß bis feucht am Teichrand oder im flachen Wasser, diese *Iris*-Art wächst gut in schwerer Gartenerde, die mit Kompost versetzt ist. Rhizome mit seitlichem Abstand einsetzen, damit sich die Pflanzen nicht so bald gegenseitig bedrängen und ihre Blühwilligkeit leidet.

Vermehrung: Teilen der Rhizome im zeitigen Frühjahr oder Herbst.
Nachbarpflanzen: *Typha, Caltha, Myosotis, Rumex.*
WT: 0 - 20 cm, **GR:** 60 - 80 cm, **BZ:** V - VI, **ST:** ❍ - ◗

Iris laevigata

Iris longipetala

Iris pseudacorus, Wasser-Schwertlilie

Iris pseudacorus, Wasser-Schwertlilie

Iris sibirica, Wiesen-Schwertlilie

Iris sibirica LINNÉ, 1753 **Wiesen-Schwertlilie**

Fam.: Iridaceae - Schwertliliengewächse
Verbreitung: Europa, gemäßigtes Asien, Sibirien.
Standorte: Sumpfwiesen, Moorwiesen, Flachmoore; selten, geschützt, Gef. Gr.: 2.
Der Artname *sibirica* = aus Sibirien stammend.

Schmale Laubblätter, bis 80 cm lang, kaum 1 cm breit. Der hohle Blütenstengel wird länger als die Blätter und trägt 3 - 5 blauviolette Blüten mit gelb gezeichneten Hängeblättern. Eine Vielfalt von Sorten wurde gezüchtet.

Die Pflanze steht besser nicht zu tief im Wasser und ist mehr für die feuchte Randzone zu verwenden. Wächst auch im normal feuchten Gartenboden.

Vermehrung: Teilen der Pflanzenbasen.
Nachbarpflanzen: *Mimulus, Cyperus, Primula, Caltha.*
WT: 0 - 2 cm, **GR:** 50 - 60 cm, **BZ:** V - VI, **ST:** ❍

Iris spuria LINNÉ, 1753 **Bastard-Schwertlilie**

Fam.: Iridaceae - Schwertliliengewächse
Verbreitung: Mitteleuropa, Iran, Nordafrika.
Standorte: Sümpfe, Gräben, Ufer.
Der Artname *spuria* = falsch, unecht.

Schmale, schwertförmige Blätter, bis 50 cm lang, 12 mm breit, ziemlich starr. Der runde, beblätterte Stengel ist wenig verzweigt und trägt ein bis vier Blüten. Sie sind blauviolett mit einem weißen, purpurgeaderten Nagel und gelbem Mittelstreifen. Domblätter aufrecht, verkehrt lanzettlich, bis 4 cm lang, Hängeblätter bis 5 cm lang und 1 cm breit. Bringt eine Reihe von Formen und Varietäten.

Bei der Kultur ist stauende Nässe zu vermeiden. Gedeiht am besten auf einem feuchten Boden, wächst auch im normalen Gartenbeet.

Vermehrung: Rhizomteilung.
Nachbarpflanzen: *Mimulus, Iris, Epilobium, Lycopus.*
WT: 0 cm, **GR:** 50 - 60 cm, **BZ:** VI - VII, **ST:** ❍

Iris versicolor LINNÉ, 1753 **Amerikanische Sumpfschwertlilie**

Fam.: Iridaceae - Schwertliliengewächse
Verbreitung: Östliches Nordamerika, in Europa eingebürgert.
Standorte: Sümpfe, Ufer, Teichränder.
Der Artname *versicolor* = verschiedenfarbig.

Blätter schwertförmig, bis 80 cm lang, 4 cm breit, ohne Mittelrippe. Der beblätterte Schaft bringt violettpurpurne Blüten. Ihre sehr schmalen Domblätter sind halb so lang wie die waagerecht abstehenden Hängeblätter, diese mit weißgelbem, violett geadertem Grund. Formen und Sorten bringen rosa, weiße oder dunkelpurpurne Blüten.

Wächst am besten bei einigen Zentimetern Wasserstand, der ganzjährig vertragen wird. Gedeiht auch im normalen Gartenboden noch zufriedenstellend.

Vermehrung: Rhizomteilung.
Nachbarpflanzen: *Mimulus, Iris, Typha, Scirpus.*
WT: 0 - 2 cm, **GR:** 50 - 60 cm, **BZ:** VI - VII, **ST:** ❍ - ◗

Iris sibirica

Iris spuria

Iris versicolor

Iris versicolor ‚Kermesina'

Juncus acutiflorus EHRHARD et HOFFMANN, 1787/92 Spitzblütige Binse

Fam.: Juncaceae - Binsengewächse

Verbreitung: Europa, Asien, Nordamerika.

Standorte: Naßwiesen, Quellen, Gräben; verbreitet.

Der Name *Juncus* kommt von jungere = zusammenbinden, wegen der früheren Verwendung als Bindematerial, *acutiflorus* = spitzblütig.

Aufrechte Stengel mit wechselständigen Blättern, bis 10 cm lang, 3 mm breit, hellgrün. Der reichästige Blütenstand hat verschieden lang gestielte Abschnitte. Kleine braune Ährchen, äußere 3 Blütenblätter kürzer, innere lang zugespitzt. Für die naturnahe Begrünung, aber lästig werdend durch Samenpflanzen. Sehr ähnlich ist *J. articulatus*.

Vermehrung: Selbstaussaat.

Nachbarpflanzen: *Alisma, Ranunculus, Lysimachia, Primula.*

WT: 0 - 20 cm, **GR:** 30 - 80 cm, **BZ:** VII - IX, **ST:** ○ - ◗

Juncus conglomeratus LINNÉ, 1753 Knäuel-Binse

Fam.: Juncaceae - Binsengewächse

Verbreitung: Europa, Asien, Afrika, Amerika.

Standorte: Moorwiesen, Gräben; verbreitet bis häufig.

Der Artname *conglomeratus* = geknäuelt, der zusammengezogene Blütenstand.

Bodenständige Rosette, Blätter rund, stengelförmig, bis 120 cm lang, 2 mm dick, graugrün, glanzlos, fein gestreift. Der scheinbar seitenständige Blütenstand steht in $^3/_4$ Höhe des Stengels, wird bis 4 cm lang und ist knäuelig zusammengezogen. Sehr ähnlich ist *J. effusus*. Mit der binsenförmigen Gestalt eine typische Teichpflanze. Wird als Solitär herausgestellt und durch Konstraste hervorgehoben. Beim ungestörten Wachstum entsteht ein vielstengeliger Busch.

Vermehrung: Teilen der Pflanzenbasen.

Nachbarpflanzen: *Caltha, Carex, Lysichiton, Lysimachia.*

WT: 0 - 10 cm, **GR:** 80 - 120 cm, **BZ:** VI - VIII, **ST:** ○ - ◗

Juncus acutiflorus

Juncus acutiflorus, Blüte

Juncus conglomeratus, Knäuel-Binse

Juncus effusus **LINNÉ, 1753** **Flatter-Binse**

Fam.: Juncaceae - Binsengewächse
Verbreitung: Europa, Asien, Afrika, Amerika.
Standorte: Naßwiesen, Moorwiesen, Quellmoore; häufig.

Der Artname *effusus* = ausgebreitet, bezieht sich auf den lockeren Blütenstand.

Bodenständige Rosette, Blätter rundlich, stengelförmig, bis 120 cm lang, 2 mm dick, glänzend, glatt, grasgrün. Der scheinbar seitenständige Blütenstand wird bis 10 cm lang, ist gestreckt und locker ausgebreitet. Sehr ähnlich ist *J. conglomeratus.*

Von der Gestalt her haben wir hier zwar eine typische Sumpfpflanze, doch wird sie wegen ihres geringen Zierwertes und der unscheinbaren Blüten nur selten angepflanzt. Für die naturnahe Begrünung auch kleinerer Anlagen zu empfehlen. Bildet mit der Zeit eine dichte Solitärpflanze mit umfangreichem Habitus.

Vermehrung: Teilen der Pflanzenbasen im zeitigen Frühjahr.
Nachbarpflanzen: *Carex, Caltha, Lysichiton, Orontium.*
WT: 0 - 10 cm, **GR:** 80 - 120 cm, **BZ:** VI - VIII, **ST:** ❍ - ◗

Juncus inflexus **LINNÉ, 1753** **Blaugrüne Binse**

Fam.: Juncaceae - Binsengewächse
Verbreitung: Europa, Asien, Afrika.
Standorte: Ufer, Kahlschläge, Feuchtweiden; häufig.

Der Artname *inflexus* = einwärtsgebogen, bezieht sich auf den Blütenstand.

Stengel bis 60 cm hoch, 2 mm dick, matt, nicht gerieft, scheinbar blattlos, grundständige Blattscheiden glänzend, schwarzbraun. Mark der Stengel und Blätter durch Querwände gekammert. Der scheinbar seitenständige Blütenstand sitzt in der Achsel eines lang überragenden Trageblattes. Rispe bis 5 cm groß, etwa 35 Blüten, 3 mm lang, 1 mm dick, braun, spitz, 5 Kelchblätter, 6 Staubblätter.

Der Standort ist vollsonnig und kann naß bis normal feucht sein. Wird allgemein kaum verwendet, weil in gestalterischer Hinsicht nicht so wertvoll wie andere Teichpflanzen. Für den Sammler von Raritäten jedoch bedeutsam. Die lockeren Büschel eignen sich auch zum Verdecken von Steineinfassungen.

Vermehrung: Teilen der Pflanzenbasen.
Nachbarpflanzen: *Carex, Lythrum, Filipendula, Valeriana.*
WT: 0 cm, **GR:** 50 - 70 cm, **BZ:** VII - VIII, **ST:** ❍

Juncus effusus

Juncus inflexus

Juncus effusus, Blüte

Juncus inflexus, Blüte

Ledum palustre **LINNÉ, 1753** **Sumpfporst, Mottenkraut**

Fam.: Ericaceae - Heidekrautgewächse

Verbreitung: Europa, Mittel- und Nordamerika.

Standorte: Hochmoore, Übergangsmoore, kalkfreie Kiefernmoore; selten, geschützt, Gef. Gr.: 2.

Der Name *Ledum* kommt von ledon = Wollstoff, wegen der filzigen Blattunterseiten, *palustris* = sumpfbewohnend. Kleiner, verzweigter Strauch, Blätter oval-länglich, bis 4 cm lang, 1 cm breit, dunkelgrün, Ränder nach unten leicht eingerollt. Unterseite dicht behaart. Die endständige, reichblütige Dolde bildet sternförmige weiße Blüten. Giftpflanze. Für das Moorbeet auf saurem Boden mit reichlich Torfzusatz, auch bodenfeucht. Wegen seines starken und wenig erfreulichen Geruchs wurde der Porst früher zur Abwehr von Schadinsekten benutzt.

Vermehrung: Stecklinge, Aussaat.

Nachbarpflanzen: *Vaccinium, Andromeda, Potentilla, Marsilea.*

WT: 0 cm, **GR:** 60 - 100 cm, **BZ:** V - VI, **ST:** ○ - ◗

Ligularia tangutica **(MAXIMOWICZ) MATTFELD, 1924** **Sumpf-Greiskraut**

Fam.: Asteraceae - Korbblütengewächse

Verbreitung: China.

Standorte: Sumpfige Gebiete, Bachufer, Waldränder.

Der Name *Ligularia* kommt von ligula = Zunge, Band, bedeutet mit Blatthäutchen versehen, *tangutica* = chinesisch, benannt nach den Tungusen, einem Volkstamm Innerasiens. Aufrechte, meist eintriebige Stengel mit wechselständigen Blättern. Spreite im Umriß dreieckig, bis 25 cm lang und breit, mehrfach fiedrig aufgeteilt, Ränder weit gezackt. Aus den oberen Achseln treiben einzelne Trauben, die von einer endständigen, mehrtriebigen Traube überragt werden. Blütenköpfchen bis 3 cm breit, 2 - 3 schmale Randzungenblüten, innen 3 - 5 Körbchenblüten. Wächst gut im Sumpf und in der stauenden Nässe, neigt aber mit den gestreckten Ausläufern zum weiten Ausbreiten.

Vermehrung: Seitentriebe.

Nachbarpflanzen: *Lysimachia, Lythrum, Petasites, Miscanthus.*

WT: 0 - 5 cm, **GR:** 80 - 120 cm, **BZ:** VII - IX, **ST:** ○ - ◗ - ●

Ligularia veitchiana **(HEMSLEY) GREENMANN, 1907** **Veitchis Goldkolben**

Fam.: Asteraceae - Korbblütengewächse

Verbreitung: Westchina.

Standorte: Sümpfe, Ufer, Naßwiesen.

Die Art wurde nach dem englischen Gärtner VEITCH (1839 - 1870) benannt. Gestielte Blattrosette, Spreite nierenförmig, bis 25 cm breit, 20 cm lang, abgerundet, Ränder scharf gezähnt. Blütenschaft bis 40 cm hoch, beblättert. Die bis 50 cm lange Ähre trägt etwa 20 Blütenkörbchen von 6 cm Breite. Ihre etwa acht gelben Randzungenblüten sind 3 cm lang, 3 mm breit, die inneren Körbchenblüten gelb und knäuelig. Späte Blütezeit. Eine der wenigen echten Sumpfpflanzen der Gattung, gedeiht daher gut im Flachwasser, kann natürlich auch bodenfeucht gehalten werden.

Vermehrung: Seitensprosse abnehmen.

Nachbarpflanzen: *Carex, Lysimachia, Lythrum, Darmera.*

WT: 0 - 2 cm, **GR:** 50 - 90 cm, **BZ:** IX - X, **ST:** ◗ - ●

Lycopus europaeus **LINNÉ, 1753** **Ufer-Wolfstrapp, Wolfsfuß**

Fam.: Lamiaceae - Lippenblütengewächse

Verbreitung: Europa.

Standorte: Ufer, Gräben, Erlenbruchwälder; ziemlich häufig.

Ledum palustre

Ligularia tangutica

Ligularia veitchiana

Lycopus europaeus

Fortsetzung *Lycopus europaeus*, Ufer-Wolfstrapp:

Der Name *Lycopus* kommt von lycos = Wolf und pous = Fuß, die Zweigspitzen sollen einem Tierfuß ähnlich sein, *europaeus* = in Europa vorkommend. Aufrechte Stengel, rinnig-kantig, Blätter gegenständig, untere fiederteilig, obere lanzettförmig, tief und grob gezähnt, bis 10 cm lang, 3 cm breit. In den Achseln sitzen quirlartig 6 mm breite weiße Blüten. Die Gestalt des Wolfstrapp erinnert etwas an die Brennessel, er wird selten kultiviert. Gutes Objekt für die naturnahe Begrünung größerer Anlagen.

Vermehrung: Teilen, Aussaat.

Nachbarpflanzen: *Veronica, Filipendula, Molinia, Saponaria.*

WT: 0 - 2 cm, **GR:** 50 - 80 cm, **BZ:** VII - VIII, **ST:** ❍ - ◗

Lysimachia punctata LINNÉ, 1753 **Drüsiger Gilbweiderich**

Fam.: Primulaceae - Schlüsselblumengewächse

Verbreitung: Europa, Asien.

Standorte: Moorige Quellflüsse, Teich- und Seeufer, Grabenränder.

Die Gattung *Lysimachia* ist benannt nach dem griechischen Feldherrn LYSIMACHOS, dem Leibwächter ALEXANDER DES GROßEN, *punctata* = punktiert, in Bezug auf die drüsigen Blätter. Aufrechte Stengel, vierkantig, kaum verzweigt. An den Knoten sitzen jeweils drei bis fünf Blätter, kurz gestielt, breitlanzettlich, bis 10 cm lang, 4 cm breit, wollig behaart. Ab der Hälfte der Sproßlänge stehen die 2 cm breiten zitronengelben Blüten zu mehreren in den Achseln. An der Spitze setzt sich die Blütentraube fort. Eine vielseitig verwendbare Pflanze, im flachen

Lysimachia punctata, Drüsiger Gilbweiderich

Die leuchtenden Blüten des Gilbweiderichs setzen am Teich kräftige Akzente. Hier im Vergleich zu *Lysimachia punctata* die höhere Art *L. vulgaris*. Die Beschreibung siehe Seite 454.

Wasser, am sumpfigen Ufer, bodenfeucht und im normalen Gartenbeet. Durch die kurzen Ausläufer entsteht ein dichter Trupp, wobei die Neigung zum weiten Ausbreiten sehr gering ist. Auch für kleinere Anlagen zu verwenden.

Vermehrung: Ausläuferpflanzen.

Nachbarpflanzen: *Iris, Glyceria, Acorus, Lythrum.*

WT: 0 - 5 cm, **GR:** 50 -100 cm, **BZ:** VI - VII, **ST:** ○ - ◗

Mentha longifolia

Mentha pulegium

Mentha longifolia LINNÉ, 1753 **Roßminze, Wasserbalsam**

Fam.: Lamiaceae - Lippenblütengewächse

Verbreitung: Europa, Asien, Amerika, Afrika.

Standorte: Ufer, Naßwiesen, Quellfluren; ziemlich häufig.

Die Gattung *Mentha* ist nach der Nymphe MINTHE benannt, wegen des Vorkommens an wasserreichen Standorten, *longifolia* = langblättrig. Aufrechte Stengel, Blätter gegenständig, bis 10 cm lang, 4 cm breit, Unterseite filzig behaart, Ränder gezackt. An der Spitze und in oberen Blattachseln treiben bis 15 cm lange Scheinähren. Die zahlreichen kleinen Blüten sind lilafarben oder weiß. Sehr ähnlich ist *M. spicata*. Nicht in das Wasser setzen, sondern am Teichufer relativ trocken. Die vielen unterirdischen Ausläufer können zum Beispiel ein böschiges Ufer befestigen, indem sie den Boden zusammenhalten. Die Roßminze enthält in allen Teilen ätherische Öle, sie lindern Hustenreiz, wirken schleimlösend und allgemein erfrischend.

Vermehrung: Ausläufer, Stecklinge.

Nachbarpflanzen: *Filipendula, Juncus, Iris, Euphorbia.*

WT: 0 cm, **GR:** 80 - 100 cm, **BZ:** VI - IX, **ST:** ○ - ◗

Mentha pulegium LINNÉ, 1753 **Polei-Minze**

Fam.: Lamiaceae - Lippenblütengewächse

Verbreitung: Europa, Vorderasien, Nordafrika.

Standorte: Ufer, Gräben, Naßwiesen, Röhricht; häufig.

Der Artname *pulegium* = weißgrau, wurde von dem römischen Pflanzennamen polios abgeleitet.

Die niedrigere Wasserminze *Mentha aquatica* wurde bereits auf Seite 374 vorgestellt, hier die Blütenstände von *Mentha verticillata* im Vergleich dazu.

Aufrechte Stengel, Blätter gegenständig, elliptisch-eiförmig, bis 8 cm lang, 4 cm breit, Ränder gezackt. Der Blütenstand steht endständig kopfig, und darunter quirlig in den Blattachseln. Die bis 7 mm lange Blütenkrone ist rosa-lila, der Kelch unregelmäßig 5zähnig. Sehr ähnlich ist *M. aquatica,* Kelch jedoch gleichmäßig 5zähnig.

Die vielseitig verwendbare Pflanze hat den Nachteil, daß sie sich leicht zu weit ausbreitet. Es ist daher notwendig, sie in abgetrennter Abteilung zu halten. Wegen des sehr giftigen Polegion darf die Pflanze nicht als Tee aufgebrüht werden.

Vermehrung: Ausläufer.

Nachbarpflanzen: *Myosotis, Scutellaria, Lycopus, Symphytum.*

WT: 0 - 10 cm, **GR:** 40 - 80 cm, **BZ:** VII - IX, **ST:** ○ - ◗

Mentha spicata Linné, 1753 **Ährenminze**

Fam.: Lamiaceae - Lippenblütengewächse
Verbreitung: Ursprünglich Südeuropa, im übrigen Europa vielfach eingeschleppt.
Standorte: Ufer, Naßwiesen, Quellfluren; häufig.
Aufrechte Stengel, kahl, häufig rot überlaufen. Blätter gegenständig, länglich-lanzettlich, bis 10 cm lang, 4 cm breit, kahl oder nur auf den Nerven behaart, Ränder scharf gesägt. Die schlanke Ähre öffnet zahlreiche kleine Blüten, rosa oder rötlich-lilafarben. Sehr ähnlich ist *M. longifolia*, mit behaarter Blattunterseite. Auch diese Arte gehört nicht ins Wasser, sondern ans feuchte Ufer. Durch Seitensprossung entstehen umfangreiche Bestände, die man lediglich in größeren Anlagen zur Entwicklung kommen läßt. Sonst die Ausdehnung beschränken.
Vermehrung: Teilen der Pflanzenbasen.
Nachbarpflanzen: *Saponaria, Sisymbrium, Scutellaria, Lycopus.*
WT: 0 cm, **GR:** 50 - 80 cm, **BZ:** VI - IX, **ST:** ○ - ◗

Petasites albus (Linné) Gaertner, 1791 **Weißblütige Pestwurz**

Fam.: Asteraceae - Korbblütengewächse
Verbreitung: Europa.
Standorte: Ufer, Laubmischwälder, Schluchtenwälder, vor allem in Gebirgen; zerstreut.
Der Artname *albus* = weiß, in Bezug auf die Blütenfarbe. Bodenblätter entlang einer kriechenden Sproßachse, bis 40 cm lang gestielt, rundlich-nierenförmig, etwa 70 cm breit, vorne abgerundet. Basis tief eingeschnitten, überlappend, Ränder fein gezähnt, Adern heller. Der kurze Blütenschaft trägt eine kleine Rispe aus unscheinbaren Körbchenblüten mit weißen Randblüten. Dekorative Blattpflanze für größere Anlagen, halbschattig bis schattig, im Sumpf oder der bodenfeuchten Ranzone. Die dichten Blatthorste gedeihen auch gut an leichten Böschungen, die zum Wasser hin abfallen.
Vermehrung: Rhizomteilung.
Nachbarpflanzen: *Gunnera, Lythrum, Ligularia, Veratrum.*
WT: 0 cm, **GR:** 60 - 80 cm, **BZ:** III- V, **ST:** ◗ - ●

Petasites hybridus (Linné) P. H. Gärtner, B. Mayr et Scherb, 1799/1802

Fam.: Asteraceae - Korbblütengewächse **Gemeine Pestwurz,**
Verbreitung: Europa, Asien. **Rote Pestwurz**
Standorte: Naßwiesen, Ufer ziemlich rasch fließender Gewässer, feuchte Wälder, Schluchten. Bildet oft ausgedehnte Bestände oberhalb der mittleren Grundwasserlinie.
Der Name *Petasites* kommt von petasos = Sonnenschirm, Hut mit rundem Schirm, gemeint sind hier die großen Blätter. Der Name Pestwurz entstand wegen der früher üblichen Verwendung in vielen Pestarzneien. Der Wurzelextrakt wirkt wundheilend, krampflösend und regulierend auf verschiedene Körperfunktionen (z. B. Menstruation). Eine andere Ableitung des Namens ist von petos = Pest und itos = essen. Gestielte Bodenblätter, herzförmig, bis 100 cm lang, 60 cm breit, Ränder gezähnt, Oberseite grün, kurzhaarig, Unterseite grauwollig, allmählich verkahlend. Der bis 60 cm hohe Stengel trägt eine eiförmige Rispe aus zahlreichen, dicht gedrängten, rotvioletten Blütenköpfen. Männliche Blüten bis 12 mm lang, weibliche 6 mm aber länger gestielt. Blattpflanze für den größeren Teich. Mit den langen kriechenden Rhizomen kann die Rote Pestwurz rasch größere Flächen einnehmen. Sie zählt daher zu den sogenannten Kriechpionieren und erlangt als Schwemmlandfestiger Bedeutung für den natürlichen Umweltschutz.
Vermehrung: Rhizomstücke abtrennen und einsetzen.
Nachbarpflanzen: *Lythrum, Ligularia, Veratrum.*
WT: 0 cm, **GR:** 60 - 100 cm, **BZ:** IV - V, **ST:** ◗ - ●

Mentha spicata

Petasites albus

Petasites hybridus

Petasites hybridus, Blütenstände

Polygonum bistorta LINNÉ, 1753 — Natterwurz, Wiesenknöterich

Fam.: Polygonaceae - Knöterichgewächse
Verbreitung: Europa, Asien, Nordamerika.
Standorte: Naßwiesen, Bachränder, feuchte Waldränder; häufig.

Der Name *Polygonum* kommt von polys = viel und gone = Nachkommenschaft und bezieht sich auf die hohe Vermehrungsrate einiger Arten, *bistorta* = zweimal gedreht.

Der gekrümmte Wurzelstock mußte nach der mittelalterlichen Signaturenlehre gegen Schlangenbisse einzusetzen sein. Erwiesen ist die günstige Wirkung des Rhizomes bei Durchfall, dem Hauptanwendungsgebiet der Pflanze.

Bodenblätter gestielt, oval-länglich, dunkelgrün, bis 25 cm lang, 10 cm breit, Basis rundlich, vorne stumpflich. Der bis 100 cm hohe Blütenstengel trägt spitze, unterseits blaugrüne Blätter. Die walzenförmige, etwa 15 cm lange Ähre ist dicht mit kleinen, rosafarbenen Blüten besetzt.

Die Verwendung ist vielseitig möglich, wegen der starken Ausläuferbildung jedoch nur für entsprechend große Anlagen zu empfehlen. Am kleinen Becken sollte man die Pflanzen durch Haltung im Kübel unter Kontrolle halten.

Vermehrung: Rhizomteilung.
Nachbarpflanzen: *Euphorbia, Filipendula, Valeriana, Cyperus.*
WT: 0 cm, **GR:** 40 - 100 cm, **BZ:** IV - V, **ST:** ○ - ◗

Pontederia cordata LINNÉ, 1753 — Herzblättriges Hechtkraut

Fam.: Pontederiaceae - Hechtkrautgewächse
Verbreitung: Gemäßigtes Nordamerika.
Standorte: Sümpfe, Moore, Ufer.

Die Gattung *Pontederia* ist benannt nach dem italienischen Professor G. PONTEDERA (1688 - 1757), *cordata* = herzförmig.

Das kriechende Rhizom treibt gestielte Blätter mit herzförmiger bis löffelartiger Spreite, bis 20 cm lang, 15 cm breit, weich und glänzend. Am Blütenstengel sitzt ein kleineres Blatt. Die bis etwa 10 cm lange Ähre öffnet hellblaue bis violettblaue Blüten.

Der Standort liegt günstig im flachen Wasser, weil die Pflanze dort besser überwintert. Im Sumpf ist ein Schutz aus Laub zu geben, sonst wird das Hechtkraut bei starken Frösten leicht Schaden nehmen und im nächsten Frühjahr nur sehr spät austreiben. Frisch getriebene Exemplare sind etwas empfindlich gegen Spätfröste.

Vermehrung: Rhizomteilung.
Nachbarpflanzen: *Sagittaria, Caltha, Calla, Veronica.*
WT: 2 - 30 cm, **GR:** 50 - 80 cm, **BZ:** VII - IX, **ST:** ○ - ◗

Ranunculus lingua LINNÉ, 1753 — Zungenblättriger Hahnenfuß

Fam.: Ranunculaceae - Hahnenfußgewächse
Verbreitung: Europa, Asien.
Standorte: Schilfwälder, sumpfige Seeufer; selten, geschützt, Gef. Gr.: 3.

Der Name *Ranunculus* kommt von rana = Frosch, weil viele Arten im Wasser vorkommen, dem Lebensraum der Frösche, *lingua* = Zunge, wegen der Blattform.

Bodenblätter rosettig, schmal, bis 40 cm lang, 1 cm breit, glatt, spitz, Stengelblätter bis 15 cm lang, 6 mm breit, Stengel im oberen Teil verzweigt, Blüten gestielt, bis 4 cm breit, mit 5 rundlichen, goldgelben Kronblättern. Verträgt den lichten Schatten und kann relativ tief im Wasser stehen, ohne daß die Blühwilligkeit leidet. Im flachen Uferraum entstehen dichte Gruppen, die bei nährstoffreichem Boden üppig wuchern.

Vermehrung: Seitensprosse.
Nachbarpflanzen: *Mimulus, Lythrum, Scirpus, Mentha.*
WT: 0 - 10 cm (40 cm), **GR:** 50 - 100 cm, **BZ:** VI - VII, **ST:** ○ - ◗

Polygonum bistorta, Wiesenknöterich

Pontederia cordata, Blüte Seite 242.

Ranunculus lingua

Rumex aquaticus LINNÉ, 1753 **Wasserampfer**

Fam.: Polygonaceae - Knöterichgewächse

Verbreitung: Europa, Nordamerika, Nordasien.

Standorte: Ränder von Teichen und Seen, Sümpfe, teilweise in flachem Wasser.

Der Name *Rumex* = Ampfer, *aquaticus* = am oder im Wasser lebend.

Rosette aus gestielten Blättern, Spreite lanzettförmig, bis 50 cm lang, 20 cm breit, dunkelgrün. Der bis 60 cm hohe Blütenstand ist beblättert, öffnet zahlreiche kleine, weißlichgrüne Blüten. Der dunkelbraune Fruchtstand bleibt lange erhalten. Steht entweder naß im flachen Wasser oder am feuchten Ufer. Die große und kräftige Pflanze sollte ausreichend Freiraum erhalten und dient als Formkontrast zwischen anders gestalteten Teichpflanzen.

Vermehrung: Sämlingsaufzucht, Rhizomteilung.

Nachbarpflanzen: *Scirpus, Typha, Euphorbia, Iris.*

WT: 0 - 10 cm, **GR:** 50 - 60 cm, **BZ:** VI - VII, **ST:** ○ - ◗

Sagittaria graminea MICHAUX, 1803 **Grasartiges Pfeilkraut**

Fam.: Alismataceae - Froschlöffelgewächse

Verbreitung: Östliches Nordamerika, Kuba.

Standorte: Sümpfe, Tümpel, seichte Gewässer.

Der Name *Sagittaria* kommt von sagitta = Pfeil und deutet auf die Blattform bei verschiedenen Arten hin, *graminea* = grasartig, in Bezug auf die schmalen Blätter.

Grundständige Rosette aus lang gestielten Luftblättern. Spreit lanzettlich, elliptisch oder breit oval, 5 - 20 cm lang, 2 - 6 cm breit, alle Blattnerven entspringen der Basis. Ab etwa 30 cm Wassertiefe werden bandförmige untergetauchte Blätter geschoben, deren Spitze meist löffelartig breiter ist. Am dreikantigen Blütenschaft sitzen mehrere Quirle mit drei weißen Blüten und je drei Kronblättern. Untere Blüten sind weiblich, obere männlich. Die kräftige Sumpfpflanze entwickelt im warmen Sommer eine dekorative Blattrosette. Im tiefen Wasser überwintert mitunter die Wasserform. Allgemein überdauern jedoch die kirschgroßen, bräunlichen Knollen im Boden.

Vermehrung: Ausläufer, Knollen.

Nachbarpflanzen: *Ranunculus, Scirpus, Butomus, Caltha.*

WT: 10 - 30 cm, **GR:** 30 - 50 cm, **BZ:** VII - VIII, **ST:** ○ - ◗

Sagittaria lancifolia LINNÉ, 1753 **Lanzettblättriges Pfeilkraut**

Fam: Alismataceae - Froschlöffelgewächse

Verbreitung: Mittelamerika, nördliches Südamerika.

Standorte: Sümpfe, Ufer, Gräben, Teiche.

Der Artname *lancifolia* = lanzettblättrig.

Grundständige Rosette aus kurz gestielten Luftblättern. Spreite lanzettförmig, bis 25 cm lang, 2 cm breit, alle Nerven aus der Basis. Im entsprechend tiefen Wasser werden bandförmige, braunrote, untergetauchte Blätter geschoben, mit abgerundeter Spitze und dicklicher Mittelader. Der etwa 50 cm hohe Blütenstand trägt mehrere Quirle mit getrennten weiblichen und männlichen Blüten aus je drei Kronblättern. Auch die Pflanzen mit nur Wasserblättern können Blüten treiben. Die Überwinterung erfolgt durch kleine Knollen. Weil die Art aus wärmeren Gebieten stammt, ist im Flachwasser oder bei sumpfiger Haltung Winterschutz erforderlich.

Vermehrung: Ausläufer, Knollen.

Nachbarpflanzen: *Ranunculus, Caltha, Butomus, Scirpus.*

WT: 5 - 30 cm, **GR:** 30 - 50 cm, **BZ:** VII - VIII, **ST:** ○ - ◗

Rumex aquaticus

Sagittaria lancifolia

Sagittaria graminea, Grasartiges Pfeilkraut

Sagittaria latifolia WILDENOW, 1805 **Breitblättriges Pfeilkraut**

Fam.: Alismataceae - Froschlöffelgewächse

Verbreitung: Nordamerika, in Europa seit 1886 eingebürgert.

Standorte: Teiche, Ufer, Gräben, nährstoffreiche Gewässer; zerstreut.

Grundständige Blätter mit kantigen, unten scheidigen Stielen. Die pfeilförmige Spreite wird bis 40 cm lang, 25 cm breit und zeigt eine variable Form. Vereinzelt sind bräunliche Punkte vorhanden. Bildet etwa walnußgroße, rosa-blau gezeichnete Knollen. Der bis 100 cm hohe Blütenstand hat dreizählige Quirle mit gestielten Blüten, bis 4 cm breit, drei reinweiße Kronblätter und gelbe Staubbeutel. Ähnlich ist *S. sagittifolia*, Staubbeutel braunviolett. Das Breitblättrige Pfeilkraut wächst zwar sumpfig, treibt aber besser im Wasser und erreicht seine maximale Größe im nährstoffreichen Boden.

Vermehrung: Ausläufer, Knollen.

Nachbarpflanzen: *Typha, Scirpus, Iris, Eleocharis.*

WT: 0 - 30 cm, **GR:** 50 - 100 cm, **BZ:** VII - IX, **ST:** ○ - ◗

Sagittaria sagittifolia LINNÉ, 1753 **Gewöhnliches Pfeilkraut**

Fam.: Alismataceae - Froschlöffelgewächse

Verbreitung: Europa, Asien.

Standorte: Schlammige Uferzonen, Teiche, Gräben, nährstoffreiche, langsam fließende Gewässer; ziemlich selten.

Der Artname *sagittifolia* = pfeilblättrig.

Grundständige Rosette aus lang gestielten, pfeilförmigen Blättern mit variabler Form, bis 25 cm lang, 5 - 20 cm breit. Die walnußgroßen Knollen sind grünblau gezeichnet, dienen Wasservögeln als Nahrung und werden in China für den menschlichen Genuß angebaut. Der bis 90 cm hohe Blütenstand trägt mehrere dreizählige Quirle mit 3 - 4 cm breiten Blüten. Die weißen Kronblätter tragen am Grunde je einen braunroten Fleck (nicht bei *S. s.* subspezies *leucopetala*). Die Staubbeutel sind braunviolett. Sehr ähnlich ist *S. latifolia*, Staubbeutel jedoch gelb. Der Standort ist sumpfig oder bis in 40 cm Wassertiefe. Im nährstoffreichen Boden werden besonders kräftige Pflanzen entwickelt. In mehr als 50 cm tiefem Wasser entstehen bandförmige untergetauchte Blätter.

Vermehrung: Aussaat, Knollen.

Nachbarpflanzen: *Alisma, Caltha, Typha, Ranunculus.*

WT: 2 - 30 cm, **GR:** 30 - 100 cm, **BZ:** VI - VIII, **ST:** ○ - ◗

Sagittaria sagittifolia LINNÉ, 1753 **Gefülltblütiges Pfeilkraut**

Sorte: ‚Flore - Plenum'

Fam.: Alismataceae - Froschlöffelgewächse

Verbreitung: (Europa, Asien).

Standorte: Kultursorte.

Der Sortenname kommt von florere = blühen und plenus = voll, gefüllt, wegen der zahlreichen Blütenblätter.

Gestielte Bodenblätter, Spreite pfeilförmig, bis 30 cm lang, 25 cm breit, weniger variabel als bei der normalen Form. Der Stengel bleibt meist kürzer als die Blätter. An den dicht sitzenden Quirlen stehen 4 cm breite weiße Blüten. Diese sind aus 10 - 20 Blütenblättern zusammengesetzt, welche durch Umwandlung von Staubblättern entstehen. Die kräftige Solitärpflanze gehört an das flache Ufer, wo sie mit den Füßen im Wasser steht. Dabei ist auf vollsonnigen Standort zu achten, denn bei Schatten werden die Blätter und Stengel leicht umknicken.

Vermehrung: Ausläufer mit Knollen.

Nachbarpflanzen: *Lysimachia, Lythrum, Alisma, Acorus.*

WT: 2 - 10 cm, **GR:** 70 - 100 cm, **BZ:** VII - VIII, **ST:** ○

Sagittaria sagittifolia, Gewöhnliches Pfeilkraut

Sagittaria latifolia

Sagittaria sagittifolia ‚Flore Plenum'

Nordamerikanischer Molchschwanz

***Saururus cernuus* LINNÉ, 1753**

Fam.: Saururaceae - Molchschwanzgewächse
Verbreitung: Nordamerika, längs der atlantischen Küste.
Standorte: Moore, feuchte Wiesen, Sümpfe, Gewässerufer.

Der Name *Saururus* kommt von sauros = Eidechse und oura = Schwanz, wegen der Form des Blütenstandes, *cernuus* = nicken (die Blütenähre).

Aufrechte Stengel, Blätter wechselständig, gestielt, herzförmig, bis 15 cm lang, 10 cm breit, vorne lang spitz. Aus oberen Blattachseln treiben überhängende Ähren, bis 20 cm lang, rundum mit kleinen weißlichen Blüten. Am feuchten Rand, oder bis zu 20 cm tief im Wasser stehend, wird bei tiefgründigem Boden eine stattliche Pflanze heranwachsen. Die im Boden kriechenden Rhizome bilden neue Stengel und erweitern die Gruppe ständig nach allen Seiten. Dabei dringt der Molchschwanz leicht in die übrige Teichpflanzung ein und wirkt störend. Seine Ausdehnung daher begrenzt halten.

Vermehrung: Teilen der Pflanzenbasen.
Nachbarpflanzen: *Equisetum, Lysichiton, Orontium, Lythrum.*
WT: 0 - 30 cm, **GR:** 80 - 100 cm, **BZ:** VII - VIII, **ST:** ○ - ◗

Kopfsimse, Kugelsimse

***Scirpus holoschoenus* LINNÉ, 1753**

Syn.: *Holoschoenus romanus*
Fam.: Cyperaceae - Sauergräser
Verbreitung: Europa, Sibirien, Asien, Kanaren.
Standorte: Quell- und Flachmoore; sehr selten, geschützt, Gef. Gr.: 0.

Der Name *Scirpus* war bei den Römern eine Bezeichnung für verschiedene simsenartige Gewächse, *holoschoenus* kommt von holos = ganz und schoinos = Binse.

Rosettige Pflanze aus stielrunden, blattlosen Stengeln, aufrecht, gerippt, 50 - 100 cm lang, 1 - 2 mm dick, Blütenstand seitenständig, aus 3 - 10 kugeligen, bis 15 mm breiten Köpfen, davon ist einer sitzend, die übrigen sind gestielt. Äußerst seltene Art, die bei uns vom Aussterben bedroht ist. Eine interessante Pflanze mit binsenförmigem Wuchs und eigenartigen Blütenkugeln. Bildet dichte Horste, die man als Solitär im Flachwasser oder sumpfig hält. Gedeiht auch noch relativ trocken.

Vermehrung: Ausläufer, Aussaat.
Nachbarpflanzen: *Carex, Lythrum, Lysimachia, Lysichiton.*
WT: 0 - 2 cm, **GR:** 50 - 100 cm, **BZ:** VI - VIII, **ST:** ○ - ◗

Waldsimse, Fechtsimse

***Scirpus sylvaticus* LINNÉ, 1753**

Fam.: Cyperaceae - Sauergräser
Verbreitung: Europa, Westasien, Nordamerika.
Standorte: Naßwiesen, Auenwälder, Sümpfe; häufig.

Der Artname *sylvaticus* = waldbewohnend.

Buschige Rosette, Blätter glänzend, bis 100 cm lang, 3 cm breit, über die Mitte längs rinnig vertieft, Ränder scharf gezähnt. Der dreikantige Stengel ist rauh und bis oben beblättert. Die etwa 20 cm lange Blütenrispe ist in 20 - 30 Rispenäste aufgeteilt, die 4 mm langen schwärzlich-grünen Ährchen sind zu 3 - 5köpfig gehäuft. Für das naturnahe Grün am Teichrand im ständig nassen aber auch normal feuchten Boden. Unter dem Schatten größerer Bäume bleibt die Wuchsform lockerer.

Vermehrung: Teilen der Pflanzenbasen.
Nachbarpflanzen: *Luzula, Petasites, Darmera, Carex.*
WT: 0 cm, **GR:** 50 - 100 cm, **BZ:** V - VII, **ST:** ○ - ◗

Scirpus holoschoenus

Scirpus sylvaticus

Saururus cernuus, Nordamerikanischer Molchschwanz

Sparganium emersum REHMANN, 1872 **Einfacher Igelkolben**

Syn.: *Sparganium simplex*

Fam.: Sparganiaceae - Igelkolbengewächse

Verbreitung: Gemäßigte Zonen der nördlichen Halbkugel.

Standorte: Stehende oder langsam fließende Gewässer, Schlammboden; ziemlich selten.

Der Name *Sparganium* kommt von sparganon = Binde, Wickel, weil die Blätter früher als Bindematerial dienten, *emersum* = aufgetaucht.

Blätter grasartig, dreikantig, bis 50 cm lang, 1,5 cm breit, derb, hellgrün. Blütenstand traubenförmig, bis 40 cm hoch, unverzweigt. Im unteren Teil sitzen in den Achseln der laubblattähnlichen Trageblätter bis zu 5 weibliche Blütenköpfe, der obere Teil trägt bis 8 männliche Blüten in schuppenförmigen Trageblättern. Bildet dichte Blattgruppen und erweist sich im nahrhaften Boden als sehr starkwüchsig. Die Ausbreitung daher hemmen durch Kultur im abgeteilten Bereich oder im Kübel.

Vermehrung: Abtrennen der Ausläuferpflanzen, Aussaat.

Nachbarpflanzen: *Scirpus, Typha, Iris, Euphorbia.*

WT: 0 - 20 cm, **GR:** 40 - 60 cm, **BZ:** VII - VIII, **ST:** ❍ - ◗

Sparganium erectum LINNÉ, 1753 **Ästiger Igelkolben**

Fam.: Sparganiaceae - Igelkolbengewächse

Verbreitung: Europa, Nordasien.

Standorte: Ränder von Gräben, Teichen und Flüssen, auch im seichten Wasser; verbreitet.

Blätter grasartig, linear, unten dreikantig, bis 100 cm lang, 2 cm breit, derb, hellgrün. Der verzweigte Blütenstand bleibt stets kürzer als die Blätter und bildet kugelige kleine Gruppen aus eingeschlechtlichen Blüten. An den Seitenästen sitzen unten die weiblichen und oben die männlichen Teilblütenstände. Die bis 25 mm dicken Fruchtköpfchen dienen Wasservögeln im Herbst als Nahrung.

Wegen der Neigung zum starken Wuchern sollte diese Art nur in größeren Anlagen verwendet werden. Die Ausbreitung läßt sich jedoch verhindern durch Gefäßkultur oder Haltung im abgetrennten Bereich.

Vermehrung: Abtrennen der Ausläuferpflanzen.

Nachbarpflanzen: *Scirpus, Euphorbia, Filipendula, Sagittaria.*

WT: 0 - 20 cm, **GR:** 70 - 100 cm, **BZ:** VI - VII, **ST:** ❍ - ◗

Symphytum officinale LINNÉ, 1753 **Gemeiner Beinwell**

Fam.: Boraginaceae - Borretschgewächse

Verbreitung: Europa, Westasien.

Standorte: Naßwiesen, Moorwiesen, Ufer, Auenwälder; verbreitet.

Der Name *Symphytum* kommt von dem griechischen symphein = zusammenwachsen, zusammenfügen, eine alte Heilpflanze, deren Wurzeln bei Brüchen und Wunden verwendet wird, *officinale* = in der Medizin gebräuchlich.

Aufrechte Stengel mit wechselständigen Blättern. Spreite schmal lanzettförmig, bis 15 cm lang, 3 cm breit, vorne spitz, Basis am Stengel herablaufend. Der Blütenstand ist im oberen Teil mitunter büschelig und übergeneigt, öffnet rotviolette oder gelblich-weiße Blüten. Ihre Bestäubung erfolgt durch Fliegen und Bienen, die einsamigen Früchte werden durch Ameisen verbreitet. Der Beinwell dient einer naturnahen Begrünung in Ufernähe, wächst auch ausgezeichnet im Moorbeet.

Vermehrung: Teilen, Aussaat.

Nachbarpflanzen: *Succisa, Veratrum, Scutellaria, Lycopus.*

WT: 0 cm, **GR:** 30 - 100 cm, **BZ:** V - VII, **ST:** ❍

Sparganium emersum

Sparganium erectum

Symphytum officinale, Gemeiner Beinwell

Typha sp. zierlich **Zierlicher Rohrkolben**
(unspezifische Pflanze)
Fam.: Typhaceae - Rohrkolbengewächse
Standorte: Gewässerufer, Sümpfe, Teiche; selten.

Der Name *Typha* kommt von typhos = Rauch, wegen der dunklen Fruchtstände.

Laubblätter sehr schmal, bis 80 cm lang, 8 mm breit, mittelgrün, Innenseite rinnig, Unterseite halbrund, vorne nicht gedreht. Der Blütenstengel wird bis 80 cm hoch und ist beblättert. Blütenkolben bis 38 cm lang, 4 mm dick, weißlich-grün. Der obere männliche Teil bis 25 cm, der kahle Zwischenraum etwa 5 cm, und der untere weibliche Abschnitt bis 8 cm lang. Der reife Fruchtkolben wird 15 mm dick und ist hellbraun. Für kleine und größere Anlagen, im flachen Wasser oder sumpfig. Bildet schöne lockere Trupps, die sich weiter ausbreiten. Eine zu weite Ausdehnung beschränken durch Abstechen der ausbrechenden Rhizome.

Vermehrung: Teilen der Pflanzenbasen.
Nachbarpflanzen: *Lysimachia, Veronica, Myosotis, Menyanthes.*
WT: 0 - 15 cm, **GR:** 80 - 100 cm, **BZ:** VI - VII, **ST:** ❍

Typha sp. klein **Kleiner Rohrkolben**
(unspezifische Pflanze)
Fam.: Typhaceae - Rohrkolbengewächse
Standorte: Sümpfe, Gewässerufer, Teiche.

Bodenblätter sehr schmal, hellgrün, bis 100 cm lang, 5 mm breit, vorne leicht spiralig gedreht. Der beblätterte Stengel wird bis 100 cm hoch, der hellgrüne Blütenkolben wird bis 20 cm lang. Der obere männliche Teil bis 10 cm, kahler Zwischenraum etwa 5 cm, weiblicher Abschnitt 5 cm lang. Der reife Fruchtkolben etwa 15 mm dick, hellbraun. Dekorative Gruppenpflanze, auch für kleinere Anlagen zu verwenden. Sollte im flachen Wasser stehen, weil am sumpfigen Standort zu zwergwüchsig.

Vermehrung: Teilen der Pflanzenbasen im Herbst oder zeitigen Frühjahr.
Nachbarpflanzen: *Iris, Menyanthes, Scirpus, Veronica.*
WT: 2 - 15 cm, **GR:** 80 - 100 cm, **BZ:** VI - VII, **ST:** ❍

Typha minima Funk et Hoppe, 1815? **Zwergrohrkolben**
Fam.: Typhaceae - Rohrkolbengewächse
Verbreitung: Europa, Nordasien, Südchina.
Standorte: Gewässerufer, Sümpfe und andere nasse Stellen; sehr selten, geschützt, Gef. Gr.: 1.

Der Artname *minima* = kleinster, nimmt Bezug auf die kurzen Blätter und Fruchtkolben.

Bodenblätter linear, graugrün, bis 50 cm lang, 4 mm breit, auf der Innenseite flach, unterseits halbrund. Der Stengel ist nicht beblättert, wird bis 80 cm hoch und trägt den Blütenkolben über die Laubblätter. Kolben bis 10 cm lang, 3 mm dick, der obere männliche Teil 5 cm, braungrün, kahler Zwischenraum sehr kurz, weiblicher Abschnitt bis 4 cm, weißlich. Unmittelbar darunter ein kleines häutiges Stengelblatt. Der reife Fruchtkolben 2 cm dick, hellbraun. Für kleinste Anlagen geeignet, sollte im flachen Wasser und vollsonnig stehen. Die aus mehreren Pflanzen gebildete lockere Gruppe wird durch Seitentriebe zum schönen, dichten Trupp zusammenwachsen.

Vermehrung: Teilen der Pflanzenbasen.
Nachbarpflanzen: *Veronica, Calla, Caltha, Iris.*
WT: 2 - 10 cm, **GR:** 50 - 80 cm, **BZ:** VI - VII, **ST:** ❍

Typha sp. zierlich

Typha sp. klein

Typha minima, Zwergrohrkolben

Veratrum album LINNÉ, 1753 **Weißer Germer**

Fam.: Liliaceae - Liliengewächse
Verbreitung: Europa, Sibirien, Ostasien, Alaska.
Standorte: Moorwiesen, Alpenweiden, Hochstaudenfluren; verbreitet.

Der Name *Veratrum* kommt von verum = echt und atrum = schwarz, die Ableitung ist unsicher, *album* = weiß.

Kurzgestielte Blattrosette, Spreite breit eiförmig, bis 30 cm lang, 15 cm breit, stark längsfaltig, beide Enden spitz, Ränder glatt. Der bis 90 cm hohe, beblätterte Schaft trägt die etwa 60 cm lange Rispe mit 15 mm großen, sternförmigen, weißen Blüten. Untere Blüten zwittrig, die oberen meist rein männlich. Obwohl die Art keine echte Sumpfpflanze ist, kann sie aufgrund ihres Vorkommens in Moorwiesen für das Teichufer und die feuchte Wiese verwendet werden. Allerdings neigen in der Regel nur ausgewachsene Pflanzen zur Entwicklung von Blütenständen. Gehört zu den Giftpflanzen, denn die sogenannten Germer-Alkaloide sind überwiegend sehr giftig und führen auch in geringen Mengen zu tödlichen Vergiftungen. Wird in der Heilkunde bei akutem Bluthochdruck eingesetzt.

Vermehrung: Aussaat, Rhizomteilung.
Nachbarpflanzen: *Lythrum, Lysimachia, Juncus, Carex.*
WT: 0 - 1 cm, **GR:** 50 - 150 cm, **BZ:** VI - VIII, **ST:** ○ - ◗

Veronica longifolia LINNÉ, 1753 **Kerzen-Ehrenpreis**

Fam.: Scrophulariaceae - Braunwurzgewächse
Verbreitung: Europa, Ostasien.
Standorte: Moorwiesen, Gräben, Ufer, Sumpfwiesen, Auen; selten, geschützt, Gef. Gr.: 3.

Die Gattung *Veronica* ist nach der Heiligen VERONICA benannt. Dieser Name geht sprachlich auf lateinisch verus = wahr und unicus = einzig zurück, *longifolia* = langblättrig.

Stengel aufrecht, behaart, wenig verzweigt. Blätter zu 2 - 4 quirlständig, lanzettförmig, kurz gestielt, bis 8 cm lang, 3 cm breit, Ränder scharf gesägt. Die endständige, ährenförmige Traube öffnet kurz gestielte blaulila Blüten mit trichterförmiger, zweilippiger Krone. Verschiedene Sorten sind im Handel. Entsprechend seinem natürlichen Vorkommen kann der Kerzen-Ehrenpreis gut als Sumpfpflanze am Gartenteich gedeihen. Hier wird die Pflanze auch größer als bei der Kultur im normalen Gartenboden.

Vermehrung: Teilen, Aussaat.
Nachbarpflanzen: *Lythrum, Ranunculus, Lysimachia, Veratrum.*
WT: 0 - 2 cm, **GR:** 80 - 100 cm, **BZ:** VI - VII, **ST:** ●

Zizania aquatica LINNÉ, 1753 **Wasserreis, Indianerreis**

Fam.: Poaceae - Süßgräser
Verbreitung: Nordamerika, Nordasien.
Standorte: Ufer von Teichen, Seen und Flüssen, mitunter auch im Wasser.

Der Name *Zizania* kommt von zizanoon = ein griechischer Pflanzenname für Unkraut oder geringwertiges Getreide, aquaticus = im oder am Wasser lebend.

Einjähriges Gras, Blätter anfangs grundständig, später stengelständig, schmal-linear, schwertförmig gebogen oder überhängend, 40 - 100 cm lang, 1 - 2,5 cm breit. An der bis 50 cm hohen Rispe stehen am oberen Teil schmale weibliche und unten männliche Ährchen. Die länglichen Samen waren früher ein wichtiges Sammelgetreide der Indianerstämme, mit hohem Nährwert und leicht verdaulich. Wird auch heute noch gesammelt, dient in den USA und Kanada als besondere und wertvolle Beilage zu Delikatessen. Ein interessanter Teichbewohner für flachen Wasserstand und als freistehende Gruppe.

Vermehrung: Aussaat, Selbstaussaat.
Nachbarpflanzen: *Iris, Nymphaea, Mentha, Scirpus.*
WT: 10 - 30 cm, **GR:** 80 - 100 cm, **BZ:** VII - IX, **ST:** ○ - ◗

Veronica longifolia, Kerzen-Ehrenpreis

Veratrum album

Zizania aquatica

3.4 Hochwüchsige Sumpfpflanzen

Arundo donax **LINNÉ, 1753** **Pfahlrohr, Riesenschilf**

Fam.: Poaceae - Süßgräser

Verbreitung: Mittelmeergebiet, Transkaukasien, in den Süd-USA und im tropischen Amerika eingebürgert.

Standorte: Feuchte Wiesen, lichte Waldungen, Gewässernähe.

Arundo: von arundinis = Schilfrohr, *donax* ist abgeleitet von doneo = ich bewege hin und her.

Kräftige, bis 4 m hohe Stengel mit wechselständigen Blättern. Spreite linear-lanzettlich, sitzend, bis 30 cm lang, 4 cm breit, blaugrün, waagerecht abgespreizt, mit überhängenden Spitzen. In unseren Breiten werden keine Blüten entwickelt. Eines der stattlichsten Gräser, erzielt schöne Wirkungen als Trupp im Hintergrund von größeren Teichen. Kann auch als lichte Sonnenschutzpflanzung dienen. Für den feuchten bis normalen Standortboden, im mageren Substrat und abgetrennten Terrain schwächer im Wuchs.

Vermehrung: Seitensprosse.

Nachbarpflanzen: *Cortaderia, Spartina, Lythrum, Lysimachia.*

WT: 0 cm, **GR:** 3 - 4 m, **ST:** ❍

Epilobium hirsutum **LINNÉ, 1753** **Rauhhaariges Weidenröschen**

Fam.: Onagraceae - Nachtkerzengewächse

Verbreitung: Europa.

Standorte: Gräben, Quellen, Ufer, nasse Staudenfluren; verbreitet.

Der Name *Epilobium* kommt von ion epi lobon = Veilchen (Blümchen) über der Schote (Kapsel) und bezieht sich auf den Blütenbau, *hirsutum* = rauhhaarig.

Aufrechte Stengel, bis 120 cm hoch, ästig verzweigt, abstehend behaart. Blätter gegenständig, lanzettlich, bis 12 cm lang, 3 cm breit, den Stengel halb umfassend, weichhaarig, scharf gezähnt. Blüten in den oberen Achseln, bis 2 cm breit, rotviolett, vier Kronblätter und vierspaltige Narbe. Wildstaude für die größere Anlage mit naturnahem Charakter. Zu empfehlen wegen der langen Blütezeit und der bei Teichpflanzen nicht häufig vorkommenden Blütenfarbe. Braucht nasse, nährstoffreiche, zumindest schwach kalkhaltige Böden. Die Samenstände nach der Hochblüte abschneiden bevor die behaarten Samen davonfliegen.

Vermehrung: Aussaat, Teilen der Pflanzenbasen.

Nachbarpflanzen: *Eryngium, Lythrum, Valeriana, Lysimachia.*

WT: 0 - 2 cm, **GR:** 100 - 120 cm, **BZ:** VI - IX, **ST:** ❍

Equisetum hyemale **LINNÉ, 1753** **Winterschachtelhalm**

Varietät *robustum*

Syn.: *Equisetum robustum*

Fam.: Equisetaceae - Schachtelhalmgewächse

Verbreitung: Nord- und Mittelamerika.

Standorte: Sümpfe, Naßwiesen, Ufer.

Equisetum kommt von equus = Pferd und seta = Borste, die Seitenäste sollen wie Pferdehaare aussehen, *hyemale* = Winter, die Pflanze ist wintergrün, *robustum* = kräftig.

Blattlose, sterile, dunkelgrüne Stengel, bis 150 cm lang, 1 cm dick, rund, knotig und rinnig. Junge Stengelglieder sind verschiedenfarbig, weißlich, hellgrün bis bräunlich beringt. Bevorzugt feuchten, kiesigen Boden, wassernah, jedoch in der Randzone unseres Teiches. Schachtelhalme sind stammesgeschichtlich Vertreter einer kleinen Gruppe von Pflanzen, die im Erdaltertum die riesigen Steinkohlenwälder aufbauten.

Vermehrung: Ausläufer.

Nachbarpflanzen: *Iris, Orontium, Lysichiton, Saururus.*

WT: 0 - 5 cm, **GR:** 100 - 150 cm, **ST:** ❍

Arundo donax

Equisetum hyemale var. *robustum*

Epilobium hirsutum, Rauhhaariges Weidenröschen

Eryngium aquaticum LINNÉ, 1753 **Wasser-Edeldistel**

Fam.: Apiaceae - Doldenblütengewächse

Verbreitung: Nordamerika.

Standorte: Sümpfe, Gewässerränder, Flachwasser.

Der Name *Eryngium* kommt aus dem griechischen eryngion = Ziegenbart und deutet wahrscheinlich auf die Wurzelfasern hin, *aquaticum* = am oder im Wasser lebend.

Bodenblätter in Rosetten, lanzettlich, bis 60 cm lang, 4 cm breit, mittelgrün, halbrund aufgebogen, mit breitem Mittelnerv und 2 cm lang bedornten Randzähnen. Der kräftige Schaft wird bis 150 cm hoch und ist kurz beblättert. Der verzweigte Blütenstand ist aus kleineren Dolden zusammengesetzt. Blütenknäuel kugelig-walzenförmig, bis 3 cm lang, zahlreiche kleine weißliche bis schwach bläuliche Blüten. Imposante Erscheinung für die Randbepflanzung bis ins flache Wasser, aber auch im normal feuchten Gartenboden verwendbar. Bei der Kultur in stauender Nässe ist die Überwinterung nicht gesichert.

Vermehrung: Kurze Seitentriebe aus der Pflanzenbasis.

Nachbarpflanzen: *Cyperus, Filipendula, Carex, Saururus.*

WT: 0 - 5 cm, **GR:** 150 - 180 cm, **BZ:** VI - VIII, **ST:** ❍

Eryngium pandanifolium CHAMISSO et SCHLECHTENDAHL, 1826

Fam.: Apiaceae - Doldenblütengewächse **Pandanusblättrige Edeldistel**

Verbreitung: Südbrasilien, Argentinien.

Standorte: Sümpfe, feuchte Stellen.

Der Artname *pandanifolium* bedeutet, daß die Blätter der Gattung *Pandanus* ähnlich sind.

Bodenblätter rosettig, schwertförmig, dornig, bis 100 cm lang und 3 cm breit. Die Stengelblätter werden bis 50 cm lang. Blütenschaft bis 180 cm hoch, im oberen Teil verzweigt, mit eiförmigen Blütenköpfen und kleinen dunkelroten Blüten. Eine stattliche Solitärpflanze für die feuchte Uferzone von größeren Anlagen. Während *E. aquaticum* den Winter gut übersteht, sollte diese Art frostfrei überwintert werden. Dafür setzt man sie am besten in einem Drahtkorb aus, mit dem man sie leichter aus dem Boden nehmen kann.

Vermehrung: Seitentriebe.

Nachbarpflanzen: *Cyperus, Filipendula, Equisetum, Saururus.*

WT: 0 cm, **GR:** 120 - 150 cm, **BZ:** VII - VIII, **ST:** ❍

Eupatorium cannabinum LINNÉ, 1753 **Wasserdost, Wasserhanf**

Fam.: Asteraceae - Korbblütengewächse

Verbreitung: Europa, Sibirien, Nordafrika, Kleinasien.

Standorte: Naßwiesen, Bachufer, Waldränder; häufig.

Die Gattung *Eupatorium* ist benannt nach MITHRIADATES VI. EUPATOR, König von Pontius (132 - 63 v. Chr.), der die Pflanze gegen Leberleiden verwendet haben soll, *cannabinum* = hanfartig. Die alte Heilpflanze ist giftverdächtig.

Wegen seines Bitterstoffgehaltes wird der Wasserdost vor allem zur Anregung der Leber- und Gallenfunktion eingesetzt. Wirkt auch abführend und als sicheres Brechmittel.

Aufrechte, kräftige Stengel, kantig, rotbraun und bis zum Blütenstand meist unverzweigt. Die gegenständigen Blätter sind kurz behaart, handförmig, 3 - 5teilig gelappt, bis 15 cm groß, mit grob gezähnten Blattlappen. Die bis 20 cm breite und kompakte Schirmrispe öffnet fast 300 Körbchen mit 4 - 6 Blüten von rötlicher bis kupferroter Farbe. Größere Wildstaude für den feuchten bis sumpfigen Boden. Belebt den Wassergarten durch wochenlang anhaltenden Blütenflor.

Vermehrung: Stecklinge, Aussaat, Teilung.

Nachbarpflanzen: *Lysimachia, Filipendula, Primula, Carex.*

WT: 0 - 2 cm, **GR:** 100 - 150 cm, **BZ:** VII - IX, **ST:** ❍

Eryngium aquaticum, Wasser-Edeldistel

Eryngium pandanifolium

Eupatorium cannabinum

Euphorbia palustris Linné, 1753 **Sumpf-Wolfsmilch**

Fam.: Euphorbiaceae - Wolfsmilchgewächse
Verbreitung: Europa, Sibirien.
Standorte: Sumpfgebiete, Ufer von Bächen und Teichen, nasse Gräben.

Die Gattung *Euphorbia* ist benannt nach Euphorbos, einem Leibarzt des mauretanischen Königs Juba, gestorben 54 v. Chr., *palustris* = sumpfbewohnend.

Aufrechte, buschig verzweigte Stengel, bis 120 cm lang, Blätter wechselständig, schmal lanzettlich, bis 8 cm lang, 2 cm breit, ganzrandig, hellgrün. Die Blüten stehen in einer vielstrahligen Scheindolde zwischen gelbgrünen Hochblättern. Solitärgruppe für den Teichrand oder im flachen Wasser. Die zu hoch gewachsenen Pflanzen kann man nach der Blüte bis zur halben Höhe zurücksetzen. Sie gelangen dann mitunter nochmals zur Blüte. Von besonderem Interesse ist auch die auffällige hellpurpurrote Herbstfärbung der Pflanze.

Vermehrung: Teilung der Wurzelstöcke, Aussaat.
Nachbarpflanzen: *Cyperus, Carex, Myosotis, Iris.*
WT: 0 - 10 cm, **GR:** 80 - 120 cm, **BZ:** V - VII, **ST:** ○ - ◗

Filipendula ulmaria Maximowicz, 1879 **Mädesüß, Wiesenkönigin**

Fam.: Rosaceae - Rosenblütengewächse
Verbreitung: Europa, Westasien.
Standorte: Moorwiesen, Naßwiesen, Gräben, Ufer, Bachläufe, Auenwälder; häufig.

Der Name *Filipendula* kommt von filium = Faden und pendulus = hängend, wegen der an Wurzelfäden hängenden Knollen der Pflanze (fadenfüßig), *ulmaria* = ulmenartig, die Blüten.

Aufrechte, sechskantige Stengel, Blätter wechselständig, bis 25 cm lang, wenigpaarig gefiedert, die eirunden Blättchen mit gezackten Rändern, das Endblatt größer und 3 - 5spaltig. An der lockeren Rispe sitzen sehr zahlreiche, kleine, wohlduftende, weiß-cremefarbene Blüten. Arzneiliche Verwendung finden vor allem die getrockneten Blüten, welche auch zum Aromatisieren von Getränken verwendet werden. So kommt der Name Mähdesüß von dem althochdeutschen Wort Met, Blüten und Blätter wurden wahrscheinlich als Zusatz zu diesem bierähnlichen Getränk verwendet. Eine dekorative Blütenstaude für den sumpfigen bis feuchten nährstoffreichen Boden in Ufernähe. Gedeiht auch im normalen Gartenboden.

Vermehrung: Rhizomverzweigungen.
Nachbarpflanzen: *Ligularia, Miscanthus, Rumex, Carex.*
WT: 0 cm, **GR:** 150 - 180 cm, **BZ:** VII - VIII, **ST:** ○ - ◗

Ligularia japonica Lessing et De Candolle, 1832 **Japanischer Goldkolben**

Fam.: Asteraceae - Korbblütengewächse
Verbreitung: Japan, Korea, China, Taiwan.
Standorte: Ufer, Sümpfe, Gräben.

Der Name *Ligularia* kommt von ligula = Zunge, Band, *japonica* = aus Japan stammend.

Boden- und Stengelblätter sind gleich gestaltet, gestielt, bis 35 cm groß, rundlich, flach fiederschnittig und doppelt gezackt, die Basis ist tief eingeschnitten. 10 - 15 Blüten stehen in einer endständigen Schirmrispe mit Trageblättern. Blütenkörbchen bis 10 cm breit, Innenblüten gelb, 8 - 12 Rand-Zungenblüten bis 4 cm lang, 1 cm breit. Interessante sommerblühende Staude, gedeiht auch im Flachwasser.

Vermehrung: Teilen der Pflanzenbasen.
Nachbarpflanzen: *Carex, Lysimachia, Lythrum, Filipendula.*
WT: 0 - 2 cm, **GR:** 150 - 200 cm, **BZ:** VII - VIII, **ST:** ◗

Euphorbia palustris, Sumpf-Wolfsmilch

Filipendula ulmaria

Ligularia japonica

Lycopus exaltatus LINNÉ filius, 1781 **Hoher Wolfstrapp**

Fam.: Lamiaceae - Lippenblütengewächse
Verbreitung: Mitteleuropa, Himalaja.
Standorte: Ufer, Gräben, Waldränder; zerstreut.

Der Name *Lycopus* kommt von lykos = Wolf und pous = Fuß, die Zweigspitzen sollen einem Tierfuß ähnlich sein, *exaltatus* = hochgewachsen, erhöht.

Aufrechte, vierkantige Stengel, Blätter gegenständig, sitzend, bis 8 cm lang, 3 cm breit, tief fiederschnittig. Die Blüten sitzen quirlartig in den Blattachseln, die bis 5 mm lange gelbliche Krone hat 5 steife, spitzige Kelchzähne. Für den naturnahen Gartenteich zu verwenden, wird aber wegen der unscheinbaren Blüten kaum einmal angepflanzt. Der Standort ist relativ trocken, sumpfig oder naß am Ufer. Aus zahlreichen Trieben wachsen große und dichte Büsche heran.

Vermehrung: Ausläufer, Teilen der Pflanzenbasen.
Nachbarpflanzen: *Saponaria, Veronica, Filipendula, Molinia.*
WT: 0 - 2 cm, **GR:** 100 - 150 cm, **BZ:** IX - X, **ST:** ○ - ◗

Lysimachia vulgaris LINNÉ, 1753 **Gewöhnlicher Gilbweiderich**

Fam.: Primulaceae - Schlüsselblumengewächse
Verbreitung: Gemäßigte Zonen von Europa und Asien.
Standorte: Quellen, Gräben, Ufer, Erlenbrüche, Streuwiesen, Auwälder, Moorwiesen; verbreitet, gilt als guter Bodenfestiger.

Die Gattung *Lysimachia* ist nach dem griechischen Feldherrn LYSIMACHOS benannt, *vulgaris* = allgemein verbreitet.

Stengel bis 150 cm hoch, stumpfkantig, behaart, verzweigt. Die breitlanzettlichen Blätter sitzen gegenständig oder in dreizähligen Quirlen, bis 14 cm lang, 4 cm breit, spitz. Aus den oberen Achseln treiben gestielte Blütentrauben, die von einer endständigen Rispe überragt werden. Die 2 cm breiten, glockenförmigen, gelben Blüten werden von einem rot gerandeten Kelch umschlossen. Die anspruchslose Pflanze wächst in der Uferzone im Sumpf oder flachen Wasser. Ein Problem bieten die gestreckten Ausläufer, mit denen der Gilbweiderich weit in andere Bezirke eindringen kann. Wird daher besser in einer abgetrennten Zone gehalten.

Vermehrung: Ausläufer, Stecklinge.
Nachbarpflanzen: *Glyceria, Acorus, Lythrum, Petasites.*
WT: 0 - 10 cm, **GR:** 150 - 200 cm, **BZ:** VII - VIII, **ST:** ○ - ◗

Lythrum salicaria LINNÉ, 1753 **Blutweiderich**

Fam.: Lythraceae - Weiderichgewächse
Verbreitung: Europa, Asien, Nordamerika, Nordafrika, Südost-Australien.
Standorte: Naßwiesen, Flußufer, Bäche, Moorwiesen, Flachmoore; verbreitet.

Der Name *Lythrum* kommt von lythron = besudeln mit Mordblut, wahrscheinlich wegen der roten Blütenfarbe, *salicaria* = weidenähnlich, die Blattform.

Die aufrechten Stengel sind je nach Standort 30 - 100 cm hoch, im unteren Teil ästig verzweigt. Die lanzettlichen Blätter sitzen einzeln oder paarweise gegenüber, werden bis 12 cm lang, 3 cm breit und sind am Grunde abgerundet. Die etwa 50 cm lange Ähre öffnet zahlreiche, bis 15 mm breite, purpurrote Blüten in quirliger Stellung. Wichtige Nährpflanze für Schmetterlinge und zahlreiche andere Insekten. Je nach Standortboden, Feuchtigkeit und Lichtempfang ist die Größe der Pflanze ziemlich veränderlich. Verträgt bis 20 cm Wassertiefe, gedeiht aber auch im normal feuchten Gartenboden. Die mit den roten Blüten auffallende Staude wird am besten solitär gehalten.

Vermehrung: Stecklinge, Bodenableger.
Nachbarpflanzen: *Ligularia, Lysimachia, Typha, Petasites.*
WT: 0 - 20 cm, **GR:** 80 - 150 cm, **BZ:** VI - VIII, **ST:** ○ - ◗

Lycopus exaltatus

Lysimachia vulgaris

Lythrum salicaria, Blutweiderich

Lythrum virgatum, Rutenweiderich

Lythrum virgatum LINNÉ, 1753 **Rutenweiderich**

Fam.: Lythraceae - Weiderichgewächse

Verbreitung: Südost- und Osteuropa, Westasien.

Standorte: Sümpfe, Naßwiesen, Bachläufe, Seeufer; verbreitet.

Der Artname *virgatum* = rutenförmig nimmt Bezug auf die schlanke Blütenähre.

Aufrechte Stengel mit gegenständigen, schmalen, kurz gestielten Blättern, bis 8 cm lang, 1 cm breit, vorne spitz. Die purpurroten Blüten sitzen zu 1 - 3 in den Achseln der Trageblätter und bilden eine endständige, über 40 cm hohe, schlanke Ähre, die im unteren Teil häufig verzweigt ist. Es gibt verschiedene Farbsorten: ‚Roseum superbum' = rosa und großblumig, ‚Rose Queen' = rosarot, besonders lange Blütezeit, nur bis 80 cm hoch, ‚Nordens Pink' = rosarot. Zur Blütezeit eine auffallende Staude im Sumpfgarten, die man wegen der starken Farbakzente als Solitär hält. Gedeiht am besten auf feuchtem Boden und kann dort auch mit dem Fuß im Wasser stehen. Im normalen Gartenboden ist das Wachstum weniger üppig.

Vermehrung: Steckling, frische Ausläufer, Teilen des verholzenden Wurzelstockes etwas schwierig.

Nachbarpflanzen: *Acorus, Lysimachia, Typha, Ligularia.*

WT: 0 - 2 cm, **GR:** 120 - 150 cm, **BZ:** VII - IX, **ST:** ❍ - ◗

Molinia arundinacea SCHRANK, 1789 **Rohrartiges Pfeifengras**

Sorte: ‚Karl Förster'

Fam.: Poaceae - Süßgräser

Verbreitung: Europa.

Standorte: Moorwiesen, feuchte Sand- und Moorböden.

Die Gattung *Molinia* ist benannt nach dem spanischen Missionar J. I. MOLINA (1740 - 1829), *arundinacea* = schilfrohrartig.

Vorgestellt wird eine kleinwüchsige Sorte. Die eigentliche Art wird bis 4 m hoch und ist für den Hausgarten weniger geeignet. Pflanze am Grunde zwiebelig verdickt, die Blätter sitzen gedrängt am unteren Stengelteil, werden bis 40 cm lang und 1 cm breit. Der obere Teil des Stengels ist knoten- und blattlos. An der Spitze des bis 150 cm langen Stengels steht eine etwa 40 cm hohe, breit gefächerte Rispe mit kleinen blauvioletten Ährchen. Der sumpfige bis bodenfeuchte Standort kann im leichten Schatten liegen. Die schlanke Pflanze wird am besten mit mehreren Exemplaren als lockere Gruppe gesetzt.

Vermehrung: Seitentriebe, Aussaat.

Nachbarpflanzen: *Spartina, Lythrum, Ligularia, Lysimachia.*

WT: 0 cm, **GR:** 100 - 200 cm, **BZ:** IX - X, **ST:** ❍ - ◗

Molinia arundinacea ‚Karl Förster'

Molinia caerulea (Linné) Moench, 1794 **Blaues Pfeifengras**

Fam.: Poaceae - Süßgräser

Verbreitung: Europa, Sibirien, Kleinasien, Kaukasus.

Standorte: Moorwiesen, Heidemoore, Moorböden; häufig.

Der Artname *caerulea* = himmelblau, nimmt Bezug auf die Blütenfarbe.

Pflanze am Grunde zwiebelig verdickt, der aufrechte Stengel ist nur unten beblättert, grasartig, bis 80 cm lang, 1 cm breit, flach, rauh, graugrün. Der bis 100 cm hohe blattlose Stengel trägt die bis 60 cm lange schmale Rispe mit 8 mm großen Ährchen. Die Blüten sind meist schieferblau, selten violett oder grün. Es handelt sich zwar um eine Sumpfpflanze, doch kann diese ohne besondere Probleme im mäßig feuchten Boden gedeihen. Mit der Zeit entstehen durch Bestockung sehr kräftige Horste, die bis 2 m Umfang annehmen können. Sehr schön ist die bronzefarbene Herbstfärbung.

Vermehrung: Aussaat, Teilung.

Nachbarpflanzen: *Spartina, Lysimachia, Lythrum, Arundo.*

WT: 0 cm, **GR:** 100 - 150 cm, **BZ:** VII - IX, **ST:** ❍ - ◗

Molinia caerulea (Linné) Moench, 1794 **Blaues Pfeifengras**

Sorte: ‚Heidebraut‘

Fam.: Poaceae - Süßgräser

Verbreitung: (Europa, Sibirien, Kleinasien, Kaukasus).

Standorte: Kultursorte.

Die am Grunde zwiebelig verdickte Pflanze bildet einen aufrechten Stengel, der nur an seiner Basis Blätter bildet. Diese sind grasartig, flach, graugrün, bis 80 cm lang, 5 mm breit. Weil sie straff nach oben stehen, entsteht eine schlanke Pflanze. Das obere Stengelglied ist blattlos und trägt eine schmale Rispe mit schieferblauen, etwa 8 mm langen Ährchen. Wegen der schmalen Wuchsform ist es günstiger, wenn man sogleich mehrere Exemplare im lockeren Horst zusammensetzt. Der Standort ist sumpfig-sonnig oder feucht-halbschattig. Besonders intensiv wird bei dieser Sorte die gelblich-braune Herbstfärbung ausgebildet.

Vermehrung: Teilen der Pflanzenbasen.

Nachbarpflanzen: *Luzula, Carex, Lysimachia, Miscanthus.*

WT: 0 cm, **GR:** 100 - 150 cm, **BZ:** VII - IX, **ST:** ❍ - ◗

Osmunda regalis Linné, 1753 **Königsfarn**

Fam.: Osmundaceae - Königsfarngewächse

Verbreitung: Nördliche und südliche gemäßigte Zonen.

Standorte: Feuchte Laubwälder, Waldquellmoore, Erlenbrüche, niederschlagsreiche Gegenden; selten.

Der Name *Osmunda* ist wahrscheinlich deutschen Ursprungs und abgeleitet von Osmunder, einem Beinamen des germanischen Gottes Thor, *regalis* = königlich.

Die bis 180 cm hohen Wedel sind etwa 40 cm breit und locker doppelt gefiedert. Fiedern 1. Ordnung bis 20 cm lang, 10 cm breit. Fiedern 2. Ordnung bis 8 cm lang und 1 cm breit. An den Spitzen von reduzierten, fertilen Wedeln entstehen im Sommer braune Sporenträger. Dekorative und stattliche Solitärpflanze für größere Anlagen, kann auch als weiträumige Gruppe verwendet werden. Benötigt zur vollen Entfaltung einen tiefgründigen, sauren, humosen Boden sowie feuchten bis nassen Standort. Es gibt verschiedene Sorten: ‚Cristata‘ = Hahnenkamm-Königsfarn, hat monströs geformte Blattspitzen, ‚Gracilis‘ = Zwerg-Königsfarn, wird bis 60 cm groß. ‚Purpurascens‘ = Purpur-Königsfarn, hat erst rötliche, später dunkelgrüne Blätter.

Vermehrung: Wegen der einköpfigen Rhizome ist Teilung selten möglich.

Nachbarpflanzen: *Onoclea, Thelypteris, Blechnum.*

WT: 0 cm, **GR:** 150 - 180 cm, **BZ:** VII - VIII, **ST:** ◗ - ●

Molinia caerulea

M. caerulea ‚Heidebraut', Herbstlaub

Osmunda regalis, Königsfarn

Phalaris arundinacea Linné, 1753 **Rohrglanzgras, Schilfgras**

Fam.: Poaceae - Süßgräser
Verbreitung: Europa, Asien, Nordamerika, Nord- und Süd-Afrika.
Standorte: Sümpfe, Gewässerufer, Uferröhricht, Erlenbrüche; häufig.
Phalaris kommt von phalaros = glänzen, wegen der Blütenrispen, *arundinacea* = rohrartig.
Aufrecht stehende, beblätterte Halme. Blätter schilfartig, bis 80 cm lang, 2 cm breit. An der weißlich-grünen oder rötlichen verlängerten Blütenrispe sind die Ährchen an den Rispenästen zu dichten Knäueln zusammengerückt. Üppige Büsche aus schilfähnlichen Blättern. Erweist sich im nahrhaften Boden als sehr raschwüchsig und treibt seine Ausläufer leicht in Nachbargebiete hinein. Empfehlenswerter sind die verschiedenen Zuchtformen. So hat die Sorte ‚Tricolor' (dreifarbig) weiß und rötlich gestreifte Blätter. Die Sorte ‚Picta' bringt rosaweiß bis gelblich-weiß gebänderte Blätter von 10 - 30 cm Länge.
Vermehrung: Ausläufer.
Nachbarpflanzen: *Scirpus, Juncus, Glyceria, Iris.*
WT: 2 - 20 cm, **GR:** 100 - 200 cm, **BZ:** VI - VII, **ST:** ○

Phragmites australis (Cavaniles) Trinius ex Steudel, 1820 **Schilfrohr, Teichrohr**

Syn.: *Phragmites communis*
Fam.: Poaceae - Süßgräser
Verbreitung: Kosmopolit.
Standorte: Verlandungszonen, Ränder von Seen, Teichen und Flüssen, Schilfgürtel, Röhrichte; häufig.
Der Name *Phragmites* kommt von phragma = Zaun, Wand, und bezieht sich auf die Verwendung der Stengel für Zäune oder zur Errichtung von Wänden, *australis* = aus dem Süden kommend. Stengel oder Halme bis 4 m hoch, bis oben Blätter tragend. Spreiten graugrün, bis 50 cm lang, 3 cm breit. Die Halmspitzen tragen bis 40 cm lange Rispen mit bräunlichen oder rötlichen Ährchen. Für die normalgroße Teichanlage wird die Pflanze in der Regel zu groß und wuchert sehr stark. Empfehlenswert als Windschutz am Seerosenteich. Durch eine Haltung im abgegrenzten Gebiet oder Kübel kann das kräftige Wachstum beschränkt werden. Die Sorte ‚Stratiopticus' hat gelb-grün gestreifte Blätter, wird nur bis 150 cm hoch und ist weniger starkwüchsig.
Vermehrung: Die langen Rhizome verzweigen sich reichlich.
Nachbarpflanzen: *Peltiphyllum, Petasites, Typha.*
WT: 0 - 30 cm, **GR:** 3 - 4 m, **BZ:** VII - IX, **ST:** ○ - ◗

Rumex hydrolapathum Hudson, 1880 **Flußampfer, Wasserampfer**

Fam.: Polygonaceae - Knöterichgewächse
Verbreitung: Europa, Ostasien.
Standorte: Flußufer, Teiche, Gräben und ähnliche Biotope, nicht selten im flachen Wasser.
Der Name *Rumex* hat lateinischen Ursprung, *hydrolapathum* kommt von hydor = Wasser und lapathon = Ampfer. Bodenblätter rosettig, bis 40 cm lang gestielt. Spreite lanzettlich, bis 60 cm lang, 20 cm breit, spitz. Der bis 180 cm hohe Blütenstand ist mit kleiner werdenden Blättern besetzt. In den oberen Achseln stehen mehrere, meist unterschiedlich lange Rispen, mit kurzen weißlichen bis rötlichen Blüten. Die Solitärpflanze bildet eine umfangreiche Blattrosette und dient damit in größeren Anlagen zur naturnahen Begrünung. Wächst entweder am Teichrand relativ trocken, oder bis in das flache Wasser hinein.
Vermehrung: Seitentriebe mit Wurzelballen umsetzen.
Nachbarpflanzen: *Scirpus, Acorus, Typha, Lythrum.*
WT: 0 - 15 cm, **GR:** 100 - 180 cm, **BZ:** VII - VIII, **ST:** ○ - ◗

Phragmites australis, Schilfrohr

Phalaris arundinacea

Rumex hydrolapatum

Scirpus lacustris subspecies: _lacustris_ Linné, 1753 **Teichsimse, Seesimse**
Fam.: Cyperaceae - Sauergräser
Verbreitung: Europa, Afrika, Asien, Australien, Nord- und Mittelamerika.
Standorte: Uferröhricht stehender oder langsam fließender Gewässer; verbreitet.
Der Name *Scirpus* war bei den Römern eine Bezeichnung für verschiedene simsenartige Gewächse, *lacustris* = Teich- oder See-bewohnend. Stengel dunkelgrün, blaugrün bereift, blattlos, bis 250 cm hoch, an der Basis bis 3 cm dick, nach vorne gleichmäßig dünner. An der endständigen Rispe mit etwa 5 cm großen Ästen 1 cm lange Ährchen, kopfig an den Enden, hellbraun, spitz, mit 10 - 20 Blütchen. Typischer Vertreter der Sumpfflora, für das flache bis mäßig tiefe Wasser. Wegen des starken Wucherns nur für größere Teiche freiwachsend zu empfehlen. Allgemein nur in Abteilungen oder Gefäßkultur halten. Wegen der Färbung auf mageren Boden achten.
Vermehrung: Teilen der Basen.
Nachbarpflanzen: *Iris, Phalaris, Typha, Lycopus.*
WT: 2 - 30 cm, **GR:** 200 - 250 cm, **BZ:** V - VII, **ST:** ❍ - ◗

Scirpus lacustris subspecies: _tabernaemontani_ (Gmelin) Syme, 1863/86
Syn.: *Schoenoplectus tabernaemontani* **Graue Teichsimse**
Fam.: Cyperaceae - Sauergräser
Verbreitung: Europa, Nordafrika, gemäßigtes Asien.
Standorte: Uferröhricht stehender oder langsam fließender Gewässer, salzhaltige Gewässer; verbreitet. Der Name *tabernaemontani* = nach J. Theodorus (gest. 1580), der sich Tabernaemontanus nannte, weil der aus Bergzabern in der Rheinpfalz stammte.
Stengel graugrün, stielrund und blattlos, bis 100 cm lang, unten etwa 5 mm dick, nach vorne unmerklich dünner. An der endständigen Rispe mit unterschiedlich langen Ästen stehen braun beschuppte, tannenzapfenähnliche, bis 1 cm lange Ährchen. Bei Gefäßkultur oder im abgeteilten Bereich entstehen schöne dichte und dekorative Trupps. Die Sorte ‚Zebrinus' (Zebrasimse) hat gelb oder weißgrün quergestreifte Halme. Wird im mageren Boden und vollsonnig gehalten, weil sonst die Färbung leicht vergrünt.
Vermehrung: Teilen der Pflanzenbasen.
Nachbarpflanzen: *Typha, Iris, Lycopus, Ligularia.*
WT: 2 - 30 cm, **GR:** 80 - 100 cm, **BZ:** VI - VII, **ST:** ❍ - ◗

Spartina pectinata Link, 1820 **Kammförmiges Strickgras**
Sorte: ‚Aureomarginata'
Syn.: *Spartina michauxiana*
Fam.: Poaceae - Süßgräser
Verbreitung: Nordamerika.
Standorte: Ufer, Sümpfe.
Der Name *Spartina* kommt von sparte = Strick, ein antiker Pflanzenname für Flechtwerk, *pectinata* = kammförmig, in Bezug auf die Blütenähre. Der Sortenname = golden gerändert. Stengel bis 180 cm hoch, 1 cm dick, Blätter einzeln mit weiten Abständen, bis 100 cm lang, 2 cm breit, die Scheide den Stengel voll umfassend. Grundfarbe dunkelgrün, die Sorte ‚Aureomarginata' hat schmale, hellgelbe Längsstreifen. Die endständige Rispe wird bis 40 cm lang und trägt bis 20 Ähren von 10 cm Länge. Diese sind gefalten und an den Rändern kammförmig gezackt. Wächst in der bodenfeuchten Randzone, aber auch relativ trocken. Durch viele kurze Ausläufer entsteht ein dichter Trupp, den man frei herausstellt.
Vermehrung: Ausläuferpflanzen.
Nachbarpflanzen: *Arundo, Molinia, Miscanthus, Lythrum.*
WT: 0 cm, **GR:** 180 - 200 cm, **BZ:** VIII - IX, **ST:** ❍

Scirpus lacustris ssp. *lacustris*

Scirpus lacustris ssp. *tabernaemontani*

Spartina pectinata

Spartina pectinata, Blüte

Telekia speciosa (Schreber) Baumgartner, 1816 **Herzblättriges Rindsauge**

Syn.: *Buphthalmum speciosum*
Fam.: Asteraceae - Korbblütengewächse
Verbreitung: Alpen, Kleinasien, Karpaten.
Standorte: Feuchte Waldlichtungen, schattige Bachränder, Ufer.

Die Gattung *Telekia* ist benannt nach dem ungarischen Grafen Telekil van Szek, *speciosa* = prächtig, schön, ansehnlich. Bodenblätter bis 40 cm lang gestielt, herzförmig, bis 35 cm lang, 30 cm breit, hellgrün, netzaderig, Ränder seicht gekerbt. Der beblätterte Blütenstand wird bis 160 cm hoch und hat die oberen Stengelblätter schwach geteilt. Die bis 10 cm breiten Blütenkörbchen zeichnen sich aus durch zahlreiche, sehr schmale Randzungenblüten. Die inneren Röhrenblüten sind braun. Mit den großlappigen Blättern und den Sonnenhut-ähnlichen Blüten bildet das Rindsauge eine imposante Erscheinung am Wassergarten. Der Standort liegt nicht in der stauenden Nässe, sondern mehr in der bodenfeuchten Randzone. Vollsonne ist zu vermeiden.

Vermehrung: Seitenpflanzen, Aussaat.
Nachbarpflanzen: *Lysimachia, Ligularia, Matteuccia, Lysichiton.*
WT: 0 cm, **GR:** 140 - 180 cm, **BZ:** VII - VIII, **ST:** ◗ - ●

Typha angustifolia Linné, 1753 **Schmalblättriger Rohrkolben**

Fam.: Typhaceae - Rohrkolbengewächse
Verbreitung: Europa, Westasien, Nordamerika.
Standorte: Sümpfe, Ufer, Verlandungszonen; ziemlich selten.

Der Name *Typha* kommt von typhos = Rauch, wegen der braunen Fruchkolben, *angustifolia* = schmalblättrig. Bodenblätter in dichten Reihen, schmal, spitz, bis 150 cm lang, 2 cm breit. Blütenschaft bis 150 cm hoch, beblättert, Blütenkolben braun, bis 40 cm lang, 2 cm dick. Der obere männliche Teil bis 20 cm, kahler Zwischenraum 5 cm, weiblicher Abschnitt bis 15 cm lang. Der reife Fruchtkolben etwa 2 cm dick, dunkelbraun. Diese Fruchstände bleiben oft bis in den Winter hinein erhalten, platzen dann erst auf und geben die wolligen Samen frei. Dekorative Wirkung erzielt der dichte Trupp. Weil die Pflanzen im nahrhaften Boden sehr starkwüchsig sind, besteht die Gefahr des Verwilderns. Wird daher besser im abgeteilten Bereich gehalten.

Vermehrung: Teilen der Pflanzenbasen im zeitigen Frühjahr.
Nachbarpflanzen: *Scirpus, Iris, Hippuris, Lythrum.*
WT: 2 - 40 cm, **GR:** 150 - 200 cm, **BZ:** VII - VIII, **ST:** ❍

Typha latifolia Linné, 1753 **Breitblättriger Rohrkolben**

Fam.: Typhaceae - Rohrkolbengewächse
Verbreitung: Europa, Asien, Amerika.
Standorte: Sümpfe, Uferränder, Verlandungszonen; häufig, aber seltener werdend.

Der Artname *latifolia* = breitblättrig. Bodenblätter in Reihen, aufsteigend, linear, spitz, bis 150 cm lang, 3 cm breit, blaugrün-grasgrün. Blütenschaft bis 250 cm hoch, beblättert, Blütenkolben bis 35 cm lang, hellbraun. Der obere männliche Teil bis 15 cm lang, 2 cm dick, kein kahler Zwischenraum, weiblicher Abschnitt bis 20 cm lang. Der reife Fruchtstand 3 cm dick, schwarzbraun. Diese kräftigste Art der Gattung ist für den Hintergrund von größeren Anlagen zu verwenden. Am kleinen Teich wird die Ausbreitung begrenzt durch Kultur im Gefäß oder in abgegrenzter Abteilung. Im Folienteich nicht frei aussetzen, die scharfen Rhizomspitzen können die Folie an Faltstellen durchstoßen, der Teich wird dann leicht undicht.

Vermehrung: Teilen der Pflanzenbasen im zeitigen Frühjahr.
Nachbarpflanzen: *Iris, Scirpus, Lythrum, Sagittaria.*
WT: 5 - 30 cm, **GR:** 200 250 cm, **BZ:** VII - VIII, **ST:** ❍

Telekia speciosa, Herzblättriges Rindsauge

Typha angustifolia

Typha laxmannii, siehe Seite 466.

Typha laxmannii LEPESCHIN, 1801 **Laxmanns Rohrkolben**

Syn.: *Typha stenophylla*

Fam.: Typhaceae - Rohrkolbengewächse

Verbreitung: Europa, Asien, China.

Standorte: Sümpfe, Gewässerränder, Verlandungszonen; selten, geschützt.

Die Art ist nach dem russischen Botaniker LAXMANN (1737 - 1796) benannt.Bodenblätter aufsteigend, schmal, spitz, bis 180 cm lang, 6 - 10 mm breit. Der bis 150 cm hohe Blütenschaft ist beblättert und steht in 3/4 Höhe des Laubes. Blütenkolben bis 20 cm lang, hellbraun. Der obere männliche Abschnitt etwa 10 cm lang, kahler Zwischenraum bis 4 cm, der weibliche Teil bis 6 cm lang. Der reife Fruchtkolben etwa 2 cm dick, dunkelbraun. Die grazile Pflanze ist nicht so starkwüchsig wie die anderen großen Arten, dennoch ist es ratsam, die Ausdehnung zu begrenzen und einen Solitärtrupp zu bilden.

Vermehrung: Rhizomspitzen vor dem Austrieb abnehmen.

Nachbarpflanzen: *Scirpus, Iris, Lythrum, Sagittaria.*

WT: 5 - 30 cm, **GR:** 140 - 180 cm, **BZ:** VII - VIII, ST: ○

Typha shuttleworthii KOCH et SONDER, 1835/38 **Grauer Rohrkolben**

Syn.: *Typha latifolia* ssp. *shuttleworthii*

Fam.: Typhaceae - Rohrkolbengewächse

Verbreitung: Europa, Asien.

Standorte: Gräben, Gewässerufer, Verlandungszonen; sehr selten, geschützt, Gef. Gr.: 1.

Die Art wurde nach dem britischen Botaniker SHUTTLEWORTH benannt. Bodenblätter in Reihen, schmal, spitz, bis 120 cm lang, etwa 1 cm breit, unterseits mehr oder weniger gewölbt. Blütenschaft bis 150 cm hoch, beblättert. Blütenkolben bis 25 cm lang, der obere männliche Abschnitt bis 14 cm, graubraun, kahler Zwischenraum sehr kurz (5 mm), weiblicher Teil bis 11 cm lang, schon im Aufblühen schwarz gefärbt. Der reife Fruchtkolben bis 3 cm dick, schwarz gefärbt, später grauhaarig und schwarzpunktiert. In der freien Natur ist die Art vom Aussterben bedroht. Daher ist sie auch als Teichpflanze äußerst selten. Sehr schön kann man hier die Umfärbung der Fruchtkolben und die schon relativ frühe Entlassung der Flugsamen beobachten.

Vermehrung: Teilen der Pflanzenbasen im zeitigen Frühjahr.

Nachbarpflanzen: *Sagittaria, Iris, Scirpus, Lythrum.*

WT: 5 - 30 cm, **GR:** 120 - 150 cm, **BZ:** VII - VIII, **ST:** ○

Valeriana officinalis LINNÉ, 1753 **Echter Baldrian**

Fam.: Valerianaceae - Baldriangewächse

Verbreitung: Europa

Standorte: Ufer, Gräben, Moorwiesen, Auenwälder; verbreitet.

Valeriana kommt von valere = gesund sein, *officinalis* = arzneilich gebräuchlich. Die anerkannte Heilpflanze wird vor allem bei Schlaflosigkeit, nervöser Erschöpfung und Überarbeitung als beruhigendes, krampflösendes Mittel angewendet. Der charakteristische Baldriangeruch entsteht durch die Produktion ätherischer Öle. Wegen des intensiven Geruchs wurden die unterirdischen Teile früher als Köder für Ratten benutzt. Baldrian bringt Kater unwiderstehlich in Hochzeitsstimmung, daher auch der Name Katzenwurzel. Bodenblätter gestielt, fiederförmig aufgeteilt, die Fiederblätter bis 7 cm lang, 1,5 cm breit. Blütenschaft bis 2 m hoch werdend, die Stengelblätter sind bis 8 cm lang, gefiedert, die Fiederblättchen 4,0 x 0,7 cm, spitz. Aus oberen Achseln treiben gestielte Rispen und zahlreiche, kleine, rosa gefärbte Blüten. Diese prachtvoll blühende Zierstaude wächst im Sumpf an bodenfeuchter Stelle und ebensogut im normalen Gartenboden.

Vermehrung: Verzweigung der Rhizome.

Nachbarpflanzen: *Filipendula, Carex, Lythrum, Sagittaria.*

WT: 0 cm, **GR:** 150 - 200 cm, **BZ:** VI - VII, **ST:** ○

Typha latifolia, Breitblättriger Rohrkolben, rechts Fruchtstand

Typha shuttleworthii

Valeriana officinalis

4.1 Niedrige bis mittelhohe Feuchtbodenpflanzen

Ajuga reptans LINNÉ, 1753 — Kriechender Günsel

Fam: Lamiaceae - Lippenblütengewächse

Verbreitung: Europa, Nordafrika, Kleinasien, Nordamerika.

Standorte: Wiesen, Wegränder, Laubwälder; häufig.

Der Name *Ajuga* kommt von a = ohne und jugum = Joch, weil das Obermaul fehlt, *reptans* = kriechend. Pflanze mit oberirdischem Ausläufer. Die gestielten Grundblätter sind rosettig, die oval-eiförmigen Stengelblätter sitzen gegenständig, werden bis 3 cm lang, mit gekerbten Rändern. Die blauen Blüten (selten rötlich oder weiß) sitzen in den Blattachseln der hochstehenden Stengel. Der Kriechende Günsel ist eine Licht- bis Halbschattenpflanze und gilt als Nährstoffanzeiger. Wir können ihn problemlos am Teichufer als Bodendecker einplanen, wo sich die kriechenden Sprosse bald ausbreiten.

Vermehrung: Ausläufer.

Nachbarpflanzen: *Ranunculus, Viola, Polygonum, Trollius.*

WT: 0 cm, **GR:** 10 - 25 cm, **BZ:** IV - VIII, **ST:** ○ - ◗

Alchemilla xanthochlora ROTHMANN, 1937 — Gelbgrüner Frauenmantel

Syn.: *Alchemilla vulgaris*

Fam.: Rosaceae - Rosenblütengewächse

Verbreitung: Europa, Westasien, in Nordamerika eingebürgert.

Standorte: Naßwiesen, Quellfluren, Fettwiesen; verbreitet.

Der Name *Alchemilla* ist ein arabischer Pflanzenname und bedeutet: Kleine Alchemistin; man schrieb dem Tau der Blätter bei der Goldmacherkunst Wunderkräfte zu, *xanthochlora* = gelbgrün, charakterisiert die Blütenfarbe. Der Name Frauenmantel bezieht sich auf den umhangähnlichen Schnitt der Blätter. Die rundlichen Bodenblätter werden bis 15 cm breit und haben die Ränder in halbkreisförmige oder dreieckige, gezähnte Lappen geschnitten. Der beblätterte und behaarte Blütenstengel ist reichlich verzweigt, die bis 4 mm breiten gelbgrünen Blüten sitzen in lockeren Knäueln. Sie haben keine Kronblätter, sondern zwei Reihen von je 4 Kelchblättern. Die formenreiche Wildstaude bildet eine dekorative Uferbepflanzung. Ständig nasser Boden wird vertragen, auch der relativ trockene Standort. Lehmboden wird bevorzugt.

Vermehrung: Seitentriebe, Aussaat, Samen entstehen ohne Befruchtung der Blüten.

Nachbarpflanzen: *Filipendula, Iris, Lythrum, Acorus.*

WT: 0 cm, **GR:** 20 - 30 cm, **BZ:** V - VIII, **ST:** ○ - ◗

Allium ursinum LINNÉ, 1753 — Bär-Lauch

Fam.: Liliaceae - Liliengewächse

Verbreitung: Europa, Kleinasien, Kaukasus, Sibirien.

Standorte: Auenwälder, Laub- und Bergmischwälder; ziemlich häufig.

Der Name *Allium* kommt von alium, ein römischer Name für den Knoblauch, ursinum = für Bären geeignet. Zwiebelpflanze mit meist zwei grundständigen, gestielten Blättern, eilanzettlich, bis 20 cm lang, 5 cm breit. Der doldige Blütenstand über den Blättern mit 10 - 20 weißen Blüten, sechszählig, sternförmig. Die Pflanze ist durch einen starken Lauchgeruch gekennzeichnet. Um die Ausbreitung zu beschränken ist es ratsam, die Früchte gleich nach der Blüte auszuschneiden.

Vermehrung: Seitenzwiebeln.

Nachbarpflanzen: *Luzula, Arum, Asarum, Carex.*

WT: 0 cm, **GR:** 20 - 50 cm, **BZ:** V - VI, **ST:** ◗ - ●

Ajuga reptans

Allium ursinum

Alchemilla xanthochlora, Gelbgrüner Frauenmantel

***Althaea officinalis* LINNÉ, 1753** **Echter Eibisch**

Fam.: Malvaceae - Malvengewächse

Verbreitung: Europa, Sibirien, Nordafrika, Vorderasien.

Standorte: Gräben, nasse Böden, Küsten; ziemlich selten, geschützt, Gef. Gr.: 2.

Der Name *Althaea* kommt von althos = ein Heilmittel, *officinalis* = in der Medizin gebräuchliche Arzneipflanze. Ein reizlinderndes Mittel bei Bronchialkatarrhen, Heiserkeit und Halsentzündungen. Stengelpflanze, Blätter wechselständig, schwach drei- bis fünflappig, bis 15 cm lang, 10 cm breit, graufilzig. Blüte hell-lila, bis 5 cm breit, büschelig in den Blattachseln. Die Blütenfarbstoffe sind als Lebensmittelfarbstoffe geeignet. Für die Teichnähe interessant wegen der abweichenden Blütenfarbe und der im Hochsommer liegenden Blütezeit. Nur außerhalb des Stauwasser-Einflusses anpflanzen.

Vermehrung: Aussaat.

Nachbarpflanzen: *Geranium, Myosotis, Primula, Eupatorium.*

WT: 0 cm, **GR:** 50 - 120 cm, **BZ:** VII - IX, **ST:** ❍

***Anemone vitifolia* HAMILTON-BUCHANAN et DE CANDOLLE, 1815** **Weinblättriges Windröschen**

Fam.: Ranunculaceae - Hahnenfußgewächse

Verbreitung: Nepal.

Standorte: Laubwälder, Auenwälder.

Der Name *Anemone* kommt von anemos = Wind, *vitifolia* = weinblättrig. Bodenblätter gestielt, bis 15 cm groß, dreieckig, undeutlich fünflappig, Ränder gekerbt. Stengelblätter meist quirlig zu dritt, kleiner. Aus den unteren Achseln treiben mehrere Seitenäste mit 5 - 6 lang gestielten, bis 4 cm breiten weißen Blüten. Wenn im Herbst die meisten Teichpflanzen schon in den Winterschlaf gehen, beginnt die Blüte des Windröschens. Für die Teichnähe im ständig feuchten Boden, nicht im Stauwasserbereich.

Vermehrung: Seitentriebe.

Nachbarpflanzen: *Anemone*-Hybriden, *Tradescantia, Cimicifuga.*

WT: 0 cm, **GR:** 40 - 60 cm, **BZ:** IX - X, **ST:** ◗

***Aquilegia atrata* KOCH, 1830** **Schwarzviolette Akelei**

Fam.: Ranunculaceae - Hahnenfußgewächse

Verbreitung: Südeuropa, Alpen, Appeninen.

Standorte: Moorwiesen, Waldränder, Nadelwälder; zerstreut.

Der Name *Aquilegia* kommt von aquilo = Adler, wegen der Ähnlichkeit des Blütenspornes mit den Klauen eines Adlers, *atrata* = geschwärzt. Bodenblätter lang gestielt, doppelt dreiteilig, oft blaugrün, Abschnitte rundlich, dreischnittig, bis 5 cm lang. Am Stengelende treiben mehrere bis 5 cm große braunviolette Blüten mit langem Sporn und hervorragenden Staubblättern. Wächst gut im Moorbeet, aber auch im normalen Gartenboden. Dient hier als optische Erweiterung der Teichanlage.

Vermehrung: Aussaat, Teilen der Pflanzenbasen.

Nachbarpflanzen: *Eriophorum, Arnica, Gentiana, Potentilla.*

WT: 0 cm, **GR:** 30 - 70 cm, **BZ:** V - VI, **ST:** ❍ - ◗

***Arnica montana* LINNÉ, 1753** **Arnika, Bergwohlverleih**

Fam.: Asteraceae - Korbblütengewächse

Verbreitung: Europa, hauptsächlich Gebirge.

Standorte: Moorwiesen, Silikatmagerrasen; zerstreut, geschützt, Gef. Gr.: 3.

Grundständige Blätter (meist 4) ungestielt, bodenanliegend, fast ganzrandig, eiförmig, bis 15 cm lang, ziemlich derb und dicht behaart. Stengelblätter gegenständig, fast sitzend, kleiner. Der bis 50 cm hohe Schaft trägt in der Regel ein Blütenkörbchen von 5 - 8 cm Breite, die gelben Rand-Zungenblüten bis 3 cm lang und 6 mm breit. Für die naturnahe Begrünung, auch

Althaea officinalis

Anemone vitifolia

Aquilegia atrata

Arnica montana

Fortsetzung *Arnica montana*, Arnika, Bergwohlverleih:

im Moorbeet zu verwenden. *Arnica* ist eine alte Heilpflanze (Bergwohlverleih), innerlich bei Herz- und Kreislaufstörungen, als Salbe bei Prellungen, Blutergüssen und Quetschungen.
Vermehrung: Aussaat.
Nachbarpflanzen: *Potentilla, Aquilegia, Ranunculus.*
WT: 0 cm, **GR:** 30 - 50 cm, **BZ:** VI - VII, **ST:** ○

Arum maculatum LINNÉ, 1753 — Gefleckter Aronstab

Fam.: Araceae - Aronstabgewächse
Verbreitung: Europa.
Standorte: Auenwälder, Laubmischwälder; häufig.
Der Name *Arum* ist von dem griechischen Pflanzennamen aron abgeleitet, *maculatum* = gefleckt, in Bezug auf die Blattzeichnung. Kompakte Rosette aus gestielten Blättern. Spreite pfeilförmig, bis 20 cm lang, 10 cm breit, grün, häufig dunkel gefleckt, vorne spitz, nach unten pfeilförmig herabgezogen. Der Blütenkolben ist von einer tütenförmigen, gelbgrünen Hochblattscheide (Spatha) umgeben, die etwa 25 cm hoch wird. Am unteren Kolbenteil sitzen die weiblichen Blüten, dann die männlichen und darüber besondere, zu Sperrhaken umgewandelte sterile Blüten. Der obere blütenlose Teil des Kolbens ragt aus der Spatha hervor. Es handelt sich um eine sogenannte Gleitfallenblume, welche die Insekten zum Zwecke der Blütenbestäubung für mehrere Tage festhält und dann erst entläßt. Der untere Teil der Kesselfalle ist häufig mit zahlreichen Fliegen angefüllt. Die spätere Beerenfrucht ist auffällig rot gefärbt. Eine interessante und optisch schöne Pflanze für den bodenfeuchten Standort. Vorsicht ist geboten, denn der Aronstab gehört zu den Giftpflanzen mit starker Giftigkeit. Unter bestimmten Umständen können dadurch schwere Vergiftungen eintreten. Die Giftstoffe sind in Blüten, Früchten und Wurzeln enthalten.
Vermehrung: Aussaat.
Nachbarpflanzen: *Leucojum, Asarum, Onoclea, Corydalis.*
WT: 0 cm, **GR:** 20 - 40 cm, **BZ:** IV - VI, **ST:** ◗ - ●

Asarum europaeum LINNÉ, 1753 — Haselwurz

Fam.: Aristolochiaceae - Osterluzeigewächse
Verbreitung: Europa, Westsibirien.
Standorte: Auenwälder, Laub- und Nadelwälder; häufig.
Der Name *Asarum* kommt von asaron = unverzweigt, *europaeum* = in Europa verbreitet. Kriechende Stengel, am Grunde mit schuppenförmigen Niederblättern. Spreiten gestielt, rundlich-nierenförmig, bis 10 cm breit, dunkelgrün. Die kurz gestielten Blüten stehen einzeln in den Achseln, ihre dreiteilige, glockenförmige, und braunrote Blütenhülle wird etwa 15 mm lang. Wegen der unscheinbaren, versteckten Blüten wird man die Haselwurz wohl kaum am Gartenteich unterbringen. Für die naturnahe Begrünung und optische Erweiterung jedoch ideal. Vor allem besticht die auffällige Blattform, sowie der dichte und extrem niedrige Wuchs. Ein schöner Bodendecker, der sich problemlos ausbreitet und mit der Zeit größere Flächen überdeckt. Häufig bleiben die Blätter den ganzen Winter über grün. Benötigt für das optimale Gedeihen einen kalkhaltigen, humosen Lehmboden. Abkochungen der getrockneten oder frischen Rhizome wurden zeitweise benutzt, um bei rechtzeitig erkannten Pilz- oder Nahrungsmittelvergiftungen rasches Erbrechen herbeizuführen. War auch als Abtreibungsmittel bekannt. Das Gift Asaron kann in hohen Dosen zum Tode führen.
Vermehrung: Teilung, Aussaat.
Nachbarpflanzen: *Aruncus, Gentiana, Thalictrum, Aquilegia.*
WT: 0 cm, **GR:** 5 - 10 cm, **BZ:** III - V, **ST:** ○ - ◗

Arum maculatum

Arum maculatum (geöffneter Kessel)

Asarum europaeum, Haselwurz

Bergenia cordifolia (HARWORTH) STERNBERG, 1810 **Herzblättrige Bergenie**

Fam.: Saxifragaceae - Steinbrechgewächse
Verbreitung: Altai, Mongolei.
Standorte: Waldränder, feuchte Auen, Naßwiesen.

Die Gattung *Bergenia* ist benannt nach dem deutschen Botaniker K. A. VON BERGEN (1704 - 1759), *cordifolia* = herzblättrig.

Aus dem kriechenden Rhizom treiben gestielte Blätter mit herzförmiger Spreite, bis 25 cm lang, 20 cm breit, die Ränder flach gebuchtet, mit deutlicher Netzaderung. Die kleinen rötlichen Blüten sitzen zahlreich an den bis 40 cm hohen Blütenständen. Die schöne Blattpflanze wächst in dichten Polstern. Sollte jedoch nicht im Stauwassereinfluß gehalten werden. Eignet sich hervorragend als Kontrast zwischen schmalblättrigen, hohen Gewächsen.

Vermehrung: Rhizomteilung.
Nachbarpflanzen: *Cimicifuga, Miscanthus, Sasa, Inula.*
WT: 0 cm, **GR:** 30 - 60 cm, **BZ:** V - VII, **ST:** ○ - ◗ - ●

Blechnum spicant LINNÉ, 1753 **Rippenfarn**

Fam.: Polypodiaceae - Tüpfelfarngewächse
Verbreitung: Europa, Asien, Westliches Nordamerika.
Standorte: Fichtennadelwälder, Erlenbrüche, saure, gut durchfeuchtete Waldböden in niederschlagsreichen Gegenden.

Der Name *Blechnum* kommt von blechnon, einem griechischen Pflanzennamen, die Bezeichnung *spicant* ist ein Volksname der Pflanze, den LINNÉ zum Artnamen gemacht hat.

Kleine Blattrosette, die ziemlich festen Wedel werden bis 25 cm lang, 3 cm breit, dicht, einfach gefiedert, dunkelgrün. Die gegenübersitzenden Fiedern werden 1,5 cm lang, 4 mm breit und sind vorne eckig. Der vielblättrige und flache Solitär wird etwa 40 cm breit und erhält in der Gruppe etwa 30 cm Abstand. Kann problemlos im Moorbeet wachsen.

Vermehrung: Seitentriebe.
Nachbarpflanzen: *Dryopteris, Osmunda, Matteuccia, Athyrium.*
WT: 0 cm, **GR:** 15- 20 cm, **ST:** ◗ - ●

Bletilla striata (THUNBERG) REICHENBACH fil., 1858 **Gestreifte Bletille**

Fam.: Orchidaceae - Orchideengewächse
Verbreitung: Japan, China, Osttibet, Okinawa.
Standorte: Laubwälder.

Der Name *Bletilla* ist eine Verkleinerungsform von *Bletia* (Gattungsname) benannt nach dem spanischen Apotheker DON LOUIS BLET (18. Jh.), *striata* = gestreift.

Aus einer Rosette schmaler Bodenblätter, die etwa 40 x 2 cm groß werden, treiben bis 60 cm hohe Ähren mit gestielten, hellroten bis rosa gefärbten Orchideenblüten.

Wer sich an einer ausgefallenen Blütenpflanze erfreuen möchte, sollte die Bletille in Teichnähe versuchen. Sie verträgt feuchten Boden, sollte aber den Winter über relativ trocken stehen. Sie wird daher aus der unmittelbaren Teichnähe ferngehalten.

Vermehrung: Seitentriebe.
Nachbarpflanzen: *Cypripedium, Alchemilla, Bergenia, Dodecatheon.*
WT: 0 cm, **GR:** 50 - 60 cm, **BZ:** V - VI, **ST:** ○ - ◗

Bergenia cordifolia

Blechnum spicant

Bletilla striata, Gestreifte Bletille

Carex morrowii Boott, 1846 **Gebänderte Japansegge**

Sorte: ‚Variegata'

Fam: Cyperaceae - Sauergräser

Verbreitung: Japan.

Standorte: Sümpfe, Naßwiesen, Ufer, Gräben.

Der Name *Carex* wurde bei den Römern allgemein für stacheliges Gestrüpp verwendet, die Art ist nach dem belgischen Botaniker Morrow benannt. Dichte Horste aus bis 40 cm langen und 1 cm breiten Blättern, dunkelgrün mit weißen oder gelben Längsstreifen. An der mehrästigen schlanken Rispe sitzen unscheinbare Grasblüten. Gute Eignung für feuchte Standorte in Ufernähe. Weil die dichten Tuffs auch im Winter grün bleiben, werden sie in dieser Zeit die Teichlandschaft etwas beleben. Allgemein selten, weil in gestalterischer Hinsicht nicht so wertvoll.

Vermehrung: Teilen der Pflanzenbasen.

Nachbarpflanzen: *Lythrum, Lysimachia, Miscanthus, Primula.*

WT: 0 cm, **GR:** 30 - 35 cm, **BZ:** III - IV, **ST:** ❍ - ◗ - ●

Carex muskingumensis Schweinitz, 1824 **Muskingum-Segge**

Fam.: Cyperaceae - Sauergräser

Verbreitung: Nordamerika.

Standorte: Gräben, Ufer, feuchte Böden.

Der Artname *muskingumensis* = aus Muskingum (USA) stammend. Stengelpflanze, Sprosse bis 70 cm hoch, Blätter wechselständig sitzend, in kurzen Abständen, sehr schmal, bis 20 cm lang, 4 mm breit, hellgrün - gelblichgrün. Der beblätterte Blütenstengel trägt eine Rispe aus 8 - 10 Ährchen, bis 2 cm lang, graugrün. Nur am bodenfeuchten Standort verwenden. Mit den ständig neuen Trieben entstehen dichte und umfangreiche Trupps, bildet mit der gelbgrünen Färbung einen schönen Kontrast. Für den Raritätensammler von Interesse.

Vermehrung: Seitensprosse.

Nachbarpflanzen: *Molinia, Spartina, Miscanthus, Lythrum.*

WT: 0 cm, **GR:** 50 - 70 cm, **BZ:** VI - VII, **ST:** ❍

Carex remota Linné, 1753 **Winkel-Segge**

Fam.: Cyperaceae - Sauergräser

Verbreitung: Europa.

Standorte: Auenwälder, Quellfluren, feuchte Waldwege, Laubmischwälder; häufig.

Artname *remota* = entfernt, auseinandergezogen, in Bezug auf die unteren Blütenähren.

Blätter pfriemförmig, bis 2 mm breit, Stengel bis oben beblättert, dreikantig, etwa 60 cm hoch. In den Trageblättern sitzen kleine gelbliche, gleichgestaltete Ährchen. Die untersten stehen bis 8 cm weit auseinander, wodurch der Blütenstand bis auf 15 cm Länge gestreckt wird. Für die bodenfeuchte Randzone, nicht im Stauwassereinfluß. Eine Rarität für den Sammler von ausgefallenen Gewächsen, am naturnahen Teich.

Vermehrung: Teilen der Pflanzenbasen.

Nachbarpflanzen: *Luzula, Juncus, Iris, Fritillaria.*

WT: 0 cm, **GR:** 50 - 60 cm, **BZ:** VI - VII, **ST:** ❍ - ◗

Cochlearia officinalis Linné, 1753 **Gewöhnliches Löffelkraut, Löffelkresse**

Fam.: Brassicaceae - Kreuzblütengewächse

Verbreitung: Europa.

Standorte: Salzwiesen, Salzsümpfe, Küsten, im Binnenland selten; geschützt, Gef. Gr.: 3.

Der Name *Cochlearia* kommt von cochlear = Löffel, wegen der Blattform, *officinalis* = in der Medizin gebräuchlich.

Carex morrowii ,Variegata'

Carex muskingumensis

Carex remota

Cochlearia officinalis

Fortsetzung *Cochlearia officinalis*, Löffelkresse:

Niederliegende, verzweigte Stengel mit gestielten Grundblättern, rundlich herzförmig, die oberen Stengelblätter sitzend geöhrt, glänzend, glatt, ziemlich fleischig. Die weißen bis schwach rosa Blüten stehen in endständigen Trauben. Dort wo die Pflanze häufiger vorkommt, wird das Löffelkraut als interessante Salatzutat verwendet oder gemischt als Löffelkraut-Tomatensalat angerichtet. Die sehr vitaminreiche Pflanze wurde früher in den Küstengebieten als Antiskorbutikum verwendet.
Vermehrung: Seitensprosse, Aussaat.
Nachbarpflanzen: *Corydalis, Gentiana, Erica, Carex.*
WT: 0 cm, **GR:** 10 - 40 cm, **BZ:** IV - VIII, **ST:** ❍

Corydalis solida **(Linné) Clairville, 1794** **Fester Lerchensporn**
Fam.: Fumariaceae - Erdrauchgewächse
Verbreitung: Europa.
Standorte: Auenwälder, Laubwälder; humose Böden.
Der Name *Corydalis* kommt von corydallos = Haubenlerche, an deren beschopften Kopf die Blüte durch den gebogenen Sporn erinnert, *solida* = fest, die Knolle der Pflanze. Blätter am Stengel sitzend, tief eingeschnitten, bis 10 cm groß, blaugrün. An der aufrechten Traube sitzen bis zu 20 Blüten von purpurner Färbung, auch blasser und bis weiß werdend. Die Krone kann bis 2,8 cm Länge erreichen. Von den beiden äußeren Kronblättern ist das obere nach rückwärts gespornt und vorne verbreitert. Die beiden inneren Kronblätter sind an der Spitze verwachsen. Ein dekorativer Frühjahrsblüher, den man im ständig feuchten bis normalen Gartenboden halten kann. Stauende Nässe sollte jedoch vermieden werden. Die flachen Polster können gut zur optischen Erweiterung der Teichanlage dienen. Von besonderem Interesse ist hier die abweichende Blütenfarbe und die sehr frühe Blütezeit. Kann ohne Problem unter größeren Stauden wachsen. Ähnlich ist *C. cava*, der Hohle Lerchensporn.
Vermehrung: Aussaat.
Nachbarpflanzen: *Aquilegia, Ranunculus, Asarum, Dianthus.*
WT: 0 cm, **GR:** 20 - 30 cm, **BZ:** III - V, **ST:** ◗

Cypripedium reginae **Walter, 1791** **Mokassin-Frauenschuh**
Fam.: Orchidaceae - Orchideengewächse
Verbreitung: Nordamerika.
Standorte: Feuchte Laubwälder, Waldlichtungen, Ufer.
Der Name *Cypripedium* kommt von Kypris = Name der auf Zypern besonders verehrten Götting Aphrodite, pedilon = Sandale (Schuh der Kypris), nach der Gestalt der Blütenlippe, *reginae* = königlich, prachtvoll. Der aufrechte, bis 40 cm hohe Stengel trägt wechselständig sitzende Blätter, deren Basis den Stengel umfaßt. Die lanzettförmige Spreite wird bis 20 cm lang, und 10 cm breit. Aus der Achsel des höchsten Blattes treibt die bis zu 7 cm große Einzelblüte. Ihre oberen Blütenblätter sind weiß, stehen gerade nach vorne gerichtet. Die weiß-rosa gefärbte Unterlippe bildet den typischen Frauenschuh. Schlechte Erfahrungen in der Kultur lassen sich wahrscheinlich auf einen zu trockenen Standort zurückführen. Auch wird frische Erde nicht sonderlich gut vertragen. Die mit Humusboden versetzte Stelle wird daher besser etwa 2 Jahre reserviert gehalten, bevor man die Orchidee einsetzt. Es dauert jedoch einige Zeit, bis sich der Mokassin-Frauenschuh so eingelebt hat, daß er Ausläufer mit neuen Pflanzen entwickelt. Mit den Jahren entsteht somit eine schöne, dichte Gruppe, die regelmäßig Blüten treibt.
Vermehrung: Ausläuferpflanzen vorsichtig mit Wurzelballen umsetzen.
Nachbarpflanzen: *Scirpus, Eriophorum, Orontium, Lysichiton.*
WT: 0 cm, **GR:** 30 - 40 cm, **BZ:** VI - VII, **ST:** ❍ - ◗

Corydalis solida, Fester Lerchensporn

Cypripedium reginae, Mokassin-Frauenschuh

Dicentra eximia (Ker-Gawler) Torrey, 1838 **Ausgezeichnete Herzblume**

Fam.: Papaveraceae - Mohngewächse
Verbreitung: USA.
Standorte: Feuchte Böden.
Der Artname *eximia* kommt von eximus = ausgezeichnet. Kleine Rosette aus gestielten Bodenblättern, bis 30 cm lang, 15 cm breit, mehrfach gefiedert. Die Endblättchen sind schmal, bis 1 cm lang, 5 mm breit und gezackt. Der Stengel ist ohne Blätter, bis 30 cm hoch, mit einer überhängenden Traube aus 10 - 20 hellrosa Blüten, 2 cm groß, hängend, schmal, bauchig, seitlich zusammengedrückt. Eine zierliche Dekoration für den normal feuchten Gartenboden in humoser lockerer Erde. Der Standort ist sonnig.
Vermehrung: Teilen der Pflanzenbasen.
Nachbarpflanzen: *Kniphofia, Fritillaria, Dodecatheon, Iris.*
WT: 0 cm, **GR:** 25- 35 cm, **BZ:** V - VI, **ST:** ❍

Dicentra spectabilis (Linné) Lemaire, 1847 **Tränendes Herz**

Fam.: Papaveraceae - Mohngewächse
Verbreitung: Korea, Mandschurei bis China.
Standorte: Feuchte Böden.
Der Name *Dicentra* kommt von dis = zwei und kentron = Sporn, zwei Blütenblätter tragen je einen Sporn, *spectabilis* = ansehnlich, sehenswert. Stengel bis 50 cm hoch, Blätter etwa 20 cm lang und 15 cm breit, mehrfach fiederspaltig, die Endblättchen ca. 3 cm groß und gelappt. An den einseitswendigen, waagerechten Wickeln hängen bis zu 10 Blüten, bis 3 cm lang, herzförmig, seitlich zusammengedrückt, dunkelrot, unten weiß-rot. Die Sorte ‚Alba' hat reinweiße Blüten. Das Tränende Herz ist eine der auffälligsten Blütenpflanzen für die Umgebung des Teiches, deren abweichende Blütenform und Farbe viel zur Belebung der Gartenbegrünung beiträgt. Vor allem besticht hier der lang anhaltende Flor. Für nassen Boden nicht geeignet.
Vermehrung: Seitentriebe.
Nachbarpflanzen: *Primula, Fritillaria, Trollius, Pulmonaria.*
WT: 0 cm, **GR:** 60 - 80 cm, **BZ:** V - VI, **ST:** ❍ - ◗

Dodecatheon hendersonii A. Gray, 1886 **Hendersons Götterblume**

Fam.: Primulaceae - Schlüsselblumengewächse
Verbreitung: USA.
Standorte: Feuchtwiesen, Auenwälder.
Der Name *Dodecatheon* kommt von dodeca = 12 und theos = Gott, *hendersonii* = benannt nach dem nordamerikanischen Botaniker L. F. Henderson (1853 - 1942). Kleine Rosette aus gestielten Blättern, länglich-oval, bis 20 cm lang, 6 cm breit, vorne abgerundet, die Basis verlängert, Ränder seicht geschwungen, kerbig, dunkelgrün, Stiel rotbraun. Der bis 40 cm hohe Stengel trägt eine Dolde mit etwa 20 Blüten, die an 2 cm langen Stielen überhängen. Die bis 1,5 cm lange Blüte hat hochgeschlagene Kronblätter, sie sind rosa gefärbt und haben die weiße Basis rot gesäumt. Die Sorte ‚Alba' ist weißblütig.
Vermehrung: Seitenpflanzen.
Nachbarpflanzen: *Saxifraga, Aster, Iris, Fritillaria.*
WT: 0 cm, **GR:** 10 - 40 cm, **BZ:** V - VI, **ST:** ❍ - ◗

Dodecatheon integrifolium Michaux, 1803 **Ganzrandige Götterblume**

Fam.: Primulaceae - Schlüsselblumengewächse
Verbreitung: Nordamerika.
Standorte: Feuchtwiesen, Auenwälder.

Dicentra eximia

Dicentra spectabilis

Dodecatheon hendersonii

Dodecatheon integrifolium

Fortsetzung *Dodecatheon integrifolium*, Ganzrandige Götterblume:

Der Artname *integrifolium* = ganzrandig, bezieht sich auf die nicht gezackten Blattränder. Kleine Rosette aus kurz gestielten Blättern, oval, bis 20 cm lang, 10 cm breit, Ränder, Stiel und Mittelader rötlich. Der rotbraune Stengel wird bis 40 cm hoch und trägt etwa 20 Blüten auf 7 cm langen, hochstehenden Stielen. Die übergeneigte Blüte wird bis 2 cm groß mit schwach gewellten rosa Blütenblättern. Ihre Basis ist gelb mit braunem Saum. Verträgt den normal feuchten Gartenboden wie auch einen ständig feuchten Platz, der aber im Winter trocken sein sollte.

Vermehrung: Seitentriebe.

Nachbarpflanzen: *Saxifraga, Allium, Fritillaria, Trollius.*

WT: 0 cm, **GR:** 10 - 40 cm, **BZ:** V, **ST:** ○ - ◗

Dodecatheon meadia LINNÉ, 1753 — Götterblume

Fam.: Primulaceae - Schlüsselblumengewächse

Verbreitung: Östliches Nordamerika.

Standorte: Feuchtwiesen, Auenwälder.

Die Art ist nach der Gattung *Meadia* benannt.

Kleine Rosette, Blätter nicht gestielt, bis 15 cm lang, 4 cm breit, mit schwach gezähnten Rändern. Der etwa 40 cm hohe Stengel trägt 10 - 15 Blüten, etwa 1,5 cm groß mit lilarosa Färbung. Die hochgeschlagenen Kronblätter haben eine weiße Basis mit dunkelrotem Saum. Die Götterblume erhält im Sumpfbeet einen gesonderten Platz und wird frei herausgestellt. Im normalen Gartenboden wird ein schattiger Platz und humusreicher Boden benötigt.

Vermehrung: Seitentriebe.

Nachbarpflanzen: *Fritillaria, Gentiana, Primula, Saxifraga.*

WT: 0 cm, **GR:** 30 - 40 cm, **BZ:** V - VI, **ST:** ○ - ◗

Dodecatheon pulchellum (RAFINESQUE) MERRIL, 1948 — Hübsche Götterblume

Fam.: Primulaceae - Schlüsselblumengewächse

Verbreitung: Nordamerika, Mexiko.

Standorte: Wiesen, Waldränder.

Der Artname *pulchellum* = niedlich, hübsch.

Kleine Rosette aus sitzenden, spatelförmigen Blättern, bis 8 cm lang, 4 cm breit, vorne stumpf. Die am Rhizom verzweigte Pflanze treibt mehrere Blütenstände. Der bis 25 cm hohe Stengel trägt eine Dolde aus 10 - 15 Blüten an übergeneigten Stielen. Die hochgeschlagenen Kronblätter sind bis 1,5 cm lang, rubinrot, mit weißlicher Basis. Die herausragenden Staubgefäße sind gelb und braun. Für den normal feuchten Boden ohne stauende Nässe, eine schöne, kontrastreiche Dekoration.

Vermehrung: Seitensprosse.

Nachbarpflanzen: *Iris, Fritillaria, Viola, Succisa.*

WT: 0 cm, **GR:** 25- 30 cm, **BZ:** V - VI, **ST:** ○ - ◗

Dodecatheon meadia, Blüten

Dodecatheon pulchellum

Dodecatheon meadia, Götterblume

Dryopteris affinis (Lowe) Fraser-Jenkins, ? **Goldschuppenfarn**

Syn.: *Dryopteris borreri*
Fam.: Aspidiaceae - Schildfarngewächse
Verbreitung: Südwest- bis Mitteleuropa, Nordwest-Afrika, Kaukasus.
Standorte: Feuchte Laubwälder.

Der Name *Dryopteris* kommt von dryos = Eiche und pteris = Farn, also: Farn, der auf alten Eichen wächst, *affinis* = ähnlich, verwandt.

Dunkelgrüne Wedel, bis 70 cm hoch, 25 cm breit, doppelt gefiedert, Mittelspindel rund, braun. Fiedern 1. Ordnung gegenüberstehend, bis 12 cm lang, 1 cm breit. Fiedern 2. Ordnung bis 1 cm lang, 5 mm breit, vorne abgerundet. Die Varietät cristata (= hahnenkammartig) hat breitere und gedrehte Endfiedern. Bildet dichte Trupps aus aufrechten, kompakten Wedeln. In der Gruppe etwa 60 cm Abstand geben. Im lichten Schatten, bodenfeucht halten, ohne stauende Nässe.

Vermehrung: Mäßige Seitentriebe am Rhizom.
Nachbarpflanzen: *Matteuccia, Athyrium, Onoclea.*
WT: 0 cm, **GR:** 60 - 70 cm, **ST:** ◗ - ●

Erica tetralix Linné, 1753 **Glockenheide**

Fam.: Ericaceae - Heidekrautgewächse
Verbreitung: Europa, in Nordamerika eingebürgert.
Standorte: Hochmoore, Torfböden; selten werdend.

Der Name *Erica* kommt von ereikein= zerbrechen; Pflanze mit brüchigem Holz, *tetralix* = vierfach gewunden.

Dünne, verzweigte Stengel, 15 - 20 cm lang, Blätter nadelförmig, bis 5 mm lang, zu 3 oder 4 quirlständig, steifhaarig bewimpert. Der kopfige Blütenstand bringt 5 - 15 Blüten, deren Staubblätter in der Krone eingeschlossen sind. Die bekannte Gartenpflanze gedeiht am besten im Moorbeet und auf torfigem Bodensubstrat, sowie in voller Sonne. Interessant wegen der relativ späten und lang anhaltenden Blütezeit.

Vermehrung: Aussaat, Stecklinge.
Nachbarpflanzen: *Vaccinium, Gentiana, Potentilla.*
WT: 0 cm, **GR:** 20 - 50 cm, **BZ:** VI - IX, **ST:** ○

Dryopteris affinis

Erica tetralix

Erica tetralix, Gesamthabitus am Standort

Erythronium dens-canis Linné, 1753 **Hunds-Zahnlilie**

Fam.: Liliaceae - Liliengewächse
Verbreitung: Europa, Nordasien.
Standorte: Waldränder, Gebüsche, Gebirgswiesen; zerstreut.
Der Name *Erythronium* kommt von erythros = rot, *dens* = Zahn und *canis* = Hund. Zwiebelpflanze, der Stengel bildet zwei eiförmige, dunkelgrüne, braungescheckte Blätter, bis 15 cm lang, 5 cm breit, fast dem Boden anliegend. In der Regel treibt eine (selten zwei) nickende Blüte. Die 6 freien Blütenblätter sind zurückgebogen, bis 3 cm lang, rosa bis rotviolett. Es gibt mehrere Sorten: ‚Album' = weißblütig, ‚Pink Perfektion' = schwach rosa. Ein ganz früher Blüher für den bodenfeuchten Standort, jedoch nicht im Stauwasser-Einzugsbereich. Den einzelnen Pflanzen im kleinen Trupp ausreichend Abstand geben.
Vermehrung: Seitenzwiebeln, Aussaat.
Nachbarpflanzen: *Dianthus, Aquilegia, Aconitum, Arnica.*
WT: 0 cm, **GR:** 5 - 10 cm, **BZ:** III - IV, **ST:** ○ - ◗

Filipendula vulgaris Moench, 1794 **Gefülltblühende**
Sorte: ‚Plenum' **Knollen-Spierstaude**

Fam.: Rosaceae - Rosenblütengewächse
Verbreitung: Europa, Kleinasien, Westsibirien, Nordafrika.
Standorte: Kalkmagerrasen, Gebüschsäume, Waldränder, Lichtungen; zerstreut.
Der Name *Filipendula* kommt von filius = Faden und pendulus = hängend, die Knolle hängt an Wurzelfäden, *vulgaris* = allgemein verbreitet. Der Sortenname ‚Plenum' = voll, gefüllt.
Aus der knollig verdickten Wurzel treiben gefiederte Bodenblätter, an jeder Seite bis 40 längliche, etwa 2 cm lange, grob oder doppelt gezähnte, fiederspaltige Blättchen. Der rispige Blütenstand öffnet zahlreiche etwa 1 cm breite weiße Blumen, die durch mehr Blütenblätter gefüllt sind. Mit der geringen Wuchshöhe auch an der kleineren Anlage zu verwenden. Bevorzugt den feuchten, nährstoffreichen Boden. Als kleine Gruppe eingesetzt, entsteht zur Blütezeit eine ansehnliche Dekoration.
Vermehrung: Teilung, Aussaat.
Nachbarpflanzen: *Eupatorium, Veronica, Lythrum, Lysimachia.*
WT: 0 cm, **GR:** 50 - 80 cm, **BZ:** VI - VIII, **ST:** ○

Fritillaria pallidiflora Schrenk, 1848/54 **Bleichblütige Schachblume**

Fam.: Liliaceae - Liliengewächse
Verbreitung: Mittelsibirien.
Standorte: Feuchtwiesen, Auenwiesen.
Der Name *Fritillaria* kommt von fritillus = Würfelbecher, *pallidiflora* = bleichblütig.
Aufrechte Stengel, bis 30 cm hoch, Blätter einzeln, sitzend, grasartig, bis 25 cm lang, 1 cm breit. An der Spitze eine Blüte, überhängend, bis 4 cm groß, die sechs Blütenblätter sind fahlweiß bis gelblich, an den Kanten grünlich. Sehr ähnlich ist die Sorte ‚Alba' von *F. meleagris* mit reinweißen Blüten. Sehr nasse Standorte sind zu meiden, benötigt einen humosen, lockeren, feuchten Boden, in dem sich die Schachblume gut entwickelt und später vielstengelige Horste bildet.
Vermehrung: Seitenzwiebeln.
Nachbarpflanzen: *Asarum, Dianthus, Primula, Dodecatheon.*
WT: 0 cm, **GR:** 30 - 40 cm, **BZ:** IV - V, **ST:** ○ - ◗

Erythronium dens-canis, Hundszahn-Lilie

Filipendula vulgaris ,Plenum'

Fritillaria pallidiflora

***Gentiana cruciata* LINNÉ, 1753** **Buschiger Enzian**

Fam: Gentianaceae - Enziangewächse

Verbreitung: Europa, Sibirien, Kleinasien.

Standorte: Wiesenmoore, Naßwiesen.

Die Gattung *Gentiana* ist benannt nach dem illyrischen Fürsten GENTIS (+167 v. Chr.).

Niedrige Rosette, Bodenblätter lanzettlich, bis 15 cm lang, 3 cm breit, spitz, glatt, glänzend, hellgrün. Stengel bis 40 cm hoch, Blätter kleiner, gegenständig. In den Achseln büschelige Blüten, sitzend, hellblau, bis 3 cm lang, schmal, röhrig-glockig, hochstehend. Bildet umfangreiche Büsche und wächst am besten im normal feuchten Boden.

Vermehrung: Seitentriebe.

Nachbarpflanzen: *Saxifraga, Dianthus, Aquilegia, Equisetum.*

WT: 0 cm, **GR:** 30 - 40 cm, **BZ:** VI - VIII, **ST:** ○

***Gentiana lutea* LINNÉ, 1753** **Gelber Enzian**

Fam.: Gentianaceae - Enziangewächse

Verbreitung: Europa,

Standorte: Flachmoore, Matten, Bergwiesen, Hochgrasfluren (Gebirgspflanze); zerstreut, geschützt, Gef. Gr.: 3.

Der Artname *lutea* = gelb, bezieht sich auf die Blütenfarbe.

Die grundständigen Blätter sind gestielt. Am aufrechten, unverzweigten Stengel sitzen kreuzgegenständig ungestielte elliptische Blätter, blaugrün, von starken Bogennerven durchzogen. In den Achseln der schalenförmigen Hochblätter sitzen 3 - 10 Blüten in Scheinquirlen. Ihre goldgelbe Krone ist fast bis zum Grunde fünfteilig, mit schmalen Zipfeln. Wächst gut in der Nähe des Gartenteiches, darf jedoch nicht zu naß stehen. In den Alpenländern wird aus dem bis zu armdicken Wurzelstock nach Vergärung und Destillation der Enzianschnaps hergestellt. Durch Ausgrabungen ist die Pflanze daher stellenweise fast ausgerottet. Der Gelbe Enzian benötigt zehn Jahre Entwicklungszeit, bevor er zum erstenmal Blüten treibt. Seine Lebensdauer kann mehr als 50 Jahre betragen.

Vermehrung: Sehr schwierig.

Nachbarpflanzen: *Primula, Cochlearia, Pulmonaria, Symphytum.*

WT: 0 cm, **GR:** 50 - 150 cm, **BZ:** VI - VIII, **ST:** ○

Gentiana lutea

Gentiana cruciata, Buschiger Enzian

Hemerocallis - Hybriden **Taglilien**

Fam: Liliaceae - Liliengewächse
Verbreitung: Kulturhybriden.
Der Name *Hemerocallis* kommt von hemera = Tag und callos = Schönheit. Kurze Stengel mit schmalen Blättern, 40 - 80 cm lang, 2,5 cm breit, lang, spitz, je nach Sorte verschieden groß. An der Spitze mehrere glockige Blüten mit 6 Blütenblättern, je nach Sorte 10 - 15 cm breit und mit unterschiedlichen gelben bis orangen Farben. Ein sicherer Blüter, der in seiner ganzen Form zur Teichumgebung paßt. Dabei wird die Taglilie als optische Erweiterung genutzt und kann ständig feucht in Ufernähe gesetzt werden.
Vermehrung: Teilung.
Nachbarpflanzen: *Primula, Tradescantia, Molinia, Iris.*
WT: 0 cm, **GR:** 50 - 80 cm, **BZ:** V - VII, **ST:** ❍ - ◗

Juncus tenuis Willdenow, 1797 **Zarte Binse**

Fam.: Juncaceae - Binsengewächse
Verbreitung: Europa, aus Nordamerika eingeschleppt.
Standorte: Waldwege, Trittrasen, feuchte Böden; häufig.
Der Name *Juncus* kommt von jungere = zusammenbinden, wegen der früheren Verwendung als Bindematerial, *tenuis* = dünn. Bodenblätter bis 20 cm lang, 1 - 2 mm breit, nach oben umgebogen. Stengel bis 30 cm hoch, unten zwei kurze Niederblätter, vorne 3 schmale Trageblätter. Die mehrfach geteilte Doldenrispe trägt bis zu 20 grüne Ährchen. Wird wegen des geringen gestalterischen Wertes allgemein kaum angepflanzt. Siedelt sich mitunter von alleine an und kann als schönes Untergewächs bei hohen Arten dienen.
Vermehrung: Selbstaussaat.
Nachbarpflanzen: *Ranunculus, Scutellaria, Gratiola, Alisma.*
WT: 0 - 2 cm, **GR:** 25 - 35 cm, **BZ:** VI - VII, **ST:** ❍ - ◗

Kniphofia - Hybriden **Fackellilien**

Fam.: Liliaceae - Liliengewächse
Verbreitung: Südafrika.
Standorte: Kulturbastarde.
Die Gattung *Kniphofia* ist benannt nach dem deutschen Botaniker Johann Jeremias Kniphof (1704 - 1765). Rosette aus schmalen, grasartigen Blättern, bis 70 cm lang, 2 cm breit, lang spitz. Stengel bis 100 cm hoch, mit drei kleinen, bald vertrocknenden Stengelblättern im vorderen Bereich. Eine etwa 15 cm lange Ähre aus gelben bis orangefarbenen Blüten, röhrenförmig, schmal, hängend, 2 cm lang, 5 mm breit. Die Sorten sind ziemlich verschieden. Paßt mit seiner Wuchsform gut zur Teichlandschaft, darf aber nicht in den Stauwasser-Einzugsbereich gesetzt werden.
Vermehrung: Seitentriebe.
Nachbarpflanzen: *Hemerocallis, Tradescantia, Miscanthus, Spartina.*
WT: 0 cm, **GR:** 50 - 100 cm, **BZ:** VI - VII, **ST:** ❍

Leucojum aestivum Linné, 1753 **Sommer-Knotenblume**

Fam.: Amaryllidaceae - Amaryllisgewächse
Verbreitung: Europa, Südwest-Asien, Kaukasus, in Nordamerika eingebürgert.
Standorte: Auenwälder, Wiesen; zerstreut.
Der Name *Leucojum* ist abgeleitet vom griechischen to leucon = das weiße Veilchen, *aestivum* = sommerlich.
Kleine Rosette aus schmalen Blättern, bis 50 cm lang, 15 mm breit. Der blattlose Stengel wird bis 60 cm hoch und trägt 3 - 7 nickende, glockenförmige Blüten. Die Kronblätter sind weiß mit gelbem Saum und in eine stumpfe, gelbe Spitze verschmälert. Wird in der Regel im

Hemerocallis-Hybriden

Juncus tenuis

Kniphofia-Hybriden

Leucojum aestivum

Fortsetzung *Leucojum aestivum*, Sommer-Knotenblume:

normalen Gartenbeet gehalten, wächst aber problemlos in Teichnähe ständig bodenfeucht. Dient als Objekt einer natürlichen Vergesellschaftung von Pflanzen.
Vermehrung: Tochterzwiebeln.
Nachbarpflanzen: Bergenia, Gentiana, Mimulus, Potentilla.
WT: 0 cm, **GR:** 30 - 60 cm, **BZ:** V - VI, **ST:** ❍ - ◗

Leucojum vernum LINNÉ, 1753 **Frühlings-Knotenblume, Märzenbecher**

Fam.: Amaryllidaceae - Amaryllisgewächse
Verbreitung: Europa.
Standorte: Auenwälder, Ufer, Wiesen; zerstreut, geschützt, Gef. Gr.: 3.
Der Artname *vernum* = Frühling, in Bezugt auf die frühe Blüte. Kleine Rosette aus schmalen Blättern, bis 30 cm lang, 1 cm breit. Der blattlose Stengel wird bis 30 cm hoch und trägt 1 - 2 nickende, glockenförmige Blüten. Die weiße Krone ist gelb gesäumt und in schmale, stumpfe, gelbe Spitzen verschmälert. Die Blüten produzieren einen wohlriechenden Duftstoff. Besonders interessant wegen der sehr frühen Blütezeit, die häufig schon im Februar beginnt. Ist zwar für die Umgebung des Teiches geeignet, darf aber nicht ständig naß stehen. Gilt an den natürlichen Standorten als Feuchtigkeitsanzeiger.
Vermehrung: Seitenzwiebeln.
Nachbarpflanzen: *Bergenia, Gentiana, Potentilla.*
WT: 0 cm, **GR:** 20 - 30 cm, **BZ:** II - IV, **ST:** ◗

Luzula nivea (LINNÉ) DE CANDOLLE, 1805 **Schnee-Heimsimse**

Fam.: Juncaceae - Simsengewächse
Verbreitung: Pyrenäen, Alpen, Appeninen.
Standorte: Laub- und Nadelmischwälder; zerstreut.
Der Name *Luzula* kommt von lux = Licht, das Mark der Pflanzen wurde früher als Lampendocht verwendet, *nivea* = weiß, die Blütenfarbe. Blätter rosettig, 20 - 40 cm, lang, 3 - 5 cm breit, vorne lang spitz, die Ränder sind deutlich weiß bewimpert. Stengel bis 90 cm hoch und die Hochblätter wesentlich länger als der zusammengezogene Blütenstand. Die weißblütigen Ährchen sitzen gebüschelt zu 6 bis 20. Eine lockerrasige Pflanze für die naturnahe Begrünung. Der Standort ist bodenfeucht ohne stauende Nässe. Bleibt auch am schattigen Platz noch gut im Wachstum.
Vermehrung: Seitensprosse.
Nachbarpflanzen: *Scirpus, Myosotis, Juncus, Carex.*
WT: 0 cm, **GR:** 30 - 90 cm, **BZ:** VI - VII, **ST:** ◗ - ●

Luzula sylvatica (HUDSON) GAUDIN, 1818 **Wald-Hainsimse**

Fam.: Juncaceae - Binsengewächse
Verbreitung: Europa, Kleinasien, Kaukasus, Java.
Standorte: Heiden, bodensaure Wälder; häufig.
Der Artname *sylvatica* = waldbewohnend. Bodenblätter rosettig, schmal, bis 30 cm lang, 15 mm breit, glänzend dunkelgrün, Ränder lang bewimpert. Stengel bis 60 cm hoch, beblättert, das Hochblatt kürzer als der Blütenstand. An den Ästen stehen die Blüten zu 3 - 4 gebüschelt, braun bis rotbraun, mit grünem Mittelstreifen. Für die Teichnähe im ständig feuchten, sauren, torfhaltigen Boden. Ein schöner Bodendecker, dessen zahlreiche Ausläufer einen dichten Bestand ergeben.
Vermehrung: Seitentriebe.
Nachbarpflanzen: *Lythrum, Lysimachia, Scirpus.*
WT: 0 cm, **GR:** 30 - 60 cm, **BZ:** IV - VI, **ST:** ❍ - ◗

Leucojum vernum, Märzenbecher

Luzula nivea

Luzula sylvatica

Luzula sylvatica (HUDSON) GAUDIN, 1818 **Geränderte Wald-Hainsimse**
Sorte: ‚Marginata'
Fam.: Juncaceae - Binsengewächse
Verbreitung: (Europa, Kleinasien, Kaukasus, Java).
Standorte: Kultursorte.
Der Sortenname ‚Marginata' = gerändert, nimmt Bezug auf die weißlichen Blattränder.
Kompakte Rosette, Blätter grasartig, bis 35 cm lang, 15 mm breit, in sich leicht gedreht. Entlang der Ränder sind 1 mm breite hellgelbe bis weißliche Streifen. Die Kanten sind locker bewimpert. Typische Blattpflanze für verschiedene Standorte, auch relativ trocken. Die Ausbildung der hellen Blattränder erfordert jedoch Vollsonne, im Schatten werden sie leicht vergrünen.
Vermehrung: Teilung.
Nachbarpflanzen: *Molinia, Pennisetum, Lysimachia, Carex.*
WT: 0 cm, **GR:** 25- 35 cm, **BZ:** IV - VI, **ST:** ❍ - ◗

Luzula sylvatica (HUDSON) GAUDIN, 1818 **Große Wald-Hainsimse**
Sorte: ‚Tauernpaß'
Fam.: Juncaceae - Binsengewächse
Verbreitung: (Europa, Kleinasien, Kaukasus, Java).
Standorte: Kultursorte.
Die Rosettenpflanze erreicht etwa 40 cm Durchmesser und treibt lanzettförmige Blätter bis 35 cm lang und 2 cm breit, in sich halbrund nach oben gebogen, glattrandig, kahl, dunkelgrün. An den Kanten sitzen wenige, lange, weiße Wimpern. Dekorative Blattpflanze mit niedrigem Wuchs und guter Verwendung in Teichnähe. Gedeiht in voller Sonne, wenn der Boden feucht genug ist. Sonst ist ein schattiger Platz besser. Guter Bodendecker zwischen aufragenden Solitärpflanzen.
Vermehrung: Abnahme von Seitentrieben.
Nachbarpflanzen: *Pennisetum, Spartina, Cortaderia, Molinia.*
WT: 0 cm, **GR:** 20 - 30 cm, **BZ:** IV - VI, **ST:** ◗ - ●

***Mimulus* - Hybriden** **Großblütige Gauklerblume**
Sorte: ‚Tigrinus - Grandiflorus'
Syn.: *Mimulus* x *tigrinus*
Fam.: Scrophulariaceae - Braunwurzgewächse
Verbreitung: Kulturbastarde, deren Entstehung nicht mehr festzustellen ist. Die Sorten stammen vor allem aus Kreuzungen zwischen *M. guttatus* x *M. luteus.*
Der Name *Mimulus* kommt von mimus = Gaukler, Schauspieler, wegen der vielfältigen Färbungen und Zeichnungen der Blüten. Der Sortenname kommt von tigrinus = getigert, grandiflorus = großblütig.
Aufrechte Stengel mit gegenständigen, sitzenden Blättern, breit eiförmig oder herzförmig, bis 6 cm lang, 4 cm breit, Ränder gekerbt. In den oberen Achseln treiben einzelne, gestielte bis 5 cm breite Blüten. Die trichterförmige Krone ist vorne weit offen, schalenförmig, gelb, rot getigert und gefleckt. Die Eltern dieser Bastarde gehören zu den Sumpfpflanzen. Daher kann diese Gauklerblume gut im ständig nassen Boden gehalten werden. Allgemein kultiviert man sie jedoch im normal feuchten Boden, wo sie ebenfalls gut blühen.
Vermehrung: Aussaat.
Nachbarpflanzen: *Aster, Cyperus, Iris, Juncus.*
WT: 0 cm, **GR:** 20 - 30 cm, **BZ:** VI - VIII, **ST:** ❍

Luzula sylvatica ,Marginata'

Luzula sylvatica ,Tauernpaß'

Mimulus-Hybriden ,Tigrinus-Grandiflorus', Großblütige Gauklerblume

Pennisetum alopecuroides **(Linné) Sprengel, 1829** **Federborstengras**

Syn.: *Pennisetum japonicum*
Fam.: Poaceae - Süßgräser
Verbreitung: Japan, China.
Standorte: Feuchtwiesen, Waldränder.

Der Name *Pennisetum* kommt von penna = Feder und seta = Borste, weil die Grannen (Borsten) wie Federn wirken, *alopecuroides* = ähnlich der Gattung *Alopecurus* (Fuchsschwanzgras). Die Bodenblätter sind grasartig, bis 50 cm lang, 1 cm breit, kurzlebig. Der bis 70 cm hohe Stengel ist beblättert, die walzenförmige Blütenähre wird bis 15 cm lang, 6 cm breit und trägt rundum zahlreiche kurzgestielte Blüten, mit haarfeinen, 3 cm langen, braunen Borsten, nach vorne meist heller. Durch die lange Blütezeit ein prächtiger Schmuck für die Teichumgebung. Gut geeignet, um ein kleines Wasserbecken optisch zu erweitern.

Vermehrung: Teilen der Pflanzenbasen.
Nachbarpflanzen: *Luzula, Spartina, Cortaderia, Molinia.*
WT: 0 cm, **GR:** 70 - 90 cm, **BZ:** VIII - X, **ST:** ❍

Listera ovata **(Linné) R. Brown** **Zweiblatt**

Fam.: Orchidaceae - Orchideengewächse
Verbreitung: Europa, Asien.
Standorte: Quellige, moorige Wiesen, Nadelmischwälder; selten, geschützt, Gef. Gr.: 3.

Die Gattung wurde benannt nach dem englischen Arzt M. Lister. *ovata* = eiförmig, wegen der Blattform. Heimische Orchidee mit zwei eiförmigen, gegenständigen Blättern, bis 12 cm lang und 10 cm breit. Die Blütentraube wird 20 - 40 cm hoch und trägt grünliche Blüten. Wegen der farblich unscheinbaren Blumen wird diese Orchidee nur selten am Gartenteich angepflanzt, ihre Kultur bereitet jedoch keine herausragenden Probleme. Die Verwendung erfolgt an sumpfig angelegten Stellen, vorwiegend im Moorbeet. Ähnlich wächst auch *Platanthera chlorantha*, die Grünliche Waldhyazinthe.

Vermehrung: Sehr schwierig (Aussaat).
Nachbarpflanzen: *Epipactis, Marsilea, Pilularia, Andromeda.*
WT: 0 cm, **GR:** 10 - 40 cm, **BZ:** V - VII, **ST:** ❍

Polystichum setiferum **(Forsskål) T. Moore ex Woynar, 1857/62**

Fam.: Aspidiaceae - Schildfarngewächse **Borstiger Filigranfarn**
Verbreitung: Europa, Mittelmeergebiet, Indien, Ceylon.
Standorte: Gebirgswälder.

Der Name *Polystichum* kommt von poly = viel und stichos = Reihe, wegen der zahlreichen Sporenträger, *setiferum* = borstentragend.

Wedel kurz gestielt, bis 80 cm lang, 12 cm breit, doppelt gefiedert, dunkelgrün, Stiel und Mittelspindel braun behaart. Fiedern 1. Ordnung bis 6 cm lang, 1 cm breit, Fiedern 2. Ordnung bis 5 mm groß, rautenförmig, mit gezackten Rändern. Damit die dekorative Gestalt des Filigranfarns zur Geltung kommt, verwendet man ihn als Solitär. In der Gruppe ist etwa 1 m Abstand zu halten, damit sich die Blätter ungehindert ausbreiten. Der bodenfeuchte Standort sollte während der gesamten Vegetation nicht austrocknen.

Vermehrung: Mäßige Seitentriebe.
Nachbarpflanzen: *Blechnum, Onoclea, Dryopteris.*
WT: 0 cm, **GR:** 60 - 70 cm, **ST:** ◗ - ●

Potentilla recta **Linné, 1753** **Aufrechtes Fingerkraut**

Fam.: Rosaceae - Rosenblütengewächse
Verbreitung: Europa, Mittelasien, Nordafrika.
Standorte: Magerrasen, feuchte Waldränder, Kiesgruben; zerstreut bis selten.

Der Name *Potentilla* kommt von potens = kräftig, mächtig, wegen der dieser Pflanze

Pennisetum alopecuroides

Listera ovata

Polystichum setiferum

Potentilla recta

Fortsetzung *Potentilla recta*, Aufrechtes Fingerkraut:

Der Name *Potentilla* kommt von potens = kräftig, mächtig, wegen der dieser Pflanze zugeschriebenen Heilkräfte, *recta* = gerade, aufrecht.

Bodenblätter 5 -7 zählig gefiedert, grün, lang behaart und tief gesägt. Stengelblätter kleiner, mit weichen, borstigen Haaren. Am Stengelende stehen mehrere Blüten bebüschelt, bis 25 mm groß, mit 5 gelben Kronblättern. Die Wildstaude kann problemlos im Sumpfbeet verwendet werden, sofern dies groß genug ist, denn im nassen Boden wächst das Fingerkraut sehr mastig. Besser ist der Standort am Ufer oder bodenfeucht.

Vermehrung: Aussaat, Rhizomteilung.

Nachbarpflanzen: *Filipendula, Primula, Anemone, Trollius.*

WT: 0 cm, **GR:** 30 - 70 cm, **BZ:** VI - VIII, **ST:** ❍ - ◗

***Primula* Juliae - Hybriden** **Polsterförmige Schlüsselblume**

Syn.: *Primula juliana*

Fam.: Primulaceae - Schlüsselblumengewächse

Verbreitung: Kulturhybriden, in diesem Komplex sind eine Reihe von Bastarden zusammengefaßt und mit Sortennamen benannt.

Sehr flache Blattrosett aus rundlichen Spreiten, bis 6 cm lang, 3 cm breit, mit scharf gezähnten Rändern. Den Sorten entsprechend ist die Blattgestalt variabel. Der dünne Stengel wird bis 10 cm hoch und trägt eine Dolde aus 5 - 8 Blüten. Kronröhre bis 2 cm lang, Krone etwa 2 cm breit, Färbung je nach Sorten tiefrot, rosa, lila in sehr unterschiedlichen Tönungen. Die sehr kompakt wachsende Schlüsselblume bildet schöne, flache Polster. Eignet sich hervorragend für den ständig feuchten Boden bis nahe zum Teichufer.

Vermehrung: Teilung.

Nachbarpflanzen: *Primula, Caltha, Geranium, Viola.*

WT: 0 cm, **GR:** 3 - 10 cm, **BZ:** IV - V, **ST:** ❍ - ◗

Primula vialii, die Orchideenprimel; siehe Seite 502.

Primula amoena **BIEBERSTEIN 1808/19** **Anmutige Schlüsselblume**
Fam.: Primulaceae - Schlüsselblumengewächse
Verbreitung: Kaukasus, Türkei.
Standorte: Laubwälder, Auenwälder.
Der Artname *amoena* = anmutig, lieblich.
Kleine Rosette, Blätter mit rötlichem Stiel, spatelförmig, bis 8 cm lang, 3 cm breit, vorne rundlich, nach unten keilförmig, Ränder scharf gezähnt, Mittelader rötlich. Alle Teile der Pflanze unbemehlt. Der bis 20 cm hohe Schaft trägt eine Dolde mit 10 - 15 rosa Blüten, die Krone ist 2 cm breit, innen gelbweiß gerandet. Die Röhre ist gelb, die Kelchblätter sind rötlich. Als kleine Gruppe einplanen, in der die einzelnen Pflanzen genügend Abstand erhalten, sumpfig, aber ohne Stauwasser. Gute Wirkung zwischen gelben Primeln.
Vermehrung: Aussaat.
Nachbarpflanzen: *Primula, Geranium, Cardamine, Chrysosplenium.*
WT: 0 cm, **GR:** 10 - 25 cm, **BZ:** V, **ST:** ◗

Primula elatior **(LINNÉ) HILL, 1767** **Gewöhnliche Schlüsselblume, Waldprimel**
Fam.: Primulaceae - Schlüsselblumengewächse
Verbreitung: Mitteleuropa, Kaukasus, Armenien.
Standorte: Krautreiche Laubwälder, Auen- und Schluchtwälder, Bergwiesen; häufig, geschützt.
Der Name *Primula* kommt von primus = der Erste, wegen der sehr frühen Blüte einiger Arten, *elatior* = höher, erhaben.
Kompakte Rosette, Blätter bis 20 cm lang, 5 cm breit, die Basis geht allmählich in den kurzen, geflügelten Stiel über. Der bis 20 cm hohe Schaft bildet eine vielblütige, einseitswendige Dolde. Die 1 cm breiten Blüten sind hellgelb mit einem flachen Saum. Die Waldprimel ist als Frühlingskünderin sehr beliebt für Wildblumensträuße. Benötigt feuchten, lockeren Lehmboden, der nährstoffreich ist. Gedeiht gut in Ufernähe und ist von Interesse wegen der frühen und relativ lang anhaltenden Blüte.
Vermehrung: Aussaat.
Nachbarpflanzen: *Primula, Dianthus, Leucojum, Lychnis.*
WT: 0 cm, **GR:** 10 - 20 cm, **BZ:** III - V, **ST:** ○ - ◗

Primula halleri **J. F. GMELIN, 1771/78** **Hallers Schlüsselblume**
Fam.: Primulaceae - Schlüsselblumengewächse
Verbreitung: Alpen, Karpaten, Balkan.
Standorte: Laubwälder, Auenwälder.
Die Art ist benannt nach A. HALLER, einem deutschen Botaniker (1708 - 1777).
Kleine Rosette, Blätter ohne Stiel, bis 5 cm lang, 2 cm breit, vorne stumpflich zugespitzt, Ränder gezackt, Farbe hellgrün, Mittelader weißgrün, Unterseite weißlich. Der bis 15 cm hohe Stengel trägt eine Dolde aus 5 - 15 rosa Blüten an kurzen aufrechten Stielen. Der Kelch ist weißlich bemehlt, die Kronröhre sehr dünn, bis 3 cm lang, die Krone vorne bis 12 mm breit, mit verwachsenen, an der Spitze gezackten Blütenblättern. Für den ständig feuchten Boden, aber nicht im Stauwasserbereich.
Vermehrung: Aussaat.
Nachbarpflanzen: *Andromeda, Gentiana, Epipactis, Primula.*
WT: 0 cm, **GR:** 10 - 20 cm, **BZ:** IV - V, **ST:** ○ - ◗

Primula **Juliae-Hybriden siehe Seite 498.**

Primula amoena

Primula elatior

Primula halleri

Primula Juliae-Hybriden

***Primula pulverulenta* Duthie, 1905** **Bestäubte Schlüsselblume**

Fam.: Primulaceae - Schlüsselblumengewächse
Verbreitung: Szechuan.
Standorte: Sümpfe, Moore, Naßwiesen.
Der Artname *pulverulenta* = voller Staub. Kompakte Rosette, Blätter gestielt, verkehrt eiförmig, bis 30 cm lang, 10 cm breit, in den Stiel verschmälert, Ränder unregelmäßig gezähnt. Unterseits auffallend kräftig geadert. Der bis 70 cm hohe Schaft bildet mehrere Blütenquirle. Die 2 cm langen Blütenstiele stehen waagerecht, und die bis 3 cm breiten, roten Blüten haben ein dunkelrotes oder purpurfarbenes Auge. Schaft, Blütenstiele und Kelch sind weiß bestäubt. Es gibt Sorten und Hybriden mit einem weiten Farbspektrum. Ideale Pflanze für das Sumpfbeet, am Wasserlauf oder den bodenfeuchten Standort. Verträgt auch flaches Wasser.
Vermehrung: Aussaat.
Nachbarpflanzen: *Iris, Lysimachia, Veronica, Primula.*
WT: 0 - 3 cm, **GR:** 30 - 70 cm, **BZ:** V - VI, **ST:** ◗

***Primula sieboldii* Morren, 1873** **Siebolds Schlüsselblume**

Fam.: Primulaceae - Schlüsselblumengewächse
Verbreitung: China, Japan, Korea, Mandschurei.
Standorte: Laubwälder, Auenwälder.
Benannt nach dem Deutschen P. F. von Siebold, ein botanischer Japanforscher. Kurze Rosette, Blattstiele bis 10 cm lang, stark behaart, Spreite herzförmig, bis 10 cm lang, 6 cm breit, blasig aufgetrieben, kurzhaarig, Ränder doppelt gekerbt. Der bis 20 cm hohe und behaarte Schaft trägt eine Dolde mit etwa 10 Blüten auf langen, hochstehenden Stielen. Die Krone ist rosa, innen gelb, 1,5 cm breit, die fünf Kronblätter sind deutlich getrennt, vorne angeschnitten. Als Gruppenpflanze einplanen und bodenfeucht halten.
Vermehrung: Aussaat.
Nachbarpflanzen: *Primula, Geranium, Carex, Lysichiton.*
WT: 0 cm, **GR:** 15 - 25 cm, **BZ:** IV - V; **ST:** ◗

***Primula veris* Linné, 1753** **Frühlings-, Wiesen-Schlüsselblume**

Syn.: *Primula officinalis*
Fam.: Primulaceae - Schlüsselblumengewächse
Verbreitung: Europa, Sibirien, Vorderasien, Mittelasien.
Standorte: Waldränder, Feuchtrasen, Eichenwälder; verbreitet, geschützt.
Der Artname *veris* = Frühling. Kompakte Rosette, Blätter bis 20 cm lang, 5 cm breit. Die Basis ist vom geflügelten Stiel deutlich abgesetzt. Der bis 20 cm hohe Schaft bildet hellgelbe Blüten mit roten Schlundflecken und glockig vertieftem Saum. Bringt mehrere Unterarten. Feuchter, lockerer Lehmboden wird bevorzugt, die Bereiche der Feuchtzone werden gut vertragen.
Vermehrung: Aussaat.
Nachbarpflanzen: *Primula, Leucojum, Corydalis, Carex.*
WT: 0 cm, **GR:** 10 - 20 cm, **BZ:** IV - VI, **ST:** ○ - ◗

***Primula vialii* Delavay ex Franchet, 1891** **Orchideenprimel**

Fam.: Primulaceae - Schlüsselblumengewächse
Verbreitung: Südwest-China.
Standorte: Feuchtwiesen, Waldränder, Ufer.
Der Artname *vialii* ist ein Eigenname.
Kleine Rosette, Blätter kurz gestielt, länglich, bis 12 cm lang, 4 cm breit, vorne gerundet, Basis herablaufend, Ränder gezackt. Der bis 50 cm hohe Schaft trägt die etwa 12 cm lange,

Primula pulverulenta

Primula sieboldii

Primula veris

Primula vialii

Fortsetzung *Primula vialii*, Orchideenprimel:

dichtblütige Ähre mit weißlichen, rosa oder schwach lila gefärbten Blüten. Auffallende Blütenstaude mit orchideennähnlichem Flor. Für lockere Gruppen geeignet. Darf nicht im Einzugsbereich der Stauwasserzone wachsen.

Vermehrung: Seitenpflanzen entstehen mäßig.

Nachbarpflanzen: *Geranium, Orchis, Epipactis, Luzula.*

WT: 0 cm, **GR:** 20 - 50 cm, **BZ:** VI - VII, **ST:** ◗ - ●

Primula vulgaris HUDSON, 1762 — Kissenprimel

Syn.: *Primula acaulis*

Fam.: Primulaceae - Schlüsselblumengewächse

Verbreitung: Europa, Ukraine, Kleinasien, Nordafrika.

Standorte: Wiesen, Ufer, Waldränder.

Kompakte Rosette, Blätter nicht gestielt, die Basis breit verlängert, geflügelt, bis 10 cm lang, 5 cm breit, vorne stumpf, Mittelader heller. Die Blüten treiben einzeln auf etwa 10 cm langen, dünnen Stielen. Die bis 3 cm breite Krone ist flach stieltellerförmig offen, weiß mit gelbem Schlund. Je nach Sorte ist die Blütenfarbe sehr veränderlich. Durch Mischung unterschiedlicher Farben bildet die Kissenprimel eine schöne Dekoration für den Frühlingsflor.

Vermehrung: Aussaat.

Nachbarpflanzen: *Primula, Pulmonaria, Cochlearia, Corydalis.*

WT: 0 cm,**GR:** 8 - 12 cm, **BZ:** III - IV, **ST:** ○ - ◗

Pulmonaria angustifolia LINNÉ, 1753 — Schmalblättriges Lungenkraut

Fam.: Boraginaceae - Borretschgewächse

Verbreitung: Europa, Kaukasus.

Standorte: Eichen- und Kiefernwälder, Gebüsche; selten, geschützt, Gef. Gr.: 2.

Der Artname *angustifolia* = schmalblättrig. Die Bodenblätter sind schmal lanzettlich, bis 8 cm lang, 2 cm breit, allmählich in den Stiel verschmälert. Stengelblätter 5 - 15 mm breit, steifhaarig aber nicht drüsig. Der Kelch ist 10nervig. Die Blüten entsprechen im Aufbau dem sehr ähnlichen *P. mollis*. Entwickelt mit der Zeit durch Ausläufer dichte Polster, so daß man den Ausgangspflanzen in der Gruppe genügend Abstand gibt. Verträgt am ständig feuchten Boden den sonnigen Stand, wächst aber besser leicht schattig.

Vermehrung: Ausläufer, Teilung, Aussaat.

Nachbarpflanzen: *Cochlearia, Primula, Lysimachia, Luzula.*

WT: 0 cm, **GR:** 15 - 35 cm, **BZ:** IV - VI, **ST:** ◗

Pulmonaria mollis WULFEN ex HORNEMANN, 1858? — Weiches Lungenkraut

Fam.: Boraginaceae - Borretschgewächse

Verbreitung: Mitteleuropa, Südost-Europa.

Standorte: Waldränder, krautreiche Laubmischwälder, Bergwälder; ziemlich selten, geschützt, Gef. Gr.: 3.

Der Artname *mollis* = weich, in Bezug auf die Blätter. Bodenblätter länglich eiförmig, bis 8 cm lang, 4 cm breit, allmählich in den langen Stiel verschmälert. Blätter und Stengel sind stark drüsig und dicht weichhaarig. Die lanzettlichen Stengelblätter bis 4 cm breit und etwas herablaufend. Der Blütenstand treibt bis 2 cm große, erst rote, dann blauviolette Blüten. Kelch dicht kurzdrüsig, klebrig, 5nervig. Bildet schöne, dichte und später ausgedehnte Bestände, gut geeignet für eine naturnahe Begrünung. Ähnlich ist *Pulmonaria angustifolia*.

Vermehrung: Teilung, Aussaat.

Nachbarpflanzen: *Primula, Carex, Luzula, Cochlearia.*

WT: 0 cm, **GR:** 15 - 35 cm, **BZ:** IV - VI, **ST:** ○ - ◗

Primula vulgaris, Kissenprimel

Pulmonaria angustifolia

Pulmonaria mollis

Pulmonaria officinalis LINNÉ, 1753 **Echtes Lungenkraut**

Fam.: Boraginaceae - Borretschgewächse
Verbreitung: Europa.
Standorte: Auenwälder, Laubmischwälder, tiefgründige, sickerfeuchte Böden; verbreitet.

Der Name *Pulmonaria* kommt von pulmonis = Lunge oder pulmonaris = für die Lunge heilbar. Die Inhaltsstoffe sind bei Erkrankungen der Atemwege brauchbar, *officinalis* = in der Medizin gebräuchlich.

Das Lungenkraut erhielt seinen deutschen Namen nach den weißlich gefleckten Blättern, aus deren Aussehen eine gewissen Ähnlichkeit mit der Oberfläche einer kranken Lunge abgeleitet wurde. Nach der mittelalterlichen Signaturenlehre genügte diese Ähnlichkeit als Hinweis auf die Verwendbarkeit der Pflanze. Zufällig erwies sich das hier als richtig. Bodenblätter herz-eiförmig, bis 15 cm lang, 10 cm breit, die Basis in den Stiel verschmälert. Meist ist die Spreite weiß gefleckt. Stengelblätter oval und umfassend. In einseitswendigen Doppelwickeln sitzen die 1 cm breiten, stieltellerförmigen Blüten. Die Krone ist anfangs rötlich, später in blau umfärbend. Einer der ganz frühen Blüher am Teich, mitunter sind die ersten Blüten schon im Februar offen.

Vermehrung: Aussaat, Teilung.
Nachbarpflanzen: *Cochlearia, Succisa, Symphytum, Bergenia.*
WT: 0 cm, **GR:** 25 - 30 cm, **BZ:** III - V, **ST:** ❍ - ◗

Pulmonaria rubra SCHOTT, 1851 **Rotes Lungenkraut**

Fam.: Boraginaceae - Borretschgewächse
Verbreitung: Karpaten, Balkan.
Standorte: Laubreiche Wälder, Waldränder.

Der Artname *rubra* = rot, nimmt Bezug auf die Blütenfarbe.

Die gestielten Bodenblätter werden bis 20 cm lang, 5 cm breit, mit verlängerter Basis und sind gleichmäßig grün, wollig behaart. Der etwa 40 cm hohe und beblätterte Stengel bildet einen verzweigten Doppelwickel mit einheitlich roten Blüten, die sich mit der Dauer ihrer Blütezeit nicht in blau umfärben. Das Rote Lungenkraut bildet schöne dichte Polster, die sich weiter ausdehen und am schattigen Platz noch gut gedeihen.

Vermehrung: Ausläufer, Aussaat.
Nachbarpflanzen: *Cochlearia, Luzula, Carex, Leucojum.*
WT: 0 cm, **GR:** 20 - 40 cm, **BZ:** III - V, **ST:** ◗ - ●

Ranunculus acris LINNÉ, 1753 **Scharfer Hahnenfuß**

Fam.: Ranunculaceae - Hahnenfußgewächse
Verbreitung: Europa, Nordafrika, in Amerika eingebürgert
Standorte: Naßwiesen, Weiden, Wegeränder; häufig.

Der Name *Ranunculus* leitet sich ab von rana = Frosch, weil viele Arten dieser Gattung im Wasser wachsen, dem Lebensraum der Frösche, *acris* = scharf, wegen des beißenden Geschmackes der Blätter.

Bodenblätter gestielt, bis 20 cm groß, fünfteilig, die Abschnitte nochmals tief in schmale Zipfel zerteilt. Stengelblätter sitzend und gleichgestaltet. Stengel verzweigt, Blüten lang gestielt, fünfzählig, gelb, bis 3 cm breit. Wildstaude für naturnahes Grün mit reichem und lang anhaltendem Flor. Erzielt als kleine Solitärgruppe dekorative Wirkungen, auch bodenfeucht in der Uferzone.

Vermehrung: Aussaat, Teilen.
Nachbarpflanzen: *Anemone, Trollius, Lychnis, Lythrum.*
WT: 0 cm, **GR:** 30 - 100 cm, **BZ:** VI - IX, **ST:** ❍ - ◗

Pulmonaria rubra

Ranunculus acris

Pulmonaria officinalis, Echtes Lungenkraut

Ranunculus auricomus Linné, **1753** **Gold-Hahnenfuß**

Fam.: Ranunculaceae - Hahnenfußgewächse

Verbreitung: Europa.

Standorte: Auenwälder, Wiesen, Laubmischwälder; verbreitet.

Der Artname *auricomus* = goldhaarig, nimmt Bezug auf die Früchte.

Bodenblätter gestielt, bis 20 cm groß, im Umriß rundlich, fünfteilig, tief oder flach eingeschnitten, die Abschnitte breit keilförmig. Die etwa 5 cm großen Stengelblätter sind bis zum Grunde in lanzettliche Abschnitte zerteilt. Der runde Blütenstiel ist nicht gefurcht, die fünfzähligen, gelben Blüten werden bis 3 cm breit, die Frucht ist behaart. Verträgt den ständig feuchten Stand in Ufernähe ebenso gut wie normalen Gartenboden. Aufgrund der lang anhaltenden Blütezeit ein dekoratives Objekt für den naturnahen Teich. Kann auch im Moorbeet gehalten werden.

Vermehrung: Aussaat, Seitenpflanzen.

Nachbarpflanzen: *Corydalis, Dianthus, Aquilegia, Asarum.*

WT: 0 c, **GR:** 20 - 50 cm, **BZ:** IV - VI, **ST:** ❍ - ◗

Sanguisorba officinalis Linné, **1753** **Großer Wiesenknopf**

Fam.: Rosaceae - Rosenblütengewächse

Verbreitung: Europa, Asien.

Standorte: Naßwiesen, Moorwiesen, Bergwiesen; verbreitet.

Der Name *Sanguisorba* kommt von sanguis = Blut und sorbere = schlürfen, weil der viel Gerbstoff enthaltene Wurzelstock eine blutstillende Wirkung hat, *officinalis* = in der Medizin gebräuchlich.

Bodenblätter gestielt, bis 60 cm lang, unpaarig gefiedert. Die eiförmigen Blättchen ebenfalls gestielt, werden bis 5 cm lang und haben an jeder Seite etwa 12 Zähne. Der bis 100 cm hohe Stengel trägt walzenförmige, bis 3 cm lange Köpfe mit kleinen, roten Blüten. Die Pflanze ziert lange mit ihren dunkelroten Blüten und Fruchtköpfen. Wächst am besten im feuchten Boden, kann auch sumpfig oder im Moorbeet gehalten werden. Der Wiesenknopf wird gerne als Gewürzkraut verwendet und dient zur Geschmacksverbesserung von Frühlingssuppen, Rohkostsalaten, Eierspeisen und Fischgerichten.

Vermehrung: Aussaat, Teilung.

Nachbarpflanzen: *Alchemilla, Ranunculus, Saponaria, Filipendula.*

WT: 0 cm, **GR:** 30 - 100 cm, **BZ:** VI - IX, **ST:** ❍ - ◗

Saponaria officinalis Linné, **1753** **Echtes Seifenkraut**

Fam.: Caryophyllaceae - Nelkengewächse

Verbreitung: Europa, West-Sibirien, Vorderasien, in Nordamerika eingebürgert.

Standorte: Flußufer, Unkrautfluren, Kiesbänke; ziemlich häufig.

Der Name *Saponaria* kommt von sapo, saponis = Seife, wegen des in allen Teilen der Pflanze enthaltenen Saponins, *officinalis* = in der Medizin gebräuchlich.

Der aufrechte, fein flaumhaarige Stengel treibt gegenständig sitzende Blätter mit elliptischer Form. Sie werden bis 10 cm lang, sind dreinervig, vorne spitz. Die rosa bis weißen Blüten sitzen büschelig gehäuft am Ende des Stengels. Für den naturnahen Teich im feuchten bis nassen Boden, auch an der Uferzone. Seit dem Altertum wird die Seifenwurzel in gemahlener Form als Waschmittel benutzt. Bis zum Beginn unseres Jahrhunderts wurde sie auch angebaut und als Seifenersatz verwendet. Hinzu kommt der Gebrauch für Heilzwecke, zum Beispiel bei hartnäckigem Husten zur Schleimverflüssigung.

Vermehrung: Aussaat, Teilung.

Nachbarpflanzen: *Potentilla, Carex, Mimulus, Sanguisorba.*

WT: 0 cm, **GR:** 50 - 80 cm, **BZ:** VI - IX, **ST:** ❍ - ◗

Ranunculus auricomus

Sanguisorba officinalis

Saponaria officinalis, Echtes Seifenkraut

Saxifraga cortusifolia Siebold et Zuccarini, 1843 **Cortusa - Steinbrech**

Fam.: Saxifragaceae - Steinbrechgewächse
Verbreitung: Japan.
Standorte: Auenwälder.

Der Name *Saxifraga* kommt von saxum = Stein, Felsen und frangere = brechen, die Wurzeln zersprengen durch ihr Eindringen in Spalten die Steine, *cortusifolia* = mit Blättern wie die Gattung *Cortusa*.

Niedrige Rosette aus gestielten Blättern, herz-nierenförmig, bis 10 cm groß, in 10 - 12 rundliche Abschnitte eingekerbt, Kanten scharf gezähnt. Die bis 40 cm hohe Rispe entwickelt sehr zahlreiche, bis 3 cm große, weiße Blüten. Das untere Kronblatt wird bis 3mal so lang wie die drei oberen. Die reichblütige Pflanze bringt vor allem mit ihrer späten Blüte einen Blickpunkt in das herbstliche Teichgrün. Der ständig bodenfeuchte Standort liegt am besten im Halbschatten.

Vermehrung: Teilen der Pflanzenbasen.
Nachbarpflanzen: *Saxifraga, Ligularia, Lythrum, Lysimachia.*
WT: 0 cm, **GR:** 25 - 40 cm, **BZ:** X - XI, **ST:** ◗ - ●

Saxifraga rotundifolia Linné, 1753 **Rundblättriger Steinbrech**

Fam.: Saxifragaceae - Steinbrechgewächse
Verbreitung: Europa, Kaukasus.
Standorte: Bachufer, Bergmischwälder, Hochstaudengebüsch; verbreitet.

Die Artname *rotundifolia* = rundblättrig.

Niedrige Rosette, Blätter gestielt, rundlich im Umriß, bis 10 cm groß, mit grob gekerbten Rändern. Die lockere Rispe wird etwa 70 cm hoch, die gestielten Blüten sind bis 1 cm groß, 5 Kronblätter, weiß, am Grunde rot punktiert. Bildet schöne flache Blattpolster und ergibt bei dichtem Stand einen vorzüglichen Bodendecker. Kann ziemlich nahe an die Feuchtzone herangeführt werden und behält lange seine Blätter grün.

Vermehrung: Abtrennen von Seitensprossen.
Nachbarpflanzen: *Chrysosplenium, Primula, Geranium, Thalictrum.*
WT: 0 cm, **GR:** 20 - 70 cm, **BZ:** VI - IX, **ST:** ◗

Tradescantia virginiana Linné, 1753 **Dreimasterblume**

Fam.: Commelinaceae - Commelinengewächse
Verbreitung: USA.
Standorte: Waldränder, Gebüschsäume, Feuchtwiesen.

Die Gattung *Tradescantia* ist benannt nach dem englischen Gärtner J. Tradescant (17. Jh.), *virginiana* = aus Virginia (USA) stammend.

Aufrechte grüne Stengel, bis 2 cm dick, mit wechselständigen Blättern, schmal, lang, spitz, bis 80 cm lang, 3 cm breit, parallelnervig. Am Ende sitzt eine Dolde aus 10 - 15 lang gestielten Blüten, bis 4 cm breit, drei rundliche Kronblätter leicht gewellt und überlappt. Färbung in der Regel dunkelblau, es gibt Sorten mit weißen, roten oder rosa Blüten. Bildet dichte Horste mit guter dekorativer Wirkung. Vor allem von Interesse wegen der abweichenden Blütenfarbe und der ziemlich lang anhaltenden Blütezeit.

Vermehrung: Seitensprosse.
Nachbarpflanzen: *Dicentra, Trollius, Aquilegia, Iris.*
WT: 0 cm, **GR:** 40 - 60 cm, **BZ:** VI - VIII, **ST:** ○ - ◗

Saxifraga cortusifolia, Cortusa-Steinbrech

Saxifraga rotundifolia

Tradescantia virginiana

Trollius chinensis Bunge, 1833 **Chinesische Trollblume**

Fam.: Ranunculaceae - Hahnenfußgewächse
Verbreitung: Nordost-China.
Standorte: Feuchte Waldböden.

Der Name *Trollius* kommt von dem althochdeutschen Wort trol = Kugel, *chinensis* = in China vorkommend.

Bodenblätter bis 40 cm lang gestielt, etwa 25 cm groß, fünflappig aufgeteilt. Stengelblätter einzeln, sitzend, fünfteilig fiederschnittig. Aus den oberen Achseln treiben lang gestielte bis 4 cm breite, orangegelbe Blüten. Die inneren Blütenblätter sind schmal und hochstehend, etwa 2 cm lang, die äußeren sind rundlich und ausgebreitet. Kultursorten mit unterschiedlich großen und intensiv gefärbten Blüten wurden gezüchtet. In der feuchten Randzone und im normalen Gartenboden eine gut wachsende und auffällig blühende Dekoration.

Vermehrung: Seitentriebe.
Nachbarpflanzen: *Ranunculus, Anemone, Iris, Aquilegia.*
WT: 0 cm, **GR:** 50 - 80 cm, **BZ:** VI - IX, **ST:** ◗

Trollius - Hybriden **Bastard-Trollblumen**

Syn.: *Trollius* x *cultorum*
Fam.: Ranunculaceae - Hahnenfußgewächse
Verbreitung: Kultursorten.

Es gibt verschiedene Züchtungen, die meist mit deutschen Sortennamen bezeichnet werden. Zum Beispiel: ‚Goldblau‘ oder ‚Frühlingsbote‘. Die gestielten Bodenblätter etwa bis 15 cm groß, fünfteilig gespalten und mehrfach geschlitzt, mit kleinen, spitzen Abschnitten. Die gleich geformten Stengelblätter bleiben ungestielt, sind kleiner und bis zur Basis eingeschnitten. In den Achseln stehen die bis 4 cm breiten Blüten auf langen Stielen. Je nach Sorte sind sie mehr oder minder intensiv gelb gefärbt, die Anzahl der Blütenblätter ist unterschiedlich.

Vermehrung: Teilen.
Nachbarpflanzen: *Caltha, Filipendula, Arnica, Succisa.*
WT: 0 cm, **GR:** 40 - 70 cm, **BZ:** V - VI, **ST:** ○ - ◗

Viola canina Linné, 1753 **Hundsveilchen**

Fam.: Violaceae - Veilchengewächse
Verbreitung: Europa, Asien, Japan.
Standorte: Heiden, Moore, feuchte Waldränder; häufig.

Der Name *Viola* ist ein alter lateinischer Pflanzenname, zugleich eine Farbbezeichnung, *canina* = hundsgemein, oder allgemein verbreitet.

Der kriechende Stengel treibt wechselständig lang gestielte Blätter, eiförmig mit herzförmigem Grund, bis 4 cm lang, 3 cm breit, derb, dunkelgrün. Die einzeln gebildeten gestielten Blüten haben eine bis 7 mm breite, blauviolette Krone, die am Grunde weißlich ist. Sie tragen einen 8 mm langen weißen oder gelben Sporn. Die Früchte streuen ihre Samen mittels eines Schleudermechanismus aus. Eine Wildpflanze mit rasenförmigem Wuchs, gedeiht ausgezeichnet auch im Moorbeet. Die Lichtpflanze gilt an den natürlichen Standorten als Magerkeits- und Versauerungsanzeiger, daher kalkarmen Boden verwenden.

Vermehrung: Aussaat.
Nachbarpflanzen: *Potentilla, Marsilea, Pilularia, Andromeda.*
WT: 0 cm, **GR:** 5 - 15 cm, **BZ:** IV - VI, **ST:** ○ - ◗

Trollius chinensis

Trollius-Hybriden

Viola canina, Hundsveilchen

4.2 Hochwüchsige Feuchtbodenpflanzen

Anemone Japonica - Hybriden — Herbst-Anemone

Fam.: Ranunculaceae - Hahnenfußgewächse

Verbreitung: Gartenbastard aus: *Anemone hupeensis* x *A. vitifolia.*

Der Name *Anemone* kommt von anemos = Wind, *japonica* = aus Japan stammend, Hybride = Mischlingspflanze. Bodenblätter lang gestielt, dreiteilig, Blattlappen bis 20 cm lang, 3 - 5mal undeutlich gelappt, Ränder gekerbt. Die kurz gestielten Stengelblätter sitzen zu dritt quirlig, der dreiästige Blütenstand hat jeweils fünf endständige, länger gestielte, 5 - 7 cm breite Blüten mit 12 - 18 Blütenblättern. Farbe je nach Sorte weiß, rosa oder rot. Wird allgemein als Gartenstaude verwendet, wächst aber problemlos in Teichnähe ständig bodenfeucht. Von Interesse sind vor allem die späte Blütezeit und die auffallenden Blüten-farben.

Vermehrung: Teilung.

Nachbarpflanzen: *Miscanthus, Lythrum, Spartina, Trollius.*

WT: 0 cm, **GR:** 80 -120 cm, **BZ:** IX - X, **ST:** ◗

Aruncus dioicus (Walter) Fernald, 1939 — Wald-Geißbart

Syn.: *Aruncus sylvestris*

Fam.: Rosaceae - Rosenblütengewächse

Verbreitung: Europa, Sibirien, Nordamerika.

Standorte: Schluchtwälder, Gebirgsbäche, Hochstaudenfluren; zerstreut.

Der Name *Aruncus* ist der lateinische Name für den Bart der Ziege, mit dem die Blütenstände der Pflanze seit dem 16. Jahrhundert vielfach verglichen wurden, *dioicus* = zweihäusig, die Blütengeschlechter kommen auf getrennten Pflanzen vor.

Stengel bis 150 cm hoch, Blätter gestielt, 2 - 3fach dreizählig, Fiederblätter eiförmig, bis 10 cm lang, scharf doppelt gesägt. Etwa 50 cm lang wird die kleinblütige Rispe. Die männlichen Blüten sind gelblich-weiß mit über 20 Staubgefäßen, die weiblichen reinweiß mit jeweils fünf Kron- und Kelchblättern. Weil der Wald-Geißbart oft entlang der Bäche zu finden ist, können wir ihn gut am nassen Ufer unterbringen und in die naturnahe Begrünung mit einplanen.

Vermehrung: Teilen der Pflanzenbasen.

Nachbarpflanzen: *Ranunculus, Luzula, Saxifraga, Trollius.*

WT: 0 cm, **GR:** 100 - 150 cm, **BZ:** IV - VII, **ST:** ◗

Athyrium filix-femina (Linné) Roth, ? — Frauenfarn

Fam.: Athyriaceae - Frauenfarngewächse

Verbreitung: Europa, Asien, Nordamerika.

Standorte: Humose, feuchte Böden in Wäldern.

Der Name *Athyrium* kommt von athyrin = abändern, wegen der verschieden gestalteten Sporenhäutchen, *filix-femina* = weiblicher Farn, die Art wurde früher als weibliches Pendant des Wurmfarnes angesehen. Wedel bis 110 cm hoch, 25 cm breit, dreifach gefiedert, Mittelspindel rotbraun. Fiedern 1. Ordnung 15 cm lang, 3 cm breit, Fiedern 2. Ordnung 2 x 0,4 cm, Fiedern 3. Ordnung sehr zierlich und spitz. Der lockerwüchsige Farn bildet dichte Bestände indem sich der Wurzelstock gut verzweigt. In der Gruppe daher Abstand geben, bodenfeucht halten, ohne stauende Nässe.

Vermehrung: Rhizomverzweigungen vor dem Frühjahrstrieb mit Wurzelballen abnehmen und umsetzen.

Nachbarpflanzen: *Corydalis, Ligularia, Blechnum, Onoclea.*

WT: 0 cm, **GR:** 90 - 100 cm, **ST:** ◗ - ●

Anemone Japonica-Hybriden

Athyrium filix-femina

Aruncus dioicus, Wald-Geißbart

Cimicifuga simplex **LEDEBOUR, 1864**
Oktober-Silberkerze

Fam.: Ranunculaceae - Hahnenfußgewächse

Verbreitung: Japan, Sachalin, Mandschurei, Kamtschatka.

Standorte: Feuchte Niederungen, Auenwälder.

Der Name *Cimicifuga* kommt von cimex = Wanze und fuga = Flucht, *simplex* = einfach, bezieht sich auf die Blütenähren.

Aufrechte Stengel mit gegenseitigen Blättern, vielfach aufgeteilt, die Abschnitte drei- bis fünffach gegliedert. Blättchen dreiteilig, dreilappig oder lanzettlich, bis 5 cm groß. Aus den oberen Achseln treiben verzweigte, walzenförmige und vielblütige Ähren von etwa 15 cm Länge, mit 8mm großen weißen Blüten. Ihre Kronblätter sind unscheinbar, während die Staubblätter lang gestielt hervorragen. Die abgebildete Sorte ‚Armleuchter' gehört zu den Spätblühern mit einer lang anhaltenden Blütezeit. Schattig und bodenfeucht halten, jedoch nicht im Stauwasser-Einzugsbereich.

Vermehrung: Seitensprosse.

Nachbarpflanzen: *Anemone, Trollius, Ligularia, Potentilla.*

WT: 0 cm, **GR:** 150 - 180 cm, **BZ:** X - XI, **ST:** ◗ - ●

Cimicifuga simplex

Cortaderia selloana **ASCHERSON et GRAEBNER, 1912/20** **Pampasgras**

Fam.: Poaceae - Süßgräser

Verbreitung: Argentinien, Uruguay.

Standorte: Savannen.

Die Gattung *Cortaderia* ist nach dem Kolumbianischen Botaniker CORTADER benannt.

Dichte Horste aus grasartigen Blättern, bis 180 cm lang, 8 mm breit, Ränder scharf gesägt, Unterseite rauh. Der beblätterte Schaft trägt eine bis 80 cm hohe Rispe mit halbquirligen Seitenästen und 2 cm langen, weißgrannigen Ährchen. Eines der schönsten Blütengräser, beeindruckend durch seine prachtvollen Blütenrispen und die elegant überfallenden Blatthorste. Wächst grundsätzlich im normal feuchten Boden, paßt aber ausgezeichnet in die Gesellschaft der Teichflora. Winterschutz geben durch Zusammenbinden der Blätter und seitliche Laubpackung.

Vermehrung: Abnahme von Seitentrieben.

Nachbarpflanzen: *Pennisetum, Lythrum, Spartina, Miscanthus.*

WT: 0 cm, **GR:** 180 - 200 cm, **BZ:** IX - X, **ST:** ○

Cortaderia selloana, Pampasgras

***Crocosmia masonorum* N. E. Braun, 1932** **Riesen-Montbretie**

Fam.: Iridaceae - Schwertliliengewächse
Verbreitung: Südafrika, Natal.
Standorte: Wiesen, Staudenfluren.

Der Name *Crocosmia* ist in seiner Ableitung unsicher, kommt wahrscheinlich von krokos = Safran.

Die Rhizomknolle bildet bis 20 cm hohe Stengel mit mehreren schmalen Blättern, bis 70 cm lang, 10 cm breit, deutlich geadert. Der bis 90 cm hohe Stengel trägt vorne bis zu sieben Schenkel von jeweils 25 cm Länge. Daran sitzen jeweils bis zu 30 Blüten von etwa 4 cm Breite, mit fünf spitzen, roten Kronblättern. Am feuchten Teichrand in voller Sonne unterbringen, jedoch keinesfalls im Einzugsbereich des Stauwassers. Für die kleinere Anlage empfiehlt sich *Crocosmia* x *mottsii* mit niedrigem Wuchs und vierteiliger Blütenähre.

Vermehrung: Seitensprosse.
Nachbarpflanzen: *Miscanthus, Cyperus, Euphorbia, Ranunculus.*
WT: 0 cm, **GR:** 80 - 100 cm, **BZ:** VII - IX, **ST:** ❍

***Dryopteris filix-mas* (Linné) Schott, ?** **Wurmfarn**

Fam.: Aspidiaceae - Schildfarngewächse
Verbreitung: Europa, Asien, Amerika.
Standorte: Feuchte Laub- und Nadelwälder, krautreiche Gebüsche; häufig.

Der Name *Dryopteris* kommt von dryos = Eiche und pteris = Farn, also Farn, der auf alten Eichen wächst, *filix-mas* = männlicher Farn, die Art galt früher als männliches Pendant des Frauenfarns.

Wedel 30 - 120 cm lang, 25 cm breit, doppelt gefiedert, Fiedern 1. Ordnung versetzt, bis 12 cm lang, 2 cm breit. Fiedern 2. Ordnung 1 cm lang, 4 mm breit, ringsum gezähnt. Bildet dichte Horste aus aufrechten, kompakten Wedeln und erzielt auch als Solitär ansprechende Wirkung. Der Name Wurmfarn kommt daher, daß im Wurzelstock giftige Verbindungen sind, die zwar Eingeweidewürmer abtöten, gleichzeitig aber leber- und kreislaufschädigend wirken.

Vermehrung: Seitentriebe.
Nachbarpflanzen: *Blechnum, Cimicifuga, Juncus, Telekia.*
WT: 0 cm, **GR:** 50 - 120 cm, **ST:** ◗ - ●

***Eupatorium purpureum* Linné, 1753** **Purpurroter Wasserdost**

Fam.: Asteraceae - Korbblütengewächse
Verbreitung: USA.
Standorte: Auenwälder, Ufer, Gräben.

Die Gattung *Eupatorium* ist benannt nach Eupator, König von Pontius (132 - 63 v. Chr.), *purpureum* = purpurrot.

Stengel bis 2 m hoch, rot gesprenkelt. Blätter in Quirlen von 4-5zählig, gestielt, lanzettlich, bis 20 cm lang, 10 cm breit, Ränder gezackt. Die dichten Schirmrispen werden bis 20 cm breit und tragen zahlreiche kleine rote Blütenköpfchen ohne Randblüten. Gedeiht in Wassernähe ständig bodenfeucht, auch im normalen Gartenboden. Später entstehen wuchtige Pflanzen, die nur für größere Anlagen zu empfehlen sind.

Vermehrung: Teilung, Stecklinge, Aussaat.
Nachbarpflanzen: *Lythrum, Miscanthus, Lysimachia, Filipendula.*
WT: 0 cm, **GR:** 100 - 200 cm, **BZ:** VII - IX, **ST:** ❍ - ◗

Crocosmia masonorum, Riesen-Montbretie

Dryopteris filix-mas

Eupatorium purpureum

Filipendula rubra (HILL) ROBINSON, 1906 **Rotes Mädesüß**

Fam.: Rosaceae - Rosenblütengewächse
Verbreitung: USA.
Standorte: Gebüschsäume, Waldränder, Lichtungen.

Der Name *Filipendula* kommt von filius = Faden und pendulus = hängend, weil die Knolle an Wurzelfäden hängt, *rubra* = rot.

Pflanze mit kriechendem, wohlriechendem Erdstamm, Stengel bis 150 cm mit wechselständigen Blättern, fiederteilig, bis 20 cm groß, die Seitenteile handförmig 3- 5teilig, das größere Endblättchen 7 - 9teilig. Der große, spirrenartige Blütenstand trägt zahlreiche kleine zartrosa bis fleischfarbene Blüten aus fünf Kronblättern und 20 - 40 Staubblättern. Im feuchten bis sumpfigen Boden, der ziemlich nährstoffreich sein sollte, bringt die größere Gruppe zur Blütezeit ein ansehnliches Bild. Wegen der Höhe nur für das Ufer von größeren Anlagen zu empfehlen. Auch für jeden normalen Gartenboden.

Vermehrung: Teilung, Aussaat,
Nachbarpflanzen: *Lythrum, Lysimachia, Miscanthus, Arundo.*
WT: 0 cm, **GR:** 100 - 150 cm, **BZ:** VII - VIII, **ST:** ○ - ◗

Filipendula rubra (HILL) ROBINSON, 1906 **Anmutiges Mädesüß,**
Sorte: ‚Venusta' **Königsspierstaude**

Fam.: Rosaceae - Rosenblütengewächse
Verbreitung: (USA).
Standorte: Zuchtsorte.

Der Sortenname kommt von venustus = anmutig.

Aufrechte Stengel mit wechselständigen Blättern, bis 20 cm groß, fiederteilig, die Seitenblätter handförmig gelappt, das Endblättchen größer und 7 - 9teilig. Der große spirrenartige Blütenstand öffnet zahlreiche kleine Blüten mit purpurrosa Färbung. Die Königsspierstaude gedeiht in jedem normalen Gartenboden. Ihre volle Größe erreicht sie jedoch nur im feuchten Boden, wobei auch die Blütezeit länger ausgedehnt ist. Eine größere Gruppe ergibt mit ihren Blütenwolken eine markante Vegetation am Wasserrand der ausgedehnten Anlage.

Vermehrung: Teilung, Aussaat.
Nachbarpflanzen: *Darmera, Miscanthus, Lythrum, Ligularia.*
WT: 0 cm, **GR:** 120 - 150 cm, **BZ:** VII - VIII, **ST:** ○ - ◗

Gunnera tinctoria (MOLINA) MIRBEL, 1805 **Mammutblatt**

Fam.: Haloragaceae - Seebeerengewächse
Verbreitung: Chile.
Standorte: Feuchtgebiete entlang von Wasserläufen.

Die Gattung *Gunnera* ist benannt nach dem norwegischen Bischof und Botaniker J. E. GUNNER (1718 - 1773), *tinctoria* = Farbstoff liefernd, zum Färben brauchbar.

Dickes, kurzes, aufrechtes Rhizom, kräftige Blattstiele bis 120 cm lang, dicht bestachelt. Spreite dunkelgrün, rundlich-herzförmig, bis 150 cm groß, mit unterseits bedornten Adern und mehrfach gekerbten Rändern. Die bis 60 cm große kolbenförmige Rispe hat zahlreiche grünliche unscheinbare Blüten. Die größte aller verwendbaren Teichpflanzen mit tropischer Wirkung. Solitär für Großanlagen als Randpflanzung im feuchten Boden. Benötigt im Winter Schutz durch eine dichte Abdeckung aus trockenem Laub.

Vermehrung: Nebenpflanzen abtrennen.
Nachbarpflanzen: *Saururus, Petasites, Filipendula, Miscanthus.*
WT: 0 cm, **GR:** 180 - 200 cm, **BZ:** VIII - X, **ST:** ○ - ◗

Filipendula rubra

Filipendula rubra ‚Venusta'

Gunnera tinctoria, Mammutblatt

Heracleum sphondylium LINNÉ, 1753 **Wiesen-Bärenklau**

Fam.: Apiaceae - Doldenblütengewächse

Verbreitung: Europa, Nordafrika, in Nordamerika eingebürgert.

Standorte: Ufer, Gräben, Auenwälder, Fettwiesen; häufig.

Die Gattung *Heracleum* ist benannt nach HERKULES (HERAKLES), der ihre Heilkräfte entdeckt haben soll, *sphondylium* = mit wirbeligem Stengelknoten.

Grundblätter im Umriß rundlich oder eiförmig, bis 50 cm groß, fiederschnittig bis tief gelappt. Ränder grob gezähnt. Der steifborstige und kantige Stengel wird bis 150 cm hoch. Die vielstrahlige Doppeldolde trägt 7 mm breite Blüten, weiß, selten grünlich oder rötlich. Die Randblüten sind deutlich vergrößert. Kräftige Staude für eine naturnahe Bepflanzung, mit lang anhaltender Blütezeit. Der Wiesen-Bärenklau ist eine alte Heilpflanze, deren Kraut eine anregende, blutdrucksenkende und verdauungsfördernde Wirkung zugeschrieben wird. Soll zeitweise auch als Aphrodisiakum in Gebrauch gewesen sein.

Vermehrung: Aussaat.

Nachbarpflanzen: *Miscanthus, Sasa, Spartina, Filipendula.*

WT: 0 cm, **GR:** 80 - 150 cm, **BZ:** VI - X, **ST:** ❍

Inula helenium LINNÉ, 1753 **Echter Alant**

Fam.: Asteraceae - Korbblütengewächse

Verbreitung: Südeuropa, Westasien.

Standorte: Ufer, Waldränder; sehr selten.

Der Name *Inula* ist ein alter lateinischer Pflanzenname, danach ist der Wirkstoff Inulin benannt, *helenium* = nach der gleichnamigen Gattung.

Blätter der grundständigen Rosette gestielt, etwa 40 - 80 cm lang. Stengelblätter sitzend, teilweise stengelumfassend, kürzer, wechselständig. Alle Blätter länglich-eiförmig, unregelmäßig fein gesägt, oberseits rauh, unterseits weichhaarig. Der kräftige, behaarte Stengel verzweigt sich meist erst in der Region des Blütenstandes. Die lang gestielten Blütenköpfe werden bis 8 cm breit, die Rand-Zungenblüten sind auffallend schmal, fast fädig, goldgelb, die inneren Röhrenblüten sind leuchtend gelb. In humoser feuchter Erde wächst eine kräftige Staude mit imposanter Wirkung heran. Im Mittelalter war der Alant eine verbreitete Zauberpflanze und wurde als Zier-, Gewürz- und Heilpflanze kultiviert. Im Wurzelstock sind Inhaltsstoffe, die schleimlösend, auswurffördernd und reizmildernd wirken. Die bitteraromatischen Öl-Bestandteile dienen zur Herstellung von Kräuterlikör und Magenbitter.

Vermehrung: Aussaat.

Nachbarpflanzen: *Anemone, Ligularia, Lythrum, Lysimachia.*

WT: 0 cm, **GR:** 100 - 170 cm, **BZ:** VII - VIII, **ST:** ❍ - ◗

Inula hookeri C.B. CLARKE, 1876 **Hookers Alant**

Fam.: Asteraceae - Korbblütengewächse

Verbreitung: Himalaja.

Standorte: Ufer, Auenwälder.

Die Art wurde nach dem englischen Botaniker W. J. HOOKER (1785 - 1865) benannt.

Stengel bis 100 cm hoch, rund, grün, mit wechselständigen Blättern, lanzettförmig, bis 15 cm lang, 4 cm breit, Basis breit am Stengel angesetzt, Ränder gezackt. Die einzelnen, lang gestielten Blütenköpfe werden bis 12 cm breit, die zahlreichen Rand-Zungenblüten sind gelb, schmal, bis 5 cm lang, innere Röhrenblüten gelblich-braun. Eine relativ spät blühende Staude mit anhaltender Blütezeit. Gute Verwendung im feuchten Boden am halbschattigen Platz.

Vermehrung: Teilen der Pflanzenbasen.

Nachbarpflanzen: *Cimicifuga, Anemone, Ligularia, Lythrum.*

WT: 0 cm, **GR:** 80 - 120 cm, **BZ:** IX - X, **ST:** ◗

Inula helenium, Echter Alant

Heracleum sphondylium

Inula hookeri

Inula magnifica LIPSKY, 1899/1902 **Großer Alant**

Fam.: Asteraceae - Korbblütengewächse
Verbreitung: Kaukasus.
Standorte: Waldränder, Gebüschsäume, Laubwälder.
Der Artname *magnifica* = großartig.
Bodenblätter rosettig, bis 50 cm lang gestielt, Spreite breit eiförmig, bis 70 cm lang, 25 cm breit, Mittelader weißlich, Ränder gekerbt, Unterseite weißfilzig. Stengel bis 3 m hoch, Blätter kleiner, sitzend, Basis herablaufend, halb den Stengel umfassend. Dieser vorne verzweigt mit etwa 12 cm breiten, gelben Blütenkörbchen, jeweils über 100 Rand-Zungenblüten, 4 cm lang, 2 mm breit. Wegen der imposanten Höhe nur für die größere Anlage zu empfehlen. Sollte gestützt werden, damit die Sprosse nicht umknicken.
Vermehrung: Aussaat, Teilung.
Nachbarpflanzen: *Lysimachia, Ligularia, Hemerocallis.*
WT: 0 cm, **GR:** 250 - 300 cm, **BZ:** VII - VIII, **ST:** ◗

Ligularia cacaliformis (LAMARCK) NAKAI, 1944 **Huflattichähnliches Greiskraut**

Fam.: Asteraceae - Korbblütengewächse
Verbreitung: China.
Standorte: Feuchte Böden in Waldlichtungen, schattige Bachränder.
Der Name *Ligularia* kommt von ligula = Zunge, Band (mit Blatthäutchen versehen), *cacaliformis* kommt von Kakalia, einem alten Namen für den Huflattich, formis = Gestalt.
Bodenblätter gestielt, herz-nierenförmig, bis 40 cm lang, 50 cm breit, Basis keilförmig eingeschnitten, Ränder scharf gezähnt, Adern leicht rötlich. Stengel bis 70 cm hoch, im oberen Bereich kleine rötliche Blätter. Blütenstand etwa 40 cm lang, Blütenkörbchen bis 10 cm breit, etwa 20 gelbe Rand-Zungenblüten, 4 cm lang, 6 mm breit, innere Röhrenblüten gelb, Kelchblätter rot. Im bodenfeuchten bis sumpfigen, nahrhaften Erdreich eine umfangreich werdende Pflanze und regelmäßiger Blüher mit dekorativer Wirkung.
Vermehrung: Seitentriebe mit Wurzelballen ablösen.
Nachbarpflanzen: *Osmunda, Sinarundinaria, Darmera, Lysimachia.*
WT: 0 cm, **GR:** 70 - 130 cm, **BZ:** VII - VIII, **ST:** ◗

Ligularia dentata (A. GRAY) HARA, 1939 **Chinesisches Greiskraut**

Syn.: *Ligularia clivorum*
Fam.: Asteraceae - Korbblütengewächse
Verbreitung: China, Japan.
Standorte: Feuchte Waldlichtungen, schattige Bachränder.
Der Artname *dentata* = gezähnt, bezieht sich auf die Blattränder.
Bodenblätter gestielt, länglich-oval, mittelgrün, bis 40 cm lang, 30 cm breit, vorne abgerundet, Basis bis zur Hälfte eingeschnitten, Basislappen weit überstehend, unten leicht überlappend, Ränder gezähnt. Stengel bis 70 cm hoch, oben kleine Blätter mit breiter, umfassender Stielscheide. Blütenstand etwa 40 cm lang, Blütenkörbchen 12 mm breit, 20 gelbe Randzungenblüten, 5 cm lang, 6 mm breit, innere Röhrenblüten gelb, Kelchblätter grün. Bodenfeucht, sumpfig oder im sehr seichten Wasser zu verwenden, bildet eine kräftige Blattrosette mit regelmäßiger Blüte.
Vermehrung: Seitentriebe.
Nachbarpflanzen: *Petasites, Osmunda, Gunnera, Acorus.*
WT: 0 - 1 cm, **GR:** 70 - 120 cm, **BZ:** VII - IX, **ST:** ○ - ◗

Inula magnifica

Ligularia dentata

Ligularia cacaliformis, Huflattich-ähnliches Greiskraut

Ligularia dentata **(A. Gray) Hara, 1939** **Chinesisches Greiskraut**
Sorte: ‚Othello'
Syn.: *Ligularia clivorum*
Fam.: Asteraceae - Korbblütengewäche
Verbreitung: (China, Japan).
Standorte: Kultursorte.
Bodenblätter gestielt, länglich-oval, bis 40 cm lang, 30 cm breit, vorne abgerundet, Basis tief eingeschnitten, die Lappen weit überstehend, Ränder gezähnt. Blätter, Stiele, Stengel und Stengelblätter rot überlaufen. Bildet eine große, vielblütige Doldenrispe. Blütenkörbchen bis 10 cm breit, etwa 16 gelbe Rand-Zungenblüten, 4 cm lang, 4 mm breit, innere Röhrenblüten braun-gelb. Diese Sorte blüht etwas später als die reine Art. Kann ebenfalls ziemlich naß gehalten werden, verträgt aber keine stauende Nässe.
Vermehrung: Seitentriebe.
Nachbarpflanzen: *Ligularia, Darmera, Gunnera, Lythrum.*
WT: 0 cm, **GR:** 100 - 130 cm, **BZ:** VIII - IX, **ST:** ◗

Ligularia* x *hessei **(Hesse) Bergmann** **Goldkolben, Greiskraut**
Fam.: Asteraceae - Korbblütengewächse
Verbreitung: Kulturbastard aus *Ligularia dentata* x *L. wilsoniana.*
Die Art ist nach dem deutschen Baumschulbesitzer H. A. Hess (1852 - 1937) benannt.
Bodenblätter gestielt, herzförmig, bis 40 cm lang, 30 cm breit, vorne stumpflich. Der kräftige Stengel hat anfangs kugelige, später bis 50 cm lang gestreckte Blütenrispen. In Etagen sitzen rundum zahlreiche Blütenkörbchen mit etwa 10 gelben Rand-Zungenblüten. Bildet während der wochenlangen Blütezeit eine prachtvolle Dekoration. Wächst bodenfeucht in der Uferzone, auch im normalen Erdreich als Übergang zum übrigen Gartengrün.
Vermehrung: Seitensprosse.
Nachbarpflanzen: *Filipendula, Lythrum, Ligularia.*
WT: 0 cm, **GR:** 70 - 120 cm, **BZ:** VII - VIII, **ST:** ◗

Ligularia przewalskii **(Maximowicz) Diels, 1901 ?** **Mandschurisches Greiskraut**
Fam.: Asteraceae - Korbblütengewächse
Verbreitung: Mandschurei.
Standorte: Feuchte Waldlichtungen, schattige Ufer.
Die Art ist nach dem russischen Botaniker Przewalsk benannt.
Bodenblätter gestielt, dunkelgrün, im Umriß rundlich, bis 25 cm groß, allseits tief eingeschnitten in etwa 10 Abschnitte von 8 x 3 cm, die wiederum gelappt sind. Der bis 80 cm hohe Stengel ist gleich aber kleiner beblättert. Die schlanke und dichtblühende Ähre wird bis 50 cm lang. Blütenkörbchen 4 cm breit, mit fünf gelben Rand-Zungenblüten, 2 cm lang, 3 mm breit. Eine dekorative Blütenstaude für die bodenfeuchte Randzone, aber auch im sehr flachen Wasser zu verwenden. Wie bei den meisten Arten der Gattung ist auf einen halbschattigen Platz zu achten.
Vermehrung: Teilen der Pflanzenbasen im zeitigen Frühjahr.
Nachbarpflanzen: *Cyperus, Lysimachia, Filipendula, Carex.*
WT: 0 - 1cm, **GR:** 70 - 130 cm, **BZ:** VII - VIII, **ST:** ◗

Ligularia x *hessei,* Goldkolben

Ligularia dentata ‚Othello'

Ligularia przewalskii

Ligularia sachalinensis NAKAI, 1944 **Japanischer Goldkolben**

Fam.: Asteraceae - Korbblütengewächse
Verbreitung: Insel Sachalin (UdSSR), Japan.
Standorte: Feuchte Wälder, Lichtungen.

Der Artname *sachalinensis* = von der Insel Sachalin stammend.

Bodenblätter gestielt, im Umriß nierenförmig, bis 20 cm lang, 15 cm breit, handförmig gegliedert. Basis tief eingeschnitten, Ränder mehrfach fein gezackt. Der bis 50 cm hohe Stengel ist kleiner beblättert und trägt eine bis 70 cm lange, schlanke, reichblütige Ähre. Körbchenblüten bis 3 cm breit, mit 3 - 5 schmalen, gelben Rand-Zungenblüten, innere Röhrenblüten gelb. Bildet mit dem länger dauernden Blütenschmuck eine dekorative Bereicherung der Umgebung des Teiches. Auch unter lichten Baumgruppen zu verwenden.

Vermehrung: Seitensprosse mit Wurzelballen ablösen.
Nachbarpflanzen: *Lythrum, Iris, Rumex, Inula.*
WT: 0 cm, **GR:** 50 - 120 cm, **BZ:** VI - VII, **ST:** ◗

Ligularia stenocephala (MAXIOWICZ) MATSUMURA et KOIDZUMI, 1934

Fam.: Asteraceae - Korbblütengewächse **Schmalköpfiger Goldkolben**
Verbreitung: Japan, China, Taiwan.
Standorte: Auenwälder.

Der Artname kommt von stenus = schmal und cephalus = Kopf, wegen der kleinen Blütenkörbchen.

Bodenblätter und Stengelblätter gleich, lang gestielt, der Stiel rot und kantig. Spreite etwa 20 cm groß, im Umriß dreieckig, bis zur Hälfte tief eingeschnitten, diese Abschnitte in mehrere spitze Segmente geteilt. Unterseite weißlich-grün, Oberseite samtartig, dungelgrün, Adern im Zentrum rot. Eine schmale Ähre, etwa 40 cm lang, Blütenkörbchen bis 2 cm breit, öffnen drei schmale, gelbe, vorne geteilte Rand-Zungenblüten und zwei gelbe Innenblüten.

Vermehrung: Teilen der Pflanzenbasen.
Nachbarpflanzen: *Inula, Ligularia, Lysimachia, Telekia.*
WT: 0 cm, **GR:** 80 - 100 cm, **BZ:** VII - VIII, **ST:** ◗ - ●

Lysimachia clethroides DUBY, 1861 **Clethra-ähnlicher Felberich**

Fam.: Primulaceae - Schlüsselblumengewächse
Verbreitung: Japan, Mandschurei, China, Indochina.
Standorte: Feuchte Laubwälder.

Die Gattung *Lysimachia* wurde nach dem Feldherrn LYSIMACHOS benannt, *clethroides* = der Gattung *Clethra* ähnlich.

Aufrechte Stengel bis 100 cm hoch, Blätter wechselständig, kurzgestielt, lanzettförmig, 10 cm lang, 4 cm breit, die Achseln tiefrot. An der Spitze eine bis 15 cm lange Ähre, öffnet viele kleine weiße Blüten in schmalen Trageblättern. Leichter Schatten ist vorteilhaft, auch dann wenn der Boden ständig feucht gehalten wird.

Vermehrung: Teilen der Pflanzenbasen.
Nachbarpflanzen: *Ligularia, Eupatorium, Darmera, Petasites.*
WT: 0 cm, **GR:** 100 - 120 cm, **BZ:** VI - VII, **ST:** ◗ - ●

Ligularia sachalinensis, Japanischer Goldkolben

Ligularia stenocephala

Lysimachia clethroides

***Matteuccia struthiopteris* (Linné) Todaro, 1876** **Straußenfarn, Trichterfarn**
Syn.: *Struthiopteris germanica*
Fam.: Onocleaceae - Perlfarngewächse
Verbreitung: Europa, Kaukasus, östliches Nordasien.
Standorte: Auenwälder, Gebüsche, feuchte Böden.
Die Gattung *Matteuccia* ist nach dem Italiener Matteucci benannt, *struthiopteris* kommt von strouthosa = Strauß und pteris = Farn. Wedel bis 120 cm hoch, 25 cm breit, dicht doppelt gefiedert, Mittelspindel grün, dreieckig, Fiedern 1. Ordnung bis 12 cm lang, 1,5 cm breit, Fiedern 2. Ordnung 6 mm lang, 3 mm breit nicht bis zum Stiel durchgehend geteilt, vorne stumpf. Solitärfarn mit breit ausladenden trichterförmig gestellten Wedeln. Damit die typische nestartige Wuchsform zur Geltung kommt, wird der Straußenfarn freistehend gehalten. Nicht für den Einzugsbereich des Stauwassers, nur bodenfeucht.
Vermehrung: Kurze Seitentriebe, im zeitigen Frühjahr mit Wurzelballen abnehmen.
Nachbarpflanzen: *Dryopteris, Blechnum, Onoclea, Athyrium.*
WT: 0 cm, **GR:** 100 - 120 cm, **ST:** ◗

***Miscanthus sacchariflorus* (Maximowicz) Hack, 1887** **Stielblütengras, Silberfahnengras**
Fam.: Poaceae - Süßgräser
Verbreitung: China, Japan, Mandschurei, Korea.
Standorte: Ufer, Gräben, feuchte Wiesen.
Miscanthus: von miskos = Stiel und anthos = Blüte, *sacchariflorus* = zuckerrohrblütig.
Aufrechte Stengel, bis 2 m hoch, Blätter schmal, überhängend, bis 60 cm lang, 2 cm breit, die Mittelader häufig dunkler grün. Die lang gestielten silbrigen Blüten stehen in Form von schmalen Rispen bis 60 cm über dem Laub. Für die Uferzone ohne stauende Nässe. Mit den herbstlichen Blütenständen über dem rötlichen Laub ein Blickfang für den Feuchtgarten.
Vermehrung: Bodenständige Rhizomstücke abtrennen.
Nachbarpflanzen: *Spartina, Arundo, Lythrum, Eupatorium.*
WT: 0 cm, **GR:** 200 - 250 cm, **BZ:** IX - X, **ST:** ○

***Miscanthus sinensis* (Thunberg) Andersson, 1855** **Zierliches Stielblütengras**
Sorte: ‚Gracillimus'
Fam.: Poaceae - Süßgräser
Verbreitung: (China, Japan, Korea, Thailand).
Standorte: Kultursorte.
Der Artname *sinensis* = aus China stammend, gracillimus = sehr schlank. Stengel weißlich-grün, 4 mm dick, bis 150 cm hoch, Blätter einzeln, bis 100 cm lang, 5 - 10 mm breit, Mittelader weißlich, Oberseite und Ränder rauh. Die bis 50 cm langen fächerartigen Rispen stehen über dem Laub und tragen rötliche Ährchen. Das schlanke, zierliche Gras bildet mit der Zeit große Büsche aus dicht stehenden Trieben. Nicht im Stauwasserbereich ansiedeln, sondern im Normalboden verwenden.
Vermehrung: Teilen der Pflanzenbasen.
Nachbarpflanzen: *Spartina, Arundo, Lythrum, Carex.*
WT: 0 cm, **GR:** 150 - 180 cm, **BZ:** X - XI, **ST:** ○ - ◗

***Miscanthus sinensis* (Thunberg) Andersson, 1855** **Robustes Stielblütengras**
Sorte: ‚Robustus'
Fam.: Poaceae - Süßgräser
Verbreitung: China, Japan, Korea, Thailand.
Standorte: Gräben, Feuchtwiesen, verlandete Zonen.
Der Sortenname ‚Robustus' = kräftig, nimmt Bezug auf die breiten Blätter. Ist offensichtlich als Typ der Art zu beurteilen.

Matteuccia struthiopteris

Miscanthus sacchariflorus

Miscanthus sinensis ‚Gracillimus'

Miscanthus sinensis ‚Robustus'

Fortsetzung *Miscanthus sinensis* ‚Robustus', Robustes Stielblütengras:

Stengel grün, bis 120 cm hoch, Blätter einzeln, bis 100 cm lang, 3 cm breit, Unterseite und Ränder rauh, Mittelader weißlich. Die etwa 30 cm lange Rispe hat büschelige oder quirlige Seitenäste mit rötlichen Ährchen. Bildet kompakte Büsche im bodenfeuchten bis normalen Boden, jedoch nicht für den Stauwasser-Einzugsbereich einplanen.
Vermehrung: Teilen der Pflanzenbasen.
Nachbarpflanzen: *Eupatorium, Lythrum, Lysimachia, Euphorbia.*
WT: 0 cm, **GR:** 120 - 180 cm, **BZ:** IX - X, **ST:** ❍ - ◗

***Miscanthus sinensis* (Thunberg) Andersson, 1855** **Weißblütiges Stielblütengras**
Sorte: ‚Silberfeder'
Fam.: Poaceae - Süßgräser
Verbreitung: (Japan, Korea, China, Thailand).
Standorte: Kultursorte.
Der Sortenname bezieht sich auf die silbrig-weißen Blütenfahnen.
Stengel grün, bis 130 cm hoch, Blätter mit etwa 20 cm Abstand, bis 80 cm lang, 2 cm breit, mit weißem Mittelstreifen. Die etwa 50 cm hohe und ausgebreitete Rispe bildet ca. 15 cm lange Seitenzweige mit weißen Ährchen. Die Staubgefäße sind braun. Unterscheidet sich von den übrigen Sorten der Art durch seine silbrigen, glänzenden Blütenfahnen. Auch ist die Wuchsform schlanker und lockerer. Für den relativ feuchten Standort mit guter Lichtqualität.
Vermehrung: Teilen der Pflanzenbasen.
Nachbarpflanzen: *Spartina, Lythrum, Pennisetum, Carex.*
WT: 0 cm, **GR:** 150 - 180 cm, **BZ:** IX - X, **ST:** ❍

***Miscanthus sinensis* (Thunberg) Andersson, 1855** **Stachelschweingras**
Sorte: ‚Strictus-Zebrinus'
Fam.: Poaceae - Süßgräser
Verbreitung: (China, Japan, Korea, Thailand).
Standorte: Kultursorte.
Der Sortenname kommt von strictus = gerade, aufrecht und zebrinus = zebrastreifig. Warum die Pflanze Stachelschweingras genannt wird, ist unklar.
Die Stengel werden 3 - 4 m hoch und tragen bis 80 cm lange Blätter, die etwa 3 cm breit werden. Sie sind deutlich bis 3 cm breit quergestreift. Die Blütenrispen sind anfangs silbrig, später leicht rötlich. Das hohe und kräftige Gras ist nur für größere Anlagen zu empfehlen.
Vermehrung: Teilen der Pflanzenbasen.
Nachbarpflanzen: *Ligularia, Pennisetum, Carex, Heracleum.*
WT: 0 cm, **GR:** 300 - 400 cm, **BZ:** IX - XII, **ST:** ❍ - ◗

***Miscanthus sinensis* (Thunberg) Andersson, 1855** **Zebrastreifiges Stielblütengras**
Sorte: ‚Zebrinus'
Fam.: Poaceae - Süßgräser
Verbreitung: (China, Japan, Korea, Thailand).
Standorte: Kultursorte.
Der Sortenname bedeutet zebrastreifig und nimmt Bezug auf die Blattzeichnung.
Stengel bis 2 m hoch, Blätter grasartig, bis 60 cm lang, 2 cm breit, überhängend, auf der Mitte ein weißer Längsstreifen. Unregelmäßig verteilt sind etwa 2 cm hohe, hellgelbe Querstreifen, die sich in der Regel erst im Verlaufe des Sommers ausbilden und stark lichtabhängig erscheinen. Die bis 60 cm lange, fächerartige Rispe trägt rötliche Ährchen. Wegen des

Miscanthus sinensis ‚Silberfeder'

Miscanthus s. ‚Strictus Zebrinus'

Miscanthus sinensis ‚Zebrinus'

Fortsetzung *Miscanthus sinensis* 'Zebrinus', Zebrastreifiges Stielblütengras:

schilfartigen Charakters ist die Pflanze gut für die Ufernähe geeignet. Mit den kurzen Ausläufern entwickelt sich später ein dichter Busch aus zahlreichen Stengeln.
Vermehrung: Teilen der Pflanzenbasen.
Nachbarpflanzen: *Spartina, Rumex, Euphorbia, Eupatorium, Filipendula.*
WT: 0 cm, **GR:** 200 - 250 cm, **BZ:** IX - X, **ST:** ○

Rodgersia aesculifolia Batalin, 1893 — Kastanienblättriges Schaublatt

Fam.: Saxifragaceae - Steinbrechgewächse
Verbreitung: China.
Standorte: Laubwälder, Feuchtwiesen.
Die Gattung *Rodgersia* ist nach dem amerikanischen Marineoffizier Rodgers benannt, *aesculifolia* = mit Blättern wie der Kastanienbaum (Aesculus).
Bodenblätter einzeln, je nach Standdichte 30 - 100 cm lang gestielt, als scheinbare Rosette. Am Stielende sitzen 7 - 8 separate Blattabschnitte quirlartig, bis 25 cm lang, 15 cm breit, vorne abgerundet mit grob gezähnten Rändern. Der Stengel trägt mehrere kleinere Blätter mit gleicher Form. Die bis 180 cm hohe Rispe öffnet zahlreiche kleine gelbe Blüten. Das Schaublatt ist mehr eine zierende Blattpflanze mit Kontrastwirkung.
Vermehrung: Ausläufer.
Nachbarpflanzen: *Valeriana, Polygonum, Bergenia, Carex.*
WT: 0 cm, **GR:** 50 - 180 cm, **BZ:** VI - VII, **ST:** ◗ - ●

Rodgersia podophylla A. Gray, 1858 — Gestieltes Schaublatt

Fam.: Saxifragaceae - Steinbrechgewächse
Verbreitung: Japan, Korea.
Standorte: Laubwälder, Feuchtwiesen.
Der Artname *podophylla* = mit gestielten Blättern. Bodenblätter einzeln, je nach Standdichte bis 80 cm lang gestielt, als scheinbare Rosette. Am Stielende sitzen 6 separate Blattabschnitte quirlartig vereint und dicht gedrängt, bis 30 cm lang, 20 cm breit, dreieckig geformt mit keilförmiger Basis. Vorne ist die Spreite bis 8mal grob gezackt und relativ tief eingeschnitten. Der Rand ist im Ganzen fein gezähnt. Der Stengel trägt 3 - 4 kleinere Blätter mit gleicher Form. An der bis 180 cm hohen Rispe sitzen viele kleine, steinbrechartige Blüten. Verwendung wie bei *R. aesculifolia*.
Vermehrung: Ausläufer.
Nachbarpflanzen: *Valeriana, Polygonum, Bergenia, Carex.*
WT: 0 cm, **GR:** 50 - 180 cm, **BZ:** VII - VIII, **ST:** ◗ - ●

Sasa palmata (Burbrdge) E. G. Camus, 1913 — Zwergbambus

Fam.: Poaceae - Süßgräser
Verbreitung: Sachalin, Japan.
Standorte: Ufer, Gräben, feuchte Böden.
Der Name *Sasa* ist eine alte Bezeichnung für Bambus, *palmata* = handförmig.
Der 50 -150 cm hohe Stengel ist vorne mitunter verzweigt und trägt meist 5 kurzgestielte, länglich-ovale Blätter, bis 25 cm lang, 8 cm breit, vorne spitz, glänzend, kahl. Aus den oberen Achseln treiben bis 30 cm hohe Rispen mit 1 cm langen, rötlichen Ährchen. Die Größe der Pflanze variiert je nach Feuchtigkeit des Standortbodens. Bildet dekorative Büsche mit tropisch-fremdländischem Charakter, leidet aber leicht durch strenge Fröste.
Vermehrung: Teilen.
Nachbarpflanzen: *Petasites, Sinarundinaria, Carex, Lycopus.*
WT: 0 cm, **GR:** 80 - 150 cm, **BZ:** X - XI, **ST:** ○ - ◗

Rodgersia aesculifolia, Kastanienblättriges Schaublatt

Rodgersia podophylla

Sasa palmata

Sinarundinaria nitida (Mitford) Nakai, 1935 **Grauschwarzes Halbrohr**
Syn.: *Arundinaria nitida*
Fam.: Poaceae - Süßgräser
Verbreitung: China, Japan.
Standorte: Unterwuchs in Laub- und Nadelmischwäldern, Waldränder.

Der Name *Sinarundinaria* kommt von sina = china und dem Gattungsnamen *Arundinaria* (von arundinis = Schilfrohr), *nitida* = glänzend, blinkend.

Lockerer, aufrecht wachsender Strauch, Halme bis 4 m hoch, 2 cm dick, knotig gegliedert, mit reich verzweigten, ausladenden Trieben. Blätter lanzettlich, kurzgestielt, immergrün, bis 8 cm lang, 1 cm breit. Die grauschwarze Rinde der Halme ist das einzige zuverlässige Unterscheidungsmerkmal zu anderen Arten. Den immergrünen Strauch kann man bis nahe an das Wasser setzen, er wächst aber auch relativ trocken noch gut weiter. Die Wuchshöhe kann durch Kappen der Triebe niedriger gehalten werden. Ausgezeichnet zur Einfassung naturbelassener, größerer Teiche.

Vermehrung: Teilen der Pflanzenbasen.
Nachbarpflanzen: *Sasa, Filipendula, Cyperus, Carex.*
WT: 0 cm, **GR:** 300 - 400 cm, **BZ:** ?, **ST:** ❍ - ◗

Thamnocalamus spathaceus (Franchet) Soderstrom, ? **Buschrohr**
Syn.: *Sinarundinaria murielae*
Fam.: Poaceae - Süßgräser
Verbreitung: West-Himalaja.
Standorte: Waldränder, Unterwuchs in Nadel- und Laubmischwäldern.

Der Name *Thamnocalamus* kommt von thamnos = Strauch, Gebüsch und calamos = Rohr, *spathaceus* = mit Blütenscheide versehen.

Der kräftige, knotige Stengel wird 3 - 5 m hoch und ist reichlich verzweigt. Die lanzettförmigen Blätter sind kurz gestielt, bis 12 cm lang, 2,5 cm breit, wobei an den Endtrieben meist drei oder vier Blätter sitzen. Das Laub ist immergrün. Vollsonnig am Teichrand, auch relativ trocken. Der später dichte Bestand behält jedoch seine lockere Wuchsform. Man kann die Triebe in halber Höhe kappen und so kürzer halten. An der größeren Anlage ein guter Wind- und Sonnenschutz für empfindliche Arten.

Vermehrung: Teilen der Pflanzenbasen.
Nachbarpflanzen: *Carex, Sasa, Euphorbia, Filipendula.*
WT: 0 cm, **GR:** 300 - 400 cm, **BZ:** ?, ST: ❍

Valeriana sambucifolia Mikan filius ex Pohl, 1820/25 **Holunderblättriger Baldrian**
Fam.: Valerianaceae - Baldriangewächse
Verbreitung: Europa.
Standorte: Ufer, Gräben, Auenwälder.

Der Name *Valeriana* kommt von valere = gesund sein, *sambucifolia* = mit Blättern wie der Holunderstrauch (*Sambucus*).

Bodenblätter gestielt, bis 40 cm hoch, unpaarig gefiedert, Abschnitte bis 8 cm lang, 4 cm breit, groß gezähnt. Stengelblätter fast sitzend mit 7 - 11 Abschnitten, 4 x 1 cm groß, gezackt. Ähnlich ist *V. officinalis* mit wesentlich schmaleren Blattfiedern. Die verzweigte Blütenrispe trägt lang gestielte Abschnitte mit zahlreichen, 5 mm breiten, weißen bis schwach rosa Blüten. Seltene Pflanze für den Liebhaber von Raritäten. Die Verwendung erfolgt nur bodenfeucht, ohne Stauwasser. Bildet mit der Zeit schöne Gruppen.

Vermehrung: Aussaat, Ausläufer.
Nachbarpflanzen: *Mentha, Rodgersia, Bergenia, Polygonum.*
WT: 0 cm, **GR:** 100 - 150 cm, **BZ:** V - VI, **ST:** ❍ - ◗

Sinarundinaria nitida, Grauschwarzes Halbrohr

Thamnocalamus spathaceus

Valeriana sambucifolia

5.1 Subtropische Wasserpflanzen für den sommerlichen Teich

***Egeria densa* Planchon, 1849** **Dickblättrige Wasserpest**

Fam.: Hydrocharitaceae - Froschbißgewächse

Verbreitung: Südamerika, Mexiko, östliche USA, in Europa stellenweise eingebürgert.

Standorte: Sumpfige Gewässer, Bäche, Teiche.

Der Name *Egeria* ist nach einer römischen Quellnymphe gewählt, *densa* = dicht. An der gestreckten Sproßachse sitzen dichte Quirle aus 3 - 5 Blättern, bis 3 cm lang, 5 mm breit, Ränder gezähnt. Die männlichen Blüten bilden eine auffällige weiße Krone und 9 keulenförmig verdickte Staubblätter. Bildet im Freiteich ziemlich kräftige Exemplare, wächst freitreibend oder eingewurzelt. Überdauert im tiefen Wasser den Winter.

Vermehrung: Seitensprosse.

Nachbarpflanzen: *Elodea, Nitella, Myriophyllum, Najas.*

WT: 20 - 50 cm, **GR:** 30 - 50 cm, **BZ:** VI - VII, **ST:** ○ - ◗, K

***Egeria najas* Planchon, 1849** **Schmalblättrige Wasserpest**

Fam.: Hydrocharitaceae - Froschbißgewächse

Verbreitung: Brasilien, Argentinien.

Standorte: Sumpfige Gewässer, Bäche, Teiche.

Der Artname *najas* = schwimmen. Stengelpflanze mit Blattquirlen aus höchstens vier Blättern. Die schmalen Spreiten werden bis 4 cm lang, 2 mm breit, sind meist glatt und haben grob gezähnte Ränder. Die Blüte ist ähnlich wie bei E. densa, männliche Blüten jedoch mit schmalen Staubfäden. Für den Freiteich weniger bekannte Art, sehr weiches Wasser ist von Nachteil. Wächst entweder freitreibend oder verwurzelt im Bodenschlamm.

Vermehrung: Seitensprosse.

Nachbarpflanzen: *Nitella, Elodea, Myriophyllum, Najas.*

WT: 20 - 50 cm, **GR:** 20 - 40 cm, **BZ:** VI - VII, **ST:** ○ - ◗, K

***Lagarosiphon major* (Ridley) Moss, 1928** **Krause Wasserpest**

Fam.: Hydrocharitaceae - Froschbißgewächse

Verbreitung: Südafrika, in Europa stellenweise eingebürgert.

Standorte: Verschiedenartige kühle Gewässer mit unterschiedlicher Tiefe.

Der Name *Lagarosiphon* kommt von lagros = schlaff, schmächtig, dünn, und siphon = Röhre, die weibliche Blüte hat eine lange und dünne Röhre, *major* = größer. Stengelpflanze mit spiralig gestellten Blättern, sitzend, bis 2 cm lang, 4 mm breit, stark rückwärts gebogen, Ränder fein gezähnt. Die eingeschlechtlichen und zweihäusigen Blüten werden innerhalb einer durchsichtigen Spatha gebildet. Die männlichen Blüten lösen sich ab und bilden bizarre Gebilde. Kann den milden Winter überstehen.

Vermehrung: Seitensprosse.

Nachbarpflanzen: *Elodea, Myriophyllum, Najas, Nitella.*

WT: 20 - 50 cm, **GR:** 30 - 50 cm, **BZ:** VI - VII, **ST:** ○, K

***Myriophyllum elatinoides* Gaudichaud, 1825** **Tännelähnliches Tausendblatt**

Fam.: Haloragaceae - Seebeerengewächse

Verbreitung: Südamerika, Mexiko, Tasmanien, Neuseeland.

Standorte: Kühle Süßwasserseen.

Myriophyllum: myrios = unzählig, viel und phyllon = Blatt, *elatinoides* = tännelähnlich.

Gestreckte Stengel mit Quirlen aus drei bis fünf Blättern, bis 3 cm lang, rautenförmig, an beiden Seiten 5 - 10 feine dunkelgrüne fädige Spitzen, 5 - 15 mm lang. Am Luftsproß sitzen in den Achseln

Egeria densa

Egeria najas

Lagarosiphon major

Myriophyllum hippuroides

Fortsetzung *Myriophyllum elatinoides*, Tännelähnliches Tausendblatt:

der ganzrandigen Blätter unscheinbare weißlich-gelbe Zwitterblüten. Bildet bei entsprechenden Bedingungen schöne Girlanden, die im Flachwasser später fluten. Überwinterung im Kaltwasser-Aquarium.

Vermehrung: Seitensprosse.

Nachbarpflanzen: *Vallisneria, Elodea, Egeria, Lagarosiphon.*

WT: 20 - 50 cm, **GR:** 80 - 120 cm, **BZ:** VI - VIII, **ST:** ❍, K

Myriophyllum hippuroides NUTTALL ex TORREY et GRAY, 1848 — **Tannenwedelähnliches Tausendblatt**

Fam.: Haloragaceae - Seebeerengewächse

Verbreitung: Nordamerika, Mittelamerika.

Standorte: Kühle Süßwasserseen.

hippuroides: von *Hippuris*, dem Gattungsnamen des Tannenwedels, und oides = ähnlich. Aufrechter, später flutender Stengel mit Quirlen aus vier bis sechs Blättern, bis 5 cm lang, zahlreich in fädige Segmente aufgegliedert, bei sonnigem Standort rötlich bis braunrot. Der Lufttrieb hat kleine gesägte Blätter und eingeschlechtliche oder zwittrige Blüten. Durch absinkende Winterknospen überdauert die Pflanze mitunter und treibt im Frühjahr neue Sprosse. Ist jedoch allgemein im ungeheizten Aquarium zu überwintern.

Vermehrung: Seitensprosse, Winterknospen.

Nachbarpflanzen: *Vallisneria, Lagarosiphon, Elodea, Egeria.*

WT: 20 - 50 cm, **GR:** 60 - 100 cm, **BZ:** VII - VIII, **ST:** ❍, K

Vallisneria americana MICHAUX, 1803 — **Amerikanische Wasserschraube**

Syn.: *Vallisneria spiralis tortifolia*

Fam.: Hydrochariaceae - Froschbißgewächse

Verbreitung: Südöstliches Nordamerika, Westindische Inseln.

Standorte: Stehende und langsam fließende Gewässer.

Der Artname *americana* = aus Amerika stammend. Kleine Rosette aus bandförmigen Blättern, mehrmals in sich gedreht, bis 25 cm lang, 8 mm breit, Ränder gezähnt. Eine populäre und häufige Aquarienpflanze. Es liegen Erfahrungen vor, nach denen die Kleinpflanze bei nicht strengen Frösten und im entsprechend tiefen Wasser den Winter überdauern kann.

Vermehrung: Durch Ausläufer wächst eine kleine Unterwasserwiese heran.

Nachbarpflanzen: *Myriophyllum, Nitella, Egeria, Lagarosiphon.*

WT: 20 - 50 cm, **GR:** 20 - 25 cm, **BZ:** VII - VIII, **ST:** ❍ - ◗, K

Vallisneria gigantea GRÄBNER, 1912 — **Riesenvallisnerie**

Fam.: Hydrocharitaceae - Froschbißgewächse

Verbreitung: Neuguinea, Philippinen.

Standorte: Flüsse, Seen, Gräben, Bäche, in 20 - 200 cm Tiefe.

Die Gattung *Vallisneria* ist benannt nach dem italienischen Botaniker Antonio VALLISNERI (1661 - 1730), *gigantea* = riesig. Rosettenpflanze, Blätter bandförmig, über 100 cm lang, bis 3 cm breit, etwas dicklich, dunkelgrün, im vorderen Bereich mit Randzähnen. Der bis 3 cm hohe männliche Blütenstand bleibt kurz gestielt, die weiblichen Blüten treiben an langen Stielen auf dem Wasser. Im Freiland ist die Blütenbildung unsicher, auch bleiben die Blätter meist recht kurz. Bei nicht zu strengen Frösten und im tiefen Wasser kann die Riesenvallisnerie mitunter den Winter überdauern.

Vermehrung: Ausläufer mit Ablegern.

Nachbarpflanzen: *Myriophyllum, Egeria, Elodea, Potamogeton.*

WT: 50 - 100 cm, **GR:** 70 - 100 cm, **BZ:** VII - VIII, **ST:** ❍, K

Myriophyllum elatinoides

Vallisneria americana

Vallisneria gigantea

Vallisneria gigantea, Blüte

Vallisneria neotropicalis Marie Victorin, 1943 **Rötliche Riesenvallisnerie**

Fam.: Hydrocharitaceae - Froschbißgewäche

Verbreitung: In Nordamerika auf der Halbinsel Florida und auf Kuba.

Standorte: Kühle Fließgewässer in 20 - 200 cm Tiefe.

Der Artname *neotropicalis* = in den neuen Tropen verbreitet. Rosettenpflanze, Blätter bandförmig, dicklich, 30 - 100 cm, lang, 3 cm breit, dunkelgrün mit tiefroten Querstreifen und Adern, Ränder ganz gezähnt. Männliche Blütenstände bleiben kurz gestielt unter Wasser, die weiblichen Blüten liegen lang gestielt auf der Wasserfläche. Kommt im Teich selten zur Blüte. Am hellen Platz entstehen kräftige, dunkelrote Pflanzen mit kurzen Blättern. Kann im Wassergarten zwar gut wachsen, neigt aber weniger zur Bildung von Ausläufern. Im milden Winter und bei tiefem Wasser bleiben die Pflanzen lange grün.

Vermehrung: Ausläufer mit Ablegern.

Nachbarpflanzen: *Myriophyllum, Egeria, Elodea, Potamogeton.*

WT: 40 - 100 cm, **GR:** 30 - 80 cm, **BZ:** VII - VIII, **ST:** ○, K

Vallisneria spiralis Linné, 1753 **Gewöhnliche Wasserschraube**

Fam.: Hydrocharitaceae - Froschbißgewäche

Verbreitung: Südeuropa, vereinzelt in Mitteleuropa, Nordafrika, Vorderasien.

Standorte: Verschiedenartige Gewässer, Flußläufe mit klarem Wasser werden bevorzugt.

Der Artname *spiralis* = gewunden, nimmt Bezug auf die gedrehten Stiele der befruchteten weiblichen Blüten. Rosettenpflanze, Blätter schmal, bandförmig, bis 60 cm lang, 7 mm breit, meist flach, zuweilen leicht gedreht, an der stumpfen Spitze mit Randzähnen. Die weiblichen Blüten liegen lang gestielt auf dem Wasser, ihre Narben werden von den hochsteigenden und auf dem Wasser treibenden männlichen Staubblüten befruchtet. Die spätere Frucht ist eine schmale Gurke. Es genügen wenige Exemplare, die man als kleinen Trupp in das mäßig tiefe Wasser setzt. Durch die reichliche Entwicklung von Ausläuferpflanzen entsteht später ein ausgedehnter Bestand. Der Platz ist hell und in der einsehbaren Randzone. Überwinterung erfolgt im hellen Aquarium.

Vermehrung: Ausläufer mit Ablegern.

Nachbarpflanzen: *Myriophyllum, Zosterella, Nitella, Elodea.*

WT: 40 - 80 cm, **GR:** 30 - 60 cm, **BZ:** VII - VIII, **ST:** ○, K

Zosterella dubia (Jaquin) Small, 1913 **Grasartiges Trugkölbchen**

Fam.: Pontederiaceae - Hechtkrautgewächse

Verbreitung: Mittelamerika, südliches Nordamerika.

Standorte: Stehende und fließende Gewässer unterschiedlicher Art.

Zosterella kommt von *Zostera*, dem Gattungsnamen des Seegrases, *dubia* = zweifelhaft, unsicher. Der gestreckte Stengel kriecht am Boden oder flutet im Wasser und treibt wechselständig lineare Blätter, bis 12 cm lang, 5 mm breit, ganzrandig, vorne lang, spitz, grün bis bräunlich. Emerse Blätter in der Regel dicker als die Wasserblätter. In den Blattachseln der flutenden Sprosse treiben einzelne gestielte Blüten über das Wasser. Ihre Krone wird bis 2 cm breit und bildet sechs lineare, gelbe Zipfel. Die Sprosse im Flachwasser so einsetzen, daß sie in den Teich hineintreiben können. Die am Wasserspiegel flutenden Triebe verzweigen sich reichlich und können ziemliche Längen erreichen. Die Überwinterung erfolgt im Kaltwasser-Aquarium.

Vermehrung: Seitensprosse.

Nachbarpflanzen: *Hydrocleys, Myriophyllum, Oryza, Cyperus.*

WT: 5 - 30 cm, **GR:** 50 - 120 cm, **BZ:** VII - IX, **ST:** ○, K

Vallisneria neotropicalis

Vallisneria spiralis

Zosterella dubia, Grasartiges Trugkölbchen

5.2 Subtropische Schwimmpflanzen für den sommerlichen Gartenteich

***Azolla caroliniana* WILLDENOW, 1810** **Karolina-Moosfarn**

Fam.: Azollaceae - Moosfarngewächse

Verbreitung: Südliches und mittleres Südamerika, südliches Nordamerika, in Teilen Europas eingebürgert.

Standorte: Stehende Gewässer, Buchten langsamer Fließgewässer.

Der Name *Azolla* kommt wahrscheinlich vom griechischen aza = Dürre und allymein = dahinschwinden, weil die Pflanzen bei Trockenheit eingehen, *caroliniana* = aus Karolina stammend.

Freitreibende, zierliche Schwimmpflanze, Sproßachse flutend, bis 3 cm lang, wenig verzweigt, mit in das Wasser eingetauchten Wurzeln. Blättchen bis 1 mm groß, in zwei Reihen dachziegelartig übereinander und in zwei Lappen gegliedert. Der untere Blattlappen ist eingetaucht, der obere liegt auf dem Wasser, ist fast rund, ziemlich weich und schwammig. Bei starker Besonnung sind sie rötlich angelaufen. An den Unterlappen sitzen die Sporenträger zu 2 oder 4, sie sind von unterschiedlicher Gestalt und Größe. Wenige Exemplare genügen, weil bei warmer Witterung durch die rasche vegetative Vermehrung bald größere Wasserflächen völlig bedeckt werden können. Weil die dichten Algenfarne das Leben der unter ihnen treibenden Wasserpflanzen sehr erschweren, sollte man sie regelmäßig abfischen. Wir können sie auch auf den nassen Schlamm aussetzen. Leichte Fröste schädigen kaum und milde Winter werden mitunter überdauert.

Vermehrung: Isolierung von Seitensprossen.

Nachbarpflanzen: *Eichhornia, Pistia, Cyperus, Echinodorus.*

WT: 0 - 30 cm, **GR:** 2 - 3 cm, **ST**: ○ - ◗, K

***Azolla filiculoides* LAMARCK, 1783** **Gefiederter Moosfarn**

Fam.: Azollaceae - Moosfarngewächse

Verbreitung: Nord- , Mittel- und Südamerika, in Asien und Europa stellenweise eingebürgert.

Standorte: Stehende Gewässer, stille Buchten der langsam fließenden Gewässer.

Der Artname *filiculoides* kommt von filices = Farn und oides = ähnlich, einem Farnkraut ähnlich.

Freitreibende, zierliche Schwimmpflanze, Sproßachse flutend, dünn, bis 2,5 cm lang, mäßig verzweigt, in das Wasser eingetauchte Wurzeln. Die kaum 1 mm breiten Blättchen sind rundlich und sitzen in zwei Reihen dachziegelartig übereinander. Im Hohlraum des zweilappigen Blattes, dessen Unterlappen als Wasserblatt ausgebildet ist, lebt eine stickstoffbildende, einzellige Blaualge (*Anabaena azollae*), die nur in *Azolla* vorkommt. 1880 wurde der Farn nach Europa eingeschleppt und (gemeinsam mit *Salvinia*) in den mit Malaria verseuchten Gebieten gegen Fiebermücken eingesetzt. Diese können durch den dichten Bewuchs nicht mit ihrem Atemrohr nach außen dringen. Durch seine schnelle vegetative Vermehrung kann der Moosfarn in relativ kurzer Zeit größere Wasserflächen bedecken. Seine Überwinterung erfolgt allgemein im Aquarium. Im nicht zu strengen Winter ist die Pflanze bei uns ausdauernd, wobei diese Art offensichtlich härter ist als *Azolla caroliniana*.

Vermehrung: Isolierung von Seitensprossen.

Nachbarpflanzen: *Eichhornia, Pistia, Cyperus, Thalia.*

WT: 1 - 30 cm, **GR:** 2 - 3 cm, **ST:** ○ - ◗, K

Azolla caroliniana, Karolina-Moosfarn

Azolla filiculoides, Gefiederter Moosfarn

Eichhornia crassipes (MARTIUS) SOLMS, 1883 **Wasserhyazinthe**

Fam.: Pontedariaceae - Hechtkrautgewächse
Verbreitung: Tropisches Amerika, weltweit eingeschleppt.
Standorte: Flüsse, Seen, Teiche, Gräben, in vielen Gebieten ein lästiges Unkraut, das man chemisch bekämpft oder zur Bildung von Biogas verwendet.

Die Gattung *Eichhornia* ist benannt nach dem preußischen Minister EICHHORN (1779 - 1856), *crassipes* = dickfüßig, in Bezug auf die angeschwollenen Blattstiele.

Rosettige Schwimmpflanze, Blätter rundlich-herzförmig, bis 15 cm groß, die Blattstiele im mittleren Teil blasenartig angeschwollen. Der bis 30 cm hohe Blütenstand trägt große hellviolette Blüten, das oberste Blütenblatt mit einem gelben Fleck. Wasserhyazinthen treiben entweder frei oder verwurzeln am Ufer. Bei warmer Witterung treibt ein üppiger Bestand, der reichlich blüht. Die etwas schwierige Überwinterung sollte man sich ersparen und im Frühjahr neue Pflanzen erwerben.

Vermehrung: Seitentriebe.
Nachbarpflanzen: *Nymphoides, Pontederia, Thalia, Cyperus.*
WT: 5 - 50 cm, **GR:** 25 - 35 cm, **BZ:** VII - IX, **ST:** ○, K

Heteranthera reniformis RUIZ et PAVON, 1789 **Nierenförmiges Trubkölbchen**

Fam.: Pontederiaceae - Hechtkrautgewächse
Verbreitung: Tropisches Amerika, Subtropen.
Standorte: Flache Gewässer, Teichränder, Seen, Flußufer.

Der Name *Heteranthera* kommt von heteros = verschieden und anthos = Staubblatt, weil diese verschieden lang gestielt sind, *reniformis* = nierenförmig.

Die etwas dickfleischige Sproßachse kriecht im Sumpf oder flutet auf dem Wasser, entsprechend dem Standort daher mit Schwimm- oder Luftblättern. Die nierenförmige Spreite wird bis 10 cm lang, 5 cm breit, mit bogenförmiger Nervatur. Die kleinen Blütenähren öffnen mehrere sechszipfelige, hellblaue Blüten. Rarität für den Sammler seltener Pflanzen, wächst im Sumpf oder Flachwasser und entwickelt sich im warmen Sommer zum lockeren Bestand.

Vermehrung: Seitensprosse.
Nachbarpflanzen: *Marsilea, Zosterella, Cyperus, Hydrocleys.*
WT: 2 - 10 cm, **GR:** 5 - 8 cm, **BZ:** VII - IX, **ST:** ○, K

Eichhornia crassipes, Wasserhyazinthe

Heteranthera reniformis, Nierenförmiges Trugkölbchen

Hydrocleys nymphoides (Humboldt et Bonpland ex Willdenow) Buchenau, 1868 **Wassermohn, Wasserschlüssel**

Fam.: Limnocharitaceae - Sumpfliebgewächse

Verbreitung: Tropisches Südamerika.

Standorte: Flußufer, Sümpfe, stille Buchten der Gewässer.

Der Name *Hydrocleys* ist von hydor = Wasser und kleis = Schlüssel abgeleitet, *nymphoides* = Seerosen-ähnlich.

Verwurzelte Ausläufer mit rundlichen, 10 cm großen, glänzend grünen Schwimmblättern. Die bis 6 cm breiten Blüten stehen etwa 10 cm über dem Wasser. Ihre drei gelben Blütenblätter sind am Grunde rotbraun. Sie bleiben zwar nur einen Tag offen, doch werden sich bei günstiger Witterung reichlich neue Blüten entwickeln. Sehr schöne Kombinationen sind mit rotblühenden Seerosen möglich.

Vermehrung: Seitensprosse.

Nachbarpflanzen: *Zosterella, Nymphaea, Pontederia, Thalia.*

WT: 10 - 30 cm, **GR:** 5 - 10 cm, **BZ:** VI - IX, **ST:** ❍

Myriophyllum aquaticum (Vellozo) Verdcourt, 1973 **Brasilianisches Tausendblatt, Papageienfeder**

Syn.: *Myriophyllum brasiliense*

Fam.: Haloragaceae - Seebeerengewächse

Verbreitung: Argentinien, Chile, in Nordamerika stellenweise eingebürgert.

Standorte: Moore, Wassserlachen, flache Ufer.

Der Name *Myriophyllum* kommt von myrios = unzählig und phyllon = Blatt, *aquaticum* = im oder am Wasser lebend.

Kriechende Stengelpflanze, vorne aufgerichtet, Luftblätter in 4 - 6zähligen Quirlen, bis 3 cm lang, kammartig gefiedert, bläulich-grün. Achselständig sitzen kleine eingeschlechtliche Blüten, von denen nur die männlichen kleine weißlich-rosa Kronblätter haben. Die bekannte Aquarienpflanze mit feinen Wasserblättern treibt am Gartenteich nur in der Landform. Diese Luftsprosse werden im flachen Wasser ausgesetzt und entwickeln sich entlang der Wasserfläche weiter. Überwinterung ist möglich im kleinen Aquarium, das am hellen Blumenfenster steht.

Vermehrung: Seitensprosse.

Nachbarpflanzen: *Pontederia, Cyperus, Thalia, Nymphaea.*

WT: 5 - 30 cm, **GR:** 10 - 15 cm, **BZ:** VII - VIII, **ST:** ❍, K

Hydrocleys nymphoides, Wassermohn

Myriophyllum aquaticum, Brasilianisches Tausendblatt

Nymphaea x _daubenyana_ Hortorum ? **Lebendgebärende Wasserrose**

Fam.: Nymphaeaceae - Wasserrosengewächse

Verbreitung: Kulturbastard, 1863 durch Prof. CASPARY, aus *N. micrantha* mit *N. caerulea.*

Die Art wurde nach Professor DAUBENY (Oxford) benannt, der die Kreuzung 1865 mit Erfolg wiederholte. Schwimmblätter rundlich-herzförmig, bis 25 cm breit, zur Basis mitunter gezähnt, Oberseite grün, anfänglich dunkelrot gefleckt, Unterseite leicht rötlich. Bildet an der Ansatzstelle des Blattstieles eine Adventivpflanze. Blüte hellblau, am Grunde weißlich, bis 15 cm breit mit 10 - 20 zugespitzten Blütenblättern. An einen sonnigen, windgeschützten Platz in das nicht zu tiefe Wasser setzen, sonst ist die Erwärmung des Bodens zu gering. Optimale Temperaturen des Wassers liegen bei 20°C, können vorübergehend auch niedriger sein. Am besten als Jungpflanze (Adventivsprosse) im Aquarium frei treibend überwintern.

Vermehrung: Adventivpflanzen.

Nachbarpflanzen: *Nymphoides, Hydrocleys, Myriophyllum.*

WT: 10 - 20 cm, **GR:** 50 - 100 cm, **BZ:** VII - IX, **ST:** ❍

Nymphoides humboldtiana (KUNTH) O. KUNTZE, 1891 **Amerikanische Seekanne**

Fam.: Menyanthaceae - Fieberkleegewächse

Verbreitung: Tropisches Amerika.

Standorte: Flüsse, Seen, Teiche und andere seichte Gewässer.

Der Name *Nymphoides* ist zusammengesetzt aus dem Gattungsnamen *Nymphaea* und dem griechischen Wort eidos = Gestalt, weil die Schwimmblätter Ähnlichkeit mit denen von Seerosen haben, die Art ist nach dem Naturforscher Alexander VON HUMBOLDT (1769 - 1859) benannt. Im Boden verwurzelte Pflanze mit mehr oder minder lang gestielten Schwimmblättern, rundlich-herzförmig, bis 20 cm groß und häufig etwas breiter als lang. Bei Kultur am Teich bleiben die Blätter jedoch erheblich kleiner in ihren Abmessungen. Kurz unter dem Ansatz der Spreite treiben aus dem sich öffnenden Stiel 10 - 20 Blüten, etwa 2 cm breit, mit gefransten weißen Kronblättern und gelbem Mittelflecken. Nach der Blüte treibt aus dieser Stelle eine Adventivpflanze. Die Seekanne können wir während des Sommers im flachen, sonnendurchwärmten Teich halten. Ist das Wetter kühl und trübe, wird sie aber leicht kümmern. Empfehlenswerter ist daher die Kultur im Miniteich auf dem Balkon, wo sie in einem flachen Bottich geschützt aufgestellt wird.

Vermehrung: Adventivpflanzen.

Nachbarpflanzen: *Hygrophila, Scirpus, Cyperus, Sagittaria.*

WT: 5 - 10 cm, **GR:** 40 - 60 cm, **BZ:** VII - VIII, **ST:** ❍

Pistia stratiotes LINNÉ, 1753 **Muschelblume, Wassersalat**

Fam.: Araceae - Aronstabgewächse

Verbreitung: Tropen, Subtropen.

Standorte: Stille Buchten von Flüssen und Seen, sumpfige Niederungen, in vielen Gebieten ein lästiges Unkraut.

Der Name *Pistia* ist aus dem lateinischen Wort pistos = wässerig, trinken, abgeleitet, weil die Pflanzen große Mengen Wasser in die etwas schwammigen Blätter aufnehmen, *stratiotes* kommt von der gleichnamigen Gattung, eine Wasserpflanze, die ähnlich lebt. Rosettige Schwimmpflanze, Blätter spatelförmig, bis 15 cm lang, 10 cm breit, etwas schwammig verdickt, samtartig behaart, leicht bläulich-grün. Die etwa 1 cm großen Blütenstände sitzen in den Blattachseln. Das bewimperte grüne Hochblatt umhüllt den Kolben, der sich aus einer weiblichen und einer männlichen Blüte zusammensetzt.

Muschelblumen können wir freitreibend halten, doch ist es besser, wenn der Wasserstand flach ist und die Pflanzen im Sumpf einwurzeln. Im sonnenreichen und warmen Sommer bilden die Pistien bald einen üppigen Bestand. Auch dann, wenn man auf die Bedürfnisse voll

Nymphaea x *daubenyana*

Nymphoides humboldtiana

Pistia stratiotes, Muschelblume, Wassersalat

Fortsetzung *Pistia stratiotes*, Wassersalat:

eingeht, bereitet die Überwinterung größere Probleme. Es ist daher einfacher, sich im Frühjahr neue Exemplare zu beschaffen, sie werden in den Zoofachhandlungen regelmäßig angeboten.

Vermehrung: Ausläuferpflanzen.

Nachbarpflanzen: *Pontederia, Oryza, Cyperus, Echinodorus.*

WT: 2 - 10 cm, **GR:** 5 - 10 cm, **BZ:** VII - VIII, **ST:** ❍, K

Salvinia auriculata Aublet, 1775 — Kleinohriger Büschelfarn

Fam.: Salviniaceae - Wasserfarngewächse

Verbreitung: Tropisches Amerika, Kuba, Paraguay.

Standorte: Stehende Gewässer und stille Buchten von langsamen Fließgewässern, in vielen Gebieten ein lästiges Unkraut.

Die Gattung *Salvinia* wurde benannt nach dem Italiener Antonio Maria Salvini (1633 - 1720), Professor in Florenz, *auriculata* = kleinohrig.

Freitreibende Schwimmpflanze mit flutender Sproßachse. Die kurzgestielten Schwimmblätter sind in zwei Reihen angeordnet, rundlich-oval, bis 3 cm lang, 2 cm breit. Auf der Oberseite sitzen steife, aufgerichtete Haarbüschel, die aus je 4 hellen Borsten bestehen. Das eingetauchte Wasserblatt ist ohne Blattgrün und wurzelartig fein geteilt. Daran entstehen die Fortpflanzungsorgane in Form von kugeligen, braunen Sporangienbehältern. Im flachen Wasser am Teichrand werden einige Pflanzen ausgesetzt. Im warmen Sommer treiben sie problemlos weiter und bilden zahlreiche Seitensprosse. Der zu große und dichte Bestand von *Salvinia* wird durch Abfischen auf einem erträglichen Umfang gehalten. Die Überwinterung ist möglich im kleinen Becken am hellen Fenster, kann auch im Tropenbecken erfolgen.

Vermehrung: Isolierung von Sproßverzweigungen.

Nachbarpflanzen: *Cyperus, Scirpus, Thalia, Pistia.*

WT: 5 - 10 cm, **GR:** 5 - 10 cm, **ST:** ❍ - ◗, K

Salvinia cucculata (Roxburgh) Bory, 1833 — Kapuzenartiger Büschelfarn

Fam.: Salviniaceae - Wasserfarngewächse

Verbreitung: Südostasien, Borneo, Sumatra.

Standorte: Ruhige Ufer von Seen, stille Buchten von langsam fließenden Gewässern.

Der Artname ist abgeleitet von cucculus = kleine Kapuze, und nimmt Bezug auf die hochgestülpten Luftblätter.

Freitreibende kleine Schwimmpflanze mit flutender, dünner Sproßachse. Daran sitzen sehr dicht gestellt zwei Reihen von Luftblättern, bis 15 mm lang, 23 mm breit, stark tütenförmig nach oben gebogen. Auf der Oberseite sitzen einzelne farblose Borsten, dicht gedrängt, ohne Warzen. Der sehr ähnliche *S. sprucei* (Amerika) hat im Bereich der Blattränder winzige Warzen. An jedem Blattpaar sitzt ein fein zerteiltes Wasserblatt, das eingetaucht ist und die Funktionen der bei *Salvinia* verloren gegangenen Wurzeln übernommen hat. Am Gartenteich ist der Kapuzenartige Büschelfarn bedingt verwendbar, das heißt, die Kultur gelingt nur dann, wenn der Sommer sonnig und warm ist. Auf das flache Wasser gelegt, vermehren sich die Pflanzen gut vegetativ durch Seitensprosse. Weil diese sich nicht so bald abtrennen, kann die Einzelpflanze vielästig werden und bis 30 cm Umfang erreichen.

Vermehrung: Isolierung von Seitensprossen.

Nachbarpflanzen: *Nymphoides, Pistia, Nymphaea, Myriophyllum.*

WT: 2 - 10 cm, **GR:** 10 - 30 cm, **ST:** ❍, K

Salvinia auriculata, Kleinohriger Büschelfarn

Salvinia cucculata, Kapuzenartiger Büschelfarn

5.3 Niedrige subtropische Sumpfpflanzen für den Gartenteich

Acorus gramineus (Sieboldt) Engler, 1830 — Zwerg - Graskalmus

Varietät: *pusillus*

Fam.: Araceae - Aronstabgewächse

Verbreitung: Asien, Japan.

Standorte: Sümpfe, Gräben, Ufer stehender Gewässer.

Der Name *Acorus* bedeutet soviel wie: nicht gesättigt, *pusillus* = winzig, nimmt Bezug auf die geringe Größe der Pflanze.

Das kurze Rhizom treibt fächerförmig gestellte Blätter, grasartig, bis 10 cm lang, 3 mm breit, lang, spitz und dunkelgrün. Es ist ratsam, den Zwerg-Graskalmus als verwurzelte Topfpflanze am Teich anzusiedeln, diese gewöhnen sich besser an die Bedingungen im Freien. Die allgemein ziemlich robuste Pflanze treibt jedoch nur mäßig weiter. Gute Bedingungen bietet das Moorbeet mit seinem torfhaltigen Boden. Wir können die Pflanze zwar im Winter draußen lassen, sie wird aber bei strengen Frösten stark leiden.

Vermehrung: Teilen.

Nachbarpflanzen: Kleine Arten des Moorbeetes.

WT: 0 - 2 cm, **GR:** 5 - 10 cm, **ST:** ❍, K

Alternanthera reineckii Briquet, 1899 — Papageienblatt

Fam.: Amaranthaceae - Fuchsschwanzgewächse

Verbreitung: Tropische Gebiete Südamerikas.

Standorte: Sümpfe, Ufer, Flachwasser.

Der Name *Alternanthera* kommt von alternus = veränderlich und antheros = blühen, weil die Anzahl der Staubgefäße in den Blüten unterschiedlich ist, *reineckii* = benannt nach dem Botaniker Reineck.

Die Art bringt sehr verschiedene Sorten, wovon sich die schmalblättrige Form für das Freiland besser eignet. Die Blätter sind bis 15 cm lang, 1 cm breit und behaart. Achselständig sitzen kleine, weißblütige Ährchen. Ein windgeschützter Platz in voller Sonne ist notwendig für das Gelingen der Kultur am Gartenteich. Besser ist die Hälterung im Miniteich auf dem Balkon. Überwintert wird in Topfkultur am hellen Fenster.

Vermehrung: Stecklinge.

Nachbarpflanzen: *Nymphoides, Hygrophila, Selliera, Bacopa.*

WT: 0 - 5 cm, **GR:** 20 - 40 cm, **BZ:** VII - IX, **ST:** ❍

Bacopa monnieri (Linné) Wettstein, 1891 — Kleines Fettblatt

Fam.: Scrophulariaceae - Rachenblütengewächse

Verbreitung: Tropen, Subtropen.

Standorte: Sumpfige Gebiete, Ufer, Teiche, Gräben, ein verbreitetes Reisfeldunkraut.

Bacopa wurde der Sprache der guayanischen Eingeborenen entnommen, *monnieri*: nach dem Pariser Arzt und Botaniker G. L. Le Monnier, einem Zeitgenossen von Linné.

Der kriechende Stengel bildet gegenständig sitzende Blätter, keilförmig-spatelförmig, bis 2 cm lang, 1 cm breit, meist ganzrandig, etwas dickfleischig. Achselständig treiben kleine blaßviolette Blüten. Abgehärtete und bewurzelte Pflanzen Ende Mai an sonniger Stelle im flachen Wasser aussetzen. Bildet schöne flachen Gruppen. Überwinterung ist entweder emers oder submers möglich.

Vermehrung: Seitensprosse werden reichlich gebildet.

Nachbarpflanzen: *Marsilea, Lilaeopsis, Ludwigia, Cyperus.*

WT: 0 - 3 cm, **GR:** 3 - 5 cm, **BZ:** VII - IX, **ST:** ❍, K

Acorus gramineus

Alternanthera reineckii

Bacopa monnieri, Kleines Fettblatt

Cardamine lyrata Bunge, 1835 **Japanisches Schaumkraut**

Fam.: Brassicaceae - Kreuzblütengewächse

Verbreitung: Ostsibirien, Nord- und Ostchina, Japan, Korea.

Standorte: Naßwiesen, Moore, Überschwemmungsgebiete, Ufer.

Der Name *Cardamine* kommt von Cardamon, eine orientalische Pflanze, *lyrata* = leierförmig (die Blattform).

Beim ersten Trieb im Frühjahr entsteht eine kleine Rosette aus etwa 7 cm langen, gefiederten Blättern. Das Endsegment ist rundlich, bis 3 cm breit, nach unten sitzen mehrere schmale Seitenblättchen. Später treibt ein kriechender Stengel, an dem einlappige, rundliche Blätter sitzen, sie werden bis 3 cm breit, sind undeutlich fünfeckig und haben stumpf gekerbte Ränder. An der bis 30 cm hohen Traube stehen etwa 30 weiße Blüten von 8 mm Breite. Die Verwendung am Teich ist naß bis relativ trocken möglich. Es entstehen ausgedehnte flache Polster, die im Wasser flutend treiben. An trockenen Stellen ist das Japanische Schaumkraut nicht selten im Winter ausdauernd durch verwurzelte Knoten der zerfallenden Stengel. Eine interessante Teichpflanze, die aber nur selten gehalten wird. Kann gut als submerse Pflanze im Kaltwasser-Aquarium verwendet werden.

Vermehrung: Die Stengel verzweigen sich selbständig.

Nachbarpflanzen: *Cyperus, Thalia, Lobelia, Oryza.*

WT: 0 - 2 cm, **GR:** 1 - 7 cm, **ST:** ○, K

Cryptocoryne wendtii De Wit, 1958 **Wendt'scher Wasserkelch**

Fam.: Araceae - Aronstabgewächse

Verbreitung: Sri Lanka.

Standorte: Bachufer, teilweise submers.

Der Name *Cryptocoryne* kommt von kryptos = versteckt und Koryne = Kolben, weil der Blütenstand am Grunde einer geschlossenen Spatha nicht sichtbar untergebracht ist, *wendtii* = benannt nach dem deutschen Wasserpflanzenkenner Albert Wendt.

Kleine Blattrosette, Spreiten lanzettlich-eiförmig, bis 10 cm lang, 2 cm breit, meist hellgrün, etwas bullos, Ränder wellig. Eine ziemlich vielgestaltige Art mit mehreren Varietäten, davon ist die Sorte mit den breiten grünen Blättern für den Teich geeignet. Die bis 9 cm hohe Blütenspatha hat ihre dunkelrote Fahne im schmalen Spalt geöffnet. Nach meinen Erfahrungen wächst dieser Wasserkelch relativ gut am Gartenteich im sehr flachen Wasser und vollsonnig. Blüten werden ebenfalls entwickelt. Wichtig ist der gut durchwärmte Boden, wobei die Pflanze im kleinen Balkonteich besser untergebracht wäre.

Vermehrung: Seitensprosse am Rhizom.

Nachbarpflanzen: *Spiranthes, Hygrophila, Alternanthera.*

WT: 0 - 1 cm, **GR:** 3 - 6 cm, **BZ:** VII - VIII, **ST:** ○

Cardamine lyrata, Japanisches Schaumkraut

Cryptocoryne wendtii, Wendt'scher Wasserkelch

Hydrocotyle verticillata Thunberg, 1798 — Quirliger Wassernabel

Fam.: Apiaceae - Doldenblütengewächse
Verbreitung: Nord- und Südamerika.
Standorte: Gewässerufer, Sümpfe, Teiche, Gräben.

Der Name *Hydrocotyle* kommt von hydor = Wasser (wegen der Standorte) und kotyle = Nabel, wegen der vertieften Blattmitte, *verticillata* = quirlig.

Der kriechende Stengel treibt schildförmige Blätter, bis 4 cm breit mit gekerbten Rändern. In den Achseln der Blattstiele stehen dünne Stiele mit 5 - 7 Etagen übereinander. An jedem Quirl sitzen 3 - 5 kleine, weiße Blüten. Die Kleinpflanze können wir problemlos den Winter über in Topfkultur mit Untersetzer am Blumenfenster halten. Entsprechend abgehärtet wird sie dann Ende Mai an den Teichrand in der Flachwasserzone angesiedelt und bildet schöne Blattpolster. Im tieferen Wasser entwickelt sich eine Schwimmblattform.

Vermehrung: Seitentriebe.
Nachbarpflanzen: *Rotala, Cardamine, Cyperus, Echinodorus.*
WT: 2 - 20 cm, **GR:** 5 - 15 cm, **BZ:** VII - IX, **ST:** ○, K

Hygrophila polysperma Anders, 1867 — Indischer Wasserfreund

Fam.: Acanthaceae - Acanthusgewächse
Verbreitung: Indien, Südostasiatisches Festland.
Standorte: Sümpfe, Bachränder, Ufer, nasse Stellen.

Der Name *Hygrophila* kommt von hygros = naß und philos = Freund, fast alle Arten der Gattung leben als Sumpfpflanzen, *polysperma* = vielsamig.

Die Stengelpflanze bringt paarweise sitzende Blätter, oval-länglich, bis 2 cm lang, etwa 1 cm breit. An den oberen Sproßteilen sitzen die 10 cm hohen Blütenstände mit kleinen, schmalen, weißen oder blaßblauen Blüten. Ihre Entwicklung ist jedoch sehr unsicher. Für die optimale Kultur am Freiteich wird ein guter Sommer benötigt. Die bewurzelten Sprossen werden ins flache Wasser gesetzt, stehen in voller Sonne und windgeschützt.

Vermehrung: Seitensprosse.
Nachbarpflanzen: *Thalia, Echinodorus, Pontederia, Cyperus.*
WT: 2 - 4 cm, **GR:** 5 - 8 cm, **BZ:** VI - VII, **ST:** ○, K

Hygrophila stricta (Nees) Lindlau, 1894 — Thailändischer Wasserfreund

Fam.: Acanthaceae - Acanthusgewächse
Verbreitung: Südostasien, Thailand.
Standorte: Sümpfe, Bachränder, Ufer, im Fließwasser auch submers.

Der Artname *stricta* = steif, straff, wegen der Wuchsform.

Aufrechte Stengel mit gegenständigen Blättern, kurz gestielt, lanzettlich, bis 10 cm lang, 6 cm breit, im Freien auch kleiner. In den Achseln stehen zahlreiche Blüten, etwa 1 cm groß, mit tiefblauer bis blaßblauer Krone. Im guten, warmen Sommer wächst dieser Wasserfreund an einer windgeschützten Stelle am Teichrand. Am besten bringen wir die verwurzelten Topfpflanzen zwischen größeren Sumpfgewächsen unter. Auch gelingt die Kultur im Balkonteich.

Vermehrung: Seitensprosse.
Nachbarpflanzen: *Gymnocoronis, Thalia, Cyperus, Acorus.*
WT: 0 - 10 cm, **GR:** 20 - 40 cm, **BZ:** VI - VIII, **ST:** ○

Hydrocotyle verticillata, Quirliger Wassernabel

Hygrophila stricta

Hygrophila polysperma

Ilysanthes parviflora BENTHAM, 1846 **Kleinblütige Schlammblume**

Fam.: Scrophulariaceae - Rachenblütengewächse
Verbreitung: Indien, Afrika.
Standorte: Ufer, Gräben, Teichränder.

Der Name *Ilysanthes* kommt von ilys = Schlamm und anthos = Blüte, *parviflora* = kleinblütig.

Kleine Stengelpflanze mit niederliegendem Wuchs. Blätter gegenständig, sitzend, rundlich, bis 15 mm groß, Ränder seicht gekerbt. In den Achseln stehen einzelne Blüten mit röhrenförmiger Krone, zweilippig, weiß. Zwei der vier Staubblätter sind zu blauen Lockorganen umgewandelt und ragen aus der Blüte. Problemlose Pflanze für das Teichufer, bildet umfangreiche Polster, die flach am Boden liegen. Die Überwinterung erfolgt als Landpflanze im hellen Blumenfenster.

Vermehrung: Seitentriebe.
Nachbarpflanzen: *Cyperus, Lobelia, Marsilea, Lilaeopsis.*
WT: 0 - 1 cm, **GR:** 1 - 2 cm, **BZ:** VII - IX, **ST:** ❍, K

Lilaeopsis polyantha (GANDOVER) H. J. EICHLER, 1963 **Vielblütige Graspflanze**

Fam.: Apiaceae - Doldenblütengewächse
Verbreitung: Australien.
Standorte: Ufer verschiedenartiger Gewässer, auch im Wasser.

Der Name *Lilaeopsis* kommt von *Lilaea* (eine Pflanzengattung) und opos = Aussehen, *polyantha* = vielblütig.

Der dünne, kriechende Sproß treibt einzelne Blätter, schmal, nicht gestielt, bis 6 cm lang, 2 mm breit, unten allmählich schmaler. In den Achseln sitzen mehrere kurzgestielte Dolden mit je 5 - 10 kleinen, rötlichen Blüten. Bei guter Witterung bedecken die Sprossen bald eine größere Fläche. Sie erzielen so die Wirkung einer kleinen Wiese. Hell und kühl als Topfpflanze überwintern. Wächst auch gut im ungeheizten Aquarium.

Vermehrung: Seitensprosse.
Nachbarpflanzen: *Hydrocotyle, Cyperus, Thalia, Lobelia.*
WT: 0 - 2 cm, **GR:** 3 - 5 cm, **BZ:** VIII - IX, **ST:** ❍, K

Ludwigia arcuata WALTER, 1788 **Spitzblättrige Ludwigie**

Fam.: Onagraceae - Nachtkerzengewächse
Verbreitung: Östliche USA, Virginia, Carolina.
Standorte: Sümpfe, Gräben, Ränder von Gewässern.

Die Gattung *Ludwigia* ist benannt nach dem Leipziger Arzt und Botaniker C. G. LUDWIG (1709 - 1773), *arcuata* = gebogen.

Stengel kriechend, mit paarigen Blättern, sitzend oder kurz gestielt, lanzettlich, bis 2,5 cm lang, 5 mm breit, spitz. In den Achseln stehen lang gestielte Einzelblüten, bis 15 mm breit, mit 4 gelben Kronblättern. Unbewurzelte Stecklinge können ins flache Wasser gesetzt werden, sie verzweigen sich später gut und begrünen im warmen Sommer eine größere Fläche mit Kriechsprossen. Die Haltbarkeit bei kühler Witterung im Herbst ist zufriedenstellend.

Vermehrung: Seitensprosse.
Nachbarpflanzen: *Echinodorus, Cyperus, Hygrophila, Lilaeopsis.*
WT: 0 - 3 cm, **GR:** 2 - 3 cm, **BZ:** VII - VIII, **ST:** ❍ - ◗, K

Ilysanthes parviflora

Ludwigia arcuata

Lilaeopsis polyantha, Vielblütige Graspflanze

Ludwigia brevipes (LONG) EAMES, 1933 **Kurzstielige Ludwigie**

Fam.: Onagraceae - Nachtkerzengewächse
Verbreitung: Südostküste Nordamerikas.
Standorte: Sümpfe, nasse Stellen, im Flachwasser flutend.
Der Artname *brevipes* = kurz gestielt (die Blüten).
Stengel kriechend, Blätter kreuzgegenständig, stielartig verschmälert, lanzettlich, bis 2,5 cm lang, 8 mm breit. Blüten in den Achseln, bis 1,5 cm lang gestielt, Krone vierzählig, etwa 1 cm breit, Kronblätter gelb, bis 5 mm lang, schmal-oval. Ausgezeichneter Bodendecker für sumpfige Partien, auch am kleinen Teich. Die niederliegenden Sprosse verzweigen sich gut und entwickeln einen ausgedehnten Bestand. Bleibt in der kühlen Jahreszeit lange grün.
Vermehrung: Seitensprosse.
Nachbarpflanzen: *Marsilea, Cyperus, Rotala, Hydrocotyle.*
WT: 0 - 2 cm, **GR:** 2 - 3 cm, **BZ:** VIII - IX, **ST:** ○ - ◗, K

Ludwigia clavellina GOMEZ et MOLINET, 1889 **Großblütige Ludwigie**
Varietät: *grandiflora*
Syn.: *Jussiaea repens*
Fam.: Onagraceae - Nachtkerzengewächse
Verbreitung: Südliche USA.
Standorte: Sümpfe, Gewässerränder, Naßwiesen.
Der Artname *clavellina* = etwas keulig, *grandiflora* = großblütig.
Die Sprosse liegen am Boden oder fluten im Wasser und sind vorne aufgerichtet. Die kurz gestielten Blätter sind lanzettlich, spitz, bis 10 cm lang und 3 cm breit. Entwickelt bis 5 cm breite Blüten mit fünf gelben Kronblättern. Mit diesen recht großen Blüten wächst eine dekorative Teichpflanze heran, die im warmen Sommer ungewöhnlich rasch treibt und ausgedehnte Bestände bildet. In gemäßigten Breiten nur selten winterfest, wobei unter einer dicken Laubschicht einige Triebe durchkommen können. Besser einige Kurzsprosse im Topf hell und kühl überwintern.
Vermehrung: Stecklinge.
Nachbarpflanzen: *Cyperus, Pontederia, Thalia.*
WT: 0 - 20 cm, **GR:** 20 - 30 cm, **BZ:** VII - IX, **ST:** ○

Ludwigia repens FORSTER, 1771 **Kriechende Ludwigie**
Fam.: Onagraceae - Nachtkerzengewächse
Verbreitung: Tropisches Nordamerika bis Mittelamerika.
Standorte: Sümpfe, nasse Stellen in der Nähe von Gewässern.
Der Artname *repens* = kriechend, in Bezug auf das Wachsum.
Liegende Stengel mit Blattpaaren, lanzettlich bis rundlich-oval, 1 - 3 cm lang, 5 - 20 mm breit, in Form und Färbung sehr veränderlich, wobei in der Aquaristik mehrere Sorten gehandelt werden. Ihre Abgrenzung zu anderen Arten ist schwierig. Die kurz gestielten, achselständigen Blüten werden bis 1 cm breit und entfalten vier hellgelbe, ovale Kronblätter. Läßt sich leicht von der Aquarienform umerziehen und wird im sehr flachen Wasser ausgesetzt. Kann als Aquarienpflanze überwintert werden.
Vermehrung: Seitensprosse.
Nachbarpflanzen: *Cyperus, Thalia, Echinodorus, Hygrophila.*
WT: 0 - 2 cm, **GR:** 1 - 2 cm, **BZ:** VII - VIII, **ST:** ○ - ◗, K

Ludwigia clavellina ‚Grandiflora', Großblütige Ludwigie

Ludwigia brevipes

Ludwigia repens

Ludwigia palustris x _L. repens_ **Bastard-Ludwigie**

Syn.: *Ludwigia natans, Ludwigia mulertii*
Fam.: Onagraceae - Nachtkerzengewächse
Verbreitung: Nordamerika.
Standorte: Sümpfe, nasse Böden.

Der Name weist auf die beiden Eltern des Bastards hin.

Der kriechende Sproß ist vorne aufgerichtet, die gegenständigen Blätter sind kurz gestielt, lanzettlich, bis 2 cm lang, 1 cm breit, dunkelgrün oder rötlich. Die kleinen Blüten haben wechselweise ein bis vier winzige, gelbe Kronblätter. Eine ziemlich robuste Pflanze, die bei nicht zu strengen Frösten grün bleibt und unter Laubabdeckung ausdauern kann. Sonst entweder im Aquarium oder hellen Blumenfenster emers. Stecklinge der Landform sind jedoch regelmäßig im Angebot des aquaristischen Fachhandels.

Vermehrung: Seitensprosse.
Nachbarpflanzen: *Thalia, Cyperus, Echinodorus.*
WT: 0 - 3 cm, **GR:** 2 - 5 cm, **BZ:** VII - VIII, **ST:** ❍, K

Marsilea drummondii A. Braun, 1870 **Zwerg-Kleefarn**

Fam.: Marsileaceae - Kleefarngewächse
Verbreitung: Australien.
Standorte: Sumpfgebiete, die mitunter austrocknen.

Die Gattung *Marsilea* ist benannt nach dem Farnforscher Graf L. F. von Marsigli (1658 - 1730), der 1726 ein Verzeichnis der an den Ufern der Donau wachsenden Pflanzen veröffentlichte, *drummondii* = benannt nach dem englischen Botaniker und Pflanzensammler Drummond (1851 - 1921).

Dünne, kriechende Stengel mit vierteiligen Blättern, bis 4 cm breit, mäßig behaart, Unterseite weißhaarig. In den Achseln sitzen gestielte Sporenbehälter. Am Ufer im Flachwasser aussetzen, bei guter, warmer Witterung bildet der Zwerg-Kleefarn einen ausgedehnten Bestand. Im tiefen Wasser entsteht eine länger gestielte Schwimmblattform mit schöner Wirkung.

Vermehrung: Seitensprosse.
Nachbarpflanzen: *Ludwigia, Oryza, Cyperus, Pontederia.*
WT: 0 - 20 cm, **GR:** 10 - 15 cm, **ST:** ❍, K

Rotala rotundifolia (Roxburgh) Koehne, 1880 **Rundblättrige Rotala**

Fam.: Lythraceae - Weiderichgewächse
Verbreitung: Südostasiatisches Festland.
Standorte: Gewässerufer, Sümpfe, Gräben.

Der Name *Rotala* kommt von rota = Rad, die zuerst beschriebene Art der Gattung hatte quirlförmige Blätter, die wie die Speichen eines Rades aussehen, *rotundifolia* = rundblättrig.

Stengel niederliegend, Blätter meist gegenständig, sitzend, rundlich, bis 1,5 cm breit. An der Sproßspitze steht eine meist verzweigte Ähre mit zahlreichen, bis 8 mm breiten, rosa Blüten. Im Freien gelangt die Pflanze nicht regelmäßig zur Blüte. Wächst am Ufer sumpfig oder im sehr flachen Wasser und entwickelt schöne, flache Polster aus vielen Trieben.

Vermehrung: Seitensprosse.
Nachbarpflanzen: *Gymnocoronis, Cyperus, Lobelia, Hydrocotyle.*
WT: 0 - 2 cm, **GR:** 2 - 5 cm, **BZ:** VII - VIII, **ST:** ❍

Ludwigia palustris x *repens*

Rotala rotundifolia

Marsilea drummondii, Zwerg-Kleefarn

Selliera radicans CANAVILES, 1799 **Kriechende Selliere**

Fam.: Goodeniaceae - Goodeniengewächse

Verbreitung: Ost-Australien, Tasmanien, Neuseeland, Chile.

Standorte: Feuchte, gelegentlich überflutete Sanddünen, nasse Stellen in der Nähe des Meeres, auch an den Ufern von Süßgewässern im Binnenland.

Die Gattung *Selliera* ist benannt nach Natale SELLIER, der für den Autor CANAVILES Pflanzenbilder zeichnete, *radicans* = kriechend.

Der dünne Kriechsproß treibt einzelne Blätter, lanzettlich, bis 6 cm lang, 1,5 cm breit, etwas dickfleischig, glänzend, dunkelgrün. In den Achseln stehen Einzelblüten mit fünfzipfeliger, weißer Krone, bis 7 mm breit. Eine besondere Rarität, die bei uns noch kaum bekannt ist. Kam schon 1892 als Aquarienpflanze nach Deutschland, konnte sich aber nicht durchsetzen. Für das Ufer am kleinen Teich, auch im Moorbeet, eine willkommene Abwechslung, ohne Probleme, aber schwierig zu überwintern.

Vermehrung: Seitensprosse.

Nachbarpflanzen: *Lobelia, Cyperus, Acorus.*

WT: 0 - 2 cm, **GR:** 3 - 5 cm, **BZ:** VIII, **ST:** ○, K

Shinnersia rivularis (A. GRAY) R. M. KING et ROBINSON, 1970

Fam.: Asteraceae - Korbblütengewächse **Mexikanisches Eichenblatt**

Verbreitung: Nordmexiko.

Standorte: Ufer von stehenden oder langsam fließenden Gewässern, im Flachwasser auch flutend.

Die Gattung *Shinnersia* ist benannt nach dem englischen Professor SHINNERS, *rivularis* = bachliebend.

Der niederliegende Stengel treibt gegenständige Blätter, sitzend, bis 5 cm lang, 3 cm breit, zur Basis schmaler, Rand nach vorne mehrfach gebuchtet. An den Sproßspitzen stehen mehrere lang gestielte weiße Blütenkörbchen, etwa 1 cm breit. Die ungewöhnlich raschwüchsige Pflanze eignet sich für den Rand größerer Teiche. Treibt leicht in die Wasserzone und flutet dort oberflächlich. Dabei stehen die Spitzen über dem Wasser.

Vermehrung: Zahlreiche Seitensprosse.

Nachbarpflanzen: *Pontederia, Cyperus, Thalia, Echinodorus.*

WT: 0 - 10 cm, **GR:** 5 - 20 cm, **BZ:** VIII - IX, **ST:** ○, K

Spiranthes cernua L. C. RICHARD, 1818 **Drehblume**

Fam.: Orchidaceae - Orchideengewächse

Verbreitung: Südliches Nordamerika.

Standorte: Naßwiesen, Überschwemmungsgebiete.

Der Name *Spiranthes* kommt von spira = Windung, die Blüten sind um den Schaft gedreht, *cernua* = übergebogen, nickend.

Kleine Rosette, Blätter lanzettlich, bis 15 cm lang, 15 mm breit, zur Basis schmaler, 7 - 9 Längsadern. Der bis 40 cm hohe Stengel trägt eine 10 cm lange Ähre mit weißen, bis 1 cm breiten Blüten. Als Orchidee eine Rarität für den sommerlichen Gartenteich, die wir gut abgehärtet draußen unterbringen. Wächst im ständig nassen Boden, auch das Moorbeet bietet gute Standorte. Nach Literaturangaben kann *Spiranthes* den milden Winter überdauern.

Vermehrung: Rhizomsprosse, Wurzelschößlinge.

Nachbarpflanzen: *Marsilea, Hygrophila, Acorus, Rotala.*

WT: 0 - 2 cm, **GR:** 10 - 15 cm, **BZ:** VII - IX, **ST:** ○

Selliera radicans, Kriechende Selliere

Shinnersia rivularis

Spiranthes cernua

5.4 Mittelhohe subtropische Sumpfpflanzen für den Gartenteich

Cyperus alternifolius LINNÉ, 1753 — Wechselblättriges Zypergras

Fam.: Cyperaceae - Sauergräser
Verbreitung: Afrika, Madagaskar.
Standorte: Flußufer, nasse, lehmige Stellen in Niederungen.

Der Name *Cyperus* kommt von Kypeiros, ein griechischer Name der Venus, der Göttin der Liebe, *alternifolius* = wechselblättrig.

Die Stengel werden 50 - 100 cm hoch, wobei die am Grunde sitzenden Laubblätter bald vertrocknen. Ihre Funktionen übernehmen die an der Spitze befindlichen, quirlförmig gestellten, schmalen, etwa 20 cm langen Trageblätter. In den Achseln stehen ungleich lang gestielte Sprosse mit mehreren kleinen Ährchen aus 12 - 30 Blüten.

Das ziemlich robuste Zypergras dient gerne als Zimmerschmuck. Bevor die Pflanze am Gartenteich untergebracht wird, sollte sie etwa zwei Wochen an einem schattigen Platz mit Morgen- oder Abendsonne umgewöhnt werden.

Vermehrung: Teilung, Jungpflanzen an den auf das Wasser gelegten Stengelspitzen.
Nachbarpflanzen: *Echinodorus, Eichhornia, Pistia, Pontederia.*
WT: 5 - 15 cm, **GR:** 50 - 100 cm, **BZ:** VII - IX, **ST:** ❍

Cyperus gracilis R. BROWN, 1810 (o. Abb.) — Zierliches Zypergras

Fam.: Cyperaceae - Sauergräser
Verbreitung: Australien, Neukaledonien.
Standorte: Flußufer, nasse, lehmige Stellen in Niederungen.

Der Artname *gracilis* = zierlich, schlank.

Stengel 30 - 50 cm hoch, die quirlartigen Trageblätter an der Spitze werden bis 15 cm lang, 4 mm breit, mit winzigen Randstacheln. In den Achseln sitzen ungleich lange Seitensprosse mit je 2 - 6 Ährchen aus 6 - 16 Blüten.

Je nach Standortboden und Witterung wird die Pflanze größer oder kleiner. Sie wächst am besten in einem Gemisch aus Lehm, Sand und Gartenerde im Flachwasser.

Vermehrung: Teilen der Pflanzenbasen, Jungsprosse an Blattquirlen.
Nachbarpflanzen: *Pontederia, Ludwigia, Thalia.*
WT: 2 - 10 cm, **GR:** 30 - 50 cm, **BZ:** VII - IX, **ST:** ❍

Cyperus haspan LINNÉ, 1753 — Zwerg-Zypergras

Fam.: Cyperaceae - Sauergräser
Verbreitung: Pantropisch, auch Südost-USA.
Standorte: Sümpfe, Flußufer, Teichufer.

Der Artname *haspan* = eine Pflanzenname auf Ceylon.

Schlanke, 30 - 50 cm hohe Stengel tragen an der Spitze ein kleines Knäuel aus dunkelgrünen, borstigen, bis 6 cm langen, haarförmigen Halmen. In den Achseln dieser Hochblätter sitzen kleine Ährchen mit unscheinbaren Blüten.

Das Zwerg-Zyperngras ist vergleichsweise empfindlicher und bei kühler Witterung ist seine Entwicklung am Teich selten zufriedenstellend. Ein weiterer Nachteil besteht darin, daß ältere Halme leicht abknicken. Flachwasser, Vollsonne und ein windgeschützter Standort sind daher unbedingt Voraussetzung zum Gedeihen.

Vermehrung: Teilung.
Nachbarpflanzen: *Oryza, Lobelia, Zosterella, Pista.*
WT: 5 - 10 cm, **GR:** 30 - 50 cm, **BZ:** VIII - IX, **ST:** ❍

Zypergräser bringen exotische Wirkung

Cyperus alternifolius

Cyperus haspan

Cyperus papyrus LINNÉ, 1753 **Papyrusstaude**

Fam.: Cyperaceae - Sauergräser

Verbreitung: Tropisches Mittelafrika, in Ägypten, Israel und Sizilien eingebürgert.

Standorte: Sümpfe, Flußufer.

Der Artname *papyrus* = Schreibpapier, weil aus den Stengeln das berühmte Papyrus hergestellt wurde. Sie wurden zu diesem Zweck in dünne Streifen geschnitten, geglättet, kreuzweise übereinandergelegt, mit einem Pflanzenleim verbunden, gepreßt und in der Sonne getrocknet.

Die aufrechten Halme werden fast 3 m hoch und tragen an der Spitze einen Schopf aus über 100 feinen, langen, herabhängenden Blättern. Dazwischen steht eine große, mehrstrahlige Blütendolde. Ein dekorativer Teichschmuck, der etwas den Eindruck einer tropischen Vegetation vermittelt. Bei guten Witterungsbedingungen kann die Pflanze durchaus eine Höhe von 150 cm erreichen. Der Standort ist sonnig und windgeschützt, damit die Halme nicht so leicht brechen.

Vermehrung: Teilen.

Nachbarpflanzen: *Pontederia, Thalia, Echinodorus, Hydrocleys.*

WT: 5 - 40 cm, **GR:** 100 - 150 cm, **BZ:** VII - IX, **ST:** ○

Echinodorus cordifolius (LINNÉ) GRISEBACH, 1857 **Herzblättriger Wasserwegerich**

Fam.: Alismataceae - Froschlöffelgewächse

Verbreitung: Mittleres und südliches Nordamerika, Mexiko.

Standorte: Sümpfe, Moore, Flußufer.

Der Name *Echinodorus* kommt von echinos = Igel und doros = Schlauch, wegen der stacheligen Früchte, *cordifolius* = herzblättrig.

Grundständige Rosette, Blätter gestielt, herzförmig, bis 20 cm lang, 15 cm breit, alle Teile sind unbestachelt. Der Blütenstand ist selten verzweigt und bringt Quirle aus dreizähligen weißen Blüten, bis 2,5 cm breit, mit 24 - 28 Staubblättern. Der Herzblättrige Wasserwegerich ist nicht so empfindlich gegen kühle Witterung. Sitzt das Rhizom tief genug im Sumpfboden und bleibt das Wasser etwa 20 cm darüber, so ist es möglich, daß der Wurzelstock den milden Winter übersteht und im Frühjahr neu austreibt.

Vermehrung: Seitensprosse am Rhizom, Adventivpflanzen am Blütenstengel.

Nachbarpflanzen: *Cyperus, Gymnocoronis, Lobelia, Thalia.*

WT: 5 - 20 cm, **GR:** 50 - 70 cm, **BZ:** VII - IX, **ST:** ○ - ◗

Echinodorus grandiflorus (CHAMISSO et SCHLECHTENDAHL) MICHELI, 1881

Fam.: Alismataceae - Froschlöffelgewächse **Großblütiger Wasserwegerich**

Verbreitung: Mittelamerika bis südliches Brasilien.

Standorte: Sümpfe, Moore, Uferränder und ähnliche Feuchtgebiete.

Der Artname *grandiflorus* = großblütig.

Grundständige Rosette, Blätter gestielt, herzförmig, bis 40 cm lang, 35 cm breit, vorne spitz. Basisränder, Stiel und Blütenstengel sind bestachelt. Der Blütenstand ist basal verzweigt, die dreizähligen, weißen Blüten werden bis 3,5 cm breit, mit meist 24 Staubblättern. Es handelt sich hier zwar um die größte Art der Gattung, doch wird sie am sommerlichen Gartenteich nicht die Ausmaße von Naturpflanzen erreichen. Ziemlich robust, auch für weniger günstige Standorte. Milde Winter werden bei entsprechend tiefem Wasser oder mit dicker Laubschicht gelegentlich als Rhizom im Schlamm überdauert.

Vermehrung: Aussaat.

Nachbarpflanzen: *Pontederia, Cyperus, Lysimachia, Lobelia.*

WT: 5 - 20 cm, **GR:** 50 - 80 cm, **BZ:** VII - IX, **ST:** ○ - ◗

Cyperus papyrus

Echinodorus grandiflorus

Echinodorus cordifolius, Herzblättriger Wasserwegerich

Echinodorus macrophyllus (Kunth) Micheli, 1881 **Großblättriger Wasserwegerich**

Fam.: Alismataceae - Froschlöffelgewächse
Verbreitung: Guayana, östliches Brasilien bis Argentinien.
Standorte: Flußufer, Sümpfe, Teichränder.

Der Artname *macrophyllus* = großblättrig.

Grundständige Blätter, deren Stiel im oberen Teil bestachelt ist. Spreite pfeil-herzförmig bis eiförmig, bis 30 cm groß, mit langen, stumpfen Basislappen. Der Blütenstand ist basal verzweigt, die dreizähligen, weißen Blüten werden bis 3 cm breit und haben 20 - 24 Staubblätter (ähnlich ist *E. grandiflorus*). Die abgehärtete Sumpfpflanze mit dem Topf Ende Mai im Flachwasser aussetzen. Bildet eine kompakte Blattrosette, gelangt aber nicht zuverlässig zur Blüte. Die zurückgeschnittene Pflanze wird emers mit dem Topf im kleinen Becken bei hellem Licht überwintert.

Vermehrung: Seitentriebe am Rhizom.
Nachbarpflanzen: *Oryza, Cyperus, Lobelia, Shinnersia.*
WT: 5 - 15 cm, **GR:** 50 - 70 cm, **BZ:** VII - IX, **ST:** ○

Echinodorus scaber Rataj, 1969 **Bestachelter Wasserwegerich**

Fam.: Alismataceae - Froschlöffelgewächse
Verbreitung: Venezuela bis Brasilien.
Standorte: Sümpfe, Teichufer, Flußränder.

Der Artname *scaber* = scharf, rauh, wegen der Blattrand- und Stielstacheln.

Grundständige Blätter, gestielt, breit eiförmig-herzförmig, bis 20 cm groß, Basis lappig, vorne eine ausgerandete Spitze. Stiele und Basisränder sind bestachelt. Der Blütenstengel ist warzig, basal verzweigt, die dreizähligen, weißen Blüten werden bis 3 cm breit mit meist 24 Staubblättern. Relativ problemlose Sumpfpflanze für den sommerlichen Gartenteich im Flachwasser. Etwas Schatten ist nicht nachteilig und die kompakte Blattrosette bleibt bis weit in den Herbst hinein im Wachstum.

Vermehrung: Seitentriebe am Rhizom.
Nachbarpflanzen: *Cyperus, Gymnocoronis, Lobelia, Thalia.*
WT: 5 - 15 cm, **GR:** 30 - 40 cm, **BZ:** VII - IX, **ST:** ○ - ◗

Gymnocoronis spilanthoides De Candolle, 1836 **Unechter Wasserfreund**

Fam.: Asteraceae - Korbblütengewächse
Verbreitung: Tropisches Südamerika.
Standorte: Sümpfe, Naßwiesen, Ufer.

Der Name *Gymnocoronis* kommt von gymnos = nackt und corona = Krone, Kranz, wegen der fehlenden Haare an den Blüten, *spilanthoides* = der Gattung *Spilanthes* ähnlich.

Stengel bis 100 cm hoch, kantig, Blätter gegenständig, sitzend, lanzettlich, bis 20 cm lang, 10 cm breit, Ränder gezackt. Die endständige Rispe trägt mehrere 2 cm große weiße Blütenköpfchen mit vielen schmalen Röhrenblüten, deren keulenförmige Narben weit hervorragen. Im nahrhaften sumpfigen Boden oder Flachwasser kann sich durch Seitensprossung eine stattliche Gruppe entwickeln. Blütenbildung ist ziemlich sicher. Durch rechtzeitig getopfte Stecklinge überwintern.

Vermehrung: Seitensprosse.
Nachbarpflanzen: *Lobelia, Echinodorus, Cyperus, Shinnersia.*
WT: 0 - 10 cm, **GR:** 80 - 100 cm, **BZ:** VII - VIII, **ST:** ○

Echinodorus scaber, Bestachelter Wasserwegerich

Echinodorus macrophyllus

Gymnocoronis spilanthoides

Lobelia cardinalis LINNÉ, 1753 **Kardinalslobelie**

Fam.: Lobeliaceae - Lobeliengewächse
Verbreitung: Nordamerika.
Standorte: Feuchte Niederungen.

Die Gattung *Lobelia* ist benannt nach dem Niederländer MATTHIAS DE L'OBEL (1538 - 1616), Hofbotaniker des Königs von England, *cardinalis* = kardinalsrot.

Bis 80 cm hohe Stengel mit wechselständigen Blättern, sitzend, länglich, bis 10 cm lang, 3 cm breit, unterseits häufig rötlich, Ränder gezackt. An der Spitze treibt die bis 50 cm hohe Traube mit etwa 5 cm großen scharlachroten Blüten. Schon seit der Jahrhundertwende ist die Kardinalslobelie bei uns als Zierstaude für Gärten bekannt. Wächst ohne Probleme am Teichrand und gedeiht dort wesentlich besser als im normalen Gartenboden. Rhizome oder bewurzelte Stecklinge kühl, hell und feucht überwintern.

Vermehrung: Stecklinge, Bodentriebe.
Nachbarpflanzen: *Oryza, Cyperus, Thalia, Echinodorus.*
WT: 0 - 3 cm, **GR:** 80 - 100 cm, **BZ:** IX - X, **ST:** ❍

Oryza sativa LINNÉ, 1753 **Reis**

Fam.: Poaceae - Süßgräser
Verbreitung: Südost-Asien, Nord-Australien, tropisches Afrika.
Standorte: Sümpfe und andere durchnäßte Böden.

Der Name *Oryza* kommt vom arabischen eruz = Reis und dem altindischen oryza = Reis, *sativa* = angebaut als Kulturpflanze.

Die grasartigen Blätter sind 35 - 55 cm hoch und 1,5 cm breit, dunkelgrün, spitz, an den Rändern rauh. Die bis 30 cm lange Blütenrispe trägt flache, längliche, bis 3 mm lange Ährchen. Es gibt über 1100 Sorten und Formen. Als Zierpflanze bekannt sind: *O. sativa* Varietät *atropurpurea* = Halme und Blätter sind dunkelrot, *O. sativa* Varietät *rufibarba* = mit langen, fuchsroten Grannen. Im März sät man die ungeschälten Reiskörner (im Handel als Speisereis erhältlich) in Töpfe mit lehmhaltigem Sand. Diese stellt man bei hellem Tageslicht in ein Vollglasbecken bis über den Topfrand in Wasser. Abgehärtete Pflanzen werden Ende Mai bei etwa 10 cm Wasserstand ausgesetzt. Im warmen Sommer gelangen sie zur Blüte und fruchten im Herbst.

Vermehrung: Aussaat.
Nachbarpflanzen: *Cyperus, Lobelia, Echinodorus, Thalia.*
WT: 8 - 10 cm, **GR:** 50 - 70 cm, **BZ:** VII - VIII, **ST:** ❍

Thalia dealbata FRASER, 1820? **Weißbestäubte Thalie**

Fam.: Marantaceae - Pfeilwurzgewächse
Verbreitung: Südliche USA.
Standorte: Sümpfe, Moore, Gewässerufer.

Die Gattung *Thalia* ist benannt nach dem deutschen Arzt und Botaniker J. THAL (1542 - 1588), *dealbata* = weiß bemehlt.

Stengel 1 - 2 m hoch, Blätter gestielt, länglich-eiförmig, bis 50 cm lang, 20 cm breit, an der Basis gerundet, lederartig, glatt, dunkelgrün, Blätter und Stengel dicht grauweiß-mehlig bereift. Die violetten oder purpurnen Blüten sind in einer lockeren Traube angeordnet. Stattliche Pflanze für vollsonnigen Standort, nährstoffreichen Boden und etwa 20 cm Wassertiefe. In der Regel wird die Thalie ihre volle Größe nur selten erreichen und wird meist etwa 1 m hoch. Vor den ersten Nachtfrösten mit Wurzelballen aus der Erde nehmen und als Rhizom kühl überwintern.

Vermehrung: Aussaat, Teilung.
Nachbarpflanzen: *Cyperus, Pontederia, Sagittaria, Echinodorus.*
WT: 10 - 20 cm, **GR:** 100 - 200 cm, **BZ:** VII - VIII, **ST:** ❍

Lobelia cardinalis

Oryza sativa

Thalia dealbata

Inhaltsübersicht

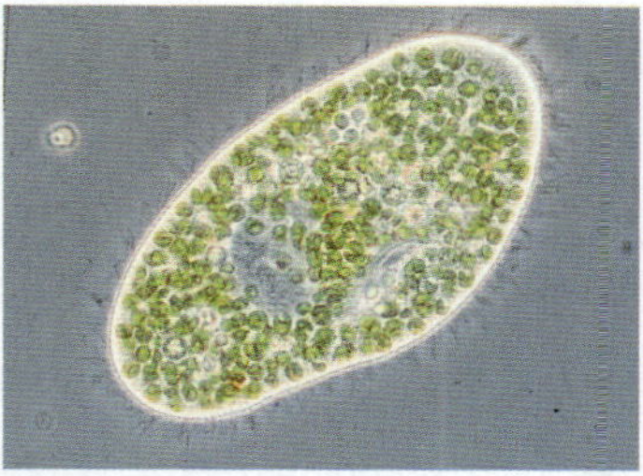
Wimpertierchen

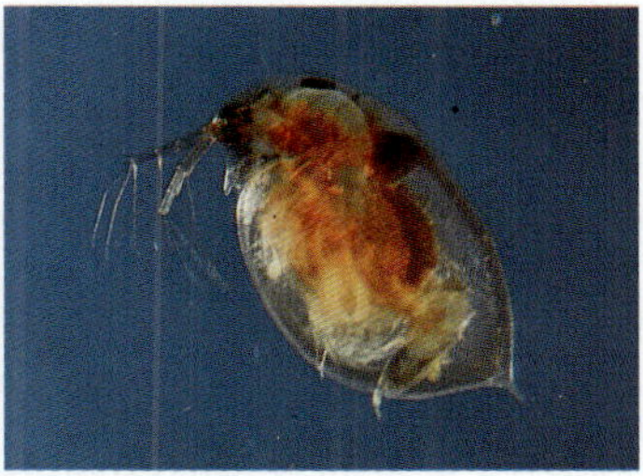
Wasserfloh

Furchenschwimmer

Plattbauch-Libelle

Spitzschlammschnecke

Schleierschwanz

Erdkröte

Bergmolch

Zeichenerklärung zur Beschreibung der Tiere

Fam.:	=	Familie
Unterfam.:	=	Unterfamilie
Syn.:	=	Synonym, nicht gültige (Zweit-) Beschreibung.
Vork.:	=	Vorkommen, in der Regel das ursprüngliche Herkunftsgebiet.
Ersteinf.:	=	Ersteinführung. Bei manchen fremdländischen Arten ist dies angegeben.
GU.:	=	Geschlechtsunterschiede, ♂ = Männchen, ♀ = Weibchen.
Soz. Verh.:	=	Sozialverhalten
Hält. B.:	=	Hälterungsbedingungen Hinter den Angaben bei pH-Wert und Härte (dGH) stehen häufig Werte in Klammern. Diese Werte sind für das Tier am zuträglichsten.
ZU:	=	Zucht. Die Angaben in dieser Rubrik sollen lediglich einen Anhalt bieten. Bei manchen Tieren sind Gefangenschaftsnachzuchten nicht möglich oder noch nicht erfolgt. Dort finden sich - falls bekannt - Angaben zur Fortpflanzungsbiologie. Komplette Zuchtanleitungen können hier nicht gegeben werden, wo Nachzuchten schon erfolgt sind, entnehme man ausführlichere Angaben den Fachzeitschriften oder einschlägigen Fachbüchern.
FU:	=	Futterplan K= Karnivore (Fleischfresser); H = Herbivore (Pflanzenfresser); L = Limnivore (Aufwuchsfresser); O = Omnivore (Allesfresser).
Bes.:	=	Besonderheiten
T:	=	Temperatur
L:	=	Länge des Tieres. Angaben in Klammern beziehen sich auf die mögliche Länge in Gefangenschaft (Aquarium).
BL:	=	Beckenlänge, bezieht sich auf die eventuelle (zeitweise) Pflege im Aquarium.
WR:	=	Wasserregionen, in denen das Tier vorzugsweise zu finden ist: o = obere, m = mittlere, u = untere.
SG:	=	Schwierigkeitsgrad. Diese Angabe kann nur sehr subjektiv sein und einen ganz groben Anhalt geben. Manche Tiere sind bei dem einen Naturfreund gut haltbar, bei einem anderen, selbst bei größerer Aufmerksamkeit, hinfällig. SG: 1 (Arten für Anfänger) SG: 2 (Arten für Anfänger mit Vorkenntnissen) SG: 3 (Arten für Fortgeschrittene) SG: 4 (Arten für Spezialisten)

Systematische Übersicht über die wichtigsten in Feuchtbiotopen vorkommenden Tiergruppen

Nachstehend soll eine Übersicht über die an und in Feuchtbiotopen ständig oder vorübergehend vorkommenden Tiergruppen gegeben werden. Diese Liste erhebt keinen Anspruch auf Vollständigkeit, auch soll auf die Systematik der Tiere nicht allzuviel Gewicht gelegt werden, ist dies doch ein Teichbuch und kein Biologiewerk. Dennoch aber kann der Interessierte anhand der Übersicht in etwa nachvollziehen, wo ein Tier, das er am Teich gefunden hat, einzuordnen ist. Überdies sind die Tiere im anschließenden Beschreibungsteil nach diesem Schema eingeordnet. Diese Einordnung erfolgte weitgehend nach STRESEMANN, E.: Exkursionsfauna von Deutschland, aber auch nach diversen anderen Quellen.

Unterreich: Einzeller (Protozoa)
- - - Klasse: Geißelträger (Flagellata)
- - - Klasse: Wurzelfüßer (Rhizopoda)
- - - Klasse: Sporentierchen (Sporozoa)
- - - Klasse: Wimpertiere (Ciliata)
Unterreich: Vielzeller (Metazoa)
- Stamm: Schwammtiere (Spongia)
- - - Klasse: Gemeinschwämme (Desmospongiae)
- - - - - Ordnung: Netzfaserschwämme (Cornacuspongida)
- - - - - - - Familie: Süßwasserschwämme (Spongillidae)
- Stamm: Nesseltiere (Cnidaria)
- - - Klasse: Hydrozoen (Hydrozoa)
- - - - - Ordnung: Hydrinen (Hydra)
- Stamm: Plattwürmer (Plathelminthes)
- - - Klasse: Strudelwürmer (Turbellaria)
- - - Klasse: Saugwürmer (Trematodes)
- Stamm: Schlauchwürmer (Nemathelminthes)
- - - Klasse: Bauchhaarlinge (Gastrotricha)
- - - Klasse: Rädertiere (Rotatoria)
- - - Klasse: Fadenwürmer (Nematoda)
- - - Klasse: Saitenwürmer (Nematomorpha)

- **Stamm:** Gliederwürmer (Annelida)
- - - **Klasse:** Vielborster (Polychaeta)
- - - **Klasse:** Gürtelwürmer (Clitellata)
- - - - - **Ordnung:** Wenigborster (Oligochaeta)
- - - - - **Ordnung:** Egel (Hirudinea)
- **Stamm:** Bärtierchen (Tardigrada)
- **Stamm:** Gliederfüßer (Arthropoda)
- - **Unterstamm:** Scherenfüßer oder Fühlerlose (Chelicerata)
- - - **Klasse:** Spinnentiere (Arachnida)
- - - - - **Ordnung:** Echte Spinnen (Araneae)
- - - - - **Ordnung:** Milben (Acari)
- - **Unterstamm:** Zweiantennentiere (Diantennata)
- - - **Klasse:** Krebstiere (Crustacea)
- - - - **Unterklasse:** Kiemenfüßer (Anostraca)
- - - - **Unterklasse:** Blattfußkrebse (Phyllopoda)
- - - - - **Ordnung:** Rückenschaler (Notostraca)
- - - - - **Ordnung:** Krallenschwänze (Onchyura)
- - - - - - **Unterordnung:** Wasserflöhe (Cladocera)
- - - - **Unterklasse:** Muschelkrebse (Ostracoda)
- - - - **Unterklasse:** Ruderfußkrebse (Copepoda)
- - - - **Unterklasse:** Fischläuse (Brachiura)
- - - - **Unterklasse:** Höhere Krebse (Malacostraca)
- - - - - **Ordnung:** Flohkrebse (Amphipoda)
- - - - - **Ordnung:** Asseln (Isopoda)
- - - - - **Ordnung:** Zehnfußkrebse (Decapoda)
- - **Unterstamm:** Tracheentiere (Tracheata)
- - - **Klasse:** Insekten (Insecta)
- - - - **Unterklasse:** Springschwänze (Collembola)
- - - - **Unterklasse:** Fluginsekten (Pterygota)
- - - - - **Ordnung:** Eintagsfliegen (Ephemeroptera)
- - - - - **Ordnung:** Steinfliegen (Plecoptera)
- - - - - **Ordnung:** Libellen (Odonata)
- - - - - - **Unterordnung:** Kleinlibellen (Zygoptera)
- - - - - - **Unterordnung:** Großlibellen (Anisoptera)

- - - - - **Ordnung:** Wanzen (Heteroptera)
- - - - - - **Unterordnung:** Landwanzen (Geocorisa)
- - - - - - - **Familie:** Wasserläufer (Gerridae)
- - - - - - - **Familie:** Bachläufer (Veliidae)
- - - - - - - **Familie:** Hüftwasserläufer (Mesoveliidae)
- - - - - - **Unterordnung:** Wasserwanzen (Hydrocorisa)
- - - - - - - **Familie:** Schwimmwanzen (Naucoridae)
- - - - - - - **Familie:** Skorpionswanzen (Nepidae)
- - - - - - - **Familie:** Rückenschwimmer (Notonectidae)
- - - - - - - **Familie:** Zwergrückenschwimmer (Pleidae)
- - - - - **Ordnung:** Käfer (Coleoptera)
- - - - - - **Unterordnung:** Adephaga
- - - - - - - **Familie:** Wassertreter (Haliplidae)
- - - - - - - **Familie:** Schwimmkäfer (Dytiscidae)
- - - - - - - **Familie:** Taumelkäfer (Gyrinidae)
- - - - - - **Unterordnung:** Polyphaga
- - - - - - - **Familie:** Wasserkäfer (Hydrophilidae)
- - - - - **Ordnung:** Schlammfliegen (Megaloptera)
- - - - - - - **Familie:** Wasserflorfliegen (Sialidae)
- - - - - **Ordnung:** Hafte (Planipennia)
- - - - - - - **Familie:** Bachhafte (Osmylidae)
- - - - - - - **Familie:** Schwammfliegen (Sisyridae)
- - - - - **Ordnung:** Schnabelfliegen (Mecoptera)
- - - - - - - **Familie:** Skorpionsfliegen (Panorpidae)
- - - - - **Ordnung:** Köcherfliegen (Trichoptera)
- - - - - **Ordnung:** Schmetterlinge (Lepidoptera)
- - - - - **Ordnung:** Zweiflügler (Diptera)
- - - - - - **Unterordnung:** Mücken (Nematocera)
- - - - - - - **Familie:** Lidmücken (Blepharoceridae)
- - - - - - - **Familie:** Stechmücken (Culicidae)
- - - - - - - - **Unterfamilie:** Stechmücken (Culicinae)
- - - - - - - - **Unterfamilie:** Büschelmücken (Corethrinae)
- - - - - - - **Familie:** Gnitzen (Heleidae)
- - - - - - - **Familie:** Zuckmücken (Tendipedidae)

\- - - - - - - **Familie:** Kriebelmücken (Melusinidae)
\- - - - - - - **Familie:** Stelzschnaken (Limoniidae)
\- - - - - - **Unterordnung:** Fliegen (Brachycera)
\- - - - - - - **Familie:** Sumpffliegen (Ephydridae)
\- **Stamm:** Weichtiere (Mollusca)
\- - - **Klasse:** Schnecken (Gastropoda)
\- - - - - **Ordnung:** Kammkiemer (Monotocardia)
\- - - - - - - **Familie:** Turmdeckelschnecken (Cochlostomatidae)
\- - - - - - - **Familie:** Sumpfdeckelschnecken (Viviparidae)
\- - - - - - - **Familie:** Apfelschnecken (Ampullariidae)
\- - - - - - - **Familie:** Schnauzenschnecken (Hydrobiidae)
\- - - - - **Ordnung:** Wasserlungenschnecken (Basommatophora)
\- - - - - - - **Familie:** Schlammschnecken (Lymnaeidae)
\- - - - - - - **Familie:** Blasenschnecken (Physidae)
\- - - - - - - **Familie:** Tellerschnecken (Planorbidae)
\- - - - - - - **Familie:** Flußnapfschnecken (Ancylidae)
\- - - **Klasse:** Muscheln (Bivalvia)
\- - - - - - **Unterordn.:** Gespaltenzähnige Muscheln (Schizodonta)
\- - - - - **Ordnung:** Blattkiemer (Eulamellibranchiata)
\- - - - - - - **Familie:** Flußperlmuscheln (Margaritiferidae)
\- - - - - - - **Familie:** Flußmuscheln (Unionidae)
\- - - - - - **Unterordn.:** Wechselzähnige Muscheln (Heterodonta)
\- - - - - - - **Familie:** Kugelmuscheln (Sphaeriidae)
\- - - - - - - **Familie:** Wandermuscheln (Dreissenidae)
\- **Stamm:** Chordatiere (Chordata)
\- - **Unterstamm:** Wirbeltiere (Vertebrata)
\- - - **Klasse:** Rundmäuler (Cyclostomata)
\- - - **Klasse:** Knorpelfische (Chondrichthyes)
\- - - **Klasse:** Knochenfische (Osteichthyes)
\- - - **Klasse:** Lurche (Amphibia)
\- - - **Klasse:** Kriechtiere (Reptilia)
\- - - **Klasse:** Vögel (Aves)
\- - - **Klasse:** Säugetiere (Mammalia)

Einzeller

Einzeller sind für das Leben im Teich und in jedem anderen Feuchtbiotop von außerordentlicher Bedeutung, auch wenn sie dem menschlichen Auge nicht so ohne weiteres zugänglich sind. Dafür aber ist ihre Wirkung um so nachdrücklicher. An ihnen läßt sich demonstrieren, wie auch Kleinstlebewesen in der Masse erhebliche Auswirkungen haben, denn ihre winzigen Gehäuse haben im Lauf der Erdgeschichte ganze Gesteinsformationen aufgebaut, zum Beispiel die Kreide. In jedem Ökosystem bauen sie organisches Material als Destruenten ab und machen diese Stoffe anderen Lebewesen wieder zugänglich.

Dem interessierten Naturfreund bieten die Einzeller interessante Einblicke, wenn er einmal Schlamm- oder Wasserproben unter dem Mikroskop näher untersucht. Und staunenswert ist es wahrhaftig, wie ein so kleiner Organismus eine Vielzahl von teils sehr komplizierten Lebensvorgängen durchführt, die höhere Lebewesen nur mit Hilfe eines ganzen vielzelligen Organsystems bewältigen können.

Geißeltierchen (Flagellata)

Die Geißeltierchen stellen ein immer noch nicht völlig geklärtes biologisches Problem dar. Sie werden von den Zoologen ebenso wie von den Botanikern beansprucht. So gibt es einerseits parasitär lebende Formen wie die Malaria-Erreger, ebenso aber solche mit photosynthetisch aktiven Pigmentsystemen, die eindeutig autotroph leben, sich also nicht von organischer Substanz ernähren, sondern ihre Energie über das Licht gewinnen. Vor allem diese Formen können Teiche unter Umständen grün, Meeresbereiche rot erscheinen lassen. Allen gemeinsam ist eine oder auch mehrere Geißeln, mit denen sie sich fortbewegen.

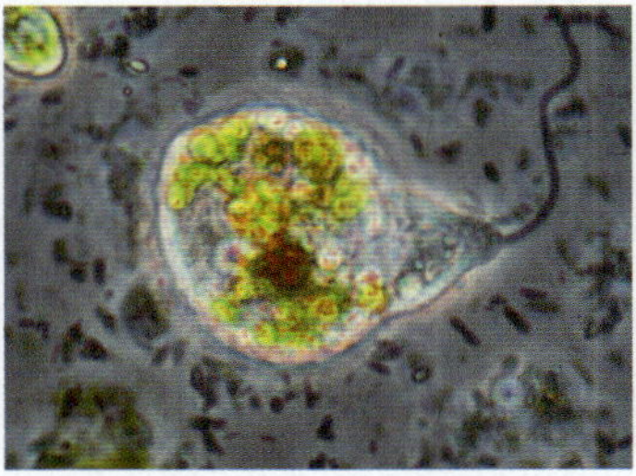

Ein unbekannter grüner Flagellat.

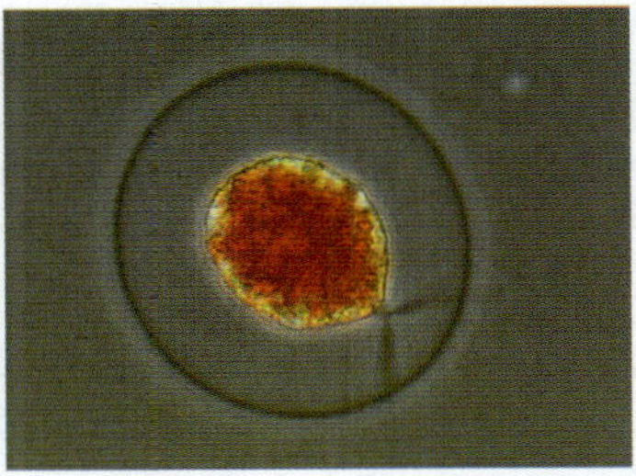

Eine rote *Haematococcus*-Form.

Wurzelfüßer (Rhizopoda)

Zu denWurzelfüßern gehören die bekannten Wechseltierchen oder Amöben, ferner die Kammerlinge (Foraminifera), die Sonnentierchen (Heliozoa) und die Strahlentierchen (Radiolaria). Gehäuseablagerungen dieser Einzeller haben ganze Erdschichten gebildet. Viele Wurzelfüßer kriechen umher und nehmen ihre Nahrung, die aus Bakterien und dergleichen besteht, durch Umfließen auf.

Sonnentierchen (Heliozoa)

Die Sonnentierchen sind in erster Linie im Süßwasser anzutreffen. Ihr Zellkörper ist meist kugelig, und von ihm aus strahlen in alle Richtungen lange dünne Scheinfüßchen (Axopodien). Kleine Lebewesen oder andere Nahrungspartikel (Flagellaten, Wimperntierchen, Rädertiere, Krebsnauplien und Algen) bleiben an den Scheinfüßchen kleben. Die Scheinfüßchen sind wahrscheinlich giftig, denn daran anstoßende Tierchen bleiben gelähmt hängen. Eine Protoplasmaströmung leitet die Beute dem zentralen Zellkörper zu, der sie dann verdauen kann.

Sonnentierchen vermehren sich durch Teilung. Geschlechtliche Vorgänge sind nur in einer Form der Selbstbefruchtung bekannt, die bei einkernigen Sonnentierchen wie folgt verläuft: Die Scheinfüßchen werden eingezogen und das Tier bildet eine gallertige Außenhülle. Der Kern und die Zelle teilen sich und es entstehen zwei Tochterzellen. Beide Kerne teilen sich noch zweimal, wobei immer ein Tochterkern zugrunde geht. Am Ende bleibt in beiden Zellen nur je ein Kern übrig, der nur einen einfachen Satz Erbmaterial (Chromosomen) enthält. Diese zwei Zellen (Gameten) verschmelzen zur sogenannten Zygote und enthalten somit wieder einen doppelten, aber neu kombinierten Satz Erbanlagen.

Große Sonnentierchen besitzen meist viele Kerne, bis zu 500. Auch bei diesen bildet sich zur ,,Regeneration" des genetischen Materials zuerst eine gallertige Außenhülle, doch dann löst sich die Mehrzahl der Kerne auf und geht zugrunde. Die übrigen - etwa 5 von 100 - werden mit einem Teil des Zellplasmas umgeben, um das sich eine Hülle bildet. In jeder dieser Hüllen entstehen zwei Tochterzellen, diese teilen sich weiter und verschmelzen dann wie bei den einkernigen Arten zur Zygote. Nach einer möglichen Ruheperiode teilen sich die verbliebenen Kerne und das Sonnentierchen wächst erneut.

Viele Sonnentierchen-Arten leben in Symbiose mit einzelligen Grünalgen, den Zoochlorellen. Die Überzahl der Algen, die sich bei Son-

Acanthocystis mimiteca, Grünes Nadel-Sonnentier

Acanthocystis mimiteca **Grünes Nadel-Sonnentier**

Ordnung: Heliozoa

Fam.: Acanthocystidae

Vork.: In allen kleineren Gewässern.

Soz. Verh.: Bilden manchmal Fortpflanzungs- oder Freßgemeinschaften.

Hält. B.: Im Gemisch aus Leitungs- und Teichwasser gut haltbar. Wöchentlich umsetzen, etwas Erde (mit enthaltender Nahrung) zugeben.

ZU.: Ungeschlechtliche Vermehrung durch Teilung.

FU: Bakterien und kleine Algen (schwache Wassertrübung).

Bes.: Im Frühjahr häufig in den Algenwatten zu finden. Lebt in Symbiose mit Algen (Zoochlorellen). Bildet Zysten, in denen ungünstige Perioden wie Trockenheit oder Nahrungsmangel überdauert werden.

T: 4-20°C **Ø:** 0,012-0,02 mm **WR:** alle **SG:** 2

---

nenlicht stark vermehren, wird vom Wirt verdaut, der ferner Sauerstoff erhält. Den Algen wird wiederum ein geschützter Lebensraum geboten.

Sonnentierchen sind in Kleinstaquarien bei wöchentlichem Wasserwechsel und Fütterung mit Algen und Pantoffeltierchen gut zu halten und zu vermehren. Sonnentierchen, die Zoochlorellen enthalten, sollten am Fenster stehen, damit die Algen genügend Licht bekommen.

Wimpertierchen (Ciliata)

Das namengebende Merkmal der Wimpertierchen sind die zahlreichen der Fortbewegung und dem Nahrungseinstrudeln dienenden Wimpern (= Cilien von lat. cilium = Wimper). Die Zellkerne der Wimpertierchen sind meistens in zweifacher Ausfertigung vorhanden, und zwar dient ein großer Kern (= Macronucleus) der Bewältigung und Regelung der Lebensabläufe und ein kleiner Kern (Micronucleus) der Bewahrung des Erbmaterials. Er spielt somit bei den Sexualvorgängen die entscheidende Rolle.

Die Vermehrung der Wimpertierchen erfolgt wie bei den anderen Einzellern in erster Linie durch ungeschlechtliche Fortpflanzung, wobei sich die Tierchen in zwei gleiche Nachkommen teilen oder durch Knospung kleinere Nachkommen vom größeren abgetrennt werden. Auch geschlechtliche Vorgänge sind zu beobachten.

Die Wimpertierchen ernähren sich in vielfältiger Form von Bakterien, Flagellaten, Algen, anderen Wimpertierchen, Rädertieren und dergleichen mehr. Sie spielen, da auch Stärke, Fetttröpfchen und ähnliches verdaut wird, eine Rolle bei den Mineralisierungsvorgängen im Wasser, deren Hauptlast allerdings von Bakterien getragen wird.

Wimpertierchen sind sehr hoch organisierte Einzeller, die recht kompliziert und von Art zu Art unterschiedlich aufgebaut sind. Die Wimpern oder Cilien sind zumeist in Längsreihen angeordnet. Sie schlagen schnell entgegen der Schwimmrichtung des Tierchens und richten sich dann langsam wieder auf. Der Wimperschlag ist auffällig gut koordiniert, er verläuft als Wellenmuster über die Oberfläche der Körperzellen hinweg.

Bei räuberisch lebenden Wimpertierchen wird die vom Zellmund (Cystosom) aufgenommene Beute sofort in einer Nahrungsvakuole

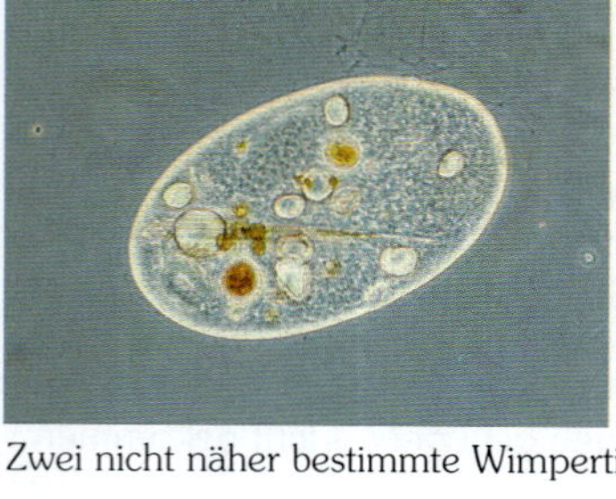

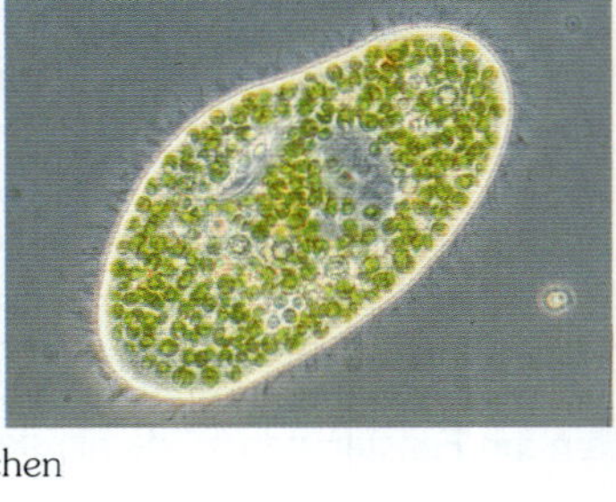

Zwei nicht näher bestimmte Wimpertierchen

eingeschlossen, während Strudler am Zellmund das eingestrudelte Material erst in einer Empfangsvakuole sammeln bis genügend eingestrudelt ist, und dann erst als Nahrungsvakuole vom Zellmund ablösen. Die aufgenommene Nahrung wird in Nahrungsvakuolen verdaut. Nahrungsvakuolen sind Bläschen, die im Zellplasma schwimmen, in denen die Nahrung eingeschlossen ist. Durch das Häutchen der Nahrungsvakuole gibt das Zellplasma Verdauungsstoffe ab, die die Beute abtöten und dann verdauen. Die Verdauungssäfte sind denen der Wirbeltiere bereits sehr ähnlich. Die Nährstoffe werden durch das Vakuolenhäutchen aufgenommen. Die unverdaulichen Reste werden vom Wimpertierchen zumeist am Zellafter abgegeben. Flüssige Abfallstoffe und überschüssiges Wasser werden von Pulsierenden Vakuolen aus dem Zellkörper geschafft. Die Pulsierenden Vakuolen ziehen sich regelmäßig zusammen und pumpen so die flüssigen Stoffe heraus, danach dehnen sie sich wieder aus.

Die geschlechtlichen Vorgänge erfolgen als Konjugation, wobei zwei Partner ihr Erbmaterial teilweise austauschen, oder als Kopulation, wobei die Partner auf Dauer miteinander verschmelzen.

Die Zucht der meisten Ciliaten erfolgt einfach im bekannten Heuaufgußverfahren. Im Heuaufguß entwickeln sich durch Fäulnis Bakterien, die wiederum von den Wimpertierchen gefressen werden. Sollen Wimpertierchen vermehrt werden, so müssen sie zuvor erst in das Zuchtgefäß gelangen. Dies wird am besten durch Zugabe von Wasser aus einem Teich oder Aquarium oder auch aus einem Filter erreicht. Die Kulturen müssen regelmäßig in frische Gefäße überführt werden. Anstelle von Heu haben sich besonders getrocknete Kohlrübenschnitzel mit etwa 1 cm Kantenlänge (einer pro Kulturglas) bewährt. So lassen sich regelrechte Massenkulturen erzielen, die natürlich rechtzeitig umgesetzt werden müssen. Die Zuchten können mit einem Tropfen Kondensmilch, die wiederum die Bakterienentwicklung fördert, nachgefüttert werden. Insbesondere Pantoffeltierchen sind ein bewährtes Erstfutter für viele Jungfische.

Ganzbewimperte (Holotricha)

Diese Wimpertierchen besitzen meist über den ganzen Körper gleichmäßig verteilte Wimpern, die auch um den Zellmund nicht auffällig vergrößert sind. Bemerkenswert ist der gleichmäßige und gut koordinierte Schlag der einzelnen Wimper im Gesamtverband.

Die geschlechtliche Vermehrung durch Konjugation erfolgt beispielsweise beim Pantoffeltierchen *Paramecium* so, daß sich zwei äußerlich gleiche Tierchen längs aneinanderlegen und ihre Zelleiber miteinander verschmelzen. Die Tiere schwimmen dabei gemeinsam genauso wie als Einzeltier weiter, sie nehmen aber keine Nahrung auf. In den Zellkernen gehen große Veränderungen vor sich. Die Großkerne lösen sich auf und die beiden kleinen Kerne teilen sich in zwei Schritten in je vier Kerne. Dabei reduziert sich das Erbmaterial von doppelten (diploiden) in einfache (haploide) Sätze. Von den je vier gebildeten Sätzen gehen drei zugrunde, so daß jeder Partner wieder einen Kern, aber nur mit einfachem Satz Erbmaterial (Chromosomen), besitzt. Diese Kerne teilen sich noch einmal und einer wandert jeweils in die Partnerzelle um sich dort mit dem verbliebenen Kern zu vereinigen. Hierin liegt der eigentliche Befruchtungsvorgang, bei dem ein neuer Kern mit doppeltem Satz Erbmaterial entsteht. Nun müssen sich die beiden Partner jeweils noch neue Großkerne schaffen, wofür sich der Kern noch einmal teilt. Einer wird so zum Kleinkern, der andere teilt sich vielfach und wird so zum (polyploiden, d.h. den Satz Erbmaterial vielfach enthaltenden) Großkern. Von diesem Vorgang der Konjugation gibt es bei den Arten vielerlei Abweichungen, da auch andere Kernzahlen und Kombinationen auftreten können.

Neben dem bekannten Pantoffeltierchen *Paramecium* zählt unter vielen anderen auch der gefürchtete Fischparasit *Ichthyophthirius* zu den ganzbewimperten Wimpertierchen. Mehrere Arten sind dem Pantoffeltierchen sehr ähnlich, so daß sie immer wieder mit ihm verwechselt werden.

Paramecium putrinum
Schmutz-Pantoffeltierchen

Unterordnung: Hymenostomata, **2. Gruppe:** Peniculina
Vork.: In stark verschmutzten Gewässern.

Soz. Verh.: Kann in großen Ansammlungen, jedoch ohne Beziehung der Tierchen zueinander auftreten.

Hält. B.: Haltung im Glas möglich.

ZU: Vermehrung durch Teilung, auch „sexuelle" Fortpflanzung (Konjugation).

FU: Bakterien.

Bes.: Ausgesprochener Zeiger für stark belastetes Wasser (Abwasser). Bei Massenvorkommen im Gartenteich muß die Ursache beseitigt werden.

T: 4-25°C, **L:** 0,12-0,14 mm, **WR:** alle, **SG:** 1

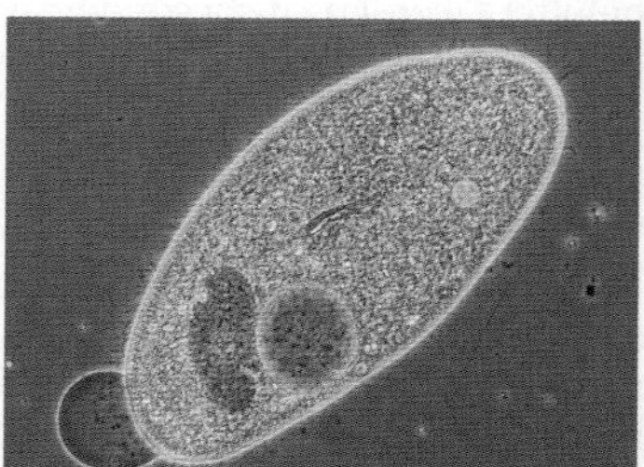

Paramecium putrinum
Schmutz-Pantoffeltierchen

Glockentierchen (Peritricha)

Die meisten Glockentierchen besitzen ein glockenförmiges Köpfchen und sind mit einem Stiel an einer Unterlage festgewachsen. So leben Arten der Gattung *Vorticella* einzeln auf einem zusammenziehbaren Stiel und bilden auf diese Weise manchmal Kolonien.

Der speziell für die Nahrungsaufnahme umgebildete vordere Bereich der Zelle ist zu einem scheibenartigen Feld erweitert. Dieses Feld, das Peristom, wird von einer spiralig linksgewundenen Wimperreihe umrundet. Eine innere Wimperreihe führt zum Grunde des Trichters. Dort werden die Nahrungsteile in Nahrungsvakuolen eingeschlossen. Als Nahrung nicht geeignete Stücke werden von den Wimpern fortgewirbelt.

Die festsitzenden Tierchen können sich auch ablösen und ihren Standort wechseln, hierzu bilden sie eigene Wimperschwimmkränze aus, die nach dem erneuten Festsitzen wieder eingeschmolzen werden. Am neuen Standort wird auch ein neuer Stiel gebildet.

Ihre festsitzende sessile Lebensweise hat einige Besonderheiten bei Teilung und Konjugation zur Folge. Im Gegensatz zu den meisten Wimpertierchen teilen sich die Glockentierchen nicht quer, sondern wie die Geißeltierchen längs. Oft sind auch Teilungen in Individuen unterschiedlicher Größe zu beobachten. Das größere bleibt dann am Stiel, während das kleinere, mit einem Schwimmwimperkranz versehen, sich ablöst und als Schwärmer ein anderes großes Glockentier aufsucht um eine Konjugation auszuführen. Die Konjugation ist bei den Glockentierchen einseitig, d.h. nur der Schwärmer bildet einen Wanderkern, der sich mit dem des ortsgebundenen Tieres vereinigt, auch der Zellkörper wird vom Partner aufgenommen. Dieser Vorgang ist einer Kopulation der Ganzbewimperten ähnlich.

Vorticella campanula
Glockentierchen

Vork.: In wenig verschmutzten Gewässern.

Soz. Verh.: Nicht koloniebildend.

Hält. B.: Haltung auch im Glas möglich, Wasserqualität beachten.

ZU: Vermehrung durch Teilung.

FU: Eingestrudeltes Plankton.

Bes.: Sessil lebend.

T: 4°-20°C, **L:** 0,05-0,15 mm, Stiel bis 0,7 mm, **WR:** alle, **SG:** 1

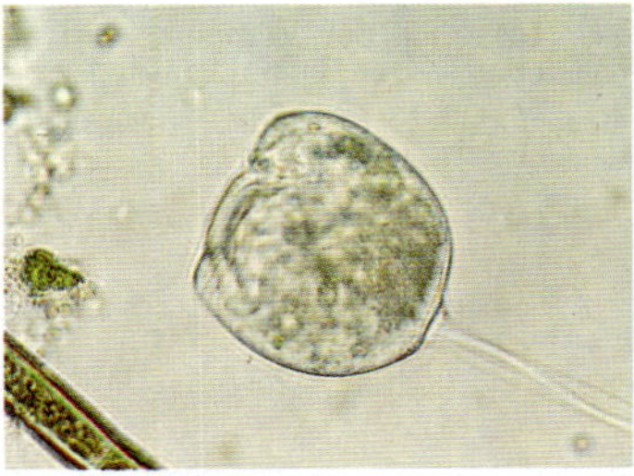

Vorticella campanula
Glockentierchen

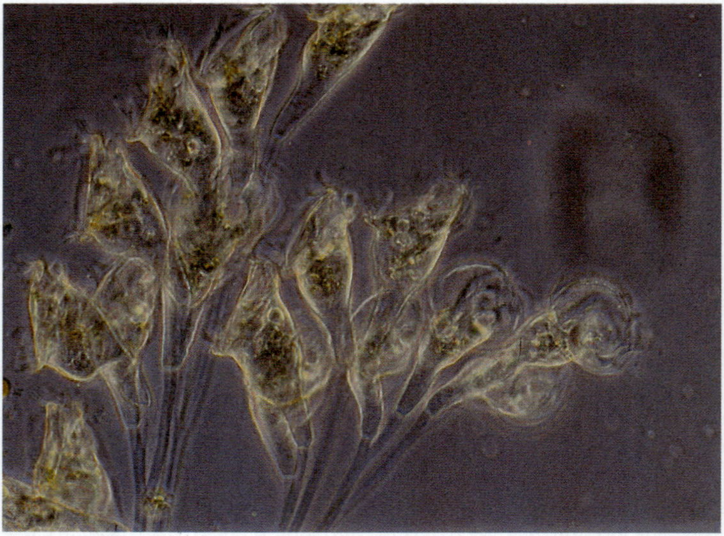

Carchesium polypinum

Carchesium polypinum **Schlamm-Glockenbäumchen**

Ordnung: Peritricha

Unterordnung: Sessilina

Vork.: In stark verunreinigten Gewässern.

Soz. Verh.: Bildet dichte Kolonien, die wie schimmelartige Beläge an Gegenständen und auf dem Schlamm wirken.

Hält. B.: Haltung auch im „Einmachglas" möglich.

ZU: Vermehrung durch Teilung.

FU: Mit Hilfe der Wimpern wird alle Nahrung passender Größe eingestrudelt (Bakterien, Algen, Detritus u.s.w.).

Bes.: Durch Fäden sind Gestaltveränderungen im Gehäuse möglich. Sessile Lebensweise.

T: 4°-20°C, **L:** 0,045-0,14 mm, **WR:** alle, **SG:** 1

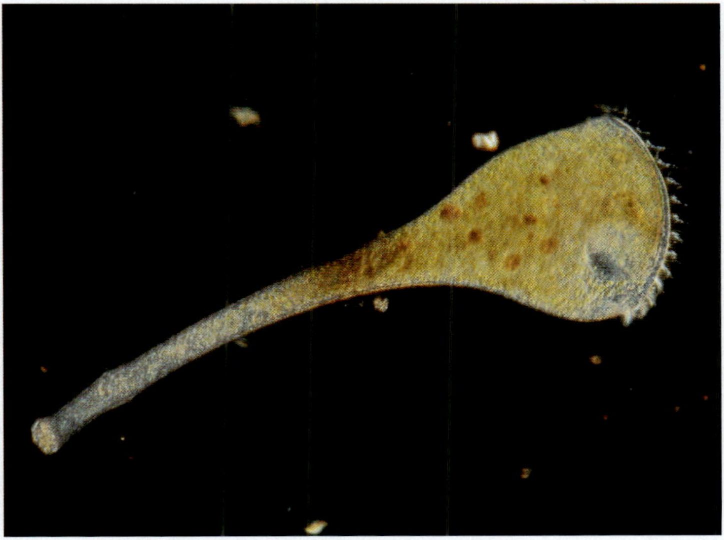

Stentor spec. im Dunkelfeld fotografiert.

Spiralwimperlinge (Spirotricha)

Bei den Spiralwimperlingen oder Spirotricha bildet das bewimperte Mundfeld wie bei den Glockentierchen eine Spirale. Diese ist hier jedoch rechtsgewunden, zudem sind die Wimpern zu zahlreichen Flimmerplättchen verklebt. Das Wimpernband dient der Fortbewegung und der Nahrungsaufnahme. Bekannte Vertreter sind die Trompetentierchen, *Stentor*. Die Vermehrung erfolgt wie bei den Glockentierchen (Peritricha).

***Stentor* spec.**
Trompetentierchen
Unterordnung: Heterotricha.
Hält. B.: Haltung in Glaskultur möglich.
ZU: Vermehrung durch Teilung.
FU: Bakterien, Algen.
T: 4°-20°C, **L:** 1-3 mm, **WR:** alle,
SG: 1

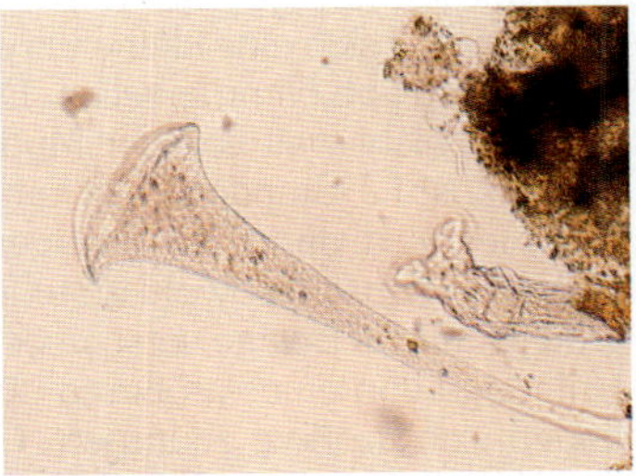

Stentor spec., Hellfeldaufnahme.

Schwämme (Porifera, Spongia)

Schwämme sind vielzellige Organismen, jedoch ohne echte Gewebe und ohne Organe. Die Larven der Schwämme haben zwei ursprüngliche Gewebeschichten, die während ihrer Entwicklung zur Außen-(Dermal-) und Innenschicht (Gastralschicht) der erwachsenen Tiere werden. Schwämme sind festsitzende Tiere, die Larven sind hingegen freischwimmend, pelagisch. Ihr Körper ist nur aus den beiden genannten Gewebeschichten aufgebaut. Die Zellen bilden, von Skelettnadeln gestützt, ein verzweigtes und in viele Kammern unterteiltes Hohlraumsystem. Es beginnt an der Schwammoberfläche mit Poren, bildet weite Kanäle und endet in größeren ausführenden Öffnungen, den Oscula. Ein wichtiges Schwammelement sind die Kragengeißelzellen (Choanocyten). Um eine größere Geißel herum findet sich ein zylinder- oder trichterartiger Kragen, der eine Art Reusensystem aus winzigen Härchen (Microvilli) darstellt. Durch die Bewegung der Geißel wird im Verein mit Nachbarzellen ein Sog erzeugt, der das Wasser von außen durch das Reusensystem zieht. Schwebeteilchen mit darin enthaltener Nahrung bleiben an der Außenseite des mit Schleim überzogenen Kragens hängen. Der Schleim wandert mit der Nahrung zum Kragenansatz und wird dort in die Zelle aufgenommen und verdaut. Nahrung, die von den Kragengeißelzellen nicht selbst verdaut wird, wird von amöbenähnlichen Zellen, den Amöbocyten, aufgenommen und im gesamten Schwamm verteilt. Ganze Gruppen von Kragengeißelzellen bilden die Geißelkammern und stehen durch das Kammersystem mit der Umwelt in Beziehung. Der durch die Kragengeißelzellen erzeugte Wasserstrom bringt neben der Nahrung auch das notwendige Frischwasser für die Atmung mit und entfernt beim Verlassen des Schwammes Abfallstoffe. Der von den Kragengeißelzellen erzeugte Wasserstrom transportiert zudem auch die Geschlechtsprodukte, die in umgewandelten Amöbocyten gebildet werden, nach außen. Aus dem befruchteten Ei entwickelt sich eine kleine Larve. Sie ist eiförmig und hat eine äußere Bedeckung von Flimmerzellen. Die Larven sind sehr lichtscheu, entfernen sich nicht weit von der Mutterkolonie und setzen sich bald, nach höchstens 12 Stunden, fest um eine neue Kolonie zu gründen. Im Sommer sind dann auf Zweigen und Steinen, auch auf Schilf und anderen Pflanzen, sowohl in stehendem als auch in fließendem Wasser, grau-grünliche Beläge verschiedener Form zu finden. Manchmal ist die Unterlage von einer größeren dünnen Schicht überzogen, andernorts finden sich größere Klumpen. Große Schwammkolonien überziehen Zweige mit 5 bis 6 cm dicken Schichten, die glatte Klumpen bilden oder

Spongilla lacustris, Geweihschwamm

Spongilla lacustris **LINNÉ** **Geweihschwamm**

Vork.: In allen Gewässertypen mit genügend Nahrung.

GU: Die Geschlechter sind nicht unterscheidbar.

Soz. Verh.: Bildet viele quadratzentimetergroße Kolonien. ♂♂ entleeren Samenzellen ins freie Wasser. Diese werden vom ♀ eingestrudelt und gelangen so zu den Eizellen. Aus den befruchteten Eiern entwickeln sich Larven, die etwa 12 Stunden schwimmen und dann neue Unterlagen besiedeln.

Hält. B.: Sauberes Wasser, planktonreich; besiedeln im Teich Laubbaumzweige.

ZU: Stoßen Wanderzellen (Amöbozyten) ab, die neue Unterlagen (Substrate) besiedeln, nachdem sie im Frühjahr aus den Überwinterungskörpern (Gemmulae) ausgekrochen sind.

FU: Planktonfiltrierer.

Bes.: Häufigster heimischer Süßwasserschwamm. Eine genaue Bestimmung ist nur nach den winzigen inneren Skelettnadeln möglich.
Bilden runde oder eiförmige Überwinterungs- und Vermehrungskörper (Gemmulae).

T: 4-27°C, **L:** Kolonien von 1-30 cm Ø, **BL:** 50 cm, **WR:** Substratsiedler, **SG:** 1-4 (verhungern im Aquarium leicht)

---

verzweigt sein können. Den Süßwasserschwämmen ist ein eigenartiger Geruch zu eigen, der auf Menschen und sicher auch auf Freßfeinde abschreckend wirkt. Wegen ihrer Unauffälligkeit werden Schwämme vom Menschen meist übersehen. Dennoch sind sie sicherlich ein interessantes Beobachtungsobjekt. Sie finden sich in Teichen mit mäßig belastetem Wasser, welches nährstoffreich, aber dennoch nicht durch zu hohen Fischbesatz stickstoffgeschädigt ist.

Hohltiere, Nesseltiere (Coelenterata, Cnidaria)

Die zu den Hohltieren zählenden Süßwasserpolypen oder Hydren sind meist festsitzende Tiere mit rund-symmetrischem Bau. Der Körper ist aus zwei Keimblättern, einer Außenschicht (Ectoderm) und einer Innenschicht (Entoderm), aufgebaut. Dazwischen liegt eine gallertartige Mittelschicht, die Mesogloea. Im Inneren der *Hydra* findet sich ein einziger großer Hohlraum, die Gastralhöhle, ein Magenraum. Die Fortpflanzung erfolgt vornehmlich ungeschlechtlich in Form von Teilung oder, häufiger, Knospung. Bei unvollständiger Abtrennung der Knospen bilden sich gelegentlich ganze Kolonien.

Die Süßwasserpolypen oder Hydren stehen auf einer höheren Organisationsstufe als die Schwämme. Hydren besitzen bereits sowohl Nervenzellen als auch Muskelelemente. Mit einer Fußscheibe klebt der Süßwasserpolyp an einer festen Unterlage oder am Oberflächenhäutchen des Wassers. Weiter besteht das Tier aus einem Rumpf, der den Magenraum umschließt, einer Mundscheibe mit der in der Mitte gelegenen Mundöffnung und den Tentakeln. Das sind lange runde Fangarme, die um die Mundscheibe herum angeordnet sind. Ein After fehlt.

Eine besondere Bildung aller Nesseltiere sind die Nesselkapseln. Sie entwickeln sich aus besonderen Bildungszellen, den Cnidoblasten. Die Nesselkapseln sind eine Art doppelwandiger Bläschen, deren innere Schicht von einer Stelle aus eine lange schlauchartige Einstülpung in den Hohlraum bildet. Dies ist der Nesselfaden, der so lang ist, daß er nur aufgerollt Platz findet. Bei den Hydren lassen sich drei Nesselkapseltypen unterscheiden: die Durchschlagkapseln (Penetranten), die Wickelkapseln (Volventen) und die Klebekapseln (Glutinanten). Die Durchschlagkapseln besitzen neben ihrer Wirkung als Spieße ein lähmendes Gift. Die Nesselkapseln stecken im Inneren der Nesselzellen (ursprüngliche Bildungszellen). Sie besitzen einen feinen Fortsatz, das Cnidocil, der in das Wasser ragt. Wird der Fortsatz durch ein Beutetier berührt, so explodiert die Nesselkapsel plötzlich und der eingestülpte Nesselfaden wird so kräftig ausgeschleudert, daß der Faden der Penetrante sogar den Panzer eines Wasserflohs durchschlagen und so das Gift injezieren kann. Die Volventenfäden umwickeln die Beutetiere, vornehmlich an den Borsten oder anderen Körperfortsätzen. Die Glutinantenfäden sind klebrig und dienen nicht dem Beutefang, sondern dem Anheften des Polypen bei der Fortbewegung. Die Nesselkapseln sind besonders reichlich in den Tentakeln vertreten. Die Beutetiere der Hydren sind in erster Linie Kleinkrebschen, aber auch Fischlarven werden verschlungen. Das Opfer wird mit den Tentakeln der Mundöffnung zugeführt, die sich über größere Beute regelrecht überstülpt. Im Inneren wird das Opfer verdaut. Die Reste werden über die Mundöffnung wieder ausgestoßen.

Ihre ausgesprochen große Regenerationsfähigkeit erreichen die Hydren durch undifferenzierte Zellen, die als sogenannte interstitielle Zellen zwischen den differenzierten Zellschichten liegen und an solchen Stellen, wo der Körper beschädigt wurde, entsprechend den Aufgaben des Organs, etwa als Tentakel, ausdifferenzieren. Die interstitiellen Zellen bilden auch die Knospen zur ungeschlechtlichen Vermehrung und sind Ausgangszellen zur Erzeugung von Ei- und Spermienzellen. Einige Süßwasserpolypen können kurzzeitig Zwitter sein. Dabei entwickeln sich zuerst die männlichen Geschlechtszellen. Regelrechte Geschlechtsorgane werden nicht ausgebildet. Die Hoden sind weißliche Gebilde, die sich an den Seiten des Körpers befinden. Die Eizelle hat eine amöbenähnliche Gestalt, sie ist sehr groß, da Nährzellen aufgenommen werden. Die Eizelle steht am freien Ende durch eine Öffnung mit dem Wasser in Verbindung. Durch diese Öffnung können Spermatozoen eindringen und die Eizelle befruchten. Aus dem Ei entwickelt sich ein fertiger kleiner Polyp, ein Larvenstadium ist bei Süßwasserpolypen nicht eingeschoben.

Hydra vulgaris **PALLAS**
Braune Hydra

Syn.: *Hydra grisea*

Vork.: In fast allen Süßgewässern Europas.

GU: Keine, siehe allgemeinen Text.

Soz. Verh.: Die Tiere treten bei zu reichlicher Fütterung im Aquarium oft massenweise auf.

Hält. B.: Haltung gut in Kultur möglich, siehe auch bei *Chlorohydra*.

ZU: Die Vermehrung geschieht durch Teilung oder Knospung.

FU: Planktonisches Lebendfutter wie Daphnien, *Artemia* usw., jedoch auch feines Flockenfutter und FD-Futtermittel. Die Hydren können kleinster Fischbrut gefährlich werden.

Bes.: Selten ist auch eine geschlechtliche Fortpflanzung zu beobachten, zumeist wenn die Lebensbedingungen schlechter werden.

T: 4-30°C, **L:** 1-2 cm, **BL:** 10 cm, **WR:** alle, **SG:** 1

Hydra vulgaris, Braune Hydra.

Chlorohydra viridissima, Grüne Hydra

Chlorohydra viridissima (PALLAS) **Grüne Hydra**

Syn.: *Hydra viridis*

Vork.: In klaren, stehenden, kühlen Gewässern. Vornehmlich zwischen Wasserpflanzen. Insbesondere in Waldteichen.

GU: Keine, Zwitter.

Soz. Verh.: Enthält symbiontische einzellige Algen.

Hält. B.: Klares, sauberes Wasser, möglichst gut bepflanzt und sehr gut beleuchtet.

ZU: Vermehrung durch Knospung. Siehe auch bei *Hydra vulgaris*.

FU: Wie *Hydra vulgaris*, ein Teil der Symbionten wird verdaut.

Bes.: Die Grünfärbung von *Chlorohydra* wird durch die symbiontisch im Inneren der *Hydra* lebenden Algen verursacht.
Es gibt bei uns im Süßwasser drei Hydren: Die umseitig genannte Braune Hydra (*Hydra vulgaris*), die hier beschriebene Grüne Hydra (*Chlorohydra viridissima*) und die Graue Hydra (*Hydra oligactis*). Letztere kann ihre Tentakeln bis zu 25 cm Länge ausstrecken. Hydren sind im Aquarium unerwünschte Gäste, sie werden jedoch nur kleinsten Fischen bis 1 cm Länge gefährlich. Die Bekämpfung ist mit Kupfersulfat möglich. Besser ist jedoch eine biologische Bekämpfung, im temperierten Aquarium zum Beispiel durch Honiggurami (*Colisa chuna*) oder Blaue Fadenfische (*Trichogaster trichopterus*). Gleichzeitig sollten die Futtergaben drastisch vermindert werden.

T: 4-30°C, **L:** 10-15 mm, **BL:** 10 cm, **WR:** alle, **SG:** 2

Plattwürmer (Plathelminthes)

Zu den Plattwürmern gehören die Strudelwürmer (Turbellaria), Saugwürmer (Trematodes) und die Bandwürmer (Cestodes). Die beiden letzteren Gruppen leben parasitär auf Haut oder Kiemen von Fischen und Amphibien oder im Darm von Wirbeltieren. Sie sind die Ursache verschiedener Krankheiten anderer Gartenteichbewohner. Hierzu werden im Kapitel Krankheiten der Fische noch Hinweise erfolgen.

Strudelwürmer, Planarien (Turbellaria)

Wie bereits aus dem Namen hervorgeht, sind die Plattwürmer zumeist stark abgeflacht. Die Oberfläche ist meist mit Wimpern dicht bedeckt. Der Darmkanal ist in einen vorderen und einen hinteren (verdauenden) Abschnitt unterteilt. Ein After fehlt den Süßwasserplattwürmern. Die Plattwürmer sind in der großen Mehrzahl Zwitter, also zweigeschlechtlich. Die Strudelwürmer (Turbellaria) sind frei lebende nicht parasitierende Würmer. Die Organe der Strudelwürmer sind in ein netzartiges spaltenreiches Gewebe eingebettet, das Mesenchym. Sie besitzen ein einfaches Nervenzentrum, einfache Augen, die Fortbewegung erfolgt mit Hilfe des bewimperten Hautmuskelschlauches. Diese Wimpern können bei kleinen Strudelwürmern zu Verwechslungen mit Wimpertierchen führen. Die Hautzellen produzieren zum Schutz vor Verletzungen einen giftigen Schleim, der auch Bakterien und Pilze fernhält. Der Schleim hinterläßt bei der Fortbewegung eine farblose Spur. Als weiterer Schutz dienen giftige Stäbchen, die in Drüsenzellen der Haut gebildet werden. Wegen dieser Schutzeinrichtungen werden die Plattwürmer nur von wenigen Fischen und nur bei Hunger gefressen.

Alle Strudelwürmer leben räuberisch. Sie fressen Aas, Detritus, sowie Boden- und Planktonalgen. Auch Schnecken- und Fischlaich nagen sie an und können so durch Massenvermehrungen zu argen Schädlingen werden. Die Fäkalien werden im Darm gesammelt und dann ausgespien. Nachdem der Darm entleert ist, wird mit Wasser nachgespült. Die Strudelwürmer vertragen lange Hungerperioden.

Zwar sind Strudelwürmer Zwitter, doch sind die männlichen und weiblichen Geschlechtsorgane streng voneinander getrennt. Paarung und Fortpflanzung erfolgen artspezifisch und verlaufen sehr unterschiedlich.

Strudelwürmer besitzen ein sehr großes Regenerationsvermögen. Ihre hartschaligen Dauereier überstehen lange Kälte- und Trockenperioden selbst unter extremsten Bedingungen.

Mesostoma lingua
Zungen-Strudelwurm

Mesostoma lingua

Vork.: Weit verbreitet im Schlamm von Seen, Tümpeln und Pfützen.

GU: Keine, Zwitter.

Soz. Verh.: Strudelwürmer sind zumeist Zwitter. Die Individuen besitzen sowohl männliche als auch weibliche Geschlechtsorgane. Erwachsene Tiere kopulieren wechselseitig, Selbstbefruchtung kommt nur in Ausnahmefällen vor.

Hält. B.: Ein veralgtes Kleinstaquarium genügt. Tote Wasserflöhe, *Tubifex* oder ähnliches dient als Nahrung. Auch Futterflocken werden gerne angenommen. Becken beschattet aufstellen und mit Verstecken (Steine, Holz) versehen, da die meisten Strudelwürmer lichtscheu sind.

ZU: Die Eier werden in Kokons abgelegt, sie verlassen den Wurm durch Aufplatzen der Körperwand. In Trocken- und Kälteperioden werden Dauereier gelegt, die sehr widerstandsfähig sind.

FU: K.; Aas, Detritus, auch räuberisch.

Bes.: Lebt im Bodenschlamm, nicht an Pflanzen. Der Körper ist mit einem dichten Wimperkleid bedeckt, der den Tieren den Namen gab. Lichtscheu.

T: 4-26°C, **L:** 9 mm, **BL:** 5 cm, **WR:** u, **SG:** 1

Schlauchwürmer (Nemathelminthes)

Rädertiere (Rotatoria)

Die Rädertiere sind sehr kleine Tierchen, die selten Größen von über ein bis zwei Millimeter erreichen. Der Körper ist von einer derben Haut bedeckt. Das Räderorgan setzt sich aus Wimpern zusammen und dient der Fortbewegung und insbesondere dem Nahrungserwerb. Das Hinterende des Körpers ist meist mit einem Fuß mit zwei Zehen versehen. Rädertiere sind getrenntgeschlechtlich, dabei ist das Männchen immer verkümmert und kleiner. Die Paarung erfolgt zumeist an einer beliebigen Stelle des weiblichen Körpers durch die Haut hindurch, nicht unbedingt an der Kloake. Das Auftreten der Männchen ist auf bestimmte Sexualperioden beschränkt. Es gibt zwei Weibchenformen, solche, die sich sexuell fortpflanzen, und solche, die unbefruchtete Weibcheneier produzieren. So gibt es drei Eitypen: Männcheneier, Weibcheneier und Dauereier. Sehr wenige Arten sind lebendgebärend. Rädertiere leben vornehmlich im Süßwasser, ein kleiner Teil im feuchten Moos.

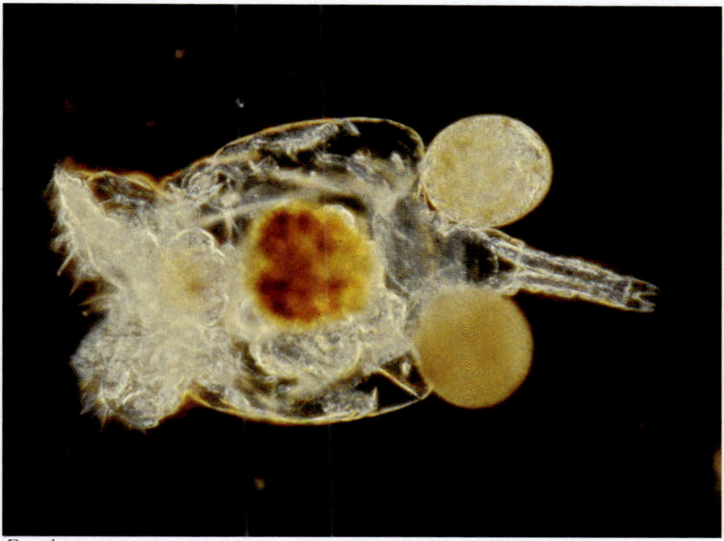

Brachionus spec.

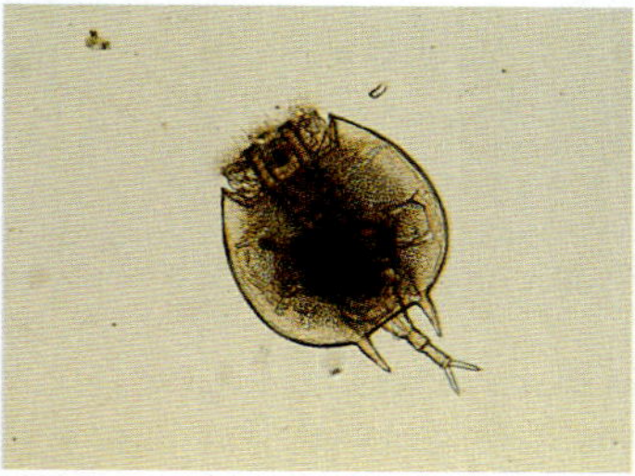

Brachionus angularis

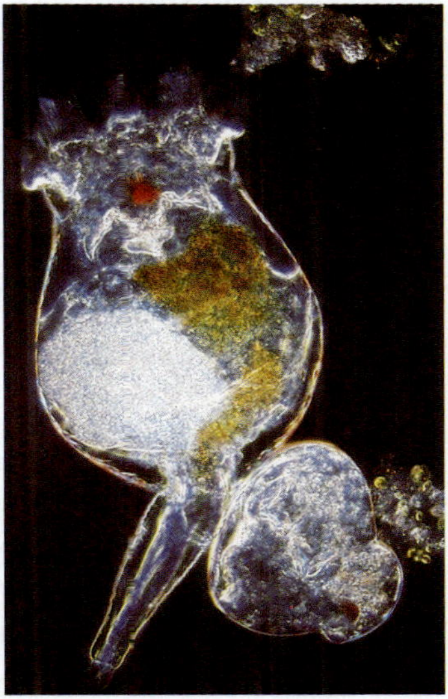

Brachionus rubens mit Eiern

Einige Fischarten laichen nur winzige Eier, aus denen Fischlarven von nur 1,5 - 3 mm Länge schlüpfen (z.B. Regenbogenfische). Diese können Rädertierchen als Aufzuchtnahrung nicht verdauen. In der Meerwasseraquaristik ist *Brachionus plicatus* als Aufzuchtfutter bekannt.

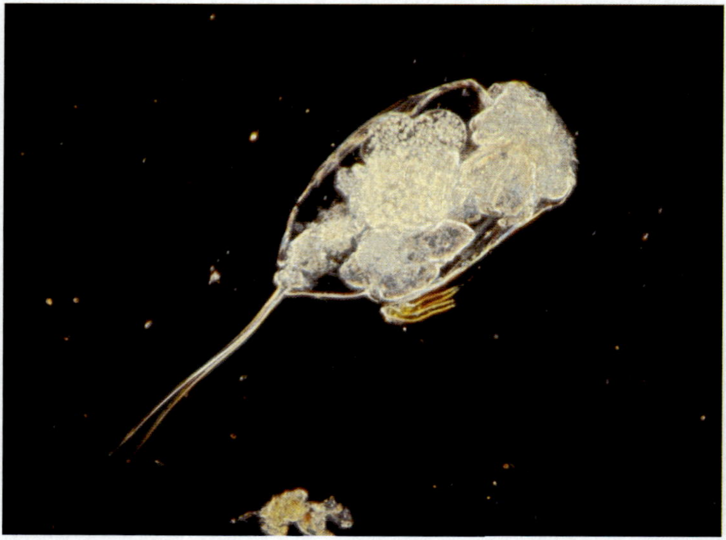

Eudactylota eudactylota

Brachionus spec., Eudactylota eudactylota, Floscularia spec. Keratella quadrata

Vork.: In allen Gewässern, sogar im Moos.

GU: ♂ sind sehr selten und nur bei etwa 10% aller Arten bekannt.

Soz. Verh.: Siehe ZU.

Hält. B.: Sauberes, unbelastetes Wasser. Nur schwache Wasserbewegung.

ZU: Die Vermehrung durch Jungfernzeugung (Parthenogenese) kann über viele Generationen erfolgen.
Generationswechsel: Aus den Eiern mit doppeltem (diploidem) Chromosomensatz entwickeln sich in der Regel diploide ♀. Umwelteinflüsse wie Vitamin E - Überschuß aus Grünalgen lösen sexuelle Phasen aus. Diese ♀ legen Eier mit einfachem (haploidem) Chromosomensatz. Aus diesen Eiern entwickeln sich haploide ♂. Diese ♂ können weitere nicht abgelegte haploide Eier befruchten, aus denen wieder diploide Eier entstehen. Diese Eier besitzen jedoch eine derbe Schale und überdauern als sogenannte Dauereier Kälte- oder Trockenperioden.

FU: O.; Feinstplankton, Aufwuchs, Detritus.

Bes.: Rädertiere besitzen immer die gleiche Zahl Körperzellen (Zellkonstanz). Gerade geschlüpfte Tiere haben also ebenso viele Zellen wie ausgewachsene. Größere Rädertierchenarten haben bis ca. 1.000 Zellen.
Rädertiere sind wegen ihrer Winzigkeit ein gutes Jungfischfutter, besonders in den ersten Tagen. Die Dauereier werden gelegentlich im Handel angeboten.

T: 4-25°C, **L:** bis 3 mm, **BL:** 10 cm, **WR:** alle, **SG:** 1

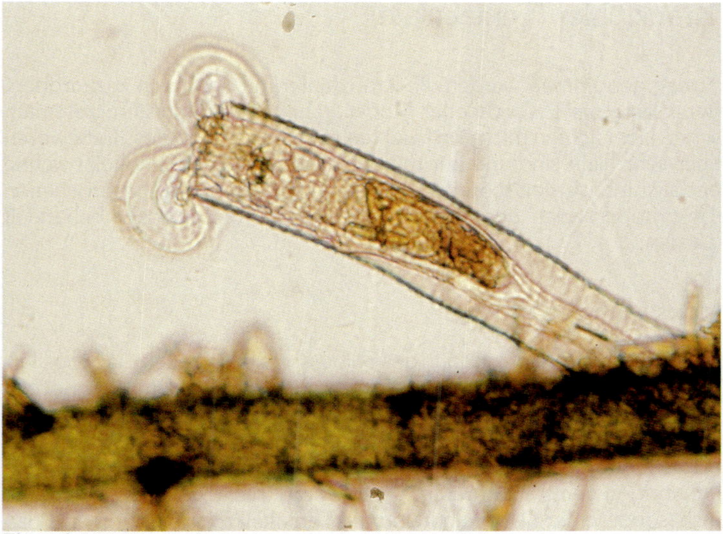

Floscularia spec.

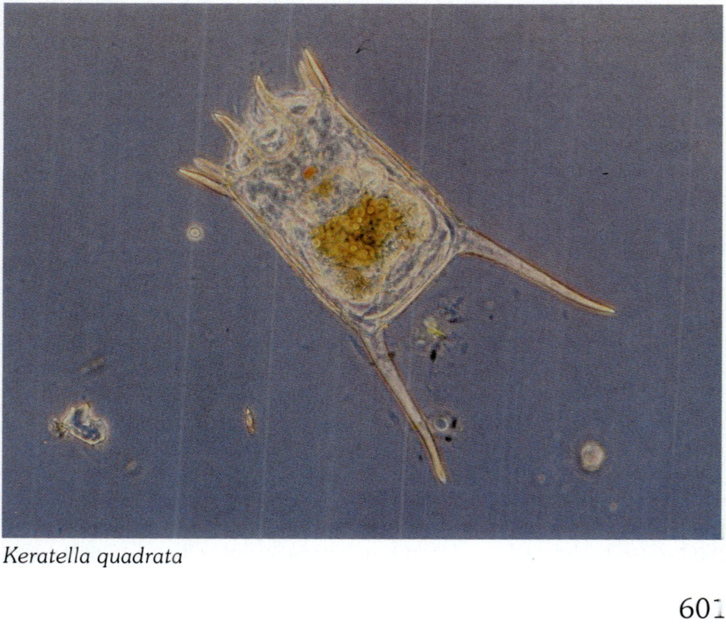

Keratella quadrata

Kranzfühler (Tentaculata)

Streng genommen werden die Kranzfühler mit der ihnen zuzuordnenden Klasse der Bryozoa oder Moostierchen in den meisten systematischen Übersichten nach den Insekten eingeordnet. Da diese Lebewesen aber sehr klein sind und nur mit der Lupe oder dem Binokular richtig beobachtet werden können, wie das bei den zuvor besprochenen Tiergruppen auch der Fall ist, sollen sie an dieser Stelle behandelt werden.

Moostierchen (Bryozoa)

Wie viele andere Tiergruppen des Süßwassers bilden auch die Moostierchen keine abgeschlossene systematische Gruppe. Die allermeisten Moostierchen leben in Kolonien, die oft aus vielen tausend Einzelindividuen zusammengesetzt und miteinander verbunden sind. Jedes Einzeltier besteht aus einer Körperwand, auch Zooecium oder Cystid genannt, in deren Innenraum, der Körperhöhle, die weiteren Organe, insbesondere der Darmkanal und die Tentakelkrone (zusammen Polypid) befestigt sind. Die Hülle wird von den Hautzellen als kalkige Schicht abgesondert. Diese Schicht kann mit Fremdkörpern besetzt oder glasklar sein. Die Tentakelkronen sind Strudelapparate, die dem Mund Nahrung zustrudeln. Die einzelnen Tentakel sind dicht mit drei Reihen Wimpern besetzt. Sie sind an ihrem Grund durch Membranen miteinander verbunden. Die Tentakel des äußeren Kranzes biegen sich nach außen, die des inneren nach innen. Die eingestrudelte Nahrung wird erst in der Rinne zwischen den Tentakelkränzen aufbewahrt, bevor sie in den Mund gelangt. Nicht als Nahrung geeignete Teile werden mit einer Lippe vom Mund festgehalten und entfernt. Alle Tiere und Algen passender Größe dienen als Nahrung, zudem wird durch die Tentakel ständig für die Atmung notwendiges frisches Wasser herbeigestrudelt.

Moostierchen sind Zwitter. Die Spermatozoen werden im Körperinneren gebildet, die Eier an der Hüllwand. Über die Befruchtung ist nichts Sicheres bekannt. Bei einigen Arten wird das Ei in der Leibeshöhle befruchtet und von einem knospenartigen Gebilde noch im Muttertier aufgenommen. Diese Eikammer umschließt das Ei und ernährt es. Nach etwa einem Monat hat sich aus dem Ei eine fertige Larve entwickelt. Die Larven sind freischwimmend. Nach warmen Sommertagen werden von großen Kolonien ganze Wolken von Larven entlassen. Diese Erscheinung ist aber sehr selten und dauert nur wenige Stunden, zudem werden die Larven meist nachts oder früh morgens ausgestoßen. Sie sind recht

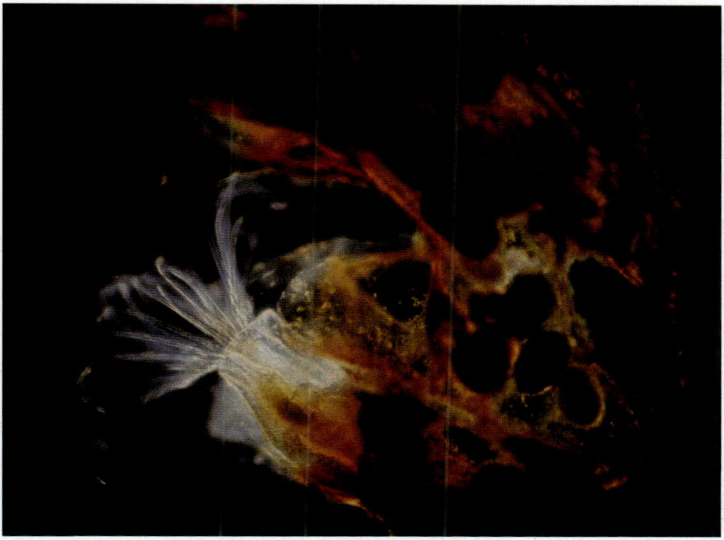

Cristatella mucedo, Gallert-Moostierchen, Einzeltier

***Cristatella mucedo* Cuvier** **Gallert-Moostierchen**

Vork.: In allen stehenden und sehr schwach fließenden Gewässern.

GU: Keine, Zwitter.

Soz. Verh.: Bildet Kolonien aus winzig kleinen Einzeltieren. Die gallertig durchscheinenden Kolonien sind meist 2 bis 5 cm groß. In seltenen Fällen treten bis 30 cm große Kolonien auf.

Hält. B.: Klares, aber planktonreiches Wasser mit schwacher Strömung sagt den filtrierenden sessilen Moostierchen am meisten zu.

ZU: Die Moostierchen sind Zwitter. Ihre Eier entwickeln sich im oberen Teil, die Spermien im Inneren nahe dem Magen. Die befruchteten Eier gelangen in eine Brutkammer. An warmen Sommertagen, zumeist nachts, werden die Larven entlassen. Sie schwärmen nur kurze Zeit, bis wenige Stunden, und setzen sich an geeigneten Substraten fest.
Häufiger ist die ungeschlechtliche Vermehrung durch Knospung. Die Überwinterung und das Überdauern von Trockenheit erfolgt in Form von Keimknospen (Statoblasten), die ungeschlechtlich entstehen.

FU: O.; planktische Pflanzen und Tiere passender Größen.

Bes.: Mit ihren entfalteten Tentakelkränzen gehören die Moostierchen zu den schönsten Tieren der Süßwasser-Mikrofauna.
Das eigentliche Moostierchen (Weichkörper - Polypid) vermag seine Wohnröhre (Hülle - Cystid) nicht zu verlassen. Bei Beunruhigung ziehen sie sich in ihr Gehäuse zurück.

T: 4-20°C, **L:** Kolonie 3-5 cm, **BL:** 20 cm, **WR:** u, m, **SG:** 2-3 groß, etwa ein bis zwei Millimeter lang. Die Larven sind mit einem bewimperten Mantel versehen, mit dessen Hilfe sie langsam rotieren und sich vorwärtsbewegen. In den Larven befinden sich bereits mehrere Individuen, also kleine Kolonien, die sich nur mehrere Zentimeter von der Mutterkolonie entfernt erneut ansiedeln.

Die ungeschlechtliche Vermehrung erfolgt durch Knospenbildung. Aufgrund ständiger Knospung vergrößert sich die Moostierchenkolonie, wobei die einzelnen Generationen der Knospen oft keine vollständig eigenen Cystidwandungen aufbauen und miteinander verbunden sind.

Die Kolonien überleben den Winter nicht. Die Polypide sterben im Herbst, sie dienen dann Zuckmückenlarven als Nahrung. Die Überwinterung erfolgt durch Statoblasten, die bereits im Frühsommer gebildet werden. Diese ungeschlechtlich entstandenen Statoblasten überdauern mehrere Monate Kälte- und Trockenzeiten. Nach langer Ruhezeit und in mindestens 10°C warmem Wasser knospen die Statoblasten aus, die Einzeltiere gründen neue Kolonien. Solche Kolonien können im Herbst sehr viele Statoblasten enthalten, durch das Zerfressen der alten Kolonien durch die Mückenlarven werden sie freigesetzt. Sie schwimmen auf und tragen so zur Verbreitung der Arten bei.

Die bekannten *Tubifex* gehören zu den Wenigborstern unter den Ringelwürmern.

Ringelwürmer (Annelida)

Die Ringelwürmer sind ein artenreicher Tierstamm, der sich dadurch auszeichnet, daß der Körper in zahlreiche durch Furchen abgegrenzte Segmente aufgegliedert ist, woher sich auch der Name ableitet. Es ist ein primitives Gehirn (Oberschlundganglion) vorhanden, an das sich ein bauchwärts gelegenes Strickleiternervensystem anschließt. Zu den Ringelwürmern gehören die Klassen der Polychaeta, die vorwiegend marin leben und hier nicht interessieren, sowie die in unserem Zusammenhang wichtigen Clitellata oder Gürtelwürmer.

Gürtelwürmer (Clitellata)

Die Klasse der Gürtelwürmer (Clitellata) gliedert sich in die beiden Ordnungen Wenigborster (Oligochaeta), zu der auch die dem Aquarianer wohlbekannten Schlammröhrenwürmer (*Tubifex tubifex*) und der Gemeine Regenwurm (*Lumbricus terrestris*) gehören. Die zweite Ordnung bilden die Egel (Hirudinea) mit drei Unterordnungen und jeweils einigen Familien. Von den Wenigborstern soll hier nur der auch im Zusammenhang mit dem Gartenteich bedeutsame *Tubifex* vorgestellt werden, von den weniger bekannten Egeln die für den Naturfreund interessantesten. Hinzu käme noch der Hunde- oder Rollegel (*Erpobdella octoculata*) mit einer Länge von bis 6 cm. Er dürfte die in unseren Tümpeln häufigste Art sein. Der Hundegel saugt hauptsächlich Wasserschnecken mit seinen kräftigen Schlundmuskeln aus. Auch vermag er mit seinen kräftigen Kiefernwülsten Stücke kleiner Beutetiere abzuklemmen. Er saugt sich auch auf der Haut des Menschen fest, kann aber wegen der fehlenden Bezahnung keine Wunden schneiden.

Allen Egeln ist gemeinsam, daß sich ihr Körper in 33 Segmente gliedert. Der Mund ist zu einer Haftscheibe ausgebildet, eine weitere Haftscheibe befindet sich hinter dem After. Mit Hilfe dieser beiden Haftscheiben können sich die Egel ähnlich wie eine Spannerraupe wellenförmig fortbewegen. Manche Tiere sind auch in der Lage, sich mit wellenförmigen Schwimmbewegungen waagerecht durch das Wasser fortzubewegen. Wer einen Egel von einer Tümpeltour mit nach Hause bringt, kann manche interessante Beobachtung machen. Als Lebensraum genügt schon ein Vollglasaquarium von 5-10 l Wasserinhalt.

Die Egel sind Zwitter. Sie können sich gegenseitig oder nur einseitig befruchten. Die Eier werden in Kokons abgelegt oder herumgetragen. Einige Egel betreiben echte Brutpflege, die jedoch je nach Art unterschiedlich ausgebildet ist.

Erpobdella octoculata LINNÉ **Hundeegel** oder **Rollegel**

Fam.: Pharyngobdellodae, Schlundegel

Syn: *Herpobdella octoculata*

Vork.: In Mitteleuropa in stehenden und fließenden Gewässern häufig.

GU: Keine, Zwitter.

Soz. Verh.: Gesellige Tiere, daher immer mehrere Exemplare pflegen. Im Winter sammeln sich ganze Gruppen unter Steinen an.

Hält. B.: Stellt kaum Ansprüche an die Hälterung. Ein kleines eigenes Aquarium mit Tümpelwasser sind die wesentlichen Pflegegrundlagen.

ZU: Die Eier werden in Kokons im Boden oder an Pflanzen abgelegt.

FU: Detritus, Pflanzenreste und Kleintiere verschiedener Art. Ist kein Blutsauger. Frißt mit Vorliebe (gefrorene) Rote Mückenlarven.

Bes.: Die Färbung der Rollegel ist sehr unterschiedlich, meist braun mit hellen Flecken. Der deutsche Name rührt von ihrer Angewohnheit her, sich oft zusammenzurollen. Die Rollegel gehören zu den Schlundegeln. Diese sind im Grunde gute Mitbewohner für das Gesellschaftsaquarium. Auch im Warmwasseraquarium sind die Egel sehr nützliche Tiere. Sie halten sich vornehmlich im Bodengrund auf. So hat man leider selten Gelegenheit, einmal einen von ihnen schwimmen zu sehen. Im Bodengrund, der nicht zu grob und zu scharfkantig sein darf, haben sie wichtige Aufgaben. Wo Schlundegel leben, können sich keine Schlammnester und Haufen faulender Futterreste bilden, es sei denn, es wird unsinnig viel gefüttert. Alles was freßbar ist, wird von den Egeln verarbeitet. Durch ihre Wühlerei im Bodengrund lockern sie diesen auf, ähnlich den Regenwürmern an Land, und beeinflussen das Pflanzenwachstum sehr positiv. Die Wurzeln der Pflanzen bleiben weiß und frei von Anhäufungen aus Pflanzenresten und Fischexkrementen. Besonders interessant ist, daß nie zuviele Egel im Aquarium zu finden sind. Wahrscheinlich vermögen sie sogar ihre Populationsdichte selbst zu regeln.

T: 4-24°C, **L:** 6 cm, **BL:** 20 cm, **WR:** u, **SG:** 1

Glossiphonia complanata (LINNÉ) **Großer Schneckenegel**

Fam.: Glossiphoniidae, Schneckenegel

Vork.: Recht häufig in stehenden und ruhigen, pflanzenreichen Gewässern.

GU: Keine, Zwitter.

Hält. B.: Kann leicht in jedem passenden Gefäß erfolgen, Schnecken dienen als Futter.

ZU: Wie bei *Piscicula*.

FU: Der Vorderdarm kann als Stechrüssel aus dem Mund herausgestülpt werden. Damit werden Schnecken angestochen und ausgesaugt.

Bes.: Der nahe verwandte Kleine Schneckenegel *G. heteroclita* wird nur 1 cm lang.

T: 5-30°C, **L:** 3 cm, **BL:** 40 cm, **WR:** alle, **SG:** 2

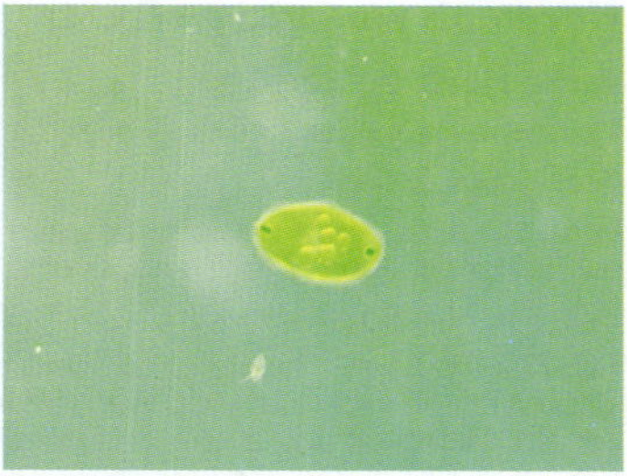

Erpobdella octoculata, Hundeegel, Rollegel, Ei- (oben) und Larvenkokons.

Glossiphonia complanata Großer Schneckenegel

Haemopis sanguisuga (LINNÉ) — Pferdeegel

Fam.: Hirudidae, Kieferegel

Vork.: In stehenden und fließenden Gewässern mit schlammigem Bodengrund.

GU: Keine, Zwitter.

Hält. B.: In Aquarien mit schlammigem Bodengrund oder auch Kies sind die Tiere bei passender Ernährung sehr ausdauernd.

ZU: Wie *Hirudo medicinalis*.

FU: Die Art kann, obwohl sie größer als der Blutegel ist, wegen des kleinen Maules keine Wunden in die Haut von Warmblütern „schneiden". Die Tiere ernähren sich von Larven, Würmern und allem, was sie unzerkaut bewältigen können.

Bes.: Der Pferdeegel wurde früher häufig mit dem südeuropäischen Rossegel (10 cm) *Limnatis nilotica* verwechselt. Diese Egelart befällt größere Warmblüter und dringt auch in die Nasenlöcher ein.

T: 5-25°C, **L:** 15 cm, **BL:** 60 cm, **WR:** u, **SG:** 2

Helobdella stagnalis (LINNÉ) — Zweiäugiger Plattegel

Fam.: Glossiphoniidae, Schneckenegel

Vork.: Häufig in stehenden und fließenden Gewässern.

GU: Keine, Zwitter.

Soz. Verh.: Zweiäugige Plattegel sind zuerst ♂♂, dann wechseln sie das Geschlecht und werden ♀♀ (proterandrische Hermaphroditen).

Hält. B.: Aquarien mit Kies und Schlamm als Bodengrund. Steine und Holz als Versteck- sowie Pflanzen als Klettermöglichkeiten anbieten.

ZU: ♂♂ kopulieren mit anderen ♂♂, speichern die Spermien und wechseln das Geschlecht. Das ♀ trägt nun die Eier am Bauch und behält sie ein bis zwei Wochen bei sich. Die geschlüpften 1 mm großen Jungen werden weiter getragen. Das ♀ fängt Würmer und reicht sie den Jungen zum Aussaugen. Mit etwa 6 mm Größe verlassen die Jungegel die Mutter.

FU: Saugt an Schnecken und Würmern (insbesondere *Tubifex*). Vermag, einmal vollgefressen, lange zu hungern.

Bes.: Das ♀ betreibt Brutpflege und füttert die Jungen. Junge Egel wechseln auch auf andere Egel, sogar auf solche verwandter Arten (siehe auch WIRTZ, P.: Aquarien Magazin, **21** (8): 320-322, 1987)

T: 4-22°C, **L:** 2 cm, **BL:** 10 cm, **WR:** alle, **SG:** 1

Haemopis sanguisuga Pferdeegel

Helobdella stagnalis Zweiäugiger Plattegel

Hirudo medicinalis Linné **Medizinischer Blutegel**

Fam.: Hirudidae, Kieferegel

Vork.: In sauberen Bächen, Flüssen und Teichen.

GU: Keine, Zwitter.

Hält. B.: In einem oben gut abgedeckten Aquarium mit sauberem, klarem Wasser über Kiesboden. So interessant die Haltung und Pflege dieses Tieres auch ist, so ist es doch nicht jedermanns Sache, die notwendige Nahrung in regelmäßigen Abständen zu „stiften". In Instituten werden die Egel auf „elegante" Weise mit Blut gefüttert: Eine Schweinsblase wird mit etwas Blut (vom Schlachter) gefüllt. Die Egel saugen das Blut nun durch die Blasenwand.

ZU: Zwei Tiere legen sich an Land mit den Bauchseiten gegeneinander. Eine ausstülpbare Körpertasche fungiert als Begattungsorgan und spritzt dem Partner die Spermien in eine scheidenartige Öffnung.

FU: Blut, insbesondere von Warmblütern. Es werden 10-15 ml Blut abgesaugt. Der Egel kann damit bis zu eineinhalb Jahre auskommen. Seine Speicheldrüsen scheiden Hirudin aus, dies verhindert die Gerinnung des Blutes bei der Nahrungsaufnahme.

Bes.: Es gibt zwei Unterarten: *H. medicinalis officinalis* aus Ungarn und *H. m. medicinalis*, die bei uns lebende Form. Die Blutegel sind in unserem Raum fast völlig ausgerottet. Für den medizinischen Gebrauch bietet der ungarische Blutegel Ersatz. Beide Unterarten lassen sich leicht unterscheiden: Der ungarische hat einen hellen Bauch, während dieser beim Echten Blutegel gefleckt ist, die letztere Form hat überdies sechs braune bis rötliche Streifen auf der Körperoberseite. Bei der anderen Unterart sind es deren nur vier.

T: 5-25°C, **L:** 15 cm, **BL:** 40 cm, **WR:** alle, **SG:** 2

Piscicola geometra (Linné) **Gemeiner Fischegel**

Fam.: Ichthyobdellidae, Fischegel

Vork.: In Fischteichen und allen reinen Naturgewässern.

GU: Keine, die Egel sind Zwitter mit sowohl einem Paar Eierstöcken als auch mehreren Hodenpaaren.

Soz. Verh.: Es können mehrere Tiere gemeinsam gepflegt werden.

Hält. B.: Die Tiere halten sich gern zwischen Ästen auf, von wo sie Fischen auflauern.

ZU: Die Verpaarung erfolgt anders als beim Blutegel. Es werden Spermienpatronen (Spermatophoren) gebildet, die dem Partner auf die Haut geklebt werden. Ein zellenauflösendes Enzym ermöglicht es, daß die Spermien durch die Haut bis zu den Eierstöcken gelangt. Die Paarung erfolgt im Wasser.

FU: Saugt Blut aus Fischen. Das geschieht wie beim Schneckenegel.

Bes.: Diese Egel leben bis zu einem Monat auf einem Fisch. Die Fischegel können die Erreger der Bauchwassersucht übertragen.

T: 4-25°C, **L:** 5 cm, **BL:** 40 cm, **WR:** alle, **SG:** 1

Hirudo medicinalis Medizinischer Blutegel

Piscicola geometra Gemeiner Fischegel

Gliederfüßer (Arthropoda)

Der Stamm der Gliederfüßer umfaßt arten- und zahlenmäßig die meisten Tiere unserer Erde. Wenn man frühere erdgeschichtliche Zeitalter nach ihren Hauptvertetern des Tierreichs benennt, z.B. das Zeitalter der Tintenschnecken mit den Amoniten und Belemniten, das Echsen-Zeitalter mit den Sauriern usw., so müßte unser Zeitalter trotz der charakteristischen Säuger eigentlich treffender als Zeitalter der Gliederfüßer bezeichnet werden. Zu ihnen gehören zum Beispiel die Spinnentiere, die Krebse, sowie alle Insekten. Insgesamt umfassen sie von den rund 1,2 Millionen bekannten Tierarten etwa 925.500, also über drei Viertel, und etwa eine Million sind noch unbeschrieben.

Kennzeichen der Gliederfüßer ist ein Chitinpanzer, der das ganze Tier umgibt und es vor Verletzungen und vor allem vor dem Austrocknen schützt. Deshalb konnten diese Tiere alle Lebensräume bis hin zu den Wüsten erobern. Nachteil einer derartig festen Außenhaut ist die Tatsache, daß sie nicht mit dem größerwerdenden Tier mitwachsen kann. Daher müssen sich alle Gliedertiere in einem komplizierten Prozeß mehr oder weniger häufig regelmäßig häuten. Der Name „Gliederfüßer" leitet sich davon ab, daß die paarigen Gliedmaßen gelenkig verbundene Chitinglieder aufweisen. Bemerkenswert sind auch die Komplexaugen vieler Gliederfüßer, die ein rasches Sehen im Fluge ermöglichen. Damit einher geht bei vielen Formen eine konzentrierung der Nerven zu einem Gehirn, das so komplexe Leistungen wie die Staatenbildung oder komplizierte Lebensabläufe ermöglicht.

Natürlich kann in diesem Rahmen selbst bei dem kleinen Auschnitt der in oder an Feuchtbiotopen unseres Raumes vorkommenden Arten nicht Vollständigkeit angestrebt werden. Immerhin soll aber versucht werden, die auffälligsten und charakteristischsten Formen vorzustellen.

Spinnentiere (Arachnida)

Die Spinnentiere stellen eine Tierklasse aus dem Stamm der Gliederfüßer dar, dessen Angehörige keine Flügel oder Antennen besitzen und luftatmend sind. Spinnentiere sind deshalb vorzugsweise Landtiere, nur wenige Arten haben den Weg ins Wasser gefunden. Zu den Spinnentieren zählen die Ordnungen der Afterskorpione (Pseudoscorpiones), Weberknechte (Opiliones), der Milben (Acari) und der Webspinnen (Araneae). Nur die beiden letzteren Gruppen haben in unserem Zusammenhang einige Bedeutung.

Milben (Acari)

Milben sind außerordentlich vielgestaltig und in der Regel nur sehr klein bleibend. Viele Arten sind Schmarotzer, bekannt sind die Zecken oder die Vorratsmilben, die Krankheiten übertragen können und sonstige Schäden anrichten. Daneben gibt es aber auch sehr auffällig und hübsch gefärbte und gezeichnete Vertreter. Uns interessieren hier in erster Linie die Wassermilben.

Wassermilben (Hydrachnellae)

Wassermilben sind in allen Gewässerformen anzutreffen. In Mitteleuropa sind es etwa 450 Arten. Sie leben in Teichen, Quellen, Flüssen und Seen. Überall sind Vertreter dieser Gruppe zu finden. Die kleinen, meist kugeligen, Tiere sind oft auffällig scharlachrot gefärbt oder lenken durch auffällige Körperzeichnung den Blick auf sich. Die Wassermilben sind in mehrfacher Hinsicht eine ungewöhnliche Gruppe. Sie sind, wie beispielsweise die Lungenschnecken oder die Wasserinsekten, vom Land ins Wasser eingewandert und besitzen deutliche Spuren ihres Ursprungs. Sie haben noch keine an das Wasserleben angepaßten Atemorgane entwickelt, leben meist als kriechende Bodentiere, und sind auch schlechte Schwimmer. Der Körper der Wassermilben ist ungegliedert, oft etwas flachgedrückt, manchmal aber seitlich zusammengepreßt. Ihre Haut ist dünn und chitinös. Wenige Arten besitzen einen Körperpanzer. Die Wassermilben sind immer getrenntgeschlechtlich. Bei den Männchen ist ein Paarungsorgan ausgebildet. Die spaltförmige Geschlechtsöffnung liegt auf der Bauchseite und ist von saugnapfähnlichen Gebilden umgeben. Die Wassermilben sind in erster Linie Räuber. Als Nahrung dienen Kleinkrebse (Wasserflöhe, Hüpferlinge), Schneckeneier und dünnhäutige Insektenlarven (Mückenlarven, junge Eintagsfliegenlarven). Manche greifen auch andere Milben an oder leben parasitär. Mit den Mundwerkzeugen bohren sie ein Loch in die Beute, dann wird diese ausgesaugt. Nur die Körperflüssigkeit wird von der Milbe aufgenommen, die ausgesaugte Hülle wird fallen gelassen.

Im Aquarium kann morgens hin und wieder die Paarung beobachtet werden. Da die Geschlechtsorgane der Arten sehr unterschiedlich ausgebildet sind, finden sich auch verschiedene Einrichtungen der Männchen zum Festhalten der Weibchen, und die Paarung erfolgt bei den Gattungen und Arten sehr unterschiedlich. Manche Milben übertragen die Spermien direkt, andere übertragen Spermatozoen-Bündel.

Ein paarungswilliges Männchen schlägt sein hinteres Beinpaar über den Rücken, dann versucht es auf die Bauchseite des Weibchens zu gelangen. Dort bringt es das Hinterende des Schwanzanhanges über die Geschlechtsöffnung des Weibchens. Die Verbindung ist sehr fest, so daß die Partner gemeinsam herumschwimmen. Die Bindung wird durch ein stark klebendes Sekret verursacht, das vom Männchen abgegeben wird. Das Männchen biegt die Beine ab, bewegt sich vor und rückwärts und hebt sich empor, worauf ein dünner Faden aus der Geschlechtsöffnung ausgeschieden wird. An der Spitze des Fadens befindet sich ein Bündel Spermatozoen. Dann macht das Männchen einige Schritte nach vorn, bis das Sperma über der Stelle liegt, an der die Körper von Männchen und Weibchen vereinigt sind. Hierauf folgen einige Drehbewegungen, wobei das Sperma in die Spalte zwischen den Körpern gelangt, von wo es in die weibliche Geschlechtsöffnung aufgenommen wird. Diese Übertragung von Spermien kann bis zu viermal erfolgen, die gesamte Paarung dauert bis zu zwei Stunden. Danach macht sich das Männchen mit Hilfe der Hinterbeine frei. Da die Paarungsverhältnisse der Arten sehr unterschiedlich sind, sind Abweichungen vom beschriebenen Muster nicht ungewöhnlich. Weil die Milben sehr klein sind, ist auch das Beobachten der Paarungen sehr schwierig.

Alle Wassermilben legen Eier, sie werden auf Unterlagen wie Blätter, Stengel oder Steine geklebt. Die meisten Arten legen 30 bis 70 Eier, die von einer Gallerte umgeben sind, die im Wasser aufquillt. Nach dem Eistadium durchlaufen die Milben fünf weitere Entwicklungsstadien. Im Eistadium wird eine dünne Eihaut gebildet, der Embryo macht im Ei eine erste Häutung durch. Aus der Haut kriecht das erste Larvenstadium der Milbe, es hat nur drei Beinpaare. Diese Larve lebt parasitisch und muß einen Wirt aufsuchen. Während des Schmarotzerlebens geht die Larve in ein erstes Puppenstadium über. Sie verliert alle Bewegungsorgane und der Körper rundet sich sack- oder birnenförmig und wächst sehr stark. Innerhalb dieser ersten Puppe entwickelt sich das zweite Larvenstadium. Dieses wird auch als Nymphenstadium bezeichnet. Es besitzt nun alle vier Beinpaare und ähnelt schon stark dem erwachsenen Tier, nur Geschlechtsorgane fehlen noch. Es kriecht aus der Haut des ersten Puppenstadiums und lebt nur für kurze Zeit frei. Früher oder später wandelt es sich in das zweite Puppenstadium. Dazu setzen sich einige Milbenarten mit dem Rüssel an Wasserpflanzen fest. Nach einiger Zeit sprengt die Milbe die Haut und kriecht nun als fertiges geschlechtsreifes Tier heraus. Dieser komplizierte Weg kostet oft viel Zeit. Oft muß in einem der Stadien überwintert werden. Auch von den beschriebenen Stadien können bei einigen Arten einige, bei anderen sogar alle entfallen. Genaue Untersuchungen dazu liegen nur wenige vor. Unter dem Mikroskop lassen sich an durchsichtigen Arten gut die inneren Organe beobachten.

Hydrozetes lacustris, Wasser-Hornmilbe

Hydrozetes lacustris — Wasser-Hornmilbe

Fam.: Oribatei

Syn.: *Notaspis lacustris, Acarus confervae*

Vork.: In stehenden Gewässern auf Algen und Moosen.

GU: Keine.

Soz. Verh.: Gesellig lebend.

Hält. B.: Aquarium mit Pflanzen sowie Wirtsinsekten und Schnecken. Aquarium gut abdecken, klettert gut!

ZU: Siehe bei *Piona*.

FU: K.; kleine Beutetiere werden ausgesaugt, die Hüllen fallengelassen. Larven parasitieren an Wasserinsekten oder Wasserschnecken.

Bes.: Die Wasser-Hornmilbe siedelt sich gern in Aquarienfiltern an.
Das Tier klettert gern, lebt auch in sehr feuchtem Moos unweit von Gewässern.

T: 4-20°C, **L:** 0,5 cm, **BL:** 20 cm, **WR:** o, **SG:** 2

Piona longicornis (O. F. Müller) **Schwimm-Milbe**

Vork.: In stehenden Gewässern, zeitweise zahlreich.

GU: ♂ kleiner.

Soz. Verh.: Die Milbenlarven parasitieren manchmal gesellig. Im Aquarium sind oftmals Paarungen zu beobachten. Das ♂ besteigt das ♀, klammert sich mit dem zweiten und vierten Beinpaar fest und überträgt ein Bündel Spermatozoen in die Geschlechtsöffnung des ♀.

Hält. B.: Zum Atmen müssen die Milben manchmal an die Wasseroberfläche. Pflanzen und Wirtsinsekten im Hälterungsbecken mitpflegen.

ZU: Die Eier werden an Steinen oder Wasserpflanzen abgelegt. Aus dem Ei schlüpft die sechsbeinige Milbenlarve. Diese schmarotzt an Wasserinsekten oder deren Larven. Sie durchbohrt den Chitinpanzer der Wirtstiere und zehrt von deren Körpersäften. Verwandelt sich das Wirtstier von der Larve zur Imago, so kann die Milbenlarve mit überwechseln. Mit Hilfe der Wirte werden die Milben verbreitet. Nach einiger Zeit verwandeln sie sich in Protonymphen, beinlose Dauerstadien (sackähnliche Gebilde). Innerhalb des ,,Protonymphensacks“ entwickeln sich achtbeinige Deuteronymphen. Ein weiteres Dauerstadium bilden die Tritonymphen, aus deren Häuten schlüpfen endlich die fertigen und geschlechtsreifen Milben.

FU: K.; Kleinkrebse, Milben, Kleininsekten und Schneckenlaich. Die Beute wird angestochen und ausgesaugt.

Bes.: Schwimm-Milben sind ausgesprochen gute Schwimmer.

T: 4-20°C, **L:** 2 cm, **BL:** 20 cm, **WR:** m, o, **SG:** 2

Porolohmannella violacea **Zangenmilbe**

Fam.: Halacaridae, Meeresmilben

Vork.: In Moortümpeln, zwischen Torf- und Quellmoosen.

GU: Keine.

Hält. B.: Benötigen weiches Moorwasser in einem nicht zu tiefen, reichlich mit Quellmoos bepflanzten Aquarium.

ZU: Siehe bei *Piona* und in der Kapiteleinleitung.

FU: K.; Parasit.

Bes.: Eine Süßwasserart der Meeresmilben (Halacaridae). Nichtschwimmende Art.

T: 4-20°C, **L:** 0,7 mm, **BL:** 20 cm, **WR:** m, o, **SG:** 2

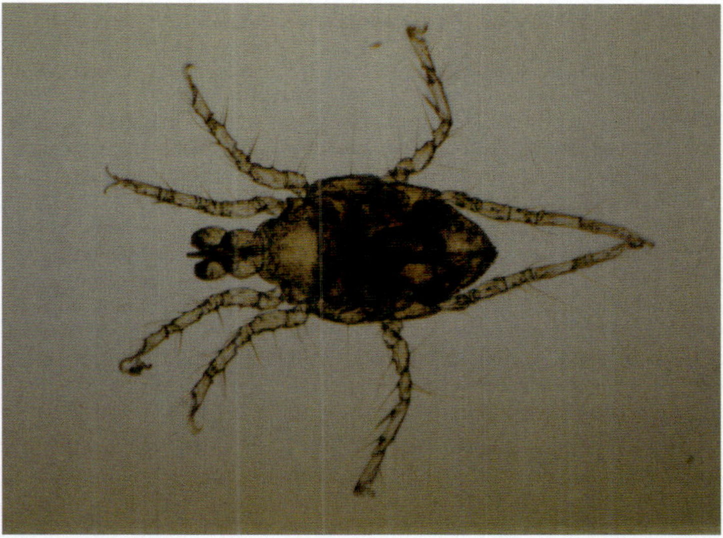

Piona longicornis Schwimm-Milbe

Porolohmannella violacea Zangenmilbe

Webspinnen (Araneae)

Die Webspinnen sind jene Spinnentiere, die auch der nicht näher sachkundige Naturfreund sogleich als typische Spinnen einordnet. Viele Webspinnen bauen in der Tat das charakteristische Spinnennetz. Die Spinnen sind bis auf Ausnahmen Landbewohner. Als einzige europäische Spinnenart verbringt die Wasserspinne ihr gesamtes Leben unter Wasser. Sie ist in ihrem Körperbau diesem Leben nur gering angepaßt. Ihr besonderes Haarkleid besteht aus zwei Typen ungleich langer Haare. Die zum Atmen notwendige Luft wird mit dem Hinterleib von der Oberfläche geholt und umgibt diesen dank der Haare als silberglänzende Luftglocke. Die Spinne baut mit Hilfe fein gewebter Netze und von der Oberfläche geholter Luft Luftglocken unter Wasser. Diese dienen ganz unterschiedlichen Aufgaben, so gibt es Ernährungs-, Wohn-, Häutungs- und Fortpflanzungsglocken. Auch spezielle Sommer- und Überwinterungsglocken werden gebaut.

Bei den Wasserspinnen ist das Männchen im Gegensatz zu anderen Spinnen größer als das Weibchen. Paarungswillige Männchen weben kleine walzenförmige Spermaglocken mit einem in der Mitte befestigten Faden. Auf diesen Faden setzt das Männchen seine Spermien, nimmt dann zwei Spermienpakete mit den Mundwerkzeugen auf und sucht ein Weibchen. Die Verpaarung erfolgt in der Unterwasserglocke. Das begattete Weibchen verstärkt die Unterwasserluftblase mit Pflanzenteilen und Sekret. Oben in der Luftglocke werden die Eier abgelegt und vom Weibchen in der unteren Kammer dieser Glocke bis zum Schlüpfen der Jungtiere etwa drei Wochen bewacht und mit Sauerstoff versorgt. Für einen weiteren Monat werden auch die Jungtiere noch gepflegt und mit Luft und Nahrung versehen. Diese häuten sich viermal, verlassen dann die Luftglocke und bauen sich eine eigene.

Die Überwinterung erfolgt in besonderen Überwinterungsglocken, junge Wasserspinnen spinnen auch leere und mit Luft gefüllte Schnekkenhäuser aus und überwintern darin. Manchmal können diese Schnekkenschalen durch die eingebrachte Luft sogar an die Wasseroberfläche emporgehoben werden. Die Spinnen können im Winter durchaus unbeschädigt völlig einfrieren.

Es handelt sich bei der Wasserspinne um die giftigste heimische Spinnenart. Da jedoch kaum Menschen mit ihr in Berührung kommen, dürften wohl in der freien Natur Unfälle extrem selten auftreten. Bei der Pflege im Aquarium, bzw. wenn man ein solches Tier zur Beobachtung ins Haus holt, ist jedoch diesem Umstand besondere Rechnung zu tragen.

Argyroneta aquatica, Wasserspinne

Argyroneta aquatica (CLERCK) **Wasserspinne**

Syn.: Falsche Schreibweise: *Agryoneta aquatica*.

Vork.: In den gemäßigten Zonen Europas; USA bis Japan; auch Neuseeland in zwei anderen Arten. Besiedelt pflanzenreiche, meist torfige Gewässer, sehr selten geworden.

GU: ♂ größer als ♀. Die Vorderbeine des ♂ sind etwa dreimal länger als die des ♀

Soz. Verh.: Gesellige Tiere. In einem Gewässerabschnitt finden sich meist mehrere Exemplare beieinander. Im Aquarium gehen sich die Tiere aus dem Wege.

Hält. B.: Artbecken. Die Tiere brauchen Ruhe, sauerstoffreiches Wasser und ein gut bepflanztes Kaltwasserbecken mit *Elodea* oder ähnlichen, sich verzweigenden Pflanzen. Die Tiere verlassen besonders in nördlichen Regionen längere Zeit das Wasser.

ZU: Siehe die Angaben auf der vorigen Seite.

FU: Die Nahrung wird im Überwassernetz gefangen und besteht aus kleinen Wasserinsekten und -larven, vielfach aus Wasserasseln (*Asellus*). Diese werden mit einem Biß getötet und das Innere aufgelöst, später ausgesaugt. Junge Spinnen nehmen Daphnien oder Mückenlarven. Der Freßakt erfolgt vornehmlich in einer speziell angefertigten Unterwasser-Luftglocke. Die Ernährungsglocken werden oft mit Stützspinnfäden verankert. Diese dienen zugleich als Fangnetz unter Wasser.

T: 5-20°C, **L:** 1-1,5 cm, **BL:** 50 cm, **WR:** m, o, **SG:** 3-4

Krebse (Crustacea)

Auch die Krebse gehören zum Tierstamm der Gliederfüßer und bilden dort eine der großen Tierklassen. Man rechnet mit etwa 25.000 Arten. Davon leben in unserem gemäßigten Klima nur ein kleiner Teil, aber auch das sind schon rund 525 Arten. Die Krebse sind nicht nur eine große, sondern auch eine sehr vielgestaltige Tierklasse. Der „typische“ Krebs hat 2 Paar Antennen und drei Paar Mundgliedmaßen, jedes Körpersegment kann Gliedmaßen tragen. Vielen Formen sieht man die Krebsverwandtschaft äußerlich gar nicht an, zum Beispiel parasitären oder festsitzenden Formen, und nur die Larven geben über die verwandtschaftliche Zugehörigkeit Auskunft. Die meisten Krebse leben im Wasser, nur einige Formen, wie die Asseln, sind nachträglich zu Landbewohnern geworden. In jeder Form von Feuchtbiotop gehören die Krebse zum festen Tierbestand. Sie stehen vielfach an erster Stelle der Konsumenten in der Nahrungskette eines Gewässers und ermöglichen erst größeren Formen die Existenz, man denke nur an die Wasserflöhe. Aus der Vielzahl der bei uns generell vorkommenden Krebse können hier lediglich einige wenige Formen vorgestellt werden. Die genaue Identifizierung vieler Arten ist nur dem speziell interessierten Fachmann möglich.

Kiemenfußkrebse (Anostraca)

Unter der Ordnung der Anostraca versteht man alle unbeschalten Kiemenfüßer. Ihr Körper ist deutlich in drei Abschnitte gegliedert, in Kopf, Brust und Schwanz oder Hinterleib. Weltweit sind nur etwa 100 Arten bekannt, in Mitteleuropa finden sich zusammen mit der nächsten hier behandelten Gruppe der Nostraca etwa 25 Arten, die zwar weit verbreitet, dennoch aber sehr selten sind. Sie finden und betrachten zu können, stellt einen großen Glücksfall für den Naturfreund dar. Der Kopf trägt zwei große Komplexaugen. Die Beine sind auffallend breit und flach, sie dienen dem Schwimmen und dem Aussieben des Wassers nach Nahrung. Männchen und Weibchen treten meist in gleicher Zahl auf. Die Eier sind sehr hartschalig und vertragen, ja benötigen, monatelange Trocken- und Kälteperioden. Die Eier werden vom Weibchen lange herumgetragen, dann werden sie in den Bodenschlamm gelegt. Aus den Eiern schlüpfen die Larven (Nauplien), die sich sehr schnell entwickeln und sofort nach Erreichen der Geschlechtsreife wieder fortpflanzungsfähig sind. Meist schwimmen die Anostraca mit der Bauchseite nach oben im Wasser, mit den Beinen und den Kiemen wird das Wasser gefiltert. Als Nahrung dienen Algen, Bakterien und Detritus.

Branchipus spec., eventuell handelt es sich hier auch um *Chirocephalus grubei*, den Frühjahrskiemenfuß.

Branchipus schaefferi FISCHER **Sommerkiemenfuß**

Syn.: *B. stagnalis*

Vork.: Alpenseen und -flüsse, Schmelzwassertümpel. Die verwandte Art *B. grubbii* kommt im Tiefland Ost-, Mittel- und Nordeuropas hauptsächlich in Waldtümpeln vor.

GU: ♂ größer als ♀ und mit Greifzangen. ♀ mit Eiersäcken.

Soz. Verh.: Gesellige Tiere. Nur für das Artbecken.

Hält. B.: Die Tiere lieben im Gegensatz zu *Artemia salina*, mit denen sie verwandt sind, kein Salz (NaCl), können dagegen Calciumsulphat bis 0,5 g/l gut vertragen. Klares, nitratarmes Wasser (nicht über 5 mg/l) und richtige Ernährung sind für die Haltung im Aquarium Voraussetzung. In den Gartenteich sollten die Tiere nicht gesetzt werden, dafür sind sie zu schade.

ZU: Die Art ist annuell. Dauereier überstehen Trockenperioden. Die Eier brauchen vorübergehende Trockenheit, um sich entwickeln zu können.

FU: Planktonische Algen des Freiwassers. Bei Nahrungsknappheit wird der Grund aufgewirbelt und Detrituspartikel aufgenommen.

Bes.: Eines der schönsten Kleintiere unserer Gewässer. Die elegante Schwimmweise mit den wellenartigen Bewegungen der Phyllopodenbeine sollte man einfach einmal beobachtet haben.

T: 5-15°C, **L:** 23 mm, **BL:** 40 cm, **WR:** m, u, **SG:** 2-3

Blattfußkrebse (Phyllopoda)

Zur Krebsordnung der Blattfußkrebse zählen so bekannte Formen wie die Wasserflöhe, aber - je nach Einordnung - auch derart seltene Formen wie die bei uns nur mit zwei Vertretern heimischen und zu den Notostraca zählenden Kiefenfüße, die wie Urweltvertreter aussehen. Erfreulicherweise gibt es unter den Blattfußkrebsen keine Parasiten, vielmehr zählen ihre Vertreter zu den wichtigsten Fischnährtieren.

Notostraca

Die in der Unterordnung der Notostraca zusammengefaßten Krebse erreichen Größen von 4 cm und mehr, bis zu 10 cm, ein Beispiel ist *Triops*. Der Körper wirkt flachgedrückt und der Rücken ist mit einem großen Rückenschild geschützt, der nur unten die Beine frei läßt. Die Mundwerkzeuge (Mandibeln) sind ausgesprochen kräftig und weisen auf Raubtiere hin. Sie leben von allen Tieren (Wasserinsekten, Würmern), auch relativ große, wie Kaulquappen, werden erbeutet. Sie schwimmen mal auf dem Rücken, ein anderes Mal auf dem Bauch. Sehr oft graben sie sich im Bodenschlamm ein. Die Männchen sind oft jahrelang nicht zu finden. Die Fortpflanzung erfolgt als Jungfernzeugung (Parthenogenese). Die Eier sind sehr hartschalig und überstehen monate- bis jahrelange Trocken- und Kälteperioden. Die Entwicklung geht sehr schnell, sie dauert vom Schlupf der Larve bis zur Geschlechtsreife nur etwa zwei Monate. Notostraken finden sich nur in kleinen, austrocknenden Pfützen mit reichlich Schlamm. Die Einordnung der Notostraca ist nicht ganz unumstritten. Manche Systematiker stellen sie nicht zu den Blattfußkrebsen, sondern näher zu den Anostraca.

Wasserflöhe (Cladocera)

Der Körper der Wasserflöhe ist von einer zweiklappigen Schale umschlossen. Sie besitzen vier bis sechs Brustbeinpaare. Die beiden Seitenaugen sind zu einem verschmolzen. Die Schalen der Wasserflöhe zeigen einige Eigentümlichkeiten, die wichtige Bestimmungsmerkmale darstellen. So laufen die Schalen von *Daphnia* hinten in einen Dorn aus, der verschiedener Länge sein kann. Die Ausbildung des Dorns und die Form des Panzers sind sowohl von Ort zu Ort als auch zu den Jahreszeiten bei ein und derselben Art unterschiedlich. Die Schale umschließt den Rumpf und den Schwanz, der nach vorne umgeschlagen ist. In Mitteleuropa leben etwa 90 Wasserfloharten. Die Wasserflöhe besiedeln alle Typen stehender Gewässer, von tiefen Seen bis zu kleinen Pfützen, auch in langsam fließenden Gewässern kommen Arten vor. Meistens finden sie sich im flachen Bereich nahe der Uferzone. Wasserflöhe sind Nahrungsspezialisten. In ihrem jeweiligen Lebensraum filtrieren sie Plankton, sieben Detritus, nagen am Aufwuchs der Wasserpflanzen, durchwühlen den Bodenschlamm oder gleiten filtrierend an der Unterseite des Wasserspiegels entlang. Im freien Wasser tiefer Seen sind nur wenige Arten zu finden.

Da ihr Chitinpanzer nicht wachsen kann, müssen sich die Wasserflöhe hin und wieder häuten. Dazu sprengt der Kopf zuerst die alte Körperhaut (Cuticula), die dann mit allen Borsten und anderen Anhängseln abgestreift wird. Während der Häutung vergrößern sich die Wasserflöhe und auch ihre Körperproportionen ändern sich. Bis zur Geschlechtsreife erfolgen fünf Häutungen.

Die Fortpflanzung geschieht in der Regel auf ungeschlechtlichem Wege. Die Weibchen erzeugen Eier, die nicht befruchtet werden und aus denen noch im Brutraum des Weibchens erneut junge Weibchen schlüpfen. Diese Vermehrung erfolgt sehr rasch und erklärt die Massenvorkommen, die manchmal in nährstoffreichen Gewässern auftreten können.

Erfolgt eine Verschlechterung der Umweltbedingungen, produzieren die Weibchen ebenfalls ungeschlechtlich Männcheneier sowie Dauereier, die von Männchen befruchtet werden müssen um zur Entwicklung kommen zu können. Die hartschaligen Dauereier verbleiben im Weibchen. Dieses überwintert unter dem Eis oder stirbt durch Austrock-nen oder Erfrieren ab. Im Frühjahr, bei Erwärmung und Wasserzufuhr, schlüpfen dann wieder Weibchen aus den Dauereiern, die sich erneut in großer Zahl geschlechtlich vermehren. Manchmal finden sich beim Fangen der Wasserflöhe die Dauereier im Netz. Sie sind je nach Art zu zweit bis vielen von einer Hülle umgeben, die die Reste des Rückenpanzers der Mutter darstellt. Diese Hüllen mit Eiern werden Ephippien genannt.

Die nachfolgende Vorstellung einiger Wasserfloh-Arten erfolgt alphabetisch in der Reihenfolge des Gattungsnamens und nicht etwa nach der verwandtschaftlichen Einordnung der Familien. Diese Einordnung ist nicht einfach. So wurden in der Vergangenheit Arten beschrieben und diese sogar in verschiedene Gattungen gestellt, die sich später lediglich als ökologische Formen oder jahreszeitlich bedingte Formen ein und derselben Art erwiesen. Vermutlich sind auch noch nicht alle Formen unserer heimischen Gewässer bekannt und beschrieben. Das kann aber insbesondere Aquarianer nicht daran hindern, gerade die Wasserflöhe als wichtigstes Balastfutter für die Fische zu fangen.

Triops cancriformis (Bosc) **Großer Rückenschaler**

Fam.: Triopsidae

Vork.: Stehende Randgewässer in Überschwemmungsgebieten Mitteleuropas bis Asien. In Deutschland selten, als wärmeliebende Form eher in Süddeutschland anzutreffen, z.B. Oberrheinebene.

GU: Carapaxschild der ♂♂ bis 2 cm und überwiegend grünlich, das der ♀♀ bis 4 cm lang und überwiegend bräunlich. ♀♀ mit "Eiern" zwischen den Kiemenblättern. In Deutschland kommen fast nur ♀♀ vor.

Soz. Verh.: Über das Sozialverhalten ist nichts bekannt. *Triops cancriformis* findet sich, vermutlich aufgrund der gleichen Lebensansprüche, jedoch häufig mit *Branchipus schaefferi*, dem Sommerkiemenfuß (Seite 621), vergesellschaftet.

Hält. B.: Annuelle Art, die im Aquarium nur ein paar Wochen bis Monate hält. Sollte man das Glück haben, daß es zur Eiablage kommt (schlammiger Bodengrund), so sollte das Becken 2-3 Monate kühl und trocken aufgestellt werden. Danach mit sauberem Regenwasser aufgießen. Aus den Eiern entwickeln sich innerhalb von Tagen kleine Krebse, die bei guter Ernährung mit planktonischen Algen schnell heranwachsen. Das Wasser sollte nach dem Aufguß aufgehärtet werden. Kalkhaltigen Bodengrund verwenden.

ZU: Legen Dauereier in den Schlamm austrocknender Gewässer. In Deutschland finden sich kaum ♂♂, daher erfolgt die Fortpflanzung hier vorwiegend parthenogenetisch.

FU: O.; Würmer, Insektenlarven, vorwiegend Detritus, Algen.

Bes.: Schon Goethe fand diesen Krebs nicht, obwohl er demjenigen Finder einen Taler versprach, der ihn in der Umgebung von Jena entdeckte. Noch vor 10 Jahren fand ihn Riehl hingegen in der Umgebung von Gießen (Hessen). Die Form hat sich seit 250 Millionen Jahren (Oberer Trias) unverändert erhalten. In Deutschland so gut wie ausgestorben.

T: 4-22°C, **L:** 8 - 10 cm, **BL:** 120 cm, **WR:** m, u, **SG:** 4

Limnadia lenticularis (Linné) **Großer Muschelschaler**

Fam.: Limnadiidae

Vork.: Mittel- und Osteuropa; mit Fischbrut auch zum Beispiel in Gewässer der Eifel eingeschleppt.

GU: Die ♀♀ tragen Eier an Verlängerungen des 9. bis 15. Beinpaares.

Soz. Verh.: Die „torkelnde" Schwimmweise ist sehr possierlich anzusehen. Vergesellschaftung mit allen annuellen, nicht räuberischen Arten, auch kleinen Fischen.

Hält. B.: In Teichen ohne Fische gut haltbar. Bei Fischbesatz werden diese Krebse schnell als gute Nahrung verspeist und damit wieder ausgerottet. Wirbeln den Bodengrund nach Freßbarem auf (Wassertrübung).

ZU: Annuelle, zweigeschlechtliche Art, die nur eine Generation im Jahr erlebt. Die Alttiere legen Eier und sterben im austrocknenden Gewässer ab. Im nächsten Frühjahr entwickeln sich aus den Eiern neue Tiere. Die Vermehrung in Fischteichen ist möglich, insbesondere solchen, die zwecks Abfischen abgelassen werden. Dort kommt es teilweise zu Massenvermehrungen.

FU: O.; Detritus, Plankton.

Bes.: Der kleinere Verwandte *Lynceus brachyurus* schwimmt frei im Wasser.

T: 4-20°C, **L:** 17 mm, **BL:** 80 cm, **WR:** u, m, **SG:** 2

Triops cancriformis

Großer Rückenschaler

Limnadia lenticularis

Großer Muschelschaler

Naturnahe Bäche wie dieser werden heute zunehmend seltener.

Bosmina longirostris MÜLLER
Rüssel-Wasserfloh

Vork.: Süßgewässer Europas. Im Freiwasser von Uferzonen in Seen und Teichen.

GU: ♂ seltener und kleiner als ♀.

Soz. Verh.: Getrenntgeschlechtlich, da die ♂♂ sehr selten sind, legen die ♀♀ unbefruchtete Eier.

Hält. B.: In Kleinstaquarien möglich. Algenwuchs und Plankton erforderlich.

ZU: Zur Fortpflanzung siehe bei *Daphnia pulex*, S. 630.

FU: Algen, Plankton.

Bes.: Dauereier werden durch Wasservögel verschleppt. So erfolgt die erfolgreiche Verbreitung.

T: 4-20°C, **L:** 0,6 mm, **BL:** 5 cm, **WR:** alle, **SG:** 1

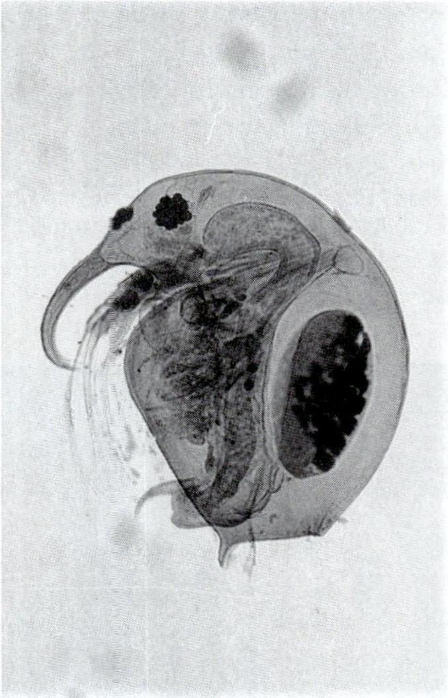

Bosmina longirostris

Das Tümpeln nach Wasserflöhen bringt den Aquarianer der Natur näher.

Ceriodaphnia reticulata (Jurine) — Netz-Wasserfloh

Fam.: Daphnidae, Wasserflöhe

Vork.: Nahrungsreiche Teiche und Tümpel. Verbreitete und häufige Uferform.

GU: ♂ kleiner und sehr selten.

Soz. Verh.: Gesellig.

Hält. B.: Sauberes, nur schwach bewegtes, algenreiches Wasser. Haltung und Beobachtung im Kleinstaquarium möglich.

ZU: Siehe bei *Daphnia pulex*. **FU:** H.; Algen, Plankton.

Bes.: Als Fischfutter gut geeignet.

T: 4-20°C, **L:** W bis 1,5 cm, **BL:** 10 cm, **WR:** alle, **SG:** 1-2

Wasserflöhe kann man auf Gazerahmen feucht transportieren.

Harpacticide

Chydorus sphaericus (MÜLLER)

Linsenkrebschen

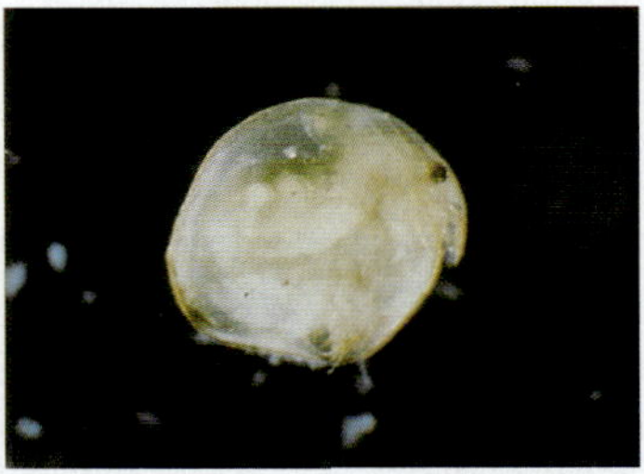

Chydorus sphaericus

Fam.: Chydoridae, Linsenwasserflöhe.

Vork.: Im Flachwasser aller Gewässer, sehr häufig nahe der Ufer.

GU: Die ♂♂ sind meist kleiner.

Soz. Verh.: Vergleiche *Daphnia pulex*.

Hält. B.: Siehe bei *Daphnia pulex*.

ZU: Wie bei *Daphnia pulex*.

FU: H.; Planktonfiltrierer.

Bes.: Häufigster Wasserfloh. In Mitteleuropa leben sieben einander sehr ähnliche Arten dieser Gattung. Die Tiere sind in der Körperfärbung sehr variabel. Eine auch für den Nichtbiologen verständliche Übersicht über die Chydoriden findet sich bei KRAUSE-DELLIN, Mikrokosmos, **80** (4): 103-108, 1991.

T: 4-22°C, **L:** 0,2-0,5 mm, **BL:** 10 cm, **WR:** alle, **SG:** 1

Daphnia pulex **DE GEER** **Wasserfloh**

Fam.: Daphnidae, Wasserflöhe

Vork.: Vorwiegend in stehenden Gewässern. Vegetationszone in Kleinteichen.

GU: Die selteneren ♂♂ bleiben kleiner.

Soz. Verh.: Gesellig.

Hält. B.: Die Kleinkrebschen lassen sich gut im Aquarium halten und beobachten. Zur Fütterung gibt man ein paar Tropfen Kondensmilch in das Wasser. Von den sich entwickelnden Bakterien leben wiederum die Wasserflöhe. Trockenhefe, falls vorhanden, eignet sich noch besser. Auch Flüssigfutter aus dem Zoofachgeschäft (z.B. Preis Microplan) eignet sich hervorragend.

ZU: Siehe auch Hält. B.. Neben einer ungeschlechtlichen Fortpflanzung (♀♀ legen unbefruchtete Eier) gibt es die geschlechtliche. Aus den unbefruchteten Eiern entwickeln sich ♀♀, eine Laichperiode später Dauereier. Unter bestimmten Umweltbedingungen können sich aus den Eiern ♂♂ entwickeln, die dann mit bestimmten ♀♀ zu einer geschlechtlichen Vermehrung schreiten. In der Regel überwintern einige ♀♀ mit wenigen Eiern und bringen im Frühjahr neue Nachkommen. In austrocknenden Gewässern wird der Fortbestand der Art durch Dauereier gesichert.

FU: Planktonische Algen. Durch Düngung der Teiche kann das Wachstum der Wasserflöhe sehr gefördert werden. Diesbezüglich gibt es viele Rezepte, die von Blut bis zu Milch reichen. Am besten hat sich Geflügelmist bewährt.

Bes.: Allen Aquarianern ist das Markenzeichen der Firma TETRA bekannt. Es stellt einen Wasserfloh dar. Mein Vater konstruierte das Zeichen 1952 mit Zirkel und Lineal exakt nach dem Vorbild. Das „Wasserflohzeichen" entstand aus der Überlegung heraus, daß alle Fische im Aquarium fast ausschließlich mit Daphnien ernährt wurden. Der Wasserfloh war damals das Hauptnährtier der Aquarienfische. Heute ist er kaum noch in Zoofachhandlungen zu finden. Die modernen Flockenfuttermittel haben ihn ersetzt, zum Fortschritt für die Aquaristik. Denn ohne Flockenfuttermittel aus Naturrohstoffen (Fisch, Garnelen, Pflanzen) gäbe es vielleicht nur 10% der heutigen Aquarianer. Die Wasserflöhe werden immer weniger, weil die urwüchsigen Kleingewässer immer mehr abnehmen. Dem Wasserfloh wurde bereits 1952 von Dr. BAENSCH ein Denkmal gesetzt. Sie, lieber Leser, sollten mit dafür Sorge tragen, daß der Wasserfloh eine Überlebenschance in unseren Gewässern hat. Teichanlagen im Garten, Umwelt- und Gewässerschutz sind dafür geeignete Beiträge. *

T: 4-20°C, **L:** M 2 mm, W 3,5 cm, **BL:** 10 cm, **WR:** alle, **SG:** 1-2

Wasserfloh mit Eiern in der Brutkammer.

* Der geneigte Leser möge mir diese privaten Zeilen verzeihen. (H.B.)

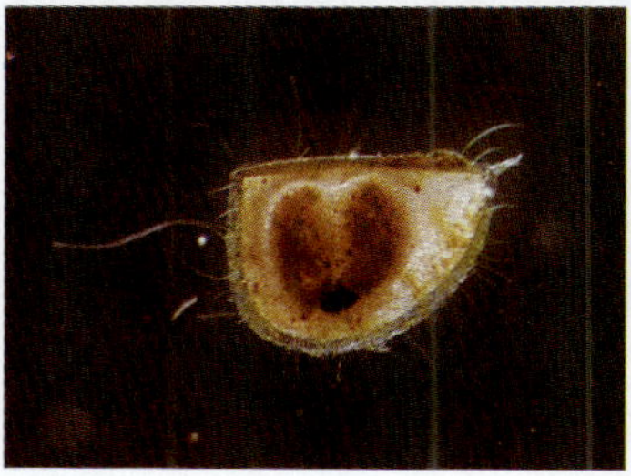

Wasserflöhe haben eine vielfältige und komplizierte Fortpflanzung (siehe den Abschnitt ZU). Hier sind verschiedene Stadien dargestellt.

Oben: *Daphnia pulex* mit Eiern im Brutraum. Die rötliche Farbe stammt von Karotineinlagerungen, für die die Grundstoffe mit der Nahrung aufgenommen wurden.

Unten: Dauerei, vom Ephippium umgeben.

Daphnia pulex im Dunkelfeld.

Diaphanosoma brachyura (Liévin) **Spring-Wasserfloh**

Fam.: Sididae

Syn.: *Daphnella brachyura*

Vork.: Häufig am Ufer größerer nährstoffreicher Seen und Teiche.

GU: Die selteneren ♂♂ (im Herbst auftretend) besitzen hinter dem 6. Beinpaar lange Kopulationsorgane.

Soz. Verh.: Gesellig.

Hält. B.: Siehe bei *Daphnia*.

ZU: Siehe auch *Daphnia*.

FU: H.; Kleinstalgen.

Bes.: Die zweite Antenne ist sehr groß und mit kräftigen Muskeln versehen. Sie verhindert das Absinken des Spring-Wasserflohs, so genannt nach seiner ruckartigen Fortbewegung im Wasser.

T: 4-20°C, **L:** M 2 mm, W 3,5 cm, **BL:** 10 cm, **WR:** alle, **SG:** 1-2

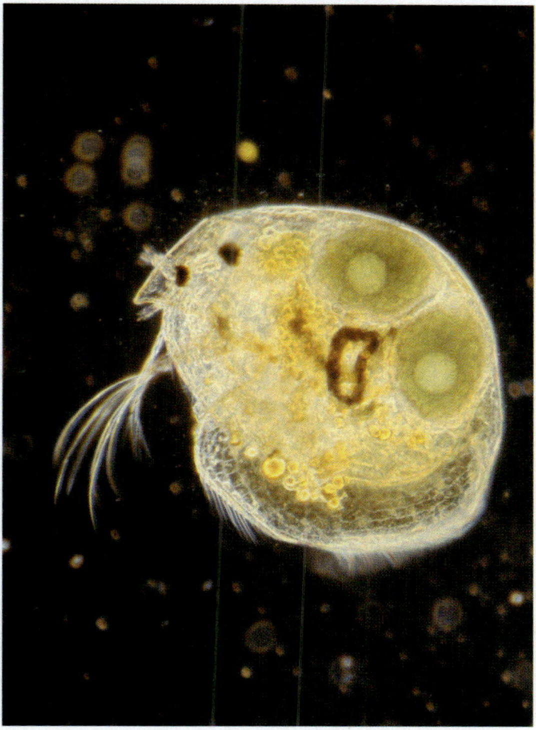

Eurycercus lamellatus (O. F. Müller) **Breitschwanzkrebschen**

Fam.: Chydoridae

Vork.: In ausdauernden Tümpeln und Teichen, vornehmlich zwischen den Wasserpflanzen.

GU: Keine

Soz. Verh.: Gesellig.

Hält. B.: Siehe *Daphnia*.

ZU: Siehe *Daphnia*, die Ephippien (Dauereierkörper) mit vielen (8 bis 12) Dauereiern.

FU: H.

Bes.: Sehr häufige Art, zu manchen Zeiten geradezu massenhaft. Als Fischfutter gut geeignet.

T: 4-20°C, **L:** 4 mm, **BL:** 10 cm, **WR:** alle, **SG:** 1

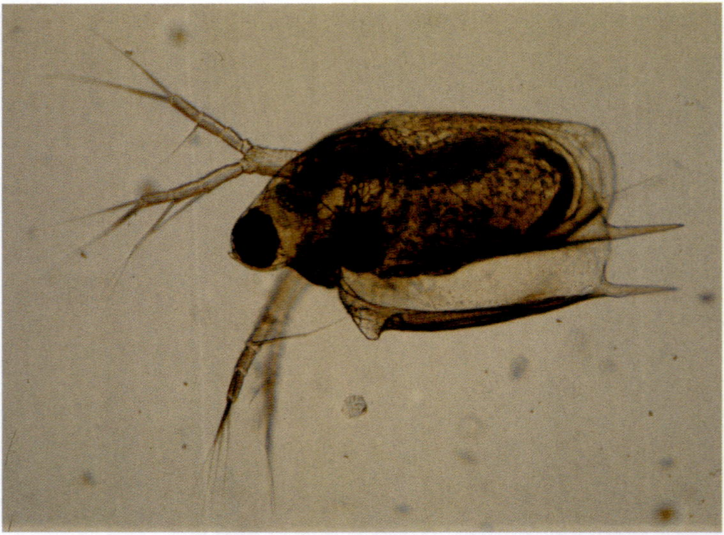

Scapholeberis mucronata, Kahnfahrer

Scapholeberis mucronata (O. F. Müller) — Kahnfahrer

Fam.: Daphnidae, Wasserflöhe

Vork.: Häufig in Kleingewässern und Uferzonen von Seen zu finden.

GU: unbekannt.

Soz. Verh.: Gesellig.

Hält. B.: Siehe *Daphnia*.

ZU: Siehe *Daphnia*.

FU: O.; Partikel des Oberflächenhäutchens.

Bes.: Die Kahnfahrer hüpfen nicht. Sie schwirren mit Hilfe der mit Ruderborsten besetzten zweiten Antennen im Wasser herum. Oft hängen sie mit Hilfe von winzigen Härchen mit dem waagerechten Rücken am Oberflächenhäutchen und schwirren und kreisen daran entlang.

T: 4-25°C, **L:** 1 mm, **BL:** 10 cm, **WR:** o, **SG:** 2

Scapholeberis mucronata, Aufsicht.

Muschelkrebse (Ostracoda)

Der gesamte Körper der Muschelkrebse ist von zwei Hautfalten umschlossen, die vom Körpervorderteil ausgehen und den Krebs vollständig umschließen. Da der Körper von der zweiklappigen Schale umgeben ist, gleichen die Muschelkrebse äußerlich sehr kleinen Muscheln, mit denen sie aber keine weiteren Gemeinsamkeiten besitzen. Die Hautfalten sind durch Kalkeinlagerungen derart verstärkt, daß die harten Tiere nur von wenigen Feinden als Beute angenommen werden. Der Körper besteht aus den Abschnitten Kopf und Rumpf, eine Gliederung fehlt jedoch. Es finden sich sieben Paar Gliedmaßen, der Körper endet meist in einer Schwanzgabel. Muschelkrebse sind getrenntgeschlechtlich, doch ist Vermehrung ohne vorhergehende Befruchtung (Parthenogenese) häufig. Aus dem Süßwasser Mitteleuropas sind etwa 100 Arten bekannt. Die Nahrung ist von Art zu Art unterschiedlich. Sie leben von Aas, Pflanzenresten, Algen oder Mulm (Detritus). Manche filtern die Kahmhaut der Wasseroberfläche nach Bakterien durch.

Weil die Schalen der Muschelkrebse auch fossil gut erhalten sind, haben sie als Leitfossilien für die Wissenschaft große Bedeutung.

Heterocypris incongruens **Schmutziggelber Muschelkrebs**

Vork.: Häufig in kleinen Gräben, Tümpeln und Teichen.

GU: Keine.

Soz. Verh.: Unbekannt.

Hält. B.: Bodentiere, die zur Ernährung Zier- oder Fadenalgen benötigen. Stellen keine Ansprüche an Haltung und Wasser.

ZU: Bezüglich gezielter Zucht ist nichts bekannt, zur Fortpflanzungsbiologie siehe Kapiteleinleitung.

FU: H.; Algen.

Bes.: Schwimmen auf merkwürdige Weise mit einander entgegenschlagenden Antennenpaaren, so daß sie sich geradlinig und nicht hüpfend fortbewegen. Manchmal werden Muschelkrebschen mit *Artemia*-Eiern eingeschleppt. Die hartschaligen Krebschen werden von Fischen jedoch verschmäht.

T: 4-22°C, **L:** 1,6 mm, **BL:** 5 cm, **WR:** u, **SG:** 1

Heterocypris incongruens

Ruderfüßer, Hüpferlinge (Copepoda)

Der Körper der freischwimmenden Hüpferlinge läßt sich in drei Abschnitte gliedern, in ein Kopf-Bruststück, die Brust und den Hinterleib. Bei *Diaptomus* sind, abweichend von diesem Schema, eigentlich nur zwei Abschnitte vorhanden, ein Vorder- und ein Hinterleib. Die Tiere bewegen sich vor allem in kleinen Sprüngen vorwärts, was ihnen zu der Bezeichnung Hüpferling verholfen hat. Die hüpfende Fortbewegungsweise der Copepoden wird durch Blutdruckänderungen zwischen Körper und Antennen ermöglicht. Das letzte Hinterleibssegment trägt eine Schwanzgabel (Furca), die aus zwei mit Borsten versehenen Anhängen besteht. Die Tiere haben nur ein Auge, das vorne mittig am Kopf sitzt.

Die Hüpferlinge sind getrenntgeschlechtlich, doch sind bei einigen Arten die Männchen äußerst selten. Die Weibchen können sich parthenogenetisch, also ohne vorhergehende Befruchtung, fortpflanzen. Die Männchen sind meist anders als die Weibchen gestaltet, häufig sind sie äußerst klein (Zwergmännchen). Der Samen der Hüpferlings-Männchen wird in Spermatophoren abgegeben. Ein reifes Männchen sucht ein Weibchen auf und umschlingt es mit der rechten Antenne. Dann nimmt es die austretende Spermatophore mit dem hinteren Beinpaar und zieht sie aus dem Körper. Danach wird die Spermatophore in der Nähe der weiblichen Geschlechtsöffnung befestigt. Die Befruchtung der Eier erfolgt erst in der Geschlechtsöffnung oder knapp außerhalb, wenn sie mit dem Sperma in Kontakt gelangen. Die austretenden Eier sind meist rot und färben sich später grünlich oder schwarz. Sie sind von einem hellen Sekret umgeben. Die Eier werden vom Weibchen bis zum Ausschlüpfen getragen. In austrocknenden Gewässern werden die Arten meist durch Dauereier erhalten.

Die ausschlüpfenden Larven sind noch völlig anders gestaltet als die Eltern, man bezeichnet sie als Nauplien. Sie häuten sich mehrfach und nehmen nach jeder Häutung mehr die Gestalt erwachsener Tiere an. Überdies wächst die Larve nach jeder Häutung und es kommen mehr Beinpaare hinzu.

Die Lebensdauer der Krebschen ist unterschiedlich, Novemberwürfe werden über den Winter bis zu neun Monate alt. Zur warmen Jahreszeit leben die Tiere wesentlich kürzer. Außer über 1.000 Meerwasserarten sind nur etwas über 100 Arten Hüpferlinge aus dem Süßwasser Mitteleuropas bekannt. Hüpferlinge sind ein begehrtes Jungfischfutter, doch können einige räuberische Arten der Brut gefährlich werden. Andere Formen gibt es, die ein parasitisches Leben führen, darunter solche, bei denen die Krebsgestalt gar nicht mehr recht erkennbar ist, zum Beispiel *Lernaea*.

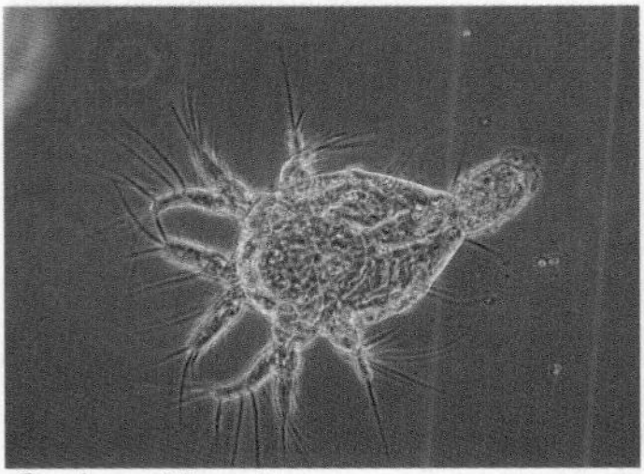
Cyclops-Nauplie

Cyclops strenuus, Hüpferling

Cyclops strenuus Fischer **Hüpferling**

Fam.: Cyclopidae

Vork.: Süßgewässer auf der ganzen nördlichen Halbkugel.

GU: Die ♀ tragen Eisäckchen (siehe Foto). Die ♂♂ sind selten.

Soz. Verh.: Unbekannt.

Hält. B.: In Gefangenschaft sind *Cyclops* meist haltbarer als Daphnien, doch kann man sie nicht so einfach füttern wie jene.

ZU: Die Zucht in Gefangenschaft ist nicht einfach und lohnt sich auch nicht. Zur Fortpflanzung umgreift das ♂, wie im Einleitungstext bereits dargestellt, ein ♀ mit der rechten Antenne. Die hinteren Beinpaare befördern eine Samenkapsel zur Geschlechtsöffnung des ♀. Durch Aufquellen der Kapsel preßt sich der Samen heraus und gelangt zu den Eiern.

FU: Mit ca. 3.000 Schlägen pro Minute arbeiten die beiden Antennen und die Mandibeln und filtrieren damit das Wasser zum Nahrungserwerb. Diese Nahrung besteht vorwiegend aus Diatomeen (Kieselalgen). Die *Cyclops*-Nauplien lagern rot gefärbte Öle, besonders auch Carotine, ein.

Bes.: *Cyclops* stellen sowohl für Teichfische als auch für Aquarienfische ein wichtiges Futter dar. Sie spielen besonders wegen ihrer Vermehrungszeit, die hauptsächlich im Winter liegt, wenn anderes Lebendfutter knapp ist, eine große Rolle. Der Nährwert für die Fische ist gegenüber Daphnien weit höher einzuschätzen.

T: 4-26°C, **L:** 1 mm, **BL:** 5 cm, **WR:** alle, **SG:** 1

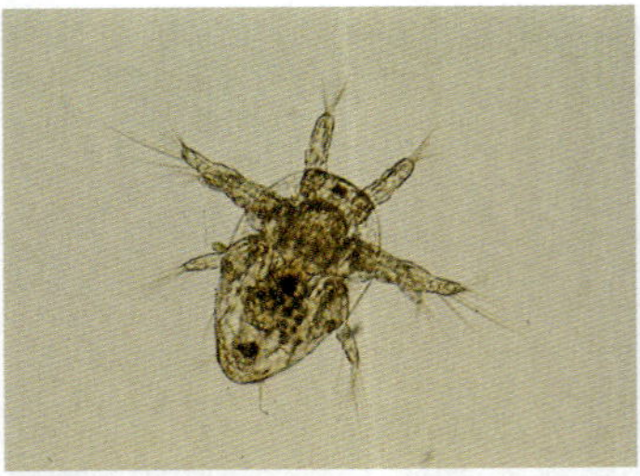

Diaptomus-Nauplie

Diaptomus castor

Diaptomus castor JURINE **Roter Hüpferling, Roter Schwebekrebs**

Fam.: Centropagidae, Schwebekrebse

Unterfam.: Calanoidea

Vork.: Häufig in Gräben, Tümpeln und Wasserlöchern zu finden, charakteristisch für austrocknende Kleingewässer.

GU: ♂♂ sehr selten und deutlich kleiner als die ♀♀. Die rechte Antenne der ♂ ist zum Greiforgan umgewandelt um die ♀♀ damit festzuhalten. ♀♀ oft mit Eisäckchen.

Hält. B.: Die Hälterung ist im Kleinstaquarium möglich. Planktonische, schwebende Algen als Nahrung anbieten (am Fenster aufstellen).

ZU: Siehe auch bei *Cyclops*. Besonders *Diaptomus* produzieren Dauereier. Aus diesen schlüpfen im Winter unter dem Eis die Nauplien, die sich dort manchmal in großen Mengen finden. Die Jungtiere werden im Frühjahr geschlechtsreif.

FU: H.; Algenfiltrierer.

Bes.: Die besonders langen ersten Antennen dienen als Schwebeorgane im freien Wasser.
Diaptomus castor vermag aufgrund der Bildung von Dauereiern auch kleinste austrocknende Pfützen zu besiedeln. Neben einigen Arten von roten Algen sind sie die Hauptursache für die Rotfärbung mancher Kleinstgewässer.

T: 4-20°C, **L:** M 2-3 mm, W 4 cm, **BL:** 5 cm, **WR:** alle, **SG:** 1

Weibchen von *Diaptomus castor* mit Eipaket.

Diaptomus castor, Weibchen ohne Eisack.

Canthocamptus staphylinus Jurine **Blauer Raupenhüpferling**

Fam.: Harpacticidae
Vork.: In seichten Tümpeln sehr häufig.
GU: ♂ sehr selten.
Hält. B.: Auch für Kleinaquarien gut geeignetes Beobachtungsobjekt.
ZU: Siehe *Cyclops* und *Diaptomus*.
FU: O; Allesfresser.
Bes.: Stahlblaue Körperfärbung. An Ufern und in Kleinteichen manchmal in Massenvorkommen. Gutes Jungfischfutter.
T: 4-20°C, **L:** 0,9 cm, **BL:** 10 cm, **WR:** alle, **SG:** 2

Macrocyclops fuscus **Dunkler Riesenhüpferling**

Fam.: Cyclopidae
Vork.: In Gewässern aller Art.
GU: ♀♀ häufig mit Eisäckchen, ♂♂ sind seltener und kleiner.
Hält. B.: Leicht zu pflegende Art.
ZU: Siehe bei *Cyclops strenuus*.
FU: H.; Planktonfiltrierer.
Bes.: Dunkelgrün oder braunrot gefärbt.
T: 4-25°C, **L:** 4 mm, **BL:** 5 cm, **WR:** alle, **SG:** 1

Canthocamptus staphylinus Blauer Raupenhüpferling

Macrocyclops fuscus Dunkler Riesenhüpferling

Höhere Krebse (Malacostraca)

Die Unterklasse der höheren Krebse oder Malacostraca umfaßt jene Formen, die auch der Laie als Krebse zu identifizieren vermag. Der Hummer und andere nutzbare Formen zählen hierzu. Die höheren Krebse haben einen aus 8 Segmenten bestehenden Vorderleib, der Hinterleib hat 6 Segmente. Die Augen sind bei manchen Formen gestielt. Viele Arten besitzen einen besonderen Brutraum, in dem die Jungen heranreifen, die weitgehend wie die Eltern aussehen, sobald sie das Muttertier verlassen.

Flohkrebse (Amphipoda)

Bei den Flohkrebsen ist der Kopf mit dem ersten oder mit den beiden ersten Brustsegmenten verschmolzen. Die Flohkrebse häuten sich sehr oft (zehnmal) bis zur Geschlechtsreife. Ein Brutraum ist nicht vorhanden, einige Borsten bilden eine offene Bruthöhle aus. Trächtige Weibchen fallen durch ihren geschwollenen Vorderkörper auf. Die aus den Eiern schlüpfenden Jungtiere sind fast völlig entwickelt. Die Männchen werden wesentlich größer als die Weibchen. Die Flohkrebse siedeln in allen sauerstoffreichen Gewässern. Unter günstigen Bedingungen kommt es zu Massenentwicklungen.

***Gammarus pulex* (LINNÉ, 1758)** — **Bachflohkrebs**

Fam.: Gammaridae

Vork.: Pflanzenreiche Bäche und auch stehende Gewässer in Asien, Europa und Afrika. Fehlt in Island. Lebt unter Steinen.

GU: ♂ größer als ♀. Vor jeder Paarung sitzt das ♂ bis zu 8 Tagen auf dem ♀. Trächtige ♀♀ erkennt man an den schwarzen Eiern an der Bauchseite.

Soz. Verh.: Sehr gesellige Tiere.

Hält. B.: Die Tiere mögen hartes Wasser. In ganz weichen Gewässern unter 2° dGH fehlen sie in der Natur. Kaltwasserpflanzen in das Aquarium einsetzen, nach Möglichkeit auch Strömung erzeugen. Eventuell Land/Wasserteil mit Uferzone und viel Kieselsteinen (20-50 mm Durchmesser) einrichten. Unter flachen Steinen in feuchten Höhlungen halten sich die Tiere am liebsten auf.

ZU: Eine Häutung erfolgt 10 mal bis die Tiere geschlechtsreif werden. Hauptfortpflanzungsperiode ist der Herbst. Je nach Temperatur liegt die Geschlechtsreife zwischen 3 und 9 Monaten. Die Eizahl beträgt zwischen 20 und 120, je nach Größe der ♀♀. Die Befruchtung erfolgt mit den Beinen der ♂♂. Diese befördern die Spermien in die offene Bruthöhle der ♀♀. Die Entwicklung der Eier dauert knapp drei Wochen.

FU: Detritus, Aas, Futtertabletten.

Bes.: Die Tiere sollten vor dem eventuellen Verfüttern von jedem Aquarianer einmal im Artbecken gehalten werden. Das lustige Treiben und die Jagd der ♂♂ auf die ♀♀ sind dies sicher wert.

T: 4-20°C, **L:** 15-20 mm, **BL:** 40 cm, **WR:** u, m, **SG:** 2

Gammarus pulex, das sich paarende ♂ ist hell, das kleinere dunkle Tier ist das ♀

Gammarus pulex, ein ♂.

Asseln (Isopoda)

Das erste Brustsegment der Wasserasseln, manchmal auch das zweite, ist mit ihrer Kopfregion verwachsen. Der Körper ist flach, sie besitzen fünf Gangbeinpaare. Die Weibchen weisen einen Brutraum auf, der von Brutplatten gebildet wird. Die madenartigen Jungen verlassen das Ei, bleiben aber im Brutraum bis sie soweit entwickelt sind, daß sie äußerlich den Erwachsenen gleichen. Die gesamte Entwicklung dauert 6 bis 8 Wochen.

Wasserasseln leben von totem Pflanzenmaterial. Dadurch haben sie eine wichtige Aufgabe im Abbauprozeß organischen Materials, dessen Stoffe für andere Lebewesen somit wieder zur Verfügung stehen. Die Wasserasseln sind überall dort zu finden, wo faulendes Laub im Wasser liegt. Allerdings darf das Wasser nur schwach strömen.

Die nächsten Verwandten der Wasserasseln sind die Landasseln, die ebenfalls die gleichen ökologischen Aufgaben an Land wahrnehmen. Die wenigsten Naturfreunde wissen, daß die unter Steinen und an feuchten Orten lebenden Asseln ,,an Land gegangene" Krebstiere sind.

Asellus aquaticus Linné, 1758 — Gemeine Wasserassel

Fam.: Asellidae

Vork.: In allen Wasseransammlungen mit modernden Pflanzenteilen in Nordamerika und Europa.

GU: ♂ mit stärkerer Greifzange des ersten Brustbeinpaares.

Soz. Verh.: Gesellige Tiere mit ausgeprägtem Brutpflegeverhalten der ♀♀.

Hält. B.: Aquarium mit Land/Wasserteil bzw. Aquaterrarium. Flache Steine dienen als Unterschlupf.

ZU: Die Vermehrung erfolgt meist im Winter. Das ♂ sitzt über eine Woche auf dem ♀. Bei der Paarung heften sich die Tiere mit den Bauchseiten aneinander. Bis zu 100 Eier wurden schon im Brutraum des ♀ gezählt, daraus entwickeln sich etwa 50 Jungtiere. Die Eier konnten bisher nicht außerhalb des Brutraumes zur Entwicklung gebracht werden. Das ♀ soll eine Nährflüssigkeit für die Jungtiere abscheiden. Die Jungen tragen bis zur ersten Häutung kiemenartige Anhänge am Kopf.

FU: Detritus, faulende Blätter und andere Pflanzenteile.

Bes.: Die Tiere haben in der Regel zwei Augen, es gibt jedoch auch blinde Höhlenformen.

T: 4-20°C, **L:** M 2 cm, W 1,5 cm, **BL:** 10 cm, **WR:** u, **SG:** 1

Asellus aquaticus Gemeine Wasserassel

Asellus aquaticus, Aufsicht

Flußkrebse (Potamobiidae)

Die bevorzugten Aufenthaltsorte der Flußkrebse sind Kleingewässer mit Baumwurzeln und Steinen, die Höhlen bilden, in denen sich die Tiere am Tage verborgen halten. Nachts ist der Flußkrebs aktiv. Er geht auf Raub aus und verzehrt alles was in die Reichweite seiner Scheren gelangt. Die Hauptnahrung bilden Fische und Frösche, doch wird auch Aas angenommen. Die Krebse müssen sich regelmäßig häuten. Während der Häutungen, solange der Panzer weich ist, verbirgt sich der Krebs etwa eine Woche in seiner Höhle. Die alte Haut wird gefressen.

Zur Paarung wird der Samen am Schwanzfächer und Hinterkörper des Weibchens abgesetzt. Es werden viele Eier, etwa 200, abgegeben. Nur etwa 20 der Eier gelangen zur Entwicklung. Die Jungtiere halten sich nach dem Schlupf mit ihren Scheren noch etwa 10 Tage am Muttertier fest. Sie ähneln bereits stark den Eltern.

Astacus astacus LINNÉ, 1758 — Europäischer Flußkrebs

Syn.: *Potamobius fluviatilis, Astacus fluviatilis*

Fam.: Potamobiidae

Vork.: Klare Bäche der Mittel- und Hochgebirge. Früher auch in Niederungen weit verbreitet. Durch die Krebspest (eine Pilzkrankheit) fast ausgestorben. Besiedlung heute vielfach mit Amerikanischen Flußkrebsen, die gegen die Krebspest immun sind.

GU: Das ♂ hat größere Scheren, das ♀ einen breiteren Hinterleib.

Soz. Verh.: Einsiedler, die eine Höhle oder dergleichen benötigen. Nachtaktiv. Haltung, insbesondere Gruppenhaltung, im Aquarium nur bedingt möglich.

Hält. B.: Kaltwasserbecken mit Steinen und Wurzelholz. Pflanzen am besten in Töpfen. Kräftige Filterung und Sauerstoffanreicherung. Im Sommer ist gegebenenfalls eine Kühlung des Aquariums erforderlich, zumindest eine kühle Aufstellung. Als Unterschlupf eventuell Drainagerohre verwenden.

ZU: Flußkrebse pflanzen sich gewöhnlich im Oktober/November fort. Zur Paarung dreht das ♂ das ♀ auf den Rücken. Das ♂ setzt seine Spermien auf die Brust des ♀ und formt die Masse mit den dazu umgeformten ersten beiden Begattungsbeinpaaren des Hinterleibs zu etwa 1 cm langen Streifen und klebt diese nahe der Geschlechtsöffnung des ♀ an. Einige Tage später legt das ♀ Eier, indem es sich krümmt und so mit seinem Körper eine Art Kammer bildet. Die befruchteten Eier werden an den Hinterleibsbeinen etwa ein halbes Jahr mitgetragen. Im Mai bis Juli des folgenden Jahres schlüpfen die den Eltern bis auf den verhältnismäßig größeren Vorderkörper und den dünneren Schwanz ähnlichen Jungtiere. Sie klammern sich noch 1 bis 2 Wochen am Körper des ♀ fest und werden nach der ersten Häutung selbständig. Im ersten Lebensjahr erfolgen acht Häutungen.

FU: K.; Allerlei tierische Kost, Aas. Im Aquarium Futtertabletten, Fischfleisch, Würmer, jedoch auch pflanzliche Nahrung.

Bes.: Alter mehr als 20 Jahre! Geschätzter Speisekrebs. In Mitteleuropa stark vom Aussterben bedrohte Art.

T: 4-18°C, **L:** M 16, selten 22 cm, W 12-18 cm, **BL:** 80 cm, **WR:** u, **SG:** 3

Astacus astacus Europäischer Flußkrebs

Astacus leptodactylus Eschscholz **Sumpfkrebs, Galizierkrebs**

Fam.: Potamobiidae

Vork.: Osteuropa in Zuflüssen des Schwarzen und Weißen Meeres, bei uns stellenweise eingebürgert.

GU: Wie bei den anderen Flußkrebsen ♂ mit stärkerer Greifzange des ersten Brustbeinpaares.

Soz. Verh.: Die Lebensweise ist der des Edelkrebses vergleichbar.

Hält. B.: Wie bei den anderen Flußkrebsen Versteckmöglichkeiten bieten.

ZU: Siehe *Astacus astacus.*

FU: Auch diese Art lebt vorwiegend als Räuber und Aasfresser.

Bes.: Wie die verwandten Arten muß sich auch dieser Krebs regelmäßig häuten. Nach Abschluß des vierten Lebensjahres häuten sich die Flußkrebse etwa einmal im Jahr, zuvor häufiger. Dazu entsteht ein Riß zwischen Kopfbrustteil und Hinterleib und der Krebs schlüpft aus seinem alten Panzer. Dieser nun aus zwei Hälften bestehende Panzer wird meist aufgefressen. Nicht gefressene Krebspanzer haben schon manchen Krebspfleger befürchten lassen, sein Pflegling sei gestorben. Das Aushärten des neuen, etwas größeren Krebspanzers dauert etwa eine Woche. In dieser Zeit sind die Tiere durch Freßfeinde, auch Artgenossen, besonders gefährdet. Aus diesem Grunde halten sich weichhäutige Krebse, deshalb auch Butterkrebse genannt, in dieser Zeit gut verborgen. Damit es nicht zu Kannibalismus kommt, müssen bei Gemeinschaftshaltung mehrerer Tiere genügend Verstecke angeboten werden oder der frisch gehäutete Krebs muß für die Zeit der Panzeraushärtung getrennt gehalten werden.

T: 4-18°C, **L:** 12 cm, **BL:** 80 cm, **WR:** u, **SG:** 3

Procambarus clarkii (Girand, 1853) **Amerikanischer Flußkrebs**

Syn.: *Cambarus affinis.*

Fam.: Potamobiidae

Vork.: Mittel- und Hochgebirge der USA. In Europa seit 1890 vielerorts durch Aussetzen eingebürgert. Heute in vielen reinen stehenden und fließenden Gewässern anzutreffen.

GU: Die Greifzangen des ersten Brustbeinpaares sind bei den ♂♂ stärker entwickelt..

Soz. Verh.: Die Tiere sind Einzelgänger und verteidigen ihr Revier. Die Vergesellschaftung ist nur mit größeren Fischen ab 12 cm Länge möglich.

Hält. B.: Benötigen Steinaufbauten und Höhlen aus Wurzelholz. Grober Kies als Bodengrund. Eventuell Schwimmpflanzendecke. Kräftige Filterung.

ZU: Siehe bei *Astacus astacus.*

FU: K.; Fischfleisch, Aas, Futtertabletten.

Bes.: Dieser Krebs wurde nach 1900 häufig in europäischen Gewässern ausgesetzt, um den Europäischen Flußkrebs zu ersetzen. Der Amerikanische Flußkrebs ist gegen die Krebspest, eine Pilzkrankheit, immun und hat sich deshalb hier gut eingebürgert. Dadurch droht er auch Restbestände des Europäischen Flußkrebses zu verdrängen und behindert eine Erholung dieser Bestände.

T: 4-20°C, **L:** 10 cm, **BL:** 80 cm, **WR:** u, **SG:** 2

Astacus leptodactylus, Sumpfkrebs, Galizierkrebs, Schmalscheriger Krebs

Procambarus clarkii Amerikanischer Flußkrebs

Insekten (Insecta)

Die größte Tierklasse aus dem Stamm der Gliederfüßer sind die Insekten, man rechnet etwa mit rund 850.000, neuere Schätzungen reichen bis über eine Millionen verschiedene Arten. Das wären rund drei Viertel aller bekannten Tierarten der Erde. Es gibt kaum einen Lebensraum, den sich die Insekten nicht erobert hätten, vom Gletscherfloh bis zur Stubenfliege. Insekten bestäuben die Blüten und tragen so zu unserer Ernährung bei, andere zerstören Nahrungsvorräte und vergreifen sich sogar unmittelbar an uns. Ohne die Insekten wäre ein Leben auf unserer Erde unvorstellbar.

Die ersten Insekten traten schon sehr früh im Laufe der Erdgeschichte auf, aus dem Devon des Erdaltertums stammen die ersten Funde, also von vor rund 330 Millionen Jahren. Von da an haben sich die Insekten zu ihrer heutigen Vielfalt verschiedenster Formen entwickelt.

Die Insekten haben, wie die anderen Gliederfüßler auch, ein panzerartiges Außenskelett aus Chitin. Die meisten Formen weisen Flügel auf, sie gehören zur Unterklasse der Pterygota, nur der recht ursprünglichen Unterklasse der Apterygota fehlen diese, anderen Formen sind sie durch Reduktion sekundär verlorengegangen. Auf weitere Besonderheiten soll nachstehend jeweils bei den einzelnen Gruppen eingegangen werden, dort wird auch besprochen, in wieweit sich der typische Insektenkörper, der aus Kopf, Vorderkörper (Thorax) und Hinterkörper (Abdomen) besteht, abgewandelt hat.

In dem uns interessierenden Zusammenhang finden sich in oder um Feuchtbiotope folgende Insektenordnungen, die nachstehend besprochen werden sollen:

- Apterygota (Flügellose Insekten)
  - Collembola (Springschwänze)
- Pterygota (Geflügelte Insekten)
  - Ephemeroptera (Eintagsfliegen)
  - Odonata (Libellen)
  - Plecoptera (Steinfliegen)
  - Heteroptera (Wanzen)
  - Coleoptera (Käfer)
  - Megaloptera (Schlammfliegen)
  - Neuroptera (Netzflügler)
  - Trichoptera (Köcherfliegen)
  - Mecoptera (Schnabelfliegen)
  - Diptera (Zweiflügler, Mücken und Fliegen)

Flügellose Insekten (Apterygota)

Die Apterygota sind eigentlich keine Insektengruppe im systematischen Sinn. Vielmehr werden unter dem Begriff Apterygota vier Unterklassen zusammengefaßt, die teils sehr verschieden gebaut sind. Es sind dies die Collembola oder Springschwänze, die winzigen und weitgehend unbekannten Protura und Diplura, sowie die Thysanura oder Borstenschwänze, zu denen das bekannte Silberfischchen gehört, das häufiger in Häusern auftaucht.

Von diesen vier Insektengruppen sind in unserem Zusammenhang eigentlich nur die winzigen, bis 6 mm langen Collembolen interessant. Zum einen deshalb, weil verschiedene Arten in Feuchtbiotopen vorkommen, zum anderen lassen sie sich gegebenenfalls auch nachzüchten und stellen ein gutes Futter vor allem für kleine Terrarientiere dar.

Collembolen finden wir auch zum Beispiel auf der Oberfläche von Aquarien, in denen die Wasserpflanzen bis zur Oberfläche wachsen. Von organischem Material ernähren sich diese Tierchen, die man im Licht der Aquarienlampe als winzige springende Punkte wahrnimmt.

Orchesella flavescens (Bourlet) — Gelbstreifen-Springschwanz

Fam.: *Entomobryidae*

Vork.: Bewohnt feuchte Lebensräume. Häufig auf Schmelzwasser anzutreffen. In Europa verbreitet, fehlt aber in Trockengebieten.

GU: Geschlechtsöffnung der Männchen als Längs-, die der Weibchen als Querspalte.

Soz. Verh.: Sehr friedlich untereinander.

Hält. B.: Auf feuchtem Untergrund halten, Schimmel vermeiden.

ZU: Die Zucht vieler Springschwanzarten ist unproblematisch. Die Eier entwickeln sich im feuchten, aber nicht nassen, Boden.

FU: O.; Kleinste an der Wasseroberfläche treibende organische Teilchen, auch Detritus.

Bes.: Es sind mehrere tausend Arten von Springschwänzen bekannt. Sie können im Frühjahr in großen Mengen auftreten und sind ein gutes Jungfischfutter.

T: 4-15°C, **L:** 4 mm, **BL:** 10 cm, **WR:** o, **SG:** 2

Orchesella flavescens

Geflügelte Insekten (Pterygota)

Die Unterklasse der geflügelten Insekten umfaßt den größten Anteil aller Insekten überhaupt. Der Begriff ,,Geflügeltes Insekt" ist etwas mißverständlich, denn nicht alle zu dieser Gruppe gehörenden Insekten weisen Flügel auf, bei einigen sind diese sekundär wieder zurückentwickelt worden. Man denke hier an die Ameisen, bei denen nur noch die Geschlechtstiere zum Paarungsflug ausschwärmen und dann ihre Flügel abwerfen, oder die ganz flugunfähigen Flöhe. In der Regel schlüpfen die Geflügelten Insekten nicht mit ihren Flügeln aus dem Ei, sondern sie machen Larvenstadien durch. Manche Insekten (hemimetabole Insekten) erreichen das Erwachsenenaussehen langsam und schrittweise über mehrere Häutungen, bei denen sie den Eltern immer ähnlicher werden, zum Beispiel die Heuschrecken. Andere wiederum ähneln als Larven überhaupt nicht den ausgewachsenen Insekten, sie machen tiefgreifende Veränderungen zum Beispiel in einem Puppenstadium durch. Die Schmetterlinge sind wohl das bekannteste Beispiels dieses Insektentyps der holometabolen Insekten.

In der Regel haben die Geflügelten Insekten auch ein sehr gut ausgeprägtes Tracheensystem, das bis in die Flügel reicht und den Tieren zur Atmung dient.

Die Larven vieler Geflügelter Insekten leben im Wasser und vielen von ihnen kann der Naturfreund im Feuchtbiotop begegnen. Manche stehen als außerordentlich wichtiges Glied im Zentrum eines Nahrungsnetzes, zum Beispiel die Mückenlarven. Sowohl für andere Teichbewohner als auch für Aquarienfische sind sie von wesentlicher Bedeutung, für den Fischzüchter ebenso wie die Kleinkrebse gar unersetzlich.

Eintagsfliegen (Ephimeroptera)

Die Verbreitung der Ordnung der Eintagsfliegen erstreckt sich weltweit. Allerdings werden die kühleren Bereiche der gemäßigten Zonen bevorzugt. In Mitteleuropa sind über 70 Arten aus 11 Familien vertreten. Das Vorkommen von Eintagsfliegenlarven weist auf eine gute Wasserqualität hin.

Die Larven decken ihren Sauerstoffbedarf über Hautatmung. Einzelne Arten können zusätzlich auf Darmatmung zurückgreifen. Bis zur Umwandlung machen die Larven über 20 Häutungen durch. Dieses Wachstum vollzieht sich meistens in einem Jahr, in seltenen Fällen in bis zu drei Jahren. Vier Larventypen lassen sich aufgrund verschiedener Lebensweisen unterscheiden:

- Grabende Larven. Sie wühlen im Sediment nach Nahrung.
- Strömungsliebende Larven. Sie sind an das Leben in Bergbächen angepaßt.
- Schwimmende Larven. Diese leben beispielsweise im Pflanzengewirr stehender und langsam fließender Gewässer.
- Kriechende Larven. Sie bewegen sich auf den Sand- oder Schlammböden stehender und langsam fließender Gewässer.

Die Nahrung der Larven besteht aus Detritus, Aufwuchs und Wasserpflanzen. Auch Kleinkrebse und Mückenlarven werden verzehrt, soweit sie von den Tieren bewältigt werden können. Die Art *Isonychia ignotus* ist als Ausnahme ein Filtrierer in schnellfließenden Gewässern.

Nach der Umwandlung (Metamorphose) entsteht die Subimago, das flugfähige Vorinsekt. In diesem Stadium verbleibt das Insekt zwischen fünf Minuten und drei Tagen. Dann führt es seine letzte Häutung zum geschlechtsreifen Vollkerf, der Imago, durch. Bereits die Subimago nimmt keine Nahrung mehr zu sich. Ihre Flügel erscheinen milchig und sind am Hinterrand stets bewimpert. Die Häutung eines bereits flugfähigen Insekts ist im Tierreich nur bei den Eintagsfliegen verwirklicht. Der Thorax der fertigen Eintagsfliegen trägt zwei Flügelpaare, durch die die Tiere zu Gleit- und Flatterflügen befähigt sind. Die Flügel werden in Ruhestellung über dem Thorax zusammengefaltet.

Die Komplexaugen können bei den Männchen zweiteilig sein. Sie besitzen dann lichtschwache Seitenaugen und lichtstarke Stirnaugen (Turbanaugen). Zusätzlich finden sich drei lichtempfindliche Organe (Ocellen) am Kopf.

Vom Geschlechtsapparat sind Penis oder Oviduct (Eileiter) paarig ausgebildet. Zudem besitzt das Männchen drei oder mehr Gonopodien, die als Klammerorgane bei der Paarung dienen. Da die Imago keine Nahrung mehr zu sich nimmt, sind Mundwerkzeuge und Darmtrakt zurückgebildet.

Die Fortpflanzung findet meist von August bis Oktober statt. Dann bilden die Eintagsfliegen Fluggemeinschaften von wenigen bis zu tausenden Individuen. Die Geschlechtspartner finden sich im Flug, auch die Paarung erfolgt meist im Flug. Für wenige Arten ist Selbstbefruchtung (Parthenogenese) nachgewiesen. Die Zahl der Eier kann bis zu 8.000 betragen. Sie werden im Wasser an bestimmte Substrate geheftet. Die Eier sind mit vielfältigen Haftorganen ausgestattet um ein Fortspülen durch die Strömung zu vermeiden. Einzelne Arten (*Cloëon*) sind lebendgebärend (Ovoviviparie, Larviparie). *Cloëon* setzt etwa 500 Larven ab, die noch eine Eihaut besitzen, welche aber sofort zerreißt.

Cloëon dipterum (LINNÉ, 1758)

Fam.: Baëtidae, Eintagsfliegen

Vork.: Häufigste europäische Eintagsfliege, Larven in allen Gewässern.

GU: Keine.

Soz. Verh.: ♂♂ bilden oft große Schwärme.

Hält. B.: Sauberes Tümpelwasser. Algen zur Ernährung bieten.

ZU: In Gefangenschaft nicht möglich. In der Natur stirbt das ♀ im Gegensatz zu denen der meisten Eintagsfliegen nicht bald nach der Paarung, sondern lebt noch 10 bis 14 Tage. Es hängt dann an Pflanzen in der Nähe des Wassers und nimmt keine Nahrung mehr an. Danach fliegt es über das Wasser und läßt die Larven fallen. Das ♀ entläßt insgesamt bis zu 700 Larven. Weiteres siehe bei *Rithrogena*.

FU: H.; Algen.

Bes.: Häuten sich ca. 20mal bis zur Ausbildung des fertigen Insekts. *Cloëon dipterum* zählt zu den wenigen lebendgebärenden Eintagsfliegen. In nördlicheren Breiten ist die gleiche Art eierlegend.

T: 4-18°C, **L:** 5-10 mm, **BL:** 10 cm, **WR:** u, **SG:** 1

Cloëon spec.

Cloëon dipterum, Imago

Cloëon dipterum, Larve

Cloëon dipterum, ,,Turbanaugen"

Cloëon dipterum, ,,Turbanaugen"

Verschiedene Lebensstadien von *Cloëon dipterum*. Rechts die typischen kopfwärts sitzenden ,,Turbanaugen" des Insekts.

Epeorus spec.

Fam.: Heptageniidae, Eintagsfliegen

Vork.: In sehr sauberen, sauerstoffreichen kleineren Fließgewässern.

GU: Schwer unterscheidbar.

Soz. Verh.: Larven sind Einzelgänger, Imagines bilden Schwärme.

Hält. B.: Sauberes, sauerstoffreiches, möglichst bewegtes Wasser. Veralgte Flächen anbieten.

ZU: Siehe bei *Rithrogena*.

FU: Algen.

Bes.: Einzige Ephemeropteren-Gattung mit nur zwei Schwanzfäden (Cerci) der Larven.

T: 4-15°C, **L:** 10-15 mm, **BL:** 10 cm, **WR:** u, **SG:** 2

Rithrogena semicolorata (Curtis)

Fam.: Heptageniidae, Eintagsfliegen.

Vork.: In Fließgewässern.

GU: Keine.

Soz. Verh.: Die Larven leben alleine an der Unterseite von Steinen. Die ♂♂ bilden als Imago Schwärme um die ♀♀ anzulocken.

Hält. B.: Sauberes, sauerstoffreiches Wasser. Möglichst Aquarium mit veralgten Steinen und Seitenscheiben verwenden.

ZU: Wenn ein ♀ in den fliegenden ♂♂-Schwarm eindringt, versuchen diese es zu begatten. Das schnellste ♂ hängt sich unter das ♀ und vollzieht sofort die Begattung. Das ♂ stirbt kurze Zeit später. Das ♀ legt die Eier im Wasser ab. Die Larvenentwicklung dauert 2 bis 3 Jahre, in denen viele Häutungen erfolgen. Dann wird ein Zwischenstadium gebildet, die Nymphe. Aus der Nymphe schlüpft ein Vorstadium, nach einer weiteren Häutung, nach wenigen Minuten bis einigen Stunden, schlüpft das fertige Vollinsekt.

FU: H.; Algen, eventuell Detritus.

Bes.: Eintagsfliegenlarven besitzen drei Schwanzfäden (Cerci), die fertigen Insekten (Imagines) gewöhnlich zwei. Die Imagines dieser Art fressen nicht, sie leben nur zwei bis drei Tage, die ♀♀ eventuell etwas länger.

T: 4-15°C, **L:** 8-13 mm, **BL:** 10 cm, **WR:** u, **SG:** 2

Epeorus spec., Imago

Rithrogena semicolorata

Zweigestreifte Quelljungfer, *Cordulegaster boltoni*

Libellen (Odonata)

Die 78 in Mitteleuropa verbreiteten und zur Ordnung der Odonata oder Libellen gehörigen Arten sind in zwei Unterordnungen aufgeteilt. Die Kleinlibellen oder Schlankjungfern (Zygoptera) sind kleine Arten mit einem länglichen, dünnen Hinterleib. Charakteristisch sind ihre beiden fast identischen Flügelpaare, die sie in Ruhestellung über dem Rücken zusammenlegen oder schräg nach hinten stellen. Die Großlibellen oder Drachenfliegen (Anisoptera) sind große Arten mit einem kräftigen Hinterleib. Ihre Flügelpaare besitzen eine voneinander abweichende Gestalt. Auch in der Ruhe tragen die Großlibellen ihre Flügel stets ausgebreitet.

Die Libellen zählen zu den auffälligsten Tieren im Insektenreich. Der Aberglaube sagt den Libellen einen Giftstich nach, doch das ist falsch, Libellen stechen nicht. Sie können ruhig vorsichtig in die Hand genommen werden. Libellen werden, je nach Art, 2 bis 13 cm lang. Ihr Kopf ist beweglich und trägt beißende Mundwerkzeuge. Die Fühler sind kurz, die Augen dagegen auffällig groß, denn Libellen sind ausgesprochene Augentiere. Die am Brustabschnitt ansetzenden Beine sind nur schwach entwickelt. Die beiden Flügelpaare sind dagegen sehr groß und mit reicher Längs- und Queraderung versehen. Der Hinterleib ist meist drehrund, bei einigen Arten abgeplattet, aber immer lang entwickelt. Die Umwandlung der Larven ist unvollkommen (hemimetabol). Die Larven leben im Wasser, sie sind in allen Arten sauberer Gewässer anzutreffen. Die größte Zahl ist jedoch in pflanzenreichen Tümpeln zu finden. Die Mundwerkzeuge der Larven sind zur beißenden Fangmaske umgeformt, wobei die Unterlippe einbezogen ist. Libellen und ihre Larven sind Räuber und ,,Pirschgänger".

Die Libellen sind eine sehr alte Ordnung des Tierreichs, sie waren schon in der Permzeit, also vor 280 - 230 Millionen Jahren, zum Teil mit sehr großen Formen von 60 cm Flügelspannweite, verbreitet.

Ebenso wie der Beutefang vollzieht sich auch die Fortpflanzung der Libellen meistens im Fluge. Die Fortpflanzungsorgane der Männchen sind in eigenartiger, arttypischer Weise besonders ausgebildet. Die Paarung der Libellen ist in mehrere Abschnitte unterteilt. Zuerst biegt das Männchen im Flug seinen Hinterleib bauchwärts ein, um mit der hinten gelegenen Geschlechtsöffnung den weiter vorne befindlichen Samenbehälter zu erreichen und mit Samen füllen zu können. Dann fliegt dieses Männchen ein Weibchen zur Paarung von oben her an und ergreift es. Dies erfolgt mit den Hinterleibsanhängen bei den Weibchen der Großlibellen am Kopf, bei den Kleinlibellen am Kopf und an der Vorderbrust. Die Formen der männlichen Anhänge sind der Form der

Die Blaugrüne Mosaikjungfer, *Aeshna cyanea*, schlüpft aus der Larvenhülle. Der Rücken platzt auf und das Insekt arbeitet sich ins Freie um dann zu trocknen.

weiblichen Kopf-Vorderbrust-Region der gleichen Art sehr gut angepaßt. Dadurch werden Fremdpaarungen zuverlässig verhindert. Nun bildet das Paar im Flug eine Paarungskette, wobei das Männchen vorn und das Weibchen hinten fliegt. Im Flug biegt das Weibchen seinen Hinterleib nach vorne, bis die Geschlechtsöffnung den gefüllten Samenbehälter des Männchens erreicht. So wird aus der Paarungskette ein Paarungsrad, das sogenannte Libellenrad. Die Partner trennen sich in der Regel bald nach der Paarung. Bei den meisten Kleinlibellen, wie den Heide- und den Edellibellen, bleibt die wieder gebildete Paarungskette erhalten und die Partner bleiben auch während der Eiablage durch das Weibchen miteinander verbunden.

Die Eiablage erfolgt in unterschiedlicher Weise. Manche meist altertümliche Libellenarten legen ihre Eier unter Wasser in Pflanzenteile. Andere legen die Eier in den Bodenschlamm der Kleingewässer oder lassen die Eier einfach über dem Wasserspiegel fallen. Zumeist überwintern die Eier. Im Frühling schlüpft eine Vorlarve aus dem Ei. Kurz darauf befreit sich dann die eigentliche Larve aus ihrer Vorlarvenhülle. Wie die entwickelten Libellen sind auch die Larven Jäger. Sie wachsen langsam und häuten sich mehrfach. Die Kleinlibellen benötigen zur Entwicklung meist ein Jahr. Die in kalten Fließgewässern lebenden Prachtlibellen benötigen zwei Jahre und bei vielen Großlibellen dauert die Entwicklung sogar drei Jahre. Die sich in kalten Gebirgsquellen entwickelnden Quelljungfern benötigen bis zu fünf Jahre bis zu ihrer Umwandlung zum fertigen Insekt.

Zur Umwandlung brauchen die Larven eine Ruhezeit, sie bilden kein Puppenstadium. Die Larve verläßt dann das Wasser und aus ihr schlüpft die fertige Libelle. Diese benötigt einige Zeit bis die Flügel gestreckt sind und der Körperpanzer erhärtet ist. Nach zwei bis vier Stunden, in Abhängigkeit von der Libellenart sowie der Temperatur und der Luftfeuchtigkeit, sind die frisch geschlüpften Libellen flugfähig. Sogleich beginnt ein weiterer prachtvoll gefärbter Flieger mit der Jagd auf Insekten und andere Beutetiere.

Von den in Deutschland vorkommenden Libellenarten kann hier nur ein kleiner Teil vorgestellt werden, es sind mehrheitlich die Arten, die auch an einem künstlich geschaffenen Feuchtbiotop am ehesten zu erwarten sind. Manchmal ist es schon erstaunlich, wie rasch die Libellen einen neugeschaffenen kleinen Gartenteich oder entsprechenden geeigneten Lebensraum entdecken und in Besitz nehmen, nicht selten sogar mitten in der Stadt, auch über hohe Häuserzeilen hinweg. Zu beachten ist, daß alle Libellen unter Schutz stehen. Bei der nachfolgenden Erläuterung dieser Libellenarten sollen zunächst die Kleinlibellen, dann die Großlibellen behandelt werden.

Calopteryx splendens HARRIS, 1782 — Gebänderte Prachtlibelle

Fam.: Calopterygidae, Prachtlibellen

Vork.: In ganz Europa, an Fließgewässern. Die Gebänderte Prachtlibelle liebt sonnenbeschienene Gewässer, an deren Ufer Schilf oder Seggen wachsen. Auch im Gebirge ist sie noch bis in 1.200 m Höhe anzutreffen. Die Larven kommen vorzugsweise in Fließgewässern zwischen Wasserpflanzen vor.

GU: ♂ mit blau-grün schillerndem breitem Band in den Flügeln. Die ♀♀ haben im Gegensatz dazu nur durchscheinend grünliche Flügel.

Soz. Verh.: Die ♂♂ fliegen dicht über der Wasseroberfläche um ihre Reviere abzugrenzen. Sie wachen auf Steinen, Ästen und ähnlichen Gegenständen und fliegen Kontrollrunden.

Hält. B.: Benötigen sauberes Wasser, gegebenenfalls mit einer Filterpumpe, um eine Strömung zu erzeugen.

ZU: *Calopteryx splendens* fliegen von Mai bis September. Schon kurz nach dem Schlupf beginnt bei schönem Wetter die Balz. Paarung und Eiablage schließen sich an. In den warmen Mittagsstunden erfolgt die Paarung auf einem Pflanzenblatt. Sie dauert nur wenige Minuten. Unmittelbar nach der Paarung legt das ♀ etwa 300 Eier in Stengel und Blätter verschiedener Wasserpflanzen ab. Die Larven überwintern zweimal im Wasser. Dann wandeln sie sich zur Libellen-Imago um.

FU: K.; Insekten und andere Wirbellose.

Bes.: Der Flug von *Calopteryx splendens* ist nicht so gerade wie bei anderen Großlibellen, sondern gaukelnd, ähnlich dem von Schmetterlingen.
Die Imagines leben nur zwei Wochen.

T: 4-15°C, **L:** Larve: 3,8 cm, Imago: 5 cm, Flügelspannweite: 7 cm, **BL:** 40 cm, **WR:** u, **SG:** 4 (Geschützt!)

Calopteryx virgo (LINNÉ, 1758) — Blauflügel-Prachtlibelle

Fam.: Calopterygidae, Prachtlibellen

Vork.: An Fließgewässern ganz Europas.

GU: Flügel der ♂♂ erzblau oder erzgrün schillernd, die der ♀♀ rauchbraun.

Soz. Verh.: Siehe *C. splendens.*

Hält. B.: Wie bei *C. splendens.*

ZU: Diese zweite bei uns vorkommende *Calopteryx*-Art fliegt von Mai bis August.

FU: K.; Insekten und andere Wirbellose.

Bes.: *Calopteryx virgo* ähnelt der Gebänderten Prachtlibelle, sie ist aber aufgrund der blaugrünen Flügel gut davon unterscheidbar. *C. splendens* zeigt nur eine breite blaugrün schillernde Binde.

T: 4-15°C, **L:** Larve: 3,8 cm, Imago: 5 cm, Flügelspannweite: 7 cm, **BL:** 40 cm, **WR:** u, **SG:** 4 (Geschützt!)

Calopteryx virgo, Weibchen

Calopteryx splendens Gebänderte Prachtlibelle

Calopteryx virgo, ♂ Blauflügel-Prachtlibelle

Coenagrion puella, Hufeisen-Azurjungfer

Coenagrion puella **(Linné, 1758)** **Hufeisen-Azurjungfer**

Fam.: Coenagrionidae, Azurjungfern, Schlankjungfern

Vork.: In ganz Europa bis in 1.800 m Höhe weit verbreitet, in Mitteleuropa die häufigste Art. Kommt an fast allen langsam fließenden und stehenden Gewässern vor, außer in Mooren. Die Larven leben zwischen den Wasserpflanzen.

GU: ♂ mit typisch blau-schwarzer Ringelung. ♀ fast schwarz, es gibt auch eine seltene blaue Variante der ♀.

Soz. Verh.: Von Mai bis Juli sind die Paarungsräder zu beobachten. Die Paarung erfolgt im Sitzen. Nach Trennung der Partner bleibt das ♂ beim ♀.

Hält. B.: Aquarium mit sauberem, klarem Wasser. Geschützte Art!

ZU: Fliegt von Mai bis September. An kleinen und größeren Gewässern sind die Paarungsräder und -ketten gut zu beobachten. Die Paare bleiben auch zur Eiablage zusammen. Die ♂♂ stehen dabei fast senkrecht auf der Vorderbrust der ♀♀. Die Ablage der Eier erfolgt im Sonnenschein an untergetauchten Wasserpflanzen. In warmen Sommern dauert die Entwicklung vom Ei zur fertigen Libelle drei Monate. Die Larven können aber auch unter dem Eis überwintern. Bei nahe verwandten Arten kann die Entwicklung länger dauern, meist sind es etwa ein bis zwei Jahre.

FU: K.; Kleininsekten.

Bes.: Der Name dieser Azurjungfer bezieht sich auf die Hufeisenzeichnung der ♂♂ am zweiten Hinterleibsring. In Mitteleuropa gibt es aus dieser Familie 17 schwer zu unterscheidende Arten. Deshalb ist die Bestimmung schwierig. In der Natur kommt es nur sehr selten zur Vermischung nahe verwandter und die gleichen Lebensräume besiedelnder Arten, da die Klammerorgane der ♂♂ artspezifisch sind und so

Coenagrion puella, Paarungsrad Hufeisen-Azurjungfer

Kreuzungen verhindert werden. Paarungsversuche mit falschen Partnern kommen dagegen öfter vor.

T: 4-25°C, **L:** Larve: 16-22 mm, Imago: 3 cm, Flügelspannweite: 4,5 cm, **BL:** 40 cm, **WR:** u, **SG:** 2 (Geschützt!)

Coenagrion spec., Larve

Enallagma cyathigerum (CHARPENTIER, 1840) Becher-Azurjungfer

Fam.: Coenagrionidae, Azurjungfern

Vork.: Alle stehenden Gewässer und Wiesengräben, liebt freie Wasserflächen.

GU: Körperzeichnung der Imagines unterschiedlich.

Soz. Verh.: Im Frühsommer sind oft die Paarungsräder oder -ketten zu beobachten. Das ♂ steht während Paarung und Eiablage meist auf der Brust des ♀. Die Eier werden an Wasserpflanzen abgelegt.

Hält. B.: Sauberes Wasser. Geschützt!

ZU: Die Entwicklung dauert je nach Witterung einige Monate bis zu zwei Jahre.

FU: K.; Insekten.

Bes.: Im Vorkommensgebiet häufig, entfernt sich selten vom Heimatgewässer.

T: 4-25°C, **L:** Larve: 2 cm, Imago 3 cm, Flügelspannweite 4 cm, **BL:** 10 cm, **WR:** alle, **SG:** 1

Enallagma cyathigerum, Becher-Azurjungfer

Ischnura elegans VANDERLINDEN Große Pechlibelle

Fam.: Coenagrionidae, Azurjungfern, Schlanklibellen

Vork.: In Mittel- und Osteuropa sowie in Nordasien bis Japan. Lebt an langsam fließenden und stehenden Gewässern. Im Gebirge bis 1.000 m Höhe. Bevorzugt Teiche und langsam fließende Bäche und Seitenbuchten, meidet aber Moore.

GU: Nur schwer unterscheidbar, ♂ blauer, siehe Foto des Paarungsrades.

Soz. Verh.: Gesellig, wie andere Kleinlibellen.

Hält. B.: Benötigt sauberes Wasser. Geschützt!

ZU: Fliegt von Anfang Mai bis zum Oktober. Das ♀ legt seine Eier immer allein ab. Weiteres siehe bei der Hufeisen-Azurjungfer, *C. puella*.

FU: K.; Kleininsekten.

Bes.: Die Art ist den Granataugenlibellen sehr ähnlich, besitzt aber nie rot-braune Augen. Die Augen der Pechlibelle sind blau-schwarz.

T: 4-25°C, **L:** Larve: 3 cm, Imago: 3 cm, Flügelspannweite: 4 cm, **BL:**40 cm, **WR:** alle, **SG:** 2 (Geschützt!)

Ischnura elegans, Große Pechlibelle

Ischnura elegans, Larve

Paarungsrad von *Ischnura elegans*

Lestes sponsa Hansemann, 1823 — Gemeine Binsenjungfer

Fam.: Lestidae, Teichjungfern

Vork.: In Mittel- und Nordeuropa, auch bis weit nach Nordasien verbreitet. Lebt im Gebirge bis etwa 1.200 m Höhe. Diese Libelle kommt an stehenden Gewässern vor, wie den verschiedensten Tümpeln, Teichen und Mooren. Bereits kleine Teiche mit einigen Binsen und Schilfbewuchs locken die Binsenjungfern im Sommer an. Wegen ihrer geringen Ansprüche an den Lebensraum paßt sie sich nicht allzu großen Umweltveränderungen noch gut an.

GU: Die ♂♂ zeigen auf der Körperoberseite einen grün-metallisch glänzenden Farbton. Dieser ist bei den ♀♀ eher kupferfarben. Bei älteren ♂♂ sind die beiden ersten und die beiden letzten Hinterleibsringe mit einem blauen Kreis versehen (Artmerkmal).

Soz. Verh.: Alle *Lestes*-Arten leben gesellig. An manchen schönen Sommertagen sind sie an günstigen Stellen zu hunderten über dem Wasser fliegend oder im Uferbewuchs sitzend zu beobachten. Die Binsenjungfer zählt zu den häufigsten heimischen Libellenarten.

Hält. B.: Sauberes Wasser.

ZU: Die Binsenjungfern fliegen von Juni bis Oktober. Dann erfolgen auch Paarung und Eiablage. Dazu fliegt das ♂ das ♀ an und umklammert es mit den Hinterleibsanhängen an der Vorderbrust. Das ♀ biegt sich zum gefüllten Samenbehälter des ♂, so daß das typische Paarungsrad entsteht. Die Eier werden, meist zu zweit, unter Wasser in Pflanzen abgelegt.

FU: K.; Die Larven leben von kleinen Krebsen und Insekten, die Libellen jagen am Teich nach kleinen Insekten.

Bes.: Die Binsenjungfer ist ein typischer Vertreter der acht in Europa verbreiteten Teichjungfern der Familie Lestidae. Die Arten sind nur schwer unterscheidbar. Die Binsenjungfern sind wegen ihrer glasigen Flügel, der grünblauen Färbung und des schmalen Hinterleibes vorzüglich getarnt und deshalb in ihrem Lebensraum nur schwer zu finden.

T: 4-22°C, **L:** Larve: 2-3 cm, Imago: 3,5 cm, Flügelspannweite: 4,5 cm, **BL:** 40 cm, **WR:** u, **SG:** 2 (Geschützt!)

Lestes virens (Charpentier) — Kleine Binsenjungfer

Fam.: Lestidae, Teichjungfern

Vork.: Vorwiegend in Südeuropa, in Deutschland seltener und hier wiederum schwerpunktmäßig in Süddeutschland. Lebensraum sind Kiesgrubenteiche und verlandende Gewässer, auch Moore.

GU: Schwierig festzustellen, das ♀ ist ähnlich dem ♂ gefärbt und lediglich etwas matter in der Farbgebung.

Soz. Verh.: Gesellige Art.

Hält. B.: Sauberes Wasser verwenden.

ZU: Siehe *L. sponsa*. Die Art fliegt jedoch später, vom Juli bis zum Frost. Zur Eiablage suchen die alleine ablegenden ♀♀ gerne die Flatterbinse auf.

FU: K.; Insekten.

T: 4-22°C, **L:** Larve: 3 cm, Imago: 3,5 cm, Flügelspannweite: 4,5 cm, **BL:** 40 cm, **WR:** u, **SG:** 2 (Geschützt!)

Lestes sponsa Gemeine Binsenjungfer

Lestes virens Kleine Binsenjungfer

***Pyrrhosoma nymphula* (Sulzer, 1776)** **Frühe Adonislibelle**

Fam.: Coenagrionidae, Azurjungfern, Schlanklibellen

Vork.: Europa, bis in 1.200 m Höhe. An langsam fließenden und stehenden Gewässern, auch an schmalen Wassergräben oder Kanälen mit dichter Vegetation. An Waldtümpeln häufig.

GU: Beim ♀ ist der Hinterleib wie beim ♂ rot gefärbt, die schwarze Zeichnung erstreckt sich aber über alle Glieder.

Soz. Verh.: Fliegt von April bis August. Weniger gesellig als die echten Azurjungfern.

Hält. B.: Sauberes Wasser verwenden.

ZU: Siehe bei der Hufeisenjungfer, *Coenagrion puella*.

FU: K.; Insekten.

Bes.: Diese Libelle ruht tagsüber mit etwas vom Körper abgespreizten Flügeln um schnell starten zu können. Nachts liegen die Flügel dagegen dicht am Körper.

T: 4-22°C, **L:** Larve: 3 cm, Imago: 3,5 cm, Flügelspannweite: 4,5 cm, **BL:** 40 cm, **WR:** u, **SG:** 2 (Geschützt!)

Reutekuhle, gefüllt mit Grundquellwasser. Heute wird der Teich von Libellen und Amphibien besucht. Vergleiche mit Seite 161.

Pyrrhosoma nymphula Frühe Adonislibelle

Pyrrhosoma nymphula, die Frühe Adonislibelle, bei der Eiablage.

Aeshna cyanea, Blaugrüne Mosaikjungfer

Aeshna cyanea (MÜLLER) **Blaugrüne Mosaikjungfer**

Fam.: Aeshnidae, Mosaikjungfern, Edellibellen

Vork.: Stehende Gewässer und Wiesenbäche, gelegentlich Moore. In fast allen sauberen Gewässern.

GU: ♂ und ♀ der Imagines sind unterschiedlich gefärbt, die Brust der ♂♂ ist braun..

Soz. Verh.: Einzelgänger. Die ♂ verteidigen ihre Reviere gegen Rivalen. Flugzeit über den ganzen Sommer bis in den Herbst, wenig kälteempfindlich.

Hält. B.: Sauberes Wasser. Geschützt!

ZU: Wandern schnell in neu angelegte passende Kleingewässer und Teiche ein. Zeigen wenig Scheu vor dem Menschen. Entwicklungszeit etwa zwei Jahre.

FU: K.; Insekten.

Bes.: Unternehmen weite Beutezüge außerhalb ihres Heimatgewässers, auch in Siedlungen. Fotos vom Schlupf sind auf Seite 660 zu finden.

T: 4-25°C, **L:** Larve: 4 cm, Imago 7-8 cm, **BL:** 10 cm, **WR:** alle, **SG:** 2

Aeshna mixta, Herbst-Mosaikjungfer

Aeshna mixta LATREILLE, **1805** **Herbst-Mosaikjungfer**

Fam.: Aeshnidae, Edellibellen

Vork.: Mittel- und Südeuropa, bevorzugt nährstoffreiche und stehende Gewässer mit Verlandungsgürtel.

GU: ♂♂ mit blauen Flecken auf dem Hinterleib und braunen Thoraxseiten (Brustseiten) mit zwei schrägen gelblichen Binden. Hinterleib der ♀♀ mit gelbgrünen Flecken, Binden der Brustseiten grünlich.

Soz. Verh.: Die ♀♀ legen ihre Eier nach der Paarung ohne den Partner ab.

Hält. B.: Die Larve benötigt sauberes Wasser.

ZU: Fliegt von Juli bis November. Die Eiablage der ♀♀ erfolgt versteckt außerhalb des Fluggebietes der ♂♂ um nicht von paarungsbereiten ♂♂ gestört zu werden. Die Eier und Larven überwintern je einmal bevor die Imagines im Juli schlüpfen.

FU: K.; Insekten, Räuber.

Bes.: Die Art ist wohl der geschickteste Flieger dieser Familie.

T: 4-25°C, **L:** Larve: 4,5 cm, Imago: 6 cm, Flügelspannweite: 8 cm, **BL:** 40 cm, **WR:** alle, **SG:** 3 (Geschützt!)

Aeshna viridis EVERSMANN, 1835 **Grüne Mosaikjungfer**

Fam.: Aeshnidae, Mosaikjungfern, Edellibellen

Vork.: Teiche und langsam fließende Bäche.

GU: Unterschiedliche Färbung der Augen und des Hinterleibs von ♂ und ♀. Bei den ♂♂ ist das Auge oben blau und unten gelb, der Hinterleib blaugrün, bei den ♀♀ ist das Auge oliv, der Hinterleib oben mit brauner Zeichnung.

Soz. Verh.: Siehe bei *Aeshna cyanea*.

Hält. B.: Sauberes Wasser. Geschützt!

ZU: Siehe bei *Aeshna cyanea*.

FU: K.; Insekten.

Bes.: Seltene Art.

T: 4-25°C, **L:** Larve: 4 cm, Imago: 7 cm, Flügelspannweite: 10 cm, **BL:** 10 cm, **WR:** alle, **SG:** 2

Cordulegaster boltoni DONOVAN, 1807 **Zweigestreifte Quelljungfer**

Foto Seite 658

Syn: *Cordulegaster annulatus*

Fam.: Cordulegasteridae, Quelljungfern

Vork.: Quell- und Bergbäche Europas. Gewässer oft schmal und reißend, sehr sauber. Inselartige Vorkommen. Allgemein selten, im Vorkommensgebiet regional häufig.

GU: Keine.

Soz. Verh.: Erwachsene Libellen entfernen sich kaum vom Geburtsgewässer. Das begattete ♀ fliegt wippend über flaches Wasser und vergräbt mit seinem Legestachel die Eier im Flachwasserschlamm. Die Entwicklungsdauer beträgt bis zu fünf Jahre.

Hält. B.: Kühles, sauberes und sauerstoffreiches Wasser, möglichst stark bewegt, eventuell Filterpumpe einsetzen.

ZU: Siehe bei Soz. Verh. und der Art *Aeschna cyanea*.

FU: K.; Kleininsekten.

T: 4-18°C, **L:** Larve: 4 cm, Imago: 8 cm, Flügelspannweite: 10 cm, **BL:** 40 cm, **WR:** alle, **SG:** 3 (Geschützt!)

Aeshna viridis, Larve, Grüne Mosaikjungfer

Aeshna viridis, Imago Grüne Mosaikjungfer

Cordulia aenea (LINNÉ, 1758) **Gemeine Smaragdlibelle**

Fam.: Corduliidae, Falkenlibellen

Vork.: Kommt in Europa und Asien an stehenden Gewässern aller Art vor. Ist im Gebirge bis in 1.800 m Höhe anzutreffen, besonders zahlreich aber in der Ebene. Die Larven leben bevorzugt am Grund von Tümpeln und langsam fließenden Gewässern. Die Libellen fliegen an Gewässern aller Art, auch im Hochmoor.

GU: Keine.

Soz. Verh.: Lebt einzeln. Smaragdlibellen entfernen sich weit vom Gewässer.

Hält. B.: Sauberes Wasser.

ZU: Fliegt von Anfang Mai bis August. Die Paarung beginnt immer im Flug, wird aber auf Pflanzen sitzend beendet. Die Eiablage erfolgt an versteckten Orten in kleinen, meist flachen Buchten. Dabei wippt das ♀ im Flug auf und ab und läßt die Eier ins Wasser fallen. Diese sinken dann in den Bodenschlamm. Die Larven müssen zwei- oder dreimal überwintern.

FU: K.; Arthropoden.

Bes.: Die Familie Corduliidae ist mit sechs Arten in Europa verbreitet. Ihre Entwicklungsdauer ist artspezifisch und hängt von der Beschaffenheit des Lebensraumes ab.

T: 4-25°C, **L:** Larve: bis 3 cm, Imago: 5 cm, Flügelspannweite: 7,5 cm, **BL:** 40 cm, **WR:** u, **SG:** 3 (Gefährdet!)

Gomphus vulgatissimus (LINNÉ, 1758) **Gemeine Keiljungfer**

Fam.: Gomphidae, Keiljungfern

Vork.: Europa, im Gebirge nur bis 700 m Höhe. Lebt nur an naturnahen Bächen, Seen und Gräben. Die Keiljungfern sind wanderfreudige Libellen. Sie halten sich oft fern von Gewässern auf. Keiljungfern sind von der Verschmutzung und Begradigung der Gewässer besonders stark betroffen. Sie sind deshalb gefährdet und nur an wenigen Orten zahlreich.

GU: Die Geschlechter gleichen sich.

Soz. Verh.: Flugzeit vom Mai bis August. Einzelgänger, die Libellen verteilen sich nach dem Schlupf rasch.

Hält. B.: Sauberes und sauerstoffreiches Wasser ist unbedingt notwendig.

ZU: Das ♀ setzt sich zur Ablage seiner bis zu 500 Eier ans Ufer. Hier preßt es einige Eier aus. Weitere werden über dem Wasser, im Flug, durch Eintippen des Hinterleibes abgesetzt. Die Larven leben im Bodenschlamm. Die Entwicklung dauert 3 bis 4 Jahre.

FU: K.; Kleininsekten, Räuber.

T: 4-20°C, **L:** Larve: 3,5 cm, Imago: 5 cm, Flügelspannweite: 7 cm, **BL:** 40 cm, **WR:** u, **SG:** 4 (Geschützt!)

Cordulia aenea ♀ Gemeine Smaragdlibelle

Gomphus vulgatissimus Gemeine Keiljungfer

Libellula depressa LINNÉ, 1758 **Plattbauch-Libelle**

Fam.: Libellulidae, Segellibellen

Vork.: Mittel- und Nordeuropa, kleine und stehende Gewässer sowie langsam fließende Bäche. Bevorzugt Kleingewässer, besonders Lehmtümpel.

GU: Hinterleib der ♂♂ blau, der ♀♀ grün, vergleiche auch die Abbildungen Seite 680 und 681.

Soz. Verh.: Einzelgänger. Paarung in der Luft innerhalb weniger Minuten. Partner trennen sich danach. Die ♂♂ verpaaren sich bald wieder.

Hält. B.: Sauberes Wasser.

ZU: Fliegt von Mai bis August. Die ♀♀ streifen zur Eiablage auch weit umher und erreichen so rasch neue Kleingewässer und Teiche. Auf diese Weise wird die Weiterverbreitung gesichert und eine zu dichte Besiedlung und Nahrungskonkurrenz in einem bestimmten Lebensraum vermieden. Zur Fortpflanzung ist die Art sehr an bestimmte Wasserpflanzen gebunden, vor allem an die Krebsschere *Stratiotes aloides*.

FU: K.; Insekten.

Bes.: In austrocknenden Tümpeln können sich die Larven der Plattbauch-Libelle im Bodenschlamm eingraben und dann im Trockenschlaf überdauern. Diese Fähigkeit ist eine hervorragende Anpassung an das bevorzugte Vorkommen in Kleingewässern, die ja rascher einmal austrocknen können als Seen oder auch große Teiche.

T: 4-25°C, **L:** Larve: 3 cm, Imago: 4,5 cm, Flügelspannweite: 8 cm, **BL:** 40 cm, **WR:** alle, **SG:** 1 (Geschützt!)

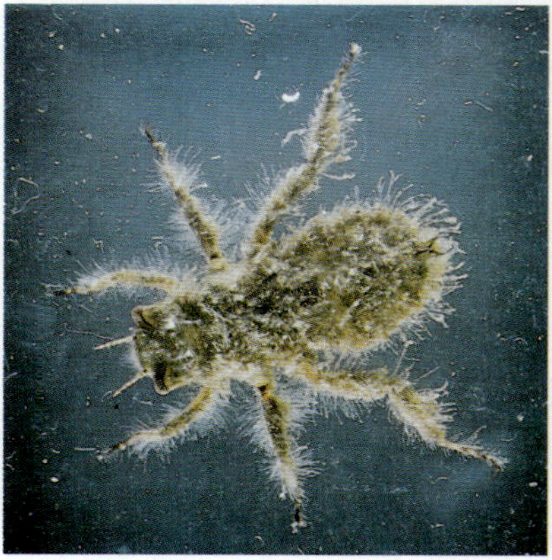

Libellula depressa, junge Larve

Libellula depressa, Schlupf eines Weibchens.

Libellula depressa, Larve

Libellula depressa, ♂ Plattbauch-Libelle

Männchen der Plattbauch-Libelle, *Libellula depressa*

Venner Moor, ein geeigneter Lebensraum vieler Libellen.

Libellula quadrimaculata Linné, 1758 — Vierfleck

Fam.: Libellulidae, Segellibellen

Vork.: Kommt auf der gesamten Nordhalbkugel bis in 1.000 m Höhe vor. Diese Libellen sind an allen Kleingewässern zu finden, bevorzugen dabei jedoch offene, nicht sehr dicht bewachsene Flächen. Eine der häufigsten Libellenarten Mitteleuropas.

GU: Äußerlich nicht erkennbar.

Soz. Verh.: Nach dem Schlupf verbringen die Tiere etwa zwei Wochen weitab vom Gewässer und kehren nach Erreichen der Geschlechtsreife zum Wasser zurück.

Hält. B.: Die Larve benötigt bei der Hälterung wie alle Libellen sauberes Wasser und Lebendfutter.

ZU: Flugzeit von Mai bis Ende Juli. Die Kopulation erfolgt im Flug und dauert ca. 30 Sekunden. Danach berühren die ♀♀ im wippenden Flug die Wasseroberfläche und streifen dabei die Eier ab. Das ♂ bewacht die Eiablage. Die Eier entwickeln sich am Gewässergrund in 2-7 Wochen. Die Larven müssen zweimal überwintern.

FU: K.; Insekten.

Bes.: Gelegentlich werden Wanderverbände mit sehr großen Individuenzahlen gebildet.

T: 4-25°C, **L:** Larve: bis 3 cm, Imago: 4-5 cm, Flügelspannweite: 8 cm, **BL:** 40 cm, **WR:** u, **SG:** 3 (Gefährdet!)

Orthetrum cancellatum (Linné, 1758) — Großer Blaupfeil

Fam.: Libellulidae, Segellibellen

Vork.: Ganz Europa. Der Große Blaupfeil ist besonders an größeren Teichen und anderen großen stehenden Gewässern anzutreffen, so an Altwässern und Seen.

GU: ♂ blau, ♀ grünlich.

Soz. Verh.: ♂♂ nehmen Reviere ein.

Hält. B.: Sauberes Wasser.

ZU: Fliegt von Mai bis September. Das ♂ fliegt ein ♀ an. Die Paarung erfolgt im Sitzen. Das ♀ legt die Eier in flaches Wasser mit reichlichem Pflanzenwuchs. Es wird bei der Eiablage vom ♂ bewacht. Die jungen Larven schlüpfen schon nach drei Wochen aus den Eiern. Die Gesamtentwicklung dauert rund drei Jahre.

FU: K.; Arthropoden.

T: 4-25°C, **L:** Larve: 3,5 cm, Imago: 4 cm, Flügelspannweite: bis 9 cm, **BL:** 40 cm, **WR:** u, **SG:** 3 (Geschützt!)

Larve von *Orthetrum cancellatum*

Libellula quadrimaculata Vierfleck

Orthetrum cancellatum, „Libellenrad" Großer Blaupfeil

Sympetrum danae, Schwarze Heidelibelle

Sympetrum danae **SULZER** **Schwarze Heidelibelle**

Fam.: Libellulidae, Segellibellen

Vork.: Ganz Europa, Asien und Nordamerika, an stehenden Gewässern sowie Mooren.

GU: Hinterleib der ♂♂ schwarz, der ♀♀ braungelb.

Soz. Verh.: Erst die geschlechtsreifen Tiere sind am Wasser anzutreffen.

Hält. B.: Die Larve benötigt sauberes Wasser.

ZU: Fliegt von Juli bis November. ♂♂ und ♀♀ bleiben während der Eiablage miteinander verbunden. Die Eipakete, die aus bis zu 20 Eiern bestehen, werden im Flug ins freie Wasser abgeworfen. Die Larven entwickeln sich innerhalb von zwei Monaten zur Imago.

FU: K.; Insekten.

T: 4-25°C, **L:** Larve: 2,5 cm, Imago: 3 cm, Flügelspannweite: 5 cm, **BL:** 40 cm, **WR:** alle, **SG:** 2 (Geschützt!)

Sympetrum sanguineum, Blutrote Heidelibelle

Sympetrum sanguineum (MÜLLER, 1764) **Blutrote Heidelibelle**

Fam.: Libellulidae, Segellibellen

Vork.: Europa. An verschiedenartigen stehenden Gewässern. In Mitteleuropa regelmäßig an kleinen und kleinsten Gewässern verschiedener Art anzutreffen. Lebt im Flachland auch an Tümpeln und Teichen.

GU: Die ♂♂ sind kräftig rot gefärbt, die ♀♀ sind braun, nur selten rot.

Soz. Verh.: Fliegt vom Ende Juni bis Mitte Oktober, je nach Temperatur des Lebensraumes auch etwas früher oder später.

Hält. B.: Sauberes Wasser.

ZU: Das ♀ legt die Eier in flaches Wasser oder sogar auf den feuchten Boden am Ufer. Zuerst bleibt das ♂ in der Paarungskette, später setzt das ♀ allein die weiteren Eier ab. Die Eier oder Larven können überwintern.

FU: K.; Insekten.

T: 4-25°C, **L:** Larve: 3,5 cm, Imago 4 cm, **BL:** 40 cm, **WR:** u, **SG:** 2 (Geschützt!)

Sympetrum striolatum, Große Heidelibelle, Paarungsrad

Sympetrum striolatum (CHARPENTIER) **Große Heidelibelle**

Fam.: Libellulidae, Segellibellen

Vork.: In Mitteleuropa häufig, vor allem im Süden. Findet sich vorzugsweise an stehenden und langsam fließenden Gewässern.

GU: Hinterleib der ♂♂ wie bei der Gemeinen Heidelibelle dunkelrot, bei den ♀♀ rotbraun, bei ihnen steht die Legescheide schräg vom Körper ab.

Soz. Verh.: Wie bei *Sympetrum vulgatum*.

Hält. B.: Die Larve läßt sich wie die der Gemeinen Heidelibelle halten.

ZU: Die Flugzeit ist von Anfang Juli bis Ende Oktober/Anfang November. Die Paarung findet wie die von *Sympetrum vulgatum* statt. Auch bei dieser Art werden die Eier im Flug am Ufer oder über dem Wasser abgegeben.

FU: K.; Kleininsekten, Räuber.

Bes.: Unterscheidet sich von der sonst sehr ähnlichen Gemeinen Heidelibelle, *Sympetrum vulgatum*, vor allem daran, daß eine schwarze Querlinie auf der Stirn vor den Augen endet und nicht wie bei jener am Vorderrand der Augen herabläuft.

T: 4-25°C, **L:** Larve: 2,5 cm, Imago: 4 cm, Flügelspannweite: 6 cm, **BL:** 40 cm, **WR:** u, **SG:** 3 (Geschützt!)

Sympetrum vulgatum, Gemeine Heidelibelle, Weibchen

Sympetrum vulgatum **(LINNÉ)** **Gemeine Heidelibelle**

Fam.: Libellulidae, Segellibellen

Vork.: Vor allem in Mittel- und Nordeuropa, im Süden seltener. Kommt an allen Arten von stehenden Gewässern sowie langsam fließenden Gräben vor. Ist bis in eine Höhe von 1.200 m anzutreffen. Häufigste heimische Heidelibelle.

GU: Hinterleib der ♂♂ dunkelrot, bei den ♀♀ ist er hingegen rot-braun, bei ihnen steht die Legescheide rechtwinklig vom Körper ab.

Soz. Verh.: Ungesellig, sitzen zum Sonnen meist auf Steinen oder waagerechten Pflanzenteilen.

Hält. B.: Die Larve ist in einem kleineren Aquarium mit sauberem Wasser und bei regelmäßiger Fütterung mit Lebendfutter gut zu halten.

ZU: Fliegen von Juli bis Ende Oktober. Die Paarung beginnt in der Luft und wird auf Pflanzen sitzend beendet. Löst das ♀ das Paarungsrad auf, so fliegt das ♂ mit ihm zum Eiablageplatz. Die Eier werden im Flug abgegeben. Die Larven vergraben sich gerne im Schlick.

FU: K.; Kleininsekten, Räuber.

T: 4-25°C, **L:** Larve: 2,5 cm, Imago: 4 cm, Flügelspannweite: 6 cm, **BL:** 40 cm, **WR:** u, **SG:** 3 (Geschützt!)

Steinfliegen (Plecoptera)

Die Larven der Steinfliegen leben ausschließlich im Wasser. Sie wachsen unter zahlreichen Häutungen heran und verlassen das Wasser erst zur Metamorphose. Der typische Lebensraum der Steinfliegenlarven ist der kleinere, stark strömende Bergbach mit steinig-kiesigem Bachbett. Zwei Faktoren bestimmen wesentlich die Verteilung der Larven: Die Strömung und die niedrige und ausgeglichene Temperatur. Beides wird jeweils von bestimmten Arten bevorzugt. Spezielle Körperanpassungen an die Strömung, zum Beispiel zur Vermeidung des Strömungswiderstandes oder zur Verankerung, treten anders als bei den Eintagsfliegenlarven kaum auf. Die Steinfliegenlarven bewegen sich ungern, und dann meistens laufend, und schwimmen nur selten, wobei sie sich seitlich schlängeln. Dies kommt sonst bei keiner anderen Insektengruppe vor. Allerdings sind auch weiträumige Aufwärtswanderungen an Substratoberflächen nachgewiesen, vor allem von kleinen und schlupfreifen Larven. Der unfreiwilligen Drift durch die Strömung sucht die Larve möglichst rasch zu entkommen. Dazu spreizt sie ihre Extremitäten ab und ergreift jeden sich bietenden Halt. Die meisten Arten halten sich unter Steinen auf, nur wenige leben auf Sand- oder Schlammböden.

Die Larven der etwa 100 bei uns vorkommenden Arten sind länglich gestaltet mit weit auseinanderstehenden Beinen, die pro Paar jeweils an einem stark entwickelten Brustring sitzen. Die beiden letzten Brustringe tragen je ein Paar Flügelscheiden. Steinfliegenlarven haben im Gegensatz zur Eintagsfliegenlarve nur zwei Cerci (Schwanzfäden), die relativ unbeweglich sind. Sehr beweglich sind dagegen die beiden langen Antennen, die zudem mit zahlreichen Sinneszellen ausgestattet sind.

Das Nahrungsspektrum der Steinfliegen ist sehr breit. Manche leben von Detritus, andere sind räuberisch. Die Nahrungsaufnahme wird vor Wachstumshäutungen und vor der Metamorphose eingestellt.

Die Paarungsbereitschaft der Imagines ist artspezifisch recht unterschiedlich. Wenige Arten besitzen bereits als schlüpfende Weibchen reife Eier. Die Begattung erfolgt bald nach dem Aushärten des Weibchens. Bei der Partnersuche werden durch Aufschlagen des Hinterleibs auf den Untergrund arttypische Trommelsignale erzeugt. Die Befruchtung findet in den Weibchen statt. Lebendgebären tritt nur bei wenigen Arten auf. Bei der Eiablage werden die Eier bei kurzem Wasserkontakt des Weibchens fortgespült und die Eiballen zerfallen. Die Embryonalentwicklung kann direkt in ein bis drei Monaten oder indirekt, mit zwischengeschalteter Diapause*, erfolgen. Die Zahl der Häutungen ist unterschiedlich. Auch der Zeitpunkt des Schlüpfens ist art- und ortsspezifisch. Vor der letzten Häutung verlassen die Larven das Wasser.

* Ruhepause zwischen zwei Entwicklungsstadien

Dinocras spec., Larve

Dinocras spec. **Steinfliegen**

Fam.: Perlidae

Vork.: In größeren Fließgewässern.

GU: Selbst Imagines sind schwer unterscheidbar. Hermaphrodie, Selbstbefruchtung, wurde beobachtet.

Soz. Verh.: Die Larven sind Einzelgänger und räuberisch. Steinfliegen leben nach der Umwandlung noch etwa 4 bis 6 Wochen und fressen nicht, sie existieren dann von Fettreserven.

Hält. B.: Sauberes, sauerstoffreiches, möglichst strömendes Wasser. Leben bevorzugt auf oder unter Steinen.

ZU: Zur Begattung setzt sich das ♂ neben das ♀ umklammert es am Rücken mit den Beinen der entsprechenden Körperseite und legt seine Geschlechtsöffnung an die des ♀. Dieses trägt die befruchteten Eier eine Zeitlang mit sich, bis es sie dann vom Ufer her ins Wasser ablegt. Es sind etwa 500 bis 2.000 Stück. Die Larvenentwicklung dauert zwei bis drei Jahre. Das Vollinsekt schlüpft unmittelbar aus der Larvenhaut, ein Puppenstadium entfällt.

FU: K.; Räuber; Kleinkrebse, Insekten, Würmer etc.

Bes.: Sind trotz des ähnlichen Aussehens nicht mit den eigentlichen Fliegen verwandt. Es sind schlechte Flieger und sie entfernen sich selten weit vom Geburtsgewässer. Steinfliegen stellen wahrscheinlich ein Eiszeitrelikt dar.

T: 4-15°C, **L:** 2 cm (ohne Schwanzfäden), **BL:** 10 cm, **WR:** u, **SG:** 2

Wanzen (Heteroptera)

Die Insektenordnung der Wanzen erzeugt selbst beim Naturfreund nicht unbedingt sympathische Gefühle. Dabei sind die Wanzen außerordentlich vielgestaltig. Die meisten der häufig sehr bunten Formen saugen Pflanzensäfte, einige sind auch Räuber, wenige vorübergehende Ektoparasiten. Die Wanzen haben auch Verteter in und auf dem Wasser, und entsprechend dieser Lebensweise werden sie in die beiden ökologischen Gruppen der Eigentlichen Landwanzen und der Wasserliebenden Wanzen eingeteilt. Hier interessieren nur die letzteren.

Wasserwanzen (Hydrocorisae)

Die Wasserwanzen sind, wie oben angedeutet, kein eigentlicher systematischer Begriff. Hier werden vielmehr alle wasserlebenden Wanzen verschiedener Gruppen, die Wasserläufer und die im Wasser lebenden Wasserwanzen aus unterschiedlichen Familien zusammengefaßt. Ihre Verwandlung von der Larve zum fertigen Insekt (Imago) ist unvollständig, es gibt kein Puppenstadium.

Skorpionswanzen (Nepidae)

Zur Familie der Skorpionswanzen gehören zwei Gattungen mit je einer europäischen Art. Es sind der Wasserskorpion *Nepa cinerea* und die Stabwanze *Ranatra linearis*. Beide besitzen am Hinterleib ein dünnes, aus zwei Teilen bestehendes, Atemrohr. Ihre Vorderbeine sind zu kräftigen Fangbeinen umgestaltet. Die weiteren Beinpaare sind eher dünn und lang und dienen mehr dem Herumkrabbeln als dem Schwimmen. Die Wasserwanzen leben unter Steinen und Holz. Dort lauern sie, etwas im Schlamm vergraben, auf Beute. Meist liegen sie so, daß ihr Atemrohr bis zur Oberfläche reicht. Kommt ein Beutetier in Reichweite, so klappen die Vorderfüße messerklingenartig gegen die Unterschenkel und die so eingeklemmte Beute wird in Richtung Kopf gezogen. Beutetiere werden mit dem Rüssel angestochen und ausgesaugt.

Zur Paarung sitzt das kleinere Männchen auf dem Weibchen. Die Paarungen erfolgen bevorzugt im Frühsommer. Die großen Eier sind mit sechs bis acht fadenartigen Luftröhren versehen. Sie werden vom Weibchen an im Wasser schwimmenden Pflanzenteilen, in Algenkissen oder Moospolstern abgesetzt. Die Entwicklung vom Ei zur Imago vollzieht sich vom Juni bis zum September. Die Tiere überwintern bevorzugt in fließenden Gewässern und an den Ufern größerer Seen. Sie können notfalls in geringstem Restwasser unter dem Eis überleben.

Die schlanke Stabwanze ähnelt dem Wasserskorpion auf den ersten Blick überhaupt nicht. Dennoch stimmt ihr Körperbau, abgesehen von der Form, weitgehend überein. Nicht nur der Körperbau, auch die Vermehrung entspricht im wesentlichen der des Wasserskorpions. Aus den großen, mit zwei fädigen Luftröhren versehenen Eiern schlüpfen im Juni/Juli die Jungwanzen. Die Stabwanze vermag gut zu fliegen, zu manchen Zeiten verlassen sie in Scharen ihre Gewässer und gehen auf Wanderschaft. Dagegen sind Berichte von fliegenden Wasserskorpionen sehr selten, manche Wissenschaftler bezweifeln ihre Flugfähigkeit ganz.

Nepa cinerea, Wasserskorpion

Nepa cinerea, Wasserskorpion, Unterseite

Nepa cinerea (LINNÉ, 1758) **Wasserskorpion**

Syn.: *Nepa rubra*

Fam.: Nepidae, Skorpionswanzen

Vork.: Europa bis China in flachen, pflanzenreichen Gewässern.

GU: Das ♂ ist etwas kleiner als das ♀.

Hält. B.: Dicht bepflanztes Becken, dessen Wasseroberfläche teilweise mit Schwimmpflanzen bedeckt ist. Becken gut abdecken, da die Tiere möglicherweise fliegen.

ZU: Die Paarungszeit liegt hauptsächlich im Frühsommer. Das ♂ sitzt auf dem Rücken des ♀ und dreht seinen Hinterleib seitlich unter den des ♀. Die Eier werden an faulende, an der Wasseroberfläche schwimmende Pflanzenteile abgesetzt. Sie sind fest und tragen 7-9 rötliche Fäden zur Sauerstoffversorgung.

FU: K.; Insektenlarven, Kaulquappen.

Bes.: Die Tiere passen sich in der Färbung gut dem Untergrund an. Auf Pflanzen wirken sie grün.
Die Wasserskorpione können auch den Menschen schmerzhaft stechen. Ob sie flugfähig sind, ist nicht gesichert. Einige Tiere überwintern unter dem Eis, andere an Land.

T: 4-25°C, **L:** M 1,8 cm, W 2,2 cm, **BL:** 40 cm, **WR:** m, o, **SG:** 2-3

Ranatra linearis (LINNÉ, 1758) **Stabwanze**

Fam.: Nepidae, Skorpionswanzen

Vork.: Europa bis China, verwandte Arten auch in den USA. Lebt vorzugsweise an der äußeren Schilfkante größerer Gewässer.

GU: Nur bei der Paarung erkennbar.

Soz. Verh.: Gesellig lebende Tiere, die mitunter in Massenwanderungen auftreten.

Hält. B.: Wie bei *Nepa cinerea* angegeben.

ZU: Die Paarung findet meist über Wasser statt. Die Eier werden in Reihen von 5-10 Stück an weichen Pflanzenteilen abgelegt. Sie tragen zwei Haftfäden.

FU: K.; Insekten und deren Larven. Die Fangbeine halten das Beutetier fest, während der Rüssel dieses ansticht und aussaugt.

Bes.: Die Tiere sind im Gegensatz zu *Nepa* eindeutig flugfähig. Die vorderen Gliedmaßen sind zu Fangbeinen ähnlich denen der Fangheuschrecken ausgebildet. *Ranatra* wird meist zwei Jahre alt. Diese Wanze kann ebenso schmerzhaft stechen wie die nahe Verwandte *Nepa cinerea*. Seltene Art; wir sollten sie schützen.

T: 4-25°C, **L:** 3,5 cm, **BL:** 60 cm, **WR:** m, o, **SG:** 3

Nepa cinerea Wasserskorpion

Ranatra linearis Stabwanze

Schwimmwanzen (Naucoridae)

Aus der Familie der Naucoridae ist die Schwimmwanze *Ilyocoris cimicoides* in Europa allgemein häufig und fast überall anzutreffen. Sie ist unterseits und unter den Flügeln mit einer dichten Schicht Haare besetzt. Die Schwimmwanze ist breit, wirkt flachgedrückt und ist grünlich gefärbt. Die Haarschicht ist grauweiß und wirkt durch ständig anhaftende Luft silbern glänzend. Zum Luftschöpfen steckt die Schwimmwanze den Hinterleib mit einem hinteren Paar Atemlöcher aus dem Wasser. Die Hinterbeine sind dicht mit Haaren besetzt und deuten auf einen guten Schwimmer hin. Beutefang und -verzehr erfolgen wie bei den Skorpionswanzen. Die Beute wird mit den Vorderbeinen ergriffen, angestochen und ausgesaugt.

Zur Paarung besteigt das Männchen das Weibchen. Dieses sticht seinen Legestachel unter der Wasseroberfläche in Pflanzenstengel und gibt dort die Eier ab. Die Larven schlüpfen nach einigen Wochen und häuten sich fünfmal. Die erwachsenen Insekten überwintern in pflanzenreichen stehenden oder langsam fließenden Gewässern. Schwimmwanzen fliegen gut und verlassen so austrocknende Kleingewässer.

Rückenschwimmer (Notonectidae)

Zur Familie der Rückenschwimmer werden in Mitteleuropa sechs teilweise schwer zu unterscheidende Arten gerechnet. Ihr augenfälliges Merkmal ist ihre Schwimmweise mit dem Bauch nach oben und dem Rücken nach unten. Auffällig sind auch ihre großen Komplexaugen, die schon auf einen Räuber hindeuten. Ihr dichtes Haarkleid steht im Dienste der Atmung und verhindert ein ungewolltes Auftauchen der oft unter dem Wasserspiegel hängenden Tiere. Auch die Flügel sind gut entwickelt und ermöglichen ein Wechseln der Gewässer. Die Rückenschwimmer sind dank kräftig ausgebildeter und mit Borsten versehener Hinterbeine gute Schwimmer. Sie suchen und erbeuten ihre Nahrung in den oberen Wasserschichten. Sie besteht in erster Linie aus toten oder halbtoten Tieren, die auf die Wasseroberfläche gefallen sind, weniger aus frei im Wasser schwimmenden Tieren. Der Rückenschwimmer packt das Opfer, mit den Hinterbeinen rudernd, mit den Vorderbeinen, sticht es mit dem Rüssel an und saugt es aus. Der Stich ist auch für Menschen und trinkendes Vieh sehr schmerzhaft, man sollte die Rückenschwimmer daher lieber nicht in die Hand nehmen.

Die Paarung erfolgt an der Wasseroberfläche. Das Männchen sitzt teils auf dem Weibchen, teils hängt es etwas verrenkt an seiner Seite. Zur Eiablage sucht das Weibchen unter Wasser meist frische grüne Pflanzen

Ilyocoris cimicoides, Schwimmwanze

Ilyocoris cimicoides LINNÉ, 1758 **Schwimmwanze**

Syn.: *Naucoris cimicoides*

Fam.: Naucoridae, Schwimmwanzen

Vork.: In stehenden Gewässern aller Art und in sehr schwach fließenden Bächen und Gräben.

GU: Schwer unterscheidbar, die Geschlechter gleichen sich.

Soz. Verh.: Einzelgänger. Zur Paarung sitzt das ♂ auf dem ♀.

Hält. B.: Auch im Kleinaquarium möglich.

ZU: Das ♀ sticht die Eier mit Hilfe des Legestachels in unter Wasser befindliche Pflanzenteile ein. Die Larven schlüpfen nach einigen Wochen.

FU: K.; Alle Wassertiere, auch Jungfische.

Bes.: Das Luftschöpfen erfolgt mit dem Hinterleibsende, das aus dem Wasser gestreckt wird.
Der Stich ist für den Menschen schmerzhaft.

T: 4-20°C, **L:** 12-16 mm, **BL:** 10 cm, **WR:** alle, **SG:** 1

aus und senkt die Eier mit dem Legestachel tief ein. Sie liegen auf diese Weise trocken im luftgefüllten Pflanzengewebe. Nach etwa einem Monat schlüpfen die Larven. Schon die winzigen Larven gleichen äußerlich völlig den erwachsenen Tieren. Sie müssen sich fünfmal häuten. Nach ein bis zwei weiteren Monaten sind die Jungwanzen geschlechtsreif. Rückenschwimmer überwintern nur als Imago. Mit einem großen Luftvorrat zwischen den Haaren und unter den Flügeln überwintern sie unter dem Eis. Im Volksmund werden diese Wanzen auch Wasserbienen genannt.

Wasserläufer (Gerridae)

Die der Familie der Wasserlaufer zuzuordnenden Arten sind dem Leben auf der Wasseroberfläche in ganz besonderer Weise angepaßt. Die beiden auffälligen großen Augen dienen dazu, die Oberfläche nach Beutetieren abzusuchen. Mit den langen Beinen, insbesondere den hinteren beiden Beinpaaren, bewegen sich die Wasserläufer auf der Oberfläche fort. Mit den langen Beinen können sie auch sehr gut springen. Die Beine stehen fast kreuzweise und wirken wie lange Ausleger. Der Körper der Wasserläufer, insbesondere die Unterseite, ist dicht mit Haaren besetzt. Durch die vielen Haare wirken die Tiere manchmal regelrecht silbern glänzend. Das Haarkleid muß ständig durch Putzen reingehalten werden, es stellt mit dem darin enthaltenen Luftpolster die Überlebensgarantie auf der Wasseroberfläche dar. Ist das Haarkleid nicht in Ordnung, sinken die Wasserläufer, vom Wind oder Regen durch die Oberflächenhaut gedrückt, zum Gewässerboden. Mit defektem Haarkleid können sie die Wasseroberfläche nicht mehr von unten durchbrechen.

Die Nahrung besteht aus Kleininsekten, die auf die Wasseroberfläche gefallen sind. Besonders gern werden geschwächte Tiere erbeutet, auch Aas wittern sie von weitem. Die Männchen sind gewöhnlich kleiner als die Weibchen. Zur Paarung lassen sich die entsprechend leichteren

Notonecta glauca, Rückenschwimmer

Notonecta glauca Linné, 1758 **Rückenschwimmer**

Fam.: Notonectidae, Rückenschwimmer

Vork.: Eines der häufigsten Wasserinsekten in Kleingewässern ohne größere Fische. Stets an der Unterseite der Wasseroberfläche. Nur kurzzeitig wird tiefer getaucht.

GU: Nur bei der Paarung erkennbar.

Soz. Verh.: Gesellige Tiere, die zuweilen anderen Tieren an der Tränke (Rindern) lästig fallen. Auch der Mensch kann schmerzhaft gestochen werden. Die Rückenschwimmer stechen nur zu, wenn man sie mit der Hand ergreift. Deshalb zum Fang ein Netz verwenden

Hält. B.: Die Hälterung im Aquarium ist möglich. Becken gut abdecken, da die Tiere sehr gute Flieger sind. Überwinterung im ungeheizten Becken. Bepflanzung mit robusten, größeren Pflanzen (Riesenvallisnerien). Schwache Filterung. Sauerstoffarmes Wasser wird nicht vertragen.

ZU: Ein ♂ paart sich mit mehreren ♀♀, die auch häufiger sind. Die ♀♀ legen im Frühjahr ihre bis zu 200 Eier unter Wasser in lebende Pflanzenteile ab. Nach 3-6 Wochen schlüpfen die Larven, häuten sich innerhalb weiterer 5-6 Wochen 5mal und werden dann geschlechtsreif. Die fertigen Insekten überwintern.

FU: K.; Lebende, tote und halbtote Insekten an der Wasseroberfläche. Mit dem Rüssel wird das Beutetier ausgesaugt. Fischfutterflocken werden angenommen.

Bes.: Die Tiere führen zwischen feinsten Härchen immer einen großen Luftvorrat unter dem Bauch mit, deshalb drehen sie sich zwangsweise auf den Rücken.

T: 4-30°C, **L:** 1,5 cm, **BL:** 60 cm, **WR:** o, m, **SG:** 1

Gerris lacustris Wasserläufer

Männchen oft stunden-, ja tagelang von den Weibchen herumtragen. Nur wenn Gefahr droht, verlassen die Männchen ihre Partnerinnen sehr schnell. Die Weibchen legen ihre Eier an Holz und Wasserpflanzenstengel, die macher Arten tauchen dazu sogar unter Wasser. Die Jungen schlüpfen den ganzen Sommer über und treten manchmal örtlich in großer Zahl auf. Einige Larvenstadien fallen durch ihren sehr stark verkürzten Hinterleib auf. Sie halten sich noch zwischen den Uferpflanzen auf und klammern sich daran fest, da sie noch nicht so gut an das Wasserleben angepaßt sind wie voll entwickelte Tiere. Die Larven machen mehrere Häutungen durch bis sie ihren Eltern gleichen. Alle Larven haben sich dann vor dem Winter verwandelt. Die Wasserläufer überwintern ausschließlich an Land, vorzugsweise zwischen Laub oder im Moos nahe am Wasser, oder auch am Fuße von Fichten, dies oft sogar weit vom Wasser entfernt. Taut im Frühjahr das erste Eis, tauchen auch bald die Wasserläufer wieder auf.

Die häufigste Art ist *Gerris lacustris*, in den beiden Gattungen sind etwa zehn europäische Arten vertreten.

Da die Wasserläufer sehr gut fliegen können, zählen sie meist zu den ersten Besiedlern neuer Gewässer wie Gartenteichen oder ähnlichem. Sogar auf Pfützen oder in Vogeltränken sind sie zeitweise zu finden.

Gerris spec., Wasserläufer

Gerris lacustris (LINNÉ, 1758) **Wasserläufer**

Fam.: Gerridae, Wasserläufer, Wasserreiter

Vork.: In allen Gewässern mit geringer oder keiner Strömung in ganz Europa.

GU: Das kleinere ♂ sitzt oft stunden- und tagelang auf dem Rücken des ♀. Nur bei Gefahr hüpft es herunter.

Soz. Verh.: In Gruppen lebende, für Fische ungefährliche Tiere.

Hält. B.: Im Aquarium kümmern die Tiere. Sie brauchen die freie Wasserfläche und Sonne. Falls Aquarienhaltung zu Studienzwecken gewünscht ist, muß das Becken gut abgedeckt werden, die Tiere entweichen sonst sehr schnell. Die Überwinterung erfolgt außerhalb des Wassers zwischen Moospolstern. Sie lassen sich regelrecht einfrieren.

ZU: Im Laufe des Sommers werden etwa 5 cm lange gallertartige Bänder von bis zu 50 Eiern an Pflanzen, vorzugsweise *Potamogeton*, abgelegt. Mehrere Generationen können im Laufe des Sommers zur Entwicklung gelangen.

FU: K.; Tote und halbtote Insekten. Diese werden angestochen und ausgesaugt. Die Nahrung wird durch die Vibration der Oberflächenhaut des Wassers und auch mit dem Geruchssinn aufgespürt. Fischfutterflocken werden angenommen.

Bes.: Die Wasserläufer können bis zu 10 cm über den Wasserspiegel hüpfen. Beim Herunterfallen sinken sie nicht ein. Dies wird durch eine feine Behaarung der Beine ermöglicht.

T: 4-25°C, **L:** 1 cm, **BL:** 60 cm, **WR:** o, **SG:** 2-3

Käfer (Coleoptera)

Die Käfer sind eine der ganz großen Insektenordnungen, nach bisheriger Kenntnis umfaßt sie über 315.000 Arten in zahlreichen Familien und Gattungen. Die Masse der Käfer, sowohl nach Arten als auch nach Individuen, befindet sich in den Tropen, doch auch in Mitteleuropa sind sie zahlreich vertreten. Nur vier Käferfamilien besitzen näher mit dem Leben im Wasser verbundene Arten. Es sind dies die Schwimmkäfer (Dytiscidae), die Wasserkäfer (Hydrophilidae), die Taumel- oder Tummelkäfer (Gyrinidae) und die Wassertreter (Haliplidae). Diese Familien sind nicht näher miteinander verwandt, ihre einander ähnliche Körperform rührt von der Anpassung an den gleichen Lebensraum her. Kein einziger Käfer besitzt eine engere Beziehung zum Salzwasser.

Schwimmkäfer (Dytiscidae)

Die Schwimmkäfer sind mit etwa 150 Arten in den unterschiedlichsten Gewässern Mitteleuropas verbreitet. Mit ihrer Körperform sind diese Käfer hervorragend an das Wasserleben angepaßt. Ihre Hinterbeine sind zu Schwimmbeinen umgebildet. Sie sind flach und mit Schwimmborsten versehen. Auch die Flügeldecken sind strömungsgünstig abgeflacht.

Sowohl die Käfer als auch deren Larven leben räuberisch. Sie ernähren sich von allen kleineren Wassertieren. Auch Kaulquappen oder Jungfische werden erbeutet. Zum Aussaugen der Beute sind die Oberkiefer zu dolchartigen Röhren umgebildet. Dem Opfer wird ein Gemisch von Verdauungsenzymen eingespritzt, die es töten und die inneren Organe verflüssigen. Anschließend wird es ausgesaugt.

Beim Luftschöpfen hängen die Käfer mit den Hinterbeinen und dem Hinterleib an der Wasseroberfläche. Die aufgenommene Luft wird zwischen den Flügeldecken und dem Hinterleib gespeichert. Im Winter genügt diese Luftblase zum Überleben unter dem Eis. Dabei gelangt durch Diffusion aus dem Wasser Sauerstoff in diese Blase und Kohlendioxid diffundiert heraus.

Die Paarungszeit ist je nach Art unterschiedlich. Die Männchen vieler Schwimmkäfer besitzen an den Vorderbeinen besondere Haftorgane, mit denen sie sich zur Paarung am Halsschild des Weibchens festheften können. Die Paarungen erfolgen bei den größeren Arten in den wärmeren Monaten wiederholt und mit verschiedenen Partnern. Die Eier werden von den Weibchen wiederum je nach Art einzeln oder in Schnüren an Wasserpflanzen, mit einem Legestachel in Wasserpflanzen, oder an feuchten Orten an Land, abgelegt. Auch die Larven leben sehr unterschiedlich, zum Beispiel frei schwimmend, oder aber an Pflanzen oder im Schlamm kriechend.

Große Schwimmkäferarten vermögen mehrere Jahre alt zu werden. Die Überwinterung kann als Ei, Larve oder Imago erfolgen. Bei Austrocknen des Gewässers, zur Eiablage oder zum Aufsuchen eines günstigen Überwinterungsplatzes werden gelegentlich weite Landflüge unternommen. Manchmal landen die Käfer dann auch auf großen Betonflächen oder auf flachen Glasscheiben, zum Beispiel von Gewächshäusern, die sie irrtümlich als Wasser ansprechen.

Der Gelbrandkäfer ist der bekannteste Schwimmkäfer.

Acilius sulcatus (Linné, 1758) — Furchenschwimmer

Fam.: Dytiscidae, Schwimmkäfer

Vork.: Ganz Europa bis Mittelitalien und mittleres Spanien.

GU: Beim ♂ sind die Flügeldecken glatt, außerdem trägt es an den Vorderbeinen Haftscheiben. Jede Flügeldecke des ♀ weist drei tiefe Furchen auf.

Soz. Verh.: Friedliche Art, die sich an Fischen nicht vergreift.

Hält. B.: Die Beobachtung der Larven mit ihren spielerischen Bewegungen lohnt eine wenige Wochen lange Hälterung. Ein großes flaches Becken mit einigen Moorkienholzwurzeln, die aus dem Wasser ragen sollten. Landteil mit grob-krümeliger Erde. Gute Belichtung. Für die Pflege dieser Käfer muß das Becken abgedeckt sein, da sie gut fliegen können.

ZU: Das ♀ hat einen Legestachel, der fast die Körperlänge erreicht. Damit werden die Eier an Land in alte Baumstümpfe mit lockerer Borke in Wassernähe abgelegt. Die ♂♂ suchen das Land viel weniger häufig auf. Die Eier werden oft von mehreren ♀♀ zugleich in unregelmäßigen Häufchen von bis zu Haselnußgröße abgegeben. Wenn sie nach der Eiablage zurück ins Wasser gehen - oft kann dies auch nach Störungen bei der Eiablage geschehen - , so werden sie von den ♂♂ heftig bedrängt und es kommt zu erneuten Paarungen. Die Larven findet man im Juli und August. Sie sehen wie kleine Garnelen aus und leben als gute Schwimmer in den mittleren Wasserschichten. Zur Verwandlung werden von den Larven Erdklümpchen zusammengeklebt. Darin bauen sie ihren Puppenkokon. Nach wenigen Wochen schlüpft der Käfer aus und überwintert im Wasser.

FU: K.; Große Daphnien, Mückenlarven und -puppen.

T: 4-24°C, **L:** 1,8 cm, **BL:** 70 cm, **WR:** alle, **SG:** 2, Geschützte Art!

Acilius sulcatus, Furchenschwimmer

Acilius sulcatus Furchenschwimmer, ♀

Acilius sulcatus Furchenschwimmer, Larven

Cybister lateralimarginalis De Geer **Gaukler**

Fam.: Dytiscidae, Schwimmkäfer

Vork.: Europa, nördlich bis Dänemark (selten), in Südeuropa häufiger. In pflanzenreichen Tümpeln mit reinstem Wasser.

GU: ♂ mit Haftscheiben an den Vorderbeinen, beim ♀ fehlen diese.

Soz. Verh.: Die Käfer können miteinander vergesellschaftet werden, die Larven fressen sich jedoch gegenseitig.

Hält. B.: Die Larven des Gauklers stützen sich zum Luftholen auf Pflanzenblätter oder Äste. Das Aquarium ist entsprechend mit sich verzweigenden Pflanzen einzurichten. Gute Filterung, nitratarmes Wasser.

ZU: Die Verpuppung der Larven erfolgt außerhalb des Wassers in Moos. Die Larve kann außerhalb des Wassers gut leben.

FU: K.; Jede zu bewältigende Lebendnahrung, hauptsächlich Insektenlarven.

Bes.: Die etwa 100 Arten dieser Gattung sind breiter und flacher als *Dytiscus*. Lebensdauer im Aquarium bis zu 5½ Jahre. Der Biß der Larve ist giftig und führt zu schmerzhaften Entzündungen. Geschützte Art!

T: 8-30°C, **L:** 4 cm, Larve 8 cm, **BL:** 80 cm, **WR:** alle, **SG:** 2-3

Graphoderes cinereus (Linné, 1758) **Aschgrauer Schwimmkäfer**

Fam.: Dytiscidae, Schwimmkäfer

Vork.: Osteuropa in ruhigen, klaren Gewässern.

GU: ♂ mit Haftscheiben an den Vorderbeinen.

Soz. Verh.: Recht friedliche Art. Auch für Becken mit Kaltwasserfischen ab 8 cm Länge geeignet. Die Larven werden von den Fischen als Futter angesehen.

Hält. B.: Reich bepflanztes Becken mit schwacher Filterung.

ZU: Es liegen kaum Berichte vor, sie dürfte jedoch ähnlich der anderer Schwimmkäfer erfolgen. Die Eier werden in hohle Stengelpflanzen abgelegt.

FU: K.; Lebendfutter aller Art, auch Flockenfutter, besonders farbgebendes wie Tetra Rubin o.ä. zur Verstärkung der gelben Färbung der Flügeldeckenränder.

Bes.: Seltene, schwer erkennbare Art.

T: 4-24°C, **L:** 12 mm, **BL:** 30 cm, **WR:** alle, **SG:** 2, Geschützt!

Platambus maculatus Linné, 1758 **Kleiner Schwimmkäfer**

Fam.: Dytiscidae, Schwimmkäfer

Vork.: Spülsaum größerer Seen in Europa.

GU: ♂ mit Haftscheiben.

Soz. Verh.: Die Vergesellschaftung von mehreren Käfern oder Larven ist möglich.

Hält. B.: Sauerstoffbedürftige Art. Freier Schwimmraum mit bis zur Wasseroberfläche reichenden verzweigten Pflanzen. Kräftige Filterung. Flachwasserteil.

ZU: Über die Fortpflanzung ist wenig bekannt. Die Larven schwimmen zunächst am Boden, später jedoch frei.

FU: K.; Kleine, planktonische Insekten.

Bes.: Geschützte Art!

T: 4-18°C, **L:** bis 1-2 cm, **BL:** 40 cm, **WR:** alle, **SG:** 3

Dytiscus marginalis Gaukler

Cybister lateralimarginalis Aschgrauer Schwimmkäfer

Platambus maculatus Kleiner Schwimmkäfer

Dytiscus latissimus, Breitrandkäfer, links das Weibchen, rechts das Männchen.

Dytiscus latissimus LINNÉ, 1758 **Breiter Gelbrandkäfer, Breitrandkäfer**

Fam.: Dytiscidae, Schwimmkäfer

Vork.: Im Osten und Süden Europas häufiger als im Norden bis Westen. In pflanzenreichen, fast immer stehenden Gewässern oder trägen Seitenarmen von Fließgewässern.

GU: Siehe Foto. ♂ mit glatten und ♀ mit gefurchten Flügeldecken. ♂ mit Hafttellern an den Vorderbeinen.

Soz. Verh.: In einem Becken ab 80 cm Länge können einige Käfer gehalten werden. Die Larven sind jedoch kannibalisch.

Hält. B.: Wegen ihrer Seltenheit sollten diese Käfer nicht im Aquarium gehalten werden. Falls dies dennoch erforderlich sein sollte (Teichräumung, Trockenlegungen usw.) kann die Pflege wie beim Gelbrandkäfer erfolgen, jedoch mit äußerster Sorgfalt. Eine Beckenabdeckung ist wichtig, jedoch muß die Wasseroberfläche dennoch eine gute Sauerstoffzufuhr erhalten. Nitratarmes Wasser! Die richtige Ernährung ist wichtig.

ZU: Wie beim Gelbrandkäfer.

FU: K.; Die Ernährung erfolgt vorzugsweise mit Köcherfliegenlarven (Trichopteren).

Bes.: Die Käfer lassen sich an den breiten, abgeflachten Flügeldeckenrändern gut vom Gelbrand unterscheiden. Geschützte Art!

T: 4-28°C, **L:** 4 cm, **BL:** 80 cm, **WR:** alle, **SG:** 2-3

Dytiscus marginalis, Gelbrandkäfer, Larve

Dytiscus marginalis Linné, 1758 **Gelbrandkäfer**

Fam.: Dytiscidae, Schwimmkäfer

Vork.: Ganze nördliche Halbkugel, von Amerika über Europa bis Japan.

GU: ♂ mit glatten und ♀ mit gefurchten Flügeldecken, vergleiche die Abbildungen. Es gibt jedoch auch ♀♀ mit glatten Flügeldecken. Die ♂♂ besitzen an den Vorderbeinen scheibenartige Saugnäpfe. Diese dienen während der Begattung zum Festhalten am ♀. Diese Saugnäpfe fehlen dem ♀.

Soz. Verh.: Die Larven dürfen im Aquarium nicht miteinander vergesellschaftet werden, eine frißt die andere stets auf. Einige ausgewachsene Käfer kann man gemeinsam halten.

Hält. B.: Kleine bis mittlere Gartenteiche von 2 bis 2.000 m^2 Fläche. Selbstverständlich auch in Naturgewässern. Die Tiere bevorzugen die ufernahen pflanzenreichen Randzonen und finden sich selten in tieferem und offenem Wasser. Im Aquarium ist der Käfer recht gut haltbar. Becken gut abdecken, da die Käfer ganz gute Flieger sind. Will man Gelbrandkäfer im Gartenteich vermehren, so lege man Wasserzonen von 5 bis 30 cm Tiefe an, die Bepflanzung erfolgt mit Sumpf- und Wasserpflanzen. Zur Zucht sind besonders schilfähnliche Pflanzen erforderlich.

ZU: Die Paarung erfolgt vorzugsweise im Herbst, vereinzelt im Winter und bis ins Frühjahr hinein. Es findet eine innere Befruchtung statt. Dazu klammert sich das ♂ mit den Saugnäpfen der Vorderbeine an den Brustpanzer des ♀. Die Vereinigung kann stunden- oder sogar tagelang dauern. Das ♂ holt dabei oft Luft, während das ♀ dazu kaum Gelegenheit hat. Nach der Paarung ist das ♀ so erschöpft, daß es vom ♂ zum Luftholen an der Wasseroberfläche hilfreich unterstützt wird. Entfernt man das ♂, so kann das ♀ ersticken, da es aus eigener Kraft nicht mehr an die Wasseroberfläche gelangt.
Das ♀ legt unterhalb der Wasseroberfläche bis zu 200 Eier in weiche, lebende Pflanzenstengel ab. Daraus schlüpfen bis zum Frühsommer die Larven, die sich bis zur Verpuppung dreimal häuten. Während dieser Zeit nimmt die Larve kräftig an Größe zu und verpuppt sich schließlich im frühen Herbst an Land. Nach 8 bis 14 Tagen Puppenruhe schlüpft der fertige, zunächst weiche und hellgelbe Käfer, der bald dem Wasser zustrebt. Gelbrandkäfer vermögen bis zu 5 Jahre alt zu werden.

FU: K.; Jedes größere Lebendfutter, von kleinen Fischen bis zu Molchlarven und Kaulquappen. Oft Aasfresser. Futtertabletten (Tetra Tips) werden meist willig angenommen. Der Gelbrandkäfer ist ein Vielfraß, der manchmal seine Nahrung wieder ausbricht. Auch unverdauliche Teile werden wieder ausgewürgt. Die Larven des Gelbrandkäfers sind sehr gefräßig und gefürchtete Schädlinge der Fischzuchtanstalten. Eine Larve kann bis zu 20 Kaulquappen pro Tag fressen, und dies für eine Dauer von 5 bis 6 Wochen.

Bes.: Trotz der Schädlichkeit der Larven und Käfer ist die Art schützenswert. Der Gelbrandkäfer ist eine wichtige Gesundheitspolizei im Teich. Meist fällt er nur kranke und schwache Tiere an.

T: 4-25°C, **L:** 2,7-3,5 cm, **BL:** 60 cm, **WR:** alle, **SG:** 1-2

Dytiscus marginalis Gelbrandkäfer, ♂

Dytiscus marginalis Gelbrandkäfer, ♀

Rhantus notatus (Fabricius, 1781) — Tauchschwimmer

Fam.: Dytiscidae, Schwimmkäfer

Unterfam.: Hydroporinae

Vork.: In kleinen seichten Gewässern Europas. Diese sind zumeist stehend, selten schwach fließend.

GU: Unbekannt, wahrscheinlich besitzen die ♂♂ die typischen Haftorgane an den Vorderbeinen.

Soz. Verh.: Wie bei *Graphoderus cinereus*, Seite 704.

Hält. B.: In stark veralgten Kleinstbehältern möglich.

ZU: Wie bei *Graphoderus cinereus*, Seite 704.

FU: O.; Algen und auch Zooplankton anbieten.

Bes.: Können an Land gut springen. Über die Lebensweise dieser Käfer ist nur sehr wenig bekannt. Soll angeblich an Land unter Moos überwintern. Larvenentwicklung soll in kleinen Pfützen vor sich gehen.

T: 4-22°C, **L:** 3 mm, **BL:** 10 cm, **WR:** alle, **SG:** 1

Laccophilus minutus (Linné, 1758) — Grundschwimmer

Fam.: Dytiscidae, Schwimmkäfer

Vork.: In fast jedem Wasserloch, auch in fließenden Gewässern. Selbst eine Badewanne im Garten wird bald einige dieser Käfer beherbergen.

GU: Wegen der geringen Größe nur schwer erkennbar: Beim ♂ sind die üblichen Haftfelder an den Vorderbeinen zu finden.

Soz. Verh.: Friedliche Käfer, auch für mit Fischen besetzte Aquarien und Teiche geeignet.

Hält. B.: Mäßig bepflanztes Becken, möglichst ohne Strömung. Kein Besatz mit größeren Fischen. Kein gechlortes Leitungswasser, sonst völlig problemlos.
Das Aquarium gut abdecken, sonst entweichen die Käfer bald und vertrocknen dann irgendwo im Zimmer, sofern sie keinen Ausweg ins Freie finden.

ZU: Die Eiablage erfolgt meist zwischen treibenden Blättern an der Wasseroberfläche oder am Uferrand zwischen Moos.

FU: K.; Kleinste Insekten und deren Larven.

Bes.: Die Käfer können besonders auf dem Trockenen gut springen. Diese Art ist unser häufigster Schwimmkäfer.

T: 4-24°C, **L:** 6 mm, **BL:** 20 cm, **WR:** alle, **SG:** 1

Rhantus notatus Tauchschwimmer

Laccophilus minutus, Grundschwimmer, ♀

Taumel- oder Tummelkäfer (Gyrinidae)

Die Bewegungsweise der Taumelkäfer, von denen es in Mitteleuropa zwölf Arten gibt, ist ungewöhnlich. In Kreisen und Spiralen schwimmen, ja taumeln, die Käfer an der Wasseroberfläche entlang. Aus der raschen Bewegung leiten sich auch die deutschen Namen ab. Die Käfer sind stromlinienförmig flachgedrückt und mit Borsten besetzten Schwimmbeinen versehen. Ihre Augen sind in der Mitte geteilt, so daß eine Hälfte über und eine Hälfte unter Wasser sehen kann.

Taumelkäfer sind Räuber. Sie leben von Beute und Aas an der Wasseroberfläche. Ansonsten sind Ernährung, Fortpflanzung und Lebensweise denen der Schwimmkäfer ähnlich. Die Überwinterung erfolgt je nach Art vergraben an Land oder unter Wasser zwischen Wasserpflanzen. Im letzteren Falle befindet sich jedes Tier in einer dicken Luftblase, die dank der dichten Behaarung der Tiere am Körper festhält.

Gyrinus natator, Taumelkäfer

Gyrinus natator LINNÉ, 1758 **Taumelkäfer**

Fam.: Gyrinidae, Taumelkäfer

Vork.: In den gemäßigten Breiten über ganz Europa hinweg verbreitet.

GU: Äußerlich kaum zu erkennen.

Soz. Verh.: Gesellige Käfer. Problemlos in Fischteichen zu halten. Raubfische (Forellen) sind jedoch Jäger auch dieser Insekten.

Hält. B.: Im Aquarium ist die Haltung nicht zu empfehlen. Die behenden Schwimmer brauchen viel Platz (2 x 1 m Fläche), viel Sonne, und manche Arten eine kräftige Oberflächenströmung.

ZU: Im Mai-Juni ist Paarungszeit. Die ♂♂ sitzen auf den ♀♀ und beide ziehen muntere Kreise. Die Eier werden unter Wasser an Wurzelfäden oder Pflanzenstengeln in Schnüren abgelegt. Die Larven erscheinen im Juni/Juli. Sie tragen Tracheenkiemen am Hinterleib und leben räuberisch von anderen Insekten oder Krebschen. Die Beute wird von den Greifzangen (Mandibeln) erfaßt und mittels Gift, welches sie ausstoßen, betäubt oder getötet. Das Gift dringt durch einen feinen Kanal innerhalb der Mandibeln an die Austrittsöffnung und wirkt auflösend und zersetzend. Die Greifzangen zerteilen die Beute und führen sie dem Mund zu. Die Larven kriechen im Spätsommer bis zu 1 m aus dem Wasser und verpuppen sich vorzugsweise an Schilfstengeln. Man erkennt sie als 1 cm lange, graue Kokons. Daraus schlüpfen nach sieben Tagen die fertigen Käfer.

FU: K.; Kleinste lebende und tote Insekten und deren Larven. Flockenfutter. Siehe auch unter ZU.

Bes.: Diese Käfer haben sich dem Wasserleben an der Oberfläche bestens angepaßt. Sie überwintern unter dem Eis, jeder Käfer in einer Luftblase. Auf dem Wasser schwimmen sie mit Leichtigkeit und können dennoch gut tauchen. Unter Wasser halten sie sich an Pflanzen fest. In praller Sonne sitzen sie an Land oder auf Pflanzenblättern (Seerosen). Die Käfer haben zwei Paar Augen, eines für die Sicht über Wasser und das andere für unter Wasser. Die Trennlinie verläuft beim Schwimmen auf der Wasseroberfläche genau auf Höhe des Wasserstandes. Die Käfer vermögen sehr gut zu fliegen, vor allem zur Nacht.

T: 4-20°C, **L:** 7 mm, **BL:** 2 m, **WR:** o, **SG:** 4

Hydrous piceus, Großer Kolbenwasserkäfer, frischgeschlüpfte Larven.

Wasserkäfer (Hydrophilidae)

Die Wasserkäfer sind nicht näher mit den Schwimm- und den Taumelkäfern verwandt. Ihre genaue Abstammung ist noch unbekannt. Sie sind jedoch bei weitem nicht so gut an das Wasserleben angepaßt wie die Schwimmkäfer. Daraus ist zu schließen, daß die Familie der Wasserkäfer erst seit relativ kurzer Zeit zum Leben im Wasser übergangen ist. Viele kleinere Arten der Wasserkäfer leben gar nicht direkt im Wasser, sondern in unterschiedlich feuchten anderen Lebensräumen. Alle Larven der Wasserkäfer müssen festen Boden unter den Füßen haben. Deshalb halten sie sich nur wenige Zentimeter unter der Wasseroberfläche auf. Viele Wasserkäferlarven leben auch überhaupt nicht im Wasser, sondern beispielsweise auf wassergetränkten Moosen.

Die fertig entwickelten Käfer und die Larven atmen die Luft von der Wasseroberfläche. So müssen die im Wasser lebenden Tiere regelmäßig an die Oberfläche aufsteigen um zu atmen. Die Wasserkäfer tauchen dabei mit ihrer Vorderseite zuerst auf. Ihre Fühler dienen der Luftaufnahme, ihr Luftvorrat wird auf der Bauchseite gespeichert. Darum schwimmen die Käfer oft mit der Bauchseite nach oben. Die Wasserkäfer sind im Vergleich zu den Schwimm- und den Taumelkäfern schlechte Schwimmer. Beim Schwimmen bewegen sie jedes Bein einzeln, niemals beide Beine eines Beinpaares gleichzeitig.

Die Paarungszeit der Wasserkäfer ist das Frühjahr. Die Paarung erfolgt am seichten Ufer oder in dichten Algenwatten, damit das Weibchen sich am Untergrund abstützen kann. Das Männchen besteigt das Weibchen und umklammert es an der Brust mit den Klauen des vorderen Beinpaares.

Das Weibchen legt nach der Begattung die Eier ab. Dazu spinnt es einen Kokon, in den die Eier gelegt werden. Dieser Kokon wird von den schlüpfenden Larven aufgefressen. Nach einigen Tagen verlassen die Larven die dünnen Kokonreste. Während die Imagines vieler Wasserkäfer wie zum Beispiel die des Kolbenwasserkäfers Pflanzenfresser sind, leben die Larven wie die des Gelbrandkäfers räuberisch.

Die Larve verläßt, nachdem sie ausgewachsen ist, das Wasser. Sie gräbt sich in der Nähe einen Gang in lose Erde, mit einer Puppenhöhle am Ende. Die Puppenruhe dauert etwa einen Monat. Die Imago kriecht im Herbst aus. Die Wasserkäfer überwintern im Wasser unter dem Eis. Im Verlauf des Winters geht ihr Luftvorrat langsam zur Neige.

Die Entwicklung der kleineren Wasserkäferarten ist in den wesentlichen Punkten der beschriebenen Lebensweise des großen Kolbenwasserkäfers ähnlich.

Hydrous piceus **LINNÉ, 1758** **Großer Kolbenwasserkäfer**

Fam.: Hydrophilidae, Wasserkäfer

Unterfam.: Hydrophilinae

Vork.: Pflanzenreiche, ruhige und sehr saubere Tümpel und moorige Gewässer im gemäßigten Klima Europas.

GU: Das ♂ hat an den Vorderbeinen einen beilähnlichen Haftapparat, der dem ♀ fehlt.

Soz. Verh.: Die Käfer sind friedlich, die Larven leben räuberisch.

Hält. B.: Eine Aquarienpflege ist nur in Ausnahmefällen (Forschung) möglich, da die Tiere geschützt sind. Die Bepflanzung des Beckens dient als Nahrung. Ersatznahrung sind (ungespritzte!) Salatblätter, Spinat, Vogelmiere.

ZU: Die Verpaarung erfolgt im Frühjahr im flachen Wasser. Zur Aufnahme der Eier spinnt das ♀ einen Kokon aus Drüsensekreten. Der Kokon ähnelt einem Schiffchen. Der Mast ist ein Atemrohr, durch das die Eier mit Sauerstoff versorgt werden. Der Kokon dient den Larven während der ersten Tage als Nahrung. Die Larven wachsen während zweier Monate ganz enorm. Sie häuten sich dreimal und verpuppen sich dann an Land in einer Puppenhöhle von ca. 6 cm Durchmesser am Ende eines in loser Erde gegrabenen Ganges. Während der ersten Tage geht die Larve noch ins Wasser auf Beutefang zurück. Sie ruht dann 3 bis 4 Wochen, es folgt für weitere 2 bis 3 Wochen die eigentliche Puppenruhe. Im Herbst findet man dann die fertigen Käfer, die unter Wasser, meist unter Steinen, überwintern.

FU: K.; H.; Im Gegensatz zu den Käfern, die von Pflanzenteilen, Detritus und Algen leben, nehmen die Larven nur tierische Nahrung, meist Schnecken, zu sich. Die Larve frißt über Wasser. Nachdem sie eine Schnecke ergriffen hat, kriecht der Kopf förmlich in das Schneckengehäuse hinein, hebt es über den Wasserspiegel und pumpt eine dunkelbraune Verdauungsflüssigkeit auf die Nahrung.

Bes.: Die Exkremente der Käfer sind mit einer dünnen Haut umgeben, die eine Wasserverschmutzung verhindern oder zumindest verlangsamen soll.
Es gibt zwei sehr nahe verwandte Arten, die kaum auseinanderzuhalten sind. Neben der hier vorgestellten Art ist *H. aterrimus* ESCH zu finden.
Die Wasserkäfer atmen nicht mit dem Hinterende des Körpers die Luft ein, sondern leiten diese mit den Fühlern. Die Luft wird auf der Bauchunterseite gespeichert. Deshalb sehen die Käfer auf der Körperunterseite stets silberglänzend aus. Sofern dieser Silberglanz verschwindet, ist die Bauchunterseite schwarz, der Luftvorrat ist dann verbraucht und die Käfer sind dem Ersticken nahe. Dies kann bei Überwinterung unter dem Eis passieren.

T: 4-24°C, **L:** 6 cm, **BL:** 60 cm, **WR:** alle, **SG:** 4 (geschützt)

Hydrous piceus Großer Kolbenwasserkäfer

Hydrous piceus Großer Kolbenwasserkäfer

Schlammfliegen (Megaloptera)

Schlammfliegen besitzen zwei Flügelpaare und sind somit keine echten Fliegen. Die drei in Mitteleuropa verbreiteten *Sialis*-Arten aus der Familie der Sialidae oder Wasserflorfliegen sind nur schwer voneinander unterscheidbar. Die Schlammfliegen sitzen meist im Gebüsch, nahe zum Ufer. Sie leben nur wenige Tage. Die Nahrungsaufnahme ist unsicher, sie sitzen häufig auf Blüten mit offenen Honiggruben, so daß sie sich möglicherweise davon ernähren. Zur Paarung verfolgt das Männchen eilig das am Boden laufende Weibchen. Paarungswillige Weibchen bleiben stehen. Die Schlammfliegen paaren sich mit unterschiedlichen Partnern mehrfach. Es werden in Wassernähe an Pflanzen oder Steinen etwa 500 bis 2.000 Eier in Fladen abgelegt. Die Wasserflorfliegen machen eine vollständige Verwandlung durch. Die nach ein bis zwei Wochen schlüpfenden Larven suchen sofort das Wasser auf.

Wasserflorfliegenlarven leben auch in verschmutzten Gewässern und schwimmen durch Beinbewegungen oder sich schlängelnd. Sie sind räuberisch und ernähren sich von Roten Mückenlarven, kleinen Erbsenmuscheln und verschiedenen Würmern, zum Beispiel *Tubifex*. Die Verpuppung erfolgt eingegraben am Land. Insgesamt leben die Schlammfliegen etwa zwei Jahre.

Sialis lutaria, Schlammfliege

Sialis spec., Schlammfliege

Sialis lutaria LINNÉ, 1758 **Schlammfliege**

Fam.: Sialidae, Wasserflorfliegen

Vork.: In ganz Europa an Ufern von Teichen, Tümpeln und Bächen, auch an nährstoffreichen Seen.

GU: Unbekannt.

Soz. Verh.: Die Paarungen erfolgen am Boden in Ufernähe. Das ♂ hält das paarungsbereite ♀ mit seinen Vorderbeinen fest, schiebt seinen Kopf unter den Körper und drückt so den Hinterleib schräg aufwärts um den Samenbehälter des Weibchens zu erreichen, in dem es ein Samenpaket deponiert.

Hält. B.: Die Tiere stellen kaum Ansprüche an Wasser und Behälter. Das Beschaffen von Nahrung für diesen Räuber kann jedoch problematisch werden.

ZU: Das ♀ legt seine Eier an Pflanzen über dem Wasserspiegel ab. Die schlüpfenden Larven werden durch Regen ins Wasser gespült. Die Larven leben dort zwei Jahre. Zur Verpuppung verlassen sie das Wasser und graben sich am Ufer ein.

FU: K.; Räuber.

Bes.: Die Schlammfliegen sind den Florfliegen sehr ähnlich, beide unterscheiden sich unter anderem durch die Flügeladerung. Die Larven leben auch in größeren Tiefen schlammiger Gewässer. Das Vorkommen von zahlreichen Schlammfliegenlarven weist meist auf eine schlechte Wasserqualität hin.

T: 4-22°C, **L:** 20-30 mm, **BL:** 20 cm, **WR:** u, **SG:** 2

Netzflügler (Neuroptera)

Die Insektenordnung der Netzflügler umfaßt weltweit rund 4.500 Arten, davon sind etwa 70 Arten heimisch. Bezüglich der Größe finden sich sehr kleine bis sehr große Formen, doch sind fast alle Netzflügler Landformen, nur die Sisyridae machen eine Ausnahme. Zumindest die Larven leben meist räuberisch, sie machen eine vollständige Verwandlung durch. Bekanntere Formen sind die Ameisenlöwen und die Florfliegen.

Schwammfliegen (Sisyridae)

Relativ häufig sind die auf Süßwasserschwämmen und an Moostierchenkolonien parasitierenden Netzflügler der etwa 30 Arten umfassenden Familie Sisyridae zu finden. Sie gehören zu den wenigen ans Wasserleben gut angepaßten Netzflüglerlarven. Meistens sind die etwa 1 cm langen grünlichen Larven an Schwämmen zu beobachten. Mit Hilfe ihrer Saugrohre pumpen die Netzflüglerlarven das weiche Schwammkörpermaterial in ihren Darm, der alles verwertet, was die Larve aufsaugt. Die Larven sind verhältnismäßig seßhaft, können aber auch schwimmen.

Im frühen Sommer verlassen die ausgewachsenen Larven ihre Schwamm- oder Moostierchenkolonien und kriechen an Stengeln von Schilf oder anderen Sumpfpflanzen in die Höhe. Kurz über dem Wasserspiegel spinnen sie sich einen Kokon. Kräftig wachsende Rohrkolben können die Kokons weiter mit in die Höhe nehmen. Die Puppengespinste sind im Frühsommer häufig zu finden. Die ausschlüpfenden Imagines sind langsame Tiere und schlechte Flieger, sowie in erster Linie dämmerungsaktiv. Die Eier werden in kleinen Klumpen in über dem Wasser hängenden Blattachseln abgelegt und mit Gespinst überzogen. Die schlüpfenden Larven fallen dann nach dem Schlüpfen ins Wasser und suchen Schwämme und Moostierchenkolonien auf, die sie aufgrund der von diesen Tieren zur Nahrungseinstrudelung verursachten Wasserströmung auch gut finden können.

Sisyra fuscata, Schwammfliege, Larve

Sisyra fuscata, Schwammfliege

Sisyra fuscata **FABRICIUS** **Schwammfliege**

Fam.: Sisyridae, Schwammfliegen

Vork.: Europa, an Gewässerufern aller Art.

GU: Unbekannt.

Soz. Verh.: Die Imagines sind dämmerungsaktiv.

Hält. B.: Eine reine Hälterung der Larven im Aquarium ist nicht schwer. Da sie als Nahrungsspezialisten aber von Schwämmen und Moostierchen leben, ist eine längerfristige Haltung nicht möglich.

ZU: Siehe Kapiteleinleitung.

FU: K.; Schwämme oder Moostierchen.

Bes.: Die Imagines sind an den Ufern heimischer Gewässer relativ häufig zu finden.

T: 4-22°C, **L:** Larve: 10 mm, Imago: 14 mm, **BL:** 40 cm, **WR:** u, **SG:** 4

Köcherfliegen (Trichoptera)

Die Köcherfliegen bilden eine umfangreiche Ordnung kleiner bis mittelgroßer Insekten. Weltweit sind sie mit 6.000 Arten verbreitet, davon kommen rund 300 in Mitteleuropa vor. Die kleinsten Arten haben eine Flügelspannweite von 1 bis 2 mm, die größten um 5 cm. Ihre schlanke Körperform und ihre Lebensweise erinnern an Schmetterlinge. Sie haben einen kleinen Kopf und hervorstehende Facettenaugen, sowie lange, vielgliedrige Fühler. Von den vier häutigen Flügeln ist das vordere Paar etwas derber ausgebildet. Die Nahrung wird mittels eines komplizierten Saugrüssels in flüssiger Form aufgenommen.

Die Larven sind vollkommen an das Leben im Wasser angepaßt. Es werden zwei Larventypen unterschieden:

- Raupenähnliche (kampodeaförmige) Larven bauen Köcher unterschiedlicher Form und aus unterschiedlichem Material. So wird der weiche Körper geschützt.
- Nicht kampodeaförmige Larven mit nach vorn gerichteten Mundteilen sind ohne Gehäuse, also freilebend. Manchmal bilden sie aber feine Gespinste zwischen Wasserpflanzen um kleine Tiere zu fangen.

Der Köcher der kampodeaförmigen Larven besteht aus verschiedenen Materialien. Die Gehäuse können aus Steinchen, Sandkörnern, Pflanzenteilen, kleinen Muscheln, Schnecken usw. gefertigt sein. Die Entwicklung vom Ei zur fertigen Imago ist eine vollkommene Verwandlung. Während der Entwicklung kommt es zu sechs Häutungen, bis schließlich die Imago an der Wasseroberfläche schlüpft.

Limnophilus flavicornis **FABRICIUS** — **Schneckenhaus-Köcherfliege**

Syn.: *Limnephilus flavicornis*

Fam.: Limnophilidae, Köcherfliegen

Vork.: Stehende und langsam fließende Gewässer.

GU: Unbekannt.

Soz. Verh.: Die Larven tragen ständig ihren Köcher mit sich herum, den sie nie freiwillig verlassen. Einzelgänger.

Hält. B.: In sauberem Wasser auch in Kleinstbecken möglich.

ZU: Die Paarung erfolgt am Boden, die Partner sitzen dabei mit abgewandten Köpfen hintereinander. Die Eier werden im Gewässer in Laichballen abgelegt. Erwachsene Larven verpuppen sich in Verstecken und bauen hierzu ein eigenes Puppengehäuse, das die fertige Puppe schließlich verläßt. An der Wasseroberfläche reißt die Puppenhaut auf und das Vollinsekt schlüpft aus.

FU: O.; Kleinstlebewesen, Algen. Die Imago lebt von Nektar.

Bes.: Köcherfliegen sind nicht mit den eigentlichen Fliegen verwandt, sie werden oft mit Nachtschmetterlingen verwechselt.

T: 4-20°C, **L:** 35 mm, **BL:** 10 cm, **WR:** u, **SG:** 2

Unbestimmte Köcherfliege, Imago

Limnophilus flavicornis Schneckenhaus-Köcherfliege, Larve

Schnabelfliegen (Mecoptera)

Die weltweit 300 Arten, die zur Insektenordnung der Schnabelfliegen gehören, sehen mit ihrem schnabelartig verlängerten Kopf sehr merkwürdig aus. In Mitteleuropa zählen zu ihnen die Winterhafte (Boreidae) mit dem Schneefloh *Boreus*, die schnakenähnlichen Mückenhafte (Bittacidae) und die Skorpionfliegen (Panorpidae). Insgesamt sind es in unseren Breiten 9 Arten aus dieser Ordnung, nur die Skorpionfliegen bevorzugen feuchte Lebensräume, ohne daß sie jedoch an einen direkten Wasserkörper gebunden wären, oder gar einen Teil ihrer Entwicklung im Wasser durchmachen müßten.

Skorpionfliegen (Panorpidae)

Von den insgesamt etwa 110 Skorpionfliegen kommen in Mitteleuropa 5 Arten vor, die alle der Gattung *Panorpa* zuzuordnen sind. Diese Skorpionfliegen werden etwa 2 cm lang, ihre Flügelspannweite beträgt maximal 3,5 cm. Der Hinterleib trägt Anhänge, die an den Stachel von Skorpionen erinnern und zu dem Namen geführt haben. Diese Anhänge dienen zur Begattung des Weibchens.

Einige Tage nach der Begattung werden bis zu 75 Eier in Bodenvertiefungen abgesetzt, die anschließende Embryonalentwicklung dauert etwa eine Woche. Die Larven leben in lockerer Erde oder Sandboden und entwickeln sich in etwa ein bis zwei Monaten um dann 8-9 Monate in der Erde zu überwintern. Nach knapp zweiwöchigem Puppenstadium schlüpfen schließlich die Imagines, die sich von toter und verwesender Substanz ernähren.

Panorpa germanica, Deutsche Skorpionfliege, Männchen

Panorpa communis, Gemeine Skorpionfliege, Weibchen

Panorpa communis Linné, 1758 **Gemeine Skorpionfliege**

Fam.: Panorpidae, Skorpionfliegen

Vork.: In ganz Europa in Feuchtwäldern, vor allem jedoch an Gewässerufern, zum Beispiel in buschreichen Bachtälern, in Sümpfen, Auen und auch in Parks und Gärten. Bevorzugt werden Uferpflanzen von Kleingewässern. Dort sehr häufige Art.

GU: Der Hinterleib des ♀ endet spitz im Legeapparat. Der des ♂ endet im steil und zangenartig nach oben gebogenen Begattungsorgan, dem Gonopodium. Es erinnert stark an einen Skorpionschwanz.

Hält. B.: Die Tiere werden in Gefangenschaft höchstens einmal zu kurzfristigen Beobachtungszwecken gehalten.

ZU: Zur Paarung umfaßt das ♂ das ♀ mit dem Gonopodium am Hinterleib. Die Eiablage erfolgt in Eipaketen in den feuchten Boden. Die Larven verpuppen sich im Boden und überwintern als verpuppungsreife Larven. Es leben zwei Generationen im Jahr.

FU: O.; Lecken Pflanzensäfte, leben aber auch von toten Insekten, Kleintieren und abgestorbenem Pflanzenmaterial.

Bes.: Sehr ähnlich ist die Deutsche Skorpionfliege *Panorpa germanica*.

T: 4-25°C, **L:** 2 cm, Flügelspannweite: 2,6 cm

Zweiflügler (Diptera)

Die Ordnung der Zweiflügler ist die artenreichste Insektengruppe des Süßwassers. Sie besteht aus kleinen bis mittelgroßen Insekten mit vollständiger Umwandlung. Nur das vordere Flügelpaar der Imagines ist zum Fliegen geeignet. Der Kopf ist frei und trägt Komplexaugen, oft auch Ocellen. Die Fühler der Zweiflügler sind vielgliedrig. Entweder sind sie nahezu homogen aufgebaut, oder die auf die drei Wurzelglieder folgenden Glieder sind zu einer Borste reduziert. Die Mundwerkzeuge der Zweiflügler haben eine saugende oder stechend-saugende Funktion. Besonders eigentümlich sind die Unterlippentaster (Labellen) mit ihren Scheintracheen, die bei keiner anderen Ordnung vorkommen.

Die Larven der Zweiflügler besitzen keine echten Beine. Sie haben entweder einen Kopf ausgebildet und vollkommene Mundwerkzeuge entwickelt, oder die Kopfkapsel und die Mundteile sind mehr oder weniger zurückgebildet, in den Körper zurückgezogen, oder aber zu einem Schlundgerüst mit Mundhaken reduziert.

Larven einiger Zweiflüglergattungen sind, in großer Individuenzahl vorkommend, charakteristische Bestandteile des Bach- und Teichlebens. Die fußlosen, mehr oder weniger madenartigen Tiere benutzen dabei jedes im Gewässer anzutreffende Substrat als Lebensraum. Ihre Vertreter sind im Schlamm und Sand ruhiger Buchten und Gewässer, sowie auf der glatten Oberfläche von in starker Strömung liegenden Steinen zu finden. Die ökologische Breite, in der die Anpassungen an besondere Bedingungen des bevorzugten Aufenthaltsortes, an spezielle Ernährungsweisen und an die Beschaffenheit des Wassers erfolgt sind, wird von keiner anderen Tiergruppe des Wassers erreicht. Deshalb verhalten sich die einzelnen Fliegen- und Mückenfamilien sehr verschieden und weisen dabei unterschiedliche Besonderheiten auf.

Die Ordnung der Zweiflügler wird im allgemeinen in die beiden großen Unterordnungen Nematocera (Mücken) und Brachycera (Fliegen) unterteilt. Früher rechnete man noch die Aphaniptera (Flöhe) als dritte Unterordnung zu den Dipteren.

Mücken (Nematocera)

Mücken sind meistens eher gracilere und langbeinige Formen. Die Flügel sind in der Regel klar und durchsichtig und nur selten und dann wenig beschuppt. Sie können oft in Massen auftreten, vor allem die blutsaugenden Formen sind nicht nur lästig, sie vermögen auch Krankheiten zu übertragen. Andererseits sind die Larven vieler Arten ein ganz wichtiges Glied im Nahrungsnetz der Gewässer, ohne das größere Lebensformen kaum vorstellbar wären. Ihre Bedeutung ist wahrscheinlich noch wesentlich größer als die der Kleinkrebse, wie etwa der Wasserflöhe und Hüpferlinge. Auch aquaristisch sind die Mückenlarven der verschiedenen Arten von erheblicher Bedeutung. So gibt es Fischarten, die nachgewiesenermaßen erst nach Fütterung mit Mückenlarven Laich ansetzen. Auch in den tropischen Heimatbiotopen sind Mückenlarven vielfach die wichtigste Nahrung. Bei Anlage eines Teiches im Garten braucht man dennoch keine Mückenplage zu erwarten, selbst dann nicht, wenn darin keine Fische eingesetzt werden. Die meisten stechenden heimischen Mücken suchen vielmehr zur Eiablage kleinste Restwasserpfützen mit viel organischem Material auf, die sie einem offenen Teich bevorzugen.

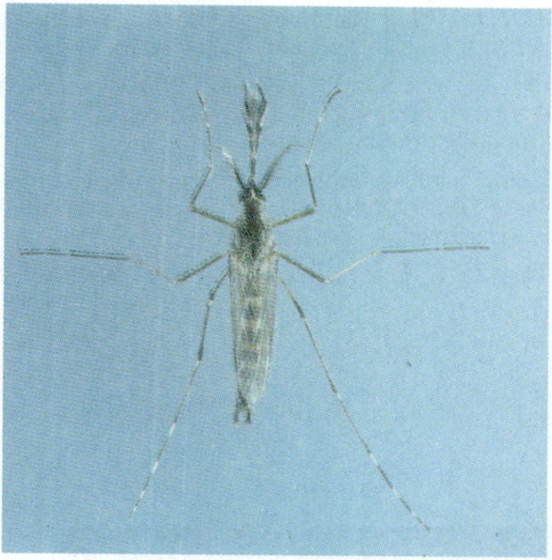

Aëdes spec., Stechmücke oder Schnake

***Aëdes* spec.** **Stechmücke, Schnake**

Fam.: Culicidae, Stechmücken

Unterfam.: Culicinae

Vork.: Vornehmlich in Nordeuropa. In Schmelzwasserpfützen häufig.

GU: ♂♂ der Imagines ohne Stechrüssel.

Soz. Verh.: Treten oft in großen Schwärmen auf.

Hält. B.: Kleine Behälter mit Tümpelwasser und reichlich Algen genügen.

ZU: Die ♀♀ müssen, um sich fortpflanzen zu können, Blut saugen. Siehe auch bei *Culex*.

FU: H.; O.; Die Larven leben von Plankton, die Imagines von Blütensäften. Nur die ♀♀ saugen vor der Eibildung Säugetier- oder Vogelblut.

Bes.: Häufiger Überträger von Krankheiten, insbesondere in südlicheren Breiten. Alle heimischen *Aëdes*-Arten sind blutsaugend.

T: 4-26°C, **L:** 10-14 mm, **BL:** 5 cm, **WR:** o, **SG:** 1

Chaoborus plumicornis FABRICIUS Weiße Mückenlarve, Glasstäbchen, Büschelmücke

Syn.: *Corethra plumicornis*

Fam.: Chaoboridae, Büschelmücken

Vork.: In Tümpeln, Mooren, stehenden Gewässern, in Pfützen und sogar in manchen Seen.

GU: Unbekannt.

Soz. Verh.: Treten manchmal in sehr großen Schwärmen auf. Da die Weißen Mückenlarven Räuber sind, kommen nie Weiße und Schwarze Mückenlarven, oder letztere nur in sehr geringer Zahl, in einem Gewässer vor.

Hält. B.: Stellt kaum Ansprüche an die Haltung, diese ist sogar in kleinen Gläsern möglich. Aufgrund der Härte und der mit der Durchsichtigkeit verbundenen guten Beobachtungsmöglichkeiten ein hervorragendes Aquarientier. Haut- und Tracheenatmung, muß zum Atmen nicht an die Oberfläche.

ZU: Das ♀ legt Eier in Eischiffchen, aus denen kleine Larven schlüpfen. Große Larven verpuppen sich, aus der Puppe schlüpft die fertige Büschelmücke, die Imago.

FU: K.; Krebsartige wie *Cyclops*, Wasserflöhe, in Gefangenschaft auch *Artemia*. Achtung: Frißt auch Jungfischlarven! Die Ernährungsweise der erwachsenen Mücke (Imago) ist noch nicht bekannt.

Bes.: Sehr eigentümliche Larve, die viele Besonderheiten aufweist. Deshalb, und wegen der Durchsichtigkeit, ist sie wissenschaftlich gut untersucht.
Büschelmücken stechen nicht.

T: 4-25°C, **L:** 1,5 cm, **BL:** 10 cm, **WR:** alle, **SG:** 1

Chaoborus plumicornis, Schlupf

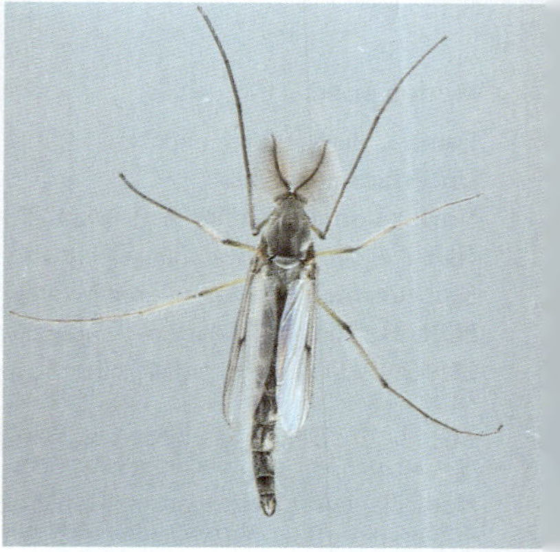

Chaoborus plumicornis, Imago

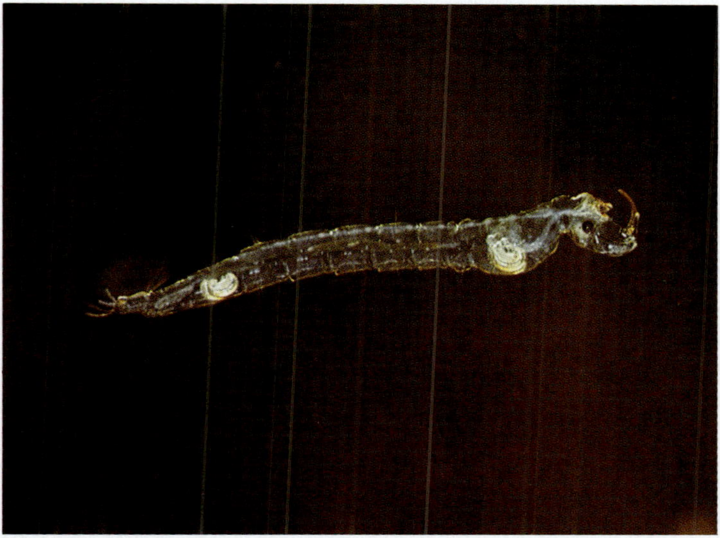
Chaoborus plumicornis, Larve

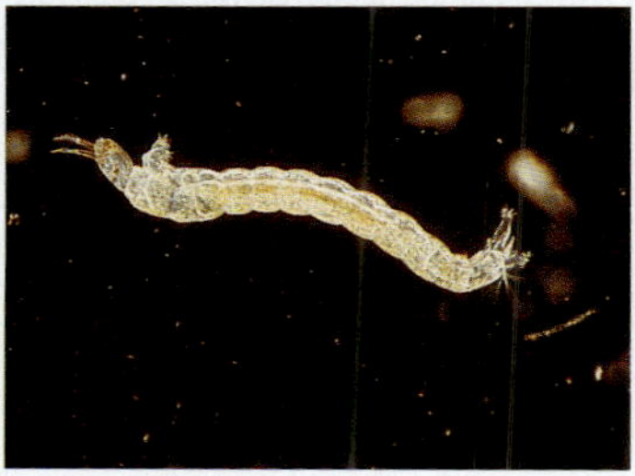
Zuckmücken-Larve

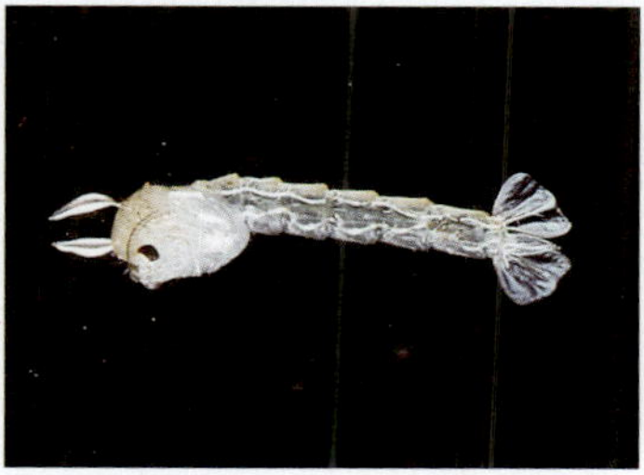
Chaoborus plumicornis, Puppe

Chaoborus plumicornis, Atemorgan

Chironomus plumosus FABRICIUS **Rote Mückenlarve, Zuckmücke**

Fam.: Chironomidae, Zuckmücken

Vork.: Tümpel und Teiche. In Abwässern und in sauberen Seen gleichermaßen.

GU: Bei den Larven nicht erkennbar.

Soz. Verh.: Schwarmbildend. ♂♂ und ♀♀ fliegen häufig dem Licht zu. Diese Mückenlarven können riesige Schwärme von 10-30 m Höhe in windhosenähnlicher Form bilden. Solche Mückenformationen wurden schon für UFOs gehalten.

Hält. B.: Die Larven bauen im Schlammboden 4 bis 6 cm lange Röhren, in denen sie hausen und aus denen sie herausschauen. Von dort aus filtrieren die Larven das Wasser nach Detritus.

ZU: Das ♀ wirft meistens die Eier in Form eines Kügelchens auf die Wasseroberfläche. Die Eikugel sinkt auf den Boden des Gewässers. Über Nacht wandelt sich die Kugel in einen gallertartigen Faden um und steigt zur Oberfläche auf. Dort schlüpfen die Larven. Andere ♀♀ legen die Eier über dem Wasser auf Blätter, von dort fallen sie dann herunter.

FU: H.; Detritus. Die Zuckmücken-Imagines leben von Blütensäften.

Bes.: Parthenogenese, also Fortpflanzung ohne Sexualkontakt, wurde für einige Arten nachgewiesen. Dabei legen bei manchen Formen die Larven bereits wieder Eier. *Chironomus*-Larven besitzen rotes, haemoglobinhaltiges Blut, das dem der Säugetiere sehr ähnlich ist. Es dient der Sauerstoffversorgung, ohne daß die Larve auftauchen müßte.
Vor allem wegen des nahrhaften Blutes ist die Rote Mückenlarve ein wichtiges Fischfutter, auch in der Nutzfischzucht ist sie von Bedeutung. Gewässer mit zahlreichen Roten Mückenlarven sind in der Regel sauerstoffarm, man benutzt diese Tiere daher auch zur Einteilung der Gewässergüteklassen. Neben Köcherfliegenlarven ist die Rote Mückenlarve das wichtigste Nährtier für Jungforellen und Junglachse.

T: 4-27°C, **L:** 2 cm, **BL:** 10 cm, **WR:** u, **SG:** 1

Chironomus plumosus, Larve

Chironomus plumosus, Larve

C. plumosus, Puppe, frisch geschlüpft

Chironomus plumosus, Puppe

Culex pipiens LINNÉ, 1758 **Schwarze Mückenlarve, Gemeine Stechmücke**

Fam.: Culicidae, Stechmücken

Unterfam.: Culicinae

Vork.: Tümpel, Viehtränken, Pfützen und Überschwemmungsrestgewässer.

GU: Die Larven lassen keine erkennen. ♀♀ der Mücke mit Stechrüssel.

Soz. Verh.: Die Mücken bilden häufig große Schwärme, in denen nur ein Geschlecht vertreten ist. Diese Schwärme dienen wohl der besseren Partnerfindung. Zumeist sind ♂♂-Schwärme zu beobachten.

Hält. B.: Die Larven benötigen veralgtes Wasser. Sie hängen zur Luftaufnahme mit dem Hinterleibsfortsatz an der Wasseroberfläche.

ZU: Zur Paarung legen die Mücken ihre Hinterleibsspitzen gegeneinander. Die Partner finden sich, indem die ♀♀ die ♂♂-Schwärme aufsuchen. Die Paarung wird am Boden im Gras innerhalb weniger Sekunden vollzogen. Das ♀ legt die Eier an feuchten Orten ab. Auf manchen Gewässern bilden die Eier die sogenannten Mückenschiffchen, wobei viele Eier aneinandergeklebt sind. Aus den Eiern schlüpfen kleine Larven. Die ausgewachsenen Larven verpuppen sich, aus den Puppen schlüpfen die fertigen Stechmücken-Imagines. Will man sich Schwarze Mückenlarven als Fischfutter beschaffen, so stellt man eine größere Milchkanne, Regenwassertonne oder ähnliches in den Garten oder auf den Balkon. Eine handvoll Heu ins Wasser gegeben, fördert die Algen- und Bakterienentwicklung. Bald kann man dem Wasser Schwarze Mückenlarven in verschiedenen Größen entnehmen. Zur längeren Haltbarkeit der Larven (um sie am Verpuppen zu hindern) setzt man dem Wasser etwas Kochsalz zu: 1 gehäuften Teelöffel auf 10 l Wasser bis maximal 0,5% Salz. Auf diese Weise gewinnt man das wohl wertvollste Futter um Zierfische in Laichbereitschaft zu versetzen. Schwarze Mückenlarven enthalten eine bisher noch nicht näher untersuchte Aminosäure (Baustoff der Eiweiße), die offenbar den Laichansatz ausgewachsener Fische stark fördert.

FU: O.; Die Larven filtrieren Plankton aus dem Wasser. Die Imagines leben von Blütensäften. Die ♀♀ benötigen zur Eientwicklung Säugerblut. Deshalb stechen nur sie.

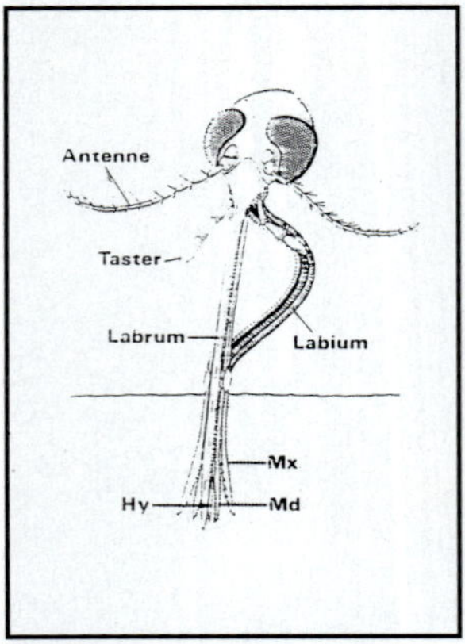

Die Mundwerkzeuge der Mücke

Culex pipiens, Puppe

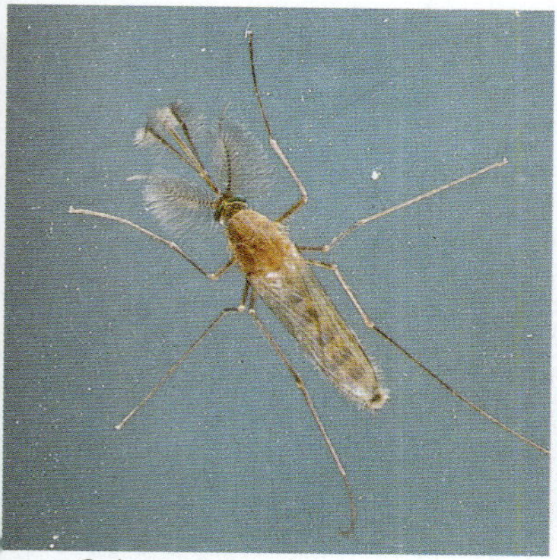

Culex pipiens, ♂

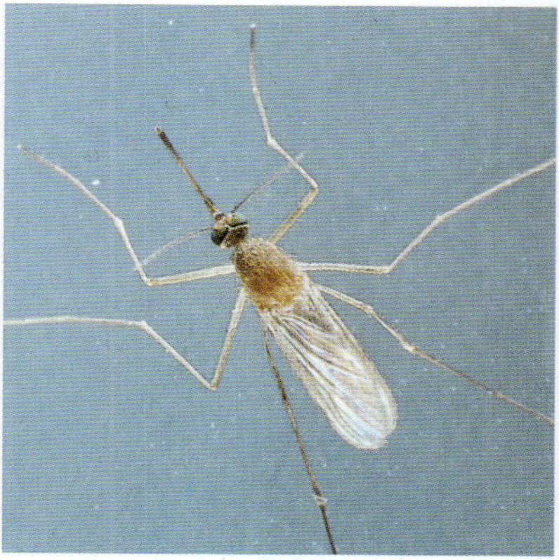

Culex pipiens, ♀

Bes.: Im Frühjahr sind die Larven selbst in kleinsten Waldpfützen in großer Zahl anzutreffen. Sie sind ein hervorragendes Fischfutter.

T: 4-30°C, **L:** 1 cm, **BL:** 10 cm, **WR:** o, **SG:** 1

Culex pipiens, Eischiffchen

Culex pipiens, Larven

Culex pipiens, Larve

Theobaldia annulata

Theobaldia annulata **SCHRANK** **Ringelschnake**

Fam.: Culicidae, Stechmücken

Unterfam.: Culicinae

Vork.: Europa.

GU: ♂♂ ohne Saugrüssel.

Soz. Verh.: Siehe bei *Culex*.

Hält. B.: Leicht zu halten, siehe *Culex*.

ZU: Siehe bei *Culex*. Legt die Eier wie *Culex* in Mückenschiffchen ab.

FU: O.; Die Larven sind Planktonfiltrierer.

Bes.: An der auffälligen Ringelung der Beine leicht zu erkennende Mücke. Die Imagines fliegen gern in Viehställe.
Größte heimische Stechmücke, saugt mit Vorliebe auch im Winter Blut von Menschen.

T: 4-22°C, **L:** 12 mm, **BL:** 10 cm, **WR:** o, **SG:** 1

Fliegen (Brachycera)

Die Fliegen sind eine sehr große und vielfältige Insektengruppe. Zahlreiche Fliegen sind nur vorübergehende Bewohner von Feuchtbiotopen und nur indirekt über die dort vorkommenden Pflanzen mit ihm verbunden, andere sind in ihrem Lebenszyklus stärker vom Wasser abhängig oder verbringen gar einen Teil ihres Lebens darin, nämlich fast ausschließlich im Larvenstadium. Auch die Fliegen haben im Ökosystem der Gewässer eine wesentliche Aufgabe. So betätigen sich die Larven meist als Destruenten, sie bauen vor allem Aas und abgestorbenes organisches Material ab. Daneben gibt es aber auch räuberische und sogar parasitär lebende Formen.

Viviparus viviparus, siehe Seite 746

Weichtiere (Mollusca)

Die Mollusken umfassen zwar nicht ganz so viele Arten und Formen wie die Insekten, doch ist auch dieser zahlenmäßig an zweiter Stelle stehende Tierstamm recht groß, insgesamt schätzt man die Artenzahl auf etwa 130.000. In Mitteleuropa kommen davon rund 450 Arten vor.

Die Entstehung der Mollusken ist im Meer zu vermuten, zahlreiche Formen sind auch an Land gegangen, von denen wiederum etliche sekundär ins Wasser zurückgekehrt sind.

Charakteristisch ist für die Weichtiere, daß sie kein Skelett besitzen, zur Stabilität und zum Schutz sind oft zwei (Muscheln) oder auch nur eine Schale vorhanden. Weichtiere sind recht langsam sich fortbewegende, teilweise auch sessile Tiere mit sehr verschiedenartiger Lebensweise. Die Entwicklung der Mollusken erfolgt direkt oder über Larvenstadien, mit denen bei sessilen Formen eine Ausbreitung möglich ist. Interessant sind auch die besonders entwickelten Augen der Weichtiere, die ihren Entwicklungshöhepunkt in den sehr leistungsfähigen Linsenaugen der Tintenschnecken haben, die mit über 40 cm Durchmesser die größten Augen überhaupt aufweisen.

Insgesamt umfassen die Weichtiere die Klassen der Käferschnecken (Placophora), der Schnecken (Gastropoda), Röhrenschaler (Scaphopoda), Muscheln (Bivalvia) und Tintenschnecken oder Kopffüßer (Cephalopoda). In unserem Zusammenhang interessieren ausschließlich die beiden Klassen der Schnecken und Muscheln.

Schnecken (Gastropoda)

Von den rund 95.000 Schneckenarten kommen ca. 350 in Deutschland vor, doch nur ein geringer Teil lebt im Süßwasser, die meisten im Meer oder als Landschnecken.

Die Bauchseite des Schneckenkörpers ist als durchgehende Kriechsohle gestaltet. Der Kopf trägt ein oder zwei Paar Fühler mit einfachen Augen an den Enden. Der umfangreiche Eingeweidesack enthält fast alle inneren Organe und wird in der Regel vom Gehäuse geschützt. Auch die Fortpflanzungsorgane liegen neben den Verdauungs- und Kreislauforganen im vom Gehäuse umhüllten gewundenen Eingeweidesack. Bei zwittrigen Schnecken findet sich eine kompliziert gebaute Zwitterdrüse, bei getrenntgeschlechtlichen Arten Eierstöcke oder Hoden. In einer Höhlung zwischen dem Mantel, das ist die drüsige Hautschicht, und dem Eingeweidesack befindet sich die Mantelhöhle. In ihr findet sich ein

Blutgefäßnetz, also die Lunge oder eine Kieme. Das Wachstum des Körpers wird durch Vergrößerung des Gehäuses ermöglicht, so daß die Weichteile der Schnecke immer geschützt sind. Die meisten Schneckenhäuser sind derart gestaltet, daß sich das ganze Tier darin zurückziehen kann. Deckelschnecken vermögen die verbleibende Öffnung zusätzlich zu verschließen. Das Gehäuse der Wasserschnecken soll hauptsächlich vor Freßfeinden schützen und ist aus Kalk aufgebaut. Aber auch bei Austrocknen des Gewässers überdauern die Schnecken darin.

Alle Sinnesorgane der Schnecken sind einfach gebaut. Das Nervensystem ist aufgrund der Windungen des Körpers ungewöhnlich verdreht, ansonsten jedoch ebenfalls recht einfach gestaltet.

Im gesamten Schneckenreich halten sich Zwitter und getrenntgeschlechtliche Arten in etwa die Waage. Bei den für den Gartenteich und das Aquarium interessanten Arten überwiegen die Zwitter jedoch deutlich. Die große Zahl der Lungenschnecken (Pulmonata), zu Lande oder im Wasser, sind Zwitter. Nur die wenigen Vorderkiemer (Prosobranchia) sind in der Mehrzahl getrenntgeschlechtlich. Bei ihnen gibt es Männchen mit Hoden und Weibchen mit Eierstöcken. Bei der Paarung gelangen die Spermien in den weiblichen Körper und befruchten die Eier. Diese werden in der folgenden Zeit abgelegt. Nur einzelne Arten sind lebendgebärend.

Im Bau der Geschlechtsorgane und bei der Paarung finden sich bei den Zwittern wesentlich kompliziertere Verhältnisse. Bei den Zwittern sind beide Geschlechter in einem Einzeltier vereinigt. Jede Schnecke erzeugt sowohl Eier als auch Spermien. Dies geschieht bei den zwittrigen Schnecken in der Zwitterdrüse. Dort reifen zuerst die Spermien, danach die Eizellen. Die Geschlechtszellen werden durch den sogenannten Zwittergang abgeleitet. Die Spermien gelangen durch einen männlichen Teil des Ei-Samenleiters in einen männlichen Ausführgang und werden dort in einem Endteil meist zu einem Samenpaket, der Spermatophore, vereinigt. Die Spermatophoren oder die Samenflüssigkeit werden dann zwischen zwei Zwitterschnecken während der Paarung ausgetauscht. Jede Schnecke verwahrt den Samen des Paarungspartners bis zur Befruchtung ihrer Eier in einer speziellen Samenblase. Die Eier werden in dieser Zeit in der Eiweißdrüse mit den notwendigen, zur Weiterentwicklung notwendigen Stoffen versehen. Der fremde Samen steigt in eine Tasche am Eingang der Eiweißdrüse auf und befruchtet dort die Eier. Diese gelangen schließlich durch den weiblichen Teil des Ei-Samenleiters in einen weiblichen Ausführgang und werden durch die Geschlechtsöffnung nach außen abgelegt, meist mit viel Gallertmasse versehen.

Ancylus fluviatilis MÜLLER — Fluß-Napfschnecke

Fam.: Ancylidae, Fluß-Napfschnecken

Vork.: Die in Europa verbreitete Schnecke lebt häufig in fließenden Gewässern, vorwiegend an Steinen, manchmal auch in den Brandungszonen von Seen.

GU: Zwitter.

Soz. Verh.: Die Schnecken saugen sich mit dem breiten Fuß an Steinen oder den Gehäusen anderer Schnecken fest. Fluß-Napfschnecken sind in ihren Vorkommen meist in großer Zahl kolonieähnlich anzutreffen.

Hält. B.: Weil die Lungenhöhle stark zurückgebildet ist, geht die Fluß-Napfschnecke nie an die Oberfläche. Gut gefiltertes, bewegtes und sauberes Wasser ist wichtig. Große, mit Algen bewachsene Kiesel dienen als Bodengrund.

ZU: Der Laich wird in uhrglasförmigen Scheiben an Steinen festgeklebt; diese Scheiben enthalten 2 bis 10 Eier, die einen Durchmesser von 2 bis 4 mm haben.

FU: H.; Algen.

Bes.: Einzige europäische Art der Familie. Die Fluß-Napfschnecke ist an dem höheren zipfligen Gehäuse von der flachen Teich-Napfschnecke zu unterscheiden.

T: 4-16°C, **B:** 7 mm, **L:** 9 mm, **BL:** 20 cm, **WR:** u, **SG:** 2

Aplexa hypnorum (LINNÉ, 1758) — Moor-Blasenschnecke

Fam.: Physidae, Blasenschnecken

Vork.: Die Moor-Blasenschnecke ist in ganz Mitteleuropa, im Norden häufiger, im Süden seltener, weit verbreitet. Die Schnecke lebt vorwiegend in Mooren, aber auch in Gräben und Tümpeln.

GU: Zwitter.

Soz. Verh.: Lebt amphibisch, findet sich oft an Pflanzenstengeln über Wasser.

Hält. B.: Ruhiges Wasser, die Schnecke muß das Wasser verlassen können.

ZU: Hohe Eigelege, etwa halb so hoch wie lang.

FU: H.; Algen, weiche Pflanzenreste.

Bes.: Verträgt sehr saures Wasser, lebt oft am ins Wasser gefallenen Buchenlaub. Die Moor-Blasenschnecke darf nicht in zu hartem Wasser gehalten werden. Auffällig sind der typische dunkelblaue Körper und das glänzende Gehäuse.

T: 4-24°C, **B:** 7 mm, **L:** 15 mm, **BL:** 20 cm, **WR:** alle, **SG:** 1

Bithynia tentaculata (LINNÉ, 1758) — Langfühlerige Schnauzenschnecke, Große Langfühlerschnecke

Fam.: Hydrobiidae, Schnauzenschnecken

Vork.: Fließende und stehende Gewässer Europas.

GU: Äußerlich nicht erkennbar.

Hält. B.: Sehr anspruchsvoll

ZU: Getrenntgeschlechtlich, Zucht schwierig.

FU: H.; Auf die Armleuchteralge *Chara* spezialisiert.

Bes.: *B. tentaculata* ist eine mehr oder weniger häufige Art vor allem der Fließgewässer. Sie kann im Aquarium wegen ihrer Anforderungen an Nahrung und Wasserwerte kaum gehalten werden. Die Hydrobiidae werden heute vielfach aufgeteilt. *B. tentaculata* wäre danach in die Familie Bulimidae einzuordnen.

T: 4-22°C, **B:** 6-7 mm, **L:** 10-12 mm, **BL:** 40 cm, **WR:** alle, **SG:** 3

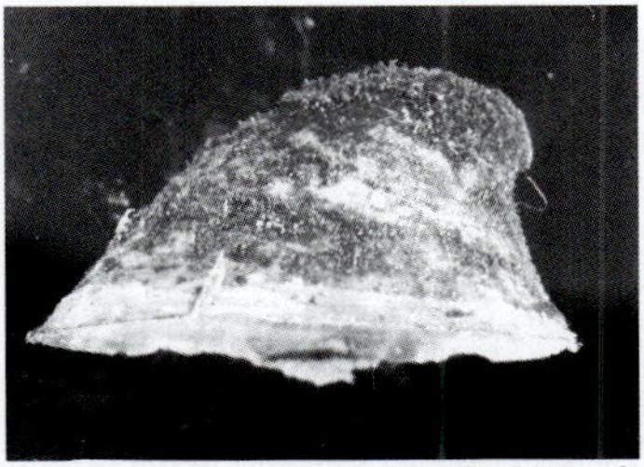

Ancylus fluviatilis, die Fluß-Napfschnecke, mit ihrer typischen zipfeligen Körpergestalt.

Aplexa hypnorum

Bithynia tentaculata, die Große Langfühlerschnecke

Lymnaea (_Radix_) _auricularia_ (LINNÉ, 1758) Ohrschlammschnecke

Fam.: Lymnaeidae, Schlammschnecken

Vork.: Europa, in pflanzenreichen, vorwiegend stehenden Gewässern. Gelegentlich auch im Brackwasser.

GU: Zwitter.

Soz. Verh.: Friedliche Art ohne ausgeprägtes Sozialverhalten.

Hält. B.: Im Aquarium oder als Teichbewohner gut haltbar. Vorsicht aber bei großen Tieren, diese vergreifen sich gerne an Wasserpflanzen. Deshalb sollten immer ein paar Salatblätter an der Oberfläche treiben.

ZU: Die Fortpflanzung ist unkompliziert und recht produktiv. Bei der Paarung wirkt meist eine der zwittrigen Schnecken als ♂, die andere als ♀. Der Laich wird in gallertigen Hüllen an Wasserpflanzen und andere Gegenstände geklebt. Aus den Eiern schlüpfen die bereits fertig ausgebildeten winzigen Schnecken.

FU: H.

Bes.: *Lymnaea (Radix) auricularia, L. (R.) ovata* und *L. (R.) peregra* sind drei sich sehr ähnlich sehende Arten. Man erkennt sie an dem stark aufgeblasenen letzten Umgang des Gehäuses. Dieses Merkmal ist bei *L. (R.) auricularia* am stärksten und bei *L. (R.) peregra* am schwächsten ausgebildet. Das Ausschwingen des Gehäuses ist typisch für *L. (R.) auricularia*, bei anderen Schlammschnecken deutet es auf eine Infizierung durch Leberegel hin.

T: 4-25°C, **B:** 20-30 mm, **L:** 25-30 mm, **BL:** 20 cm, **WR:** alle, **SG:** 1

Lymnaea (_Radix_) _peregra_ (O.F. MÜLLER, 1774) Eiförmige Schlammschnecke

Fam.: Lymnaeidae, Schlammschnecken

Vork.: Europa, vorwiegend in kleineren stehenden oder langsam fließenden Gewässern.

GU: Zwitter.

Soz. Verh.: Siehe *L. auricularia.*

Hält. B.: Vergleiche *L. stagnalis.*

ZU: Siehe *L. auricularia*, auch diese Schnecke legt ihre Eier in gallertartigen Strängen an Wasserpflanzen und dergleichen ab.

FU: H.

Bes.: Siehe *L. auricularia.*

T: 4-25°C, **B:** 4-6,5 mm, **L:** 20-21 mm, **BL:** 20 cm, **WR:** alle, **SG:** 1

Lymnaea (Radix) auricularia, Ohren-Schlammschnecke

Lymnaea (Radix) auricularia

Lymnaea (Radix) peregra TIEFE

Lymnaea stagnalis LINNÉ, 1758 **Spitzschlammschnecke**

Fam.: Lymnaeidae, Schlammschnecken

Vork.: Europa, meidet südlichere Regionen. Lebt in pflanzenreichen stehenden und fließenden Gewässern.

GU: Zwitter, Selbstbefruchtung jedoch nur in Ausnahmefällen.

Hält. B.: Die Spitzhornschnecken sind, da es sich um Teichbewohner handelt, recht anspruchslos.

ZU: Siehe *L. auricularia*.

FU: H.; Wasserpflanzen, Salatblätter.

Bes.: Die Schale dieser Schnecke hat eine sehr typische Form, die Umgänge sind schräg abgesetzt und wenig gewölbt (siehe Abbildungen). Der letzte Umgang ist stark erweitert, ungegabelt und mit einer hornfarbenen Schicht (= Periostracum) überzogen. Die Spitzhornschnecke kann im Süßwasseraquarium zur Bekämpfung von *Hydra* eingesetzt werden. Die Schnecke rupft beim Beweiden des Aufwuchses alles, also auch Hydren, vom Substrat und verspeist alles Verwertbare.

T: 4-25°C, **B:** 20-30 mm, **L:** 40-60 mm, **BL:** 20 cm, **WR:** alle, **SG:** 1

Planorbarius corneus (LINNÉ, 1758) **Posthornschnecke**

Fam.: Planorbidae, Tellerschnecken

Vork.: Mitteleuropa, in fast allen sauberen stehenden, seltener in Fließgewässern.

GU: Zwitter.

Hält. B.: Nicht zu kalkarmes Wasser bieten. PH-Wert 6,5-8,0; Härte 10-30° dGH. Im Aquarium erreichen die Tiere selten ihre volle Größe. Nitrat/Nitrit verträgt diese Schnecke nicht. Die Posthornschnecke ist als Nahrung im Aquarium bei Kugelfischen und *Botia*-Arten beliebt.

ZU: Flache Laichballen werden an Steine, Wurzeln und vor allem an Wasserpflanzen geklebt. Nur bei guten Wasserbedingungen und gutem Nahrungsangebot vermehrungsfreudig.

FU: H.; Detritus, Algen, Futterreste. Bei Nahrungsmangel auch Pflanzenteile, besonders neu austreibende Sprosse.

Bes.: Der rote Blutfarbstoff, ähnlich dem Hämoglobin des Menschen und der Roten Mückenlarven, ermöglicht eine hohe Sauerstoffanreicherung des Blutes. Deshalb kommt diese Schnecke selten zum „Luftholen" an die Wasseroberfläche.

In einem geeigneten Gewässer kommen die unterschiedlichsten Größen dieser Art vor. Die Jungtiere sind meist rötlich gefärbt. Überwinterung im Teich im Schlamm. Im Aquarium ist die Überwinterung in einem ungeheizten Becken von Vorteil, sonst kümmert der Bestand nach 2-3 Jahren.

T: 4-25°C, **Ø:** bis 3 cm, **Höhe:** 12 mm, **BL:** 40 cm, **WR:** alle, **SG:** 1-2

Lymnaea stagnalis

Spitzschlammschnecke

Planorbarius corneus Posthornschnecke

Planorbis planorbis (Linné, 1758) — Zwerg-Tellerschnecke, Flache Tellerschnecke

Foto Seite 746

Fam.: Planorbidae, Tellerschnecken

Vork.: Europa und Westasien, in stehenden Gewässern.

GU: Zwitter.

Hält. B.: Tellerschnecken benötigen außer einer Belüftung keinen weiteren Luxus, daher ist die Pflege einfach. Sie halten sich vor allem am Grunde auf. Eine Überwinterung bei niedriger Temperatur ist nicht notwendig.

ZU: Die Vermehrung ist problemlos. Die Schnecken laichen mit Vorliebe an Silikonklebestellen im Aquarium. Die Gelege sind flache, tellerförmige Gebilde, in welchen sich die Eier in einer Ebene nebeneinander haftend befinden. Das Gelege ist meist nur klein und enthält 5 bis 30 Eier. Die Jungen schlüpfen nach 10 bis 14 Tagen und wachsen schnell heran. Die Überwinterung erfolgt in der Natur im Bodenschlamm vergraben.

FU: H.; Salatblätter zufüttern, nimmt auch Detritus.

Bes.: Die Gattung *Planorbis* umfaßt zwei Arten, *P. planorbis* und *P. carinatus*. *P. planorbis* ist die weitaus häufigere Art. Von *Planorbarius* sind sie leicht durch die geringere Größe und das gekielte Gehäuse zu unterscheiden. Der Kiel ist bei *P. carinatus* noch stärker ausgebildet.

T: 4-27°C, **B:** 14-17 mm, **L:** 3,5 mm, **BL:** 20 cm, **WR:** u, alle, **SG:** 1

Theodoxus fluviatilis (Linné, 1758) — Zwerg-Flußschnecke, Fluß-Schwimmschnecke

Fam.: Neritidae, Schwimmschnecken

Vork.: Süßwasser Mitteleuropas. Die Zwerg-Flußschnecke ist bei uns sehr selten geworden, sie kommt nur noch in den saubersten Bächen und Flüssen vor, z.B. in der Havel bei Berlin.

GU: Unbekannt, getrenntgeschlechtlich.

Hält. B.: Die Schnecken sind bei einer Wasserströmung durch einen leistungsstarken Kreiselpumpenfilter recht anspruchslos.

ZU: Die Zwerg-Flußschnecken pflanzen sich in Gefangenschaft nicht gut fort. Die Zucht dieser Art ist nicht ergiebig. Nach einer Eiablage werden höchstens zehn, meistens viel weniger Schnecken groß. Das liegt daran, daß eine Larve die übrigen Eier, die sogenannten Nähreier, frißt, die zu diesem Zweck produziert werden.

FU: H.; Fütterung mit algenbewachsenen Steinen, gequetschten Erbsen und Futtertabletten (TabiMin).

Bes.: Im reinen Süßwasser Mitteleuropas kommt nur eine Art der Gattung *Theodoxus* vor. Sie ist eine der schönsten Schnecken Europas. Wer sie einmal im Aquarium gepflegt hat, möchte sie nicht mehr missen. Die Tiere sind leicht an der eigenartigen Schalenform (siehe Bild) zu erkennen. Typisch ist auch die variable Färbung der Schale mit schwarzen und beigefarbenen Punkten und Streifen.

T: 4-18°C, **B:** 6-7 mm, **L:** 8-10 mm, **BL:** 40 cm, **WR:** alle, **SG:** 3

Laich von *Planorbarius corneus*, der Posthornschnecke (s. S. 742)

Theodoxus fluviatilis Zwergflußschnecke

Planorbis planorbis (siehe Seite 744)

Viviparus viviparus

Viviparus viviparus (LINNÉ, 1758) **Sumpfdeckelschnecke**

Fam.: Viviparidae, Sumpfdeckelschnecken

Vork.: Mittel- und Osteuropa, die verwandte Art *V. contectus* ist auch im Westen Europas heimisch.

GU: Rechter Fühler des ♂ verdickt, getrenntgeschlechtlich.

Hält. B.: *Viviparus viviparus* verlangt eine starke Strömung und nicht zu hohe Wassertemperaturen, bis etwa 18°C. Eine Fütterung mit Salatblättern ist wichtig. *V. contectus* ist dagegen anspruchslos.

ZU: Die Sumpfdeckelschnecken sind getrenntgeschlechtlich und lebendgebärend. Das ♂ führt seinen verdickten rechten Fühler (Begattungsorgan) in die Geschlechtsöffnung des ♀ ein. Etwa 8 Wochen nach der Befruchtung werden die jungen Schnecken geboren. Sie sind bereits ca. 1 cm groß.

FU: H.; Salatblätter zufüttern, nimmt auch Detritus.

Bes.: *Viviparus viviparus* und *V. contectus* sind die häufigsten Vertreter dieser Gattung in Mitteleuropa. Dabei ist *V. contectus*, da sie eine Stillwasserart ist, wesentlich leichter zu pflegen. *Viviparus contectus* wird von *V. viviparus* durch die stark gegeneinander abgesetzten Umgänge (= Windungen) unterschieden. *V. viviparus* ist die größte heimische Süßwasserschnecke.

T: 4-18°C, **B:** 23-30 mm, **L:** 30-40 mm, **BL:** 20 cm, **WR:** alle, **SG:** 2

Bivalvia (Muscheln)

Rund 30 Muschelarten leben in mitteleuropäischen Gewässern. Alle Muscheln besitzen eine immer zweiklappige Schale. Diese ist in der Regel auch spiegelbildlich symmetrisch. Bei festwachsenden Muscheln, wie etwa Austern als Meerestieren, können sich die Schalenklappen unterschiedlich ausbilden. Die beiden Klappen sind auf der Rückseite durch ein Band verbunden. In der Nähe dieses Schloßbandes weisen die Schalenränder der meisten Muscheln ineinandergreifende zahnartige Erhöhungen und Vertiefungen auf. Durch dieses Schloß wird ein Verschieben der Muschelschalen gegeneinander verhindert. Ein oder zwei Schließmuskeln bewirken den festen Verschluß der beiden Schalen. Die Schließmuskeln arbeiten gegen das Schloßband, welches die Schalenklappen spreizt. Die beiden Schalen umschließen den gesamten Körper der Muschel. Den Fuß kann die Muschel zwischen den auseinandergespreizten Schalenklappen herausstrecken und zum Eingraben oder zur Fortbewegung benutzen. Die Kiemen finden sich paarweise in den Mantelhöhlen aufgehängt. Die Atmung erfolgt über den auch zur Nahrungsaufnahme eingestrudelten Wasserstrom.

Die Mehrzahl aller Muschelarten ist getrenntgeschlechtlich, Eier und Spermien werden in den Keimdrüsen verschiedener Individuen gebildet. Die Keimdrüsen liegen bei den Muscheln in der Regel zwischen den Darmschlingen und münden in die Nähe der Nierenöffnung. Die Spermien werden in großer Zahl durch die Ausführöffnung ins Wasser entleert. Nur ein sehr geringer Anteil der Spermien gelangt mit dem Atemwasser in andere Muscheln. Sind dies Weibchen, so können ihre Eier damit befruchtet werden.

Einige Süßwassermuscheln betreiben Brutpflege. So entwickeln sich bei den zwittrigen Kugelmuscheln (Sphaeriidae) die befruchteten Eier in den Kiemen-Bruttaschen zu voll ausgebildeten Jungtieren. Bei den getrenntgeschlechtlichen Flußmuscheln (Unioidae) durchläuft die Brut eine ungewöhnliche Entwicklung. Auch hier werden die Eier zunächst in den Kiemen eingebettet und entwickeln sich dort zu einem Larvenstadium, dem Glochidium. Die Glochidien werden vom Muttertier ins Wasser entlassen. Die freien Glochidien benötigen zur Weiterentwicklung Fische als Wirtstiere, an deren Haut oder Kiemen sie sich festsetzen. Glochidien, die nicht an einen Wirtsfisch gelangen, gehen zugrunde. Am Wirt werden sie umwachsen und reifen in diesen Wucherungen zu fertigen Jungmuscheln heran. Schließlich platzt die die Jungmuschel umwuchernde Haut auf und die junge Muschel wird entlassen.

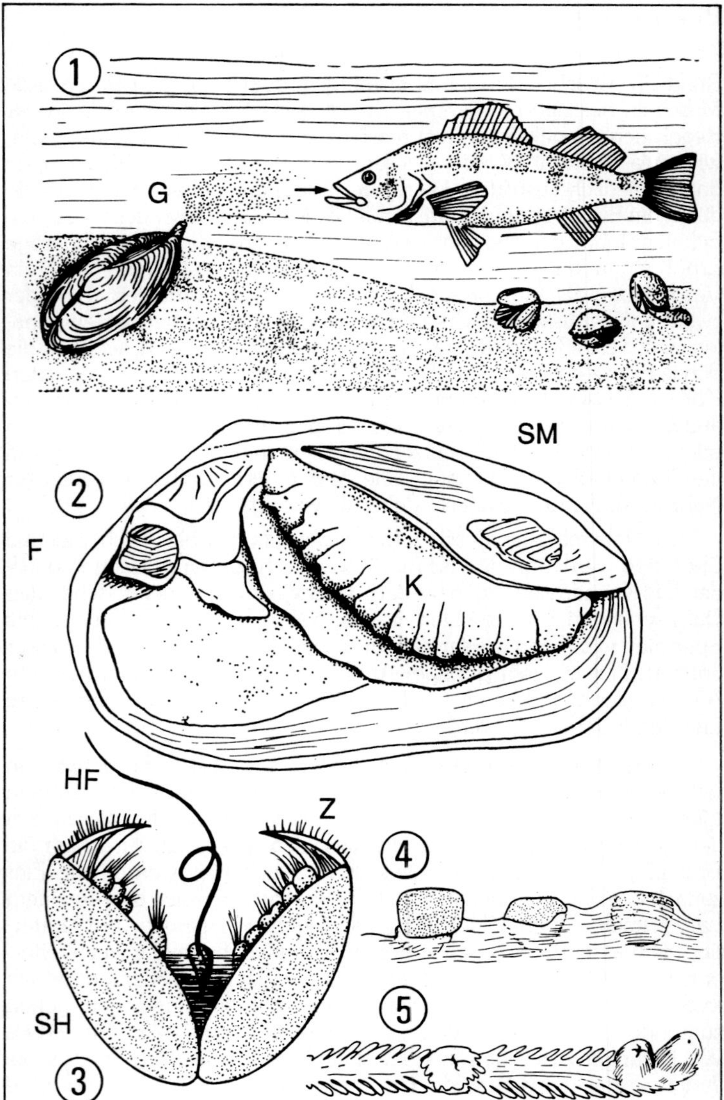
1
G
2
SM
F
K
HF
Z
4
SH
5
3

Tafel „Entwicklungsgang von Süßwasser-Najaden“
(Fam. Unionidae)

Abb. 1:
Das Ausstoßen von Glochidien-Larven (G) durch eine im Bodengrund eingegrabene Teichmuschel *(Anodonta)*. Wirt der Glochidien ist ein Flußbarsch *(Perca fluviatilis)*. Es können aber auch andere einheimische Süßwasserfische als Wirte fungieren.

Abb. 2:
Innere Anatomie einer Teichmuschel. Zur besseren Sichtbarmachung wurde eine Schalenhälfte entfernt. Deutlich sichtbar sind die beiden Schließmuskeln (SM), der Fuß (F) und die Kiemen (K).

Abb. 3:
Äußere Morphologie einer Glochidien-Larve. HF = Haftfaden (= Haptonema), mit dem sich das Glochidium zuerst am Fischgewebe festheftet. Erst anschließend werden die Schalenhälften (SH) geschlossen, und die Zähnchen (Z) an ihren Enden graben sich in das Gewebe ein.

Abb. 4:
Eindringphasen der Glochidien in die Fischhaut.

Abb. 5:
Eindringphase des Glochidiums in die Kiemenblättchen eines Fisches.

Anodonta cygnea (LINNÉ, 1758) **Teichmuschel, Schwanenmuschel**

Fam.: Unionidae, Flußmuscheln

Vork.: In stehenden und träge fließenden gesunden Gewässern in Mitteleuropa in mehreren Unterarten.

GU: Äußerlich nicht erkennbar.

Hält. B.: Im Aquarium nur mit friedlichen Fischen (Kaltwasserarten) vergesellschaften. Besonders bekannt ist die gemeinsame Pflege mit Bitterlingen. Die ♀♀ legen mit einer Legeröhre ihre Eier in die Kiemen der Muschel. Bodengrund aus feinem Sand. Pflanzen in Töpfe setzen, da diese sonst ausgegraben werden. Schwache Filterung.

ZU: Die Eier werden innerhalb der Kiemenhöhle befruchtet. Die ♂♂ geben die Spermien ins freie Wasser ab. Diese gelangen durch die Atmung an die zwischen den Kiemen befindlichen Eier. Bis zu 300.000 Larven kann eine weibliche Muschel beherbergen. Die Larven überwintern in der Muschel und werden im Frühjahr ausgestoßen, sie sinken dann massenweise in Klumpen zu Boden. Sobald sich ein Fisch nähert, klappen die winzigen Schalenhälften der Larve zusammen und verhaken sich an der Fischhaut. Die winzige Wunde verheilt und die Larve wird vom Fisch eingekapselt. Nach zwei bis 10 Wochen platzt die Hautkapsel infolge des Wachstums der Larve, die sich jetzt zu einer richtigen Muschel gewandelt hat. Der Fisch reibt sich wohl infolge eines Juckreizes und die Muschel beginnt ihr Leben am Boden dort, wo der Fisch sich gerade befand. Somit ist eine Verbreitung der Muscheln gewährleistet.

FU: O.; Feinstes Lebendfutter, das aus dem Schlamm gefiltert wird. Eine Muschel kann pro Stunde bis zu 40 Liter Wasser umwälzen. Die Muscheln wirbeln den Schlamm auf um an die Nahrung zu gelangen. Im Aquarium sind sie aufgrund dieser Lebensweise gut mit planktonischer Nahrung zu versorgen, da sie dort sonst leicht verhungern.

Bes.: Die Teichmuschel ist zur Wahrnehmung von Schatten befähigt. Im Mantelrand befinden sich lichtempfindliche Sinneszellen, die vor möglichen Feinden bewahren. Zunächst werden nur die Tentakeln eingezogen, bei stärkeren Reizen klappen die beiden Schalenhälften ganz zusammen. Die Muscheln können sich bei Austrocknung (zum Beispiel Abfischen der Teiche) meterweise in wasserführende Gewässerteile zurückziehen. Dabei entstehen tiefe Spuren im Schlamm. Geschützte Art.

T: 4-28°C, **L:** 7-20 cm, **BL:** 80 cm, **WR:** u, **SG:** 2

Unio pictorum (LINNÉ, 1758) **Malermuschel**

Fam.: Unionidae, Flußmuscheln

Vork.: Saubere Süßgewässer Europas nördlich der Alpen; östlich über den Ural hinaus.

GU: Keine äußeren Geschlechtsunterschiede erkennbar, getrenntgeschlechtlich.

Soz. Verh.: Brutpflegende Art.

Hält. B.: Siehe *A. cygnea*. Gegen Nitrit empfindlich, pH 7-7,8; KH > 8, GH > 15.

ZU: Im Gegensatz zur Großen Teichmuschel, die sich im Winter fortpflanzt, geschieht dies bei der Malermuschel im Sommer. Größere weibliche Tiere entwickeln bis zu 200.000 Eier/Larven, die nach etwa einem Monat ins freie Wasser entlassen werden. Die Larven leben eine kurze Zeit planktonisch und suchen sich dann einen Wirtsfisch, um sich bei diesem in den Kiemenblättern einzunisten.

FU: O.; Auch bei dieser Art feinstes Lebendfutter (Plankton), das frei im Wasser schwebt und für das reichlich gesorgt werden muß.

Bes.: Der Name leitet sich daher ab, daß die Schalen der Muschel früher von Malern zum Anmischen ihrer Farben benutzt wurden. Geschützte Art. Gefährdungsstufe 2.

T: 4-20°C, **L:** 10 cm, **BL:** 60 cm, **WR:** u, **SG:** 2

Anodonta cygnea Teichmuschel

Unio pictorum Malermuschel

Dreissena polymorpha (Pallas) Wandermuschel, Dreiecksmuschel

Fam.: Dreissenidae, Wandermuscheln

Vork.: Donaugebiet, Rhein, Weser, Elbe. Südlich bis zum Schwarzen und Kaspischen Meer.

GU: Äußerlich keine erkennbar. Getrenntgeschlechtlich.

Soz. Verh.: Im Gegensatz zu den Flußmuscheln betreiben die Wandermuscheln keine Brutpflege. Ursprünglich stammt diese Muschel aus dem Meer. Dort sind brutpflegende Muscheln nicht vorhanden.

Hält. B.: Holz und Steine als Dekoration. Schwache Filterung. Ein Fischbesatz mit heimischen Arten ist möglich. Nitrathaltiges Wasser ist zu vermeiden. Zwecks Medikamentenbehandlung von Fischen sind die Muscheln zu entfernen, besser noch die Fische selbst. Dann bleibt die bakterielle Fauna in Filter und Boden erhalten.

ZU: Die Eier und Spermien werden ins Wasser ausgestoßen, dort findet auch die Befruchtung statt. Es entstehen zunächst Segellarven, die etwa eine gute Woche frei schwimmen und sich dann erst festsetzen.

FU: O.; Feinstes Plankton aus Schlamm und Fließwasser. Im Aquarium bereitet die Ernährung Schwierigkeiten. Deshalb sollte man die Muscheln bald wieder zum Fundort zurückbringen.

Bes.: Die Muscheln können sich mit erstarrenden Sekretfäden (Byssusfäden) zum Beispiel an Schiffen oder Treibholz anheften und legen so weite Strecken zurück.

T: 4-24°C, **L:** 25-40 cm, **BL:** 80 cm, **WR:** u, **SG:** 2-3

Sphaerium corneum (Linné, 1758) Hornfarbige Kugelmuschel

Fam.: Sphaeriidae, Kugelmuscheln

Vork.: Mittel- und Osteuropa. In Tümpeln, langsam fließenden Gewässern und Seen. Wassergüteklasse bis III.

GU: Keine, diese Muschel ist ein Zwitter.

Soz. Ver.: Die Kugelmuschel kann mit ihrem Fuß klettern und besiedelt daher nicht nur den Bodengrund, sondern auch untergetauchte Wasserpflanzen.

Hält. B.: Diese Art ist recht ausdauernd und kann selbst in stark verschmutzten Teichen noch überleben. Sie ist gut haltbar, auch in kleineren Behältern wie etwa Steintrögen, Fässern usw. Eingeschleppt wird sie meist beim Kauf von Wasserpflanzen im Topf.

ZU: Lebendgebärende Art, die sich auch selbst befruchten kann. Die Muschellarven bleiben etwa ein Jahr in einer speziellen Brutkammer oder -tasche. Danach werden bis zu 12 junge Muscheln entlassen. Sie sind dann bereits geschlechtsreif.

FU: Detritus, planktonische Stoffe. In Behältern ohne Strömung und in völlig klarem Wasser können diese Muscheln leben. Sie brauchen etwas Mulm als Bodengrund.

Bes.: Die etwa 18-24 mm lange Große Kugelmuschel *Sphaerium rivicola* braucht wesentlich saubereres Wasser als die hier vorgestellte Art (SG: 3). Das Aussehen ist - abgesehen von der Größe - sonst ganz ähnlich. Unterscheidungsmerkmale: *Sphaerium carneum*: dünnwandige, leicht zerbrechliche Schale; Hauptzähne rechts vom Schloß 1, links 2. *Sphaerium rivicola*: festere und dickere Schale, jeweils 2 Hauptzähne rechts und links vom Schloß. Besonders die kleinere, possierliche Kugelmuschel ist sehr gut für ein Aquarium geeignet. Man kann die kleinen Muscheln dann zwischen Wasserpflanzen herumklettern sehen und sie nach einigen Tagen/Wochen wieder in den Teich setzen.

T: 4-22°C, **L:** 10-14 mm, **BL:** 60 cm, **WR:** u, **SG:** 1-2

Dreissena polymorpha Wardermuschel, Dreiecksmuschel

Sphaerium corneum Hornfarbige Kugelmuschel

Hecht bei der Mahlzeit

Chordatiere (Chordata)

Alle höheren Tiere gehören zum Tierstamm der Chordatiere. Weltweit werden hierzu rund 45.000 Arten gezählt. Zu den Chordatieren gehören alle jene Lebewesen, die eine Chorda aufweisen, einen knorpeligen Rückenstab, der als Körperstütze fungiert. Bei manchen Formen, zum Beispiel den Manteltieren oder Tunicaten ist dieser Stab nur noch im Larvenstadium vorhanden, bei anderen, den Schädellosen oder Acrania, wie sie durch das Lanzettierchen oder Lanzett„fischchen" repräsentiert werden, bleibt der Chordastab zeitlebens erhalten. Nur bei den Wirbeltieren wird der zunächst durchgehende Chordastab stellenweise durch verknöcherte Wirbel ersetzt, zwischen denen Reste der Chorda als die knorpeligen Bandscheiben erhalten bleiben.

Wirbeltiere (Vertebrata)

Die meisten Chordatiere, nämlich rund 43.500 Arten, zählen zu den Wirbeltieren, bei ihnen ist der Chordastab in der Regel durch eine Wirbelsäule ersetzt, die nur noch Chordareste enthält. Ferner ist ein mehr oder weniger gut ausgeprägtes Skelett vorhanden, das vor allem in einer Kopfkapsel ein Gehirn schützt, das sehr leistungsfähig sein kann. Der Aufbau der Wirbeltiere ist meistens äußerlich spiegelbildlich (bilateral) angelegt, die inneren Organe hingegen können asymetrisch verteilt sein. Der Körper gliedert sich in Kopf, Rumpf und Schwanz.

Insgesamt lassen sich heute innerhalb des Unterstammes der Wirbeltiere die folgenden Klassen unterscheiden:

- Kieferlose mit den Rundmäulern (Agnatha)
- Knorpelfische (Chondrichthyes)
- Knochenfische (Osteichthyes)
- Lurche oder Amphibien (Amphibia)
- Kriechtiere oder Reptilien (Reptilia)
- Vögel (Aves)
- Säugetiere (Mammalia)

Die ersten drei Wirbeltierklassen sind zwar untereinander sehr verschieden, doch werden sie meistens aufgrund ihres Wasserlebens in eine Sammelgruppe „Fische" zusammengefaßt, dies soll einfachheitshalber hier auch erfolgen.

Von den Fischen abgesehen, haben für unsere Feuchtbiotope vor allem die Amphibien eine wesentliche Bedeutung, alle anderen höheren Formen kommen bis auf Ausnahmen nur als Gäste in Betracht.

Die Fische (Pisces)

Wie bereits festgestellt, sind die Fische eigentlich keine systematisch abgesicherte Gruppe, sondern eine Sammelbezeichnung für die drei heute noch lebenden Tierklassen, die zeitlebens im Wasser vorkommen und eine typische, an dieses Leben angepaßte Gestalt aufweisen, indem sie Kiemen und Flossen besitzen. Daß diese Kennzeichen alleine aber nicht ausreichen um einen ,,Fisch" zu identifizieren, beweisen zum Beispiel die Amphibien, von denen zumindest die meisten Larven ebenfalls Flossen oder gar Kiemen tragen. Zur Definition eines Fisches gehört also auch die Tatsache, daß ein Fisch sein ganzes Leben im Wasser verbringt, obgleich es auch da zum Beispiel mit den Lungenfischen Ausnahmen gibt. Schuppen sind ein Kennzeichen des Fisches, das er mit keinem Lebewesen teilt, doch können diese sekundär wieder verlorengegangen sein.

Die Einteilung der Fische (Systematik)

Es soll hier nicht die gesamte Systematik der Fische dargestellt werden, doch seien die gröbsten Einordnungen an dieser Stelle genannt, soweit sie Fische betreffen, die in diesem Buch aufgeführt sind. Der Interessierte kann sich dann im Bedarfsfall selbst orientieren. Außerdem folgen die nachfolgenden Fischbeschreibungen diesem annähernd nach Verwandtschaftsformen angeordneten Schema. Danach ergibt sich die folgende Grobeinteilung der Fische:

Stamm:	Chordatiere (Chordata)
Unterstamm:	Wirbeltiere (Vertebrata)
Überklasse:	Kieferlose (Agnatha)
Klasse:	Rundmäuler (Cyclostomata)
Überklasse:	Kiefermäuler (Gnathostomata)
Klasse:	Knorpelfische (Chondrichthyes)
Klasse:	Knochenfische (Teleostomi, Osteichthyes)
Unterklasse:	Strahlenflosser (Actinopterygii)
Überordnung:	Knorpelganoiden (Chondrostei)
Ordnung:	Störartige (Acipenseriformes)
Familie:	Echte Störe (Acipenseridae)
Familie:	Löffelstöre (Polyodontidae)
Überordnung:	Knochenganoiden (Holostei)
Ordnung:	Kahlhechte (Amiiformes)
Familie:	Schlammfische (Amiidae)

Überordnung:	Echte Knochenfische (Teleostei)
Ordnung:	Aalartige (Anguilliformes)
Familie:	Echte Aale (Anguillidae)
Ordnung:	Lachsartige (Salmoniformes)
Familie:	Lachsfische (Salmonidae)
Familie:	Renken (Coregonidae)
Familie:	Äschen (Thymallidae)
Familie:	Hechte (Esocidae)
Familie:	Hundsfische (Umbridae)
Ordnung:	Karpfenfischartige (Cypriniformes)
Familie:	Karpfenfische (Cyprinidae)
Familie:	Sauger (Catostomidae)
Familie:	Schmerlen (Cobitidae)
Ordnung:	Welsartige (Siluriformes)
Familie:	Katzenwelse (Ictaluridae)
Familie:	Echte Welse (Siluridae)
Ordnung:	Dorschartige (Gadiformes)
Familie:	Dorsche (Gadidae)
Ordnung:	Kärpflingsartige (Cyprinodontiformes)
Familie:	Killifische (Cyprinodontidae)
Familie:	Lebendgebärende Zahnkarpfen (Poeciliidae)
Ordnung:	Stichlingsfische (Gasterosteiformes)
Familie:	Stichlinge (Gasterosteidae)
Familie:	Seenadeln (Syngnathidae)
Ordnung:	Drachenkopfartige (Scorpaeniformes)
Familie:	Groppen (Cottidae)
Ordnung:	Barschartige (Perciformes)
Familie:	Zackenbarsche (Serranidae)
Familie:	Sonnenbarsche (Centrarchidae)
Familie:	Echte Barsche (Percidae)
Familie:	Schleimfische (Blenniidae)
Familie:	Gobiidae (Grundeln)
Familie:	Belontiidae (Belontiaverwandte)

Wer sich intensiver mit der Systematik der Fische beschäftigen möchte, der sei auf die Werke von GREENWOOD, ROSEN, WEITZMANN und MYERS (1966) sowie NELSON (1984) hingewiesen, die eine Übersicht und Einordnung aller Fischgruppen bieten, die genauen Literaturzitate finden sich im Anhang.

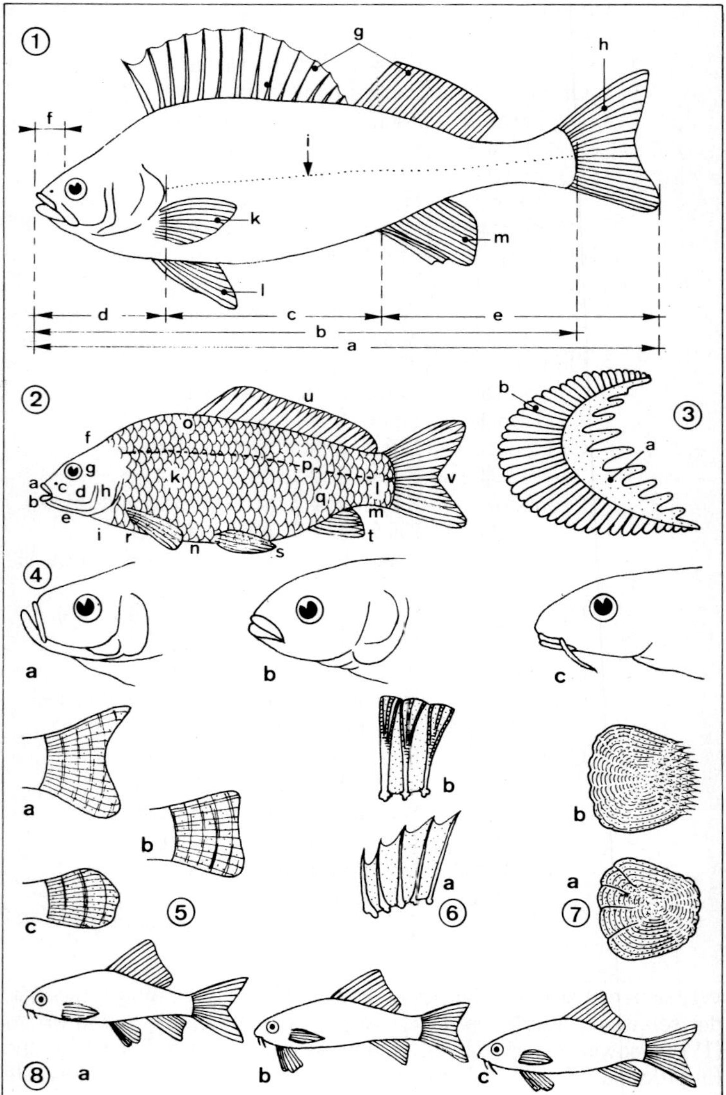
1
g
h
f
i
k
m
l
d
c
e
b
a
2
u
o
f
g
a
c
d
h
k
p
b
e
i
r
n
s
q
l
m
t
v
3
b
a
4
a
b
c
5
a
b
c
6
b
a
7
b
a
8
a
b
c

Tafel „Bau der Fische"

Abb. 1: Wichtige Körpermaße eines Fisches.
a: Totallänge, b: Standardlänge (Körperlänge), c: Rumpflänge, d: Kopflänge, e: Schwanzlänge, f: Schnauzenlänge, g: Rückenflossen (1. hartstrahlig, 2. weichstrahlig), h: Schwanzflosse, i: Seitenlinie (= Linea lateralis), k: Brustflossen, l: Bauchflossen, m: Afterflosse.

Abb. 2: Morphologie eines Fisches.
a: Schnauze, b: Lippen, c: Nasenloch, d: Praeoperculum (= Vorkiemendeckel), e: Kehle, f: Stirn, g: Auge, h: Operculum (= Kiemendeckel), i: Brust, k: Schuppen des Rumpfes, l: Schuppen des Schwanzstiels, m: Schwanzstiel, n: Bauch, o: Schuppen des Rückens, p: Seitenlinie, q: Schuppen der Schwanzregion, r: Brustflosse (Pectorale), s: Bauchflosse (Ventrale), t: Afterflosse (Anale), u: Rückenflosse (Dorsale), v: Schwanzflosse (Caudale).

Abb. 3: Aufbau eines Kiemenbogens.
a: Kiemenrechen (= Kiemendornen, gill rakers im englischen Sprachgebrauch), b: Kiemenblättchen (= Resorptionsepithel für den Sauerstoff).

Abb. 4: Stellungen des Fischmaules.
a: oberständig (Beispiel: Ziege, *Pelecus cultratus*), b: endständig (Beispiel: Karpfen), c: unterständig (Beispiel: Wels).

Abb. 5: Formen der Schwanzflosse.
a: eingeschnitten (Beispiel: Rotfeder), b: eingebuchtet (Beispiel: Bartgrundel), c: gebogen (Beispiel: Schlammpeitzger).

Abb. 6: Flossenstrahlen.
a: Hartstrahlen (Stachelstrahlen), b: Weichstrahlen.

Abb. 7: Schuppenarten.
a: Rundschuppen (Cycloidschuppen), b: Kammschuppen (Ctenoidschuppen).

Abb. 8: Stellung der Bauchflossen.
a: bauchständig, Bauchflossen stehen hinter den Brustflossen, b: kehlständig, Bauchflossen stehen vor den Brustflossen, c: brustständig, Bauchflossen stehen unter den Brustflossen.

Der Bau der Fische

Die bekannte Fischgestalt, beispielsweise eines Karpfens, läßt kaum ahnen, in welcher Vielfalt die Körper der Fische Abwandlungen in Anpassung an bestimmte Lebensräume und Lebensweisen erfahren haben. Die unterschiedlichsten Lebensräume erfordern verschiedenartigste Anpassungen der darin lebenden Lebewesen. Umgekehrt läßt sich in den meisten Fällen aus der Form auf die Lebensweise eines Fisches schließen.

Die Flossen der Fische bestehen aus härteren Strahlen, die durch dünne Häute, Membranen, miteinander verbunden sind. Es werden harte und ungegliederte Strahlen, Stachel- oder Hartstrahlen, und weiche und meist gegliederte Strahlen, die Weich- oder Gliederstrahlen, unterschieden. Die Flossen werden von Muskeln bewegt, sie dienen der Fortbewegung und der Stabilisation der Lage im Wasser. Die Rücken- und die Afterflosse haben in erster Linie die Aufgabe, den Fisch senkrecht im Wasser zu halten. Diese Flossen wirken ähnlich wie die Kiele von Booten. Die Schwanzflosse bewirkt mit dem muskulösen Schwanz den Hauptantrieb beim normalen Vorwärtsschwimmen. Mit kräftigen Muskeln wird der Körper entlang seiner Achse in wellenförmige Bewegungen versetzt, wodurch der Fisch hohe Geschwindigkeiten erreichen kann.

Aus dem Körperquerschnitt, der Muskulatur und der Schwanzflossenform läßt sich oft auf die Schwimmweise und die Kraft des Fisches schließen. Manche Fische besitzen eine kleine Flosse zwischen Rücken- und Schwanzflosse. Diese Fettflosse hat keinen oder nur einen stützenden Strahl. Sie besteht vornehmlich aus Fettgewebe, ihre Aufgabe ist noch unbekannt. Die Schwimmrichtung oder ihre Lage am Ort beeinflussen die Fische mit den Brust- und den Bauchflossen. Aus diesen beiden Flossenpaaren sind im Verlauf der Entwicklungsgeschichte der Tiere die Extremitäten der Landwirbeltiere entstanden.

Aus dem Bau und der Lage des Maules läßt sich ebenfalls meist auf die Ernährungsgewohnheiten des Fisches zurückschließen. Nach der Lage ihres Maules lassen sich die Fische willkürlich in drei Gruppen einteilen:

- Fische der mittleren Wasserbereiche zeigen meist eine gerade, endständige Maulöffnung. Sie schnappen nach frei schwimmender oder herabsinkender Nahrung.
- Fische der oberen Wasserbereiche besitzen oft einen geraden Rükken und ein nach oben gerichtetes, oberständiges Maul. Meist leben sie von Anflugnahrung oder als Räuber.

- Fische der unteren Wasserbereiche sind in der Bauchregion meist abgeflacht und besitzen in der Regel ein unterständiges Maul, mit dem sie dem Boden aufliegende Nahrung besser aufnehmen oder gar dort zu diesem Zweck wühlen können.

Das normale Atmungsorgan der Fische sind ihre Kiemen. Kiemen sind feine, gut durchblutete Körpergewebe. In den zarten Kiemenblättchen kann der Sauerstoff vom Wasser in das Blut und das Kohlendioxid aus dem Blutkreislauf in das Wasser übertreten. Gewöhnlich sind die Kiemen durch Kiemendeckel geschützt. Das Wasser wird in der Regel mit dem Maul aufgenommen, streicht entlang der Kiemen und wird hinter den Kiemendeckeln entlassen. Auch hierbei gibt es eine Vielzahl spezieller Anpassungen. Zudem besitzen mehrere Fischgruppen zusätzliche Atemmöglichkeiten um in sauerstoffarmem Wasser überleben zu können.

Die meisten Fische besitzen eine Schwimmblase, die entwicklungsgeschichtlich eine Ausstülpung des Darmes ist. Sie kann mit diesem noch in Verbindung stehen oder vollständig geschlossen sein. Die Schwimmblase ist mit einem Gas gefüllt, welches das Schwimmen durch Veränderung des Gewichtes bzw. Auftriebs erleichtert.

Das Herz der Fische liegt sehr weit vorne, dicht hinter den Kiemen. Es besitzt nur zwei Kammern, entsprechend ist auch nur ein einziger Kreislauf vorhanden, so daß die Sauerstoffversorgung der Körperzellen nicht so gut ist wie bei Säugetieren und dem Menschen. Daher ist eine eigenständige Körpertemperatur meist nicht möglich, Fische sind wechselwarme Tiere.

Die meisten Fischarten weisen zwei Hautschichten auf, eine äußere Schicht, die Epidermis, und eine innere, die Cuticula. Zusätzlich trägt die Mehrzahl der Fische ein Schuppenkleid, das vor Verletzungen und veränderten Eigenschaften des Wassers schützt. Es gibt bei den hier behandelten Arten grundsätzlich zwei Schuppentypen: die Rundschuppen und die Kammschuppen, die am Ende gezackt oder gar bedornt sind. Manche Fische besitzen keine oder rückgebildete Schuppen oder im Gegenteil kräftige Knochenplatten als Schutz. In die Hautschichten sind Farbstoffe eingelagert, die der Tarnung dienen, oft aber auch Signalcharakter haben und für das Zusammenleben im Sozialverband von Bedeutung sind.

Weitere Körpermerkmale und -funktionen sollen hier nicht aufgezählt werden, so interessant sie auch sind. Ihre Darstellungen füllen ganze Bibliotheken. Sie sind in erster Linie für den systematisch arbeitenden Ichthyologen interessant, der sich mit der Identifizierung und Beschreibung von Fischen beschaftigt.

Lampetra planeri (BLOCH, 1784) **Bachneunauge, Bachpricke**

Fam.: Petromyzonidae, Neunaugen

Syn.: *Petromyzon planeri, P. branchialis.*

Vork.: Europa; von Irland und Frankreich bis zum Oberlauf der Wolga, hauptsächlich im Nord- und Ostseeeinzug.

GU: Beim ♀ ist während der Laichzeit die Afterregion stark geschwollen und rostrot. ♂♂ entwickeln während der Laichzeit eine deutlich aus der Analöffnung herausragende hemipenisartige Struktur.

Soz. Verh.: Eingegraben lebender Bodenfisch, der dämmerungs- und nachtaktiv ist.

Hält. B.: Feinsandiger Bodengrund, in den sich die Tiere einwühlen können, einige Steine als Verstecke. Es ist keine Bepflanzung erforderlich. Klares, mittelhartes (um 10° dGH) und neutrales (pH 7,0) Wasser. Die Art ist empfindlich gegen höhere Temperaturen. *Lampetra planeri* ist ein Tier für den ausgesprochenen Spezialisten. Haltung am besten im Artbecken.

ZU: Im Aquarium noch nicht gelungen. Die Laichzeit erstreckt sich im Freiland von April bis Oktober (RÖMER im Druck). Nach dem Ablaichen sterben die Tiere ab. Die Larven heißen Querder und wandeln sich nach vier bis sieben Jahren in die geschlechtsreifen Tiere um.

FU: Im Gegensatz zu anderen Neunaugen keine parasitische Ernährung. Die Querder leben als Filtrierer im Bodengrund, die erwachsenen Tiere nehmen keine Nahrung mehr auf.

Bes.: Die erwachsenen Tiere haben keinen funktionsfähigen Darm mehr. Die Larve (Querder, Ammocoetus) hat noch kein Saugmaul und keine Augen. *Lampetra planeri* ist europaweit als stark vom Aussterben eingestuft und streng geschützt: Entnahme, Handel und Haltung ist naturschutzrechtlich genehmigungspflichtig!

T: 4-20°C, **L:** 19 cm, **BL:** 80 cm, **WR:** u, **SG:** 4

Lampetra planeri, das Bachneunauge, gehört nicht zu den echten Fischen

Lampetra planeri ♂ Bachneunauge, Bachpricke

Acipenser ruthenus, Sterlet

Acipenser ruthenus LINNÉ, 1758 — Sterlet

Fam.: Acipenseridae, Echte Störe.

Vork.: Lebt in Europa und Sibirien in den Zuflüssen des Schwarzen, Asowschen, Kaspischen und des Eismeeres, ist auch in einigen Zuflüssen der Ostsee heimisch.

GU: Äußerlich nicht unterscheidbar.

Soz. Verh.: Sterlets sind harmlose und friedliche Fische, die aber nicht mit zu kleinen Arten vergesellschaftet werden dürfen.

Hält. B.: Der Sterlet benötigt Aquarien mit großer Bodenfläche. Er ist sehr schwimmaktiv, ständig in Bewegung und benötigt viel Schwimmraum. Da er gern wühlt, ist Sand als Bodengrund notwendig. Das Wasser sollte kühl und sauber, von mittlerer Härte und neutralem pH-Wert sein. Strömung fördert das Wohlbefinden der im allgemeinen ausdauernden und anspruchslosen Fische. Für das Aquarium sind nur Jungtiere geeignet. Erwachsene sollten in größeren Teichen gepflegt werden.

ZU: Laicht in der Natur im Mai/Juni im Fließwasser über Geröll. Es werden mehrere 10.000 Eier abgegeben. Die Larven schlüpfen nach 4 bis 5 Tagen.

FU: K.; Lebendfutter: Insekten, Würmer, Schnecken, und Jungfische. Kann auch an Mehlkäferlarven, Muschel- und Fischfleisch oder Rinderherz gewöhnt werden.

Bes.: Sterlets sind wegen ihrer ungewöhnlichen Körperform und ihrer Schwimmaktivität beliebte Aquarienfische. Jungtiere halten sich gut im Kaltwasseraquarium. Der Sterlet ist der einzige ständig im Süßwasser lebende Störfisch und bleibt, voll ausgewachsen, mit 1 m Länge relativ klein. Meist wird er jedoch nur bis 50 cm lang.

T: 6-16°C, **L:** 50 (100) cm, **BL:** 120 cm, **WR:** alle, **SG:** 2

Amia calva, Amerikanischer Schlammfisch, Kahlhecht

Amia calva LINNÉ, 1766 Amerikanischer Schlammfisch, Kahlhecht

Fam.: Amiidae, Kahlhechte

Vork.: Nordamerika, lebt in großen Seen und Flüssen, aber auch in kleinen sauerstoffarmen Gewässern.

GU: Die ♂♂ besitzen einen schwarzen, gelb gerandeten Augenfleck auf der oberen Schwanzwurzel, siehe Foto. Den ♀♀ fehlt dieser Fleck, sie werden auch größer.

Soz. Verh.: Einzelgänger und Räuber. Brutpflege durch das ♂. Einzelhaltung oder Vergesellschaftung mit anderen großen Fischen im Großbecken.

Hält. B.: Großbecken, für Jungfische ab 300 Liter. Verstecke aus Steinen oder großen Wurzeln müssen vorhanden sein. Kiesiger Bodengrund und eine dichte Randbepflanzung mit robusten Pflanzen sind angebracht. Das Wasser sollte neutral und mittelhart sein.

ZU: Die Laichzeit ist in der Natur im Mai und Juni. Das ♂ baut auf dem Boden ein Nest aus Pflanzenmaterial, häufig in kolonieartiger Weise neben den Nestern von Artgenossen. Von Pflanzen umstandene Stellen werden bevorzugt. Abgelaicht wird nachts, ein ♀ gibt bis zu 70.000 Eier ab. Die Jungen schlüpfen nach etwa einer Woche und werden bis zur Länge von 10 cm vom ♂ betreut. Die relativ großen Jungfische fressen sofort feinstes Tümpelfutter.

FU: K.; Grobes Lebendfutter wie Fische, Krebse, Würmer, Schnecken. Die gefräßigen Fische können auch an Rind- und Fischfleisch gewöhnt werden.

Bes.: Mit Hilfe der lungenähnlichen Schwimmblase können Kahlhechte auch atmosphärische Luft veratmen

T: 10-20°C, **L:** M 55 cm, W 75 cm, **BL:** ab 150 cm, **WR:** u, **SG:** 3

Anguilla anguilla **(Linné, 1758)** **Europäischer Aal, Flußaal**

Fam.: Anguillidae, Aale

Vork.: Lebt an allen Küsten Europas, wandert von dort in die Flüsse ein. Kommt im Süßwasser in Seen und Tümpeln vor, sowie in der Barben- und Kaulbarschregion der Flüsse. Die ♂♂ bleiben in Meeresnähe. Der Aal bevorzugt schlammigen Bodengrund.

GU: Äußerlich nicht erkennbar, ♂♂ bleiben relativ kleiner.

Soz. Verh.: Gleichgroße Aale vertragen sich gut. Einzelne Tiere können zänkisch werden. Jedem Aal muß eine eigene Versteckmöglichkeit angeboten werden. Nur mit größeren, friedlichen Fischen vergesellschaften. Junge Aale können auch mit dem Flußkrebs gemeinsam gepflegt werden.

Hält. B.: Größeres Aquarium mit Versteckmöglichkeiten und sandigem Bodengrund. Jungtiere sind gut im Aquarium haltbar, später müssen wir ihnen die Freiheit zurückgeben. Die Haltung ist auch im Teich möglich, allerdings verlassen Aale ihnen nicht genehme Lebensräume bei hoher Luftfeuchtigkeit auf dem Landweg. Aquarium gut und mit schweren Scheiben abdecken. Nachtaktiver Grundfisch, versteckt sich am Tag.

ZU: Die Zucht ist in Gefangenschaft nicht möglich. Große, 10 bis 15 Jahre alte Aale begeben sich auf die Laichwanderschaft. Sie verlassen das Süßwasser und laichen tief im Sargassomeer vor den Küsten Amerikas. Die Larven erreichen nach ca. 3 Jahren die Mündungen der Süßwasserflüsse. Dort treffen sie als etwa 6 cm lange durchsichtige Glasaale ein. Wenn ihre Körperfarbstoffe sich auszubilden beginnen, ziehen die Jungaale als Steigaale die Flüsse hinauf. Hier dringen sie weit landeinwärts vor und überwinden dabei auch größere Hindernisse, dies manchmal auch auf dem Landweg. Die ♂♂ bleiben im Wachstum etwas zurück, sie wandern meist auch nicht so weit landeinwärts. Die Aale verbergen sich am Tage in Verstecken am Gewässergrund.

FU: K.; Siehe auch Bes..

Bes.: Es werden zwei auf verschiedene Nahrung spezialisierte Formen des Aals unterschieden. Spitzkopfaale leben bevorzugt von Kleintieren wie Insekten und deren Larven, Krebsen und Würmern. Breitkopfaale bevorzugen als Räuber Fische zur Ernährung. Es ist besonders interessant, Aale im Aquarium vom Glas- über den Silber- und Steigaal zum großen Tier aufzuziehen. Aale sind sehr widerstandsfähig. Bei hoher Luftfeuchtigkeit können die Tiere auf der Landwanderung angetroffen werden. Die Haltung im Gartenteich ist auch deshalb nicht anzuraten, da die versteckt lebenden Aale kaum zu beobachten sind. Aale haben als Speisefische große Bedeutung.
Es ist durchaus möglich, daß in Ihrem Gartenteich einmal ein Aal auftaucht. Er wurde dann als vielleicht regenwurmgroßer Jungaal mit einem Wasserpflanzenkontainer eingeschleppt.

T: 4-16°C, **L:** M 50 cm, W 100 (150) cm, **BL:** 100 cm, **WR:** u, **SG:** 1 (-3)

Anguilla anguilla Europäischer Aal

Anguilla anguilla Jungaal

Hucho hucho (LINNÉ, 1758) — Huchen

Fam.: Salmonidae, Lachsfische

Vork.: Europa, nur im Gebiet der oberen Donau und deren rechtsseitigen Nebenflüssen. Bevorzugt schnellfließende, sauerstoffreiche und kühle Gewässer.

GU: Laichreife ♂♂ entwickeln einen hakenförmigen Unterkiefer, den Lachshaken, und eine schwartig verdickte Haut.

Soz. Verh.: Der Huchen ist ein standorttreuer und seltener Fisch des kräftig strömenden Fließwassers. Die Fische sind Einzelgänger.

Hält. B.: Wie bei *Onchorhynchus mykiss* angegeben. Die Fische benötigen große Becken mit kühlem, strömendem (Kreiselpumpe), sauerstoffreichem Wasser.

ZU: Im Aquarium noch nicht gelungen. In der Natur laichen die Huchen im März bis Mai nach Aufsuchen der Laichplätze durch ausgedehnte Wanderungen. Der Laich wird in den Oberläufen in vorher vom ♀ ausgeschlagenen Gruben deponiert, die anschließend wieder zugedeckt werden. Ein ♀ kann bis zu 25.000 Eier ablaichen. Bei 8 bis 10°C dauert die Eientwicklung etwa 35 Tage. Nach Aufzehren der Dottervorräte beginnen die Junghuchen mit der Jagd auf kleine Bodentiere. In einem Jahr erreichen die Jungfische bereits 20 cm Länge.

FU: K.; Lebendfutter aller Art, bei größeren Tieren besonders Fische.

Bes.: Jungfische haben ähnlich denen des Lachses *Salmo salar* eine Jugendfärbung. Sie sind schwarz und grau gebändert. Beim Huchen ist die Platte des Pflugscharbeins am Hinterrand mit 4 bis 8 starken Hakenzähnen in einer Reihe besetzt. Durch Verschmutzung und Flußbegradigungen bedrohte Art.

T: 6°-16°C, **L:** 50 (100) cm, **BL:** 120 cm, **WR:** alle, **SG:** 2-4

Oncorhynchus mykiss (WALBAUM, 1792) — Regenbogenforelle

Syn.: *Salmo gairdneri* RICHARDSON, 1836; *Parasalmo mykiss*.

Fam.: Salmonidae, Lachsfische

Vork.: Nordamerika, südliches Alaska bis südliches Oregon, auch in Seengebieten des Frazer- und des Columbia-Rivers. Häufig in der Umgebung von Fischzüchtereien verwildert, manchmal planmäßig ausgesetzt. Bei uns nirgends wirklich eingebürgert.

GU: Äußerlich schwer unterscheidbar. ♂♂ intensiver gefärbt, alte ♂♂ mit stark aufwärts gekrümmtem Unterkiefer (Lachshaken).

Soz. V.: Einzelgänger, selbst in großen Aquarien sind kaum mehrere Exemplare zu halten, da das ganze Becken als Revier beansprucht wird. Auch in der Vergesellschaftung mit anderen Fischen problematisch.

Hält. B.: Die Beckeneinrichtung sollte aus hellem Sand oder feinem Kies, algen- oder quellmoosbewachsenen Steinen und großen Moorkienholzstücken bestehen. Das Holz sollte so angebracht sein, daß die Fische es als Unterstand nutzen können. Zur Bepflanzung kommt lediglich Quellmoos in Betracht. Eine starke Pumpe, etwa eine Turbelle, nach Möglichkeit mit Diffusor, ist notwendig. Auch ein regelmäßiger Wasserwechsel ist erforderlich.

ZU: Die Zucht ist im Aquarium nicht möglich. Siehe bei *Salmo trutta* forma *fario*.

FU: K; Insbesondere Insekten und Flohkrebse. Frißt auch Fischfleisch, Rinderherz und speziell hergestellte Forellenpellets.

Bes.: Die Regenbogenforelle ist ein bedeutender Speisefisch.

T: 4-15°C, **L:** 50 cm, **BL:** ab 100 cm, **WR:** alle, **SG:** 2-3

Hucho hucho Huchen

Oncorhynchus mykiss Regenbogenforelle

Salmo salar LINNÉ, 1758 **Lachs, Salm**

Fam.: Salmonidae, Lachsfische

Vork.: Küsten Europas, die Fische steigen zum Ablaichen in die Flüsse auf.

GU: Bei älteren, laichreifen ♂♂ ist der Unterkiefer vorn hakenförmig zum „Lachshaken" nach oben gebogen.

Soz. Verh.: Die Jungfische leben in unterschiedlich großen Pulks, ältere Tiere werden mehr und mehr zu Einzelgängern und großen Räubern. Laichreife Fische schließen sich zu großen Schwärmen zusammen, die flußaufwärts ziehen.

Hält. B.: Wie bei *Oncorhynchus mykiss* angegeben, allerdings benötigt *S. salar* ein größeres Aquarium. Die Haltung des Fisches ist sehr schwierig und sollte Spezialisten vorbehalten bleiben, ein Kühlaggregat ist unbedingt notwendig.

ZU: Im Aquarium nicht möglich. Anadromer Wanderfisch, wandert zum Ablaichen aus dem Meer in die Flüsse. Herbst- und Winterlaicher von September bis Februar. Um zu ihren Laichplätzen auf kiesigen Bänken in stark fließendem Wasser zu kommen, vermögen die Lachse sogar Wasserfälle zu überwinden. Die ♀♀ schlagen große Gruben aus, in die die bis 7 mm großen Eier gelaicht und dann mit Kies zugedeckt werden. Die Eientwicklung dauert je nach Temperatur 70 bis 200 Tage. Die Jungfische bleiben 2 bis 3 Jahre im Süßwasser und wandern dann ins Meer. Nach 1 bis 3 Jahren kehren sie zum Laichen ins Süßwasser zurück.

FU: K.; Lebendfutter aller Art, besonders Fische, auch spezielles Lachsfutter.

Bes.: Beim Lachs ist die Pfanne des Pflugscharbeins (Vomer) bezahnt. Die Jungfische tragen ein besonderes Jugendkleid. Der Lachs ist ein wertvolles Fischereiobjekt, sein wohlschmeckendes Fleisch hoch geschätzt. Der Bestand ist vielerorts stark rückgängig, in vielen Flüssen Mitteleuropas ist der Lachs bereits durch Umweltverschmutzung und Flußverbauung ausgestorben.

T: 4°-16°C, **L:** 150 cm, **BL:** ab 120 cm, **WR:** alle, **SG:** 4

Salmo trutta forma _fario_ (LINNÉ, 1758) **Bachforelle**

Fam.: Salmonidae, Lachsfische

Vork.: Europa, in schnellfließenden, sauberen Gewässern.

GU: ♂♂ farbenprächtiger, alte ♂♂ mit Laichhaken.

Soz. Verh.: Streitsüchtiger, revierbildender Einzelgänger.

Hält. B.: Benötigt sauberes, gut gefiltertes, strömendes Wasser. Siehe auch bei *Oncorhynchus mykiss*.

ZU: Die ♀♀ graben große Gruben frei, in die der Laich gelegt wird. Dazu werden kiesige Sandbänke und glasklares, fließendes Wasser benötigt. Die Eier werden mit Sand oder Kies bedeckt. Der Schlupf der Larven erfolgt nach etwa drei Wochen. Die Laichzeit ist von Januar bis März, lokal auch bereits ab Oktober. Bachforellen sind ab 20 cm Länge geschlechtsreif.

FU: K.; Insektenlarven und Flohkrebse.

Bes.: Die Meerforelle, *S. t. trutta*, laicht im Süßwasser, sie wird bis 1 m lang. Die Seeforelle *S. t. lacustris* lebt vorzugsweise in größeren Süßwasserseen, sie wird bis 80 cm lang, Einzelexemplare erreichen 140 cm! Es sind zahlreiche weitere Unterarten (Formen) bekannt. Die Bachforelle ist die kleinste Forellenform und somit für die Aquaristik oder für größere Teiche am besten geeignet. Die natürlichen Bestände dieser Art sind stark gefährdet. Alle Forellenformen sind wegen ihres wohlschmeckenden festen Fleisches beliebte Speisefische.

T: 4°-16°C, **L:** 40 cm, **BL:** 100 cm, **WR:** alle, **SG:** 3

Salmo salar — Lachs, Jungfischfärbung

Salmo trutta forma *fario* — Bachforelle

Salvelinus alpinus salvelinus (Linné, 1758) **Tiefsee-Saibling**

Fam.: Salmonidae, Lachsfische **Schwarzreuter**

Vork.: Das natürliche Vorkommen liegt in der oberen Donau, in den Südbayrischen und Österreichischen Alpen. In weiteren Gebirgsregionen ausgesetzt.

GU: ♀♀ meist größer. ♂♂ zur Laichzeit mit gelber Kehle und leuchtend roter Bauchregion.

Soz. Verh.: Revierbildend, deshalb das Aquarium stark gliedern und Sichtblenden einbauen, trotzdem rauflustig.

Hält. B.: Siehe bei Bachsaibling und Regenbogenforelle.

ZU: Siehe beim Bachsaibling.

FU: K.; wirbellose Tiere, Larven, Kleinkrebse und Mückenlarven. Springt auch viel nach Fluginsekten.

Bes.: Die Stammform, der Wandersaibling *S. a. alpinus*, der bis 60 cm Länge erreicht, ist ein Meeresfisch, der nur zur Laichzeit ins Süßwasser schwimmt. Es sind zahlreiche Formen oder Unterarten beschrieben, von denen eine Vielzahl nur im Süßwasser lebt. Nach Ladiges/Vogt gibt es allein drei Formen des Seesaiblings:

- Tiefsee-Saibling: Lebt in größeren Tiefen des Königs- und des Bodensees. Eine von Kleinkrebsen lebende Zwergform, die nur 15 cm lang wird.
- Wildfangsaibling: Bis 70 cm langer, von Fischen lebender Raubfisch.
- Normalsaibling: 50 bis 60 cm lang, von Kleinkrebsen und Bodentieren lebend.

Alle Formen sind beliebte Angel- und Speisefische.

T: 4°-16°C, **L:** 50 cm, **BL:** 100 cm, **WR:** alle, **SG:** 3

Salvelinus fontinalis (Mitchill, 1815) **Bachsaibling**

Fam.: Salmonidae, Lachsfische

Vork.: Natürliches Vorkommen im Osten Nordamerikas. Im Alpengebiet vielfach ausgesetzt. Liebt kalte, stark strömende Fließgewässer.

GU: ♂♂ sind zur Laichzeit in der Bauchregion leuchtend rot gefärbt, auch die Flossen sind stark rot gefärbt.

Soz. Verh.: Einzelgänger, revierbildend und streitsüchtig.

Hält. B.: Einzelhaltung in stark strömendem, sauberem Wasser. Unterstände unter Holz und Wurzeln kommen dem zeitweiligen Bedürfnis nach Schutz entgegen, obwohl der Bachsaibling noch mehr als die Forelle eine Freiwasserart ist. Aquarium gut abdecken, da springfreudig. In Teichen schlecht zu halten.

ZU: Legt im stark strömenden Wasser auf kiesigem Grund Laichgruben an. Die fast erbsengroßen Eier werden nach dem Ablaichen mit Sand und Kies bedeckt.

FU: K.; Insekten, Krebse.

Bes.: In der Fischzucht oft mit Seesaibling oder Bachforelle gekreuzt. Beliebter Angel- und Speisefisch. Sehr schöner, aber anspruchsvoller Aquarien- und Teichfisch.

T: 4°-15°C, **L:** 40 cm, **BL:** 100 cm, **WR:** m, o, **SG:** 3-4

Salvelinus alpinus salvelinus Tiefsee-Saibling, Schwarzreuter

Salvelinus fontinalis Bachsaibling, ♂

Coregonus lavaretus (Linné, 1758) Große Schwebrenke, Schnäpel, Blaufelchen u.a.

Fam.: Coregonidae, Maränen, Renken

Vork.: In ganz Europa stellenweise und im nördlichen Asien bis zur Beringsee in zahlreichen Unterarten und Formen im Süß- und Brackwasser verbreitet. Meist in Seen, auch in der Ostsee, aber auch in sibirischen Flüssen.

GU: Äußerlich nicht erkennbar.

Soz. Verh.: Frei schwimmender friedfertiger Schwarmfisch.

Hält. B.: Entgegen früheren Ansichten ist die Haltung und sogar die Zucht in Gefangenschaft durchaus möglich, sofern einige Voraussetzungen erfüllt sind: Gute und gleichmäßige Strömung durch eine sehr starke Pumpe und Rücklauf außerhalb des Aquariums, nach Möglichkeit durch einen Rieselfilter, keine Bepflanzung oder nur Randbepflanzung mit großblättrigen Arten, damit die Renken sich nicht darin verfangen können, keine unnötigen Hindernisse aus Holz oder Steinen errichten, wohl aber die Aquarienenden und -seiten mit Einrichtungsgegenständen deutlich markieren und eventuell mit Kork versehen. Die Temperatur nie über 18°C steigen lassen, auch nicht bei gutem Sauerstoffgehalt, also mit Kühlaggregat arbeiten, Bodengrund und Einrichtungsgegenstände nicht scharfkantig wählen. Für die Zwergformen aus nährstoffarmen Seen genügen bereits Aquarien ab 1 m Länge, ca. 200 l Inhalt. Die eigentliche Wasserchemie spielt nur eine untergeordnete Rolle: pH-Wert 6,8 bis 8,0; Härte 8 bis 30° dGH und 4 bis 10° dKH, je nach Herkunft auch mit Seesalzzusatz. Eine gute Haltungstemperatur ist 12°C. Einmal gewählte Wasserbedingungen sollten nicht schwanken. Das ist bei den notwendigen zweiwöchentlichen Wasserwechseln zu beachten, wobei bis zu 4/5 des Wassers gewechselt werden können.

ZU: Die Zucht ist im Aquarium problematisch. Wanderformen, beispielsweise aus der Ostsee, wandern zum Ablaichen in die Haffe oder Unterläufe der Flüsse. *Coregonus*-Arten sind meist Herbstlaicher, die Laichzeit ist, je nach geographischer Lage der Gewässer, sehr unterschiedlich, gewöhnlich von September bis Dezember. Auch manche Bewohner der Süßwasserseen dringen zum Ablaichen in die einmündenden Flüsse und Bäche ein, andere, wie etwa die Blaufelchen des Bodensees, laichen im Pelagial, meist über größeren Tiefen, ab. Fließgewässerlaicher ziehen als großer Schwarm in die Laichgebiete. Dort lösen sich die Schwärme auf, alle Fische bleiben aber im gleichen Raum. Eine besondere Hochzeitsfärbung wird nicht ausgebildet. Das Balzverhalten wird durch Segeln mit stark abgespreizten Flossen eingeleitet. Später wird bei diesem segelartigen Schwimmen an der Oberfläche stark mit Wasser gespritzt und geplätschert, wahrscheinlich um die Aufmerksamkeit der Partner zu erregen. Schließlich wird, meist in der Dämmerung oder im Dunkeln, abgelaicht. Dabei schwimmen die Partner in Segelhaltung nebeneinander aufwärts gegen die Strömung. Eier und Spermien werden durch synchronisierte Schlängelbewegungen bei seitlichem Körperkontakt gleichzeitig abgegeben. Die Eier treiben durch die Strömung meist zum Startplatz der Eltern zurück und sinken gewöhnlich zwischen die Lücken im Bodenkies. Der Laich wird nicht gepflegt oder bewacht. Die Partner trennen sich und laichen im weiteren Verlauf mit anderen Artgenossen noch mehrfach ab. Ein großes ♀ kann insgesamt über 100.000 Eier ablaichen. Die Entwicklungsdauer ist von der Unterart und der Gewässertemperatur abhängig, gewöhnlich beträgt sie 100 bis 120 Tage! Die geschlüpften Larven leben von Plankton, sie verbleiben ein bis zwei Jahre am Geburtsort und ziehen dann in den Lebensraum der Eltern, wo sie sich den großen Schwärmen anschließen. Je nach Lebensform werden die Schwebrenken nach dem zweiten bis vierten Lebensjahr geschlechtsreif.

FU: O., mehr K.; Jungfische leben von Phyto- und Zooplankton, Erwachsene von Kleinkrebsen, Insektenlarven, Jungfischen und Laich, in Flüssen und flachen Seen auch von Bodentieren.

Bes.: Von *Coregonus lavaretus* existieren eine Vielzahl von Unterarten und Formen. Jeder größere See bildet quasi eine eigene Variante aus. Eine Unterscheidung am

Coregonus lavaretus Große Schwebrenke, Blaufelchen

inneren und äußeren Körperbau ist selbst für Fachleute schwierig, zudem ähneln sich selbst die verschiedenen *Coregonus*-Arten stark. So kann *Coregonus lavaretus* in nährstoffreichen, eutrophen, Seen sehr groß werden und in nährstoffarmen, oligotrophen, Gewässern bleibt die Art relativ klein. Durch das Aussetzen von Arten und Unterarten und durch die Eutrophierung der ehemals nährstoffarmen Gewässer sind vielerorts, insbesondere in den Voralpenseen, Mischpopulationen entstanden.
Die größeren See- und Brackwasserformen sind gewöhnlich für die Haltung in Gefangenschaft besser geeignet als die Zwergformen aus den nährstoffarmen Gewässern.

T: 4°-18°C, **L:** 20 (60) cm, **BL:** ab 100 cm, **WR:** m, **SG:** 3

Coregonus oxyrhynchus, Schnäpel, Gangfisch, Kleine Schwebrenke

Coregonus oxyrhynchus (LINNÉ, 1758) **Schnäpel, Schnepel**

Fam.: Coregonidae, Maränen, Renken

Vork.: In der südlichen Nordsee und in den Unterläufen von Rhein und Elbe, in Großbritannien und Irland, Nordeuropa und Nordasien, in großen Seen und als Wanderfisch in Flüssen.

GU: Äußerlich nicht erkennbar.

Soz. Verh.: In der Regel friedfertiger Schwarmfisch, von dem nur wenige Formen Jungfische fressen.

Hält. B.: Siehe bei *Coregonus lavaretus*. Aufgrund der großen Plastizität der Art und des Vorkommens vom Salz- bis in Süßwasser etwas einfacher zu pflegen, vor allem ist diese Art oder Form nicht ganz so wärmeempfindlich.

ZU: Siehe bei *Coregonus lavaretus*. Steigen zum Ablaichen in die Flüsse auf und laichen dort über Sand- und Kiesbänken.

FU: K.; Insekten, Kleinkrebse, seltener Jungfische.

Bes.: Auch für *Coregonus oxyrhynchus* treffen die für *C. lavaretus* getroffenen Feststellungen zu, nach denen die Nomenklatur mit der Vielzahl von Varietäten und Formen eine noch ungeklärte Angelegenheit ist. Zur Aquarienhaltung lassen sich nur Jungfische, die Setzlinge, verwenden. Diese sind dann auch als Erwachsene meistens gut zu pflegen. Für Gartenteiche sind die Schnäpel wie alle Renken wenig geeignet.

T: 4°-20°C, **L:** 30 (50) cm, **BL:** 120 cm, **WR:** m, **SG:** 3

Thymallus thymallus, Äsche

Thymallus thymallus (Linné, 1758) — Äsche

Fam.: Thymallidae, Äschen

Vork.: In ganz Europa verbreitet. Die Vorkommen liegen zerstreut, da Wald- und Gebirgszonen bevorzugt werden, sowie die Oberläufe der Flüsse (Äschenregion). Wird aber auch in größeren Bächen zum Beispiel in der Lüneburger Heide angetroffen. In Nordeuropa auch in manchen Seen.

GU: Schwer unterscheidbar, ♂♂ größer, zur Laichzeit farbiger (rötlich).

Soz. Verh.: Lebt besonders in der Jugend in kleinen Schwärmen, sucht die Gesellschaft von Artgenossen.

Hält. B.: Klares, sauberes, sauerstoffreiches und stark strömendes Wasser, ähnlich dem Forellenaquarium.

ZU: Laicht im März und April über seichten, kiesigen Stellen im Fließwasser. Das ♀ hebt eine Laichgrube aus und bedeckt den Laich mit dem Aushub.

FU: K.; Bodentiere und Anflugnahrung wie Wasser- und Luftinsekten. Larven, Würmer, Schnecken, auch Fischlaich und Jungfische.

Bes.: Lebt sehr standorttreu in schnellfließenden, sauerstoffreichen, kühlen und klaren Gewässern.

T: 4-16°C, **L:** 30 (50) cm, **BL:** ab 150 cm, **WR:** alle, **SG:** 2-3

Esox lucius, Gemeiner Hecht

Esox lucius LINNÉ, 1758 **Gemeiner Hecht**

Fam.: Esocidae, Hechte

Vork.: Europa - ohne Iberische Halbinsel - und Nordamerika.

GU: Keine eindeutigen, ♀♀ werden wesentlich größer.

Soz. Verh.: Räuber und Einzelgänger, bereits in der Jugend sind Hechte kannibalisch gegen kleinere Artgenossen. Lauerjäger. Siehe Foto Seite 754.

Hält. B.: Einzelhaltung im Großaquarium oder im Teich. Die Eingewöhnung großer Tiere mißlingt meistens. Als Jungfische herangezogene Hechte passen sich dem Leben in Gefangenschaft gut an. Sie lieben Verstecke unter Wurzeln oder zwischen Schilf. Die Hechte leben in stehenden und fließenden Gewässern. Guter Sauerstoffgehalt und häufiger Wasserwechsel sind bei Aquarienhaltung erforderlich. Die Beckeneinrichtung läßt sich gut durch Schilfhalme nachahmende Bambusstäbe gestalten, die im Wasser lange haltbar sind. Der Hecht geht nur ungerne an Ersatzfutter, er ist auf Fische als Nahrung angewiesen.

ZU: Laichzeit von Februar bis Juni. Hechte laichen im flachen Wasser mit üppigem Pflanzenwuchs, gern auch auf Überschwemmungsflächen. Das große ♀ wird oft von mehreren ♂♂ begleitet. Der Laich haftet an den Pflanzen, die Larven schlüpfen nach etwa zwei Wochen. Bei guter Ernährung wachsen die Junghechte im ersten Jahr auf 30 cm heran und erreichen bereits im zweiten Jahr die Geschlechtsreife.

FU: K.; Fische, auch Kleinsäuger, Amphibien und Jungvögel.

Bes.: Wird als Raubfisch oft ausgesetzt, damit er zum Angeln nicht geeignete Fischarten verzehrt. Beliebter Angel- und Nutzfisch. Gut für das Aquarium geeignet, weniger für den Gartenteich, doch ist die Ernährung größerer Hechte problematisch.

T: 4°-20°C, **L:** ♂ bis 90 cm, ♀ bis 160 cm, **BL:** ab 100 cm, **WR:** m, **SG:** 3

Umbra krameri, Ungarischer Hundsfisch

Umbra krameri WALBAUM, 1792 **Ungarischer Hundsfisch**

Fam.: Umbridae, Hundsfische

Vork.: Europa im Einzug der mittleren und unteren Donau, im Plattensee (?) und im Unterlauf des Dnjestr. Lebt bevorzugt im sumpfigen pflanzenreichen Überflutungsgelände seitlich des Hauptstromes und in langsam fließenden und stehenden Gewässern.

GU: Schwer erkennbar, ♂♂ bleiben etwas kleiner.

Soz. Verh.: Geselliger Fisch, gut mit Bitterling, Moderlieschen und Karausche zu vergesellschaften. Bilden zur Laichzeit Reviere.

Hält. B.: Hundsfische lieben dicht bepflanzte Aquarien, benötigen aber auch freien Schwimmraum. Weiches und leicht saures (pH 6,5) Wasser wird bevorzugt. Feiner Bodengrund, am besten ist Sand. Die Temperatur darf nur kurzzeitig bis auf 22°C ansteigen. Im Aquarium und Gartenteich gut halt- und züchtbar.

ZU: Die Hundsfische suchen zum Ablaichen in der Regel dichten Pflanzenwuchs auf. Sie laichen im März und April auch zwischen Wurzeln oder in vom ♀ ausgefächelten Gruben oder Höhlen. Das Gelege wird vom ♀ bewacht und betreut. Die Jungfische schlüpfen nach einer Woche bis 10 Tagen. Sie müssen ständig gut gefüttert werden, da sie sonst kannibalisch sind. Im Teich überleben meist nur 5 oder wenig mehr Tiere.

FU: K.; Insekten, Kleinkrebse und Jungfische, auch Amphibienlarven.

Bes.: Hundsfische schwimmen auffällig auf, wegen des wellenförmigen Schlagens der Schwanzflosse erinnert dies an ein galoppierendes Pferd. Die Hundsfische sind nahe mit den Hechten verwandt. Sie können in sauerstoffarmem Wasser überleben, da sie durch die Aufnahme von Luftsauerstoff in die Schwimmblase über eine Zusatzatmung verfügen. Deshalb ein zählebiger Fisch und gut für die Gartenteichhaltung geeignet.

T: 4°-20°C, **L:** 9 cm, **BL:** 60 cm, **WR:** u, **SG:** 1

Umbra limi (KIRTLAND, 1840) **Schlammhundsfisch**

Fam.: Umbridae, Hundsfische

Vork.: Nordamerika, im Osten der USA und Kanada, auch im Gebiet der Großen Seen.

GU: ♀♀ deutlich größer. ♂♂ zur Laichzeit auffällig gelb bis rotorange gefärbt.

Soz. Verh.: Gesellige Fische, gut mit etwa gleich großen Arten zu vergesellschaften. Bilden zur Laichzeit Reviere, die von den ♀♀ gegen alle Beckeninsassen verteidigt werden. Zur Laichzeit sehr aggressiv.

Hält. B.: Dichte Randbepflanzung, Sandboden, weiches und leicht saures Wasser. Keine Durchlüftung notwendig, da die Hundsfische eine Zusatzatmung über die Schwimmblase besitzen.

ZU: Laicht im Frühjahr, März bis Mai, in vom ♀ ausgehobenen Gruben. Der Laich wird vom ♀ bewacht. Die Larven schlüpfen nach ca. 12 Tagen. Kannibalen, daher gut füttern.

FU: K.; Lebendfutter wie Insektenlarven, Kleinkrebse, Fischbrut. Zusätzlich auch Futterflocken und zerteilte Futtertabletten.

Bes.: Für *Umbra limi* ist die Schwimmblasenatmung lebensnotwendig, die Art kann ihren Sauerstoffbedarf allein über die Kiemenatmung auch in sauerstoffreichem Wasser nicht decken.

T: 10-22°C, **L:** M 11 cm, W 15 cm, **BL:** 80 cm, **WR:** u, **SG:** 2

Umbra pygmaea (DEKAY, 1842) **Amerikanischer Hundsfisch**

Fam.: Umbridae, Hundsfische

Vork.: Nordamerika, USA. Long Island bis Neuse-River. Bevorzugt in den Überschwemmungsgebieten der Niederungsflüsse und in Sümpfen.

GU: ♂♂ sind meist kleiner.

Soz. Verh.: Geselliger und ruhiger Schwarmfisch. ♀♀ beanspruchen zur Laichzeit Brutreviere, da sie Brutpflege betreiben. Die anspruchslosen Hundsfische sind gut zur Vergesellschaftung mit annähernd gleichgroßen Arten geeignet.

Hält. B.: Siehe bei *Umbra krameri*.

ZU: Das ♀ beansprucht ein Laichrevier und hebt eine Nestgrube aus. Zum Ablaichen ist das ♀ gegenüber dem ♂ nicht bissig. Das Revier wird energisch gegen Mitinsassen verteidigt. Die 200 bis 300 Eier werden vom ♀ aufmerksam betreut. Bei ca. 22°C schlüpft die Brut bereits nach einer Woche. Anschließend erlischt der Brutpflegetrieb des ♀, die großen Fische und die Jungfische müssen nun getrennt werden, um eine Aufzucht zu gewährleisten. Junge Hundsfische lassen sich leicht aufziehen, sie müssen aber gut gefüttert werden, da sie sonst kannibalisch sind.

FU: K.; Alles Lebendfutter was zu bewältigen ist, zusätzlich auch Flockenfutter.

Bes.: Zusatzatmung über die Schwimmblase. Der Amerikanische Hundsfisch, *Umbra pygmaea*, wurde an verschiedenen Stellen in Europa ausgesetzt und ist stellenweise eingebürgert. Daher sollte verstärkt darauf geachtet werden, daß wie bei anderen fremdländischen Fischen auch, diese Art nicht in die Umgebung entkommt. Nur in abgeschlossenen Gartenteichen halten!

T: 15-23°C, **L:** 15 cm, **BL:** 60 cm, **WR:** u, **SG:** 2

Umbra limi Schlammhundsfisch

Umbra pygmaea Amerikanischer Hundsfisch

Abramis brama (LINNÉ, 1758) **Brachsen, Blei, Bleier, Brasse**

Fam.: Cyprinidae, Karpfenfische

Unterfam.: Abraminae

Vork.: In Europa vom Atlantik bis zum Ural nördlich der Pyrenäen und der Alpen. Der Brachsen kommt auch in Dwina, Wolga, Terek, sowie im Gebiet des Aralsees vor. In den Flüssen von der Brachsenregion bis ins Brackwasser. Auch in Seen bevorzugt in den Uferbereichen. Lebt meist in Bodennähe in trüben Gewässern mit Schlammgrund und Pflanzenwuchs.

GU: Die ♂♂ bekommen während der Fortpflanzungszeit starken Laichausschlag, die ♀♀ sind zur Laichzeit viel fülliger.

Soz. Verh.: Während der Laichzeit ist der Brachsen ein Schwarmfisch, ansonsten halten sich die Fische mehr in kleinen Trupps auf. In der kalten Jahreszeit schließen sie sich wieder zu größeren Scharen zusammen und halten am Bodengrund gemeinsam ihre Winterruhe.

Hält. B.: Benötigt ein geräumiges hohes Becken mit Bodengrund aus feinem Sand zum Gründeln und einigen Moorkienwurzeln zur Dekoration. Der Brachsen liebt dichten Pflanzenwuchs, deshalb sollten die Beckenränder und der Hintergrund mit einheimischen Arten bepflanzt sein. An die Wasserbeschaffenheit werden keine besonderen Ansprüche gestellt. Wasserwerte etwa wie bei anderen Kaltwasser-Cypriniden: Härte um 15° dGH und pH-Wert 7,0 bis 7,5. Der Brachsen verträgt durchaus auch höhere Temperaturen, doch muß dann das Becken gut durchlüftet sein.

ZU: Die Vermehrung ist im Aquarium noch nicht gelungen. In der Natur bilden die Brachsen während der Laichzeit im Mai und Juni Schwärme. Sie laichen meist nachts an flachen, bewachsenen Uferstellen. Große ♀ können über 300.000 etwa 1,5 mm große Eier ablaichen. Ihre Entwicklung dauert bei 18 bis 20°C rund drei Tage, bei niedrigeren Temperaturen sind es bis zu 12 Tage. Die ausschlüpfenden Larven haben bereits eine Länge von rund vier Millimetern und hängen bis zum Aufzehren des Dottersacks unbeweglich an Pflanzen und anderen Gegenständen angeheftet. Der Brachsen wird im dritten bis vierten Lebensjahr geschlechtsreif.

FU: O., mehr K.; Lebendfutter aller Art wie bodenbewohnende Insektenlarven, besonders Zuckmückenlarven, Kleinkrebse, Mollusken, Würmer und Detritus. Nimmt auch gern Flockenfutter und Futtertabletten.

Bes.: Der Brachsen *Abramis brama* ist der Leitfisch des Metapotamons, das ist der Unterlauf der Cyprinidenregion, die Brachsenregion. Das Maul des Brachsen ist zur Aufnahme von Detritus und von Kleinlebewesen weit vorstülpbar. Bei der Nahrungssuche stößt der Fisch mit dem Maul in den Bodengrund. Durch diese Tätigkeit entstehen die sogenannten Brachsenlöcher.
Mancherorts ist der Brachsen als Speisefisch von einiger wirtschaftlicher Bedeutung. Weitere Unterarten sind *Abramis brama orientalis* BERG, 1949 aus Kaspischem Meer und Aralsee, sowie *Abramis brama danubii* PAVLOV, 1956 aus der Donau. Sehr ähnliche Arten sind der Zobel *Abramis sapa* (PALLAS, 1811) aus Osteuropa, der aber auch in Deutschland in der Donau vorkommt, und die Zope *Abramis ballerus* (LINNÉ, 1758) aus Seen und den Unterläufen der großen Flüsse, die zur Nord- und Ostsee, zum Schwarzen Meer und zum Kaspischen Meer führen.

T: 4°-24°C, **L:** 40 (75) cm, **BL:** ab 100 cm, **WR:** u, m, **SG:** 1

Abramis brama Brachsen, Blei, Brassen

In diesem Gewässer am Niederrhein findet sich die Brasse, *Abramis brama*.

Alburnoides bipunctatus (Bloch, 1782) — Schneider

Fam.: Cyprinidae, Karpfenfische

Unterfam.: Abraminae

Vork.: Europa. Lebt in Vorgebirgsseen und bevorzugt in der Äschen- und Barbenregion der Flüsse.

GU: Schwer identifizierbar, ♀♀ sind kräftiger gebaut.

Soz. Verh.: Schwarmfisch. Mindestens sechs Tiere halten, ist gut mit anderen Karpfenfischen gemeinsam zu pflegen. Sehr friedliche, schwimmaktive Art.

Hält. B.: Bodengrund feinsandig, dichte Randbepflanzung. In der Mitte Schwimmraum freihalten. Gute Belüftung und kräftige Filterung, da die Fische sauerstoffbedürftig sind. Haltung ähnlich der Ukelei, *Alburnus alburnus*, und der Orfe, *Leuciscus idus*. Ist für die Teichhaltung gut geeignet.

ZU: Gelingt im Aquarium auch bei kalter Überwinterung nur in Ausnahmefällen, besser dagegen im Gartenteich. Laicht in der Natur im Mai und Juni, die Eier werden über kiesigem Grund abgesetzt. Aufzucht siehe bei *Leuciscus idus*.

FU: K.; O.; Lebendfutter (Plankton, Anflug), nimmt auch Flockenfutter.

Bes.: Oberflächenfisch, im Körperbau etwas höher als die Ukelei *Alburnus alburnus*. Frißt nicht nur von der Oberfläche, nimmt auch Nahrung vom Boden. Auffällig gefärbt durch die schwarz eingefaßte Seitenlinie.

T: 4°-18°C, **L:** 14 cm, **BL:** 80 cm, **WR:** o, **SG:** 2

Alburnoides taeniatus (Kessler, 1874) — Gestreifter Schneider

Fam.: Cyprinidae, Karpfenfische

Unterfam.: Abraminae

Vork.: Asien, Sowjetunion, in langsam fließenden und stehenden Gewässern.

GU: Schwer erkennbar, ♀♀ mit Laichansatz fülliger.

Soz. Verh.: Friedliche und lebhafte Schwarmfische. Zur Vergesellschaftung gut geeignet.

Hält. B.: Siehe bei *Leuciscus idus*.

ZU: Unbekannt, wahrscheinlich wie beim Schneider, *Alburnoides bipunctatus*.

FU: K.; O.; Flockenfutter, bevorzugt Lebendfutter.

T: 10-20°C, **L:** 9 cm, **BL:** 70 cm, **WR:** m, o, **SG:** 2

Alburnoides bipunctatus Schneider

Alburnoides taeniatus Gestreifter Schneider

Alburnus alburnus (Linné, 1758) — Ukelei, Laube

Fam.: Cyprinidae, Karpfenfische

Unterfam.: Abraminae

Vork.: Europa, in den meisten langsam fließenden und stehenden Gewässern, dort meist in Ufernähe.

GU: ♂♂ zur Laichzeit mit Laichausschlag.

Soz. Verh.: Schwarmfische.

Hält. B.: Siehe bei Orfe, *Leuciscus idus*.

ZU: Laicht in der Natur zwischen April und Juni im Schwarm über kiesigen Ufern.

FU: K.; Plankton, Anflug, Insektenlarven, Würmer, selten Pflanzliches. Nimmt auch Flockenfutter.

Bes.: 25 cm lange Tiere sind die Ausnahme. Jungfische sind gut geeignet für sauerstoffreiche Kaltwasser-Gesellschaftsbecken. Aus den Schuppen der Ukelei oder Laube wurde früher künstliche Perlenessenz hergestellt. Zwei Unterarten wurden beschrieben: *A. a. macedonicus* und *A. a. strumicae*.

T: 6-18°C, **L:** 18 cm, **BL:** 80 cm, **WR:** o, **SG:** 1

Aspius aspius (Linné, 1758) — Rapfen, Schied

Fam.: Cyprinidae, Karpfenfische

Vork.: Mitteleuropa und Westasien. Hält sich bevorzugt in der Barbenregion der Fließgewässer auf, wird aber auch in größeren Seen angetroffen.

GU: Die ♂♂ bekommen Laichausschlag.

Soz. Verh.: Lebt in der Jugend gesellig. Alttiere sind ortstreue Raubfische und Einzelgänger.

Hält. B.: Eine kühle Aufstellung des Aquariums ist wichtig um die Temperatur auch im Sommer unter 20°C halten zu können. Dekoration mit den üblichen Wurzeln und Steinen sowie Schilfrohr. Eine Hintergrundbepflanzung ist möglich, es muß aber viel Schwimmraum vorhanden sein. Gute Filterung, Belüftung und regelmäßige Teilwasserwechsel sind notwendig. Für die Aquarienhaltung sind in der Regel nur Jungfische geeignet, die dann später im größeren Gartenteich oder in Flüsse ausgesetzt werden sollten.

ZU: Rapfen laichen in der Natur zwischen April und Juni in schnellfließenden Bächen über Kiesgrund. Die in Seen oder Haffen lebenden Rapfen steigen zum Ablaichen in die Zuflüsse auf. Die Paarungsspiele sind heftig. Die klebrigen Eier sinken zu Boden und bleiben an den Steinen haften. Von einem großen ♀ werden bis zu 100.000 Eier abgelaicht. Der Laich benötigt bei 8 bis 12°C 10 bis 16 Tage zur Entwicklung. Die schlüpfenden Larven leben zuerst versteckt zwischen den Steinen, später wandern sie flußaufwärts. Rapfen werden erst im vierten oder fünften Lebensjahr geschlechtsreif.

FU: K.; Lebendfutter aller Art. Alttiere fressen fast nur noch kleine Fische, zudem auch Amphibien und die Küken von Wasservögeln.

Bes.: Durch den Gewässerausbau und den daraus resultierenden Rückgang von Plötze, Schneider, Ukelei und anderen Kleinfischen ist auch der Rapfen selten geworden, der auf diese Futterfische angewiesen ist.

T: 4°-20°C, **L:** 55 (100) cm, **BL:** ab 120 cm, **WR:** m, o, **SG:** 2-3

Alburnus alburnus Ukelei, Laube

Aspius aspius Rapfen, Schied

Barbus barbus (LINNÉ, 1758) — Barbe, Flußbarbe

Fam.: Cyprinidae, Karpfenfische

Unterfam.: Cyprininae

Vork.: Europa, in kiesigen und sandigen Flüssen. Bevorzugt sauerstoffreiche, klare Fließgewässer, ,,Barbenregion".

GU: ♀♀ mit Laichansatz dicker. ♂♂ zur Laichzeit mit kräftigem Laichausschlag.

Soz. Verh.: Standorttreuer, geselliger Schwarmfisch. Zur Laichzeit Schwarmwanderungen flußaufwärts.

Hält. B.: Schwarmfisch, mindestens sechs Barben pflegen. Verstecke anbieten, da Barben dämmerungs- und nachtaktiv sind und sich am Tage zurückziehen. Sandiger Bodengrund, Barben gründeln als Bodenfische gerne. Nur Jungtiere sind für das Aquarium bei regelmäßigem Wasserwechsel, mittleren Wasserwerten, guter Durchlüftung und Filterung geeignet. Vergesellschaftung mit nicht zu aktiven Fischen wie Gründlingen und Schlammpeitzgern möglich.

ZU: Die Zucht der großen Barben erscheint im Aquarium nicht möglich. In der Natur laichen sie von Mai bis Juli in großen Schwärmen in den oberen Flußregionen über steinigen und grobkiesigen Flächen. Die Eier kleben anfangs an den Steinen, werden später von der Strömung abgespült, und entwickeln sich in insgesamt etwa zwei Wochen zwischen den Steinen weiter. Die Aufzucht mit Staub-Lebendfutter ist in klarem Wasser einfach. Der Laich ist giftig!

FU: O.; Bevorzugt Lebendfutter, nimmt auch Flockenfutter und benötigt pflanzliches als Zukost. Laichräuber bei anderen Arten.

Bes.: Leitfisch der Barbenregion. Gelbliche Mutante als Goldbarbe bekannt. Es sind zahlreiche Unterarten beschrieben. Überwintern in großen Gruppen am Rande ruhiger Flußabschnitte. 90 cm große Barben sind nachgewiesen.

T: 4°-24°C, **L:** 50 cm, **BL:** ab 100 cm, **WR:** u, **SG:** 2

Blicca bjoerkna (LINNÉ, 1758) — Güster, Blicke, Halbbrachse

Fam.: Cyprinidae, Karpfenfische

Unterfam.: Abraminae

Vork.: Mitteleuropa bis Westasien. Gedeiht am besten in kleinen Flachlandseen, wo der Güster sich meist in Bodennähe zwischen dem Pflanzenwuchs der Uferbereiche aufhält. In den Flüssen bevorzugt von der Brachsenregion bis ins Brackwasser.

GU: ♂♂ bekommen Laichausschlag, ♀♀ werden wesentlich größer.

Soz. Verh.: Bodennah lebender friedlicher Schwarmfisch. Zur Laichzeit werden große Schwärme gebildet, im Winter halten die Fische einzeln ihre Winterruhe.

Hält. B.: Günstig ist ein geräumiges hohes Becken. Bodengrund aus feinem Sand. Wenig Moorkienholz und Steine als Dekoration, dagegen benötigt der Güster dichten Pflanzenwuchs. Die Wasserwerte spielen keine Rolle.

ZU: Güster laichen in Schwärmen im Mai/Juni. An flachen, bewachsenen Ufern werden nachts mit großem Geplätscher die Eier abgegeben. Güster wachsen langsam, sind aber im 3. bis 5. Jahr mit 10 bis 12 cm Länge geschlechtsreif.

FU: O.; Lebendfutter aller Art wie Plankton, Kleinkrebse, Insekten und deren Larven, Weichtiere, auch Flocken- und Tablettenfutter.

Bes.: Güster ähneln stark den Brachsen. Sie sind in der Fischerei unbeliebte Beifänge, da ihr Fleisch im Gegensatz zu dem der Brachsen nicht geschätzt ist.

T: 4°-20°C, **L:** 25 (35) cm, **BL:** 80 cm, **WR:** alle, **SG:** 1

Barbus barbus Barbe

Blicca bjoerkna Güster, Blicke

Carassius auratus auratus (Linné, 1758) Goldfisch

Fam.: Cyprinidae, Karpfenfische

Unterfam.: Cyprininae

Vork.: Kein natürliches Vorkommen, Zuchtform des Giebel. Ursprünglich aus China, heute weit verbreitet.

GU: Die ♂♂ haben zur Laichzeit an Kopf und Flanken einen feinen Laichausschlag. Die ♀♀ sind dicker.

Soz. Verh.: Ruhiger, friedlicher Schwarmfisch. Zieht das Leben in Gruppen vor, mindestens sechs Goldfische pflegen. Ist mit Fischen ähnlicher Ansprüche sehr gut zu vergesellschaften.

Hält. B.: Da Goldfische gern gründeln und wühlen, ist sandiger Bodengrund wichtig. Die Pflanzen sollten in Töpfe gesetzt und ihre Wurzeln mit Steinen abgedeckt werden. So können die Goldfische die Pflanzen nicht herauswühlen. Feinfiedrige Pflanzen sind nicht geeignet. Sie werden angefressen und in den Resten fängt sich der aufgewirbelte Mulm, so daß sie bald absterben. Aus Moorkienholz, Steinen und Bambusstäben läßt sich eine dekorative Einrichtung auch ohne Pflanzen gestalten. Gute Filterung und wöchentlicher Teilwasserwechsel sind wichtig. Zur Vorbereitung der Zucht sollten die Goldfische bei 4 bis 8°C mindestens einen Monat überwintert werden.

ZU: Leicht, siehe bei der Wildform *Carassius auratus gibelio*, dem Giebel.

FU: O.; Allesfresser, nimmt alle Arten Lebend- und Trockenfutter. Benötigt nicht zu proteinreiche Nahrung, also einen hohen Pflanzenanteil, im Futter.

Bes.: Es gibt vielerlei sehr schöne, teilweise auch recht anspruchsvolle, Zuchtformen des Goldfisches. Bei der Zucht müssen die Jungfische schlechter Qualität ständig aussortiert werden um einen guten Zuchtstamm erhalten zu können. Wer Goldfischzuchtformen züchtet, sollte auch einen Raubfisch halten.
Aus den Tropenregionen importierte und dort gezüchtete Goldfische, zum Beispiel solche aus Singapur, müssen vorsichtig an unsere Bedingungen angepaßt werden. Sie sind im Winter ebenso wie die empfindlichen Hochzuchtformen wärmer zu halten. Bleiben sie im Gartenteich, so darf dieser nicht zufrieren.

T: 6°-20°C, **L:** 36 cm, **BL:** 100 cm, **WR:** m, u, **SG:** 1

Carassius auratus gibelio (Bloch, 1783) Giebel, Silberkarausche

Fam.: Cyprinidae, Karpfenfische

Vork.: Ursprünglich Ostasien, heute in ganz Europa. Lebt in den Flüssen vornehmlich in der Brachsenregion, auch in vielen Seen und in Tümpeln.

GU: Schwer unterscheidbar, die ♂♂ zeigen einen Laichausschlag.

Soz. Verh.: Friedfertige Art, lebt oft in großen Gruppen oder Schwärmen.

Hält. B.: Sehr widerstandsfähige und anspruchslose Art, die auch in leicht verschmutzten, sauerstoffarmen Gewässern leben kann. Siehe auch beim Goldfisch und der Karausche.

ZU: Die Zucht entspricht der der Goldfische. Mit geschlechtsreifen, etwa 20 cm langen Tieren, die kühl überwintert und anschließend gut gefüttert wurden, ist die Zucht auch in großen Aquarien gut möglich, auch wenn sie in einem Gartenteich erfolgreicher sein dürfte. Das Wasser muß im Aquarium glasklar sein, die Härte sollte etwa zwischen 10 bis 15° dGH liegen und der pH-Wert sollte etwa neutral sein. Die Zuchttemperatur ist mit etwa 22°C ideal. Giebel laichen ebenso wie Goldfische bevorzugt im Schwarm. Zuerst geraten die ♂♂ in Laichstimmung. Sie schwimmen aufgeregt und treiben sich anfangs gegenseitig. Die ♀♀ ziehen sich zuerst zurück. Später schwimmen sie zu den

Carassius auratus auratus Goldfisch

Carassius auratus gibelio Giebel, Silberkarausche

Carassius auratus auratus, der Goldfisch, in einigen Farbmutanten

aktiven ♂♂ und werden von diesen getrieben. Diese Laichspiele können mehrere Stunden andauern. Schließlich schwimmen die ♀♀ in die Wasserpflanzen. Die ♂♂ folgen, umschwimmen sie und stupsen sie in die Flanken. Endlich entlassen die Fische ihre Geschlechtsprodukte zwischen den Pflanzen. Der Vorgang wiederholt sich vielfach, bis die Tiere nach vielen Stunden ausgelaicht haben. Nach einigen Wochen kann eine neuerliche Ablaichphase erfolgen. Die Eltern sind Laichräuber und müssen herausgefangen werden. Die pro ♀ etwa 1.000 Eier benötigen rund fünf bis sieben Tage zur Entwicklung, abhängig ist dies von der Wassertemperatur. Die Jungfische müssen mit feinstem Lebendfutter angefüttert werden. Starkes Licht, Temperaturänderungen und Schwankungen der Wasserwerte schaden den Eiern und der Brut. Zunächst fressen die jungen Goldfischlarven nur Algen, Rädertierchen und *Cyclops*-Nauplien. Nach drei Tagen kann vorsichtig etwas gröbere Nahrung zugefüttert werden. Erst nach etwa acht Monaten beginnen sich bei den Goldfischen die zunächst wie die Wildform gefärbten Jungfische umzufärben. Ausgefärbt sind sie dann allerdings wesentlich später, im Alter von rund einem Jahr. Erst mit drei Jahren sind keine Form- und Farbänderungen mehr zu erwarten.

FU: O.; Allesfresser.

Bes.: Vom Giebel stammen mit großer Wahrscheinlichkeit die ersten Zuchtformen ab, aus denen die vielfältigen Goldfischformen zunächst von den Chinesen entwickelt wurden.

T: 4°-22°C, **L:** 35 (45) cm, **BL:** 100 cm, **WR:** m, u, **SG:** 1

Calico-Goldfische, Shubunkin

Vom **normalen Goldfisch** gibt es eine Fülle unterschiedlicher Farbkombinationen. Diese sollten kräftig und mehr oder weniger leuchtend sein.

Eine Weiterzüchtung besteht in der Vergrößerung der Flossen, die zum **Shubunkin** führte. Auch vom Shubunkin gibt es alle möglichen Farbkombinationen.

Ist die Schwanzflosse besonders lang ausgezogen, haben wir den **Kometenschweif** vor uns, wobei diese Flosse noch einfach, aber tief gegabelt ist.

Der **Schleierschwanz** hat einen abgerundeten und hochrückigen Körper mit vergrößerten Flossen. Die Schwanzflosse ist verdoppelt.

Bei **Teleskop-Formen**, in der Regel Schleierschwänzen, sitzen die Augen auf seitlich weit hervorstehenden Ausstülpungen. Die Augenumbildungen können auch wie beim **Himmelsgucker** nach oben gerichtet, oder wie beim **Blasenauge** blasig aufgetrieben sein.

Befinden sich auf dem Kopf Wucherungen, so haben wir den bekannten **Oranda** vor uns.

Die Rückenflosse kann völlig fortgezüchtet sein, was zum **Eierfisch** führt, dessen übrige Flossen ebenfalls recht klein sind.

Die Kopfwucherungen des Oranda sind beim **Löwenkopf** besonders stark entwickelt, zugleich fehlt ihm die Rückenflosse wie beim Eierfisch.

In Zoohandlungen findet sich meist eine Mischung aller dieser Formen, reinerbige Tiere erhält man in der Regel nur beim Spezialzüchter oder auch von Liebhaber zu Liebhaber.

Oben: **Sarasa-Komet**

Bei diesen Fischen handelt es sich um eine japanische Züchtung mit schönen langen Flossen. Die Bezeichnung „Sarasa" deutet bei Goldfischen immer auf eine rot/weiße Zuchtform hin.

Rechts: **Himmelsgucker**
(Celestial Telescope-Goldfish, Chotengan)

Rechte Seite:

Oben: **Perlschupper**
(Pearl-scale, Chinshurin)

Unten: **Rotes Teleskopauge**
(Red Telescope-Goldfish, Demekin)

Gescheckte Goldfischformen bezeichnet man als „Calico".

Oben: **Calico-Schleierfisch**, eine Kreuzung zwischen Calico-Demekin und Ryukin
(Calico-Veiltail,
Calico).

Oben rechts: **Holländischer Calico-Oranda**
(Dutch Calico,
Azumanishiki)

Rechts: **Calico-Löwenkopf**
(Calico Lionhead,
Calico Ranchu)

Gescheckte Ranchu findet man im Handel sehr selten. Wenn diese Fische auch noch einen besonders typischen Löwenkopf tragen, werden sie fast unbezahlbar. Für sehr gute Ranchu werden in Japan bis zu 50.000 DM bezahlt.

Oben: **Rotkäppchen**
(Red Cap,
Tancho)

Rechts: **Rotkäppchen-Oranda**
(Red Cap Oranda,
Tancho Oranda)

Bei diesem Fisch handelt es sich um ein sehr gutes Rotkäppchen mit erstklassigem Kopf.

Rechte Seite:

Oben rechts: **Holländischer Löwenkopf**
(Dutch Lionhead Goldfish,
Oranda Shishigashira)

Unten rechts: **Roter Oranda**
(Red Oranda)

Gute Orandas haben das typische pausbäckige Kindergesicht mit dicken Backen, einen möglichst runden Körper und gleichmäßig ausgeformte Flossen.

Oben links: **Schokoladen-Oranda**
(Chocolate Oranda,
Chakin)

Unten links: **Eisenfarbiger Oranda**
(Seibungjo)

Oben: **Sarasa-Schleierschwänze**
(Ryukin)
Im Bild unten zwei Calico-Schleierschwänze
(Calico Veiltail)

Carassius carassius (LINNÉ, 1758) Karausche, Moorkarpfen

Fam.: Cyprinidae, Karpfenfische

Unterfam.: Cyprininae

Vork.: Europa. In ruhigen Gewässern. Überlebt sogar im Restschlamm austrocknender Tümpel und Viehtränken. In vielen Gewässern ausgesetzt.

GU: Schwer erkennbar, ♀♀ zur Laichzeit kräftiger.

Soz. Verh.: Ruhiger, friedliebender Schwarmfisch. Lebt meist in größeren Gruppen. Gut zu vergesellschaften.

Hält. B.: Harte und ausdauernde Art. Deshalb für das Aquarium und für kleine Gartenteiche gut geeignet. Die Karauschen wühlen gern und benötigen feinen Sand als Bodengrund. Pflanzen müssen durch Eintopfen und mit großen Steinen vor dem Ausgewühltwerden geschützt werden. Bei regelmäßigem Wasserwechsel und guter Filterung kann auf eine Durchlüftung verzichtet werden. Die Wasserwerte sollten im mittleren Bereich liegen, Abweichungen sind jedoch nicht kritisch. Wurzelstücke aus Moorkienholz und einige flache Steine als Verstecke einbringen. Jungtiere gewöhnen sich gut an das Leben im Aquarium, dort wachsen sie auch nur langsam.

ZU: Die Zucht ist nur in sehr großen Aquarien oder größeren Teichen möglich. Die Karauschen laichen zwischen Mai und Juni im flachen Wasser an Wasserpflanzen. Sehr fruchtbare Art, Aufzucht leicht.

FU: O.; Allesfresser. Flocken-, Lebend- und Pflanzenfutter werden bevorzugt vom Grund aufgenommen.

Bes.: Von der Karausche ist eine Goldmutante bekannt. Diese ist nicht mit dem Goldfisch identisch. Die Karausche kann in seltenen Extremfällen bis 80 cm groß werden. Sehr widerstandsfähige und robuste Art.

T: 6-22°C, **L:** 30 (50) cm, **BL:** 100 cm, **WR:** u, m, **SG:** 1

Chondrostoma nasus (LINNÉ, 1758) Nase

Fam.: Cyprinidae, Karpfenfische

Unterfam.: Cyprininae

Vork.: Mitteleuropa bis zum Kaspischen Meer. Lebt vor allem in der Äschen- und Barbenregion der Fließgewässer. In Seen seltener, meist in der Nähe von Zu- oder Abflüssen.

GU: Die ♂♂ bekommen zur Laichzeit Laichausschlag.

Soz. Verh.: Nasen sind bodengebundene friedliche Schwarmfische. Sie leben sehr ortsständig. Die Überwinterung erfolgt in dichten Schwärmen in tiefen Stellen der Flüsse, dem Winterlager. Immer in Gruppen aus mindestens fünf Fischen pflegen.

Hält. B.: Bodengrund aus Sand oder feinem Kies. Unterstände aus Moorkienholz oder Steinen sollten eingebaut werden. Randbepflanzung ist mit robusten Pflanzen möglich. Unbedingt viel Schwimmraum frei lassen. Wasserwerte: mittelhart, 10 bis 15° dGH, bei neutralem oder leicht alkalischem pH-Wert von 7,0 bis 7,5. Es sollten möglichst oft gut mit Algen bewachsene Steine gegeben werden, die von den Nasen abgeweidet werden.

ZU: Nasen laichen in der Natur zwischen März und Mai. Die Eier werden in raschfließenden Gewässern unter lebhaften Paarungen in bis 30 cm Tiefe über Kiesbänken abgelaicht. Dazu führen die Fische Laichwanderungen flußaufwärts aus. Die Eizahlen schwanken zwischen 2.000 und 100.000 Stück. Die Eier messen etwa

Carassius carassius Karausche, Moorkarpfen

Chondrostoma nasus Nase

1,5 mm im Durchmesser. Die Jungfische erreichen frühestens im zweiten Jahr die Geschlechtsreife.

FU: O.; H.; Jungfische sind Plankton- und Kleintierfresser. Erwachsene Nasen leben von Aufwuchs. In Gefangenschaft fressen sie Lebendfutter aller Art, Algen und weiche Pflanzen. Jungfische sind auch an Flocken- und Tablettenfutter zu gewöhnen.

Bes.: Zwei weitere ähnliche Arten sind der Lau *Chondrostoma genei* BONAPARTE, 1841 und Südwesteuropäischer Näsling *C. toxostoma* VALLOT, 1837. Der ehemals auch im Inn und im oberen Rhein verbreitete Lau dürfte dort durch Umweltverschlechterungen ausgestorben sein und ist somit nur noch in Italien und angrenzenden Ländern verbreitet.

T: 4-20°C, **L:** 35 (50) cm, **BL:** 100 cm, **WR:** u, **SG:** 2

Ctenopharyngodon idella (VALENCIENNES in CUVIER & VALENCIENNES, 1844) Graskarpfen

Fam.: Cyprinidae, Karpfenfische

Unterfam.: Cyprininae

Vork.: Ursprünglich in Ostasien verbreitet, heute auch in vielen Gewässern Europas eingebürgert.

GU: Nicht erkennbar.

Soz. Verh.: Friedfertiger Schwarmfisch.

Hält. B.: Im Aquarium lassen sich nur Jungtiere halten. In Teichwirtschaften wird die Art oft eingesetzt, da sie Wasserpflanzen fressen und so die Teiche frei halten. Haltung wie beim Karpfen *Cyprinus carpio*, doch wärmeliebender. Optimale Wassertemperatur 22 bis 26°C.

ZU: Die Zucht ist im Aquarium nicht möglich. Auch in der Natur pflanzen sich Graskarpfen bei uns nur in extrem heißen und langen Sommern fort. Die Vermehrung erfolgt in Fischzüchtereien künstlich durch Abstreifen der Geschlechtsprodukte. In der Natur erfolgt das Ablaichen über Kiesgrund. Die Eier entwickeln sich bei 27 bis 29°C in 32 bis 40 Stunden. Die Jungfische leben von Zooplankton und Kleintieren, erst mit 6 bis 10 cm Länge wechseln sie zu Pflanzennahrung über.

FU: H.; Wasserpflanzen. Gras und andere pflanzliche Nahrung müssen gegebenenfalls zugefüttert werden. Auf der einen Seite ist der Graskarpfen als friedlicher Fisch zur Algen- und übermäßigen Pflanzenwuchs-Bekämpfung recht nützlich. Andererseits kann ein größeres Exemplar aber auch den gesamten Pflanzenbestand bis zum Schilf und Rohrkolben total abfressen. Weiche Pflanzen und Fadenalgen werden zunächst bevorzugt - dann kommen die anderen Pflanzen dran! Man muß sich also sehr wohl überlegen, ob man Graskarpfen zur Algenbekämpfung einsetzt. Bei der Anschaffung muß man schon abklären: wohin mit dem Tier, wenn es eine Länge von 30 cm überschreitet? Sprechen Sie eventuell mit einem Angelverein, diese setzen gern Graskarpfen ein, um ihre Angelteiche pflanzenfrei zu halten.

Bes.: Graskarpfen sind dem Döbel ähnlich, sind aber nie rötlich und besitzen ein leicht unterständiges Maul. Sie fressen neben reinen Wasserpflanzen auch Schilf und verhindern die Verlandung eutropher Gewässer. Allerdings führen sie die Nährstoffe durch ihren Stoffwechsel wieder dem Gewässer zu. Ihr Darmkanal ist entsprechend ihrer Ernährungsweise 2 bis 2,5 mal länger als ihre Körperlänge. Graskarpfen sind auch in Europa winterhart.

T: 6-26°C, **L:** 60 (120) cm, **BL:** ab 120 cm, **WR:** u, m, **SG:** 2-3

Ctenopharyngodon idella Graskarpfen

Cyprinus carpio Spiegelkarpfen (Text siehe nächste Seite)

Cyprinus carpio LINNÉ, **1758** **Karpfen**

Fam.: Cyprinidae, Karpfenfische

Unterfam.: Cyprininae

Vork.: Ursprünglich in Osteuropa, heute in den gemäßigten Zonen weltweit verbreitet. Bevorzugt Teiche mit sandigem oder schlammigem Bodengrund und Pflanzenwuchs.

GU: ♂♂ zur Laichzeit mit schwachem Laichausschlag. Die ♀♀ sind zur Laichzeit wesentlich dicker als die ♂♂.

Soz. Verh.: Jungfische sind Schwarmfische, ältere Tiere werden zu Einzelgängern. Karpfen sind meist dämmerungs- und nachtaktiv. Jungfische sind zur Vergesellschaftung mit anderen Friedfischen, auch im Aquarium, gut geeignet. Ausgewachsen gehören sie in größere Teiche oder wir setzen sie in einen Fluß zurück.

Hält. B.: Karpfen gründeln gerne, deshalb benötigen sie feinsandigen Bodengrund. Dichte Bepflanzung mit robusten, großblättrigen Pflanzen, zum Beispiel Riesenvallisnerien und Gelben Teichrosen, deren Wurzeln mit großen Steinen vor dem Ausgraben geschützt werden müssen. Häufiger Wasserwechsel mit Wasser mittlerer Härte von 5 bis 15°C, neutralem pH-Wert zwischen 6,5 und 7,8. Gute Filterung ist notwendig, in sauerstoffreichem Wasser vertragen Karpfen Temperaturen bis 24°C gut, 22°C sollten aber nie lange überschritten werden.

ZU: Die Karpfenzucht ist im Aquarium aus Platzgründen nicht möglich. Im Teich laichen die Karpfen zwischen Mai und Juli. ♂♂ werden nach dem dritten, ♀♀ erst nach dem vierten bis fünften Lebensjahr geschlechtsreif. Das ♀ bildet pro kg Körpergewicht zwischen 100.000 und 200.000 Eier im Jahr. Karpfen laichen im Schwarm, sie benötigen also große Zuchtteiche. Bewährt hat sich eine Wassertemperatur zwischen 16 und 22°C. Frisches, sauerstoffreiches Wasser ist für eine erfolgreiche Zucht Voraussetzung. Karpfen laichen bevorzugt über Wasserpflanzen. Frisch überschwemmte Wiesen mit 10 cm Wasserstand über dem Gras sind als Laichunterlage ideal. Das treibende ♂ löst beim ♀ die letzte Eireife aus. Mehrere ♂♂ laichen mit einem ♀. Sie treiben das ♀ in die Uferbepflanzung und entlassen ihre Eier und Spermien innerhalb einer halben bis einer Stunde. Dann ziehen sie sich in tiefere Wasserzonen zurück. Deshalb werden Karpfen selten Laichräuber an den eigenen Eiern. Der Laich ist stark klebrig. Weiteres zur Entwicklung und Aufzucht siehe beim Giebel, *Carassius auratus gibelio*.

FU: O.; Karpfen bevorzugen Lebendfutter. Besonders gerne fressen sie Bodentiere wie Kleinkrebse, Insektenlarven, Würmer und Schnecken. Sie fressen auch Flockenfutter und benötigen einen Anteil pflanzlicher Nahrung, zum Beispiel auch Haferflokken.

Bes.: Es gibt zahlreiche Zuchtformen und sehr schöne Farbzüchtungen des Karpfens (Koi). Die Wildform des Karpfens ist relativ schlank, die aus ihr abgeleitete hochrükkigere Kulturform wird auch als Schuppenkarpfen bezeichnet. Spiegelkarpfen besitzen eine Reihe großer Schuppen entlang der Seitenlinien und über den Rücken, manchmal auch am Bauch. Zeilenkarpfen sind nur entlang der Seitenlinien beschuppt, der Lederkarpfen besitzt gar keine Schuppen mehr. Dazwischen gibt es immer wieder Übergangsformen, die diesen Standards mehr oder weniger entsprechen.
Zur artgerechten längerfristigen Unterbringung sind Becken ab 1.000 Liter Inhalt notwendig, nur Jungfische dürfen in kleineren Behältern vorübergehend gepflegt werden.

T: 6-22°C, **L:** 70 (120) cm, **BL:** ab 100 cm, **WR:** u, m, **SG:** 1

Cyprinus carpio Wildform des Karpfens

Cyprinus carpio Kulturkarpfen, Schuppenkarpfen

Cyprinus carpio Lederkarpfen

Cyprinus carpio LINNÉ, 1758 **Koi, Farbkarpfen**

Fam.: Cyprinidae, Karpfenfische

Unterfam.: Cyprininae

Vork.: Zuchtform des Karpfens, die in der japanischen Provinz Yamakoshi auf der Insel Honshu herausgezüchtet wurde. Heute sind Kois weltweit verbreitet, doch liegt das Zentrum der Zucht immer noch in Japan. Aber auch in Europa finden sich zunehmend mehr ernsthafte Liebhaber.

Weiteres siehe bei der Wildform des Karpfens.

Bes.: In Japan, und in geringem Maße auch in China, wurden zahlreiche Zuchtformen herausgezüchtet, die bei Zuchtschauen harten Auslesekriterien unterworfen sind. Durch Einkreuzen von Spiegel-, Zeilen- und Lederkarpfen (Deutsche = Doitsu-Formen) ließ sich die Vielfalt noch weiter vergrößern. Die Zuchtformen werden in Japan in großen Wettbewerben ausgestellt und bewertet. Dazu werden die Koi entsprechend ihrer Färbung in verschiedene Gruppen unterteilt.

Koi-Zuchtformen:

Kohaku: Koi mit roten oder braunroten Flecken auf weißem Untergrund. Die Flecken müssen gut abgegrenzt und gleichmäßig verteilt sein. Eine Kopfzeichnung ist vorgeschrieben, sie sollte nicht über die Augen und die Nase hinausreichen.

Taisho-Sanke: Dreifarbiger Koi mit roten und schwarzen Flecken auf weißem Untergrund. Eine Kopfzeichnung ist vorgeschrieben, doch ohne schwarze Flecken.

Showa-Sanshoku: Dreifarbige Koi mit weißen und roten Flecken auf schwarzem Untergrund und mit Schwarzfärbung der Brustflossenansätze. Eine anteilige Schwarzfärbung des Kopfes ist vorgeschrieben, sie ist ideal, wenn sie den Kopf teilt und V-förmig ist.

Bekko: Zweifarbiger Koi mit
Aka-Bekko: roter,
Shiro-Bekko: weißer,
Ki-Bekko: gelber
Grundfarbe und schwarzen Flecken. Der Kopf und die Flossen dürfen keine Zeichnung tragen.

Utsuri: Zweifarbige Koi mit
Hi-Utsuri: roten,
Ki-Utsuri: gelben oder
Shiro-Utsuri: weißen
Flecken auf schwarzem Grund. Die teilweise schwarze Kopffärbung sollte der des Showa-Sanshoku entsprechen. Die Brustflossen sind schwarz oder gestreift, oder nur ihre Ansätze sind schwarz. Drei Streifen werden besonders positiv bewertet.

Asagi, Shusui: Asagi sind Koi mit blauen, hell gerandeten Rückenschuppen, die den Eindruck einer Netzzeichnung entstehen lassen. Die Wangen, die Körperseiten und die Ansätze aller Flossen sind leuchtend rot gefärbt. Die Oberseite des Kopfes sollte hellblau und ohne Flecken sein. Shusui sind Doitsu-Formen (= Deutsche Formen: Spiegel- und Lederkarpfen-Formen) der Asagi. Sie fallen durch ihre ausgesprochen schöne Färbung auf. Besonders die schönen blauen Rückenschuppen stehen im Kontrast zur Körperfärbung.

Koromo: Das sind Kreuzungen zwischen Asagi und Kohaku oder Asagi und Sanshoku.

Ein Schwarm Farbkarpfen oder Koi, hier Nishikigoi, bietet ein buntes Bild.

Kawarimono: Hier ist eine Vielzahl einfarbiger und mehrfarbiger Koi eingeordnet:
- **Chagoi:** braune Koi,
- **Goshiki:** fünffarbige Koi,
- **Goshiki-Shusui:** Kreuzungen aus beiden Formen,
- **Hajiro:** schwarze Koi mit weißen Brustflossenspitzen,
- **Hageshiro:** Hajiro mit weißem Kopffleck und weißem Maul,
- **Karasugoi:** schwarze Koi,
- **Kigoi:** gelbe Koi,
- **Matsuba:** einfarbige Koi in rot, gelb oder weiß, bei denen der Körper eine Netzzeichnung trägt, die durch einen farbigen Saum der dunkleren Schuppen entsteht.
- **Midorigoi:** grüne Koi, und viele andere Formen mehr.

Ogon: sind Koi mit metallisch-goldenem Glanz.

Hikarimoyo-Mono: Sogenannte **Hariwake** sind Koi mit Gold- und Silbermusterung und die verschiedenen Formen, die durch Kreuzungen entstehen. Dabei bilden sich Kois mit reichem metallischem Glanz heraus, vielfältig besetzt mit goldenen und silbernen Schuppen.

Kinginrin: Koi mit vielen silbernen Markierungen. Sie sind in allen Zuchtformen vertreten.

Tancho: Alle Koi mit roter, möglichst runder Zeichnung auf dem Kopf. Tancho ist gleichbedeutend mit dem in Japan verehrten seltenen Mandschurenkranich. Ein Tancho darf neben dem roten Kopffleck keine weitere rote Zeichnung am Körper aufweisen. Neue Tancho mit schwarzer Kopfzeichnung sind ebenfalls gezüchtet worden.

Diese 13 Hauptgruppen werden in 8 Größenklassen unterteilt und nach verschiedenen Qualitätskriterien bewertet. Leider werden meist nur minderwertige Koi nach Europa exportiert, da die Europäer die hohen Preise, vierstellige Summen sind nicht ungewöhnlich, für Qualitätszüchtungen nicht bezahlen mögen.

Unten: Bei der Fütterung kommen Kois am besten zur Geltung. In den Sommermonaten empfielt sich die Verwendung eines speziellen Koi-Futters.

Oben rechts: Oben: japanischer Shusui, unten: deutsche oder ungarische Zuchtform eines Ogon, die orangefarbenen Sprenkel im Gelb sind aber ungünstig.

Unten rechts: Der Asagi ist farblich eher bescheiden. Wichtig ist ein ausgeprägtes Netzmuster der Schuppen, rote Flossen und Wangen, sowie ein heller Kopf.

Verschiedene Koi-Formen

Junge Kois von ca. 10 cm Länge.

Zierkarpfen sind gesellig, hier drei Asagi.

Unten:

Oberer Fisch: Orange Ogon; unterer Fisch: Orange Ginrin
Kois, die am Rücken silbern reflektieren, werden Ginrin genannt, zum Beispiel: Orange Ginrin, Ginrin Kohaku, Ginrin Sanke, Shiro Utsuri Ginrin.

Rechte Seite:

Oben links:

Platinum Ogon
Sehr guter Koi mit intensiv silbern-weißer Haut.

Oben rechts:

Ogon
Die Farbe sollte beim Ogon gold-metallic sein. Intensiv gelb gefärbte Exemplare nennt man Yamabuki-Ogon.

Unten links:

Platinum Doitsu
Sehr gleichmäßige Schuppenlinien kennzeichnen diesen Koi, allerdings fehlt dem abgebildeten Tier die stark metallisch glänzende weiße Farbe.

Unten rechts:

Kin-Matsuba
Erst beim erwachsenen Matsuba kommt die Netzzeichnung der Schuppen richtig zur Geltung.

Orange Ogon (oben), Orange Ginrin

Platinum Ogon

Ogon

Platinum-Doitsu

Kin-Matsuba

Unten links:
Kuchibeni-Kohaku
Ein junger, sehr attraktiver „Lippenstift"-Kohaku.

Unten rechts:
Kuchibeni-Kohaku
Kois mit einem roten Fleck auf der Nase werden Kuchibeni (Lippenstift) genannt.

Rechte Seite:

Oben links:
Kohaku
Kohakus sind rot oder rotbraun gefleckte Tiere auf weißem Grund.

Oben rechts:
Kohaku
Sehr guter Kohaku. Für solche Fische müssen viele Tausend DM bezahlt werden.

Unten links:
Straight-Hi
Kohakus mit einem großen durchgehenden Hi (rot) heißen Straight-Hi.

Unten rechts:
Doitsu Kohaku
Kois mit Spiegelschuppen oder Lederhaut werden Doitsu genannt.

Kuchibeni-Kohaku

Kuchibeni-Kohaku

Kohaku

Kohaku

Straight-Hi

Doitsu Kohaku

Unten links:

Taisho Sanshoku.
Dieser Sanke verspricht sehr gut zu werden, er hat ein intensives Hi und die Samis (bläulich-graue Flecken) liegen noch tief in der Haut.

Unten rechts:

Sandan-Kohaku
Kois mit drei deutlich abgesetzten Flecken nennt man Sandan (Three-step type).

<u>Rechte Seite:</u>

Oben links:

Platinum Kohaku
Das sonst übliche Rot ist bei dieser Form durch Orange ersetzt.

Oben rechts:

Platinum Kohaku
Sehr guter Koi. Die genaue Bezeichnung für Fische mit einem zur Körperzeichnung zusätzlichen Fleck auf der Stirn ist Maruten, z.B. Maruten Platinum Kohaku.

Unten links:

Platinum Kohaku
Wichtig beim Platin Kohaku ist der metallische Glanz von Haut und Flossen.

Unten rechts:

Tancho Kohaku
Typische „Rotkäppchen" werden Tancho genannt.

Taisho Sanshoku

Sandan-Kohaku

Platinum Kohaku

Platinum Kohaku

Platinum Kohaku

Tancho Kohaku

Unten links:
Taisho Sanshoku
Ein schön gezeichneter dreifarbiger Koi.

Unten rechts:
Tancho Sanke
Für derartige außerordentlich schön gezeichnete dreifarbige Kois muß sehr viel Geld bezahlt werden.

Rechte Seite:

Oben links:
Taisho Sanshoku
Dieser Sanke hat zwar eine sehr schöne Zeichnung, ist allerdings zu schlank um ein Klasse-Koi zu sein.

Oben rechts:
Yamato-Nishiki
Sehr guter Platinum-Sanke, der allerdings noch nicht ausgefärbt ist.

Unten links:
Ginrin Showa Sanshoku
Zeichnung und etwas füllige Körperform machen diesen Showa zum guten Koi.

Unten rechts:
Taisho Sanke
Ein recht attraktiver, in der Wertung der Japaner aber geringer Koi.

Taisho Sanshoku

Tancho Sanke

Taisho Sanshoku

Yamato-Nishiki

Ginrin Showa Sanshoku

Taisho Sanke

Unten links:

Tancho Sanke
Die Fleckung der dreifarbigen Formen kann sehr unterschiedlich sein.

Unten rechts:

Showa Sanshoku
Dieser Koi ist noch entwicklungsfähig, das für den Showa typische Schwarz liegt noch tief in der Haut.

<u>Rechte Seite:</u>

Oben links:

Shiro-Bekko
Der Shiro-Bekko entsteht bei der Züchtung von Taisho Sanke.

Oben rechts:

Shiro-Bekko Doitsu
Beim Bekko liegen die Samis, die schwarzen Flecken, auf der weißen (Shiro), roten (Hi oder Aka) oder gelben (Ki) Haut.

Unten links:

Shiro-Utsuri
Beim Utsuri befinden sich weiße, rote oder gelbe Flecken auf schwarzem Grund.

Unten rechts:

Hi-Utsuri
Hier liegen orangerote Flecken auf schwarzem Grund.

Tancho Sanke

Showa Sanshoku

Shiro-Bekko

Shiro-Bekko Doitsu

Shiro-Utsuri

Hi-Utsuri

Zu den Bildern auf Seite 823:

Oben links:
Kin-Ki-Utsuri
Typisch für diese Züchtung ist der metallische Glanz von Haut und Flossen.

Oben rechts:
Kujaku
Auch für Kujakus ist der metallische Glanz charakteristisch, der sie zu recht auffälligen Kois macht.

Unten links:
Hi-Mizuho Ogon
Bei dieser Form handelt es sich um eine sehr seltene und auch sehr attraktive Züchtung.

Unten rechts:
Shusui
Der Shusui ist eine Spiegelschuppenform des Asagi.

Kois bei der Fütterung

Kin-Ki-Utsuri

Kujaku

Hi-Mizuho Ogon

Shusui

Gobio gobio (Linné, 1758) **Gründling**

Fam.: Cyprinidae, Karpfenfische, **Unterfam.:** Gobioninae

Vork.: Europa, in schnellfließenden Gewässern von der Barben- und Äschen- bis in die Forellenregion. Lebt manchmal auch im Brackwasser.

GU: Schwer erkennbar, ♂♂ zur Laichzeit mit Laichausschlag.

Soz. Verh.: Friedlicher, aktiver Schwarmfisch. Einzeltiere können gegen andere Mitinsassen aggressiv werden, mindestens sechs Gründlinge halten. Die Art ist gut mit Kaltwasserfischen ähnlicher Ansprüche gemeinsam zu pflegen.

Hält. B.: Bodengrund mit feinem Kies, dichte Bepflanzung. Unterstände unter Holz und Schilfhalmen ahmen Ufernähe nach und bieten Verstecke. Für die sauerstoffliebende Art ist eine gute Durchlüftung notwendig, besser eine Filterung über eine starke Kreiselpumpe. Sauberes Wasser bei mittleren Werten und regelmäßiger Wasserwechsel sind Voraussetzung für eine erfolgreiche Pflege.

ZU: Laicht in der Natur im Mai und Juni Laichklumpen an Pflanzen und Steinen. Nach kühler Überwinterung kann die Fortpflanzung auch im Aquarium erfolgen. Zur Aufzucht siehe bei der Elritze, *Phoxinus phoxinus*.

FU: K.; Flockenfutter, vorzugsweise Lebendfutter, nimmt manchmal auch Nahrung pflanzlichen Ursprungs.

Bes.: Ähnelt dem Steingreßling, bei dem die Barteln aber wesentlich länger sind. Erreicht nur ausnahmsweise Größen bis 20 cm. Zahlreiche Formen und Unterarten sind bekannt.

T: 6-18°C, **L:** 14 cm, **BL:** 80 cm, **WR:** u, **SG:** 2

Gobio uranoscopus (Agassiz, 1828) **Steingreßling**

Fam.: Cyprinidae, Karpfenfische, **Unterfam.:** Gobioninae

Vork.: Mitteleuropa, Donaueinzug bis zum Schwarzen Meer. Lebt in schnellfließenden Bächen und Flüssen von der Äschen- bis in die Forellenregion. Nur selten in stehenden Gewässern und im Brackwasser des Schwarzen Meeres.

GU: Wie beim Gründling nur in der Laichzeit am Laichausschlag des ♂ deutlich.

Soz. Verh.: Der Steingreßling ist ein friedlicher und sehr lebhafter Bodenfisch, der jedoch nur ausnahmsweise in Schwärmen wie beim Gründling auftritt. Im Sommer sind an seichten Stellen der Fließgewässer kleine Trupps anzutreffen. Ist gut zur Vergesellschaftung mit anderen mittelgroßen Kaltwasserfischen geeignet.

Hält. B.: Im geräumigen Aquarium mit Sand- oder Kiesgrund. Es müssen Verstecke in Form flach aufliegender Steine oder knorrigen Holzes geboten werden. Der Steingreßling ist sehr sauerstoffbedürftig, deshalb ist eine kräftige Durchlüftung oder besser eine starke Tauchkreiselpumpe zur Strömungserzeugung notwendig. Das Wasser muß klar sein und darf auch nicht zu warm werden, möglichst nicht über 18°C. An die Werte werden keine besonderen Ansprüche gestellt, das Wasser sollte jedoch nicht zu weich und nicht sauer sein.

ZU: Laicht in der Natur in den Monaten April bis Juni in ähnlicher Weise wie der Gründling *Gobio gobio*.

FU: K.; Lebendfutter aller Art wie Insektenlarven, Würmer, Kleinkrebse, auch gefriergetrocknetes Futter, Frostfutter, Flockenfutter und Futtertabletten.

Bes.: Der Steingreßling, *Gobio uranoscopus*, ist vom Gründling, *G. gobio*, durch die längeren Barteln, die meist weit über die Augen hinausreichen, zu unterscheiden. Der Steingreßling wird auch nicht so lang und ist gröber gefleckt.

T: 4-18°C, **L:** 10 (15) cm, **BL:** 80 cm, **WR:** u, **SG:** 3

Gobio gobio Gründling

Gobio uranoscopus Steingreßling

Hypophthalmichtys molitrix (Valenciennes in Cuvier & Valenciennes, 1844) Silberkarpfen, Tolstolob

Fam.: Cyprinidae, Karpfenfische, **Unterfam.:** Cyprininae

Vork.: Ursprünglich in Ostasien verbreitet, in Europa vielerorts eingebürgert. Lebt in nährstoffreichen, eutrophen Flachlandseen und warmen Fließgewässern.

GU: Keine eindeutig erkennbaren, ♀♀ wesentlich dicker.

Soz. Verh.: Friedfertiger Schwarmfisch des Freiwassers. Wird in Teichen oft mit Graskarpfen und Karpfen gemeinsam gehalten.

Hält. B.: Wegen der Größe lassen sich nur Jungtiere im Aquarium halten. Pflege in Teichen dagegen problemlos. Weiteres siehe beim Karpfen, *Cyprinus carpio*.

ZU: Vermehrt sich wie der Graskarpfen in Europa nicht auf natürliche Weise, Jungtiere stammen aus Importen oder aus Zuchtanstalten. In ihrer Heimat laichen die Silberkarpfen in sommerlichen Überschwemmungsseen bei 22 bis 24°C. Die bis zu 500.000 Eier pro ♀ treiben frei im Wasser. Nach Aufzehren des Dottersackes ziehen die Jungfische in die Flüsse und ernähren sich zunächst von Zooplankton. Ab 5 bis 10 cm Länge wechseln sie zur Ernährung mit Phytoplankton. Ihr Darm erreicht die 6 bis 7fache Körperlänge! Silberkarpfen werden in ihrer Heimat im 3. bis 4., in Ungarn im 5. bis 6. Lebensjahr geschlechtsreif.

FU: H.; Schwebealgen. Benötigen Pflanzenfutter, auch als Flocken.

Bes.: Wird häufig in eutrophe Seen zur Eindämmung von Algen„blüten" eingesetzt.

T: 6-24°C, **L:** 80 (100) cm, **BL:** ab 120 cm, **WR:** m, **SG:** 2

Hypophthalmichthys nobilis (Richardson, 1845) Marmorkarpfen, Gefleckter Silberkarpfen

Fam.: Cyprinidae, Karpfenfische, **Unterfam.:** Cyprininae

Vork.: Asien, ursprünglich in Mittel- und Südchina, inzwischen jedoch in vielen Teilen der Welt eingebürgert, auch im Mittelmeerraum und in Osteuropa. Lebt in warmen, tiefen Fließgewässern.

GU: Schwer erkennbar, ♀♀ werden meist kräftiger, länger und dicker.

Soz. Verh.: Friedfertiger Schwarmfisch.

Hält. B.: Die Art ist nur als Jungfisch für das Kaltwasseraquarium geeignet. Großes Becken mit klarem, sauerstoffreichem Wasser bieten. In zu kleinen Behältern bleiben die Fische schreckhaft und verweigern die Nahrungsaufnahme. Für Teiche gut geeignet.

ZU: Siehe beim Silberkarpfen *Hypophthalmichthys molitrix*. Der Marmorkarpfen laicht erst bei länger anhaltender Wassertemperatur von 25°C ab.

FU: O., mehr H.; Jungfische ernähren sich vorwiegend von Zooplankton, mit zunehmendem Alter erweitern die Fische ihr Nahrungsspektrum auf Phytoplankton und können im Alter ausschließlich von Phytoplankton leben. Weiche Pflanzen können als Zusatzkost gereicht werden.

Bes.: Der Marmorkarpfen ernährt sich von Phytoplankton, soll bei niedrigen Temperaturen aber auch Kleintiere wie Würmer, Schnecken, Insekten, Kleinkrebse und kleine Fische fressen. Erst bei höheren Wassertemperaturen, in ihrer Heimat ab ca. 19°C, ernähren sie sich wie Silberkarpfen nur von Phytoplankton.
Das abgebildete Tier ist ein Jungfisch. Ältere Exemplare sind im Gegensatz zum Silberkarpfen hell/dunkel marmoriert.

T: 10-26°C, **L:** 60 (100) cm, **BL:** ab 120 cm, **WR:** m, u, **SG:** 2

Hypophthalmichthys molitrix Silberkarpfen, Tolstolob

Hypophthalmichthys nobilis Marmorkarpfen, Gefleckter Silberkarpfen

Leucaspius delineatus (HECKEL, 1843) — Moderlieschen

Fam.: Cyprinidae, Karpfenfische, **Unterfam.:** Abraminae

Vork.: Europa, vom Rhein bis zum Kaspischen Meer, Donau bis Südschweden, stehende und langsam fließende, besonders verkrautete Gewässer und Altarme.

GU: ♂♂ schlanker, ♀♀ oft größer und am Laichansatz erkennbar.

Soz. Verh.: Schwarmfisch, gut zur Vergesellschaftung mit kleineren, friedlichen Kaltwasserfischen geeignet. Die ♂♂ betreiben Brutpflege.

Hält. B.: Moderlieschen sind im Schwarm zu pflegen, Einzeltiere kümmern. Die Unart, nur „Pärchen" zu halten, muß für viele Schwarmfische als Tierquälerei angesehen werden. Obwohl die Fische „Moderlieschen" heißen, sind Mulm und Moder als Sauerstoffzehrer im Aquarium falsch am Platze. Als Bodengrund bietet sich feiner Kies an. Ab 16°C muß das Wasser gut belüftet und kräftig gefiltert werden. Wasserwerte im mittleren Bereich (dGH 10 bis 20°, pH 6,5 bis 7,5).

ZU: Kalt überwinterte Moderlieschen pflanzen sich im Frühjahr, meist im April oder Mai, auch in Gefangenschaft, gerne fort. Die Eier werden vom ♀ um Wasserpflanzenstengel geklebt. Das ♂ betreut das Gelege, verteidigt es gegen Laichräuber, versorgt es mit Sauerstoff und bestreicht die Eier mit einem bakterienhemmenden Sekret. Die Jungen müssen mit feinstem Staub-Lebendfutter angefüttert werden, ab dem dritten Tag nach dem Freischwimmen können *Artemia*-Nauplien zugefüttert werden.

FU: O.; Flockenfutter, Lebendfutter aller Art und weiche Pflanzenteile.

Bes.: Aus den Schuppen der Moderlieschen wurde früher künstliche Perlenessenz hergestellt. Die Körperfärbung der Moderlieschen kann wunderschön sein. Der Körper glänzt silberblau, der Rücken dunkelgrün-braun. Eine blaue Längsbinde ziert die hintere Körperhälfte und die Flossen sind manchmal rot gefärbt. Sehr gut geeigneter Fisch für das Kaltwasseraquarium und den Gartenteich. Er ist einer der wenigen Fische, die Molcheier und -larven nicht behelligen.

T: 6-20°C, **L:** 9 cm, **BL:** 60 cm, **WR:** alle, **SG:** 1

Leuciscus cephalus (LINNÉ, 1758) — Aitel, Döbel

Fam.: Cyprinidae, Karpfenfische, **Unterfam.:** Leuciscinae

Vork.: Ganz Europa außer dem hohen Norden, mit Vorliebe für größere schnell fließende Bäche und Flüsse. Selten in Seen und im Brackwasser anzutreffen.

GU: ♂♂ zur Laichzeit mit feinkörnigem Laichausschlag, ♀♀ dicker.

Soz. Verh.: Jungfische sind gesellig lebende Oberflächenfische, in stehenden Gewässern leben sie in der Uferregion. Große Exemplare halten sich meist als Einzelgänger im freien Wasser auf und leben räuberisch.

Hält. B.: Für die Aquarienhaltung sind nur Jungfische geeignet. Auch im Sommer sollten 20°C nicht überschritten werden, bei hohen Temperaturen ist eine Durchlüftung nötig. Als Bodengrund sollte Sand oder feiner Kies verwendet werden, Dekoration mit einigen abgerundeten Steinen und Schilfrohr bzw. Bambusstäben.

ZU: Die Laichzeit ist von April bis Juni. Die klebrigen, bis 1,5 mm großen Eier werden an Steinen und Wasserpflanzen angeheftet, es können bis zu 200.000 Eier abgelaicht werden. Der Döbel wächst nur langsam, ♀♀ werden nach dem dritten, ♂♂ erst nach dem vierten Lebensjahr geschlechtsreif.

FU: O., mehr K.; Allesfresser, Lebendfutter aller Art und auch pflanzliche Nahrung. Jungfische können an Fischfleisch und Kunstfutter gewöhnt werden.

Bes.: Der Döbel ist nahe mit der Hasel, *L. leuciscus*, verwandt.

T: 4-20°C, **L:** 45 (80) cm, **BL:** ab 100 cm, **WR:** alle, **SG:** 1

Leucaspius delineatus Moderlieschen

Leuciscus cephalus Döbel

Leuciscus idus **(LINNÉ, 1758)** **Orfe, Aland, Silberorfe, Goldorfe**

Fam.: Cyprinidae, Karpfenfische

Unterfam.: Leuciscinae

Vork.: Mittel- und Osteuropa, vom Rhein bis über den Ural. Zieht flache Gewässer vor, lebt in sauerstoffreichen Seen und Fließgewässern. Auch im Brackwasser der Ostsee.

GU: ♂♂ sind schlanker, zur Laichzeit mit Laichausschlag.

Soz. Verh.: An der Oberfläche orientierter, friedlicher Schwarmfisch. Jungtiere sind für das Kaltwasser-Gesellschaftsaquarium gut geeignet, besonders die Goldform ist ferner ein idealer Teichfisch, weil er häufiger zu sehen ist als der Goldfisch, siehe unter Hält. B.

Hält. B.: Die Goldform der Orfe ist besonders gut für Gartenteiche geeignet, da sie sich nicht an den Bodengrund zurückzieht, wie es bei den Goldfischen die Regel ist. Die Goldorfen sind als Oberflächenfische im Teich meist gut sichtbar und ansprechend gefärbt. Weil sie Oberflächenfische sind, ist die Orfe auch stärker auf Sauerstoff angewiesen und leidet fast wie Lachsartige unter mangelnder Wasserpflege. Sie benötigen als Aquarium langgestreckte Becken mit viel Schwimmraum. Der Bodengrund sollte aus feinem Kies bestehen. Der Pflanzenwuchs sollte an den Beckenrändern reichlich sein, schon deshalb ist eine entsprechend kräftige Beleuchtung notwendig. Diese muß die gleiche Intensität auch im Winter haben, doch kann sie dann kürzer sein. Mittlere Wasserwerte wie beim Goldfisch. Wöchentlicher Wasserwechsel und Frischwasserzusatz sind empfehlenswert. Die Orfe wächst im Aquarium nur sehr langsam, im Teich etwas schneller.

ZU: Die Zucht ist im normalen Aquarium kaum möglich, da die Elterntiere zu groß werden. In der Natur laichen die Orfen in der Zeit von April bis Juli. Die freilaichenden Fische verwirbeln die Eier, die an Pflanzen und Steinen kleben bleiben. Laichen meist im Schwarm. Aufzucht wie beim Goldfisch. Die jungen Orfen lassen sich gut an die Aquarienhaltung gewöhnen.

FU: K., O.; Allesfresser. Genommen wird Flockenfutter, ferner Lebendfutter aller Art, auch weiche Pflanzenteile. Größere Orfen können Räuber werden und kleine Fische fressen.

Bes.: Die häufig auftretende rötliche, ansprechende Mutante wird Goldorfe genannt. Zur Unterscheidung wird die Wildform im Zoofachhandel oft als Silberorfe bezeichnet. Auch die Silberorfe ist ein ansprechender Pflegling. Beide Farbspielarten vermischen sich bei gemeinsamer Haltung im Schwarm. Obwohl Oberflächenfische, passen sich Orfen gut den Bedingungen in der Gefangenschaft an. Goldorfen werden meist nur bis 60 cm groß, größere Exemplare sind seltene Ausnahmen.

T: 4-20°C, **L:** 80 cm, **BL:** ab 100 cm, **WR:** o, **SG:** 1-2

Leuciscus idus Orfe, Aland, Silberorfe

Leuciscus idus, Jungtier Goldorfe

Leuciscus leuciscus (LINNÉ, 1758) — Hasel

Fam.: Cyprinidae, Karpfenfische

Unterfam.: Leuciscinae

Vork.: In ganz Europa nördlich der Alpen und der Pyrenäen. Lebt in schneller fließenden Gewässern, in Seen nur in der Nähe der Ab- und Zuflüsse.

GU: Schwer unterscheidbar, ♂♂ schlanker, mit Laichausschlag.

Soz. Verh.: An der Oberfläche orientierter friedlicher Schwarmfisch.

Hält. B.: Sehr aktiver Schwimmer, unbedingt im Schwarm in größeren Becken pflegen. Zu groß eingesetzte Tiere bleiben im Aquarium scheu. Einrichtung wie bei der Orfe, *Leuciscus idus*.

ZU: Laicht von März bis Juni. Die Eier werden an Pflanzen geklebt. Die Brut ist bezüglich der Wasserqualität recht anspruchsvoll. Die Zucht ist wohl nur in Teichen möglich, siehe auch bei *Leuciscus idus*.

FU: O., mehr K.; Kleintiere, selten Pflanzenteile. Ist auch gut an Flockenfutter zu gewöhnen.

Bes.: Dem Döbel, *L. cephalus*, sehr ähnlich. Das Maul der Hasel ist kleiner, zudem besitzt sie einen schwarzen Längsstreifen und bleibt kleiner.

T: 6-18°C, **L:** 30 cm, **BL:** 100 cm, **WR:** o, **SG:** 2

Leuciscus souffia agassizi VALENCIENNES in CUVIER & VALENCIENNES, 1844 — Strömer

Fam.: Cyprinidae, Karpfenfische

Unterfam.: Leuciscinae

Vork.: Europa, lebt im Oberlauf des Rheins und im Mittellauf der Donau und deren Nebenflüssen. Bevorzugt die rasch fließenden Gewässer der Äschenregion. Meist an den tiefen Stellen des Flußbettes in Schwärmen anzutreffen. Nur selten in Seen, z.B. Bodensee.

GU: Schwer erkennbar, aber besonders die ♂♂ zeigen während der Laichzeit unmittelbar über der Seitenlinie ein schwarzes, violett schillerndes Längsband, das sich vom Auge bis zur Schwanzflosse hinzieht. Die Seitenlinie selbst ist orangegelb.

Soz. Verh.: Ein friedfertiger und ortstreuer Kaltwasserfisch, der als Schwarmfisch in tieferen Wasserschichten lebt. Gut zur Vergesellschaftung mit anderen kleinen Fließwasserfischen geeignet.

Hält. B.: Wie beim Döbel, *Leuciscus cephalus*. Der Strömer wird nur selten im Kaltwasseraquarium gepflegt, obwohl er dafür gut geeignet ist.

ZU: In der Natur laicht der Strömer von März bis Mai auf Kiesgrund im schnell fließenden Wasser.

FU: O.; Lebendfutter aller Art wie Plankton, Würmer, andere Bodentiere, auch Flockenfutter und Ersatznahrung.

Bes.: Der Strömer *Leuciscus souffia agassizi* ist eine Unterart von *L. souffia* RISSO, 1826. Die Nominatform kommt in den Flüssen Rhone und Var in Frankreich vor. Weitere Unterarten sind *L. s. multicellus* BONAPARTE, 1838 in Italien und *L. s. keadicus* STEPHANIDIS, 1971 in Griechenland. Die Bestandsentwicklung des Strömers ist in Deutschland durch Gewässerverschmutzung und Gewässerverbauung stark rückgängig.

T: 4-20°C, **L:** 17 (25) cm, **BL:** 80 cm, **WR:** m, **SG:** 2

Leuciscus leuciscus Hasel

Leuciscus souffia agassizi Strömer

Notropis bifrenatus (COPE, 1866) Amerikanische Zweistreifenorfe

Fam.: Cyprinidae, Karpfenfische

Unterfam.: Leuciscinae

Vork.: Nordamerika, nordöstliche USA/Grenzbereich Kanada, vom St. Lawrence River-Einzug bis zum nordöstlichen North Carolina.

GU: ♂♂ mit größeren Flossen und intensiver gefärbt.

Soz. Verh.: Ein ausgesprochen friedlicher und schwimmfreudiger Schwarmfisch. Es müssen mindestens sechs Fische der Art gepflegt werden.

Hält. B.: Leicht, siehe bei *Notropis lutrensis*.

ZU: Laicht in den USA im Staate New York im Mai und Juni, sonst auch bis in den August hinein. Die Eier werden in stillen Seitenbuchten oder flachen Zonen mit dichter Vegetation abgegeben.

FU: O., mehr K.; Allesfresser, der Kleinkrebse, Insektenlarven, Würmer, auch Flockenfutter nimmt. In der Natur wurden 6% pflanzliche Nahrungsanteile gefunden.

Bes.: Gut für Aquarien und kleine Teiche geeignet, nur selten importiert, da die Art auch in der Natur nicht sehr häufig ist und zudem oft als Köderfisch mißbraucht wird.

T: 4-20°C, **L:** 5 cm, **BL:** 60 cm, **WR:** m, **SG:** 1-2

Notropis hypselopterus (GÜNTHER, 1868) Längsbandorfe

Fam.: Cyprinidae, Karpfenfische

Unterfam.: Leuciscinae

Vork.: Nordamerika, Südosten der USA, Alabama, Florida, Georgia, in kleineren bis mittleren, langsam fließenden flachen Gewässern mit klarem bis bräunlichem Wasser.

GU: Die ♂♂ sind farbenprächtiger mit schwarzer Spitze in der Rückenflosse.

Soz. Verh.: Ein ausgesprochen friedlicher und schwimmfreudiger Schwarmfisch, von dem immer mehrere Exemplare gemeinsam gepflegt werden müssen.

Hält. B.: Siehe bei *Notropis lutrensis*, doch sollte der pH-Wert unter 7 liegen!

ZU: Unbekannt.

FU: O., mehr K.; Allesfresser.

Bes.: Besonders zur Laichzeit ist die Längsbandorfe wunderschön gefärbt. Für diese Art gilt wie für alle amerikanischen Orfen, daß sie viel Schwimmraum benötigen, aber sehr gute Aquarienfische sind. Für den Gartenteich sollten sie weniger Verwendung finden.

T: 12-20°C, **L:** 6 cm, **BL:** 80 cm, **WR:** m, **SG:** 2

Notropis bifrenatus Amerikanische Zweistreifenorfe

Notropis hypselopterus Längsbandorfe

Notropis lutrensis (Baird & Girard, 1853) — Amerikanische Rotflossenorfe

Fam.: Cyprinidae, Karpfenfische

Unterfam.: Leuciscinae

Vork.: Nordamerika, zentrale und südliche USA, nordöstliches Mexiko im westlichen Einzug des Mississippi bis Rio Grande. Bevorzugt ruhigere Bereiche, Ausstände und dergleichen.

GU: Gut erkennbar, ♂♂ sind während der Laichzeit farbenprächtiger mit Laichausschlag, ♀♀ sind blasser und meist dicker.

Soz. Verh.: Ein anspruchsloser, friedlicher und schwimmfreudiger Schwarmfisch, der hervorragend für Gesellschaftsaquarien mit kleineren Arten geeignet ist.

Hält. B.: Benötigt lange Aquarien, die viel Schwimmraum bieten. Eine Randbepflanzung verhindert das Anstoßen der Fische gegen die Scheiben. Die Wasserqualität sollte beachtet werden, häufige Wasserwechsel und gute Filterung sind zu empfehlen, eventuell eine Durchlüftung. Wasser: 8 bis 20°dGH, pH-Wert 7 bis 8.

ZU: Die Zucht ist möglich, aber nicht so einfach, nähere Informationen liegen uns nicht vor. Laicht in Amerika im Mai. Kühle Überwinterung ist wichtig.

FU: O.; Allesfresser: Alle Lebend- und Ersatznahrungssorten einschließlich pflanzlicher Zukost.

Bes.: Kaltwasserfischfreunde, die diese herrliche, aber leider selten importierte Art im Handel entdecken, sollten unbedingt zugreifen.

T: 10-25°C, **L:** 8 cm, **BL:** 60 cm, **WR:** alle, **SG:** 1

Pelecus cultratus (Linné, 1758) — Ziege, Sichling

Fam.: Cyprinidae, Karpfenfische

Unterfam.: Leuciscinae

Vork.: Einzugsgebiete der Ostsee, des Schwarzen Meeres, sowie Kaspisches Meer und Aralsee. In langsam fließenden und stehenden Gewässern, vor allem im Brackwasser und in der Kaulbarschregion.

GU: Schwer erkennbar.

Soz. Verh.: Oberflächenorientierter, gesellig lebender Schwarmfisch. Am Tage meist mehr in Bodennähe. Die friedliche Art ist zur Vergesellschaftung mit robusteren Fischen geeignet.

Hält. B.: Im großflächigen, nicht zu tiefen Aquarium gut zu pflegen. Stellt keine besonderen Ansprüche an die Einrichtung und das Wasser. Härteres Wasser und eventuell Salzzusatz sind allerdings günstig.

ZU: Die Ziege laicht von Mai bis Juli. Salzwasserformen ziehen zum Ablaichen ins Süßwasser. Das Laichen erfolgt an kiesigen oder pflanzenbestandenen Bereichen im fließenden Wasser der Kaulbarsch- und Brachsenregion. Der Laich schwebt im Wasser. Die Eier entwickeln sich in 3 bis 4 Tagen. Ein ♀ kann bis zu 30.000 Eier ablaichen.

FU: K.; Lebendfutter aller Art wie Kleinkrebse, Insektenlarven und Fluginsekten, auch kleine Fische und anderes. Jungfische können an Ersatznahrung gewöhnt werden.

Bes.: In der Sowjetunion und in Ungarn am Plattensee ein wichtiger Speisefisch.

T: 4-22°C, **L:** 30 (50) cm, **BL:** 100 cm, **WR:** o, m, **SG:** 2

Notropis lutrensis. Amerikanische Rotflossenorfe

Pelecus cultratus Ziege, Sichling

***Phoxinus phoxinus* (LINNÉ, 1758)** **Elritze, Pfrille**

Fam.: Cyprinidae, Karpfenfische

Unterfam.: Leuciscinae

Vork.: Europa und Nordasien. Besiedelt klare und sauerstoffreiche Seen und Fließgewässer. Sind auch im Brackwasser der Ostsee anzutreffen, bevorzugen Flachwasser mit sandigem oder kiesigem Bodengrund.

GU: ♂♂ zur Laichzeit intensiver, dunkler und mit roter Bauchregion gefärbt. Die ♀♀ sind kräftiger gebaut. Bei beiden Geschlechtern Laichausschlag, bei den ♀♀ jedoch nicht immer.

Soz. Verh.: An der Oberfläche orientierter, schwimmaktiver und friedlicher Schwarmfisch. Es müssen mindestens acht Exemplare gepflegt werden, Einzeltiere kümmern. Die friedliebende Elritze ist gut für ein Kaltwasser-Gesellschaftsaquarium geeignet, auch ein Gartenteich kann ihr eine gute Heimstatt bieten.

Hält. B.: Elritzen benötigen zum Wohlbefinden klares, stark bewegtes und sauerstoffreiches Wasser. Zur Beckeneinrichtung wird Sand oder besser feiner Kies als Bodengrund empfohlen. Bepflanzung nur am Rand und im Hintergrund, um viel Schwimmraum freizuhalten. Bei mittleren Wasserwerten und regelmäßigem Wasserwechsel sowie bei kräftiger Durchlüftung fühlen sich die Elritzen wohl. Zur Arterhaltung können auch empfindlichere, feinfiedrige Pflanzen eingesetzt werden, da Elritzen nicht wühlen und auch nicht von den Pflanzentrieben naschen. Der Schwarm sucht zeitweise gern Ruheplätze zwischen senkrecht gestellten flachen Steinen oder Moorkienwurzeln auf.

ZU: Die Zucht ist nach kühler Überwinterung auch im Aquarium möglich. Laicht in der Natur von April bis Juli im Flachwasser an Steinen. Im Aquarium sollte auch der Zuchtansatz im Schwarm erfolgen. Bei niedrigem Wasserstand, etwa 15 cm, 16 bis 21°C Wassertemperatur und kräftiger Durchlüftung und Filterung laichen die Elritzen im Zuchtbecken an Steinen oder auch an Pflanzen ab. Die laichräubernden Elterntiere müssen bald nach dem Ablaichen herausgefangen werden. Die Larven schlüpfen nach etwa einer Woche. Sie müssen mit Staub-Lebendfutter angefüttert werden, erst nach 10 bis 14 Tagen kann gröberes Futter wie *Artemia* und feines Flockenfutter, MikroMin, zugereicht werden. Elritzen wachsen, besonders im Aquarium, sehr langsam. Sie werden erst nach frühestens drei Jahren geschlechtsreif.

FU: K.; Lebendfutter wie Fluginsekten, Insektenlarven, Kleinkrebse, *Tubifex* und Enchyträen. Kann als Jungfisch auch an Flockenfutter gewöhnt werden.

Bes.: Diese Art ist wegen ihrer geringen Größe und dem friedlichem Verhalten sehr für das Kaltwasseraquarium und kleine Teiche zu empfehlen.

T: 4-20°C, **L:** 10 (14) cm, **BL:** 80 cm, **WR:** alle, **SG:** 2

Phoxinus phoxinus in Laichfärbung — Elritze, Pfrille

Phoxinus phoxinus, rechts ♂ mit Laichausschlag — Elritze, Pfrille

Pimephales promelas Rafinesque, 1820 **Dickkopf-Kärpfling**

Fam.: Cyprinidae, Karpfenfische

Vork.: Das natürliche Verbreitungsgebiet umfaßt nahezu das gesamte Nordamerika von Chihuahua, Mexiko, bis zum Einzug des Großen Sklavensees in Kanada. In Deutschland in Fischteichen des Rhein-Sieg-Gebietes aufgetaucht.

GU: ♂♂ dunkler mit schwärzlichen Flossen, der Kopf ist bei ihnen dicker. Die ♀♀ zeigen einen deutlich fülligeren Bauch, sie haben zur Laichzeit eine Legeröhre. Die ♂♂ zeigen dann Laichausschlag.

Soz. Verh.: Friedlicher Schwarmfisch.

Hält. B.: Obgleich der Fisch in Nordamerika sehr verbreitet und häufig ist, gelangte er erst in letzter Zeit nach Europa, und das offensichtlich unbemerkt als Beifang. Daher liegen bisher nur wenige Erfahrungen vor. Danach ist die Art sehr einfach zu pflegen, entsprechend ihrer weiten Verbreitung toleriert sie weite Bereiche an Wasserwerten und Temperaturen. Die Tiere können auch draußen überwintern.

ZU: Die Fische haben sich im Rhein-Sieg-Gebiet in Teichen vermehrt, in die sie offensichtlich unbemerkt als Beifänge gelangten. Die Tiere laichen an der Unterseite von Schwimmblättern, Ästen oder dergleichen in ruhigem Wasser. Das ♂ bewacht das Gelege. Im zweiten Jahr werden die Fische geschlechtsreif.

FU: O., mehr H.; Beobachtungen in den USA zeigten, daß sich diese Fische hauptsächlich von Algen ernähren, doch fressen sie auch Insektenlarven und dergleichen. Auch Flockenfutter wird problemlos gefressen.

T: 4-25°C, **L:** 8-10 cm, **BL:** 80 cm, **WR:** m, u, **SG:** 1

Pseudorasbora parva (Temminck & Schlegel, 1846)
Blaubandbärbling

Fam.: Cyprinidae, Karpfenfische

Unterfam.: Gobioninae

Vork.: Ursprünglich in Asien beheimatet, Japan, Korea, Taiwan, Sowjetunion. Wurde als Kleinfisch in Rumänien eingebürgert. Gelangte von dort unbeabsichtigt mit Besatzfischen nach Westeuropa. Ist heute in mehreren Gebieten fest etabliert, zum Beispiel im Rhein-Neckar-Raum.

GU: Schwer erkennbar, die ♂♂ zeigen manchmal zur Laichzeit Laichausschlag.

Soz. Verh.: Anspruchsloser und friedlicher Fisch.

Hält. B.: Harte und problemlose Art, verträgt auch wärmere Temperaturen. Kann in jedes Gesellschaftsaquarium eingesetzt werden.

ZU: Die Fische laichen im Sommer. Die Eier werden vom ♂ bewacht.

FU: O.; Die Art nimmt problemlos jegliches Lebendfutter und auch Flockenfutter.

Bes.: Nicht nur für *Pseudorasbora parva*, sondern auch für *Pimephalus promelas* und andere fremdländische Arten gilt, daß sie nicht mutwillig ausgesetzt werden dürfen. Dies zum einen wegen der Gesetzeslage, dahinter steht aber die biologische Tatsache, daß durch diese Formen aus Gründen der Nahrungs- und Lebensraumkonkurrenz die einheimischen Arten noch mehr in ihrem Bestand gefährdet werden als sie es durch die Änderungen ihres Lebensraumes ohnehin schon sind.

T: 14-24°C, **L:** 11 cm, **BL:** 80 cm, **WR:** m, u, **SG:** 2

Pimephales promelas Dickkopf-Kärpfling

Pseudorasbora parva Blaubandbärbling

Acanthorhodeus barbatulus GÜNTHER, 1873 — China-Bitterling

Fam.: Cyprinidae, Karpfenfische

Unterfam.: Rhodeinae

Vork.: Ostasien; China (näheres ?).

GU: ♂ farbiger als ♀, dieses bei der Eiablage mit Legeröhre. Außerhalb der Paarungszeit schwer erkennbar.

Soz. Verh.: Geselliger Schwarmfisch. Zur Laichzeit bilden die Tiere jedoch Reviere, die vom ♂ heftig verteidigt werden.

Hält. B.: Im Aquarium ist die Pflege im ungeheizten Zimmer recht einfach. Die Pflege der zur Fortpflanzung der Fische notwendigen Muscheln ist im Aquarium hingegen nicht so leicht (siehe Seite 750. Zum Bitterlingsaquarium siehe Seite 194).

ZU: Wie beim europäischen Bitterling, Seite 844. Eine oder mehrere Muscheln sind erforderlich.

FU: O.; Allesfresser - vom Flockenfutter bis zu jeglicher Art feinem Lebendfutter. FD-Tabletten, Algennahrung.

Bes.: Muscheln werden manchmal im Zoofachhandel angeboten. Dann sollte man schnell zugreifen! An die Bitterlinge (wenn auch nicht gerade an die hier vorgestellte Art) kommt man viel leichter! Ich habe Tausende in meinem Teich gezüchtet (H.B.).

T: 8-20°C, **L:** M 4,5; W 7 cm, **BL:** 100 cm, **WR:** m, u, **SG:** 2-3

Rhodeus o. ocellatus (KNER, 1867) — Hongkong-Bitterling

Fam.: Cyprinidae, Karpfenfische

Unterfam.: Rhodeinae

Vork.: Ostasien; China, Taiwan.

GU: ♂♂ zur Laichzeit deutlich farbintensiver, ♀♀ haben dann eine Legeröhre.

Soz. Verh.: Friedlicher Schwarmfisch.

Hält. B.: Auch diese Art benötigt zur Fortpflanzung Muscheln. Wie bei *R. sericeus amarus* muß für diese Muscheln mit Sand als Bodengrund ein geeignetes Substrat geschaffen werden. Es sollten auf keinen Fall zu wenige Muscheln gepflegt werden, daraus ergibt sich, daß das Aquarium nicht zu klein sein darf.

ZU: Die Zucht erfolgt wie die des heimischen Bitterlings. Für einen Zuchtansatz müssen neben ausreichend vielen Muscheln auch eine Mehrzahl ♀♀ pro ♂ eingesetzt werden, da die ♂♂ Reviere bilden.

FU: O.; Lebendfutter und Kunstfutter verschiedenster Art.

Bes.: Leider werden in Zoohandlungen vielfach Hongkong-Bitterlinge lediglich als „Bitterlinge" angeboten und verkauft. Der Tierfreund vermag die Unterschiede häufig nicht an Ort und Stelle zu erkennen. Auf diese Weise wird die fremdländische Art zuungunsten des mehr und mehr bedrohten einheimischen Bitterlings zunehmend verbreitet. Der Kundige sollte trotz der nicht so kräftigen Farbgebung stets den heimischen Bitterling vorziehen. Während es in der Natur bei uns nur die eine Bitterlingsform gibt, existieren in Fernost mehrere Arten.

T: 18-24°C, **L:** 12 cm, **BL:** 80 cm, **WR:** m, u, **SG:** 2-3

Acanthorhodeus barbatulus Chinabitterling

Rhodeus o. ocellatus Hongkong-Bitterling

Rhodeus sericeus amarus BLOCH, 1782 **(Europäischer) Bitterling**

Fam.: Cyprinidae, Karpfenfische

Unterfam.: Rhodeinae

Vork.: Mittel- und Osteuropa in flachen und ruhig fließenden Gewässern sowie in Seen. Bevorzugt in der Brachsenregion.

GU: ♂♂ zur Laichzeit mit farbintensiverer Balzfärbung. ♀♀ auch dann einfacher gefärbt mit 3 bis 4 cm langer Legeröhre. ♂♂ zudem mit Laichausschlag.

Soz. Verh.: Friedliebender Schwarmfisch, gut zur Vergesellschaftung geeignet. Um das interessante Laichverhalten beobachten zu können, ist Arthaltung angebracht.

Hält. B.: Sandboden für die zur Zucht notwendigen Muscheln. Randbepflanzung durch Steinwälle oder ähnliches vor dem Ausgegrabenwerden durch die Muscheln schützen. Filterung nicht unbedingt notwendig, sofern eine Durchlüftung vorhanden ist. Siehe auch das Kapitel „ Das Kaltwasseraquarium".

ZU: Legen ihre Eier in Fluß- oder Malermuscheln. Laichzeit ist von April bis Juni. Kühle Überwinterung ist Voraussetzung für eine erfolgreiche Zucht.

FU: O.; Flockenfutter, Lebendfutter und pflanzliche Nahrung.

Bes.: Die Brutfürsorge durch die Eiablage in lebende Muscheln stellt eine bemerkenswerte Entwicklung im Tierreich dar.
Auf der gegenüberliegenden Seite seien zur Information zwei weitere der asiatischen Bitterlingsformen abgebildet, die man jedoch auf keinen Fall in die freie Natur entlassen darf und besser nur im Aquarium pflegt. Die Pflege und Hälterung entspricht der von *Rhodeus ocellatus*.

T: 6-21°C, **L:** 6 (10) cm, **BL:** 60 cm, **WR:** m, u, **SG:** 2

Rhodeus sericeus amarus Bitterlinge, Paar

Rhodeus sericeus sericeus Amurbitterling

Rhodeus sinensis atremius Japanischer Bitterling

Rutilus rubilio (Bonaparte, 1837) — Südeuropäische Plötze

Fam.: Cyprinidae, Karpfenfische

Unterfam.: Leuciscinae

Vork.: Italien, Jugoslawien und Griechenland. Lebt bevorzugt in der freien Wasserzone, zur Nahrungsaufnahme auch in den bewachsenen Uferbezirken.

GU: ♂♂ zur Laichzeit mit Laichausschlag.

Soz. Verh.: Friedlicher Schwarmfisch.

Hält. B.: Siehe bei *Rutilus rutilus*.

ZU: Siehe bei *Rutilus rutilus*.

FU: K.; Anflug, Insektenlarven, Kleinkrebse und Würmer. Ist auch an Flockenfutter gut zu gewöhnen.

Bes.: Für Laien nur anhand des Fundortes von *R. rutilus* zu unterscheiden. *Rutilus rubilio* ist länglicher und zeigt manchmal eine schmale graue Längsbinde. Die Art bleibt etwas kleiner. Es sind zwei Unterarten bekannt.

T: 10-22°C, **L:** 25 cm, **BL:** 80 cm, **WR:** alle, **SG:** 1

Rutilus rutilus (Linnaeus, 1758) — Plötze, Rotauge

Fam.: Cyprinidae, Karpfenfische

Unterfam.: Leuciscinae

Vork.: Europa, nicht in Spanien und Italien, dagegen in Sibirien. In allen ruhigeren Gewässertypen, auch im Brackwasser. Manche Formen leben im Meer, laichen aber im Süßwasser.

GU: ♂♂ zur Laichzeit mit Laichausschlag. ♀♀ mit kräftigem Laichansatz.

Soz. Verh.: Schwimmaktiver, etwas schreckhafter, friedlicher Schwarmfisch. Gut für das Kaltwasser-Gesellschaftsaquarium geeignet.

Hält. B.: Neben reichlichem Pflanzenwuchs an den Beckenseiten und im Hintergrund als Randbepflanzung sollten auch Verstecke unter Holz angeboten werden. Rotaugen bleiben auch im Schwarm im Aquarium schreckhaft und erhalten durch viele Verstecke und eine gute Untergliederung durch die Einrichtung im Becken die nötige Sicherheit. Guter Pflanzenwuchs erfordert auch im Kaltwasserbecken viel Licht. Schwimmraum im Vordergrund freihalten. Als Bodengrund empfiehlt sich feiner Kies in 2 bis 3 mm Körnung. Es ist besser, einen Schwarm Jungfische zu erwerben, da ältere Rotaugen schreckhaft bleiben. Regelmäßiger wöchentlicher Teilwasserwechsel bei mittleren Wasserwerten.

ZU: Im Aquarium nur in sehr großen Becken möglich. Im Gartenteich laichen die Rotaugen im Mai bis Juni im Schwarm. Dabei verursachen sie laut plätschernde Geräusche. Freilaicher, keine Brutpflege. Zur gezielten Aufzucht schöpft man einen Teil der bis zu 100.000 Eier eines ♀ ab und zieht sie getrennt auf. Die Aufzucht der Allesfresser ist einfach und erfolgt wie beim Goldfisch.

FU: O.; Allesfresser: Flockenfutter, Wasserflöhe, Tubifex, Mückenlarven, eingeweichte Haferflocken, junge Pflanzentriebe, Salat und vieles andere mehr.

Bes.: Die Plötze oder das Rotauge wird leicht mit der Rotfeder, *S. erythrophthalmus*, verwechselt. Bei den Rotaugen befinden sich Rücken- und Bauchflossen übereinander. Sechs Unterarten der Plötze sind beschrieben. Aquarium gut abdecken, da die schreckhaften Rotaugen sonst leicht aus dem Becken springen.

T: 4-20°C, **L:** 30 (40) cm, **BL:** 100 cm, **WR:** alle, **SG:** 1

Rutilus rubilio Südeuropäische Plötze

Rutilus rutilus Rotauge, Plötze

Scardinius erythrophthalmus (LINNÉ, 1758) — Rotfeder

Fam.: Cyprinidae, Karpfenfische

Unterfam.: Leuciscinae

Vork.: In Europa, jedoch nicht in Spanien und Portugal. Lebt in sauberen, stehenden und langsam fließenden Gewässern, sowohl in leichtem Brackwasser, als auch in Gebirgsbächen. Bevorzugt die wärmeren Uferregionen.

GU: Schwer erkennbar, ♂♂ zur Laichzeit mit Laichausschlag, ♀♀ sind meist kräftiger gebaut.

Soz. Verh.: Friedlicher Schwarmfisch, mindestens sechs Tiere pflegen, kann gut mit Kaltwasserarten ähnlicher Ansprüche, wie Rotaugen, Moderlieschen oder Orfen, vergesellschaftet werden.

Hält. B.: Sehr schreckhafte Art. Zur Beckeneinrichtung und den Ansprüchen siehe bei der Plötze, *Rutilus rutilus*.

ZU: Die Zucht ist in sehr großen Aquarien, ab 500 l, schon gelungen. In der Natur laichen Rotfedern von April bis Juni in Schwärmen. Rotfedern sind sehr produktiv, ein ♀ produziert über 100.000 Eier. Die Aufzucht aller Jungtiere ist dem Hobbybiologen nicht möglich. Deshalb einige Eier abschöpfen. Weiteres siehe beim Goldfisch.

FU: O.; mehr H.; Allesfresser, der Nahrung pflanzlichen Ursprungs bevorzugt. Geht gut an Flockenfutter.

Bes.: Leicht mit der Plötze, *Rutilus rutilus*, zu verwechseln. Bei der Rotfeder sind die Bauchflossen deutlich vor der Rückenflosse angesetzt. Zudem trägt der Bauch der Rotfeder zwischen Bauchflosse und Afteröffnung einen spitzen Kiel.

T: 4°-20°C, **L:** 40 cm, **BL:** 80 cm, **WR:** alle, **SG:** 1

Tanichthys albonubes LIN SHU-YEN, 1932 — Kardinalfisch

Fam.: Cyprinidae, Karpfenfische

Unterfam.: Rasborinae

Vork.: Südchina, lebt dort in Bächen der „Weiße-Wolke-Berge“, nördlich von Hongkong.

GU: ♂♂ schlanker und kräftiger gefärbt, ♀♀ dicker.

Soz. V.: Friedfertiger Schwarmfisch, mindestens acht Kardinalfische gemeinsam pflegen. Die Art ist gut mit kleineren Arten zu vergesellschaften.

Hält. B.: Auch im Gesellschaftsbecken mit dichter Randbepflanzung. Wasser bei mittleren Werten.

ZU: Zuchtbecken bei 20-22°C mit Pflanzenbüscheln versehen. Ein Paar ansetzen. Laichen nach längerer Trennung spontan. Bei Schwarmhaltung Dauerlaicher. Das ♂ treibt stark. Nach dem Ablaichen Eltern herausfangen, obwohl manche ihre Jungen nicht fressen. Die Larven schlüpfen nach etwa 36 Stunden. Anfüttern mit Staub-Lebendfutter. Nach 6 bis 8 Tagen feine *Artemia*-Nauplien zufüttern.

FU: O; Allesfresser, nimmt Flockenfutter genauso gern wie Mückenlarven, *Tubifex*, Wasserflöhe oder Enchyträen.

T: 16-22°C, **L:** 4 cm, **BL:** 40 cm, **WR:** o, alle, **SG:** 1

Scardinius erythrophthalmus Rotfeder

Tanichthys albonubes Kardinalfisch

***Tinca tinca* (LINNÉ, 1758)** **Schleie**

Fam.: Cyprinidae, Karpfenfische

Vork.: Europa. In allen Gewässertypen, vom Brackwasser bis in die Forellenregion in etwa 1.600 m Höhe. Bevorzugt Uferbereiche von Seen mit pflanzenreichen und schlammigen Uferregionen.

GU: Bei den ♂♂ ist der zweite Strahl der Bauchflosse auffallend verlängert und verdickt, ähnlich wie bei den Schmerlen.

Soz. Verh.: Ruhige, vorzugsweise nachtaktive Fische.

Hält. B.: Sehr anpassungsfähige Art. Die Schleie ist als Jungtier gut für die Aquarienhaltung geeignet. Verträgt bei guter Durchlüftung Temperaturen bis 22°C. Die friedliche Schleie kann gut mit nicht zu aktiven Fischen gemeinsam gepflegt werden. Sandboden anbieten, da die Art gerne wühlt, kräftige Filterung.

ZU: Die Zucht ist im Aquarium nicht möglich. Laicht in der Natur im Mai bis zum August. Die zahlreichen sehr kleinen Eier werden beim Ablaichen in die Pflanzen und den schlammigen Bodengrund gewirbelt. In größeren Teichen laichen Schleien regelmäßig ab und es kommt leicht zu einer Übervölkerung.

FU: O.; Flockenfutter, Bodentiere, organischer Detritus und weiche Pflanzenteile. Abgebrühten Salat und Spinat zufüttern.

Bes.: Von der Schleie ist eine goldfarbene Mutante als Zuchtform verbreitet (Goldschleie, siehe Foto). Das Fleisch der Schleie ist wohlschmeckend, aber grätenreich. Die Art ist in Teichzuchten weit verbreitet. Größen bis 65 cm stellen durch Überfütterung erreichte Ausnahmen dar.

T: 4-22°C, **L:** 40 cm, **BL:** 100 cm, **WR:** u, **SG:** 1

Tinca tinca Schleie

Tinca tinca Schleie

Tinca tinca Schleie, Goldform

Vimba vimba (Linné, 1758) **Zährte, Rußnase**

Fam.: Cyprinidae, Karpfenfische

Unterfam.: Abraminae

Vork.: Mitteleuropa bis zum Kaspisee und an der Ostsee, auch im Brackwasser. Lebt in den Unterläufen größerer Flüsse, also in der Brachsen- und Kaulbarschregion.

GU: Schwer erkennbar. Die ♀♀ sind während der Laichzeit dicker. Die ♂♂ haben keinen Laichausschlag.

Soz. Verh.: Stationärer, teilweise auch anadromer Schwarmfisch, von dem immer eine Gruppe aus mindestens fünf Fischen gepflegt werden sollte. Gut zur Vergesellschaftung geeignet, beispielsweise mit der Nase *Chondrostoma nasus* oder dem Brachsen *Abramis brama*.

Hält. B.: Hälterung wie bei der Nase, *Chondrostoma nasus*, siehe dort.

ZU: Die Art laicht in der Natur von Mai bis August im Schwarm an flachen, steinigen Ufern der Barbenregion. Die Eizahl kann über 300.000 Stück betragen. Die Eier messen etwa 1,4 mm und sind schwach klebrig, fallen aber nach der Befruchtung zwischen die Steine und entwickeln sich dort. Manchmal haften die Eier an Steinen und Pflanzen. Die Eientwicklung dauert etwa drei bis zehn Tage. Die geschlüpften Larven verstecken sich zuerst zwischen den Steinen. Die Jungen der Wanderformen ziehen bald ins Meer.

FU: K.; Lebendfutter aller Art, vor allem grundbewohnende Wirbellose wie Zuckmükkenlarven, Würmer und Schnecken. Geht gut an Ersatzfutter.

Bes.: Die Zährte *Vimba vimba* unterscheidet sich von der Nase *Chondrostoma nasus* vor allem durch die wesentlich höhere Anzahl Afterflossenstrahlen. Die Zährte bildet sechs weitere geographische Rassen oder Unterarten aus. Die Gattung *Vimba* ist monotypisch, sie besteht also nur aus der einen Art (mit mehreren Unterarten).

T: 4-20°C, **L:** 30 (50) cm, **BL:** 120 cm, **WR:** u, **SG:** 2

Zacco platypus (Temminck & Schlegel, 1840) **Drachenfisch**

Fam.: Cyprinidae, Karpfenfische

Unterfam.: Abraminae

Vork.: Japan und Ostasien.

GU: ♂♂ mit längeren Flossen, prachtvoller gefärbt, ♀♀ mit kräftigerem Bauch.

Soz. V.: Jungtiere sind friedliche Schwarmfische. Ältere Drachenfische werden zum Teil räuberisch und manche werden auch Einzelgänger.

Hält. B.: Die schnellen und wendigen Schwimmer benötigen viel Schwimmraum. Deshalb nur am Rand und im Hintergrund Pflanzen einsetzen. Bodengrund aus Kies. Zur Dekoration etwas Moorkienholz und einige Steine einbringen. Regelmäßiger Wasserwechsel und gute Filterung sind notwendig. An die Wasserchemie werden keine besonderen Ansprüche gestellt. Der Drachenfisch ist ein sehr schöner Fisch, der auch für den Gartenteich geeignet ist. Das Aquarium muß gut abgedeckt sein, da Drachenfische gut und viel springen.

ZU: Über Zucht und Vermehrung ist nichts bekannt, verläuft wahrscheinlich im Prinzip ähnlich der vieler Karpfenfische.

FU: O., mehr K.; Räuberischer Allesfresser.

T: 10-22°C, **L:** 18 cm, **BL:** 100 cm, **WR:** alle, **SG:** 1

Vimba vimba Zährte, Rußnase

Zacco platypus Drachenfisch

Catostomus commersonii (Lacépède, 1803)

Fam.: Catostomidae, Saugerfische

Vork.: Nordamerika: Kanada und USA, von den Zuflüssen und Seen Quebecs und den Großen Seen bis nach Montana und Colorado und südwärts bis Missouri und Georgia. Ist in allen Gewässertypen anzutreffen.

GU: Laichbereite ♂♂ sind wesentlich prächtiger gefärbt, ihre Körperseiten zeigen einen rosa, purpurnen und orangenen Glanz, außerdem haben sie große Knötchen auf den Strahlen der Afterflosse und letztlich sind die ♂♂ meist kleiner als die ♀♀.

Soz. Verh.: Ein friedfertiger und aktiver Schwarmfisch. Die Vergesellschaftung mit *Notropis*-Arten bietet sich an.

Hält. B.: Als Bodengrund eignen sich Sand oder feinkörniger Kies. Zur Dekoration sollten einige Steine und Wurzeln eingebracht werden. Eine Randbepflanzung kann beispielsweise mit *Elodea* oder *Myriophyllum* erfolgen, doch muß Schwimmraum frei bleiben. Das Wasser muß klar und sauber sein, die Beschaffenheit ist von untergeordneter Bedeutung.

ZU: In der Natur laichen die Fische im April und Mai. Die ♂♂ treffen zuerst an den Laichplätzen ein. Die Fische bauen kein Nest und sind nicht revierbildend. Meist befinden sich zwei ♂♂ Seite an Seite mit einem ♀. Eier und Spermien werden gleichzeitig abgegeben. Die Eizahl kann über 20.000 Stück betragen. Die Eier haften an verschiedenen Substraten. Die Larven schlüpfen bei 20°C nach zwei bis drei Wochen und sind dann etwa acht Millimeter lang. Erste Nahrung sind Protozoen, Kieselalgen und Kleinkrebse.

FU: O.; Lebendfutter aller Art wie Shrimps, geschabtes Fleisch, Algen, Flockenfutter und Futtertabletten.

Bes.: *Catostomus commersonii* ist die häufigste *Catostomus*-Art. Die Fische können bis zu 3 kg schwer werden.

T: 4-20°C, **L:** 30 (45) cm, **BL:** 120 cm, **WR:** u, **SG:** 2

Erimyzon sucetta (Lacépède, 1803) — Saugdöbel

Fam.: Catostomidae, Saugerfische

Vork.: Nordamerika, Atlantische Appalachen-Ausläufer von Virginia im Norden bis Florida, Mississippi-Einzug bis südlicher Einzug der Großen Seen in Michigan. Bevorzugt ruhigere Ausstände der Flüsse, Seen und Teiche mit Pflanzenwuchs.

GU: Schwer erkennbar, die ♀♀ sind meist dicker.

Soz. V.: Ein friedfertiger Schwarmfisch, gut zur Vergesellschaftung geeignet.

Hält. B.: Großes Aquarium mit sandigem oder feinkiesigem Bodengrund und Randbepflanzung. Verstecke unter Steinen oder Moorkienholz anbieten. Das Wasser muß klar, gut gefiltert sein, und nach Möglichkeit schwach strömen. Wasser: bis 15° dGH, pH-Wert 7 bis 7,5. Becken gut abdecken, da die Saugdöbel sehr gut springen.

ZU: Laicht in der Natur im März und April, manchmal bis Juli. Ein ♀ laicht bis zu 20.000 Eier innerhalb von zwei Wochen. Die Eientwicklung dauert etwa eine Woche.

FU: K; Lebendfutter aller Art, kann auch an Ersatzfutterarten gewöhnt werden.

Bes.: Das schwarze Längsband der Jungfische (siehe Foto) löst sich bei erwachsenen Fischen in Flecken oder senkrechte Bänder auf.

T: 4-20°C, **L:** 25 cm, **BL:** 100 cm, **WR:** u, **SG:** 2

Catostomus commersonii

Erimyzon sucetta Saugdöbel

Cobitis taenia Linné, 1758 — Steinbeißer, Dorngrundel

Fam.: Cobitidae, Schmerlen, Dorngrundeln

Unterfam.: Cobitinae

Vork.: Europa und Westasien, in klaren fließenden und stehenden Gewässern.

GU: ♀♀ werden größer als ♂♂. Der zweite Strahl der Brustflossen der ♂♂ ist auffällig verdickt.

Soz. Verh.: Zumeist friedliche Art. Der Steinbeißer ist standorttreu und dem Bodenleben stark angepaßt.

Hält. B.: Sehr sauerstoffbedürftig und auf sauberes, klares Wasser angewiesen. Bewohnt die Äschen- und Barbenregion. Empfindlich gegen zu hohe Temperaturen, diese dürfen nie über 20°C steigen. Höhlen und einige Pflanzen als Versteckmöglichkeiten für die nachtaktiven Fische anbieten.

ZU: Laicht in der Natur bevorzugt zwischen April und Juli an Wasserpflanzen und über Kies. Keine Brutpflege.

FU: K.; Lebendfutter wie Wasserflöhe, Mückenlarven, Flohkrebse und *Tubifex*.

Bes.: Zahlreiche Unterarten sind bekannt. Der Steinbeißer ist ein wichtiges Nahrungstier der Forelle. Die Art ist in Mitteleuropa leider sehr selten geworden.

T: 4-18°C, **L:** 12 cm, **BL:** 80 cm, **WR:** u, **SG:** 2

Misgurnus fossilis (Linné, 1758) Schlammbeißer, Schlammpeitzger

Fam.: Cobitidae, Schmerlen, Dorngrundeln

Unterfam.: Cobitinae

Vork.: Mittel- und Osteuropa. Lebt in stehenden, flachen und etwas wärmeren Gewässern, meist mit Bodenschlamm. Auch in Flachlandseen, in den Fließgewässern meist in der Brachsenregion.

GU: ♂♂ sind kleiner und schlanker, der zweite Brustflossenstrahl ist verdickt.

Soz. V.: Standorttreue friedliche Art.

Hält. B.: Bodenfisch, vornehmlich nachtaktiv. Deshalb Verstecke anbieten und sandigen Bodengrund einbringen, damit die Schlammbeißer sich eingraben können. Da die Fische gern graben und wühlen, ist eine gute Filterung notwendig. Die Wasserwerte sollten in den mittleren Bereichen liegen, die Temperatur 24°C nicht lange übersteigen.

ZU: Schlammbeißer laichen in der Natur von April bis Juni. Dabei geben die Schmerlen ihre Eier unter schlängelnden Bewegungen zwischen Wasserpflanzen ab. Die Zucht ist mit kalt überwinterten Tieren auch im Aquarium oder im Gartenteich möglich. Die Larven besitzen in den ersten Tagen äußere Kiemen.

FU: K; Lebendfutter aller Art. Abends füttern, da die Schlammbeißer bevorzugt nachtaktiv sind.

Bes.: Der Schlammbeißer vermag durch Verschlucken von Luft Sauerstoff aufzunehmen und Darmatmung durchzuführen, wodurch er auch in sauerstoffarmen Gewässern überleben kann. Vergräbt sich im Winter und bei Austrocknung des Gewässers im Bodenschlamm. Schlammbeißer wurden früher als Wetterfische bezeichnet, da sie bei niedrigem Luftdruck und Gewitter auch am Tage unruhig umherschwimmen und oft an der Oberfläche Luft schöpfen.

T: 4-22°C, **L:** 25 (40) cm, **BL:** 80 cm, **WR:** u, **SG:** 1

Cobitis taenia taenia Steinbeißer, Dorngrundel

Misgurnus fossilis Schlammpeitzger, Schlammbeißer

Nemacheilus angorae STEINDACHNER, 1897 **Angora-Schmerle**

Fam.: Cobitidae, Schmerlen, Dorngrundeln

Unterfam.: Nemacheilinae

Vork.: Griechenland, Bulgarien, Struma-Fluß, und Türkei, bis zum Kaspischen Meer. Lebt sowohl in Fließgewässern als auch in Seen.

GU: Schwer erkennbar, ♂♂ bleiben kleiner und sind intensiver gezeichnet, siehe Foto. ♂ vorn, ♀ hinten.

Soz. Verh.: Eine standorttreue, meist nachtaktive Art, gegenüber anderen Fischen friedfertig. Wenn die Angora-Schmerlen abends eigens gefüttert werden, fügen sie sich gut in Gesellschaftsaquarien ein. Bei der normalen Fütterung am Tage kommen die Schmerlen oft zu kurz.

Hält. B.: Großes Aquarium mit reichlich Schwimmraum, Verstecken unter flachen Steinen oder ähnlichem, Randbepflanzung und feinem Bodengrund. Klares Wasser und Strömung werden von den Schmerlen bevorzugt.

ZU: Laicht von Mai bis Juli an seichten, sandigen und kiesigen Uferbereichen. Die klebrigen Eier bleiben an Steinen und manchmal an Wasserpflanzen haften.

FU: K.; Lebendfutter aller Art, insbesondere Bodentiere.

Bes.: Schöne, selten importierte und angebotene Art.

T: 4-22°C, **L:** 9 cm, **BL:** 80 cm, **WR:** u, **SG:** 2

Barbatula barbatula (LINNÉ, 1758) **Bachschmerle, Bartgrundel**

Fam.: Cobitidae, Schmerlen, Dorngrundeln

Unterfam.: Nemacheilinae

Vork.: Mittel- und Osteuropa. Lebt in strömenden Bächen und Flüssen von der Forellen- bis zur Brachsenregion, auch in den Uferbereichen kühler Seen. Zieht festen, kiesigen Bodengrund vor.

GU: Die ♂♂ sind kleiner und schlanker als ausgewachsene ♀♀. Der zweite Brustflossenstrahl ist bei den ♂♂ verdickt.

Soz. V.: Standorttreuer, dämmerungs- und nachtaktiver Grundfisch. Meist gegenüber Artgenossen und anderen Fischen friedfertig. Gut mit Fischen ähnlicher Ansprüche zu vergesellschaften.

Hält. B.: Sandiger Bodengrund, mit zahlreichen Kieseln und anderen Steinen, die hohl aufliegen sollten um den nachtaktiven Schmerlen Versteckmöglichkeiten zu bieten. Bepflanzung mit Quellmoos. Gute Durchlüftung ist notwendig, besser ist eine starke Strömung durch Kreiselpumpen. Wasserwerte in mittleren Bereichen: dGH 10 bis 15°, pH 6,5 bis 7,7. Niemals lange über 18°C halten!

ZU: Die Zucht ist mit ausgewachsenen, kühl überwinterten Schmerlen gut möglich. In der Natur laichen die Bachschmerlen meist zwischen April und Mai. Laichreife ♀♀ sind am Körperumfang kenntlich. Die Bachschmerlen laichen an Steinen oder Kies. Die Eier bleiben dort kleben und werden vom ♂ bewacht. Die Larven schlüpfen nach einer Woche, sie können sofort mit *Artemia*-Nauplien angefüttert werden. Die Aufzucht ist im klaren und sauberen Wasser einfach.

FU: K; Lebendfutter aller Art.

Bes.: Die Schuppen sind klein und von der Haut überwachsen und bei lebenden Schmerlen nicht sichtbar. Die Art ist in Mitteleuropa sehr selten geworden.

T: 4-18°C, **L:** 12 (16) cm, **BL:** 80 cm, **WR:** u, **SG:** 2

Nemacheilus angorae Angora-Schmerle, vorn ♂

Barbatula barbatula Bachschmerle, Bartgrundel

Ictalurus melas Rafinesque, 1820 — Schwarzer Katzenwels

Fam.: Ictaluridae, Katzenwelse

Vork.: Nordamerika, Zentrale USA vom Einzug der Großen Seen im Norden bis Rio Grande. Vorzugsweise in stehenden und langsam fließenden Gewässern, in Europa mancherorts ausgesetzt.

GU: Schwer unterscheidbar, ♀ zur Laichzeit wesentlich dicker.

Soz. Verh.: Jungfische sind schwarmbildend, ältere Tiere werden Einzelgänger. Untereinander sind sie durchaus friedlich, kleine Fische werden als Nahrung angesehen, größere nicht beachtet. Gut mit größeren Fischen zu vergesellschaften. Katzenwelse sind dämmerungs- und nachtaktiv.

Hält. B.: Im Großaquarium oder im Teich. Die Bepflanzung muß aus robusten Pflanzen bestehen, die mit großen Kieseln vor dem Ausgegrabenwerden geschützt sein müssen. Verstecke aus Holz oder Steinen anbieten. Das Aquarium nur schwach beleuchten oder die Oberfläche mit Schwimmpflanzen abdecken.

ZU: Im Teich durchaus zu züchten. Im Uferbereich wird eine Grube ausgehoben. Die Eier werden in Ballen abgelaicht und kleben am Boden. Die Larven schlüpfen je nach Temperatur nach 10 bis 16 Tagen.

FU: K., O.; Allesfresser, vorzugsweise gröberes Lebendfutter wie Regenwürmer und Fische. Jungwelse nehmen Futtertabletten, als Ersatznahrung können ferner Fischfleisch, Hundefutter aus Dosen und Karpfenpellets gereicht werden.

Bes.: Ist *Ictalurus nebulosus* ähnlich, aber viel dunkler. In Amerika teilweise ein beliebter Speisefisch, der bei geeigneter Ernährung durchaus schmackhaft ist. Auch die Arten *Ictalurus punctatus*, *I. catus* und *I. furcatus* wurden in europäischen Gewässern ausgebürgert oder werden in Teichzuchten vermehrt.

T: 6-30°C, **L:** 35 cm, **BL:** 100 cm, **WR:** u, **SG:** 1

Warnung vor diesen Räubern!

Beide Arten sind als Teichbesatz unerwünscht, da sie alles und jeden fressen, den sie bewältigen können. Kaufen Sie sich diese Welse nicht, nach 2-3 Jahren bereuen Sie es!

Ictalurus nebulosus (Le Sueur, 1890) — Zwergwels, Katzenwels

Fam.: Ictaluridae, Katzenwelse

Vork.: Nordamerika, im Osten der USA ab Mississippi-Einzug, in Europa häufig ausgesetzt, jetzt vereinzelt überall in europäischen Gewässern anzutreffen. Lebt bevorzugt am Grund von stehenden und langsam fließenden Gewässern.

GU: Äußerlich nicht erkennbar, ♀♀ manchmal dicker.

Soz. V.: Gefräßige Art, Einzelhaltung. Gegen wesentlich größere Mitpfleglinge friedlich, sie werden meist ignoriert. Jungwelse leben in Schwärmen.

Hält. B.: Sandiger Bodengrund, kräftige Filterung. Nur robuste Pflanzen in Töpfen einbringen. Mit Holz und Steinen einige Verstecke für die bevorzugt nachtaktiven Katzenwelse anbieten. Diese Welse sind robust, die Wasserwerte sind nebensächlich. Dagegen muß für kräftige Nahrung gesorgt werden.

ZU: Laicht von März bis Mai. Die Eier werden in eine Grube gelegt. Diese wird meist geschützt unter Holz oder hinter Steinen ausgehoben. Der Laichklumpen wird ebenso

Ictalurus melas Schwarzer Katzenwels

Ictalurus nebulosus Zwergwels, Katzenwels

wie die schlüpfende Brut vom ♂ bewacht. Die Jungwelse können sofort mit *Artemia*-Nauplien angefüttert werden. Eltern bald abtrennen. Zucht im Gartenteich. Im Aquarium nur in sehr großen Becken möglich.

FU: K; Niedere Wassertiere, selten Anflug, bevorzugt Fische. Nimmt auch frischtoten Fisch und Rinderherz.

Bes.: Die robuste Art wird oft im Aquarium gepflegt. Vorsicht, Stiche mit dem Rückenflossenstachel sind sehr schmerzhaft und können Fieber verursachen. Zwergwelse können darmatmen.

T: 6-22°C, **L:** 35 (45) cm, **BL:** ab 80 cm, **WR:** u, **SG:** 1

Silurus glanis LINNÉ, 1758 — Wels, Waller

Fam.: Siluridae

Vork.: Ganz Europa, ohne England und Italien. Lebt in allen Gewässern, bevorzugt in stehenden Gewässern, Seen und größeren Flüssen mit weichem Untergrund.

GU: Äußerlich kaum erkennbar, ♀♀ zur Laichzeit mit dickerem Bauch.

Soz. Verh.: Jungwelse sind Schwarmfische, ältere werden räuberische Einzelgänger, die auch vor kleinen Artgenossen nicht halt machen. Eine Vergesellschaftung ist nur mit Fischen möglich, die größer sind. Der Wels ist vornehmlich nachtaktiv, er geht zur Dämmerung auf Nahrungssuche.

Hält. B.: Nur Jungwelse sind in großen Schaubecken oder Teichen zu halten. Ins Becken können robuste Pflanzen eingesetzt werden, deren Wurzeln durch Steine geschützt und festgehalten werden. Ein starker und großer Filter ist wichtig, an das Wasser werden keine Ansprüche gestellt.

ZU: Pflanzt sich nur in Fließgewässern und größeren Seen fort. Laichzeit ist Mai bis Juni. Die Wassertemperatur muß dann mindestens 18°C betragen, dadurch kann die Laichzeit in nördlichen Breiten später liegen, im Juli bis August. Die Welse suchen zum Ablaichen paarweise seichte Uferbereiche mit dichten Pflanzenbeständen auf. In einem einfachen Nest, einem gesäuberten Laichplatz mit einem flachen Rand aus Pflanzenteilen, werden die gelben klebrigen Eier, die etwa 3 mm durchmessen, abgelaicht. Die Eier haften am Boden und an den Pflanzen, sie werden vom ♂ bewacht. Nach dem Ausschlüpfen nach 3 bis 10 Tagen, je nach Wassertemperatur, verläßt das ♂ die bereits 7 mm großen Larven. Diese Larven wirken kaulquappenähnlich und hängen in den ersten Tagen an Pflanzenteilen. Sie haben einen großen Dottersack. Zuerst ernähren sich die Jungwelse von Zooplankton. In nährstoffreichen und warmen Gewässern sind sie schnellwüchsig, nach vier Wochen können die Jungfische 20 cm erreichen. Dann ernähren sich die Welse schon von Fischbrut. ♂♂ können bereits nach dem zweiten, ♀♀ nach dem dritten Lebensjahr geschlechtsreif werden.

FU: K.; alle Nahrung tierischen Ursprungs. Jungwelse nehmen Tablettenfutter und Teichfischpellets. Erwachsene leben von Fischen, Krebsen, Amphibien, Wasservögeln, kleinen Wassersäugern und von Aas. Im Winter wird kein Futter aufgenommen.

Bes.: Besonders in Ungarn und in der Sowjetunion ist der Wels ein beliebter Speisefisch. Der Wels ist der größte Süßwasserfisch Europas und soll bis 3 m erreichen, überschreitet 1 m aber nur selten, da er als Angelfisch geschätzt ist. In der Sowjetunion sollen jährlich über 10.000 t Welse als Speisefische gefangen werden, die Eier verarbeitet man zu Kaviar. Wie die vorigen Arten kein Gartenteichfisch (Räuber!).

T: 4-24°C, **L:** 1 (3) m, **BL:** ab 200 cm, **WR:** u, **SG:** 2-4 (G)

Silurus glanis Wels, Waller, Jungtier

Silurus glanis, Gelbling, eine xanthoristische Zuchtform aus Polen.

Lota lota (LINNÉ, 1758) **Quappe, Rutte, Trüsche, Aalquappe**

Fam.: Gadidae, Dorschfische

Vork.: In ganz Europa nördlich des Balkans und der Pyrenäen, von der Rhone bis zum nördlichen Sibirien. Lebt in den Fließgewässern der unteren Forellen- bis in die Barbenregion. Auch in Gebirgs- und Vorgebirgsseen und im Ostseebrackwasser. Die Quappen leben häufig in Schwärmen in der Forellenregion.

GU: Äußerlich nicht erkennbar.

Soz. Verh.: Ein nächtlich und einzelgängerisch lebender Raubfrisch, der alles frißt, was er bewältigen kann. Einzelhaltung oder Vergesellschaftung nur mit größeren robusten Fischen.

Hält. B.: Bodengrund aus feinem Sand mit Verstecken und Höhlen aus Steinen und Moorkienholzwurzeln. Auf eine Bepflanzung kann verzichtet werden. Klares, kühles Wasser, nicht über 24°C und gute Durchlüftung oder besser eine Tauchkreiselpumpe. Das Wasser darf nicht zu weich sein, ab 10° dGH, und sollte leicht alkalische Werte aufweisen, pH-Wert um 7,5. Regelmäßiger Wasserwechsel ist wichtig. Es sind nur Jungfische zur Aquarienhaltung geeignet. Das Aquarium sollte mit Schwimmpflanzen abgedeckt sein oder nur gedämpft beleuchtet werden.

ZU: Die Zucht ist im Aquarium noch nicht gelungen. In der Natur erstreckt sich die Laichzeit über die Monate November bis März. Die 1 mm großen Eier, oft sind es über 1.000.000, haben eine große Ölkugel. Sie sinken dennoch zu Boden oder treiben frei im Wasser. Ihre Entwicklung schwankt je nach Temperatur zwischen sechs und zehn Wochen. Erst mit etwa 7 mm Länge gehen die pelagischen Larven zum Bodenleben über.

FU: K.; Lebendfutter wie *Tubifex*, Mückenlarven, Köcherfliegen- und andere Insektenlarven, Kleinkrebse, Laich und bevorzugt Fische. Die Art ist kaum an Flockenfutter, aber gut an Fisch- oder Rindfleisch zu gewöhnen, das jedoch vor dem Fisch bewegt werden muß, damit er zuschnappt.

Bes.: In der Natur ist die Quappe ein arger Laichräuber. Fleisch und Leber der Quappe sind geschätzte Delikatessen. *Lota lota* ist als Vertreter der Familie Gadidae leicht an der einen Unterlippenbartel zu erkennen. Die Quappe ist der einzige Dorschfisch, der im Süßwasser vorkommt.

T: 4-24°C, **L:** 50 (120) cm, **BL:** ab 100 cm, **WR:** u, **SG:** 3

Lota lota Quappe, Rutte, Trüsche, Aalquappe

Lota lota, Jungtier von 10 cm Länge.

Aphanius fasciatus (VALENCIENNES in HUMBOLDT & VALENCIENNES, 1821) Zebrakärpfling, Mittelmeerkärpfling

Fam.: Cyprinodontidae, Killifische, Eierlegende Zahnkarpfen

Unterfam.: Aphaniinae

Vork.: Küsteneinzug des östlichen Mittelmeerraumes, westlich bis Korsika und Algerien. Lebt in stehenden und langsam fließenden Gewässern aller Art, meist in Brackwasser oder sogar hypersalinen Gewässern, z.B. Salinen.

GU: ♂♂ olivbraun bis grau mit hellen Querbinden und farbigeren Flossen, ♀♀ graubraun mit Längsstrichen oder Punkten, sowie farblosen Flossen.

Soz. Verh.: Eine friedliche Killi-Art, nur ♂♂ streiten sich in zu kleinen Aquarien. Zebrakärpflinge sind hervorragend zur Vergesellschaftung mit anderen kleinen Fischen geeignet.

Hält. B.: Mittelgroßes Aquarium mit feinsandigem Bodengrund und guter Bepflanzung, die jedoch Schwimmraum freilassen muß. Das Wasser sollte mittelhart bis hart sein, bei neutralem bis leicht alkalischem pH-Wert, ein Salzzusatz kann sich positiv auswirken. Im Gartenteich gehaltene Zebrakärpflinge müssen zum Winter im kühlen Aquarium im Haus gepflegt werden.

ZU: Bei relativ hoher Temperatur, etwa 22-25°C. Zur Balz erfolgen stürmische Liebesspiele. Die Fische laichen dann an feinfiedrigen Pflanzen oder auch an Wurzeln und dergleichen. Weiteres siehe bei *Aphanius iberus*.

FU: O., hauptsächlich K.; Lebendfutter aller Art, gelegentlich auch Fadenalgen.

Bes.: Der Zebrakärpfling *Aphanius fasciatus* ist nahe mit anderen *Aphanius*-Arten verwandt, lebt aber räumlich von ihnen getrennt. Die Art ist europaweit vom Aussterben bedroht.

T: 10-24°C, **L:** 6 cm, **BL:** 60 cm, **WR:** m, **SG:** 2-3

Aphanius iberus (VALENCIENNES in CUVIER & VALENCIENNES, 1846) Spanienkärpfling

Fam.: Cyprinodontidae, Killifische, Eierlegende Zahnkarpfen

Vork.: Küsteneinzug der Spanischen Mittelmeerküste. Die Population in Marokko, die in der Literatur erwähnt wird, gehört wahrscheinlich, die in Algerien sicher einer noch unbeschriebenen anderen Art an. Lebensraum wie der von *A. fasciatus*.

GU: ♂♂ sind graubraun mit zahlreichen Querstreifen und Punkten, ♀♀ olivgrün mit schwärzlichen Punkten und Flecken sowie farblosen Flossen. ♀♀ werden oft etwas größer als ♂♂.

Soz. V.: Friedlicher Fisch, der mit Fischen gleicher Ansprüche gut vergesellschaftet werden kann.

Hält. B.: Aquarium mit feinsandigem Bodengrund und teilweise dichter Bepflanzung. Verstecke aus Steinen. Wasser mittelhart, 8 bis 12° dGH, pH um 7, gegebenenfalls Salzzusatz.

ZU: Nach kühler Überwinterung bei 10 bis 15°C sind bessere Zuchterfolge zu erzielen. Laicht bei um 25°C an feinfiedrigen Pflanzen und anderen Gegenständen. Gut ernährte Elterntiere vergreifen sich nicht am Laich. Nach einer Woche schlüpfen die Larven, die mit *Artemia*-Nauplien angefüttert werden können.

FU: O., bevorzugt K.; frißt außer Lebendfutter, besonders Mückenlarven, auch Algen.

Bes.: Die Art ist gefährdet, da ihr Lebensräume und Nahrung durch ausgesetzte Koboldkärpflinge *Gambusia affinis* streitig gemacht werden.

T: 4-18°C, **L:** bis 6 cm, **BL:** ab 50 cm, **WR:** u, m, **SG:** 2-3

Aphanius fasciatus Zebrakärpfling, Mittelmeerkärpfling

Aphanius iberus Spanienkärpfling

Aphanius mento (HECKEL, 1843) **Orientkärpfling**

Fam.: Cyprinodontidae, Killifische, Eierlegende Zahnkarpfen

Vork.: Vom Süden der Türkei über den Zweistrom-Einzug von Euphrat und Tigris ostwärts bis zum Persischen Golf und südwärts bis zum Jordan-Einzug in Israel.

GU: Die ♂♂ haben eine dunkelgraue bis tiefschwarze Grundfärbung mit zahlreichen hellblauen bis weißlichen Querstreifen und Punkten. Die ♀♀ sind hellbraun bis hell olivgrün mit dunkelbraunen bis schwärzlichen Punkten und Flecken. sowie schwach bräunlichen bis farblosen Flossen. Die ♀♀ werden oft etwas größer als die ♂♂.

Soz. V.: *A. mento* sind je nach Population unterschiedlich aggressiv. Je schwärzer die Population, um so aggressiver sind die ♂♂. Häufig ist nur ein dominierendes ♂ intensiv gefärbt, die rangniedrigeren sind hingegen blaß. In zu kleinen Aquarien kann bei aggressiven Stämmen das ranghöchste ♂ andere Mitbewohner töten.

Hält. B.: Es sind relativ große Aquarien notwendig, die Einrichtung sollte Versteckmöglichkeiten aufweisen, in die sich vor allem bedrängte ♀♀ zurückziehen können. Im Sommer kann man die Art recht gut im kleinen Gartenteich halten, im Winter sollten die Tiere ins Haus geholt, jedoch nach Möglichkeit nicht zu warm (nicht über 15°C) überwintert werden.

ZU: Eine kontrollierte und erfolgreiche Zucht ist nur im Aquarium möglich. Im Hälterungsaquarium laichen die Fische ebenso wie im Freien an Algenbüscheln und dergleichen. Nach etwa 8-10 Tagen schlüpfen die Jungfische, die mit *Artemia*-Nauplien angefüttert werden können.

FU: O., bevorzugt K.; frißt außer Lebendfutter, besonders Mückenlarven, auch Algen.

T: 8-25°C, **L:** bis 5 cm, **BL:** ab 100 cm, **WR:** u, m **SG:** 2-3

Cyprinodon variegatus LACÉPÈDE, 1803 **Edelsteinkärpfling**

Fam.: Cyprinodontidae, Killifische oder Eierlegende Zahnkarpfen

Vork.: Nordamerika, Ostküste der USA, Unterarten auch in der Karibik und Mittelamerika bis Venezuela. Kommen in stehenden oder zumindest ruhigen Gewässern vom Meerwasser bis ins Süßwasser vor.

GU: ♂♂ mehr oder weniger intensiv blau oder blaugrün, ♀♀ rundlicher mit schwarzem (Augen-)fleck in der hinteren Dorsale.

Soz. Verh.: In der Regel friedliche Art, immer mehr ♀♀ pflegen, da die ♂♂ gegenüber einzeln gehaltenen ♀, die nicht laichbereit sind, sehr ruppig sein können.

Hält. B.: Nur die nördlichen Formen (Unterart *C. v. ovinus*) können sehr gut im Kaltwasseraquarium oder im kleinen Gartenteich über den Sommer gepflegt werden. Im Winter kühl hältern. Hartes Wasser, alkalische pH-Werte sind von Vorteil, ein Salzzusatz ist möglich, aber nicht notwendig. Sandboden, nicht zu viele Pflanzen.

ZU: Laichen ständig an Algen, auf dem Boden oder an sonstigen Gelegenheiten ab. Die Jungfische oder auch die Eier können gezielt abgelesen bzw. abgeschöpft und getrennt aufgezogen werden. Das Anfüttern der Jungfische kann mit *Artemia*-Nauplien erfolgen.

FU: O.; Lebendfutter aller Art, zusätzlich sind Fadenalgen notwendig.

Bes.: *Cyprinodon variegatus* wurde früher sehr häufig gepflegt, man ersetzte ihn aber später durch die bunteren tropischen Zierfische. Die subtropischen Unterarten von *C. variegatus*, z.B. *C. v. dearborni* und andere müssen warm gepflegt werden, also im beheizten oder zumindest temperierten Aquarium.

T: 10-25°C, **L:** 5 cm, **BL:** 80 cm, **WR:** alle, **SG:** 2

Aphanius mento Orientkärpfling

Cyprinodon variegatus ovinus, vorn ♀, hinten ♂ Edelsteinkärpfling

Fundulus diaphanus Le Sueur, 1817 — Gestreifter Killifisch

Fam.: Cyprinodontidae, Killifische oder Eierlegende Zahnkarpfen

Vork.: Nordamerika, Ostküsteneinzug von Südost-Kanada bis South-Carolina, westwärts bis Einzug der Großen Seen. In Süßwasser, geht aber auch ins Brackwasser.

GU: Die ♀♀ haben kleinere und transparentere abgerundete Flossen, auf dem Körper tragen sie schmalere und dunklere senkrechte Streifen.

Soz. V.: Im allgemeinen friedliche Fische, die in der Natur vielfach in lockeren Schwärmen vorkommen.

Hält. B.: Die Pflege ist in nicht zu kleinen Aquarien und in kleineren Gartenteichen problemlos möglich, die Wasserwerte sollten eher härter sein, gegebenenfalls etwas Salzzusatz. In Südkanada frieren die Gewässer zwar im Winter zu, doch sollte man *F. diaphanus* vorsichtshalber frostfrei aber kühl überwintern.

ZU: Die Fische laichen im Frühsommer als Dauerlaicher an Wasserpflanzen, Wurzeln von Schwimmpflanzen und dergleichen. Die Eier können abgelesen und getrennt zur Entwicklung gebracht werden, wie dies für *Cyprinodon variegatus* beschrieben wurde.

FU: K; Lebendfutter: Bodentiere wie Kleinkrebse, Würmer und Insektenlarven.

Bes.: Von *F. diaphanus* gibt es neben der Nominatform die Unterart *F. d. menona*, die die westlichen Populationen umfaßt. Im westlichen Staat New York und im östlichen Ontario gehen die beiden Formen ineinander über.

T: 4-25°C, **L:** 7,5 cm, **BL:** 100 cm, **WR:** m, u, **SG:** 3-4

Jordanella floridae Goode & Bean, 1879 — Floridakärpfling

Fam.: Cyprinodontidae, Killifische oder Eierlegende Zahnkarpfen

Vork.: Nordamerika, Florida; Sümpfe, Gräben und verkrautete sonstige Gewässer aller Art.

GU: Die ♀♀ sind gelegentlich geringfügig kleiner, auch ihre Flossen sind etwas kleiner als die der ♂♂. Im hinteren Rückenflossenbereich findet sich bei ihnen ein schwarzer Augenfleck, die Körperfarben sind insgesamt weniger intensiv.

Soz. V.: Friedliche Fische, nur einzeln gehaltene und vor allem ältere ♂♂ können gegenüber anderen Aquarienmitbewohnern gelegentlich zänkisch sein.

Hält. B.: Die Art ist im ungeheizten Zimmeraquarium einfach zu pflegen und der Killifisch, der fast regelmäßig im Zoohandel zu haben ist. An die Wasserwerte werden keine besonderen Ansprüche gestellt. Die ♂♂ gründen mehr oder weniger deutlich Reviere. *Jordanella floridae* kann über die warme Jahreszeit hinweg problemlos im kleinen Gartenteich gepflegt werden, ist aber am Ende des Sommers ins Haus zu holen.

ZU: Der Floridakärpfling ist ein Dauerlaicher, über einen größeren Zeitraum hinweg werden regelmäßig Eier abgelaicht, die sich innerhalb einer guten Woche entwickeln. Die Eier können aus dem Laichsubstrat (vorzugsweise feinfiedrige Pflanzen, Algen) abgelesen und getrennt zur Entwicklung gebracht werden. Die Aufzucht der Jungfische sollte mit ausgesiebtem Lebendfutter oder mit *Artemia*-Nauplien erfolgen.

FU: O; vorzugsweise Lebendfutter aller Art, auch Flockenfutter.

Bes.: Die immer wieder behauptete Brutpflege dieser Art besteht nur im Bewachen eines Reviers durch das ♂. Eine regelrechte Brutpflege im engeren Sinne wie die vieler Cichliden wird nicht ausgeübt.

T: 15-25°C, **L:** 5 cm, **BL:** 80 cm, **WR:** alle, **SG:** 2

Fundulus d. diaphanus Gestreifter Killifisch

Jordanella floridae Floridakärpfling

Valencia hispanica (Valenciennes in Cuvier & Valenciennes, 1846)
Valenciakärpfling

Fam.: Cyprinodontidae, Killifische oder Eierlegende Zahnkarpfen

Unterfam.: Valenciinae

Vork.: Europa, in Süßgewässern der Küstenbereiche Spaniens am Mittelmeer, insbesondere weitere Umgebung von Valencia.

GU: ♂♂ mit zahlreichen hellen senkrechten Streifen auf grau-brauner Grundfarbe. ♀♀ sind meist bräunlich mit durchsichtigen Flossen und dicker.

Soz. Verh.: Friedliche Art, ältere ♂♂ werden gelegentlich etwas streitsüchtig. Wegen der Seltenheit der Art sollte sie im Artenbecken gepflegt werden, obwohl der Valenciakärpfling gut zu vergesellschaften ist.

Hält. B.: Valenciakärpflinge lassen sich im dicht bepflanzten Aquarium oder im kleinen Gartenteich gut pflegen und vermehren sich dort auch. Zum Winter müssen die Fische ins Haus geholt und kühl gepflegt werden. Algennahrung scheint wichtig zu sein.

ZU: Laicht nach kühler Überwinterung bei höheren Temperaturen, 25 bis 28°C, an feinfiedrigen Pflanzen oder an Algen ab. Die Jungfische schlüpfen nach etwa ein bis zwei Wochen. Weiteres siehe bei *Aphanius iberus*.

FU: O.; Lebendfutter, Gefrier- und Flockenfutter, auch Algen.

Bes.: Der Valenciakärpfling ist in seinem Vorkommensgebiet durch Entwässerung und Veränderung seiner Lebensräume sehr stark gefährdet.

T: 10-25°C, **L:** 8 cm, **BL:** 100 cm, **WR:** alle, **SG:** 2

Valencia letourneuxi (Sauvage, 1880) **Korfukärpfling**

Fam.: Cyprinodontidae, Killifische oder Eierlegende Zahnkarpfen

Unterfam.: Valenciinae

Vork.: Korfu und Albanien bis zum Laurus-System in Griechenland in kleinen stehenden und fließenden Gewässern, selten bis ins Brackwasser.

GU: Die ♂♂ sind dunkler, braun mit metallisch glänzenden Flanken und hellen Querbinden. Die ♀♀ sind hellbraun mit durchsichtigen Flossen.

Soz. V.: Friedliebende Fische, die im lockeren Verband leben. An den Fundorten kommen heute vielfach auch Gambusen vor, wegen der Seltenheit der Fische wird jedoch Arthaltung empfohlen.

Hält. B.: Im Winter im kühlen Aquarium, um 10°C, im Haus, im Sommer im dicht bepflanzten Freilandbecken oder im kleinen Gartenteich. Hartes Wasser: 20 bis 40° dGH, 5 bis 10° dKH, bei alkalischem pH-Wert von 7,5 bis 8,0.

ZU: Die Korfu-Kärpflinge laichen an feinfiedrigen Wasserpflanzen. Die Jungen schlüpfen nach zwei bis drei Wochen, sie fressen sofort feine *Artemia*-Nauplien. Die kühle Überwinterung begünstigt, ebenso wie die Freilandhaltung, den Zuchterfolg.

FU: O., mehr K.; kleines Lebendfutter aller Art, auch Algen, nimmt problemlos Flockenfutter.

Bes.: Nahe mit *Valencia hispanica* verwandt, aber aufgrund unterschiedlicher Herkunft und abweichender Körpermerkmale gut vom Valenciakärpfling abzutrennen.

T: 10-24°C, **L:** 6 cm, **BL:** 80 cm, **WR:** alle, **SG:** 2

Valencia hispanica Valenciakärpfling

Valencia letourneuxi Korfukärpfling

Gambusia affinis affinis (BAIRD & GIRARD, 1853) Texaskärpfling

Fam.: Poeciliidae, Lebendgebärende Zahnkarpfen

Vork.: USA, Mississippi-Einzug bis zum Rio Grande. Vielerorts, auch im Mittelmeerraum, ausgesetzt.

GU: Die ♂♂ bleiben kleiner und sind an dem Gonopodium zu erkennnen, der zum Begattungsorgan umgestalteten Afterflosse. ♀♀ mit Trächtigkeitsfleck.

Soz. Verh.: Ein geselliger, aber keine echten Schwärme bildender Fisch. Texaskärpflinge sollten in einer Gruppe gehalten werden und können mit robusteren Fischen gut vergesellschaftet werden. Jungfische müssen herausgefangen werden, da die älteren sie als Nahrung betrachten.

Hält. B.: *Gambusia affinis affinis* ist ein anspruchsloser Fisch, der unter fast allen Bedingungen gepflegt werden kann. Voraussetzungen an die Beckeneinrichtung und das Wasser werden keine gestellt. Dennoch ist eine dichte Bepflanzung und gute Filterung des Wassers zu empfehlen. Wasser: pH-Wert 6,0 bis 8,5; Härte bis 35° dGH.

ZU: So leicht die Haltung ist, so problematisch kann die Zucht sein. Es sollen mehrere ♂♂ mit einem geschlechtsreifen ♀ zusammengesetzt werden. Die ♀♀ tragen etwa drei bis vier Wochen. Bei nicht zusagenden Bedingungen können sie das Absetzen der Jungen noch länger zurückhalten. Die zwischen 10 und 60 vom ♀ abgesetzten Jungen müssen bald separiert werden, da sie von der Mutter verfolgt werden. Deshalb ist eine dichte Bepflanzung im Absetzbecken günstig. Zur Aufzucht sollte die Wassertemperatur 22 bis 24°C betragen, die Fütterung kann mit *Artemia*- oder *Cyclops*-Nauplien und MikroMin erfolgen.

FU: O., mehr K.; Mückenlarven und anderes kleines Lebendfutter, Algen und Flockenfutter.

Bes.: Texaskärpflinge wurden an vielen Orten der Welt zur Mücken- und Malariabekämpfung ausgesetzt. Leider verdrängen sie aufgrund ihrer starken Vermehrung vielfach die heimischen Kleinfische.

T: 15-24°C, **L:** M 4 cm, W 6,5 cm, **BL:** 60 cm, **WR:** m, o, **SG:** 1

Gambusia affinis holbrooki GIRARD, 1859 Koboldkärpfling

Fam.: Poeciliidae, Lebendgebärende Zahnkarpfen

Vork.: Nordamerika, Atlantik-Einzug der südöstlichen USA, New Jersey bis Florida.

GU: ♂♂ sind an der zum Begattungsorgan umgestalteten Afterflosse, dem Gonopodium, leicht zu erkennen.

Soz. V.: Robuste Art bzw. Unterart, die oft etwas aggressiv ist, deshalb nur mit kräftigen Fischen vergesellschaften.

Hält. B.: Koboldkärpflinge stellen keine besonderen Ansprüche. Wasser: pH-Wert 6,0 bis 8,8; Härte bis 40° dGH, mit oder ohne Salzzusatz.

ZU: Trotz der einfachen Haltung ist die Zucht oft schwierig. Es sollten nur große ♀♀ ab 6 cm Länge zur Zucht verwendet werden. Trächtige ♀♀ sollten in flachen Becken mit viel Pflanzenwuchs gehalten werden. Nach 5 bis 8 Wochen Tragzeit setzt ein mit Mückenlarven und Algen gut ernährtes ♀ 40 bis 60 Junge ab.

FU: O., mehr K.; Insektenlarven, kleine Fluginsekten, Algen und Flockenfutter.

Bes.: Vielerorts zur Mücken- und Malariabekämpfung ausgesetzt. Verdrängt dort oft die heimischen Arten.

T: 10-35°C, **L:** M 3,5 cm, W 8 cm, **BL:** 60 cm, **WR:** m, o, **SG:** 1

Gambusia affinis affinis Texaskärpfling

Gambusia affinis holbrooki Koboldkärpfling

Apeltes quadracus (Mitchill, 1815) **Vierstachliger Stichling, Amerikanischer Stichling**

Fam.: Gasterosteidae, Stichlinge

Vork.: Nordamerika, Salz- und Brackwasser vom nördlichen St. Lawrence Gulf bis zum Trent River, North Carolina. Geht gelegentlich bis ins Süßwasser.

GU: Die ♂♂ werden zur Laichzeit bunt mit schwarzer Unterseite, olivgrüner Oberseite und roten Bauchflossen. ♀♀ mit Laichansatz werden sehr dick.

Soz. Verh.: Jungfische und ♀♀ leben in offenen Schwärmen, denen sich außerhalb der Laichzeit auch die ♂♂ anschließen. Zur Laichzeit gründen die ♂♂ Reviere, die gegen Artgenossen massiv verteidigt werden. Sie bauen Nester, in die die ♀♀ geführt werden, welche dann darin ablaichen. Das ♀ bewacht die Eier und die Brut alleine.

Hält. B.: Für ein ♂ mit mehreren ♀♀ genügt ein dicht bepflanztes 40 l-Becken, für mehrere ♂♂ muß das Aquarium entsprechend wesentlich größer ausgelegt sein. Pflanzengruppen oder Steine bzw. Holz markieren die späteren Reviergrenzen. Dichte Bepflanzung ist als Versteckmöglichkeit für die ♀♀ und unterlegenen ♂♂ wichtig. Auf freien Flächen mit Sandboden legen die revierbesitzenden ♂♂ ihre Nester an. Das Wasser muß gut gefiltert oder belüftet sein, ein Salzzusatz ist wichtig.

ZU: Die Fortpflanzung erfolgt nur im Brack- oder Meerwasser. Ansonsten gleicht die Zucht der des Dreistachligen Stichlings *Gasterosteus aculeatus*. In kleinen Aquarien müssen die ♀♀ nach dem Ablaichen herausgefangen werden.

FU: K.; Lebendfutter aller Art: Kleinkrebse, Insektenlarven und Würmer. Jungfische lassen sich gut an Flockenfutter gewöhnen.

Bes.: Die Anzahl der Hartstrahlen in der Rückenflosse ist variabel, die meisten Tiere dieser Art haben jedoch vier. Für Laien ist die Art deshalb nur an der Laichfärbung sicher vom sehr ähnlichen heimischen Dreistachligen Stichling zu unterscheiden.

T: 4-22°C, **L:** 6 cm, **BL:** 50 cm, **WR:** u, m, **SG:** 2

Culaea inconstans inconstans (Kirtland, 1841) **Fünfstachliger Stichling, Kanadischer Stichling**

Fam.: Gasterosteidae, Stichlinge

Vork.: Nordamerika, nördliche USA und Kanada vom Einzug der Großen Seen bis zur südlichen Hudson Bay und zum Großen Sklavensee. Kommt dort im Süßwasser vor, bevorzugt in kleineren Fließgewässern, aber auch in den Großen Seen, wurde dort bis in 55 m Tiefe nachgewiesen.

GU: Die ♂♂ werden zur Laichzeit samtschwarz. Die ♀♀ bekommen vom Laichansatz einen sehr dicken Bauch.

Soz. V.: Die Stichlinge leben außerhalb der Laichzeit in offenen Schwärmen. Stichlinge sind mit Fischen ähnlicher Ansprüche gut zu vergesellschaften, sofern sie sich vor revierbesitzenden ♂♂ zurückziehen können.

Hält. B.: Das Aquarium sollte mit Bodengrund aus feinem Sand oder feinem Kies, mit Versteckmöglichkeiten aus Steinen und Moorkienholz und mit einer dichten Bepflanzung versehen sein, die einige Flächen zum Nestbau der ♂♂ freiläßt. Stengelpflanzen wie Wasserpest und Tausendblatt bieten sich zur Bepflanzung an, da sie schnellwüchsig und feinblättrig sind. Das Stichlingsaquarium muß gut durchlüftet sein oder besser mit einer entsprechenden Pumpe gefiltert werden. Regelmäßige Wasserwechsel sind angebracht, etwa ein Viertel bis ein Drittel mindestens alle drei Wochen.

Apeltes quadracus Vierstachliger Stichling, Amerikanischer Stichling

Culaea inconstans inconstans Fünfstachliger Stichling, Kanadischer Stichling

ZU: Zur Zucht sollte das Wasser etwas wärmer sein, 18 bis 22°C. Die Wasserwerte müssen im mittelharten (10 bis 20° dGH) und leicht alkalischen Bereich (pH 7,0 bis 7,8) liegen. Die ♂♂ grenzen zur Laichzeit Reviere gegeneinander ab und verteidigen diese hart. In hohen Aquarien dürfen Fische in einigem Abstand über den am Boden befindlichen Revieren schwimmen. Dennoch müssen reichlich Verstecke für die ♀♀ im Zuchtbecken vorhanden sein. Zur Vorsicht sollten sie nach dem Ablaichen aus dem Zuchtaquarium herausgefangen werden. Ein ♂ laicht durchaus mit mehreren ♀♀ nacheinander ab. Das ♂ errichtet sein Nest aus Pflanzenmaterial in mittleren Wasserschichten an Pflanzen oder anderen Gegenständen, wie beispielsweise am Thermometer, siehe Foto. Die Pflanzenteile werden mit einem Nebennierensekret zusammengeklebt. Balz und Laichverhalten entsprechen im wesentlichen dem unseres heimischen Neunstachligen Stichlings, *Pungitius pungitius*. Das ♂ lockt ein ♀ mit einem Balztanz zum Nest und weist ihm mit der Schnauze den Weg hinein. Wenn es dann im Nest steckt, stupst ihm das ♂ in die Bauchgegend und daraufhin gibt das ♀ die Eier ab. Es verläßt anschließend das Nest und das ♂ folgt und befruchtet die Eier. Nach dem Ablaichen wird das ♀ verjagd. Das ♂ pflegt und bewacht die Eier, indem es mit Flossenfächeln Frischwasser zuführt und verpilzte Eier herauspickt. Nach einer Woche schlüpfen die Larven, welche noch etwa eine weitere Woche im Nest bleiben. Wenn die Jungfische nun freischwimmen, sollte auch der Vater herausgefangen werden, da er jetzt die Jungen als Nahrung betrachten könnte. Die kleinen Stichlinge können sofort mit *Artemia*-Nauplien und fein gesiebtem Tümpelfutter ernährt werden.

FU: K.; Lebendfutter aller Art passender Größen. Jungfische lassen sich gut an Flockenfutter gewöhnen.

Bes.: Von *Culaea inconstans* sind zwei weitere Unterarten bekannt: *C. i. cayuga* (JORDAN, 1876) aus dem Cayuga-See und näherer Umgebung und *C. i. pygmaeus* (AGASSIZ, 1850) aus dem Oberen See und dessen Einzugsbereich.
Die Stachelzahl von *C. inconstans* ist sehr unterschiedlich, deshalb auch der Name „*inconstans*". Die Art bzw. die Unterarten sind für Laien nur sicher nach dem Fundort zu bestimmen. Der Name „Fünfstachliger" Stichling gibt also nur die häufigste Hartstrahlenzahl der Art an. Vergleiche mit dem Foto, dort sind sechs Stacheln zu erkennen.

T: 4-18°C, **L:** 7 cm, **BL:** 60 cm, **WR:** u, **SG:** 2

Culaea inconstans pygmaeus **(AGASSIZ, 1850)** — **Fünfstachliger Zwergstichling**

Fam.: Gasterosteidae, Stichlinge

Vork.: Nordamerika, in kleinen Fließgewässern um den Oberen See.

GU: ♂♂ sind zur Laichzeit schwarz, ♀♀ deutlich dicker.

Soz. V.: Schwarmfisch, zur Laichzeit sind die ♂♂ revierbildend. Das ♂ ist polygam, d.h. es laicht nacheinander mit mehreren ♀♀ ab. Das ♂ pflegt und verteidigt die Brut allein, Vaterfamilie.

Hält. B.: Hartes Wasser ohne Salzzusatz. Näheres siehe bei der Stammform *Culaea inconstans inconstans*.

ZU: Wie bei *Culaea inconstans inconstans* und *Pungitius pungitius*.

FU: K.; Lebendfutter: Wasserflöhe, Hüpferlinge, Mückenlarven, *Tubifex*, Jungfische und anderes mehr. Junge *Culaea* können auch an Flockenfutter und andere Ersatznahrung gewöhnt werden.

Bes.: Die kleine Unterart ist besonders um den Oberen (Lake Superiour) See herum verbreitet.

T: 4-18°C, **L:** 5 cm, **BL:** 60 cm, **WR:** u, **SG:** 2

Culaea inconstans pygmaeus Fünfstachliger Zwergstichling

Nest von *Culaea inconstans pygmaeus*

Gasterosteus aculeatus Linné, 1758 **Dreistachliger Stichling**

Fam.: Gasterosteidae, Stichlinge

Vork.: Ganz Europa. In verkrauteten Teichen, Seen und sehr langsam fließenden Bächen. Lebt auch im Brackwasser.

GU: ♂♂ zur Laichzeit mit prächtig rot gefärbter Unterseite und blau gefärbter Augeniris. ♀♀ mit Laichansatz sind auffällig dick.

Soz. Verh.: Außerhalb der Laichzeit standorttreuer und friedlicher Schwarmfisch. Im Schwarm überfallen und töten sie allerdings Lurchlarven, deshalb ist die Art nicht für Teiche geeignet, in denen Amphibien zur Fortpflanzung gelangen sollen. ♂♂ bilden zur Laichzeit Reviere, aus denen sie andere Fische vertreiben. Die ♂♂ betreiben Brutpflege.

Hält. B.: Gut beleuchtetes oder sonniges Aquarium. Dicht bepflanzt, mit einigen freien Flächen als zukünftige Reviere der ♂♂. Mit Holz und Steinen sollte eine übersichtliche Gliederung der Einrichtung erfolgen. Gut belüften und filtern. Wasser bei weichen bis mittelharten Werten. Stichlinge sind nicht lange in hartem Wasser zu halten.

ZU: Laichen nur nach kühler Überwinterung (4° bis 8°C) und anschließend guter Fütterung. Die ♂♂ bilden Reviere und errichten aus Pflanzenmaterial, das sie mit Nebennierensekret verkleben, kunstvolle Nester. An hellen Stellen werden die Nester mit Sand bedeckt. Nach Fertigstellen des Nestes lockt das ♂ laichbereite ♀♀ mit Zick-Zack-Schwimmen zum Nest. Es zeigt ihnen den Nesteingang, und ein ♀ schlüpft hinein. Daraufhin stupst das ♂ die Partnerin in die Bauchregion und das ♀ laicht ab. Das ♂ folgt ins Nest und besamt die Eier. Anschließend wird das ♀ aus dem Revier vertrieben. Ein ♂ laicht aufeinanderfolgend mit mehreren ♀♀. Ausgelaichte ♀♀ müssen aus dem Zuchtbecken entfernt werden, damit sie nicht vom ♂ getötet werden. Im Nest finden sich meist 20 bis 50 Eier. Das ♂ betreut den Laich intensiv, es fächelt frisches Wasser ins Nest und zupft abgestorbene Eier heraus. Auch die geschlüpfte Brut wird noch einige Zeit betreut. Nach dem Freischwimmen der Jungfische sollte der Vater herausgefangen werden. Die Jungtiere können mit *Artemia*-Nauplien und fein gesiebtem Tümpelfutter ernährt werden. Die Aufzucht ist in sauberem Wasser bei häufigem Teilwasserwechsel einfach. Stichlinge dürfen nicht ausgesetzt werden, erst recht niemals in Amphibien-Biotope!

FU: K.; Alles Lebendfutter passender Größe. Jungfische gewöhnen sich auch an Flockenfutter, dann gemeinsam mit Schnecken halten, damit auch die Reste verzehrt werden.

Bes.: Die Brutpflege und die prachtvolle Balzfärbung machen die Art für das Kaltwasserbecken besonders interessant. Es sind verschiedene Formen des Stichlings bekannt. Eine Form lebt in Meer- oder Brackwasser und wandert nur zum Ablaichen ins Süßwasser ein. Die Formen sind durch die unterschiedliche Anordnung der Knochenplatten an den Körperseiten und am dünnen Schwanzstiel unterscheidbar. Meeresformen bestehen aus *trachurus*-, *semiarmatus*- und *leiurus*-Formen. Die Binnenwasserform besteht fast ausschließlich aus Stichlingen der nur an den Brustseiten mit großen Knochenplatten versehenen *leiurus*-Form. Die *trachurus*-Form ist in ganzer Länge bis zum Schwanzstiel mit Knochenschildern versehen. Die *semiarmatus*-Form ist zwischen den beiden anderen Formen intermediär.
Stichlinge sind in der Verhaltensforschung beliebte Beobachtungsobjekte. Ihr Verhalten hat wertvolle Aufschlüsse über die Natur der angeborenen Verhaltensmuster geliefert.

T: 4-20°C, **L:** 6-8 (12) cm, **BL:** 80 cm, **WR:** m, u, **SG:** 2

Gasterosteus aculeatus, ♂, in Brutfärbung Dreistachliger Stichling

Nest von *G. aculeatus*, oben laichreifes ♀, unten ♂ in Normalfärbung

Pungitius pungitius, Neunstachliger Stichling

Pungitius pungitius (Linné, 1758) **Neunstachliger Stichling**

Fam.: Gasterosteidae, Stichlinge

Vork.: Mittel- und Osteuropa in verkrauteten Tümpeln und Gräben, vor allem im Flachwasser. Auch in Flachlandseen, Flüssen der Brachsenregion und im Brackwasser.

GU: ♂♂ zur Laichzeit mit schwarzgefärbter Kehl- und Brustregion, die Brustflossen sind dann orange gefärbt. Manche ♂♂ sind auch fast ganz schwarz. ♀♀ sind deutlich am Laichansatz erkennbar.

Soz. V.: Friedfertige Art. Jungfische leben nicht in Schwärmen, sie sind nur oftmals zur Nahrungssuche zufällig in Gruppen anzutreffen.

Hält. B.: Wie beim Dreistachligen Stichling, *Gasterosteus aculeatus*.

ZU: Nach kalter Überwinterung und anschließender guter Fütterung auch im Aquarium leicht. Beim Neunstachligen Stichling wird das Nest vom Boden entfernt zwischen Wasserpflanzen gebaut. Weiteres siehe bei *Gasterosteus aculeatus*.
Bei künstlich erzeugten Kreuzungen zwischen den beiden Stichlingsarten konnten die ♂♂ kein Nest mehr bauen, weil sie es einmal am Boden und dann wieder in Wasserpflanzen zu errichten versuchten, so daß sie nicht mehr zur Fortpflanzung gelangten. Dies zeigt, daß das Nestbauverhalten angeboren und vererbbar ist.

FU: K; Alles Lebendfutter. Jungtiere lassen sich auch an Flockenfutter gewöhnen, dann mit Schnecken zusammen pflegen.

Bes.: *Pungitius pungitius* wird Fisch- und Amphibienlaich und -larven nicht so gefährlich wie sein Vetter *Gasterosteus aculeatus*. Eine weitere Unterart, *P. p. sinensis*, ist in Ostasien verbreitet.
T: 6-20°C, **L:** 7 (9) cm, **BL:** 50 cm, **WR:** m, **SG:** 2

Cottus gobio, Groppe, Koppe

Cottus gobio **LINNÉ, 1758** **Groppe, Koppe, Mühlkoppe, Kaulkopf u.a.**

Fam.: Cottidae, Groppen

Vork.: In Mittel- und Osteuropa weit verbreitet. In den Flüssen der Forellenregion und im Uferbereich in Gebirgsseen. Bis in 2.000 m Höhe.

GU: Schwer erkennbar, ♂♂ mit Genitalpapille.

Soz. V.: Einzelgänger, gegen größere artfremde Mitinsassen friedlich. Die ♂♂ beziehen eigene Höhlen, die sie verteidigen.

Hält. B.: Da die Groppe ein nachtaktiver Grundfisch ist, ist für reichlich Versteckmöglichkeiten unter Steinen und Holz zu sorgen, tagsüber lebt der Fisch verborgen. Als Bepflanzung bietet sich Quellmoos (*Fontinalis antipyretica*) an. Die Tiere benötigen viel Sauerstoff und Wasserbewegung. Am besten wird über eine Tauchkreiselpumpe gefiltert. Stellt ähnliche Ansprüche wie die Bachforelle, *Salmo trutta fario*, kann aber nur mit etwa gleichgroßen Forellen vergesellschaftet werden.

ZU: Laicht zwischen den Monaten März und Mai in Höhlungen unter Steinen. Der Laich und die Larven werden vom ♂ bewacht und gepflegt. Brutdauer vier bis fünf Wochen.

FU: K; Lebendfutter, Bodentiere, Fischlaich und -brut.

Bes.: Groppen können nach einiger Zeit der Eingewöhnung sehr zutraulich werden und dem Pfleger „aus der Hand fressen". Die Groppe ist eines der Hauptnährtiere für die Bachforelle.

T: 4-20°C, **L:** 15 (18) cm, **BL:** 80 cm, **WR:** u, **SG:** 2

Centrarchus macropterus (Lacépède, 1802) **Pfauenaugenbarsch, Pfauenaugensonnenbarsch**

Fam.: Centrarchidae, Sonnenbarsche

Vork.: Nordamerika, Ostküste der USA vom östlichen Virginia bis zum zentralen Florida, Golfküsteneinzug bis Texas und zentraler und südlicher Mississippi-Einzug. Bevorzugt langsam fließende und pflanzenreiche Gewässer.

GU: Afterflosse des ♂ schwarz, des ♀ weiß gesäumt.

Soz. Verh.: Pfauenaugenbarsche sind relativ friedlich und verspielt, sie lassen sich gut vergesellschaften. Sie ,,spielen“ nur mit Artgenossen, nie mit Fremdfischen.

Hält. B.: Haltung nur in größeren Aquarien mit Sandboden und dichter Randbepflanzung mit feinfiedrigen Arten. Ältere Tiere bleiben im Aquarium sehr scheu, jüngere können sehr zutraulich werden und den Pfleger persönlich erkennen. Viel Schwimmraum freilassen. Verstecke mit Holz und Steinen schaffen. Schwankungen des pH-Wertes vermeiden, da die Pfauenaugenbarsche sonst leicht an Pilz erkranken. Verpilzte Tiere sind meist nicht mehr zu retten.

ZU: Nach einer kühlen Überwinterung bei 8 bis 12°C laichen die Pfauenaugenbarsche bevorzugt bei niedrigem Wasserstand, etwa 15 cm. Das ♂ hebt eine Grube aus. Die etwa 200 Eier werden in die Grube gelegt und vom ♂ bewacht. Das ♀ wird nach dem Ablaichen herausgefangen. Der pH-Wert im Zuchtbecken sollte neutral sein, die Härte 10° dGH oder mehr betragen. Die Jungfische werden mit Staub-Lebendfutter, nach weiteren drei Tagen zusätzlich mit *Artemia*-Nauplien angefüttert.

FU: K.; Lebendfutter. Läßt sich auch an Flockenfutter und gefriergetrocknete Nahrung gewöhnen.

T: 12-22°C, **L:** 16 cm, **BL:** 80 cm, **WR:** m, u, **SG:** 2

Elassoma evergladei Jordan, 1884 **Zwerg-Schwarzbarsch, Zwergbarsch**

Fam.: Centrarchidae, Sonnenbarsche

Vork.: Nordamerika, USA, Flüsse und Bäche des Küsteneinzugs vom Cape Fear River in North Carolina bis nach Südflorida, westlich bis Mobile Bay. Bevorzugt ruhige und pflanzenreiche Gewässer.

GU: Die ♂♂ sind zur Laichzeit am Körper und den Flossen schwarz gefärbt, die ♀♀ sind hellbraun mit farblosen Flossen. Zudem ist der Körper ausgewachsener ♂♂ meist höher.

Soz. V.: Der Zwergsonnenbarsch ist friedlich und lebt oft versteckt. Die ♂♂ beanspruchen kleine Reviere. Gut mit anderen kleinen Kaltwasserfischen zu vergesellschaften.

Hält. B.: Feiner Bodengrund, dichte Bepflanzung, gute Gliederung durch Steine oder Holz. Algen an der Dekoration und den Aquarienseiten belassen. Mittlere Härte und neutraler pH-Wert. Verträgt entsprechend seinem Herkunftsgebiet, den Everglades in Florida, Temperaturen zwischen 10 und 30°C, die im Aquarium aber vermieden werden sollten. Günstig sind 10 bis 20°C.

ZU: Nach kühler Überwinterung im Artenbecken leicht. Die Eltern stellen ihren Jungen nicht nach.

FU: K., O.; Lebendfutter, zusätzlich Algen. Gehen nur schlecht an Flockenfutter.

T: 10-24°C, **L:** 3,5 cm, **BL:** 40 cm, **WR:** u, m, **SG:** 2

Centrarchus macropterus Pfauenaugenbarsch

Elassoma evergladei, Zwergbarsch, ♂; ♀ siehe nächste Seite.

Elassoma evergladei, Schwarzbarsch, ♀

Jungtier von *Enneacanthus gloriosus*. Siehe hierzu Seite 888.

Die Everglades, Biotop von Zwergsonnenbarschen und anderen Aquarienfischen

Enneacanthus chaetodon (BAIRD, 1854) — Scheibenbarsch

Fam.: Centrarchidae, Sonnenbarsche

Vork.: Nordamerika, USA, Küstenebene der östlichen Staaten von New Jersey südlich bis Mittelflorida.

GU: Schwer erkennbar, die ♀♀ sind meist dicker und intensiver gezeichnet.

Soz. Verh.: Ruhiger, friedlicher Fisch. Beansprucht zur Laichzeit Brutreviere. Nicht mit unruhigen Arten vergesellschaften.

Hält. B.: Siehe bei *Lepomis gibbosus*.

ZU: Siehe *Lepomis gibbosus*.

FU: K.; benötigt Lebendfutter.

Bes.: Reagiert sehr empfindlich auf schlechte Wasserqualität und schwankende Wasserwerte.
Wurde früher oft gehalten und vielfach als ,,Arbeiterscalar" bezeichnet. In der älteren Literatur oft noch mit dem Synonym *Mesogonistius chaetodon* benannt.

T: 4-22°C, **L:** 10 cm, **BL:** 80 cm, **WR:** m, u, **SG:** 3

Enneacanthus gloriosus (HOLBROOK, 1855) — Diamantbarsch

Fam.: Centrarchidae, Sonnenbarsch

Vork.: Nordamerika, USA, Küsteneinzug der Ostküste vom südlichen Staat New York bis westliches Florida. In stark bewachsenen ruhigen Gewässern häufig.

GU: Schwer erkennbar. Erwachsene ♂♂ werden hochrückiger und haben längere Flossen.

Soz. V.: Friedliche Art, außerhalb der Laichzeit in Gruppen. ♂ betreibt Brutpflege.

Hält. B.: Der Diamantbarsch benötigt feinsandigen Bodengrund, da er sich gerne eingräbt. Weiteres siehe bei *Lepomis gibbosus*.

ZU: Laicht nach kühler Überwinterung an Wasserpflanzen.

FU: K.; Lebendfutter, kann auch an Flockenfutter gewöhnt werden.

Bes.: Viele weitere Sonnenbarscharten sind für die Pflege im Gartenteich oder im Kaltwasseraquarium gut geeignet, siehe auch Aquarien-Atlas Band I, S. 791 bis 799 und Aquarien-Atlas Band II, S. 1014 bis 1018.

T: 10-22°C, **L:** 8 cm, **BL:** 70 cm, **WR:** m, u, **SG:** 2

Enneacanthus chaetodon Scheibenbarsch

Enneacanthus gloriosus Diamantbarsch

Lepomis cyanellus RAFINESQUE, 1819 **Grüner Sonnenbarsch, Grasbarsch**

Fam.: Centrarchidae, Sonnenbarsche

Vork.: Nordamerika, Zentrale USA westlich der Appalachen bis North Dakota, südwärts bis Nordmexiko.

GU: Schwer erkennbar, die ♀♀ sind meist dicker, die ♂♂ intensiver gefärbt.

Soz. Verh.: Grüne Sonnenbarsche sind untereinander oft streitsüchtig und bissig. Betreiben Brutpflege mit Vaterfamilie, das Revier wird vom ♂ verteidigt. Eine Vergesellschaftung ist nur mit ähnlich robusten Arten möglich.

Hält. B.: Siehe bei *Lepomis gibbosus*.

ZU: Nach kühler Überwinterung in relativ warmem Wasser, bei 20 bis 22°C. Im wesentlichen wie bei *Lepomis gibbosus*.

FU: K.; Lebend- und Ersatzfutter.

Bes.: Der Grüne Sonnenbarsch ist, je nach Herkunft, meist wärmebedürftiger als andere Sonnenbarscharten. Eine Überwinterung bei 10 bis 12°C genügt, die Temperatur darf nicht unter 4°C sinken.

T: 10-22°C, **L:** 20 cm, **BL:** 100 cm, **WR:** m, u, **SG:** 2

Lepomis gibbosus (LINNÉ, 1758) **Gemeiner Sonnenbarsch Kürbiskernbarsch**

Fam.: Centrarchidae, Sonnenbarsche

Vork.: Nordamerika, Nordöstliche USA und südliches Kanada, nördlicher Mississippi-Einzug und Einzug der Großen Seen. Heute auch im Nordwesten der USA und an vielen Orten in Europa ausgesetzt.

GU: Schwer erkennbar, die ♂♂ sind meist intensiver gefärbt, die ♀♀ dicker.

Soz. V.: Sonnenbarsche sind gewöhnlich relativ friedfertig. Nur zur Laichzeit bilden sie Brutreviere und verteidigen diese. Die ♂♂ betreiben Brutpflege. Vergesellschaftung mit anderen ruhigen Kaltwasserfischen ist gut möglich.

Hält. B.: Sandiger oder feinkiesiger Boden. Dichte Randbepflanzung, auch mit feinblättrigen Pflanzen. Pflanzen in Töpfe setzen oder durch große Steine vor dem Ausgegrabenwerden schützen. Mit Steinen und Holz eine gute Gliederung des Beckens schaffen, gleichzeitig muß viel freier Schwimmraum erhalten bleiben. Gute Filterung oder Durchlüftung bei möglichst schwacher Strömung ist anzuraten. Das Wasser sollte mittelhart sein, bei neutralem pH-Wert.

ZU: Die Zucht ist nach kühler Überwinterung und anschließender guter Fütterung leicht. In der Natur laichen die Sonnenbarsche im Mai/Juni. Das Wasser sollte zwischen 18 und 20°C haben, sowie eine Härte von 10 bis 15° dGH. Das♂ wedelt in seinem Revier mit den Flossen eine etwa 30 cm durchmessende Grube aus, die gegen andere Fische, auch größere, verteidigt wird. Nach längerer Balz, wobei die Sonnenbarsche prachtvolle Farben zeigen, legt das ♀ bis zu 1.000 Eier in die Grube. Im Aquarium muß nun das ♀ entfernt werden, da es vom ♂ getötet werden könnte. In der Natur wird das Gelege von beiden Eltern gepflegt. Auch die Larven werden noch einige Zeit verteidigt, doch ist bei keinem Sonnenbarsch ein Führen der Jungfische wie bei Buntbarschen vorhanden.

FU: K.; Lebendfutter. Nimmt auch Flocken- und gefriergetrocknetes Futter.

Bes.: Zucht nach kühler Überwinterung zwischen 4° und 12°C möglich. Sonnenbarsche sind gut für Gartenteiche geeignet, sie fressen allerdings Fisch- und Amphibienlaich und -brut. Der Sonnenbarsch ist einer der farbenprächtigsten Kaltwasserfische.

T: 4-22°C, **L:** 15 (30) cm, **BL:** 80 cm, **WR:** m, u, **SG:** 1

Lepomis cyanellus Grüner Sonnenbarsch, Grasbarsch

Lepomis gibbosus Gemeiner Sonnenbarsch

Lepomis macrochirus Rafinesque, 1819 **Blauer Sonnenbarsch**

Fam.: Centrarchidae, Sonnenbarsche

Vork.: Nordamerika, ursprünglich zentrale und südöstliche USA, heute nahezu gesamte USA sowie verschiedene Orte in Europa und Südafrika. Bevorzugt verkrautete, stehende Gewässer.

GU: Schwer erkennbar.

Soz. Verh.: Siehe *Lepomis gibbosus*.

Hält. B.: Siehe bei *Lepomis gibbosus*.

ZU: Wahrscheinlich ähnlich wie bei *Lepomis gibbosus*, doch ist nichts näheres bekannt.

FU: K.; Lebendfutter, Flockenfutter wird ungern genommen.

Bes.: Die zur Laichzeit leuchtend stahlblau gefärbte Art zählt zu den schönsten Kaltwasserfischen. Blaue Sonnenbarsche werden in den USA wegen ihres wohlschmeckenden Fleisches leider viel geangelt. Deshalb wird die seltene Art nicht oft lebend nach Europa importiert.

T: 4-22°C, **L:** 15 cm, **BL:** 80 cm, **WR:** m, u, **SG:** 2

Lepomis megalotis (Rafinesque, 1820) **Großohr-Sonnenbarsch**

Fam.: Centrarchidae, Sonnenbarsche

Vork.: Nordamerika, westlich der Appalachen, vor allem Mississippi-Einzug vom Einzug der Großen Seen im Norden bis Rio Grande-Einzug in Nordmexiko. Bevorzugt kleinere Fließgewässer und Flußoberläufe.

GU: Äußerlich nicht erkennbar.

Soz. V.: Die Fische sind untereinander oft unverträglich und bissig. Die Art betreibt Brutpflege mit Vaterfamilie. Vergesellschaftung nur mit robusten Arten.

Hält. B.: Bodengrund aus feinem Kies, Bepflanzung mit feinblättrigen Arten, die in Töpfe gesetzt werden sollten, da die Fische wühlen! Viel Schwimmraum frei lassen. Gute Durchlüftung des Beckens, wobei sich gleichzeitig eine schwache Strömung aufbaut. Das Wasser soll mittelhart, bis 15° dGH, und neutral bis schwach alkalisch sein, pH 7,0 bis 7,5.

ZU: Im Aquarium bei 18 bis 20°C, Wasserhärte nicht unter 10° dGH. Das ♂ wedelt mit der Schwanzflosse eine flache Grube aus, die ungefähr 30 cm Durchmesser hat. Die Grube oder das Nest wird gegenüber arteigenen ♂♂ und artfremden Fischen energisch verteidigt. Vor dem Ablaichen erfolgt ein ausgeprägtes Balzspiel mit einigen Scheinpaarungen. Danach legt das ♀ in mehreren Schüben seine Eier ab. Große ♀♀ können über 1.000 Eier ablaichen. Das ♀ wird anschließend vertrieben, in kleinen Becken muß es nun herausgefangen werden, da es sonst vom ♂ zu sehr belästigt oder gar getötet wird. Das ♂ pflegt und verteidigt das Gelege und die Jungen intensiv. Ein Führen der Jungfische durch das ♂ wie bei Buntbarschen findet nicht statt. Die Jungen sind ab 10 cm Länge bereits wieder fortpflanzungsfähig. Gute Zuchttiere müssen im Winter kalt gehalten werden, 4 bis 10°C, zu warme Haltung schadet den Fischen.

FU: K.; kräftiges Lebendfutter aller Art. Junge Fische lassen sich auch an Rindfleisch und Flockenfutter gewöhnen.

Bes.: *Lepomis megalotis* ist *L. gibbosus* ähnlich, aber aggressiver und weniger ansprechend.

T: 4-22°C, **L:** 20 cm, **BL:** 100 cm, **WR:** m, u, **SG:** 2

Lepomis macrochirus Blauer Sonnenbarsch

Lepomis megalotis Gelber Sonnenbarsch

Micropterus dolomieui LACÉPÈDE, 1802 — Großer Schwarzbarsch

Fam.: Centrarchidae, Sonnenbarsche

Vork.: Nordamerika, von Michigan und Südquebec südwärts bis zum Tennessee River-Einzug in Alabama und westwärts bis Oklahoma. Bevorzugt rasch strömende Flüsse mit Kiesboden. Wurde an vielen Orten in den USA und anderwärts ausgesetzt.

GU: ♂♂ sind meist schlanker und dunkler gefärbt. Die Geschlechter sind nur schwer unterscheidbar.

Soz. Verh.: *Micropterus*-Arten sind recht gefräßige Räuber, die zur Laichzeit Reviere gründen. Eine Vergesellschaftung ist deshalb nur sehr eingeschränkt möglich.

Hält. B.: Eine robuste Art, von der jedoch nur Jungfische für die Aquarienhaltung geeignet sind. Näheres siehe bei *Micropterus salmoides*.

ZU: Die Fortpflanzung ähnelt der von *Micropterus salmoides*, doch wird die Laichgrube nicht mit Blättern ausgelegt. Die ♂♂ gründen und verteidigen Laichreviere, in deren Mitte die Laichgrube ausgehoben wird. Die Larven sind schwarz, während die Jungtiere von *M. salmoides* grau sind.

FU: K.; Lebendfutter, vor allem Fische.

Bes.: Zu den Unterschieden zwischen *M. dolomieui* und *M. salmoides* siehe auch Aquarien-Atlas Band II, Seite 1016.

T: 4-18°C, **L:** 50 cm, **BL:** 100 cm, **WR:** u, m, **SG:** 2

Micropterus salmoides (LACÉPÈDE, 1802) — Forellenbarsch

Fam.: Centrarchidae, Sonnenbarsche

Vork.: Nordamerika, ursprünglich vom nordöstlichen Mexico bis Florida, im Mississippi-Einzug nordwärts bis zum Einzug der Großen Seen. Heute weltweit verbreitet. Bevorzugt klare und ruhige Gewässer mit Unterwasservegetation. Jungtiere halten sich in der Uferregion auf, ältere Forellenbarsche leben tiefer und zurückgezogen.

GU: Schwer erkennbar, ♂♂ dunkler, ♀♀ dicker.

Soz. V.: Junge Forellenbarsche leben gesellig, ältere Tiere werden Einzelgänger und gefräßige Räuber. Bei den Forellenbarschen sind beide Eltern an der Brutpflege beteiligt.

Hält. B.: Sandiger Bodengrund, dichte Randbepflanzung, gute Filterung, mittelhartes Wasser bei neutralem pH-Wert. Nur Jungfische lassen sich gut im Aquarium pflegen.

ZU: Wegen ihrer Größe ist die Zucht im Aquarium noch nicht gelungen. In der Natur laichen Forellenbarsche zwischen März und Juli. Die Eier werden in eine flache, bis zu einem Meter durchmessende Nistgrube gegeben. Die Grube wird gut gesäubert und mit Blättern ausgelegt. Beide Eltern betreuen die Eier abwechselnd. Die Larven schlüpfen nach einer Woche bis zehn Tagen und fressen sofort feine *Artemia*-Nauplien oder andere Kleinkrebse. Nach dem Schlupf erlischt der Brutpflegetrieb der Eltern.

FU: K.; Lebendfutter, bevorzugt Fische.

Bes.: Ähnelt bezüglich Körperbau und Beflossung (zweigeteilte Rückenflosse) stark unseren Barschen.

T: 4-18°C, **L:** 60 cm, **BL:** 100 cm, **WR:** u, m, **SG:** 3

Micropterus dolomieui Großer Schwarzbarsch, Jungtier

Micropterus salmoides Forellenbarsch

Etheostoma nigrum Rafinesque, 1820 — Schwarzer Grundelbarsch

Fam.: Percidae, Echte Barsche, **Unterfam.:** Etheostominae, Grundelbarsche

Vork.: Nordamerika, vom Hudson und James Bay-Einzug in Kanada südwärts in der zentralen USA bis Arizona.

GU: Die ♂♂ sind zur Laichzeit dunkler und bunter, die ♀♀ werden dann dicker.

Soz. Verh.: Bis auf kleine Streitereien friedlich. Lediglich zur Laichzeit sind die Fische zänkisch und die ♂♂ verteidigen ein kleines Revier. Pflege am besten im Artbecken oder nur mit wenigen Fischen ähnlicher Ansprüche vergesellschaftet.

Hält. B.: Das Aquarium sollte mit sandigem oder feinkiesigem Bodengrund ausgestattet sein. Eine Seiten- und Hintergrundbepflanzung ist möglich, aber nicht notwendig. Steine sollten als Versteckmöglichkeiten und als Laichsubstrat eingebracht werden. Das Wasser muß klar und kühl sein, pH-Wert 6,8 bis 7,5; Härte bis 18° dGH und 8° dKH. Das Wasser sollte durch eine Pumpe gut bewegt sein, ansonsten ist eine kräftige Durchlüftung nötig. Eine horizontale Strömung ist jedoch besser als eine vertikale.

ZU: In der Natur ist die Laichzeit von April bis Juni. Die ♂♂ beanspruchen Laichreviere neben Steinen. Die Unterseite des späteren Laichsteins wird vom ♂ sorgfältig gereinigt. Dann wird ein ♀ durch die auffällige Färbung des ♂ und durch Führungsschwimmen zum Laichsubstrat gelockt. Das ♀ heftet die Eier an die geputzte Unterseite des Steines. Das ♂ übernimmt alleine die Brutpflege und Bewachung des Geleges, Vaterfamilie. Das Laichverhalten stellt einen Übergang zwischen Offen- und Höhlenbrüter dar.

FU: K.; Lebendfutter wie Kleinkrebse, Insektenlarven und Würmer. Kann zum Winter auch an Gefrierfutter und an bewegtes Rinderherz gewöhnt werden.

Bes.: Zur Gattung *Etheostoma*, den amerikanischen ,,Darters", zählen eine Vielzahl in der Laichfärbung meist schöner und kleiner Arten, die sich für die Aquaristik sehr gut eigneten, die aber leider nur selten importiert werden.

T: 4-18°C, **L:** 6 cm, **BL:** 60 cm, **WR:** u, **SG:** 2

Etheostoma spectabile (Agassiz, 1854) — Bunter Grundelbarsch

Fam.: Percidae, Echte Barsche, **Unterfam.:** Etheostominae, Grundelbarsche

Vork.: Nordamerika, bewohnt die Ströme mit hartem Wasser und Kiesgrund des zentralen Nordamerika im nördlichen und westlichen oberen Mississippi-Einzug.

GU: Die ♂♂ sind zur Laichzeit weitaus bunter als die ♀♀.

Soz. V.: Meistens friedlich, manchmal zu kleinen innerartlichen Auseinandersetzungen neigend. Zur Laichzeit gründen die ♂♂ kleine Reviere, aus denen andere Fische und besonders Artgenossen vertrieben werden.

Hält. B.: Siehe bei *Etheostoma nigrum*.

ZU: Bezüglich der Fortpflanzung ist nichts bekannt, sie ähnelt vermutlich der von *Etheostoma nigrum*.

FU: K.; fast ausschließlich Lebendfutter.

Bes.: Es gibt zahlreiche Unterarten dieser Art, außerdem viele weitere *Etheostoma*-Arten. Die beiden auf dieser Seite vorgestellten Arten sollen einen kleinen Eindruck über die zahlreichen nordamerikanischen Barschartigen vermitteln, die bei häufigeren Importen hervorragende Aquarienfische wären. In Amerika dienen die kleinen Fische meist lediglich als Köderfische beim Angeln, mehrere Arten sind jedoch auch streng geschützt. Weitere *Etheostoma*-Arten sind im Aquarien-Atlas Band III abgebildet und beschrieben.

T: 4-18°C, **L:** 7 cm, **BL:** 60 cm, **WR:** u, **SG:** 2

Etheostoma nigrum Schwarzer Grundelbarsch

Etheostoma spectabile Bunter Grundelbarsch

Gymnocephalus cernua (LINNÉ, 1758) **Kaulbarsch, Stuhr**

Fam.: Percidae, Echte Barsche

Vork.: Europa, außer im Süden, und in Asien. Lebt in Flüssen in der Brachsen- und Kaulbarschregion, bevorzugt in Bodennähe. Auch in wärmeren Seen und im Brackwasser.

GU: Kaum erkennbar, ♀♀ zur Laichzeit dicker.

Soz. Verh.: Schwarmfisch, auch im Alter. Lebt meist gesellig und ist gut mit gleichgroßen und größeren Fischen gleicher Ansprüche zu vergesellschaften.

Hält. B.: Sauerstoffliebend! Wie beim Barsch, *Perca fluviatilis*, frißt kleine Fische!

ZU: Über eine gelungene Zucht im Aquarium wurde noch nicht berichtet. In der Natur laichen die Kaulbarsche zwischen März und Mai. Sie kleben die Eier einzeln an Pflanzen, Steine und Äste in der Uferregion. Schlupf der Larven nach etwa zwei Wochen. Weiteres siehe beim Barsch, *Perca fluviatilis*.

FU: K.; alles Lebendfutter.

Bes.: Der Kaulbarsch wird von der Fischereiwirtschaft wegen Nahrungskonkurrenz und Laichräuberei als Schädling eingestuft. Nur geringe Bedeutung als Speisefisch. Kaulbarsche sind von den Echten Barschen am besten für das Kaltwasseraquarium geeignet. Im Gartenteich frißt er viel, ist aber kaum zu beobachten und somit nicht zu empfehlen.

T: 6-22°C, **L:** 15 (25) cm, **BL:** 80 cm, **WR:** u, **SG:** 2

Gymnocephalus schraetser (LINNÉ, 1758) **Schrätzer**

Fam.: Percidae, Echte Barsche

Vork.: Europa, nur in der Donau und Nebenflüssen von Bayern bis zum Delta. Die Tiere leben als seltener Bodenfisch an tiefen Stellen mit Sand- und Kiesgrund.

GU: Äußerlich nicht erkennbar. ♀♀ sind während der Laichzeit etwas fülliger.

Soz. V.: Meist einzeln lebender seltener Bodenfisch. Recht friedlich, im Alter allerdings räuberisch, mit größeren Fischen ist eine Vergesellschaftung möglich.

Hält. B.: Bodengrund aus feinem Sand, Rand- und Hintergrundbepflanzung beispielsweise mit *Elodea* oder *Myriophyllum*. Einige Unterstände aus Steinen und Wurzeln dürfen nicht fehlen. Das Wasser muß klar sein, sauerstoffreich und nicht zu warm. Härte um 10 bis 15° dGH und pH-Wert 7,0 bis 7,5. Regelmäßige Wasserwechsel vornehmen. Vergesellschaftung mit Arten, die ähnliche Ansprüche stellen, etwa *Gymnocephalus cernua* oder *Gobio gobio*.

ZU: Es liegen keine Berichte vor, daß diese Art schon einmal in Gefangenschaft erfolgreich nachgezüchtet worden sei. In der Natur fällt die Laichzeit in die Monate April und Mai. Die Eier werden in breiten Streifen auf festem Untergrund abgelegt. Je nach Wassertemperatur schlüpfen die Jungfische nach sechs bis zehn Tagen.

FU: K.; Lebendfutter jeglicher Art wie *Tubifex, Gammarus*, Insektenlarven, kleine Fische, auch Fisch- und Krebsfleisch. Die Fische lassen sich kaum an Flockenfutter gewöhnen.

Bes.: Der Schrätzer steht auf der Roten Liste bedrohter Tierarten und ist kurz vor dem Aussterben. Vom Kaulbarsch *Gymnocephalus cernua* unterscheidet sich *G. schraetser* durch eine höhere Anzahl Seitenlinienschuppen und mehr Hartstrahlen in der Rückenflosse.

T: 4-18°C, **L:** 25 cm, **BL:** 80 cm, **WR:** u, **SG:** 3 (Stark gefährdete Art!)

Gymnocephalus cernua Kaulbarsch, Stuhr

Gymnocephalus schraetser Schrätzer

Perca fluviatilis (Linné, 1758) — Barsch, Flußbarsch

Fam.: Percidae, Echte Barsche

Vork.: Ganz Europa, kommt in Südeuropa nicht natürlich vor. Lebt bevorzugt in allen stehenden und fließenden Gewässern bis in 1.200 m Höhe, auch im Brackwasser.

GU: Schwer erkennbar, ♂♂ meist intensiver gefärbt, ♀♀ zur Laichzeit dicker.

Soz. Verh.: Lebt als Jungfisch in Schwärmen oder Jagdgemeinschaften. Im Alter Einzelgänger und Fischräuber. Junge Barsche sind gut mit mindestens gleichgroßen Fischen zu vergesellschaften. Alte Barsche können aggressiv sein.

Hält. B.: Sand oder feiner Kies als Bodengrund. Dichte Rand- oder Hintergrundbepflanzung. Bei Haltung mehrerer Barsche müssen reichlich Verstecke mit Moorkienholz, Steinen und anderem geschaffen werden. Es müssen wesentlich mehr Verstecke als Fische vorhanden sein. Das Wasser ist gut zu filtern und zu belüften. Regelmäßiger Wasserwechsel und Wasserwerte im mittleren Bereich sind angebracht. Die Temperatur sollte 22°C nie lange überschreiten. Größere Barsche sind schwer zu ernähren, da sie viel Fisch benötigen.

ZU: Über die Zucht im Aquarium wurde unseres Wissens noch nicht berichtet, obwohl Barsche ab 17 cm Länge bereits geschlechtsreif sind. In der Natur laichen die Barsche zwischen März und Juni. Die Eier werden in netzartigen Gallertbändern zwischen Pflanzen, Steinen und Ästen abgesetzt. Die Larven schlüpfen nach 15 bis 20 Tagen. Sie zehren noch einmal ebenso lange vom Dottersack und liegen in dieser Zeit am Bodengrund. Danach sind sie mit Kleinkrebsen, Insektenlarven und Fischlaich sowie -brut anzufüttern.

FU: K.; Bodentiere, später fast nur Fische.

Bes.: Das Wachstum der Barsche hängt vom Platz und der Wasserqualität ab. Angler unterscheiden je nach Alter und Lebensweise: 1. junge Krautbarsche, 2. ältere Jagdbarsche, 3. alte Tiefenbarsche, die auch als Raubbarsche bezeichnet werden.

T: 6-22°C, **L:** 35 (50) cm, **BL:** 100 cm, **WR:** alle, **SG:** 3

Stizostedion lucioperca (Linné, 1758) — Zander, Schill

Fam.: Percidae, Echte Barsche

Vork.: Ursprünglich in Mittel-, Osteuropa und Südskandinavien, heute weiter verbreitet. Lebt in größeren Flüssen in der Barben- und Brachsenregion, auch in Flachlandseen. Hält sich meist im trüben Freiwasser und in Bodennähe auf.

GU: Nur schwer erkennbar, ♀♀ zur Laichzeit kräftiger.

Soz. V.: Einzelgängerischer Raubfisch, nur Jungzander leben in Schwärmen.

Hält. B.: Ältere Zander müssen einzeln gehalten werden. Die Haltung im Aquarium entspricht der von gleichgroßen Barschen, siehe beim Barsch *Perca fluviatilis*, nur daß der Zander weniger intensiv gezeichnet und noch gefräßiger ist. Deshalb ist die Haltung im Aquarium nur Spezialisten zu empfehlen.

ZU: Laicht in der Natur im April/Mai. Die Eier werden in Gruben in Kiesgrund oder in der Uferregion an Wasserpflanzen und Ästen abgelegt. Sie kleben gut und werden vom Vater aufmerksam bewacht. Nach dem 4. Lebensjahr, ab 25 cm Länge, sind die Tiere geschlechtsreif. Weiteres siehe beim Barsch, *P. fluviatilis*.

FU: K.; Jungfische fressen Krebstiere und Fischbrut, ältere Zander nur Fische.

Bes.: Beliebter Angel- und Speisefisch. Kann gelegentlich bis 130 cm erreichen.

T: 4-22°C, **L:** 70 cm, **BL:** ab 120 cm, **WR:** m, **SG:** 3

Perca fluviatilis Barsch, Flußbarsch

Stizostedion lucioperca Zander, Schill

Zingel streber Siebold, 1863 — Streber

Fam.: Percidae, Echte Barsche

Vork.: Europa, in der gesamten Donau und ihren Nebenflüssen.

GU: Siehe Zingel, *Zingel zingel*.

Soz. V.: Das Verhalten des Streber entspricht dem des Zingel. Über das infraspezifische Verhalten, also das der Tiere untereinander, ist wenig bekannt.

Hält. B.: Auch hier entsprechen sich Streber und Zingel. Für beide gilt, daß sie in ihrem Vorkommen vielfach selten geworden und zumindest in Deutschland gefährdet sind, deshalb sollte man auf die Pflege dieser Fische besser verzichten, sofern man überhaupt an sie gelangen kann. Schiemer (DATZ, **44** (2): 114-119, 1991) stellt nach Zauner allerdings fest, daß die beiden Spindelbarsche aus der Donau doch noch häufiger vorkommen als bisher befürchtet. An dieser Stelle werden sie vorgestellt, damit man sie gegebenenfalls überhaupt zu identifizieren in der Lage ist.

ZU: Gefangenschaftsbeobachtungen liegen bisher nicht vor bzw. sind nicht bekanntgeworden. In der Natur laichen die Fische im März bis April.

FU: K.; alles zu bewältigende Lebendfutter, vorzugsweise Bodentiere.

Bes.: Aus dem Wardar wurde die Unterart *Zingel streber balcanicus* beschrieben.

T: 4-18°C, **L:** 20 cm, **BL:** 100 cm, **WR:** u, **SG:** 3

Zingel zingel (Linné, 1758) — Zingel

Fam.: Percidae, Echte Barsche

Vork.: Europa, in der Donau, Prut und Dnjestr sowie deren Nebenflüssen. Die Fische bevorzugen seichtes, fließendes Wasser.

GU: Es sind keine äußeren Unterschiede bekannt. Die ♀♀ sind allerdings während der Laichzeit wesentlich fülliger.

Soz. V.: Der Zingel ist ein nachtaktiver, seltener Grundfisch. Die Tiere leben räuberisch und sind standorttreu. Eine Vergesellschaftung ist nur mit großen Fischen möglich, die durch die nachtaktive Lebensweise des Zingel nicht zu sehr gestört werden, beispielsweise Wels und Katzenwels.

Hält. B.: Der Zingel benötigt ein geräumiges Becken. Es eignen sich nur junge Exemplare für die Haltung im Aquarium. Der Bodengrund sollte aus feinem Sand oder Kies bestehen. Unterstände und Verstecke aus Holz oder Steinen müssen vorhanden sein. Wasserwerte in den mittleren Bereichen.

ZU: Die Fortpflanzung ist in Gefangenschaft wohl noch nicht erfolgt. In der Natur liegt die Laichzeit in den Monaten März bis Mai. Die Fische laichen über Kiesgeröll ab.

FU: K.; Lebendfutter aller Art wie bodenbewohnende Insektenlarven, Bachflohkrebse, *Tubifex* und Fische.

Bes.: Der Zingel kann seinen Kopf seitwärts etwas abwinkeln, was bei Fischen selten ist, außerdem sind die Augen unabhängig voneinander beweglich. Eine wie der nahe verwandte Streber, *Zingel streber* Siebold, 1863, ausgesprochen seltene Art. Beide sind in vielen ehemaligen Vorkommensgebieten ausgestorben.

T: 4-18°C, **L:** 20 (50) cm, **BL:** 100 cm, **WR:** u, **SG:** 3

Zingel streber Streber

Zingel zingel Zingel

Salarias fluviatilis, Süßwasser-Schleimfisch

Salarias fluviatilis (Asso, 1801) **Süßwasser-Schleimfisch**

Fam.: Blenniidae, Schleimfische

Vork.: Mittelmeerraum, lebt im Süßwasser. Bodenfische in klaren Seen (Gardasee) und Fließgewässern.

GU: Die ♂♂ sind farbiger und tragen einen Wulst auf dem Kopf.

Soz. Verh.: Ein neugieriger und lebhafter interessanter Grundfisch. Die Tiere bilden Reviere. Die ♂♂ sind polygam, es kann ein ♂ mit mehreren ♀♀ gepflegt werden. Das ♂ betreibt Brutpflege; Vaterfamilie. Eine Haltung im Artbecken wird empfohlen.

Hält. B.: Im großflächigen Aquarium mit niedrigem Wasserstand, 30 cm. Der Bodengrund sollte aus gröberem Kies bestehen. Versteckmöglichkeiten und „Aussichtspunkte" aus Steinen sind wichtig. Wasser: mittelhart und neutral, sauerstoffreich und eventuell ein wenig Salz, je nach Herkunft der Fische.

ZU: Ein ♀ sucht das ♂ in seiner Wohnhöhle auf. Die Eier werden vom ♀ dicht nebeneinander in die Höhle geklebt und vom ♂ befruchtet. Oft laichen die ♀♀ mehrfach hintereinander im Abstand von ein bis zwei Wochen mit dem gleichen oder mit anderen ♂♂ ab. Das aus 200 bis 300 Eiern bestehende Gelege wird bis zum Schlupf der Larven vom ♂ bewacht.

FU: K.; Lebendfutter wie Kleinkrebse, Insektenlarven, Würmer, aber auch Flocken- und Tablettenfutter.

Bes.: Jungfische leben oft in Scharen am Grund der Gewässer. *Salarias fluviatilis* ist ein echter Süßwasserfisch, die nahe verwandten *Blennius*-Arten sind an Meerwasser gebunden.

T: 10-24°C, **L:** 8 (15) cm, **BL:** 90 cm, **WR:** u, **SG:** 2

Macropodus opercularis, ♂ am Schaumnest

Sofern Makropoden im Winter in ungeheizten Räumen gehalten werden, das Aquarium aber beheizt wird, können sich die Tiere erkälten. Die Atemluft sollte etwa die gleiche Temperatur haben wie das Aquariumwasser. Also ein ungeheiztes Becken oder bei geheiztem Becken eine gut schließende Deckscheibe verwenden. Dann wird die Atemluft über dem Becken mit geheizt. Eine Deckscheibe ist auf jeden Fall ratsam, da die Tiere gut springen können.

Macropodus ocellatus Cantor, 1842 **Rundschwanzmakropode**

Fam.: Belontiidae, Belontiaverwandte

Vork.: Ostasien, vom Norden Vietnams über Ost-China bis Korea.

GU: ♂ mit deutlich größeren Flossen, zur Balzzeit prachtvoller gefärbt mit dunklem Körper. ♀ kleiner, mit kräftigem Bauch und kleineren Flossen.

Soz. Verh.: Friedfertige Art, selbst zur Laichzeit beanspruchen die ♂♂ nur kleine Reviere. Gut mit friedlichen Fischen zu vergesellschaften. Dieser seltene Fisch sollte jedoch im Artbecken gepflegt werden.

Hält. B.: Liebt dicht bepflanzte Aquarien und Schwimmpflanzen. Verträgt keine dauerhaft hohen Temperaturen über 20°C, bekommt dann Geschwüre und altert rasch. Rundschwanzmakropoden sollten kühl bei 4 bis 10°C überwintert werden. Gut im Gartenteich zu pflegen, kann dort auch bei genügendem Sauerstoffgehalt im Wasser überwintern. Härte: 3 bis 20° dGH, pH-Wert 6,0 bis 7,5.

ZU: Siehe bei *Macropodus opercularis*. Zuchtbecken gut abdecken!

FU: K., O.; Alles Lebendfutter passender Größen und Flockenfutter.

Bes.: War bisher in der Aquaristik als *M. chinensis* bekannt. Paepke (Aquarien Terrarien, **37** (1): 9-11, 1990) wies jedoch nach, daß *M. chinensis* ein Synonym zu *M. opercularis* und der nächstverfügbare Name *M. ocellatus* ist.

T: 6-16°C, **L:** 50 (100) cm, **BL:** 120 cm, **WR:** alle, **SG:** 2

Macropodus opercularis (Linné, 1758) **Makropode, Paradiesfisch, Großflosser**

Fam.: Belontiidae, Belontiaverwandte

Vork.: Südostasien in flachen Gewässern, Tümpeln, Gräben und Reisfeldern.

GU: ♂♂ mit deutlich größeren Flossen und farbenprächtiger als die ♀♀.

Soz. V.: Jungtiere sind in größeren Aquarien friedfertig und gut zu vergesellschaften. Erwachsene Tiere können aggressiv werden. Laichbereite ♂♂ bekämpfen sich und beanspruchen Brutreviere, sie pflegen Eier und Jungfische.

Hält. B.: Erwachsene Makropoden benötigen größere Becken, wenn mehrere ♂♂ gepflegt werden sollen. In kleinen Becken werden auch die ♀♀ stark gejagd. Es sollte viel Schwimmraum geboten werden. Guter und kräftiger Pflanzenwuchs ist nicht nur für die Wasserqualität wichtig, sondern dient auch den unterlegenen Fischen als Versteckmöglichkeit. Die Einrichtung mit Moorkienholz und Steinen gut gliedern und so zusätzliche Verstecke schaffen. Die Wasserwerte spielen keine besondere Rolle, doch sollte trotz der Labyrinthatmung für klares, sauberes Wasser gesorgt sein. Springt gut, das Becken sorgfältig abdecken.

ZU: Die Zucht ist mit gut ernährten Tieren einfach. Das ♂ errichtet ein Schaumnest, oft unter Zuhilfenahme von Schwimmpflanzen. Das laichbereite ♀ sucht das ♂ unter dem Nest auf und stupst es in die Flanke. Das ♂ umschlingt das ♀ und die austretenden Eier schweben zur Wasseroberfläche. Das ♂ bewacht und betreut die bis zu 500 Eier und Larven. In größeren Behältern oder im Teich verteidigt das ♀ das äußere Revier, im Aquarium muß es herausgenommen werden, sonst könnte es getötet werden. Die Anzucht der Larven erfolgt mit Infusorien, drei Tage später können *Artemia*-Nauplien gereicht werden.

FU: O., mehr K.; Lebendfutter, nimmt auch gerne Flockenfutter.

Bes.: Den Sommer können Makropoden gut im Gartenteich verbringen, sie müssen aber rechtzeitig ins Haus geholt werden. Mit einem Labyrinthorgan können sie zusätzlich zur Kiemenatmung Luftsauerstoff aufnehmen.

T: 12-24°C, **L:** 10 cm, **BL:** 80 cm, **WR:** alle, **SG:** 1

Macropodus ocellatus Rundschwanzmakropode

Macropodus opercularis Makropode, Paradiesfisch

Krankheiten der Fische

Fische sind auch Lebewesen, und als solche wie der Mensch Krankheiten unterworfen. Das Erkennen einer Krankheit beginnt bereits mit dem regelmäßigen Überprüfen der Fische, am besten bei der Fütterung. Dabei wird kontrolliert, ob alle Tiere vorhanden sind. Das Verschwinden einzelner Fische muß spätestens nach einigen Tagen geklärt werden. Der Fisch könnte im Aquarium krank in einer Ecke hinter der Dekoration liegen oder sogar gestorben sein. Auch könnte er die Beute eines größeren Mitinsassen geworden oder aus dem Wasser gesprungen sein. Zur Sicherheit der anderen Fische muß ein Verschwinden von Tieren geklärt werden bevor das Wasser möglicherweise verdirbt.

In einem Gartenteich ist es naturgemäß wesentlich schwieriger, die Vollzähligkeit der Pfleglinge zu überprüfen, insbesondere wenn möglicherweise das Wasser nicht ganz klar ist. Doch ist hier aufgrund des größeren Wasserkörpers das Dahinscheiden eines Tieres zwar bedauernswert, belastet das Wasser und damit die Gesundheit der übrigen Teichbewohner jedoch kaum oder gar nicht.

Auch aggressive Verhaltensweisen einiger Fische, wie Raufen oder Flossenbeißen, können zu Krankheitsursachen werden, da verletzte und gestreßte Fische anfällig sind und offene Wunden leicht verpilzen. Besonders einzeln gehaltene Schwarmfische neigen bei Einsamkeit zur Aggressivität oder kränkeln und siechen dahin.

Fischkrankheiten sind nicht immer einfach zu heilen, besonders nicht in Gewässern von den Ausmaßen eines mittleren oder gar größeren Gartenteiches. Vorbeugung und Verhütung sind deshalb wichtiger als ein großer Medikamentenvorrat. Die wichtigsten Erkrankungen und ihre Behandlung bei Kaltwasserfischen werden in den folgenden Kapiteln erläutert. Treten Krankheitssymptome auf, die hier nicht erwähnt sind, so sei auf das Kapitel „Krankheiten" im Aquarien-Atlas Band I, Seite 904 folgende, und auf weiterführende Spezialliteratur zu diesem Thema verwiesen, zu der Literaturhinweise im Anhang zu finden sind.

Vorbeugung durch gute Pflege

Wichtigster Grundsatz der Fischpflege ist die häufige Beobachtung der Tiere. Dies nicht nur um die Vollzähligkeit zu überprüfen, sondern auch um das allgemeine Wohlbefinden festzustellen. So kann möglicherweise am Verhalten einzelner Tiere bereits festgestellt werden, daß etwas nicht in Ordnung ist, bevor noch der ganze Bestand krank wird oder auch an äußeren Umständen eingeht.

Nicht zu unterschätzen ist die Umwelt der Fische als mögliche Krankheitsursache. Falsche Ernährung, Streß oder schlechte Lebensbedingungen wie belastetes Wasser, auch Wasser mit den falschen wasserchemischen Werten, zu hohe oder zu niedrige Temperaturen oder dergleichen mehr können zu Schwächungen führen, sind sie zu kraß, zum Tode. Überdies leben viele Krankheitserreger ständig im Fisch oder im Aquarienwasser, in der Regel jedoch in so geringer Zahl, daß ein Zusammenleben von Fisch und Krankheitserreger möglich ist. Bei gesunden Tieren hält zum Beispiel ihr intaktes Immunsystem die Erreger unter Kontrolle. Gerät dieses Gleichgewicht durcheinander, so haben die Krankheitserreger ein leichtes Spiel und können sich rasch vermehren. Möglicherweise führt dies wiederum zu weiteren Krankheiten, zu sogenannten Sekundärinfektionen. Es liegt also am Pfleger, die Umwelt der Lebewesen für diese optimal zu gestalten, gleichgültig ob Aquarium oder Gartenteich, denn die Pfleglinge können sich ihre Lebensbedingungen dort ja in der Regel nicht aussuchen und ihnen auch nicht entkommen.

Außer den genannten Punkten, wie Kontrolle der Temperatur und der Wasserwerte, gehört zur Vorbeugung durch gute Pflege möglicherweise auch die Kontrolle von Belüftung und Filterung, auch der optimalen Beleuchtung. Ein wesentlicher Punkt ist die richtige Ernährung der Pfleglinge. Schließlich ist sowohl das Aquarium im kleineren als auch der Gartenteich im größeren Maßstab ein Biotop, ein Lebensraum also, indem auch die Pflanzen eine wesentliche Rolle spielen, indem sie zum Beispiel zur Gesunderhaltung des Wassers beitragen. Auch ihre Pflege ist daher ein wichtiger Baustein zur erfolgreichen Fischhaltung und zum Gelingen eines Gartenteiches. Ferner können auch gewisse Vorsichtsmaßnahmen insofern getroffen werden, als nicht alle Lebewesen unbesehen in ein Aquarium oder einen Gartenteich eingebracht werden. Manche sind selbst Räuber oder Parasiten, andere können Krankheiten oder Parasiten mit einschleppen. Alle diese Punkte sind Pflegemaßnahmen, die generell vorbeugend getroffen werden sollten, damit Krankheiten und ähnliches Ungemach gar nicht erst auftreten.

Die Quarantäne

Alle Fische sollten zur Vermeidung der Einschleppung von Parasiten und infektiösen Krankheiten in die Bestände bereits vorhandener Fische einer Quarantäne unterzogen werden. Das dazu benutzte Quarantänebecken wird am besten an einem gesonderten Ort untergebracht. Dazu müssen auch eigene Aquariengerätschaften, wie Kescher und dergleichen, für das Quarantänebecken vorhanden sein. Als Behälter sind Kunststoff- oder Glasbecken gut geeignet, die leicht gereinigt werden können.

Für neu erworbene Fische beträgt die Quarantäne mindestens zwei, besser drei oder vier Wochen. Erst nach dieser Zeit kann der Pfleger einigermaßen sicher sein, keine Erreger mit einzuschleppen.

Auch Futtertiere und Pflanzen sowie Einrichtungsgegenstände aus Gewässern sollten einer mindestens dreitägigen Quarantäne unterzogen werden. Um bei der Isolation der Fische nicht andererseits Krankheiten durch Streß zu begünstigen, ist eine ordnungsgemäße gute Haltung auch im Quarantänebecken notwendig. Deshalb müssen alle notwendigen Geräte wie Kühlung, Beleuchtung, Filterung und Lüftung vorhanden sein, sowie eine gute und übersichtliche Einrichtung, die den Fischen die nötige Sicherheit gibt. So kann man zum Beispiel einen Blumentopf mit Einschlupfloch als Versteck anbieten, denn dieser ist leicht zu reinigen. Pflanzen oder gar Schnecken haben in einem Quarantänebecken dagegen nichts zu suchen, auch Bodengrund sollte man nach Möglichkeit nicht verwenden.

Nach Gebrauch sind alle Gegenstände zu desinfizieren, zum Beispiel mit einer Permanganat- oder einer Formalinlösung. Bei der Verwendung von Permanganat gibt man soviel des Mittels dem Wasser zu, bis es dunkelviolett aussieht. Bei der Verwendung jeden Desinfektionsmittels muß alles hinterher gut mit klarem Wasser nachgespült werden.

Vergiftungen

Beim Wasserwechsel, durch Dekorationselemente oder gar über die Belüftung können Gifte ins Aquarienwasser gelangen, der Gartenteich kann beim Spritzen von Insektiziden oder Herbiziden einen Schwaden abbekommen. Der Vergiftungsmöglichkeiten gibt es viele, besonders auch durchaus im Freien, ohne daß die genaue Ursache festgestellt werden könnte. Auch durch Überfütterung oder verderbende Tier- und Pflanzenteile und Leichen kann es zu Vergiftungen durch Stickstoffverbindungen kommen. Schon aus diesem Grunde sollte immer nur soviel gefüttert werden, wie die Fische in absehbarer Zeit fressen können. Hier wird besonders von Anfängern häufig sehr gesündigt.

Oft äußern sich Vergiftungen durch gerötete Kiemen, abgespreizte Kiemendeckel, erhöhte Schreckhaftigkeit und anschließendes unkontrolliertes, taumelndes oder ruckweises Schwimmen oder Umherschießen im Aquarium oder Teich. Ebenso vielfältig wie die Vergiftungsmöglichkeiten sind leider auch die Symptome

Erster Rettungsversuch muß ein möglichst weitgehender Wasserwechsel mit Wasser unbelasteter Herkunft, bzw. nach Möglichkeit ein Umsetzen der Fische sein. Weitere Wasserwechsel können notwendig werden, auch ist eine Säuberung des Filters zu empfehlen. Nach den Sofortmaßnahmen muß selbstverständlich sogleich nach der Quelle der Vergiftung gesucht werden. Schon manches Mal hat sich die Kupferverrohrung des Hauses als Ursache der Vergiftungen herausgestellt. Also auch bei den Teichinstallationen nie Kupferrohre verwenden.

Sauerstoffmangel

Sauerstoffmangel tritt häufig bei zu hohen Temperaturen oder bei Belastung des Wassers durch Fäulnisvorgänge, möglicherweise auch im Filter, auf. Anzeichen für Sauerstoffmangel sind beschleunigte Atmung, Unruhe und „Luftschlürfen" der Fische an der Wasseroberfläche. Im weiteren Verlauf verblassen oft die Farben und die Kiemendeckel werden wie bei Vergiftungen abgespreizt. Wird nicht eingegriffen, sterben die Fische durch Ersticken. Besonders bei Kaltwasserfischen ist Sauerstoffmangel eine der häufigsten Todesursachen, und dies nicht nur in Gefangenschaft.

Hohe Wassertemperaturen verursachen deshalb Sauerstoffmangel, weil die Löslichkeit von O_2 temperaturabhängig ist, je höher die Temperatur ist, umso weniger Sauerstoff kann vom Wasser aufgenommen werden. Es darf auch nicht übersehen werden, daß der Sauerstoffbedarf der Fischarten unterschiedlich ist. Allgemein benötigen Fische aus strömungsreichen Gewässern, zum Beispiel Forellen, wesentlich mehr Sauerstoff als Fische aus stehenden Gewässern, wie etwa Karauschen.

Oft wird aber auch durch Fäulnisvorgänge von überschüssigem Futter oder abgestorbenen Pflanzenteilen, auch durch die nächtliche Atmung der Pflanzen in überbesetzten Aquarien und Teichen, eine Sauerstoffarmut verursacht.

Nicht behobener Sauerstoffmangel führt zum unmittelbaren Tod durch Ersticken. Häufige zeitweilige Sauerstoffengpässe begünstigen das Auftreten anderer Krankheiten, da die Fische in ihrer Vitalität geschwächt werden. Besonders gute Filter, die regelmäßig grobgereinigt werden, sowie eine angemessene Belüftung beugen dem Sauerstoffmangel vor oder schaffen im Ernstfall Abhilfe. Eine ausgeglichene Bepflanzung fördert aufgrund der Photosynthesetätigkeit den ausreichenden Sauerstoffgehalt im Wasser. Die Fische sollten bei ihrer optimalen Temperatur gepflegt werden, wobei diese eher leicht unterals überschritten werden darf. Im letzten Stadium des Sauerstoffmangels helfen nur Wasserwechsel und eine kräftige feinperlige Durchlüftung. Besonders im Sommer und vor Gewittern ist Aufmerksamkeit geboten. Bei guter Pflege darf es allerdings nicht zu einem Sauerstoffengpaß im Wasser kommen. Sollte dies doch der Fall sein, so muß der Pfleger einmal gründlich die Haltungsbedingungen seiner Tiere überprüfen, insbesondere was die Besatzmenge betrifft. Überbesetzte Becken oder Teiche sind häufig die Ursache von Streß und Sauerstoffmangel.

Ichthyo, Grießkorn- oder Weißpunktkrankheit
(*Ichthyophthirius multifiliis*)

Vom Wimpertierchen *Ichthyophthirius multifiliis* befallene Fische weisen am gesamten Körper eine Anzahl weißer Knötchen auf, die auch an den Flossen und auf den Kiemen sitzen können. Bei sehr starkem Befall vereinigen sich die einzelnen Punkte optisch zu weißgrauen Flecken. Die Haut der befallenen Fische entzündet sich und verschleimt stark. Befallene Fische zeigen einige typische Verhaltensweisen, die ihr Unwohlsein deutlich machen, wie Scheuerbewegungen an festen Gegenständen, Flossenklemmen und, mit fortschreitender Krankheit, Freßunlust und Futterverweigerung.

Wer bezüglich der Diagnose ganz sicher gehen will, kann von der Haut lebender Fische vorsichtig einige Parasiten abstreifen und in einem Wassertropfen unter einem Mikroskop bei 50 bis 120facher Vergrößerung das Präparat betrachten. Die Parasiten können 0,2 bis 1 mm groß werden und sind auch mit dem bloßen Auge gut zu erkennen. Eine sichere Unterscheidung von anderen Außenparasiten, die jedoch bei Kaltwasserfischen seltener vorkommen, wird durch mikroskopische Untersuchungen sehr erleichtert. Typisch ist ein großer hufeisenförmiger Kern (Makronucleus), in dessen Nähe ein kleinerer runder Kern (Mikronucleus) liegt. Die Parasiten graben eine nach außen abgeschlossene Höhlung in die Haut der Wirte. Sie ernähren sich von diesem organischen Material.

Der Fortpflanzungszyklus von *Ichthyophthirius* ist kompliziert, er umfaßt drei Stadien. In der Haut des Wirtes wachsen die Parasiten im Haut- oder Wachstumsstadium heran. Ausgewachsene Ciliaten verlassen den Fisch und fallen zu Boden, sie bilden das Boden- oder

Cystenstadium. Im Cystenstadium ist der Parasit von einer gallertartigen Hülle umgeben. In der Cyste teilt eine Zelle sich vielfach, in bis zu 1.000 linsen- oder birnenförmige Schwärmer (*multifiliis* = viele Kinder). Die winzigen, 30 bis 50 µm großen, aus der Cyste ausschlüpfenden Schwärmer bilden das dritte, das erneute Infektionsstadium. Die Schwärmer suchen einen neuen Wirt auf, finden sie innerhalb von etwa drei Tagen keinen Fisch, so sterben sie ab. Der gesamte Entwicklungszyklus dauert etwa drei Wochen, so daß nach dieser Zeit eine wiederholte Behandlung notwendig werden kann.

Für die Behandlung des Ichthyo gibt es im Zoofachhandel mehrere Medikamente. Die in der Haut der Fische befindlichen Stadien werden von Medikamenten allerdings nicht erreicht, so daß befallene Fische über den vollen Entwicklungszeitraum der Parasiten im Medikamentenbad verbleiben müssen. Frei schwimmende Schwärmer werden besonders durch Malachitgrünoxalat abgetötet Auch Atebrin, Aureomycin, Chininpräparate und Trypaflavin sind wirksam. Am besten jedoch erwirbt der Pfleger fertig zusammengestellte Medikamente mit genauen Anwendungsvorschriften im Zoofachhandel, z.B. Tetra Desafin, ein Allround-Präparat für ektoparasitäre Erkrankungen der Teichfische. Im Aquarium hat sich ContraIck hervorragend bewährt. Fast jede Aquaristik-Firma hat ihr eigenes wirkungsgesichertes Präparat. Erwähnenswert ist noch PREIS Neosal. Es ist auf pflanzlicher Basis (fast homöopathisch) hergestellt und schädigt die normale Mikrofauna nicht.

Eine Behandlung sollte rasch nach der Diagnose erfolgen. *Ichthyophthirius* ist bei starkem Befall bereits über ein Wochenende hin tödlich. Zudem ist die Krankheit sehr ansteckend und befällt fast alle Fischarten. Einzelne, gering befallene Fische können die Krankheit in Ausnahmefällen auch ohne Medikamentenwirkung überstehen. Diese Fische sind dann gelegentlich immun gegen Ichthyo, können allerdings zu Überträgern werden, da sie die Parasiten ihrerseits weiterverbreiten. Deshalb sollten befallene und neu erworbene Fische mindestens drei Wochen von gesunden Tieren isoliert gehalten werden.

Hautwurmbefall
(*Gyrodactylus*)

Starker Befall mit Hautwürmern führt bei den Fischen zu Hauttrübung und roten entzündeten Stellen. Mit dem bloßen Auge sind Hautwürmer gewöhnlich nicht feststellbar. Unter dem Mikroskop sind die Würmer an ihren zahlreichen Haken am Hinterende gut zu erkennen. Neben den *Gyrodactylus*-Arten parasitieren weitere Würmer an den Kiemen und inneren Organen von Fischen und Amphibien. In Hautabstrichen von lebenden Fischen sind die Würmer bei 50 bis 120facher Vergrößerung unter dem Mikroskop gut sichtbar. Da die Würmer tote Wirte sofort verlassen, sind tote und konservierte Fische zur Untersuchung nicht geeignet. Die vorwiegend auf der Haut lebenden augenlosen *Gyrodactylus*-Arten, *G. bullatardius, G. cyprinus, G. elegans* und *G. medius*, werden 0,25 bis 0,8 mm groß.

Hautwürmer sind lebendgebärend. Das Jungtier entsteht im Elterntier. Im Jungwurm kann bereits ein weiterer Embryo erkennbar sein. Die jungen Würmer bleiben am gleichen Fisch, ein Wirtswechsel ist nicht notwendig.

Ein Hautwurmbefall ist meist ein Hinweis auf schlechte Haltungsbedingungen. Besonders für kleine Fische ist ein starker Befall mit Hautwürmern sehr gesundheitsschädigend und auf Dauer und bei Nichtbehandlung tödlich. Die Würmer ernähren sich von der Haut der Fische und zerstören so ihre äußere Schutzschicht, was zu weiteren Infektionen führt.

Zur Behandlung ist Gyrotox (Zoomedica - Tetra) anzuwenden.

Durch häufigen Wasserwechsel und Filterhygiene wird ein Befall der Fische mit Würmern vermieden und eine Übertragung unterbunden. Gut gepflegte Fische können die Parasiten in der Haut einkapseln und von leichtem Befall auch ohne Behandlung gesunden.

An Fischen parasitierende Krebse

Argulus, die Karpfenlaus

Die Karpfenlaus, *Argulus foliaceus*, wird auf der gegenüberliegenden Seite vorgestellt. Von ihr heimgesuchte Fische fallen meist durch Flossenklemmen, unruhige Schwimmweise und Scheuern auf. Die Einstichstellen der blutsaugenden Krebse sind oft gerötet und entzündet. Die parasitären Krebse lassen sich mit dem bloßen Auge auf der Haut der Fische erkennen, *Argulus foliaceus* wird 6 bis 7 mm lang. Weitere, sehr ähnliche Arten gelangen ab und zu mit Importfischen zu uns.

Die Krebse müssen zur Eiablage ihren Wirt verlassen. Sie legen an verschiedenen Gegenständen 20 bis 250 Eier ab. Über mehrere Larvenstadien entwickeln sich diese zu geschlechtsreifen Parasiten. Da mit dem Stich Gift injiziert wird, können durch den Stich andere Krankheiten, insbesondere Tuberkulose, übertragen werden. Häufig werden die entzündeten Einstichstellen sekundär von Pilzen befallen.

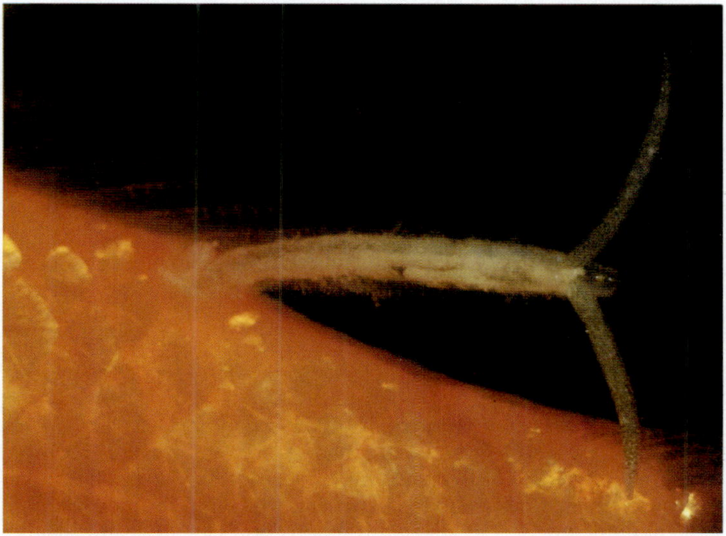

Lernaea spec.

Argulus foliaceus Karpfenlaus

Eine Behandlung ist einfach, da die Hautkrebse mit der Pinzette entfernt werden können. Eine vorbeugende Behandlung gegen Verpilzungen ist ratsam. Warmes Wasser tötet die Karpfenlaus auf längere Zeit ab, auch 1 g gelöstes Kaliumpermanganat auf 100 l Wasser ist wirksam.

Eine Schnellbekämpfung (und Prophylaxe) gegen *Argulus* kann man mit PREIS Neosal (im Zoofachhandel erhältlich) vornehmen: Die dreifache Dosis in einem 10-l Eimer mit Wasser ansetzen. Fisch(e) hineinsetzen und darin für 2-4 Minuten belassen. Bei sauerstoffbedürftigen Fischen ist das Wasser im Eimer zu belüften. Eimer gut abdecken! Danach Fisch(e) ins Becken zurücksetzen. Die Karpfenläuse verlassen den Wirt - sie fallen ab!

Kiemenkrebs (*Ergasilus*); ein Copepode

Von Kiemenkrebsen frisch befallenen Fischen ist äußerlich nichts anzusehen. Länger befallene Tiere magern ab, oft stehen die Kiemendeckel etwas ab. Beim Anheben der Kiemendeckel ist der Befall mit Parasiten deutlich an den länglichen weißen Pünktchen auf den Kiemenblättchen erkennbar. Oft sind die Kiemen dann blaß und verschleimt.

Neben einigen selteneren Arten ist *Ergasilus sieboldi* der häufigste Erreger der Kiemenkrebskrankheit. Die Männchen sind selten und freilebende Planktonorganismen. Nur die Weibchen leben parasitär, sie sind 1,3 bis 1,7 mm lang. Ihr zweites Antennenpaar ist zu Klammerhaken umgebildet, mit denen sie sich an den Kiemen anheften. Aus im Boden abgelegten Eiern schlüpfen freischwimmende Nauplius-Larven, die in Bodennähe schwimmende Fische befallen. Kiemenkrebse ernähren sich von der Kiemensubstanz und von Blut und schädigen so ihre Wirte stark. Sekundär werden befallene Fische anfälliger für weitere Krankheiten, insbesondere Pilze.

Die Behandlung erfolgt mit PREIS Neosal außerhalb des Beckens in einem Eimer, so wie oben bei *Argulus* angegeben.

Hautkrebse (*Lernaea*)

Ein Befall mit *Lernaea* ist gut mit bloßem Auge erkennbar. Ein Teil des Körpers der Krebse, meist die Eiersäcke, ragt aus dem Körper des Wirtes heraus (siehe Abbildung Seite 915). *Lernaea*-Krebse parasitieren meist auf der Haut, seltener an den Kiemen oder inneren Organen. Neben *Lernaea carassii* und *L. cyprinacea* kommen weitere, seltenere Arten vor. Die typische Hüpferlingsgestalt ist bei den Hautkrebsen stark abgewandelt und die am Fisch festsitzenden wurmähnlichen Weibchen sind nur an den Eiersäckchen äußerlich eindeutig als Hüpferlingsverwandte erkennbar. Die häufigen Hautkrebsarten werden 9 bis 22 mm lang, andere sogar bis 4 cm (*Lernaeocarc*). Zur Entwicklung benötigen die Krebse keinen Wirtswechsel. Die Parasiten leben vom Blut der Wirte und schädigen diese stark, da sie tief in Muskeln und Blutadern eindringen. Vor allem Goldfische sind öfter von *Lernaea* befallen.

Gegen Hautkrebse können Bäder in gelöstem Kochsalz, 20 g auf 1 l Wasser, 10 bis 20 Minuten, versucht werden. Andere Medikamente sind stark giftig und sollten nur vom Tierarzt angewendet werden.

Pilze

Fischschimmel, *Saprolegnia* und *Achlya*

Vom Fischschimmel befallene Fische weisen an den befallenen Hautstellen und Flossen wattebauschähnliche Beläge auf, die sich bei längerem Befall von weiß nach braun verfärben. Die Augen sind oft getrübt, es werden Augen, Flossen, Haut, Maul und Kiemen befallen. Unter dem Mikroskop lassen sich die dünnen, fädigen Pilzhyphen gut erkennen. Die Fortpflanzungskörper (Sporangien) sind dunkel und kugelig. Der Schimmelbelag fällt beim aus dem Wasser genommenen Fisch in sich zusammen.

Fischschimmel verursachen die Pilze der Gattungen *Achlya* und *Saprolegnia*, Angehörige der Ordnung Oomycetales. Die Ansammlung von Pilzfäden oder Hyphen wird als Mycel bezeichnet. Die Fäden im Mycel der Fischpilze sind dünn, schlauchartig, vielkernig und ohne Querwände. Die Pilze pflanzen sich ungeschlechtlich durch einkernige, frei bewegliche Sporen fort. Die Sporen werden in dunklen, kugeligen oder keulenförmigen Sporenbehältern, Sporangien, gebildet. Nach einem Gestaltwechsel setzen sich die Zoosporen auf einem geeigneten Substrat, einer Tierleiche oder einem bereits geschädigten Fisch, fest. Hier wird ein neues Pilzmycel ausgebildet.

Bei beginnendem Befall ist die Schädigung der Wirte gering. Nur vorher schon geschwächte Fische werden vom Fischschimmel befallen. Besonders wenn die Abwehr des Fisches, also die Schleimhaut, nicht mehr funktionsfähig ist, können sich *Achlya* oder *Saprolegnia* ansiedeln. Durch die Schädigung verändert sich der pH-Wert der Schleimhaut des Fisches und der Fischschimmel findet geeignete Bedingungen vor. Bei stärkerem und länger andauerndem Befall dringen die Pilzhyphen bis in die Muskulatur und inneren Organe ein und verursachen schwere Schäden. Verschiedene Ursachen können Pilzbefall auslösen:

- Verletzungen, mechanische Veränderungen der Schleimhaut,
- zu hohe oder zu niedrige Wassertemperatur, die häufigste Ursache für den Befall,
- Veränderungen der Schleimhaut durch Säure- oder Laugeeinwirkung, auch schwache Konzentrationen können genügen, z.B. durch Regenwasser oder Medikamente,
- Schädigungen durch Bakterielle Flossen- und Kiemenfäule und andere Krankheiten,
- Geschwüre, die aufbrechen und offene Wunden verursachen,
- unsachgemäßer Transport und abrupt veränderte Wasserverhältnisse von pH-Wert, Wasserhärte, Gehalt an Stickstoffverbindungen oder Temperatur.

Bei schwachem Befall bewirkt eine Verbesserung der Temperaturverhältnisse manchmal eine Selbstheilung. Ein Umsetzen in sauberes, abgestandenes Wasser mit mittleren Werten hilft ebenfalls häufig. Bei stärkerem Befall wirken halbstündige Bäder in Kaliumpermanganat, 1 g auf 100 l Wasser, oder ein Bepinseln der befallenen Stellen mit konzentrierter Lösung. Aber Achtung, es darf keine hochkonzentrierte Kaliumpermanganatlösung an die Kiemen oder die Augen gelangen! Zur Vorbeugung haben sich Malachitgrün-Präparate wie Tetra General-Tonic oder Tetra FungiStop bewährt. Durch sie lassen sich schwacher Pilzbefall und bakterielle Erstinfektionen bekämpfen.

Bakterien

Fischtuberkulose, *Tuberculosis piscium*

Das Erscheinungsbild dieser Krankheit ist ausgesprochen verschiedenartig. Befallene Fische sind oft freßunlustig, magern ab, bekommen eingefallene Bäuche und Rückenregionen. Die Körperfärbung hellt auf, Hautstellen entzünden sich und die Flossen bilden sich zurück. In den inneren Organen bilden sich Knötchen und sie zersetzen sich. Befallene Fische sind apathisch und zeigen oft Schwimmstörungen. Weitere Anzeichen der Fischtuberkulose sind Glotzaugen oder sogar Herausfallen der Augen, Bauchwassersucht, Schuppensträube und andere Schuppenmißbildungen, Verkrüppelungen der Kiefer und der Wirbelsäule.

Ein Nachweis der Bakterien ist für Laien nicht durchführbar. Die Tuberkulose-Bakterien können sich zwischen 10 und 37°C vermehren. Ihr Optimum liegt bei 25°C, zu warm gehaltene Kaltwasserfische sind also anfälliger. Die Krankheit ist sehr ansteckend, sie wird von Fisch zu Fisch, über das Wasser und den Bodengrund übertragen. Fischtuberkulose kann über offene Wunden des im Aquarium hantierenden Pflegers auch Menschen befallen und Ausschläge und Entzündungen hervorrufen, die leicht als „Allergien" fehldiagnostiziert werden. Die Fischtuberkulose kann plötzlich ausbrechen und ganze Fischbestände in kurzer Zeit und ohne äußere Anzeichen vernichten. Häufiger jedoch ist der Krankheitsverlauf langsam und die Erscheinungsform ist, je nach befallenen Organen und Fischart, wie oben dargestellt unterschiedlich.

Eine Behandlung der Fischtuberkulose ist meist nicht erfolgreich. Kurzzeitig werden manchmal Erfolge mit Antibiotica, zum Beispiel Tetracyclinen erreicht, die Krankheit bricht aber meist später wieder aus. Befallene Tiere sollten abgetötet werden. Fische mit Verdacht auf eine Infektion müssen isoliert gehalten werden. Nach Untersuchungen (AMLACHER, 1976) sind 80% aller Zierfische latent mit Tuberkulose infiziert. Zum Ausbruch kommt die Krankheit nur bei einer Schwächung der Fische, durch schlechte Pflege, Transport und ähnliches. Das Hauptaugenmerk muß bei der Bekämpfung der Fischtuberkulose auf der Verhütung liegen. Da es eine echte Schwächekrankheit ist, ist abwechslungsreiche, fischgerechte Ernährung wichtig. Überbesetzung fördert die Infektionsgefahr. Für Kaltwasserfische ist eine Bestandsdichte nach der Berechnung: 5 l Wasser auf 1 cm Fischlänge, optimal. Sauberes Wasser und regelmäßige Filterreinigung sind weitere wesentliche Voraussetzungen um den Ausbruch der Krankheit zu verhindern.

Bakterielle Flossenfäule
(*Bacteriosus pinnarum*)

Die erste Erkrankung der Fische an Bakterieller Flossenfäule ist leicht zu übersehen. Anfangs sind die Flossenränder nur leicht getrübt, mit fortschreitender Erkrankung werden die Symptome immer auffälliger. Die Flossen werden trüb, fransen aus und werden immer kleiner. Die Flossenränder sind meist eingekerbt. Zum Ende der Krankheit bleiben nur noch faulende Flossenstummel übrig die Bakterien siedeln auch am Körper und die auf diese Weise geschädigten Fische werden nun meist zusätzlich von Pilzen befallen, was den Krankheitsverlauf weiter beschleunigt. Schließlich stirbt der befallene Fisch an Schwäche.

Die Bakterielle Flossenfäule wird von verschiedenen Bakterien hervorgerufen, zum Beispiel von unterschiedlichen *Aeromonas*-Arten, *Haemophilus piscium* und *Pseudomonas fluorescens*. Die Kiemenfäule, *Branchiomycosis*, wird dagegen von Algenpilzen der Gattung *Branchiomyces* verursacht, wodurch die Kiemen zerstört werden. Kiemenfäule sowie Bakterielle Flossenfäule sind sehr ansteckend, ihr Ausbruch wird durch Schwächung der Fische, wie Transport oder schlechte Lebensbedingungen, stark begünstigt. Zu warme Haltung oder versäumte Wasserwechsel und Filterreinigung können das Auftreten der Krankheiten begünstigen. Die befallenen Fische verkrüppeln und sterben schließlich.

Die beste Aussicht auf Erfolg hat die Anwendung von Tetracyclinen, z.B. Furamor-P. Auch Trypaflavin oder Sulfonamide können manchmal helfen. Die Flossenfäule ist eine typische Krankheit, die durch Haltungs- oder Transportmängel begünstigt, oft sogar verursacht wird.

Bemerkungen zu weiteren Krankheiten

Alle möglichen weiteren Krankheiten der Kaltwasserfische zu nennen, würde den Umfang dieses Buches bei weitem sprengen und kann auch nicht das Ziel sein. Viele Erkrankungen von Zierfischen treten nur bei Warmwasserarten auf, können aber teilweise auf Kaltwasserfische übertragen werden. Auch umgekehrte Fälle sind zu verzeichnen. Eine vollständige Aufzählung ist alleine schon daher nicht möglich, weil viele Erkrankungen der Fische wissenschaftlich noch nicht vollständig untersucht sind und immer noch neue Krankheiten bekannt werden. Manche werden mit der weltweiten Verbreitung von Zierfischen erst zu uns importiert. Zudem gibt es eine Vielzahl Innenparasiten, deren Untersuchung dem Gartenteichbesitzer oder Aquarianer in der Regel gar nicht möglich ist.

Angler und Großzüchter werden oft mit weiteren Fischkrankheiten konfrontiert. So ist beispielsweise die Taumelkrankheit, *Myxomatosis*, junger Forellen und Saiblinge eine häufiger auftretende Seuche. Befallene Fische vermögen nicht mehr richtig zu schwimmen, ihre Wirbelsäule wird völlig deformiert oder aufgelöst. Die Infektion erfolgt über vom Boden aufgenommene Sporen. Als dem *Ichthyophthirius* teilweise ähnlich und manchmal schwer zu unterscheiden, wären *Chilodonella, Costia* und *Oodinium* zu nennen.

Viele weitere Beispiele, die für den Gartenteich oder das Kaltwasseraquarium nur in Ausnahmefällen relevant sind, ließen sich anführen. Sollten bei den Fischen auftretende Krankheiten unter den hier aufgeführten nicht zu finden sein, so wende sich der Pfleger an einen Tierarzt, auch mancher Zoofachhändler kann eventuell kompetenten Rat geben.

Tiefergehende Literatur findet sich im Anhang, wobei insbesondere die Bücher von AMLACHER und REICHENBACH-KLINKE als klassisch anzusehen und dem anspruchsvolleren Interessenten an diesem Thema zu empfehlen sind.

Krankheitstabelle für Kaltwasserfische in Aquarium und Gartenteich

Ektoparasiten, Einzeller	Symptome	Ursachen	Erkennungsmöglichkeit	Behandlung
Ciliaten (Wimpertiere)				
Ichthyophthirius multifiliis (Pünktchenseuche)	Weiße Pünktchen auf Haut und Flossen; sie sind stecknadelkopfgroß oder etwas kleiner und mit bloßem Auge gut sichtbar. Flossen bei Licht vor dunklem Hintergrund betrachten!	Der Ciliat (Wimpertier) befällt den ganzen Fisch. Oft werden nur geschwächte Fische befallen. Fischbesatz ist zu hoch; Wasserqualität unzureichend.	0,2-1 mm Ø. Mit bloßem Auge sichtbar, besser mit Lupe. Hautabstriche bei 40 - 120facher Vergrößerung. Was man von außen sieht, sind weiße Hautkapseln (Wucherungen). Der Parasit selbst ist nur 30-50 µm groß.	Die Behandlung erfaßt nur das Schwärmerstadium im freien Wasser. Es wird also nicht der Fisch, sondern der Schwärmer nach dem Verlassen des Wirts behandelt. Hauptwirkstoff gegen Ichthyo ist Malachitgrünoxalat. Viele Medikamente gibt es im Zoofachgeschäft, z.B. ContraIck, Neosal u.v.a.
Chilodonella (Hauttrüber)	Weißlich-bläulicher Belag als Hauttrübung sichtbar. Meist beginnend auf der Nackenregion; später werden auch die Kiemen befallen. Hautpartien können sich vom Körper lösen.	Schlechte Wasserbedingungen, zu kaltes Wasser.	Fische schnappen an der Wasseroberfläche nach Luft. Kiemenabstrich. Das Wimpertier ist ca. 30-70 µm groß. Nur mit Mikroskop bei 120facher Vergrößerung erkennbar.	Furanace, Neomycin.
Flagellaten (Geißeltiere)				
Hexamita (meist als Lochkrankheit bezeichnet) *Octomitus*	Fische „schießen" wild im Becken umher. Abmagerung, Entzündung der Aftergegend.	Die Löcher werden meist durch Tbc oder IWBS verursacht; diese Wunden werden dann von *Hexamita* befallen. Dieser Flagellat schädigt die wichtigsten inneren Organe, sogar das Herz.	Nur mit Mikroskop bei 120facher Vergrößerung möglich und nur am frisch getöteten Fisch. Nur für Fachleute möglich.	Trypaflavin schränkt die Verbreitung ein. Hexa-Ex (Zoo-Medica) scheint gut zu helfen (im Aquarium). Teichfische herausfangen und im Aquarium behandeln.

Ektoparasiten, Einzeller	Symptome	Ursachen	Erkennungsmöglichkeit	Behandlung
Flagellaten (Geißeltiere)				
Oodinium (Samtkrankheit) (Englisch: velvet)	Bei starkem, grau-weißem Belag löst sich die Haut partieweise ab. Abmagerung, Scheuern der Fische. Winzige Pünktchen auf Haut und Flossen (nur mit der Lupe sichtbar).	Dinoflagellat (*Oodinium pillularis*). Haut und Kiemen werden von diesem Schmarotzer befallen, bedingt durch möglicherweise schlechte Wasserbedingungen.	Bei starkem Befall mit bloßem (geübtem) Auge sichtbar, sonst nur unter dem Mikroskop (180-600fach). Größe 30-140 µm.	Im Teich und/oder Aquarium leicht möglich. Präparate im Zoofachgeschäft von Tetra, Preis (Neosal, pflanzlich!), Brustmann usw. Fast alle Firmen haben ein Präparat im Programm. Für Großteiche Malachitgrünoxalat.
Costia (Haut- und Kiementrüber)	Schleierartiger Überzug der Haut (Hauttrüber); flächige, blutunterlaufene Rötungen; Schaukeln der Fische, Flossenklemmen.	Der Hautflagellat (*Ichthyophonus necatrix*) befällt Körper und Kiemen des Fisches.	Länge etwa 8-15 µm, Breite 6-8 µm.	*Costia* mag saures Wasser (pH 4,5-5,5), Ichthyo bevorzugt mehr neutrales oder hartes. Temperaturen über 30°C verträgt der Parasit nicht. Behandlung im Kurzbad mit 1,5% Kochsalz. Besser ist ein Wasseraufbereitungsmittel wie Contralck, Ektozon, Neosal usw.
Viren				
Lymphocystis (Kugelkrankheit, Knötchenkrankheit)	Befallen werden Süß- und Meerwasserfische! Weiße, verdickte Wucherungen, zunächst an den Flossenrändern, später werden die Kiemen und der ganze Körper befallen.	Zu niedrige Temperatur. Belastetes Wasser durch Überbesatz. Empfindliche Fische wurden im Herbst zu lange draußen gelassen.	Leicht mit bloßem Auge sichtbar.	Abstellen der Ursachen führt meist zur Ausheilung. Temperaturerhöhung auf ca. 20°C (-24°C) für Fische, die das vertragen. Wasserwechsel mit einem Aufbereitungsmittel. Oft wird das Bepinseln der Flossenränder mit Jod empfohlen, auch das Abschneiden befallener Flossenteile. Sekundärinfektionen im Quarantänebecken mit entsprechenden Mitteln behandeln.

Infektiöse Bauchwassersucht (IBWS)	Geschwüre am Körper, insbesondere auch an der Muskulatur. Ausgefranste Flossen, ausfallende Schuppen, Mißbildungen.	Ansteckung durch importierte Fische; schlechte Wasserbedingungen.	Nur für Fachleute am toten Fisch erkennbar.	Leichte Fälle mit Antibiotika über das Futter behandeln. Schwere Fälle unheilbar. Befallene Fische abtöten, um den Restbestand zu erhalten. Wasserbedingungen drastisch verbessern.
Bakterien				
Bakterielle Bauchwassersucht	Glotzaugen, blutig vorgestülpter After, schleimige (wässrige) Exkremente.	Wie bei IBWS.	Wie bei IBWS.	Wie bei IBWS.
Fischtuberkulose	Apathisches Verhalten, Freßunlust, gestörtes Schwimmverhalten, Verkrüppelungen, Glotzaugen, hohler Bauch, Bauchrutschen; schräges, ruckartiges Schwimmen.	Wie bei IBWS.	Wie bei IBWS.	Wie bei IBWS.
Schuppensträube	Schuppensträube ist keine eigentliche Krankheit; sie kann das Erscheinungsbild von mehreren Krankheiten sein: Fisch-Tbc, Bakterielle Bauchwassersucht.	Siehe Symptome.	Die befallenen Fische spreizen die Schuppen ab. Sie sehen dann wie „aufgeplustert" aus.	Furanace (im Aquarium); Wasserwechsel. Meist ist eine Behandlung erfolglos. PREIS Neosal.
Columnaris	Pilziger, watteartiger Belag auf Maul und Flossenrändern; Ausgefranste Flossen; ein grauweißer Belag kann den ganzen Fisch überziehen.	Schleimhautschädigungen durch schlechtes Wasser und eventuell falschen pH-Wert.	Siehe Symptome, mit bloßem Auge sichtbar. Der Erreger kann nur unter dem Mikroskop durch einen Fachmann erkannt werden.	Furanace (aus dem Zoofachgeschäft).
Bakterielle Flossenfäule	Zerfranste Flossen. Weißer Belag auf den wunden Stellen.	Schlechte Wasserbedingungen. Beißereien bei rauflustigen Fischen. Zu kaltes Wasser (unter 10°C) z.B. bei Schleierschwänzen.	Siehe Symptome. Oft faulen die Schwanzflossen ganz ab.	Tetra General Tonic; Wasserbedingungen stark verbessern, Temperatur erhöhen, Sauerstoff. Fischbesatz verringern. Evtl. Fütterung einschränken. Schwache Fische von starken trennen.

Ektoparasiten, Einzeller	Symptome	Ursachen	Erkennungsmöglichkeit	Behandlung
Krebse				
Argulus (Karpfenlaus)	Gerötete Stellen auf der Fischhaut; diese werden von Pilzen befallen. Die Krebschen sind bis linsengroß, oft schwarz gefärbt, aber auch häufig der Körperfarbe der Fische angepaßt. Stark befallene Fische werden geschwächt und gehen ein. Die Krebse verlassen den Wirtsfisch dann sofort und müssen innerhalb von 15 Tagen einen neuen finden.	Runde, flache Krebse von 10-13 mm Ø. (Siehe Foto Seite 915)	Optisch gut erkennbar. Die Krebse können mit dem Daumennagel entfernt werden.	Bei starkem Befall und wenn schon Fische im Teich eingegangen sind, am besten den Teich leerfischen und eine Behandlung im Aquarium vornehmen. Kurzbad mit PREIS Presal wird empfohlen (3 Min.). Die Krebse fallen dann ab. Masoten von BAYER wird in Teichwirtschaften angewendet, ist aber hochgiftig und daher für den Aquarianer nicht angeraten.
Ergasilus sieboldi u.a. (Kiemenkrebse, Ordnung Copepoden)	Atemnot, Abmagerung („Messerrücken"). Mittelgroße Pünktchen, ca. 1,5 x 0,5 mm auf den Kiemenblättern. Kiemen und Körperteile, besonders der Rücken, werden befallen.	Die Krebse, von ungewöhnlicher Gestalt, sind mit blossem Auge sichtbar. Das Hinterende schaut aus dem Körper wurmartig heraus und ist scheinbar schlangenzungenartig gespalten. (Die ♀♀ haben zwei Eisäckchen am Körperende). Das Kopfende ist fest im Muskelfleisch verankert und kann sogar bis in Organe oder Blutgefäße hineinreichen.	Mit bloßem Auge sichtbar.	Wie *Argulus*, jedoch wesentlich schwieriger, da die Krebse fest im Muskelfleisch verankert sind oder die Kiemen mit ihren Greifzangen schädigen. PREIS Neosal im Aquarium für eine Dauer von zwei Tagen.
Fadenwürmer (Nematoden)				
Capillaria (Haarwürmer u.a.)	Abmagerung. Meist wird der Befall gar nicht erkannt.	Wird selten durch Importe eingeschleppt.	Darmuntersuchung; manchmal hängen die Würmer aus dem After. Kotuntersuchung. Die Eier sind an den Polen mit typischen „Pfropfen" versehen.	PREIS Coly im Aquarium für die Dauer von zwei Tagen.

Acanthocephala (Kratzer)	Abmagerung, Appetitlosigkeit.	Fütterung mit Bachflohkrebsen (*Gammarus*), die als Zwischenwirt für die Kratzerlarve dienen.	Darmuntersuchung. 1-20 mm lange Würmer.	PREIS Coly im Aquarium für die Dauer von zwei Tagen.
Saugwürmer (Monogenoiden)				
Gyrodactylogyridae	Scheuern der Fische an harten Gegenständen; Hauttrübung, Entzündung rötlicher Hautstellen im späten Stadium. Augentrübung, evtl. Erblindung.	Parasiten leben auf der Haut der Fische 0,25-0,8 mm.	Hautabstrich mikroskopisch mit 40-120facher Vergrößerung untersuchen. 0,2-0,8 mm lange Saugwürmer ohne Augen.	PREIS Coly, General Tonic (Tetra), Gyrotox, nicht bei pH-Wert unter 7,0 anwenden.
Dactylogyridae *Tetraonchus*	Schweres Atmen; Fische stehen infolge der Kiemenstörung unter ständigem Sauerstoffmangel; Abspreizen der Kiemendeckel.	Parasiten leben in den Kiemen, bevorzugt auf den empfindlichen Kiemenblättern. 0,4-1 mm (gute 10-20fache Lupe benutzen).	Kiemenabstrich. Mikroskop mit 40-120facher Vergrößerung. 0,4-1,5 mm lange Saugwürmer mit 4 Augen.	PREIS Coly, General Tonic (Tetra), Gyrotox.
Doppeltier *Diplozoon*	Schnelle Atmung, Abspreizen der Kiemendeckel. Schwellung und Rötung der Kiemen (innen).	Das Doppeltier *Diplozoon* besteht aus zwei zusammengewachsenen Würmern.	3-5 mm langer Kiemenwurm. Nach Abspreizen der Kiemendeckel mit der Lupe gut sichtbar.	PREIS Coly für zwei Tage.
Bandwürmer, Cestoden				
Bandwurm (Fisch)	Der Befall bei Aquarienfischen und Teichfischen ist äußerst selten. Nur von Enten besuchte Teiche können befallen werden, da Bandwürmer das Wassergeflügel als Zwischenwirt benötigen.		Abmagerung. Die Eier können im Kot nachgewiesen werden.	Behandlung kaum möglich. Tierarzt befragen.
Fischegel				
Fischegel (*Piscicola geometra*)	Abmagerung, Appetitlosigkeit.	1-5 cm langer Egel, der mit einem Saugnapf auf der Fischhaut sitzt.	Mit bloßem Auge sichtbar.	PREIS Neosal, Kochsalz im Kurzbad für ca. 5 Minuten.

Ektoparasiten, Einzeller	Symptome	Ursachen	Erkennungsmöglichkeit	Behandlung
Pilze				
Pilzvergiftungen	Sterben der Fische nach längerer Krebsinfektion der Organe, besonders der Leber; diese kann um das 6-8fache ihrer normalen Größe annehmen.	Faulendes Futter.	Geruchsprobe des Futters. Verdorbenes Futter vernichten.	Futtermittel niemals am Teich aufbewahren, sondern im Haus!
Saprolegnia (Fischschimmel)	Sekundärer Pilzbefall an geschädigten Haut- und Flossenpartien.	Pilze der Gattungen *Saprolegnia, Achlya*.		
Kiemenfäule	Verursacht durch einen Algenpilz. Kiemenrötung und -schwellung. Entzündung der Kiemenblätter, Atemnot, Absterben des Kiemengewebes.	Der Algenpilz *Branchiomycetes*.	Nur mikroskopisch nachweisbar. Die Krankheit ist sehr selten.	Wasser verbessern. Eine direkte Behandlung ist nicht möglich.
Ichthyosporidium (Taumelkrankheit)	Jungfische mit verkrümmter Wirbelsäule, Beulen, Geschwüren; ruckartiges, unnatürliches Schwimmen. Organe werden vom Pilz befallen. Die Haut faßt sich wie „Sandpapier" an; Schuppenausfall und weißer, pilziger Belag auf den geschädigten Stellen.	Sporozoen.	Siehe Symptome. Zysten unter der Haut.	Keine wirksame Behandlung bekannt. Befallene Fische abtöten. Wasserbedingungen stark verbessern.

Verschiedene Krankheitsbilder einer Krankheit. Diese wird verursacht durch den Erreger *Aeromonas salmonicida*. Die Krankheit wird als Erythrodermatitis bezeichnet (FIJAN, 1972). Sie wird mit Antibiotika und Sulfonamiden, z.B. Oxytetracyclin, bekämpft. Meist heilen die Geschwüre zum Frühjahr aus, hinterlassen aber oft Narben.

Ein solcher Bergsee bietet zahlreichen Amphibien eine geeignete Heimstatt.

Ein Feuersalamander, *Salamandra salamandra*, mit Larven

Die Amphibien oder Lurche (Amphibia)

Immer noch werden Lurche oder Amphibien von vielen Menschen mit Reptilien, wie etwa Eidechsen, verwechselt. Dabei sind beide eigentlich unverwechselbar, haben die Lurche doch im Gegensatz zu den Reptilien keine Haut, die von Hornschuppen bedeckt ist, und sind deshalb, aber auch wegen ihrer Fortpflanzungsweise, an das Wasser gebunden. Besonders den Lurchen können wir mit einem Gartenteich Schutz und Lebensraum bieten, zumal sie diesen notwendig haben, denn ihre typischen Laichgewässer gingen in den letzten Jahren drastisch zurück.

Schwanzlurche (Urodela)

Die Urodelen oder Schwanzlurche stellen die einfachste Gruppe der Landwirbeltiere dar. An Ihnen läßt sich die Entwicklung der Tiere vom Wasser- zum Landleben nachvollziehen. Am Land verlaufen die Bewegungen der Schwanzlurche langsam. Hier ist das Grundmuster des „Flossenschlagens" noch zu erahnen. Der Körper der Schwanzlurche ist langgestreckt und im Querschnitt rundlich, an den Seiten etwas abgeplattet, insbesondere trifft dies für den Schwanz vieler Arten zu. Der Körper wird von relativ schwachen Beinen getragen. Der Schwanz ist lang und unterscheidet sie klar von den im Erwachsenenstadium schwanzlosen Froschlurchen. Weil die Schwanzlurche auf ihrer meist feuchten und weichen Haut keine Schuppen tragen, fehlt ihnen ein wirksamer Schutz vor Wasserverlusten. So ist ihr Bewegungsraum an Land auf die Nähe von Gewässern, auf feuchte Lebensräume und auf die Zeit hoher Luftfeuchtigkeit, meist die Nacht, eingeschränkt.

Die meisten Arten der europäischen Schwanzlurche werden zu den echten Salamandern und Molchen gezählt, die eine Lunge aufweisen. Einige ursprünglichere Formen besitzen nur Kiemen- oder Hautatmung und sind zeitlebens an das Wasser gebunden. Die Unterscheidung zwischen Salamandern und Molchen rührte in erster Linie vom unterschiedlichen Schwanzquerschnitt und der abweichenden Fortpflanzung her, wird in dieser Form heute aber nicht mehr aufrecht erhalten.

Die Schwanzlurche führen eine verborgene Lebensweise, weshalb sie leicht übersehen werden und ihre Häufigkeit unterschätzt werden kann. Die meisten Schwanzlurche suchen zur Fortpflanzung geeignete Gewässer zur Paarung, Eiablage, oder zum Absetzen der Larven auf. Lediglich der schwarze Alpensalamander ist voll lebendgebärend und nicht mehr an Gewässer gebunden. Auch manche Unterarten des Feuersalamanders sind land-lebendgebärend. Die Molcharten setzen hingegen ihre Eier, einzeln in Blätter gerollt, im Wasser ab. Die Larven leben räuberisch von Kleintieren. In ihrem Aussehen unterscheiden sich die Molchlarven völlig von den Kaulquappen der Froschlurche. So entwickeln sich bei den Schwanzlurchen die Vorderbeine vor den Hinterbeinen, ganz im Gegensatz zu den Froschlurchen. Schwanzlurche besitzen im Larvenstadium nur äußere Kiemen. Die länglichen Larven sehen den erwachsenen Tieren viel ähnlicher als die Kaulquappen den Froschlurchen.

Die Salamander und Molche zeigen meist ein ungewöhnliches und interessantes Balz- und Paarungsverhalten, bei dem sie ein Spermienpaket des Männchens, den Spermatophor, zum Weibchen übertragen,

Salamandra atra Alpensalamander

das dann eine innere Befruchtung der Eier durchführen kann. Das Balz- und Fortpflanzungsverhalten der Schwanzlurche ist weiter fortgeschritten als das der Froschlurche und kann entwicklungsmäßig als überlegen angesehen werden. Von dieser Seite her betrachtet, erweisen sich die Salamander und Molche als fortgeschrittene Formen. Sie werden nur von Laien als ,,primitive" Wirbeltiere aufgefaßt.

Viele Naturfreunde kennen in der Regel nur die Wasserform der Molche mit Hautkämmen und Schwimmhäuten. Die wesentlich unscheinbarere Landform ist hingegen selbst auf Abbildungen nur selten zu sehen. Deshalb ist es auch vielfach unbekannt, daß in Gefangenschaft gepflegte Molche nicht auf Dauer im Aquarium untergebracht werden dürfen, denn die Tiere müssen nach dem Ablaichen an Land gehen können, sonst besteht die Gefahr, daß sie ertrinken.

Salamandra atra **LAURENTI, 1768** **Alpensalamander**

Fam.: Salamandridae, Molche und Salamander

Vork.: In den Alpen, Allgäu, Schwäbische Alp, und im Gebirge West-Jugoslawiens Bevorzugt Wälder, feuchte schattige Stellen ab 400 m Höhe bis in die Matten- und Geröllregion, sofern genügend Pflanzenwuchs und Nahrung vorhanden sind. Wurde bis in 3.000 m Höhe nachgewiesen. Ist von Gewässern weitgehend unabhängig.

GU: Die ♀♀ sind fülliger, die ♂♂ haben einen größeren und häufig klaffenden Kloakenwulst.

Soz. V.: Einzelgänger, findet sich nur gelegentlich bei zu trockener Witterung oder zur Winterruhe mit Artgenossen in einem gemeinsamen Schlupfwinkel.

Hält. B.: Steht unter Naturschutz, *S. atra* sollte wegen seiner Seltenheit nicht in Gefangenschaft gehalten werden. Auch als Besatz für Gartenteiche und ähnliche Biotope kommt er nicht in Frage. Sollte man ihm als Wanderer etwa nach einem Frühsommerregen begegnen, so betrachte man sich das Tierchen genau, fotografiere es vielleicht, und lasse es, ohne es anzufassen, in seinem Biotop an Ort und Stelle. Bei trockenem Wetter ziehen sich die Alpensalamander in Erdlöcher und andere Verstecke zurück, gelegentlich findet man dort mehrere Tiere beieinander.

ZU: Ähnlich *Salamandra salamandra*. Das ♂ von *S. atra* setzt jedoch den Spermienträger am Boden ab, das ♀ nimmt ihn in die Kloake auf. Von den zunächst vorhandenen zahlreichen Eiern entwickeln sich im Körper des ♀ jeweils nur zwei zu Jungtieren, die übrigen dienen zu deren Nährstoffversorgung. Die Trächtigkeitsdauer ist temperatur- und höhenlagenabhängig und dauert bis zu drei Jahre. Die etwa 4 cm großen Jungsalamander sind sofort voll lebensfähig und gleichen im Äußeren ihren Eltern. Nach etwa 3 bis 5 Jahren sind die Alpensalamander fortpflanzungsfähig. In Gefangenschaft haben Tiere etwa 12 Jahre gelebt.

FU: K.; Lebendfutter wie Käfer, Schnecken und Würmer.

Bes.: Die beim Alpensalamander zu beobachtende Form des Lebendgebärens (Ovoviviparie) stellt eine Anpassung an den extremen Lebensraum der Tiere dar. Außer dem Menschen haben die Tiere kaum Feinde.

T: 4-20°C, **L:** 16 cm

Salamandra salamandra, Feuersalamander

Salamandra salamandra **(LINNÉ, 1758)** **Feuersalamander**

Fam.: Salamandridae, Molche und Salamander

Vork.: Mittel-, Süd- und Westeuropa, auch Nordafrika und Westasien. Bewohnt vegetationsreiche Waldungen und Waldränder (Laub-Mischwälder), bevorzugt in Gewässer- und vor allem Fließgewässernähe.

GU: ♂♂ haben eine größere, häufig klaffende, Kloake. Die ♂♂ sind schlanker als die ♀♀.

Soz. V.: Einzelgänger. ♂♂ suchen ♀♀ vor der Paarung auf. Zur Überwinterung können sich große Gruppen in Höhlen und an ähnlichen Orten einfinden, gelegentlich gemeinsam mit Molchen. Allerdings sind es wohl weniger die Artgenossen, die einander anziehen, als mehr der günstige Ort, der die Tiere zusammenführt. Im Frühjahr verlassen sie ihn entsprechend ohne voneinander größere Notiz genommen zu haben.

Hält. B.: Im Prinzip lassen sich Feuersalamander recht gut in Gefangenschaft pflegen und werden dort auch recht alt. Doch stehen die Tiere unter strengem Schutz und sollten deshalb - von der Gesetzeslage abgesehen - nicht gehalten werden. Ausnahmen bedürfen der Genehmigung und sollten erfahrenen Personen im Rahmen von Amphibienschutzprogrammen vorbehalten bleiben. Salamander können leise fiepen.

ZU: Die ♂♂ in Fortpflanzungsstimmung suchen im Frühling und Frühsommer - an Land - die ♀♀ auf. Das ♂ klammert seine Vorderbeine fest über das ♀. Es reibt an der Kloake des ♀. Der Spermienträger wird direkt übergeben. Die Entwicklung der Embryonen im Mutterleib erfolgt in bis zu 8 Monaten. Die lebendgebärenden (ovoviviparen) Salamanderweibchen setzen, meist im März, die je ca. 3 cm langen und schon vier Beine aufweisenden Larven an mehreren Tagen an flachen Stellen in Bäche ab. Manchmal ist noch die Eihülle deutlich erkennbar, doch schlüpfen die Larven sofort. Bis zur Metamorphose benötigen die Larven etwa 5 Monate, dann verlassen die Jungtiere das Gewässer.

FU: K.; Insekten, Würmer, alle Tiere passender Größe.

Bes.: Feuersalamander werden erst nach vier Jahren geschlechtsreif. Sie können sehr alt werden, bis 30 Jahre.
Einige spanische Unterarten sind voll lebendgebärend wie der Alpensalamander. Deren Jungtiere verbringen also keine Larvenphase in Fließgewässern.
Es sind 12 Unterarten des Feuersalamanders bekannt, von denen in Deutschland die Nominatform *S. salamandra salamandra*, der Gefleckte Feuersalamander, im Südwesten vorkommt, nördlich und östlich davon die Unterart *S. salamandra terrestris*, der Gebänderte Feuersalamander.

T: 4-20°C, **L:** 20 cm, **WR:** Larven: alle, **SG:** 3-4

Feuersalamander, Larve

Cynops pyrrhogaster — Japanischer Feuerbauchmolch

Fam.: Salamandridae, Molche und Salamander

Vork.: Ostasien, Japan.

GU: ♂♂ kleiner und schlanker.

Soz. Verh.: Einzelgänger, aber wenig streitsüchtig. Lebt fast ständig im Wasser, verbringt jedoch kurze Phasen von bis zu einem Monat an Land. Bei der ungestümen Nahrungssuche kann es zu gegenseitigen Verletzungen kommen.

Hält. B.: Bei nicht zu tiefem Wasserstand (10-12 cm). Häufig Lebendfutter bieten, frißt auch gefriergetrocknetes oder tiefgefrorenes Futter, das er nach dem Geruch erkennt. Zur Anregung der Fortpflanzung ist kühle Überwinterung (8-10°C) ratsam. Kann im Sommer im Freilandterrarium gehalten werden, aber nur in ausbruchssicheren Behältern. Ein Entkommen der Molche muß in jedem Falle verhindert werden um Faunenverfälschungen zu vermeiden.

ZU: Siehe beim Teichmolch, *Triturus vulgaris.*

FU: K.; alles Lebendfutter, nimmt gerne Würmer.

Bes.: Früher häufig importierter Molch. Um unnatürliche Auswilderungen zu vermeiden, wurde die Art in die Anlage 3 zur Bundesartenschutzverordnung aufgenommen, sie darf nach § 21a, (1) 3 des Bundesnaturschutzgesetzes nicht ohne Genehmigung im- oder exportiert werden. Der Besitz des Molches braucht aber nicht den Behörden gemeldet zu werden.

T: 10-25°C, **L:** 12 cm, **BL:** 60 cm, **WR:** alle, **SG:** 1-2

Triturus alpestris (LAURENTI, 1768) — Bergmolch

Fam.: Salamandridae, Molche und Salamander

Vork.: Mitteleuropa. Feuchte Lebensräume in Laub- und Mischwäldern, hauptsächlich im Mittelgebirge. Auch im Tiefland, dort aber selten. Im Süden auch in pflanzenarmen Hochlagen. Findet sich zur Fortpflanzungszeit in sauberen Teichen, eventuell in sehr langsam fließenden Bächen und Gräben.

GU: Die ♂♂ sind zur Balz farbenprächtiger und am Schwanz mit einem glattrandigen Saum versehen. Die ♀♀ werden größer.

Soz. V.: Siehe beim Kammolch, *Triturus cristatus.*

Hält. B.: Darf als unter Schutz stehende Art nicht in Gefangenschaft gehalten werden!

ZU: Brünftige ♂♂ ohne Rückenkamm mit orangenem Bauch. Bezüglich der Fortpflanzung siehe beim Kammolch, *Triturus cristatus.* Die Larven schlüpfen nach 14 Tagen, sie benötigen ca. 3 Monate bis zur Metamorphose.

FU: K.; verschiedenes Lebendfutter passender Größen.

Bes.: Vom Bergmolch sind 10 Unterarten bekannt, 7 davon leben in Europa. Der Bergmolch lebt häufig gemeinsam mit Teich- und Kammolch.
Neotenische Formen sind nachgewiesen, darunter versteht man, daß auch erwachsene Tiere in Larvenform im Wasser bleiben.
Es ist wichtig, in Gartenteichnähe für geeignete Winterschlafplätze zu sorgen, um ein Erfrieren der Tiere bei extremer Kälte zu verhindern.

T: 4-20°C, **L:** M 8 cm, W 11 cm, **WR:** alle

Cynops pyrrhogaster Japanischer Feuerbauchmolch

Triturus alpestris Bergmolch

Triturus cristatus (Laurenti, 1768) — Kammolch

Fam.: Salamandridae, Molche und Salamander

Vork.: Europa mit Ausnahme der Iberischen Halbinsel. An Land an vielen Stellen mit ausreichender Bodenfeuchtigkeit. Im Wasser in sauberen, pflanzenreichen Tümpeln und kleinen Seen. Sehr selten auch in langsam strömenden Gewässern.

GU: Zur Balz- und Fortpflanzungszeit ist das ♂ weit farbenprächtiger. Es besitzt dann überdies einen breiten, gezackten Saum („Kamm“, Name!) an Rücken und Schwanz, sowie eine verdickte Kloakenregion. Alte ♀♀ sind meist größer als ♂♂.

Soz. Verh.: In der Landform sind die Tiere Einzelgänger oder es finden sich wenige Individuen gemeinsam in Verstecken unter Holz oder Steinen. Auch zur Fortpflanzung in den Tümpeln nicht zahlreich. Die ♂♂ meiden sich nach Erkennen durch Beschnuppern. Die Landform ist nachtaktiv.

Hält. B.: Darf wie alle heimischen Schwanzlurche nicht in Gefangenschaft gehalten werden, steht unter Schutz!

ZU: Die als Landform träge wirkenden Tiere zeigen im Frühjahr starke Aktivitäten. Nach der Winterruhe suchen die ♂♂ die Gewässer auf, legen ihre prächtige Balzfärbung an und der Körper-Kamm entwickelt sich. Schon bald beginnen sie mit ihren Balzspielen. Den Kamm aufgestellt und den Schwanz hochgebogen, umtanzen sie mit dem Schwanz fächelnd das ♀. Die Kloake des ♂ ist stark geschwollen. Die Spermien werden im Spermienträger (Spermatophor) am Boden abgesetzt, und das der Geruchsspur des ♂ folgende ♀ nimmt den Spermatophor in die Kloake auf. Die Eier werden an Wasserpflanzen geheftet. Jedes Ei wird dabei einzeln an ein Blatt geklebt und dieses mit den Hinterbeinen um das Ei herumgefaltet.
Im Wasser sind die Kammolche und ihre Larven voll tagaktiv. Sie halten sich meist am Grund auf, sind aber beim Luftschnappen zu beobachten. Die Larven finden sich oft im wärmeren Flachwasser.
Die Larven schlüpfen nach zwei Wochen, sind nur 1 cm groß, und benötigen drei Monate bis zur Metamorphose. Mit etwa 7 cm Größe verlassen die Jungtiere das Wasser. Auch die Alttiere bleiben oft nach Balz und Eiablage im Wasser. Einzelne Individuen verbringen ihr ganzes Leben dort und überwintern am Bodengrund. Die Mehrzahl verbringt den Winter jedoch in Verstecken, Höhlen, oder unter Holz oder Steinen an Land. Kammolche werden nach 3 Jahren geschlechtsreif.

FU: K.; Würmer, Schnecken und Arthropoden jeder Art, im Wasser auch Kaulquappen.

Bes.: Größter heimischer Molch, ist erst nach 3 Jahren geschlechtsreif. Auch bei dieser Art ist häufig Neotenie festzustellen, ein Verbleiben im Larvenstadium. Diese Molche sind jedoch nicht fortpflanzungsfähig.
Es gibt vier Unterarten des Kammolches, davon kommt bei uns die Nominatform *T. cristatus cristatus* vor, im Südosten Bayerns möglicherweise bereits der Alpenkammolch, *T. cristatus carnifex*.

T: 4-20°C, **L:** 18 cm, **WR:** u, alle

Triturus cristatus Kammolch, ♂

Triturus cristatus Kammolch, ♀

Triturus helveticus, Fadenmolch

Triturus helveticus (Razoumowsky, 1789) **Fadenmolch**

Fam.: Salamandridae, Molche und Salamander

Vork.: Mitteleuropa, England. Häufig in Wäldern und vegetationsreichem Gelände. Findet sich in allen in Frage kommenden Gewässertypen wie Tümpeln, Teichen, Kiesgruben, langsam fließenden Bächen und kleinen Seen.

GU: ♂♂ mit ausgeprägtem Ruderschwanz und bis zu 5 cm langem Schwanzfaden am Ende. Die ♂♂ besitzen Hautlappen zwischen den Zehen der Hinterfüße. Die ♀♀ sind blasser und kräftiger.

Soz. V.: Siehe den Kammolch, *Triturus cristatus*.

Hält. B.: Darf als geschütztes Amphib nicht in Gefangenschaft gepflegt werden, sucht Gartenteiche möglicherweise selbstständig auf.

ZU: Das balzende ♂ setzt einen Spermienträger ab, der vom ♀, das der Geruchsspur des ♂ folgt, in die Kloake aufgenommen wird. Etwa eine Woche nach der Befruchtung legt das ♀ bis zu 300 Eier einzeln eingewickelt in Wasserpflanzenblätter. Nach zwei bis vier Wochen, je nach Wassertemperatur, schlüpfen die Larven. Nach etwa drei Monaten verwandeln sich die Jungmolche und gehen mit rund 3 cm Länge an Land.

FU: K.; jedes zu bewältigende Lebendfutter.

Bes.: Kommt oft gemeinsam mit Kamm- und Teichmolch vor. Von letzterem sind vor allem die ♀♀ und die Larven nur schwer zu unterscheiden. Kreuzungen sind aus der Natur kaum bekannt, sie lassen sich unter künstlichen Bedingungen (Aquarienhaltung bei Entzug artgleicher Partner) jedoch erzeugen.

T: 4-20°C, **L:** 10 cm, **WR:** u, alle

Triturus marmoratus, Marmormolch

Triturus marmoratus (Latreille, 1800) **Marmormolch**

Fam.: Salamandridae, Molche und Salamander

Vork.: Frankreich und Spanien. Kommt fast überall vor, wo noch unverschmutzte Gewässer vorhanden sind.

GU: ♂♂ besitzen zur Fortpflanzungszeit einen breiten, glatten Rücken- und Schwanzsaum. ♂♂ mit geschwollener, ♀♀ mit flacher Kloakenregion. ♀♀ zeigen meist eine auffällige orangene Rückenlinie.

Soz. Verh.: Am Land einzelgängerisch, sammeln sich zur Fortpflanzung in Tümpeln.

Hält. B.: Steht wie alle europäischen Amphibien unter Artenschutz und darf daher nicht in Gefangenschaft gepflegt werden.

ZU: Entspricht der des Kammolches, *Triturus cristatus*, siehe dort. Etwa 200 Eier werden vom Marmormolch-♀ in Wasserpflanzenblätter gewickelt. Der Schlupf der Larven erfolgt nach 14 Tagen, sie verlassen das Wasser nach 3 bis 4 Monaten.

FU: K.; alles Lebendfutter passender Größe.

Bes.: Vor der Unterschutzstellung wurde die Art häufig importiert. Unvernünftige Tierhalter setzten überzählige Exemplare leider immer wieder einmal aus, andere entkamen aus Terrarien und gelangten in die Freiheit. Dadurch traten Kreuzungen mit Kammolchen auf, wodurch eine Gefährdung der Bestände der Kammolche in den entsprechenden Lebensräumen durch Nachlassen der Fruchtbarkeit drohte. Der verantwortungsvolle Tierliebhaber wird also Marmormolche, die noch aus Nachzuchten von Altbeständen stammen, oder an die er auf sonstige Weise gelangt ist, auf keinen Fall einfach im Gartenteich oder anderweitig aussetzen.

T: 10-25°C, **L:** 16 cm, **BL:** 80 cm, **WR:** u, alle

Triturus vulgaris **(Linné, 1758)** — **Teichmolch**

Fam.: Salamandridae, Molche und Salamander

Vork.: Europa, ohne Spanien und Portugal. Der Teichmolch bevorzugt die gleichen Lebensräume wie der Kammolch, oft kommen beide Arten syntop, also am gleichen Fundort, vor. Teichmolche finden sich auch in leicht brackigem oder lehmig-trübem Wasser.

GU: ♂♂ zur Laichzeit mit welligem oder gezacktem Rücken- und Schwanzkamm, auffälliger gefärbt. ♀♀ ohne Rücken-, aber mit Schwanzkamm. Trägt an den Hinterfüßen Schwimmhäute.

Soz. V.: Entspricht dem des Kammolches, *Triturus cristatus*, d.h. die Tiere leben vor allem an Land einzelgängerisch und finden sich nur bei sehr trockener Witterung oder zur Winterruhe zu mehreren in Verstecken und Höhlen ein.

Hält. B.: Als geschütztes Amphib darf die Art nicht der Natur entnommen und in Gefangenschaft gehalten werden.

ZU: Im Frühjahr bilden die Teichmolche innerhalb von zwei Wochen ihr Hochzeitskleid aus. Diese Art findet sich bei wärmerem Wetter gelegentlich schon im Januar oder Februar im Wasser. Dort sind sie sehr gewandt. Balzende ♂♂ umtanzen ihre ♀♀ mit abgewinkeltem Schwanz, geschwollenem Kamm und kräftigem Schwanzwedeln. Das ♀ nimmt den vom ♂ am Boden abgesetzten Spermatophor in seine Kloake auf. Etwa eine Woche nach der Befruchtung beginnt es mit der Ablage der bis zu 300 Eier an Wasserpflanzen, indem es sie wie die anderen Molcharten in mit den Hinterbeinen zur Tasche gefaltete Blätter gibt. Nach 14 Tagen schlüpfen die 1 cm langen Larven. Im Alter von 3 Monaten verlassen die bis 4 cm großen Jungmolche den Teich. Im dritten Jahr sind sie dann fortpflanzungsfähig.

FU: K.; jedes zu bewältigende Lebendfutter. In der Wasserphase auch oft die Eier des Teichfrosches.

Bes.: Häufigster Molch. Die Bestände sind dennoch lokal durch Umweltveränderungen oder -zerstörung stark gefährdet, vor allem durch Beseitigung der Laichgewässer. Auch bei dieser Art kann gelegentlich Neotenie, das Verbleiben in der mit Kiemenbüscheln versehenen Larvenform, beobachtet werden.

T: 4-20°C, **L:** 11 cm, **WR:** u, alle

Ein Pärchen von *Triturus vulgaris*, dem Teichmolch, unten das Weibchen.

Rana esculenta, der Wasserfrosch

Froschlurche (Anura)

Der wissenschaftliche Name „Anura“ bedeutet „Schwanzlose“, denn die Froschlurche besitzen nur im Larvenstadium, als Kaulquappe, einen Schwanz. Während sich die Beine der Schwanzlurche nur zum Kriechen eignen, sind im Gegensatz dazu die hinteren Gliedmaßen der Frösche und Kröten besonders kräftig entwickelt und befähigen sie zum raumgreifenden Hüpfen oder sogar zum weiten Springen. So können besonders große Frösche ganz enorme Sprünge machen. Das Vorderbeinpaar ist meist wesentlich schwächer ausgebildet. Bei den echten Fröschen, *Rana*, sind die Vorderbeine weniger als halb so lang wie die hinteren und dienen im Sitzen als Stütze des Körpers um eine aufrechte Haltung zu bewirken. Die meisten Arten sind gute Schwimmer und die

Zehen sind meist durch Schwimmhäute miteinander verbunden. In der artenreichen Familie der Hylidae, die in Europa nur durch eine Art, den Laubfrosch, vertreten ist, sind die Zehenspitzen mit Haftscheiben versehen. Deshalb können Laubfrösche ausgezeichnet steigen und auch an senkrechten Wänden und sogar an Glasscheiben emporklettern.

Die Männchen der meisten Froschlurche besitzen äußere oder innere an den Mundwinkeln oder in der Kehlregion befindliche Schallblasen. Alle Frösche sind mit Lungen ausgestattet und mit Hilfe der Schallblasen erzeugen sie laute Rufe, die oft in richtigen Chören vorgetragen werden und wegen der dabei an den Tag gelegten Lautstärke ab und zu sogar zu Prozessen zwischen Teichbesitzern und gestörten Nachbarn geführt haben. Die Rufe dienen der Partnersuche und der Abgrenzung gegen gleichgeschlechtliche Artgenossen. An den Kopfseiten sind bei den meisten Arten die Trommelfelle des Gehörs deutlich sichtbar.

Schräg über den Trommelfellen sind bei den Kröten die Ohrdrüsen gelegen. Bei den Fröschen sind Drüsenleisten längs über den Rücken angeordnet. Dadurch wird die Haut bei vielen Arten ständig feucht gehalten und die Sekrete der Drüsen halten Bakterien und Pilze von der Haut fern. Gleichzeitig sind die Drüsensekrete jedoch giftig und möglicherweise schlecht schmeckend, zumindest werden Kröten von Räubern, wenn überhaupt, nur sehr ungerne gefressen.

Allgemein ist das Paarungsverhalten der Froschlurche einfacher als das der Schwanzlurche. In der Regel klammern die Männchen die Weibchen. Die Froschlurchweibchen erzeugen, meist nur einmal im Jahr, große Mengen Eier, die in Laichballen oder -schnüren abgelegt werden. Die Eier sind von einer dicken Gallertschicht umhüllt. Sie werden bei der Ablage vom klammernden Männchen durch äußere Besamung im Wasser befruchtet. Hierbei stellt die Geburtshelferkröte, die auch durch das Tragen der Eischnüre abweicht, eine Ausnahme dar.

Die Kaulquappen besitzen nach dem Schlupf büschelartige äußere Kiemen, die bald zu inneren Kiemen umgebildet werden. Schließlich wird vor der Umwandlung die Lunge gebildet. Den Froschlurchlarven wachsen die Hinterbeine vor den Vorderbeinen. Das äußere Erscheinungsbild der Kaulquappen ähnelt den erwachsenen Tieren kaum. Die Kaulquappen ernähren sich bevorzugt von Algen, Kleintieren und Aas. Bei der Umwandlung zum fertigen Froschlurch, der Metamorphose, wird der Schwanz der Larve völlig zurückgebildet und eingeschmolzen.

Die Froschlurche werden in Scheibenzüngler, Echte Kröten, Laubfrösche und Echte Frösche unterteilt. Einher mit dieser Gliederung geht eine höhere Organisationsstufe des Körperbaus und somit auch der verbesserten Fortbewegungsmöglichkeit.

Alytes obstetricans (LAURENTI, 1768) **Geburtshelferkröte**

Fam.: Discoglossidae, Scheibenzüngler

Vork.: Südwest- und Mitteleuropa in hellen Wäldern. Liebt Verstecke unter Steinen oder in Mauern, auch in relativ trockenem Gelände.

GU: Keine erkennbar, eiertragende Tiere sind immer ♂♂.

Soz. Verh.: Die ♂♂ rufen in Kolonien am Land, wobei die Tiere einigen Abstand voneinander einhalten. Nach der Paarung trägt das ♂ die Eischnüre zum Schutz vor Freßfeinden um die Hinterbeine gewickelt mit sich herum. Es befeuchtet den Laich und entläßt die schlüpfenden Quappen ins Wasser (Pfützen, Tümpel, Kiesgruben).

Hält. B.: Steht als heimische Amphibienart unter Schutz und darf nicht in Gefangenschaft gehalten werden.

ZU: Die Paarung erfolgt am Land. Das ♂ klammert das ♀. Es besamt die ausgetretenen Laichschnüre und wickelt sie sich um die Beine, dazu rutscht es auf dem ♀ etwas nach vorn.

FU: K.; alles Lebendfutter, die Kaulquappen fressen auch Aas.

Bes.: Die Brutpflege der Geburtshelferkröte stellt eine ausgesprochene Besonderheit bei Amphibien dar. Dadurch ist die Art von Gewässern relativ unabhängig. Es ist neben der bei uns vorkommenden Nominatform *Alytes o. obstetricans* eine Unterart bekannt, *A. o. boscai*.

T: 2-25°C, **L:** 5 cm

Bombina bombina (LINNÉ, 1761) **Rotbauch-Unke**

Fam.: Discoglossidae, Scheibenzüngler

Vork.: Mittel- und Osteuropa. Sumpfige Wiesen und kleine Tümpel, wassergefüllte Wagenradspuren und temporäre Regenwasserpfützen.

GU: Schwer erkennbar. Die ♂♂ besitzen eine Schallblase (*B. variegata*-♂♂ nicht!).

Soz. V.: Rotbauch-Unken leben in kleinen Kolonien. Die ♂♂ rufen gemeinschaftlich. Die Balzrufe klingen wie ein langsames „Unk-Unk ..." (Name!). ♀♀ sind manchmal mehrfach im Jahr laichbereit.

Hält. B.: Darf als unter Schutz stehende Art nur mit Ausnahmegenehmigung in Gefangenschaft gehalten werden!

ZU: Zur Balzzeit beginnt das ♂ häufig und lang anhaltend zu rufen. Es umklammert das ♀ in der Lendengegend. Abgelaicht wird mehrfach kurz hintereinander. Dabei wird der Laich im Wasser an Pflanzen geheftet. Die etwas über 1 cm großen Jungunken verwandeln sich nach rund zwei Monaten. Die Art wäre in Gefangenschaft gut nachzuzüchten, die Gefährdung liegt vor allem im Schwinden der Lebensräume.

FU: K.; verschiedenes Lebendfutter, vor allem Insekten.

Bes.: Lebt nur selten sympatrisch mit der Gelbbauch-Unke, da beide Arten konkurrieren. Eine Art verdrängt die andere, je nach zusagenden Bedingungen. Nur schwer unterscheidbar, kleine Farbflecken am Bauch, auch weiße. Stets schwarze Fingerspitzen. Die Farbe des Bauches ist kein sicheres Unterscheidungsmerkmal. Rotbauch-Unken finden sich häufiger im Flachland. Aufgrund von Trockenlegungen stark bedrohte Art. Ton- und Kiesgruben sowie verlassene Steinbrüche sind heute die letzten Rückzugsgebiete der Unken. Die jungen Unken benötigen zum Aufwachsen suppenschüsselgroße flache Gewässerchen. Diese können das Wasser nur auf wasserundurchlässiger Tonschicht halten. Jede kleine Unke beansprucht für sich solch eine kleine Pfütze als Lebensraum.

T: 4-24°C, **L:** 5 cm

Alytes obstetricans Geburtshelferkröte

Die Unterseiten von *Bombina bombina* (rechts) und *Bombina variegata*.

Die Chinesische Rotbauchunke, *B. orientalis*, ist mit Gelbbauchunken kreuzbar.

Bombina variegata (Linné, 1758) **Gelbbauch-Unke**

Fam.: Discoglossidae, Scheibenzüngler

Vork.: Frankreich, Mitteleuropa bis zum Schwarzen Meer. Sumpfige Wiesen und flache Tümpel, sogar wassergefüllte Wagenradspuren.

GU: Nur zur Laichzeit tragen die ♂♂ hornartige Wucherungen der Haut an den Unterarmen und Fingern. Nur ♂♂ rufen.

Soz. V.: Leben gemeinschaftlich in „Pfützen". ♂♂ rufen gemeinsam, wobei die einzelnen Tiere etwas Abstand voneinander halten.

Hält. B.: Geschützte Art, darf nicht in Gefangenschaft gehalten werden!

ZU: ♂♂ rufen glockenartig nach den ♀♀. Sie klammern die ♀♀ in der Lendengegend. Die bis zu 100 Eier werden in Klumpen an Wasserpflanzen geklebt. Nach einer Woche schlüpfen die Kaulquappen. Diese wandeln sich mit 1 bis 1,5 cm Länge, ohne Schwanz gerechnet, in die Erwachsenenform um.

FU: K.; Würmer, Insekten und andere Kleintiere.

Bes.: Von der Rotbauch-Unke nur schwer unterscheidbar. Die schwarzen Flecken am Bauch zeigen bei *B. variegata* keine oder kaum weiße Punkte. Häufig gelbe Fingerspitzen. Gelbbauch-Unken-♂ besitzen keine Schallblase. Gelbbauch-Unken finden sich häufiger im Bergland. Im Bestand bedrohte Art!
Die Gelbbauch-Unke läßt sich leicht mit der Orientalischen oder Chinesischen Rotbauchunke, *Bombina orientalis*, kreuzen. Um Faunenverfälschungen zu vermeiden, ist auch die Chinesische Rotbauchunke (Bild siehe oben) unter Schutz gestellt worden und darf nicht importiert und gehandelt werden.

T: 4-20°C, **L:** 5 cm

Bombina bombina Rotbauch-Unke

Bombina variegata Gelbbauch-Unke

Pelobates fuscus (LAURENTI, 1768) **Knoblauchkröte**

Fam.: Pelobatidae, Krötenfrösche

Vork.: Mittel- und Osteuropa. Flachlandbewohner, sucht zur Laichzeit flache, häufig nur zeitweise bestehende Gewässer (Steinbrüche, Kiesgruben) auf.

GU: Keine erkennbar, ♀♀ größer.

Soz. Verh.: Siehe bei der Erdkröte, *Bufo bufo*.

Hält. B.: Geschützte Art, darf nicht in Gefangenschaft gepflegt werden.

ZU: Siehe bei der Erdkröte, *Bufo bufo*.

FU: K.; Kleingetier aller Art, ,,Schädlingsbekämpfer".

Bes.: Manchmal knoblauchartig riechend (Name!).
In Mitteleuropa stark gefährdete Art.
Es ist außer der Nominatform *Pelobates fuscus fuscus* noch die Unterart *P. f. insubricus* bekannt.

T: 5-20°C, **L:** 8 cm

Bufo bufo (LINNÉ, 1758) **Erdkröte**

Fam.: Bufonidae, Kröten

Vork.: Ganz Europa. Kommt in allen Lebensräumen vor, ist relativ anspruchslos. Findet sich auch an neuen Gewässern ein. Wenige Erdkröten vermögen dank der vielen tausend Eier schnell einen neuen Bestand zu bilden, sofern der Mensch nicht negativ eingreift.

GU: ♀♀ größer, ♂♂ tragen zur Balzzeit Brunftschwielen an den Fingern.

Soz. V.: Die ♂♂ klammern bereits auf den Laichwanderungen auf den ♀♀. Erdkröten sind nachtaktiv und leben tagsüber unter Holz oder Steinen versteckt. Sie überwintern einzeln oder in kleinen Gruppen in tiefen Verstecken.

Hält. B.: Darf als unter Schutz stehende Art nicht in Gefangenschaft gehalten werden!

ZU: Erdkröten laichen häufig im gleichen Gewässer wie Frösche. Die Paare finden sich meist schon während des Laichzuges. Die ♂♂ klammern die ♀♀ hinter den Achseln und lassen sich tragen. Die Eier treten in langen gallertartigen Schnüren aus und werden sofort befruchtet. Die bis 3 m langen Laichschnüre enthalten bis zu 5.000 Eier und werden an Wasserpflanzen aufgehängt. Nach zwei Wochen schlüpfen die Kaulquappen, die sich nach weiteren drei Monaten verwandeln. Erdkröten werden erst im vierten Lebensjahr geschlechtsreif.

FU: K.; verschiedenstes Lebendfutter passender Größen, ,,Schädlingsbekämpfer".

Bes.: Erdkröten besitzen zahlreiche Hautdrüsen. Am Ohr (Ohrdrüse) findet sich ein ganzes Feld solcher Drüsen, die ein dickes weißes Sekret abgeben. Das Sekret schmeckt unangenehm scharf und verursacht bei Kontakt mit den Schleimhäuten ein Brennen.
Die Erdkröte ist die häufigste Kröte Mitteleuropas, trotzdem ist sie wegen des Rückganges an Laichgewässern gefährdet. Die Erdkröte ist meist das erste Amphibium, das neuangelegte Gewässer als Heimstatt annimmt.
Neben der Nominatform *Bufo bufo bufo* sind von der Erdkröte drei weitere Unterarten bekannt: *Bufo b. gredosicola, B. b. spinosus* und *B. b. verrucosissimus*.

T: 4-20°C, **L:** 12 (15) cm

Pelobates fuscus Knoblauchkröte

Bufo bufo Erdkröte

Erdkröte, *Bufo bufo*, im Laichgewässer.

Kaulquappen der Erdkröte, *Bufo bufo*.

Bufo calamita, Kreuzkröte

Bufo calamita LAURENTI, 1768 **Kreuzkröte**

Fam.: Bufonidae, Kröten

Vork.: West- und Mitteleuropa. Kommt im Flachland vor, liebt Sandboden und besonnte Flächen mit lockerer Vegetation, wie Heide und Brachland. Ersatzbiotope können sein: Kiesgruben, Steinbrüche, Schutthalden. Laicht auch im Brackwasser und in lehmigen Tümpeln.

GU: ♂♂ mit Schallblase, zur Balzzeit mit Brunftschwielen an den Fingern. ♀♀ werden überdies größer.

Soz. Verh.: ♂♂ rufen im Chor. Siehe auch bei der Erdkröte, *Bufo bufo*.

Hält. B.: Die Art steht unter Schutz und darf nicht in Gefangenschaft genommen werden.

ZU: Siehe bei der Erdkröte, *Bufo bufo*.

FU: K.; Lebendfutter, vor allem Insekten und Spinnen, auch Würmer, ,,Schädlingsbekämpfer".

Bes.: Durch Zerstörung der Lebensräume, Trockenlegungen der Kleingewässer und Rekultivierung der Brachen im ganzen Verbreitungsgebiet selten geworden. Durch Offenhalten von Ersatzbiotopen könnte der Rückgang der Art möglicherweise gestoppt werden.

T: 4-25°C, **L:** 8 cm

Bufo viridis Laurenti, 1768 **Wechselkröte**

Fam.: Bufonidae, Kröten

Vork.: Mittel-, Süd- und Osteuropa. Überall zu finden, jedoch auf Gewässer zur Fortpflanzung angewiesen. Kulturfolger. Überwintert unter Holz, Steinen und in natürlichen Höhlen. Kommt als ehemaliges Steppentier auch an trockeneren Standorten vor.

GU: ♂♂ mit Schallblase, ♀♀ größer.

Soz. Verh.: Ähnlich dem der Erdkröte, *Bufo bufo*. Die Wechselkröte ist aber viel aktiver, hüpft und wandert viel und legt so auch größere Strecken zurück. Die Tiere sind vorwiegend nachtaktiv, sie können jedoch an kühlen, feuchten Tagen auch tagsüber beobachtet werden. Die Larven finden sich nicht in Schwärmen zusammen.

Hält. B.: Geschütztes Amphib, darf der Natur nicht zu Hälterungszwecken entnommen werden.

ZU: In allen Gewässern von Pfützen bis zu kleinen Seen, auch im Brackwasser. Laicht von April bis Ende Mai. Legt meist 2 m lange, aber auch bis zu 4 m lange Schnüre mit etwa 10.000 - 12.000 Eiern.

FU: K.; Arthropoden, Schnecken und Würmer.

Bes.: Die Wechselkröte ist nach der Eiszeit aus den asiatischen Steppen nach Europa eingewandert. Außer der bei uns vorkommenden Nominatform *Bufo viridis viridis* kommen weitere Unterarten in Afrika und Asien vor.

T: 4-25°C, **L:** 10 cm

Solche Gewässer bieten zahlreichen Amphibien einen geeigneten Lebensraum.

Bufo viridis Wechselkröte

Hyla arborea, Laubfrösche bei der Paarung

Hyla arborea (LINNÉ, 1758) **Laubfrosch**

Fam.: Hylidae, Laubfrösche

Vork.: Süd- und Mitteleuropa bis zum Balkan. Bewohnt Feuchtgebiete, Auwälder und feuchte Laub- und Mischwälder. Ist zum Laichen auf saubere, vegetationsreiche Gewässer angewiesen. Findet sich auch in und an langsam fließenden Gewässern und kleinen Seen.

GU: ♂♂ mit Schallblase, diese ist auch zusammengefaltet im Kehlbereich gut erkennbar. ♀♀ werden größer.

Soz. V.: Die ♂♂ rufen ab April vor allem abends im Chor am und im Teich. Sie halten dabei einen deutlichen Individualabstand ein. Die ♀♀ wählen die Partner aus, sie erscheinen später am Laichgewässer.

Hält. B.: Darf als unter strengem Schutz stehende Art nicht in Gefangenschaft gehalten werden!

ZU: Zur Kopulation umklammert das ♂ ein ♀ an der Hüfte. Die Eiklumpen werden sofort befruchtet, sie enthalten etwa 1.000 Eier. Die Quappen sind an goldfarbenen Punkten auf grünem Grund erkennbar. Mit etwa 1,5 cm Länge verlassen sie im Sommer die Gewässer.

FU: K.; Arthropoden.

Bes.: Da junge Laubfrösche bei schönem Wetter gern an Pflanzen hinaufklettern und sich sonnen, wurden die Tiere früher häufig als ,,Wetterpropheten" in kleine Gläser gesperrt. Diese Quälerei ist heute verboten, der Laubfrosch ist als stark bedrohte Art streng geschützt. Er ist ein guter Insektenjäger.

T: 4-25°C, **L:** 5 cm

Hyla arborea Laubfrosch, rufendes ♂

Hyla arborea Lautfrosch, Larve in Umwandlung

Rana arvalis NILSSON, 1842 — Moorfrosch

Fam.: Ranidae, Frösche

Vork.: Mittel-, Nord- und Osteuropa, Moore und andere dauerfeuchte Lebensräume, vor allem im Flachland.

GU: ♂♂ sind zur Laichzeit bläulich gefärbt. ♂♂ entwickeln während der Fortpflanzungszeit Verdickungen der Daumenzehen der Vorderbeine, sogenannte Brunftschwielen, mit denen sie die ♀♀ beim Laichakt festhalten.

Soz. Verh.: ♂♂ rufen gemeinsam. Finden sich ab März an den Laichgewässern ein.

Hält. B.: Steht wie alle heimischen Amphibienarten unter Schutz und darf nicht in Gefangenschaft gehalten werden.

ZU: Die ♂♂ sammeln sich im März vor den ♀♀ an den Laichorten. Letztere legen etwa 2.000 Eier in Laichballen ab. Weitere Angaben siehe unter *Rana temporaria*, dem Grasfrosch.

FU: K.; alles Lebendfutter, das zu bewältigen ist.

Bes.: Der Moorfrosch ist dem Grasfrosch sehr ähnlich und die Unterscheidung nicht immer leicht, doch ist *Rana arvalis* wesentlich seltener.

T: 4-20°C, **L:** 8 cm

Rana dalmatina BONAPARTE, 1840 — Springfrosch

Fam.: Ranidae, Frösche

Vork.: Mittel- und Südeuropa in Au- und allgemein feuchten Wäldern.

GU: Schwer erkennbar, ♀♀ größer. ♂♂ entwickeln während der Fortpflanzungszeit Verdickungen der Daumenzehen der Vorderbeine, sogenannte Brunftschwielen, mit denen sie die ♀♀ beim Laichakt festhalten.

Soz. V.: Siehe beim Grasfrosch, *Rana temporaria*.

Hält. B.: Darf als unter Schutz stehende Art nur mit Ausnahmegenehmigung in Gefangenschaft gehalten werden!

ZU: Siehe beim Grasfrosch, *Rana temporaria*.

FU: K.; verschiedenes Lebendfutter, im Grunde alles was bewältigt werden kann.

Bes.: Der Springfrosch, *Rana dalmatina*, ist eine in Mitteleuropa durch Trockenlegung und Beseitigung der Auwälder sehr stark gefährdete Art.

T: 4-20°C, **L:** 9 cm

Rana arvalis Moorfrosch

Rana dalmatina Springfrosch

Grünfrösche sonnen sich gerne am Gewässerrand.

Rana esculenta Linné, 1758 — Wasserfrosch

Fam.: Ranidae, Frösche

Vork.: Europa - ohne Spanien und Portugal -, England und Nordskandinavien. Kleine Gewässer wie Tümpel und Teiche und stille Buchten der Fließgewässer (tote Seitenarme). Zur Nahrungsaufnahme sind besonders die Jungfrösche häufig an Land an feuchten Stellen zu finden. Sie entfernen sich selten weit vom Gewässer.

GU: Kaum unterscheidbar, ♀♀ größer. ♂♂ entwickeln während der Fortpflanzungszeit Verdickungen der Daumenzehen der Vorderbeine, sogenannte Brunftschwielen, mit denen sie die ♀♀ beim Laichakt festhalten.

Soz. Verh.: Die ♂♂ rufen in großen Gruppen, dabei herrscht nur geringer Individualabstand.

Hält. B.: Steht als heimische Amphibienart unter Schutz und darf nicht in Gefangenschaft gehalten werden.

ZU: Siehe den Teichfrosch, jedoch bis 10.000 Eier, bei hoher Absterberate!

FU: K.; alles zu bewältigende Lebendfutter, auch kleine Wirbeltiere.

Bes.: Ist dem Teichfrosch, *Rana lessonae*, sehr ähnlich, der Wasserfrosch wird als Kreuzung zwischen See- und Teichfrosch angesehen. Man faßt diese Frösche zum ,,Grünfroschkomplex" zusammen. Häufigster Frosch des Grünfroschkomplexes. Da der Artstatus bezweifelt werden kann, wird der Artname *Rana ,,esculenta"* häufig in Anführungszeichen geschrieben.

T: 4-25°C, **L:** 10 (- 12) cm

Rana lessonae (Camerano, 1882) — Teichfrosch

Fam.: Ranidae, Frösche

Vork.: Mittel-, Osteuropa und Italien. Findet sich in kleineren Gewässern wie Tümpeln und Teichen. Geht auf Nahrungssuche auch auf feuchtes Land, vor allem die Jungtiere.

GU: ♂♂ zur Laichzeit gelblich gefärbt. ♂♂ entwickeln während der Fortpflanzungszeit Verdickungen der Daumenzehen der Vorderbeine, sogenannte Brunftschwielen, mit denen sie die ♀♀ beim Laichakt festhalten.

Soz. V.: Die ♂♂ rufen im Chor, sitzen oft nahe beieinander. Überwintern am Boden der Gewässer oder an feuchten Stellen an Land.

Hält. B.: Darf als unter Schutz stehende Art nur mit Ausnahmegenehmigung in Gefangenschaft gehalten werden!

ZU: Die Paarung erfolgt im Mai, bis 1.000 Eier werden abgesetzt. Das ♂ klammert das ♀ hinter den Vorderbeinen. Schon nach einer Woche schlüpfen die Kaulquappen aus den Laichballen. Die Eientwicklung bis zur Metamorphose dauert etwa 4 Monate.

FU: K.; verschiedenes Lebendfutter, vor allem Fliegen.

Bes.: Kleinster Frosch des ,,Grünfroschkomplexes".

T: 4-20°C, **L:** 5 (- 9) cm

Rana esculenta Wasserfrosch

Rana lessonae Teichfrosch

Rana ridibunda PALLAS, 1771 — Seefrosch

Fam.: Ranidae, Frösche

Vork.: Süd-, Mittel- und Osteuropa. Größere Gewässer wie Flußauen und flache Seen.

GU: ♂♂ mit zwei seitlichen Schallblasen. ♂♂ entwickeln während der Fortpflanzungszeit Verdickungen der Daumenzehen der Vorderbeine, sogenannte Brunftschwielen, mit denen sie die ♀♀ beim Laichakt festhalten.

Soz. Verh.: Die ♂♂ quaken in Gruppen. Die Frösche überwintern gemeinsam am Grund der Gewässer.

Hält. B.: Steht als heimische Amphibienart unter Schutz und darf nicht in Gefangenschaft gehalten werden, wird dazu wohl auch zu groß und ungestüm.

ZU: Die Laichzeit liegt im April und Mai, es werden bis 4.000 Eier abgegeben.

FU: K.; alles zu bewältigende Lebendfutter.

Bes.: See-, Teich- und Wasserfrosch bilden einen durch Kreuzungen hybridisierenden Komplex der „Grünfrösche“. Zwei Unterarten: *Rana r. ridibunda* und *R. r. perezi*.

T: 4-20°C, **L:** 15 - 17 cm

Rana temporaria LINNÉ, 1758 — Grasfrosch

Fam.: Ranidae, Frösche

Vork.: Ganz Europa, nicht im Süden. Die Grasfrösche leben in allen feuchten Biotopen, sie meiden nur die hohen Gebirge. Sie sind auf Laichgewässer angewiesen, entfernen sich nach der Laichzeit jedoch oft sehr weit davon. Überwintern am Gewässergrund oder in Erdlöchern.

GU: ♂♂ zur Laichzeit mit Brunftschwielen am ersten Finger und mit gekörnter Haut an den Körperseiten. Oft bläulich gefärbt. ♀♀ sind zumeist deutlich größer. Kehle der ♂♂ meist weiß, beim ♀ ist die Kehle gelblich gescheckt. ♂♂ entwickeln während der Fortpflanzungszeit Verdickungen der Daumenzehen der Vorderbeine, sogenannte Brunftschwielen, mit denen sie die ♀♀ beim Laichakt festhalten.

Soz. V.: Schon Ende Februar entwickeln die Grasfrösche Paarungsaktivitäten. Das Rufen der ♂♂ am Teich entspricht etwa einem Knurren. Die ♂♂ kämpfen oft um die laichbereiten ♀♀.

Hält. B.: Darf als unter Schutz stehende Art nur mit Ausnahmegenehmigung in Gefangenschaft gehalten werden!

ZU: Im März laichen die Grasfrösche innerhalb von nur etwa zwei Wochen. Das ♂ umklammert das ♀ dicht hinter den Vorderbeinen. Letzteres preßt so bis 4.000 Eier aus, die vom ♂ befruchtet werden. Der Laich entwickelt sich innerhalb eines Monats, die Quappen verlassen nach weiteren drei Monaten mit etwa 1,5 cm Länge das Wasser. Nach drei Jahren sind sie geschlechtsreif und kehren zumeist zu ihren Geburtsgewässern zurück.

FU: K.; alles verschlingbare Lebendfutter.

Bes.: Nimmt relativ schnell neue Teiche an. Aufgrund seiner noch relativ großen Verbreitung und seiner Wanderfreude meist der erste Frosch am neuen Gartenteich. In Mitteleuropa häufigster Frosch, doch selbst der Grasfrosch ist durch die Zerstörung der Laichgewässer und Lebensräume gefährdet. Es sind außer der Nominatform, *Rana t. temporaria*, zwei europäische Unterarten bekannt: *R. t. honnorati* und *R. t. parvipatmata*.

T: 4-20°C, **L:** 12 cm

Rana ridibunda Seefrosch

Rana temporaria Grasfrosch

Laichballen des Grasfrosches.

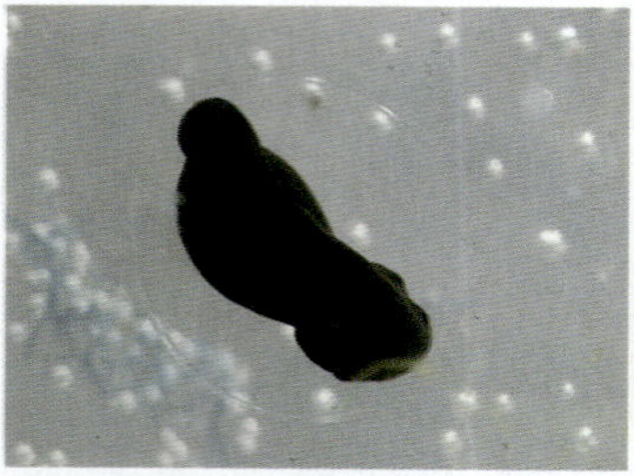

Kaulquappe, 1 Woche alt.

Kaulquappe, 2 Wochen alt.

Kaulquappe, 3 Wochen alt.

Kaulquappe, 4-5 Wochen alt.

Kaulquappe mit zwei Beinen, etwa 6 Wochen alt.

Die Metamorphose des Grasfrosches (*Rana temporaria*) als Beispiel für die Entwicklung der Froschlurche

Im Gegensatz zu den Kröten legen die Frösche ihren Laich in Ballen und nicht in Schnüren ab. Aus den Eiern schlüpfen die zunächst völlig unfertigen Larven, die von ihrem Dottervorrat und der Gallerte der Eihülle leben. Bald nehmen sie jedoch Algen, Aas und Aufwuchs auf. Die Kiemen sind anfangs außen angelegt, verlagern sich jedoch nach innen. Sie werden im Laufe der Entwicklung durch die Lungen ersetzt. Zunehmend bildet sich anstelle der eher fischähnlichen Quappengestalt die typische Froschlurchform heraus. Zum Schluß wird der Schwanz eingeschmolzen und das Amphib geht an Land um dort nur noch tierische Nahrung aufzunehmen

Kaulquappe mit vier Beinen, nach 7-8 Wochen.

Kleiner Frosch, nach etwa 10 Wochen.

Rana catesbeiana SHAW **Ochsenfrosch**

Fam.: Ranidae, Frösche

Vork.: Nordamerika. Durch Faunenverfälschung auch in Italien und stellenweise an anderen Orten in Europa.

GU: ♂♂ mit innerer Schallblase, Kehle trotzdem gewölbt. ♀♀ größer.

Soz. Verh.: Einzelgänger. Großer Individualabstand aufgrund des hohen Nahrungsbedarfes.

Hält. B.: Terrarien, auch Freilandterrarien, Ausbrechen in jedem Falle verhindern! Besser erst gar nicht halten, vor allem nicht einfach am Teich freilassen. Das Aussetzen ist untersagt, da durch den Ochsenfrosch die Bestände heimischer Amphibien stark bedroht werden.

ZU: Das ♂ klammert das ♀ in den Achseln, es werden etwa 20.000 Eier in großen Ballen abgegeben. Fortpflanzungsbereit ab etwa 15°C Wassertemperatur.

FU: K.; alles Lebendfutter das bewältigt werden kann, auch Frösche, Molche, Jungvögel und sogar kleine Säugetiere.

Bes.: Wurde in einigen Bereichen Europas ausgesetzt und vermehrt sich dort auch, zumindest in Südeuropa. Dadurch besteht dort eine starke Gefährdung der einheimischen Lurchbestände, die von dem großen Ochsenfrosch vertilgt werden. Um eine derartige Faunenverfälschung zu vermeiden, ist der Ochsenfrosch in die Liste der Anlage 3 zur Bundesartenschutzverordnung aufgenommen worden. Diese Tiere sind zwar nicht besonders geschützt, sie dürfen jedoch nur mit Genehmigung ein- oder ausgeführt werden. Wer einen Ochsenfrosch in freier Natur „erwischen" sollte, der liefert ihn am besten in einem Zoo zur weiteren Verwertung ab. Dies dient dem Schutz einheimischer Arten. In Gefangenschaft darf der Ochsenfrosch gepflegt werden, sein Besitz braucht auch nicht den zuständigen Behörden gemeldet zu werden.

T: 10-30°C, **L:** 20 cm, **BL:** 100 cm, **WR:** alle (Quappen), **SG:** 2-3 (Größe!)

Rana catesbeiana, Porträt

Rana catesbeiana, der Ochsenfrosch

Gäste am Gartenteich

Wie die meisten Amphibien und Insekten stellen sich eine Vielzahl weiterer Tiere für kurze oder längere Zeiträume als Besucher an Kleingewässern ein, also auch möglicherweise an unserem Gartenteich. In erster Linie sind dies natürlich einheimische Arten, darunter vielleicht mit etwas Glück auch sehr seltene Tiere. Leider aber werden immer wieder auch fremdländische Arten in oder an unseren Gewässern in Freiheit gesetzt, und manchem Gartenteichbesitzer ist es schon geschehen, daß er plötzlich in seinem Gewässer ein Tier fand, daß er dort überhaupt nicht eingesetzt hatte, sondern das liebe Mitbürger loswerden wollten, typisch dafür ist die Rotwangenschildkröte, *Chrysemys scripta elegans*, aus Nordamerika. Wir haben dieses Problem bereits im Abschnitt über den Naturschutz angesprochen.

Gerade die Rotwangenschildkröte kann aber auch ein gewollter Gast am Gartenteich sein, denn die meist in Terrarien oder als Jungtier in Aquarien gehaltenen Tiere lieben das Sonnenlicht. Dies kann durch künstliche Lichtquellen nur teilweise ersetzt werden. So gibt es für viele in Gefangenschaft gepflegte Amphibien und Reptilien einfach keinen vollwertigen Ersatz für den zeitweisen Aufenthalt im Freien, natürlich nur für solche Arten, die dies aus klimatischen Gründen auch vertragen. Und auf keinen Fall darf man die Tiere einfach so im Gartenteich aussetzen, sondern es muß dann schon ein Freilandterrarium sein, also eine Anlage, die ein Entkommen der Tiere unmöglich macht. Die meisten Zoos bieten hier Gestaltungsanregungen. Für die Rotwangenschildkröten ist eine solche Anlage geradezu ideal. Allerdings muß sich der Pfleger darüber im klaren sein, daß die Tiere bei der Außenhaltung meist scheuer werden und weniger häufig zu sehen sind. Zudem betrachten sie natürlich Insekten und dergleichen Mitbewohner im Teich als willkommene Zusatznahrung. Zum Winter müssen die Schildkröten ins Haus geholt werden. Erwachsene Schildkröten können sich zwar eingraben und vor allem in geschützten Anlagen draußen überwintern, um die schönen Tiere aber nicht eventuell doch zu verlieren, ist eine Haltung im Terrarium im Haus besser angebracht.

Die bei uns heimische Europäische Sumpfschildkröte, *Emys orbicularis*, ist durch Trockenlegung der Sümpfe, Regulierung von Flüssen und andere Flurbereinigungsmaßnahmen stark bedroht. Wir können daher nicht erwarten, daß diese Schildkröte Gartenteiche aufsucht. In Süd- und Osteuropa ist die bei uns streng geschützte Sumpfschildkröte jedoch noch etwas häufiger (Italien, besonders Po-Delta, Griechenland, Türkei).

Emys orbicularis, Europäische Sumpfschildkröte

Emys orbicularis (Linné, 1758) Europäische Sumpfschildkröte

Fam.: Emydidae, Sumpfschildkröten

Vork.: Süd-, Mittel- und Osteuropa. Nicht in den Alpen. Tümpel, Teiche und Seen mit Vegetation. Sehr selten in Fließgewässern und in Südeuropa in Brackwasser. Vor allem in Feucht- und Auwäldern in ungestörten Teichen.

GU: Die Augen sind unterschiedlich, die Iris der ♂♂ ist orange, die der ♀♀ mit schwarzen kreuzförmigen Flecken versehen.

Soz. Verh.: Einzelgänger, sonnen sich gern am Ufer auf Ästen und ähnlichem. Dabei auch in Gruppen zu beobachten. Die Winterruhe findet am Gewässergrund im Bodenschlamm statt, in heißen Ländern kommt auch eine Sommerruhe vor.

Hält. B.: Steht unter strengem Schutz und darf nicht gehalten werden, da Schildkröten recht alt werden können, sind hier und da möglicherweise jedoch noch Altbestände in Gefangenschaft vorhanden.

ZU: Im späten Frühjahr erfolgt die Paarung, die Kopulation ist mühsam. Die 4 bis 15 Eier werden vom ♀ am Land in selbstgegrabene Erdhöhlen oder tiefe Gruben gelegt. In kühlen Regionen schlüpfen die Jungen erst nach einem Jahr.

FU: O., vorzugsweise K.; Amphibien, Würmer, Arthropoden, auch Fische.

Bes.: Die Vorkommen nördlich der Alpen sollen nach Ansicht mancher Herpetologen auf Einbürgerungen zurückgehen. Ob die Sumpfschildkröte sich im mitteleuropäischen Klima fortpflanzen kann, ist fraglich.
In Mitteleuropa ausgesprochen seltene Art, überall bedroht. Stark gefährdet!

T: 10-25°C, **L:** 30 cm

Chrysemys (Pseudemys) scripta elegans (WIED, 1839)
Schmuckschildkröte, Rotwangen-Schildkröte

Fam.: Emydidae, Sumpfschildkröten

Vork.: Südl. USA; Florida und Mississippi.

GU: Die ♂♂ haben längere Krallen an den Vorderfüßen und einen längeren Schwanz als die ♀♀. Die Schilder des Bauchpanzers sind beim ♂ und ♀ unterschiedlich.

Soz. Verh.: Es können mehrere Tiere zusammen gehalten werden. Kleine Tiere bis 6 cm Panzerlänge kann man auch mit robusten Fischen gut halten. Wasserpflanzen werden von größeren Tieren ab 10 cm Länge meist aufgewühlt und manchmal auch gefressen..

Hält. B.: Die Tiere lassen sich in jedem Süßwasseraquarium mit Landteil halten. Das Wasser soll kräftig gefiltert und die Filterpatronen alle 3-8 Tage ausgewaschen werden. Das Becken sollte wenigstens 10 x die Panzerlänge des Tieres messen. Außerdem muß ein Ruheplatz dicht an der Wasseroberfläche vorhanden sein (Steinaufbau oder fest an eine Scheibe verankerte Korkplatte). Der Wasserstand sollte maximal 3/4 der Beckenhöhe betragen, damit die Tiere nicht entweichen können. Sie klettern gern und gut!

ZU: Die Art soll sich am Rhein schon in freier Natur vermehrt haben. Das / legt etwa 5 Eier pro Gelege in feuchte Sandgruben, die selbst gegraben werden. Bei Temperaturen zwischen 25 und 30°C schlüpfen die Jungen nach über 90 Tagen.

FU: K., Schnecken, Frischfleisch, Garnelen, Futtertabletten; Rindfleisch (Tartar) sollte nur selten gegeben werden.

Bes.: Wegen Salmonellengefahr dürfen Wasserschildkröten in den USA inzwischen nicht mehr gehandelt werden. Bei uns dürfen die Tiere nur mit Cites-Bescheinigung veräußert werden. Das Aussetzen in den Gartenteich ist unbedingt zu vermeiden. Die Tiere überleben zwar einen milden Winter unter dem Eis, sterben aber nach einigen Jahren doch ab. Außerdem besteht die Gefahr der Auswilderung und damit einer Faunenverfälschung. Die Schildkröten werden im Aquarium sehr zahm und fressen aus der Hand. Sobald sie jedoch außerhalb des gewohnten Beckens sind, zeigt sich sofort wieder der natürliche Fluchttrieb. Die Haltung von Jungtieren in Plastikschüsseln „mit Palme" ist abzulehnen. Meist fehlt die notwendige Heizung (Wärmestrahler mit UV-Lampe) und die Tiere gehen an durch Erkältung hervorgerufenen Krankheiten oder an Rachitis ein.

T: 10-25°C, **L:** 25 cm, **BL:** 40-100 cm, **WR:** alle, **SG:** 1

Chrysemys scripta elegans; links ♀, rechts ♂.

Chrysemys scripta elegans, Jungtier Rotwangen-Schmuckschildkröte

Chrysemys scripta elegans, adult Rotwangen-Schmuckschildkröte

Die Ringelnatter, *Natrix natrix*, kann gelegentlich als Gast am Teich auftauchen.

Schon eher ist mit dem Besuch einer Ringelnatter, *Natrix natrix*, am Gartenteich zu rechnen, die dort Amphibien oder Fischen nachstellt, ihrer Hauptnahrung. Sollte sie tatsächlich einmal Tiere aus unserem Teich erwischen, so gönnen wir ihr diese, zumal leider auch die Ringelnatter bereits zu den stark vom Aussterben bedrohten Tierarten zählt. Diese Schlange hält sich auch in der Natur vorzugsweise an stehenden Gewässern auf und ist ein vorzüglicher Schwimmer. So besteht die Nahrung der Ringelnatter vor allem aus Molchen, Fröschen, Kröten und ihren Kaulquappen, sowie Fischen, Eidechsen und Kleinsäugetieren, hauptsächlich Mäusen.

Weniger am Teichufer als mehr in der Umgebung können wir möglicherweise an etwas trockeneren Stellen weitere unserer heimischen Reptilien finden, sofern sich unser Teich nicht mitten in der Stadt, sondern mehr im ländlichen Raum findet. So treffen wir möglicherweise die Blindschleiche *Anguis fragilis* an, die zwar wie eine Schlange aussieht, jedoch überhaupt keine ist. Bei ihr handelt es sich vielmehr um eine fußlose Echse. Meist wird sie um 30 cm lang, doch wurden auch schon größere Exemplare gefunden. Sie lebt von allerlei Kleintieren wie Würmern, Schnecken und Insekten, kurz, sie ist ein ausgesprochen nützliches Tier, das wie alle heimischen Echsen unter Schutz steht.

Auf die zahllosen Wasservögel als Tiere der Kleingewässer kann in diesem Rahmen nicht näher eingegangen werden. Einzelne Watvögel, Rallen, Enten, Gänse oder sogar Schwäne können durchaus an größeren Gartenteichen auf kurze oder längere Zeit zu Gast sein. Probleme kann es mit den freifliegenden Entenkreuzungen geben, die überall in Parks und an Gewässern zu finden sind und mehr oder weniger reine Bastarde mit Stockenten darstellen. Wenn im Frühjahr ein solches Entenpärchen sich ausgerechnet einen Gartenteich zur Aufzucht seiner Jungenschar ausgesucht hat, dann stellt sich ernsthaft die Frage, ob man nicht zu ungunsten der Enten eingreifen sollte. Denn zum einen verwandeln sie eine mittlere Anlage in gar nicht so langer Zeit in ein Schlachtfeld, zum anderen sind diese Vögel ja nun wirklich nicht gerade vom Aussterben bedroht, ganz im Gegensatz zu den Amphibien, die nun eigentlich dringend einen Lebensraum brauchen. Aber diese Frage muß jeder Naturfreund für sich selbst lösen. Keine Frage ist es hingegen, daß wir den seltenen und bedrohten Fischräubern unter den Vögeln, wie Eisvogel, Kormoran oder Fischreiher gegebenenfalls die Goldfische gönnen, falls wir das seltene Glück haben, daß sie ausnahmsweise unseren Teich zur Nahrungsaufnahme aufsuchen. Aber so ein Goldfisch ist ja auch recht verlockend gut zu erkennen.

Anguis fragilis, die Blindschleiche, ist eine Echse, keine Schlange.

Im Schilf und Röhricht stellen sich Rohrdommeln, Grasmücken und andere Vögel ein und nisten vielleicht sogar dort. Zudem suchen viele Vogelarten den Gartenteich zum Trinken auf. Eine flache Stelle im Wasser oder ein größerer flacher Stein, knapp in Höhe der Wasseroberfläche, erleichtert den gefiederten Gästen das Trinken und Baden.

Außer den Vögeln können auch verschiedene Säugetiere am Gartenteich oder in seiner Umgebung auftauchen. Die kleine Wasserspitzmaus verblüfft durch ihre hervorragenden Schwimm- und Tauchfähigkeiten. Sie zieht jedoch Fließwasser als Lebensraum vor. Die Nahrung der Wasserspitzmaus besteht aus Insekten, Würmern und anderen wirbellosen Tieren. Bisam und Schermaus sind dagegen an stehenden Gewässern häufiger auftretende Nagetiere. Durch ihre Grab- und Wühltätigkeit können diese Nager besonders mit aufgeschütteten Wällen versehenen Teichen und vielleicht auch der Folie gefährlich werden. Diese Tiere ernähren sich fast nur von Sumpf- und Wasserpflanzen. Für den Winter legen sie sich große unterirdische Nahrungsvorräte an.

Der Vollständigkeit halber seien Waschbär, Fischotter und Marder als mögliche Gäste am Teich zu erwähnen, doch dürften diese allenfalls Gäste im ländlichen Raum sein. Sie leben sehr heimlich und der Fischotter ist zudem stark bedroht und in den meisten Gebieten bereits ausgerottet, so daß der Tierfreund sie nur mit sehr viel Glück überhaupt einmal in der Natur zu sehen bekommt. An siedlungsnäheren Teichen finden sich jedoch manchmal die Spuren, Nahrungsreste oder Losung von Waschbären, die ausgewildert wurden und sich heute zunehmend ausbreiten, oder von Mardern.

Allen diesen Tieren gönnen wir Ruhe an unserem Teich. Sollten die Schäden durch Räuber oder durch wühlende Tiere zu groß werden, so versuchen wir die unerwünschten Gäste durch häufige Störungen zu vertreiben. Keinesfalls dürfen diese meist auch geschützten Tiere getötet werden. Eine solche Handlungsweise steht ja überdies im Widerspruch zu unserem Ziel des Naturschutzes.

Die Bisamratte kann allerdings zur Plage werden. Diese Tiere sind bei uns nicht heimisch, sie wurden eingeführt und ausgesetzt oder entkamen aus Pelztierzuchten und haben sich heute so vermehrt, daß sie als Schädlinge gelten. Die Anwesenheit von Bisamratten wird am ehesten an herausgerissenen Pflanzenteilen von Rohrkolben oder ähnlichem bemerkt. Der örtliche Jagdverband hat meist einen Beauftragten zum Fallenstellen auf Bisam abgestellt. Mit ihm sollten wir uns gegebenenfalls absprechen. Entweder wird er selbst Fallen aufstellen oder uns entsprechend beraten.

Eine Rauchschwalbe sucht ihr Nistmaterial am Teich.

Binsen im Flachwasserbereich sind gute Nitratverbraucher und halten damit das Wasser Nährstoffarm. H. Baensch

Eine Naturstein-Tränkensammlung, fachgerecht am Folienteichrand aufgebaut. Später werden die Tränken als Minisumpfteiche bepflanzt. H. Baensch

Bootsspaß auf einem 600 m² großen Naturteich. H. Baensch

Der Teich im Winter bietet reizvolle Fotomotive - hier Rohrkolben. H. Baensch

Neue Trends im Gartenteichbereich

Seit die 1. Auflage des Gartenteich Atlas erschienen ist, haben sich die grundlegenden Prinzipien des Gartenteichs, seines Baues und seiner Bewohner nicht geändert. In den letzten Jahren haben sich aber – auch bedingt durch ein verbessertes Angebot der Hersteller – viele neue Möglichkeiten und Trends der Einrichtung eines Teichs aufgetan. Diese sollen im folgenden, als Anhang zum bisherigen Atlas, kurz vorgestellt werden.

Teichformen

Miniteiche

In den letzten Jahren hat sich erstaunlicherweise ein sehr starker Trend hin zu kleinen und kleinsten Teichen vollzogen. Auch der Handel hat sich darauf inzwischen eingestellt und bietet ein erstaunlich großes Angebot für diesen Wassergartenbereich.

Miniteiche können auch schon auf Balkonen oder Terrassen aufgestellt werden. Ihre Größe ist nahezu beliebig, vom kleinen Gefäß mit gut zehn Liter Inhalt bis zur großen Schale mit über einem Meter Durchmesser. Von den "normalen" Gartenteichen unterscheiden sich die Miniteiche dadurch, daß der Behälter nicht eingegraben wird, sondern auf einer Unterlage steht. Ansonsten spricht man vom Klein- oder Fertigteich, der selten weniger als 100 Liter umfaßt, sondern meist deutlich mehr.

Miniteiche eignen sich nur bedingt für die Haltung von Tieren. Wasserinsekten werden, wie in den anderen Teichen, schnell von selbst einwandern. Durch den relativ kleinen Wasserkörper werden aber nur bestimmte Arten hier ihre Heimat finden. Im Sommer können sich Miniteiche, auch wenn sie gefiltert oder belüftet werden, stärker als kleine Teiche aufheizen. Im Winter müssen die meisten Miniteiche geleert werden, da sie vollständig durchfrieren können und dabei oft den Behälter zerstören. Nur Miniteiche aus flexiblem Kunststoff können ganzjährig befüllt bleiben. Das verhindert in vielen Fällen die dauerhafte Ansiedlung von mehrjährigen Insekten, zu denen etwa viele Libellen gehören. Trotzdem wird sich schnell ein reichhaltiges Insektenleben einstellen, das sich aber etwas vom dem eines größeren Teichs unterscheidet.

Miniteiche können in nahezu jedem Behälter eingerichtet werden – durchstöbern Sie einfach mal Ihre Garage oder den Keller. H. Hieronimus

Für die Haltung von Fischen oder Amphibien sind Miniteiche während der wärmeren Jahreszeit nur bedingt geeignet. Gerade im kleinen Wasserkörper machen sich die Exkremente der Wassertiere besonders stark bemerkbar und führen zu einer starken Nährstoffanreicherung. Folge sind oft starker Algenwuchs, dem man allerdings im Miniteich leichter zu Leibe rücken kann als im Großteich.

Trotzdem sollte bereits zur Füllung möglichst viel Regenwasser benutzt werden. Da jeder Wasserwechsel – in der Aquaristik unverzichtbar – in vielen Regionen zusätzliche Nährstoffe einbringt und unser Leitungswasser oft mehr Nitrationen enthält als das Regenwasser, ist er auf ein absolutes Mindestmaß zu reduzieren. Bei gutem Leitungswasser (Nitrat unter 10 mg/l) sollte man auf häufigen Teilwasserwechsel jedoch nicht verzichten. Zwei Drittel der Wassermenge sind abzulassen und gegen Frischwasser zu ersetzen. Werden schnellwüchsige Pflanzen und Algen regelmäßig entfernt und sind keine Fische oder Amphibien enthalten, sind keine Wasserprobleme zu erwarten. Wenn der Miniteich – etwa auf einer überdachten Terrasse – nicht von Regenwasser gespeist wird, sollte verdunstetes

Wasser unbedingt durch abgestandenes Regenwasser ergänzt werden. Gleiches gilt für trockene Sommerperioden. In unseren Regionen ist Regenwasser, selbst nach einer längeren Trockenperiode, inzwischen wieder recht sauber geworden und kann in den Miniteich problemlos eingebracht werden. Im größeren Teich können wir es ja sowieso nicht vermeiden.

Aus Holzfässern lassen sich besonders attraktive Miniteiche bauen. H. Hieronimus

Miniteich, Bundesgartenschau, Potsdam 2001 H. Hieronimus

Miniteich, Bundesgartenschau, Potsdam 2001 H. Hieronimus

Als Miniteich kann nahezu jedes Gefäß dienen, der Phantasien sind praktisch keine Grenzen gesetzt. Ob es sich um einen einfachen Plastikcontainer, ein altes, halbiertes Faß, ein Metallgefäß oder einen wie immer gearteten anderen kleinen Behälter handelt, spielt keine Rolle. Gefäße, die nicht wasserdicht sind, können entweder mit einem (natürlich ungiftigen) Material abgedichtet werden oder sie werden mit Folie ausgekleidet. Diese kann – etwa bei einem Holzfaß – sogar einfach oberhalb der Wasserlinie mit einem normalen Tacker angetackert werden, das ist die einfachste Methode. Eventuell vorhandene Öffnungen, die sich oft bei Pflanzschalen finden, können mit Stopfen (von innen einsetzen!) abgedichtet werden.

Der Boden kann z. B. mit Kieseln abgedeckt, und die Pflanzen sollten in Schalen oder Töpfen eingesetzt werden. Teichpflanzen haben ein unterschiedlich starkes Ausbreitungsbedürfnis. Im Gartenteich haben sie dafür mehr Möglichkeiten als im Miniteich, in dem sie recht dicht stehen. Deswegen hat es sich bewährt, die Pflanzen nicht einfach in das Substrat zu pflanzen. So läßt sich auch ein Umtopfen – zum Düngen manchmal erforderlich – besser durchführen.

Miniteich, Bundesgartenschau, Potsdam 2001 H. Hieronimus

Zur Bepflanzung sind alle nicht zu großwüchsigen Sumpf- und Wasserpflanzen geeignet. Von vielen "normalen" Teichpflanzen gibt es oft eine kleinere Variante, ob Zuchtform oder natürlich vorkommend. Nur ein Beispiel ist die Zwergbinse. Darüber hinaus kommen gerade im Miniteich oft auch die kleineren Pflanzen hervorragend zur Geltung, die im "großen" Teich nicht weiter auffallen würden. In letzter Zeit ganz besonders beliebt geworden sind auch die Zwergseerosen (*Nymphaea pygmaea* und ihre Hybriden). Bei einem nur in der warmen Jahreszeit betriebenen Miniteich bietet sich natürlich auch das Einsetzen tropischer Pflanzen an. Die Palette reicht von der kleinwüchsigen tropischen Seerose bis hin zu so beliebten und in jedem Fachhandel bereitgehaltenen Pflanzen wie Wasserhyazinthen (*Eichhornia crassipes*) und Muschelblumen (*Pistia stratiotes*).

Die Pflanzenpflege im Miniteich ist etwas aufwendiger als im größeren Teich, dafür ist die Fläche überschaubarer, der Zeitaufwand letztendlich geringer. Echte Wasserpflanzen müssen regelmäßig ausgedünnt werden, es ist darauf zu achten, daß die in den Töpfen stehenden Pflanzen nicht übermäßig wuchern. Das gilt natürlich besonders für Pflanzen ohne Schalen.

Nymphaea pygmaea "Helvola" ist die kleinste unter den Zwergseerosen und eine blühfreudige Sorte.

H. Hieronimus

Mit Steinen lassen sich leicht verschiedene Tiefenzonen schaffen. Die kleinsten Seerosen kommen mit einer Wassertiefe von 10-20 cm aus, während sogar einige größere, aber schwachwüchsige Arten wie z. B. die Hybride "Froebeli" nicht mehr als 40 cm Tiefe brauchen. Im Randbereich flach auslaufender Miniteiche können die Sumpfpflanzen ihren Platz finden, die nicht gerne im tieferen Wasser stehen (was schon 2 cm sein können). Sie müssen sonst auf entsprechender Unterlage eingesetzt werden, damit sie nicht kümmern. Hier finden auch die Pflanzen Verwendung, die nach außen ranken (wie z. B. das Pfennigkraut *Lysimachia nummularia*).

Mit einigen größeren Steinen kann man in einem Miniteich auch eine kleine Insel schaffen, die von Vögeln und Insekten gerne aufgesucht wird, um von dort aus zu trinken.

Miniteiche sind grundsätzlich nicht auf zusätzliche Technik ausgelegt. Trotzdem werden inzwischen ausreichend kleine Pumpen angeboten, die für eine Wasserumwälzung sorgen und das Wasser klar halten. Aufgrund der geringen Wassermenge können auch problemlos solarbetriebene Fontänen und Filter eingesetzt werden, was auch einen Betrieb von Miniteichen erlaubt, wenn kein Stromschluß vorhanden ist. Achten Sie darauf, daß Fontänen nicht die Blätter von Seerosen besprühen. Die Blätter faulen dann schnell.

Werden Fische oder Amphibien im Miniteich gehalten, sollte aus Sicherheitsgründen eine Belüftung angeschlossen werden, die auch an heißen Sommertagen für einen ausreichenden Sauerstoffgehalt sorgt. Bei einem hellen Standort ist mit stärkerer Assimilation und besserer Sauerstoffversorgung, aber auch schnellerem Algenwachstum zu rechnen. Deswegen sind Standorte im Halbschatten oft besser geeignet.

Wie schon erwähnt, sind viele Miniteiche draußen nicht für die Überwinterung geeignet. Zum Spätherbst werden sie deswegen geleert. Wenn Sie nicht die Möglichkeit haben, die Pflanzen in einem größeren Teich überwintern zu lassen (tropische Pflanzen werden kompostiert und im Frühjahr neu gekauft), so können sie in ausgedienten Blumenkästen, die ständig feucht gehalten werden, aufbewahrt werden. Diese sollten kühl, aber frostfrei stehen. Etwas Licht muß man den Pflanzen jedoch auch im Keller gönnen.

Schwimmteiche

Ursprünglich aus Österreich kommend, hat sich auch in Deutschland immer mehr die Schwimmteichidee durchgesetzt und den klassischen Swimmingpool-Bau noch nicht verdrängt, aber teilweise ersetzt. Dabei handelt es sich um einen großen Gartenteich, der aber für die Verwendung als Schwimmteich einige bestimmte Grundanforderungen erfüllen sollte.

Schwimmteiche eignen sich nur für größere Gärten, denn der Mindestplatzbedarf liegt bei etwa 40 m². Besser sind allerdings 60-100 m² geeignet. Diese Oberfläche steht allerdings keineswegs als Schwimmfläche zur Verfügung, sondern 40-60 % des Platzbedarfs sind für den Wasserklärungsbereich vorzusehen.

Es gibt in Deutschland und Österreich eine ganze Anzahl von Teichbaufirmen, die spezielle Systeme für den Schwimmteichbau entwickelt haben. Diese werden im Franchise-System vertrieben und deshalb oft bundesweit angeboten. Daneben bieten auch viele Garten- und Landschaftsbauer den Schwimmteichbau an, oft sehr erfolgreich. Auf die einzelnen Systeme und die verschiedenen Möglichkeiten des

Solch ein Teich ist nur etwas für "Großgrundbesitzer". 3 m tief - genehmigungspflichtig - gebaut mit Folie. R. Weixler

Aus Sicherheitsgründen tragen kleine Kinder am Teich stets Schwimmflügel. Sonst muß Teich/Steg gut eingezäunt sein. R. Weixler

Schwimmteichbaues einzugehen, würde den zur Verfügung stehenden Platz sprengen. Dazu gibt es geeignete Bücher. Ein Schwimmteich ist eine größere Investition. Als Faustregel kann gelten, daß – je nach Ausstattung und Größe – eine Summe von 75 bis über 300 Euro/m^2 kalkuliert werden muß. Nach oben hin sind fast keine Grenzen gesetzt.

Der eigentliche Schwimmbereich kann auf verschiedene Art und Weise vorbereitet werden. Er sollte etwa zwei Meter tief ausgeschachtet werden. Je nach System wird dieser Bereich unterschiedlich befestigt, ob mit Holz oder Mauern. Dabei bleiben die Ränder aber 70-80 cm unter der geplanten Wasseroberfläche. An einer Seite wird der Einstieg geplant, ein Steg kann ebenfalls verwendet werden. Dieses Schwimmbecken wird jetzt ebenso wie der restliche Bereich des Teichs mit Teichfolie abgedeckt. Da diese Folie ganz erhebliche Ausmaße hat, ist spätestens hier die Einbeziehung einer Fachfirma notwendig, denn eine falsch oder schlecht montierte und vielleicht später undichte Folie ist eine sehr schlechte Investition, die hohe Folgekosten notwendig macht. Wer hier spart, hat am falschen Ende gespart.

Der flachere Bereich wird erst mit Kies gefüllt. Teicherde sollte nur da Verwendung finden, wo Pflanzen mit entsprechenden Bedürfnissen eingepflanzt werden. Keinesfalls darf Gartenerde oder andere nährstoffhaltige Erde benutzt werden.

Wichtig ist nun, daß der gesamte flachere Bereich, der nicht für Einstieg oder Steg dient, mit Sumpf- und Wasserpflanzen dicht besetzt wird. Nur so läßt sich eine zu starke Veralgung des Schwimmteichs verhindern. Hier haben sich besonders Schilf, Binsen und ähnliche schnellwachsende Pflanzen bewährt. Wichtig ist, daß dem Teichwasser so möglichst viele Nährstoffe entzogen werden. Bei einem neu eingerichteten Schwimmteich, der ja erst einmal mit Brunnen- oder Leitungswasser gefüllt werden muß, ist eine erste Algenblüte kaum zu vermeiden. Sie verschwindet aber in einem richtig angelegten Schwimmteich schnell wieder von selbst. Hilfreich ist es, sofort zu Beginn schon sehr viele schnell wachsende echte Unterwasserpflanzen einzubringen. Natürlich wachsen auch Seerosen, aber das dauert seine Zeit. Ebenso falsch ist es, bei der Bepflanzung mit Binsen oder Schilf zu sparen (bzw. ähnlichen geeigneten Pflanzen), in der Hoffnung, daß diese ja später von selbst kräftig wachsen. So wird man die Veralgung nur schlecht in den Griff bekommen.

Eine andere Möglichkeit, einen Reinigungsbereich anzulegen, bietet sich vor allem in einem geneigten Gelände an. In einem etwas tieferen Bereich wird dazu ein Reinigungsteich angelegt (der natürlich mindestens 40, besser 50-60 % der Fläche des Schwimmteichs hat, dann aber nur kleine Uferzonen braucht). Dieser wird dicht mit Schilf, Rohrkolben oder ähnlichen Pflanzen besetzt. Aus dem Schwimmteich läuft das Wasser über einen kleinen Bachlauf in den Reinigungsteich. Dessen Bodengrund muß aus Kies bestehen. Von einem tieferen Punkt im Kiesbett wird nun das gereinigte Wasser wieder in den Schwimmteich zurückgepumpt. Pflanzen wie Schilf, Rohrkolben oder Binsen haben eine sehr starke Reinigungswirkung und können sogar im Rahmen einer alternativen Kläranlage eingesetzt werden. Übrigens gibt es auch Koiteichbesitzer, die mit einem solchen Reinigungsteich sehr gute Erfahrungen gemacht haben. Durch die Gestaltung mit Bachlauf und Schwimmteich entsteht so ein sehr attraktiver Gartenbereich. Natürlich müssen die Pflanzen im Klärteich immer wieder geschnitten werden, allerdings immer nur teilweise, damit ausreichend Pflanzen stehen bleiben, um die Reinigung vorzunehmen. Auch die Reinigungsteiche sind schnell von vielen Insekten und Amphibien besiedelt.

Schwimmbecken aus Holz im Teich - eine Lösung besonders für Hygienebewußte R. Weixler

Schwimmteich im Wasserkreislauf mit einer biologischen Reinigungsanlage (zweiter flacher) Teich R. Weixler

Betonbecken im Teich. Reinigung erfolgt über einen Wasserfall am Umgebungsteich und durch Tiefenabsaugung. R. Weixler

Hier ist der Teich der Hauptteil des Gartens. Beckeneinstieg und Böschungen mit Teichsäcken. R. Weixler

Gemauerter Schwimmteich mit Flachwasserzone, im Hintergrund ein kleiner Wasserfall. R. Weixler

Eine immer wieder gestellte Frage zum Thema Schwimmteich ist die nach der Hygiene. Hierzu wurden umfangreiche Untersuchungen vorgenommen. Diese hatten das Ergebnis, daß in nahezu keinem Fall auch nur annähernd bedenkliche Hygiene- oder andere Wasserwerte festgestellt werden konnten. Schwimmteiche, selbst ohne Technik, sind normalerweise hygienisch unbedenklich. In seltenen Fällen kann es zu einem Befall mit Metacercarien kommen, die juckende, aber ansonsten harmlose Hautausschläge bewirken können. Natürlich werden sich in einem Schwimmteich zahlreiche Wasserinsekten einfinden, aber diese sind harmlos und für die natürliche Reinigung des Teichs wichtig. Im Randbereich entsteht schnell ein Paradies für Insekten wie Libellen der verschiedensten Arten, aber natürlich auch für Amphibien. Dies verhindert auch eine stärkere Mückenbildung, von richtig angelegten Schwimmteichen geht keine Mückengefährdung aus.

Wie erwähnt, lassen sich Schwimmteiche auch ohne Technik betreiben. Einfacher aber ist es, wenn die Technik die natürlichen Prozesse unterstützt und verstärkt. Zu diesem Zweck bietet die Industrie zahlreiche Hilfsmittel an.

Ein größerer Filter ist sicherlich die kostspieligste, aber auch sinnvollste Anschaffung. In mehreren Filterkammern können unterschiedliche Filtermedien eingebracht werden. Wichtig ist, daß der Filter nicht unterdimensioniert ist und ausreichend gewartet wird. Eine Beratung im Fachhandel ist dazu sicher unerläßlich.

Als sehr sinnvoll erweist sich meist die Anschaffung von Skimmern. Das sind Absaugeinrichtungen, die die Oberfläche des Wassers absaugen und so bereits viele Gegenstände wie Laub, Pollen und anderes beseitigen. Sie sind leicht zu reinigen. Bei fest eingebauten Skimmern ist es wichtig, daß der Wasserstand möglichst gleich bleibt. Deswegen haben sich besonders die schwimmenden Skimmer bewährt. Sie reagieren flexibel auf den Wasserstand. Wichtig bei der Installation, die auch hier einem Fachmann überlassen bleiben sollte, ist, daß an der entgegengesetzten Seite des Schwimmteichs eine Pumpe das Wasser in Richtung des Skimmers treibt.

Während man in einem kleineren Teich einfallendes Laub leicht abkeschern kann, empfiehlt sich für größere Teiche, also auch für Schwimmteiche, im Herbst das Anbringen von Laubschutznetzen. Das ist nicht besonders schwierig, entsprechend große Netze bietet der

In solchen Schwimmteichen haben Fische nichts zu suchen - und auch nichts zu finden.
R. Weixler

Fachhandel an. Wichtig ist, daß die Netze deutlich über der Wasseroberfläche angebracht werden, damit das Laub nicht im Wasser liegt und die Nährstoffe nicht in das Wasser gelangen.

Ein großer Teich verlockt oft dazu, Fische, vor allem Koi, einzusetzen. Bei Schwimmteichen sollte man unbedingt darauf verzichten. Durch den speziellen Einsatzzweck ist klares, sauberes Wasser notwendig. Besonders Koi haben einen sehr starken Stoffwechsel, der eine große Menge Nährstoffe in den Teich einbringt und dort zu starkem Algenwachstum führen würde. Schwimmteiche sind darauf angelegt, daß die Hauptmenge der Nährstoffe durch die Pflanzen beseitigt werden. Pflanzenfressende oder gründelnde Fische wie Koi und Goldfische lassen besonders den wichtigen Unterwasserpflanzen kaum eine Überlebenschance. Außerdem sind die Schwimmteichfilter für diesen Zweck nicht ausgelegt. So muß man sich für das eine oder das andere entscheiden. Entweder sauber schwimmen oder Fische.

Trotzdem fallen natürlich auch in einem fischfreien Schwimmteich zahlreiche Verschmutzungen an (verrottende Pflanzen, Insekten, etc.), die aufgrund der speziellen Konstruktion zu großen Teilen auf den Boden des Schwimmbereichs fallen, der ja entweder die blanke Folie oder eine dünne Schicht Kies enthält (wobei letzteres die Reinigung erschwert). Während ein normaler Gartenteich meist nur alle paar Jahre gereinigt werden muß, ist dies bei einem Schwimmteich im Frühjahr sowie während der Schwimmsaison – je nach Eintrag – manchmal alle paar Wochen notwendig. Dazu gibt es im Fachhandel spezielle Pumpen, sogenannte Schlammsauger. Aus der Swimmingpool-Technik gibt es sogar Reinigungsroboter, die den Boden selbsttätig absaugen (über Fernsteuerung). Wichtig ist, daß auch der Schlammsauger der Größe des Teichs angepaßt sein muß, denn die Reinigung mit einem zu kleinen Gerät kann sehr mühsam sein. In einem gut angelegten Schwimmteich ist eine solche Reinigung ein- bis zweimal pro Jahr nötig, dafür lohnt sich nicht unbedingt die Anschaffung eines eigenen Geräts. Auch hier ist der Fachhandel behilflich und leiht entsprechende Geräte – gegen eine am Anschaffungspreis gemessen geringe Gebühr – an den Schwimmteichbesitzer aus.

Der Folienteich

Wenn sich auch grundsätzlich an Bau und Konstruktion eines Folienteichs nichts geändert hat, so sind doch im Handel inzwischen verschiedene Arten von Folien mit verschiedenen Möglichkeiten und Grenzen im Handel.

In letzter Zeit etwas in die Diskussion geraten ist der Werkstoff PVC, immer noch – was Preis und Leistung angeht – die erste Wahl. Tatsächlich können bei der Verbrennung der Folie Giftstoffe entstehen, Salzsäure wird dabei frei. Doch im Gartenteichbereich sind diese Risiken minimal und werden durch die lange Haltbarkeit mehr als aufgewogen. Frost- und wärmebeständig, läßt sich diese Folie in nahezu jedem Teich einbringen, kleinere Bahnen können zu großen Folien geklebt werden. Eventuelle Reste können einfach über den Plastikmüll entsorgt werden, da die modernen Müllverarbeitungsanlagen entsprechend ausgerüstet sind. Fast alle Folien werden heute einschichtig geliefert und sind, wie auch die anderen Folien, wurzelfest. PVC-Folien sind allerdings UV-empfindlich, deswegen dürfen keine Teile frei dem direkten Sonnenlicht ausgesetzt werden.

Die umweltgerechtere Folie ist sicher die PE-Folie (PE = Polyethylen). Allerdings wird sie nur in bestimmten Breiten geliefert und ist viel schwieriger zu kleben als PVC-Folie. Auch eine Reparatur kann nur vom Fachmann ausgeführt werden. Sie ist ansonsten genauso haltbar wie, aber weniger UV-anfällig als PVC-Folie. Sie eignet sich vor allem für Teiche, bei denen die Folie, die in bis 8 m breiten Bahnen angeboten wird, bei kleineren Teichen nicht geklebt werden muß.

Die wahrscheinlich am besten für den Teichbau geeignete Folie ist die Kautschuk- oder EPDM-Folie. Sie ist UV- und alterungsbeständig, sehr flexibel und damit leicht an den Untergrund anzupassen, UV- und ozonbeständig, umweltverträglich und nur gegen Öle empfindlich. Leider ist sie etwa doppelt so teuer wie PVC-Folie. Mit Spezialkleber können die bis 6 m breiten Bahnen gut geklebt werden.

Ganz neu auf dem Markt ist die Hydrosil-Teichbaumatte. Sie besteht aus quellfähigen Tonmineralien und braucht daher nicht geklebt zu werden. Sie dichtet alleine durch Wasseraufnahme und den Wasserdruck ab. Als rein natürliches Material sind ist ökologisch unbedenklich. Allerdings wird sie nur in Rollen von 200 x 100 cm geliefert und ist relativ schwer. Im Vergleich ist es die teuerste Folie. Wer trotzdem auf Nummer Sicher gehen will, kann seine Folie durch das vorherige Einbringen eines Teichvlieses schützen. Dieses Vlies wird in den gleichen Größen wie die Folie geliefert, braucht aber nicht geklebt zu werden. Es wird einfach zwischen Folie und Untergrund ausgelegt.

Moorteiche

In den letzten Jahren sind Moorteiche mehr in Verwendung gekommen. Viele Spezialgärtnereien haben eine größere Produktpalette für diesen Bereich entwickelt, vor allem im Bereich der Fleischfressenden Pflanzen. Aber auch in der Anlage der Moorteiche wurden Fortschritte erzielt. Das Problem lag oft darin, daß die Teiche im Sommer zu trocken wurden, was die Pflanzen nicht vertragen.

Wesentlicher Punkt bei der Anlage eines Moorteiches oder Moorbeetes ist der Wasserspeicher. Bei der Auswahl derselben kommt es auf die Größe des geplanten Moores an. Im kleinen Bereich – Moore können schon relativ klein sein und selbst auf einem Balkon gebaut werden – können dazu Kunststoff-Blumentöpfe benutzt werden, im größeren Plastikeimer, -kanister oder ähnliches. Dabei können die

Wasserspeicher für Moorteiche H. Hieronimus

Moorteich am Hang mit *Sarracenia flava* und *Sphagnum* H. Hieronimus

Sarracenia purpurea und *S. flava* H. Hieronimus

Verschiedene fleischfressende Pflanzen H. Hieronimus

Drosera aliciae W.R. Günzel

Drosera intermedia W.R. Günzel

Drosera capensis W.R. Günzel

Drosera rotundifolia, Rundblättriger Sonnentau W.R. Günzel

Sarracenia flava, Fleischfressende Pflanze im Moorteich H. Hieronimus

Behälter oder Töpfe durchaus unterschiedlich hoch sein, damit sich besser Bülten und Schlenken (Hügel und Rinnen) einrichten lassen. Kunststoff-Blumentöpfe haben ein Loch im Boden, die anderen Kunststoffbehälter werden mit fingerdicken Löchern versehen. Diese Behälter werden dann mit der Öffnung nach unten auf die Folie gestellt. Sie sollten mindestens 60 % des Inhaltes des Moorteiches ausmachen.

Die Höhe des Moorteichs richtet sich nach der Größe der verwendeten Wasserspeicher. Die Torfauflage sollte – alleine schon aus Umweltgesichtspunkten: Torf ist ein begrenzter Rohstoff – etwa 10 cm an Höhe betragen. Die weitere Einrichtung wurde bereits weiter vorne beschrieben (S. 159 ff.).

Für eine erfolgreiche Pflege eines Moorteiches mit Fleischfressenden und anderen Moorteichpflanzen ist besonders die Nährstoffarmut. Bei der Anlage ist deswegen darauf zu achten, daß die Folie an allen Seiten deutlich über den Teich hinausgeht. Während sie sonst als Kapillarsperre gedacht ist und ein Entweichen des Wassers verhindern soll, ist sie hier dazu da, zu verhindern, daß Wasser in den Teich eindringt. Natürlich darf die Erstanlage auch nur mit Regenwasser erfolgen, ebenso das eventuell notwendige Auffüllen. Da hierzu unter Umständen größere Mengen Regenwasser benötigt werden, muß die Anlage eines Moorteichs schon lange vorher geplant werden, damit ausreichend Regenwasser gesammelt werden kann. Düngestoffe sind für den Moorteich und seine Pflanzen Gift.

Teichtechnik

Filterung

In den letzten Jahren wurden für die Teichtechnik zahlreiche Neuentwicklungen auf den Markt gebracht. Gerade im mit Fischen besetzten Teich hat sich die Filterung als Methode der Wahl gezeigt. Sie verhindert eine gefährliche Anhäufung von Ammonium- und Nitritanreicherungen und fördert den natürlichen Stickstoffkreislauf. Dabei ist es besonders wichtig, daß der Filter ausreichend groß für den Teich ist, damit er seinen Zweck auch erfüllen kann.

OASE-Filter für kleine Teiche, bis 10 m^3 H. Hieronimus

OASE-Filter für Teiche bis 50 m³ H. Hieronimus

Man unterscheidet bei den Filtern zwischen drucklosen und Druckfiltern. Letztere können bis auf den Deckel in die Erde neben dem Teich eingegraben werden, andere müssen über dem Wasserspiegel stehen. Da sie eine nicht unerhebliche Größe haben können (bis zu über 1 m³ bei großen Teichen), ist von vornherein eine Kaschierung (immergrüne Büsche etc.) oder ähnliches einzuplanen. Gerne wird gerade bei größeren Teichen eine Verbindung mit einem kleinen Häuschen benutzt, oft im japanischen Stil.

Bei der Auswahl des Filters kommt es auf die Größe des Teiches und die geplante Besetzung an. Ein fischfreier Teich kommt sicher mit einem kleineren Filter aus. So bieten die großen Hersteller Filter für Teiche bis zu einem Inhalt von etwa 130 m³ an. Sind Fische vorhanden, kommt es auf die Art der Fische an. Koi, die den größten Stoffwechselumsatz haben, verringern die Leistung des Filters auf die Hälfte. Aber auch das gilt nur bei der vorgesehenen maximalen Besatzdichte. Diese liegt bei etwa 20 Liter Wasserinhalt je cm Fisch. Schon bei der Planung sollte allerdings die Endlänge der Fische mit berücksichtigt werden, die bei einem Goldfisch bei 33 cm, bei einem Koi – je nach Rasse – zwischen 70 und 100 cm betragen kann. So ist für zehn Goldfische mindestens ein Wasserinhalt von 6.600 Litern, für zehn Koi sogar von 14.000-20.000 Litern vorzusehen. Das sind schon ganz beachtliche Maße. Da Koiteiche aber möglichst 2 m tief sein sollen und oft steile Ränder haben, ist hier bei einer Oberfläche von 10 m^2 bereits eine entsprechende Wassermenge vorhanden.

Wer einen Teich über 60 m^3 hat – was bei Koiteichen keine Seltenheit ist –, kann sich auf ein immer größer werdendes Angebot von Filtern spezialisierter Anbieter verlassen. Hier ist es meist so, daß die bis zu mehreren Kubikmetern großen Filter speziell für den einzelnen Teich angefertigt werden. Koi-Messen, aber auch Anzeigen in einschlägigen Fachzeitschriften helfen hier weiter.

Die Filter bestehen aus mindestens zwei Teilen, dem eigentlichen Filter und dem Ansaugkorb. Letzterer wird möglichst an der tiefsten Stelle des Teiches angebracht. Hier werden die Verunreinigungen am leichtesten entfernt. Bei großen Filtern wird für diesen Zweck eine eigene Pumpe eingesetzt. Es versteht sich von selbst, daß die Filter, die in der Regel eine Vorkammer oder Filtermatte für den Grobschmutz haben, regelmäßig gereinigt werden müssen. Außerdem müssen Filter unbedingt 24 Stunden täglich laufen, weil sonst die Bakterien, die sich im Filter ansiedeln und für den Abbau der Schadstoffe zu Nitrationen verantwortlich sind, absterben.

Filtermaterialien

Der Fachhandel hält eine größere Anzahl von Filtermaterialien zur Verfügung. Fast alle haben den gleichen Zweck, eine möglichst große Oberfläche zu schaffen, die den notwendigen Bakterien Ansiedlungsmöglichkeiten bietet. In letzter Zeit wird für diesen Zweck meist Zeolith (Mineralstoff) – auch in verschiedenen Aufbereitungen – angeboten. Spezielle Zeolithe sind auch für die Nitratreduzierung geeignet, dafür gibt es aber inzwischen auch spezielle Substrate, die in den Filter eingebracht werden können.

UV-Filterung

Die großen Hersteller sind inzwischen dazu übergegangen, für ihre Filter – bei Einhaltung von maximaler Teichgröße und Fischbesatz – eine Klarwassergarantie anzubieten, allerdings dies oft in Verbindung mit einer UV-Lampe. Diese bietet sich vor allem zur Bekämpfung von Bakterien – in mit Fischen besetzten Teichen –, vor allem aber der

HEISSNER-Filteranlage mit UV-Klärer

H. Hieronimus

Teichfilter von innen. Die Filterkörper vergrößern die wichtige Filteroberfläche.

H. Hieronimus

kleinen Algen an, die in nährstoffreichen Teichen leicht zur sogenannten Wasserblüte führen und wegen ihrer Kleinheit von normalen Filtern nicht entfernt werden können. Bei der Auswahl ist darauf zu achten, daß die Leistung der UV-Lampe nicht zu hoch ist, weil dies im Sommer zu einer unerwünschten Erwärmung des Wassers führen kann. Mehr als 20 Watt sollten es nicht sein.

Teichpumpen

Für Bachläufe und Wasserfälle gibt es ein fast unübersehbares Angebot an Pumpen. Die Leistung kann leicht über 10.000 l/h erreichen. Aber diese Zahl sagt noch überhaupt nichts aus. Wichtig ist die Kennlinie, die seriöse Anbieter im Prospekt oder auf der Packung angeben. Diese zeigt die maximale Förderhöhe sowie den Abfall der Fördermenge bei entsprechender Höhe an. Die Nennleistung von z.B. 5.000 l/h wird dann nur erreicht, wenn die Pumpe keine Förderhöhe zu überwinden hat. Je nach Leistung der Pumpe kann die maximale Förderhöhe bei gleicher Nennleistung zwischen 0 und mehr als 5 m liegen. Die Pumpe soll, um Förderhöhe zu bringen, nicht nur Fördermenge bringen, sondern auch Druck erzeugen.

Eine weitere wichtige, die Leistung beeinflussende Größe ist der Durchschnitt des verwendeten Schlauchs. Selbst wenn eine Pumpe aufgrund ihrer Kennlinie eine noch ausreichende Leistung bringen müßte, kann ein zu geringer Querschnitt der Leitung zu einem Leistungsabfall führen. Gleiches gilt natürlich für Knicke und Schlingen. Stehen mehrere Schlauchgrößen zur Auswahl, sollten immer die größtmögliche verwendet werden. Bei der Verlegung ist auf den kürzestmöglichen Weg sowie eine knickfreie Verlegung zu achten.

Solartechnik

Mit den leistungsfähigeren Solarzellen hat auch die Solartechnik für Gartenteiche einen deutlichen Aufschwung genommen. Fontänen, teilweise sogar frei im Teich schwimmend, und kleinere Filter und Pumpen lassen sich problemlos mit Solartechnik betreiben und sind relativ günstig zu erwerben. Bislang ist aber die Wirkung eher gering, d.h. diese Pumpen und Filter sind nur für kleine Teiche geeignet. Hier aber stellen sie eine echte Alternative dar und sind auch aus ökologischen Gründen empfehlenswert.

Heizung

Vor allem in Koiteichen werden immer häufiger Teichheizungen eingesetzt. Obwohl bei einer Teichtiefe von 2 m, die für Koiteiche empfohlen wird, ein Durchfrieren nahezu unwahrscheinlich ist, kann es bei geschlossener Eisdecke zum Ersticken der Fische kommen. Da es sich bei Koi oft um recht teure Fische handelt, gehen immer mehr Koihalter dazu über, in der kalten Jahreszeit eine spezielle Teichheizung einzusetzen, die die Temperatur auf mindestens 5 °C hält.

Eisfreihalter

Eine Alternative zu Heizungen – vor allem für kleinere Teiche – sind die Eisfreihalter. Sie werden auf die Wasseroberfläche gesetzt, teils in Kombination mit einem Belüfter, und halten eine ausreichend große Wasserfläche frei, um den Gasaustausch zu gewährleisten. Wichtig ist auch, eventuell vorhandenes Schilf im Herbst nicht vollständig abzuschneiden, da dieses eine ähnliche Funktion erfüllt.

Eisfreihalter H. Baensch

Teichpflege

Auch in der Teichpflege wurde die Palette in den letzten Jahren stark erweitert. Neben dem Umstand, daß viele Tests zuverlässiger wurden, sind auch neue Tests und Verfahren eingeführt worden.

Algenprobleme

Eines der größten Probleme, mit denen Teichbesitzer zu kämpfen haben, ist der übermäßige Algenwuchs. Nicht immer ist eine UV-Lampe möglich, auch hilft diese nur bei Schwebealgen. Ein gewisser Algenwuchs ist vollkommen normal, aber oft nehmen die Algen überhand. Ursache ist eigentlich immer ein zu starker Nährstoffeintrag. Deswegen muß grundsätzlich darauf geachtet werden, daß z.B. keine Nährstoffe von außen, etwa als eingeschwemmte Gartenerde, in den Teich gelangen. Aber selbst dann ist meist ein Nährstoffplus vorhanden. Hier hilft nur, die Nährstoffe zu reduzieren. Neben den bereits erwähnten Pflanzen (vor allem stark wachsende Wasserpflanzen sind geeignet) werden auch zahlreiche Wasserzusätze angeboten. Chemische Mittel sind inzwischen seltener geworden. Aus Umweltgründen sollte man ganz auf sie verzichten. Inzwischen gibt es reichlich biologische Mittel sowie Filtersubstrate, die Nitrat- und Phosphationen reduzieren und damit dem übermäßigen Algenwuchs entgegenwirken. Eine ganz schlechte Lösung ist übrigens das Einsetzen algenfressender Fische, da etwa Marmor- oder Silberkarpfen zwar auch Algen fressen, aber auch die Pflanzen, die die Nährstoffe reduzieren. Im Gegenteil, die Ausscheidungen dieser Fische, die ja auch sehr groß werden, belasten das Wasser nur stärker.

Sauerstoff

Gerade in flachen, sich im Sommer stark erwärmenden Teichen kann es – vor allem in den frühen Morgenstunden – zu einem Sauerstoffmangel kommen. Es sollten mindestens 5 mg/l Sauerstoff enthalten sein. Kurzfristig hilft ein Zusatz zur Erhöhung des Sauerstoffgehalts, auf Dauer wirken aber nur Belüftung, Fontänen (die dann natürlich auch nachts laufen müssen) und Wasserfälle oder Bachläufe wirklich. Sauerstofftests gibt es in jedem Zoofachgeschäft und den meisten Gartencenters, die Teichbedarf führen.

Ammonium

Ammonium ist zwar ein Pflanzennährstoff, im Übermaß wirkt er sich allerdings wachstumsmindernd auf die Fische aus. Und bei einem Anstieg des pH-Werts über 7 entsteht daraus das stark fischgiftige Ammoniak. In einem gesunden und gut funktionierenden Teich sollten eigentlich keine Ammoniumionen nachweisbar sein. In zu dicht besetzten Fischteichen mit nicht ausreichender Filterung können die Ammoniumwerte aber auf über 1 mg/l ansteigen, bei einem pH-Wert-Anstieg schon zu viel. Dafür werden inzwischen Ammoniumdauertests angeboten, die den Gehalt an Ammoniumionen kontrollieren und Gegenmaßnahmen erlauben. Allerdings ist es besser, durch entsprechende Filterung und geringeren Besatz erst gar keine zu hohen Werte aufkommen zu lassen.

Starterkulturen

Aus der gewerblichen Fischzucht haben auch verschiedene sogenannte Starterkulturen den Weg in die Gartenteichtechnik gefunden. Dabei handelt es sich um Bakterienkulturen, mit deren Hilfe die natürlichen Prozesse vor allem im Stickstoffkreislauf schneller in Gang kommen als es der Fall wäre, wenn man einfach warten würde. Über den Einsatz muß jeder Gartenteichbesitzer selbst entscheiden. Aber bei einer völligen Neuanlage und im zeitigen Frühjahr, vor allem, wenn es relativ schnell warm wurde, haben sich die Starterkulturen als vorteilhaft erwiesen.

Fischfütterung

Auch in diesem Bereich hat sich in den letzten Jahren viel getan, hauptsächlich, aber nicht ausschließlich, im Koibereich. Neben verbessertem, sehr hochwertigem Futter für die wärmere Jahreszeit werden auch verstärkt Futtermittel für den Übergangsbereich angeboten. Fische fressen zwar noch bei Temperaturen unter 12 °C, bekommen dann aber mit den üblichen Futtersorten oft Verdauungsbeschwerden. Häufig sind diese Winterfutter, die bis etwa 8 °C Wassertemperatur gereicht werden können, auf Weizenkeimbasis (Wheatgerm) aufgebaut. Besser ist es, auf Fütterung unterhalb von 10°C Wassertemperatur zu verzichten. Bei geringem Fischbesatz finden die Tiere Daphnien (Wasserflöhe) und Steinfliegenlarven genug, um über den Winter zu kommen.

Nahrungszusätze

Trotz aller hochwertigen Futtermittel kommt es – häufig im Herbst und besonders im Frühjahr – zu Defiziten in der Ernährung der Teichfische. Hier wurden in den letzten Jahren einige Nahrungsergänzungsmittel auf den Markt gebracht. Reine Vitaminpräparate können auch verwendet werden. Als zweckmäßiger haben sich aber Kombinationspräparate erwiesen, die neben den Vitaminen auch Aminosäuren enthalten. Durch Mikroemulgation erübrigt sich hier auch das Schütteln, so ist eine gleichmäßige Dosierung möglich. Auch die ansonsten fettlöslichen Vitamine können problemlos dargereicht werden. Diese flüssigen Stoffe werden einfach direkt vor der Fütterung auf das Futter gegeben.

Teichpflanzen

Pflanzhilfen

In den letzten Jahren wurde die Bedeutung einer ausreichenden Bepflanzung immer wichtiger. Gerade kleinere Teiche haben oft keine ausreichenden Sumpf- und Flachwasserzonen, in denen ausreichend Pflanzen anzubringen wären. Deswegen werden immer häufiger Pflanztaschen aus Kokosfaser angeboten. Diese werden mit Teicherde (die ist nicht so nährstoffreich) gefüllt und dann an den steileren Rändern des Teichs angebracht. Sie werden z. B. auf dem Trockenen verankert.

Daneben gibt es auch schwimmende Inseln, die bepflanzt werden können. Hier können auch in den tieferen Bereichen gut Pflanzen angesiedelt werden, die zur Verbesserung der Wasserqualität beitragen. Außerdem eignen sich diese Inseln besonders gut für Teiche mit steilen Wänden, wie sie auch häufig bei Koi-Teichen zu finden sind. Gerade bei pflanzenfressenden Fischen sind die Pflanzen so vor dem Zugriff der Fische entzogen. Es ragt nur der Wurzelteil mit der Pflanztasche ins Wasser. An die Pflanze kann ein Fisch nicht heran.

Neue Pflanzen

Zwar werden auch immer wieder neue Pflanzen für den Gartenteichbereich eingeführt, die meisten davon setzen sich aber nicht durch. Im Atlasteil sind nahezu alle für den Wassergarten relevanten Pflanzen aufgeführt.

Mit neuen Pflanzen sind vielmehr die vielen neuen Zuchtformen gemeint, die in den letzten Jahren auf den Markt gebracht wurden. Sie alle in diesem Atlas aufführen zu wollen, würde den Rahmen des Buches mehr als sprengen. Deswegen können nur exemplarisch einige dieser neuen Sorten erwähnt werden.

Selbst bei scheinbar so bekannten Arten wie dem Sumpfvergißmeinnicht, *Myosotis palustris*, gibt es neben der auf S. 376 vorgestellten Sorte "Alba", die statt der üblichen blauen weiße Blüten zeigt, noch unter anderem eine rosafarbene und sogar eine gesprenkelte Zuchtform sowie die ebenfalls blaue Variante "Thüringen". Ganz besonders viele Varianten werden von den verschiedenen für den Sumpfteil geeigneten Iris-Arten angeboten, allen voran *Iris ensata* (früher *Iris kaempferi*). Insgesamt sind es mehrere hundert Varianten, die vor allem den in dieser Hinsicht sehr fleißigen japanischen Züchtern zu verdanken sind. Diese Sorten sind oft auch am japanischen Sortennamen erkennbar. Von der Amerikanischen Sumpfschwertlilie sind ungefähr 20 Sorten im Handel zu finden (allerdings nur mit einem gewissen Aufwand, kaum ein Händler wird mehr als einige davon im Angebot haben), ebenso viele werden es von der einheimischen Schwertlilie *Iris pseudacorus* sein. Besonders beliebt sind die "Variegata"-Formen, bei denen statt der normalen grünen Blätter grüngelb gestreifte Blätter vorhanden sind. Variegata-Formen sind auch bei anderen Sumpfpflanzen, so etwa beim Kalmus, *Acorus calamus*, bekannt und beliebt (s. S. 401).

Eine besonders starke Bereicherung erfuhr die schon bislang große Palette der Seerosenhybriden. Zu den alten Sorten, die als "Marliac-Zuchtformen" ab S. 292 behandelt werden, kamen sehr viele neue, aber auch einige wiederentdeckte Sorten, so daß heute etwa 200 verschiedene Hybriden mehr oder weniger häufig im Handel anzutreffen sind.

Eine besondere Bereicherung erfuhr die Seerosenpalette durch den Import zahlreicher winterharter nordamerikanischer Seerosenhybriden. So wie der Name Joseph Bory LATOUR-MARLIAC für die Seerosenzucht des späten 19. und frühen 20. Jahrhunderts steht (die

Originalanlage von LATOUR-MARLIAC im Valle de Lot, aus dem bereits MONET seine Seerosen für seinen Park in Givenchy bezog, in dem seine berühmten Seerosenbilder entstanden, existiert heute noch), ist der Name Perry D. SLOCUM mit den Neuzüchtungen der zweiten Hälfte des 20. Jahrhunderts verbunden.

Grundsätzlich sind alle winterharten Seerosenarten weiß. Nur einige sehr seltene und schwierig zu haltende Arten zeigen Farbe. Für LATOUR-MARLIAC war es deshalb das Ziel, Farbe in die Seerosen zu bringen. Dies gelang ihm durch Kreuzung mit tropischen Sorten. Sein Ziel lag auf der Erzeugung winterharter, farbiger Sorten und er kreierte etwa 70 Hybriden, von denen viele noch heute zu den Klassikern gehören. Etliche sind ab S. 292 abgebildet.

Perry SLOCUMS "Perry's Water Gardens" liegen in North Carolina. Im Norden der USA war ausreichend winterhartes Material, während im Süden, aber auch in anderen Kontinenten farbige tropische und subtropische Seerosen zur Verfügung standen. SLOCUM hatte ein anderes Ziel als LATOUR-MARLIAC. Er legte besonderen Wert auf Blühfreudigkeit. Als Farben kamen auch viele Gelb- und Orangetöne dazu. In den letzten Jahren haben sich einige Händler und Züchter, allen voran der deutsche "Seerosenpapst" Karl WACHTER (der inzwischen in Walderbach im Bayerischen Wald eine einmalige Seerosensammlung angelegt hat, die auch besichtigt werden kann), daran gemacht, etliche dieser Seerosen zu importieren und hier zu kultivieren. Nicht alle hielten das, was sie versprachen, aber viele sind eine echte Bereicherung der bisherigen Palette. Durch die Verwandtschaft mit den tropischen Seerosen stehen bei etlichen Arten die Blüten deutlich über der Wasseroberfläche, was diese Seerosen besonders attraktiv macht.

Zu erwähnen ist auch Kirk STRAWN aus Texas, dem ebenfalls einige sehr schöne, farbige und blühfreudige neue Seerosenhybriden zu verdanken sind. Sowohl bei SLOCUM als auch bei STRAWN wird derzeit noch weiter gezüchtet, so entstehen ständig weitere neue Sorten.

Auch einige deutsche Züchter – Profis und Liebhaber – haben sich in den letzten Jahren verstärkt der Züchtung neuer Sorten gewidmet. Dabei steht ein gewisser Schwerpunkt – anders als bei den Amerikanern und auch LATOUR-MARLIAC – mehr auf den kleinwüchsigeren Sorten mit geringem Platzbedarf, die auch schon bei einer Wassertiefe von 10-40 cm wachsen und nicht gleich mehrere Quadratmeter Wasseroberfläche bedecken. Erste Erfolge liegen vor, aber hier ist noch viel Zuchtarbeit zu tun, bis ein für die meist kleineren Teiche unserer Regionen umfangreicheres Angebot wirklich verfügbar ist. Daneben werden auch in den LATOUR-MARLIACschen Wassergärten immer noch neue Hybriden gezüchtet, allerdings in relativ geringer Zahl. Hier sollen nur einige Arten exemplarisch genannt werden, die bei spezialisierten Händlern auch erhältlich sind.

Besonders groß ist die Nachfrage nach gelben Sorten. Leider sind viele gerade dieser Sorten besonders gegen die Knollenfäule anfällig. Deswegen hatte sich lange nur die "*Marliacea chromatella*", meist nur als "Chromatella" bezeichnet (Beschreibung s. S. 296), in unseren Regionen gehalten. Amerikanische gelbe Sorten, die gelegentlich erhältlich sind, sind z. B. "Charlene Strawn", "Joey Tomocik", "Texas Dawn", "Yellow Princess" und "Yellow Sensation", um nur einige zu nennen.

Es gibt zwar auch orangefarbene Sorten wie "Berit Strawn", diese haben sich aber bei uns noch nicht durchsetzen können, weil ihnen vermutlich die echte Winterhärte fehlt.

Dagegen sind pinkfarbene Sorten häufiger anzutreffen. Dazu zählt z.B. "Colorado", die nach oben heller wird, oder "Pink Sunrise", durchgehend rosafarben. Ein sehr kräftiges, dunkles Rosa zeigt die Sorte "Mayla", die allerdings mit einer Blütengröße von 17 cm und einer Blattgröße mit bis zu 25 cm nichts für kleinere Teiche ist. Sie kann ab etwa 60 cm Wassertiefe eingesetzt werden.

Eine bei spezialisierten Händlern ebenfalls schon erhältliche Sorte ist "Peaches and Cream", die von Rosa nach Gelb übergeht und deren über dem Wasser stehende Blüten, ähnlich wie bei "Texas Dawn" und anderen, die Herkunft aus einer Kreuzung mit tropischen Seerosen erkennen läßt.

Von den roten neuen Sorten sind z.B. "Perry's Baby Red" und "Perry's Dwarf Red" (für viele von Perry SLOCUMS Seerosen ist der Vorsatz Perry's typisch, inzwischen gibt es von ihm über 70 Sorten) zu nennen. Obwohl sie dem Namen nach klein sein sollen, sind sie mit einer Blütengröße von nahezu 10 cm gar nicht so klein und brauchen eine Wassertiefe von 40-60 cm. Ganz neu und – noch – einzigartig, aber mit einer hoffentlich großen Zukunft ist eine bei einem deutschen Züchter aufgetretene Sorte. In einem größeren Teich mit der sehr beliebten, kräftig roten und relativ blühfreudigen "Escarboucle" (s. S. 297) tauchte eine Zwergform auf, deren Blüte gerade 6 cm Durchmesser hatte. Während die "Escarboucle" eine Wasseroberfläche von mindestens 3 m^2 Oberfläche braucht und eine Wassertiefe von 80 cm, dürfte der Platz- und Tiefenbedarf dieser Zwergform viel kleiner sein und deswegen schnell ein Renner werden, wenn sie in ein paar Jahren auf den Markt kommt.

Der Gartenteichbereich ist, wie die letzten Seiten hoffentlich gezeigt haben, ein Zukunftsbereich, in dem alle Bereiche ständig in Bewegung sind. Ob es sich um Teichbaumaterialien, Technik oder Pflanzen und Teichbewohner handelt, das Angebot nimmt weiter zu. Sicher wird die eine oder andere Fehlentwicklung darunter sein, die sich nicht durchsetzt, aber das wird die Zeit zeigen. Wer aufmerksam den Fachhandel besucht und die Angebote sorgsam prüft, wird sich einen Wassergarten selbst auf dem kleinsten Plätzchen zulegen können.

Abendstimmung an einem Naturgartenteich H. Baensch

Nymphaea-Hybride "Gruß an Potsdam" H. Hieronimus

Nymphaea-Hybride "Perry's Baby Red" H. Hieronimus

Nymphaea lotus "Texas Dawn" H. Hieronimus

Nymphaea lotus "Yellow Princess" H. Hieronimus

Nymphaea lotus "Perry's Pink" H. Hieronimus

Nymphaea lotus "Virginia" H. Hieronimus

Iris laevigata variegata, Japanischer Garten, Leverkusen H. Hieronimus

Iris ensata-Hybriden, Japanischer Garten, Leverkusen H. Hieronimus

Bollerhey, Herbert
Eichenbergerstr. 19
34222 Fuldatal-Rothwesten
(*Teichbau, Wasserpflanzengärtnerei*)

Epple, Ernst
Im Schemming 1
71726 Benningen
(*Wasserpflanzen*)

Gärtnerei Germann
Am Rübsamenwühl 22
67346 Speyer
www.gaertnerei-germann.de
(*Teichbau, Wasser- und Sumpfpflanzen*)

Ham, Andreas
Obergangstr. 7
07552 Gera-Langenberg
(*Teichpflanzen, Wassergärtnerei*)

Heissner AG
Schlitzer Str. 24
36341 Lauterbach
www.heissner.de
(*Fertigteiche, Pumpen, Filter, Zubehör*)

Held GmbH AGUAPLAN
Gottlieb-Daimler-Str. 5-7
75050 Gemmingen
www.held-teichsysteme.de
(*Teichfolien, Pflanzen*)

Hoechstetter, Julius
Deisenham 31
83308 Trostberg
(Wasserpflanzengärtnerei)

Lingens, Otto
Balkumer Str. 33
49565 Bramsche
www.lingens.purespace.de
(Alte Steintröge, Brunnen)

Maier, Erich
Hansell 155
48341 Altenberge
www.erichmaier.de
(*Fleischfressende Pflanzen, Moorbeete*)

OASE
Tecklenburger Str. 161
48477 Hörstel
www.oase-pumpen.com
(*Teichpumpen, Teichzubehör*)

Oldehoff, Erhard
Sieglmühle 2b
94051 Hauzenberg
www.seerosen.de
(*Seerosen-, Wasserpflanzenversand*)

Petrowsky
Aschauteiche
29348 Eschede
www.repo-pflanzen.de
(*Sumpf- und Wasserpflanzen*)

Re-natur GmbH
Charles-Roß-Weg 24
24601 Ruhwinkel
www.re-natur.de
(*Teichfolien, Sumpf- und Wasserpflanzen, Sumpfbeetklärstufen*)

Schuster, Eberhard
Augustenhofer Weg 6
19089 Augustenhof
home.t-online.de/home/
eberhard.schuster/
(*Sumpf- und Wasserpflanzen*)

Ubbink GmbH
Im Fisserhook 11
46395 Bocholt
www.ubbinkgarten.de
(*Pumpen, Filter, Teichzubehör*)

Unique-Koi (Hozelock)
Rauhe Straße 36
46459 Rees
www.uniquekoi.de
(*Pumpen, Filter, Teichzubehör*)

Wachter, H.-J.
Rollbarg
25482 Appen-Etz
www.repo-pflanzen.de
(*Sumpf- und Wasserpflanzen*)

Weixler, Richard
Aichbergerstr. 48
A-4600 Wels
www.weixler.at
(*Wasserpflanzen, Schwimmteichbau*)

Wichtige Anschriften

Bund für Umwelt- und Naturschutz
Deutschland e. V.
BUND - Bundesgeschäftsstelle
Am Köllnischen Park 1
10179 Berlin
www.bund.net

Bundesverband für fachgerechten
Natur- und Artenschutz e.V.
Geschäftsstelle
Postfach 11 10
76707 Hambrücken
www.bna-ev.de

Gesellschaft der Wassergartenfreunde e.V.
c/o Bollerhey, Herbert
Eichenbergerstr. 19
34222 Fuldatal-Rothwesten
www.wassergarten.de

KLAN Koiliebhaber am Niederrhein
Geschäftsstelle
Kempener Allee 8
47803 Krefeld
www.koiklan.de

Redaktion Gartenteich
Postfach 170209
42624 Solingen
www.gartenteich.com

Zentralverband Zoologischer Fachbetriebe Deutschlands e.V.
Geschäftsstelle
Postfach 1420
63204 Langen
www.zzf.de

Literatur

AICHELE, D. und R., H.W. und A. SCHWEGLER (1985): Blume am Wegesrand. Franckh'sche Verlagshandlung, Stuttgart, 1985.

AMLACHER, E. (1976): Taschenbuch der Fischkrankheiten. G. Fischer Verlag, Stuttgart.

BAENSCH, H.A. und R. RIEHL (1987): Aquarienatlas, Band 2, 2. Aufl., Mergus-Verlag, Melle.

BELLMANN, H. (1987): Libellen - beobachten, bestimmen. Verlag Neumann-Neudamm, Melsungen.

- - - (1988): Leben in Bach und Teich. Pflanzen und Wirbellose der Kleingewässer. Steinbachs Naturführer. Mosaik Verlag, München.

BERNHARDT, K.-H. (2001): Alle Goldfische und Schleierschwänze. Verlag ACS, Rodgau.

BLAB, J. und E. NOWAK (Hrsg.) (1984): Rote Liste der gefährdeten Tiere und Pflanzen in der Bundesrepublik Deutschland. 4. Aufl. Kilda-Verlag, Greven.

BROHMER, P. (1990): Fauna von Deutschland. 18. Aufl. Quelle & Meyer Verlag, Heidelberg.

DIESENER, G. und REICHHOLF, J. (1985): Die farbigen Naturführer. Lurche und Kriechtiere. Mosaik Verlag, München.

DREYER, W. (1986): Die Libellen. Gerstenberg Verlag, Hildesheim

ENGELHARDT, W. (1989^{13}): Was lebt in Tümpel, Bach und Weiher? Franckh'sche Verlagshandlung, Stuttgart.

FRICKHINGER, K.A., W. LADIGES und K.H. WIESER (1985): Der neue Gartenteich. Tetra-Verlag, Melle.

GARMS, H. (1982): Handbuch der Natur. Tiere und Pflanzen Europas. Zweiburgen Verlag, Weinheim.

Gartenteich – das Wassergarten-Magazin. Vierteljährlich, Dähne-Verlag, Ettlingen.

GEBHARDT, H. und A. NESS (1990): Fische. Die heimischen Süßwasserfische sowie Arten der Nord- und Ostsee. BLV-Verlagsgesellschaft, München, Wien, Zürich.

GEISLER, R. (1964): Wasserkunde für die aquaristische Praxis. A. Kernen Verlag, Stuttgart.

GÖKE, G. (1988): Moderne Methoden der Lichtmikroskopie. Kosmos-Wissenschaft. Franckh'sche Verlagshandlung, Stuttgart.

GREENWOOD, P.H., D.E. ROSEN, S.H. WEITZMAN and G.S. MYERS (1966): Phyletic studies of teleostean fishes, with a provisional classification of living forms. - Bull. Amer. Mus. Nat. Hist., **131** (4): 340-444.

GROSS, W.-R. (1983): Olme, Molche, Salamander.
Neumann Verlag, Leipzig.

GÜNZEL, W. R. (1996): Teiche und Moore. Feuchtoasen im Garten. Dähne Verlag, Ettlingen.

HAUER, W. und R. Weixler (2000): Garten- und Schwimmteiche. Bau – Bepflanzung – Pflege. 2. Aufl., Leopold Stocker-Verlag, Graz.

HENDEL, H. (1986): Wasser im Garten.
Falken-Verlag, Niedenhausen/Ts.

HERKNER, H. (1985): Rund um den Wassergarten.
München.

JACOBS, W. und M. RENNER (1988): Taschenlexikon zur Biologie der Insekten. 2. Aufl.
Gustav Fischer Verlag, Stuttgart.

JAECKEL, E. (1983): Gärten nach der Natur mit einheimischen Pflanzen und Materialien.
Verlag Eugen Ulmer, Stuttgart.

JOREK, N. (1984): Leben am Teich.
Belser AG, Stuttgart.

--- (o.J.): Beispielhafte Gartenteiche.
ProBio-Verlag, Melle.

JURZITZA, G. (2000): Der Kosmos-Libellenführer. Die Arten Mittel- und Südeuropas. 2. Aufl., Kosmos-Verlag Stuttgart.

KABISCH, K. und J. HEMMERLING (1982): Tümpel, Teiche und Weiher. Oasen in unserer Landschaft.
Landbuch-Verlag, Hannover.

KLEE, O. (1985): Angewandte Hydrobiologie. Trinkwasser - Abwasser - Gewässerschutz.
Georg Thieme Verlag, Stuttgart, New York.

KOHLE, R. (2001): Miniatur-Wassergärten. 3. Aufl., Verlag Eugen Ulmer, Stuttgart.

KRAUSCH, H.-D. (1996): Farbatlas Wasser- und Uferpflanzen. Verlag Eugen Ulmer, Stuttgart.

KREMER, B.P. (1981): Das Kosmos-Kräuterbuch.
Franckh'sche Verlagshandlung, Stuttgart.

LADIGES, W. (1976): Kaltwasserfische in Haus und Garten.
Tetra, Melle.

LADIGES, W. und D. VOGT (1979): Die Süßwasserfische Europas.
Verlag Paul Parey, Hamburg.

LUDWIG, H.W. (1989): Tiere unserer Gewässer. Merkmale, Biologie, Lebensraum, Gefährdung.
BLV-Bestimmungsbuch. BLV Verlagsgesellschaft, München.

MERTENS, R. und H. WERMUTH (1960): Die Amphibien und Reptilien Europas.
Verlag Waldemar Kramer, Frankfurt a.M.

MICHAELI-ACHMÜHLE, P. (1983): Mein Gartenteich und seine Pflanzen. München.

MÜHLBERG, H. (1980): Das große Buch der Wasserpflanzen. Verlag Werner Dausien, Hanau.

MUUS, B.J. und P. DAHLSTRÖM (1981): Süßwasserfische. 5. Aufl. BLV-Verlagsgesellschaft, München, Wien, Zürich.

NELSON, J. (1984): Fishes of the World.

PAEPKE, H.-J.: (1985): Das Tümpelaquarium. Neumann Verlag, Leipzig-Radebeul.

POLASCHEK, I. (1987): Mein kleiner Gartenteich. Falken-Verlag, Niedernhausen/Ts.

POTT, E. (1976): Pflanzen in Sumpf und Moor. Hannover.

--- (1979): Bach, Fluß, See. Pflanzen und Tiere in ihrem Lebensraum - ein Biotopführer. BLV Verlagsgesellschaft, München, Wien, Zürich.

--- (1985): Moor und Heide. München.

REICHENBACH-KLINKE, H.H. (1966): Krankheiten und Schädigungen der Fische. G. Fischer Verlag, Stuttgart.

RIEHL, R. und H.A. BAENSCH (1985): Aquarienatlas, Band 1, 5. Aufl. Mergus-Verlag, Melle.

--- (1990): Aquarienatlas, Band 3, 1. Aufl. Mergus-Verlag, Melle.

SCHAUER, T. und C. CASPARI (1984): Der große BLV-Pflanzenführer. BLV Verlagsgesellschaft, München.

SCHMIDTKE, D. (1983): Das Heimataquarium. Franckh'sche Verlagshandlung, Stuttgart.

SCHUBERT, G. (1974): Krankheiten der Fische. Franckh'sche Verlagshandlung, Stuttgart.

SCHUBERT, R. und G. WAGNER (1984): Pflanzennamen und botanische Fachwörter. Verlag Neumann-Neudamm, Melsungen.

SCHUSTER, E. und S. SOMMER (1984): Sumpf- und Wasserpflanzen für Garten und Landschaft. Verlag Neumann-Neudamm, Melsungen.

SCHUSTER, E. (2000): Sumpf- und Wasserpflanzen. Eigenschaften – Ansprüche – Verwendung. 3. Aufl., Parey Buchverlag Berlin.

SCHWOERBEL, J. (1984): Einführung in die Limnologie. 5. Aufl. UTB, Gustav Fischer Verlag, Stuttgart.

SEEGERS, L. (1989): Teiche und Tümpel im Garten. 2. Aufl. Verlag Eugen Ulmer, Stuttgart.

SEIDEL, D. und W. EISENREICH (1982): Heimische Pflanzen 2.
München.

--- (1984): Heimische Pflanzen 1.
München.

SIKORA, H.R. (1985): Gartenteiche und Wasserspiele planen, anlegen und pflegen.
Falken-Verlag, Niedernhausen/Ts.

SLOCUM, P.D. und P. Robinson (1996): Water gardening. Water lilies and lotusses. Timber Press, Oregon.

STREBLE, H. und D. KRAUTER (1985): Das Leben im Wassertropfen. Mikroflora und Mikrofauna des Süßwassers. 7. Aufl.
Franckh'sche Verlagshandlung, Stuttgart.

STRESEMANN, E. (Hrsg.): Exkursionsfauna von Deutschland.
Verlag Gustav Fischer, Jena und Stuttgart.
Band 1: Wirbellose außer Insekten. 8. Aufl., 1992.
Band 2.1: Insekten, 1. Teil. 8. Aufl., 1989.
Band 2.2: Insekten, 2. Teil. 7. Aufl., 1990.
Band 3: Wirbeltiere. 11. Aufl., 1989.

SUCCOW, M. und L. JESCHKE (1986): Moore in der Landschaft.
Verlag Harri Deutsch, Frankfurt.

TEICHFISCHER, B. (2001): Koi in den schönsten Wassergärten. 4. Aufl., Dähne-Verlag, Ettlingen.

TEICHFISCHER, B. (2001): Nishikigoi. Faszinierendes Hobby Koi. 2. Aufl., Dähne-Verlag, Ettlingen.

TEICHFISCHER, B. (2001): Zauber asiatischer Wassergärten. Japanische und chinesische Wassergärten für Koi. Dähne-Verlag, Ettlingen.

THIELCKE, G., C.-P. HERRN, C.-P. HUTTER und R.L. SCHREIBER (1983): Rettet die Frösche.
Pro Natur Verlag, Stuttgart.

WACHTER, K. (1993): Der Wassergarten. 7. Auflage
Verlag Eugen Ulmer, Stuttgart.

WACHTER, K. (1998): Seerosen. Winterharte und tropische Nymphaeaceen.
Verlag Eugen Ulmer, Stuttgart.

WADDINGTON, P. (1995): Koi Kichi. Peter Waddington Ltd., Warrington.

WIESER, K.H. (1985): Mein Gartenteich.
Tetra-Verlag, Melle.

WILKE, H. (1985): Der Naturteich im Garten.
Gräfe und Unzer, München.

ZANDER, R. (ENKE, BUCHHEIM, SEYBOLD): Handwörterbuch der Pflanzennamen.
Verlag Eugen Ulmer, Stuttgart.

ZEITLER, K.-H. (1990): Muscheln, Schnecken, Krebse.
Verband Deutscher Sportfischer e.V., Offenbach, Kommissionsvertrieb: Verlag Paul Parey, Hamburg und Berlin.

Lateinische Artbezeichnungen sind *kursiv* gesetzt, Synonyme zu lateinischen Namen stehen (in Klammern). **Fett** gedruckte Seitenzahlen weisen auf eine Artbeschreibung hin oder die Stelle, wo das Stichwort am besten erläutert ist. Ein Sternchen (*) hinter der Seitenzahl kennzeichnet eine Abbildung.

A

D

F

H

S

T

947 (2); 949 u.; 951 o.; 956; 957 (2); 959 (2); 965 u.;

Natural History Photographic Agency, England: 691 o.; 695; 712;

Nieuwenhuizen, A. v. d.: 781 u.; 867 (2); 881 o.; 937 o.; 948;

Norman, A.: 765; 781o.; 835 (2); 837 o.; 855 (3); 869 u.; 877 (2); 889 u.; 891 o.; 893 o.; 895 (2); 897 o.; 968; 969; 973 u.;

Paffrath, K.: 263 (2); 265 (4); 267 (3); 269 (3); 271 (4); 273 (3); 275; 277 o.; 279 (4); 281 (2); 283 (3); 285 (2); 287 (2); 292; 313 u.; 315 (2); 317 (3); 319 (3); 321 (2); 323 (3); 325 (3); 327 (3); 329 (2); 331 (2); (3); 335 (3); 337 (3); 339 (3); 341 (3); 343 (3); 345 (3); 347)2); 349 (3); 351 (3); 353 (3); 355 (3); 357 o.l., o.r.; 359 (2); 361 o.l., o.r.; 363 (4); 365 (3); 367 (4); 369 (3); 371 (4); 373; 374 r.; 377 (4); 379 u.l., u.r.; 381 (3); 383 l.; r.; 385 (3); 387 (3); 389 (3); 391 (3); 393 (3); 395 (3); 397 (3); 399 (3); 401 (2); 403 (3); 405 (3); 407 (4); 409 (3); 411 (3); 413 (3); 414 (2); 415; 417 (3); 421 (3); 423 o.l., u.; 425 (4); 427 (4); 428; 430 (2); 433 (4); 435 (3); 437 (3); 439 (3); 441 (3); 443 (3); 445 (3); 447 (3); 449 (3); 451 (3); 453 (3); 455 (3); 457; 459 (3); 461 (3); 463 (4); 465 (3); 467 (3); 469 (3); 471 (4); 473 (3); 475 (3); 477 (4); 479 (2); 481 (4); 483 o.l., o.r.; 485 o.l.; 487 (3); 489 (2); 491 (4); 493 (3); 495 (3); 497 (4); 501 (4); 503 (4); 505 (3); 507 (3); 509 (3); 511 (3); 513 o.l., o.r.; 515 (3); 516; 519 (3); 521 (3); 523 (3); 525 (3); 527 (3); 529 (3); 531 (4); 533 (3); 535 (3); 537 (3); 539 (4); 541 (4); 543 (3); 545 (2); 547 (2); 549 (2); 551 (3); 553 (2); 555 (3); 557 (2); 559 (3); 561 (3); 563 (3); 565 (3); 567 (3); 569 (3); 571 (3); 573 (3); 575 (3);

Paysan, K.: 163; 166; 173; 831 o.; 903 o.;

Peters, W.: 627 o.;

Pürzl, E.: 803 o.; 849 o.;

Reinhard, H.: 24 (3); 28; 40; 121; 126; 156; 157; 228 u. r.; 242 u.; 274; 311u.; 375; 382; 418; 419; 429; 431; 483 u.; 485 o.r., u.; 499; 513 u.; 626; 647; 649 o.; 658; 675 o.; 693 u.; 751 o.; 753 o.; 762; 763; 764; 767 o.; 769 (2); 771 o.; 777; 778; 783 o.; 787 (2); 789 (2); 791 (2); 803 u.; 805 (2); 805 (2); 807 (3); 825 o.; 827 o.; 829 (2); 831 u.; 833 (2); 881 u.; 882; 844; 847 u.; 850; 853 o.; 857 (2); 861 u.; 865 o.; 889 o.; 891 u.; 899 u.; 901 u.; 904; 930; 932; 934; 941; 943; 944; 949 o.; 953; 955; 963 o.; 971; 974; 975;

Richter, H. J.: 871 u.; 905; 907 o.;

Rogmann, W.: 252;

Sandford, M.: 631 o.; 693 o.; 699; 915 o.;

Sasakawa, H.: 845 u.;

Scharfscheer, G., Emo: 217 (2);

Schartl, M.: 887;

Schlüter, M.: 599 u.r.; 625 u.l., u.r.;

Schmidt, J.: 102 (8); 103 (4); 627 u.; 637 r.; 681 u.; 729 o., u.r.; 751 u.;

Schmidt, J., Düsseldorf: 595; 631 u.l., u.r.; 657 o.; 698; 731 o.; 733 u.r.;

Schraml, E.: 775; 776; 893 u.;

Seegers, L.: 21; 37; 45; 49; 55; 109; 114 o; 148; 160 (4); 172; 195; 197; 220; 701; 709 u.; 783 u.; 841 (2); 869 o.; 871 o.; 873 (2); 886 u.; 939 u.;

Stehling, W.: Umschlagtitel und -rücken; Rückseite Umschlag u.l.; 8; 53 o, u; 58; 62; 63; 64; 65; 68 (4); 69 (4); 71 (4); 74 (4); 75 (4); 78 (4); 79 (4); 82 (4); 83 (4); 87; 88; 92 (4); 93 (4); 94 (4); 95 (4); 98 (4); 99 (4); 105; 106; 108; 116 (4); 117 (4); 123; 145 (4); 152 o.r., u.l., u.r.; 153 (4); 228 o.l., u.r.; 242 o.r.; 294 m., u.; 295 (3); 296 (3); 297 o., u.; 298, 299; 302 (3); 305 u.; 306; 307 (2); 308; 309 (2); 311 o.; 361 u.; 372; 374 l.;

W. Stehling fotografierte hauptsächlich in Anlagen, die durch folgende Gartenarchitekten gestaltet wurden:

Mueller/Schmitz, Nürnberg

Schulze, Hamburg

Wegener, Hamburg

Tetra-Archiv: 97 (2);

Wirtz, P.: 609 u.;

Wischnath, L.: 289 o.; 297, m; 305 o.; 691u.; 697; 703 o.; 706; 707; 709 o.; 723; 739 (4); 741 o., u.r.; 745 u.; 746 o.r.; 825 u.; 901 o.;

Yamamoto, R.: 25; 44; 50; 152 o.l.; 291 o.; 577 u.l.; 662; 663 u.; 667 u.r. 672; 673; 682; 719; 723 o.;

Zarske, A.: 827 u.

Zeichnungen:

Bleichner, A.: 748; 758;

Firmenzeichnungen Sakanaya: 134; 142/143;

Walldorf, V.: 22/23; 34 o.; 47; 81; 85; 86 (2); 96; 110; 111; 113; 147 (2); 149 o.; 151; 182; 191; 732 l.